GESCHICHTE, STATISTIK

UND

TECHNIK DER STEINKOHLEN

DEUTSCHLAND'S UND ANDERER LÄNDER

EUROPA'S

VON

DR. H. FLECK UND DR. E. HARTIG,

PROFESSOREN AN DER K. POLYTECHN. SCHULE IN DRESDEN.

MIT 96 HOLZSCHNITTEN, 13 TAFELN UND 11 KARTE DER EIGENTLICHEN STEINKOHLENGEBIETE IN MITTEL-EUROPA.

MÜNCHEN 1865.

R. OLDENBOURG.

Vorrede.

Mit jedem Tage wird es augenfälliger, dass die fossilen Brennstoffe und unter diesen vornehmlich die Steinkohlen die eigentliche Grundlage unserer heutigen materiellen Entwickelung sind. Als reichlich fliessende Quelle mechanischer Arbeit und chemischer Umwandlung, als wesentliches Erzeugungsmittel von Dampf und Eisen ist die Kohle allmächtig geworden; fast jeder gewerbliche Fortschritt unserer Zeit steht in Beziehung zu ihr, jedes technische Unternehmen wird da leicht ausführbar, wo sie zur Verfügung steht, ihr Mangel vermag die empfindlichsten Calamitäten herbeizuführen.

Der enorme Bedarf dieses mit tausend trefflichen Eigenschaften begabten Materials, die Mannigfaltigkeit seiner Ursprungsstätten und die durch die mächtige Entwickelung des Eisenbahnwesens hervorgerufene Berührung und gegenseitige Uebergreifung der Absatzkreise unserer zahlreichen continentalen Kohlenbecken machen jedem an der Consumtion Betheiligten eine übersichtliche Zusammenfassung alles Wissenswerthen, das sich auf die den verschiedenen Lagerstätten entstammenden Kohlen bezieht, mehr und mehr erwünscht.

Eine solche Zusammenfassung — mit vorherrschender Berücksichtigung Deutschlands — bildete die Aufgabe des Werkes, von welchem im vorliegenden Bande die zweite Hälfte dem industriellen Publikum übergeben wird. Wie durch den ersten Band eine detaillirte und zugleich möglichst umfassende Vorführung der verschiedenen Lagerungsverhältnisse der europäischen Steinkohlen und anderen Schwarzkohlen vorzugsweise beabsichtigt wurde, so war bei Abfassung dieses zweiten Bandes die übersichtliche vergleichende Darstellung aller derjenigen Eigenschaften dieser Brennstoffe, welche nicht ausschliesslich wissenschaftliches Interesse besitzen, vielmehr zur technischen Verwendung derselben in irgend einer Beziehung stehen, das zumeist angestrebte Ziel;

es bilden daher die Capitel über die physikalischen und chemischen Eigenschaften und über die Leistungsfähigkeit der Kohlen als Brennstoff den eigentlichen Kern dieses Theiles, welchen die Abschnitte über die geschichtliche Entwickelung und die Statistik der Kohlenbezirke, sowie über die Aufbereitung und Verkokung der Steinkohlen als ergänzende Schale umschliessen. Wenn sich daher beide Bände nothwendig ergänzen und zusammen eine einheitliche Lösung der ganzen vorliegenden Aufgabe bieten sollen, und wenn daher im vorliegenden Bande allenthalben auf das im Ersten Mitgetheilte Bezug genommen wird, so erscheint derselbe jedoch auch insofern als ein selbständig brauchbares Ganze, als er für Jeden, den die speciellen mineralogischen und geologischen Verhältnisse der Kohlenreviere in minderem Grade interessiren, das in historischer, statistischer und technischer Beziehung Wissenswerthe umfasst und in systematischer Anordnung darbietet. Um hierbei die allgemeinere Orientirung zu erleichtern, ist diesem Bande eine Uebersichtskarte aller eigentlichen Steinkohlenbecken Centraleuropas beigefügt worden, während bezüglich der anderen Schwarzkohlenlager auf den Text des ersten Bandes zu verweisen ist.

Bei Erlangung des in diesem Bande verarbeiteten reichen Materials sind die Verfasser durch die königl. Sächs. Ministerien des Innern und der Finanzen, wie durch die Direction der königl. Sächs. polytechnischen Schule theils durch verstattete Reisen theils durch directe Beiträge auf das wirksamste unterstützt worden, wofür sie an dieser Stelle ihren lebhaftesten Dank aussprechen. Gleichermaassen fühlen sie sich denjenigen Herren Bergbeamten, welche durch Mittheilung werthvoller Notizen und Monographien die angestrebte Vollständigkeit des Buches fördern halfen, namentlich den Herren Kohlenwerksinspector Köttig, Berginspector von Rönne, Director Bäumler, Director Rexroth, Berginspector Wagner, Director Rittler, Director Andrée, der Firma Klett & Co. und vielen anderen, zu dem aufrichtigsten Danke verpflichtet!

Dresden, im November 1865.

Inhalt.

II.

Geschichte, Statistik, Technik.

CAPITEL I.

1. Geschichte der Auffindung der Steinkohlen.

Der Kohlenstoff, das wichtigste Element in der organischen Natur, tritt in so verschiedenen Formen auf, dass wir es erklärlich finden, wenn deren Beziehungen zu einander erst der neueren Wissenschaft zu entziffern vorbehalten blieb. In dem unscheinbaren Gewande eines entzündbaren schwarzen Steines tritt der Kohlenstoff unseren Vorfahren entgegen, um von ihnen, höchstens als ein Auskunftsmittel in der Noth, einer untergeordneten Beachtung gewürdigt zu werden, sowie er als Verkohlungsrückstand des Holzes, als Holzkohle, zumeist in den Fällen verwendet wurde, in welchen heutiges Tages die Koks technische Verwerthung finden. Noch um Mitte des vorigen Jahrhunderts kannte man den Werth des Kohlenstoffs als der materiellen Grundlage aller organischen Stoffe nicht und erst Lavoisier war es vorbehalten, den Diamant als krystallisirte Kohle zu erkennen. Die Naturwissenschaften, welche im Laufe eines Jahrhunderts in allen Bereichen der Forschung die weittragendsten Resultate errungen, haben dazu wesentlich beigetragen, dem Kohlenstoff seinen geeigneten Platz in der Reihe gewaltiger Hebel allseitiger Entwicklung zu sichern, und unter den verschiedenartigen Formen, in welchen ersterer uns begegnet, müssen wir der Steinkohle, als einem der bedeutendsten Rohstoffe, in ihrem Einflusse auf das allgemeine Wohl den ersten Platz einräumen, welchem sich das Eisen, in vielen Beziehungen dem Kohlenstoff verwandt, und durch ihn selbst einer vielseitigen Verwerthung fähig gemacht, würdig zur Seite stellt. Gehören somit die Steinkohlen wesentlich der neueren Geschichte der Industrie an, so lässt sich doch das Bekanntsein derselben auf sehr frühe Zeiten zurückführen, und zwar begegnen wir deren Verwendung als Brennstoff, wenn auch in sehr untergeordnetem Grade, hauptsächlich zuerst an denjenigen Orten, an welchen die Steinkohlen entweder zu Tage strichen, oder wenigstens in sehr geringer Tiefe, gewöhnlich durch einen Zufall zu Tage gefördert werden konnten. In einigen Fällen erscheint es sogar wahrscheinlich, dass man da, wo die Geschichte von Steinkohlen spricht, es nur mit Braunkohlen, welche durch ihre Lagerungsverhältnisse an sich leichter zugänglich erscheinen, zu thun gehabt, da ja selbst noch im Anfange dieses Jahrhunderts die Begriffe von Braunkohle, Schwarzkohle und Steinkohle nicht vollständig geläutert erscheinen. Wenn wir daher erfahren, dass schon Theophrastus, ein Schüler des Plato und Aristoteles, der im vierten Jahrhundert vor Christo lebte, die Steinkohlen als ein von den Schmieden und Erzgiessern verwendetes Brennmaterial kennt, welches in Ligurien und in der griechischen Landschaft Elis gefunden wurde, so ist damit nur ausgesprochen, dass dieser Brennstoff fossiler Natur gewesen sei. Die englischen Steinkohlenlager waren schon im Jahre 833 bekannt und wurden 1240 in New-Castle und im Jahre 1291 in Wallis und in Schottland bergmännisch erschlossen. Der Beginn des französischen Kohlenbergbaues zu St. Etienne fällt gegen Anfang des 17. Jahrhunderts und seine Entwicklung spricht zur Genüge dafür, dass erst der fühlbarer werdende Holzmangel, sowie der durch die Einführung des Dampfes als industrieller Motor in den Vordergrund tretende Consum von Brennstoffen überhaupt den Abbau der Steinkohlen zu einem rentablen Unternehmen machen konnten. Versuchen wir es daher, in Folgendem ein Bild von der Begründung und Entwicklung unseres deutschen Steinkohlenbergbaues zu entwerfen, so kann ein solches als ein in seinen Grundtönen wohl harmonirendes aber durch die Vielseitigkeit der Situationen in keiner Weise gleichförmiges Ganzes erscheinen. Unabhängig von einander sehen wir in den einzelnen Gauen Deutschlands Grubenbaue entstehen, die theils der Zufall, theils der fühlbare Mangel an Brennstoff veranlasst, und die in ihrer Anlegung und allmähligen Entwicklung theils bis in die Dunkelheit mythischer Sagen zurücktreten, theils ganz in den belebenden Strahlenkreis unserer Culturepoche hereinreichen. Indem wir nun in der Wanderung durch Deutschlands Kohlenreviere von der Mitte desselben ausgehend, anfangs in östlicher, dann in nordwestlicher Richtung vorschreiten, um uns hierauf südlich und dann wieder nach Osten zu wenden, soll von jedem der wichtigeren Kohlenbecken die Geschichte, soweit solche bekannt, in kurzen Skizzen mitgetheilt werden.

Zwickauer Kohlenbecken.

Unter den deutschen Steinkohlenlagern sind die des Zwickauer Kohlenbassins im Königreich Sachsen, dessen Abbau sich bis auf die Sorbenwenden, etwa in das zehnte Jahrhundert n. Chr. zurückführen lässt, die am längsten bekannten zu nennen. [1]) Die Metallarbeiter Zwickau's, welche im Mittelalter eine bedeutende Rolle spielten und gegen Mitte des 14. Jahrhunderts ihre Werkstätten unterhalb der Stadtmauer hatten, wurden im Jahre 1348 verwarnt, mit Steinkohle, als einem Brennmateriale, durch dessen Rauch die Luft verpestet werde, zu schmieden.

Verbote dieser Art wurden fast zu gleicher Zeit gegen die Verwendung der Steinkohlen als häusliches Brennmaterial in London erlassen. Eduard dem Zweiten (1306—1327) wurden Petitionen für gänzliche Unterdrückung des Gebrauches der Steinkohlen vorgelegt, in deren Folge eine Proklamation erlassen wurde, welche die Verbrennungsprodukte der Kohlen als die Ursache ansteckender Krankheiten und anderer Uebel für Menschen, Thiere und Pflanzen bezeichnete. Da diese Veröffentlichung keinen Erfolg zeigte, wurde von der Regierung eine mit grosser Macht ausgerüstete Commission niedergesetzt, die sich überall, wo Steinkohlenrauch aufstieg, hinbegeben, Strafen auflegen und die errichteten Feuerungsanlagen zerstören sollte; ja ein im Tower zu London befindliches Dokument weist nach, dass ein Mann gefoltert wurde, weil er durch den Gebrauch der Steinkohlen die Luft seiner Nachbarschaft vergiftet haben sollte. Doch ebenso erfolglos wie die angeführten Mittel blieb ein im Jahre 1673 unter Carl dem Dritten erlassenes Gesetz gegen das Rauchen der Schornsteine, sowie die sogenannte Taylor's-Acte vom Jahre 1821. Letztere ermächtigte den Gerichtshof, Strafen im Falle der Verurtheilung aufzulegen; doch sollte derselbe befugt sein, für den Fall, „dass sich bei der Untersuchung ergäbe, dass dem Uebelstande durch Veränderung der Feuerungsanlagen abgeholfen werden könnte, ohne Zustimmung des Besitzers solche Anordnungen zu treffen, durch welche der Belästigung ferner abgeholfen, ehe und bevor das Urtheil über den Angeklagten gefällt würde." Dieser Ermässigung dürfte es zuzuschreiben sein, dass auf Grund jener Acte, wie Williams in seinem „Prize-Essay on the prevention of the smoke-nuisance" anführt, keine einzige Verurtheilung erfolgt ist. Blieben somit die früheren Maassnahmen gegen den Gebrauch der Steinkohlen wegen ihrer Strenge unwirksam, so blieben es die neueren gegen den Steinkohlenrauch gerichteten wegen zu grosser Milde und wohlbegründeter Unbestimmtheit. Es bestätigt sich diess bei der im Jahre 1853 erlassenen sogenannten Lord Palmerston-Acte (Dr. Seyferth Preisschrift über die verschiedenen Rauchverbrennungseinrichtungen. 1860), welche am 1. August 1854 in Geltung trat und von der man sich grossen Erfolg versprach. Ihrem wesentlichen Inhalt nach verlangt dieselbe, dass jede in London befindliche gewerbliche Feuerung (mit Ausnahme der zum Schmelzen des Glases und Brennen der Thonwaaren dienenden), namentlich auch jede Feuerung der Themse-Dampfschiffe so eingerichtet sein muss, dass sie den entstehenden Rauch verzehrt oder verbrennt. Wer nicht von den besten anwendbaren Mitteln Gebrauch macht, um solchen Rauch zu verhüten, verfällt in eine Strafe von 2 bis 5 £, die bei jeder erneuten Uebertretung verdoppelt wird. Wenn ein durchgreifender Erfolg auch dieser Acte nicht vergönnt war, so dürfte diess vorzugsweise in der factischen Unmöglichkeit zu suchen sein, Feuerungsanlagen zu errichten, welche diesen Ansprüchen zu genügen im Stande sind. Man hat auch bei Befolgung dieser Lord Palmerston-Acte ausser in den ersten Jahren wenig von Bestrafungen gehört; thatsächlich scheint es aber auf die meisten Fabrikanlagen Englands keinen Einfluss geübt zu haben; wenigstens zeigen die auf London, Manchester, Glasgow und anderen Fabrikstädten Englands ruhenden Rauchwolken nicht von dem Gegentheil. Es rief indess das von Palmerston erlassene Gesetz auch in Frankreich polizeiliche Vorschriften betreffs der Rauchverbrennung hervor, von denen das Gesetz vom 11. November 1854 sich ebenfalls nur auf die zur Dampferzeugung dienenden Feuerungsanlagen bezieht, dessen ernstliche Durchführung wegen Mangel durchgreifender praktischer Vorschläge in dieser Richtung aber gleichfalls unterblieb. Die Rauchverzehrungsfrage selbst, durch die Palmerston-Acte in den Vordergrund gedrängt, ist mehrere Jahre hindurch bis auf die neueste Zeit ein willkommenes Feld der Spekulation gewesen, wovon der Umstand Zeugniss gibt, dass im Jahre 1857 allein 77 Patente auf rauchverzehrende Feuerungsanlagen genommen wurden, wie andrerseits zu den durch sie erzielten günstigen Erfolgen einige gediegene literarische Arbeiten über diesen Gegenstand zu zählen sind, unter denen die oben citirten Preisschriften von Williams und Dr. Seyferth vornehmliche Beachtung verdienen. Die aus dem angeregten Gegenstand hervorgegangenen neuesten praktischen Erfindungen sind in dieser Beziehung kaum wirksamer, als es die ersten rauchverhütenden

[1]) Herzog, Geschichte des Zwickauer Steinkohlenbergbaues.

Feuerungen gewesen sein können, auf welche sich James Watt im Jahre 1785 ein Patent geben liess. Von allen den zahllosen hierauf bezüglichen Verbesserungen der letzten Jahrzehnte sind thatsächlich für die Haushaltungen gar keine, für die Dampfkesselfeuerungen drei oder vier, nämlich der Fairbairn'sche Doppelrost, die gewöhnlichen Treppenroste und der Langen'sche Etagenrost, sowie einige Einrichtungen zur periodischen Luftzuführung über den Rost, endlich für Glasöfen und einschlagende Anlagen die Feuerungen mit Generatorgasen nach Bischof, Siemens und Anderen in Anwendung gekommen und geblieben.

Die ersten gedruckten Nachrichten über den Zwickauer Kohlenbergbau gab Georg Agricola, der Begründer der Metallurgie, der sich in den Jahren 1519—22 in Zwickau aufhielt und während dieser Zeit die Kohlenschächte mehrmals befuhr, welche sich schon lange vor seiner Zeit von der Planitzer Flur, dem anscheinend ältest bekannten Kohlenterrain, bis in das östlich angrenzende Bockwa ausgebreitet hatten. Er erwähnt des brennenden Kohlenflötzes in Planitz als einer seit undenklichen Zeiten bekannten Thatsache und erzählt, dass der unterirdische Brand, über dessen Entstehung die abenteuerlichsten Gerüchte schweben, dessen letzter Grund aber jedenfalls in ähnlichen Ursachen, wie die Flötzbrände Englands, Belgiens und an der Saar zu suchen sind, einmal so bedeutend überhand genommen hätten, dass im Jahre 1505 die Flammen aus einigen Schächten zu Tage geschlagen und sowohl das Zimmerholz der Gruben, wie die Bäume auf der Oberfläche verkohlt habe. Der im Jahre 1641 von Menschenhand angefachte zweite Flötzbrand, welcher seitdem ununterbrochen bald stärker, bald schwächer bis auf den heutigen Tag in den unter dem Russkohlenflötz gelegenen, 20—24 Fuss mächtigen, zweiten tiefen Planitzer Flötze fortwüthet, hätte in seiner Entstehung leicht gelöscht werden können, wären nicht die Kohlenarbeiter vor dem anstürmenden schwedischen Kriegsvolk geflohen. Alle Versuche, den Brand später durch aufgestaute Stollnwässer und durch Zumauern der Schächte an den Stellen, wo diese mit den Flötzen in Verbindung standen, zu löschen, waren erfolglos, so dass man den Steinkohlenbau auf Planitzer Revier von 1668 bis 1675 ganz liegen lassen musste.

In dem Jahre 1530 pflanzte sich der Zwickauer Steinkohlenbau von dem linken auf das rechte Muldenufer, auf welchem man in Oberhohndorf Steinkohlen ergrub; dieser Entdeckung folgte 1540 die des Reinsdorfer Flötzes und im Jahre 1670 wurde das 34 Ellen tief unter dem Sandsteine liegende 7,22 Fuss mächtige tiefe Planitzer in grösserer Ausdehnung erteuft.

Die durch zunehmenden Consum von Seiten der Kohlengruben bedingten erhöhten Holzpreise waren Ursache der vermehrten Einführung der Steinkohle als Brennmaterial in andere technische Zweige, als die der Schmiede und Erzgiesser, so dass 1718 die Steinkohlen zum ersten Male in den Kalkbrennereien zu Wildenfels bei Zwickau Anwendung fanden und seit dem Jahre 1760 in allen Planitzer Kalköfen gebrannt wurden; 1796 begann man gleichzeitig, die Ziegelöfen mit Steinkohlen zu heizen und sich ihrer als Brennmaterial für die Destillirblasen der Branntweinbrennereien zu bedienen. Die Einführung der Steinkohlen als Heizmaterial für Stubenöfen in der Stadt Zwickau fällt aber erst in das Jahr 1823, während in den Kohlendörfern der Umgebung sie schon im 16. Jahrhundert zu gleichem Zwecke, aber jedenfalls in einer die Bewohner wenig schonenden Weise Verwendung fanden. Einen anderen bedeutenden Einfluss auf die emporblühende Kohlenindustrie übte die Dampfkraft, welche man nunmehr zur Entwässerung der Gruben und zur Förderung der Kohlen, wie in der sächsischen Industrie überhaupt, anzuwenden begann. Im Jahre 1820 stellte das Chemnitzer Handlungshaus Kobler und Söhne die erste aus England bezogene Dampfmaschine zum Betrieb einer Spinnerei in Mühlau auf. Die erste Dampfmaschine beim sächsischen Steinkohlenbau aber wurde zu Zaukeroda im Plauenschen Grunde im Jahre 1821 errichtet. Vorher hatte man sich hauptsächlich der Pferdekraft zum Betriebe der Pumpen und Förderungen in den Kohlengruben bedient. Die erste Dampfmaschine auf Zwickauer Kohlengebiet wurde im Jahre 1826 zu Oberhohndorf aufgestellt; sie hatte 16 Pferdestärken und hob in der Minute 17 Cubikfuss Wasser.

Dem Beispiel Englands folgend, suchte man gleichzeitig auf dem Wege der Association den Steinkohlenbergbau unter Verwendung grösserer Kapitalien in grossartigem Maassstabe zu betreiben und gründete im Jahre 1837 den „Zwickauer Steinkohlenactienverein" mittelst 2500 Bauactien à 50 Rthlr., welche später auf 40 Thaler reducirt wurden, weil man der vollen Einzahlung der auf je 2 Rthlr. festgesetzten Raten nicht bedurfte. Dieser Actienverein bohrte an 2 Stellen das 83 Lachter tiefe 12 Fuss mächtige Kohlenflötz auf den bei Niederplanitz gelegenen städtischen Fluren, sowie 1841 das 110 Lachter tiefe und 14 Fuss mächtige zweite oder Pechkohlenflötz „Vereins Glück". Zur Kohlenförderung stellte man eine Dampfmaschine von 16 Pferdestärken und eine dergleichen zu 20 Pferdestärken zur Entwässerung der Gruben auf, in welchen man Bremsberge und Eisenbahnen, sowie behufs der Luftreinigung einen gemauerten Wetterschacht anlegte. Im Jahre 1842 teufte man östlich von jenem Schachte einen zweiten den „Auroraschacht" ab, in welchem man schon mit 75 Lachtern das 4 Fuss mächtige, sogenannte Schichtenkohlflötz erreichte, mit 130 Lachtern aber auf die beiden Flötze des Vereinsglück-Schachtes stiess, welcher nun mit dem Auroraschacht in unterirdischer Verbindung steht und neben Kohlen auch Sphärosiderit liefert. Durch Erwerbung einiger benachbarter städtischer Schedewitzer und Niederplanitzer Kohlenfelder erweiterte sich das gesammte Grubenrevier des Zwickauer Actienvereins auf 513 Dresdener Scheffel Flächenraum.

Inzwischen wurde auch im Jahre 1840 der „Erzgebirgische Steinkohlenactien-Verein" begründet, welcher mit einem Actienkapital von 240,000 Rthlr. in Actien zu 100 Rthlr., im Jahre 1841 auf Niederplanitzer und Marienthaler Flur bei 130 Lachter Tiefe ein 9 Fuss 10 Zoll und 20 Fuss 5 Zoll mächtiges Pechkohlenflötz erreichte, hierauf den $^3/_4$ Stunden von Zwickau gelegenen „Segengottesschacht" auf 138 Lachter Tiefe absenkte; ebenso wurde 1844 der „Hoffnungschacht" zu Schedewitz abgeteuft, in welchem man mit 83 Lachter Tiefe das erste oder obere 6 Fuss 6 Zoll mächtige Pechkohlenflötz, mit 99 Lachter das 8 Fuss 5 Zoll mächtige Russkohlenflötz, und mit 128 Lachter das 12 Fuss mächtige zweite Pechkohlenflötz erreichte, später 1849 wurde auf demselben Reviere der mit dem Hoffnungschachte unterirdisch concurrirende „Vertrauenschacht" ersunken. Das dem Erzgebirgischen Steinkohlenactien-Verein gehörende Unterirdische umfasst einen Flächenraum von ungefähr 250 Scheffel.

Fast zu gleicher Zeit mit dem vorigen Actienverein bildete sich ein aus 76 Grundbesitzern der zwischen dem Galgengrunde und Mittelgrunde des Zwickauer Stadtweichbildes gelegenen Fluren bestehender Kohlenbauverein unter dem Namen „Bürgergewerkschaft", welcher in einer 1842 gehaltenen Generalversammlung beschloss, die Kosten des Abbaues durch vierteljährige Einzahlungen der betheiligten Grundbesitzer je nach der Scheffelzahl ihrer Fluren — demnach nicht mittels Actien — aufzubringen, wesshalb nach erlangter Bestätigung der Statuten im Jahre 1847 an die Theilhaber sogenannte, zugleich veräusserliche „Scheffelscheine" ausgegeben wurden. In dem 20 Minuten von Zwickau angelegten „Bürgerschacht" hieb man im Jahre 1846 mit 46 Lachter Tiefe das erste 4 Fuss 8 Zoll mächtige Pechkohlenflötz, später mit 145 Lachter Tiefe ein gleiches 7 Fuss 5 Zoll mächtiges Flötz, zwischen welchen jedoch bei 133 Lachter ein nicht bauwürdiges 3 Fuss mächtiges eingeschoben liegt.[1]) Durch diese Verhältnisse ist der Bürgerschacht mit 147 Lachter = 1029 Fuss der tiefste aller Kohlenschächte auf Zwickauer Kohlenrevier. Im Jahre 1852 wurde der mit Doppelförderung und mit Fahrmaschine versehene, 60 Quadratellen weite „Hülfegottesschacht" erteuft.

Ein anderes Actienunternehmen von geringen Dimensionen ist der im Jahre 1847 begründete „Steinkohlenbauverein zu Niederplanitz und Vorder-Neudörfel", welcher 1200 Stück Actien à 30 Rthlr. creirte, 1848 den Schacht „Himmelsfürst" zu Niederplanitz abteufte, woselbst man bei $77^1/_2$ Lachter Tiefe das erste 7 Fuss mächtige Pechkohlenflötz und einen Lachter tiefer ein zweites von 14 Fuss Mächtigkeit erreichte. Dieser Schacht hat wegen eines im Jahre 1857 entstandenen Brandes auf dem oberen Flötze die Förderung einstellen müssen und ist verbühnt worden.

Viele der übrigen in der Umgebung Zwickaus gelegenen Kohlenwerke, welche zum Theil von Privatbesitzern ausgebeutet wurden, erfuhren durch Vereinigung der letzteren einen grösseren Aufschwung in ihrem Betriebe. Einen würdigen Anfang zu einer Zusammenlegung des Unterirdischen behufs eines gemeinschaftlichen Abbaues machte schon 1839 der Kohlenwerkbesitzer-Verein „Fünf-

---

[1]) Herzog, Geschichte des Zwickauer Steinkohlenbergbaues, pag. 77.

nachbargrube", welchem 1850 die Oberhohndorfer Kohlenwerkbesitzer mit Begründung des Vereines „Vereinigtfeld" folgten.

Da mit dem Aufschwunge des Steinkohlenbergbaues auch die Zahl der Arbeiter bedeutend gewachsen war (indem sie bis zum Jahre 1862 die Zahl 5000 innerhalb des Zwickauer Kohlendistriktes überschritten hatte), so machte sich schon im Jahre 1827 die Einrichtung von Knappschaftscassen nothwendig, welcher die Unterstützung kranker Arbeiter, Wittwen und Waisen, sowie die Beschaffung der Begräbnisskosten zum Zwecke habend, in demselben Jahre für die Oberhohndorfer und Bockwaer Arbeiter errichtet wurde.

Die Steinkohlengewinnung innerhalb des Zwickauer Steinkohlendistriktes betrug:

im Jahre 1790	30,800	sächsische Scheffel,
„ „ 1800	62,000	„ „
„ „ 1820	65,000	„ „
„ „ 1830	165,500	„ „
„ „ 1840	780,000	„ „
„ „ 1850	4,200,000	„ „
„ „ 1860	7,874,000	„ „

Ihr Abbau geschah 1858 aus 139 Flötzstellen und 161 Förderschächten, unter Anwendung von 116 Haspeln in den weniger tiefen Gruben, von 44 Dampfmaschinen zur Förderung und 25 Dampfmaschinen zur Wasserhaltung mit zusammen 1940 Pferdestärken in den bis nahezu 600 Ellen tiefen Schächten.

Der jährliche Geldumsatz, welcher sich natürlich mit den Kohlenpreisen ändert, kann jetzt im Mittel auf $1^1/_2$ Millionen Thaler, wovon die Arbeitslöhne und Gehalte die Hälfte betragen, angenommen werden. Durch die in neuerer Zeit vollendete Bahnstrecke Zwickau-Schwarzenberg ist es ermöglicht worden, den Holzbedarf zum Grubenbetrieb aus dem Staatsforste des Obererzgebirges zu entnehmen, indem zugleich durch Lieferung billiger Steinkohlen in das obere Erzgebirge die Brennholzabgabe an die Berechtigten vermindert und damit der Verkauf des dafür bestimmten Holzes als Langholz gestattet worden ist, welches zum Grubenbau selbst dann noch mit Vortheil verwendet wird, wenn es die Stärke von 9 Zoll nicht ganz erreicht.

Die weitere Verfolgung der Flötzrichtung der Zwickauer Kohlenablagerung führte schon in den Jahren 1821 bis 1827 zu Versuchsarbeiten der zwischen Zwickau und Stollberg gelegenen Ortschaften Ernstthal und Oberlungwitz, wo in der Nähe der letzteren am 1. August 1827 ein 18 Zoll mächtiges und 12 Zoll Kohle führendes Flötz in geringer Tiefe erbohrt wurde, seine Ausbeutung jedoch aus Mangel an Betriebsmitteln unterblieb. Ein gleiches Schicksal hatten die 1831 in der Gegend von Niederwürschnitz unternommenen Versuchsbauten, wo vermittelst eines Schurfes bei 6 Ellen Tiefe ein 6 Zoll mächtiges, bei 14 Ellen Tiefe ein 18zölliges Steinkohlenflötz aufgefunden wurde, an derselben Stelle wo seit 1857 in einem Haspelschacht, „Fürstenschacht" genannt, Kohlen gefördert werden. Weitere Bohrversuche, welche in den Jahren 1834 bis zu Ende 1843 in Niederwürschnitz, Niederölsnitz, Lugau und Wittendorf angestellt wurden, und bei welchen 4 Bohrlöcher bis zu einer Tiefe von angeblich 125 Ellen getrieben wurden, blieben erfolglos, bis zum Jahre 1844 durch einen Maschinenwärter aus Oberhohndorf, welcher jedenfalls durch den um den Zwickauer Kohlenbergbau hochverdienten Professor Breithaupt auf das Vorkommen von Kohlen in Niederwürschnitzer Flur aufmerksam gemacht worden war, ein Schacht und in diesem das erste 1,4 Lachter mächtige Flötz bei $7^1/_2$ Ellen abgeteuft wurde; durch Anlegung noch zweier Schächte wurde bis zum Jahre 1852 das ganze Grundstück in einer Tiefe von 22 bis 46 Ellen abgebaut, soweit das erste Flötz bei 2 Schächten und das zweite bei einem Schacht abbauwürdig erschien.

Durch diese Auffindung und Gewinnung von Steinkohlen wurde der Speculationsgeist geweckt und es entstanden nach und nach eine Menge von Versuchsschächten in dortiger Gegend, von denen zwar nur wenige günstigen Erfolg boten, durch welche aber, soweit sie sich als abbauwürdig ergaben, der Industrie ein reiches Kohlengebiet erschlossen wurde.

Zunächst bildete sich im Jahre 1845 der „Oelsnitzer Steinkohlen-Actienverein", welcher sich mit einem Anlagecapital von 50,000 Rthlr. in 1000 Rthlr. Actien constituirte, den „Imanuelschacht" als Hauptförder- und Kunstschacht abteufte und bis zum Jahre 1847 bei einer Tiefe von 59 Lachtern drei Flötze erreichte, auf welchen man in demselben Jahre einige Vorrichtungsbaue und zum Theil auch schon Abbaue ausführte. Die Lage des Schachtes war aber zum rationellen Abbau der Flötze, weil man durch ihn den tiefsten Punkt des Areals in der Fallrichtung der Flötze nicht erreichte, nicht genügend, es konnte also auch ohne ein Weiterabteufen des Schachtes und Treiben einer Grundstrecke nach jenem tiefsten Punkte oder ohne einen neuen Schacht die ganze Parzelle nicht abgebaut werden, wesshalb man die Creirung von 1000 Stück sogenannten Halbactien (à 25 Rthlr.) beschloss, um den Schacht weiter und zwar bis zum vierten Flötze abteufen zu können. Die Verzögerung in der Einzahlung obiger Actien, sowie technische Schwierigkeiten hinderten das schnelle Vorschreiten der projectirten Vorrichtungsbaue und die Kohlengewinnung überhaupt, so dass erst Ende 1862 der Hauptschacht bis zum vierten Flötz, welches man mit 67 Lachter Tiefe vor Tage nieder erreichte, abgesunken werden konnte und das Vorwärtsschreiten des Werkes immer nur ein langsames war. Die ganze Kohlenförderung bei diesem Vereine im Verlauf der ersten 9 Jahre belief sich nur auf zusammen 322,380 Scheffel, mithin im Durchschnitt 35,820 Scheffel pro Jahr. Im Jahre 1845 wurde auf Niederwürschnitzer Flur der „Trinitatisschacht" von 7 Unternehmern geteuft, 1846 der „Annenschacht Nr. 1" mit 18 Ellen Teufe, und „Annenschacht Nr. 2" mit 12 Ellen Teufe bis auf das 12zöllige Pechkohlenflötz und gleichzeitig der „Augustschacht" mit 44 Ellen, der „Grenzschacht" mit 21 Ellen und der „Moritzschacht" mit 84 Ellen Tiefe ersunken, wo letztere auf dasselbe Flötz stiessen, dessen vollständiger Abbau dem neubegründeten „Lugau-Niederwürschnitzer Steinkohlenbauverein", der mit einem Grundkapital von 200,000 Rthlr. arbeitete, überlassen wurde. Dieser Verein hat nun seit seinem Entstehen folgende Schächte abgeteuft: den Mehlhorn'schen Haspelschacht, 84 Ellen bis auf's erste und 112$^1/_2$ Ellen bis auf's zweite Flötz, wo dasselbe die ersten Nachweise seiner grösseren Mächtigkeit und besseren Beschaffenheit lieferte; den „Albertschacht" 113 Ellen bis auf das erste, 145 Ellen bis auf das zweite Flötz tief, in nördlicher Fallrichtung vom Moritzschacht aus gelegen. An diese Arbeiten knüpfte sich 1852 die Anlegung einer Tagesstrecke nach dem bis circa 1 Elle unter dem Rasen, mit ziemlich 2 Ellen Mächtigkeit aufsteigenden Flötze. Aus sämmtlichen Schächten wurden in den ersten 8 Betriebsjahren von 1846—1854, und zwar eigentlich nur vom Ausgehenden der Flötze bis zu einer saigeren Teufe von 150 Ellen, 891361$^1/_2$ Scheffel Kohlen gefördert. Behufs der weiteren Aufschliessung des Vereinsgebietes wurde 1852 noch der „Karlsschacht" mit 30pferdiger Wasserhebungs- und Fördermaschine angelegt, welcher bei 330 Ellen Tiefe das oberste Flötz erreichte. Ausser diesen Schächten hatte der Lugau-Niederwürschnitzer Steinkohlenverein das Grundstück der „Dreissiger Gesellschaft" mit dem „Dreissiger Schacht" im Jahre 1848 käuflich übernommen.

Auf diese Unternehmungen folgte eine Reihe anderer, ebenfalls in den Jahren 1844 u. ff. in das Leben gerufener, welche theils mit grösserem, theils mit geringerem Glück gearbeitet, zum grossen Theile aber ein schnelles Ende erreicht haben. Man hatte in den meisten Fällen die zahlreichen und kostspieligen Schwierigkeiten, welche sich derartigen bergmännischen Unternehmungen entgegenstellen, viel zu wenig im Auge, arbeitete mit geringen baaren Mitteln und untergrub durch übertriebene Vorspiegelungen zu erlangender Resultate, die in den meisten Fällen nicht erzielt wurden, den Credit, welchen derartige zeitraubende Versuche beanspruchen, in so bedeutendem Grade, dass es fast eines Zeitraumes von 10 Jahren bedurfte, ehe das alte Vertrauen wieder festen Fuss fasste und Capitalisten die begonnenen und früher unterbrochenen Vorarbeiten auf Steinkohlen in dem Zwickau-Lugau-Chemnitzer Bassin wieder aufnahmen.

Gleichzeitig wurde es Aufgabe der Wissenschaft, insoweit fördernd auf den Kohlenbergbau einzuwirken, als sie es sich angelegen sein lassen musste, auf Grund geognostischer Studien diejenigen Orte namhaft zu machen, an welchen voraussichtlich der günstigste Erfolg für bergmännische Unternehmungen zu erwarten stehe. Schon im Jahre 1788 war, auf Veranlassung der Landes-Oeconomie-

Manufactur-Commerzien-Deputation, von dem Kurfürsten Friedrich August von Sachsen Befehl zur Aufsuchung von Steinkohlenflötzen in den sächsischen Landen erlassen worden, infolge dessen das Oberbergamt zu Freiberg zuvörderst eine Zusammenstellung aller in den verschiedenen bergamtlichen Acten vorfindlichen Nachrichten über Steinkohlenvorkommnisse veranstaltete und in dem darüber erstatteten Berichte den Antrag stellte, dass die beabsichtigte Untersuchung nicht blos auf Steinkohlen, sondern auch auf Entdeckung anderer Mineralien ausgedehnt werden möge, welcher Antrag auch Ende October 1789 unter Anweisung der erforderlichen Geldmittel auf eine Reihe von Jahren hinaus genehmigt und dessen Ausführung der besonderen Leitung des Bergrathes Werner anvertraut wurde, nach dessen im Jahre 1817 erfolgten Tode diese Function auf seinen Nachfolger, den Bergcommissionsrath Kühn überging. Unter deren Oberleitung wurden die einzelnen Districte Sachsens von besonders dazu befähigten Zöglingen der Bergacademie zu Freiberg untersucht, und die erzielten Resultate in Form besonderer geognostischer Monographien, bestehend aus einer schriftlichen Relation und einer petrographischen Karte, eingereicht. Auf diese Weise waren bis zum Jahre 1830 alle Vorarbeiten beendet, denen nun die Revision, Zusammenstellung und namentlich die Herstellung der zu veröffentlichenden geognostischen Karte von Sachsen folgte. Mit dieser letzteren Arbeit, welche in Folge der zur Erzielung zuverlässiger Resultate nothwendig gewordenen nochmaligen Bereisung des Landes einen Zeitraum von 10 Jahren in Anspruch nahm, wurden die Professoren Naumann und Cotta, beide zu jener Zeit in Freiberg, betraut, und von diesen die in 12 Sectionen erschienene geognostische Karte des Königreiches Sachsen, zu welcher später von Naumann noch eine Uebersichtskarte geliefert wurde, auf öffentliche Kosten herausgegeben. Unstreitig ist gerade dieses Kartenwerk, welches als das erste seiner Art betrachtet werden kann, und im Jahre 1844 vollendet erschien, die wichtigste Grundlage für alle weiteren geologischen und technischen Untersuchungen der sächsischen Kohlengebiete; ohne dieselbe wäre ein Theil der jetzt zur Beantwortung gestellten Fragen schwerlich mit gleicher Sicherheit, als es zum Theil geschehen, gelöst worden. Ausser den genannten, um den beregten Gegenstand hochverdienten Autoritäten, gebührt dem Herrn Oberst von Gutbier, der seiner Zeit als Subalternoffizier in Zwickau stationirt war und sich die Erforschung des dortigen Kohlengebietes zur Aufgabe stellte, noch besonderer Erwähnung. Er lieferte 1834 eine „Geognostische Beschreibung des Zwickauer Schwarzkohlengebirgs, nebst Karte,“ und sammelte, bestimmte und beschrieb mit ausserordentlichem Eifer die Ueberreste der vorweltlichen Flora jener Gegend. Auf Grund seiner Forschungen wurden einige der jetzt wichtigsten Kohlengruben erschlossen, auf Stellen, an denen man vor ihm die Kohlenlager für abgeschnitten angenommen hatte.

Diesen Arbeiten folgte auf Ministerialverordnung vom 8. April 1852 ein grösseres Werk: „Die Steinkohlen Sachsens in ihrem geognostischen und technischen Verhalten geschildert,“ in welchem Professor Geinitz den geognostischen, Professor Stein den chemischen, Techniker Hartig den technischen und Kohlenwerksinspector Köttig den geschichtlichen und statistischen Theil zur Ausarbeitung übernommen hatten. (Letzterer verdienstlichen Arbeit sind die vorhergehenden geschichtlichen Mittheilungen zum grossen Theil entlehnt.)

Auf Grund der diesen Arbeiten vorausgehenden geognostischen petrographischen Untersuchungen gelang es zunächst Geinitz, die schon von Naumann angenommene Altersungleichheit der Hainichen-Ebersdorfer und der Zwickauer Kohlenlager durch Vergleichung der fossilen Pflanzen auf das Vollständigste in einer von der Jablonowski'schen Gesellschaft in Leipzig gekrönten Preisschrift nachzuweisen.

Die zwischen Zwickau und Chemnitz mit Erfolg gekrönten neueren Bohrversuche auf Steinkohlen verdanken ihren ersten Anlass den Resultaten der Untersuchung Naumann's und Geinitz's auf geognostischem Gebiete. Besonders war es der letztere, welcher durch Wort und Schrift zu Unternehmungen aufmunterte, die Beziehungen der Niederwürschnitzer Kohlenflötze zu den Zwickauer Kohlenlagern feststellte und gleich warnend wie rathend den Speculationsgeist weckte. Es bildeten sich auch von dem Jahre 1854 an eine grosse Zahl von Actiengesellschaften auf benannten Gebieten, welche zum Theil schon die Kohlenförderung betreiben, zum Theil noch mit Bohrversuchen und Schachtteufungen beschäftigt sind. Besonders aufmunternd für das Streben derselben waren die günstigen Resultate, welche einzelne Kohlenbauvereine auf Oelsnitzer und Niederwürschnitzer Flur erzielt zu haben sich freuen durften. Unter denselben mögen folgende noch beispielweise erwähnt werden.

Nachdem die im Jahre 1856 begründete Oelsnitz-Lugauer Steinkohlenbaugesellschaft im Jahre 1857 den „Hedwigschacht" zu teufen begonnen, traf sie

bei	942	Ellen	Tiefe	das	erste Steinkohlenflötz	von	—	22″	Mächtigkeit,
„	$948^2/_3$	„	„	„	zweite	„	„	1° 10″	„
„	958	„	„	„	dritte	„	mit	— 12″	Pechkohle,
„	$966^2/_3$	„	„	„	vierte	„	von	— 40″	Mächtigkeit,
„	$980^2/_3$	„	„	„	fünfte	„	mit	— 13″	Pechkohle,
„	$1043^2/_3$	„	„	„	sechste	„	„	$22^1/_2$°	„

letzteres am 15. Mai 1861 aufgefunden.

Der im Jahre 1856 gegründete Verein „Gottes-Segen zu Lugau" erteufte in dem südwestlich von Lugau gelegenen „Gottes-Segen-Schacht" in 502° bis 602° Tiefe 8 übereinanderliegende Kohlenflötze von zusammen $14^1/_2$ Ell. Mächtigkeit.

In dem Schachte „Neue Fundgrube" des im Jahre 1855 gegründeten „Zwickau-Lugauer-Steinkohlenbauvereins" wurden von 823 bis 874° Tiefe 3 Kohlenflötze von zusammen $9^3/_4$ Ellen Mächtigkeit im April 1861 angebrochen.

In dem „Westphalia-Schachte" des im Jahre 1857 gegründeten „Lugauer-Steinkohlenbauvereins Westphalia" wurden im Jahre 1860 fünf Kohlenflötze von zusammen $7^1/_2$ Elle Mächtigkeit bei einer Tiefe von 692—741 Ellen durchsunken.

Diese in der Umgebung von Stollberg erzielten Resultate liessen erwarten, dass das Zwickauer Kohlenbassin hier seine Grenze noch nicht erreicht habe, sich vielmehr, wenn auch in zunehmender Tiefe, nach Chemnitz hin fortsetze. Den Bemühungen der im Jahre 1858 mit 1 Million Thaler Anlagekapital begründeten „Chemnitzer Steinkohlenbau-Gesellschaft" ist es endlich auch gelungen, nachdem bereits von Seiten des Grünaer „Steinkohlenbauvereines" am Ende des Jahres 1857 im Grünaer Schachte zwei schwache Kohlenflötze aufgefunden worden waren, und die Fluren der ersteren Gesellschaft die Orte Grüna, Leukersdorf, Neukirchen und Pfaffenhain, sämmtlich in der Nähe von Chemnitz berühren, auf Leukersdorfer Flur bei einer Tiefe von 840—978 Ellen mindestens zwei bauwürdige Kohlenflötze nachzuweisen.

Somit begreift das Zwickau-Chemnitzer Kohlenbassin nach neueren Messungen einen im Abbau für Steinkohlen begriffenen Flächenraum von $4220^2/_3$ Acker, mit 308 abbauwürdigen Flötzen von zusammen 350 Lachter Mächtigkeit mit 161 Förderschächten.

Von geringerer Bedeutung und daher hier nur kurz zu erwähnen ist der zwischen Chemnitz und Hainichen betriebene Steinkohlenbergbau. Es werden in Berthelsdorfer Gegend seit 1705 Kohlen gegraben und der dortige Bergbau seit 1857 von dem „Berthelsdorfer Steinkohlenbergbau-Verein" betrieben, ebenso werden seit 1820 in Ebersdorf Steinkohlen gefunden, während die auf Hainicher Flur vorgenommenen Bohrversuche zu keinem Resultate führten und die zwischen Chemnitz und Oederan liegenden Kohlengruben von Plaue, Gückelsberg und Flöha seit 1816 wegen mangelnder Ergiebigkeit nur sehr schwach betrieben werden. Auf Altenhainer Flur ist seit 1858 von einem Privatmann ein schwacher Kohlenbau im Gang.

Kohlenbecken des Plauen'schen Grundes bei Dresden.

Der Beginn des Steinkohlenbergbaues in dem von der Weisseritz durchschnittenen Plauen'schen Grunde bei Dresden fällt in die Mitte des 16. Jahrhunderts und soll derselbe zuerst in Kohlsdorf im Jahre 1540 betrieben worden sein, von wo aus er sich auf die Orte Potschappel, Zaukeroda, Döhlen, Burgk, Wurgwitz, Pesterwitz und Niederhermsdorf fortgepflanzt hat. Er wurde daselbst nur von den einzelnen Grundbesitzern in mehreren Feldmarken betrieben, bis im Anfang dieses Jahrhunderts das landesherrliche Steinkohlenwerk bei Zaukeroda entstand, welches einen Kohlenbergbau in grösserem Maassstab einleitete und so das Beispiel zu der Bildung und dem Betriebe grösserer Gruben gab. Der Abbau der Steinkohlen selbst wurde schon im Jahre 1612 frei gegeben, nachdem ein Gutachten des Bergschöppenstuhls zu Freiberg auf Anfrage von Seiten der Regierung festgestellt:

> dass die Steinkohlen „einzig und allein auf Holzersparung benutzt werden könnten und für kein Metall zu erachten, mithin auch nicht zu den Regalien zu rechnen seien."

Der Beginn des Kohlenbergbaues auf dem rechten Ufer der Weisseritz fällt in die Jahre 1747 bis 1751, in Coschütz 1790, in Gittersee 1809. Hier, wo das Steinkohlenbecken zwischen Coschütz und Schweinsdorf seine grösste Breite erreicht, wird dasselbe durch eine unter dem Namen des „rothen Ochsen" bekannte, von dem nordöstlichen Ende des Potschappeler Eichberges nach der Gegend von Haenichen sich hinziehende Hauptverwerfung gleichfalls in die südwestlich von ihr sich ausbreitende Hauptmulde und die nordöstlich gelegene Nebenmulde geschieden. Sowohl beide Hauptbassins als auch beide Nebenbassins auf dem rechten und linken Weisseritzufer müssen als direkte Fortsetzungen von einander betrachtet werden. Mit grosser Beharrlichkeit hat nun der Haenicher Steinkohlenbauverein, der sich im Jahre 1846 constituirte, nicht allein die weitere Fortsetzung der Steinkohlenformation im Plauen'schen Grunde in südöstlicher Richtung verfolgt, sondern er betreibt auch in seinen 3 Förderschächten, dem „Beckerschacht" bei Haenichen, dem „Beharrlichkeitsschacht" bei Rippien und dem „Berglustschacht" bei Wilmsdorf, einen lebhaften ergiebigen Abbau. Die in den Revieren der beiden ersten Schächte entnommenen Flötzprofile weisen eine Mächtigkeit der Kohlen bis 5¾ Ellen nach. In dem Berglustschachte hat man das Kohlenflötz in der Tiefe von 493½ Elle mit einer Mächtigkeit von 3½ Ellen angetroffen.

Durch die im Jahre 1857 erfolgte Begründung des Golberoda-Dippoldiswaldaer, sowie des Dresden-Possendorfer und des Oberhermsdorfer Steinkohlenbauvereins und die damit verbundenen Schachtanlagen wurde über die Natur und das Alter des in dem Gottes-Segenschachte zu Wilmsdorf angetroffenen Thonsteinporphyrs ein sicherer Aufschluss gegeben.

Der Possendorfer Actienverein hat in dem „Herrmannsschachte" in der Tiefe von 482½ Elle ein Steinkohlenflötz von 5½ Ellen Mächtigkeit erteuft. In dem „Dippoldsschachte" des Golberoda-Dippoldiswaldaer Vereins wurde die Steinkohle bei einer Tiefe von 664 Ellen in einem 3 Ellen mächtigen Flötze aufgefunden. Von noch bedeutenderer Mächtigkeit sind in den dem Gitterseer Actienverein gehörenden Kohlenschächten die Steinkohlen aufgefunden worden. Auf einer und zwar der achten von dem Moritzschachte aus bis in die unmittelbare Nähe des Meiselschachtes in dem Kohlenflötze getriebenen Fallstrecke wurde das Kohlenflötz von bester Qualität und zwar bei 7 Ellen Mächtigkeit, und in 160 Ellen Entfernung vom Meiselschachte dasselbe sogar mit 8 Ellen Mächtigkeit angetroffen. Es sollte jedoch dem unglücklichen Verein nicht vergönnt sein, diese Schätze an das Tageslicht zu fördern. Allerdings hatte man in dem Meiselschachte durch eine Verwerfung gestörte Verhältnisse und es ist das Hauptflötz in dem ganzen Landstriche zwischen diesem Schachte und dem Moritzschachte, in Folge der grossen Hauptverwerfung (siehe oben) um mindestens 400 Ellen tiefer gerückt (so dass dasselbe erst bei 810 Ellen Tiefe ersunken wurde), als dies jenseits der Verwerfung der Fall ist; doch waren es hauptsächlich die bedeutenden Wasserhaltungskosten, welche die Auflösung des im Jahre 1836 unter so günstigen Terrainverhältnissen begründeten Gitterseer Actienvereins im Jahre 1859 bedingten, so dass es eines bedeutenden Anlagecapitals bedurfte, um die unter Wasser stehenden Flötze abbauwürdig zu machen. Das zwischen Gross-Burgk und Schweinsdorf über Klein-Naundorf und Nieder-Hässlich in den Poisenwald sich verbreitende Areal des Herrn Baron von Burgk, von welchem die Werke des Potschappeler Actienvereins mit dem Windbergschachte und Reiboldschachte inselartig umschlossen werden, zeigt jedenfalls die günstigsten Verhältnisse sowohl in Quantität und Qualität der Kohlen, als in Hinsicht auf ihre Abbauverhältnisse. Der neueste auf der Höhe zwischen dem Hoffnungsschachte und Nieder-Hässlich gelegene „Segen-Gottesschacht“ des Herrn Baron von Burgk hat, von der nur sechs Ellen erhöhten Hängebank des Schachtes an gerechnet, bei einer Tiefe von 861¾ Ellen ein Steinkohlenflötz von 8½ Ellen Mächtigkeit geliefert. — Weniger günstig gestalten sich die Verhältnisse auf dem linken Weisseritzufer, von welchem aus der Steinkohlenbergbau im Plauenschen Grunde eröffnet wurde. Hier ist die Steinkohlenformation durch eine Reihe von älteren Porphyrbergen in das grössere Hauptbassin und in ein Nebenbassin geschieden. In dem letzteren, welches sich von Kohlsdorf nach Nieder-Pesterwitz (den Stammsitzen des dasigen Kohlenbaues) hinzieht, ist in der neuesten Zeit der Bergbau erloschen. Dagegen steht der Betrieb auf den Königlichen Kohlenwerken unter den Fluren von Döhlen, Zaukeroda und Niederhermsdorf in gutem Gange, nachdem bereits im Jahre 1578 der Staatsfiscus mit den Gutsbesitzern Potschappels Abbaucontracte abgeschlossen hatte und seit dieser Zeit die dortigen Kohlenwerke in Betrieb erhält. Das Hauptflötz erreicht in der Nähe von Döhlen 7 — 8 Ellen, in der Nähe des Georgschachtes bei Niederhermsdorf über 5 Ellen Mächtigkeit, während man nach dem Ausgehenden hin als die geringste bauwürdige Mächtigkeit circa 1½ Ellen anzunehmen pflegt.

In Bezug auf die Geschichte des sächsischen Steinkohlenbergbaues ist endlich noch der beiden Anthracitlager in Schönfeld und Zaunhaus bei Altenberg zu gedenken, von denen das erstere schon in den letzten Decennien des vorigen Jahrhunderts bekannt war und seit dem Jahre 1790 von der Zinn-Zwitterstock-Gewerkschaft zu Altenberg ausgebeutet wird, während die in dasiger Staatswaldung auftretenden Anthracitlager von Zaunhaus seit dem Jahre 1845 vom Fiscus untersucht werden.

Im Jahre 1853 wurden auf 2 Werken 3061 Scheffel,
1855 „ „ 2 „ 4041 „
1857 „ „ 2 „ 3802 „
und 1858 „ „ 1 „ 1847 „

gefördert. Da der Werth dieser letzteren nur 677 Thaler betrug, das Ausbringen jedoch einen Aufwand von 1038 Thalern beanspruchte, so liegt jedenfalls die Zeit des Erlöschens dieses Bergbaubetriebes nicht mehr allzufern.

Bei Besprechung des sächsischen Steinkohlenbergbaues verdienen noch die Stollen, welche zu Beseitigung der die Steinkohlengewinnung störenden Wasser getrieben wurden, einer kurzen Erwähnung. Diese Stollenbauten riefen zwar einerseits manche Streitigkeiten und Beschwerden hervor, indem den Stöllnern häufig die Beiträge für Entwässerung fremder Gruben (der Stollenzins) verweigert wurden, auch Klagen wegen Zuführung von Wasser durch die Stollen zu anderen Gruben erwuchsen u. s. w., jedoch stählten sie den Unternehmungsgeist und wurden die Veranlassung zum Betriebe des Steinkohlen-Bergbaues in grösserem Maassstabe und auf rationellere Weise.

Einer der ältesten Stollen ist der, welcher im Jahre 1549 von der von Hans von Söldner in Zwickau gegründeten Gesellschaft getrieben wurde; an diesen reiht sich der auf dem linken Muldenufer gelegene Planitz-Bockwaer Communstollen im Jahre 1604 errichtet und 1625 um 24 Lachter verlängert, seit 1846 verbrochen. Ausserdem befindet sich auf dem rechten Muldenufer der mit der Mulde in Verbindung gebrachte Bockwa- und Hohndorfer Hauptstollen, dessen Inangriffnahme wahrscheinlich in das Jahr 1658 fällt. Neueren Ursprungs sind der in den Jahren 1830 - 35 gebaute neue Stollen, dessen Mundloch sich nördlich von Oberhohndorf vorfindet, sowie der auf Planitzer Gebiete getriebene Louisenstollen.

Im Plauenschen Grunde wurde der erste Stollen um das Jahr 1713 gebaut, dessen Mundloch im Wiederitzthale lag; diesem folgte im Jahre 1747 die Anlage des Burkhardtstollns, dessen Mundloch oberhalb Potschappel an der Wiederitzbach angelegt war, ferner 1791 der in Niederhermsdorfer Flur getriebene Leopolderbstolln, sowie der im Jahre 1725 behufs der Trockenlegung der Pesterwitzer Kohlenflötze getriebene Clausstolln. Die bedeutendsten Stollen des Plauenschen Grundes und besonders wichtig für die Wetterlösung und Wasserhaltung der Königlichen Werke in Zaukeroda, sind der Weisseritzstolln und der Elbstolln. Ersterer führt durch die Pesterwitzer und Zaukerodaer Fluren in das Niederhermsdorfer Revier. Der Bau desselben geschah durch den Staatsfiscus und wurde im Jahre 1799 begonnen und 1839 beendet. Der letztere führte von der Elbe bei Priessnitz bis an den Zaukerodaer Kunstschacht, von welchem aus sich zwei Flügel, der eine bis an die Weisseritz, der andere nach Niederhermsdorf erstrecken; der Bau desselben begann im Jahre 1817 und wurde in 19 Jahren beendet, seine Länge beträgt 3022 Lachter. Ausserdem sind noch der auf dem rechten Weisseritzufer liegende Burgker Stolln, ferner der an der Weisseritz angesetzte Potschappeler Stolln und der Gitterseer Stolln zu erwähnen.

Schlesische Kohlenbecken.

In der Verfolgung der Geschichte des deutschen Kohlenbergbaues betreten wir nun das schlesische Gebiet, in welchem uns zunächst in Oberschlesien das Steinkohlengebirge in einigen Inseln, welche aus jüngeren Gebirgsbildungen hervorragen, entgegentritt. Die grösste und an Steinkohlen reichste Partie des Bergamtsbezirkes Tarnowitz erstreckt sich von Gleiwitz nach der russisch-polnischen und der österreichisch-krakauischen Grenze mit 4 bis $4^1/_2$ Meilen Länge und einem Flächenraum von 8—9 Quadratmeilen. Ein zweiter Steinkohlenzug erstreckt sich von Gleiwitz aus südlich, von Czeswionkau über Nicolai, mit wenig aber sehr regelmässig gelagerten Steinkohlenflötzen, einen Flächenraum von 2 Quadratmeilen einnehmend; eine dritte Steinkohlenpartie liegt zwischen Rybnik und Loslau mit ziemlich einer Quadratmeile Flächenraum. Endlich werden noch bei Kostowagna, südöstlich bei Chelm und bei Petrzkowitz an der oberen Oder nahe der österreichischen Grenze auf einer Fläche von ungefähr $^1/_2$ Quadratmeile Kohlen gegraben. Zwischen diesen sechs Steinkohlenpartien liegt ein Flächenraum von ungefähr 70 Quadratmeilen, in welcher das Vorhandensein des Steinkohlen-Gebirges kaum zu bezweifeln ist.

Das Steinkohlengebirge Niederschlesien im Bergamtsbezirke Waldenburg bildet einen langen Gebirgszug, welcher an der böhmischen Grenze bei Liebau beginnt, bei Landshut einige schwache Flötze einschliesst, aber in seiner grössten Ergiebigkeit bei Schwarzwaldau, Gottesberg und Waldenburg, wo bis 60 Flötze über einander liegen, mit einer Gesammtmächtigkeit von beinahe 150 Fuss auftritt. Die Zahl und Stärke der Flötze nimmt südöstlich von Waldenburg schnell wieder ab, so dass dieselben jenseits Thannhausen und Donnerau nicht mehr abbauwürdig gefunden werden und erst in der Grafschaft Glatz treten wieder mehr und mächtigere Flötze auf, so namentlich bei Nölke, Hausdorf, Kohldorf, Volgersdorf, Schlegel und Eckersdorf. Die Fläche des gesammten niederschlesischen Steinkohlengebietes kann, soweit die bisherigen Aufschlüsse reichen, zu 5 Quadratmeilen angenommen werden.

Beide schlesischen Kohlendistricte gehören in ihrer regelmässigen Ausbeutung der neueren Zeit an. Noch gegen Ende des 16. Jahrhunderts waren die Steinkohlen in Schlesien so wenig Gegenstand ausgedehnter, bergmännischer Industrie, dass unter dem 20. Septbr. 1594 die schlesische Kammer es zum ersten Male für nöthig fand, von dem Rathe in Schweidnitz Bericht über das etwaige Bestehen von Kohlengruben und deren Rechtsverhältnisse zu verlangen. Dieser Bericht[1]) führt unter anderen an: „dass auf der Stadt Schweidnitz Grund und Boden gar keine Kohlengruben vorhanden seien. Die Steinkohlen, welche man dort verbrauche und verfahre, würden meistentheils von Hernsdorf, Weissstein und zu Altwasser (also an den noch jetzt durch die bedeutendsten Gruben bekannten Orten) gegraben und abgefahren, und wie die Schmiede anzeigen, wurde der Grundherrschaft von jedem Gerüste (welches so viel sei, als man mit 2 Bergrösslein zu fahren pflege) sammt Fuhrlohn in Schweidnitz ungefähr 22 Weissgroschen (nach heutigem Gelde 14,8 Sgr.) gezahlt."

„Auch unter den Herrschaften Fürstenstein und Adelsbach sollten dergleichen Kohlengruben sein, von diesen werde aber selten etwas nach der Schweidnitzer Gegend gebracht." — Die Veranlassung zu diesem Berichte war ein Concessionsgesuch, welches ein gewisser Hans Rösler zu Aufnahme von Steinkohlenbergbau in der Reichenbacher und Frankensteiner Gegend Mitte September 1594 bei der schlesischen Kammer angebracht hatte. Sonstige Privilegien, die Kohlengruben betreffend, waren bis zu dieser

---

[1]) Steinbock, Geschichte des schlesischen Bergbaues.

Zeit nicht vorhanden. Es wurden die Steinkohlengruben in Neurode z. B. für ein Regal der Gutsherrschaft erkannt und dies zwar auch da, wo erstere auf Rustical-Terrain vorkamen. Zugleich aber hatte sich dabei das eigenthümliche Verhältniss gestaltet, dass die Gutsherrschaft den Bauern gegen einen entsprechenden Zins den Abbau von Steinkohlen auch auf Dominialterrain gestattete.

Ausser im Fürstenthum Schweidnitz und der Grafschaft Glatz war selbst noch gegen Ende des 17. Jahrhunderts, also vor der preussischen Besitznahme, nirgends Steinkohlenbergbau betrieben worden und namentlich fehlte es an jeder diesfälligen Spur in dem damals noch schwächer bevölkerten, aber an Holz sehr reichen Oberschlesien. Aus den über den Niederschlesischen Steinkohlenbergbau jener Zeit noch vorhandenen Urkunden geht zugleich hervor, dass in dem Geiste der mehr und mehr um sich greifenden Fiscalität, die Steinkohlen als Bergregal zu behandeln, von Seiten der Regierung begonnen und kein Widerspruch dagegen erhoben wurde, durch welchen Umstand es sich vorbereitete, dass die Steinkohlen in Schlesien überhaupt später unter preussischer Landeshoheit durch förmliche gesetzliche Anordnung in das Bergregal übergingen. Noch im Jahre 1742 war der Steinkohlenbergbau Schlesiens auf die drei Orte: Eckersdorf, Neurode und Schlegel in der Grafschaft Glatz, an welchen 3 Gruben im Ganzen nur 18 Arbeiter beschäftigt waren, sowie auf die Orte: Altwasser, Weisstein, Hermsdorf, Reussendorf, Rothenbach und Kohlbau im Fürstenthum Schweidnitz beschränkt. Von ihnen allen erhob die Regierung, trotz der von Seiten einzelner Gutsherrn erhobenen Proteste, den Zehnt als einen dem diesen Unternehmungen gewordenen landesherrlichen Schutz entsprechenden Tribut und nahm durch ein Decret vom 13. Dezember 1742 die Steinkohlen unter die Objecte des Bergregals auf. Durch eine Cabinetsordre vom Jahre 1768 ward eine Immediat-Commission gebildet, um im Auftrage der obersten Verwaltungsbehörde das schlesische Bergwesen zu untersuchen und dessen Organisation einzuleiten, auch namentlich zu erforschen, ob und welche Gelegenheiten vorhanden seien, um den Bergbau Schlesiens zu heben. Ihrem am 16. November 1769 erstatteten Berichte entnehmen wir folgende Tabelle im Auszuge, welche ein ziemlich klares Bild von dem damaligen Zustande des schlesischen Kohlenbergbaues liefert.

Alte oder jetzt schon im Betrieb stehende Werke.

Namen der Kohlenwerke.	Art der Kohlen.	Namen der Gewerkschaft.	Förderung.
Schwarzwalde im Landshut'schen (jetzt Gustav-Grube)	Steinkohlen, so zu den Glanzkohlen gehören.	Baron von Zettritz	Wöchentlich 380 Bresl. Scheffel.
Gute Hoffnung bei Kohlau	Fettige Glanzkohlen, die gangweise 1 Elle mächtig stehen.	Scharff von Piroth zu Gottsberg	Wöchentlich 300 Bresl. Scheffel.
Richter-Grube (jetzt Abendröthe-Grube)	Brechen die schönsten Glanzkohlen, $1^1/_2$ Ellen mächtig.	Kaufmann Guller zu Gottsberg	Jährlich 5—600 Fuder à 24 Scheffel.
Rothenbach (jetzt Gustav-Grube)	Eine gute Glanzkohle, so gangweise 1—3 Ellen mächtig.	Die Gemeinde zu Rothenbach	Jährlich 593 Fuder.
Gottesberg im Schweidnitz'schen (jetzt Jenny- und Elisen-Grube)	Brechen gute Glanzkohlen.	Stadt Gattersberg	Jährlich 400 Fuder.
Altwasser (jetzt Segen-Gottes-Grube)	Glanzkohlen, so gangweise stehen.	Justizrath Mucius	Jährlich 600 Wispel.
Weisstein (jetzt Fuchsgrube)	Glanzkohlen, so flötzweise von $^1/_8$ bis 3 Ellen mächtig stehen.	Unterthanen zu Weisstein	Jährlich 2000 Wispel, welche in 6 Jahren 20,000 Thaler betragen hat, woran die Unterthanen 5200 Thaler verdient.

Namen der Kohlenwerke.	Art der Kohlen.	Namen der Gewerkschaft.	Förderung.
Frauengrube bei Hermsdorf (jetzt Friedenshoffnungs-Grube)	Gute Schieferkohlen.	Generallieutenant von Zettritz	Jährlich 700 Wispel; liegt jetzt wegen Mangel an Debit stille.
Gemeine Grube	Schieferkohlen, flötzweise.	—	Jährlich bis 600 Fuder.
Waldenburg (jetzt Graf Hochberg-Grube)	Glanzsteinkohlen in einem mächtigen Flötze.	Graf Hochberg	Wenn Debit ist, können 3000 Wispel geliefert werden.
Sophien-Grube bei Tannhausen	Glanzkohlen, flötzweise.	Baron von Seher-Toss	2000 Wispel können gefördert werden.
Josephsgrube	desgl.	desgl.	Liegt wegen Mangel an Debit stille.
Bache im Glatz'schen	Schieferkohlen, flötzweise, $1^1/_2$ Elle mächtig.	Baron von Stillfried	Wöchentlich 100 Scheffel.
Eckersdorff (jetzt Frischauf-Grube)	Eine gute Schieferkohle, die flötzweise bricht.	Graf von Götz	Jährlich 5620 Scheffel.
Schlegel (jetzt Johann-Baptista-Grube)	Schieferkohlenflötz, 1 Elle mächtig.	Baron von Pilati	Wöchentlich 1296 Scheffel können gefördert werden.
Orzegow im Beuthin'schen	Eine mächtige Kohlengrube.	Oberster von Jeanneret	Jährlich 12,000 Scheffel können gefördert werden.
Ruda	desgl.	Baron von Stechow	Jährlich 60,000 Scheffel können gefördert werden.
Radizon	desgl.	Fürst von Anhalt-Cöthen	Zum Gebrauch bei den Branntweinbrennereien.
Kostuchna in der Herrschaft Pless	desgl.	desgl.	desgl.
Unerwartet Glück bei Landshut	Glanzkohlenflötz.	Kammerreferendar Fischer in Breslau	Mit einem Schachtstolln.

Ausser den in obiger Tabelle verzeichneten Kohlenwerken umfasste der Bergbau Schlesiens im Jahre 1769 noch fünf Kupfer- und Arsenwerke im Hirschberg'schen und Landshut'schen, eine Galmei-Grube in Stollasewitz, zwei Kobaltgruben in Hirschberg und Löwenberg, eine Zinngrube in Löwenberg und eine Grube, welche Bleierze, Silber und Fahlerze im Landshut'schen lieferte.

Die gesammte Kopfzahl der Bergleute, einschliesslich der Tagelöhner, betrug Ende 1770 nur 247 Mann, von denen der grösste Theil nie auf einem anderen als demjenigen Werke, auf welchem diese Leute arbeiteten, angefahren und ohne alle bergmännischen Kenntnisse war. Von Markscheiden und Rissen ist in den Acten Nichts zu finden. Rechnungen wurden bei den Privatwerken nur höchst unvollständig und willkürlich geführt, das Steinkohlenmaass war nirgends normirt, Taxen für Berechnung des Zehnten gab es nicht; letzterer wurde von den Gewerkschaften nach eigenem Gutdünken entrichtet, und wie einerseits die mit dem Ausschliessungsrecht bei dem Steinkohlen-Bergbau privilegirten Gutsherrschaften im Fürstenthum Schweidnitz sich einer neuen Ordnung nicht fügen wollten, so sahen auch die anderen Gutsherren in den Schritten der Staatsverwaltung, welche den Zweck hatten, das Bergwesen zu ordnen, nichts als ein Streben, fiscalische Rechte zum Nachtheile der gewöhnlichen auszudehnen. Das Publikum zeigte für den Bergbau geringes Interesse und die wenigen vorhandenen Bergbeamten konnten bei dem Mangel an aller Unterstützung bei Untersuchungen des Gebirges neue Unternehmungen nicht zu Stande bringen, standen auch meist auf einer niedrigen Stufe bergmännischer Ausbildung. Bei so trauriger Sachlage nimmt es nicht Wunder, dass das gesammte Bergwerk-Einkommen des Staats im Jahre 1768—69 mit nur 249 Thlr. 8 Sgr. auf dem Etat stand.

Der Steinkohlen-Bergbau Oberschlesiens erstreckte sich, wie aus obiger Tabelle ersichtlich, im Jahre 1769 nur auf vier Gruben, welche aber sämmtlich eine sehr unbedeutende Ausbeute lieferten. Ein geregelter Betrieb wurde in Oberschlesien erst im Jahre 1799 begonnen, wo auf 14 Gruben mit 478 Arbeitern 167,230 Tonnen, und in der Standesherrschaft Pless auf drei Gruben mit 90 Arbeitern 40,000 Tonnen gefördert wurden, während in Niederschlesien zu gleicher Zeit bereits 54 Gruben, mit 916 Arbeitern belegt, 580,952 Tonnen Kohlen lieferten.

Der in jener Zeit noch in geringem Grade auftretende Holzmangel und der daraus folgende Umstand, dass die Steinkohle als Brennstoff bei den oberschlesischen Hüttenprocessen noch eine untergeordnete Stelle spielte, wie überhaupt der gesammte schlesische Bergbau, die Kohlengruben eingerechnet, im Jahre 1780 nur 375 Arbeiter beschäftigte, lassen es erklärlich erscheinen, dass die Kohlengewinnung Schlesiens erst in der Neuzeit an Bedeutung gewinnen konnte. Ueber die dermalige Lage der schlesischen Eisen-Industrie, welche jetzt als Consument der Steinkohle in den Vordergrund tritt, fehlen genaue Nachrichten; wie traurig dieselbe indessen gewesen sein mag, lässt sich daraus entnehmen, dass im Jahre 1777 wegen schlechter Beschaffenheit des schlesischen Eisens die Ausfuhr desselben in die übrigen Provinzen Preussens verboten wurde. Nach einem ohngefähren Ueberschlage waren im Jahre 1780 ungefähr 36 Hohöfen mit Holzkohlenbetrieb im Gange, welche höchstens 100,000 Centner Roheisen lieferten; aus diesem und unter Zurechnung der Producte aus etwa 20 Luppenfeuern wurden ca. 75,000 Centner Stabeisen im Werthe von 3½ Thalern pro Centner, hergestellt. Ausserdem war in Oberschlesien nur die Galmeyförderung, mit einer jährlichen Production von 10,000 Centner gerösteter Galmey, welche ihren Hauptabsatz nach Schweden hatte, in Betrieb.

Es ist ein grosses Verdienst des Ministers Graf von Reden[1]), welcher nach einer 29jährigen ruhmvollen Laufbahn im Alter von 63 Jahren im Jahre 1815 gestorben, den schlesischen Kohlenbergbau wesentlich gefördert zu haben. In seinem im Jahre 1781 an die preussische Staatsregierung erstatteten Bericht finden wir bereits die Angabe, dass in der Gegend von Landshut und Liebau, auf dem Fortstreichen der Waldenburger Flötze gegen Südwesten für königl. Rechnung Schürf-Versuche betrieben wurden. Sind sie auch ohne Erfolg geblieben, so ist doch die Absicht nicht zu verkennen, auch jenen entfernteren und schon damals holzarmen Gegenden ein billiges Feuerungsmaterial zu verschaffen. Zugleich hatte man bereits bei Zabrze in Oberschlesien mächtige Steinkohlenflötze aufgefunden und darauf einige Baue in Angriff genommen. Die Flötze zeigten sich aber bei der geringen Tiefe sehr milde; noch am festesten war eines der hervorragenderen Flötze (später Einsiedelflötz genannt), auf welchem mittels zweier 24zölliger Dampfkünste, wovon die erstere im Jahre 1798 und die andere 1805 aufgestellt, ein Tiefbau eröffnet wurde. Dieser Bau, im Verein mit demjenigen auf den mächtigen Zabrzer Flötzen an beiden Seiten des dortigen Gebirgssattels hat den Namen „Königin-Louisen-Grube" erhalten. Die Förderung war besonders dazu bestimmt, die Eisengiesserei und die Koksofenanlage bei dem eine Meile entfernten Gleiwitz mit Kohlen zu versorgen, nach welchem Orte der Kohlentransport durch Anlegung des Zabrzer Canales und durch Ansetzung des schiffbaren Stollns im Zabrzer Thale erleichtert wurde, mit welcher letzteren Anlage man zugleich die Absicht verband, diesen Stolln auf dem ganzen Kohlengebirgszuge über das Feld der Königin-Louisen-Grube hinaus, als Erbstolln fortzutreiben. Derselbe erhielt daher den Namen „Hauptschlüsselstolln" und wurde im Jahre 1800 feierlich eingeweiht.

Die ersten Aufschlüsse auf der Königin-Louisen-Grube berechtigten zu sehr glänzenden Erwartungen; wenn diese bei dem Bau über der Stollnsohle nicht in Erfüllung gingen, so lag dies nicht in

[1]) Carnall, Zeitschrift für das Berg-, Hütten- u. Salinenwesen des preussischen Staates. I. Band, pag. 201 u. ff.

den Betriebsveranstaltungen, sondern hauptsächlich darin, dass die Flötze sich in ihrer Lagerung gestört, dabei meistens milde, desshalb wenig stückreich und nur zum Theil backend zeigten. Darum hat man hier zu den erwarteten starken Förderungen nicht gelangen können und diese Anlagen haben sich aus demselben Grunde nicht bezahlt gemacht. Das Gleiwitzer Werk war dadurch genöthigt, lange Zeit den grössten Theil seines Steinkohlenbedarfes von gewerkschaftlichen Gruben zu erkaufen, weil man auf der Königin-Louisegrube zu einem Tiefbau nicht schreiten wollte, durch welchen man in der Neuzeit zu einer bedeutenden jährlichen Förderung gelangt ist. Die ersten Arbeiten auf der zwischen den Dörfern Charzow, Lagiewieck und Ober-Heiduk gelegenen Königs-Grube begannen im Mai 1791. Die Veranlassung zur Aufsuchung von Steinkohlen war die Beschaffung an Brennmaterial für den Dampfmaschinenbetrieb auf Friedrichs-Grube und für die Friedrichs-Hütte. Die, obwohl nur mageren, aber festen stückreichen, bis 3 Lachter und darüber mächtigen, ausgezeichnet reinen Steinkohlenflötze mit ihrer regelmässigen, flachen Ablagerung, bei welchen mit mässiger Seigerteufe ein grosses Feld trocken zu legen war, machten eine starke und billige Kohlenförderung möglich, und nachdem die Verwendbarkeit der oberschlesischen Steinkohlen zum Hohofenbetriebe einmal entschieden war, lag es nahe, auch hier eine Hohofenanlage zu errichten. Die Nähe der Eisensteinförderung von Naklo, Radzionkau, Tarnowitz etc. noch mehr die durch die letzte Theilung von Polen (1696) der preussischen Krone zugefallenen Ablagerungen reicher und vortrefflicher Brauneisensteine auf Domainengrunde zu Bobrowiniki, Simonia etc. (welche später an Russland übergingen) führten zu dem Beschluss, hier ein grosses Hohofenwerk — die Königshütte — zu errichten. Noch während des Besitzes des später an Russland abgetretenen Theiles (Neuschlesien) wurden bei Dombrowa, Bendzin und Strzyzowice die dortigen, mächtigen Steinkohlen-Ablagerungen in Abbau genommen, und gegenwärtig betreibt die russische Krone zu Dombrowa eine grosse Eisenhütte und eine Zinkhütte, für welche die Rede- und Xaweri-Grube die Kohlen liefern.

Der gewerkschaftliche Steinkohlenbergbau Oberschlesiens hat sich nur sehr langsam gehoben. In den ersten 90er Jahren debitirten 6 bis 8 Gruben jährlich nicht mehr als etwa 40000 Tonnen Stückkohlen und 10000 Tonnen Kleinkohlen. Die noch immer billigen Holzpreise liessen deren Verwendung in häuslichen Feurungsanlagen und in den meisten Gewerben unnöthig erscheinen. Noch im Jahre 1800 betrug die ganze oberschlesische Förderung, einschliesslich der dem Staate gehörigen Gruben, nur 106000 Tonnen. Die Anlage des Klodnitz-Kanales, zwischen Gleiwitz und Kosel, welche hauptsächlich den Zweck hatte, die oberschlesischen Kohlen nach der Oder und auf dieser in entferntere Gegenden zu befördern, hat für den oberschlesischen Kohlenbergbau den gewünschten und erwarteten Erfolg nicht gehabt. Erst durch die Anlage von Koks-Hohöfen, mehr aber noch durch den Zinkhüttenbetrieb ist dieser Bergbau in Aufschwung gekommen; die frühe Aufnahme der beiden grossen Gruben des Staates und der dortige geregelte Betrieb haben auf die gewerkschaftlichen Gruben einen sehr wohlthätigen Einfluss geübt und auch hier ist es das grosse Verdienst von Reden's, die Verwendung der Steinkohlen und Koks zu metallurgischen Zwecken an Stelle des Holzes wesentlich in das Leben gerufen zu haben. Es waren hauptsächlich die im Jahre 1792 zu Malapane angestellten Versuche der Koksverwendung zum Hohofenbetrieb, zu welchem Kohlen von Königsgrube und von der gewerkschaftlichen Hedwiggrube bei Chorzow und von Zabrze verwendet wurden, welche die Anwendung des Koks zur Roheisenerzeugung für Oberschlesien entschieden. Die nächste Folge hiervon war die Errichtung des ersten Kokshohofens auf dem Continente in Gleiwitz, der am 3. November 1796 in regelmässigen Betrieb kam und welchem in den Jahren 1797 und 1798 die Erbauung von Cupolöfen und Flammenöfen, sowie im Jahre 1802 die Errichtung der Königshütte und 1809 die der für Zinkgewinnung bestimmten Lidognahütte folgten.

Während so zu Anfang dieses Jahrhunderts die ganze Kohlenförderung Oberschlesiens nicht mehr als 100000 Tonnen pro Jahr betragen mochte, stieg sie bis 1822 auf 1 Million Tonnen, hob sich in den Jahren 1824 und 25 in Folge des vermehrten Zinkhüttenbetriebes auf das Doppelte, sank aber mit dem letzteren selbst wieder so, dass sie im Jahre 1831 wieder auf 1 Million Tonnen zurückkam. Von da ab ist die Kohlenproduktion Oberschlesiens im Steigen geblieben und kam im Jahre 1857, wo 3 königliche und 101 gewerkschaftliche Unternehmungen mit 12595 Arbeitern im Betriebe waren, auf 12,109463 Tonnen mit einem Werthe auf den Gruben von 3,373888 Thaler. (S. Statistik.)

So schnell und so bedeutend entwickelte sich dieser Steinkohlenbergbau in einem Zeitraum von wenig mehr als sechzig Jahren und dies in Gegenden, wo es an Allem fehlte, in Gegenden, über die in dem Tarnowitzer Fremdenbuche, am 4. September 1790, Göthe die dort eingeschriebenen Verse mit den Worten anfangen durfte: „Fern von gebildeten Menschen, am Ende des Reichs etc." Wenn heute die Eisenbahn den Reisenden in 4 Stunden von Breslau nach Gleiwitz fährt, so haben unsere Vorfahren dazu 3 Tage gebraucht. Die Zeiten liegen nicht weit hinter uns, wo es in Oberschlesien auch nicht eine Meile Kunststrasse gab, wo man in den Städten noch kein Strassenpflaster kannte, wo die Gastfreundschaft der Gutsherren und Pfarrer den Mangel an Gasthäusern ersetzen musste, und noch gibt es, wenn auch nicht diesseits doch jenseits der Grenze Oberschlesiens, Gegenden, wo dem Reisenden dieses traurige Bild in nackter Wahrheit entgegentritt. Diese Verhältnisse aber waren es, unter welchen Reden, der Vater des schlesischen Kohlenbergbaues, für die Ausführung seiner Pläne die günstigsten Stätten suchte. Er fand für diese nichts weiter als billigen Grund und Boden, wohlfeiles Holz und einen, obwohl in langjähriger Leibeigenschaft verkommenen, aber an sich zur Arbeit geschickten Menschenstamm [1]).

In Niederschlesien waren die Verhältnisse günstiger; das Land war schon in der Cultur vorgeschritten, mit besserem Boden ausgestattet und mit zum Theil sogar wohlhabenden Dörfern bedeckt. Sind auch die dortigen Leute nicht so gewandt, als der slavische Stamm in Oberschlesien, so war es doch leichter, aus ihnen eine disciplinirte Knappschaft zu bilden, auch einwandernde, fremde Arbeiter festzuhalten, und überdiess boten die dortigen bergmännischen Arbeiten keine so bedeutenden Schwierigkeiten. Hier handelte es sich nicht um Anlagen für Staatsrechnung, wie sie in Oberschlesien in das Leben gerufen werden mussten, sondern zunächst um eine Vermehrung des Steinkohlenverbrauchs. Schon im Jahre 1787 betrug die jährliche Kohlenförderung Niederschlesiens etwa 200000 Tonnen und stieg gegen Ende desselben Jahrhunderts auf das Dreifache, im Jahre 1805 sogar auf das Vierfache, sank aber während des Krieges in den Jahren 1806 und 1807 auf 556838 Tonnen zurück, so dass sich eine anhaltende Steigerung der Förderungsquanten erst vom Jahre 1814 ab erkennen lässt. Von 1817 bis 1838 schwankte die Förderung wenig über und unter 1 Million Tonnen, um sich dann allmählig bis auf 2 Millionen Tonnen zu heben, welches Quantum man 1851 erreichte. Solche Resultate wurden hauptsächlich dadurch erzielt, dass auf Veranlassung von Reden's für Umänderung der Holzin Steinkohlenfeuerung aus Staatsfonds und aus der Bergbau-Hilfskasse, namentlich auf den Betrieb der Kalk- und Ziegelbrennereien, Brauereien und Bleichereien Prämien bezahlt wurden; man vermittelte, dass in Kasernen und andern öffentlichen Gebäuden mit Steinkohlen geheizt wurde, man baute gute Strassen und legte in Maltsch an der Oder für Königl. Rechnung eine Kohlen-Spedition an, welche im Jahre 1791 schon über 80000 Tonnen debitirte. In demselben Jahre kam der Absatz der Waldenburger Kohlen über 300000 Tonnen, in der Glatzer Grube auf nahe 60000 Tonnen, zusammen auf ca. 374300 Tonnen, — auf das Dreifache des Jahres 1780 (s. oben).

Die glückliche finanzielle Lage der grösseren Gruben und die Aussicht auf eine Vermehrung des Absatzes machten es ebenso zulässig als rathsam, umfassende Lösungsplätze aufzustellen, und die damalige verwaltende Stellung der Bergbehörde gestattete es, die einmal festgestellten Pläne zur Durchführung zu bringen.

Der Fuchs-Stolln, welcher theils in seinem querschlägigen Hauptorte, theils in einem streichenden Flügelorte schiffbar hergestellt wurde, um die Kohlen nach dem Hauptabfuhrwege zu bringen, wo sie höher bezahlt wurden, als auf den oberen Schächten, ging über das Grubenfeld

[1]) v. Carnall, a. a. O.

hinaus in gewöhnlicher Weite und Höhe zur Lösung anderer Gruben als Erbstolln fort. An diesen Stollnbau reihen sich der Friedrich Wilhelm-Stolln, hauptsächlich für die Fuchs-Grube bestimmt, der Segen Gottes-Stolln, die Lösung der zur Rechten des Altwasser-Thales gelegenen Gruben bezweckend, der Johannes-Stolln, der Theresien-Stolln, der tiefe Glückshilfs-Stolln für die Hermsdorfer Gruben, der Ganz-Stolln für die Kohlauer Gruben und der tiefe Alliance-Stolln an, — sämmtlich durch von Reden angeregte und zum Theil in Angriff genommene Arbeiten, durch welche er in dem Waldenburger Reviere mit bewunderungswürdiger Voraussicht ein ganzes ineinandergreifendes System von Hauptstolln geschaffen, mit deren Hilfe die allmälige Lösung aller bedeutenden Gruben des Waldenburger Revieres ermöglicht werden konnte. In dem Glatzer Reviere liegen die Gruben zu entfernt von einander, um sie von einem tiefsten Punkte her zu lösen. Die einzige grössere Anlage dieser Art war der Alexander-Stolln bei Eckersdorf. Beide Reviere zusammen hatten im Jahre 1853 eine Förderung von etwas mehr als 2 $^1/_4$ Millionen Tonnen, — das Sechsfache der Förderung des Jahres 1791 und 19mal mehr als im Jahre 1780. Diese Resultate finden ihren Grund hauptsächlich auch in dem durch Eisenbahnbauten erleichterten Verkehr der Förderungsplätze mit den entfernten Lagerorten. Zumal sind es für Oberschlesien die Schienenwege nach Breslau, Görlitz, Berlin und die Eisenbahnverbindung über Oderberg nach Oesterreich, welche eine Erleichterung des Kohlenabsatzes bedingen, wie andererseits in Niederschlesien die Verbindung Waldenburgs mit der Oderbahn und die Vereinigung der Gruben unter sich, und mit den Hauptgleisen eine bedeutende Vermehrung des Kohlenabsatzes bedingen.

Wettiner Becken.

Von geringerer Bedeutung in seiner augenblicklichen Ausdehnung, unter den Steinkohlenbergbauen im preussischen Staat, erscheint das Kohlengebiet im Saalkreise der Provinz Sachsen. Die ältesten Notizen über dasselbe birgt eine „Beschreibung des Saalkreises" vom Jahre 1755, in welcher der Verfasser Dreyhaupt erwähnt, dass bereits im Jahre 1466 zur Zeit der Regierung Friedrichs, Erzbischofs von Magdeburg, die Steinkohlen bei Wettin entdeckt waren, als man im Begriff gewesen sei, nach Kupferschiefer zu suchen; indessen sei der Bau darauf wegen Vertriebs-Mangel und weil man die Kohlen nicht auszunützen verstanden, liegen geblieben.

Die erste bekannte Förderung, behufs Nutzung der Steinkohlen, datirt vom Jahre 1583; sie fand eine entsprechende Vergrösserung im Jahre 1589, kann aber nur sehr unbedeutend gewesen sein, da eine Urkunde vom Jahre 1616 mittheilt, dass an das Amt Rothenburg im Jahre 1616 eine Abgabe von 3 Rthlr. für 3 Schock Kübel gebrochene Steinkohlen gezahlt worden ist, auch gibt eine im Jahre 1613 von dem Erzbischof Christian Wilhelm auf 10 Jahre ertheilte Concession Andeutung davon, dass von dem Landesherrn Regalitätsrechte für Steinkohlen in Anspruch genommen wurden. Zur Zeit der Brandenburgischen Regierung mit dem Jahre 1680 übernahm der Landesherr zunächst den Steinkohlenbau bei Wettin auf eigene Kosten. In demselben Jahre aber wurde er an einen Privatmann zugleich mit allem übrigen Bergbau auf Kohlen und Erze im Herzogthum Magdeburg, Fürstenthum Halberstadt, Grafschaft Mannsfeld und Regenstein verpachtet. Hierin und besonders in dem im Jahre 1691 einer Gewerkschaft gegebenen Privilegium, in welches jenes Pachtverhältniss umgeschaffen wurde, liegt der erste bestimmte Ausdruck für die allgemeine Regalität der Steinkohle im Saalkreise. Die in diesem Kohlenbassin vorhandenen Schächte berühren ein von vielen Störungen durchsetztes Steinkohlengebirge, worin der Grund liegt, dass in Folge des aus diesem Umstande erwachsenen Mehraufwandes beim Treiben zahlreicher Versuchs- und Ausrichtungsstrecken, einzelne Unternehmungen zeitweilig ihren Betrieb gänzlich einstellen mussten. Die im Jahre 1736 bei Dölau zwischen Halle und Wettin angelegte Grube, welche bis zum Jahre 1806 auf Staatskosten betrieben wurde, stellte in demselben Jahre die Arbeit ein und ist erst 1852 von einer Gewerkschaft unter dem Namen Humboldt wieder aufgenommen worden. Oestlich des Löbejüner Baufeldes und zwar auf vormals sächsischem Terrain (in welchem nach dem sächsischen

Mandat vom 19. August 1743 Stein- und Braunkohlen nicht Regalitätsgegenstände sind, sondern dem Bodeneigenthümer gehören) wurde bei Plötz im Jahre 1853 die Steinkohlengrube Carl Moritz angelegt, so dass, während die jährliche Förderung auf den staatlichen und gewerkschaftlichen Kohlenwerken des Bergamtsbezirkes Wettin noch in dem ersten Dritttheil dieses Jahrhunderts 100000 Tonnen kaum überstieg, dieselbe jetzt mehr als das Doppelte erreicht hat. Durch Ministerial-Rescript vom 16. Juni 1860 sind die beiden Königl. Steinkohlengruben bei Wettin und Löbejün unter die Verwaltung der Berginspection Wettin gestellt worden, welche von dem Kgl. Oberbergamte Halle a/S. ressortirt.

Westphälisches Kohlenbecken.

Das die Bergamtsbezirke Bochum und Essen durchziehende Steinkohlengebirge, in seiner Ergiebigkeit das bedeutendste des preussischen Staates, erstreckt sich von dem Rheinthale bei Duisburg und Ruhrort westwärts bis Unna auf eine Länge von 10 Meilen, im Süden sich an das ältere Gebirge anschliessend und im Norden, sowie westwärts unter jüngeres Gebilde sich einsenkend. In seinem Innern findet man langgedehnte Mulden und Sattel, welche sich faltenähnlich an einander reihen und für den Bergbau sehr günstig sind, weil sich dadurch die Steinkohlenflötze oft wieder hervorheben, mithin über ein und demselben Niveau mehrfach in Angriff kommen können. Der Einschnitt des Ruhrflusses und seiner Nebenthäler hat zum Betrieb vieler Stolln Anlass gegeben; jetzt aber liegen die wichtigsten Betriebe in den Tiefbauen unter der Mergeldecke. Wie weit unter letzterer die Flötze nordwärts zu verfolgen sein werden, lässt sich mit Sicherheit kaum angeben, es ist diess aber noch für eine weit grössere Fläche anzunehmen, als sich die bisherigen Aufschlüsse erstrecken; ja es ist sogar nicht unwahrscheinlich, dass unter dem Kreidemergel hier ein Zusammenhang mit dem obwohl 10 Meilen entfernten Steinkohlengebirge von Ibbenbüren stattfindet, welches sich in östlicher Richtung von Ibbenbüren über Osnabrück hinzieht und nicht fern von den Schaumburger Flötzen liegt, welche zu der jüngeren Wälderformation gehören. Der Steinkohlenbergbau bei Ibbenbüren reicht wahrscheinlich bis in das 16. Jahrhundert zurück, indem schon 1580 Freiherr v. Velen die Concession zur Aufsuchung von Kohlen und Eisenerzen in den Münster'schen Aemtern Revergen und Rheina erhielt. Sichere Nachrichten über das Bestehen von Kohlenwerken reichen nur bis zum Jahre 1676, sowie auch der Piesberger Bergbau erst im Anfang des siebzehnten Jahrhunderts begonnen zu haben scheint. Im Februar 1854 sind in der Wälderformation zwischen Osnabrück und Iburg 4 Schwarzkohlenflötze aufgeschlossen worden, welche die bis jetzt in der Nähe von Borglohe erteuften an Mächtigkeit bedeutend übertrafen, so dass auf Verordnung des hannöverischen Ministeriums deren Tiefbau sofort in Angriff genommen wurde.

Ueber die älteste Geschichte des Steinkohlenbergbaues im Ruhrdistricte liegen uns nur kurze Berichte[1]) vor, aus denen hervorgeht, dass im Jahre 1302 bereits Kohlen in der Umgebung von Dortmund gegraben wurden, sowie, dass in den Annalen der Stadt Essen vom Jahre 1317 der Steinkohlen Erwähnung gethan und endlich, dass im 17. Jahrhundert Steinkohlenbergbau bei Hörde betrieben wurde.

In den ehemals bergischen Unterherrschaften Broich und Hardenberg und in der Grafschaft Mark führte Herzog Wilhelm IV. von Jülich-Kleve-Berg am 27. April 1542 mit der Begründung die Regalität des Steinkohlenbergbaues bereits ein, welche unter dem 3. Februar 1639 von Neuem publicirt wurde. Die Einführung eines geregelten Betriebes bedingte zunächst die mit der Revision der Bergordnung verbundene Installation eines Bergamtes zu Bochum am 31. Januar 1738. Durch dieses wurden die bergrechtlichen Verhältnisse der Gruben geordnet, tüchtige Grubenbeamte angestellt, regelmässige Grubenbaue eingerichtet und für die Ausdehnung des Absatzes im Jahre 1739 durch Einrichtung regel-

---

[1]) Berg- und Hüttenmännische Zeitung für den Niederrhein und Westphalen. 1865. Nr. 12.

mässiger Kohlenfuhren von Bochum nach Alsum am Rhein, an dessen Hauptstationen Magazine errichtet wurden, Sorge getragen.

In der Abtei Werden ertheilte der Abt Concessionen zum Bergbau und bezog nachweislich schon im Jahre 1520 den Zehnten von Steinkohlengruben. Ebenso stand der Aebtissin im Stifte Essen die Regalität sammt Zehntberechtigung zu, während im Gebiete der Stadt Essen der Magistrat letztere ausübte und in dem Stifte Recklinghausen und der Herrschaft Biefang der Bergbau frei war, so dass die Steinkohlen von den Grundbesitzern ohne Concession und Abgabe gewonnen werden konnten. In sämmtlichen Essen-Werden'schen Landestheilen wurde nach der preussischen Besitznahme durch Patent vom 12. April 1803 die Klevisch-Märkische Bergordnung von 1766 und damit die Regalität des Bergbaues eingeführt, sowie im Jahre 1845 mit den Grubenbesitzern der Grafschaft Dortmund (von welchen bis zur Mitte des 18. Jahrhunderts der Magistrat den Zehnten erhob und später, nachdem diess in Vergessenheit gerathen, unter dem Prinzen von Nassau-Oranien, nur noch Abgaben an die Grundbesitzer bezahlt wurden) ein Vertrag auf Zahlung des halben Zehnten abgeschlossen.[1])

Von hervorragender Bedeutung für die Entwicklung des westphälischen Kohlenbergbaues war die in dem letzten Viertel des vorigen Jahrhunderts in das Leben getretene Schiffbarmachung der Ruhr. Fast vergessen ist der Name des Mannes, der den Plan, die Ruhr für den Kohlentransport schiffbar zu machen, ersann, fast vollständig ausführte, und endlich ein Opfer seiner Unternehmungen unterging.

Hermann Wilhelm Engels, Tuchfabrikant in Kettwig an der Ruhr, im Stifte Werden, welcher sich durch den als Folge des siebenjährigen Krieges eintretenden Rückgang seines Industriezweiges genöthigt sah, in der Errichtung eines Kohlenhandels eine neue Erwerbsquelle aufzusuchen, wurde durch den Umstand, dass in Folge der schlechten und gefährlichen Verkehrsstrassen zwischen Kettwig und den Bergwerken die Kohlen des Werden'schen Bezirkes wegen mangelnden Absatzes fast werthlos waren, darauf hingeleitet, die Ruhr als Transportstrasse zu verwenden, durch deren Schiffbarmachung er sich, im Interesse der in der Nähe dieses Flusses gelegenen Kohlengruben, einen sehr günstigen Erfolg versprach. Er theilte, nachdem er sich über den Umfang des Unternehmens und die mit demselben verbundenen Schwierigkeiten und Kosten entsprechend informirt hatte, im Jahre 1769 sein Project dem Reichsabt **Anselmus** zu Werden, seinem Landesherrn, mit, welcher mit ihm in Gesellschaft trat und Engels Unternehmen nach Kräften zu unterstützen suchte. Es wurden einige Nachen und zu Kettwig auf der Ruhrinsel ein grosses, 10 Fuss hohes Kohlenmagazin aus Brettern errichtet, und im Frühjahr 1770 erfolgte der erste Kohlentransport auf der Ruhr. Nach dem Gelingen dieses ersten Versuches wurde eine fahrbare Strasse von Kettwig nach dem zwei Meilen entfernten Düsseldorf beschlossen und für 15000 Thaler veraccordirt.

Der Abt von Werden und Engels brachten unterdess die wichtigsten Gruben käuflich an sich und nahmen auf die besten Plätze, die nahe an der Ruhr lagen, das Muthungsrecht in Anspruch, auch die Zehnten von allen Gruben wies der Abt für einen billigen Preis dem Unternehmen zu und garantirte Engels durch Patent vom 2. Juni 1770 den Alleinhandel mit Werden'schen Kohlen. Kaum war die Ruhrfahrt einige Monate betrieben, als im Monat August 1770 eine Commission von Berlin anlangte, welche über die Möglichkeit des Transportes der Märk'schen Kohlen die Ruhr hinunter bis nach Ruhrort Untersuchungen anzustellen hatte, denn schon zwei Jahre vorher hatte die preussische Regierung, auf Anregen des Lehrers Müser in Blankenstein, durch Anlegung der Galen'schen Kunststrasse den Absatz der Märkischen Kohlen nach Ruhrort zu heben versucht. Jetzt fanden sich mehrere Unternehmer, welche die Märkischen Kohlen auf der Ruhr transportiren wollten und hierzu im September 1771 die königliche Bestätigung erlangten. Nachdem sich nun das Berliner Cabinet mit der Herrschaft Churpfalz, Werden und Essen vereinigt hatte, **wurde im Frühjahre 1772 die Schiffahrt auf der Ruhr bis an den Rhein freigegeben.** Durch Anlegung von Schleussen, von denen auf Befehl Friedrichs des Grossen sechzehn entstanden, wurde die Schiffahrt auf der Ruhr erleichtert und gehoben, so dass die Interessenten der westphälischen Kohlenwerke, sowie die Kohlenhändler in Mühlheim und Ruhrort schnell in bedeutenden Wohlstand kamen. Nur Engels nahm ein unglückliches Ende. Die von ihm und dem Abt Anselm zu Werden gegründete Gesellschaft erfreute sich anfangs in Folge des Eintrittes einflussreicher und reichbegüterter Männer, des Freiherrn von Nesselrode-Hugenpoth, des Präsidenten zu Düsseldorf, Freiherrn von Ritz zu Scheppen und des Freiherrn von Cudenhoven einer stets wachsenden Theilnahme und legte sich den Namen „Sanct Ludger und Comp." (St. Ludgerus ist der Stifter und Schutzpatron der Abtei Werden) bei; sie suchte sich aller Bergwerke zu versichern, indem bei jedem neuen Kohlenbergwerkunternehmen sich ein Mitglied der Gesellschaft zu betheiligen hatte und die an der Ruhr gelegenen alten Werke Pächtern der Abtei gehörten. Auf andern der Gesellschaft nicht gehörigen Werken veraccordirte man die Ausbauten zu billigen Preisen und sicherte sich durch Anlegung eines Kohlenmagazins in Nimwegen den Debit nach Holland; kurz das Unternehmen versprach seinen Theilnehmern die grössten Vortheile, — da starb der Abt zu Werden und nach dem Antritt des neuen trat die Abtei, welche sich mit Handlungsgeschäften nicht ferner abgeben wollte, aus der Gesellschaft; Freiherr von Cudenhoven ward durch bedeutende Geldverluste am Spieltisch gezwungen, seine

[1]) Berg- und Hüttenmännische Zeitung für den Niederrhein und Westphalen. 1865. Nr. 2.

Theilnahme an dem Unternehmen aufzugeben. Herr von Nesselrode, welcher nach dem Eintritt eines gewissen Hoffmann aus Düsseldorf der Gesellschaft auch ferner zu nützen suchte, wurde von letzterem hintergangen und der Fälschung angeklagt, seiner Güter und seines Adels auf lange Zeit verlustig. Engels, welchem Hoffmann ein Sechstheil des Capitalvermögens der Gesellschaft zugeschrieben, ward ebenfalls nicht Wort gehalten; er starb nach dem Verlust seines Vermögens kurze Zeit vor Nesselrode's Untergang. Hoffmann benützte Engels Tod und Nesselrode's Fall, maasste sich die Rechte der Gesellschaft allein an, nachdem schon zu Engels Lebzeit das Hauptcontor mit der Firma „Ludwig Hoffmann und Comp." zu Hugenpoth errichtet worden war und die Wittwe Engels wurde aller Antheile an den Kohlenbergwerken verlustig. —

Trotzdem dass die Ruhr nur die Hälfte des Jahres schiffbar war, passirten doch schon im Jahre 1802 die unteren Schleussen gegen 3000 Schiffe, von denen die grössten Fahrzeuge 1500 bis 2000 Centner (30—36 Ruhrkannen à 24 Malter) luden. (Engels, über Papiere u. e. a. Gegenst. der Ind. Duisburg und Essen, 1808.)

Es ist das hauptsächliche Verdienst des um den preussischen Bergbau im Allgemeinen hochverdienten Minister von Heinitz, die Schiffbarmachung der Ruhr von Hardenstein bis Witten Ruhrort, besonders betrieben zu haben, so dass schon durch ihn im Jahre 1780 der grossartige Verkehr eingeleitet wurde, welcher sich heutigen Tages noch auf diesem Strome bewegt. Das Unternehmen trug einen rein provinziellen Charakter; die Abgaben wurden zur Unterhaltung der Strombauten und Reparaturen verwendet, der Ueberfluss sollte ein Reservekapital bilden, dessen Zinsen einst die Ermässigung oder Aufhebung der Abgabe erlaubten.[1]) Nachdem die Stifte Essen und Werden zu Anfang dieses Jahrhunderts säcularisirt und als weltliche Fürstenthümer der preussischen Krone überwiesen worden waren, konnten letztere ungehinderter der Förderung industrieller Interessen in diesem Bezirke sich hingeben. Es standen zwar zu jener Zeit im Bergamtsbezirk Essen schon 115 Gruben im Betrieb; dieselben beschäftigten indess nur ungefähr 1200 Arbeiter bei einer Förderung von jährlich kaum mehr als $^1/_2$ Million Tonnen Kohlen; die damals bedeutendste Zeche zählte 38 Arbeiter und förderte jährlich gegen 7500 Tonnen Kohlen, während verschiedene andere Gruben kaum mehr als 2 Arbeiter beschäftigten. Die erste Dampfmaschine wurde 1802 von Franz Dinnendahl auf der Zeche Vollmond bei Bochum in Betrieb gesetzt. In dem Maasse, als sich das Capital, wie im übrigen Deutschland so auch hier, der aufblühenden Kohlenindustrie bemächtigt und durch Eröffnung der Cöln-Mindener Eisenbahn im Jahre 1846 die Absatzquellen sich mehrten, sehen wir in Westphalen zumal nach Erlass des Gesetzes vom Jahre 1843 eine nicht geringe Anzahl von Actienunternehmungen entstehen. Bis zum Schlusse des Jahres 1853 waren bereits folgende Actiengesellschaften bestätigt:

1) Der Eschweiler Bergwerkverein, dessen erste Statuten im Jahre 1834 entworfen, mit einem Grundcapitale von 3 Millionen Thalern;
2) die Gesellschaft der Hardenberg'schen Kohlenbergwerke, im Jahre 1840 gegründet, mit einem Stammcapitale von 640000 Thalern;
3) die Englisch-Belgische Gesellschaft der rheinischen Bergwerke, im Jahre 1847 gegründet, mit $2^1/_2$ Millionen Francs Stammcapital;
4) der Kölner Bergwerkverein, gegründet 1849, mit einem Capitale von 2 Millionen Thalern;
5) Kohlenbergbaugesellschaft Concordia, gegründet 1850, mit 580000 Thalern Stammcapital;
6) der Hörder Bergwerks- und Hüttenverein vom Jahre 1852, mit einem Capitale von 2 Millionen Thalern.
7) die belgisch-rheinische Gesellschaft der Steinkohlenbergwerke an der Ruhr, im Jahre 1852 gegründet, mit $533333\,^1/_3$ Thalern Stammcapital;
8) die Bergbaugesellschaft Vereinigte Westphalia vom Jahre 1853 mit 100000 Thalern Capital;
9) die Massener Gesellschaft für Kohlenbergbau, im Jahre 1853 mit 1,200000 Thalern Stammcapital gegründet.

Gegen Ende des Jahres 1853 wurden auf allen zwischen Unna-Duisburg gelegenen Feldern, welche in der Nähe der Cöln-Mindener Bahn liegen, fleissig nach Kohlen gesucht; zwischen Gelsenkirchen und Kamen allein waren gegen 50 Bohrlöcher im Betriebe.

---

[1]) Harkort, Aeltere Geschichte des Steinkohlenbergbaues in der Grafschaft Mark. Hagen, 1855.

Von nicht geringem Einfluss auf den westphälischen Steinkohlenbergbau erscheint aber auch die in neuester Zeit erst emporblühende Eisenhüttenindustrie an der Ruhr. Die Geschichte schweigt über die Eisenschlacken, welche auf den Höhen der Berge an der Ruhr aufgespeichert liegen; sie gehören einer Zeit an, in welcher das Eisen nur durch Luppenfeuer und unter Anwendung kleiner Handgebläse mit Holzkohlenbetrieb gewonnen wurde. Schon im 13. Jahrhundert behielt sich der Graf v. d. Mark $\frac{1}{3}$ des Eisensteins in der Giegener Mark vor und im Jahre 1334 wurden bereits viele Holzkohlen im Süderlande geschwält. Erst in neuerer Zeit hat sich die westphälische Eisenindustrie von den waldigen Gebirgsrücken in die Thäler der Ruhr und Leune niedergelassen, und es haben seit Ende des Jahres 1849 ausgedehnte Untersuchungsarbeiten und seit 1851 auch bergmännische Gewinnungsarbeiten auf Kohleneisenstein, das für die westphälische Eisenindustrie jedenfalls wichtigste Mineral, begonnen, für welchen die erste in Westphalen ertheilte Verleihungs-Urkunde vom 23. October 1835 datirt; es ward durch dieselbe ein in den Bauen der Steinkohlenzeche Friedericka bei Bochum zufällig durchfahrenes Flötz dieses Minerals der Gewerkschaft dieser Grube unter dem Namen Justus verliehen, welche es jedoch so wenig schätzte, dass sie bis zum Jahre 1853 keinen Betrieb darauf eröffnete. Gegenstand der Speculation wurde der Kohleneisenstein erst, seit die Interessenten der Hörder Eisenhütte die Bedeutung des Vorkommens erkannten und sofort Schürfarbeiten im grossartigen Maasstabe unternahmen. In dem Essen und Werden'schen Bergamtsbezirke ist, für den ganzen Bereich des ehemaligen Hochstifts Essen, die Sterkrodaer Hütte mittels einer Urkunde vom Jahre 1791 durch die Fürstin Marie Kunigunde mit sämmtlichen Eisenerzen beliehen und es ist in Folge dessen im Essen'schen Steinkohlengebirge noch wenig zur Entdeckung und Aufschliessung der dort vorhandenen Eisenlagerstätten geschehen, während im Märke'schen Bezirk die beliehenen Eisensteingrubenfelder und die vorgenommenen Muthungen Ende 1852 bereits zwei Drittheile desjenigen Areals der Grafschaft Mark, wo das Steinkohlengebirge zu Tage vorsteht, oder bloss von Alluvialbildungen bedeckt wird, betrugen. Werfen wir daher einen Blick auf das Kohlengebiet an der Ruhr, so finden wir, dass es hauptsächlich der im Norden durch die von Steele nach Dortmund gehende Bergisch-Märkische Eisenbahn, im Osten durch die in südlicher Richtung fliessende Ruhr, im Süden durch die Orte Barmen, Schwelm und Hagen und im Westen durch Dortmund, Hörde, Schwerte und Herdecke begrenzte Theil des westphälischen Oberbergamtsbezirkes ist, in welchem, zumal in dem südwestlichen Theil dieses Districtes, neben der bedeutendsten Anzahl von Steinkohlengruben auch die meisten Eisensteingruben sich befinden. Am Schluss der Geschichte des wichtigsten, deutschen Kohlenbeckens geben wir noch eine, der „Berg- und Hüttenmännischen Zeitung für den Niederrhein und Westphalen" entlehnte Tabelle über die Entwicklung der Kohlenproduktion dieses Districtes von zehn zu zehn Jahren bis zum Jahre 1860, die detaillirten Zahlenangaben der einzelnen Jahrgänge dem statistischen Theile unseres Werkes überlassend:

Steinkohlenproduction,

in Tonnen à 4 Scheffel.

Jahr.	Im Märkischen.	Im Essen'schen.	Ibbenbüren.	Summe des Oberbergamtsbezirkes Dortmund.
1739/40	148413			
1749/50	162158			
1759/60	215544			
1767/68	308457			
	davon zur Ruhr: 33875			

Jahr.	Im Märkischen.	Im Essen'schen.	Ibbenbüren.	Summe des Oberbergamtsbezirkes Dortmund.
1769/70	366646			
	davon zur Ruhr: 31354			
1779/80	475101			
	„ „ „ 47279	1780/81:	 17942	
1790	663214	....	 24875	
	„ „ „ 198854			
1800	885406	1804: 865215	45953	1,900000
	„ „ „ 266914	zur Ruhr: 696612		
1810	999101	606910	59144	1,800000
	„ „ „ 257377	„ „ 441154		
1820	1,117319 [1]	931736 [2]	93238	2,142293
	„ „ „ 262520	„ „ 560912		
1830	1,481069	1,236212	107027	2,824308
	„ „ „ 370839	„ „ 749966		
1840	2,654807	2,132276	123876	4,965539
	„ „ „ 999029	„ „ 1,127896	Minden: 54580	
1850	4,409351	3,903553	111764	8,471041
	„ „ „ 1,363020	„ „ 1,449237	„ 46373	
1860	10,455181	10,926088	398754	21,829172
	davon zur Ruhr:	 4,338674	„ 49149	

Inde- und Worm-Becken.

Das Steinkohlengebirge des Inde- und Wormreviers nimmt eine Fläche von 3 Quadratmeilen ein und umfasst das Becken von Herzogenrath und das von Stolberg-Eschweiler. Es hat nur Flötze von geringer Mächtigkeit, aber in grosser Anzahl und von oft bedeutender Tiefe. Das Alter des hier betriebenen Bergbaues auf Steinkohlen ist jedenfalls ebenso bedeutend, wie das des Lütticher Bassins, in welchem er im Jahre 1213 seinen Anfang genommen haben soll, nachdem die Steinkohlen im Jahr 1199 zu Plenvaux bei Lüttich aufgefunden worden waren. Eine Legende erzählt, dass Hullos, ein armer Grobschmidt in Namur durch einen greisen Wanderer, Angelus, welchem er die hohen Preise des Holzes geklagt, die Steinkohle, welche nach ihm den Namen *houille* erhalten haben soll, kennen gelernt und in dem Bezirk von Charleroi aufgefunden habe. Die älteste Urkunde, welche sich über Gewinnung von Steinkohlen in diesem Distrikte findet, rührt aus dem Jahre 1297 her und besteht in einer Schenkung, die der Graf von Namur, aus dem Hause Flandern, an Allard von Resves, Herrn von Borgelles, machte und in welcher die Kohlengruben im Gebiete von Gilliers und Charleroi erwähnt werden. Es geht hieraus deutlich hervor, dass damals ein regelmässiger Kohlenbergbau in diesen Gegenden, welche die Grafschaft Namur und Hennegau, das Herzogthum Brabant und das Fürstenthum Lüttich umfassten, betrieben und von den Landesherren und Vasallen in Anspruch ausgebeutet wurde. In dem Inde- und Wormrevier ist die Steinkohle am Ausgehenden durch nahe beieinanderliegende Schächte auf dieselbe Weise abgebaut, wie die stockförmigen Blei- und Zinklagerstätten, — ein Abbausystem, welches noch jetzt in Belgien in der Nähe von Charleroi bei der Gewinnung von Eisenerzen befolgt wird und ein neues Zeugniss für den innigen Zusammenhang bietet, in welchem der belgische Bergbau mit dem des Inde- und Wormreviers seinem Ursprunge nach steht. Concessionen zum Steinkohlenbergbau wurden von Napoleon I. im Jahre 1806 an Privatleute verliehen und blieben, nachdem das Land an Preussen

[1]) Nach Eintritt von Dortmund in die Verwaltung Wetter (1811).

[2]) Broich und Hardenberg mit eingerechnet.

gefallen war, fortbestehend. Doch wurde der Steinkohlenbergbau erst in neuerer Zeit durch John Cockerill, der im Jahre 1839 bei Düren neue Bohrversuche auf Steinkohlen ausführen liess, thätig und lebhaft betrieben. Jetzt befindet sich derselbe zum grössten Theil in den Händen einer französischen und mehrer deutschen Actiengesellschaften, unter denen der Eschweiler Bergwerkverein, dessen Statuten vom Jahre 1834 datiren, bei einem Stammcapital von 3 Millionen Thalern, der Vereinigungsbau für Steinkohlen im Worm Revier, vom Jahre 1836 mit einem Capital von $1^1/_2$ Millionen Thalern, der Pannescheider Bergwerksverein vom Jahre 1842 mit einem Capital von 1,200000 Thalern, besondere Erwähnung verdienen.

Kohlenbecken der Rheinpfalz.

Die Geschichte des Steinkohlenbergbaues im Bergamtsbezirke Saarbrücken gehört nach allen hierüber vorliegenden Angaben der neueren Zeit an und fällt in gewisser Beziehung mit der des Steinkohlenbergbaues in der bayerischen Pfalz zusammen, von welchem bekannt ist, dass die ersten Versuche zur Gewinnung der Steinkohlen bei St. Ingbert in die Sechziger (?) Jahre des vorigen Jahrhunderts fallen. Damals, als die reichen Waldungen noch grösstentheils das Bedürfniss an Feuerungsmaterial deckten, bestand wenigstens der Bergbau auf Kohlen in der dortigen Gegend nur in einzelnen, unregelmässig in das eine oder andere benachbarte Flötz ausgehenden, eingetriebenen Lagerstrecken, aus denen die Kohlen von verschiedenen Privaten raubbaumässig zur Gewinnung kamen. Nachdem aber der Bergbau an den Oberflächenbesitzer, den damaligen Grafen von der Leyen, übergegangen und später das königliche Aerar in Besitz getreten war, begann eine neue Epoche des Kohlenbergbaues. An der nördlichen Landesgrenze, im Sulzbacher Thale, setzte man an tiefst gelegenen Punkten Stolln in Betrieb, die südlich im Winkelkreis sämmtliche vorliegende Flötze durchfuhren, worauf weitere Vorrichtungsarbeiten in's Streichen der Flötze folgten. Der Steinkohlenbergbau bei Mittelbexbach im bayerischen Landescommissariat Homburg kam erst im Jahre 1816 auf Kosten des königlichen Aerars in Aufnahme und bald nachher, als die ausgeführten Schürfarbeiten ein günstiges Resultat erwarten liessen, schritt man zur Anlegung von Stolln.

Die ältesten Nachrichten über die Entwicklung des Steinkohlenbergbaues von Saarbrücken gehen nicht über die Mitte des 18. Jahrhunderts und sind leider sehr lückenhaft und unvollständig, da die meisten Urkunden über Bergbau in der Zeit, in welcher dort die republikanischen Horden nach der französischen Revolution hausten, vernichtet wurden. Eben so viele Phasen, wie die Geschichte des Landes überhaupt durchgemacht hat, das jetzt durch seinen Kohlenreichthum bekannt ist, eben so viele oder noch mehr hat in der Zeit, seit man auf dieses Brennmaterial aufmerksam wurde, die Geschichte des Bergbaues erlebt; um so mehr muss man die Unvollständigkeit der vorhandenen Nachrichten bedauern. Diese beginnen erst zur Zeit der letzten zwei Fürsten des Landes (Nassau-Saarbrücken) und knüpfen sich an deren Besitzthum und einige benachbarte Theile: Grafschaft Ottweiler, Herrschaft v. d. Leyen. Wenig nur ist aus dieser oder früherer Zeit zu erfahren; doch ist, wie es scheint, so viel gewiss, dass gegen Mitte des 18. Jahrhunderts noch kein geregelter Bergbau stattfand, sondern dass jeder Einzelne das Recht hatte, wenigstens die auf seinem Grund und Boden sich findenden Mineralschätze auszubeuten und dass die Art und Weise des damaligen Abbaues als ein grossartiger Raubbau angesehen werden muss. „Seit „unvordenklichen Zeiten“ habe jenes Recht der selbstständigen Gewinnung der Kohlen jeder Bodeneigenthümer gehabt“, begutachtet in der Fürstenzeit der Tribunal-Präsident Lang. Doch beschränkte sich der ganze Betrieb auf das Ausgehende der Flötze und Bauer und Bürger nahm davon, wo sie konnten.

Es ist erklärlich, dass diese Methode viele Uebelstände mit sich führte, sowie, dass die Fürsten des ehemaligen Nassau-Saarbrückischen Landes den Wunsch hegten, sobald einmal der in diesem Brennmaterial liegende Werth nur einigermaassen erkannt war, augenblicklichen und künftigen Vortheil, welcher sich aus diesen Schätzen ziehen liess, ausschliesslich für sich in Anspruch zu nehmen. Und so wagte es der vorletzte der Nassau-Saarbrückischen Fürsten, Wilhelm Heinrich, dessen Thätigkeit vielfach gelobt wird, die Ausbeutung der Flötze auf seinem Gebiete als Regal zu erklären, was in einem Decrete vom

27. November 1754 geschah. Zehn Jahre später wurde sogar auf die Einfuhr fremder Kohlen (angrenzender Gebiete) ein Zoll gelegt, der allerdings schon 1766 wieder aufgehoben wurde. Als Entschädigung gewissermassen für die früheren Rechte erhielten zugleich die petitionirenden Gemeinden nach einander in den folgenden Jahren ihre Hausbrand- und Kalkbrandkohlen zum Selbstkostenpreise, denn man wollte zugleich die Einwohner für den Consum der inländischen Kohlen gewinnen; freilich waren die, als „Bedarfskohlen" bezeichneten Qualitäten nur „geringhaltig;" auch war das Bedürfniss nach Kohlen, bei dem grossen Holzreichthum, welcher damals noch herrschte, gering. Noch jetzt liefern gewisse königl. Steinkohlengruben den meisten Bewohnern der Kreise Saarlouis, Saarbrücken, Ottweiler und St. Wendel, die einen eigenen Hausstand haben, sogenannte Berechtigungskohlen zum Selbstkostenpreise.

Die Geschichte dieses Rechtes der Einwohner ist fast die einzige Quelle für Nachrichten über die älteste Entwickelung des Saarbrückischen Bergbaues und mag in seinen Hauptzügen hier wiedergegeben werden.

Fürst Wilhelm Heinrich gab im Jahre 1766 etwa 6 Gemeinden (Hilsbach, Fechingen, Dudweiler, Fürstenhausen, Reisweiler, Lebach) die Bewilligung der Bedarfskohlen, und erst unter dem letzten Fürsten Ludwig (1768—1793), in bereits stürmisch bewegter Zeit (1789), erhielten auch St. Johann und Saarbrücken, im folgenden Jahre Ottweiler nebst 12 anderen Gemeinden, unter denen Neunkirchen, Dudweiler, Sulzbach, die obige Berechtigung. Ob und wann die übrigen Gemeinden gefolgt sind, scheint nicht mehr vollständig nachweisbar.[1]) Alle erhielten damals und sogar bis zur Zeit Napoleon's den Centner Kohlen zu 4 Kreuzer, wovon sie auch den Namen Batzenkohlen trugen. Doch machte man später zur Verabfolgung der Kohlen folgende Bedingungen:

1) der Preis sei 4 Kreuzer, so lange die Selbstkosten nicht höher steigen;
2) die Kohlen sind an den nächstgelegenen Gruben zu holen;
3) die Gewerbtreibenden müssen ihre zum Betriebe des Gewerbes erforderlichen Kohlen zum Taxpreise kaufen. Handel mit Batzenkohlen ist verboten, dagegen ein Maximum des Bedarfes noch nicht festgesetzt. Dies geschah erst durch Präfecturbeschluss den 16. Pluriose des Jahres XII, wo das Quantum auf 30 Ctr. festgesetzt und Jeder, der nicht Hausherr (chef de ménage) war, von ihrem Genusse ausgeschlossen wurde.

Zur Zeit der französischen Republik verpachtete die Nationalregierung sämmtliche Gruben des vormals Nassau-Saarbrückischen Gebiets an die Compagnie d'Equer zu Paris und verordnete, dieselbe solle, trotz gestiegener Selbstkosten, auch ferner den Ctr. Bedarfskohlen zu 4 Kreuzer verkaufen, natürlich um sich bei den neu erworbenen Gemeinden in Gunst zu setzen. Erst 1808 würde ein kaiserliches Decret die Gemeinden ihrer Berechtigung beraubt haben, da dasselbe die Gruben des Saardepartements in 60 Concessionsbezirke eintheilte und bestimmte, dass von dem Zeitpunkte an, wo die Concessionen in Genuss träten, die Berechtigung der Batzenkohlen aufhören sollte, wenn dieser Plan zur Ausführung gekommen wäre. Allein nach Publication des Bergwerksgesetzes vom 21. April 1810 blieben die Gemeinden in ungestörtem Genusse der früheren Begünstigung. Auch die spätere preussische Regierung änderte hieran nichts, sondern bestätigte trotz einiger Kämpfe die Lieferung von Berechtigungskohlen als Anerkennung „althergebrachter Rechte". Man darf sich nicht darüber wundern, dass alle verschiedenen Regierungen sich eine solche Last aufbürdeten, und einen so ansehnlichen Antheil vom Gewinne sich entgehen liessen, da jede von ihnen natürlicher Weise den Wunsch hegte, sich bei den neu erworbenen Gemeinden in Gunst zu setzen. So erhielt sich diese vortheilhafte Stellung der Bewohner durch jene traurigen Zeiten hindurch, von welchen gerade sie lange und hart betroffen wurden; sie erhielt sich, trotzdem die Fassung der ersten fürstlichen Decrete einer Auslegung fähig gewesen wäre, welche, wenn auch durch Sophismen, eine Aufhebung des ausgesprochenen Rechtes möglich machte. 30 Ctr. jährlich

[1]) Die Ottweiler'schen Gemeinden Dörrenbach, Mainzweiler, Urexweiler, welche 1815 an Sachsen-Coburg, später (1830) an Preussen fielen, so wie die früher gräflich Leyen'schen Orte des jetzigen Kreises St. Wendel hatten ebenfalls die Begünstigung der Batzenkohlen.

zum Selbstkostenpreise an Jeden, der selbstständigen Haushalt habe, abzugeben, ist noch jetzt die Verpflichtung der preussischen Regierung.

Erst nach Uebernahme des Landes durch die preussische Regierung traten wieder geordnete Verhältnisse ein und erst von da ab wurden die Gruben von grosser Bedeutung. — Auf Befehl des Staatskanzlers Fürsten von Hardenberg ward 1815 durch den königl. Landes-Commissarius eine neue Ordnung der Dinge eingeleitet und erst von dieser Zeit ab sind die Nachrichten specieller.

1816 übernahm Sello (noch jetzt Abgeordneter der preussischen Kammer) die Direction des Bergamtes und theilte den ganzen Bezirk in ein östliches und westliches Revier, deren jedem ein Geschworner vorstand. Das westliche Revier enthält die Gruben Schwalbach, Küchenbach (oder Gaichenbach) Wahlscheid, Geislautern, Rittenhofen, auch die gewerkschaftliche Grube Hostenbach wird hier eingereiht; die Grenze gegen das östliche Gebiet wird durch die Rossel und den Kellerbach gebildet, welcher bei Völklingen in die Saar fällt. Das östliche Revier selbst besteht aus den Gruben zu Sulzbach, Dudweiler, Jägersfreude, Russhütte, Bauernwald, Grosswald, Gersweiler, Gruben bei Clarenthal (Stangenmühle und Röthel), auch die Glashüttengrube Altenwald. Jenes östliche und westliche Geschwornenrevier wird zu einer (der ersten) Bergmeisterei zusammengefasst, während die zweite Bergmeisterei die Gruben Wellesweiler, Kohlwald, Illingen, Glashüttengruben zu Friedrichsthal, Merchweiler, Quirscheid, nebst später Küchenbach und Wahlscheid des ersten westlichen Reviers umfasst. Clarenthal gehört von 1818 ab zum westlichen Revier.

Von den hier genannten Gruben kamen jedoch schon in den nächsten Jahren mehre zum Erliegen, andere wurden nur sehr schwach betrieben, dagegen neue bedeutende Gruben aufgethan. Zuerst erlag die Grube Küchenbach (1818), 1821 wurden die Gruben zu Schwalbach und Rittenhofen, und bis 1822 Russhütte, Wahlscheid, Kohlwald (Bauernwald, Grosswald) eingestellt, so dass wir jetzt im westlichen Reviere nur noch die Gruben Geislautern, Clarenthal (schwach betrieben), Kronprinz Friedrich Wilhelm, im östlichen (Gersweiler) Prinz Wilhelm, Gerhard, Jägersfreude, Dudweiler, Sulzbach, finden. 1826 wurde in zwei Exemplaren die erste Uebersichtskarte des Bergamtsbezirks Saarbrücken gefertigt, worauf die Geschwornenreviere und die Gruben angegeben waren und wozu als Grundlage die Karte in dem Werke von Oeynhausen und von Dechen's „geognostische Umrisse" diente.

Aus den entfernteren Gebieten findet sich 1827 die Angabe zweier kleiner Kohlengruben bei Kirn, wovon jetzt nur die eine noch schwach betrieben wird.

Die vielfachen Veränderungen, welche der ganze Betrieb, sowohl seiner Ausdehnung als seiner Art nach, erlitt, riefen schon 1841 eine neue Einrichtung des gesammten Bergamtsbezirks herbei, allerdings auf Grundlage der frühern. So wurden die zwei früheren Bergmeistereien beibehalten, dabei aber noch eine Unterscheidung des Steinkohlen- und metallischen Reviers eingeführt. Nur die jetzigen Kreise Saarlouis, Saarbrücken und Ottweiler gehören dem Steinkohlenreviere an, während die kleineren Privatgruben der Kreise St. Wendel, Kirn, Kreuznach dem metallischen Reviere eingereiht wurden (also das ehemalige Fürstenthum Nassau-Saarbrücken, Grafschaft Ottweiler, Herrschaft Leyen).

1) Bergmeisterei
- 1. Revier St. Goar (metallisches Revier).
- 2. „ Saarlouis (Kohlenrevier).
- 3. „ Saarbrücken (Kohlenrevier).

2) Bergmeisterei
- 1. Revier Ottweiler (Kohlenrevier).
- 2. „ St. Wendel (metallisches Revier).

Das Revier Saarbrücken ist es, welches die Gruben Gerhard, Prinz Wilhelm, Dudweiler, Jägersfreude, Sulzbach-Altenwald enthält.

Die Reviere der Geschwornen und Bergmeister wurden aber später verkleinert, da die Geschäfte eine immer grössere Ausdehnung nahmen und das Oberbergamt in Bonn 1848 die drei Reviere festsetzte: a) Dudweiler und St. Wendel; b) Wellesweiler; c) Louisenthal. Zu a gehören Grube Jägersfreude, Dudweiler incl. tiefer Saarstollen, Sulzbach-Altenwald; zu b Merchweiler, Quirscheid, Königsgrube, Friedrichsthal, Wellesweiler; zu c Gerhard, Prinz Wilhelm, Geislautern, Kronprinz Friedrich Wilhelm.

Erst 1854 erhielt der Bezirk 7 Bergmeistereien, nämlich:

I. Saar-Revier. 3 Bergmeister für:
1) Kronprinz Friedrich Wilhelm.
2) Prinz Wilhelm, Gerhard.
3) v. d. Heydt.

II. Sulzbach-Revier. 2 Bergmeister für:
4) Jägersfreude-Dudweiler.
5) Sulzbach-Altenwald, Merchweiler, Quirscheid, Friedrichsthal.

III. Blies-Revier. 2 Bergmeister für:
6) Reden-König.
7) Heinitz-Wellesweiler.

Man sieht, welche Gruben jünger und welche älter sind.

Später noch erhielten die Gruben Dechen und Ziehwald im Blies-Reviere ihre Namen.

Vorstehenden uns von Herrn Lehrer Dr. Weiss in Saarbrücken bereitwilligst gebotenen geschichtlichen und statistischen Notizen fügen wir ferner über die Entwicklung des Saarbrücker Kohlenbergbaues folgende Zahlenwerthe bei:

Im	Jahre	1816	betrug	die	Gesammtproduction	1,949916 Ctr.
„	„	1820	„	„	„	1,969348 „
„	„	1830	„	„	„	3,898674 „
„	„	1840	„	„	„	7,721634 „
„	„	1850	„	„	„	11,542786 „
„	„	1860	„	„	„	30,119216 „

Solch schneller und bedeutender Aufschwung, wie ihn dieser Bergwerksbetrieb erfahren, ist hauptsächlich in der Anlegung von Eisenbahnen, welche den District durchziehen, zu suchen. Die Saarbrücker Eisenbahn, einerseits in die pfälzische Ludwigsbahn, anderseits bei Forbach in die Zweigbahn der Paris-Strassburger Strecke mündend, geht über den Hauptzug der Steinkohlenflötze hinweg und sind mit ihr mehrere Gruben, theils unmittelbar, theils durch besondere Zweigbahnen in Verbindung gesetzt worden. In Hinblick auf das Steigen des Absatzes durch die Eisenbahnen mussten schon im Jahre 1853 auf den bedeutendsten Gruben Tiefbaue ausgerichtet und Dampfgöpel aufgestellt werden, und die neu aufgenommenen Gruben sind hauptsächlich nur für den Eisenbahndebit bestimmt zu betrachten.

Kohlenbecken der Oberpfalz und Oberfrankens.

Ausser dem im Vorhergehenden erwähnten Steinkohlenbergbau in der Pfalz, besitzt Bayern noch in Oberfranken und in der Oberpfalz Steinkohlenlager und in Oberbayern Pechglanzkohlenflötze von einiger Bedeutung. Es wird erzählt,[1] dass im Jahre 1758 der S. Meiningen'sche Forstbediente Gundermann (nach Anderen der Nagelschmied Sandner von Obersteinach) das Steinkohlenflötz bei Stockheim entdeckte und 1759 die erste Belehnung erhielt, aber wegen der Unruhen des siebenjährigen Krieges nicht fortarbeiten konnte; erst im Jahre 1763 wurde er auf wiederholtes Ansuchen mit der Fundgrube (Vereinigter Nachbar) 4 Maassen und einem Stolln am Ziegenrück beliehen. Damals entspann sich in Bezug auf die bei diesem Bergbau zu handhabende Berggerichtsbarkeit ein langwieriger und interessanter Prozess zwischen dem Magistrat zu Kronach, als Besitzer des Rittergutes Stockheim und der fürstbischöflichen Hofkammer zu Bamberg, als Vertreterin der Landeshoheit. Im Jahre 1766 folgte die Muthung und Anlegung des Wolfgangschachtes durch den Bergcommissär Otto, dem schnell die übrigen 7 Zechen folgten. Der Steinkohlenbergbau legte sich natürlich dort zuerst an, wo das Kohlenflötz zu Tag ausging

[1]) Berg- und Hüttenmännische Zeitung. 1847. p. 6.

und wurde überhaupt im Anfang nur eine Sorte Kohlen, Schmiedekohlen, gefördert, welche grösstentheils in Fässer verpackt auf dem Wasserweg bis an den Rhein versendet wurden. Ein solches Fass hielt 6 Cubikfuss bayer., wog 294 Zollpfund und stand im Preis zu 3 fl. rhein., wovon ungefähr 36 kr. für Emballage abgingen, so dass also damals 1 Ctr. Kohle mit 49 kr., ein Cubikfuss mit 24 kr. an die Grube bezahlt wurde. Gleichzeitig wurde (1785) durch öffentliche Zeitungen landesherrliche Garantie für die Güte der Steinkohlen geleistet, so dass im Jahre 1788 die Gewerke durchschnittlich 7540 Thaler Revenuen beziehen konnten. Indess bald veränderten die durch nachlässigen Bau und grössere Teufe erwachsenen Schwierigkeiten und die Auffindung neuer Steinkohlenlager in der Rheinpfalz und die den letzteren zu Gebote stehenden billigeren und bequemeren Transportmittel das Verhältniss der Stockheimer Gruben. Capital und wissenschaftlich begründete Technik allein konnten den im Rückgang begriffenen Steinkohlenbergbau heben, welcher in seiner westlichen Ausdehnung seit dreissig Jahren auch an der südlichen Grenze des Herzogthums Sachsen-Meiningen Kohlenflötze zu Tage förderte. Der Geheime Finanzrath von Weiss war es, welcher bereits im Jahre 1837 die Neuhauser Steinkohlen bei 62 Lachter Tiefe erreichte, während Herr Meyer in Hildburghausen, Besitzer des bibliographischen Institutes, auf Grund der von ihm auf Neuhauser und Stockheimer Gebiet aufgefundenen Kohlenlager, die erste Actiengesellschaft: den Neuhauser Steinkohlenbauverein gründete. Die Grube des Herrn von Weiss ging bereits im Jahre 1842 in die Hände des Herrn von Swaine über, das Feld wurde 1857 consolidirt und ein regelmässiger Grubenbetrieb eingerichtet. Die Meyer'schen Gruben wurden nach der Auflösung des von ihm begründeten Actienvereines (der verbunden mit der deutschen Eisenbahnschienen-Compagnie mit einem Anlagecapitale von zwei Millionen Thlr. begründet, in seinen viel versprechenden montanistischen Unternehmungen das Geschick mancher seiner Zeitgenossen theilte) später ebenfalls durch Herrn von Swaine angekauft, so dass dessen Familie jetzt Besitzer der wichtigsten auf Stockheimer und Neuhauser Gebiet liegenden Gruben, sowie des 1806 begonnenen Maximilian-Erbstolln's ist, welcher 1855 von dem Staate in's Freie gegeben und verstuft wurde. Im Jahre 1856 gelang es der Beharrlichkeit des um den Bergbau in der Oberpfalz hochverdient gewordenen Staatsrathes v. Herrmann, Vorstand der königlich bayerischen General-Bergwerks- und Salinen-Administration, gestützt auf von Seiten des Professor Geinitz gelieferte wissenschaftliche Nachweise, in der Gegend von Erbendorf, südöstlich von Kemnat, die Steinkohlenformation mit zwei bauwürdigen Flötzen zu erteufen.

Die Geschichte der Eröffnung des oberbayerischen Stein- oder Pechglanzkohlenbergbaues (denn nach den Ansichten der Geognosten gehören die Molassenkohlen der Steinkohlenformation nicht an), reicht zuverlässig bis in das 16. Jahrhundert[1]) zurück, indem schon 1594 Versuchsbaue auf Kohlenflötze in der Gegend von Schongau und Peutingen angestellt wurden und ein gewisser Caspar Heigel, Bürger von Tölz, mit Hans Maler von Augsburg vom Herzoge Wilhelm V. die Erlaubniss erhielt, auf zehn Jahre in dem oberländischen Gebirge, gegen Verreichung des Zehnten (denn die Herzoge von Bayern aus der Wilhelminischen Linie behaupteten die Regalität des „Kohlensteinerzes" auf ständischen Gründen nicht weniger als auch die übrigen Herzöge und Kurfürsten das ihnen allein zustehende Bergregal in den Benediktbeuer'schen und Tegernseeischen Gebirgen jederzeit geübt haben) auf Kohlen zu bauen und diese sowohl im In- als Auslande zu verkaufen. Ein gleiches auf 25 Jahre lautendes Patent verlieh Maximilian, Pfalzgraf bei Rhein, nachmaliger Kurfürst Maximilian I., im Jahre 1598 einem gewissen Georg Stange aus Halle in Sachsen, welcher sich rühmte, der Erste gewesen zu sein, der den Steinkohlenbergbau in Deutschland erhoben hätte und vorgab, im Besitz von Mitteln zu sein, die Kohlen auf niederländische Art so zu reinigen, dass sie zu häuslichen und gewerblichen Zwecken Verwendung finden könnten. Stange baute zuerst zu Oberammergau im Kloster Etalischen Gebirge ein Kohlenwerk unter dem Namen „St. Johannes in der Höllkammer am wilden Graben", führte die später bei Peutingen und in der Umgegend von Schongau gegrabenen Kohlen grösstentheils zum Verkauf nach Augsburg und setzte daselbst jährlich 4000 Metzen ab, bis ihm schon im Jahre 1603 wegen Nichtentrichtung des landesherrlichen Zehnten

[1]) Bayerisches Kunst- und Gewerbeblatt. 1840.

das ertheilte Privilegium wieder entzogen wurde. Wenige Jahre später kam der oberbayerische Kohlenbergbau jedenfalls in Folge der zu jener Zeit eintretenden kriegerischen Ereignisse ganz zum Erliegen und ruhte bis um die Mitte des 18. Jahrhunderts, wo man im Jahre 1754 zu Amberg sowie im Jahre 1763 bei Miesbach, namentlich in der Gegend von Benedictbeuern am Puchberge auf landesherrliche Kosten Grubenbaue eröffnete. Die noch immer sehr billigen Holzpreise jener Zeit waren der Einführung der Molassenkohlen in den Gewerben und im Haushalte wenig günstig und liessen die bedeutendsten Anstrengungen des bayerischen Bergwerk-Gouvernements, den Abbau der Kohlen zu fördern und ihren Absatz zu beschleunigen und zu sichern, in jeder Weise erfolglos erscheinen. Die unter den anscheinend günstigsten Aussichten im Jahre 1796 unter dem Namen „Oberländische Steinkohlengewerkschaft" zusammengetretene Gesellschaft von 69 Gewerken unter dem Vorsitze des Hofkammer- und Bergrathes von Flurl stellte in Folge der allseitig missglückten Versuche im Absatze ihres Produktes, dessen Heizwerth man in jener Zeit dem der schlesischen Steinkohle gleichgestellt und daher überschätzt hatte, im Jahre 1799 ihre Abbauarbeiten wieder ein und löste sich 1806, in welchem Jahre ihr Privilegium erloschen war, wieder auf, das ihr verliehene Grubenfeld zwischen Lech und Inn dem Aerar wieder anheim gebend. Seit dieser Zeit hatte der Abbau auf oberbayerischem Gebiete, einige untergeordnete Versuche abgerechnet, vierzig Jahre geschlummert, bis er im Jahre 1847 durch Dr. Rohatzsch, früherem Besitzer des Bades Krankenheil, und Friedrich Gräser in Schliersee wieder in das Leben gerufen und durch dieselben die „kgl. bayerische privilegirte Miesbacher Steinkohlengewerkschaft", welche noch jetzt daselbst die bedeutendsten Flötze abbaut, begründet wurde.

Im Betriebsjahre 1859/60 erstreckte sich der oberbayerische Pechkohlenbergbau auf[1])

den Au-Miesbacher Bezirk mit 266539 Centner Ausbeute und 160 Mann Belegschaft,
„ Pensberger „ „ 104346 „ Förderung „ 47 „ „
„ Peissenberger „ „ 162711 „ „ „ 168 „ „
„ Tegernseer Gewerkschaft-District „ 32811 „ Ausbeute „ 29 „ „
„ Bergbau bei Waakirchen, Nantesbach und Eschelsbach.

Badener Kohlen-Revier.

Im Grossherzogthume Baden tritt das Kohlengebirge im Schwarzwalde, aber nur untergeordnet, auf; es findet sich daselbst an zwei Puncten, einmal bei der Stadt Baden und dann in der Nähe von Offenburg. Beide Auftreten gehören dem eigentlichen Steinkohlengebirge an, während man letzteres früher für älter hielt. Das Vorkommen der Kohle selbst findet in mehren Flötzen statt, deren Zahl zwei bis drei beträgt. Die mächtigsten Partien derselben befinden sich im Felde der Zeche Hagenbach, während das Vorkommen in Berghaupten und Diersburg viel weniger mächtig ist. Die einzelnen Flötztheile, in denen die Kohle vorkommt, haben in der Regel eine Linsenform, indem sie sich bei normalem Vorkommen nach allen Seiten hin auskeilen. Durch die Einwirkung der Eruptivmassen ist die Steinkohle in eine ganz magere anthracitische Kohle umgewandelt worden.

Der Bergbau auf dieselbe, welcher bei Zunsweier, Grube Hagenbach, bei Diersburg und Berghaupten betrieben wird, ist ungefähr 60 Jahre alt. Im Anfange der dreissiger Jahre gewann man auf den Gruben Diersburg und Hagenbach, welche beide der im Jahre 1847 constituirten Offenburger Gesellschaft gehören, etwa 30000 Centner jährlich; diese Production hat sich aber bedeutend gesteigert und betrug im Jahre 1857 bereits 12 bis 18000 Centner im Monate. Die Förderung der Grube Berghaupten, welche einer andern Gesellschaft angehört, war zu derselben Zeit geringer, weil sich der dortige Bergbau noch in geringerer Tiefe befand, weniger aufgeschlossenes Feld besass und hauptsächlich noch mit Ausrichtungsarbeiten zu thun hatte. Eine genaue Beschreibung des Bergbaubetriebes auf der Grube Hagenbach findet sich im 16. Jahrgange der Berg- und Hüttenmännischen Zeitung (S. 359 u. f.)

[1]) Gümbel. Geognostische Beschreibung des bayerischen Alpengebirges.

Württemberger Kohlen.

Zu den weniger glücklichen Unternehmungen in der Aufsuchung von Kohlenlagern, gehören die von einer württembergischen Gesellschaft angestellten Untersuchungen auf Steinkohlen in Mittelborn bei Echach, im Oberamt Gaildorf, im Königreich Württemberg.

Hier liess schon[1]) im Jahre 1596 Friedrich I. von Württemberg ein Steinkohlenbergwerk eröffnen, um für seine Schwefel- und Alaunhütte zu Frikenhofen Material zu gewinnen. Schon damals wusste man, dass die dort erstehende Kohle wegen der Schwefelkiese zu nichts anderem sich eigne, als zur Bereitung von Alaun und Vitriol und ist jener Kohlenbetrieb nicht als solcher, wohl aber wegen eines ihn begleitenden Umstandes von einigem Interesse geworden. Es handelte sich nämlich bei Eröffnung der Grube durch den Herzog um das Bergregal, das die ritterlichen Schenker von Limpurg, die Mitherrn des Ortes, für sich in Anspruch nahmen. Es kam zu heftigen Kämpfen zwischen beiden Parteien, denen durch das Aufhören der Kohle, das Sistiren des Baues, von selbst Einhalt geboten wurde. Nach dieser Zeit ruhte der Bau bis zu Ende des vorigen Jahrhunderts, wo im Jahre 1784, unter vielen in Württemberg sich bildenden Bergwerkgesellschaften, auch eine Gewerkschaft für den Mittelbronner Kohlenbau zusammentrat, welche sich aber nach kurzer Zeit erfolgloser aber kostspieliger Bemühungen wieder auflöste. Einen letzten Versuch machte im Jahre 1832 die chemische Fabrik Oedendorf, welche Vitriolkohle und Schieferkohle gewann, aber wegen geringer Nachhaltigkeit die Sache bald wieder aufgab. Trotzdem wurde im September des Jahres 1857 dieser Kohle wieder das Wort geredet und, um der armen Bevölkerung der dortigen Gegend einigen Verdienst zuzuwenden, in völliger Unkenntniss der Sache, neue Bohrversuche unternommen. Der hohe Schwefelkiesgehalt dieser Kohle (3%) wird der practischen Verwerthung derselben als Brennstoff jederzeit störend in den Weg treten.

In die Kategorien dieser Steinkohlenunternehmungen im Königreiche Württemberg gehören auch die von Tübingen 1784, Harthausen 1813, Einsiedel 1814, Spiegelberg 1821—24.

In der Schweiz gelang es einer Baseler Gesellschaft, im Jahre 1856 bei Ruffi in Gasterland (Canton Schwiz) Steinkohlen zu fördern.

Oesterreichische Kohlenbecken.

Von hervorragendem Umfange tritt uns endlich noch der Kohlenreichthum des österreichischen Kaiserstaates entgegen. Unter allen Provinzen derselben besitzt Böhmen und Mähren die merkwürdigsten und bedeutendsten Steinkohlengruben. Das ungeheure Kohlenfeld, welches fast den vierten Theil Böhmens bedeckt, war bereits vor 20 Jahren schon in 264 Bergwerken angefahren und lieferte jährlich mehr als 4 Millionen Centner. Die Schwarzkohle durchzieht in vielen Flötzen von abwechselnder Mächtigkeit zwischen 2 Fuss und 5 Klafter das grosse Flussbecken der Beraun von Merklein an durch den Pilsener, Berauner und Rakowitzer Kreis bis zur Moldau unterhalb Prag, auf deren rechten Ufer sie nur in kleinen Flötzen bei Stuha und Hlaupietin erscheint. Ein zweiter Hauptzug der Schwarzkohle erstreckt sich längs des Riesengebirges von Schatzlar über Trautenau und Nachod, von wo er, an manchen schwach befahrenen Gruben erkennbar, über Reichenau, Landskrone und Politschka hinläuft, um sich wahrscheinlich den reichen mährischen Flötzen anzuschliessen. Die vorzüglichsten Steinkohlenbaue Mährens und österreichisch Schlesiens sind zu Rossitz, Neudorf, Schönstein, Ostawan, Ritschau, Zbeschau, Dombrau, Karwin und Teschen.

Ungarn besitzt in 27 Comitaten Schwarzkohlenlager. Die bedeutendsten Gruben sind im Oedenburger Comitate, dann im Barranyer Comitate bei Fünfkirchen, in Graner, Eisenburger, Arvaer, Honther, Nevgrader und Zipser Comitate. Die Gesammtproduction betrug vor 20 Jahren ½ Million Centner.

In Steiermark sind die mächtigsten Kohlenflötze die von Voitsberg und Lankowitz, von Fohrsdorf und Dietersdorf bei Judenburg, zu Feeberg, Tombach, Schöneck und Steiereck, das Purschlager Kohlen-

[1]) Dr. Fraas. Die nutzbaren Minerale Württembergs. Stuttgart, 1860.

flötz bei Kapfenberg im Brucker Kreise und noch mehre kleine Lager im Grätzer, Monburger und Collier Kreise.

In Kärnthen sind Kohlengruben bei Prevali, dann zu Philippen, Sonnberg, Keutschach und Lippitzbach, in Krain und Küstenland zu Sagor bei Oberlaibach, zu Albona in Oesterreich unter der Enns zu Ganing, Gloggnitz, Grillenberg, Grumbach, Jungherrenthal, Klingenfurth, Loich, Meiersdorf, Piesting, Thalern, Türnitz und Zillingsdorf, dann zu Hinterholz bei Ipsitz, zu Gössling, Gresten, Lilienfeld, Scheibbs, Wend, Zell etc., in Oesterreich ob der Enns zu Mauthausen, Pechgraben, Pramet, Wildshut und Wolffsegg, in Tirol zu Häring im Bezirke Kufstein. Dalmatien hat erst seit 1836 Steinkohlenbergbau, in Siebenbürgen dagegen sind die Lager noch nicht aufgeschlossen.

Von diesen Schwarzkohlenlagern steht, wie schon oben angedeutet, das böhmische als das bedeutendste in Ausdehnung und Mächtigkeit im Vordergrunde. Die Gebirgsbildungen, welche eine grosse Menge Steinkohlen einschliessen, gehören zu den ältesten Flötzformationen und finden sich theils im Nordosten des Landes am Fusse der Sudeten und in den Verzweigungen dieses Gebirgszuges, theils in der Mitte und bis gegen die Westgrenze hin an dem Fusse des Böhmerwaldes verbreitet. Die nördlichen in der Gegend von Nachod, Schatzlar und Semil stehen zum Theil mit dem Kohlengebirge von Waldenburg und Neurode in Schlesien in Zusammenhang und sind, wie diese, schon seit Mitte des vorigen Jahrhunderts bekannt und abgebaut.

Der Reichthum an Steinkohlen in den Kohlenfeldern des Rakonitzer und Pilsner Kreises ist im eigentlichen Sinne des Wortes ein unerschöpflicher; dennoch hat man in der Mitte derselben nur wenige Lager eröffnet und vor zwanzig Jahren fand der Abbau nur am Rande der Formation statt, wo die Lager häufig an der Oberfläche sichtbar wurden, daher auch leicht aufzufinden und wegen geringer Tiefe leicht und ohne kostspielige Vorrichtungen abzubauen waren. Bereits zu jener Zeit versorgten die Kohlengruben des Rakonitzer Kreises, worunter die von Buštěhrad den ersten Rang einnahmen, Prag und einen grossen Theil des mittleren Böhmens mit Brennmaterial, welches schon wenige Jahre später nach grösseren Entfernungen, selbst nach Sachsen und Mähren, Absatz fand. Die Kohlenwerke des Pilsener Kreises konnten sich, zumal in jener Gegend ein fühlbarer Holzmangel noch nicht vorhanden war, nur langsam Bahn brechen und der Verbrauch der Pilsener Kohlen war daher mehr auf die nächste Umgebung und die in dieser Gegend liegenden Vitriolsiedereien beschränkt. Es ist das Verdienst eines Grafen Sераincourts, eines Legitimisten im Dienste Karls X., zur Erschliessung der Pilsener Kohlenlager durch Gründung einer Actiengesellschaft behufs der Erbauung einer Eisenbahn von Pilsen nach Budweis und zu dem dadurch bedingten vermehrten Absatz nach Oberösterreich wesentlich beigetragen zu haben.

In dem productiven Steinkohlengebirge am Rande des böhmischen Silurbeckens, sind in der Richtung von Osten nach Westen folgende Steinkohlenablagerungen zu unterscheiden:

1) die Ablagerung von Kralup-Brandeisl, Kladno und Rakonitz;
2) die Specialmulden von Břas, Radnitz und Nürschan;
3) die Pilsener Mulde nebst den Specialmulden von Plas, Manetin und Merklin.

Die auf dem Südrandflötze der ersten Kohlenablagerung umgehenden Kohlenbaue waren um Mitte des vorigen Jahrhunderts eröffnet und wurden die daselbst gegrabenen Kohlen schon vor 70 Jahren zum Betrieb der Eichthaler Glashütte, sowie nahegelegener Kalk- und Ziegelbrennereien verwendet; ihr Abbau wird jetzt hauptsächlich von drei Interessenten, dem Kaiser Ferdinand von Oesterreich, der französischen nördlichen Staatseisenbahn-Gesellschaft und der Prager Eisenindustrie-Gesellschaft betrieben. Von den Werken dieser werden namentlich die am westlichsten gelegenen der letztgenannten Gesellschaft für das grossartige aus sechs Hohöfen bestehende Eisenhüttenwerk ausgebeutet.

Die ersten Kohlenaufschlüsse [1]) in der Brandeisl-Rapic-Kladnoer Kohlenmulde waren bereits zu Ende des 18. Jahrhunderts und zwar in der Gegend, wo jetzt noch die Rapicer Bergbaue umgehen,

[1]) Director Wala's schriftlichen Mittheilungen entlehnt.

bewerkstelliget. Die erste Muthung auf Steinkohle wurde in dem jetzt Seiner Majestät Kaiser Ferdinand gehörigen Grubenfelde bei Rapic von einem gewissen Boder, Grundbesitzer aus Buckov, im Jahre 1797, und in dem nun der P. E. J. Gesellschaft gehörigen Grubenfelde bei Rapic von Wenzel Cerny aus Buckov im Jahre 1800 und dann im Jahre 1801 und 1804 eingebracht. Die ersten Grubenbaue gingen in der Gegend des Barbara- und Antoni-Stolln auf den Ausbissen um, und wurden theils durch Stollneinbaue, theils durch Haspelschächte bis zum Jahre 1841 im Umtriebe erhalten. In diesem Jahre begann Wenzel Cerny das Abteufen des Wenzelschachtes und erreichte mit demselben im Jahre 1844 in der Tiefe von 42 Klafter das hier $3^1/_2$ Klafter mächtige Flötz. Vom Jahre 1800 bis 1845 wurde der Kohlenbergbau dem damaligen Kohlenbegehr entsprechend nur lau betrieben. Die jährliche Production wechselte zwischen 100000 bis 300000 Ctr., bis im Jahre 1846 der Grubenbesitz des Gewerken Wenzel Cerny durch Kauf in die Hände des Hauses Robert et Comp. überging und letzteres noch in demselben Jahre das Abteufen des Hoffnung-Schachtes in Angriff nahm, mit welchem im Jahre 1850 in einer Teufe von 80° die Kohle $3^1/_2$° mächtig durchteuft wurde. Der Ludwigschacht wurde im Jahre 1848 in Belegung genommen und erreichte im Jahre 1853 sein Ziel, das Kohlenflötz in einer Verdrückung nur 3 Fuss mächtig. Aber nach einer Streckenauffahrung von 15° sowohl nach Ost als nach West that sich das Flötz bis zu 4° Mächtigkeit wieder auf. In der unmittelbaren Nähe des Dorfes Corčovic wurde im Jahre 1846 der Juliusschacht angelegt, welcher aber nur bis zu einer Tiefe von 43° niedergebracht und sodann in seinem Bau sistirt wurde. Das tiefere Niedersinken wird in etwa 2 bis 3 Jahren in Angriff genommen werden. Die Kohle des Hoffnung- und Ludwigschacht-Grubenfeldes ist durchgehends backend und liefert die zum Betriebe der Kladnoer Hochöfen nothwendigen Koks.

Bis zum Jahre 1842 nahm der Betrieb und die Production in dem Brandeisl-Kladnoer Kohlenbecken keinen besonderen Aufschwung und erst in dem Jahre 1842, als das Montan-Aerar unter Berücksichtigung der Eisenbahnbauten und des allgemeinen Aufschwungs aller Industriezweige die Beschaffung grösserer Mengen fossiler Brennstoffe als ein unabweisbares Bedürfniss erkannte und in der Gegend von Brandeisl-Kladno, Schatzlar-Schwadowic und Schwarzkosteletz in Böhmen, bei Brünn und Mährisch-Ostrau in Mähren, in Ober- und Niedersteiermark, bei Steierdorf im Banate und bei Jawoczno in Galizien grossartige Schurfunternehmungen auf Kohle ins Leben rief, wurde auch bei den Privaten das Interesse für diesen Industriezweig geweckt, und durch die auf diese Weise wachgerufene Concurrenz ein wahrhaft grossartiger Erfolg erzielt. Obschon durch den Ankauf der Cerny'schen Grubenbaue durch das Haus Robert et Comp. im Jahre 1846 und durch die gesteigerte Thätigkeit in den Buštěhrader Grubenbauen der Kohlenbergbau in dieser Gegend einen erfreulichen Aufschwung nahm, so wurde der Grundstein zu der grossartigen Entwicklung dieses Baues erst durch die theils vom Aerar, theils von den Privatunternehmern Lana Klein Novotny bei Kladno und Brandeisl bezweckten grossartigen Kohlenaufschlüsse gelegt.

Der Aufschluss des der Prager Eisenindustrie-Gesellschaft gehörigen Gebietes bei Kladno fällt in die Zeit dieser erweckten Thätigkeit und wurde zuerst östlich von dem Städtchen Kladno im Jahre 1846 im Monate Dezember mit dem nur 12° tiefen Josephi-Schachte, welcher bereits ausser Betrieb ist, durch Herrn Novotny bewerkstelliget, worauf die Herrn Zana und Klein durch ihre gewohnte Energie und ihre ausgiebigen Geldmittel diesem Unternehmen kräftigst unter die Arme griffen.

Der noch thätige Wenzelschacht wurde im Mai 1847 in Belegung genommen, mit welchem in einer Tiefe von 63° 5 Fuss das 3° 5 Fuss mächtige Kohlenflötz im Monate November desselben Jahres erreicht und durchsunken wurde.

Die Anlegung des Franzschachtes begann im Monate Juni 1848, so dass im Monate März 1862 mit einer Tiefe von 90 Klafter das 4° mächtige Flötz durchsunken wurde. Der Leyerschacht wurde zwar auch im Jahre 1848 in Angriff genommen, blieb aber bis zum Jahre 1851 sistirt, bis 1857 nach erfolgter Wiederaufnahme das 5° 5 Fuss mächtige Flötz in einer Tiefe von 121° 4 Fuss durchsunken wurde. Der westlich von Kladno situirte Amaliaschacht wurde im Monate Dezember 1858 in Belegung genommen, allein, nachdem der Schacht bis zu einer Teufe von 115° niedergebracht war, und Stimmen laut wurden, dass das westlich von Kladno gelegene Feld der P. E. J. Gesellschaft kohlenleer sei, der Schachtbetrieb sistirt und im Schachte eine Bohrung vorgenommen, durch welche die Kohlenführung ausser Zweifel gesetzt wurde. Am 12. September 1862 wurde das 4°—2½' mächtige Kohlenflötz in einer Teufe von 148° — 5' erreicht und durchsunken.

Im Jahre 1857 vereinigte sich das Haus Robert und Comp. mit der Gesellschaft Lana, Klein-Novotny, nachdem schon im Jahre 1855 das grossartige Grubenfeld des Aerars in die Hände der Staats-Eisenbahngesellschaft übergegangen war, während in dem sehr grossen und reichhaltigen Kohlenfelde Sr. Majestät Kaiser Ferdinand's ein schwunghafter Betrieb in's Leben gerufen wurde, so dass in den sämmtlichen Bauen die jährliche Production von 12 bis 14 Millionen Centner per Jahr effectuirt wurde.

Die bedeutendsten und ausgedehntesten, den grössten Theil der Břaser Mulde bebauende Grube ist jetzt die des Grafen von Sternberg, ausserdem bauen noch verschiedene Gesellschaften: die Stark-Lewald'sche, die Salinger'sche, die der Edlen von Starke'schen Erben, sowie mehre Bergwerk-interessenten, unter andern der Graf Wrbna.

Die Abbaue des Pilsener Kohlenbeckens werden bei Wilkischen und Nürschan von der Prager Eisenindustriegesellschaft in östlicher Richtung an dieser angrenzend von Dr. Pankraz in Pilsen, ohnweit Littitz durch die Gruben des Fürsten von Thurn und Taxis und des Grafen Waldstein, indess sämmtlich in noch nicht bedeutender Tiefe betrieben.

Die Steinkohlenlager Mährens wurden bei Mährisch Trübau und Lettowitz im Jahre 1822 von Seiten des fürstlich Salm'schen Berg- und Hüttenamtes zu Blansko aber noch von sehr geringer Mächtigkeit aufgefunden; später in den Jahren 1830, 1836 und 1847 wiederholte Schürfversuche gaben ebensowenig vielversprechende Resultate, bis man, nachdem sich die bereits vorgefundenen Kohlen auf den gräflich Mennsdorf'schen Oborer Alaunwerken als von guter Qualität erwiesen, durch einen grösseren Tiefbau reichhaltigere Flötze vorfanden. In der Nähe der Oborer Werke des Grafen von Mennsdorf sollen die Steinkohlen schon seit 100 Jahren aufgeschlossen und verwendet sein. Ebenso findet in dem Steinkohlenbecken von Kaswin und Peterwald, dem Grafen von Larisch-Mönnich gehörig, schon seit mehr als zwanzig Jahren ein ausgedehnter Kohlenbergbau statt, durch welchen Fabriken von Rübenzucker, Soda, Zinkweiss und Thonwaaren schwunghaft betrieben werden.

Der Bergbau[1]) im Ostrauer Reviere ist noch kein Jahrhundert alt; derselbe wurde in früherer Zeit nur in sehr kleinen Dimensionen betrieben, weil die Steinkohlen zum Hausbedarfe sowohl als auch zu technischen Zwecken wenig Verwerthung fanden. Eine vom sel. Herrn Grafen Wilczek bei Gross-Pohlom errichtete Alaunsiederei war die erste hüttenmännische Kohlen consumirende Anlage in hiesiger Gegend, später im Jahre 1829 erbaute der sel. Cardinal Erzherzog Rudolph zu Witkowitz ein Puddel- und Walzwerk, und um diese Zeit begannen auch schon Brennereien und Brauereien zu ihrem Betrieb sich der Steinkohlen zu bedienen. Um den Steinkohlenabsatz in der Richtung gegen Troppau zu heben, erwirkte der sel. Graf Wilczek im ersten oder zweiten Jahrzehent dieses Säculums für die von seinem Dominio Pol.-Ostrau in der Richtung nach Troppau fahrenden Kohlenfuhren die Mauthbefreiung, eine Begünstigung, welche im Anfang der vierziger Jahre wieder aufgehoben wurde.

Den Hauptaufschwung erlangte der Ostrauer Kohlenbergbau erst durch die 1848 erfolgte Heranführung der Kaiser Ferdinand's Nordbahn, sowie durch die in Mähren und Schlesien sich immer mehr ausbreitende Rübenzuckerfabrikation und den Mehrbedarf der umliegenden Eisenwerke an Kohlen und Kok.

Die ersten Steinkohlenfunde wurden meist ohne weiter vorausgegangene Schürfungen auf zu Tage ausstehende Kohlenausbisse gemacht, wie sich denn auch der Abbau bis zu dem Beginne der zwanziger Jahre noch ganz in oberen Teufen bewegte.

Der älteste Bergbau des Reviers ist unstreitig der des Herrn Grafen Wilczek auf seinem

[1]) Vortrag über die Verhältnisse des Ostrauer Steinkohlen-Revieres, gehalten vom Berg-Director Andrée in Witkowitz.

Dominio Pol.-Ostrau. Derselbe wurde in dem Zeitraum zwischen dem Jahre 1770 und 1780 in dem Burniathale auf einem Ausbiss des Francisci-Flötzes durch einen gewissen Kelticzka eröffnet. Dieser Bergbau scheint nach einigen Jahren wieder in's Stocken gekommen zu sein, denn ein vom 14. Mai 1782 datirter Erlass des Teschener Landes-Aeltesten-Amtes fordert das Pol.-Ostrauer Wirthschaftsamt im Namen der Regierung zum Wiederangriff der dortigen Steinkohlenbrüche auf, weil die Holzpreise damals schon im Steigen begriffen waren.

Jm Jahre 1782 nahm der damalige Besitzer des Dominiums Hultschin, Baron Grutschreiber, einen Schurfschein und muthete in der Gemeinde Petrzkowitz auf die unter der Landsecke zu Tage ausgehenden Flötze Juliane, Wilhelmine, Neue, Einsiedel, Stolln, Therese, Schwebende, dann auf die Flötze Reiche und Hoffnungsvolle die sogenannten älteren Hultschiner Gruben.

Die übrigen heute zu den combinirten Hultschiner Gruben gehörigen jüngern Hultschiner Gruben zu Petrzkowitz, Ferdinandsglück daselbst, Johannesgrube zu Koblau, Carolina, Anna und Eugenia Hoffnung daselbst, Dreifaltigkeit und Friederike August zu Ellgoth, sowie endlich Heinrichsegen zu Hostialkowitz wurden von verschiedenen Schürfern in der Zeitperiode zwischen 1805 bis 1845 erworben.

Die gräfl. Larisch-Mönnich'schen Gruben zu Karwin wurden im Jahre 1790, und zwar zuerst die Heinrichsglückgrube, am sogenannten Plaschnik-Berge, circa 700 Klafter nördlich vom Dorfe Karwin auf einem schwachen Kohlenausbisse gemuthet.

Die jetzt im Besitze des Herrn Baron von Rothschild befindliche Grube zu Dombrau erschürfte der damalige Besitzer des Gutes Dombrau, Herr Baron von Mattincloit, im Jahre 1822 mit einem westlich vom heutigen Altmaschinenschacht, nahe an der Karwiner Grenze abgeteuften ganz seichten Schurfschachte.

Im Jahre 1830 erschürfte die Witkowitzer Eisenwerks-Direction am Berge Jablowetz in 22 Klafter Teufe das Gabrielenflötz, welcher erste Fund die Grundlage zu den weiteren Erwerbungen dieser Direction am Jablowetz bildete.

Im Jahre 1835 erschürfte der Herr Graf Larisch-Mönnich in der Gemeinde Peterswald durch seinen Bergmeister Kochler circa in 200 Klafter nordöstlicher Entfernung von der Kirche in 22 Klafter Teufe mit dem Friedrichsschachte ein 30zölliges Kohlenflötz und begründete mit diesem Fund den Beginn seiner Peterswälder Gruben.

In demselben Jahre begann die Witkowitzer Eisenwerks-Direction die Schürfungen in Orlau, welche sie im darauffolgenden Jahre in den beiden Schächten Altmaschine und Schwabe in Teufen von 24 und 30 Klafter durch Flötzfunde realisirte. Beim Abteufen ersteren Schachtes wurde die erste Dampfmaschine im Revier schon im Jahre 1835 zum Schürfen verwendet. — Die erwähnten Kohlenfunde bilden die Basis zur Erweiterung der heutigen freiherrl. von Rothschild'schen Gruben in Orlau.

Im Jahre 1838 erschürfte die Witkowitzer Eisenwerks-Direction am jetzigen Maschinen-Förderschacht in Hruschau in wenigen Klaftern Teufe ein schwaches Kohlenflötz. Auf diesen ersten Fund basiren sich die heutigen freiherrl. von Rothschild'schen Gruben bei Hruschau.

In demselben Jahre begann der sel. Herr Gewerke Zwierzina seine Schürfungen südöstlich von Pol.-Ostrau, realisirte dieselben aber erst im Jahre 1839 durch einen in geringer Teufe gemachten Kohlenfund, und legte damit den Grund zu der dortigen reichen, heute seinen Erben gehörigen Jozephizeche.

Bei allen diesen Schürfungen war das Kohlengebirge nahe unter Tage angetroffen worden und die bisher angeführten Grubenacquisitionen konnten daher auch mit verhältnissmässig geringerem Kostenaufwande bewerkstelligt werden. — Es waren nun aber auch fast alle diejenigen Puncte des Revieres beschürft, an welchen keine oder doch nur sehr schwache Tertiärüberlagerungen anzutreffen sind. — Alle die später anzuführenden Grubenacquisitionen hatten mit mehr Schwierigkeiten zu kämpfen, weil bei denselben überall mehr oder minder mächtige Tertiärüberlagerungen des Kohlengebirges angetroffen wurden.

Im Jahre 1842 begannen die freiherrl. von Rothschild'schen Schürfungen bei Mähr. Ostrau, aus deren Erfolgen die heutige Carolinenzeche hervorging. Fundteufen 37 — 59 Klafter.

Im folgenden Jahre unternahm das k. k. Montanärar die Schürfungen bei Michalkowitz. Die dadurch dort entstandenen Gruben sind später vom Aerar an die Kaiser Ferdinands-Nordbahn verkauft worden. Die Fundteufe betrug 42 Klafter.

Im Jahre 1845 begann das k. k. Montanärar die Schürfungen im heutigen Hermenegildschachte der Nordbahn, wurde bei 15 Klaftern Teufe fündig und machte im folgenden Jahre bei Mähr. Ostrau den ersten Kohlenfund bei dem nächst der von Ostrau nach dem Bahnhof führenden Strasse gelegenen Bohrloche, jetzt Schacht Nr. 10, in 45 Klafter Teufe auf dem sogenannten Judaflötze. Das dort vom Aerar gemuthete Feld ging ebenfalls durch Kauf an die Nordbahn über.

Im Jahre 1848 verschürfte eine Gewerkschaft Gorgosch et Comp. die heute dem Fürsterzbischofe gehörigen Gruben in Lazy im sogenannten Georgischachte in 27 Klafter Teufe und ein Jahr später unternahmen die Herren Gebrüder Klein Schürfungen im hiesigen Reviere. In der Gemeinde Prpiwos erbohrten sie durch ihren Bergmeister Handwerk an der Stelle des heutigen Franzschachtes in 13° 5 Fuss das erste Kohlenflötz, und in der Gemeinde Hruschau am Punkte des heutigen Albertsschachtes in 10° Teufe 9 Zoll und in 26° Teufe — 2 Fuss Kohle. Die auf diese Funde basirten Muthungen und Gruben gingen später durch Kauf in den Besitz der Nordbahn über.

Mit Beginn des Jahres 1850 eröffnete der Fürst Salm im Poln. Ostrauer Territorium nächst Radwanitz seine Schürfungen. Der erste Fund wurde im jetzigen Schachte Nr. II daselbst in 36 Klafter Teufe auf dem Dianaflötz erzielt. Aus diesen Schürfungen entstand die heutige fürstlich Salm'sche Leopoldinenzeche.

Ende 1851 liess der Herr Baron von Rothschild den heutigen Tiefbau bei Witkowitz mittelst zweier Schachtabteufen beginnen. In beiden Schächten wurde in 66° 5 Fuss Teufe das Gabrielenflötz erschürft.

Im Jahre 1853 begann der Bergmeister Handwerk in Gemeinschaft mit dem Grafen Zierotin eine Schürfung in Karwin. In 55° Teufe fand man ein 30zölliges Kohlenflötz, auf welches die heute im Besitze des Herrn Erzherzogs Albrecht befindliche Gabrielenzeche gemuthet wurde.

Ein Jahr darauf unternahm der Graf Harrach in den Gemeinden Poremba, Delau, Poln.- und Deutsch-Leuthen Tiefbohrungen, welche bis zu Teufen von 110 Klafter niedergeführt wurden. Obwohl man mit diesen Bohrungen in einigen Bohrlöchern Kohlenfunde erzielt haben soll, so wurde doch bis jetzt noch auf keinem dieser Bohrlöcher abgeteuft. Derselbe Graf liess später durch seinen Bergmeister Benndorff mehrere Schächte bei Herzmanitz bis zu Teufen von 60 Klafter abteufen, ohne jedoch das Kohlengebirge zu erreichen.

Fast zu gleicher Zeit unternahm der Erzbischof von Olmütz eine Schürfung bei Ellgoth mittelst Bohrungen. In einem Bohrloch sind daselbst in 47 Klafter Teufe 4 Fuss Kohlen erbohrt worden, doch hat das Schachtabteufen auf diesem Fund noch nicht begonnen.

Im Jahre 1850 erschürften die Gebrüder Odersky in der Gemeinde Schönbrunn ein bis zu Tage ausbeissendes Flötz und erbohrten dann daselbst auch noch mehrere tief liegende Kohlenflötze, doch fand ein eigentlicher Bergbauangriff daselbst noch nicht statt.

Im Jahre 1860 begann der Erzherzog Albrecht Schürfungen mittelst Tiefbohrungen in der Gemeinde Peterswald. Mit diesen Bohrungen, welche in einem Bohrloche sogar bis zu einer Teufe von 1536 Fuss niedergeführt wurden, fand man die dortige Tertiärüberlagerung überall in einer Mächtigkeit von 420 bis 660 Fuss an. Dieselbe reicht also in diesen 264 Fuss über der Ostrowitza gelegenen Punkten tief unter das Bett dieses Flusses hinab.

Den Hauptaufschluss erlangte der Mährische Bergbau durch den Betrieb der 4 im dortigen Revier getriebenen Erbstolln, weil mit denselben das Gebirge quer durchfahren, und bei der mitunter steilen Aufrichtung der Gesteinschichten der sicherste Weg zur Aufsuchung von Flötzen gewählt wurde.

Der wichtigste dieser Erbstolln ist der sogenannte Jablowitzer, welcher im Jahre 1829 angesetzt und von dem Herrn Grafen Wilczek und dem Witkowitzer Eisenwerke gemeinschaftlich in's Feld getrieben wurde. Mit diesem nun 1640 Klafter langen Stolln sind 30 bauwürdige Kohlenflötze überfahren worden, und zwar fast alle Flötze, welche in den verschiedenen Gruben nächst Mährisch- und Pol.-Ostrau gebaut werden. — Die grösste Teufe, welche dieser Stolln einbringt, beträgt 35 Klftr. 4'.

Der St. Barbara-Erbstolln bei Hruschau, blos zu den dortigen freiherrl. von Rothschild'schen Gruben gehörig, hat eine Länge von 370 Klafter; derselbe bringt eine Teufe von $17^1/_2$ Klafter ein und mit ihm sind 3 bauwürdige Flötze überfahren. Dieser Erbstolln wurde im Jahre 1842 angesetzt.

Der gräfl. Larisch'sche Peterswalder Erbstolln ist in der Gemeinde Reichwaldau angesetzt. Derselbe hat eine Länge von 1370 Klaftern, er bringt 27,2 Klafter Teufe ein, und mit ihm wurden drei bauwürdige Flötze überfahren. Beginn des Betriebes 1845.

Der Reiche-Flötz-Erbstolln ist im Jahre 1836 bei Petrzkowitz in den dortigen freiherrl. von Rothschild'schen älteren Hultschiner Gruben angesetzt worden. Dieser Erbstolln hat eine Länge von 618 Klaftern, bringt 34 Klafter Teufe ein und mit ihm wurden 15 bauwürdige Flötze überfahren.

Wenn auch schon ein grosser Theil der Reichwaldau-Peterswälder und des St. Barbara-Erbstollns im Tertiärgebirge aufgefahren ist, so musste in einem Reviere, dessen Flötze meist ein steileres Verflächen haben, ein Gebirgsaufschluss, — der, alle 4 Stollnlängen zusammengerechnet, eine Meile Länge beträgt — schon ein Resultat liefern, welches weiteren Schürfungen und Grubenerwerbungen zu einem sicheren Anhalten dienen konnte.

Trotz dieser bedeutenden Gebirgsaufschlüsse wurde in früheren Jahren im hiesigen, auf österreichischem Gebiete gelegenen Revierantheile vieles Geld raisonwidrig auf Schürfungen verwendet, weil die alten k. k. Berggesetze dem Schürfen keinen hinreichenden Schutz gewährten. — Manche Grube war daher, noch ehe sie zu einer Kohlenförderung gelangte, schon mit einem unverhältnissmässig hohen Anlagekapitale belastet, welcher Umstand heute noch erschwerend auf das Erträgniss einiger Bergbaue drückt.

Im Banate sind gegenwärtig drei Schwarzkohlen-Ablagerungen im vorzüglichsten Betriebe, die eine östlich von der Bergstadt Orawicza, die andere in dem Terrain des königl. Eisenwerkes Reschitza und des Kameraldorfes Doman und eine dritte in der k. k. Militärgrenze, walachisch-banater Regiments zu Eibenthal und nördlich von Berzazka an der unteren Donau.

Alle diese Ablagerungen scheinen einer und derselben Kohlenformation des Lias anzugehören. Da die sogen. Steinkohlen in Ungarn zu den grundherrlichen Regalien gehören, so sind die meisten Gruben von den betreffenden Grundherrschaften, in deren Terrain sie liegen, pachtweise an Gewerken überlassen. Schon im Jahre 1844 befanden sich im Orawiczaer kgl. Montan-Terrain 26 Gruben, im Reschitzaer 2 und im Domäner Kameral-Terrain 4 Gruben.

Der theilweise durch wachsenden Consum, anderseits und hauptsächlich durch mangelhafte Bewirthschaftung immer fühlbarer werdende Holzmangel war auch im Banate der Grund für die Aufnahme von Kohlenbauten. Einen Versuch [1]), Steinkohlen zum Schmelzen des Eisenerzes in Hochöfen zu verwenden, wurde im Jahre 1789 zu Esetrek im Gömörer Comitate ausgeführt, fiel jedoch ebensowenig günstig aus, als derjenige, welchen die österreichische Regierung schon 7 Jahre früher zu Fügen in Tyrol durch einen gewissen Paolo del Ré hatte anstellen lassen.

Die ersten von günstigem Erfolg gekrönten Versuche zum Abbau von Schwarzkohlen, machte ein aus Mariazell eingewanderter Steiermärker, Mathias Hammer, welcher im Jahre 1790 die reichen Schwarzkohlenlager im Banat erschürfte, mit welchen ungefähr gleichzeitig jene bei Fünfkirchen, Wissegrad und Oedenburg in Betrieb kamen. Einige Jahre später wurden in der Zips (bei Marcusfalva) Schwarzkohlenlager aufgedeckt, deren Ausbeute jedoch anfänglich bloss einige Igloer Schlosser zu benutzen verstanden. Einzelner Lager im Barscher und Honther Comitat gedenkt bereits Herrmann in seinem

---

[1]) Oesterreichische Zeitschrift für Berg- und Hüttenwesen. 1857.

1782 erschienenen „Abriss der physikalischen Beschaffenheit der österreichischen Staaten", ohne jedoch anzugeben, ob dieselben im Abbau standen, oder dessen noch gewärtig waren. Auf die Kohlenschätze Sirrmiens machte zuerst Andreas Wolny im Jahre 1805 aufmerksam, welche vor ungefähr 20 Jahren durch die Grafen Ladislaus und Paul Pejacsevics bei Ravanija in Abbau genommen wurden.

Behufs der Regelung desselben und zum Schutz einer regelmässigen auf wissenschaftlicher Basis fortschreitenden Entwickelung bestellte die österreichische Regierung Commissäre und nahm die Oedenburger Grube vermöge eines Uebereinkommens mit der k. k. privilegirten Canal- und Bergbaucompagnie, welche diese Gruben ursprünglich besass, in Regie.

Den Bau der letzteren leitete im Jahre 1802 eine Hofkommission unter dem Vorsitze des Grafen F. Wrbna; im Banat erfolgte im Jahre 1803 die Eintheilung der Kohlenfelder in „Massen" und die Verleihung derselben an Private gegen Entrichtung eines Kohlenzinses, welche jedoch später zum Theil wieder aufgehoben ward, indem mehre der ergiebigsten Gruben, in Folge mangelhafter Betriebsverhältnisse, von dem Montan-Aerar requirirt und auf Staatsrechnung verwaltet wurden. Durch die Verbindung der ergiebigsten Kohlenlager, unter denen die von Steierdorf obenan stehen, mit der Donau, mittelst Eisenbahnen fanden die Banater Kohlen auf dem Wasserwege einen hervorragenden Absatz, der durch die Donau-Dampfschifffahrts-Gesellschaft, als hauptsächlichsten Consumenten, wesentlich gehoben wurde.

CAPITEL II.

Statistik der Kohlengewinnung des Königreichs Preussen.[1]

A. Allgemeine Uebersicht.

(Hierzu Holzschnitt Fig. 1 und 2.)

Das Königreich Preussen nimmt hinsichtlich seiner Steinkohlen- und Braunkohlenproduction unter allen Staaten des europäischen Continentes die erste Stelle ein. Die Entwickelung des Kohlenbergbaues in den verschiedenen Theilen der preussischen Monarchie gewährt wegen ihrer Rapidität besonders in dem letzten Jahrzehent ein besonderes Interesse und lässt sich — Dank der amtlichen statistischen Uebersichten, welche jährlich durch die im preussischen Ministerium für Handel, Gewerbe und öffentliche Arbeiten herausgegebene „Zeitschrift für das Berg-, Hütten- und Salinenwesen in dem preussischen Staate" veröffentlicht werden — in aller Ausführlichkeit und Vollständigkeit verfolgen. In einem zum zehnten Bande (1862) dieser Zeitschrift vom Berg-Assessor E. Althans herausgegebenen Supplementband ist zudem für das am meisten interessante Jahrzehent 1852—1861 eine Zusammenstellung der wichtigeren statistischen Ergebnisse des preussischen Bergwerks-, Hütten- und Salinenbetriebes enthalten, worin die Entwickelung des Steinkohlen- und Braunkohlenbaues mit besonderer Ausführlichkeit dargestellt ist. Wir entnehmen dieser werthvollen Arbeit zunächst die folgende Totalübersicht über die in den Jahren 1825 bis 1861 in Preussen geförderten Stein- und Braunkohlenquanten, über den Geldwerth derselben am Ursprungsorte, die Zahl der betriebenen Werke und der beschäftigten Arbeiter. Es fehlen in dieser Uebersicht nur für den Zeitraum von 1825—1837 die Angaben über den Geldwerth, die Anzahl der Werke und Arbeiter; die Productionsquanten zeigen, dass während dieser 12 Jahre der Mineralkohlen Bergbau nur sehr allmählig gestiegen und dass in den zwanziger Jahren die Production fast stationär geblieben ist.

[1] Bei der Ausarbeitung der Statistik mussten wir uns an das während derselben vorliegende Material halten, welches bis zum Jahre 1862 reichte. Ergänzungen, namentlich für das Jahr 1863, werden wir am Schlusse der Capitel II, III und IV mittels besonderer Nachträge wenigstens in kurzen Uebersichten geben.

Jahr.	Fördermenge.		Geldwerth am Ursprungsort.			Betriebene Werke.			Beschäftigte Arbeiter.		
	Steinkohle, Tonnen	Braunkohle, Tonnen	Steinkohle, Thaler	Braunkohle, Thaler	Zusammen Thaler	Steinkohle	Braunkohle	Zusammen	Steinkohle	Braunkohle	Zusammen
1825	6,518458	1,342449	—	—	—	—	—	—	—	—	—
1828	6,834243	1,378347	—	—	—	—	—	—	—	—	—
1831	6,927376	2,095133	—	—	—	—	—	—	—	—	—
1834	8,298622	2,246740	—	—	—	—	—	—	—	—	—
1837	10,393479	2,612630	3,754371	281976	4,036347	331	254	585	16218	2538	18756
1838	11,541839	3,069666	4,298976	331449	4,633425	339	245	584	17884	2507	20391
1839	12,213160	3,247062	4,779628	353200	5,132828	364	217	581	19370	2580	21950
1840	12,752679	3,476000	4,930909	375750	5,306659	535	217	752	21149	2860	24009
1841	13,910153	3,723661	5,463383	430676	5,894059	517	217	734	21950	3054	25004
1842	14,900932	4,431645	5,727914	482942	6,210856	583	246	829	23666	3304	26970
1843	14,168441	4,122849	5,307661	434186	5,741847	383	269	652	22888	3513	26401
1844	15,543687	4,747076	5,789157	510206	6,299363	385	279	664	24160	3975	28135
1845	17,232651	5,884274	6,371771	676885	7,048656	408	354	762	26096	4565	30661
1846	18,312529	6,393318	7,020249	724181	7,744430	407	327	734	27244	5085	32329
1847	19,145461	7,233195	7,404096	846831	8,250930	423	468	891	28870	5681	34551
1848	17,571581	8,118553	6,704670	958362	7,663032	415	377	792	27723	5975	33698
1849	18,197132	8,773222	6,856975	1,046966	7,903941	385	361	746	28465	6089	34554
1850	20,797246	8,839772	7,984385	1,052735	9,037120	366	391	757	29907	6066	35973
1851	22,672566	10,043190	8,326822	1,288404	9,555226	358	488	806	33442	6645	40087
1852	25,788268	11,761346	8,856692	1,533232	10,389924	346	402	748	36444	7678	44122
1853	28,688165	12,200687	10,214472	1,607728	11,822200	376	384	760	42087	8010	50097
1854	34,056274	12,566852	13,909913	1,665622	15,575535	392	384	766	48573	8181	56754
1855	40,739129	13,774380	19,167327	1,846881	21.014208	453	396	849	56015	9065	65080
1856	44,288456	15,556289	21,783274	2,160502	23,943776	497	426	923	62037	9475	71512
1857	47,363716	18,244423	23,453340	2,622202	26,075542	503	440	943	64754	10301	75055
1858	52,086479	19,389014	25,549563	2,922114	28,471677	495	437	932	69352	11029	80381
1859	48,604182	20,349641	21,772871	2,948911	24,721782	476	426	902	65029	10391	75420
1860	53,283626	21,021961	21,298332	2,971858	24,270190	465	438	903	64682	9938	74620
1861	58,896261	22,137159	21,808326	3,038997	24,847323	452	431	883	68229	10744	78973

Hebt man vom Jahre 1831 an die Fördermengen von 10 zu 10 Jahren heraus, so ergibt sich eine bemerkenswerthe Steigerung in den letzten Decennien:

Jahr.	Steinkohlen, Tonnen	Zunahme in Tonnen	Zunahme in Procenten des kleineren Werthes	Braunkohlen, Tonnen	Zunahme in Tonnen	Zunahme in Procenten des kleineren Werthes
1831	6,927376			2,095133		
		6,982777	100,8		1,628528	77,8
1841	13,910153			3,723661		
		8,762413	63,0		6,319529	169,7
1851	22,672566			10,043190		
		36,223695	160,0		12,093969	120,4
1861	58,896261			22,137159		

In den letzten 10 Jahren war hiernach bei Steinkohlen die Zunahme über 4mal grösser als in dem vierziger und über 5mal grösser als in dem dreissiger Decennium; bei Braunkohlen aber beziehentlich 2mal und 772mal grösser.

Für den Geldwerth der Steinkohlen und Braunkohlen zusammen ergeben sich folgende Steigerungen:

Jahr	Geldwerth in Thalern	Zunahme in Thalern	Zunahme in Procenten
1841	5,894059		
		3,661167	62,2
1851	9,555226		
		15,292097	160,1
1861	24,847323		

Erscheint hiernach der Stein- und Braunkohlenbergbau Preussens ausserordentlich bedeutend, so bietet auf der andern Seite auch die Consumtion der mineralischen Brennstoffe ein in neuerer Zeit mehrfach benutztes Maass für den Culturzustand, weil die Kohle nicht nur die so unentbehrlichen metallurgischen Gewerbe wesentlich bedingt, sondern auch überhaupt das belebende Element der Verkehrs- und Erwerbsthätigkeit bildet. Obwohl in Preussen die Ein- und Ausfuhr nur an den Zollvereinsgrenzen, nicht aber hinsichts des Zwischenverkehrs der zollvereinten Staaten ermittelt und dabei nur auf Steinkohlen, nicht auf Braunkohlen Rücksicht genommen wird, so werden die in der nachfolgenden Tabelle aus diesen Nachrichten berechneten Quantitäten immerhin eine annähernd richtige Vorstellung des preussischen Kohlenverbrauchs zu geben vermögen. Dabei ist zu bemerken, dass die in der vorhergehenden Tabelle nach dem Maasse angegebene inländische Kohlenproduction unter Annahme eines durchschnittlichen Gewichts von 3,8 Ctr. für die Tonne Steinkohlen, sowie von 3 Ctr. für die Tonne Braunkohlen auf Gewicht reducirt und summirt worden ist. Nur für das Jahr 1861 sind ausnahmsweise die in der gedruckten Uebersicht der Production schon enthaltenen Gewichtsangaben zu Grunde gelegt.

Jahr	Gesammtproduction an Stein- und Braunkohlen in Preussen. Metr. Tonnen.	Steinkohleneinfuhr aus anderen als Zollvereinsstaaten. Metr. Tonnen.	Summe. Metr. Tonnen.	Steinkohlenausfuhr aus Preussen nach anderen als Zollvereinsstaaten. Metr. Tonnen.	Bleibt Consumtion in Preussen. Metr. Tonnen.
1837	2,366650	—	—	—	—
1838	2,653400	96939	2,750339	383231	2,367108
1839	2,807550	136737	2,944287	355171	2,589116
1840	2,944400	166050	3,110450	344414	2,766035
1841	3,201500	204126	3,405626	425378	2,980247
1842	3,495900	183980	3,679880	365076	3,314803
1843	3,310450	247777	3,558227	340586	3,217640
1844	3,665300	157525	3,822875	381460	3,441415
1845	4,175850	305182	4,481032	435937	4,045095
1846	4,438400	318204	4,756604	402032	4,354572
1847	4,722600	396991	5,119591	455240	4,664350
1848	4,556400	346771	4,903171	364328	4,538842
1849	4,773450	350188	5,123638	401665	4,721973
1850	5,271750	422296	5,694046	528803	5,165243
1851	5,814250	428905	6,243155	586391	5,656769
1852	6,663950	465223	7,129173	823132	6,306041
1853	7,280850	450359	7,731209	952200	6,779008
1854	8,355700	446801	8,802501	823132	7,979369
1855	9,806600	489234	10,295834	1,013149	9,282634
1856	10,748250	598957	11,347207	1,117105	10,230102
1857	11,735750	626056	12,366806	1,879495	10,482311
1858	12,804800	722895	13,527695	1,424998	12,102696
1859	12,287250	650691	12,937941	1,374501	11,563439
1860	13,277200	621861	13,849064	1,675431	12,223632
1861	15,080073	670432	15,750505	1,892503	13,858002

Da die Einwohnerzahl Preussens i. J. 1861 18,500000 betrug, so berechnet sich der Kohlenverbrauch pro Kopf auf 15,0 Centner.

Zieht man nun die Gewinnung der Steinkohlen speciell in Betracht, so wird es hier, da die Entwickelung im Ganzen schon aus dem Vorstehenden hervorgeht, darauf ankommen, die Steigerung oder Verminderung der Productionsmengen, des Geldwerthes derselben, der Zahl der betriebenen Werke und der beschäftigten Arbeiter zur Anschauung zu bringen, was durch die folgenden drei Tabellen geschieht:

Jahr.	Ruhrbecken.	Oberschles. Becken.	Saarbecken.	Becken von Waldenburg.	Becken von Aachen.	Becken von Ibbenbüren.	Becken von Wettin und Löbejün.	Becken von Minden.
				A. Fördermenge in Tonnen.				
1852	9,609810	7,473819	3,985976	2,272069	2,125696	119723	151025	50150
1853	10,731474	7,850164	5,164181	2,243757	2,314786	145401	182036	56366
1854	13,350496	8,650273	6,363463	2,484842	2,767405	177372	196919	65504
1855	16,261116	9,985450	8,052199	2,872136	3,038807	235363	207923	86135
1856	17,552509	11,615120	8,248669	3,244531	3,090725	276286	212938	47678
1857	18,176280	12,109463	9,336533	3,631632	3,446855	399363	215033	48557
1858	19,492513	14,078284	10,123202	4,092386	3,533199	465990	228056	72849
1859	18,966777	12,728875	9,132922	3,865013	3,198390	429681	236570	45954
1860	21,381269	13,517869	10,632964	3,904631	3,159324	398754	239666	49149
1861	24,823105	14,502508	11,337278	3,887317	3,568743	470608	251748	54954
Durchschn.	17,034534,9	11,251182,5	8,237738,7	3,249831,4	3,024393,0	311854,1	212191,4	57729,6
Procent.	39,3	25,9	19,0	7,5	7,0	0,7	0,5	0,1.
				B. Geldwerth am Ursprungsorte in Thalern.				
1852	3,381406	1,637421	1,700701	821992	1,098024	61762	122856	32530
1853	3,942994	1,775831	2,231436	815753	1,190425	74570	147725	35738
1854	6,020544	2,004607	3,069800	921774	1,604658	85741	155315	47474
1855	9,003610	2,615530	4,219128	1,078112	1,906354	130387	150242	63964
1856	10,511178	3,161766	4,594925	1,311071	1,839941	175537	152476	36380
1857	10,768990	3,373880	5,294792	1,460872	2,101023	254754	161135	37894
1858	11,431209	3,897595	5,862323	1,649047	2,170702	317000	164269	57418
1859	9,873435	3,106616	5,014776	1,548489	1,735808	308398	158280	27069
1860	9,082160	3,069416	5,457060	1,533350	1,734698	240241	152134	29273
1861	9,208589	3,082377	5,770816	1,457455	1.818211	270528	167314	33036
Durchschn.	8,322411,5	2,772503,9	4,321575,7	1,259791,5	1,719984,4	191891,8	153174,6	40077,6
Procent.	44,3	14,8	23,0	6,7	9,2	1,0	0,8	0,2.

C. Anzahl der betriebenen Werke und Arbeiter.

Jahr.	Ruhrbecken. W.	Arb.	Oberschles. Becken. W.	Arb.	Saarbecken. W.	Arb.	Waldenburg. W.	Arb.	Aachen. W.	Arb.	Ibbenbüren. W.	Arb.	Wettin und Löbejün. W.	Arb.	Minden. W.	Arb.
1852	173	14632	78	7418	30	6804	37	3213	20	3447	2	321	3	350	3	259
1853	190	16579	87	8815	30	8315	41	3049	19	4385	2	294	5	361	2	289
1854	199	19327	90	9873	30	9787	41	3417	20	4963	2	307	6	556	4	343
1855	234	23235	118	11527	27	10707	44	4089	19	5373	2	369	5	476	4	239
1856	278	27666	116	11802	26	11583	48	4335	20	5315	2	639	5	490	2	207
1857	295	29563	104	12595	26	11490	48	4400	21	5228	2	666	5	483	2	329
1858	286	31455	101	14005	28	11654	47	5168	22	5412	2	709	5	457	4	492
1859	281	29156	95	12838	26	11725	43	4687	22	5255	2	702	4	447	3	219
1860	276	28463	89	12759	26	12736	45	4465	20	4975	1	647	3	427	5	210
1861	270	30609	85	13812	27	12875	41	4306	20	5330	1	688	3	429	5	180
Durchschn.	248.2	25068,5	96,3	11444,4	27,6	10867,6	43,5	4112,9	20,3	4968,3	1,8	534,2	4,4	447,6	3,4	276,7
Procent	55,7	43,5	21,6	19,8	6,2	18.8	9,8	7,1	4,5	8,6	0,4	0,9	1,0	0,8	0,8	0,5

Die einzelnen Kohlenbecken haben hiernach mit einziger Ausnahme des Mindener Beckens, wo nach einer vorübergehenden Steigerung die Production fast auf den ursprünglichen Stand zurückgekehrt ist, sämmtlich grosse Fortschritte gemacht. Bei den durch die bergbaulichen Verhältnisse weniger begünstigten oder auch im Absatz etwas eingeengten Becken von Wettin, Löbejün, Waldenburg und Aachen ist freilich die Zunahme der Förderung zwischen dem $1^1/_2$ bis 2fachen geblieben, also erheblich unter dem mittleren Fortschritt, der dem Verhältniss 1 : $2^1/_2$ entspricht. Dagegen hat die Förderung in Oberschlesien sich sehr nahe verdoppelt, im Ruhrbecken auf mehr als das $2^1/_2$fache, im Saarbecken auf das 3fache, im Ibbenbürener Becken sogar auf das 4fache gesteigert.

Setzt man die im Jahre 1852 bei der Förderung wie auch im übrigen an Haldenwerth, Anzahl der Gruben und Arbeiter erfolgten Ergebnisse der Production beziehentlich : 100, so ergibt sich darin für das Jahr 1861 als Verhältnisszahl des Fortschritts:

	Bei der Förderung	Beim Haldenwerth	Bei den Gruben	Bei der Arbeiterzahl
Im Ruhrbecken	258	272	143	209
„ oberschlesischen Becken	194	188	109	173
„ Saarbecken	284	339	90	204
„ Becken von Waldenburg	171	177	111	134
„ „ „ Aachen	168	166	100	155
„ „ „ Ibbenbüren	393	438	50	214
„ „ „ Wettin und Löbejün	167	136	100	123
„ „ „ Minden	110	102	167	69

Die relative Betheiligung der einzelnen Kohlenbecken an der Steinkohlenproduction des ganzen Staates ergibt sich, wenn man die letzten hinsichtlich der Fördermenge in Tonnen und des Geldwerthes am Ursprungsorte beziehentlich gleich 100 setzt, aus der folgenden Zusammenstellung:

Relative Betheiligung	an der Förderung		am Haldenwerth	
	1852	1861	1852	1861
Ruhrbecken	37,3	42,1	38,2	42,2
Oberschlesisches Becken	29,0	24,6	18,5	14,1
Saarbecken	15,4	19,3	19,2	26,5
Becken von Waldenburg	8,8	6,6	9,3	6,7
„ „ Aachen	8,2	6,1	12,4	8,3
„ „ Ibbenbüren	0,5	0,8	0,7	1,2
„ „ Wettin und Löbejün	0,6	0,4	1,4	0,8
„ „ Minden	0,2	0,1	0,3	0,2

Wenn man die jährlichen Förderquanten der einzelnen Becken durch Quadrate darstellt, die man so übereinander zeichnet, dass die zu einem Becken gehörigen eine Ecke und zwei Seiten gemein haben, so erhält man eine Darstellung, welche ebenso die gleichzeitige Bedeutung der einzelnen Becken wie die Productionssteigerungen jedes einzelnen von Jahr zu Jahr leicht überblicken lässt. In folgenden Holzschnitten (Fig. 1) ist eine solche Darstellung ausgeführt, bei welcher eine Production von 10000 Ctr. durch eine Flächengrösse von 1 Quadratmillimeter wiedergegeben ist. Die zwischen den Rändern der einzelnen übereinandergezeichneten Quadrate bleibenden Streifen repräsentiren die jährlichen Zunahmen der Production; wo eine Abnahme erfolgt ist, sind die Quadratseiten des nachfolgenden Jahres punctirt.

Das Verhältniss der Arbeiterzahl zu der Menge und dem Geldwerthe, welches bei Beurtheilung bergbaulicher Verhältnisse selten unberücksichtigt bleibt, wird auch hier nicht vermisst werden dürfen, indem dasselbe einerseits den Fortschritt in den körperlichen Leistungen der Arbeiter, in den Abbaumethoden, in den sonstigen Hilfsmitteln der Technik bei der Förderung, den Maschinen etc. erkennen lässt, andrerseits eine Beurtheilung der in der ökonomischen Lage eines Bergbaues eingetretenen Veränderungen gestattet, überhaupt bei Vergleichungen verschiedener Reviere grosses Interesse gewährt. Nachstehende aus den obigen Zusammenstellungen berechnete Uebersicht möge daher hier eine Stelle finden:

In den Jahren 1852 bis 1861 betrug durchschnittlich auf einen Arbeiter:

Fig. 1.

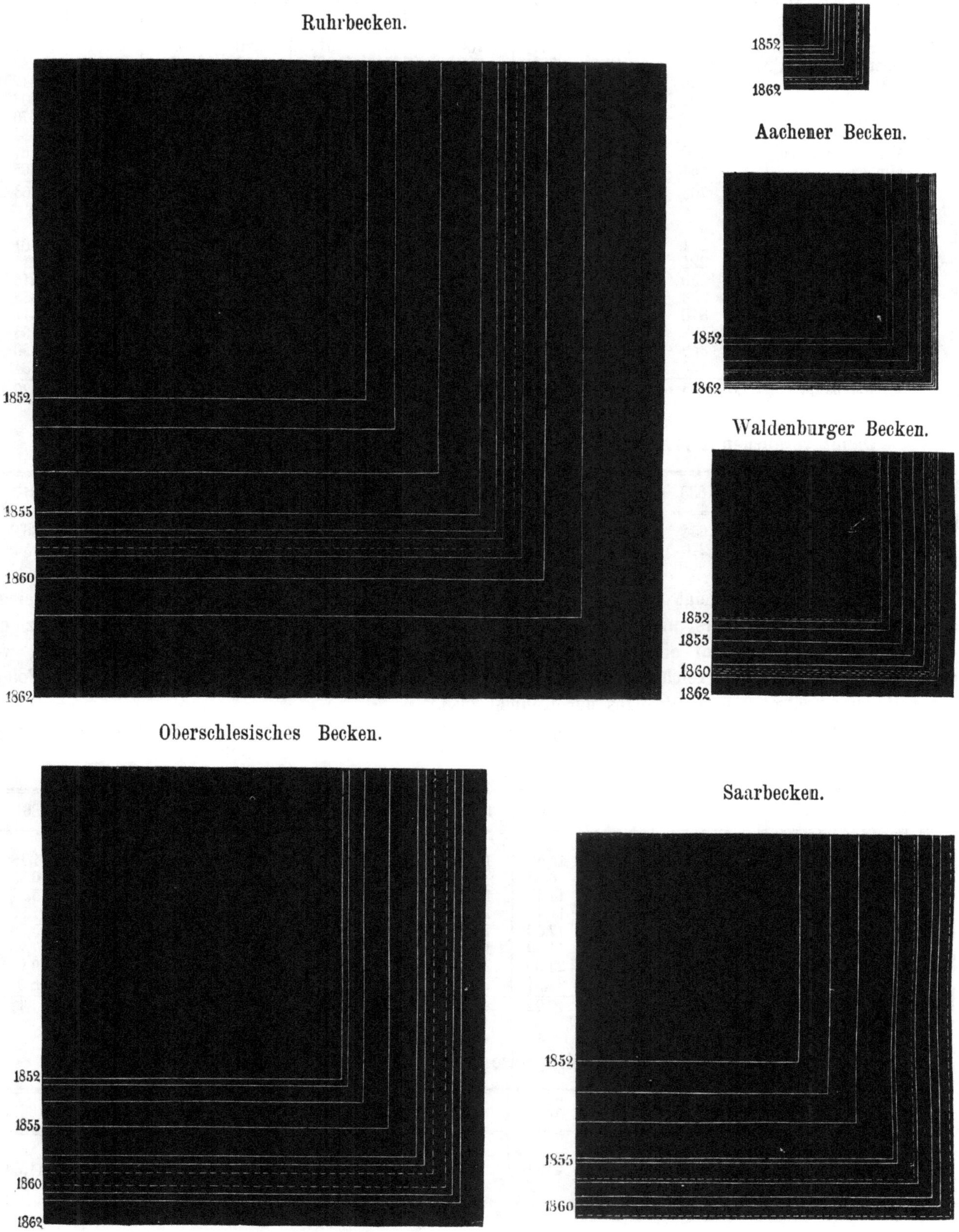
Ibbenbürener Becken.
1852
1862
Ruhrbecken.
1852
1855
1860
1862
Aachener Becken.
1852
1862
Waldenburger Becken.
1852
1855
1860
1862
Oberschlesisches Becken.
1852
1855
1860
1862
Saarbecken.
1852
1855
1860

Kohlenbecken	1852	1853	1854	1855	1856	1857	1858	1859	1860	1861
	A. Die Förderung in Tonnen.									
der Ruhr	657	647	691	700	634	615	620	651	751	811
von Oberschlesien . .	1007	916	864	866	984	961	1007	991	1059	1132
der Saar	586	621	650	752	712	813	869	779	835	817
von Waldenburg . . .	707	733	727	702	748	825	792	825	874	903
„ Aachen	617	528	555	566	582	659	653	609	635	670
„ Ibbenbüren . . .	373	495	578	638	432	600	657	612	616	684
„ Wettin und Löbejün	440	504	355	437	434	445	499	529	561	587
„ Minden	194	195	191	360	230	148	148	210	234	305
überhaupt . .	708	682	701	727	714	731	751	747	824	863
	B. Der Geldwerth am Ursprungsorte in Thalern.									
der Ruhr	231	238	312	388	380	364	363	339	319	301
von Oberschlesien . .	221	201	203	227	268	268	278	242	241	241
der Saar	250	266	314	394	397	461	503	428	428	416
von Waldenburg . . .	256	268	269	264	302	332	319	330	343	338
„ Aachen	318	271	323	355	346	402	401	330	349	341
„ Ibbenbüren . . .	192	254	279	353	275	383	447	439	371	393
„ Wettin und Löbejün	358	409	279	316	311	334	359	353	356	390
„ Minden	126	124	138	268	176	115	117	124	139	184
überhaupt . .	243	243	286	342	351	362	335	335	329	320

Damit verglichen kam in den Jahren 1838 bis 1847 durchschnittlich auf einen Arbeiter:

Ueberhaupt	1838	1839	1840	1841	1842	1843	1844	1845	1846	1847
A. Förderung (Tonnen)	654	630	603	634	630	619	644	664	672	663
B. Geldwerth (Thaler)	240	247	233	249	242	232	240	244	258	256

Im Allgemeinen zeigt sich hieraus ein stetiger Fortschritt in der Leistung der Grubenbelegschaften, welcher besonders in der geförderten Tonnenzahl beim Zurückgehen bis zu den vierziger Jahren hervortritt. Der auf einen Arbeiter kommende Geldwerth hat zwar seit dem Jahre 1857, wo derselbe sein Maximum erreicht, wieder etwas abgenommen, dies war jedoch eine nothwendige Folge des seitdem eingetretenen Rückganges der Kohlenpreise.

Der Durchschnittspreis für eine Tonne Steinkohlen auf den Gruben betrug in den Jahren 1852 bis 1861 in Silbergroschen:

Kohlenbecken	1852	1853	1854	1855	1856	1857	1858	1859	1860	1861
der Ruhr	10,56	11,02	13,53	16,61	17,97	17,77	17,59	15.62	12,74	11,13
von Oberschlesien . .	6,57	6,78	6,95	7,86	8,16	8,36	8,30	7,33	6,81	6,38
der Saar	12,80	12,96	14,47	15.72	16,71	17,01	17,33	16,49	15,40	15,27
von Waldenburg . .	10,85	10,91	11,13	11,26	12,13	12,07	12,90	12,02	11,78	11,25
„ Aachen	15,50	15,17	17.39	18,83	17,86	18,28	18,45	16,28	16,47	15,28
„ Ibbenbüren . .	15,48	15,39	14,50	16,62	19,06	19,14	20,41	21,53	18,07	17,25
„ Wettin u. Löbejün	24,41	24,34	23.66	21,68	21,48	22,48	21,60	20,05	19,04	19,94
„ Minden	19,46	19,02	21,94	22,28	22,89	23,41	23,65	17,67	17,86	18,03
überhaupt . .	10,30	10,68	12,22	14,12	14,80	14,86	14,70	13,46	11,99	11.11

Dagegen betrugen die Durchschnittspreise in den Jahren 1838—1847:

Ueberhaupt	1838	1839	1840	1841	1842	1843	1844	1845	1846	1847
Preis einer Tonne in Silbergroschen	11,17	11,74	11,60	11,78	11,53	11,24	11,17	11,25	11,50	11,60

Es ist hieraus ersichtlich, dass trotz des Vorrückens der Grubenbaue in grössere Teufen, die nach dem Jahre 1852 eingetretene Vertheuerung der Kohlen gegen die früheren Jahre im Allgemeinen nicht Bestand gehalten hat und dass mit Ausnahme der Saarkohlen im Jahre 1861 die Preise billiger als im Jahre 1852, sowie in den Jahren 1838—1847 waren.

Es bleibt noch die Betheiligung des Staates beim Steinkohlenbergbau zu erwähnen, welche die Becken von Wettin und Löbejün, sowie von Ibbenbüren ganz, das wichtige Becken von Saarbrücken fast vollständig, und von den oberschlesischen Becken ein sehr beträchtliches Feld umfasst. In der nachstehenden Zusammenstellung ist zugleich wegen des Unterschiedes in der Besteuerung auch die Betheiligung der in den linksrheinischen Landestheilen auf Grund von Concessionen von Privaten betriebenen Gruben ersichtlich gemacht.

Steinkohlenförderung in Preussen.

Jahr.	Staatswerke.		Vom Staate nicht verliehene Werke.		Vom Staate verliehene, rechtsrheinische Werke.		Vom Staate concedirte, linksrheinische Werke.		Gesammtproduction.	
	Tonnen	Proc.	Tonnen	Proc.	Tonnen	Proc.	Tonnen	Proc.	Tonnen	Proc.
1852	5,165745	20,1	310980	1,1	17,946607	69,6	2,364936	9,2	25,788268	100
1853	6,567706	22,9	368279	1,3	19,177806	66,9	2,574374	8,9	28,688165	100
1854	7,915813	23,2	518949	1,6	22,562041	66,3	3,059471	8,9	34.056274	100
1855	9.960415	24,5	492840	1,2	26,905650	66,0	3,380224	8,3	40,739129	100
1856	10,341456	23,4	563089	1,3	29,937285	67,6	3,446626	7,7	44,288456	100
1857	11,819113	24,9	419340	0,9	31.305829	66,1	3.819434	8,1	47,363716	100
1858	12,988700	24,9	2,891510	5,6	32,289860	62,0	3,916409	7,5	52,086479	100
1859	11,633053	24,0	2,594096	5,3	30,858414	63,5	3,518619	7,2	48,604182	100
1860	13,406326	25,16	2,806430	5,3	33,573114	63,0	3,497756	6,56	53,283626	100
1861	14,711196	24,98	3,058924	5,2	37,224034	63,2	3,902107	6,62	58,896261	100
Durchsch.	10,450952,3	24,1	1,402443,7	3,2	28,178064,0	65.0	3,347895,6	7,7	43,379455,6	100

Für das Jahr 1862 vertheilen sich die preussischen Steinkohlenwerke nach dem Besitzstande in folgender Art:

Steinkohlengruben im Betriebe			Arbeiter.		Förderung.		Haldenwerth.	
	Zahl.	Proc.	Zahl.	Proc.	Tonnen.	Proc.	Thlr.	Proc.
1. Privatwerke und zwar:								
a) diesseits des Rheins .	388	89,40	47015	67,68	45,739566	69,94	14,059795	62,31
b) linksrheinisch (concedirt)	30	6,91	5682	8,18	3,887758	5,94	1,913628	8,48
Summe . .	418	96,31	52697	75,86	49,627324	75,89	15,973423	70,79
2. Staatswerke	16	3,69	16771	24,14	15,767146	24,11	6,591630	29,21
Hauptsumme . .	434	100	69468	100	65,394470	100	22,565053	100

Die **Braunkohle** ist im preussischen Staate weniger in zusammenhängenden Becken abgelagert als die Steinkohle; sie tritt vielmehr in den durch ihr Vorkommen charakterisirten Thon- und Sandschichten in verhältnissmässig geringen Teufen mit sehr wechselnder Mächtigkeit auf, so dass trotz der grossen Verbreitung des Braunkohlengebirges besonders in den Buchten, mit denen die grosse norddeutsche Niederung in das mitteldeutsche Hügel- und Gebirgsland eingreift, die für den Bergbau ergiebigen Muldungen in zahlreichen Förderbezirken zerstreut liegen. Um die Entwickelung des Braunkohlenbergbaues in den einzelnen Landestheilen übersichtlich vorzuführen, wird es daher am angemessensten sein, von diesen vielen vereinzelten Bezirken der Production ganz abzusehen und nur auf die dabei betheiligten Regierungsbezirke und Provinzen Rücksicht zu nehmen. Die Schrift von **Althans** enthält auf S. 2 und 3 des Anhangs eine ausführliche Tabelle über die Betheiligung der einzelnen Regierungsbezirke an der Menge und dem Werthe der Production von Braunkohlen während der einzelnen Jahre 1852 bis 1861; hebt man aus derselben die Fördermengen für das erste und letzte Jahr heraus und berechnet die Betheiligung der einzelnen Bezirke in Procenten, so erhält man folgende Uebersicht:

Regierungsbezirk.	Förderung im Jahre 1851,		Förderung im Jahre 1861,		Zu-(Ab-)nahme,	
	Tonnen	Procent	Tonnen	Procent	Tonnen	Procent
Merseburg	5,129359	51,1	10,122914	45,7	4,993555	97,5
Magdeburg	2,520577	25,1	6,406038	28,9	3,885461	154
Frankfurt	487098	4,9	2,372107	10,7	1,885009	387
Cöln	1,169165	11,6	1,275405	5,7	106240	9,1
Potsdam	423985	4,2	971484	4,4	547499	129
Liegnitz	198232	2,0	725830	3,3	527598	266
Breslau	79487	0,8	113462	0,5	33975	42,7
Aachen	632	0,0	66617	0,3	65985	10440
Bromberg	—	—	30895	0,1	30895	—
Posen	4318	0,0	20035	0,1	15717	364
Coblenz	24858	0,2	12178	0,1	(12680)	(—51)
Oppeln	4879	0,1	8456	0,0	3577	73,3
Minden	600	0,0	8073	0,0	7473	1245
Düsseldorf	—	—	2000	0,0	2000	—
Marienwerder . . .	—	—	1665	0,0	1665	—
Summe . .	10,043190	100	22,137159	100	12,093969	120,4

Die Zunahme war besonders da sehr beträchtlich, wo die Concurrenz der Steinkohle nicht zu drückend war, wie in den Regierungsbezirken Merseburg, Magdeburg, Frankfurt, Potsdam und Liegnitz, weniger dagegen da, wo die niedrigen Steinkohlenpreise den Absatz beschränkten, wie in den Regierungsbezirken Cöln, Breslau und Oppeln. Im Regierungsbezirk Coblenz ist bei dem dort ohnehin wenig bedeutenden Braunkohlenvorkommen die Production sogar auf die Hälfte der Förderung von 1851 zurückgegangen.

Die Aenderung der Productionsverhältnisse in den einzelnen Provinzen des Staates ist aus nachstehender Zusammenstellung ersichtlich:

Jahr.	Sachsen.	Brandenburg.	Rheinprovinz.	Schlesien.	Posen.	Westphalen.	Preussen.	Pommern.
				A. Fördermenge in Tonnen.				
1852	9,183723	982975	1,197084	392765	4799	—	—	—
1853	9,430660	1,224956	1,128443	414041	2587	—	—	—
1854	9,427535	1,544157	1,107668	483293	4199	—	—	—
1855	10,493240	1,648195	1,148299	476988	7258	—	400	—
1856	11,578402	2,047572	1,289936	609135	23201	79	—	6964
1857	13,924044	2,316230	1,295784	672715	17715	3292	4745	9898
1858	14,427888	2,462360	1,705505	762391	17016	1740	2764	9350
1859	15,785391	2,372979	1,379642	771927	31371	2990	—	5341
1860	16,144481	2,788029	1,248366	790963	42783	5881	1458	—
1861	16,528952	3,343591	1,356200	847748	50930	8073	1665	—
Durchschn.	12,692431,6	2,073104,4	1,285692,7	622196,6	20185,9	2205,5	1103,2	3155,3
Proc.	76,0	12,4	7,7	3,7	0,1	0,0	0,0	0,0
				B. Geldwerth am Ursprungsorte in Thalern.				
1852	1,232833	133841	114891	51349	318	—	—	—
1853	1,313460	134080	109036	50980	172	—	—	—
1854	1,308293	187776	114870	54263	420	—	—	—
1855	1,464744	199503	125683	56126	725	—	100	—
1856	1,680364	266254	138817	71631	2492	16	—	928
1857	2,097049	306848	138676	74483	2092	950	791	1313
1858	2,304629	327399	184847	100782	2407	344	460	1246
1859	2,387275	317840	135590	102224	4591	679	—	712
1860	2,386598	355338	119810	104059	5074	736	243	—
1861	2,362790	429311	126029	114029	6022	761	55	—
Durchschn.	1,853803,5	265819,0	130824,9	77992,6	2431,3	348,6	164,9	419,9
Proc.	79,5	11,4	5,6	3,4	0,1	0,0	0,0	0,0

Jahr.	Sachsen. W.	Sachsen. Arb.	Brandenburg. W.	Brandenburg. Arb.	Rheinprovinz. W.	Rheinprovinz. Arb.	Schlesien. W.	Schlesien. Arb.	Posen. W.	Posen. Arb.	Westphalen. W.	Westphalen. Arb.	Preussen. W.	Preussen. Arb.	Pommern. W.	Pommern. Arb.
								C. Anzahl der betriebenen Werke und Arbeiter.								
1852	265	5340	54	778	63	1091	19	466	1	3	—	—	—	—	—	—
1853	229	5658	71	812	63	1116	20	415	1	9	—	—	—	—	—	—
1854	228	5484	71	1018	61	1146	23	528	1	5	—	—	—	—	—	—
1855	227	5988	79	1331	61	1242	23	462	4	32	—	—	2	10	—	—
1856	239	6071	77	1357	73	1248	29	695	5	53	1	12	—	—	2	39
1857	250	6719	83	1646	66	1022	29	752	6	76	1	14	1	3	4	69
1858	226	7180	89	1629	72	1161	41	911	4	76	1	4	1	3	3	65
1859	222	6979	98	1482	64	1094	34	692	4	108	1	6	—	—	3	30
1860	233	6476	92	1453	69	1214	37	738	4	33	1	11	1	1	1	12
1861	237	6873	95	1830	64	1167	29	773	4	86	1	14	1	1	—	—
Durchschn.	235,6	6276,8	80,9	1333,6	65,6	1150,1	28,4	643,2	3,4	48,1	0,6	6,1	0,6	1,8	1,3	21,5
Proc.	56,6	66,1	19,5	14,1	15,8	12,1	6,8	6,8	0,8	0,5	0,1	0,1	0,1	0,0	0,3	0,2

Abgesehen von dem wenig bedeutenden Braunkohlenbergbau der Provinzen Posen, Westphalen, Preussen und Pommern hat sich hiernach von 1852 bis 1861 in den Provinzen Brandenburg, Sachsen und Schlesien die Fördermenge beziehentlich im Verhältniss von 100 : 340, 180 und 215, der Geldwerth von 100 : 320, 191 und 222 vermehrt, in der Rheinprovinz aber hat erstere nur im Verhältniss = 100 : 113, letztere = 100 : 110 zugenommen.

In den Jahren 1852 bis 1861 betrug durchschnittlich auf einen Arbeiter:

Provinz	1852	1853	1854	1855	1856	1857	1858	1859	1860	1861
					A. Die Förderung in Tonnen.					
Sachsen	1701	1667	1719	1752	1907	2072	2001	2262	2493	2405
Brandenburg	1263	1509	1517	1238	1509	1407	1512	1662	1919	1827
Rheinprovinz	1097	1011	967	925	1034	1268	1469	1261	1028	1162
Schlesien	843	998	915	1032	876	895	837	1116	1072	1097
Posen	1600	287	840	227	438	233	224	290	1296	592
Westphalen	—	—	—	—	7	235	435	498	535	572
Preussen	—	—	—	40	—	1582	921	—	1458	1665
Pommern	—	—	—	—	179	143	144	178	—	—
überhaupt	1532	1523	1536	1520	1642	1771	1758	1959	2115	2060
					B. Der Geldwerth am Ursprungsorte in Thalern.					
Sachsen	231	232	239	245	277	312	321	342	369	344
Brandenburg	172	165	184	150	196	186	201	223	245	235
Rheinprovinz	105	98	100	101	111	136	159	124	99	108
Schlesien	110	123	103	121	103	99	111	148	141	148
Posen	106	19	84	23	47	28	32	43	154	70
Westphalen	—	—	—	—	1	68	86	113	67	54
Preussen	—	—	—	10	—	264	153	—	243	55
Pommern	—	—	—	—	24	19	19	24	—	—
überhaupt	200	201	204	204	228	255	265	284	299	283

Damit verglichen kam in den Jahren 1838 bis 1847 durchschnittlich auf einen Arbeiter:

Ueberhaupt	1838	1839	1840	1841	1842	1843	1844	1845	1846	1847
A. Förderung (Tonnen)	1224	1259	1215	1219	1341	1174	1194	1289	1257	1273
B. Geldwerth (Thaler)	133	137	131	141	146	124	128	148	142	149

Der Fortschritt, welcher sich in diesen Leistungen fast stetig von Jahr zu Jahr zu erkennen gibt, ist noch bedeutender als beim Steinkohlenbergbau, und entspricht für die letzten 10 Jahre einem vollen Drittel an Menge und Werth und sogar einer Verdoppelung im Vergleich der Jahre 1861 und 1838.

Der Durchschnittspreis für eine Tonne Braunkohlen auf den Gruben in Silbergroschen betrug

in den Jahren	1852	1853	1854	1855	1856	1857	1858	1859	1860	1861
	3,91	3,95	3,98	4,02	4,16	3,98	4,52	4,35	4,24	4,12
desgl. in den Jahren . . .	1838	1839	1840	1841	1842	1843	1844	1845	1846	1847
	3,25	3,25	3,24	3,47	3,25	3,16	3,22	3,45	3,40	3,51

In den vormals königl. sächsischen Landestheilen, nämlich dem (zum Regierungs-Bezirk Merseburg gehörenden) Herzogthum Sachsen, sowie der Nieder- und Ober-Lausitz (bez. zu den Regierungs-Bezirken Frankfurt und Liegnitz gehörig) wird der Braunkohlenbergbau nach dem churfürstlich sächsischen Mandat vom 19. August 1743 und den Regulativen vom 19. Oktober 1843 und vom 20. December 1854 als Pertinenz des Grundeigenthums ohne Verleihung nur auf Grund polizeilicher Erlaubnissscheine betrieben. Die Entwicklung dieser nicht verliehenen Bergwerke im Vergleich mit den verliehenen rechtsrheinischen und den einer anderen Art der Besteuerung unterworfenen concedirten linksrheinischen Bergwerken ergibt die nachstehende Tabelle.

Braunkohlenförderung in Preussen.

Jahr	Staatswerk		Vom Staate nicht verliehene Werke		Vom Staate verliehene rechtsrhein. Werke		Vom Staate concedirte linksrheinische Werke		Gesammtproduction	
	Tonnen	Proc.	Tonnen	Proc.	Tonnen	Proc.	Tonnen	Proc.	Tonnen	Proc.
1852	962009	8,2	3,487513	29,6	6,584351	56,0	727473	6,2	11,761346	100
1853	996196	8,2	3,328184	27,2	7,169141	58,8	707166	5,8	12,200687	100
1854	980718	7,8	3,560905	28,4	7,315305	58,2	709924	5,6	12,566852	100
1855	1,121597	8,1	3,971924	28,9	7,871157	57,1	809702	5,9	13,774380	100
1856	1,098314	7,1	4,425788	28,5	9,120269	58,6	911918	5,8	15,556289	100
1857	1,340528	7,3	5,535857	30,3	10,495483	57,6	872555	4,8	18,244423	100
1858	1,263707	6,5	5,690516	29,4	11,212640	57,8	1,222151	6,3	19,389014	100
1859	1,239824	6,1	6.689578	32,9	11,455042	56,3	965197	4,7	20,349641	100
1860	1,514392	7,2	6,880177	32,7	11,767675	56,0	859717	4,1	21,021961	100
1861	1,648976	7,4	7,169683	32,4	12,444814	56,2	873686	4,0	22,137159	100
Durchschnitt	1,216626,1	7,3	5,074012,5	30,4	9,543587,7	57,1	865948,9	5,2	16,700175,2	100

Die Vertheilung der preussischen Braunkohlenwerke nach dem Besitzstand für das Jahr 1862 endlich ist aus der folgenden summarischen Uebersicht über Arbeiterzahl, Förderung und Werth derselben zu ersehen, welche dem XI. Bande der ministeriellen Zeitschrift entnommen ist:

Besitzstand.	Betriebene Bergwerke		Arbeiter			Förderung			Geldwerth auf der Halde			
	Zahl	Proc.	im Ganzen	Proc.	auf eine Grube	im Ganzen Tonnen	Proc.	durchschnittlich per Grube Tonnen	im Ganzen Thlr.	Proc.	Für eine Tonne Sgr.	Für eine Tonne Pf.
I. Privatwerke:												
a) diesseits des Rheins	389	87,81	10160	88,09	26	21,925682	89,33	56364	3,002385	90,10	4	1,3
b) jenseits „ „	48	10,84	822	7,13	17	921070	3,75	19189	104620	3,14	3	4,9
Summe . .	437	98,65	10982	95,22	25	22,846752	93,08	52281	3,107005	93,24	4	1,0
II. Staatswerke	6	1,35	552	4,78	92	1,699214	6,92	283202	225395	6,76	3	11,8
Hauptsumme . .	443	100	11534	100	26	24,545966	100	55409	3,332400	100	4	0,9

Um dem Leser die Entwicklung des preussischen Kohlenbergbaues seit dem Jahre 1825 im Ganzen recht anschaulich vor Augen zu führen, lassen wir in Fig. 2 ein Diagramm folgen, in welchem die jährlichen Productionen von Stein- und Braunkohlen als Ordinaten zweier Curven aufgetragen sind; die Ordinaten der untersten Curve (von der horizontalen Grundlinie aus gemessen) repräsentiren die Productionsmengen der Steinkohlen, die der obersten Curve (von der unteren ab gemessen) die der

Braunkohlen. Diese Darstellung dürfte besonders geeignet sein, den Einfluss der politischen Ereignisse in den Jahren 1830, 1848, 1859, sowie der im Anfange der vierziger Jahre herrschenden Calamität in der Eisenindustrie deutlich hervortreten zu lassen. Auffallend gibt sich auch der merkwürdige Aufschwung des Kohlenbergbaues seit 1850 zu erkennen, der nur durch die unheilvolle Wirkung der politischen Unsicherheit des Jahres 1859, verbunden mit den Folgen der schon im Jahre 1857 ausgebrochenen allgemeinen Handelskrisis eine sehr starke und plötzliche Unterbrechung erfuhr; es zeigt sich hier die Schwere des Schlages, welcher die Bergbautreibenden durch diese Krisis in der nach ausserordentlichen Kapitalverwendungen sich eben erschliessenden Ausbeute traf!

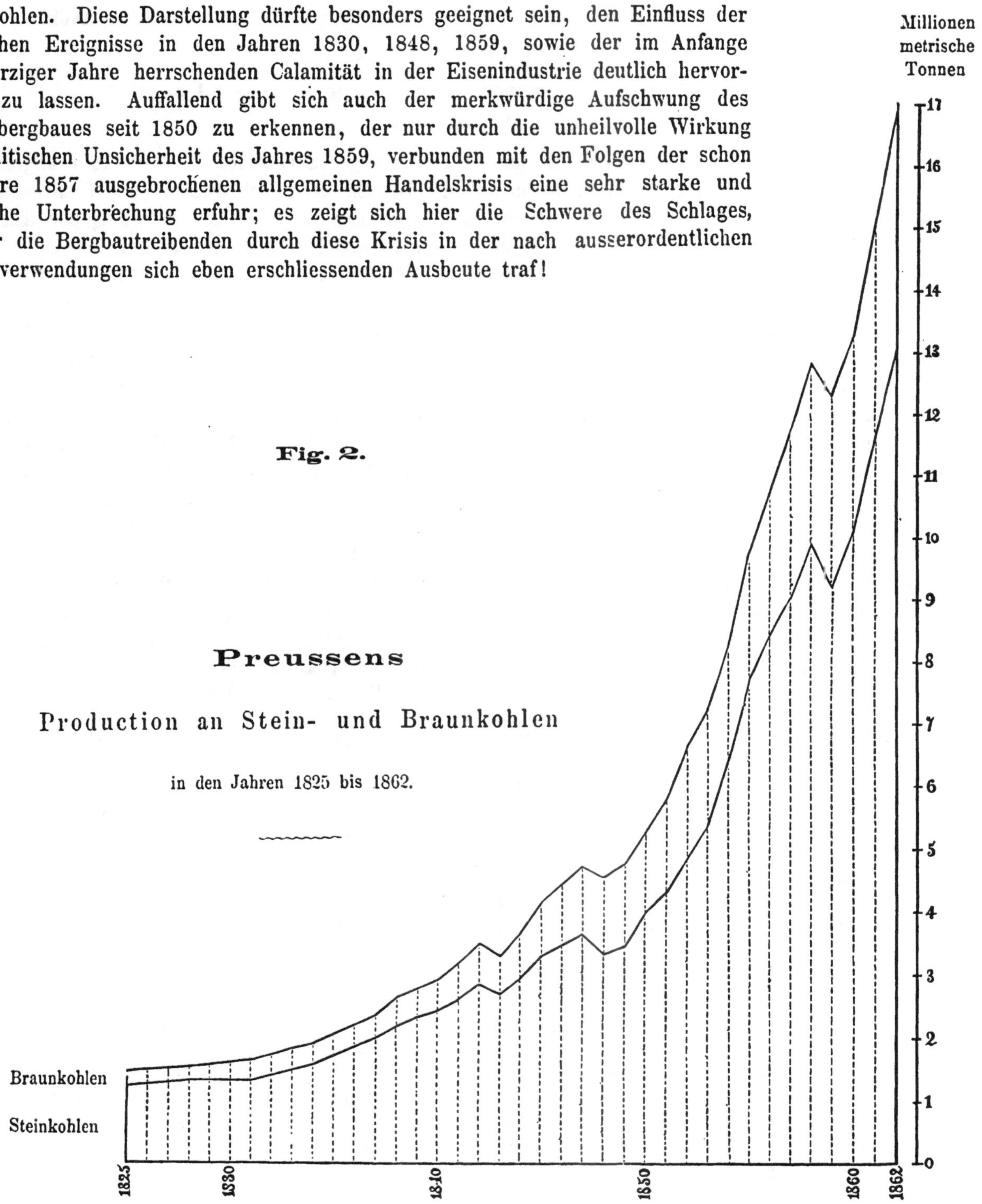

Fig. 2.

Preussens

Production an Stein- und Braunkohlen

in den Jahren 1825 bis 1862.

B. Specielle Statistik des preussischen Steinkohlenbergbaues bis zum Jahre 1862.

1. Oberbergamtsbezirk Breslau.

A. Regierungsbezirk Oppeln.

a) Staatswerke.

Hauptschlüsselerbstolln. Dieser bei Zabrze angesetzte, schon im Jahre 1800 angefangene, aber nicht ununterbrochen betriebene Erbstolln hat die Lösung der Grubenwässer der Franzgrube, der Saara- und Eintrachtgrube, der Belowsegengrube, der Lythandra- und Gottessegengrube, der Katharinagrube und Königsgrube zum Zwecke. Die Belegung des Stollns betrug in den Jahren

1852	1853	1854	1857	1858	1859	1860	1861
215,	130,	93,	89,	243,	187,	96,	28 Mann.

Am Schlusse des Jahres 1862 blieb nur noch von dem Hauptstolln im Felde der landesherrlichen Königsgrube ein Mittel von 87 Lachter Mächtigkeit zu durchörtern; ausserdem beschränkt sich der Betrieb nur noch auf Säuberungs- und Reparaturarbeiten und auf Gewältigung der entstandenen Brüche.

Königsgrube bei Königshütte. Der Betrieb dieser Grube erfolgt in drei getrennten Baufeldern in dem sogenannten Hauptfelde, in dem östlichen Felde auf dem *Gerhardflötze* und im westlichen Felde auf dem *Hoffnungsflötze.* Von diesen Baufeldern wird in den beiden ersten für die vereinigten Königshüttenwerke der Königshütte, mit welchen sie durch Schienenwege verbunden sind, gefördert, während das westliche Grubenfeld hauptsächlich zur Befriedigung des cumulativen und des Eisenbahnabsatzes bestimmt ist. Die Kohlengewinnung hat seit dem Jahre 1860 eine ausserordentliche Steigerung erfahren, hauptsächlich in Folge der eingetretenen Ermässigung der Kohlenfrachttarife und der dadurch möglich gewordenen Erweiterung des Absatzgebietes. Zur Locomotivfeuerung werden (seit dem Jahre 1857) besonders die Kohlen vom *Sattelflötz* geeignet befunden und debitirt. Die Förderung der Kohlen erfolgt durch Dampfgöpel auf Jacob-, Erbreich-, Bülow-, Josepha- und Hedwigschacht. Es betrug

Im Jahre	die Fördermenge in Tonnen	deren Werth in Thalern	die Belegschaft	Jährl. Leistung eines Arbeiters in Tonnen
1852	582116	127527	468 Mann	1244
1853	604035	151682	542 „	1114
1854	683998	167493	557 „	1228
1855	854326	204294	585 „	1460
1856	820283	193661	641 „	1280
1857	1,063502	?	929 „	1145
1858	1,395158	387839	1005 „	1388
1859	1,353141	288981	1025 „	1320
1860	1,678896	358571	917 „	1831
1861	2,150629	448970	1279 „	1681
1862	2,488371	490380	1390 „	1790

Der Stückkohlenfall betrug

im Jahre	1852	1853	1854	1855	1856
auf dem *Gerhardflötz* im Hauptfelde	82 %	84 %	80,1 %	77,0 %	—
„ „ *Hoffnungsflötz* im westlichen Felde . .	$47\frac{1}{3}$ %	53,6 %	44,2 %	52,8 %	56,6 %
„ „ *Sattelflötz* im östlichen Felde	—	71,6 %	74,3 %	76,9 %	79,7 %

Bei den Gewinnungsarbeiten schüttete im Jahre 1857 das Quadratlachter im Durchschnitt auf dem *Hoffnungsflötz* 41, auf *Gerhardflötz* 130, auf *Heintzmannflötz* 60 und auf *Sattelflötz* 177,2 Tonnen.

Der Verkaufspreis betrug pro Tonne

Im Jahre	für Stückkohlen.	für Kleinkohlen.	im Jahre	für Stückkohlen	für Kleinkohlen
1852	8 Sgr. 1,2 Pf.	3 Sgr. 2,2 Pf.	1857	10 Sgr. 8,2 Pf.	3 Sgr. 6,1 Pf.
1853	8 „ 1,9 „	2 „ 8,8 „	1858	10 „ 10,9 „	2 „ 10,2 „
1854	8 „ 3,4 „	2 „ 9,3 „	1859	8 „ 9 „	2 „ 2,2 „
1855	8 „ 6,7 „	3 „ 2,9 „	1860	8 „ 9 „	2 „ — „
1856	8 „ 5,2 „	3 „ 2,7 „	1861	8 „ 9 „	2 „ 5 „

Von unangenehmen Folgen war für den Betrieb des Werkes der im Jahre 1857 in dem Felde zwischen Josepha- und Bülowschacht im alten Mann entstandene, zuerst in brandigem Wetter sich äussernde Grubenbrand, namentlich wegen kostspieliger Verdämmungsarbeiten und des Opfers von Sicherheitspfeilern. In der Regel entwichen die brandigen Wetter durch die Tagebrüche, bei heftigem Westwinde traten sie indess in die Grubenbaue über und belästigten die Arbeiter, bis man die Zugänge vollständig verdämmt hatte. Anfangs erwies sich das Bewerfen der Sicherheitspfeiler mit Kalk von genügendem Erfolg; im Jahre 1858 wurde jedoch, nachdem die Einleitung von Löschwassern sich als zwecklos erwiesen hatte, zum völligen Abschluss des Brandes die Aufführung eines Hauptmauerdammes von 95 Lachter Länge und 3—5 Fuss Stärke oberhalb Bülowschacht begonnen; dieser Damm wurde 1 Fuss tief in die Sohle und mit Durchbrechung einer Brandschieferschicht und eines 30zölligen Flötzes bis in den hangenden Sandstein eingelassen und erhielt demgemäss eine Höhe von 32 Fuss; am Ende des Jahres 1858 war derselbe auf eine Länge von 53 Lachter, im Jahre 1859 bis auf 153 Lachter zur Ausführung gekommen, bis wohin er einen Kostenaufwand von 29000 Thalern verursacht hatte. Die gänzliche Abdämmung des Grubenbrandes konnte indess bisher noch nicht durchgeführt werden, da die zu diesem Zwecke versuchte Erlangung jenes Dammes durch den wiederholten Durchbruch des Feuers verhindert wurde. Durch luftdichten Verschluss aller mit dem Brandfelde communicirenden Oeffnungen über und unter Tage ist indess der Brand enger eingeschränkt und die Temperatur an den Grenzen wesentlich erniedrigt worden.

Bemerkenswerth sind die auf der Königsgrube getroffenen Veranstaltungen zur Beschaffung von Arbeiterwohnungen. Schon im Jahre 1854 wurden, um die durch die beabsichtigte weitere Verstärkung der Förderung gebotene Vermehrung der Mannschaft zu ermöglichen und dem sich einstellenden Mangel an Arbeiterwohnungen abzuhelfen, denjenigen, die sich in der Nähe der Grube anzusiedeln bereit waren, auf einem dazu erkauften Grundstücke Bauplätze angewiesen, Bauprämien von je 100 Thalern für die Errichtung einer Wohnung bewilligt und Baugelder zu 4 Procent vorgeschossen. In Folge dessen wurden im Jahre 1854 8, im Jahre 1855 16, im Jahre 1858, nachdem man einen zweiten Bauplatz acquirirt hatte, 24 Wohnhäuser durch Bergleute errichtet.

Königin Louise-Grube bei Zabrze. Der Abbau bewegt sich bei dieser durch die gute (backende) Qualität ihrer Kohlen wichtigsten Grube des ganzen Bezirks auf dem *Pochhammerflötz*, dem *Redenflötz*, *Heinitzflötz* und *Schuckmannflötz*; die Förderung erfolgt durch Dampfgöpel auf Skalley-, Dechen-, Oeynhausen-, Marie- und Krugschacht, die Wasserhaltung durch die Dampfkünste auf Oeynhausen- und Schönaichschacht, sowie seit 1859 durch die Wasserhaltungsmaschine auf Carnallschacht. Der Absatz erfolgt hauptsächlich an die Gleiwitzer Hütte, die oberschlesische, die niederschlesisch-märkische, die sächsisch-schlesische, die Kosel-Oderberger und Neisse-Brieger Eisenbahn, sowie an die Wiener Gasanstalt und an zahlreiche umliegende Koksanstalten. Es betrug

im Jahre	die Förderung	die Belegschaft	die jährliche mittlere Leistung eines Arbeiters	im Jahre	die Förderung	die Belegschaft	die jährliche mittlere Leistung eines Arbeiters
	Tonnen	Mann	in Tonnen		Tonnen	Mann	in Tonnen
1852	607418	615	988	1858	1,252190	1384	905
1853	767211	795	965	1859	868950	1030	844
1854	863656	936	923	1860	894370	917	975
1855	1,030194	1072	961	1861	946417	1018	930
1856	1,244058	1329	936	1862	1,656969	1642	1009
1857	1,248387	1310	953				

Die beträchtliche Verminderung des Absatzes und desshalb der Fördermenge im Jahre 1859 hatte ausser in der gedrückten Eisenconjunctur darin ihren Grund, dass die oberschlesische Eisenbahn von der Koksfeuerung zur Verwendung roher Steinkohlen von anderen Kohlen bei der Locomotivheizung überging. Von der sehr bedeutenden Förderung im Jahre 1862 kommen 71317 Tonnen (durch 63 Arbeiter) auf die an die Henriette- und Oscargrube verpachteten Kohlenfelder.

Der Stückkohlenfall betrug

im Jahre	auf Pochhammerflötz	Redenflötz	Heinitzflötz	Schuckmannflötz
1853	22,1 %	30,7 %	48,6 %	—
1854	11,5 %	30,0 %	36,2 %	0,3 %
1855	13,3 %	25,8 %	34,6 %	2,3 %
1856	19,6 %	29,8 %	37,4 %	16,8 %
1857	22,5 %	34,0 %	40,5 %	18,1 %
1858	27,3 %	36,1 %	34,3 %	15,6 %
Im Durchschnitte:	19,4 %	31,1 %	38,6 %	10,6 %

Die durchschnittlichen Verkaufspreise stellten sich folgendermaassen:

im Jahre	für 1 Tonne Stückkohlen	für 1 Tonne Kleinkohlen	im Jahre	für 1 Tonne Stückkohlen	für 1 Tonne Kleinkohlen
1852	8 Sgr. 1,2 Pf.	3 Sgr. 2,2 Pf.	1857	17 Sgr. — Pf.	10 Sgr. 10,7 Pf.
1853	9 „ 10,6 „	6 „ 3,7 „	1858	16 „ 11,9 „	10 „ 8,7 „
1854	12 „ 9,2 „	8 „ 11,9 „	1859	14 „ 2,3 „	7 „ 3,7 „
1855	14 „ 9,3 „	9 „ 8,9 „	1860	12 „ 4,0 „	6 „ 9,0 „
1856	15 „ 11,8 „	9 „ 8,7 „	1862	10 „ 4,2 „	5 „ 5,4 „

Der Grubenbrand auf *Pochhammerflötz* hat nur zuweilen zur Entstehung brandiger Wetter, nie aber zu wirklichen Störungen Anlass gegeben.

Von den Arbeitern der Königin Louisegrube wurden im Jahre 1856 unter Vertheilung von 3100 Thlr. Bauprämie 36 Wohnhäuser aufgeführt, in welchen 125 Familien gutes Unterkommen haben.

b) Vom Staate verliehene Bergwerke.

Unter Aufsicht der k. Bergbehörde standen im Jahre 1862 56 Steinkohlengruben, auf welchen 7345 Arbeiter und 4 Pferde beschäftigt waren. Die Förderung dieser Gruben betrug 31,983659 Ctr. oder 8,782890 Tonnen im Werthe von 1,824189 Thlr., überstieg mithin die Production des Vorjahres um 324232 Tonnen oder 3,8 Procent mit einem Geldwerthe von 57436 Thlr.

Die bedeutendsten Förderungen hatten nachstehende Gruben:

Consolidirte Siemianowitz bei Siemianowitz	mit	4,231910	Ctr.	und 689	Arbeiter.
Consolidirte Paulus bei Orzegow	„	3,001888	„	„ 541	„
Combinirte Hohenlohe bei Bitkow	„	2,622280	„	„ 538	„
Combinirte Gottessegen bei Neudorf	„	2,266589	„	„ 339	„
Fanny bei Michalkowitz	„	1,514614	„	„ 249	„
Combinirte Carl Emanuel bei Ruda	„	1,457353	„	„ 355	„
Mathilde bei Schwientochlowitz	„	1,437221	„	„ 352	„
Consolidirte Brandenburg bei Ruda	„	1,161944	„	„ 202	„
Combinirte Charlotte bei Czernitz	„	1,006627	„	„ 276	„

Ueber die Vertheilung des Absatzes gibt für die Jahre 1854—1859 folgende Zusammenstellung einen übersichtlichen Aufschluss:

	1854	1855	1856	1857	1858	1859
An Zinkhütten . . .	38,6 %	34,7 %	31,7 %	25,8 %	21,8 %	26,6 %
An Eisenhütten . . .	19,0 %	17,5 %	19,3 %	24,7 %	24,6 %	30,6 %
An Eisenbahnen . . .	18,2 %	21,6 %	23,4 %	23,0 %	28,9 %	20,1 %
Cumulativ	18,4 %	18,6 %	19,0 %	19,7 %	19,3 %	15,7 %
Eigener Bedarf der Gruben .	5,8 %	7,6 %	6,6 %	6,8 %	5,4 %	7,0 %
	100.	100.	100.	100.	100.	100.

In dieser Tabelle sind vom Jahre 1857 an die vom Staate betriebenen Werke und von 1858 an die Gruben der Herrschaft Myslowitz-Kattowitz eingerechnet.

Grosse Gefahren für den Grubenbetrieb verursachte der in dem Felde der früheren Carls-Hoffnunggrube entstandene Grubenbrand, welcher im Jahre 1855 an der westlichen Markscheide der Fannygrube, sowie am dritten Bremsberge östlich des Theodorschachtes ausbrach und dem sich ein am zweiten Bremsberge im *Fannyflötze* entstandener Brand anschloss. Das rasche Umsichgreifen dieses Brandes und die aus ihm hervortretenden brandigen Wetter machten im Jahre 1856 die Einstellung der

Gewinnungsarbeiten im *Fannyflötze* nothwendig und beschränkten den Grubenbetrieb auf die Flötze *Glück* und *Caroline*. Im Jahre 1857 erfolgte beim Verhieb des letzten Pfeilerrestes eines Bremsberges auf dem *Carolineflötz* im westlichen Ende der Grube cons. Simianowitz der Ausbruch eines heftigen Brandes. Vergebens versuchte man, denselben auf den alten Mann oberhalb der Grundstrecke zu beschränken; bei diesen Arbeiten verursachte der heftige Wetterzug nach dem Brande hin einen Durchbruch kohlensauren Gases aus dem alten Mann des *Fannyflötzes*, der durch den Abbau des *Glücksflötzes* hindurch die tieferen Baue des *Glücksflötzes* und die Querschläge erfüllte; es war sehr schwierig, jenen höchst gefährlichen Wetterzug zu hemmen; 34 Bergleute wurden während drei Tagen aus diesen Bauen besinnungslos zu Tage gebracht. Aller angewandten Vorkehrungen ungeachtet, breitete sich der Grubenbrand nach beiden Seiten hin aus und brach an verschiedenen Stellen in die obere Grundstrecke durch, so dass eine Pfeilerhöhe von 20 Lachtern wegen des darin geführten etwas unregelmässigen Streckenbetriebes geopfert werden musste. Bedeutende Dammarbeiten mussten in den folgenden Jahren zur Bekämpfung dieses Brandes ausgeführt werden.

c) Nicht vom Staate verliehene Bergwerke.

In der Herrschaft Myslowitz-Kattowitz standen unter Aufsicht der herrschaftlichen Bergwerksdirection im Jahre 1862 18 verliehene Steinkohlengruben im Betriebe, auf welchen mit 2393 Mann Belegschaft 12,498891 Ctr. oder 3,305457 Tonnen Kohlen im Werthe von 666624 Thlr. gefördert wurden. Die Zunahme der Förderung gegen das Vorjahr betrug 794896 Tonnen oder 31,6 Procent mit einem Geldwerthe von 107527 Thlr. Die jährliche Leistung eines Häuers belief sich auf 1381 Tonnen. Der Verkaufspreis für 1 Tonne betrug im Durchschnitt 6 Sgr. 3 Pf.

Die bedeutendsten Förderungen im Jahre 1862 wurden auf folgenden Gruben erzielt:

Grube	Ctr.	Arbeiter
Louisenglück bei Rodzin	3,304912 Ctr.	555 Arbeiter,
Ferdinand bei Bogutschütz	1,691554 „	340 „
Morgenroth bei Rodzin	1,593886 „	271 „
Elfriede do.	1,198138 „	131 „
Guter Traugott do.	1,096633 „	195 „

In der Standesherrschaft Pless befanden sich 5 Steinkohlengruben des Fürsten von Pless im Betriebe, welche mit 566 Mann Belegschaft 2,020668 Ctr. oder 505167 Tonnen Kohlen im Werthe von 100131 Thlr. förderten, so dass die Mehrförderung gegen das Jahr 1861 68924 Tonnen oder 15,8 Procent mit einem Geldwerthe von 14719 Thlr. ausmachte. Die höchste Förderung erreichte die Emanuelssegengrube mit 1,463440 Ctr. Kohlen bei 343 Mann Belegschaft.

Von den sämmtlichen im Regierungsbezirke Oppeln befindlichen Steinkohlengruben, deren Zahl sich auf 82 beläuft, wurden im Jahre 1862 61,453964 Ctr. oder 16,738854 Tonnen Kohlen im Werthe von 3,444197 Thlr. durch 13377 Arbeiter gewonnen. Die Förderung hat sich gegen das Vorjahr um 2,236346 Tonnen oder um 15,4 Procent, der Werth derselben um 361820 Thlr. oder um 11,6 Procent und die Zahl der Arbeiter um 565 Mann vermehrt.

Im Durchschnitt berechnet sich der Verkaufspreis einer Tonne Kohlen auf 6 Sgr. 2,07 Pf., also auf 2,43 Pf. weniger als im Jahre 1861, und die jährliche Leistung eines Arbeiters auf 1251 Tonnen.

B. Regierungsbezirk Breslau.

Vom Staate verliehene Werke.

Im Jahre 1862 befanden sich 3 Erbstolln und 34 Gruben mit 4158 Arbeitern im Betrieb. Das Förderquantum erreichte die Höhe von 17,331179 Ctr. oder 4,362788 Tonnen im Werthe von 1,634203 Thlr., überstieg die Production des Vorjahres um 583026 Tonnen oder um 15,4 Procent mit dem Geldwerthe von 216690 Thlr. oder 15,3 Procent. Der mittlere Verkaufspreis für eine Tonne betrug 11 Sgr. 2,8 Pf. und ist also gegen das Vorjahr nur um 0,2 Pf. zurückgegangen; die mittlere Leistung eines Arbeiters belief sich auf 1048 Tonnen oder 119 Tonnen mehr als im Jahre 1861.

Die bedeutendsten Förderungen hatten die nachstehenden Gruben:

Consolidirte Fuchs bei Weisstein	4,264008 Centner	mit	841	Arbeiter,
„ Glückhilf bei Hermsdorf	3,738784	„ „	799	„
„ Graf Hochberg bei Weisstein	1,537237	„ „	318	„
„ Segen Gottes bei Altwasser	1,377287	„ „	413	„
Combinirte Friedenshoffnung bei Hermsdorf . . .	1,172800	„ „	256	„
Morgen- und Abendstern bei Harte	885000	„ „	254	„
Consolidirte Johann Baptista bei Schlegel	608076	„ „	164	„

C. Regierungsbezirk Liegnitz.

Vom Staate verliehene Werke.

Auf 9 im Betriebe stehenden Gruben, von welchen 3 in der Gegend von Löwenberg belegene auf Flötzen der Quadersandsteinformation bauen, wurden mit 241 Mann Belegschaft 514476 Ctr. oder 128619 Tonnen Kohlen im Werthe von 45706 Thlr. gefördert. Hiernach überstieg die Production diejenige des Jahres 1861 um 21064 Tonnen oder um 19,6 Procent mit einem Geldwerthe von 5764 Thlr. oder von 14,4 Procent. Die jährliche Leistung eines Arbeiters betrug 533 Tonnen und der durchschnittliche Verkaufspreis für eine Tonne 10 Sgr. 7,9 Pf. Die bedeutendste Förderung, 260140 Ctr., hatte die consol. Gustavgrube bei Schwarzwaldau mit 59 Arbeitern.

Der Steinkohlenabsatz des gesammten Oberbergamtsbezirks Breslau vertheilte sich in den Jahren 1859—62 in folgender Art:

	1859	1860	1861	1862
An Zinkhütten	22,61 %	22,38 %	22,43 %	19,35 %
An Eisenhütten	19,50 %	19,42 %	17,58 %	19,20 %
An Eisenbahnen	27,41 %	28,21 %	28,47 %	33,26 %
Sonstiger Verkauf	24,52 %	23,98 %	25,52 %	22,76 %
Selbstverbrauch	5,96 %	6,01 %	6,00 %	5,43 %
	100.	100.	100.	100.

Der Absatz nach den verschiedenen Eisenbahnen, der hiernach in den letzten Jahren sich bedeutend gesteigert hat, würde einen noch viel beträchtlicheren Umfang erlangt haben, wenn die Betriebsmittel auf der ober- und niederschlesischen Eisenbahn ausreichend gewesen wären; leider herrschte jedoch wiederholt ein so fühlbarer Mangel an Fahrzeugen, dass ein grosser Theil der eingegangenen Bestellungen nicht ausgeführt werden konnte. Das erfreuliche Wachsen des Verkehrs haben die Gruben grösstentheils den vermehrten Kohlenbezügen nach Berlin zu verdanken, welche theils durch ein bereits im Jahre 1861 erfolgtes geringes Herabsetzen des Eisenbahntarifs, hauptsächlich aber durch das zeitweise Ausbleiben der englischen Steinkohlen vom Berliner Markt veranlasst wurden. Hierdurch ist den schlesischen Kohlen ein neues Feld eröffnet worden und möglich gewesen, dass z. B. die fiscalischen Kohlengruben bis Magdeburg und Wittenberg ihre Kohlen versandten. Auch auf den andern Bahnen hat der Kohlentransport sehr bedeutend zugenommen, zunächst auf der Bahnlinie Breslau-Posen-Kreuz, auf welcher zahlreiche Versendungen in der Ausdehnung bis Stettin und Bromberg stattgefunden haben. Nach Russland hin hat der Absatz schlesischer Kohlen noch keine nennenswerthe Ausdehnung, beginnt sich jedoch seit Anfang 1862 wesentlich, nachdem der hohe Eingangszoll „Drogowe“ fortgefallen ist, zu heben und erreichte bereits die Höhe von ca. 258000 Tonnen. Die Kohlen gingen grösstentheils nach Warschau, sowie nach den Fabrikstädten Lodz, Ruda-Guzowska etc. Da die Concurrenz englischer Kohlen in Polen nicht zu fürchten, so ist den schlesischen Kohlen der Markt vollständig gesichert und steht desshalb denselben für die Zukunft ein grosser Absatz nach Polen und Russland in Aussicht. Auch nach Oesterreich hin ist der Absatz schlesischer Kohlen fortwährend im Wachsen begriffen und erreichte im Jahre 1862 eine noch nicht dagewesene Höhe, welche allerdings nur zum Theile in dem vermehrten Transport besonders nach Wien, zum Theil aber auch dadurch hervorgerufen worden ist, dass wegen Unfällen einige mährische Gruben ausser Thätigkeit getreten und dadurch ansehnliche Quantitäten schlesischer Kohlen für die mährischen Hüttenwerke transportirt worden sind. Während dessen haben die niederschlesischen in Verbindung mit den oberschlesischen Kohlen eine grössere Ausbreitung durch die Görlitzer Zweigbahn erlangt und sind auf derselben in ziemlich bedeutenden Quantitäten nach Görlitz, Bautzen, Löbau, Zittau und Reichenberg gegangen.

Der Hauptvertrieb der Kohlen des niederschlesisch-böhmischen Beckens erfolgt durch die bis Waldenburg geführte Breslau-Freiburger Bahn mit ihren bis Frankenstein und Liegnitz reichenden Querlinien, welche Bahn als Kohlenbahn von Waldenburg bis Hermsdorf verlängert wurde. An diese Bahn schliessen sich die Gruben Morgen- und Abendstern, Segen Gottes Tiefbau, Fuchs, Graf Hochberg, Friedens-Hoffnung und Glückhilf an. Ferner zweigt sich von der Bahnlinie Pardubitz-Reichenberg eine Seitenbahn bei Josephstadt ab und geht bis Schwadowitz, mit welcher die einzelnen Förderpuncte der fürstlich Lippe'schen Gruben bei Schwadowitz und Hartin verbunden sind. Endlich wird die bereits im Bau begriffene schlesische Gebirgsbahn, welche von Görlitz über Ruhbank bei Landshut, Waldenburg und Neurode durch die Grafschaft Glatz zum Anschluss an die Prag-Brünner Bahn geführt werden soll, das Absatzgebiet der Waldenburger Kohle erweitern, besonders wenn auch die schon längst beabsichtigte Verbindung von Waldenburg mit der Pardubitzer Bahn durch eine Linie von Landshut nach Schwadowitz hergestellt wird. Das Absatzgebiet der Neuroder Gruben ist, weil sie von der nächsten Eisenbahnlinie zu entfernt liegen, ein sehr beschränktes, dazu kommt, dass einerseits die Waldenburger Kohle concurrirt, anderseits die oberschlesische Kohle mittels der Bahnlinie Brieg-Neisse sich immer mehr nach Westen auszubreiten strebt. Die Schatzlarer Gruben liegen zwar auch ausserhalb des jetzigen Eisenbahnnetzes, finden jedoch für ihre Kohlen einen erwünschten Absatz an die grossen Spinnereien bei Schatzlar, Liebau und Trautenau, an welch letzterem Puncte wieder die Schwadowitzer Kohle stark concurrirend auftritt.

Zum Schluss folge eine Tabelle, aus welcher für das Jahr 1862 die Absatzquanten der einzelnen Bergreviere des Oberbergamtsbezirks Breslau nach den schon oben angeführten Hauptrichtungen zu ersehen sind.

Bezirke und Reviere.	Absatz nach den			Sonstiger Verkauf	Summe des Verkaufs	Selbst-verbrauch	Summe des Absatzes
	Zink-hütten	Eisen-hütten	Eisen-bahnen				
	Tonnen						
I. Oberschlesien (Reg.-Bez. Oppeln).							
A. Fiscalische Bergwerke.							
1. Königsgrube	166837	928103	701285	218076	2,014301	101139	2,115440
2. Königin Louisegrube	—	615237	340974	436249	1,392460	142027	1,534487
Summe A . .	166837	1,543340	1,042259	654325	3,406761	243166	3,649927
B. Sonstige Werke.							
1. Revier Beuthen	706670	629084	330671	288637	1,955062	134563	2,089625
2. „ Kattowitz	758880	944549	720638	240678	2,664745	131938	2,796683
3. „ Königshütte	1,348289	793882	317220	194612	2,654003	120992	2,774995
4. „ Nicolai	11040	4448	435828	348734	800050	125235	925285
5. „ Ratibor	—	—	340453	273654	614107	91492	705599
6. Herrschaft Myslowitz-Kattowitz	1,072768	102788	1,512167	331320	3,019043	146906	3,165949
7. Standesherrschaft Pless.	27096	—	35383	373729	436208	9560	445768
Summe B . .	3,924743	2,474751	3,692360	2,051364	12,143218	760686	12,903904
Summe I. . .	4,091580	4,018091	4,734619	2,705689	15,549979	1,003852	16,553831
II. Niederschlesien (Reg.-Bez. Breslau und Liegnitz).							
1. Die zwei Waldenburger Reviere	—	21348	2,300834	1,614162	3,936344	125604	4,061948
2. Revier Neurode	—	21853	—	492347	514200	18560	532760
3. Görlitz	—	—	—	2007	2007	26	2033
Summe II. . .	—	43201	2,300834	2,108516	4,452551	144190	4,596741
Summe alles Absatzes . .	4,091580	4,061292	7,035453	4,814205	20,002530	1,148042	21,150572
Nach Centnern . .	14.967150	14,609515	26,536642	18,272409	74,385716	4,219960	78,605676

2. Oberbergamtsbezirk Halle.

Regierungsbezirk Merseburg.

a) Staatswerke.

Das eine dieser Werke liegt in der Nähe von Wettin, das zweite bei Löbejün. Die Löbejüner (mageren) Kohlen werden theils zum gewöhnlichen Hausbrand, theils an Zuckerfabriken abgesetzt. Die Wettiner Kohlen gehen nach den Salinen zu Halle und Stassfurth etc., sind aber auch bei den Schmieden und anderen Feuerarbeitern sehr beliebt, weshalb dieselben zeitweilig nach Orten debitirt wurden, wo sächsische und englische Kohlen weit billiger zu haben sind, so nach Bernburg, Quedlinburg, Nordhausen, Merseburg, Bitterfeld.

Das Bergwerk bei Wettin hatte im Jahre 1862 so günstige Absatzverhältnisse, wie noch nie in einem früheren Jahre, indem sowohl die Mannsfeld'sche Gewerkschaft ansehnliche Kohlenmengen bezog, als auch in der nächsten Umgegend in Folge der Verbesserung der Wege und der Herabsetzung der Stückkohlenpreise sich mehr Absatz fand. Es wurden 73514 Tonnen Steinkohlen, 22724 mehr als im Vorjahre, aus den Schächten Perlberg und Brassert gefördert.

Auch die Ergebnisse der Untersuchungsarbeiten, die wegen der grossen Unregelmässigkeit der Flötze ununterbrochen betrieben werden müssen, waren günstig. Zwar wurde mit einem südlich vom Brassertschachte gestossenen Tagebohrloche kein entwickeltes Kohlenflötz angetroffen, dagegen wies ein streichendes Ort, welches in der Sohle des Brassertschachtes getrieben wurde, das *Dreibankflötz* auf 52 Lachter Länge regelmässig abgelagert nach. Ebenso wurden zur Untersuchung resp. Vorrichtung des Catharinenschachtfeldes aus dem Flachen Nr. 3 des Perlbergschachtes zwei Oerter getrieben, von denen das nach Osten gerichtete bald Rücken traf, die endlich ein zweibänkiges Kohlenflötz vor Ort brachten, das man zur Zeit noch mit keinem der vorhandenen in Verbindung zu bringen weiss. Dagegen wurde das Ort gegen Westen 41 Lachter in völlig entwickeltem ungestörten *Oberflötze* von 80 Zoll Mächtigkeit erlangt.

Die Leistung eines Häuers in der achtstündigen Schicht war auf dem *Oberflötze* 5,69 Tonnen, auf dem *Dreibankflötze* 2,16 Tonnen.

Auf der Koksanstalt am Perlbergschacht wurden in 11 geschlossenen Oefen aus 12004 Tonnen gewaschener Kohlen 16628 Tonnen Koks (2447 mehr als im Vorjahr) dargestellt und 16057½ Tonnen zu einem Preise von 20 Sgr. 9,9 Pf. (1 Sgr. 11,6 Pf. billiger als 1861) abgesetzt.

Ueber die Zahl der Arbeiter, die Fördermengen, die Leistung der Belegschaften und den durchschnittlichen Verkaufspreis der Kohlen der Wettiner Grube für die Jahre 1852—1862 gibt die folgende nach den amtlichen Berichten zusammengestellte Tabelle näheren Aufschluss.

Jahr.	Zahl der Arbeiter	Förderung im Ganzen (Tonnen)	Förderung auf 1 Arbeiter (Tonnen)	Absatz Tonnen	Werth der Förderung im Ganzen Thlr.	von 1 Tonne durchschn. Verkaufspreis Sgr.	Pf.
1852	155	43550	281	—	40647	28	—
1853	154	50326	326	—	46535	27	8,9
1854	178	50260	280	—	47812	23	9,1
1855	156	85030	545	—	63039	22	2,9
1856	158	40320	255	—	46717	26	4,8
1857	175	53750	307	—	48492	27	0,8
1858	158	51560	344	—	45995	26	9,0
1859	170	46790	275	35558	41918	28	8,6
1860	163	54230	333	37452	47568	28	6,0
1861	171	50790	297	49395	40939	26	2,7
1862	167	73514	440	69253	56735	25	2,2

Der Stückkohlenfall betrug

im Jahre 1853	66,53 Procent,
„ „ 1854	59,85 „
„ „ 1855	53,28 „
„ „ 1856	56,30 „
Im Durchschnitt	58,99 Procent.

Im Durchschnitt schüttet 1 Quadratlachter regelmässig entwickeltes Oberflötz 50 Tonnen, Dreibankflötz 18 Tonnen.

Auf dem Bergwerke zu Löbejün stockte im Jahre 1862 der Stückkohlenabsatz, theils weil mehre Zuckerfabriken abfielen und Braunkohlen verwendeten, theils wegen der in der Umgegend in Folge der billigeren Eisenbahnfrachtsätze überhandnehmenden Verbreitung von westphälischen und sächsischen Steinkohlen. Eine Herabsetzung der Verkaufspreise hatte keinen merklichen Erfolg.

Der Schacht Clara ist vollständig zum Verhau gekommen und gefüllt worden. Aus dem Eckardtschachtfelde wurde ein Förderort nach Schacht Hoffmann getrieben, wohin die Gerharder Fördermaschine versetzt werden soll. Die Förderung betrug 82572 Tonnen, ist also gegen das Vorjahr um 6266 Tonnen zurückgegangen. Die Häuerleistung per achtstündige Schicht war 4,5 Tonnen.

Für die Jahre 1852—1862 sind in der folgenden Tabelle Arbeiterzahl, Förderquantum, Häuerleistung, Absatzquantum und Verkaufspreis übersichtlich zusammengestellt:

Jahr	Zahl der Arbeiter	Förderung		Absatz in Tonnen	Werth der Förderung		
		im Ganzen Tonnen	auf 1 Arbeiter Tonnen		im Ganzen Thaler	von 1 Tonne durchschnittl. Verkaufspreis Sgr.	Pf.
1852	188	107410	571	—	84853	23	8,0
1853	160	96140	601	—	77553	24	2,5
1854	158	69130	438	—	56313	26	2,4
1855	174	44720	257	—	37098	24	10,6
1856	157	65780	419	—	37930	20	11,9
1857	158	89510	566	—	66768	22	4,5
1858	153	83810	548	—	60204	21	6,0
1859	154	100480	652	96192	68301	19	1,8
1860	140	85544	611	81632	53316	17	1,9
1861	155	88838	573	79935	60411	19	4,6
1862	145	82572	569	72406	53831	19	5,0

Der Stückkohlenfall wurde beobachtet

im Jahre 1853	zu 56,32 Procent,
„ „ 1854	„ 53,93 „
„ „ 1855	„ 50,78 „
„ „ 1856	„ 46,64 „
durchschnittlich . .	51,92 Procent,

Es schüttet 1 Quadratlachter im Oberflötz 42 Tonnen, im zweiten Flötz 10,8 Tonnen.

Fasst man die Hauptbetriebsresultate der beiden königl. Werke für die Jahre 1852—1862 zusammen, so gelangt man zu folgender Aufstellung:

Jahr	Zahl der Arbeiter	Förderung		Werth der Förderung		
		im Ganzen Tonnen	auf 1 Arbeiter Tonnen	im Ganzen Thaler	von 1 Tonne durchschnittlicher Verkaufspreis Sgr.	Pf.
1852	343	150960	440	125500	24	9,0
1853	314	146466	467	124073	25	9,8
1854	336	119390	359	104125	24	11,6
1855	330	129750	393	100137	23	1,9
1856	315	106100	337	84647	23	11,2
1857	333	143260	430	115260	24	1,6
1858	311	135370	435	106199	23	6,0
1859	324	147270	454	110219	21	8,0
1860	303	139774	461	100884	20	8,0
1861	326	139628	428	101350	22	0,1
1862	312	156086	500	110566	22	3,6

Die verhältnissmässig geringe Leistung eines Arbeiters erklärt sich durch die überaus grosse Unregelmässigkeit und geringe Mächtigkeit der Flötze dieses Beckens.

Die Bergleute arbeiten wo es irgend angeht im Gedinge, welches auf 10 Tonnen Kohle oder 1 Lachter aufgefahrenes Ort gestellt wird. Die Förderung ist immer inbegriffen und wird von dem Lohne der Häuer entnommen und an die ebenfalls im Gedinge stehenden Schlepper abgegeben. Die Berechnung der Löhne geschieht monatlich und es erfolgen ausser für die Schlepperlöhne Abzüge für Pulver und die Knappschaftskassenbeiträge; Strafen, gelieferte Materialien zu Gezähen sind persönliche Abzüge. Getreideentschädigung und Oelvergütung sind fixirt und in die Normalschichtlöhne aufgenommen, welche bei der Gedingeberechnung zu Grunde gelegt werden. Prämiengedinge für hohe Leistungen finden sehr ausgedehnte Anwendung. Der durchschnittliche Verdienst eines Arbeiters beträgt gegenwärtig (Nov. 1864) auf die 8stündige Schicht einschliesslich der Geleucht- und Gezähevergütung bei Kohlen- und Gesteinsarbeitern in Wettin durchschnittlich 14 Sgr. 0,25 Pf., in Löbejün 13 Sgr. 8,31 Pf., bei Schleppern 11 Sgr. 11,54 Pf., bei Schichtlohnsarbeitern 11 Sgr. 5,21 Pf. Die Arbeiter gehören dem neupreussischen Knappschaftsverein an, dessen Statuten durch ein Staatsgesetz festgestellt sind. Die Arbeiter leisten nach ihren Graden monatliche Beiträge, die Werkseigenthümer zahlen einen gleichen Betrag wie die Arbeiter zusammen; letztere geniessen freie Kur und Medicin, Krankenlohn, Invalidenpension nach der Anfahrzeit berechnet und im Nothfalle ausserordentliche Unterstützungen; die Angehörigen der Arbeiter Begräbnisskosten bei Todesfall, freie Kur und Medicin, Wittwenpension nach der Anfahrzeit des Mannes, Erziehungsgelder für die Kinder bis zu 14 Jahren; Verunglückte erhalten die höchsten Sätze ihres Grades, Wittwen bei ihrer Wiederverheirathung ein Aversionalqnantum von ca. 30 Thlr. auf einmal. Die Zahl der Verunglückungen ist sehr unbedeutend, während der letzten 7 Jahre (1857—1863) sind 2 Unglücksfälle mit tödtlichem Ausgange und 2 schwere Körperverletzungen, die Invalidität zur Folge hatten, vorgekommen. (Privatmittheilung des Herrn Berginspector **Wagner** in Wettin.)

Die beiden vom Staate verliehenen gewerkschaftlichen Steinkohlengruben Carl Herrmann bei Brachwitz und Humboldt bei Dölau, die mit sehr verwickelten und gestörten Lagerungsverhältnissen des zwischen den Porphyren abgelagerten Steinkohlengebirges, sowie mit ungenügender Qualität der Kohlen zu kämpfen gehabt haben, sind seit dem Jahre 1859 gänzlich zum Erliegen gekommen.

b) Nicht vom Staate verliehene Werke.

Revier westlich Halle. Die Privatgrube Carl Moritz bei Plötz förderte im Jahre 1862 mit 114 Arbeitern 103468 Tonnen Kohlen (8652 Tonnen weniger als im Vorjahre) mit 54108 Thlr. Werth und debitirte bei einem mittleren Verkaufspreise von 15 Sgr. 8¹/₄ Pf. 94830 Tonnen. Mit den Aus- und Vorrichtungsarbeiten wurden günstige Aufschlüsse gemacht. Der Stückkohlenfall beträgt nur 29 Procent, während er sich auf dem benachbarten Löbejüner Werke auf 50—60 Procent beläuft.

Das Gesammtresultat des Steinkohlenbergbaues im Oberbergamtsbezirk Halle für die Jahre 1861 und 1862 enthält die folgende Tabelle:

Jahr	Förderung	Geldwerth	Durchschnittlicher Verkaufspreis		Belegung	Auf einen Arbeiter kommen	Dampfmaschinen			
							zur Wasserhaltung		zur Förderung	
			Sgr.	Pf.	Mann	Tonnen	Zahl	Pfdst.	Zahl	Pfdst.
1861	251748	167314	20	2,36	429	587	4	115	5	56
1862	259554	164674	19	6.66	426	609	4	115	5	56

3. Oberbergamtsbezirk Dortmund.

A. Staatswerke bei Ibbenbüren.

Regierungsbezirk Münster.

Das Bergwerk Glücksburg (bis zum Jahre 1860 auch Schafberg) baut fast ausschliesslich auf den beiden Flötzen *Alexander* und *Flottwell* und fördert durch die Schächte Beust, Von der Heydt und Pommer-Esche. Der Absatz der vorzugsweise zum Hausbrand benützten Kohlen geht in die umliegenden Gegenden, südlich bis nach Münster, östlich bis Osnabrück, Bielefeld, Minden, Hannover und Braunschweig, westlich nach dem holländischen Fabrikort Enschede, nördlich bis Emden; der Debit nach Münster ist neuerdings durch Concurrenz der Ruhrkohlen sehr vermindert worden; ein Hauptconsument ist das Hüttenwerk des Georg-Marien-Vereins, auf welchem die Ibbenbürener Kohle in den Hohöfen roh verwendet wird. Die Kohlenverfrachtung zur Eisenbahn würde im Jahre 1862 eine bedeutende Steigerung erfahren haben, wenn nicht verschiedene Einflüsse nachtheilig auf den Consum gewirkt hätten; so zerstörte u. a. im Sommer 1861 ein Brand zu Enschede fast sämmtliche Baumwollspinnereien, welche ihr Feuerungsmaterial bisher von Ibbenbüren bezogen hatten.

Die wichtigsten Betriebsergebnisse des Ibbenbürener Kohlenbergbaues für die Jahre 1852—1862 sind in folgender Tabelle zusammengestellt.

Jahr	Belegschaft	Förderung	Haldenwerth	Leistung eines Arbeiters	Absatz		
					In's Land	Zur Eisenbahn	Selbstverbrauch
	Mann	Tonnen	Thaler	Tonnen	Tonnen	Tonnen	Tonnen
1852	321	119723	61762	373	—	—	—
1853	294	145402	74570	494	—	—	—
1854	307	177372	85741	578	—	—	—
1855	369	235363	130387	369	231582	—	3900
1856	639	276286	175537	431	190823	65516	14954
1857	666	399363	254754	600	110124	271766	19328
1858	709	465990	317000	656	112421	340219	11921
1859	702	429681	308398	612	109420	291665	21611
1860	647	398751	240241	616	108497	274997	22970
1861	688	470607	270528	684	126523	318555	25529
1862	719	482991	275350	672	121523	322137	39331

Es hat sich hiernach das Förderquantum der Ibbenbürener Werke in dem Zeitraum von 1852 bis 1862 mehr als vervierfacht, während die Belegschaft auf das 2,2fache gestiegen ist.

B. Vom Staate verliehene Werke.

Regierungsbezirk Minden.

Revier Hamm. Von 16 gewerkschaftlichen auf Schwarzkohle im Wälderthon verliehenen Gruben waren im Jahre 1862 nur 5, nämlich Laura und Bölhorst bei Minden, Amalia bei Pr. Oldendorf, Ver.

Arminius und Tecklenburg im Betrieb, von denen aber die beiden letzten wegen ungünstiger Verhältnisse im Laufe des Jahres gefristet wurden.

Es betrug

im Jahre	die Förderung Tonnen	die Belegschaft Mann	die jährl. Leistung eines Arbeiters Tonnen	der durchschnittliche Verkaufspreis pro Tonne Sgr.	Pf.
1852	50150	259	194	19	5,5
1853	56366	289	195	19	0,2
1854	65504	343	191	21	9,0
1855	86135	239	360	22	3,3
1856	47678	207	230	22	10,7

Für die folgenden Jahre sind die Betriebsverhältnisse nicht weiter bekannt geworden.

Das häufige Vorkommen schlagender Wetter, welches die Steinkohlen der norddeutschen Wälderthonformation überall zu begleiten pflegt und am 13. März 1848, sowie am 22. August 1850 und am 19. August 1853 grössere Explosionen herbeiführte, bei denen beziehentlich 3, 4 und 10 Arbeiter den Tod fanden, hat in den Gruben dieses Bezirks ungewöhnliche Vorsichtsmaassregeln erforderlich gemacht. So erfolgte zu Anfang des Jahres 1854 zur Herstellung eines kräftigen Wetterwechsels die Vereinigung der auf demselben Flötze lagernden einander benachbarten Gruben Laura, Aussicht und Bölhorst; im Jahre 1857 richtete man auf der Grube Bölhorst einen Fabry'schen Ventilator her, welcher bei 30 Umdrehungen in der Minute im Stande ist, ein Luftquantum von 6000 Cubikfuss durch die Grubengebäude zu treiben; derselbe wird durch eine besondere Hochdruckmaschine von 15 Pferdestärken bewegt. Die Wasserlösung erfolgt im Schachte Bölhorst mittels Kasten.

Regierungsbezirk Arnsberg.

Die wichtigeren im Jahre 1862 im Betrieb gestandenen Gruben vertheilen sich in folgender Art auf die einzelnen Bergwerksreviere:

Revier Hamm: Alter Hellweg (Schacht Friedrich), Ver. Norm, Caroline Erbstolln, Margaretha (Aplerbecker Actiengesellschaft), Hörder Kohlenwerk, Asseln XVIII, Massen II, Augustens Hoffnung.

Revier Hörde: Glückauf, Glückauf Segen, Am Schwaben, Venus, Schurbank und Charlottenburg, Ver. Bickefeld, Freie Vogel und Unverhofft, Crone, Neu-Düsseldorf.

Revier Dortmund: Louise und Erbstolln, Friedrich Wilhelm, Ver. Carlsglück, Ver. Dorstfeld, Ver. Germania, Ver. Westphalia, Tremonia, Wittwe und Barop, Ver. Henriette, Münsterland.

Revier Witten: Franziska Tiefbau, Frischauf, Timmerbeil Tiefbau, Bergmann, Ver. Wallfisch, Ver. Hamburg, Johannes Erbstolln, Ver. Wiendahlsbank, Borussia, Ver. Urbanus, Helena, Ringeltaube.

Revier Bochum: Präsident, Ver. Engelsburg, Ver. Carolinenglück, Ver. Hannibal, Constantin der Grosse, Prinz von Preussen, Heinrich Gustav, Vollmond, Ver. Ritterburg, Schamrock, Pluto, Königsgrube.

Revier Dahlhausen: General und Erbstolln, Hasenwinkel, St. Mathias Erbstolln, Dannenbaum, Flora, Carl Friedrich Erbstolln.

Revier Altendorf: Kandanghauer, Altendorf-Tiefbau, Ver. Henriette, Steingatt, Brüderschaft, Ver. Reher Dickebank und Erbstolln.

Revier Sprockhövel: Ver. Trappe, Stock und Scherenberg, Glückauf, Dreckbänker Erbstolln, Ver. Louisenglück, Nachtigall Tiefbau, Ver. Geschwind.

Revier Steele: Wilhelmine Viktoria, Centrum, Mecklingsbänker Erbstolln, Eintracht-Tiefbau, Holland, Ver. Johann, Hibernia, Rhein-Elbe.

Folgende Gruben des Regierungsbezirks lieferten die bedeutendsten Förderquanten:

	Tonnen	Arbeiter	Jährl. Leistung eines Arbeiters Tonnen
1. Hibernia	849714	527	1612
2. Schamrock	696776	550	1267
3. Ver. Präsident . .	539302	524	1029
4. Heinrich Gustav . .	449096	407	1103
5. Ver. Hamburg . .	437763	318	1377
6. Rhein-Elbe	383308	448	856
7. Louise- und Erbstolln	358782	383	937
8. Ver. Nachtigall und Tiefbau	355672	358	994
9. Ver. Hannibal . .	346238	325	1065
10. Hörder Kohlenwerk .	324778	378	859
11. Holland	323635	352	920
12. Glückauf Tiefbau .	322490	406	794
13. Hasenwinkel . . .	321517	401	802
14. Carl Friedrichs Erbstolln	305162	437	698
15. Crone	287776	363	793
16. Ver. Dorstfeld . .	277836	341	815

	Tonnen	Arbeiter	Jährl. Leistung eines Arbeiters Tonnen
17. Ver. Constantin d. Gr.	274092	230	1192
18. Ver. Westfalia . .	266579	420	635
19. Franziska Tiefbau .	263231	179	1471
20. Borussia	260238	398	609
21. Ver. Carolinenglück .	259286	354	732
22. Friedrich Wilhelm .	248814	421	591
23. Ver. Trappe . . .	246317	234	1053
24. Ver. Wiendahlsbank	234491	275	853
25. Ver. Germania . .	222294	328	678
26. Johannes Erbstolln .	213275	177	1205
27. Pluto (St. Nicolaus).	216588	343	631
28. General I.	205749	138	1491
29. Ver. Engelsburg . .	197756	302	655
30. Ver. Charlotte . . .	194248	151	1286
31. Margarethe	159935	176	909
32. Ver. General u. Erbstolln	156486	192	815
33. Am Schwaben . . .	152168	339	449

Zwischen 100000 und 150000 Tonnen förderten 10 Gruben, zwischen 50000 und 100000 Tonnen 20 Gruben. Im Durchschnitt kommt auf jede im Betrieb befindliche Grube eine Förderung von 85089 Tonnen. Zieht man in Betracht, dass die durchschnittliche Fördermenge der im Betrieb stehenden Gruben

im Jahre 1852	43522 Tonnen	im Jahre 1856	48093 Tonnen	im Jahre 1860	56173 Tonnen
„ „ 1853	41316 „	„ „ 1857	46696 „	„ „ 1861	75324 „
„ „ 1854	47463 „	„ „ 1858	50581 „	„ „ 1862	85089 „
„ „ 1855	50267 „	„ „ 1859	51984 „		

betrug, so gibt sich hierin auf's deutlichste der günstige Erfolg des Ueberganges von den Stollngruben zu den Tiefbauanlagen und der grösseren Centralisation der Werke zu erkennen. Es förderten

im Jahre	über 150000 Tonnen,	100—150000 Tonnen,	50—100000 Tonnen,	unter 50000 Tonnen.	Zusammen
1855	17	5	21	108	151 Gruben
1856	20	7	14	136	177 „
1857	22	8	8	156	191 „
1858	23	9	14	144	190 „
1859	24	7	18	135	184 „
1860	23	10	22	133	188 „
1861	29	8	25	119	181 „
1862	33	10	20	110	173 „

Hiernach zeigt sich, wie besonders in den letzten zwei Jahren die vorher mit der Schachtteufung und den Vorrichtungsarbeiten beschäftigt gewesenen Tiefbauschächte zur Förderung gelangt sind.

Regierungsbezirk Düsseldorf.

Die bedeutenden im Jahre 1862 im Betrieb gestandenen Gruben vertheilen sich in folgender Art auf die einzelnen Reviere:

Revier Steele: Ver. Deimelsberg, Gewalt.

Revier Werden: Braut in Küpperwiese, Handsbraut, Pörtingssiepen.

Revier Kettwig: Hundsnocken, Langenbrahm, Duvenkampsbank, Capellenbank, Ver. Krusenberg, Rosalie, Kalksiepen.

Revier Frohnhausen: Hoffnung und Secretarius Aak, Ver. Sälzer und Neuack, Ver. Hagenbeck, Ver. Helene und Amalie, Victoria Mathias, Cölner Bergwerkverein, Maximilian.

Revier Essen: Graf Beust, Königin Elisabeth, Hercules, Bonifacius, Dahlbusch.

Revier Mühlheim: Alstaden, Roland, Ver. Sellerbeck, Wiesche, Ver. Rosenblumendelle, Hammelsbeck.

Revier Oberhausen: Carolus Magnus und Constantin der Grosse, Wolfsbank, Oberhausen, Concordia, Ruhr und Rhein.

Die bedeutendsten Förderungen und Belegschaften im Jahre 1862 hatten folgende Gruben:

	Tonnen	Arbeiter	Leistung eines Arbeiters Tonnen		Tonnen	Arbeiter	Leistung eines Arbeiters Tonnen
1. Victoria Mathias	1,177286	1009	1167	15. Dahlbusch	351471	249	1412
2. Oberhausen	1,029526	897	1818	16. Alstaden	286050	355	806
3. Cölner Bergwerksver.	982736	888	1107	17. Wolfsbank	280042	483	580
4. Ver. Sälzer u. Neuack	804764	625	1284	18. Ver. Wiesche	227780	237	961
5. Zollverein	762988	719	1061	19. Herkules	218882	219	999
6. Ver. Helene u. Amalia	742830	620	1198	20. Neu-Schölerpad	210904	295	715
7. Concordia	590026	762	774	21. Deimelsberg-Tiefbau	208757	148	1410
8. Königin Elisabeth	532769	335	1587	22. Ver. Rosenblumendelle	208721	250	835
9. Ver. Hagenbeck	480751	462	1041	23. Hammelsbeck	206282	212	973
10. Roland	465171	457	1018	24. Heinrich	187157	168	1114
11. Carolus Magnus	423408	468	905	25. Steingatt	174937	140	1250
12. Graf Beust	421556	397	1062	26. Ver. Henriette	166833	153	1090
13. Neu-Essen	388339	438	887	27. Prinz Wilhelm	160562	134	1198
14. Ver. Sellerbeck	368740	380	970				

Zwischen 100000 und 150000 Tonnen, sowie zwischen 50000 und 100000 Tonnen förderten je 7 Gruben. Durchschnittlich kamen auf eine Grube 153360 Tonnen; dagegen betrug die durchschnittliche Förderung einer Grube

im Jahre 1852	77628	Tonnen	im Jahre 1856	91315	Tonnen	im Jahre 1860	117485	Tonnen
„ „ 1853	87130	„	„ „ 1857	88988	„	„ „ 1861	142467	„
„ „ 1854	106635	„	„ „ 1858	100550	„			
„ „ 1855	104120	„	„ „ 1859	93437	„			

Es ist sonach die mittlere Lieferungsfähigkeit der Gruben hier fast doppelt so gross, wie im Regierungsbezirk Arnsberg. Wie sich auch hier die Zahl der grossen zur Förderung gelangten Tiefbauanlagen in den letzten Jahren gesteigert hat, ergibt sich aus folgender Tabelle:

Jahr	Ueber 150000 Tonnen,	100—150000 Tonnen,	50—100000 Tonnen,	Unter 50000 Tonnen,
1855	21	3	10	49
1856	22	1	7	69
1857	21	4	8	70
1858	20	7	6	65
1859	20	9	11	60
1860	26	9	4	54
1861	27	9	2	52
1862	27	7	7	45

Bei den übereinstimmenden Betriebs- und Absatzverhältnissen und der geognostischen Zusammengehörigkeit der den Regierungsbezirken Arnsberg und Düsseldorf zugehörigen Kohlenwerke wird es von Interesse sein, die wichtigsten Betriebsresultate beider Bezirke zusammenzufassen, was in folgender Tabelle geschehen ist.

Jahr	Zahl der betriebenen Werke	Belegschaft Mann	Förderquantum im Ganzen Tonnen	Förderquantum pro Grube Tonnen	Förderquantum pro Mann Tonnen	Werth der Production Thaler	Mittlerer Preis von 1 Tonne Sgr.	Mittlerer Preis von 1 Tonne Pf.
1852	173	14632	9,609810	55548	657	3,382653	10	6,7
1853	186	16597	10,731474	57696	647	4,015359	11	2,7
1854	199	19327	13,350496	67087	698	6,020544	13	6,5
1855	234	23235	16,261116	69492	699	9,003610	16	7,0
1856	276	27666	17,552508	63596	634	10,511178	17	11,6
1857[1])	299	30558	18,624200	62708	609	11,061638	17	9,8
1858	292	32656	20,031352	68601	613	11,805627	17	8,1
1859	286	30077	19,442412	67980	646	10,208902	15	9,0
1860	282	29320	21,829172	77408	745	9,351674	12	10,2
1861	271	30789	24,878059	91801	808	9,241625	10	8,7
1862	259	32198	28,551177	110236	887	9,734834	10	2,7

Es ist hiernach in dem Zeitraum von 1852—1862

die Zahl der Werke gestiegen . . . . auf das 1,50 fache
die Zahl der beschäftigten Arbeiter . . . . . . „ „ 2,20 „
die jährlich geförderte Kohlenmenge . . . . . . „ „ 2,97 „
die durchschnittliche Production einer Grube . . . „ „ 1,99 „
die mittlere jährliche Leistung eines Arbeiters . . . „ „ 1,35 „
der Geldwerth der jährlichen Förderung . . . . . „ „ 2,88 „

Letzterer betrug im Jahre 1858 das 3,5fache des Werthes vom Jahre 1852 und erreichte hier sein Maximum, während der Durchschnittswerth einer Tonne im Jahre 1856 am höchsten war. Von dieser Zeit, besonders aber seit 1859, ist die Production dem Bedarf vorangeeilt und hat die gegenseitige Concurrenz der grösseren zur Förderung gelangten Tiefbauwerke begonnen und auf Herabdrückung der Durchschnittspreise hingewirkt.

Von ganz besonderem Interesse sind die Absatzverhältnisse dieses grössten aller deutschen Steinkohlenbezirke, in welchem die anhaltendsten und durchgreifendsten Anstrengungen gemacht wurden, den Absatzkreis namentlich in östlicher Richtung zu erweitern; wir geben zunächst eine nach den amtlichen Veröffentlichungen zusammengestellte Tabelle über die Vertheilung der abgesetzten Kohlenmengen für die Jahre 1852—1862.

Jahr	Absatz zur Ruhr und Weser Tonnen	Absatz auf den Eisenbahnen Tonnen	Sonstiger Verkauf Tonnen	Eigener Verbrauch der Gruben Tonnen	Summe des Absatzes Tonnen
1852	2,838116	2,720206	3,394918	649699	9,602939
1853	3,181803	3,280650	3,735079	733084	10,930616
1854	3,636930	4,434791	4,490823	867796	13,430340
1855	3,773283	5,959663	5,543440	975107	16,251493
1856	3,355002	6,856863	5,461921	1,091177	16,764963
1857	2,889126	8,305329	5,937643	1,227402	18,359500
1858	2,910092	9,593881	5,995759	1,380898	19,880630
1859	2,906859	9,695718	5,155779	1,516921	19,275277
1860	3,693226	12,188075	4,583362	1,668054	22,132717
1861	3,644814	14,780500	4,531841	1,886074	24,843229
1862	3,689018	18,652742	4,203562	1,868472	28,413794

[1]) Von diesem Jahre an sind die Staatswerke bei Ibbenbüren und die Werke im Regierungsbezirk Minden mitgezählt, so dass die Uebersicht den gesammten Oberbergamtsbezirk Dortmund umfasst.

Fig. 3.

Wachsthum und Vertheilung

des Steinkohlenabsatzes im Ruhrbecken

in den Jahren 1852 bis 1862.

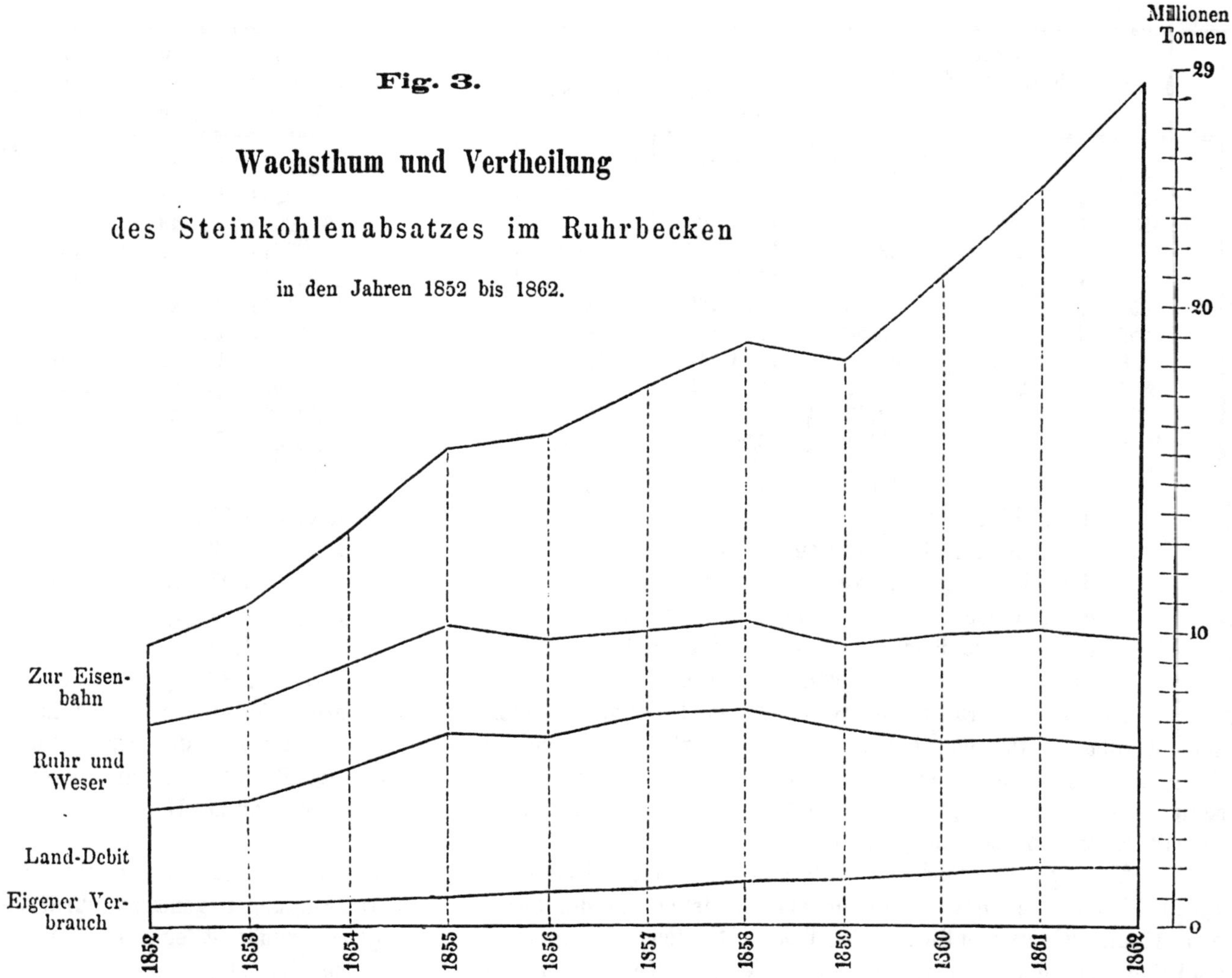

Diese Tabelle und noch mehr die danach entworfene vorstehende graphische Darstellung gibt ein überraschendes Bild von der ausgedehnten und besonders in den letzten Jahren ungemein gesteigerten Anlage und Benutzung der Eisenbahnen zur Abführung des gewaltigen Productionsquantums. Wenn sich hiernach ergibt, dass innerhalb des Zeitraums von 1852 bis 1862

das zur Ruhr und Weser verführte Kohlenquantum . .	auf das	1,30 fache,
der durch die Eisenbahnen vermittelte Absatz . . .	„ „	6,86 „
der sonstige Verbrauch (Land-Debit)	„ „	1,24 „
der eigene Consum der Gruben	„ „	2,88 „
der gesammte Absatz	„ „	2,96 „

gestiegen ist, so bedarf es zur Erklärung dieser Erscheinungen eines näheren Hinblicks auf die Entwicklungsgeschichte des Absatzes im Ruhrbecken.

Theils durch die günstigsten Absatzverhältnisse, theils durch die Aussichten, welche die grosse Zahl bereits im Bau begriffener oder projectirter Hohöfen für die Vermehrung des Kohlenbedarfs eröffnete, stieg in den Jahren 1853 und 1854 die Speculation auf Steinkohlengruben in einem nie gekannten Maasse. Für Antheile bereits bauender oder in Ausrichtung begriffener Werke wurden Summen bezahlt, welche die früheren Preise um mehr als das Doppelte überstiegen; überall zeigte sich grosse Schürflust, namentlich in dem von der Köln-Mindener Eisenbahn durchschnittenen, von der Kreideformation bedeckten nördlichen Theile des Kohlengebirges, und es wurden daselbst ausgedehnte Bohrarbeiten betrieben. Wo zwischen Anna und Duisburg noch freies Feld in der Nähe der Köln-Mindener Eisenbahn vorhanden war, wurde fleissig gebohrt und die Kreide bis zu 80 Lachter Mächtigkeit durchstossen. Gegen Ende des Jahres 1853 waren allein zwischen Gelsenkirchen und Kamen gegen 50 Bohrlöcher im Betriebe. In hohem Grade trug zur Vermehrung der Schürflust die Erleichterung in der Erwerbung von Steinkohlenfeldern durch den Ministerialerlass vom 2. Novbr. 1853 bei, wonach die Verleihung von Lagerstätten, die blos durch Bohrlöcher aufgeschlossen sind, unter gewissen Umständen zulässig wurde. Im Bochumer Bezirke allein wurden im Jahre 1854 auf Steinkohlen 340 Schürfscheine begehrt und 280 ertheilt, 207 Muthungen eingelegt und 78 angenommen und 39 Verleihungsurkunden ausgefertigt. Die voraussichtlich nach wenigen Jahren ausserordentlich wachsende Concurrenz der zur ausgedehntesten Förderung gelangenden Gruben liess die Bergwerksbesitzer auf Vermehrung und Verbesserung der Transportmittel und auf möglichste Erweiterung des Absatzkreises denken; die Ruhr musste bald theils wegen der verhältnissmässig noch sehr hohen Schifffahrtsgefälle, theils wegen der fast gänzlichen Unschiffbarkeit des Flusses während der zweiten Hälfte des Jahres an Wichtigkeit für den Kohlenabsatz verlieren; der Bau von Eisenbahnen, namentlich auch von Zweigbahnen nach den Gruben, wurde mit allen Kräften betrieben; der Kohlenabsatz wurde besonders in östlicher Richtung (Gewinnung des Marktes in Berlin und Magdeburg) zu erweitern und zu vergrössern gesucht; die Agitation zur Herabsetzung der Frachttarife auf den Eisenbahnen, die bald nachher in ganz Deutschland einen so lebhaften Wiederhall fand, hatte ihren Ursprung im Ruhrbecken im Jahre 1858. Im Jahre 1860 wurde zuerst der Versuch gemacht, die westphälischen Kohlen zu dem angestrebten Frachtsatz von 1 Pfenning pro Centner und Meile nebst 2 Thlr. feste Gebühr pro Waggon nach Magdeburg zu versenden, welcher Versuch für die betheiligten Eisenbahnen gute ökonomische Resultate lieferte. Es wurden regelmässige Expresszüge ausschliesslich für den Massentransport der Kohlen eingeführt, deren im Jahre 1860 alle 3 Tage einer expedirt wurde; im Jahre 1861 gingen schon täglich zwei solcher Züge von 6—8000 Ctr. Kohlen ab, der eine nach Braunschweig-Magdeburg, der andere nach Hannover und Bremen. In Magdeburg wurde durch die westphälische Kohle die englische Concurrenz beträchtlich zurückgedrängt; in Berlin erreichte man seit April 1861 ziemlich regelmässige Zufuhren, die nur leider durch die ungenügenden Abladevorrichtungen auf den Bahnhöfen sehr erschwert wurden. Der Kohlenabsatz auf der Köln-Mindener Bahn in der Richtung über Minden hinaus hat sich im Jahre 1861 gegen das Vorjahr mehr als verdoppelt, er stieg nämlich von 1,440600 Ctr. im Jahre 1860 auf 2,947255 Ctr. im Jahre 1861.

Die bemerkliche Abnahme bei dem Debit in's Land erklärt sich grossentheils dadurch, dass die Koksfabrikation wegen des Uebergangs von der Verwendung des Koks zu der der rohen Kohle beim Heizen der Locomotiven, sowie des Ziegel- und Kalkbrennens wesentliche Einschränkungen erfahren hat. Die Zunahme des Selbstverbrauchs der Gruben, die übrigens in fast gleichem Verhältniss mit dem Wachsthume der gesammten Förderung erfolgt ist, rührt von der Vermehrung der Förder- und Wasserhaltungsmaschinen her.

Wenn man die nach den 4 Hauptverkehrswegen abgesetzten Kohlenquantitäten in Procenten des Gesammtabsatzes des Ruhrbeckens (resp. des Dortmunder Oberbergamtsbezirkes) ausdrückt, so erhält man die folgende leicht zu überblickende Tabelle:

Jahr	Absatz zur Ruhr u. Weser	Absatz auf den Eisenbahnen	Sonstiger Verkauf	Eigener Verbrauch der Gruben	Jahr	Absatz zur Ruhr u. Weser	Absatz auf den Eisenbahnen	Sonstiger Verkauf	Eigener Verbrauch der Gruben
1852	29,6	28,3	35,4	6,7	1858	14,6	48,3	30,2	6,9
1853	29,1	30,0	34,2	6,7	1859	15,0	50,3	26,8	7,9
1854	27,1	33,0	33,4	6,5	1860	16,7	55,1	20,7	7,5
1855	23,2	36,7	34,1	6,0	1861	14,7	59,5	18,2	7,6
1856	20,4	40,9	32,5	6,5	1862	13,0	65,6	14,8	6,6
1857	15,7	45,3	32,3	6,7					

In welchem Grade die Verwendung der Dampfkraft zur Wasserhaltung und Förderung während der Jahre 1852—1862 im Ruhrbecken zugenommen hat, wird durch folgende Uebersicht gezeigt, in welcher die Anzahl, die Gesammtleistung und die durchschnittliche Stärke der im ganzen Gebiete dieses Beckens während der einzelnen Jahre im Gange gewesenen Dampfmaschinen enthält.

Jahr	Zahl der Dampf-maschinen	Gesammtleistung derselben in Pferdestärken	Durchschn. Leistung einer Maschine in Pferdestärken	Jahr	Zahl der Dampf-maschinen	Gesammtleistung derselben in Pferdestärken	Durchschn. Leistung einer Maschine in Pferdestärken
1852	157	11569	73,7	1858	343	25455	74,3
1853	166	13055	78,6	1859	372	27182	73,1
1854	166	13113	79,0	1860	361	30777	85,3
1855	189	14329	75,8	1861	367	32664	89,0
1856	241	17681	73,4	1862	416	35923	86,4
1857	301	21463	71,3				

Es ist hiernach in dem angegebenen Zeitraum die Zahl der im Ruhrbecken verwendeten Dampfmaschinen auf das 2,6fache, die Gesammtleistung derselben auf das 3,1fache, die durchschnittliche Stärke einer Maschine auf das 1,2fache gestiegen.

Die Vertheilung der im Jahre 1862 im ganzen Oberbergamtsbezirk Dortmund in Betrieb gewesenen Dampfmaschinen nach den einzelnen Regierungsbezirken und nach dem Zwecke ihrer Verwendung geht aus der folgenden Uebersicht hervor:

Bestimmung der Maschinen	Reg.-Bezirk Münster	Reg.-Bezirk Minden	Reg.-Bezirk Arnsberg	Reg.-Bezirk Düsseldorf	Summa
Wasserhaltung	4	1	102	62	169
Förderung	7	1	136	64	208
Wasserhaltung und Förderung zugleich .	—	—	18	11	29
Fabry'sche Ventilatoren	—	1	4	8	13
Fahrkünste	—	—	3	4	7
Kohlenwäschen	—	—	3	1	4
Summe . .	11.	3	266	150	430
Leistung in Pferdestärken	246	98	21304	14619	36267
Durchschnittliche Leistung	22,4	32,5	80,1	97,5	84,3

Von den 430 Maschinen des Oberbergamtsbezirks waren

45 einfach wirkend ohne Condensation,
266 doppelt „ „ „
65 einfach „ mit „
54 doppelt „ „ „

4. Oberbergamtsbezirk Bonn.

Regierungsbezirke Aachen und Düsseldorf.

Die Hauptbetriebsverhältnisse der im Regierungsbezirk Aachen (in den Revieren Düren und Aachen) betriebenen Kohlenwerke für die Jahre 1852—1862 stellen wir in folgender Tabelle übersichtlich zusammen:

Jahr	Zahl der Gruben	Zahl der Arbeiter	Förderung	Jährl. Leistung eines Arbeiters in Tonnen	Werth der Förderung	Mittlerer Preis pro Tonne	
			Tonnen		Thaler	Sgr.	Pf.
1852	20	3447	2,125696	617	1,098024	15	6,0
1853	19	4385	2,314786	528	1,190425	15	5,1
1854	20	4963	2,767405	555	1,604658	17	4,7
1855	19	5373	3,038807	566	1,906354	18	9,8
1856	20	5315	3,090725	581	1,839941	17	10,3
1857	21	5228	3,446855	659	2,101023	18	3,4
1858	22	5412	3,533199	652	2,170702	18	1,8
1859	22	5255	3,198390	620	1,775808	16	7,0
1860	20	4975	3,159324	635	1,734698	16	5,6
1861	20	5146	3,568743	683	1,818211	15	3,4
1862	19	5179	3,619218	699	1,767942	14	7,8

Im Revier Düren werden nur fette und halbfette Kohlen gefördert, im Revier Aachen dagegen vorzugsweise magere (kurzflammige) Kohlen; erstere sind am meisten gesucht und werden namentlich an die metallurgischen Etablissements bei Aachen und Stolberg, an die Spiegelmanufactur daselbst, sowie an die Aachen-Düsseldorfer und Aachen-Mastrichter Eisenbahn zum Betrieb der Locomotiven abgesetzt; die Fettkohlen der Eschweiler Gruben werden auf den Puddelwerken bei Eschweiler und Düren, auf einigen Blei- und Zinkhütten in und bei Stolberg, auf der chemischen Fabrik bei Stolberg, sowie in den Tuchfabriken von Eupen und Düren verbraucht. Der Debit der magern Kohlen beschränkt sich mehrentheils auf die nächste Umgebung des Wormreviers, geht nach Aachen, von da auf der rheinischen Eisenbahn bis Horrem, seltener bis Köln, und auf der Aachen-Düsseldorfer Bahn bis nach Gladbach, wird aber hier durch die Ruhrkohlen sehr beengt. Die Versendung in das holländische Gebiet hat sich neuerdings sehr vermindert, da die belgischen Kohlen auf der Maas nach Mastricht hin billiger zu beziehen sind, als die Wormrevier-Kohlen durch die Aachen-Mastrichter Eisenbahn. Der Absatz der Steinkohlengruben beider Reviere ist in den letzten Jahren durch die Concurrenz der westphälischen Gruben arg bedrückt worden, was zu der aus obiger Tabelle ersichtlichen bedeutenden Herabsetzung der Preise nöthigte. Den rheinischen Steinkohlengruben gegenüber erscheinen die westphälischen in jeder Beziehung begünstigt; vor allem durch ihre vortheilhafteren natürlichen Verhältnisse, durch mächtigere und zahlreichere Flötze, weniger stehende Flügel, weniger schlagende Wetter, dann durch die im Allgemeinen geringere Tiefe der heutigen Baue, durch das Fehlen der uralten Baue und der davon herrührenden Wassersäcke in den oberen Teufen, ferner durch die hohen Tarife der rheinischen und der Aachen-Düsseldorfer Eisenbahn. In Folge dieser Verhältnisse ist es den westphälischen Gruben möglich gewesen, den Kohlen der Inde und Worm nicht nur das ohnehin sehr beschränkte Absatzgebiet noch mehr zu beschränken, sondern sogar nach den Hüttenwerken bei Eschweiler, nach Düren und Aachen Kohlen abzusetzen. Gegen Ende des Jahres 1860 gelangten schon täglich gegen 500 Tonnen Ruhrkohlen nach Aachen. Auch die belgischen Kohlenwerke üben eine starke Concurrenz; so wurden aus Belgien und Niederlanden eingeführt im Jahre 1859: 298787 Centner, im Jahre 1860: 216492 Centner Kohle.

Auch die Concurrenz der Kohlenwerke der beiden Reviere unter sich hat die Herabdrückung der Kohlenpreise in den letzten Jahren mit bewirkt; so gelang es im Jahre 1862 den Fettkohlengruben Anna und Maria des Reviers Aachen durch Begründung zweier neuer Niederlagen an der Station Stolberg, den Absatz der Grube Atsch im Revier Düren wesentlich zu beeinträchtigen, so dass in Folge dessen im letzteren Revier die Förderung nicht in dem Maasse zunahm, als der Aufschwung der Eisenindustrie erwarten liess. Im Revier Aachen liess der Debit und die Förderung sogar nicht unerheblich nach, weil die mageren Kohlen, welche fast nur zum Hausbrande gebraucht werden, bei dem gelinden

Wetter in den Wintermonaten weit schwieriger Absatz fanden, als im Vorjahre, und dieser Ausfall in der Förderung würde noch beträchtlicher erscheinen, wenn er nicht durch die Mehrförderung der Fettkohlengruben zum Theil wieder ausgeglichen wäre.

Der Preis der mageren Kohlen betrug im Jahre 1862 durchschnittlich ungefähr 3 Sgr. 5 Pf. pro Scheffel, die Fettkohlen des Reviers Aachen wurden pro Scheffel Stückkohlen zu $8^1/_2 - 8^3/_4$ Sgr., Gruskohlen zu $3^1/_3 - 4^1/_4$ Sgr. verkauft.

Mehr als 100000 Tonnen Steinkohlen förderten im Jahre 1862 folgende Gruben:

Centrum	mit	1450	Arbeitern	1,111948	Tonnen	Fettkohlen.
Anna	„	587	„	500680	„	„
Maria	„	715	„	475698	„	„
Jamesgrube	„	336	„	215107	„	halbfette Kohlen.
Abgunst	„	279	„	213919	„	magere „
Langenberg	„	194	„	157958	„	„ „
Gouley	„	239	„	136293	„	„ „
Hoheneich	„	115	„	133403	„	„ „
Neuvoccart	„	160	„	120536	„	„ „
Neulangenberg	„	155	„	111756	„	„ „

Davon haben nur Centrum, Anna und Maria ihre Förderung gegen das Jahr 1861 wesentlich gesteigert.

Die Zahl der auf den Steinkohlengruben des Regierungsbezirks Aachen angewendeten Dampfmaschinen betrug

im Jahre 1852	47	im Jahre 1858	52
„ „ 1853	46	„ „ 1859	55
„ „ 1854	50	„ „ 1860	58
„ „ 1855	52	„ „ 1861	59
„ „ 1856	52	„ „ 1862	61
„ „ 1857	52		

Von den im Jahre 1862 in Betrieb gestandenen Dampfmaschinen kamen

22 auf die Wasserhaltung,	2 auf die Wetterlösung,	3 auf die Kohlenwäsche,
26 „ „ Kohlenförderung,	2 „ das Abteufen,	6 „ „ mechanischen Werkstätten.

Ausserdem waren im Jahre 1862 zwei Pferdegöpel zur Förderung, fünf Wasserräder, eine Turbine und eine Wasserhaltungsmaschine im Betrieb.

Ueber die Lage der Eschweiler Steinkohlen-Bergleute sind durch Herrn Huyssen in Breslau im 9. Bande der Zeitschrift für das Berg-, Hütten- und Salinenwesen d. pr. St. S. 117 u. f. sehr ausführliche Mittheilungen zur Veröffentlichung gelangt, von denen die belangreichsten hier Platz finden mögen. Dieselben beziehen sich zwar zunächst nur auf den Arbeiterstamm des Eschweiler Bergwerksvereins, geben aber ein zutreffendes Bild von den Arbeiterverhältnissen des ganzen Eschweiler Revieres, denn der Steinkohlenbergbau befindet sich fast ganz in den Händen jener Aktiengesellschaft; dieselbe betreibt die Gruben Centrum, das wichtigste in Privatbesitz stehende Kohlenbergwerk Preussens und Deutschlands, Birkengang, Atsch, Eschweiler-Reserve und gute Hoffnung; ein ausgedehnter Grundbesitz, namentlich in Waldungen, tritt hinzu, um allen Unternehmungen der Gesellschaft förderlich zu sein und deren sichere Grundlage noch sicherer zu machen. Aus dem Englerth'schen Familienbesitz hervorgegangen, hat dieser Actienverein das Eigenthümliche, dass sich alle Actien noch im Besitze der Glieder der Familie befinden. Derselbe zeichnet sich durch seine vortreffliche Verwaltung in Betrieb und Haushalt, nicht minder aber durch seine eingehende Fürsorge für die von ihm beschäftigten Leute aus. In der That kann es kaum gewerbliche Anlagen geben, bei welchen nach allen Richtungen hin mehr für das Wohl der Arbeiter geschehen ist und geschieht und bei welchen die Werksbesitzer hierfür grössere Opfer bringen, als bei den Steinkohlengruben zu Eschweiler. Die volkswirthschaftliche Bedeutung der Kohlenwerke des Eschweiler Bergwerksvereines geht nicht nur aus den grossen Fördermengen der angeführten Gruben, sondern auch aus der Zahl der beschäftigten Arbeiter und ihrer Angehörigen hervor, welche in den drei Jahren 1858 — 1860 folgende war:

Werke	1858					1859					1860				
	Zahl der Arbeiter				Zahl ihrer Angehörigen	Zahl der Arbeiter				Zahl ihrer Angehörigen	Zahl der Arbeiter				Zahl ihrer Angehörigen
	Männer	Weiber	Jungen unter 16 Jahr.	Zusammen		Männer	Weiber	Jungen unter 16 Jahr.	Zusammen		Männer	Weiber	Jungen unter 16 Jahr.	Zusammen	
Centrum . . .	1181	38	32	1251	1941	1110	35	39	1184	2040	1124	33	48	1205	2150
Atsch	426	9	10	445	750	291	15	3	309	534	260	14	—	274	488
Birkengang . .	337	6	18	361	667	297	14	3	314	550	154	6	—	160	306
Eschweiler Reserve	59	—	1	60	151	89	—	1	90	165	62	—	1	63	132
Gute Hoffnung .	2	—	—	2	7	2	—	—	2	6	2	—	—	2	5
also auf den Gruben	2005	53	61	2119	3516	1789	64	46	1899	3295	1602	53	49	1704	3081
Arbeiter der Werkstätten, Kohlenwäsche, Koksöfen u. s. w. . . .	(in obigen Zahlen mit enthalten)					144	2	—	146	267	194	1	—	195	307
Zusammen . .	2005	53	61	2119	3516	1933	66	46	2045	3562	1796	54	49	1899	3388
Summe der Arbeiter mit ihren Angehörigen				5635					5607					5287.	

Nach den Arbeiten, bei welchen die Einzelnen angelegt waren, geordnet, betrug die Arbeiterzahl mit Beginn des Jahres 1861:

47 Grubenbeamte,
70 Maschinenwärter, Kunstknechte und Schürer,
628 Häuer,
249 Schlepper, } 1132 stets unter Tage beschäftigte Arbeiter,
255 Hilfsarbeiter in der Grube,
247 Tagearbeiter, einschl. Schlepper, Träger u. dgl.,
135 Schmiede, Zimmerhäuer und Maurer,
75 Schlosser, Drechsler, Schreiner, Maschinenschmiede, Kesselschmiede und Böttcher,
24 Kohlenwäscher und Koksarbeiter,
63 Fuhrleute, Wegearbeiter und Ziegeler,

1793,
dazu: 31 Holzarbeiter in den Waldungen,
17 Müller und Bäcker,

1841 Arbeiter
nebst: 60 Weibern und Jungen,
überhaupt: 1901 beschäftigte Personen.

Die Jungen unter 16 Jahren und die Weiber sind, den bestehenden Vorschriften gemäss, nur über Tage und nur in einer dem Geschlecht und Alter durchaus entsprechenden Weise beschäftigt, z. B. auf den Halden mit dem Auslesen von Bergstückchen aus den Kohlen und dgl.

Ausser der sich nach obiger Tabelle ergebenden Anzahl von durchschnittlich 5600 Personen, welche ihr Brod ganz unmittelbar vom Eschweiler Bergwerksvereine haben, werden, wie sich von selbst versteht, noch sehr viele Andere durch dessen Betrieb mittelbar ernährt.

Lohn der Arbeiter. Die Arbeiten auf den Gruben des Eschweiler Bergwerksvereins geschehen, insoweit sich dies einrichten lässt, im Gedinge; Schichtlohnsarbeit ist Ausnahme. Der Verdienst des Einzelnen hängt daher wesentlich von seinem Fleisse ab. Für die Kohlengewinnung wird das Gedinge beim Streckenbetriebe nach laufenden Lachtern und beim Pfeilerabbau nach Quadratlachtern gesetzt. Aus den, dem Bergamte zu Düren zur Ermittelung des Reinertrages der Gruben behufs Feststellung der verhältnissmässigen Bergwerksteuer vorgelegten Angaben berechnet sich der baare jährliche Lohn eines Arbeiters im Durchschnitte der ganzen angelegten Mannschaft wie folgt, wobei zu bemerken ist, dass auf das Jahr, nach Abzug der Sonntage und Feiertage, sowie von 11 Tagen als mittlere Dauer der Krankheiten, im Durchschnitte 286 Arbeitstage kommen:

im Jahre 1844	133,2 Thaler,	im Jahre 1849	121,1 Thaler,
„ „ 1845	131,8 „	„ „ 1850	140,5 „
„ „ 1846	142,9 „	„ „ 1851	135,1 „
„ „ 1847	143,5 „	„ „ 1852	145,1 „
„ „ 1848	129,8 „	„ „ 1853	144,1 „

im Jahre 1854	163,8 Thaler,	im Jahre 1857	166,7 Thaler,
„ „ 1855	165,9 „	„ „ 1858	155,6 „
„ „ 1856	164,3 „	„ „ 1859	154,0 „

Können diese Zahlen auf völlige Genauigkeit auch keinen Anspruch machen, weil der Divisor, nämlich die Zahl der jährlich beschäftigten Arbeiter, im Laufe eines jeden Jahres schwankt, so geben dieselben doch ein ungefähres Anhalten. Deutlich zu erkennen ist z. B. der Einfluss der Theuerung in den Jahren 1846—1847 auf die Steigerung des Lohnes, dann der Einfluss der unruhigen Zeit 1848—49, wo der Absatz der Kohlen sehr gedrückt war, und wo weniger gearbeitet, also auch weniger verdient wurde, als sonst. Erkennbar ist ferner das Heraufgehen des Lohnes in den Jahren 1854—57, welches einen doppelten Grund hat, indem sowohl die theuere Zeit die Arbeiter zu grösserer Anstrengung bei der Gedingarbeit und die Grubenverwaltung zu grösserer Freigebigkeit bei der Festsetzung der Löhne veranlasste, als auch der durch die vielen neuen Hütten und sonstigen Anlagen bei Eschweiler, Stolberg und Aachen eingetretene Arbeitermangel eine allgemeine Steigerung des Arbeitslohnes zur Folge hatte.

Diese Steigerung übrigens, welche anderweitig zu einer wahren Calamität für den Betrieb und dessen Ertrag geworden ist und welche über das wirkliche Verhältniss der Steigerung der Lebensmittelpreise und über das wahre Bedürfniss sehr weit hinausging, hat auf die Gruben des Eschweiler Bergwerksvereins einen nur ganz mässigen Einfluss ausgeübt, weil man hier die Arbeiter für ihre Leistungen nicht blos mit baarem Geld bezahlt, sondern ausserdem durch die vielfachen Wohlthaten, welche ihnen aus den, weiter unten näher beschriebenen Einrichtungen zu Theil werden. Von diesen Einrichtungen hat vorzüglich die Lieferung guten Brodes gegen stets billigen Preis das übermässige Steigen des Lohnsatzes unnöthig gemacht. Dieselbe kostete dem Bergwerksvereine in der theueren Zeit ebensoviel, als die Heraufsetzung der Löhne gekostet haben würde, hatte aber die entscheidenden Vorzüge, dass einerseits der Arbeiter nicht durch den Besitz von vielem baaren Gelde zur Verschwendung gereizt wurde, wie dies anderwärts vielfach vorgekommen ist, sondern dass die Zulage wirklich nur den Bedürfnissen des Mannes und seiner Familie gedient hat, und anderseits, dass mit dem Wohlfeilerwerden des Brodes die Theuerungszulage von selbst wegfiel, die stets missliche Herabsetzung des baaren Lohnes also vermieden wurde.

Wie sehr die Arbeiter selbst mit dem Verfahren des Eschweiler Bergwerksvereins einverstanden sind, geht daraus hervor, dass der Arbeiterstamm dieser Gesellschaft, trotz der hier von jeher bestehenden unbeschränkten Freizügigkeit und trotz den höheren Lohnsätzen anderer Werksbesitzer, in den Zeiten des Arbeitermangels sich stets durch Ständigkeit auszeichnete, sowie daraus, dass die Arbeit auf den Eschweiler Kohlengruben sehr gesucht ist.

Der Lohn betrug im Durchschnitte für eine Arbeitsschicht:

im Jahre	für die Häuer	für die Schlepper	im Jahre	für die Häuer	für die Schlepper
1850	16 Sgr. 7 Pf.	14 Sgr. 2 Pf.	1856	21 Sgr. 4 Pf.	17 Sgr. — Pf.
1851	16 „ 11 „	14 „ 2 „	1857	21 „ 3 „	18 „ 9 „
1852	16 „ 9 „	14 „ 3 „	1858	21 „ 4 „	17 „ 11 „
1853	17 „ 7 „	15 „ 2 „	1859	20 „ 11 „	16 „ 11 „
1854	19 „ 2 „	16 „ 2 „	1860	20 „ — „	16 „ — „
1855	19 „ 1 „	16 „ 4 „			

Die Kosten des Geleuchtes, Pulvers, der Schmiedearbeit und die übrigen so genannten Ungelder sind hierin nicht begriffen.

In den Fällen, wo statt der Gedinge Schicht-Lohn bezahlt wird, beträgt dieser:

	Thlr.	Sgr.
für die Häuer, je nach der Arbeit	—	15, 18 und 20 Sgr.,
„ „ Schlepper	—	„ 13—15 Sgr.,
„ Hülfsarbeiter	—	„ 10—14 „
„ Tagearbeiter in gewöhnlichen Fällen	—	„ 12—15 „
„ Handwerker	1	„ 12 „

Bei allen diesen Angaben über den Arbeitslohn darf übrigens der Werth der anderweitigen Leistungen des Bergwerksvereins nicht ausser Acht bleiben. Soweit man diesen Werth im Gelde berechnen kann, beträgt er (ohne Rücksicht auf den Zuschuss der Gruben zur Knappschaftskasse) für manche Jahre durchschnittlich bis zu $2^1/_2$ Sgr. auf jede verfahrene Schicht. Da diese Leistungen auf anderen Werken gar nicht oder doch nicht in solchem Umfange vorkommen, so bilden sie in der Wirklichkeit eine Erhöhung des Lohnes.

Die Schicht ist 12stündig, da aber hierin die zum Morgengebet, zum Verlesen der Mannschaft vor dem Anfahren, zur Einfahrt bis vor Ort und zur Ausfahrt nothwendige Zeit inbegriffen ist, so ist die wirkliche Arbeitszeit der Grubenarbeiter ungefähr 9 Stunden. Bei besonders beschwerlicher, z. B. nasser Arbeit, wird diese Schichtdauer angemessen abgekürzt.

Nach einer sehr alten, schon in den Zeiten des Herzogthums Jülich vorhandenen Sitte, wird auf den Eschweiler Gruben während der Schicht Bier in Schleifkannen in die Schächte hinabgelassen und an den Füllörtern unentgeltlich an die Arbeiter, namentlich an die Schlepper verschänkt. Die Ausgaben dafür belaufen sich jährlich im Ganzen auf etwa 3000 Thaler. Die Einrichtung hat den Vortheil, das meistens schädliche Trinken des Grubenwassers zu verhindern und die Bergleute abzuhalten, sich Branntwein mitzubringen, während anderseits das verabfolgte, sehr leichte und gut ausgegohrene Bier bei mässigem Genuss nicht schaden und zur Unmässigkeit nicht reizen kann.

Anlegung von Ersparnissen. Der Errichtung einer besonderen Sparkasse für die Eschweiler Kohlenbergleute hat es nicht bedurft, da die vortrefflich eingerichtete und vortrefflich verwaltete, sehr zuverlässige Prämienkasse des Aachener Vereins zur Beförderung der Arbeitsamkeit allen Anforderungen genügt und die grössten Vortheile bietet, welche von einer Sparkasse erwartet werden können. Eine Filialkasse dieses Vereins befindet sich u. A. in der Stadt Eschweiler, den Wohnorten der Arbeiter nahe genug, um allgemein benutzt zu werden. Sie erhalten von ihren Einlagen 5 Proc., und wenn diese im 3. Jahre bei der Kasse stehen und den Betrag von 20 Thalern erreicht haben, eine Extraprämie von 3 Thalern gut geschrieben. Die Grubenverwaltung begünstigt das Sparen ihrer Arbeiter sehr und befördert es u. A. dadurch, dass sie an jeden derselben, der ein Jahr lang einen Betrag von 10 Thalern in der Sparkasse stehen hat, eine Prämie von 1 Thlr. bezahlt. Diese Prämie ist bereits an 136 Arbeiter, d. h. an den 13. Theil der ganzen Belegschaft gezahlt worden. Die Erfahrung lehrt, dass es viel schwerer ist, die Leute dahin zu bringen, sich zum ersten Male eine kleine Summe zu ersparen, als später, wenn dies geschehen ist, mehr zurückzulegen. So hat denn obige Prämie, welche nur ein geringes Opfer für den Werksbesitzer ist, sich ausserordentlich nützlich erwiesen und dahin gewirkt, eine grosse Zahl von Arbeitern zu Besitzenden zu machen.

Arbeiterwohnungen. Gesunde Wohnungen in nicht zu grosser Entfernung von den Stellen, wo angefahren wird, gehören zu den wesentlichsten Bedingungen des Wohlstandes der Arbeiter. Ohne die Fürsorge der Werksbesitzer wäre aber, bei der starken Anhäufung der Bevölkerung in der näheren und entfernteren Umgebung von Eschweiler, dem Bedürfnisse nach Wohnungen nicht im Entferntesten genügt worden. Die Mittel, welche zur Beseitigung dieses Mangels angewendet wurden, sind folgende:

1) die Gewährung eines Vorschusses aus der Knappschaftskasse an baulustige Vereinsmitglieder, welche einen Theil der Baukosten durch Ersparnisse erworben haben und Zutrauen verdienen. Das Fehlende wird ihnen alsdann als hypothekarisches Darlehen zu 5 Proc. auf das neue Eigenthum gegeben, und sie sind verpflichtet, am Lohntage mindestens die Zinsen dieses Darlehens vom Lohne einzulassen; doch steht ihnen frei, gleichzeitig in beliebig kleinen Posten das Kapital allmählig durch Lohnabzüge zu tilgen. In der Regel werden zwei Drittel vorgeschossen, wenn der Besitz eines Drittels vom Werthe des zu erwerbenden Eigenthums nachgewiesen ist. Auf diesem Wege ist eine grosse Zahl von Arbeitern in den Besitz von Häuschen mit Garten, Ackerland und dergl. im Werthe von 300 — 800 Thalern und allmählig in das freie Eigenthum dieses Besitzes gelangt. Die Knappschaftskasse hat hierbei niemals einen Verlust erlitten und hat dadurch auch keine Unkosten; nur für die Grubenverwaltung ist bei der Auslohnung das Abhalten der vielen kleinen Sümmchen zur Zinsenzahlung und Kapitalablegung ein sehr mühsames Geschäft, welches aber des guten Zweckes wegen ohne Anrechnung der Kosten ausgeführt wird.

2) So wohlthätig und umfassend jedoch dieses Mittel gewirkt hat, so würde dasselbe für sich allein nicht ausgereicht haben. Der Bergwerksverein ist daher auch selbst zum Baue von Wohnungen übergegangen, welche er an seine Beamten und Arbeiter vermiethet. Den Werthpreis stellt man hierbei so niedrig, dass von dem auf diese Art in Bauten angelegten Kapital von über 200,000 Thalern nur 4400 Thaler oder 2,2 Proc. einkommen, woraus noch die Unterhaltungskosten bestritten werden müssen. Beispielsweise bezahlt eine Familie für eine aus 2 Zimmern, Bodenraum und Keller bestehende Wohnung mit Stall und Gärtchen jährlich nicht mehr als 13 — 15, und für eine Wohnung mit 4 Zimmern (deren 2 an Kostgänger weiter vermiethet werden können) nicht mehr als 26 Thaler. So bietet der Bergwerksverein seinen Leuten über 200 geräumige und gesunde Wohnungen zu einem Preise dar, für welchen in der dortigen Gegend auch nicht das schlechteste und beschränkteste Unterkommen zu finden sein würde, und welcher nur 8 — 10 Proc. von dem mittleren Arbeiterverdienste ausmacht.

3) Ferner ist eine Schlaf- und Speiseanstalt für ledige Bergleute eingerichtet worden, in welcher 90 — 100 Mann gegen Bezahlung von nur 6 Sgr. täglich Aufnahme finden. Hierdurch wird nicht nur der Zweck erreicht, dieser Anzahl von Leuten ein billiges Unterkommen darzubieten, sondern es wird auch zu hohen Anforderungen der sonstigen Kostwirthe wirksam entgegengearbeitet. Diese Anstalt, mit welcher Krankenstuben verbunden sind, erfordert einen jährlichen Zuschuss von 800 — 1000 Thalern.

4) Denjenigen, welche ausser dem zu ihrer Wohnung gehörigen Garten noch ein Stück Ackerland, z. B. zur Kartoffelzucht, zu bebauen wünschen, wird solches zu 9 Pf. wöchentlich für $^1/_4$ Morgen in Pacht gegeben. In dieser Weise hat der Bergwerksverein gegenwärtig 110 Morgen in Stücken von $^1/_4$ Morgen an seine Arbeiter verpachtet, — mit einem nicht geringen Opfer, da diese Ländereien mit einem Kostenaufwande von 200 — 300 Thalern der Morgen angekauft oder urbar gemacht werden mussten und jetzt nur $5^1/_5$ Thaler vom Morgen einbringen.

Von diesen sämmtlich sehr wirksamen Mitteln, für die Arbeiter zu sorgen, haben die drei letzten für den Werksbesitzer den Vorzug, dass der Arbeiter die Wohlthat nur so lange geniesst, als er auf dem Werke bleibt, und derselben in Folge des Abkehrs verlustig geht. Es ist zweckmässig und in Gegenden, die gleich der von Eschweiler und Stolberg, mit gewerblichen Anlagen übersäet sind, sogar nothwendig, auf solchem Wege dem Umherlaufen der Arbeiter von einem Brodherrn zum andern entgegen zu wirken.

Fürsorge in theueren Zeiten. Ist nun auf der einen Seite das Bestreben des Eschweiler Bergwerksvereins dahin gerichtet, seine Leute an sich zu fesseln und an Ständigkeit zu gewöhnen, so scheut man auf der andern Seite kein Opfer, um in Zeiten des stockenden Kohlenabsatzes und flauen Betriebes die Ablegung von Arbeitern zu vermeiden. In der That ergeben die statistischen Nachweisungen für solche Jahre bei namhaft verminderter Förderung der Eschweiler Gruben eine nur sehr wenig kleinere Belegschaft, als in guten Jahren. Im Jahre 1848 z. B. erforderte der Grubenbetrieb nicht die Hälfte der vorhandenen Arbeiter; demnach wurden nur die freiwillig Abkehrenden entlassen und die überflüssigen Leute mit Urbarmachung von Oedland, neuen Anlagen und dergl. beschäftigt. So schwierig damals die Beschaffung von Geldmitteln sein mochte, so verwandte der Bergwerksverein für jenen Zweck doch eine Summe von 40000 — 50000 Thalern. Die missliche Lage des Eisenhüttengewerbes verursachte im Jahre 1859 wieder eine traurige Stockung des Absatzes der Steinkohlen und eine namhafte Beschränkung der Förderung. Auch jetzt wurde die Belegschaft nicht vermindert, sondern, soweit man sie beim Bergbau nicht verwenden konnte, mit Roden oder Flächen und besonders mit der Anlage von Wiesen auf Grundstücken des Vereins beschäftigt, was nicht weniger als 12981 Thaler kostete. Zugleich aber betrieb man noch mehrere neue Grubenanlagen recht schwunghaft und beschäftigte hierbei ebenfalls eine grosse Zahl von Arbeitern.

Nicht weniger wichtig, als diese Acte der Humanität für das Wohl der Arbeiter des Bergwerksvereins und dadurch mittelbar der ganzen Gegend waren, ist das Kornmagazin und die damit verbundene Bäckerei, welche im Jahre 1853 zu Eschweiler-Pumpe errichtet sind und den Zweck haben, zu einem stets sehr mässigen Preise ein reines und in jeder Beziehung gutes Roggenbrod zu liefern. Dieselben haben, einschliesslich der dazu gehörigen, mittels einer Turbine betriebenen Mühle, gegen 25000 Thaler gekostet. Die Bäckerei kann täglich 10000—12000 Pfund Brod liefern. Alle im Dienste des Bergwerksvereins stehenden Arbeiter sind berechtigt, sich hier ihren Brodbedarf, welcher nach der Zahl der zu ernährenden Angehörigen durch die Grubenverwaltung für jeden Einzelnen ermittelt wird, zu verschaffen. Die Brodausgabe geschieht aber nicht gegen Lohnabzüge, sondern es ist nur Jedem freigestellt, sich am Lohntage die dem ermittelten Bedarf entsprechende Anzahl von Brodmarken einzuwechseln und gegen deren Ablieferung in der Bäckerei das Brod in Empfang zu nehmen.

Der Preis beträgt nie über 5 Sgr. 4 Pf. für das achtpfündige Brod, was dem Preise entspricht, zu welchem die Bäcker bei einem Kornpreise von $1^3/_4$ Thlr. der Scheffel das Brod liefern. Bei höherem Kornpreise sind also baare Zuschüsse erforderlich, welche dann auch

im Jahre 1854	zum Betrage von	. . . .	21473 Thlrn.
„ „ 1855	„ „	„	36093 „
„ „ 1856	„ „	„	25135 „
„ „ 1857	„ „	„	3542 „
„ „ 1860	„ „	„	3940 „

seitens der Grubenkassen geleistet worden sind, wogegen die Jahre 1858 und 1859 keine Zuschüsse erforderten. Wie gross die hierdurch dem Arbeiterstande erwiesene Wohlthat ist, geht z. B. daraus hervor, dass im Jahre 1855 das 8pfündige Brod der Bäcker bei viel geringerer Güte dort zeitweise 9 Sgr. 6 Pf. gekostet hat. Da nun manche Arbeiter mit zahlreicher Familie bis zu 12 Brode in der Woche aus der Bäckerei des Bergwerksvereins erhalten haben, so betrug für diese der Gewinn, neben dem Genusse besseren Brodes, wöchentlich 1 Thlr. 20 Sgr., oder auf den Arbeitstag 8 Sgr. 4 Pf. So weit hätte man mit Lohnzulagen nicht gehen können, und diese hätte man auch dem unverheiratheten Bergmanne, der ihrer nicht bedurfte, in gleichem Maasse gewähren müssen, wogegen die mittelbare Zulage durch die Brodlieferung Jedem nach Bedürfniss zu Gute gekommen ist. Im Jahre 1855 sind überhaupt beinahe 400000 Stück, also über 3 Million Pfund Brode ausgegeben worden. Auch bei mässigen Kornpreisen haben die Eschweiler Bergleute Vortheil von dieser Brodbäckerei; denn da man zu deren fortdauerndem Betriebe genöthigt ist, um in Zeiten der Noth bereit zu sein, so wird alsdann der Preis eines Brodes um 4—6 Pf. niedriger festgesetzt, als beim Bäcker. Hierdurch, wie durch die bessere Beschaffenheit des Brodes, wird auch für diejenigen, welchen der Weg zu einem Bäcker näher ist, als zu einem der Punkte, wo die Brodausgabe stattfindet, die Abholung des Brodes von dort vortheilhafter, und der Bäckerei des Vereins ist ein fortdauernder Absatz gesichert. Freilich ist bei dieser Einrichtung an einen Ersatz der in theueren Zeiten gewährten Zuschüsse nicht zu denken; man begnügt sich, bei niedrigem Kornpreise ohne Schaden zu arbeiten.

Durch die angegebenen Mittel wird den drohenden Nothständen unter der Mannschaft im Grossen entgegengewirkt. Für einzelne Personen geschieht zu demselben Zwecke und zur Linderung eingetretener Noth noch sehr viel, was hier nicht Alles aufgezählt werden kann.

Nur der Beschäftigung der bergfertigen Arbeiter, welche mit der ihnen aus der Knappschaftskasse zukommenden Pension ihren Lebensunterhalt nicht vollständig würden bestreiten können, sei noch gedacht. Dieselben sind in grosser Anzahl bei leichten Tagearbeiten angelegt, was bei ihren, natürlicherweise nur geringen Leistungen, den Grubenkassen einen Aufwand verursacht, der zu 2500 Thlr. jährlich gewiss nicht zu hoch veranschlagt ist.

Schulwesen. Zu Eschweiler-Pumpe, dem Mittelpunkte des Eschweiler Kohlenbergbaues und dem Concentrationspunkte der dabei beschäftigten Bevölkerung, beruht das Schulwesen hauptsächlich auf den Unterstützungen des Bergwerksvereins, der dort zwei Elementarschulen, Unterricht in weiblichen Handarbeiten und einem Sonntags- und Abendunterricht für bereits zur Arbeit angenommene junge Bergleute gegründet hat und für diese Zwecke nicht nur die zwei Schullocale nebst den Wohnungen zweier Lehrer eingerichtet hat und unterhält, sondern auch für die Besoldung der letzteren 500 Thaler und für mancherlei Schulbedürfnisse, Prämien und sonstige Ermunterungen der Schüler 300 Thaler jährlich beiträgt. In den beiden Elementarschulen geniessen gegen 180 Kinder der in der Nähe wohnenden Bergleute freien Unterricht. Den Bedürftigen werden auch die Schulbücher und sonstigen Schulbedürfnisse frei geliefert. Zweimal wöchentlich, an den schulfreien Nachmittagen, werden die Mädchen durch eine Lehrerin im Nähen, Stricken, Stopfen u. dgl. unterwiesen, wobei denjenigen, die ausser Stande sind es sich selbst zu beschaffen, sogar die Wolle, Leinwand u. s. w. unentgeltlich gegeben wird, was indessen nur sehr selten nöthig ist. Der Abends und Sonntags stattfindende Unterricht junger Bergleute bezweckt theils gemeinschaftliche Gesangübungen, theils Vorbildung für die Bergschule. Unter den Leistungen des Eschweiler Bergwerksvereins für Schulzwecke muss endlich noch der Beitrag von 500 Thlrn. jährlich, der zu den Kosten der Bergschulen zu Düren seit ihrer Gründung, also seit 1857, gezahlt wird, erwähnt werden.

Gesundheitszustand. — Krankheiten. Die Arbeit in den Eschweiler Steinkohlengruben gehört zu den anstrengenden und beschwerlichen, und der Bergmann ist dabei allen Schädlichkeiten, die bei dieser Art des Bergbaues vorzukommen pflegen, ausgesetzt. Die gebauten Flötze sind nur schmal, die Mehrzahl 24—30, das stärkste bis zu 50 Zoll mächtig; also sind die Räume, in welchen der Arbeiter sich aufhält, enge und niedrig. Das zur Auszimmerung der Strecken in grosser Menge erforderliche Holz verengt die Räume noch mehr. Anerkennenswerth ist, dass die Querschläge in der Regel so hoch aufgefahren werden, dass der Fahrende sich darin nicht zu bücken braucht. Die Schächte sind tief und der Arbeiter muss darin auf der Grube Centrum täglich im Durchschnitte 150, auf den Gruben Birkengang und Atsch 60—105 Lachter auf Fahrten ein- und ausfahren. Auch in dieser Beziehung muss jedoch die Fürsorge der Grubenverwaltung anerkannt werden, welche bereits im Jahre 1850 in dem Schachte Kronprinz der Grube Centrum den Einbau einer Fahrkunst bis zu 125 Ltr. Tiefe vollendet hat, auf welcher die Hälfte der unter Tage angelegten Arbeiter dieser Grube ein- und ausfährt. Diese Fahrkunst ist die älteste im preussischen Staate. Der grössere Theil der Bergleute hat nicht weite Wege nach den Gruben zu machen, da die Mehrzahl zu Eschweiler-Pumpe, Röthgen, Eschweiler, Nothberg und Bergrath wohnt. Nur wenige haben Entfernungen von einer Wegstunde zurückzulegen. Diese Verhältnisse sind also den Leuten günstig.

Dass der Gesundheitszustand der Eschweiler Kohlenbergleute im Allgemeinen ein recht guter ist, muss bei den vielen schädlichen Einflüssen, denen sie ausgesetzt sind, wesentlich dem Wohlstande, dessen sie sich erfreuen, ihrer guten Nahrung, den gesunden Wohnungen und der Fürsorge für die Kranken, durch welche schlimmeren Krankheiten vielfach vorgebeugt wird, zugeschrieben werden.

Unsere Quelle enthält eine bis zum Jahre 1814 zurückreichende Tabelle über die Anzahl und Dauer der unter den Mitgliedern der Eschweiler Knappschaft vorgekommenen Krankheitsfälle; hiernach betrug in der 22jährigen Periode von 1814—1835

die durchschnittliche Zahl der Mitglieder	477
die durchschnittliche Zahl der Verwundungen von einer Woche Dauer oder darüber in einem Jahre	73,8
dieselbe auf 100 Mitglieder	15,47
die mittlere Dauer eines Falles in Tagen	18,25.

Für die 25jährige Periode von 1836 bis 1860 sind in jener Tabelle ausser den Verwundungen auch alle sonstigen Krankheitsfälle von einer Woche Dauer und darüber enthalten und zwar betrug

die durchschnittliche Zahl der Mitglieder der Kasse	1151,8
die durchschnittliche Zahl der Verwundungen von einer Woche Dauer oder darüber pro Jahr	113,2
dieselbe auf 100 Arbeiter	9,83
die mittlere Dauer eines Falles in Tagen	18,61
die durchschnittliche Zahl der sonstigen Krankheiten von einer Woche Dauer oder darüber pro Jahr	313,8
dieselbe auf 100 Arbeiter	27,25
die mittlere Dauer eines Falles in Tagen	15,20
die durchschnittliche Zahl der Verwundungen und sonstigen Krankheitsfälle zusammen pro Jahr	427
dieselbe auf 100 Arbeiter	37,08

Für die vier Jahre 1857 bis 1860 sind auch diejenigen Beschädigungen und sonstigen Krankheitsfälle bekannt, welche eine kürzere Zeit als eine Woche angedauert haben und es betrug mit Einrechnung dieser

bei einer durchschnittlichen Mitgliederzahl	1868
die durchschnittliche Zahl aller Verwundungen pro Jahr	318
dieselbe auf 100 Arbeiter	17,02
die durchschnittliche Zahl aller sonstigen Krankheiten pro Jahr	2256
dieselbe auf 100 Arbeiter	120,71
die durchschnittliche Zahl aller Verwundungen und sonstigen Krankheiten zusammen	2574
dieselbe auf 100 Arbeiter	137,73

Nimmt man für die Krankheiten von weniger als einwöchiger Dauer eine solche von durchschnittlich 3 Tagen an, so ergibt sich für die vier Jahre 1857—1860 die Dauer sämmtlicher Verwundungen zusammengenommen zu 14549 und die sämmtlichen übrigen Krankheiten zu 67679, beide zusammen also zu 82228 Tagen, woraus sich für diese vierjährige Periode die mittlere Dauer einer Krankheit zu 7,99 Tagen und die Zeit, welche jeder Arbeiter im Durchschnitt jährlich krank gewesen ist, zu 11,00 Tagen berechnet, die Zahl der jährlichen Krankheiten eines Arbeiters zu 1,377.

Zur Erleichterung des Looses der bei der Arbeit Beschädigten trägt sehr bei, dass der Bergwerksverein diesen für die Woche, in welcher die Beschädigung erfolgt ist, den vollen Lohn auszahlt. Erst für die fernere Dauer der Arbeitsunfähigkeit tritt das geringere Krankengeld aus der Knappschaftskasse ein. Nehmen wir im Mittel jährlich 308 Fälle der Beschädigung und zugleich an, dass für diese Fälle durchschnittlich je 3 Tage lang der Lohn aus den Grubenkassen zu bezahlen ist, und dass dieser 15 Sgr. täglich beträgt, so beläuft sich die für den erwähnten Zweck vom Bergwerksverein zu zahlende Summe auf 462 Thaler im Jahre. Ein ferneres Opfer für die Kranken bringen die Werksbesitzer dadurch, dass sie in Verbindung mit der oben erwähnten Schlaf- und Speiseanstalt, Krankenstuben eingerichtet haben, in welchen alle kranken Arbeiter, die zu Hause nicht genug verpflegt werden können, Aufnahme finden, ohne daselbst für Unterkommen, Kost und Pflege etwas anderes bezahlen zu müssen, als das Krankengeld von 1 Thlr. wöchentlich. Bei der Aufnahme wird mit anerkennenswerther Sorgfalt darauf gesehen, dass die Anstalt nur benutzt werde, wo dies wirklich zur guten Pflege des Kranken nothwendig ist, und dass die Bande des Familienlebens niemals dadurch gelockert werden. Für die freie ärztliche Behandlung und für freie Arzneimittel ist durch den Knappschaftsverein gesorgt, dessen Einrichtungen unten besprochen werden sollen. Es ist ein Arzt mit festem Einkommen angestellt, der zu Eschweiler-Pumpe, also im Mittelpunkte der in Betracht kommenden Gegend, wohnt und wöchentlich 2—3mal zu Stolberg und Weissweiler an bestimmten Tagen anwesend sein muss. Die Apotheken zu Eschweiler und Stolberg liefern die Arznei zur allgemeinen Taxe mit 25% Abzug. An dieser Stelle möge noch die Mittheilung Platz finden, dass auf dem neuen Förderschachte der Grube Centrum für die ausfahrenden Bergleute Bäder eingerichtet sind; sie machen davon aber wenig Gebrauch.

Invaliden und Wittwen. Die von der Eschweiler Knappschaftskasse unterstützten bergfertigen Arbeiter vertheilen sich auf die Stufen des Dienstalters, das sie bei Eintritt der Invalidität hatten, folgendermaassen:

	mit Schluss des Jahres 1859:	1860:	
hatten	10	9	Invaliden ein Dienstalter von mehr als 10 und weniger als 15 Jahren,
	5	8	„ „ „ „ „ „ 15 „ „ „ 20 „
	3	3	„ „ „ „ „ „ 20 „ „ „ 25 „
	2	2	„ „ „ „ „ „ 25 „ „ „ 30 „
	4	5	„ „ „ „ „ „ 30 „ „ „ 35 „
	7	7	„ „ „ „ „ „ 35 „ „ „ 40 „
	13	13	„ „ „ „ „ „ 40 „ „ „ 45 „
	5	2	„ „ „ „ „ „ 45 „ „ „ 50 „
	3	3	„ „ „ „ „ „ 50 „ „ „ 55 „
	1	2	„ „ „ „ „ „ 55 „ „ „ 60 „
	2	2	„ „ „ „ „ „ 60 Jahre (60 und 68) „

Ueber das mittlere Lebensalter beim Eintritt der Arbeitsunfähigkeit fehlen die Nachrichten. Aus der obigen Uebersicht aber ergibt sich, dass die Arbeitsunfähigkeit am häufigsten nach 35—45 Dienstjahren und demnächst am öftesten zwischen dem 10. und 20. Dienstjahre eingetreten ist. Wo das Erstere der Fall war, hat der Arbeiter jedenfalls ein schönes Alter in rüstiger Kraft erreicht, da im Durchschnitte die Anlegung wohl erst etwa mit dem 23. Lebensjahre erfolgt sein wird. Die Zahl der Invaliden von 10—20 Dienstjahren aber umfasst, neben den bei der Arbeit Beschädigten, auch die Leute, deren Körper den Schädlichkeiten, die der Bergbau mit sich führt, nicht gewachsen war.

Als mittleres Dienstalter beim Eintritt der Arbeitsunfähigkeit zur Arbeit ergaben sich:

für die Invaliden von 1859	. . . .	33,48 Arbeitsjahre,
„ „ „ „ 1860	. . . .	32,86 „
also im Durchschnitte für die in diesen 2 Jahren Unterstützten		33,17 . „

Dass obiges Verzeichniss gar keine Invaliden von weniger als 10 Dienstjahren nachweist, erklärt sich daraus, dass jüngere Bergleute nur im Fall der Verstümmelung bei der Arbeit auf Pension Anspruch haben.

Die Anzahl der in den Jahren 1815, 1820, 1825 . . . . 1860 unterstützten bergfertigen Leute und Bergmannswittwen ergibt sich aus nachstehender Tabelle:

Jahreszahl	Zahl der Knappschafts-vereine	Zahl der activen Mit-glieder	Zahl der Unterstützten			
			überhaupt		auf 1000 active Mitglieder	
			Bergfertige	Wittwen	Bergfertige	Wittwen
1815	13	426	4	16	9,39	37,56
1820	18	432	15	25	34,72	57,87
1825	23	537	24	25	44,69	46,55
1830	28	458	21	18	45,85	39,30
1835	33	415	19	18	45,78	43,37
1840	38	729	25	38	34,29	52,13
1845	43	777	31	86	39,90	110,07
1850	48	1013	39	129	38,50	127,34
1855	53	2138	36	125	16,84	58,47
1860	58	1755	66	165	37,60	94,02

In Bezug auf diese Anzahl muss bemerkt werden, dass alle durch Verstümmelung arbeitsunfähig gewordenen Mitglieder in jedem Falle, andere aber nur dann zur Unterstützung berechtigt sind, wenn sie ein Dienstalter von 10 Jahren zählen. Ausserdem ist hinsichtlich des Anwachsens der Invalidenzahl zu beachten, dass die Zahl der Mitglieder fast von Jahr zu Jahr gestiegen ist, die verhältnissmässige Zahl der Bergfertigen also im Vergleich zur Mitgliederzahl nicht so gross sein kann, als wenn letztere sich gleich geblieben wäre. Im 25. Jahre des Knappschaftsvereins 1827 kamen auf 1000 Mitglieder die meisten Invaliden, deren relative Anzahl sich seitdem constant und fast auf die Hälfte vermindert hat, obgleich von Jahr zu Jahr grosse Schwankungen bemerkbar sind, welche nicht auffallen können, wenn man die Veränderlichkeit des Divisors, d. h. der durchschnittlich beschäftigten Arbeiterzahl und die vielerlei verschiedenen Umstände berücksichtigt, welche die Lebensdauer der einzelnen Invaliden beschränken. Noch viel grösser sind die Schwankungen in der relativen Anzahl der unterstützten Wittwen, welche indessen bis zum 27. Jahre des Knappschaftsvereins ziemlich gleichmässig mit derjenigen der Invaliden steigt und dann wieder mit dieser abnimmt. Sie steigt 1845 in Folge der liberalen Bestimmungen des in diesem Jahre erlassenen neuen Knappschaftsstatuts plötzlich um ein Beträchtliches und hält sich auf diesem hohen Stande bis 1854, wo die Verstärkung der Belegung ihr Herabgehen bedingt.

Sterblichkeit. Ueber die Todesfälle unter den Mitgliedern des Eschweiler Knappschaftsvereines liegen nur von den letzten 13 Jahren besondere Nachweisungen vor. Hiernach starben

im Jahre 1848	von 1148	activen und invaliden Mitgliedern	11	oder 9,58	auf 1000,
„ „ 1849	„ 1006	„ „ „ „	19	„ 18,89	„ „
„ „ 1850	„ 1052	„ „ „ „	21	„ 19,96	„ „
„ „ 1851	„ 1066	„ „ „ „	9	„ 8,44	„ „
„ „ 1852	„ 1167	„ „ „ „	23	„ 19,71	„ „
„ „ 1853	„ 1413	„ „ „ „	27	„ 19,11	„ „
„ „ 1854	„ 1898	„ „ „ „	35	„ 18,44	„ „
„ „ 1855	„ 2174	„ „ „ „	32	„ 14,72	„ „
„ „ 1856	„ 2040	„ „ „ „	36	„ 17,65	„ „
„ „ 1857	„ 1933	„ „ „ „	27	„ 13,97	„ „
„ „ 1858	„ 1997	„ „ „ „	33	„ 16,52	„ „
„ „ 1859	„ 1967	„ „ „ „	37	„ 18,81	„ „
„ „ 1860	„ 1821	„ „ „ „	36	„ 19,77	„ „
		Zusammen in den 13 Jahren .	346	oder 16,73	auf 1000.

Ergiebt sich hiernach eine grössere Sterblichkeit, als unter den Belegschaften mancher neuer Berg- oder Hüttenwerke, so ist zu erwägen, dass unter den Eschweiler Bergleuten sehr viele alte Arbeiter sind, eben weil dieser Bergbau sehr alt ist und die Verwaltung die in ihrem Dienste Gealterten so lange als irgend möglich in der Arbeit behält. Mit Rücksicht hierauf wird man die Anzahl der Todesfälle nicht gross finden. Unter den 346 Gestorbenen befinden sich 70, die bei der Arbeit verunglückt oder in Folge eines bei der Arbeit erlittenen Unfalls um's Leben gekommen sind, mithin 20,23 Proc.

Die ganze Zahl der auf den Gruben des heutigen Eschweiler Bergwerksvereins seit dem Jahre 1814, also in einem 47jährigen Zeitraume verunglückten Bergleute beträgt 121 oder jährlich 3,08 auf jedes Tausend der Knappschaftsmitglieder.

Knappschaftsverein. Der Eschweiler Knappschaftsverein ist bereits im Jahre 1803 gegründet und umfasste zunächst die Arbeiter der Gruben Centrum-Ischenberg und Birkengang. Das ursprüngliche, vom 12. Pluviose XII datirte Statut desselben wurde zuerst am 15. Septbr. 1835 revidirt und in manchen Punkten geändert, und später in der ihm durch die k. Cabinetsordre vom 19. August 1844 gegebenen neuen Fassung auf alle Gruben des Eschweiler Bergwerksvereins ausgedehnt. Die Veränderungen, welche an dieser Fassung, theils um den Anforderungen des Gesetzes vom 10. April 1854 zu genügen, theils weil sie sonst zweckmässig erschienen, vorgenommen sind, wurden durch die Ministerialerlasse vom 20. October 1858 und 21. April 1859 festgestellt und traten am 1. Juli 1859 in Kraft. Es besteht die Einrichtung, dass der Knappschaftsverein als solcher nur für das Krankengeld der Verwundeten, nicht aber für dasjenige bei inneren Krankheiten aufkommt. Um letzteres, welches bis 1835 nicht gezahlt wurde, aufzubringen, sind seit dem 1. Januar 1836 besondere Krankenkassen eingerichtet und zwar für jeden Hauptbetriebspunkt eine. Jede derselben bringt nur ihren eigenen Geldbedarf auf. Da gegenwärtig 10 solcher Kassen bestehen, so kommen auf jede durchschnittlich 175 Mann; die Mitgliederzahl der einzelnen Kassen ist aber sehr verschieden. Die Einrichtung bewährt sich sehr als wirksames Mittel gegen verstellte Krankheiten, da die Arbeiter sich in dieser Beziehung im engen Kreise gegenseitig controliren können und ein unmittelbares Interesse daran haben, dies zu thun. Kapital wird bei diesen Kassen nicht angesammelt.

Mitgliederschaft. Zum Eintritt in den Verein sind alle Arbeiter und Grubenbeamten des Eschweiler Bergwerksvereins verpflichtet. Eine Klasseneintheilung findet unter den Mitgliedern nicht statt.

Einnahmen der Kasse.

1. Laufende Beiträge der Mitglieder.

Sie betrugen ursprünglich von jedem Häuer und Schlepper 2 Stüber (ein Stüber ist = $^5/_{13}$ Sgr.) und von jedem Hülfsarbeiter 1 Stüber in der Woche, wofür seit 1824 9 Pf. und $4^1/_2$ Pf. erhoben wurden. Seit der zwanzigsten Woche des Jahres 1829 beträgt die Abgabe von jedem Mitgliede ohne Unterschied des Arbeitsgrades 1 Sgr. wöchentlich. Dazu tritt der je nach Bedürfniss normirte Beitrag zur Krankenkasse hinzu, welcher in der letzten Zeit im Mittel gegen 8 Pf. wöchentlich betragen hat, und für die Mitglieder unter 10 Sgr. täglichem Schichtlohn, also für die Jungen, $^1/_3$ so hoch ist, als für diejenigen mit 10 Sgr. Lohn und darüber.

2. Beitrag des Bergwerksvereins.

a) Die Beiträge der Gruben bestanden bis zum Jahre 1842 in den Ladegeldern; für die Jahre 1843 und 1844 wurden sie den Beiträgen der Mitglieder zur Knappschaftskasse gleichgestellt und 1845 auf sechs Fünftel derselben festgestellt.

b) Ausserdem zahlen die Grubenkassen den bei der Arbeit Verwundeten noch bis zu Ende der Woche, in der die Verwundung geschehen ist, den vollen Lohn aus.

c) Dieselben bezahlen die Särge für die verstorbenen Mitglieder.

Ausser diesen im Statut bestimmten Leistungen fliessen den Mitgliedern noch die mannichfachen, oben erwähnten Wohlthaten von Seiten der Werksbesitzer zu.

3. Die Zinsen des Capitals des Vereins.

4. Die den Arbeitern auferlegten Geldstrafen nebst anderen ausserordentlichen Einnahmen.

Vortheile der Mitglieder.

I. Leistungen der eigentlichen Knappschaftskasse:

1) Freie Kur und Arznei haben die Vereinsglieder für ihre Person in allen Krankheitsfällen.

2) Krankenlohn erhalten aus der Knappschaftskasse nur die in der Grubenarbeit beschädigten Mitglieder, und zwar für jede der ersten 4 Wochen nach Ablauf derjenigen, worin die Verwundung eintritt, 1 Thlr., und für jede spätere Woche der Arbeitsunfähigkeit 2 Thlr. Diese Bestimmung ist erst 1854 eingeführt worden; früher und zwar bis zum Jahre 1824 gab man 1 Thaler 7 Stüber 8 Heller bergisch, von 1824 — 1842 25 Sgr. 11 Pf., welcher Satz gegen Ende 1842 auf 1 Thlr. preussisch erhöht wurde.

3) Beihülfe zur Bestreitung der Beerdigungskosten, welche anfangs 5 berg. Thaler oder 3 Thlr. 25 Sgr. 4 Pf. preussisch betrug, aber durch das Statut von 1835 auf 4 Thlr. preussisch erhöht wurde. Man zahlte sie bis einschliesslich zum J. 1847 nur nach Verunglückungen, dehnte sie aber seit 1848 auf alle Todesfälle activer und invalider Mitglieder aus und erhöhte sie in Fällen der Verunglückung auf 8 Thlr.

4) Die Pensionen der bergfertigen Mitglieder waren früher verschieden, anfangs wöchentlich 20 Stüber, nach dem Statut von 1835 je nach Bestimmung des Vorstandes mindestens 15 und höchstens 23 Sgr., seit 1849 1 Thlr. wöchentlich. Das Statut von 1859 stuft die Pension nach dem Dienstalter der Invaliden ab und bestimmt bei 10—15 Arbeitsjahren 15 Sgr., bei 15—20 Jahren $22^1/_2$ Sgr., bei 20—25 Jahren 1 Thlr., bei 25—30 Jahren 1 Thlr. 5 Sgr., bei 30—35 Jahren 1 Thlr. 10 Sgr., bei 35 und mehr Jahren 1 Thlr. 15 Sgr. für die Woche; jedoch beträgt die Pension für solche, die nicht als Bergleute oder Handwerker, sondern nur als Tagearbeiter beschäftigt waren, 5 Sgr. wöchentlich weniger. Wer durch einen Unglücksfall bei der Arbeit arbeitsunfähig wird, erhält, wenn er nicht schon ein höheres Dienstalter hat, den Satz für 20jährige Arbeitszeit. Nach den früheren, wie nach den heutigen Bestimmungen tritt die Pensionsberechtigung, wenn die Arbeitsunfähigkeit nicht durch Unfall bei der Arbeit entstanden ist, erst nach 10 Dienstjahren ein.

5) Die Wittwen erhielten in der ersten Periode sehr verschiedene Unterstützungen, nach dem Statut von 1835 im Falle der Verunglückung des Mannes wöchentlich $11^1/_2$ Sgr. und für jedes Kind bis zu 10 Jahren 3 Sgr. 10 Pf., in anderen

Fällen nach dem Ermessen des Vorstandes. Das Statut von 1844 bestimmte für den ersten Fall 10 Sgr. und für jedes Kind unter 12 Jahren 5 Sgr.; an andere Wittwen wurden meist 3 Sgr. 10 Pf. gegeben. Das neue Statut setzt als Maximum für die Wittwen Verunglückter 10 Sgr. und für die übrigen bei 10jähriger Dienstzeit des Mannes 4 Sgr. wöchentlich fest.

6) Die Waisenunterstützung der früheren Zeit ist unter 5 angegeben; nach dem Statut von 1859 beträgt sie bis zum 14. Lebensjahre als Maximum 5 Sgr. wöchentlich, kann aber für vater- und mutterlose Waisen erhöht werden.

7) Nach dem Statut von 1859 erhalten die Mütter verunglückter Bergleute, wenn sie Wittwen und brodlos sind, ebenfalls Unterstützung als Maximum 12 Sgr. in der Woche.

8) Ausserordentliche Unterstützungen werden seit 1849 gezahlt und können nach Maassgabe der Hülfsbedürftigkeit, namentlich als Zulage zu den gewöhnlichen Pensionen oder in Fällen, wo auf diese kein Anspruch stattfindet, bewilligt werden; hierauf kann der Vorstand nach dem Statut von 1859 $1/4$ des Ueberschusses der Kasse vom vorhergehenden Jahre verwenden.

II. Aus den Krankenkassen erhalten die Kranken, welche nicht zu den bei der Arbeit Verwundeten gehören, Krankenlohn, und zwar 1 Thlr. wöchentlich, aber nur für alle Wochen und weder für die Woche der Erkrankung, noch für die der Genesung; auch kann das Krankengeld nur auf Grund besonderer Einwilligung der Schachtkameradschaft des Kranken für länger als 3 Monate fortgezahlt werden. Wird die Einwilligung nicht ertheilt und die Heilung ist noch nicht erfolgt, so muss der Kranke, falls er nach dem Statut dazu berechtigt ist, unter die Pensionäre aufgenommen werden.

Die Arbeiter von weniger als 10 Sgr. Schichtlohn, nämlich die jugendlichen Arbeiter, waren früher von der Theilnahme an diesen Kassen ausgeschlossen; nach dem Statut von 1859 aber gehören dieselben mit dazu, erhalten aber nur 10 Sgr. wöchentlichen Krankenlohn, wogegen sie auch nur $1/3$ des Beitrags der Uebrigen entrichten.

III. Aus den Grubenkassen wird statutenmässig den Beschädigten der volle Lohn der Beschädigungswoche und den Gestorbenen der Sarg bezahlt.

Verwaltung. Der Vorstand des Knappschaftsvereins besteht nach dem Statut von 1859 aus 8 von den Knappschaftsältesten und 8 von dem Bergwerksverein erwählten Mitgliedern; erstere können sich selbst wählen. Die Wahl geschieht auf 6 Jahre und alle 3 Jahre wird die Hälfte erneuert. Den Vorsitzenden wählt der Vorstand aus seiner Mitte. Aehnlich hatten die früheren Statuten die Verwaltung gemeinschaftlich in die Hände des Bergwerksvereins und der acht von der Knappschaft erwählten Kassenvorsteher, die zugleich Knappschaftsälteste waren, gelegt. Der Sitz der Verwaltung ist von Anfang an zu Eschweiler-Pumpe gewesen.

Von Seiten des Staats führt das Bergamt zu Düren die Aufsicht über den Verein in der durch das Gesetz vom 10. April 1854 bestimmten Weise. Früher dehnte diese Aufsicht sich auch auf die rechnungsmässige Revision der Rechnungen aus, ging aber niemals so weit, wie bei den übrigen Knappschaftsvereinen in der Zeit vor diesem Gesetze.

Für die Kassengeschäfte des Vereins und zwar sowohl der eigentlichen Knappschaftskasse als der Krankenkassen, ist ein besonderer Rechner angestellt, welcher früher nach Festsetzung des Vorstandes Procente der Einnahme (bis höchstens 5 Proc.) bekam, jetzt aber eine feste jährliche Besoldung erhält. Hierauf beschränken sich die vom Verein zu tragenden Verwaltungskosten auch fast ausschliesslich, da das Uebrige meistens durch die Grubenverwaltung unentgeltlich besorgt wird.

Ergebnisse der Knappschaftsverwaltung. Unsre Quelle enthält über die Zahlenergebnisse der Knappschaftskassen-Verwaltung drei sehr ausführliche, durch den Betriebsdirector Herrn Bergmeister a. D. Baur mitgetheilte Tabellen, aus denen wir die folgenden Durchschnittswerthe als von besonderem Interesse entnehmen.

Es betrug in der 22jährigen Periode von 1814 bis 1835 im Durchschnitt pro Jahr:
die Zahl der Mitglieder 477.

	Thlr.	Sgr.	Pf.
der Beitrag derselben	611	12	6
der Beitrag der Werksbesitzer	671	18	—
die Zinseneinnahme	115	1	10
die vermischten Einnahmen (Strafgelder etc.)	—	15	1
die totale Einnahme	1398	17	6
die Ausgabe für Krankenpflege	190	28	8
der Krankenlohn für Verwundete	191	23	—
Begräbnisskosten	2	23	4
Pensionen	674	27	11
die Verwaltungskosten	71	21	11
die totale Ausgabe	1132	4	10

Ebenso für die 25jährige Periode von 1836 bis 1860:
die Zahl der Mitglieder 1151,8.

	Thlr.	Sgr.	Pf.
der Beitrag derselben	1998	6	3
der Beitrag der Werksbesitzer	2406	22	8
die Zinseneinnahme	1052	5	6
die vermischten Einnahmen (Strafgelder etc.)	106	29	5
die totale Einnahme	5564	3	10
die Ausgabe für Krankenpflege	1099	16	—
der Krankenlohn für Verwundete	351	18	5
Begräbnisskosten	77	3	6
Pensionen	2504	24	7
die Verwaltungskosten	311	26	10
die totale Ausgabe	4344	28	10

Von den einzelnen Ausgaben kommen in Procenten der Gesammtausgabe auf

	in der Periode 1814—1835,	1836—1860
Krankenpflege	16,87	25,35
Krankenlohn der Verwundeten	16,94	8,08
Begräbnisskosten	0,25	1,76
Pensionen	59,60	57,64
Verwaltung	6,34	7,17
	100	100

Die Vermögenslage der Knappschaft in den Jahren 1815, 1820 . . . . 1860 ist aus folgender Uebersicht zu entnehmen:

Jahr	Zahl der activen Mitglieder	Vermögen am Jahresschluss				
		Betrag			auf je ein actives Mitglied	
		Thlr.	Sgr.	Pf.	Thlr.	Sgr.
1815	426	1216	—	8	2	25,6
1820	432	3218	2	4	7	20,5
1825	537	2735	1	—	5	2,8
1830	458	2660	13	9	5	24,26
1835	415	6303	14	3	15	5,67
1840	729	11867	18	2	16	8,37
1845	777	17156	28	4	22	2,44
1850	1013	25183	5	6	24	25,8
1855	2138	33536	28	4	15	20,58
1860	1755	40793	2	8	23	7,31

Das Kapital ist zu 5 Proc. gegen sichere Hypotheken angelegt, zum Theil in der angegebenen Art an Bergleute. Mit Schluss 1860 waren 40569 Thlr. 24 Sgr. 8 Pf. ausgethan. Der Baarbestand der Kasse soll 150 Thlr. nicht übersteigen. Nachdem die Kasse von 1822 bis 1828 fortdauernd Verluste erlitten hat, brachte man 1829 durch Erhöhung der Mitgliederbeiträge die Einnahmen mit den Ausgaben in's Gleichgewicht, und seitdem ist das Vermögen, da auch die Gesellschaft ihre Beiträge erhöhte, von Jahr zu Jahr vergrössert worden, so dass es — während die Zahl der Mitglieder sich in den letzten 20 Jahren verdreifachte — mit dieser Vermehrung ziemlich gleichen Schritt gehalten und seit 1841 durchschnittlich 20 Thlr. auf den Kopf betragen hat. Von wohlthätigstem Einfluss war im Jahre 1848 der Zugang von 4000 Thlrn. durch ein grossmüthiges Legat des Herrn Friedrich Englerth. Lässt man diese Summe ausser Acht, so beträgt die von 1829 bis 1860 durch die Ueberschüsse der Kassenverwaltung erzielte Kapitalvermehrung 35457 Thlr. Dies macht nach dem Durchschnitte obiger 32 Jahre

jährlich im Ganzen	1108 Thlr.	— Sgr.,
auf den Kopf der Mitglieder jährlich	1 „	3,60 „
von der (überhaupt 151180 Thlr. betragenden) Einnahme	2,345 Proc.	

Bei den Krankenkassen wird kein Kapital angesammelt, sondern der Beitrag nur nach Maassgabe des Bedarfs erhoben. Die aus einem Jahre in's andere übernommenen Bestände betragen daher bei einer einzelnen Kasse selten über 40, und bei allen 10 Kassen zusammen in der Regel zwischen 100 und 200 Thlr.

Das Verhältniss der einzelnen Ausgabeposten zur ganzen Ausgabe nach dem Mittel der beiden angenommenen Haupt-Zeitabschnitte und nach der Lage für das Jahr 1860 zeigt folgende Zusammenstellung:

	1814—1835	1836—1860	1860
Beitrag der Vereinsmitglieder	43,72 Procent	35,91 Procent	34,14 Procent
Beitrag der Werksbesitzer	48,02 „	43,26 „	40,97 „
Zinsen des Kapitals	8,22 „	18,91 „	22,97 „
Vermischte Einnahmen	0,04 „	1,92 „	1,92 „
	100	100	100

Auf die Beiträge der Vereinsmitglieder zu den Krankenkassen ist hierbei ebensowenig, als auf die von den Werksbesitzern neben ihren baaren Beiträgen gewährten theils statutenmässigen, theils ganz freiwilligen Leistungen Rücksicht genommen. Diese Leistungen, ihr hoher Betrag, ihre zweckmässige Wahl und Verwendung, sowie die auf die Bedürfnisse der Arbeiter und ihrer Angehörigen überall im Einzelnen eingehende sorgfältige und umsichtige Verwaltung sind es, durch welche der Eschweiler Knappschaftsverein sich auf das rühmlichste auszeichnet.

In dem zum Regierungsbezirk Düsseldorf gehörigen Theile des Revieres Aachen bestanden am Schlusse des Jahres 1862 vier Concessionen auf Steinkohlen, doch stand nur die Grube Rheinpreussen im Betrieb; man war das ganze Jahr hindurch bemüht, die Bruchstücke des im Jahre 1861 zerbrochenen eisernen Schutzes der Senkmauer aus dem Schachte zu holen, und ist deshalb mit dem Abteufen selbst nicht vorangekommen.

Regierungsbezirke Trier und Coblenz.

Staatswerke bei Saarbrücken.

Die Hauptbetriebsresultate der Staatswerke während der Jahre 1852—1862 sind in folgender Tabelle zusammengestellt.

Jahr	Zahl der Gruben	Zahl der Arbeiter	Förderung in Tonnen	Werth der Förderung Thaler	Leistung eines Arbeiters pro Jahr Tonnen	Durchschnittspreis pro Tonne Sgr.	Pf.
1852	14	6045	3,746736	1,586554	620	12	8,4
1853	15	7715	4,903593	2,106721	626	12	10,6
1854	15	9174	6,071400	2,922495	662	14	5,3
1855	15	10106	7,710782	4,037606	763	15	8,5
1856	15	10986	7,892768	4,391456	719	16	8,2
1857	15	9998	9,223587	5,064023	923	16	5,6
1858	15	10323	9,869858	5,625330	956	17	1,2
1859	15	10177	8,812692	4,819121	866	16	5,0
1860	15	11337	10,294530	5,265965	908	15	4,0
1861	15	12614	11,003914	5,586489	807	15	3,0
1862	10	12667	10,982729	5,352461	806	14	7,0

An Dampfmaschinen waren in Betrieb:

Im Jahre	Zur Wasserhaltung		Zur Förderung		Zusammen	
	Zahl.	Pferdestärken	Zahl	Pferdestärken	Zahl	Pferdestärken
1858	9	552	35	1071	44	1623
1859	10	652	39	1267	49	1919
1860	10	652	55	1629	65	2281
1861	11	662	61	1750	72	1412
1862	12	782	65	1796	77	1578

Von dem gesammten Kohlenabsatz kamen auf den

im Jahre	Saardebit	Eisenbahndebit	Landdebit	im Jahre	Saardebit	Eisenbahndebit	Landdebit
1852	26,0 Proc.	21,2 Proc.	52,8 Proc.	1856	9,9 Proc.	58,7 Proc.	31,4 Proc.
1853	15,3 „	45,2 „	39,5 „	1861	3,0 „	82,0 „	15,0 „
1854	14,9 „	52,0 „	33,1 „	1862	3,0 „	83,0 „	14,0 „
1855	9,6 „	56,3 „	34,1 „				

Es zeigt sich auch hier wieder die Erscheinung, dass die Kohlenverfrachtung nicht bloss auf den Landstrassen, sondern auch auf dem Wasserwege sich relativ vermindert, während die auf den Eisenbahnen in überraschendem Maasse zugenommen hat.

Nach den Consumtionsländern vertheilte sich der Absatz in den Jahren 1859 bis 1862 folgendermassen:

Jahr	Ins Inland	Nach den übrigen Zollvereinsstaaten	Nach der Schweiz	Nach Frankreich
1859	22 Procent	17 Procent	2 Procent	59 Procent
1860	22 „	18 „	2 „	58 „
1861	22 „	17 „	2 „	59 „
1862	24 „	20 „	3 „	53 „

Die beträchtliche Verminderung der Kohlenausfuhr nach Frankreich im Jahre 1862 hat theils in der fühlbarer gewordenen Concurrenz der belgischen Kohlengruben, theils und hauptsächlich aber in dem völligen Darniederliegen der Baumwollenindustrie in den östlichen Departements von Frankreich ihren Grund.

Der inländische Consum an Kohlen erstreckt sich besonders auf die industriellen Anlagen der Umgegend (Eisenbahnen, Eisenhütten, Glashütten, Gaswerke, Fayencefabriken etc.), sowie des Gebietes der Rhein-Nahe- und Saarbrücken-Trier-Luxemburger Bahn. Auch der häusliche Bedarf dieses Bezirkes ist nicht unbeträchtlich.

Der Koksabsatz geht zum Theil an eben diese Werke, zum Theil an die mittelrheinischen Hütten (Saynerhütte, Concordia, Bendorfer Hütte etc.). Im Auslande sind einerseits die grosse Zuckerfabrik Waghäusel in Baden, anderseits die Hütten des französischen Moseldepartements und der Haute-Marne bedeutende Abnehmer. In diese Gebiete und das industrielle Elsass geht ein grosser Theil des Kohlenabsatzes, welcher sich für Gaskohlen von Dudweiler und Heinitz bis Paris erstreckt. Der Absatz nach der Schweiz ist bedeutend im Zunehmen. Namentlich ausgedehnt ist das Absatzgebiet für Locomotiv-Kohlen (Gerhard und Reden I. Sorte) und der Gaskohlen (besonders Heinitz I. Sorte).

In dem französischen Absatzgebiete treten besonders die belgischen Kohlen in Concurrenz, welche z. B. kürzlich nur durch Preisreductionen aus der Haute-Marne verdrängt werden konnten. Auch die französischen Kohlendistricte von Bonchamp (nordwestlich von Belfort) und von Blanzy, Autun und St. Etienne concurriren, ersteres im Elsass, letztere besonders in der Schweiz. Doch finden die Saarkohlen mehr und mehr Verbreitung selbst bis zum Genfer See, auf Eisenbahnen, Dampfschiffen, in Gaswerken und industriellen Etablissements. Neuerdings ist zwar sogar von Belgien aus der Versuch gemacht, in der Schweiz zu concurriren; doch wird derselbe wohl keinen dauernden Erfolg haben.

In Frankreich dagegen überwiegt der Import belgischer Kohlen den der Saarkohlen noch sehr bedeutend. Trotz höherer Preise kommen jenem District, ausser der besseren Qualität der Kohlen, die geringen Transportkosten des belgisch-französischen Canalnetzes zu Statten, und auch die Eisenbahnfrachten stellen sich zum Theil niedriger.

Von grösster Wichtigkeit für die Ausdehnung dieses naturgemässen Absatzgebietes muss daher die im Jahre 1866 bevorstehende Vollendung des Saarcanals[1]) werden. Die Arbeiten, welche auf preussischem Gebiet auszuführen waren, Schiffbarmachung der Saar oberhalb Saarbrücken bis zur französischen Grenze bei Saargemünd sind nahezu vollendet. Auf französischem Gebiet wird der obere Lauf der Saar canalisirt und so eine schiffbare Verbindung mit dem von Vitry an der Marne über Bar le duc, Toul, Nancy, Saarburg nach Strassburg führenden Rhein-Marne-Canal und durch diesen mit dem ganzen französischen Canalnetze hergestellt, welche den Transport der Saarkohlen bis Paris so viel billiger gestalten wird, dass die belgische Concurrenz dann wirksam bekämpft werden kann.

Dadurch wird dem Absatze des Saarbrücker Districtes nach Westen ein so weites Feld eröffnet, dass derselbe weniger genöthigt ist, im Osten mit dem Ruhrdistricte in Concurrenz zu treten. Letzterer besitzt durch die billigen Wassertransporte auf Ruhr und Rhein die Möglichkeit, seine Kohlen, deren in vieler Hinsicht bessere Qualität bei billigerem Preise ohnehin leicht das Uebergewicht über die Saarkohle erlangt, weit nach Süden vorzuschieben, und tritt nicht allein am Mittel- und Oberrhein und dessen Ufergebiet, sondern auch in der Schweiz, in Baden, Württemberg und Bayern mit dem Saardistrict in lebhafte Concurrenz. Selbst in Nürnberg noch treten beide Kohlenarten einander gegenüber.

Wenn einerseits wegen der höheren Selbstkosten der Saarkohlen, welche 2 Sgr. 7 Pf. bis 2 Sgr. 8 Pf. pro Centner betragen, die Preise derselben niemals den niedrigen Stand erreichen können, zu welchem der Ruhrdistrict durch Ueberproduction sie herabgedrückt hatte und daher die Concurrenz

[1]) Vergl. Carte commerciale de la navigation et des chemins de fer de la France, de la Belgique etc. par Ernest Grangez. 1864. Paris, chez Lanée. Rue de la Paix. 8.

desselben im Rhein-, Main- und Neckar-Gebiet nicht verdrängt werden kann, so werden doch die östlichen und zugleich am günstigsten bauenden Saargruben diesen Markt nicht entbehren können und deshalb nicht aufgeben. Ueberdies führen die Hindernisse, welchen der Wassertransport in den Wintermonaten, also gerade in der Zeit des stärksten Bedarfs unterliegt, die Consumenten schon von selbst immer wieder zur Saarkohle.

Von grosser Wichtigkeit für die östlichen Gruben wird die Fertigstellung des lange verzögerten Baues der Rheinbrücke zwischen Ludwigshafen und Mannheim, deren Mangel bisher im Winter die Trajectirung erschwerte. Dieselbe wird die Versendung der Saarkohle nach Süddeutschland wesentlich befördern. Ebenso ist für den Kokstransport die Verlängerung der rechtsrheinischen Bahn von Lahnstein bis Neuwied, wegen der dort gelegenen, Saarkoks consumirenden, Hütten sehr wichtig. Die Saarkoks sind bereits auf der Main-Weser-Bahn bis in die Nähe von Giessen vorgedrungen, während sie Wetzlar nicht erreichen werden.

Dass Gaskohlen von der Saar nach Cöln (im Winter!) und probeweise sogar nach Barmen gekommen sind, ist mehr als Curiosum anzuführen.

In der östlichen Schweiz und in Bayern treten auch Zwickauer Kohlen mit denen der Saar in Concurrenz. Sollte die Gotthardbahn (statt der Lukmanier Linie) ausgeführt werden, so würden die Saarkohlen mit Erfolg in die Lombardei eindringen können, in welcher durch die Mont Cénisbahn die St. Etienner und zur See die englischen Kohlen ihr in den Weg treten würden.

Dass diese Möglichkeiten für's Erste bleiben, was sie sind, dafür ist schon dadurch gesorgt, dass die Production zwar nicht in dem Reichthum dieser unerschöpflichen Ablagerung, wohl aber in dem langsamen Fortschreiten der bergmännischen Arbeiterbevölkerung ihre Grenzen findet, welche letztere nicht allein vermehrt, sondern auch erzogen sein will.

Die wichtigsten Betriebsresultate der sämmtlichen Staatswerke des Saarbrücker Bezirks, die übrigens nicht als getrennte Werke, sondern als ein einziges, lediglich aus Betriebs- und Verwaltungsrücksichten in Abtheilungen geschiedenes Ganze zu betrachten sind, für das Jahr 1862 enthält die folgende Zusammenstellung:

Namen der Gruben und Nummern (I—VII) der Berginspection	Förderung	Geldwerth der Förderung						Arbeiterzahl.	Förderung auf einen Arbeiter	Zahl der unter Tage verwendeten Pferde	Dampfmaschinen			
		überhaupt	auf 100 Centner			auf eine Tonne					zur Wasserhaltung		zur Förderung	
	Centner	Thlr.	Thlr.	Sgr.	Pf.	Sgr.	Pf.		Centner		Zahl	Stärke in Pferden	Zahl	Stärke in Pferden
Kronprinz Friedr. Wilhelm } I	2,211220	261477	11	24	9	13	6	568	3893	28	1	75	2	127
Geislautern . . . . . } I	504349	60760	12	1	5	13	7	186	2712	3	1	40	2	18
Gerhard Prinz Wilhelm . II.	5,346730	841367	15	22	1	17	11	1762	3034	94	1	125	14	281
Von der Heydt . . . . III.	3,715700	502961	13	16	1	15	5	1346	2761	45	—	—	10	200
Dudweiler Jägersfreude . IV.	8,528000	1,105087	12	28	9	14	9	2990	2852	42	4	272	17	611
Sulzbach - Altenwald } V.	4,253380	465627	10	28	5	12	6	1036	4105	37	1	100	3	100
Friedrichsthal-Quierscheid } V.	3.156860	382769	12	3	9	13	9	932	3387	—	1	10	4	50
Reden - Merchweiler } . . VI.	5,889430	754011	12	24	1	14	7	1390	4237	26	1	75	4	44
König . . . . . } . . VI.	1,859000	220291	11	25	6	13	6	540	3443	—	1	75	3	90
Heinitz - Wellesweiler . VII.	6,269700	758111	12	2	9	13	9	1917	3271	24	1	10	6	275
Summa und Durchschnitt	41,734369	5,352461	12	24	9	14	7	12667	3295	299	12	782	65	1796

Wir fügen hieran eine vom Herrn Bergdirector von Rönne uns zugegangene Aufzählung der einzelnen im Jahre 1864 in Betrieb gestandenen Gruben mit Angabe einiger näheren die Lage und Grösse derselben betreffenden Details.

Wellesweiler, kleine Grube für Landdebit, mit einer Förderung von 200—300000 Ctr. Fettkohlen.

Ziehwald am Neunkirchener Bahnhof; Förderung circa $1^1/_2$ Millionen Centner Flammkohlen.

König bei Neunkirchen, ohne Eisenbahn-Anschluss; fördert meist für das Neunkircher Eisenwerk; jährliche Production ca. 1 Million Centner Fettkohlen und 300000 Ctr. Koks.

Heinitz; Zweigbahn von Neunkirchen mit zwei Armen nach den Dechen- und Heinitz-Schächten; Fett- und Gaskohle. Dechen liefert jährlich ca. 4 Millionen Centner; hierbei Kokerei von Lamarche und Schwarz mit Kohlenwäsche und 105 belgischen Oefen, Production ca. 700000 Ctr. Koks pro Jahr. Heinitz fördert jährlich circa 5 Millionen Centner; fiskalische Kokerei mit Kohlenwäsche und 184 Oefen; Kokserzeugung von jährlich 1,200000 Ctr.; Kokerei von Schmiedborn & Gebrüder Raechling mit 20 Oefen und einer Jahresproduction von ca. 300000 Ctr. Koks.

Reden, an der Hauptbahn nach Saarbrücken; Zweigbahn nach dem Förderpunkt Russhütte; Flammkohle, jährlich $7^1/_4$ Millionen Centner.

Friedrichsthal an der Hauptbahn, bei der Station gleichen Namens; Flammkohle ca. 3 Millionen Centner.

Sulzbach Altenwald, an der Hauptbahn zwischen den Stationen Friedrichsthal und Sulzbach; Fettkohlen $5^1/_2$ Millionen Centner, hierbei Kokerei und Kohlenwäsche von Gebr. Haldy.

Dudweiler; Mellinschächte, zwischen Friedrichsthal und Sulzbach; Skalleyschächte zwischen Sulzbach und Dudweiler an der Hauptbahn; Fettkohle zusammen circa 9 Millionen Centner, hierbei fiskalische Koksanstalt nebst Wäsche, desgleichen des französischen Hüttenbesitzers de Wendel, nur für dessen eigne Werke arbeitend. Die Koksanstalt der französ. Ostbahngesellschaft nebst Wäsche hat der preussische Fiscus gepachtet.

Jaegersfreude, kleine Landgrube südlich der Hauptbahn zwischen Dudweiler und Saarbrücken, ohne Anschluss; Production ca. 300000 Ctr.

Gerhard, bei Station Louisenthal der Saarbrücken-Trierer Bahn, mit bedeutendem Absatz zur Saar und zu Lande; Flammkohle, ca. 6 Millionen; die Stückkohlen sind sehr geschätzt. Gegenüber am linken Saarufer die kleinen Gruben Prinz Wilhelm bei Gersweiler und Stangenmühle.

Von der Heydt; Zweigbahn mit Curve nach Fahrbach, wohin allein der Absatz geht. Flammkohle, Production ca. $4^1/_3$ Millionen Centner.

Kronprinz bei Griesborn, mit Zweigbahn zwischen Bons und Ensdorf; Flammkohle, Production nahezu 3 Millionen Centner; hat auch Absatz zur Saar durch den bei Ensdorf angesetzten Stolln.

Geislautern, am linken Saarufer; Flammkohle; Absatz zu Lande nach Frankreich und an das Hüttenwerk Geislautern; Production ca. 650000 Ctr.

Die kleinen Gruben bei Quierschied und Dilsburg werden nur für den Bedarf der Umgegend betrieben.

Die Privatgrube Hostenbach hat Saar- und Landabsatz, liefert sehr schöne Flammkohlen.

In besonders ausgedehnter Weise sind im Saarbrücker Steinkohlenrevier Anstalten zur Beschaffung von Bergmannswohnungen getroffen worden. Ueber die Geschichte und den Erfolg dieser Anstalten sind in der Zeitschrift für das Berg-, Hütten- und Salinenwesen in dem preussischen Staate (Bd. II, S. 94, Bd. IX, S. 177) durch von Dechen ausführliche Berichte erschienen, von denen wir das Folgende mittheilen.

Bei der Zunahme der Steinkohlenförderung auf den landesherrlichen Gruben im Bergamtsbezirke Saarbrücken machte sich schon gegen Ende der dreissiger Jahre der Mangel an Bergleuten sehr fühlbar. Bei allen Verhandlungen über diesen Gegenstand musste immer als die wichtigste Bedingung, demselben abzuhelfen, die Beschaffung von Wohnungen in der Nähe der Gruben anerkannt werden. Die nahegelegenen Dörfer waren nach und nach mit Arbeitern überfüllt worden; neu anziehende Arbeiter fanden kein Unterkommen. Für unverheirathete Arbeiter oder für solche, welche aus der Entfernung mehrerer Stunden auf die Gruben kamen, wurde ein Unterkommen auf den Zechenhäusern, oder in besonderen sogenannten Schlafhäusern, eine Art von Caserne, geschaffen. Die Arbeiter fanden hier ein Nachtlager und Gelegenheit in einer gemeinschaftlichen Küche sich ihr Essen zuzubereiten. Dadurch konnten aber keine neuen Bergmannsfamilien begründet, kein ordentlicher Arbeiterstand vermehrt werden. Dieses Mittel wurde immer nur als ein Nothbehelf betrachtet. Weitläufige Verhandlungen wurden über die Anlage bergmännischer Kolonien an denjenigen Punkten, wo der Arbeitermangel am meisten hervortrat, gepflogen. Für Rechnung der Gruben sollten Grundstücke erworben und diese solchen Bergleuten überlassen werden, welche sich darauf anbauen wollten. Der Kaufpreis sollte nach und nach in kleinen Theilzahlungen von denselben zurückerstattet werden. Versuche, die in dieser Weise gemacht wurden, zeigten aber, dass die Erwerbung passender Grundstücke durch die Grubenverwaltung grosse Schwierigkeit fand, dass sie theuer wurden, und dass sich darum nur wenige Bergleute zur Uebernahme dieser Grundstücke entschliessen mochten, also auf diese Weise der Zweck nicht erreicht werden konnte. Es würde nothwendig geworden sein, die Wohnungen auf Kosten der Gruben zu bauen und sie den Bergleuten zu vermiethen. Dieses Mittel würde aber einen grossen Kostenaufwand verursacht haben und dann noch den Gruben und der Verwaltung eine fortdauernde, ja in längerer Zeit bei eintretender Reparaturbedürftigkeit der Häuser, eine steigende Last auferlegt haben. Noch mehr musste aber in Anschlag gebracht werden, dass auf diese Weise eine Masse von Familien geschaffen wurden, die immer Miether blieben und des mächtigen Antriebes zur Sparsamkeit und Ordnung entbehrten, welcher in der Erwerbung von Eigenthum besteht. Denn es konnte sehr leicht nachgewiesen werden, dass die Verwaltung dergleichen Häuser nicht so billig herstellen könne, dass deren Erwerb den Bergleuten durch kleine Theilzahlungen möglich werden würde.

Unter diesen Umständen machte der Bergamts-Director, geheime Bergrath Sello, gegen Ende des Jahres 1841 den Vorschlag: Bergleuten Vorschüsse von 100 bis 150 Thaler zum Hausbau aus der Saarbrücker Knappschaftskasse gegen 4 Proc. Zinsen zu gewähren, ihnen unter bestimmten Bedingungen Bauprämien von 25 bis 40 Thalern in Aussicht zu stellen und die Vorschüsse durch monatliche Rückzahlungen von 1 bis 2 Thalern tilgen zu lassen. Diese Vortheile sollten nur da geboten werden, wo die Ansiedelung von Bergleuten in dem besonderen Interesse der Gruben sei; und die Bauprämie nur dann gezahlt werden, wenn das Haus nach einem vorgeschlagenen Bauplane so geräumig ausgeführt würde, dass ausser der Familie noch ein oder einige unverheirathete Arbeiter zur Miethe darin wohnen könnten. Es wurde nachgewiesen, dass die Bergleute Gelegenheit finden, Grundstücke von ungefähr $1/2$ Morgen Grösse sehr viel billiger zu erwerben, als die Behörde, dass sie noch grössere Vortheile bei dem Bau der Häuser haben, indem sie unentgeltliche Hülfe beim Brechen der Steine, durch Hand- und Spanndienste erhalten und selbst thätig Hand mit anlegen. Dieser Vorschlag war so einleuchtend, dass er im Anfange des Jahres 1842 die Genehmigung des damaligen der Bergwerksverwaltung vorgesetzten Finanzministers fand und dass sofort mit der Ausführung desselben begonnen wurde. Der Erfolg dieser Maassregel ist so vollständig gewesen, wie nur irgend erwartet werden konnte; es haben sich gar keine Schwierigkeiten dabei ergeben. Bis Schluss 1853, also im Laufe von 12 Jahren waren auf diese Weise 569 neue Bergmannswohnungen entstanden, und ebensoviel Familien hatten ein Eigenthum erworben, welches nach und nach ganz frei wird, und sind dadurch an Sparsamkeit und Ordnung gewöhnt worden. Es ist dabei ein Arbeiterstand gewonnen worden, der die Gruben nicht verlässt und der immer neue Arbeiter für dieselben erwachsen lässt.

Die Vorschüsse werden den Bergleuten, welche sich dazu melden, in dem Maasse gegeben, als sie das Geld zur Bezahlung des Grundstückes, der Baumaterialien und der Arbeitslöhne gebrauchen. Sie empfangen dasselbe unter Stellung eines ständigen Knappschaftsmitgliedes als Bürgen gegen Handscheine und demnächstiger hypothekarischer Eintragung auf das Grundstück und auf das zu erbauende Haus. Die Bauprämien werden erst nach Vollendung des Baues und wenn derselbe den gestellten Bedingungen entspricht, ausgezahlt.

Die Häuser, für welche eine Prämie gegeben wird, müssen mindestens eine Frontlänge von 25 bis 26 Fuss bei gleicher Tiefe haben, und ein Zimmer von 14 Fuss Länge und Tiefe, zwei Kammern von 11 Fuss Länge und 8 Fuss Tiefe, eine Küche, die zugleich den Flurraum bildet, enthalten. Für ein Haus, welches diese Räumlichkeiten darbietet, wird die geringste Prämie von 25 Thlrn. bewilligt und dieselbe steigt bei grösseren Räumen bis zu 40 Thlrn. Bei den grösseren Wohnungen befindet sich gewöhnlich ein besonderes Stallgebäude für eine Kuh, eine Ziege und ein Paar Schweine, bei den kleineren Wohnungen befindet sich der Stallraum in einem Anbau. Nach den Preisen der Materialien und der Arbeitslöhne im Jahre 1853, die aber seit 1842 erheblich gestiegen waren, würde ein grösseres Haus dieser Art 640 Thlr., ein kleineres, für welches keine Prämie gezahlt wird, 420 Thlr. und mit dem angebauten Stall 510 Thlr. kosten. Dem Bergmann, der selbst baut, kostet es weniger als die Hälfte, sobald er bei einigen Ersparnissen entweder gar nicht, oder doch nur ein geringes weiteres Kapital aufzunehmen braucht, um den Bau zu vollenden.

Seit dem Jahre 1853 hat sich die Förderung der Saarbrücker Gruben bedeutend gehoben, die Nothwendigkeit, die Zahl der Arbeiter zu vermehren, wuchs in einem noch stärkeren Verhältnisse, da viele Ausführungen nothwendig wurden, um diese grössere Förderung dauernd zu erhalten und weiter gehenden Anforderungen entsprechen zu können. Aber die gleichzeitige rasche Steigerung vieler anderer Industriezweige in der Provinz und in den umliegenden Gegenden machte in gleichem Grade die Heranziehung neuer Arbeiter für die Steinkohlengruben schwierig. Ebenso zeigte sich auch, dass die Mittel verstärkt werden mussten, um die Arbeiter in den Stand zu setzen, Häuser für ihre eigene Rechnung herstellen zu können. Nicht allein stiegen die Preise der Grundstücke und der Baumaterialien auf eine früher hier nicht gekannte Höhe, sondern die Hilfe der Nachbarn, welche früherhin den Bauenden in reichlichem Maasse zu Theil geworden war, verminderte sich in demselben Verhältnisse, als die Bauausführungen zunahmen und blieb endlich ganz aus.

Die Höhe der von Anfang bewilligten Bauprämien von 25—40 Thlrn. blieb nur bis zum Schlusse des Jahres 1853 unverändert bestehen. Für das Jahr 1854 wurden dieselben bereits für die Gemeinden Jägersfreude, Dudweiler, Sulzbach, Friedrichsthal und Bildstock, in denen die Vermehrung der Bergleute am dringendsten war, auf 35—60 Thlr. erhöht. Diese Erhöhung entsprach aber nicht der Erwartung und wurde deshalb vom Anfange des Jahres 1855 an bestimmt, dass

1) für diejenigen Häuser, welche von Bergleuten in der Entfernung von 1000 Ruthen oder $1/2$ Meile von den königl. Steinkohlengruben von der Heydt, Dudweiler, Sulzbach-Altenwald, Reden und Heinitz erbaut würden, eine Bauprämie von 70—100 Thlrn. und ein Vorschuss aus der Knappschaftskasse von 200—250 Thlrn. und

2) für diejenigen Häuser, welche in der Entfernung von 1500 Ruthen oder $3/4$ Meilen von den oben genannten

Gruben und in der Entfernung von 1000 Ruthen von den königl. Steinkohlengruben Gerhard und König erbaut würden, eine Bauprämie von 25 — 45 Thlrn. und ein Vorschuss von 150 Thlrn. gegeben werden soll.

Aber auch diese sehr bedeutende Erhöhung der Bauprämien und der Vorschüsse genügte nicht, um den beabsichtigten Zweck, die Zahl der Neubauten schnell zu vermehren, zu erreichen. Bereits vom 1. Juli 1855 an wurde für die erste Kategorie die Bauprämie von 70 — 100 Thlrn. auf 120 — 150 Thlr. und der Vorschuss von 200 — 250 Thlrn. bis auf 250 bis 300 Thlr., für die zweite Kategorie aber die Prämie von 25—45 Thlrn. bis auf 70—100 Thlr. und der Bauvorschuss von 150 bis auf 200 Thlr. erhöht.

Vom Jahre 1854 an trat eine eigenthümliche Schwierigkeit in der Erwerbung der Grundstücke seitens der Bergleute ein, welche früherhin nicht bestanden hatte. In denjenigen Landestheilen der Rheinprovinz, welche den früheren vier rheinischen Departements angehört hatten und durch den ersten Pariser Frieden am 30. Mai 1814 abgetreten worden waren, hat die alte französische Forstordonnanz von 1669 noch Gesetzeskraft, welche im Art. 18 Tit. XXVII verbietet, in einer Entfernung von einer halben französischen Lieue von dem Rande der Staatswaldungen Häuser aufzubauen. In den Landestheilen, welche der kaiserlich österreichischen und königlich bayerischen Landes-Administrations-Commission unterworfen gewesen waren, hat diese Bestimmung durch die Verordnung d. d. Kreuznach den 21. Januar 1815 dahin eine Abänderung erlitten, dass diese Entfernung auf 1000 Meter festgesetzt worden war. Durch den Beschluss des französischen Staatsraths vom 22. Brumaire XIV war die betreffende Bestimmung der Forstordonnanz unter gewissen Modificationen auch auf Gemeinde- und Privatwaldungen anwendbar erklärt worden.

Bis zu jener Zeit war das veraltete, nun schon 192 Jahr alte Gesetz so milde gehandhabt worden, dass der Aufbau von Häusern, die weiter als 20 Ruthen von dem Rande der Waldungen entfernt waren, kaum eine polizeiliche Schwierigkeit gefunden hatte. Vom Jahre 1854 ab hielt jedoch die Forstbehörde im Regierungsbezirk Trier so strenge auf die Ausübung dieser gesetzlichen Bestimmungen, dass kaum noch in dem näheren Bereiche der königlichen Steinkohlengruben ein Grundstück übrig blieb, auf dem Häuser gebaut werden durften. Dieses Verhältniss, welches den Preis derjenigen Grundstücke zu einer ungewöhnlichen Höhe trieb, die ausserhalb des gesetzlich zu schonenden Perimeters der Waldungen lagen, hat ganz wesentlich die Nothwendigkeit herbeigeführt, die Bauprämien und Vorschüsse zu erhöhen. Es mussten aber offenbar noch andere Mittel angewendet werden, um Grundstücke zu erwerben, auf denen Häuser gebaut werden durften. Es wurden daher vom Jahre 1855 an von der Bergwerksverwaltung solche Grundstück-Enclaven in den Staatswaldungen angekauft, welche für die Forstverwaltung ein erhebliches Interesse hatten und gegen Forstparzellen mit der Berechtigung ausgetauscht, dieselben an Bergleute zum Zweck von Hausbauten verkaufen zu dürfen. Diese Erwerbungen wurden in einem solchen Umfange betrieben, dass am 24. März 1858 zwischen den beiden Verwaltungen ein Vertrag über den Austausch von sehr nahe 900 Morgen Land abgeschlossen wurde. Die eingetauschten Grundstücke gingen in den Besitz der Saarbrücker Knappschaftskasse über, welche dafür im Ganzen 59000 Thlr. oder für den Morgen 65 Thlr. $16^2/_3$ Sgr. bezahlt hat. Für jedes Haus wird $^1/_4$ Morgen verkauft und dem Besitzer eine dabei gelegene gleich grosse Fläche als Garten- und Kartoffelland verpachtet, bis sich später das Bedürfniss geltend machen wird, auch diese Flächen noch zu bebauen. Dadurch war zunächst zwar dem Bedürfniss an Bauplätzen abgeholfen, indessen zeigte sich, dass die Bergleute sehr viel lieber in der Nähe bestehender Dörfer, als auf den eingetauschten Forstgrundstücken bauten, wo sie auch manches Hinderniss von Seiten der Gemeinden erfuhren, in deren Bann diese Grundstücke gelegen sind.

Die ersten Häuser auf diesen Forstgrundstücken wurden im Jahre 1857 gebaut; dieselben liegen bei den sieben Hauptgruben Dudweiler, Sulzbach-Altenwald, Friedrichsthal, Reden, Heinitz, von der Heydt und Gerhardt.

Mit besonderer Rücksicht auf die erhöhte Schwierigkeit des Häuserbaues auf diesen Forstgrundstücken oder auf den der Knappschaftskasse gehörenden Grundstücken wurden die Bauprämien und Bauvorschüsse vom Anfang des Jahres 1858 erhöht; die Prämie von 120—150 Thalern auf den Satz 150—200 Thaler und das Maximum des Bauvorschusses von 300 bis auf 400 Thaler. Zur genaueren Bemessung der Entfernung von 1000 Ruthen von den Gruben, worüber Zweifel entstanden waren, wurde eine Entfernungstabelle im Laufe des Jahres 1858 bekannt gemacht.

Für das Jahr 1859 wurde der Prämiensatz von 150—200 Thalern auf diejenigen Häuser anwendbar erklärt, welche in einer Entfernung bis zu 1000 Ruthen von den königlichen Steinkohlengruben König, Heinitz, Reden, Friedrichsthal, Sulzbach-Altenwald, Dudweiler, Jägersfreude, von der Heydt, Gerhard und Kronprinz hergestellt werden würden.

Inzwischen trat immer mehr die Schwierigkeit hervor, den Ansiedelungen auf den Knappschaftskassen-Grundstücken eine schnellere Entwicklung zu geben. Während ausserhalb dieser Grundstücke im Jahre 1859 162 Häuser gebaut wurden, fanden auf denselben nur 41 Hausbauten statt. Es wurde daher für das Jahr 1860 die Bestimmung getroffen, die Bauprämie und Vorschüsse nur für diejenigen Häuser zu gewähren, welche auf den der Knappschaftskasse gehörenden Grundstücken würden errichtet werden. Diese Maassregel hat den zunächst beabsichtigten Zweck insofern erreicht, als sich die Zahl der Hausbauten auf den betreffenden Grundstücken von 41 im Jahre 1859 bis auf 69 im Jahre 1860 vermehrt hat.

Als Hauptresultat, welches sich aus der folgenden tabellarischen Uebersicht der zum Hausbau in den Jahren 1842 bis einschliesslich 1860 aus der Knappschaftskasse verabreichten Darlehen, der darauf geleisteten Rückzahlungen, der am Schluss 1860 verbliebenen Reste, der Höhe der Darlehen am Ende jeden Jahres und der aus den königl. Kassen gegebenen Bauprämien ergibt, ist zu bezeichnen:

1) dass im Laufe von 19 Jahren von 1842—1860 einschliesslich 1499 Häuser mit Bauvorschüssen hergestellt worden sind, von denen 1419 Bauprämien erhalten haben;
2) dass die Bauvorschüsse aus den drei ersten Jahren 1842—1844 ganz zurückbezahlt sind;
3) dass von den Bauvorschüssen aus den Jahren 1845—1848 nur noch sehr unerhebliche Beträge, zusammen 2 Proc. der ursprünglichen Summe, zurückstehen;
4) dass von den Bauvorschüssen aus den Jahren 1849—1854 einschliesslich bereits 67 Proc. zurückbezahlt und nur noch 33 Proc. rückständig sind;
5) dass überhaupt 387526 Thaler 24 Sgr. 5 Pf. Bauvorschüsse gegeben worden sind, von welchen bereits 112901 Thaler 20 Sgr. 8 Pf. zurückbezahlt wurden, so dass am Schlusse 1860 rückständig verblieben 274625 Thaler 3 Sgr. 9 Pf.;
6) dass im Durchschnitt sämmtlicher Bauten der Vorschuss auf ein Haus 258 Thaler 15 Sgr. 9 Pf. beträgt, und zwar auf 617 Häuser, die in den Jahren 1842—1854 gebaut worden sind, 145 Thlr. 6 Sgr. 11 Pf. und auf 882 Häuser, die in den Jahren 1855—1860 gebaut worden sind, 337 Thaler 13 Sgr. 1 Pf.;
7) dass für 1419 dieser Häuser Bauprämien im Betrage von 150840 Thaler gezahlt worden sind, für jedes dieser Häuser im Durchschnitte 106 Thaler 9 Sgr.

Auf den von der Knappschaftskasse erworbenen Forstgrundstücken sind in den Jahren 1857 bis 1860 einschliesslich 234 Häuser gebaut worden, worauf 88962 Thaler Bauvorschüsse und 39980 Thaler Bauprämien gezahlt worden sind.

Laufende Nummer	Jahr, in welchem die Darlehen gegeben worden sind	Zahl der Bergleute, welche die Darlehen zum Hausbau erhalten haben	Betrag der Darlehen			Rückzahlungen, welche bis Schluss 1860 auf die Darlehen erfolgt sind			Reste, welche bis Schluss 1860 auf die Darlehen verblieben sind			Höhe der Darlehen am Schlusse jeden Jahrs			Anzahl der Bergleute, welche Bauprämien erhalten haben	Betrag der Bauprämien		
			Thlr.	Sgr.	Pf.	Thlr.	Sgr.	Pf.	Thlr.	Sgr.	Pf.	Thlr.	Sgr.	Pf.		Thlr.	Sgr.	Pf.
1	1842	74	9703	—	—	9703	—	—	—	—	—	9238	—	—	28	710	—	—
2	1843	70	9435	9	5	9435	9	5	—	—	—	17449	22	1	32	785	—	—
3	1844	42	6179	—	—	6179	—	—	—	—	—	21432	—	—	46	1405	—	—
4	1845	57	8500	—	—	8375	—	—	125	—	—	27151	—	—	37	1095	—	—
5	1846	55	8150	—	—	8102	5	—	47	25	—	32481	—	—	37	1125	—	—
6	1847	—	—	—	—	—	—	—	—	—	—	29784	15	—	37	1140	—	—
7	1848	21	3150	—	—	2920	—	—	230	—	—	29562	—	—	16	475	—	—
8	1849	33	4790	—	—	3925	15	—	864	15	—	30692	—	—	34	1000	—	—
9	1850	45	6700	—	—	6025	1	10	674	28	2	33143	15	—	14	365	—	—
10	1851	57	8550	—	—	6725	—	—	1825	—	—	36878	5	—	30	1000	—	—
11	1852	48	7200	—	—	5195	—	—	2005	—	—	38902	—	—	61	1925	—	—
12	1853	67	10050	—	—	5624	15	—	4425	15	—	43359	—	—	51	1585	—	—
13	1854	48	7200	—	—	3589	15	—	3610	15	—	44641	—	—	57	1790	—	—
14	1855	89	19650	—	—	6715	23	—	12934	7	—	58541	—	—	85	6320	—	—
15	1856	152	39145	—	—	9935	24	11	29209	5	1	90174	5	6	168	17870	—	—
16	1857	201	59170	—	—	7334	8	5	51835	21	7	140574	3	10	201	25255	—	—
17	1858	168	70752	23	1	6407	23	1	64345	—	—	200624	22	5	165	28360	—	—
18	1859	203	81697	22	—	6573	—	—	75124	22	—	267763	15	5	137	25000	—	—
19	1860	69	27503	29	11	136	—	—	27367	29	11	274625	3	9	183	33635	—	—
	Summe	1499	387526	24	5	112901	20	8	274625	3	9	—	—	—	1419	150840	—	—

Wir schliessen unsere Darstellung mit einer nach den Kohlenbecken geordneten Uebersicht über die gesammte Steinkohlenförderung des preussischen Staates im Jahre 1862:

Kohlenbecken von	Betriebene Bergwerke			Arbeiter		Kohlenförderung				Werth der Förderung (auf der Halde)			
						im Ganzen		durchschn. pro		im Ganzen	durchschnittlich pro		
	des Staates	der Privaten	Summe	im Ganzen	pro Grube	Centner	Tonnen	Grube Tonn.	Arbeiter Tonn.	Thlr.	Grube Thlr.	Arbeiter Thlr.	Tonn. Sgr.
1. Oberschlesien	3	79	82	13377	163	61,453964	16,738854	204132	1251	3,444197	42002	257	6,17
2. Waldenburg	—	43	43	4399	102	17,845655	4,491407	104451	1021	1,679909	39068	382	11,22
3. Wettin . .	1	—	1	167	167	306820	73514	73514	440	56735	56735	340	23,15
4. Löbejün . .	1	1	2	259	130	806607	186040	93020	718	107939	53970	417	17,41
5. Minden . .	—	3	3	164	55	194231	45170	15057	275	28739	9580	175	19,09
6. Ibbenbüren .	1	—	1	719	719	2,076859	482991	482991	672	277350	255350	383	17,10
7. der Ruhr .	—	262	262	32034	122	122,575831	28,506007	108802	890	9,706095	37046	303	10,21
8. Aachen . .	—	20	20	5193	260	13,753028	3,619218	180961	697	1,767942	88397	340	14,65
9. Saarbrücken	10	10	20	13156	658	42,754821	11,251269	562563	855	5,498147	274907	418	14,66
Summe .	16	418	434	69468	160	221,767816	65,394470	150679	941	22,565053	51993	325	10,35

C. Specielle Statistik des preussischen Braunkohlenbergbaues.

1. Oberbergamtsbezirk Breslau.

Der Braunkohlenbergbau, welcher bisher in der Lausitz und im Posen'schen mit niedrigen Holz- und Torfpreisen und in Schlesien mit der Concurrenz der Steinkohlen zu kämpfen hatte, hat sich in den letzten Jahren in erfreulicher Weise entwickelt. Nachdem schon vor einiger Zeit in der Lausitz die sehr zweckmässig construirten aus Sachsen überkommenen Schütt- oder Füllöfen eingeführt worden waren und die Braunkohlen bei der Stubenfeuerung beliebter machten, sind dieselben in dem Jahre 1861 auch in den Braunkohlendistricten der rechten Oderseite bei Stroppen, Trachenberg und Winzig heimisch geworden und haben in der dortigen Gegend die Braunkohlenfeuerung so allgemein verbreitet, dass trotz der Nähe der Breslau-Posener Bahn die Concurrenz der Steinkohlen abgeschwächt und auf diejenigen Industriezweige beschränkt worden ist, welche — wie die Gasfabrikation, der Schmiedebetrieb etc. — ausschliesslich auf die Verwendung der Steinkohlen angewiesen sind. Die Zahl der Fabriken und gewerblichen Anlagen, welche ihren Betrieb auf Braunkohlenfeuerung begründen, ist im fortwährenden Zunehmen begriffen. Den Grünberger Fabriken verspricht eine Glashütte zur Fabrikation von Weinflaschen gedeihliche Entwickelung; in der Nähe von Muskau sind beträchtliche Tuchfabriken entstanden; die Fabrikation von Cement und feuerfesten Ziegeln ist mehrfach eingeführt. Zur Erleichterung des Transportes der Braunkohlen, namentlich nach Bromberg, hat die Gewerkschaft der Grube Marie bei Goszierads im Jahre 1862 eine 16pferdige Strassenlocomotive aus England bezogen.

a) Regierungsbezirk Oppeln.

Die einzige im Betriebe befindliche Braunkohlengrube dieses Bezirks, die Grube Lentsch im Kreise Neisse, förderte im Jahre

	1861	1862
	8456 Tonnen	17082 Tonnen
im Werthe von . . .	1127 Thlrn.	1833 Thlrn.
bei einer Belegschaft von	15 Mann.	14 Mann.

b) Regierungsbezirk Breslau.

Die Betriebsverhältnisse der hier betriebenen vom Staate verliehenen 6 Gruben waren für die beiden Jahre 1861 und 1862 folgende:

Jahr	Production in Tonnen	Werth der Production in Thalern	Durchschnittspreis für 1 Tonne	Zahl der Arbeiter
1861	113462	15575	4 Sgr. 1,4 Pf.	108.
1862	156159	19109	3 „ 8 „	102.

Die bedeutendste Förderung findet auf Cons. Ottogrube bei Schmarke statt, deren Absatz durch die Nähe der Station Gellendorf an der Breslau-Posener Eisenbahn begünstigt ist. Auf Veranlassung der Gewerkschaft sind wiederholte Versuche ausgeführt worden, mit den Kohlen dieser Gruben die Locomotiven zu heizen, welche Versuche neuerdings nur aus dem Grunde eingestellt wurden, weil die Bahnverwaltung sich mit der Grube über den Preis nicht zu einigen vermochte.

c) Regierungsbezirk Liegnitz.

Es waren im Jahre 1861 22, im Jahre 1862 27 Braunkohlengruben in Betrieb, deren Productionsverhältnisse durch folgende Zahlen dargestellt sind:

Jahr	Production in Tonnen	Werth derselben in Thalern	Preis einer Tonne	Zahl der Arbeiter	Durchschnittl. Leistung eines Arbeiters
1861	725850	97327	4 Sgr. 0,2 Pf.	650	1116 Tonnen.
1862	886422	112792	3 „ 9,8 „	605	1465 „

Die höchste Förderung wurde im Jahre 1862 erzielt auf den Gruben:

Heinrich und Flora bei Langenöls . . .	mit 718837 Ctr.	Gutglück bei Weigersdorf	mit 148107 Ctr.
Cons. Grünberger Gruben	„ 478176 „	Glückauf Ferdinand bei Droschkau . .	„ 111016 „
Louise und Friedrich bei Muskau . . .	„ 269136 „	Friedrich Wilhelm bei Siegersdorf . . .	„ 110145 „
Segen Gottes bei Hermsdorf	„ 150370 „	Louise bei Schönbrunn	„ 103455 „

Trotz der Verschiedenartigkeit im Auftreten der einzelnen Braunkohlenablagerungen ist der Abbau meist einförmig. Nicht selten ist die Belästigung durch Grubenbrand, ohne dass jedoch bei der in geringen Teufen unschwer zu bewirkenden Eindämmung erhebliche Gefahren entstanden wären.

d) Regierungsbezirk Posen.

Auf den beiden im Betriebe befindlichen Gruben Gutglück bei Kainscht unweit Meseritz und cons. Dolega bei Dolega im Kreise Samter wurden im Jahre 1862 35334 Tonnen Braunkohlen im Werthe von 3835 Thalern bei einer Belegschaft von 37 Mann gefördert. Gegen das Vorjahr beträgt die Mehrförderung 15299 Tonnen. Der durchschnittliche Verkaufspreis für eine Tonne war 3 Sgr. 3 Pf. Die Grube Gutglück wurde im Jahre 1861 durch einen Grubenbrand in ihrer Förderung gestört, welcher vollständig erst dadurch gelöscht wurde, dass der im Hangenden des Lagers aufsetzende grossklötzige Molassesandstein hereinbrach und den Heerd des Brandes durch die unmittelbar auf dem Flötze liegenden Thonmassen erstickte.

e) Regierungsbezirk Bromberg.

Auf den beiden im Betriebe befindlichen Gruben der Actiengesellschaft Weichselthal, Marie bei Goszieradz und Sophie bei Nieder-Gondecz wurden im Jahre 1861 30895 Tonnen im Werthe von 3617 Thlrn. durch 52 Mann gefördert, im Jahre 1862 46395 Tonnen mit einem Werthe von 5416 Thlrn. durch eine Belegschaft von 101 Mann. Hier werden die Kohlen gemahlen, getrocknet und bei einer Temperatur von 40—50° R. zu runden Kuchen von 4 Zoll Durchmesser und 1 Zoll Dicke gepresst. Die Heizkraft dieser allerdings nicht billig herzustellenden Presskohlen soll angeblich die der besten englischen Steinkohlen übertreffen.

2. Oberbergamtsbezirk Halle.

Nachstehende Zusammenstellung ergibt die Hauptresultate des Braunkohlenbergbaues im ganzen Oberbergamtsbezirk für das Jahr 1862:

Nr.	Regierungsbezirk (Revier) Bergwerk	Betriebene Gruben	Zahl der Arbeiter	Förderung		Absatz		Durchschnittswerth pro Tonne		Förderung auf einen Arbeiter
				Menge Tonnen	Werth Thlr.	Menge Tonnen	Werth Thlr.	Sgr.	Pf.	Tonnen
	A. Staatswerke.									
1	Magdeburg:									
	Altenweddingen	1	79	106863	34697	126972	27388	6	5,6	2036
	Eggersdorf	1	202	753100	97736	725479	94149	3	10,7	3728
	Löderburg	1	102	201769	21511	194810	20768	3	2,4	1978
2	Merseburg:									
	Zscherben	1	45	96336	9495	89734	9620	2	11,5	2141
	Tollwitz	1	61	248432	28917	240564	28066	3	5,9	4073
	Voigtstedt	1	63	238713	33039	239305	33121	4	1,8	3789
	Summe A. 1862 . . .	6	552	1,699213	225395	1,616864	213112	3	11,7	3078
	B. Sonstige Werke.									
1	Oschersleben	16	676	1,569058	269216	1,455368	250416	5	1,8	2321
2	Schönebeck	15	821	2,082961	317578	1,912714	292247	4	6,9	2537
3	Aschersleben	9	746	2,324332	422160	2,125601	368850	5	5,4	3116
4	Südlich Eisleben: a) verliehene Gruben	17	371	697016	89912	642018	82586	3	10,4	1879
	b) nicht verliehene Gr.	9	260	331033	49316	328541	48368	4	5,5	1273
5	Nördl. Eisleben: a) verliehene Gruben	3	84	148981	27914	139664	26171	5	7,3	1774
	b) nicht verliehene Gr.	5	255	409239	76464	398204	75542	5	7,3	1605
6	Westlich Halle: a) verliehene Gruben	26	1009	2,885733	390730	2,711825	365464	4	0,7	2860
	b) nicht verliehene Gr.	13	123	221105	28229	221517	28139	3	10,0	1798
7	Oestlich Halle: nicht verliehene Gruben	22	738	1,804281	161030	1,796431	160266	2	8,1	2445
8	Dürenberg „ „ „	27	535	1,055675	135756	909589	116053	3	10,3	1973
9	Weissenfels „ „ „	79	1296	2,967114	347216	2,865888	333910	3	6,1	2289
10	Güstrin: verliehene Gruben	42	879	1,753169	228606	1,683629	218928	3	10,9	1941
11	Neustadt Eberswalde: verliehene Gr.	16	603	746979	139015	643191	118810	5	7,0	1222
12	Guben: a) verliehene Gruben	13	185	358180	44030	347393	42741	3	8,3	1936
	b) nicht verliehene Gruben . .	29	476	977624	102661	838518	98531	3	1,8	2054
	Summe B. 1862 . . .	341	9057	20,332480	2,829833	19,020091	2,647002	4	2,1	2245
	Hauptsumme	347	9609	22,031693	3,055228	20,636955	2,860114	4	1,9	2293

a) Staatswerke.

Altenweddingen. Der Absatz hat durch schlechten Abfuhrweg, sowie Concurrenz der Welsleber und Unseburger Gruben, auf denen die Consumenten Creditbewilligungen und andere Begünstigungen geniessen, in den letzten Jahren abgenommen, im Jahre 1862 besonders auch in Folge des milden Winters und der schlechten Zuckerrübenernte. Bei der Abbauarbeit war die Leistung eines Häuers in der achtstündigen Schicht $32^1/_4$ Tonnen.

Eggersdorf. Die Förderung ist 1862 gegen das Vorjahr um etwa 15000 Tonnen gestiegen und hat die Höhe von $^3/_4$ Millionen Tonnen erreicht. Die Grube nimmt, was Höhe der Production und des Absatzes anlangt, fortdauernd unter allen Braunkohlengruben der Provinz Sachsen die erste Stelle ein. Die Concurrenz der benachbarten anhaltinischen Werke machte eine Herabsetzung des Verkaufspreises von $5^3/_4$ auf 5 Sgr. pro Tonne erforderlich.

Löderburg. Der Absatz hat sich gehoben, indem im Jahre 1862 eine Zuckerfabrik und eine neu entstandene Kalisalzfabrik als Abnehmer hinzutraten und die Förderung ist in Folge dessen gegen das Vorjahr um etwa 50000 Tonnen gestiegen.

Tollwitz. Die Selbstkosten stellten sich im Jahre 1862 für 100 Tonnen auf 2 Thlr. 9 Sgr. 5,7 Pf., die Leistung pro Mann der Belegung zu 12 Tonnen pro achtstündige Schicht, der Abbauverlust betrug $13^1/_3$ Procent.

Zscherben. Wegen Zusammenrückens des bisherigen Baufeldes und Verzögerung der neuen Tiefbauanlage musste die Förderung beschränkt und konnte der Debit nicht befriedigt werden, namentlich hat, um den Privatdebit zu erhalten, die Saline Halle ihren Bedarf theilweise von anderen Gruben bezogen.

b) Privatwerke.

1. Revier Oschersleben. Das Debitsquantum wie die Debitseinnahme des Reviers blieb im Jahre 1861 gegen das Vorjahr zurück, weil es in dem natürlichen Absatzgebiete sowohl an einem zusammenhängenden Chausseenetze und ganz besonders an Eisenbahnverbindung zwischen den Hauptförderpuncten und der das Revier von Ost nach West durchschneidenden Haupteisenbahn fehlte. Die durch diesen Mangel entstehenden hohen Transportkosten waren Veranlassung, dass bedeutende Quantitäten westphälischer Steinkohlen zu gewöhnlichen Heizungen im Reviere Absatz fanden. In Folge lebhaften Betriebes in den landwirthschaftlichen Fabriken und stattgefundener Erweiterung und Vervollständigung des Chausseenetzes, namentlich in den Kreisen Oschersleben und Neuhaldensleben steigerte sich im Jahre 1862 der Absatz wieder zur früheren Höhe. Die Zahl der verliehenen Gruben, von denen 16 betrieben wurden, ist durch Consolidationen von 43 auf 36 zurückgegangen. Die Förderung ist gegen 1861 um 2,3 Procent, der Productionswerth um 7,5 Procent oder um 3,2 Pf. pro Tonne gestiegen, was wesentlich in dem Bestreben, Kohlen von reiner Beschaffenheit zu fördern, seinen Grund hat. Der Absatz stieg um 2,4 Procent und es sind von dem Absatzquantum 47 Proc. an Zuckerfabriken, 26 Proc. an Brennereien, Kalk- und Ziegelöfen und sonstige Fabriken gegangen; der Rest von 27 Proc. war Landdebit. Die bedeutendsten Förderungen hatten die Gruben:

Ver. Marie bei Neindorf	mit 458176 Tonnen,	Glückauf bei Völgk	mit 131453 Tonnen,
Ver. Friederike bei Hamersleben . .	„ 338019 „	Jakob bei Hötensleben	„ 129320 „

2. Revier Schönebeck. Von 27 verliehenen Gruben waren im Jahre 1862 15 in Betrieb. Die Förderung ist um 21 Proc., der Absatz um 17 Proc. gegen das Vorjahr gestiegen. Namentlich hat sich in Folge der Verlängerung der Förderstädter Kohleneisenbahn bis zur Grube Albertine bei Uellnitz der Debit in die Gegend von Magdeburg um etwa 160000 Tonnen gehoben. Nahe Dreiviertel des ganzen Absatzes ist an Zuckerfabriken gegangen. Das bei Belicke zwischen Genthin und Brandenburg neu erbohrte Kohlenlager ist in grösserer Ausdehnung bekannt geworden und verspricht einen lohnenden Bergbau. Die bedeutendsten Förderungen hatten die Gruben:

Hedwig bei Calbe	mit 323595 Tonnen,	Carl bei Förderstadt	mit 226595 Tonnen,
Sophie bei Wolmirsleben	„ 313450 „	Louise Hedwig bei Neugattersleben .	„ 177375 „
Johanne Henriette bei Unseburg . .	„ 300894 „	Friederike bei Welsleben	„ 160750 „
Marie bei Otzendorf	„ 242016 „	Vereinigung bei Calbe	„ 116759 „

3. Revier Aschersleben. Trotz der Eröffnung der Halberstadt-Thale'schen Eisenbahn, welche westphälische Steinkohlen in das Revier hereingebracht hat, ist im Jahre 1862 der Absatz um $12^1/_2$ Proc. gestiegen, indem die vielfachen Bauunternehmungen einen starken Betrieb der Ziegeleien und Kalköfen veranlassten, die Ascherslebener Tuchfabriken mehr und mehr zum Dampfbetrieb eingerichtet wurden, die Mineralölfabrik Georghütte bei Aschersleben und die Theerschwelerei bei Nachterstedt lebhaft arbeiteten und in einigen der bei Stassfurt entstandenen Kalisalzfabriken neue Abnehmer sich gefunden haben. Von dem Absatzquantum gingen $58^1/_2$ Proc. an 24 Zuckerfabriken, $9^1/_2$ Proc. an Brennereien, Ziegeleien u. dgl., $8^1/_2$ Proc. an die Mineralölfabriken, $23^1/_2$ Proc. an sonstige Abnehmer. Die bedeutendsten Förderungen hatten folgende Gruben:

Cons. Georg bei Aschersleben . . .	mit 623489 Tonnen,	Archibald bei Schweidlingen . . .	mit 353908 Tonnen,
Concordia bei Nachterstedt	„ 477054 „	Friedrich Julius bei Aschersleben .	„ 190871 „
Jacobsgrube bei Börnecke	„ 429307 „	Ver. Jacob bei Königsaue	„ 108270 „

Auf einen Arbeiter kommen im Durchschnitt 3116 Tonnen Förderung.

4. Revier Südlich Eisleben. Der Absatz hat sich dadurch, dass einzelne Zuckerfabriken und die Theerschwelereien, deren Anzahl sich ausserdem um eine vermehrte, ihren Betrieb erweiterten, i. J. 1862 um 7,4 Proc. gehoben, während der Werth des Absatzes in Folge gestiegener Verkaufspreise um 17,7 Proc. gegen das Vorjahr sich vermehrt hat. Von dem Debitsquantum verbrauchten ungefähr $^1/_3$ die Zuckerfabriken, und die vier Schwelereien ungefähr 85000 Tonnen. Von 27 verliehenen Gruben waren 17 und von 25 mit Bauerlaubnissschein versehenen 9 im Betriebe. Die stärksten Förderungen hatten unter den verliehenen Gruben:

Walthers Hoffnung bei Stedten . . .	mit 123014 Tonnen,	Gute Hoffnung bei Schwittersdorf . .	mit 102248 Tonnen,

unter den nicht verliehenen sogenannten Privatgruben im ehemals kursächsischen Landestheile:

St. Bartholomäus bei Edersleben . . . . . mit 121017 Tonnen.

Die Grube Carl bei Holdenstedt baut auf einem sehr zur Selbstentzündung geneigten Flötze, in Folge dessen man häufig gezwungen ist, einzelne Schachtfelder gänzlich abzusperren.

5. Revier Nördlich Eisleben. Das Revier umfasst acht verliehene und sechs in dem (vormals kursächsischen) Herzogthum Sachsen belegene nicht verliehene Braunkohlengruben, von denen drei, beziehentlich fünf in Betrieb standen. Die verliehenen Gruben sind sämmtlich von untergeordneter Bedeutung, keine derselben hat eine Förderung von 50000 Tonnen erreicht. Von den nicht verliehenen sogen. Privatgruben ist die bei weitem bedeutendste das der Mansfeld'schen Gewerkschaft gehörige Riestedt-Emseloher Kohlenwerk, dessen Förderung 381097 Tonnen betragen hat. Von dem abgesetzten Kohlenquantum des Reviers wurden 40 Procent an Zuckerfabriken, 16 Procent auf den Mansfeld'schen Kupferschieferrevieren, 9 Procent in Ziegeleien und Brennereien, 35 Procent zum Hausbrande verwendet.

6. Revier Westlich Halle. In diesem Revier ist der Absatz in Folge neu entstandener Zucker- und Spiritusfabriken und eingetretener Productionserhöhung bei den Kalk- und Ziegelbrennereien und in der Papier- und Mineralölfabrikation, sowie in Folge der für die Kohlenformerei günstigen Witterung um 7,9 Procent gestiegen; es wurden davon 38,8 Procent in Zuckerfabriken, 5,2 Procent in Spiritusfabriken, 10,0 Procent in Kalk- und Ziegelöfen, 15,9 Procent in Papier- und sonstigen Fabriken, 30,1 Procent in Haushaltungen etc. verwendet. Der Verbrauch in den beiden Theerschwelereien, wovon eine im Jahre 1862 entstanden ist, war bis jetzt, da eigentliche Destillationskohle hier nur wenig vorkommt, unerheblich. Von 43 verliehenen Gruben waren 26 im Betrieb. Die bedeutendsten Förderungen hatten:

Wilhelm Adolf bei Lobendorf . . .	mit 476662 Tonnen,	Sophie bei Bennstedt	mit 154474 Tonnen,
Neuglücker Verein bei Nietleben . .	„ 451060 „	Friedrich Wilhelm bei Eisdorf . . .	„ 138471 „
Eintracht bei Bennstedt	„ 244172 „	Belohnung bei Halle	„ 132610 „
Georg bei Lobendorf	„ 208250 „	Alwiner Verein bei Bruckdorf . . .	„ 113029 „
Frohe Zukunft bei Halle	„ 169713 „	Glückauf bei Trotha	„ 106697 „

Von den 24 im Herzogthum Sachsen belegenen Gruben waren 13 und zwar 8 davon nur periodisch im Gange.

7. Revier Oestlich Halle. Der Absatz hat sich 1862 gegen das Vorjahr um 11,5 Procent gehoben. Der Schwerpunct des ganzen Reviers liegt in dem Bitterfelder Kreise, dessen Production, durch die nach der Anhaltischen Bahn führenden Zweigbahnen wesentlich begünstigt, im Jahre 1862 um so mehr vorherrschte, als die Gruben bei Wittenberg wegen mangelhaften Betriebes ihren Debit nicht zu befriedigen vermochten. Die Bitterfelder Gruben lieferten daher 88 Procent der im ganzen Reviere abgesetzten Kohlen und sie allein haben die angegebene Steigerung herbeigeführt, indem ihre geringen Selbstkosten und Eisenbahnanschlüsse sie in den Stand setzten, ihren Absatzkreis mehr und mehr auszudehnen. Namentlich hat eine Herabsetzung des Frachtsatzes für Berlin von 2 auf $1^1/_2$ Pf. pro Ctr. und Meile, bei welchem die Kohle mit 8 Sgr. 5 Pf. dorthin zu legen ist, eine Vermehrung des betreffenden

Absatzes von 22500 auf 91000 Tonnen zur Folge gehabt; auch über Delitzsch nach Leipzig und Halle gehen die Bitterfelder Kohlen, an welchem letzteren Orte sie eine lebhafte Concurrenz mit den in der Nähe von Halle belegenen Gruben eröffnet haben. Zum Theil werden die zur Eisenbahn debitirten Kohlen zu Wallwitzhafen bei Dessau umgeladen und gehen von da auf der Elbe weiter. Die stärksten Förderungen hatten:

Die comb. Gruben N. Nr. 64, Nr. 222 u. 297 (deutsche Grube bei Bitterfeld) . mit 425140 Tonnen,
N. Nr. 16 (Auguste) daselbst . . . „ 284180 „
N. Nr. 79 bei Greppin . . . . „ 260530 „
Nr. 314 bei Muldenstein . . . . mit 212106 Tonnen,
Nr. 332 bei Ramsin . . . . . . „ 160360 „
N. Nr. 62 (Richard) bei Sandersdorf „ 134650 „

8. **Revier Dürrenberg.** Die hier stattgehabte Steigerung des Debits im Jahre 1862 hat ihren Grund in der Erweiterung der Theerschwelereien bei Rossbach und Rattmannsdorf, welche 98000 Tonnen Kohlen verbrauchten. Von den 27 in Betrieb befindlichen nicht verliehenen sogen. Privatgruben förderten über 100000 Tonnen

Nr. 262 und 263 bei Rampitz . . mit 205201 Tonnen,
N. Nr. 15 bei Rattmannsdorf . . . mit 104000 Tonnen.

9. **Revier Weissenfels.** In Folge des bedeutenden Aufschwungs, den die Leuchtstofffabrikation hier genommen hat, herrscht in diesem Revier jetzt eine rege Bergbaulust. Es haben im Jahre 1862 nicht nur eine Anzahl Grubenfelder Erweiterungen erfahren, sondern es wurden auch trotz der grossen Zahl bestehender Gruben sieben neue Bauerlaubnissscheine ertheilt. Die Anzahl der betriebenen Werke hat sich von 72 auf 79 erhöht. Von den bestehenden Leuchtstofffabriken sind mehre erweitert worden und es wurden auch noch einige Schwelereien neu angelegt. Von dem Absatzquantum gingen 6 Proc. an Zucker- und Cichorienfabriken, 1 Proc. an Brennereien und Brauereien, $3^1/_2$ Proc. an Ziegelöfen, $3^1/_2$ Proc. zu verschiedenen Maschinenfeuerungen, 19 Proc. (554000 Tonnen) an Theerschwelereien, 13 Proc. wurden zur Eisenbahn debitirt, 46 Proc. auf den Gruben verformt und die übrigen 8 Proc. in ungeformtem Zustande auf Landwegen von kleineren Abnehmern abgefahren. Die bedeutendsten Förderungen hatten die Gruben:

Nr. 350 bei Teuchern . . . . mit 441378 Tonnen,
der sächsisch-thüringischen Actiengesellschaft bei Gerstewitz . . . „ 311488 „
Nr. 315, 321 und 348 bei Webau . . . . „ 217391 „
der Werschen-Weissenfelser Actiengesellschaft bei Werschen und Keutschen „ 150025 „
derselben Gesellschaft bei Köpsen . . . . „ 138138 „
Nr. 241 bei Reussen . . . . „ 122430 „
der Werschen-Weissenfelser Gesellschaft bei Gerstewitz . . . . . „ 116579 „
Nr. 278 bei Prehlitz . . . . „ 106982 „
Nr. 254 und 281 bei Schniplitz . . . . „ 101598 „

10. **Revier Küstrin.** Förderung und Absatz sind gegen das Vorjahr um ungefähr 5 Proc. in Folge schwunghafteren Betriebes der Brennereien und Ziegeleien gestiegen. Von den 42 betriebenen Gruben förderten:

Vaterland bei Frankfurt . . . 335652 Tonnen,
die Rauen'schen Gruben . . . 280779 „
Gnadenreich bei Petersdorf . . 180572 „
Mit Gott bei Pilgram . . . 154432 Tonnen,
Preussen bei Jahnsfelde . . 129236 „

11. **Revier Neustadt-Eberswalde.** In diesem Reviere hat sich der Absatz in Folge der steigenden Holzpreise und Erweiterung des Absatzgebietes der Kohle dem Torfe gegenüber um 22 Proc. gehoben, namentlich hat zu dieser Vermehrung die Grube cons. Falkenberg beigetragen, deren Betriebsumfang sich nahezu verdoppelte. Es förderten die Gruben

des Gühlitzer Vereins . . . . 222863 Tonnen,
Moritz und Humboldt bei Wrietzen . . . . 126106 „
Cons. Falkenberg bei Falkenberg . . . . 104837 „

In den Feldern Ribbach und Anton ging Abbau um. In der Theerschwelerei wurden nur einige hundert Tonnen Kohle verarbeitet, da der Gewerkschaft dieser Betrieb nicht lohnend genug erscheint. Auf den Gühlitzer Vereinsgruben hat die nach dem Eisenbahnhofe bei Karstädt gebaute Chaussee zur weiteren Erhöhung des Absatzes beigetragen.

12. Revier Guben. Die Förderung hat sich um 24 Proc., der Absatz um 21 Proc. gehoben. Der Grund dieser Steigerung liegt namentlich in der zunehmenden Tuchfabrikation. Noch grösser würde der Aufschwung des Kohlenbergbaues sein, wenn nicht die mangelhafte Beschaffenheit der Wege noch viele Ortschaften nöthigte, schlechten Torf für ihre Feuerungen zu benutzen. Von den 13 verliehenen Gruben hatten die bedeutendste Förderung: Feller bei Guben mit 102312 Tonnen, von den 29 betriebenen nicht verliehenen sogen. Privatgruben: Conrad bei Gross-Kölzig mit 164022 Tonnen und Felix bei Bohsdorf mit 136777 Tonnen.

Ueber die Leistung der Häuer in den Braunkohlenbezirken der Provinz Sachsen können die folgenden einer werthvollen Abhandlung von Ottiliae in Halberstadt (das Vorkommen, die Aufsuchung und Gewinnung der Braunkohlen in der preussischen Provinz Sachsen, Zeitschr. f. d. Berg-, Hütten- und Salinenwesen in d. preuss. St., Bd. VII und VIII) entnommenen Daten als Anhalt dienen. Die in der letzten Rubrik angegebenen Häuerleistungen beziehen sich auf achtstündige Schicht, welche (i. J. 1859) mit 12 Sgr. bezahlt wird.

Namen der Grube	Flötz-mächtigkeit Lachter	Beschaffenheit der Kohle	Der Häuer haut Tonnen
Königliche Grube bei Zscherben	$1^1/_8$	milde	75
Neuglücker Verein bei Nietleben	$1^1/_2$	milde, in den unteren Lagen knörpelig	70
Grube Clara bei Gröbers	$1^5/_8$	milde, mit Holzresten	66
„ Friedrich Wilhelm bei Eisdorf	1	milde	60
„ Eintracht bei Beunstedt	$^1/_2$—1	milde	50
„ Georg bei Aschersleben	2	kleinknörpelig, fast milde	71
„ Friederike bei Hammersleben:			
a) auf dem III. Flötze	$1^1/_2$—2	knörpelig	70
b) auf dem V. Flötze	$1^1/_4$	stückig	50
„ Emilie und Werner bei Harbke	$1^1/_2$	stückig mit vielen Holzresten	30
Königliche Grube bei Altenweddingen	$1^1/_2$	sehr fest mit vielen Holzresten	27

In dieser Tabelle sind die Leistungen beim Ortsbetriebe und beim Abbau zusammengefasst, weil die Häuer fortwährend mit diesen Arbeiten wechseln. Im Allgemeinen sind die Leistungen beim Ortsbetriebe gegen die beim Abbau um ca. 12 Proc. geringer anzunehmen.

Nach derselben Quelle belaufen sich die Selbstkosten für 100 Tonnen Braunkohle:

a) bei Stollnzechen mit Tagebau:			
(1.) Grube Pauline bei Hohendorf, in der Periode von 1847—50	5 Thlr.	24 Sgr.	8 Pf.
1856—59 auf	5 „	24 „	5 „
b) bei Stollnzechen mit unterirdischem Abbau:			
(2.) Grube Georg bei Aschersleben, in der Periode 1847—50 auf	9 „	20 „	5 „
(3.) Königl. Grube bei Tollwitz, Periode von 1847—50 auf	6 „	17 „	6 „
(4.) Königl. Grube bei Zscherben, Periode von 1847—50 auf	6 „	24 „	11 „
(5.) Grube Friedrich Wilhelm bei Eisdorf, Periode von 1847—50	6 „	29 „	3 „
1856—59	10 „	27 „	11 „
(6.) Neuglücker Verein bei Nietleben, Periode von 1847—50	6 „	14 „	6 „
1856—59	10 „	11 „	7 „
c) bei Tiefbauzechen mit Tagebau:			
(7.) Grube Louise bei Neugattersleben, Periode von 1856—59	8 „	13 „	2 „
(8.) Alwiner Verein bei Bruckdorf, Periode von 1847—50	8 „	7 „	2 „
1856—59	9 „	19 „	10 „
d) bei Tiefbauzechen mit unterirdischem Abbau:			
(9.) Grube Friedrike bei Hamersleben, Periode von 1847—50	15 „	— „	2 „
1856—59	10 „	29 „	4 „

(10.) Grube Georg bei Aschersleben, Periode von 1856—59 . . .	11 Thlr. 16 Sgr. 2 Pf.
(11.) Königl. Grube bei Tollwitz, Periode von 1856—59	10 „ 18 „ 8 „
(12.) Königl. Grube bei Zscherben, Periode von 1856—59 . . .	10 „ 5 „ 7 „
(13.) Grube Gute Friederike (Viktoria) bei Asendorf, Periode von 1854—59	27 „ 5 „ 7 „

Die letzteren sehr hohen Productionskosten sind durch Neubauten und durch Aufnahme eines neuen Grubenfeldes im Jahre 1859 herbeigeführt worden. Auch die Gruben (5), (6) und (8) haben im Jahre 1859 aussergewöhnliche Ausgaben gehabt.

3. Oberbergamtsbezirk Dortmund.

Regierungsbezirk Minden. Die einzige Braunkohlengrube des Bezirks Dortmund Nachtigall bei Höpter wird nur schwach betrieben. Das Flötz hat bei fast horizontaler Lagerung eine Mächtigkeit von 4 bis 5 Fuss. Der Betrieb beschränkt sich jetzt nur auf Vorrichtungsarbeiten. Es lieferten im Jahre

1861: 14 Arbeiter . . . 8072,5 Tonnen, 1862: 8 Arbeiter . . . 7448,5 Tonnen,

letztere im Werthe von 643 Thalern.

4. Oberbergamtsbezirk Bonn.

a) Vom Staate verliehene Gruben.

Regierungsbezirk Coblenz. Es wird hier nur auf einer geringen Zahl von Gruben, die ganz verschiedenen Ablagerungen angehören, ein unbedeutender Betrieb geführt.

Die einzige Grube im Revier Daaden, deren Debit in Folge der durch die Deutz-Giessener Eisenbahn billigeren Steinkohlen abgenommen hat, förderte im Jahre

1861 mit 10 Arbeitern . . . . . . 3339 Tonnen,
1862 „ 8 „ . . . . 2845 „ Braunkohlen;

der Werth einer Tonne, der 1860 noch 13 Sgr. 9 Pf. betrug, sank 1861 auf 8 Sgr. 9,1 Pf., 1862 auf 8 Sgr. 11,5 Pf. Die Grube leidet häufig an schwer zu beseitigendem Wettermangel und ist desshalb in einer recht ungünstigen Lage.

Im Revier Unkel ist ebenfalls nur eine Grube, Stösschen, im Betriebe. Dieselbe förderte

1861 mit 4 Arbeitern . . . . . . 1126 Tonnen Blätterkohle,
1862 „ 8 „ . . . . . . 7659 „ „

welche auf der Augustenhütte zu Beuel zur Herstellung von Mineralöl und Paraffin verwendet wurden.

Auch im Revier Brühl wird von den dort liegenden Gruben nur eine betrieben, welche im Jahre

1861 mit 14 Arbeitern . . . . 1418 Tonnen im Werthe von 264 Thalern,
1862 „ 14 „ . . . . 4494 „ „ „ „ 930 „

förderte. Die Grube gehört der grossen linksrheinischen Braunkohlenablagerung an und ist die südlichste Grube, welche auf derselben betrieben wird.

Regierungsbezirk Cöln. In den Revieren Unkel, Deutz und Brühl wird ein recht bedeutender Braunkohlenbergbau geführt, welcher seinen Hauptsitz im Regierungsbezirk Cöln hat.

Im Revier Unkel standen 1861 9, 1862 10 Gruben im Betriebe, welche zusammen im Jahre

1861 mit 182 Arbeitern . . . 374109 Tonnen im Werthe von 15726 Thaler,
1862 „ 156 „ . . . 325036 „ „ „ „ 13696 „

förderten. Bei weitem am wichtigsten unter diesen Werken sind die Gruben des Bonner Bergwerksvereins: Bleibtreu, welche in den genannten Jahren 286891 und 261005 Tonnen, und Deutsche Redlichkeit, welche 61294 und 40845 Tonnen Kohlen lieferte, die zur Alaunfabrikation verwendet wurden. Nächst diesen Werken sind die Blätterkohlengruben der Augustenhütte zu Beuel am bedeutendsten.

Im Revier Deutz stehen 5 Braunkohlengruben in Förderung und darunter Johann Wilhelm, Neufeld und Johannesberg in schwunghaftem Betriebe. Besonders ist Johann Wilhelm durch die Lage in der Nähe von Bergisch Gladbach wegen des Absatzes an die dortigen Papierfabriken, welche die

Braunkohlen zur Heizung der Dampfkessel verwenden, vor den beiden anderen, die nur Kleindebit besitzen, begünstigt. Von der im Jahre 1862 durch 50 Arbeiter beschafften Gesammtförderung von 103091 Tonnen (Werth 12597 Thlr.) lieferte Johann Wilhelm mit 25 Arbeitern allein 70263 Tonnen. Der Werth einer Tonne Braunkohlen beträgt 3 Sgr. 7,3 Pf. oder fast das Dreifache von demjenigen im Revier Unkel.

Das Revier Brühl ist für den Braunkohlenbergbau bei weitem das wichtigste. Es standen hier im Regierungsbezirk Cöln von 41 betriebenen Gruben 1861 40, 1862 39 in Förderung und lieferten 1861 mit 792 Arbeitern 803651 Tonnen im Werthe von 85184 Thlrn., 1862 mit 693 Arbeitern 804874 Tonnen (Werth 89878 Thlr.). Von den in Förderung stehenden Gruben des Reviers Brühl im Regierungsbezirk Cöln haben 23 Abraums- und 13 unterirdischen Betrieb, sowie unter letztern drei auch ausserdem noch Abraumsbau. Von den durch Tagebau betriebenen Gruben sind drei und von den durch unterirdisch betriebenen fünf nicht mit einer besonderen Wasserhaltung versehen, dagegen besitzen zwei der übrigen Werke Wasserhaltungsdampfmaschinen und alle anderen sind durch Wasserstolln und Röschen gelöst.

Eine Förderung von mehr als 50000 Tonnen haben i. J. 1862 nur 4 Gruben geliefert, nämlich:

Catharinenberg bei Brühl 72503 Tonnen mit 63 Arbeitern, Hubertus bei Kirdorf 56128 Tonnen mit 32 Arbeitern,
Concordia bei Liblar . . 58623 „ „ 44 „ Florentine bei Badorf 55233 „ „ 33 „

Diese Gruben, welche auch im Vorjahre die stärkste Förderung besassen, haben 30,1 Proc. der Gesammtförderung der 41 im Revier Brühl und Regierungsbezirk Cöln betriebenen Gruben geliefert. Der Preis einer Tonne Braunkohlen ist 1862 auf 3 Sgr. 4,2 Pf., also gegen das Vorjahr um 1,2 Pf. gestiegen.

Auf sämmtlichen im Regierungsbezirk Cöln gelegenen Gruben sind hiernach 1861 von 1023 Arbeitern auf 53 Braunkohlengruben 1,275405 Tonnen im Werthe von 113773 Thlrn., 1862 von 899 Arbeitern auf 56 Gruben 1,233001 Tonnen Braunkohlen im Werthe von 116171 Thlrn. gefördert worden.

Regierungsbezirk Düsseldorf. Im Reviere Brühl hat 1862 nur die Grube Neurath in Betrieb gestanden, welcher unterirdisch geführt wurde; die Förderung betrug bei 21 Arbeitern 39587 Tonnen im Werthe von 4096 Thlrn. Die ausgeführten Arbeiten werden bis jetzt nur als Versuche angesehen, nach deren günstigem Erfolge eine Wasserhaltungs-Dampfmaschine in dem für einen nachhaltigen Betrieb geeigneteren aber ohne Wasserhaltung nicht auszubeutenden Feldestheile aufgestellt werden soll.

Regierungsbezirk Aachen. Im Revier Brühl waren 1862 3 Gruben in Betrieb, von denen die eine durch eine Rösche gelöst, die beiden anderen aber mit Wasserhaltungs-Dampfmaschinen, von denen die eine auf der Grube Eustachia zugleich zur Förderung eingerichtet ist, versehen sind. Diese 3 Gruben förderten 1861 mit 82 Arbeitern 61864 Tonnen im Werthe von 8526 Thlr., 1862 mit 86 Arbeitern 67361 Tonnen im Werthe von 9376 Thlr.

Im Reviere Düren wurde 1862 nur eine Grube betrieben, und im Reviere Aachen stand gleichfalls eine einzige Grube im Betriebe. Jene lieferte mit 5 Arbeitern 600 Tonnen (Werth 64 Thlr.), diese mit 3 Arbeitern 4154 Tonnen (Werth 276 Thlr.); letztere Förderung wird zu Asche verbrannt, welche als Düngemittel verkauft wird.

b) Standesherrliche Werke.

Im Gebiete der Standesherrschaft Wied sind 1862 auf zwei Gruben von 14 Arbeitern 5740 Tonnen Braunkohlen im Werthe von 1530 Thlrn. gefördert und zur Alaunfabrikation verwendet worden.

Im Allgemeinen wird durch den Betrieb der preussischen Braunkohlenwerke die Erfahrung bestätigt, dass sich der Braunkohlenbergbau nur dort günstig entwickeln kann, wo das Product in grossen Mengen an nahe liegende Verbrauchsstätten abzusetzen ist, namentlich in Fabrikgegenden und in der Nähe grösserer Städte; dabei müssen aber auch an solchen Orten die Preise von Holz und Steinkohlen eine geringe Höhe haben, also Steinkohlenreviere nicht nahe liegen. Die Rübenzucker-Industrie und eine dichte wohlhabende Bevölkerung haben den Braunkohlenbergbau im Halberstädt'schen

Bezirke zur Blüthe gebracht, theilweise auch den Wettiner und Eislebener, im Rüdersdorfer Bezirke sind die Brennereien, sowie die Städte Berlin und Frankfurt die wichtigsten Absatzquellen, im Siegener Bezirke die Verarbeitung der Braunkohlen auf Alaun etc. Wo solche Absatzkreise fehlen, kann der Braunkohlenbergbau zu keiner erfreulichen Entwickelung gelangen; denn sein Product ist im Verhältniss zum Brennwerthe zu schwer und zu voluminös, daher die Transportkosten sehr mässig sein müssen, wenn es in einige Entfernung verfahren werden soll; Wasserfracht ist hier fast das einzige Transportmittel, die Eisenbahnfracht kommt zu hoch, auf den Landstrassen zieht sich aber der Absatzkreis um so enger, je schlechter diese sind. Hieran leiden viele der preussischen Braunkohlengruben, und es ist nicht zu verkennen, dass der Mangel an guten Wegen, insbesondere in jenen Gegenden, wo die Verbindungen einen Theil des Jahres hindurch völlig unfahrbar sind, die bedauerliche Versplitterung von Geld- und Arbeitskräften in einer Unzahl kleinerer Betriebe herbeigeführt hat und eine Concentrirung der Förderungen auch ferner verhindert; ganz besonders aber lässt sich dies von den Gruben im Bereiche des sächsischen Steinkohlenmandats sagen, welches viele kleine Bodeneigenthümer zu einem Bergbau verleitet, der sehr oft ihnen nicht nur keinen Gewinn abwirft, sondern überdies auch den Werth ihrer Grundstücke herabbringt.

Es folge nun zum Schluss eine nach den einzelnen Regierungsbezirken geordnete Uebersicht des preussischen Braunkohlenbergbaues im Jahre 1862:

Regierungsbezirk	Betriebene Bergwerke			Arbeiter		Förderquantum			Haldenwerth der Förderung				
	des Staates	der Privaten	Summe	im Ganzen	durchschn. pro Grube	im Ganzen	pro Grube	pro Arbeiter	im Ganzen	durchschnittlich Grube	Arbtr.	Tonne Sgr.	Pf.
						Tonnen			Thaler				
Oppeln	—	1	1	14	14	17082	17082	1220	1833	1833	131	3	2,6
Breslau	—	6	6	102	17	156159	26027	1531	19109	3185	187	3	8,1
Liegnitz	—	27	27	605	22	886422	32830	1465	112792	4177	185	3	9,8
Posen	—	2	2	37	19	35334	17667	955	3835	1918	104	3	3,1
Bromberg	—	2	2	101	51	36395	23198	459	5416	2708	54	3	6,0
Stettin	—	2	2	33	17	6344	3172	192	1123	562	34	5	3,7
Frankfurt	—	80	80	1340	17	2,690990	33637	2008	328380	4105	245	3	7,9
Potsdam	—	17	17	770	45	1,138607	66977	1479	184811	10871	240	4	10,4
Magdeburg	3	40	43	2626	61	7,092084	164932	2701	1,162898	27044	443	4	9,4
Merseburg	3	192	195	4840	25	11,103659	56942	2294	1,378016	7067	285	3	8,7
Minden	—	1	1	8	8	7449	7449	931	643	643	80	2	6,1
Cöln, rechtsrheinisch	—	15	15	206	14	228127	28542	2078	26293	1753	128	1	10,1
„ links „	—	41	41	693	17	804874	19631	1161	89878	2192	130	3	4,2
Coblenz, rechtsrheinisch	—	4	4	30	8	16244	4061	541	2631	658	88	4	10,2
„ links „	—	1	1	14	14	4494	4494	321	930	930	66	6	2,5
Düsseldorf, linksrheinisch	—	1	1	21	21	39587	39587	1885	4096	4096	195	3	1,3
Aachen	—	5	5	94	19	72115	14423	767	9716	1943	103	4	0,5
Summe	6	437	443	11534	26	24,545966	55409	2128	3,332400	7522	289	4	0,9

Nachtrag.

Bei der Bearbeitung des vorstehenden Capitels konnten nur die bis zum Jahre 1862 reichenden Unterlagen benutzt werden; nachdem inzwischen in der Zeitschrift für das Berg-, Hütten- und Salinenwesen des preussischen Staates auch für das Jahr 1863 die statistischen Mittheilungen über die Stein- und Braunkohlenförderung Preussens erschienen sind, fügen wir die wichtigsten Zahlen in den folgenden beiden Tabellen nachträglich bei.

Steinkohlenförderung Preussens im Jahre 1863 nach den Kohlenbecken.

Kohlenbecken von	Betriebene Bergwerke			Arbeiter		Kohlenförderung				Werth der Förderung (auf der Halde)			
	des Staates	der Privaten	Summe	im Ganzen	pro Grube	im Ganzen		durchschnittlich pro		im Ganzen	durchschnittlich pro		
						Centner	Tonnen	Grube	Arbeiter	Thaler	Grube	Arbeiter	Tonne
								Tonnen			Thlr.	Thlr.	Sgr.
1. Oberschlesien	3	83	86	14778	172	69,178404	19,030114	221280	1288	4,017656	46717	272	6,33
2. Waldenburg	—	40	40	4683	117	19,243971	4,845660	121142	1035	1,809244	45231	386	11.20
3. Wettin	1	—	1	166	166	297522	71040	71040	428	47632	47632	287	20,11
4. Löbejün	1	1	2	218	109	761368	175760	87880	403	94220	47110	432	16,08
5. Minden	—	1	1	153	153	208522	48494	48494	317	30274	30274	198	18,73
6. Ibbenbüren	1	—	1	659	659	1,837059	427223	427223	648	220405	220405	344	15,48
7. der Ruhr	—	244	244	32560	133	135,456833	31,501590	129105	967	9,750978	39963	299	9,29
8. Aachen	—	20	20	4860	243	14,056147	3,698986	184949	761	1,791636	89582	369	14,53
9. Saarbrücken	10	10	20	13515	676	45,051149	11,855567	592778	877	5,598923	279946	414	14.17
Hierzu treten [1])	—	2	2	—	—	527	144	144	—	97	48	—	15,01
Summe	16	401	417	71592	172	286,091502	71,654578	171834	1001	23,361065	56022	326	9,78

Braunkohlenförderung Preussens im Jahre 1863 nach den einzelnen Regierungsbezirken.

Regierungs-Bezirk	Betriebene Bergwerke			Arbeiter		Förderquantum			Haldenwerth der Förderung				
	des Staates	der Privaten	Summe	im Ganzen	durchschnittl. pro Grube	im Ganzen	pro Grube	pro Arbeiter	im Ganzen	durchschnittlich pro			
										Grube	Arbeiter	Tonne	
						Tonnen			Thlr.	Thlr.	Thlr.	Sgr.	Pf.
Oppeln	—	1	1	12	12	14086	14086	1174	1463	1463	122	3	1,4
Breslau	—	6	6	95	16	135807	22635	1430	17954	2992	189	3	11,6
Liegnitz	—	28	28	609	22	1,034179	36935	1698	136354	4870	224	3	11,4
Posen	—	2	2	31	16	33997	16999	1097	3604	1802	116	3	2,2
Bromberg	—	2	2	36	18	38300	19150	1064	4570	2285	127	3	7,0
Stettin	—	3	3	40	13	51294	17098	1282	7726	2575	193	4	6.2
Frankfurt	—	90	90	1396	16	2,872710	31919	2058	366808	4076	263	3	10,0
Potsdam	—	19	19	714	38	1,175281	61857	1646	193423	10180	271	4	11,2
Magdeburg	3	42	45	2464	55	7,794564	173213	3163	1,244726	27661	505	4	9,5
Merseburg	3	192	195	5267	27	12,255365	62848	2327	1,542196	7816	289	3	8,8
Minden	—	1	1	8	8	10873	10873	1359	881	881	110	2	5,2
Cöln, rechtsrheinisch	—	10	10	156	12	361682	36168	2318	21424	2142	137	1	9,3
Cöln, linksrheinisch	—	41	41	742	18	795080	19392	1072	88867	2167	120	3	4,2
Coblenz, rechtsrhein.	—	3	3	33	11	18225	6075	552	4631	1544	140	7	7,5
Coblenz, linksrhein.	—	1	1	16	16	3324	3324	208	661	661	41	5	11,6
Düsseldorf, linksrh.	—	1	1	30	30	30600	30600	1020	3052	3052	102	2	11,9
Aachen	—	5	5	66	13	61596	12319	918	8811	1762	134	4	3,5
Summe	6	447	453	11715	26	26,686963	58911	2278	3,647151	8051	311	4	1,2

[1]) Vereinzelte Vorkommnisse im Kreise Ziegenrück und im Regierungsbezirk Magdeburg.

CAPITEL III.

Statistik der Kohlengewinnung der übrigen Zollvereinsstaaten.

1. Königreich Sachsen.

a) Allgemeine Uebersicht.

Nach der absoluten Grösse seiner Kohlenproduction nimmt das Königreich Sachsen unter den Zollvereinsstaaten die zweite Stelle ein: Preussen producirt ungefähr das 8fache Quantum an Stein- und Braunkohlen. Unter Rücksichtnahme auf die Ausdehnung des Landes aber darf Sachsen der relativ kohlenreichste Zollvereinsstaat genannt werden, denn die Flächengrösse des preussischen Staates beträgt nahe das 19fache von der Sachsens. Die Nachrichten über die Entwicklung des sächsischen Kohlenbergbaues führen, wie in dem historischen Abschnitt bereits ausführlich dargelegt worden, ziemlich weit zurück, sind aber bis in die neuere Zeit lückenhaft und unvollständig; erst seit dem Jahre 1853 fliessen dem statistischen Bureau zu Dresden, welches alljährlich an die Stein- und Braunkohlenwerks-Besitzer und Unternehmer besondere Fragebogen aussendet, alle statistischen Details in gleichmässiger Ausführlichkeit zu und werden in der Zeitschrift dieses Bureau's von Zeit zu Zeit zusammengestellt und veröffentlicht. Die in den Jahrgängen 1856 (S. 11—13), 1857 (S. 45—47), 1860 (S. 87—93) und 1864 (S. 130—140) der Zeitschrift des statistischen Bureau's d. K. S. Ministeriums des Innern enthaltenen Veröffentlichungen, desgleichen mehre Spezialtabellen, die wir derselben Quelle verdanken, endlich der vierte Band der in diesem Werke schon mehrerwähnten Monographie über die Steinkohlen Sachsens (R. F. Köttig, geschichtliche, technische und statistische Notizen über den Steinkohlenbergbau Sachsens) bilden die bei den folgenden Darlegungen benutzten Unterlagen. Dieselben haben in neuester Zeit durch die Berichte der sächs. Handelskammern eine weitere Vervollständigung erfahren.

Zieht man zunächst die Productionsquanten an Stein- und Braunkohlen zusammen in Betracht, so lässt sich das für das Jahr 1800 auf 337000 Ctr. abschätzen, während das für die Jahre 1850 16,185000 Ctr., 1860 35,687392 Ctr., 1863 46,621084 Ctr. betrug.

Es beläuft sich also die Gesammtproduction des Jahres 1863 auf das 138fache vom Jahre 1800, das 2,88fache vom Jahre 1850, das 1,31fache vom Jahre 1860.

Für die Jahre 1853 bis 1863 sind die jährlichen gelieferten Mengen in folgender Tabelle einzeln aufgeführt; dieselbe enthält zugleich die eingeführten und ausgeführten Kohlenquantitäten, wie sie nach den Angaben der Elbzollbehörden und Eisenbahnverwaltungen vom statistischen Bureau annäherungsweise berechnet worden sind; daraus ergeben sich die in derselben Tabelle aufgeführten Näherungszahlen für die in Sachsen verbrauchten Kohlenmengen, aus denen sich endlich unter Benützung der jeweiligen Einwohnerzahlen der Verbrauch pro Kopf beziffern lässt:

Jahr	Production an Kohlen in Ctr.	Einfuhr an Kohlen in Ctr.	Ausfuhr an Kohlen in Ctr.	Consumtion im Lande Ctr.	Einwohnerzahl	Verbrauch pro Kopf Ctr.
1853	20,591602	394822	2,265524	18,720900	2,000000	9,36
1854	23,077128	603164	3,305287	20,375005		
1855	25,945182	663042	3,670459	22,937765	2,039176	10,76
1856	28,005243	934670	4,435285	24,504628		
1857	28,877306	725615	4,694124	24,908797		
1858	30,000935	1,432927	4,055964	27,377898	2,122148	12,90
1859	33,124667	—	—	—		
1860	35,687392	—	—	—		
1861	41,140580	2,307474	5,831062	37,616992	2,225240	16,91
1862	42,615739	2,602020	6,276726	38,941033		
1863	46,621084	2,353803	8,133146	40,841741	2,300000	17,76

Es ist hiernach von 1853 bis 1863 der Kohlenverbrauch in Sachsen überhaupt in dem Verhältniss: 1 : 2,18, der pro Kopf in dem Verhältniss 1 : 1,90 gestiegen; in noch stärkerem Verhältniss ist in demselben Zeitraum die Zahl der Dampfmaschinen gewachsen; an stehenden Maschinen hatte Sachsen 1853 etwa 450 mit 6000 Pferdestärken, 1863 etwa 1200 mit 18000 Pferdestärken; an im Gange befindlichen Locomotiven: 1853: 106, 1863: 230.

Die Leistungsfähigkeit aller dieser vorhandenen Vorrichtungen zur mechanischen Benutzung der Wärme ist also ungefähr in dem Verhältniss 1 : 2,50 gestiegen. Wenn hieraus die genaue Beziehung, in welcher Kohlenbergbau und Benutzung der Dampfkraft in ihrer Entwicklung zu einander stehen, sich unzweifelhaft ergibt, so muss indess in Erwägung gezogen werden, dass von dem gesammten Kohlen-Consum Sachsens nur etwa $^1/_4$ auf die Unterhaltung der Dampfmaschinen kommt; es lässt sich daher annehmen, dass die ausgebreitetere Verwendung der Kohlen in den häuslichen Feuerungsanlagen einen sehr erheblichen Antheil an der gesammten Steigerung des Kohlenverbrauchs genommen hat.

Von der totalen Kohlenproduction kamen auf die Steinkohlen (einschliesslich des Anthracits) im Jahre 1853: 81,85 Procent, im Jahre 1863: 81,61 Procent, woraus sich ergibt, dass die Bergbaue auf Steinkohlen und Braunkohlen fast gleichen Schritt in ihrer Entwicklung gehalten haben.

Specielleren Ausweis über die Zahl der Stein- und Braunkohlenwerke, die in den Jahren 1853 bis 1863 im Ausbringen gestanden, über die geförderten Mengen und deren Werth am Erzeugungsorte, über Zahl der Beamten und Arbeiter, endlich über den Betrag der jährlich gezahlten Gehalte und Löhne geben die folgenden drei Tabellen:

A. Steinkohlen.

Jahr	Zahl der im Ausbringen stehenden Werke	Production in sächsischen Scheffeln	Production in Centnern	Werth der Production in Thalern	Zahl der Beamten	Zahl der Arbeiter	Betrag der Gehalte u. Löhne Thaler
1853	82	9,359794	16,847629	1,683373	207	7154	1,079780
1854	81	10,550189	18,990340	1,996703	217	7411	1,157462
1855	83	11,679712	21,023482	2,248567	225	7931	1,265036
1856	80	12,773022	22,991439	2,498656	267	8760	1,346809
1857	79	13,069465	23,525037	2,715944	296	8801	1,395410
1858	81	13,399792	24,119625	3,261331	422	9330	1,560911

Jahr	Zahl der im Ausbringen stehenden Werke	Production in sächsischen Scheffeln	Production in Centnern	Werth der Production in Thalern	Zahl der Beamten	Zahl der Arbeiter	Betrag der Gehalte u. Löhne Thaler
1859	79	14,857996	27,112392	3,317462	428	9763	1,786651
1860	85	16,803540	29,267965	3,030366	455	10576	1,869130
1861	81	19,282012	33,750817	3,284559	473	10927	2,019264
1862	85	20,166516	34,616322	3,254814	487	11521	2,039493
1863	87	22,231116	38,043516	3,344402	484	11710	2,090171

Die ursprünglich nur nach Scheffeln angegebenen Productionsquanten sind in dieser Tabelle bis zum Jahre 1858 dadurch in Gewichtsangaben umgewandelt, dass man das Gewicht eines Scheffels zu 1,8 Ctr. angenommen hat; für die Jahre 1859 bis 1863 sind vom statistischen Bureau die Angaben der Werke selbst über das Gewicht der einzelnen Kohlensorten und das Ausbringen nach einzelnen Sorten zur Berechnung der Production in Centnern benutzt worden.

B. Anthracit.

Jahr	Zahl der Werke	Production in Scheffeln	Production in Centnern	Werth der Production in Thalern	Zahl der Beamten und Arbeiter	Betrag der Gehalte und Löhne in Thalern
1853	2	3061	5510	867	8	526
1854	1	2172	3910	507	5	530
1855	2	4041	7274	1132	8	724
1856	2	3080	5544	1070	8	835
1857	2	3802	6844	1323	8	857
1858	1	1847	3325	677	11	1038
1859	2	1939	3490	624	17	948
1860	2	3760	6768	1291	17	1544
1861	1	3392	6106	1176	12	1045
1862	1	2557	4603	801	10	818
1863	1	2917	5251	914	9	771

C. Braunkohlen.

Jahr	Zahl der im Ausbringen stehenden Werke	Production in sächsischen Scheffeln	Production in Centnern	Werth der Production in Thalern	Zahl der Beamten	Zahl der Arbeiter	Betrag der Gehalte u. Löhne Thaler
1853	109	2,492309	3,738463	249207	61	1844	172080
1854	117	2,721919	4,082878	272123	66	1973	183605
1855	137	3,276284	4.914426	325537	80	2280	215590
1856	139	3,338840	5,008260	311609	87	2436	236742
1857	130	3,563617	5,345425	342199	92	2572	256763
1858	160	3,918657	5,877985	372727	100	2682	278864
1859	161	4,005857	6,008785	348761	87	2822	283474
1860	159	4,275106	6,412659	365212	87	2919	365212
1861	158	4,922438	7,383657	377298	91	3003	292384
1862	166	5,329876	7,994814	406711	96	3327	324526
1863	164	5,845484	8,572317	415711	93	3389	331994

Das Gewicht eines Scheffels Braunkohle ist in dieser Tabelle zu 1,5 Ctr. angenommen worden.

Bemerkenswerth ist die Zunahme in der durchschnittlichen Leistung eines Arbeiters, die sich aus den vorstehenden Tabellen berechnen lässt. Es betrug die durchschnittliche jährliche Leistung eines Arbeiters

im Jahre	bei Steinkohle	bei Braunkohle,	im Jahre	bei Steinkohle	bei Braunkohle,
1853	2355 Ctr.	2027 Ctr.	1859	2572 Ctr.	2129 Ctr.
1854	2562 „	2069 „	1860	2767 „	2197 „
1855	2651 „	2155 „	1861	3089 „	2459 „
1856	2625 „	2056 „	1862	3005 „	2430 „
1857	2673 „	2071 „	1863	3249 „	2529 „
1858	2585 „	2109 „			

Die auf einen Arbeiter entfallende Leistung ist sonach in dem vorbezeichneten Zeitraum gestiegen: bei Steinkohle auf das 1,38fache, bei Braunkohle auf das 1,25fache.

Die grössere Zunahme beim Steinkohlenbergbau hängt mit der grössern Intensität des Betriebes, der Consolidirung der kleineren Gruben und der ausgedehnteren Verwendung der Dampfkraft zur Förderung und Wasserhaltung zusammen.

Aus den mitgetheilten Tabellen lassen sich ferner die Durchschnittspreise der Gewichtseinheit Kohle für die einzelnen Jahre berechnen, die ein ähnliches Interesse gewähren. Es betrug der durchschnittliche Werth eines Centners am Erzeugungsorte

im Jahre	bei Steinkohle	bei Braunkohle	im Jahre	bei Steinkohle	bei Braunkohle
1853	2,99 Ngr.	2,00 Ngr.	1859	3,67 Ngr.	1,74 Ngr.
1854	3,15 „	2,00 „	1860	3,16 „	1,71 „
1855	3,21 „	1,99 „	1861	2,92 „	1,53 „
1856	3,26 „	1,87 „	1862	2,85 „	1,53 „
1857	3,46 „	1,92 „	1863	2,64 „	1,45 „
1858	4,05 „	1,96 „			

Auffallend ist hiernach die rapide Verminderung des Verkaufspreises seit dem Jahre 1858, namentlich bei der Steinkohle, in welcher Erscheinung sich die Concurrenz der Werke unter sich, noch mehr aber die seit Einführung des Pfennigtarifs auf den Bahnen des norddeutschen Eisenbahnverbands mächtig gewordene Concurrenz des Ruhrbeckens, theilweise auch der schlesischen Kohlenwerke ausspricht. Die Rentabilität der Werke ist hierdurch trotz der vermehrten Production stark vermindert worden; im Dresdener Kohlenbecken wirken zudem die grosse Tiefe der Gruben und die geringe Qualität der Kohlen, beim Zwickau-Würschnitzer Bassin der ganz übermässige Preis, welcher für das Abbaurecht an die Grundbesitzer gezahlt werden muss, in gleichem Sinne.

b) Specielle Statistik des sächsischen Steinkohlenbergbaues.

Das gesammte Areal der im Betrieb gestandenen Steinkohlenwerke belief sich 1853 auf 11192 Acker, 1863 auf 12980 Acker und zwar vertheilten sich diese Flächen in den angegebenen Jahren in folgender Art auf die vier Hauptreviere (die Anthracitgruben des Erzgebirges mit etwa 1000 Acker ausser Spiel gelassen):

	im Jahre 1853	im Jahre 1863
Dresdener Bassin	5472 Acker	6580 Acker,
Zwickauer Revier	1927 „	2240 „
Würschnitzer Revier	1691 „	3390 „
Flöhaer Revier	2102 „	770 „
	11192 „	12980 „

In der Zwischenzeit sind beträchtliche Schwankungen des occupirten Terrains vorgekommen, indem eine grosse Zahl begonnener Unternehmungen aus verschiedenen Ursachen wieder aufgegeben werden mussten. So ist im Dresdener Bassin zwischen 1858 und 1859 eine Unternehmung mit 660 Acker Kohlenfeld aufgegeben, 1860 wieder zwei mit 1220 aufgenommen worden, 1861 wieder eine mit 700

Acker zu Grunde gegangen; im Zwickauer Revier ist im Jahre 1860 ein Werk mit 200 Acker in's Ausbringen getreten, im Jahre 1861 ist die Zahl der Werke um zwei, die Fläche um 140 Acker wieder zurückgegangen, und von da an erstere um 5, letztere um 300 gestiegen; im Würschnitzer Revier allein hat die Zahl der im Abbau stehenden Werke und das Areal bis 1861 stetig zugenommen und ist dann constant geblieben. In der Gegend von Flöha war 1858 noch ein bedeutendes Areal belegt, dies reducirte sich aber 1859 beträchtlich; seitdem hat die Fläche der im Abbau stehenden Werke immer zwischen 7 und 800 Acker betragen; in den letzten Jahren erst ist ein neues grosses Feld in Angriff genommen, aber noch nicht zum Abbau gebracht worden.

Die Flächen der noch nicht zum Abbau gelangten Unternehmungen betrugen im Jahre 1863:

	überhaupt:	darunter Bohrversuche:
Dresdener Bassin	900 Acker	900 Acker
Zwickauer Revier	1360 „	980 „
Würschnitzer Revier	7280 „	130 „
Gegend von Flöha	650 „	— „
	10210 „	2010 „

Von sämmtlichen im Abbau befindlichen Steinkohlenwerken gehörte Ende 1863 eines dem Staate (im Dresdener Bassin), 17 gehörten Actiengesellschaften (3 im Dresdener Bassin, 7 im Zwickauer, 7 im Würschnitzer Revier), 69 Privatbesitzern; dagegen waren von den noch nicht im Ausbringen stehenden Unternehmungen 10 Actienunternehmungen. Im Jahre 1863 vertheilte sich das Kohlenausbringen so, dass 1,557000 Scheffel auf eine Staatsunternehmung, 10,392000 Scheffel auf 17 Actienunternehmungen und 10,282000 Scheffel auf 69 Privatgruben kamen; die Ausbeute des Staates hat seit 1859 nicht wesentlich, die der Actienwerke um fast $4^1/_2$ Millionen, die der Privatwerke um 3 Millionen zugenommen.

Ausserordentlich verschieden ist die Grösse der Werke nach ihren Förderungen; es förderten im Jahre

	1858:	1863:
über 1 Million Scheffel	3	6
400000 bis 1,000000 Scheffel	8	9
200000 „ 400000 „	2	13
100000 „ 200000 „	9	10
unter 100000 Scheffel	59	49
	81	87

In diesen Zahlen zeigt sich deutlich der Uebergang zu einer immer grössern Concentrirung des Betriebes; die Zahl der grossen Werke hat sich vermehrt, die der kleinen ist zurückgegangen; 1863 lieferten 15—16 Werke allein $^3/_4$ der ganzen Production.

Wie sich die Zahl der Gruben, der Arbeiter und Beamten, sowie das Productionsquantum auf die einzelnen Kohlenreviere im Jahre 1863 vertheilte, soll durch die folgende Uebersicht vor Augen geführt werden.

Bezeichnung des Kohlenreviers	Zahl der im Ausbringen stehenden Werke	Zahl der Beamten	Zahl der Arbeiter aller Art	Ausbringen in Centnern	Werth des Ausbringens in Thalern
Dresdener Bassin	7	145	4363	10,917265	1,122399
Zwickauer Revier	66	269	5386	23,081256	1,868538
Würschnitzer Revier	9	68	1915	3,991989	347918
Flöhaer Revier	5	2	46	53006	5547
Summe	87	484	11710	38,043516	3,344402

Wir schliessen an dieses Verzeichniss die folgenden ausführlichen Nachweise über die 17 auf Steinkohlen bauenden Actiengesellschaften:

Einige statistische Nachweise über die im Ausbringen stehenden Steinkohlen-Actiengesellschaften am Schlusse des Jahres 1863.

Namen der Actien-Gesellschaften	Gründungs-Jahr	Zeit der Bestätigung des Statuts	Areal 1863	Actiencapital	Nominalbetrag der Actien	Zahl der Actien	Zahl der Förderschächte	Teufe	Zahl d. Dampfmaschinen	Pferdestärken der Dampfmaschinen (für Wasserhaltung)	Zahl der Kessel	Arbeiterzahl	Gezahlte Löhne	Förderquantum	Werth der geförderten Kohlen	Durchschn. Leistung eines Arbeiters	Gezahlte Dividende pro Actie 1862/63
			Sch.					Ellen					Thlr.	Scheffel	Thlr.	Sch.	Thlr.
Dresdener Bassin.																	
Pottschappler Actienverein	1836	12. Febr. 1840	300	300000	200	1500	2	500. 700	3	72 (42)	4	516	87483	757276	128468	1468	4
Hänichener Actienverein	1849	17. Sept. 1849	1415	240000	100	2400	3	490. 616. 630	6	186 (90)	12	618	98850	848334	192289	1373	6
Dresden-Possendorfer Actienverein	1858	12. März 1861	1035	350000	100	3500	1	500	2	225 (75)	3	348	48518	473829	92183	1362	3
Zwickauer Gegend.																	
Actienverein der Zwickauer Bürger-Gewerkschaft	1841	27. Oct. 1856	1024	53632	21⅓	2514	2	501. 536	4	105 (60)	8	428	76154	1,310820	197878	3063	20
Steinkohlenbauverein zu Niederplanitz und Vorderneudörfel	1840	28. Juni 1851	35	51000	30	1800	1	327	2	64 (36)	2	43	10643	169878	17554	3950	—
Zwickauer Steinkohlenbauverein	1839	18. Nov. 1841	512	135000	54	2500	3	392. 455. 507	6	177 (70)	16	579	96447	1,204875	208837	2081	10
Erzgebirgischer Steinkohlenbauverein	1840	8. Juli 1816	965	240000	100	2400	3	458. 465. 483	7	520 (320)	18	888	153677	2,253204	321520	2537	21
Oberhohndorf-Schader Steinkohlenbauverein	1855	25. Sept. 1858	114	388260	90	4314	2	420. 560	4	225 (180)	7	270	28206	373632	48074	1384	2
Oberhohndorf-Forst Steinkohlenbauverein	1855	23. Aug. 1858	62	206500	70	2950	1	369	2	190 (150)	6	187	29324	436950	65542	2337	—
Zwickau-Oberhohndorfer Steinkohlenbauverein	1854	2. Juli 1861	814	217800	55	4000	1	560	2	220 (200)	5	144	18762	259764	36368	1804	—
Würschnitzer Gegend.																	
Oelsnitzer Bergbaugesellschaft	1856	7. April 1862	560	250000	100	2500	1	1050	4	202 (120)	6	272	32860	209771	29900	771	2½
Niederwürschnitzer Steinkohlenbauv.	1856	22. Aug. 1862	86	110000	50	2200	2	201. 310	3	49 (25)	4	213	35436	478886	76449	2250	2
Lugau-Niederwürschnitzer Steinkohlenbauverein	1845	27. April 1849	437	200000	100	2000	2	248. 450	4	84 (49)	6	529	85470	719126	95884	1360	3½
Niederwürschnitz-Kirchberger Steinkohlenbauverein	1855	15. Oct. 1860	2025	550000	100	5500	1	345	2	32 (16)	2	253	33971	362196	52531	1432	—
Steinkohlenbauverein „Gottes Segen“ zu Lugau	1855	14. Aug. 1860	315	264000	100	2640	1	680	2	60 (40)	3	231	44350	346878	38888	1502	—
Zwickau-Lugauer Steinkohlenbauv.	1855	21. Aug. 1861	442	200000	50	4000	1	930	2	100 (40)	4	196	23392	130246	19223	665	—
Steinkohlenbauverein „Westphalia“	1856	11. Dec. 1862	2064	250000	50	5000	1	848	3	87 (55)	4	67	8618	56271	8910	840	—

Mit der steigenden Intensität des Betriebes der Steinkohlenwerke und der Zunahme der Tiefe der Gruben ist eine namhafte Steigerung der zur Förderung, Wasserhaltung u. a. Zwecken verwendeten Motoren Hand in Hand gegangen. Wir geben hierüber im Folgenden eine Uebersicht; es ist nicht sowohl die Zahl der Maschinen, als die Zunahme ihrer Leistung, welche in's Auge fällt, und selbst die Leistung der einzelnen Pferdestärke, in producirten Scheffeln ausgedrückt, ist gestiegen — sie betrug 1858 4245 Scheffel, 1863 4900 Scheffel.

Anzahl der Dampfmaschinen und Pferdestärken beim Steinkohlenbergbau 1863.

Abbaugegend	a. bei den im Abbau stehenden Werken								Summa a.		b. bei den noch nicht zum Abbau gelangten Unternehmungen		Summa a u. b zusammen	
	zur Förderung		zur Wasserleitung		zur Förderung und Wasserhaltung		zu andern Zwecken							
	Zahl	Pferdestärken	Zahl	Pferdestärken	Zahl	Pferdestärken	Zahl	Pferdestärken	Zahl	Pferdestärken	Zahl	Pferdestärken	Zahl	Pferdestärken
Dresdener Bassin . .	10	426	9	332	6	142	1	18	26 [1])	918	—	—	26	918
Zwickauer Werke . .	49	825	22	1858	20	277	—	—	91	2960	6	360	97	3320
Würschnitzer u. Hohensteiner Werke . .	11	218	9	340	1	50	2	42	23	650	12	411	35	1061
Flöhaer Werke . . .	—	—	—	—	2	10	—	—	2 [2])	10	—	—	2	10
Summa . .	70	1469	40	2530	29	479	3	60	142 [3])	4538	18	771	160	5309
1858 . . .	55	803	36	1863	30	491	—	—	121	3157	38	793	159	3950

Wie sich ferner im Jahre 1863 die angelegten Mannschaften auf die einzelnen Arbeitsklassen vertheilten, zeigt die folgende Tabelle:

Anzahl der Mannschaften beim Steinkohlenbergbau 1863.

Abbaugegend.	Bei der							Bei den Platzgeschäften		Ueberhaupt		
	Gewinnung	Förderung	Zimmerung und Mauerung	Maschinen- und Zeugarbeit	Aufbereitung		Koks-Fabrication					
	männlich				männl.	weibl.	männl.	männl.	weibl.	männl.	weibl.	zusammen
Dresdener Bassin . .	1924	1113	272	170	382	337	48	117	—	4026	337	4363
Zwickauer Gegend .	2354	1628	347	335	163	—	113	441	—	5386	—	5386
Würschnitzer Gegend	763	487	213	102	94	42	—	138	76	1797	118	1915
Flöhaer Gegend . .	31	11	3	1	—	—	—	—	—	46	—	46
Summa .	5072	3239	835	608	644	379	161	696	76	11255	455	11710

Der durchschnittliche Verdienst eines Arbeiters pro Jahr berechnet sich für die Steinkohlenwerke des
Dresdener Bassins auf 163 Thaler, Würschnitzer Reviers auf 150 Thaler,
Zwickauer Reviers „ 170 „ Flöhaer Reviers „ 100 „

[1]) Ueberdiess 1 Wasserrad von 25 Pferdestärken zur Wasserhaltung.
[2]) „ 1 Wasserrad von 8 Pferdestärken.
[3]) „ 2 Wasserräder von zusammen 33 Pferdestärken.

Für die kranken und verunglückten Arbeiter ist bei jedem Steinkohlenwerk, zum Theil für ganze Verbände solcher durch Einrichtung von Knappschaftskassen Vorsorge getroffen. Die Verhältnisse der Knappschaftsverbände sind durch Statuten geregelt, welche den beim Regalbergbau schon seit längerer Zeit bestehenden nachgebildet sind und der Revision des kgl. Ministeriums des Innern unterliegen. Die Leistungen der Bergarbeiter zu den Knappschaftskassen bestehen fast durchgängig:

a) in einem Beitrage (Büchsengeld) von 0,6 bis 1 Ngr. von jedem Thaler des im Lohnbuch verschriebenen Lohnes;
b) in einem freiwilligen Beitrage des Werkeigenthümers;
c) in den Strafgeldern;
d) in Quartalschichtengeldern;
e) in Einkaufsgeldern und
f) in der Einnahme von der Vermögensbenützung.

Die Leistungen aus den Knappschaftskassen bestehen in Folgendem:

a) Krankenlohn von 3 bis 6 Ngr. pro Tag, wobei in der Regel die Einrichtung getroffen ist, dass das Krankengeld nur auf eine Dauer von $1/4$ bis $1/2$ Jahr bezahlt wird und sodann der Genuss des Gnadengeldes eintritt. Bei Verunglückungen erhöhen sich auf den meisten Werken die angegebenen Unterstützungen. Wer auf Krankenunterstützung Anspruch hat, erhält auch Kur- und Arzneikosten aus der Knappschaftskasse. Die Werksoffizianten erhalten während der Krankheit ihre gewöhnliche Besoldung nebst Emolumenten aus der Werkskasse oder geniessen das Doppelte der festgesetzten Krankenlöhne; dauert die Krankheit länger als $1/4$ bis $1/2$ Jahr, so kommen sie ebenfalls in's Gnadengeld.

b) Gnadengeld, dessen Höhe sich fast auf allen Gruben nach der Länge der Dienstzeit richtet und welches bei den verschiedenen Altersklassen wöchentlich im Durchschnitt 0,5 bis 1,5 Thlr. beträgt. Diese Sätze finden auch bei Pensionirung der Angestellten Berücksichtigung. Das Gnadengeld für Wittwen und Waisen richtet sich auf den meisten Werken ebenfalls nach dem Alter und schwankt bei den ersteren in der Regel zwischen 5 und 10 Ngr. und bei letzteren zwischen 1 und 6 Ngr. pro Woche. Wittwen, die sich wieder verheirathen, verlieren alle Ansprüche an die Kasse; die Unterstützung der Waisen dauert bis zum 14. Lebensjahre.

c) Begräbnissgelder. Beim Todesfalle eines zur Unterstützung berechtigten Knappschaftsmitgliedes wird der Gesammtbetrag der Beerdigungskosten bezahlt, wenn der Verstorbene in seinem Berufe verunglückte, ausserdem aber beträgt der Beitrag bei Beerdigung eines Knappschaftsmitgliedes 4 bis 8 Thaler, bei Beerdigung einer Wittwe 2 bis 4 Thaler und bei Beerdigung eines Kindes 1 bis 2 Thaler. In einzelnen Fällen werden zuweilen auch noch ausserordentliche Unterstützungen aus der Knappschaftskasse gewährt.

Ueber den speciellen Stand der Knappschaftskassen im Jahre 1863 gibt die folgende Tabelle nähere Auskunft:

Knappschaftskassenverhältnisse 1863.

Kohlenbassins		Zahl der Knappschaftskassen	Kassenbestand von 1862	Neue Einnahmen 1863					Ausgaben 1863									Vom verbl. Kassenbest. am Schl. d. J. 1863 waren in Kapitalien angelegt
				von den Knappschaftsmitglied.	von den Werkseigenthümern	von den Materialanlieferungen	von sonst. Einnahmequellen	überhaupt	Bergalmosen an: bergf. Beamte incl. Steiger	Bergalmosen an: bergfertige Arbeiter	Bergalmosen an: Wittwen	Bergalmosen an: Waisen	sonst. Ausgaben für Almosen	für Kur- und Medicinalkosten	für Schulzwecke	für sonst. Zwecke	überhaupt	
			Thlr.															
Dresdener Bassin . . .		6	80215	37665	9368	43	3966	51042	1809	7686	12844		7659	7875	2962	6941	47776	72412
Zwickauer Bassin	Bockwa-Oberhohnd. Kasse	1	24653	13401		—	1121	14522	2811		2769		3701	1932	—	2583	13796	24071
	übrige Kassen	19	225283	33689	18411	233	11261	63594	3024		3743		12716	12071	70	3763	35387	182580
Summa . .		26	330151	112534		276	16348	129158	15330		19356		24076	21878	3032	13287	96959	279063

Ueberall haben die Einnahmen der Kassen im Ganzen 1863 die Ausgaben überstiegen und sind nicht unbedeutende Kapitalreserven da; eine vor einigen Jahren stattgefundene Revision des Knappschaftswesens hat zu einigen die Sicherheit dieser Institute erhöhenden Veränderungen geführt. Uebrigens zeigt der erste Blick, dass die Kassen des Dresdener Bezirks anders eingerichtet sein müssen, als die Kassen des Zwickauer Bezirks; erstere haben im Verhältniss zur Arbeiterzahl viel stärkere Einnahmen, lassen dieselben aber auch viel vollständiger wieder aufgehen, zahlen daher auch viel höhere Unterstützungen und thun viel mehr für Schulzwecke etc. etc. als die Zwickauer Kassen, deren Ausgaben viel mässiger berechnet sind und welche also viel mehr jährlich übrig behalten.

Im Jahre 1858 belief sich die Zahl der Knappschaftskassen auf 23, in denen am Schlusse des Jahres nur 165412 Thaler zinslich angelegt waren; die Gesammtausgabe hatte 67964 Thaler betragen.

Zur Heranziehung der technischen Unterbeamten ist in Zwickau seit dem Jahre 1861 eine Bergschule gegründet, welche durch Beiträge der Actien-Vereine und einiger Privatwerksbesitzer erhalten wird; die jungen Bergleute, für welche der Unterricht berechnet ist, erwerben sich gleichzeitig auf den Gruben ihren Unterhalt; die Stundenzahl beläuft sich daher nur auf 6—7 wöchentlich; der ganze Cursus dauert 4 Jahre und ist in 4 Klassen getheilt; die Frequenz belief sich im Jahre 1863/64 auf 25.

Die producirten Steinkohlen aller sächsischen Kohlenreviere werden zum allergrössten Theil im Inlande verbraucht. Aus dem Zwickauer Becken erfolgt jedoch ein bedeutender Absatz nach dem mittleren Deutschland, besonders Thüringen und den sächsischen Herzogthümern, sowie nach Süddeutschland, vorzugsweise nach Bayern. Auch in Württemberg concurriren die Zwickauer Kohlen (bei mittlerem Wasserstand des Rheins) mit den Saar- und Ruhrkohlen von Ulm her bis Esslingen, von Nördlingen her bis Gmünd; der grosse Stuttgarter Consum würde durch eine kleine Preisermässigung zu erringen sein. Aus der Würschnitzer Gegend gelangen in den letzten Jahren, besonders seit Einrichtung eines Einschiffungsplatzes in Riesa grössere Quantitäten über Riesa nach preussischen Consumtionsplätzen. Die statistischen Nachweise über die nach den verschiedenen Richtungen verführten Kohlenquanten erstrecken sich — bezüglich des Zwickau-Würschnitzer Beckens — nur auf den Eisenbahnversandt, sind bezüglich desselben aber auch vollständig, weil sich dieser vollständig in der Hand der Verwaltung der westlichen Staatseisenbahnen befindet und seit einigen Jahren auf Wagenladungen zu 100 Centner reducirt nach Stationen sorgfältig zusammengestellt vorliegt. In den Jahren 1861—63 gingen aus den Zwickauer und Würschnitzer Revieren ab Wagenladungen à 100 Ctr.:

	1861		1862		1863	
	v. Zwickau	v. Lugau u. St. Egidien	v. Zwickau	v. Lugau u. St. Egidien	v. Zwickau	v. Lugau u. St. Egidien
Nach Stationen der westlichen Staatseisenbahnen	79722,6	17416,8	84441,8	18274,8	94778,4	20438,5
Nach bayerischen, württembergischen Stationen, Werra-Eisenbahn u. Nord-Tyrol .	32996,5	0,9	33464,3	6,0	45605,2	2,0
Nach Stat. der Leipzig-Dresdener Bahn. .	3376,1	887,7	3869,2	1327,2	4355,5	2488,0
„ „ „ Berlin-Anhalter „ . .	758,5	432,9	2263,4	1733,7	3956,9	2336,5
„ „ „ Magdeburg-Leipziger Bahn .	4623,5	4,5	5569,0	66,9	5980,3	44,6
„ „ „ thüringischen Bahn . . .	7060,8	4,5	7651,5	10,7	8515,1	12,9
	128538,0	18747,3	137259,2	21419,3	163191,4	25322,5
	147285,3		158678,5		188513,9	
oder . .	14,728530 Ctr.		15,867850 Ctr.		18,851390 Ctr.[1]	

Wenn man aus diesen Zahlen für die Stationen der westlichen Eisenbahnen Hof, Gössnitz und Altenburg und die mit der Bestimmung nach dem Auslande (Reuss, sächs. Herzogthümer) nach anderen Stationen abgegangenen Quantitäten ausscheidet, so ergibt sich Folgendes für die Vertheilung der Transportmassen:

[1]) Täglich über 500 Wagenladungen.

	1861	1862	1863
	Centner	Centner	Centner
Nach Preussen gingen	1,288470	1,729520	2,084630
Nach Reuss und den sächsischen Herzogthümern . .	370627	322056	657200
Nach Bayern, Württemberg	3,740320	3,794627	5,083180
Summa der Ausfuhr .	5,399417	5,846203	7,825010
Im Lande blieben	9,329113	10,021647	11,026380
	14,728530	15,867850	18,851390

Diese Aufstellung leidet insofern an einem Fehler, als die versendeten Koks, deren Quantität nach den gegebenen Uebersichten nicht auszuscheiden war, nicht auf Kohlen reducirt werden konnten.

Die Kohlen der Flöhaer Gegend finden ihre Verwendung nur in der nächsten Umgebung.

Die Kohlen des Dresdener Bassins werden zum allergrössten Theil im Lande selbst und zumeist in nächster Nähe verbraucht; ihr hoher Aschengehalt erschwert ihre Concurrenz mit den westphälischen und schlesischen Kohlen so ungemein, dass in den letzten Jahren die Ausfuhr über die Grenzen Sachsens beträchtlich abgenommen hat. Auf der Albertsbahn, welche die Kohlenbahnen mit Dresden einerseits und Tharand anderseits verbindet, wurden verfrachtet:

im Jahre	Centner	im Jahre	Centner
1857	3,890967	1861	4,182037
1858	4,643346	1862	5,274731
1859	3,779206	1863	5,468370
1860	3,957725		

Von diesen Quantitäten gingen

im Jahre	auf andere Bahnen	nach der Elbe	nach Dresden	nach den Fabriken des plauenschen Grundes	
1857	63,0	23,0	6,7	7,3	Procent
1858	57,0	21,7	9,1	12,2	„
1859	53,2	16,9	9,5	20,4	„
1860	44,6	17,9	11,8	25,7	„
1861	49,6	12,1	11,9	26,4	„
1862	64,6	7,6	8,0	19,8	„
1863	68,2	6,4	7,6	17,8	„

Zur Ausfuhr gelangten, soweit die sächsischen Nachrichten reichen, nur noch folgende geringe Quantitäten:

	1861	1862	1863
	Centner	Centner	Centner
per sächs.-schles. und Löbau-Reichenberger Bahn . . .	5670	50089	5449
per böhmische Bahn	10394	16673	9760
Elbaufwärts zu Schiff	24040	29623	13297
Elbabwärts zu Schiff	285376	218986	151010
Summa . .	325480	315371	179516
also im Lande consumirt	10,114387	9,873892	10,737749

b) Specielle Statistik des sächsischen Braunkohlenbergbaues.

Die Braunkohlenbildungen verbreiten sich über alle vier Kreisdirectionsbezirke des Landes; die Lagerungsverhältnisse in denselben sind jedoch ziemlich verschieden und hierdurch wird die Art des Abbaues bedingt. Am abweichendsten sind die Verhältnisse im Zwickauer und Bautzener Kreisdirectionsbezirk; in jenem bauen fast alle Werke zu Tage, in diesem bei weitem die meisten unter Tage. Die Zahl der Braunkohlengruben ist sehr gross, namentlich links der Elbe, wo die Tagebaue und die kleineren Gruben vorherrschen. Unter sämmtlichen Werken waren 1863 nur 2, welche über 400000 Scheffel förderten (keines über eine Million), 3 von 2—400000 Scheffel, 4 von 1—200000 Scheffel, 19 von 50—100000 Scheffel, 36 von 20—50000 Scheffel, 62 von 5—20000 Scheffel und 38 unter 5000 Scheffel. Ferner waren von sämmtlichen Werken 1863: 1 im Staatsbesitz mit 424712 Scheffel, 4 Actienunternehmungen mit 738939 Scheffel, 159 Privatgruben mit 4,681833 Scheffel Ausbringen. Das Steigen des Ausbringens in den letzten Jahren ist bei den Werken links der Elbe weit bedeutender gewesen, als bei den grösseren und älteren Oberlausitzer Gruben.

Von der Vertheilung der Braunkohlenwerke auf die verschiedenen Landestheile erhält man die beste Vorstellung, wenn man die Zahl der auf die einzelnen Gerichtsämter kommenden Werke und deren Ausbringen im Jahre 1863 in Betracht zieht, was durch folgende Uebersicht ermöglicht werden soll:

Gerichtsämter.	Zahl der Werke.	Ausbringen in Scheffeln.	Zahl der Beamten und Arbeiter.
Oberlausitz.			
Reichenau .	12	439848	281
Zittau . . .	15	1,676079	816
Budissin . .	11	366568	402
Ostritz . . .	4	45270	43
Kamenz . .	7	23315	36
Weissenberg .	2	30358	31
Königswartha	3	8645	9
Bernstadt . .	3	225786	85
Grossschönau	1	526	9
Links der Elbe.			
Lausigk . .	32	422472	195
Mittweida . .	17	138012	84
Borna . . .	15	444053	293
Colditz . . .	11	308304	226
Frohburg . .	5	32419	27
Grimma . .	11	679264	315
Wurzen . .	5	691603	431
Leisnig . .	2	23460	13
Pegau . . .	1	32500	31
Nossen . .	1	36188	13
Remse . . .	3	64435	68
Geithain . .	3	16067	10
Brandis . .	2	140838	73

Unterscheidet man die durch Tagebau und durch eigentlichen Grubenbau betriebenen Braunkohlenwerke nach der Production, so erhält man für das Jahr 1863:

	Production an Braunkohlen.				Fabricirte Ziegeln und Briquets.			
	Oberlausitz:		Links der Elbe:		Oberlausitz:		Links der Elbe:	
	Menge Schffl.	Werth Thlr.	Menge Schffl.	Werth Thlr.	Menge Stück	Werth Thlr.	Menge Stück	Werth Thlr.
Grubenbaue . . .	2,774576	236562	1,794529	126028	3,615000	3909	15,478000	18241
Tagebaue . . .	41293	2285	1,235086	50836	966000	2131	41,863000	63472

Es geht aus dieser Tabelle zugleich hervor, dass die Fabrication von Kohleziegeln besonders auf den Werken links der Elbe geübt wird; die Lausitzer Gruben liefern Stückkohle und es wird nur das Grubenklein (so bisher in grossem Maassstabe auf der Margarethenhütte bei Bautzen) in Ziegel verwandelt.

Die Zunahme der im Dienste der Braunkohlenproduction arbeitenden Dampfkräfte und anderen Motoren, deren Bedeutung im Verhältniss zur Production nach der Natur dieses Bergbaues immer noch sehr gering ist, zeigt folgende Tabelle:

Anzahl der Dampfmaschinen und Pferdestärken beim Braunkohlenbergbau 1863.

Abbaugegend	Zur Förderung		Zur Wasserhaltung		Zur Förderung und Wasserhaltung		Summa		Hierüber: Wasserräder u. Rosswerke	
	Zahl	Pferdest.	Zahl	Pferdest.	Zahl	Pferdest.	Zahl	Pferdest.	Zahl	Pferdest.
Oberlausitz . .	2	18	17	197,5	1	4	20	219,5	7	12
Links der Elbe .	6	41	15	146,5	1	4	22	191,5	—	—
Summa .	8	59	32	344	2	8	42	411	7	12
1858 .	—	—	20	169	1	4	21	173	5	18

Bei weitem der grösste Theil der sächsischen Braunkohlen wird im Inlande verbraucht; eine Ausfuhr in grösseren Mengen findet eigentlich nur aus der Zittauer nach der Reichenberger Gegend statt; dieselbe betrug 1861 106062 Ctr., 1862 116726 Ctr. und 1863 128146 Ctr.

Was im Grenzverkehr per Achse in's Ausland geht, ist nicht zu ermitteln, wird aber auch nur sehr unbedeutend sein, da fast überall den sächsischen Braunkohlendistricten mindestens ebenso reiche jenseits der Grenze gegenüber liegen.

2. Königreich Bayern.

Bayern besitzt zur Zeit nur in der Pfalz ein grösseres Steinkohlenrevier, welchem sich ein kleiner aber kohlenreicher District in Oberfranken (Stockheim) und das erst seit wenigen Jahren eröffnete Kohlenfeld von Erbendorf in der Oberpfalz anschliessen.

1. Das Steinkohlenrevier der Pfalz bildet einen Theil der grossen pfälzisch-saarbrücker Kohlenmulde, welche im Südwest bei St. Ingbert die Grenze des Kreises überschreitet und über den nordwestlichen Theil desselben sich ausbreitet. Im Ganzen nimmt die Steinkohlenformation der Pfalz eine Fläche von $11^1/_2$ Quadratmeilen ein; innerhalb dieses grossen Gebietes unterscheidet man eine kohlenreiche und eine kohlenarme Abtheilung. Zu der erstern gehören die Steinkohlenflötze von St. Ingbert und Bexbach, zu letzterer die nördlich von diesen gelegenen mehr vereinzelten und schwachen Flötze.

Das Grubenfeld der Aerarialgrube zu St. Ingbert enthält bei 900 Lachter (à 2 Meter) mittlerer Längenausdehnung 27 bauwürdige Flötze, welche meist backende Kohle liefern. Die bis zu einer Teufe von 500 Lachter in diesem Felde enthaltene Kohlenmenge kann auf ca. 1000 Millionen Centner geschätzt werden. Die Förderung im Jahre 1858/59 betrug 2,266900 bayerische Centner. Die Kohle dient theils als Hausbrandkohle, theils für verschiedene Fabrikzweige, die fette Kohle besonders zur Schmiedefeuerung; eine grosse Quantität wird als Koks für die Eisenproduction verwendet. Die Schmiedekohlen finden ihren Absatz besonders nach Frankreich.

Die Kohlenflötze der Aerarialgrube zu Bexbach theilen sich in zwei Gruppen, in jene des Weiherwaldes und des Ziegelhüttenschlags; beide hängen jedoch in grösserer Tiefe zusammen; man kennt jetzt 14 bauwürdige Steinkohlenflötze, auf denen die Gewinnung der Kohlen wegen unregelmässiger Lagerung und wegen des häufigen Vorkommens schlagender Wetter schwieriger als bei St. Ingbert ist. Zudem findet sich bei Bexbach nur magere Kohle, welche keine Verkokung gestattet und daher vorherrschend nur für häusliche Zwecke verwendet wird.

Die innerhalb des nördlicheren kohlenarmen Districts liegenden Kohlengruben sind mit Ausnahme jener von Odenbach und Roth sämmtlich gewerkschaftlich und bauen auf wenig höchstens 12 Zoll mächtigen Flötzen mit sehr mageren Kohlen, welche an Qualität selbst den Bexbacher Kohlen weit nachstehen. Im Ganzen kennt man gegen 15 Kohlenflötze, welche bauwürdig sind oder doch bauwürdige Mittel stellenweise in sich schliessen. Sämmtliche Kohlen dieses Districts sind nur für häusliche Feuerungen und zum Brennen des Kalkes geeignet.

2. Das kleine Kohlenfeld bei Stockheim in Oberfranken enthält nur ein Flötz mit weichen, leicht zerreiblichen aber backenden und zur Koksbereitung geeigneten Kohlen; es liegt zum Theil auf dem Gebiet des Fürstenthums Meiningen. Die Zahl der Schächte beläuft sich i. J. 1863 (nach einer Mittheilung des Herrn Bergingenieurs Carl Rückert in Stockheim) auf bayerischer Seite auf 9, von denen nur 4 in Betrieb (davon nur 2 mit bedeutender Förderung), 5 zum Theil gestürzt sind oder noch als Hilfsbaue dienen; auf meiningischer Seite auf 6, wovon einer als Hilfsbau dient und 3 seit dem Jahre 1847 unvollendet gelassen wurden. Die Förderung stieg von $^3/_4$ Millionen Centner im Jahre 1860 auf $^5/_4$ Mill. Centner im Jahre 1863; die Totalförderung von 1860 bis 1864 beläuft sich auf $4^1/_4$ Mill. Centner, wovon $1^1/_3$ Mill. auf das meiningische Gebiet kommen. Die Zahl der Arbeiter beträgt gegenwärtig 6 bis 700 Mann, die jetzt im Gange befindlichen Förder- und Wasserhaltungsmaschinen haben

zusammen ca. 300 Pferdestärken. Tödtliche Verunglückungen sind in den letzten 5 Jahren (1859—63) im Ganzen 9 (0,27 % der beschäftigten Arbeiter pro Jahr) erfolgt, davon 5 durch schlagende Wetter, 4 durch Schiessarbeit und eingebrochene Wände. Die Stockheimer Kohle wird zum Theil als Hausbrandkohle in der Umgegend verwendet, theils dient sie den benachbarten Hüttenwerken als Brennmaterial. Ein Theil wird verkokt und zur Locomotivheizung verwendet, ein anderer für weitern Transport in Fässer verpackt. und als Schmiedekohle hauptsächlich über Bamberg nach Nürnberg, auch über Culmbach und Bayreuth verführt. Der Preis betrug im Jahre 1863 ab Grube für einen Centner Reinkohle 16 bis 24 kr., Mischkohlen 12 bis 15 kr., Heizkohlen 9 bis 12 kr.

Diese verhältnissmässig hohen Preise sind in den sehr erheblichen Selbstkosten begründet. Die eigenthümliche Abbaumethode mit starkem Holzverbrauch, starker Druck und schlechtes Dach, der Bergversturz, die umständliche Förderung aus den Abbauen, die durch das Sortiren herabgezogene Leistung der Häuer und die stets wechselnden Anbrüche sind hier Hauptfaktoren, welche zu einer Erhöhung der Gestehungskosten zusammenwirken.

3. Das Kohlenfeld bei Erbendorf ist erst seit wenigen Jahren aufgeschlossen und liefert noch nicht erhebliche Quanten für den Verkauf.

Die in Bayern vorkommenden Braunkohlen scheiden sich in zwei Klassen, nämlich in die der Steinkohle ähnliche Pechglanzkohle (oder Pechkohle) Südbayerns und in die holzartige Braunkohle oder Lignit, welche zerstreut durch das ganze Königreich in kleinen Partieen auftritt. Die Pechkohle des südlichen Bayerns besitzt eine schwarze Farbe und Pechglanz, ist eine magere Kohle, nicht zur Verkokung geeignet, wohl aber zum Hausbrand, zur Kesselfeuerung und in den besseren Sorten selbst zum Puddeln, Schweissen und für Schmiedefeuer.

Es sind vier grössere Districte, innerhalb welcher die Pechkohle in Oberbayern gewonnen wird: Der ärarische am Hohenpeissenberg, dann die gewerkschaftlichen am Penzberg bei Tölz, bei Miesbach und Au. Eine Menge kleiner Gruben, von denen nur jene bei Echelsbach und Nantesbuch namhaft gemacht zu werden verdienen, sind nur zeitweilig im Betrieb.

Im Peissenberger District kennt man 30 Kohlenflötze, von denen gegenwärtig jedoch nur 6 in Angriff genommen sind und nur 3 in Abbau stehen. Ihre Mächtigkeit wechselt von 9 Zoll bis 2 Fuss. Am Pensberg sind unter 48 Flötzen 15 bauwürdige, welche über 18 Zoll Mächtigkeit besitzen. Bei Tölz wurden bis jetzt nur einzelne bauwürdige Flötze gefunden. Die Au-Miesbacher Kohlenflötze bilden drei Flötzgruben mit vielen einzelnen Flötzen. Gegenwärtig baut man vorzugsweise nur auf dem 40 Zoll mächtigen Kohlenflötz an der Leitzach. Erwähnenswerth für Oberbayern ist noch die kleine Grube bei Grossweil, welche mittels Tagbaues geringe Quantitäten wenig guten Lignits für den Hausgebrauch des Grubenbesitzers liefert. Der Absatz der Peissenberger Kohlen geht hauptsächlich nach Augsburg zum Fabrikbetriebe, nach Lindau für die Dampfbootheizung, nach München, Halblech u. s. w.

Die sieben gewerkschaftlichen Braunkohlenwerke der drei Revierabtheilungen Miesbach, Gmund-Tölz und Pensberg bestehen aus 30 Belehnungen nach Fundgruben und Maassen, wovon 47 Gruben gefristet werden. Die Miesbacher Kohlen werden theils nach München, theils auf dem Inn weiter nach Osten versendet. Das Pensberger Braunkohlenwerk hat seinen Markt in München und Augsburg. Die Grube Nantesbuch wird in Fristen gehalten.

An diese Kohlenflötze von Oberbayern schliessen sich zunächst jene von Irrsee bei Kaufbeuern in Schwaben, welche auch Pechkohlen, doch von geringerer Qualität enthalten. Man kennt drei mehr oder weniger bauwürdige flach gelagerte Flötze von ca. 12 Zoll Kohlenmächtigkeit. Der Absatz geht nach Augsburg, Kaufbeuern etc. Die Grube Concordia bei Wemding hat nur geringe Förderung für locales Bedürfniss.

Die eigentliche Braunkohle beschränkt sich immer auf kleinere Districte, ist aber ziemlich über alle Theile des Königreichs verbreitet. Viele Gruben, welche auf denselben bauen, sind sehr unbedeutend, meist nur zeitweise im Betrieb und grösstentheils in Fristen gehalten. Unter den in Betrieb stehenden nehmen die gewerkschaftlichen Gruben zu Sauforst bei Burglengenfeld in der Oberpfalz den ersten Platz ein. Es bauen 33 einzelne Zechen auf dem 10 bis 30 Fuss mächtigen grösstentheils Lignit haltigen Flötze und liefern das Brennmaterial für den Puddel- und Schweissofenbetrieb des Eisenhüttenwerks Maximilianshütte, sowie für Regensburger Fabriken. An diese reihen sich die Braunkohlenzeche an der Kumpfmühle bei Regensburg, zwei dergleichen unfern Abbach, dann einzelne kleine Baue bei Kelheim. Die Abbacher Kohle findet ihren Absatz in Regensburg, die geringe Menge an Kohlen der anderen Gruben dient für örtliche Zwecke. Endlich sind noch anzuführen die gewerkschaftliche Grube „Sattlerin“ bei Wiesau in der Oberpfalz, sowie die Gruben der Zotterwies bei Waltershof und von Seussen bei Arzberg.

Die Grube Ernestine bei Thumsenreuth unfern Erbendorf in der Oberpfalz baut auf einen brauchbaren Lignit, der in den benachbarten Hammerwerken und zur Dampfkesselheizung benutzt wird.

In der Basaltregion der Rhön finden sich an vielen Orten Braunkohlenablagerungen. Auf denselben sind 9 Zechen an Gewerke verliehen. Die dortige Braunkohle dient theils zur Feuerung bei der Saline Kissingen, theils findet sie ihre Verwendung zu Hausbrand und in den Brauereien der Umgegend bis Fulda; auch wird sie zum Kalkbrennen benutzt.

Die folgende Tabelle, welche dem vom k. bayer. Forstbureau herausgegebenen Werke über die Forstverwaltung Bayerns (München, 1861) entnommen ist, enthält eine Aufstellung der wichtigsten im Verwaltungsjahre 1858/59 im Betrieb gewesenen Stein- und Braunkohlenwerke Bayerns, ihrer Förderungsmengen, Zahl der Arbeiter etc.

Regierungs-Bezirk	Besitzstand	Benennung und Lage der Gruben	Anzahl der Gruben		Production im Jahre 1858/59	Anzahl	
			Steinkohlen	Braunkohlen und andere jüngere Kohlen	bayer. Ctr.	der Arbeiter	der Familienglieder
Schwaben.	Gewerkschaftlich.	Kohlenwerk 1 u. 2 bei Irrsee (Ldg. Kaufbeuern)	—	1	8585	24	27
		Grube Concordia bei Wemding	—	1	1000	5	2
		Summe Schwaben	—	2	9585	29	29
Oberbayern.	Aerarisch.	In der Revierabtheilung Peissenberg:					
		a) Grube am Hohenpeissenberg	—	1	124690	92	55
		b) „ Schwarzerde der k. Bank in Nürnberg	—	1	2326	4	9
	Gewerkschaftlich.	In der Revierabtheilung Miesbach:					
		a) bei Au	—	1	8990	20	} 160
		b) Philipps- und Friedrichsstolln an der Leitzach bei Miesbach	—	2	258610	170	
		In der Revierabtheilung Gmund und Tölz:					
		Tegernseer Kohlengewerkschaft	—	3	6133	52	16
		In der Revierabtheilung Penzberg:					
		Grube Karl bei Pensberg	—	1	90444	41	44
		Grube bei Gressweil (Ldg. Weilheim)	—	1	367	2	—
		Summe Oberbayern	—	10	491560	381	284
Oberpfalz.	Gewerkschaftlich.	a) Gruben im Sauforst bei Burglengenfeld: Ludwig, Eintracht, Heinrich der Eisenwerks-Gesellschaft Maximilianshütte	—	3	} 823564	642	732
		Gruben der Fabrikanten Fikentscher	—	24			
		Gruben verschiedener Privaten	—	6			
		b) bei Kelheim: Gruben verschiedener Privaten	—	14			
		c) bei Abbach: Grube Friedericke Henriette	—	2			
		Grube Sattlerin bei Wiesau	—	1	—	—	—
	Aerarisch.	Grube bei Erbendorf	1	—	2531	24	48
	Gewerkschaftlich.	Ernestinenzeche bei Thumsenreuth	—	1	3572	15	20
		Summe Oberpfalz	1	51	829667	681	800

Regierungs-Bezirk	Besitzstand	Benennung und Lage der Gruben	Anzahl der Gruben: Steinkohlen	Anzahl der Gruben: Braunkohlen und andere jüngere Kohlen	Production im Jahre 1858/59 bayer. Ctr.	Anzahl der Arbeiter	Anzahl der Familienglieder
Oberfranken.	Gewerkschaftlich.	Grube Phantasie bei Dondorf	—	1	—	—	—
		Stockheimer District:					
		Büttnerzeche bei Reitsch	1	—	60000		
		Mayer'sche Gruben:					
		a) St. Wolfgang und Michael	1	—	99950		
		b) Vereinigter Nachbar	1	—		700	1320
		Swaine'sche Gruben:					
		a) Franz-Ludwig-Zeche	1	—			
		b) St. Katharinen-Zeche	1	—			
		c) Adam-Friedrich-Zeche	1	—	616150		
		d) Karl-Christoph-Zeche	1	—			
		e) Christoph-Franz-Zeche	1	—			
		Summe Oberfranken	8	1	776100	700	1320
Unterfranken.	Gewerkschaftlich.	Auf der Röhn:					
		a) Kohlenzeche Einigkeit am Bauersberg					
		b) Maier'sche Kohlenzeche mit den Districten: Bischofsheim, Weisbach, Unterweisenbrunn, Eisgraben und Lettengraben	—	9	15943	20	42
		Summe Unterfranken	—	9	15943	20	42
Pfalz.	Aerarisch.	Gruben zu Bexbach, St. Ingbert und Odenbach	3	—	2,266900	785	1530
	Gewerkschaftlich.	Südliche Gruppe bei Breitenbach, Altenkirchen, Brück und Steinbach					
		Mittlere Gruppe bei Osterbrücken, Kusel am Potzberg, bei Wolfsstein und Lauterecken	65	—	336935	425	1340
		Nördliche Gruppe bei Odenbach, Alsenz und Obermoschel					
		Summe Pfalz	68	—	2,603835	1210	2870
		Summe Bayern	77	73	4,716690	3021	5345

Hiernach beträgt die Production an Steinkohlen 71,5, die an Braunkohlen 28,5 Proc. der gesammten Mineralkohlenerzeugung.

In den seit dem Jahre 1849 von der königl. General-Bergwerks- und Salinen-Administration herausgegebenen „Uebersichten der Production des Bergwerks-, Hütten- und Salinenbetriebes in dem bayerischen Staate" sind die Steinkohlen von den Braunkohlen nicht getrennt, daher sich — wie in Oesterreich — nur die Entwickelung der Mineralkohlenerzeugung im Ganzen verfolgen lässt. Die folgende Uebersichtstabelle enthält die Zahl der Werke, die Productionsquanten, den Werth derselben, die Zahl der Arbeiter und deren Familienglieder für die Jahre 1849—1862.

Jahr	Zahl der Gruben	Production in Zoll-Centnern	Werth am Ursprungsorte in bayr. Gulden	Zahl der Arbeiter	Familienglieder derselben
1849	135	2,281732	490350	2016	4220
1850	149	2,371400	537222	2005	4087
1851	148	2,605183	613430	2140	4157
1852	157	2,824880	644800	2194	4022
1853	156	3,331821	714303	2181	5000
1854	163	3,979198	905832	2253	4879
1855	173	4,190581	1,010909	2181	4762
1856	198	4,424358	1,141783	2178	4689
1857	159	5,057845	1,310505	2599	5454
1858	163	5,024430	1,260100	2932	5216
1859	192	5,293892	1,264443	3021	5345
1860	204	5,181636	1,140199	2879	5255
1861	181	5,300226	1,187931	2703	4569
1862	180	5,335805	1,163686	2515	4593

Vergleicht man die Jahre 1852 und 1862, so zeigt sich, dass innerhalb dieser Periode eine Steigerung

der Zahl der Gruben . . . . auf das 1,15fache
der Productionsmenge . . . . „ „ 1,89 „
des Geldwerthes derselben . . . . „ „ 1,80 „
der Belegschaft . . . . „ „ 1,15 „
der Zahl der Familienglieder . . . . „ „ 1,14 „

stattgefunden, woraus folgt, dass sich die mittlere Leistungsfähigkeit der Gruben wie der Arbeiter gleichmässig (in dem Verhältniss 1 : 1,64) vergrössert hat.

Nach den von der Centralstelle des Zollvereins herausgegebenen Uebersichten setzt sich die Kohlenproduction Bayerns im Jahre 1862 zu 83 Proc. aus Steinkohlen und 17 Proc. aus Braunkohlen zusammen; 48 Proc. der totalen Production kommen auf gewerkschaftliche, 52 Proc. auf landesherrliche Gruben.

Um die Vertheilung der Kohlenerzeugung auf die einzelnen Bergreviere Bayerns zu zeigen, geben wir noch die folgende detaillirte Zusammenstellung für die Jahre 1861 und 1862.

Name des Bergreviers	Production in Centnern	Werth in bayer. Gulden	Zahl der Gruben	Zahl der Arbeiter	Zahl der Familienglieder	Bemerkungen
			Verwaltungsjahr 1861.			
Amberg	795510	52944	36	489	523	10 Gruben in Fristen gehalten.
Bodenwöhr	1960	525	1	7	21	
Kissingen	22010	1965	11	25	50	5 „ in Fristen.
München	573180	160008	53	471	599	11 „ ausser Betrieb.
Sonthofen	5298	1192	1	4	12	
Steben	678684	108282	8	394	632	4 „ nicht in Betrieb.
Wunsiedel	74425	15220	4	137	162	
St. Ingbert	3,149159	847795	67	1176	2570	28 „ ausser Betrieb.
			Verwaltungsjahr 1862.			
Amberg	823592	53668	33	314	282	21 Gruben nicht in Betrieb.
Bodenwöhr	1960	525	1	7	21	
Kissingen	32553	2906	8	36	70	4 „ ausser Betrieb.
München	753542	157750	60	437	583	50 „ ausser Betrieb.
Sonthofen	5298	1192	1	4	12	
Steben	719779	127725	8	441	1011	4 „ ausser Betrieb.
Wunsiedel	48400	10600	3	127	166	1 Grube in Fristen.
St. Ingbert	2,950681	809320	66	1149	2448	32 Gruben ausser Betrieb.

3. Königreich Hannover.

Ueber die Grösse und den Werth der Production und die Zahl der beschäftigten Arbeiter der hannöver'schen Kohlenwerke theilen wir im Folgenden eine ausführliche im k. Finanzministerium zusammengestellte Tabelle mit, in welcher sämmtliche Schwarz- und Braunkohlenwerke namentlich aufgeführt sind. Es ergiebt sich aus dieser Tabelle, dass die totale Kohlenproduction des Königreichs im Jahre 1861 6,864190 Ctr., 1862 6,552931 Ctr., 1863 6,438107 Ctr. betragen hat, also in dieser Zeit um ein Geringes (6,2 Procent) zurückgegangen ist. Von der Production des Jahres 1863 kamen nur 1,44 Procent auf Braunkohlen, übrigens 59 Procent auf Privatwerke, 41 Procent auf Staatswerke. Der durchschnittliche Preis für einen Centner Schwarzkohle betrug im Jahre 1861 3,49 Groschen, 1862 3,56 Groschen, 1863 3,46 Groschen; für einen Centner Braunkohle 1861 2,71 Groschen, 1862 2,09 Groschen, 1863 2,00 Groschen.

Die durchschnittliche Leistung eines Arbeiters belief sich bei der Schwarzkohle 1861 auf 2146 Ctr., 1862 auf 2204 Ctr., 1863 auf 2232 Ctr.; bei der Braunkohle 1861 auf 2155 Ctr., 1862 auf 3868 Ctr., 1863 auf 2990 Ctr.

Von der gesammten Schwarzkohlenproduction des Jahres 1863 kamen

auf das Fürstenthum Osnabrück	1,889790 Centner,
auf die Werke am Deister	2,886030 „
auf die am Osterwald und Süntel	1,368709 „
auf die Grafschaft Hohenstein	200920 „

Die Concurrenz der Ruhrkohlen ist in neuerer Zeit — nach dem Herabgehen der Tarifsätze auf den Bahnen des norddeutschen Eisenbahnverbands — immer fühlbarer und der Entwicklung des Kohlenbergbaues hinderlicher geworden.

Statistische Zusammenstellung

der Production, Belegung und des Productionswerths sämmtlicher Schwarz- und Braunkohlen-Bergwerke im Königreich Hannover vom Jahre 1861, 1862 und 1863.

Schwarzkohlen- und Braunkohlen-Bergwerke	1861			1862			1863		
	Production Centner	Zahl der beschäftigten Arbeiter	Geldwerth der Production Thlr.	Production Centner	Zahl der beschäftigten Arbeiter	Geldwerth der Production Thlr.	Production Centner	Zahl der beschäftigten Arbeiter	Geldwerth der Production Thlr.
A. Schwarzkohlen-Bergwerke.									
I. Im Fürstenthum Osnabrück.									
a) *Staatswerke.*									
1. zu Borglohe	341000	152	44780	398300	170	49890	436571	158	51200
2. „ Oesede	80890	118	10475	169200	94	23170	176070	98	25700
Summa I . . .	421890	270	55255	567500	264	73060	612641	256	76900
b) *Privatwerke.*									
1. Georgs-Marien-Bergwerks- und Hütten-Verein	575344	300	96108	580597	300	105185	508040	270	93290
2. Hammerstein bei Wellingholzhausen	60000	50	6808	66327	65	6193	55477	65	5778
3. Bohmte, Zeche Caroline	24950	30	3729	25805	35	4200	110	24	20
4. Piesberg, Stadt Osnabrück	878920	415	104885	839188	418	95940	713522	399	80436
Summa I . . .	1,539214	795	211530	1,512417	818	211518	1,277149	758	179524

Schwarzkohlen- und Braunkohlen-Bergwerke	1861			1862			1863		
	Production Centner	Zahl der beschäftigten Arbeiter	Geldwerth der Production Thlr.	Production Centner	Zahl der beschäftigten Arbeiter	Geldwerth der Production Thlr.	Production Centner	Zahl der beschäftigten Arbeiter	Geldwerth der Production Thlr.
II. Am Deister.									
a) Staatswerke.									
1. Süersserbrink	109640	37	10558	53710	20	5443	61474	20	5840
2. Hohewarte	292160	90	27380	270000	85	25906	352578	80	35728
3. Barsinghausen	330230	100	36058	367765	112	40761	383042	95	41300
4. Hohenbostel	247870	92	26876	291575	104	32316	294578	85	31800
5. Heggendorf	4130	4	411	6500	3	650	11526	4	1095
6. Daberg	3950	3	288	2235	3	212	3053	3	271
Summa II	987980	326	101571	991785	327	105288	1,106251	287	116034
b) Privatwerke.									
1. Bredenbeck, Freiherr Knigge	281786	100	31840	248063	91	25430	212334	102	21430
2. Wenigsen, Gem.-Bergwerk, Gebr. Sammann	17500	12	1790	20500	4	984	eingestellt.		
3. Feldberg, Hülssebrink, Brön, G. Egestorff	384250	160	29000	404320	146	38506	392208	155	31473
4. Kniggenbrink, Freiherr Knigge	475000	155	53833	371340	143	39610	417663	150	43158
5. Barsinghausen, Kloster-Cammer	840000	225	84000	789145	190	73653	719722	190	67174
6. Bantorf, Deister-Bergwerks-Gesellschaft	357940	200	40566	40966	26	4100	eingestellt.		
7. Am Rehburger Berge, Kloster Lonum	47442	58	7563	48445	56	7563	37852	48	5930
Summa II	2,403918	910	248592	1,922779	656	189846	1,779779	645	169165
III. Am Osterwald und Süntel.									
a) Staatswerke.									
1. Am Osterwald	626712	325	72810	632513	330	70866	676060	335	70580
2. Am Nesselberg bei Brüninghausen	155568	103	17602	196847	102	14535	181665	103	13852
3. Am grossen Süntel bei Flegessen	5844	12	700	3213	3	350	21950	4	2390
Summa III	788124	440	91112	832573	435	85751	879675	442	86822
b) Privatwerke.									
1. Elze Mehler, Pachtwerk am Osterwald	80000	48	10013	93700	60	11713	90800	62	11288
2. Haspelmath's bei Quanthof daselbst	27020	30	3425	63248	33	7558	71236	34	8110
3. Am kleinen Süntel, Hentig	30000	11	4800	45000	8	4500	40000	12	5000
4. Stadt Münder-Süntel-Bergwerk	323850	150	32385	248369	140	29836	279912	152	27991
5. Duinger Interessenten-Bergwerk	8917	8	1114	8708	7	1088	7086	7	885
Summa III	469787	247	51737	459029	248	54695	489034	267	53274
IV. In der Grafschaft Hohenstein.									
1. bei Ilfeld, Graf v. Stolberg	154100	164	27100	158534	170	25600	200920	188	29900
Summa aller Steinkohlenbergwerke	6,765013	3152	786897	6,444617	2918	745758	6,345449	2843	711619
davon: *Staatswerke*	2,197994	1036	247938	2,391858	1026	264099	2,598567	985	279756
Privatwerke	4,567019	2116	538959	4,052759	1892	481659	3,746882	1858	431863
B. Braunkohlen-Bergwerke.									
I. *Staatswerke.*									
1. bei Münden am Steinberge	45000	16	4000	68852	16	4029	40684	15	2070
2. bei Wallensen im Wanzerbruche	7650	12	605	eingestellt.					
II. *Privatwerke.*									
1. bei Dransfeld	46527	18	4354	39462	12	3497	51974	16	4116
Summa Braunkohlenbergwerke	99177	46	8959	108314	28	7526	92658	31	6186

4. Zusammenstellung der Kohlenerzeugung sämmtlicher Zollvereinsstaaten.

Die folgenden beiden Tabellen sind den von der Centralstelle des Zollvereins herausgegebenen statistischen Uebersichten über den Bergwerks-, Hütten- und Salinenbetrieb im deutschen Zollverein entnommen und sollen zur Vervollständigung des vorstehend Mitgetheilten hier noch Platz finden; die Zahlen für Preussen sind zur leichteren Vergleichbarkeit an dieser Stelle nochmals wiederholt.

Steinkohlenproduction der Zollvereinsstaaten in den Jahren 1860 bis 1862.

Vereinsstaaten	1860				1861				1862			
	Anzahl der Werke	Production in Zoll-Centnern	Geldwerth der Production am Ursprungsorte Thlr.	Anzahl d. Arbeiter	Anzahl der Werke	Production in Zoll-Centnern	Geldwerth der Production am Ursprungsorte Thlr.	Anzahl d. Arbeiter	Anzahl der Werke	Production in Zoll-Centnern	Geldwerth der Production am Ursprungsorte Thlr.	Anzahl d. Arbeiter
Preussen	465	202,477779	21,298332	64682	449	235,189996	21,808326	68229	428	261,767816	22,565053	69468
Bayern	76	3,515273	517611	1689	125	4,390448	637531	2130	131	4,424402	626790	2122
Sachsen	86	32,010025	3,351250	12151	81	33,750817	3,284558	11410	85	34,621436	3,255615	12016
Hannover	36	6,433418	784088	3258	35	6,765113	786897	3152	35	7,206759	740698	2918
Baden	3	212395	42357	130	3	168156	33653	150	3	187519	36841	153
Kurfürstenth. Hessen	1	1,928592	343225	1032	1	1,931394	326004	1084	1	2,833239	415888	1250
Thüringen	9	379028	42331	211	6	465005	50161	264	4	484369	58411	278
Oldenburg	1	50	5	1	1	40	4	1	1	20	2	1
Summen .	677	246,956560	26,379199	83154	701	282,660969	26,927134	86420	688	311,525560	27,699298	88206

Braunkohlenproduction der Zollvereinsstaaten in den Jahren 1860 bis 1862.

Vereinsstaaten	1860				1861				1862			
	Anzahl der Werke	Production in Zoll-Centnern	Geldwerth der Production am Ursprungsorte Thlr.	Anzahl d. Arbeiter	Anzahl der Werke	Production in Zoll-Centnern	Geldwerth der Production am Ursprungsorte Thlr.	Anzahl d. Arbeiter	Anzahl der Werke	Production in Zoll-Centnern	Geldwerth der Production am Ursprungsorte Thlr.	Anzahl d. Arbeiter
Preussen	438	63,065883	2,971858	9938	431	66,411477	3,038997	10744	443	76,140999	3,332400	11534
Ausserdem:												
Anhalt-Dessau-Cöthen . . .	8	3,863611	178871	445	8	3,755456	172680	403	9	4,080057	185503	411
Anhalt-Bernburg	6	1,850778	86835	182	5	2,324547	115249	236	5	2,735850	126816	268
Schwarzburg-Rudolstadt . .	2	219291	13401	42	—	—	—	—	—	—	—	—
Bayern	128	1,666363	133930	1190	56	969778	41287	573	49	911403	38174	393
Sachsen	160	6,772696	384065	3128	157	6,693228	347788	2830	166	7,672903	406711	3423
Hannover	3	121314	7787	44	3	142931	8959	46	2	108314	7526	28
Kurfürstenth. Hessen	27	2,523251	173498	1503	27	2,785689	190631	1409	26	2,524660	173824	1332
Grosshzgth. Hessen	8	633247	70703	343	8	696694	78607	328	8	639371	68957	316
Thüringen	98	3,521809	161364	980	95	5,273575	215650	1043	93	3,466424	162095	918
Braunschweig . .	3	2,444780	130388	290	3	2,424679	129316	285	4	2,388352	127712	288
Nassau	31	970264	95390	850	29	1,028187	95802	838	28	1,019651	73645	737
Summe .	912	87,653287	4,408090	18935	822	92,446241	4,434966	18735	833	101,687984	4,703363	19648

Nachtrag.

Die erst nach Bearbeitung des vorstehenden Capitels erschienene Tabelle über die Production des Bergwerks-, Hütten- und Salinenbetriebes im Zollvereine für das Jahr 1863 enthält über die Stein- und Braunkohlenförderung der Zollvereinsstaaten im letzteren Jahre folgende Angaben, welche wir zur Ergänzung hier beifügen.

Steinkohlenproduction des Zollvereins im Jahre 1863.

Vereinsstaaten	Zahl der Werke	Production in Zoll-Centnern	Geldwerth am Ursprungsort in Thalern	Zahl der Arbeiter
Preussen	409	286,091502	23,361065	71592
Bayern	132	4,659509	616501	2346
Sachsen	88	38,049350	3,345316	12203
Hannover	32	6,345449	711619	2843
Baden	3	193456	34298	150
Kurhessen	1	2,576057	389807	1222
Thüringen	5	218809	30950	204
Oldenburg	1	20	2	1
Zusammen	671	338,134152	28,489558	90561

Braunkohlenproduction des Zollvereins im Jahre 1863.

Vereinsstaaten	Zahl der Werke	Production in Zoll-Centnern	Geldwerth am Ursprungsort in Thalern	Zahl der Arbeiter
Preussen	453	80,524076	3,647151	11715
Anhalt-Dessau-Cöthen	9	5,120568	227564	462
Anhalt-Bernburg	5	2,980152	116370	269
Bayern	49	1.171894	43244	410
Sachsen	164	8,572317	415711	3482
Hannover	2	92658	6186	31
Kurfürstenthum Hessen	25	2,666147	176014	1361
Grossherzogthum Hessen	9	688607	73810	348
Thüringen	94	3.980192	160628	1016
Braunschweig	4	2,477451	122276	297
Nassau	29	915837	72287	669
Zusammen	843	109,189899	5,061241	2018

CAPITEL IV.

Statistik der Kohlengewinnung des Kaiserthums Oesterreich.

A. Allgemeine Uebersicht.

Die ausgedehntere Benutzung der fossilen Kohlen fällt in Oesterreich in die allerneueste Zeit, ja man kann sagen, es hat dort erst die Uebergangsperiode zu jenem belebenden Aufschwunge begonnen, welchen eine rationelle und vielseitige Verwendung der Mineralkohlen zu vermitteln im Stande ist. Noch brennt unter den Siedepfannen mancher galizischen und salzburger Saline Bauholz und noch beschränkt sich die steierische wie kärnthnerische Eisenindustrie darauf, in ihrer Production den gemessenen gleichen Schritt mit dem Wachsthum der Bäume einzuhalten, während die vorhandenen Erzmassen in fast unbegrenzten Quantitäten zur Verfügung stehen. Während das Holz anderwärts schon längst als ein viel zu kostbarer Stoff betrachtet wird, um lediglich als Wärmeerzeuger zu dienen, wurde es in Oesterreich bis auf die neueste Zeit noch immer vorwiegend hierzu benutzt und wird es voraussichtlich in verschiedenen Gebieten der Monarchie noch lange Zeit nicht jene Schonung finden, wie sie aus mannigfachen Gründen geboten wäre, weil das Communicationswesen nicht entfernt in dem Grade entwickelt ist, wie es nöthig erscheint, um die von der Natur localisirte Kohle überall hin befördern zu können, wo man ihrer bedarf.

Der Kohlenreichthum Oesterreichs ist im Auslande meist unterschätzt worden, weil man den Maassstab zur Beurtheilung aus der Production entlehnte; allein diese steht nicht, wie in vielen anderen Ländern, im Verhältniss dazu und ist, ohne eine zu rasche Erschöpfung der Vorräthe befürchten zu müssen, noch einer bedeutenden Steigerung fähig.

In der amtlichen Statistik der österreichischen Bergwerke sind leider bis zum Jahre 1855 die Steinkohlen[1]) von den Braunkohlen nicht getrennt aufgeführt worden; wir sind daher genöthigt, beide zusammenzufassen, um das Bild von dem Aufschwunge des Kohlenbaues über einige Jahrzehnte auszudehnen. Die folgende Tabelle gibt zunächst ein solches Bild, indem sie die Productionsquanten der einzelnen Landestheile an Stein- und Braunkohlen in Wiener Centnern für die Jahre 1823—1862 angibt. Diese Tabelle ist mit Benutzung der folgenden Quellen zusammengestellt:

F. Friese, die Bergwerksproduction der österreichischen Monarchie, Wien 1852.
Derselbe, Uebersicht der österreichischen Bergwerksproduction in den Jahren 1823—1854, Wien 1855.
Der Bergwerksbetrieb im Kaiserthum Oesterreich im Jahre 1855, dargestellt vom k. k. Finanzministerium, Wien, 1857.
Die Verwaltungsberichte der k. k. Berghauptmannschaften über Verhältnisse und Ergebnisse des österreichischen Bergbaues im Verwaltungsjahre 1858, herausgegeben vom Finanzministerium, Wien, 1859.
Uebersicht der Verhältnisse und Ergebnisse des österreichischen Bergbaues in den Verwaltungsjahren 1859, 1860, 1861, aus den Berichten der k. k. Berghauptmannschaften zusammengestellt und herausgegeben vom k. k. Finanzministerium, Wien, 1860, 1861, 1862.
Mittheilungen aus dem Gebiete der Statistik, herausgegeben von der k. k. statistischen Centralcommission, 10. Jahrgang, IV. Heft, enthaltend den Bergwerksbetrieb im Kaiserthum Oesterreich für das Verwaltungsjahr 1862, Wien 1864.

---

[1]) Auch sämmtliche Schwarzkohlen sind hier unter dem Namen Steinkohlen zusammengefasst.

Die Production des österreichischen Staates an Stein- und Braunkohlen

in den Jahren 1823—1862.

Jahreszahl	Nieder-Oesterreich	Ober-Oesterreich	Steiermark	Illyrien	Küstenland	Tyrol	Böhmen	Mähren und Schlesien	Galizien	Dalmatien	Lombardei	Venedig	Ungarn	Banat	Summen
1823	100737		324943	22915		73875	1,398599	255132	296	—	—		241197		2,417693
1824	43261		430724	37803		57195	1,507300	300598	190	—	—		309981		2,687051
1825	103944		354892	31308		45325	1,504785	297788	48	—	—		427771		2,766862
1826	117374		341179	50854		45110	1,668643	315670	136	—	612		543966		3,083541
1827	198562		422368	39137		35415	1,659332	344900	92	—	68		510275		3,210148
1828	189904		388379	51782		25985	1,658451	366693	—	—	4107		399380		3,084681
1829	202204	18021	386221	56081		36294	1,703942	352516	—	—	29518	2527	404604		3,191927
1830	243405	6200	397791	72334		38408	2,112259	407207	—	—	—	1652	481999		3,761255
1831	178565	28229	404986	104739		23042	2,055061	401984	102	—	38712	915	287668		3,524003
1832	214045	12950	387520	88692		45266	2,215977	447449	250	—	21669	2370	382339		3,818527
1833	231020	22136	215106	77049		46619	2,118213	479091	—	—	30003	3389	274554		3,497181
1834	358865	30121	239869	43927	39670	46341	2,563962	592592	—	—	36528	1661	286305		4,239841
1835	460746	8386	324546	111074	24048	43440	2,646972	590738	—	—	46374	2018	219907		4,478249
1836	448198	1250	390148	113725	30910	17052	2,740172	740851	—	—	49856	2179	353492		4,888133
1837	450661	3790	425555	92653	35200	14760	2,745010	831572	—	134952	39765	2120	279910		5,055949
1838	530783	4083	454402	131083	45901	32157	3,433775	920009	—	126370	39708	11450	252634		5,982355
1839	689315	60114	391390	163046	73105	30468	4,178923	1,338278	110	130000	39895	33509	587298		7,715451
1840	740903	187295	459542	221732	79392	12644	4,299921	1,659803	1006	142680	33523	41614	573870		8,453925
1841	980135	114194	496644	322526	64237	16944	4,774127	1,827142	—	173000	59990	38304	613615		9,480858
1842	1,037010	125050	531870	322069	80594	52136	4,685348	1,956213	—	77825	68146	57892	362786		9,356839
1843	947774	138281	605886	594309	82877	49815	4,566721	1,680372	2030	73219	72932	105068	377067		9,296351
1844	1,241266	168377	614484	687897	80572	56551	5,703831	2,295544	3342	78829	73452	93300	407584		11,505029
1845	1,248469	177375	755107	746419	80993	69592	6,405160	2,712655	—	109450	106477	107272	368661		12,887630
1846	1,269009	201027	718966	849076	82111	58782	7,209550	3,182051	2958	134141	179650	120650	260840		14,268811
1847	1,382250	256850	871444	851674	75881	55391	7,476653	3,121196	35588	105561	218188	?	447686		14,893362
1848 u. 1849	Nicht sicher ermittelt.														
1850	1,252527	355557	1,214008	595786	97430	62594	8,439391	4,573089	955993	188712	130000	96947	1,180000	343912	20,105973
1851	1,420772	776950	1,581714	703712	89942	90252	10,347544	5,017372	1,050494	143650	177160	127294	2,266036	587877	24,380769
1852	1,673178	935569	2,059345	944222	123120	120002	12,833772	6,039450	966117	145000	188642	170823	3,101200	732106	30,032546
1853	1,670074	983657	2,312934	1,169817	144890	129065	13,309390	5,509528	1,016028	145000	272403	221496	3,518313	851556	31,254151
1854	1,609893	495821	2,958225	1,393816	197162	155790	12,995416	6,550860	1,265887	143000	300000	270000	3,714710	1,127926	33,178536
1855	1,471628	483375	3,941969	1,442370	198584	129429	16,637445	6,679120	1,138812	?	?	?	3,043063	1,557008	37,518769
1856	1,581968	413869	4,559826	1,350530	204520	136327	19,755988	7,960703	1,311208	?	?	?	3,011307	1,467246	41,753492
1857	1,637547	546565	5,142911	1,427876	215045	143484	20,630289	9,493009	1,307667	?	?	?	3,131389	1,204974	44,880756
1858	1,687043	692350	6,178847	1,415704	207229	122742	23,739097	10,420358	1,720314	83383	96706	91732	3,183687	1,054522	51,975774
1859	1,833630	716556	5,818439	1,257730	204993	88639	26,098054	10,915456	1,664239	86033	—	118629	5,822899	1,301108	55,926505
1860	2,100795	1,294253	6,453268	1,466662	213340	81285	28,100029	12,256528	1,864474	117408	—	132140	6,841386	1,648011	62,569579
1861	2,271124	1,669214	7,640204	1,910447	243250	89806	34,395316	13,373004	1,909401	129165	—	124856	8,537280	300175	72,593242
1862	2,381226	2,312164	8,837665	2,167441	237892	86974	37,407295	14,714690	2,174690	141959	—	290119	10,112970	409047	81,294382

In dem Holzschnitt Fig. 4 (S. 124) sind zur leichteren Uebersicht die Productionsquanten der ganzen Monarchie graphisch dargestellt. Zu gleichem Zwecke sind in folgender Tabelle die Gesammtproductionen nach dreijährigen Durchschnitten aufgeführt und ist dabei (nach F. Friese, die Bergwerksproduction der österreichischen Monarchie, 1852) bis zum Jahre 1819 zurückgegangen:

Jahre	Durchschn. Ausbeute Wiener Centner.	Zuwachs der jährlichen Ausbeute gegen die vorhergehende Periode.	Jahre	Durchschn. Ausbeute Wiener Centner	Zuwachs der jährlichen Ausbeute gegen die vorhergehende Periode.
1819—21	2,111724		1843—45	11,229670	2.132463
1822—24	2,521419	409695	1846—48	14,581086	3,351416
1825—27	3,020184	498765	1849—51	22,243371	7,662285
1828—30	3,345621	325437	1852—54	31,488411	9,245040
1831—33	3,613237	267616	1855—57	41,384339	9,895928
1834—36	4,535408	922171	1858—60	56,823953	15,439614
1837—39	6,251258	1,715850	1861—62	76,943812	20,119859
1840—42	9,097207	2,845949			

Hebt man vom Jahre 1831 an die Productionsmengen des gesammten österreichischen Staates von 10 zu 10 Jahren heraus, so ergibt sich:

Jahr.	Productionsmenge in Wiener Centnern.	Zunahme in Centnern.	Zunahme in Procenten des kleineren Betrags.
1831	3,524003		
1841	9,480858	5,956855	170,0
1851	24,380769	14,899911	157,2
1861	72,593242	48,212473	197,8

In den letzten 10 Jahren war hiernach die Zunahme der Production über 3mal grösser, als in dem vierziger und über 8mal grösser als in dem dreissiger Decennium.

Berücksichtigt man, dass die Productionsziffern grösstentheils auf den eigenen Angaben der Gewerken beruhen, welche wegen der hierauf fussenden Berechnung der Bergfrohne so niedrig als nur immer möglich gestellt werden, dann, dass nicht unbedeutende Mengen von Kohlen, welche bei den Werken selbst verbraucht oder aus Schurfbauen gewonnen werden, in den Productionsausweisen gar nicht erscheinen, so wird man die wirklichen Productionen mit ziemlicher Sicherheit um $^1/_3$ höher, als die angegebenen rechnen und den Gesammtbetrag der österreichischen Mineralkohlenproduction im Jahre 1862 auf über 100 Millionen Centner anschlagen müssen.

Welchen Antheil an der ganzen Ausbeute die einzelnen Landestheile im Jahre 1862 hatten und in welchem Verhältniss innerhalb des 10jährigen Zeitraumes von 1853—1862 die Zunahme der Kohlenproduction in denselben erfolgt ist, wird aus der folgenden Tabelle hervorgehen:

Kronländer:	Antheil an der Gesammtproduction im Jahre 1862 in Procenten.	Zunahme der Production innerhalb der Periode 1853—1862.
Niederösterreich	2,93	1:1,42
Oberösterreich	2,84	1:2,36
Steiermark	10,87	1:3,83
Illyrien	2,67	1:1,86
Küstenland	0,29	1:1,64
Tyrol	0,11	1:0,68
Böhmen	46,02	1:2,81
Mähren und Schlesien	18,12	1:2,67
Galizien	2,67	1:2,13
Dalmatien	0,17	1:0,98
Venedig	0,36	1:1,31
Ungarn	12,44	1:2,87
Banat	0,51	1:0,48
	100	Im Durchschnitt 1:2,28

Den grössten Antheil an der gesammten Ausbeute — nahe die Hälfte — hat hiernach Böhmen, dann folgen Mähren und Schlesien, Ungarn, Steiermark etc. Die verhältnissmässig grösste Steigerung der Production innerhalb der angegebenen 10jährigen Periode ist in Steiermark, Ungarn, Böhmen, Mähren und Schlesien erfolgt.

Was den Verkekr mit dem Auslande betrifft, so ist anzuführen, dass sowohl Einfuhr wie Ausfuhr in den letzten Jahren ziemlich bedeutend (letztere jedoch etwas stärker, als erstere) zugenommen hat. Nach den amtlichen „Ausweisen über den auswärtigen Handel Oesterreichs" betrug:

in den Jahren	die Einfuhr Zoll-Ctr.	die Ausfuhr Zoll-Ctr.	der Unterschied beider Zoll-Ctr.	in den Jahren	die Einfuhr Zoll-Ctr.	die Ausfuhr Zoll-Ctr.	der Unterschied beider Zoll-Ctr.
1831—40	350333	163535	+ 186798	1856	1,792872	2,768798	— 975926
1841—50	800108	913467	+ 113360	1857	3,113950	2,342076	+ 771874
1850	1,491038	1,252601	+ 238439	1858	4,168164	3,774510	+ 393654
1851	1,698726	1,191775	+ 507951	1859	4,444927	3,960459	+ 484468
1852	2,415671	1,151970	+ 1,263701	1860	4,802571	5,593511	— 790940
1853	3,576677	1,429504	+ 2,147173	1861	5,361645	5,883632	— 521987
1854	1,286251	2,587945	— 1,301694	1862	6,342539	7,403748	— 1,061209
1855	1,258989	2,191127	— 932138				

Während also in den Jahren 1831—1853, sowie von 1857—1859 die Einfuhr an Mineralkohlen (grösstentheils aus Preussen, dann auch aus Sachsen und zur See aus England) grösser war als die Ausfuhr (nach Sachsen, Italien, Süddeutschland, Russland und nach der Türkei), wurde in den Perioden 1854—1856 und 1860—1862 die Einfuhr von der Ausfuhr überwogen.

Mit Rücksicht auf Ein- und Ausfuhr berechnet sich das in Oesterreich im Jahre 1862 verbrauchte Quantum an Stein- und Braunkohlen zu 91,049708 — 1,061209 = 89,988499 Zollcentnern, so dass sich, die Einwohnerzahl zu 35,795000 angenommen, der Kohlenverbrauch pro Kopf zu 2,51 Centner ergibt.

Wie der Verbrauch an Mineralkohlen ganz besonders in den grösseren Städten sich gesteigert hat, ergibt sich aus der folgenden durch Herrn Berghauptmann Friese in Wien nach amtlichen Quellen zusammengestellten Tabelle:[1])

Einfuhr an Schwarz- und Braunkohlen in Wiener Centnern.

Städte	1847	1850	1851	1852	1853	1854	1855	1856	1857	1858	1859
Wien . .	417577	884866	965890	1,152774	1,049093	1,358832	1,637268	1,702101	1,305058	1,690034	2,023646
Linz . .	7233	3826	7909	42964	32198	27830	28395	31347	40418	48469	54020
Prag . . .	483640	377648	362256	605426	994980	682296	663338	743701	1,006696	1,372371	1,335910
Brünn . .	315791	457500	490986	559800	509880	504346	570690	491642	1,078897	1,090896	1,144355
Lemberg	72	553	5600	13552	33245	45417	50254	46747	47490	61659	49526
Graz . .	231081	252627	278369	316984	312385	311227	567426	409659	387959	390844	394045
	1,515394	1,977020	2,111010	2,691500	2,931781	2,909998	3,517371	3,425197	3,866518	4,654273	5,001502

Eine Trennung der Steinkohlen von den Braunkohlen ist in den oben angeführten amtlichen Publicationen erst seit dem Jahre 1855 durchgeführt worden. Stellen wir nach Anleitung derselben zunächst für die Steinkohlen die Productionsübersichten zusammen, so ergibt sich für die drei Hauptgruppen der österreichischen Kronländer:

[1]) Oesterr. Zeitschrift für Berg- und Hüttenwesen, 1861, S. 225.

Steinkohlenproduction Oesterreichs 1855—1862.

Jahreszahl	Oesterreich ob und unter der Enns, Steiermark, Kärnthen, Krain, Küstenland, Tyrol, Salzburg				Böhmen, Mähren, Schlesien, Galizien, Bukowina				Ungarn, Siebenbürgen, Croatien, Slavonien, Militärgrenze			
	Production in Wiener Centnern	Geldwerth am Ursprungsorte		Mittelpreis der Gewichtseinheit am Ursprungsorte	Production in Wiener Centnern	Geldwerth am Ursprungsorte		Mittelpreis der Gewichtseinheit am Ursprungsorte	Production in Wiener Centnern	Geldwerth am Ursprungsorte		Mittelpreis der Gewichtseinheit am Ursprungsorte
		fl.	kr.	kr.		fl.	kr.	kr.		fl.	kr.	kr.
1855	663968	196870	45	29,7	17,972832	3,749528	29	20,8	2,442662	711130	56	29,1
1856	718167	179053	32	24,9	20,355630	3,626121	30	17,8	1,919426	549982	5	28,6
1857	814702	193934	25	23,8	22,073274	3,777057	13	17,2	2,069734	580443	53	28,0
1858	705254	160213	53	22,7	25,434719	4,302891	44	16,9	2,612722	660091	28	25,3
1859	707024	168576	88	23,8	27,841127	4,515597	4	16,2	3,675926	823133	5	22,4
1860	872693	207463	99	23,7	29,667240	4,851732	8	16,4	4,249170	950913	63	22,4
1861	845667	202195	76	23,9	35,058659	6,207701	41	17,7	4,602135	943001	76	20,4
1862	884620	268875	94	30,3	38,383346	6,955424	28	18,1	5,791069	1,234846	29	21,3

In wie überwiegendem Maasse die Steigerung der Production in den angeführten 8 Jahren bei den Privatwerken gegenüber den Staatswerken erfolgt ist, zeigt die folgende Uebersicht:

Steinkohlenproduction des österreich. Staates in den Jahren 1855 — 1862.

	Production in Wiener Centnern			Geldwerth am Ursprungsort	
	Staatswerke	Privatwerke	Zusammen	Gulden	kr.
1855	1,087844	19,991619	21,079463	4,657550	10
1856	721924	22,271299	22,993223	4,355157	7
1857	667005	24,290705	24,957710	4,551435	31
1858	834923	27,917772	28,752695	5,123197	6
1859	818101	31,405976	32,224077	5,507309	97
1860	966713	33,822390	34,789103	6,010109	71
1861	1,048484	39,457977	40,506461	7,352898	93
1862	1,074056	43,984979	45,059035	8,459146	51

Während hiernach von der Steinkohlenproduction Oesterreichs im Jahre 1855 5,16 Procent auf die Staatswerke kamen, betrug dieser Antheil 1862 nur noch 2,38 Procent.

Zu einer sehr imposanten Repräsentation gelangte der österreichische Steinkohlenbau bei Gelegenheit der zweiten Londoner Industrieausstellung im Jahre 1862; eine im amtlichen Berichte enthaltene Zusammenstellung der sämmtlichen Kohlenwerke, welche zur Ausstellung beigetragen, wird an dieser Stelle von um so grösserem Interesse sein, als dieselbe von werthvollen (für das Jahr 1860 giltigen) statistischen Notizen begleitet ist.

Die Steinkohlenwerke des Kaiserthums Oesterreich.

Oertlichkeiten	Eigenthümer	Arbeiter	Dampfmaschinen	Production 1860 in Wiener Centnern
	A. Königreich Böhmen.			
Kounowa, Rakonitz, Trebotz, Datschitz, Krouczowa, Neustraschitz	Fürst Schwarzenberg	119	—	108000
Buštěhrad (Unhoscht)	Sr. M. Kaiser Ferdinand	1223	14	3,528000
Brandeisl (Schlan)	Oest. Staats-Eisenb.-Ges.	360	3	1,080000
Kladno (do.)	do.	520	2	1,728000
Jemnik (do.)	Dr. Miksch & Stüdl	60	1	131400
Rakonitz	A. Schupansky	60	1	—
Wegwanow (Zbirow)	K. k. Montan-Aerar	142	4	194400
Stieletz. (Hořowitz)	Kurf. von Hessen	10	—	2520
Miröschau (Dobřiw, Rokitzan) . . .	Fr. Jahnl	80	2	180000
Mantau (Cholieschau)	A. v. Lindheims Erben	100	2	—
Wranowa (Mies)	A. Seifert	—	—	3600
Nürschau (Staab)	Dr. Pankraz	400	—	19800
Schatzlar	Freih. v. Silberstein	250	—	396000
Schwadowitz (Nachod und Trautenau)	Fürst Schaumburg-Lippe	400	3	720000
	B. Markgrafschaft Mähren und Herzogthum Schlesien.			
Zbeschau (Eibenschütz)	A. Rahn & Comp.	300	5	864000
Padochau (do.)	Brüder Klein	200	4	306000
Polnisch-Ostrau (Oderberg)	J. Zweřžmas Erben	325	5	1,317600
Mährisch- und Polnisch-Ostrau . . . Přivos, Hruschau und Michalkowitz .	K. k. Nordbahn-Ges.	1641	24	1,958400
Polnisch- und Mährisch-Ostrau . . . Hruschau und Michalkowitz	Fr. v. Rothschild	1418	16	3,060000
Karwin (Freistadt)	Joh. Graf v. Larisch-Mönnich	1047	9	581400
Peterswald (Oderwerg)	do.	863	5	576000
Orlau-Laz (Freistadt)	Landgraf Fr. Fürstenberg	90	4	198000
	C. Königreich Galizien.			
Jaworzno (Krakau)	K. k. Montan-Aerar	396	13	756000
Sierza und Toczynck, Jaworzno und Krzeszowice	Graf Potocki	208	5	252000
	D. Königreich Ungarn und Banat.			
Fünfkirchen (Baranyer Comitat) . .	L. Lithke	30	1	59400
do. do. . . .	K. k. Donau-Dampfschifffahrtsgesellschaft	787	6	252000
Vasas (Baranyer Comitat)	H. Thies	14	4	32400
Steierdorf (Lugos, Banat)	K. k. öst. Staatseisenbahn	631	6	129600
Doman, Montan-Reschitza (Krassova, B.)	do.	202	1	25200
Szekul, Kuptore (Reschitza)	do.	165	—	180000

Oertlichkeiten	Eigenthümer	Arbeiter	Dampfmaschinen	Production 1860 in Wiener Centnern
E. Militärgrenze.				
Drenkowa (Berzazka)	K. Klein	325	—	162000
F. Erzherzogthum Oesterreich und Herzogthum Salzburg.				
Schleinz (Schauerleiten, Wr.-Neustadt)	F. Gödl	76	1	48600
Griftnergut (Vöklabruck)	Mayr & Baldinger	10	—	21600
Wolfsegg, Kaletzberg, Feitzing Thomasroith, Schwanenstadt, Vöcklabrock, Ried, Haag	Wolfsegg-Traunthaler Kohlen- u. Eisenbahnges.	800	—	1,728000
Grünbach (Neunkirchen)	Reyer und Schlick	150	1	198000
Reitzenberg (do)	do.	30	—	30600
Lanzing (do.)	do.	4	—	1980
Kulmer (Aspang)	do.	4	—	1620
Tradigist (Kirchberg a. d. Pielach)	A. Fischer	14	—	14400
Schrambach (Lilienfeld)	A. Oesterlein	160	—	86400
Kleinzell (Hainfeld)	Fray & Strauss	20	—	1980
Gresten (Gaming)	A. Töpper	23	—	5040
Hollenstein (Waidhofen a. d. Ybbs)	H. Drasche	35	—	41400
G. Herzogthum Steiermark.				
Turrach (Muran)[1]	Fürst Schwarzenberg	30	—	18000

Stellen wir endlich den Betrag und Geldwerth der Braunkohlenproduction der österreichischen Ländergruppen für die Jahre 1855 bis 1862 zusammen, so ergibt sich die folgende Tabelle:

Braunkohlenproduction Oesterreichs 1855—1862.

Jahreszahl	Oesterreich ob und unter der Enns, Steiermark, Kärnthen, Krain, Küstenland, Tyrol, Salzburg				Böhmen, Mähren, Schlesien, Galizien, Bukowina				Ungarn, Siebenbürgen, Croatien, Slavonien, Militärgrenzland				Lombard.-Venetian. Königreich, Dalmatien			
	Production in Wiener Centnern	Geldwerth am Ursprungsort fl.	kr.	Mittelpreis für 1 Centner kr.	Production in Wiener Centnern	Geldwerth am Ursprungsort fl.	kr.	Mittelpreis für 1 Centner kr.	Production in Wiener Centnern	Geldwerth am Ursprungsort fl.	kr.	Mittelpreis für 1 Centner kr.	Production in Wiener Centnern	Geldwerth am Ursprungsort fl.	kr.	Mittelpreis für 1 Centner kr.
1855	7,003387	1,299094	9	18,5	7,278510	687921	58	9,4	2,157409	653619	52	30,3	—	—	—	—
1856	7,528873	1,371190	13	18,2	8,672269	805954	13	9,3	2,559127	689026	13	26,9	—	—	—	—
1857	8,298726	1,534135	9	18,5	9,357691	846479	24	9,0	2,266629	326403	36	14,4	—	—	—	—
1858	9,607661	1,745933	11	18,2	10,445050	920927	8	8,8	2,898547	593312	34	25,8	271821	46382	27	17,0
1859	9,212963	1,649953	60	17,9	10,836722	973536	61	9,0	3,448081	552298	80	16,0	204662	42575	89	20,8
1860	10,736910	1,832489	53	17,1	12,553791	1,096986	31	8,7	4,240227	609541	82	14,4	249548	41296	—	16,5
1861	12,978378	2,028655	68	15,6	14,619062	1,289238	17	8,8	4,235320	586633	55	13,8	254021	37537	75	14,8
1862	15,138742	2,704683	67	17,8	15,933579	1,424642	93	8,9	4,730948	744189	25	15,7	432078	57060	—	13,2

[1]) Anthracit.

Wie sich die gesammte Braunkohlengewinnung des österreichischen Staates für diese acht Jahre auf Staatswerke und Privatwerke vertheilt hat, zeigt die nächste Zusammenstellung:

Braunkohlenproduction Oesterreichs in den Jahren 1855 bis 1862.

	Production in Wiener Centnern			Geldwerth am Ursprungsort	
	Staatswerke	Privatwerke	Zusammen	Gulden	kr.
1855	911593	15,527713	16,439306	2,640635	59
1856	1,070255	17,690014	18,760269	2,866170	39
1857	1,074135	18,848911	19,923046	2,707018	9
1858	1,033698	22,189381	23,223079	3,306555	20
1859	764640	22,937788	23,702428	3,218364	89
1860	1,098653	26,681823	27,780476	3,580313	66
1861	1,293116	30,793665	32,086781	3,942065	16
1862	1,657982	34,577365	36,235347	4,930575	85

In ähnlicher Weise wie für Preussen und nach demselben Maassstab haben wir auch für Oesterreich die Kohlenproduction für die Zeit von 1823 bis 1862 in nebenstehendem Holzschnitt Fig. 4 graphisch dargestellt; die Vertheilung des Gesammtquantums in Steinkohlen und Braunkohlen ist daraus, wie sich nach dem Vorstehenden ergibt, nur für die letzten acht Jahre ersichtlich.

Fig. 4.

Oesterreichs Kohlenproduction

in den Jahren 1823 bis 1862.

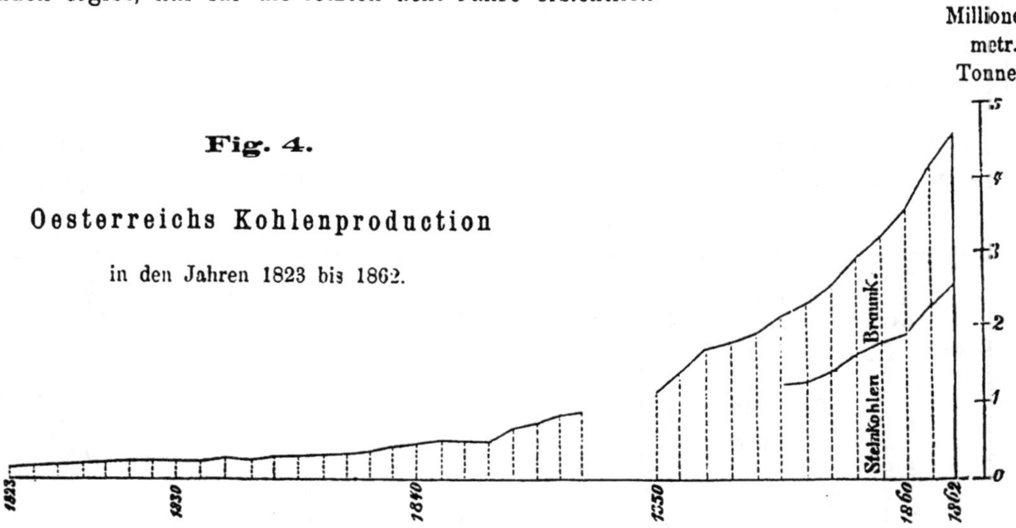

Für die namhafte Steigerung der dem gesammten Kohlenbergbau zu Gebote stehenden Hilfskräfte gibt auch die dem statistischen Jahrbuch der österreichischen Monarchie für das Jahr 1863 (S. 199) entnommene Notiz einen Beleg, dass auf den Kohlenwerken Oesterreichs im Jahre 1852 101 Dampfmaschinen mit 1688 Pferdestärken, 1863 419 Dampfmaschinen mit 9877 Pferdestärken in Betrieb standen.

B. Specielle Statistik des österreichischen Steinkohlenbaues bis zum Jahre 1862.[1])

Oesterreich unter der Enns. Berghauptmannschaft St. Pölten. Eine gedeihliche Entwicklung der Schwarzkohlenbergbaue wurde in den letzteren Jahren vorzugsweise in den ausgedehnteren Werkscomplexen zwischen Lilienfeld und Steg, in den Hollensteiner Kohlenbauen, in Grünbach und Klaus

[1]) Vgl. „Mittheilungen aus dem Gebiete der Statistik", herausgegeben von der k. k. statistischen Centralcommission, X. Jahrg. IV. Heft. S. 88.

durch den energischen Betrieb der Ausrichtungsarbeiten, sowie durch entsprechende Förderungseinrichtungen in der Grube und über Tage erzielt. Aber auch in anderen Schwarzkohlenbauen wurden durch zweckmässige und emsige Aufschlussarbeiten günstige Erfolge erreicht. So wurde im Lunzer Bergbaue (am Rechberge) durch einen bei 50 Klafter über dem Seespiegel angesteckten 180 Klafter langen Freischurfstolln die östliche Fortsetzung des hier weit in das Gebirge hinein verworfenen Flötzes mit $2^1/_2$ Fuss Mächtigkeit angefahren, wodurch nicht nur ein grosses Kohlenfeld in diesem Horizonte der Benutzung erschlossen scheint, sondern auch die Hoffnung auf einen glücklichen Aufschluss des unmittelbar über dem Lunzer See gelegenen Theiles des Flötzes gegeben ist. Eine zweckmässige Gruben- und Tagförderung mittels Eisenbahnen wurde auch bereits für die erschlossenen Kohlenmittel eingeleitet und wird die gut backende Kohle aus dem Oberbaue (bis zur Vollendung des projectirten Unterbaues) mittels einer 304 Klafter langen Tageseisenbahn und zwei zusammen 61 Klafter langen Sturzrollen zur Lunzerstrasse gebracht werden.

In dem Hinterholzer Bergbaue, welcher in den tieferen Horizonten wegen der stark zusitzenden Wässer und der häufig auftretenden schlagenden Wetter verlassen werden musste, wurde am westlichen Ende des Werkscomplexes durch einen alten wieder bewältigten Stollneinbau das bauwürdige liegende Flötz erreicht, wodurch nicht nur ein neues unverritztes Feld gewonnen wurde, sondern auch durch die in Angriff genommene Ausrichtung dieses Flötzes gegen Osten der dort verlassene Bau im tiefsten Punkt erreicht und entwässert werden wird. Die Gewinnung der im östlichen Felde zurückgelassenen Kohlen ist ein um so erfreulicherer Vortheil dieses Aufschlusses, als die Hinterholzer Kohlen wegen ihrer nahen Lage den Eisenraffinirwerken bei Waidhofen a. d. Ybbs vorzugsweise zu Gute kommen und diese in den letzteren Jahren während der Sistirung des Hinterholzer Abbaues, da die Hollensteiner Kohlen eine Fracht für eine 8 — 9 Stunden lange Wegstrecke zu tragen haben, bereits preussische und mährische Kohlen und Koks zu verwenden anfangen.

Die Flötze in der Umgebung von Gresten, welche zwar minder mächtig auftreten, aber die beste Schwarzkohle in Oesterreich unter der Enns führen, werden zur Zeit bezüglich ihres Verhaltens in der Teufe untersucht, weil dieselben über der Thalsohle nur in geringer Mächtigkeit und sehr häufig bis zur Unbauwürdigkeit verdrückt vorkommen. Zu diesem Zwecke wurden zwei Bohrlöcher niedergebracht und ein drittes projectirt, auch das weitere Abteufen eines vorhandenen Schachtes (Louisenschacht) beschlossen.

Die Schwarzkohlenproduction ist in den letzten Jahren in einem viel höheren Grade gestiegen, als je zuvor, nämlich seit dem Jahre 1859 um 175211 Centner, also um 26,7 Procent der Production des Jahres 1859. Die Ursache dieser Productionsvermehrung ist wohl hauptsächlich in der täglich allgemeiner werdenden Verwendung mineralischer Brennstoffe und in der hierdurch bedingten grösseren Nachfrage nach diesen zu suchen; dieselbe wurde jedoch auch bei einzelnen Kohlenwerken nur durch die bei diesen eingeführten Betriebsanstalten und Regelungen des Betriebes ermöglicht. Eine namhafte Steigerung dieser Productionsziffer ist jedoch in der nächsten Zukunft nicht zu erwarten, denn vermöge der Lage der meisten Schwarzkohlenwerke, sowie wegen der vielfachen Störungen, Verwerfungen und theilweise geringen Mächtigkeit der Flötze sind höhere Gestehungskosten bedingt, welche überdies durch den Transport auf schlechten Wegen noch erhöht werden. Die Verkaufspreise stehen daher allenthalben sehr hoch, bei einzelnen Bergbauen auf 60—80 kr., ja selbst auf 1 fl. ö. W. pr. Wiener Centner Stückkohle loco Grube.[1]) Der Absatz der Schwarzkohlenwerke in Oesterreich unter der Enns bleibt daher auf die denselben zunächst liegenden Fabriken beschränkt, und es haben in dieser Beziehung die an der hohen Wand gelegenen Schwarzkohlenwerke günstigere Absatzverhältnisse, als die anderen, da in ihrer nächsten Umgebung zahlreiche Brennstoff consumirende Fabriken bestehen. Abgesehen davon, dass die Kohlenwerksbesitzer dieser Gegend schon alle Anstrengungen gemacht haben, ihre Production auf die

---

[1]) Das Kohlengebiet der nordöstlichen Alpen, Jahrb. d. geol. Reichsanstalt, 1865, S. 161.

möglichst hohe Ziffer zu bringen, so ist eine namhafte Erhöhung derselben schon deshalb nicht möglich, weil die Werke bei ihren hohen Gestehungs- und Frachtkosten auf weitere Absatzorte, z. B. in Wien, mit der preussischen und Ostrauer Kohle nicht concurriren können. Gegenwärtig (1864) vermag z. B. von den Werken der Grestener und Lunzer Schichten nur die Steinkohle des Oesterlein'schen Bergbaues zu Steg bei Lilienfeld auf dem Wiener Platze die Concurrenz auszuhalten. Eine weitere Entwicklung der Productionsthätigkeit der Schwarzkohlenwerke in Oesterreich unter der Enns ist daher nur dann zu hoffen, wenn in deren Umgebung zahlreiche Brennstoff consumirende Fabriken neu etablirt werden, oder wenn es denselben durch die Herstellung besserer Communicationen und die Herabsetzung der Eisenbahntarife ermöglicht wird, ihren Absatz auf weitere Kreise auszudehnen.

Für das Jahr 1862 ergab sich bei den Schwarzkohlenbergbauen in Oesterreich unter der Enns eine Mehrerzeugung von 7 Procent der Production des Jahres 1861.

Im Jahre 1858 waren nach dem amtlichen Verwaltungsbericht folgende Steinkohlenwerke mit den beigesetzten Productionsmengen in Betrieb:

Name des Besitzers und Ort der Grube.	Lieferung in österr. Ctr.	Werth in Gulden.
Engelbert v. Amon in Lunz	110	27
H. Drasche, früher Miesbach in Grossau	34860	7305
H. Drasche, früher Miesbach in Lunz	24181	6045
do. „ Hollenstein	30641	7660
do. „ Hinterholz	1063	266
do. „ Meiersdorf	208	35
Joseph Heiser in St. Anton	4220	914
Andreas Töpper in Gresten	1658	497
Johann Fürst bei Grössling	350	75
Anna Oesterlein in Lilienfeld	68748	21197
Zöttl und Danzinger bei St. Georgen am Reith	2447	815
Graf Festetits in Gaming	2048	614
Gottfried Beyerl in Krumpmühle	500	167
Kirchberg-Bernreuther Gewerkschaft	16315	7549
Anton Fischer in Kirchberg a/d. Pielach	6516	2041
do. in Rehgraben	919	306
Ferdinand Fruwirth in Lilienfeld und Kirchberg	5368	1342
Gottlieb Bentz in Lilienfeld	220	92
Wenzel Knoll in Lilienfeld	3793	1011
Paul Lubard in Grünbach	12258	3269
v. Reyer & Schlick in Reizenberg	34294	6859
do. in Klaus	161389	40347
do. „ Lanzing	1759	352
do. „ Muthmannsdorf	24707	5677
do. „ Stollhof	17506	4376
Johann Tatarik in Fahrafeld	700	233
Joseph Lengauer in St. Georgen	20	3
Johann Saupriegl in Gaming	600	120
Johann Moser in Opponitz	80	10

In demselben Jahre überstieg in Unterösterreich, insbesondere in dem fabrikreichen Gebiete von Wien der Verbrauch, der mehr als 4 Mill. Centner Braun- und Steinkohlen betrug, die eigene Erzeugung beinahe um das Dreifache und der Mehrbedarf wurde aus Oberösterreich von Wolfsegg 70000, aus Ungarn von Brennberg 300000, aus Steiermark von Leibnitz 30000 und Cerben 20000, aus Mähren von Neudorf und Göding 100000, Mährisch-Ostrau 235000 und Rossitz 260000, aus österreichisch Schlesien von Polnisch Ostrau 1,060000, endlich auch aus preussisch Schlesien 1,030000 bezogen. Gegenwärtig beläuft sich der Kohlenverbrauch Wiens auf mehr als 5 Millionen Centner.

Oesterreich o. d. Enns. Berghauptmannschaft St. Pölten. Es bestehen drei Bergbaue auf Schwarzkohlen. Das Flötzvorkommen bei Schwarzenbach nächst St. Wolfgang ist das schwächste. Im Pechgraben kommen in den Grestener Schichten der Liasformation fünf Schwarzkohlenflötze vor, von welchen zwei durchschnittlich bauwürdig erscheinen. Die Lagerung dieser Flötze ist jedoch in dem Horizonte, in welchem zur Zeit die Bergbaue bestehen, eine sehr gestörte, wesshalb auch ein regelmässiger Abbau nicht möglich ist; demnach können dort nur wenig (4—5000 Centner jährl.) Kohlen und diese auch nur zu höheren Gestehungskosten gewonnen werden. Man hofft jedoch in einer Saigerteufe von 30 Klaftern mittels eines 200—250 Klafter langen Unterbaustollns die Flötze in einer regelmässigeren Lagerung aufzuschliessen. Da die Besitzer durch die bestehenden Baue und viele Schürfungen die Ueberzeugung gewonnen haben, dass die Kohlenflötze fast das ganze Thal und dessen Gehänge durchziehen, und da ferner, wenn sich die eben bezeichnete Hoffnung bewahrheitet, auch die Kohlen in viel grösseren Mengen und billiger abzubauen sein werden, so hoffen dieselben dann die Kohlen und die daraus erzeugten Koks auf weitere Entfernungen in den umliegenden Eisenindustriebezirken absetzen zu können. Behufs der Aufschliessung der erwähnten Teufe wurde daher von den bisherigen Besitzern die Bewilligung zur Gründung einer Actiengesellschaft mit einem Capitale von 80000 fl., welches später nach Erforderniss auf 100000 fl. erhöht werden soll, nachgesucht. In der Lindau sind gleichfalls in den Grestener Schichten sechs Flötze bekannt, wovon zwei als bauwürdig bezeichnet werden, allein dieselben stehen noch immer in der Aufschliessung und Ausrichtung. Es ist daher erklärlich, dass bisher nur gelegentlich wenige Centner Kohle gewonnen wurden, obgleich unzweifelhaft die Kohle in der industriereichen Umgebung von Waidhofen an der Ips einen guten Absatz finden könnte.

Die Schwarzkohlenbergbaue in Oesterreich o. d. Enns wiesen im Jahre 1862 gegen das Jahr 1861 nur eine Mehrerzeugung von 169 Centner oder um 4 Proc. nach, was nach dem Vorausgeschickten nur ein Zufall ist.

Steiermark. Berghauptmannschaft Leoben. Bei der Anthracitgewinnung zeigt sich im Jahre 1862 ein merklicher Rückgang um mehr als 7000 Centner, welcher vermuthlich dadurch herbeigeführt wurde, dass bei dem Hohofenbetriebe des fürstl. Schwarzenberg'schen Eisenwerks zu Turrach, welches der einzige Consument dieses Anthracites ist, kein grösseres als das aufgebrachte Quantum von 3970 Ctr. verwendet werden konnte.

Böhmen. Berghauptmannschaft Prag. Im Verwaltungsjahre 1862 hat zwar die Steinkohlenproduction um 227441 Centner gegen das Jahr 1861 zugenommen, allein diese Zunahme erscheint bei der rege gewesenen Bergbaulust nicht sehr bedeutend. Der Absatz und in Folge dessen der Betrieb in den grossen Werken des Buštěhrader Reviers erlitt nämlich eine Beschränkung durch folgende Verhältnisse. Der Wasserstand der Wasserstrassen war sehr niedrig und hemmte die Verfrachtung; die Consumtion der Zuckerfabriken hat sich wegen Abnahme der Zuckererzeugung gemindert; endlich ist diesen Werken einerseits durch die böhmische Westbahn, welche die Zufuhr von Steinkohlen aus dem Pilsener Berghauptmannschaftsdistricte erleichtert, anderseits durch die Braunkohlenerzeugung der französischen Eisenbahngesellschaft bei Sobochleben im Teplitzer Bergcommissariatsbezirke eine nicht unbedeutende Concurrenz erwachsen.

Die Kohlenlager erstrecken sich über die Bezirke Beraun, Unhoscht, Smichow, Welwarn, Schlan, Neustraschitz, Zbirow und Horschowitz. Das bedeutendste ist das Buštěhrad-Kladnoer Revier, sowohl rücksichtlich seiner Ausdehnung, wie der Mächtigkeit der Flötze und der Qualität der Kohle. Nächst diesem ist das mit ihm in Verbindung stehende Kohlengebiet des Schlaner und Rakonitzer Bergreviers am wichtigsten. Der grössere Theil der im Buštěhrad-Kladnoer Reviere geförderten Kohle wird theils nach Prag, theils auf die nördliche Linie bis Brünn verführt und zum Betriebe der Staatsbahn verwendet; der kleinere Theil findet seinen Absatz in den Haushaltungen und Fabriken der Umgebung und in den Industrieanlagen längs der Staatsbahn bis Pardubitz und Brünn. Die Verfrachtung nach Prag geschieht theils auf der Staatsbahn, theils auf der Weyhibkabahn; die Errichtung zahlreicher technischer Etablissements in den Vorstädten Carolinenthal und Smichow hat viel zur Vergrösserung des Consums beigetragen; die Consumtion Prags beläuft sich auf ca. 1,012000 Ctr. Kohlen. Der Buštěhrader Kohle wird durch den Bau der Kralup-Turnauer Eisenbahn ein neues und voraussichtlich sehr verbrauchsfähiges Absatzgebiet erschlossen; denn die industriellen Bezirke Jungbunzlau, Turnau, Liebenau und Reichenberg haben keine Steinkohlenlager, die Schwadowitzer Kohle ist wegen ihrer stark backenden Eigenschaften nicht beliebt, die Production der Gersdorfer und Hartauer Braunkohlengruben ist unzureichend und die Holzpreise sind schon zu einer ansehnlichen Höhe gestiegen.

Die wichtigsten Kohlenbergbaue der Berghauptmannschaft sind nach Spitzer, Gesammtübersicht über Production etc. der Mineralkohle in Oesterreich, Wien 1864, folgende:

	Jährl. Production in Wien. Ctr.
Bergbau der Staatseisenbahngesellschaft in Brandeisl	1,000000
Dieselbe in Kladno	1,730000
Bergbau des Kaisers Ferdinand in Buštěhrad	3,535295
Bergbau der Prager Eisen-Ind.-Ges.	3,055365
Bergbau des Herrn Miksch und Stüdl bei Jemnik	133503
Bergbau des Fürsten Schwarzenberg bei Kranczowa	7400
Bergbau des Fürsten Schwarzenberg bei Trebotz	24000
do. „ Dutschitz	64000
do. „ Kounowa	14760
Bergbau von A. Schupansky in Rakonitz	37925
Aerar. Kohlenwerk zu Wejwanow	195213
Bergbau von Jahnl in Dobřiw	180000
Bergbau des Kurfürsten von Hessen in Stielitz	2590

Berghauptmannschaft Pilsen. Das Absatzgebiet für die Steinkohle des Pilsener Bezirks könnte sich nicht nur auf das westliche und südliche Böhmen, sondern bei dem Mangel an reichhaltigeren Kohlengruben in den benachbarten oberen Maingegenden, auch auf diese, sowie auf das westlich und südlich an Böhmen anstossende Flussgebiet der Donau, auf der bedeutenden Strecke von Ulm bis Wien und bis zum Fusse der Tyroler und Salzburger Alpen erstrecken. Dieses Absatzgebiet ist aber bis jetzt gar nicht benutzbar, da wegen der hohen Frachtsätze der böhmischen Westbahn die concurrirenden sächsischen, schlesischen und westphälischen Kohlengruben, welche nach sehr niedrigen Tarifsätzen verfrachten können, im entschiedenen Vortheil sind. Bei gleichen Frachtsätzen auf der böhmischen Westbahn oder bei angemessener Ermässigung würde die Pilsener Kohle bis in die Nähe des Fichtelgebirges mit der Zwickauer und bis Nördlingen, Wasseralfingen und Ulm mit der Saarbrücker und Ruhrkohle concurrenzfähig werden. So lange dieser Uebelstand nicht beseitigt wird und der hohe Frachtsatz auf jener Bahn (1 kr. für die Meile und den Centner Kleinkohle, $1^3/_4$ kr. für den Centner Grosskohle) noch fortbesteht, lässt sich ein schwunghafter Absatz der Pilsener Kohle und eine besondere Belebung der bezüglichen Steinkohlenwerke, deren Productionsfähigkeit gegenwärtig schon mit 12 Millionen Centner angenommen werden kann, nicht erwarten. In der jüngsten Zeit hat sich eine besonders rege Thätigkeit in dem Aufschlusse der Lagerung des Hauptflötzes durch Bohrversuche entwickelt. So wurden in dem südwestlichen Theile des Pilsener Bezirks zwischen Weipenitz, Grünhof, Littitz, Elhotten und Liehn von der fürstl. Thurn-Taxis'schen Bergwerksinspection, den von Lindheimischen Erben, dem westböhmischen Bergbau- und Hüttenvereine und der Firma Stark & Comp. 18 Bohrlöcher und zwischen Chotieschau und Zwug ein 19. Bohrloch niedergestossen. Ebenso wurden zwischen Nürschan, Steinaujezd, Blattnitz, Hořikowitz und Auherzen durch Dr. Pankraz, die Prager Eisenindustriegesellschaft, die Firma Klein & Ziegler, den westböhmischen Bergbau- und Hüttenverein und die Gebrüder Ziegler 9 Bohrlöcher niedergebracht. Auch beabsichtigt eine Stuttgarter Gesellschaft im Gebiete bei Gottowitz, Hořikowitz und Teinitzl, westlich oberhalb Chotieschau durch 3 Bohrungen zu gleicher Zeit zu erforschen, ob die mit einer Mächtigkeit von je 5 Fuss bis 1 Klafter bei Mantau erschlossenen 3 Flötze dort ebenfalls abgelagert erscheinen.

Im Jahre 1858 vertheilten sich die Bergbaue auf Steinkohlen nach den verliehenen Flächen unter folgende Besitzer:

In der Pilsener Mulde.		
Die Prager Eisen-Industriegesellschaft	1,914220	Quadr.-Klftr.
Dr. Franz Pankraz	1,767229	„
H. D. Lindheim	931275	„
Fürst Lobkowitz	341160	„
Fürst Metternich	388864	„
Graf Waldstein	89027	„
David & Hlinka	225792	„
Klotz & Steinbach	222864	„
von Deutschenstamm	100352	„
Franz Bretschneider	100352	„
Franz Moser	68491	„
Fürst Thurn und Taxis	155116	„
Baron Dobřensky	150528	„
Anna Lautensack	188160	Quadr.-Klftr.
Edler von Stark	3,500425	„
Franz Hauschka	100352	„
Mehrere Gewerkschaften mit	4,516390	„
In der Radnitzer Mulde.		
Graf Sternberg	473951	„
Graf Wrbna	78921	„
Baron Riese	231492	„
v. Stark'sche Gewerkschaft	214467	„
Liewald & Stark	68856	„
Horzowitz Salinger'sche Gesellschaft	61656	„
Graf Wurmbrand	114115	„
Franz Wanka	52614	„
Dr. Karl Brosch	137984	„

Fürst Quersberg	131535	Quadr.-Klftr.
Fürst Lobkowitz	25088	„
Fürst Fürstenberg	37632	„
Anna Lautensack	50176	„
Rokitzaner Gemeinde	8632	„
Geiger'sche Erben	12544	„
Johann Schindler	26307	„
In der Wittunaer Mulde.		
A. Ziegler	1,564046	„
Lambl'sche Erben	211391	„
Neugedeiner Fabrik	307895	„
Franz Forster	37632	„
Graf Kolowrat Krakowsky . . .	171782	„
In der Miröschauer Mulde.		
Segengottes Gewerkschaft	100352	Quadr.-Klftr.
In der Wranowaer Mulde.		
Franz Bretschneider	62720	„
Alexander Seifert	37630	„

Mit Inbegriff der zur Kesselfeuerung der eigenen Maschinen verwendeten Kohle wurden im Jahre 1858 erzeugt:

Aus der Pilsener Mulde	1,874673 Ctr.
„ „ Radnitzer Mulde	1,453810 „
„ „ Wittunaer Mulde	238021 „
„ „ Miröschauer Mulde	47391 „
„ „ Wranowaer Mulde	2918 „
Zusammen .	3,616813 Ctr.

Nach einer durch Herrn Director **Pelikan** vermittelten gefälligen Mittheilung des k. k. Berghauptmanns Herrn Adalbert **Eckel** in Pilsen betrug die Kohlenproduction der Pilsener Mulde im Jahre 1862 3,682558 Ctr. und im Jahre 1863 2,925079 Ctr.

Davon hatten von den grössern Besitzern gewonnen:

Johann Albrecht	im Jahre 1862	35341 Ctr.	im Jahre 1863	71843 Ctr.
Prager Eisenindustrie-Gesellschaft	„ „ „	2,303443 „	„ „ „	1,334141 „
Dr. Franz Pankraz	„ „ „	464932 „	„ „ „	773196 „
Mantauer Gewerkschaft . . .	„ „ „	227410 „	„ „ „	215688 „
Fürst Thurn und Taxis . . .	„ „ „	106879 „	„ „ „	61744 „
Graf Waldstein	„ „ „	135516 „	„ „ „	111850 „
Franz Hyra	„ „ „	190161 „	„ „ „	220742 „
Pilsener Kohlengewerkschaft .	„ „ „	37500 „	„ „ „	30581 „
Fürst Lobkowitz	„ „ „	19352 „	„ „ „	36976 „
Edler v. Stark'sche Erben . .	„ „ „	116635 „	„ „ „	84675 „

Die übrige Erzeugung erfolgte von den übrigen kleinen Besitzern.

Hiervon wurde das grösste Quantum bei den Industrialwerken des Pilsener Kreises und die Production der Prager Eisenindustrie-Gesellschaft bei den eigenen Hütten zu Nürschan und Wilkischen und jene der Edlen v. Stark'schen Erben bei den eigenen Vitriolsudhütten zu Hromitz und Kasnau verbraucht, ein Theil auch nach Prag abgesetzt.

Von Dr. Pankraz, der Prager Eisenindustrie-Gesellschaft, Johann Albrecht, der Mantauer Gewerkschaft, vormals Lindheim und von Stark'schen Erben allein wurde im Jahre 1862 ein Steinkohlenquantum von nahe 200000 Ctr. und im Jahre 1863 von nahe 300000 Ctr. exportirt.

Die Anzahl der Arbeiter auf den verschiedenen Kohlenwerken betrug

im Jahre 1862:	Männer 2238 —	Weiber 61 —	Kinder 109 —	zusammen 2418,
„ „ 1863:	„ 1685 —	„ 66 —	„ 184 —	„ 1830.

Die bedeutendsten Schächte sind jene der Prager Eisenindustrie-Gesellschaft zu Steinaugezd und Wilkischen, des Dr. Pankraz oberhalb Nürschan, der Mantauer Gewerkschaft nächst Mantau, des Franz Hyra und Fürsten von Thurn und Taxis nächst Littitz, der Edlen v. Stark'schen Erben bei Třemoschna und Kasnau und des Johann Albrecht bei Wilkischen, mit einer Teufe von 6 bis 30 Klftr.

Von Förder- und Wasserhaltungsmaschinen spielen bei den verschiedenen Werken im Ganzen 31, zusammen mit 518 Pferdestärken, darunter die bedeutendsten Wasserhaltungsmaschinen, jene des westböhmischen Bergbau- und Hüttenvereins nächst Nürschan mit 80, der Mantauer Gewerkschaft bei Mantau mit 80 und des Franz Hyra nächst Littitz mit 40 Pferdestärken, womit jedoch die vorliegenden tiefen Flötze erst aufgeschlossen werden.

Die übrigen Maschinen vertheilen sich auf die Werke der Prager Eisenindustrie-Gesellschaft, des Dr. Pankraz, des Grafen Waldstein, des Fürsten Thurn und Taxis, der Stark'schen Erben, des Fürsten Lobkowitz, der Pilsener Kohlengewerkschaft und Franz Moser, welche zur Kohlenförderung und Wasserlösung dienen.

Bei den folgenden Werken bestehen selbstständige Bruderladenkassen, welche durch die von der Berghauptmannschaft bestätigten Organe verwaltet werden.

Für die Kohlenarbeiter bei der Prager Eisenindustrie-Gesellschaft mit einem im Jahre 1863 ausgewiesenen Vermögen von		17179 fl.
Für die Arbeiter des Dr. Pankraz	mit einem Vermögen von	3651 „
„ „ „ der Mantauer Kohlengewerkschaft	„ „ „ „	1596 „
„ „ „ der v. Stark'schen Erben	„ „ „ „	3150 „
„ „ „ des Fürsten Lobkowitz	„ „ „ „	646 „
„ „ „ der Pilsener Kohlengewerkschaft	„ „ „ „	329 „
„ „ „ des westböhmischen Bergbau- u. Hüttenvereins	„ „ „ „	1626 „
„ „ „ des Grafen Waldstein	„ „ „ „	22650 „
„ „ „ des Fürsten Metternich	„ „ „ „	15146 „

Zur Verrechnung und Verwaltung des Knappschaftsvermögens bestehen eigene von der Berghauptmannschaft genehmigte Statuten für jede einzelne Knappschaftsverwaltung, nach welchen das Ausmaass der Provisionen für das Aufsichts- und Arbeiterpersonal, die Pflichten des Bruderladen-Verwalters und Ausschusses normirt sind.

Die Anzahl der tödtlichen Verunglückungen kann durchschnittlich mit jährlich 3 Fällen angenommen werden, bei welchen jedoch stets die eigene Unvorsichtigkeit der Getödteten Schuld trägt.

Der Lohn der Häuer und Förderer wird grösstentheils per Centner der geförderten Kohle, nach den verschiedenen Sorten derselben berechnet, und es beziffert sich derselbe durchschnittlich auf 5 bis 8 kr. pr. Centner Gross- und auf 2—4 kr. pr. Centner Kleinkohle.

Die Kohle selbst wird bloss nach dem Gewichte verkauft und die Preise derselben werden je nach den verschiedenen Sorten der Kohle von 12 bis 36 kr. pr. Ctr., mit Ausnahme der in der Pilsener Mulde sich vorfindenden beim Werke des Dr. Pankraz nächst Nürschan abgebauten sogenannten Plattelkohle, welche zur Zeit pr. Ctr. mit 50 kr. loco Werk verkauft wird.

Einer der ältesten Bergbaue auf Steinkohlen in der Pilsener Mulde befindet sich am nordöstlichsten Rande des Chotieschauer Bergreviers unweit den Dörfern Ellhotten und Littitz, südlich von der k. Kreisstadt Pilsen am Laschikow und Sulkow-Teiche gelegen, über den durch Herrn Berginspector Micksch in Pilsen folgende Notizen mitgetheilt wurden. Bereits in den Beiträgen zur Mineralgeschichte von Böhmen von Prof. Ferber, Berlin 1774, wird der hier gelegenen Kohlengruben Erwähnung gethan; die älteste vorhandene Kohlenrechnung ist aus dem Jahre 1802, wo die vierteljährige Kohlengewinnung mit 3310 Strich angegeben ist. Ein Complex von 59388 Quadratellen belehnten Grubenfeldes ist im Besitz des Fürsten von Thurn und Taxis, der den Abbau aus einem schlecht angebrachten Verpachtungssystem im Jahre 1856 in eigene Verwaltung zurücknahm. Die Zahl der offenen Schächte beträgt acht; hiervon war die Mathildenzeche bis zum Jahre 1861 mit der Aufschliessung und Gewältigung des alten Baues und der Wasserlösung beschäftigt. Im ersten Semester 1863 wurden 36478 Ctr., im zweiten Semester 66559 Ctr. und im ersten Semester 1864 68790 Ctr. Kohlen gefördert; die Grube ist gegenwärtig so vorgerichtet, dass die jährliche Förderung über 300000 Ctr. betragen kann. Es sind an derselben 36 Häuer, 23 Förderer, 4 Tagarbeiter, 4 Mann zur Grubenaufsicht und Verwägung, 5 zur Bedienung der (achtpferdigen) Fördermaschine und der (15pferdigen) Wasserhaltungsmaschine, 2 Werkschmiede, 2 Werks- und Grubenzimmerleute und ein Wächter beschäftigt; bei den Bohrungen 1 Oberhäuer, 5 Bohrhäuer und 25 Bohrarbeiter, im Ganzen 108 Personen; am Werke selbst wohnen 15 Familien. Die Kohle wird nach dem österreichischen Centner verkauft und durchgehends verwogen; nur die Grieskohle geht theilweise nach dem Bergstrich gleich einem Centner ab. Zur Unterstützung der Bergarbeiter besteht eine Bruderladenkasse; doch ist bis jetzt die ganze Unterstützung in vorkommenden Krankheitsfällen durch den Besitzer gewährt worden.

Ueber die Entwickelung der Kohlenproduction in der Radnitzer Mulde geben die folgenden, ebenfalls durch Herrn Berginspector Micksch mitgetheilten Zahlen genaue Auskunft; es betrug die Production

im Jahre 1820	105185 Ctr.	im Jahre 1861	1,485098 Ctr.
„ „ 1826	240560 „	„ „ 1863	1,789909 „
„ „ 1840	354464 „	„ „ 1864	2,760000 „
„ „ 1853	875574 „		

Es hat sich also in dem 44jährigen Zeitraum von 1820—1864 die Production auf das 26fache erhöht. In diesem Becken befindet sich (vergl. C. Sternberg, Abriss einer Geschichte der böhmischen Bergwerke, Prag 1837, pag. 91) die älteste Steinkohlengrube in Böhmen, die Chomler Zeche, die bereits in den Jahren 1570—1580 von Leipziger und Prager Gewerken bebaut wurde.

Ueber die Kohlenproduction der Prager Eisen-Industrie-Gesellschaft insbesondere sind uns für die Jahre 1854 bis 1863 durch Herrn Bergdirector Wala folgende specielle Nachweise zugegangen:

Betriebs-jahr	Kladnoer	Rapicer	Zusammen	Betriebs-jahr	Kladnoer	Rapicer	Zusammen
	Grubenfeld				Grubenfeld		
	Centner	Centner	Centner		Centner	Centner	Centner
1854	2,029785	708460	2,738245	1859	3,082479	1,702309	4,785788
1855	2,251667	960628	3,212295	1860	3,045964	2,363185	5,409149
1856	2,365150	1,197279	3,562429	1861	3,169766	2,386287	5,556053
1857	2,609646	1,277694	3,887340	1862	3,026085	2,410160	5,436245
1858	3,135219	1 449790	4,585009	1863	3,055365	2,205937	5,261302

Das in dem Grubenfelde der Prager Eisenindustrie-Gesellschaft zum Abbaue vorgerichtete Kohlenquantum beträgt

im Rapicer Felde	11,500000	Ctr.,
im Kladnoer Felde	28,600000	„
zusammen	40,100000	„

Das bereits als wirklich vorhanden nachgewiesene, jedoch zum Abbaue erst vorzubereitende Kohlenquantum beträgt

im Rapicer Felde	112,000000	Ctr.,
im Kladnoer Felde	149,000000	„
	261,000000	„
und im Amalia-Westfelde	64,800000	„
zusammen	325,800000	„

In dem durch Freischürfe occupirten bereits mittels der zwei Bohrlöcher und durch Einbaue und Bohrlöcher der Staatsbahn zum Theil bekannten Felde, in welchem noch eine Bohrung vorgenommen werden wird, dürfte, ohne sich dem Vorwurfe einer Uebertreibung auszusetzen, ein Kohlenquantum von 500,000000 Ctr. und in dem bei Rakonitz bereits belehnten und mit Freischürfen gedeckten Felde ein solches von 160,000000 Ctr. des Aufschlusses und des Abbaues harren.

Es beträgt das gesammte Kohlenvermögen in den der Prager Eisen-Industrie-Gesellschaft gehörigen Gruben und Schurffeldern mindestens 1025,000000 Ctr. in runder Ziffer.

Behufs Versorgung der bergfertigen Arbeiter besteht bei der Prager Eisen-Industrie-Gesellschaft eine Bruderlade und eine Krankenkasse.

Jeder aufgenommene Bergarbeiter, welcher bei der Aufnahme das 30. Lebensjahr nicht überschritten hat, ist Mitglied der Bruderlade und verpflichtet, monatlich von jedem verdienten Gulden 4 kr. ö. W. in die Bruderladenkasse zu entrichten; alle Geldstrafen fliessen in diese Kasse; dieselbe hat die Provisionen, Medicamentenkosten, die ärztliche Pflege, die Krankengelder und die Begräbnisskostenbeiträge für sämmtliche Mitglieder zu tragen. Im Erkrankungsfalle erhält jedes Mitglied durch 12 Wochen das Krankengeld und wenn die Krankheit über diese Frist andauert, tritt die zeitliche oder gänzliche Provisionirung ein. Der Krankenlohn beträgt für einen Häuer, Zimmerling und Schmiedearbeiter täglich 32 kr., für einen Lehrhäuer 26 kr., für einen Hundstösser oder Laufer 20 kr.

Die Mitglieder der Bruderlade werden nach 5jähriger ununterbrochener Arbeit provisionsfähig und können nach vollstreckter 35jähriger Arbeitszeit die volle Löhnung als Unterstützung erhalten. Der bei der Provisionirung zur Grundlage dienende Normallohn beträgt bei dem Häuer, Zimmerling und Schmiedgesellen 58 kr., bei dem Lehrhäuer 51 kr., bei dem Hundstösser 30 kr. Von dem Normallohn beträgt die Unterstützung der Arbeitsunfähigen nach einer Dienstzeit von

5 bis 10 Jahren	0,3	20 bis 25 Jahren	0,8
10 „ 15 „	0,4	25 „ 30 „	0,9
15 „ 20 „	0,6	30 „ 35 „	1,0

Die hinterbliebene Wittwe eines Bruderladenmitgliedes erhält die halbe Provision des Mannes; im Falle der Wiedervereheliehung den einjährigen Provisionsbetrag als Abfertigung. Die hinterbliebenen Waisen eines Bruderladenmitgliedes erhalten bis zum vollstreckten 12. Lebensjahre einen täglichen Beitrag von 4 kr., welcher nach den Verdiensten des Vaters bis zu 20 kr. erhöht werden kann. Als Begräbnisskostenbeitrag erhalten die in der Häuerkategorie stehenden Arbeiter 12 fl., die Lehrhäuer 10 fl., die Förderer 8 fl. Bei schweren Verunglückungen wird der normalmässige Provisionsanspruch um 20 bis 30 Procent erhöht. Bei tödtlichen Verunglückungen werden die gesammten Beerdigungskosten von der Bruderlade getragen. Arbeiter, welche bei der Aufnahme in die Bergarbeit das 30. Lebensjahr überschritten hatten oder nur auf Widerruf zur Haldenarbeit aufgenommen wurden, werden als nicht stabile Mitglieder der Krankenkasse angesehen, in welche dieselben von jedem Verdienstgulden 2 kr. ö. W. monatlich einzuzahlen haben; diese Kasse hat die Arzneien, die ärztliche Pflege und die Krankengeldbeiträge für die nicht stabilen Arbeiter zu bestreiten. Wenn es der Kassenstand zulässt, werden den langgedienten, bergfertig gewordenen Nichtstabilen aus dieser Kasse monatlich 1 bis 3 fl. betragende Unterstützungen verabfolgt. Dieser günstige Stand der Krankenkasse ist bereits eingetreten (1864) und dieselbe ist auch in der Lage, den Wittwen verdienstvoller nicht stabiler Arbeiter kleinere monatliche Unterstützungen von 1 bis 2 fl. per Woche auszahlen zu können.

Berghauptmannschaft Kuttenberg. Die Schwarzkohlenförderung nimmt von Jahr zu Jahr zu und es wird einer noch günstigeren Gestaltung dieses Bergbaubetriebes entgegengesehen werden können, sobald die Schatzlarer, Schwadowitzer und Radowenz-Wennersdorfer Bergreviere mit ihrem Kohlenreichthume durch geeignete Strassenzüge mit mehren industriellen Orten in Verbindung gebracht sein werden.

Mähren. Berghauptmannschaft Olmütz. Die Steinkohle ist in Mähren in zwei Gegenden abgelagert; nämlich in der isolirten Mulde bei Rossitz, Zbeschau und Oslawan im Bezirke Eubenschitz, deren Gegenflügel jedoch bis jetzt noch nicht gefunden ist; dann bei Mährisch-Ostrau und bei Přiwos (als Fortsetzung der Ostrauer Steinkohlenformation), deren Hauptmuldenpunkt sich anscheinend in dem Schachte Nr. V. (Hermenegilde) der Kaiser Ferdinands-Nordbahn südlich von dem Dorfe Polnisch-Ostrau in Schlesien befindet.

Die Kohlenproduction im Rossitzer Felde hat im Jahre 1862, ungeachtet dessen, dass der nördliche Theil der Rahn'schen Liebegotteszeche von dem 100 Klafter tiefen Heinrichsschachte weg wegen plötzlichen und starken Andranges kohlensaurer Gase im Monat Juni 1862 durch mächtige Dämme hermetisch abgeschlossen werden musste und hierdurch die Kohlenförderung eine Einschränkung zu leiden hatte, die Höhe von 2,998822 Ctr. erreicht, demnach gegen das Vorjahr mit 2,567728 Ctr. um 431094 Ctr. mehr betragen.

Ueber die Lage und Verhältnisse der Arbeiter, Verunglückungen, Bruderlade etc. im Rossitzer Steinkohlenrevier verdanken wir der Güte des Herrn Director Rittler auf Segen-Gottes-Grube die folgenden speciellen Nachrichten.

Nach einem zehnjährigen Durchschnitt entfallen auf 1000 Arbeiter jährlich $2^{6}/_{10}$ schwere, das ist Arm-, Bein- und Rippenbrüche, und $1^{2}/_{10}$ tödtliche Verunglückungen. Die Löhnung der Arbeiter erfolgt entweder im Gedinge oder im Schichtenlohn. Im Schichtenlohn werden nur jene Arbeiten bezahlt, welche nicht verdungen werden können, als da sind: Auswechslungen und Reparaturen der Schacht- und Streckenzimmerung, Reparaturen der Förderbahnen und Maschinen, Putzen der Wassersaige und der Sümpfe etc. etc.

Die Gedingarbeit zerfällt in zwei Kategorien, und zwar:

1) In Centnergedinge, für Erhauung und Förderung pro Centner Kohle. Dieses ist nach der Mächtigkeit, Festigkeit und der Reinheit des Flötzes und der Schwierigkeit der Zimmerung verschieden, bei der Förderung variirt dasselbe nach der Entfernung vom Förderschacht;
2) das Klafter-Gedinge, bei welchem die Länge oder Tiefe für eine Klafter Auffahrung vorher accordirt wird.

Der Preis dieses Gedinges richtet sich im Allgemeinen nach der Höhe und Breite der aufzufahrenden Strecke, oder nach der Länge und Breite der abzuteufenden Schächte, nach der Beschaffenheit des Gebirges und dessen Wasserreichthum. Ein guter Geding-Arbeiter verdient 5 fl. 50 kr. bis 8 fl. Oest. W. wöchentlich, das ist in 6 Arbeitstagen. Die Arbeitsdauer ist aus Gesundheits- oder Dringlichkeitsrücksichten verschieden, also 6, 8 oder 12stündig. Bei letzterer sind 2 Stunden Ruhezeit in Abschlag zu bringen. Im Schichtenlohn verdient der Bergarbeiter 4 fl. 50 kr. bis 5 fl., der starke Taglöhner 3 fl. 60 kr. bis 3 fl. 90 kr. Oest. W., Jungen verdienen 2 fl. bis 2 fl. 40 kr. wöchentlich. Vor zurückgelegten 15 Jahren wird kein Junge in die Arbeit aufgenommen. Frauenzimmer werden nie in den Gruben, theilweise aber über Tage beim Kohlenscheiden verwendet, und verdienen dabei ebenfalls 2 fl. per Woche. Die vollständige Auslohnung der Arbeiter erfolgt monatlich und zwar immer am 15. des nächstfolgenden Monats. Am Ende jeden Monats erhält der Arbeiter einen Vorschuss in der halben Höhe des verdienten Lohnes für den abgelaufenen Monat, und die vollständige Verrechnung erfolgt am 15. des nächst folgenden Monats. Dies geschieht, um den Arbeiter zur Einhaltung der gesetzlich vorgeschriebenen 14tägigen Arbeitskündigung zu veranlassen, und um eine Art von Caution für die dem Arbeiter anvertrauten Gegenstände und Utensilien in der Hand zu haben. Der Gesundheitszustand der Arbeiter ist im Allgemeinen ein befriedigender; Rheumatismus und Catarrh, im Herbst und Frühjahr, entzündliche Anfälle sind die gewöhnlichen Uebel. Lungenkrankheiten kommen gar keine vor, ja man hat die Erfahrung gemacht, dass Arbeiter, welche mit einem Ansatz von Lungentuberculose von anderen Bergbauen in die Steinkohlengruben kommen, diesen durch das Einathmen des feinen Kohlenstaubes gewöhnlich verlieren und vollkommen gesund werden.

Zur Unterstützung und Pensionirung der Arbeiter und deren Wittwen und Waisen bestehen Bruderladen. Hier hat jede Gewerkschaft ihre eigene Bruderlade und ihre eigenen Statuten, welche in den allgemeinen Grundsätzen so ziemlich miteinander übereinstimmen. In anderen Gegenden bestehen Districtsbruderladen, und ist die allgemeine Einführung derselben durch das Berggesetz vorgeschrieben. Bei der Rossitzer Steinkohlengewerkschaft bestehen nachfolgende Bestimmungen: Jeder Bergarbeiter ist Mitglied der Bruderlade, und zahlt als solches $3^1/_2$ Procent vom verdienten Lohne als Beitrag in die Bruderlade. Die Abzüge für die Knappschaftskasse oder Bruderlade erfolgen bei der Lohnberechnung und werden sofort der betreffenden Kasse zugeführt. Das Vermögen der Bruderlade und die Bestimmungen der Statuten werden durch einen Ausschuss der Knappschaftsältesten überwacht, ebenso wird die Bruderladen-Rechnung, welche unentgeltlich vom Werkskassier geführt wird, — controlirt und revidirt. Beträge über 3—400 fl. werden sofort gegen Pupillar-Sicherheit nutzbringend angelegt.

Der Betriebsleiter oder Director der Grube ist Mitglied des Knappschaftsrathes, und bei Stimmengleichheit entscheidet seine Stimme. Der Zweck der Bruderlade oder Knappschaftskasse ist:

1) In Erkrankungsfällen den Mitgliedern der Bruderlade und ihrer Familie die unentgeltliche Verabreichung der Medicamente, und die unentgeltliche ärztliche Behandlung zu sichern. Zu diesem Zwecke ist ein eigener Knappschaftsarzt bestellt, welcher von der Bruderlade und von der Gewerkschaft angestellt und besoldet wird;
2) Bergleute (Knappschaftsmitglieder), welche durch Alter oder Unglück arbeitsunfähig geworden sind, nach Maassgabe ihrer Dienstzeit zu unterstützen;
3) Wittwen und Waisen von Bergleuten, welche dem Knappschafts-Verbande angehören, nach Maassgabe der Dienstjahre des Mannes zu pensioniren, und für die Erziehung und Ausbildung der Waisen zu sorgen;
4) erkrankte Bergleute während der Dauer ihrer Krankheit durch Geldbeiträge zu unterstützen;
5) im Falle des Todes Beerdigungs-Beiträge zu leisten;
6) Beträge bis zu 25 fl. ohne Verzinsung und gegen monatliche ratenweise Rückzahlung den bedürftigen Knappschafts-Mitgliedern vorzustrecken, und allenfalls vorkommende zum Besten der Knappschaft dienende Auslagen zu bestreiten. Das Vermögen der Knappschafts-Kasse besteht:
   A. aus den Beiträgen der Gewerkschaft, welche dieselben freiwillig leistet;
   B. aus dem sogenannten Büchsengelde der Knappschafts-Mitglieder, das ist, den regelmässigen Beiträgen von $3^1/_2$ Procent des verdienten Lohnes;
   C. aus den Zinsen der bereits angelegten oder weiter anzulegenden Capitalien der Knappschafts-Kasse oder Bruderlade;
   D. aus den Strafgeldern, welche den Arbeitern bei Disciplinarvergehen oder bei Vernachlässigung ihrer Pflichten gesetzlich auferlegt werden dürfen.

Während der Dauer einer Krankheit bezieht der Bergarbeiter als Mitglied der Bruderlade den dritten Theil seines gewöhnlichen Schichtenlohnes als Unterstützung, und die Medicamente und ärztliche Behandlung unentgeltlich. Wenn die Krankheit länger als 3 Monate dauert, so übernimmt die Gewerkschaft die Unterstützung des Arbeiters auf ihre Kosten nach demselben Maasstabe. (Selbstverständlich bestehen eigene Reglements für den Knappschaftsarzt, und zur Darnachachtung für die Bergarbeiter in Erkrankungsfällen.)

Sollte der Bergarbeiter oder dessen Frau sterben, so erhält der betreffende Theil, wenn der Arbeiter fünf Jahre im Knappschaftsverbande steht, 5 fl. 25 kr. Oest. W. Beerdigungsbeitrag. Bei dem Ableben eines seiner Kinder erhält ein solches Mitglied 3 fl. 15 kr. als Beerdigungsbeitrag.

Hat ein Mitglied noch nicht volle 5 Jahre, jedoch über ein Jahr zur Bruderlade beigetragen, so erhält dasselbe in dem oben angeführten Falle 3 fl. und 2 fl. Beerdigungsbeitrag.

Bei Arbeitern, welche während der Arbeit zu Tode verunglücken, übernimmt die Gewerkschaft die Obduction und Leichenkosten, sowie die Pensionirung der Wittwen und Waisen nach Maassgabe der Statuten.

Sollte der Arbeiter nach 5jähriger Arbeitszeit in seinem Berufe verunglücken und arbeitsunfähig werden, so erhält derselbe für seinen Theil 4 fl. 20 kr. Oest. W. monatliche Pension und für jedes eheliche Kind unter 14 Jahren oder für die Dauer einer erwiesenen Unweltläufigkeit 1 fl. 5 kr. Erziehungsbeitrag monatlich. Nach dem Tode des Mannes erhält die Wittwe dessen Pension, so lange sie nicht wieder heirathet. In letzterem Falle verliert sie die Pension für ihre Person, erhält jedoch den Erziehungsbeitrag für die Kinder. In diesem Falle trägt jedoch die Werks-Kasse die Hälfte der Pension für den in der Arbeit verunglückten Mann und dessen Wittwe und Kinder.

Nach 10jähriger Arbeitszeit erhält der Arbeiter 6 fl. 30 kr. für sich und 1 fl. 52 kr. Erziehungsbeitrag für die Kinder unter 14 Jahren.

Nach dessen Tode ist der Wittwe, wenn sie 5 Jahre mit dem Arbeiter verheirathet war, 4 fl. 20 kr. Pension auszuzahlen. Nach zwanzigjähriger Arbeitszeit erhält der Arbeiter 8 fl. 40 kr. monatlich für sich und 1 fl. 5 kr. für jedes Kind unter 14 Jahren, dessen Wittwe aber 6 fl. 30 kr. monatlich. Wird der Arbeiter aber in den beiden Fällen durch Verunglückung in der Arbeit unfähig zur Arbeit, so hat die Werks-Kasse die Hälfte der Pensionen zu tragen, und die andere Hälfte fällt der Knappschafts-Kasse zur Last.

Nach 30 Jahren erhält der Arbeiter 10 fl. 50 kr. monatlich und die Provision für die Kinder, dessen Wittwe aber 8 fl. Oest. Währ.

Bei den anderen Gruben, deren Statuten aus neuerer Zeit herstammen, trägt die Bruderlade alle Auslagen selbstständig, die Arbeiter geniessen dieselben Begünstigungen in Bezug auf Krankenschichten und Krankenpflege, aber nachstehende Pensionen und zwar: für Männer beträgt das Pensionsmaass nach zurückgelegten fünf Dienstjahren den achten Theil, bis zu zehn Jahren den vierten Theil, darüber bis zu vierundzwanzig Dienstjahren den dritten, und nach längerer Dienstzeit vier Zehntel ihres durchschnittlichen Verdienstes der letzten drei Jahre, wo der Betreffende noch in voller Kraft sein Brod verdiente. Bei diesem Pensionsausmaasse darf der Jahres-Verdienst jedoch nie höher als 500 fl. Oest. W. angeschlagen werden. Die Wittwe erhält die Hälfte der ihrem Manne zuständig gewesenen Pension und wenn dieselbe ganz arbeitsunfähig ist $^3/_4$ dieser Pension. Kinder erhalten einen Gulden monatlich bis nach zurückgelegtem 14. Jahr, wenn Vater oder Mutter leben. Wenn beide todt sind, so erhalten die Waisen bis zum 14. Jahr 2 fl. monatlich. In wichtigen Fällen, wo statutenmässig keine Pension ausbezahlt werden kann, ist durch die Knappschafts-Versammlung eine Abfertigung zu bestimmen, welche aber nie höher als ein 3jähriges Pensionsausmaass bestimmt werden darf.

Ein grosser Theil der Arbeiter wohnt in den den Gruben zunächst gelegenen Gemeinden. Zur Unterbringung der entfernter wohnenden oder fremder Arbeiter haben die Gewerkschaften auf ihre Kosten Arbeitswohnungen (Colonien) erbaut. Die Häuser sind in gesunden Gegenden aus festem Materiale theils zu ebener Erde theils zwei Etagen hoch erbaut, und mit geräumigen und lichten Wohnungen versehen. Eine solche Arbeiterwohnung besteht aus einem oder mehren lichten und breiten Corridors, welche das Haus gewöhnlich in zwei oder mehre gleiche Theile abtheilen. Aus diesem Corridor gelangt man in eine geräumige Küche, und aus dieser in ein freundliches Wohnzimmer von 6—8 Quadratklafter Flächeninhalt. Der Küche zur Seite ist eine entsprechend grosse Speisekammer angebracht. Dazu kommt noch der für jede Partei abgetheilte Hof und Boden-Raum, Keller und Stallungen für Borstenvieh. In einem Hause sind gewöhnlich 8, 10 bis 16 solcher Wohnungen untergebracht. Für ledige Leute sind grössere Schlafsäle eingerichtet, in welchen jedoch nicht mehr als 12 Personen schlafen dürfen. Entweder wohnen zwei Familien in einem der beschriebenen Räume beisammen, wenn sie nicht viel Kinder haben, oder es bekommt eine Familie ohne Kinder auf Verlangen oder im Nothfalle zwei ledige Leute ins Quartier.

Für eine solche Wohnung zahlt die Partei 22 fl. 20 kr. Oest. W. jährlich; leben zwei Familien zusammen, so zahlt jede die Hälfte der Wohnungs-Miethe. Der ledige Mann zahlt 35 kr. Oest. W. monatliches Quartiergeld und 16 kr. für die Bettfournitur; wohnen diese bei andern Parteien, so kommt das Wohnungsgeld der Hauptpartei zu gute. Für die Schlafsäle wird in die gewerkschaftliche Kasse eingezahlt. Die Arbeiter haben dabei die Beheizung in so ferne unentgeltlich, als ihnen oder ihrer Familie gestattet ist, die Abfallkohle und das Abfallholz auflesen zu dürfen, wofür bestimmte Tage festgesetzt sind. Das Einkommen für die Wohnungsmiethe deckt kaum die Steuern, geschweige denn die Erhaltung der Gebäude. Für die Reinhaltung der Häuser, Zimmer, Höfe und Plätze bestehen eigene Reglements und werden dieselben durch dazu bestellte Beamte und Arbeiter überwacht. Für Erkrankungsfälle sind Spitäler und zur Reinhaltung der Arbeiter Dampf- und Wasserbäder auf Kosten der Gewerkschaften eingerichtet. Gegenwärtig ist die Gewerkschaft der Segen-Gottes-Grube damit beschäftigt, eine selbstständige Schule für die Kinder der Beamten und Arbeiter auf eigene Kosten zu erbauen.

In Mährisch-Ostrau und Přiwos betrug die Kohlenerzeugung im Jahre 1862 nur 833289 Ctr., daher gegen das Jahr 1861 mit 1,375138 Ctr. um 541849 Ctr. weniger. Dieses Zurückbleiben hat seinen Grund darin, weil der freiherrl. v. Rothschild'sche hart an der Stadt Ostrau gelegene Carolinenschacht, aus welchem im Vorjahre 891240 Ctr. Kohlen gefördert wurden, seit Februar 1862 in Folge eines unterirdischen Wassereinbruchs, an dessen Bewältigung bis jetzt noch gearbeitet wird, keine Kohlen geliefert hat.

Dem vor Kurzem erschienenen Werke von W. Jičinsky, das Mährisch-Schlesische Steinkohlenrevier bei Mährisch-Ostrau, Wien 1865, entnehmen wir die folgende Zusammenstellung über Arbeiterzahl, Productionsfähigkeit, Dampfmaschinen und Bruderladenvermögen der einzelnen Gewerkschaften.

Statistische Tabelle der Mährisch - Ostrauer Kohlenreviere.

Gewerkschaft	Name des Grubenreviers	Zahl der Arbeiter	Gegenwärtige Productionsfähigkeit an Steinkohlen (Wiener Centner)	Koks (Wiener Centner)	Dampfmaschinen Zahl	Dampfmaschinen Pferdestärken	Bruderladenvermögen Gulden ö. W.
K. Ferdinands-Nordbahn	Hruschau	352	500000	193200	6	374	
	Přivoz	269	300000	—	4	196	
	Mähr.-Ostrau . . .	427	550000	154400	5	156	
	Poln.-Ostrau . . .	230	450000	—	3	460	
	Michalkowic . . .	558	700000	—	5	124	
	Summen . .	1836	2,500000	347600	23	1310	72600
Baron Rothschild	Witkowic	263	200000	163800	5	308	
	Mähr.-Ostrau . . .	495	985000	99900	3	196	
	Jaklowec	797	2,234000	85400	6	269	
	Hruschau	215	465000	158800	2	80	
	Pečkowic	83	160000	—	2	72	
	Summen . .	1853	4,044000	507900	18	925	90300
Fürst Salm	Leopoldi-Zeche . .	437	1,050000	50000	5	175	4500
Graf Wiczek	Burnia	585	1,250000	108000	6	116	
	Hranečnik	38	20000	—	3	96	
	Summen . .	623	1,270000	108000	9	212	27300
Herr Zwieřina	Josefi-Zeche . . .	356	1,500000	—	4	80	9000
	Total-Summen . .	5105	10,364000	1,013500	59	2702	203700

Die für die Koksfabrikation verwendete Steinkohle ist in dem Kohlenförderquantum mit eingerechnet.

Das ganze belehnte Grubenfeld in der unmittelbaren Nähe Ostrau's nimmt einen Flächeninhalt von 6,359808 Quadratklafter oder ca. $^1/_3$ Quadratmeile ein; die gesammte Schachtteufe aller Werke beläuft sich auf 2546 Klafter; alle Stolln, Querschläge und Förderschächte aneinandergereiht würden eine Strecke von $16^1/_3$ Meilen bilden, wovon etwa $^2/_3$ mit Eisenbahnen versehen sind. Die 59 im Gange befindlichen Dampfmaschinen repräsentiren eine Gesammtstärke von 2702 Pferdestärken und erfordern 641300 Ctr. jährlich zur Heizung ihrer 104 Dampfkessel. Die zusitzenden Wasser betragen in Summa 393 Cubikfuss per Minute, etwa soviel wie ein Mühlbach von $3^1/_2$ Fuss Breite, 1 Fuss Tiefe und 2 Fuss Wassergeschwindigkeit per Secunde führt.

Schlesien. Berghauptmannschaft Olmütz. Der Steinkohlenbergbau Schlesiens schreitet mit raschen Schritten vor und zwar nicht nur in der Production, welche im Jahre 1862 9,814597 Ctr., daher gegen das Vorjahr um 1,304002 Ctr. mehr betragen hat, sondern auch in den technischen Betriebs- und Förderungsmitteln. Die im J. 1862 von der Nordbahnstation Přiwos (= Přivoz) aus hergestellte Kohleneisenbahn führt zu dem der Kaiser Ferdinands-Nordbahn gehörigen Schachte Nr. X (Heinrichsschacht) bei Mährisch-Ostrau, dann von der Witkowitzer Eisenbahn über die Ostrawitza weiter bis zum Hermenegilde-Schacht Nr. V der Nordbahn, zweigt dann zu dem gräfl. Wilczek'schen Dreifaltigkeits- und Procopi-Schachte im Burniathale ab und führt auf der Hauptstrecke weiter zu der Zwieržina'schen Grube, dem gräfl. Wilczek'schen Franecznik-Schachte, dem fürstl. Salm'schen Steinkohlenbergbaue und von da in Abzweigungen zu den freiherrl. von Rothschild'schen Schächten in Slidnau und am Paklowitz, anderseits aber zu den Schächten in Michalkowitz der Nordbahn-Gesellschaft. Diese Kohleneisenbahn sollte noch im Jahre 1863 von dem erwähnten Endpuncte in Michalkowitz bis nach Dombrau und später bis nach Karwin verlängert werden, wodurch die Steinkohlenbergbaue in Peterswald, Poremba, Orlau, Lazy und Dombrau, sowie zuletzt auch jene von Karwin, welche bis in die neueste Zeit mit der Verführung der geförderten Kohle auf Pferdegeschirre angewiesen waren, in unmittelbare Verbindung treten, und somit an der Concurrenz der schon mit der Eisenbahn verbundenen Grubenbaue Theil nehmen.

Ungarn. Berghauptmannschaft Ofen. Die Steinkohlenproduction hat im Jahre 1862 um 321934 Ctr. zugenommen; von dieser Mehrproduction, welche ausschliesslich in dem Fünfkirchener Reviere stattfand, entfielen auf die Donau-Dampfschifffahrts-Gesellschaft im Vereine mit Ezvetkovics, welcher seine ganze Erzeugung vertragsgemäss an die genannte Gesellschaft abzuliefern hatte, 235406 Ctr., 86528 Ctr. aber vertheilen sich auf die übrigen Bergbauunternehmungen, von welchen nur zwei hinter der Erzeugung vom Jahre 1861 zurückgeblieben sind. Die Donau-Dampfschifffahrts-Gesellschaft im Vereine mit Ezvetkovics hat in demselben Jahre 2,864622 Ctr., die übrigen Bergbau-Unternehmungen des Fünfkirchener Revieres aber haben zusammen 436105 Ctr. erzeugt, also nicht einmal den sechsten Theil von der Erzeugung der vorgenannten Gesellschaft erreicht. Das Missverhältniss zwischen den beiderseitigen Productionsmengen besteht also noch immer und dürfte nur durch das Zustandekommen der Fünfkirchen-Kanizsaer Eisenbahn eine günstige Aenderung erlangen können.

Berghauptmannschaft Oravicza. Ein in der folgenden Productionsübersicht nicht aufgeführtes, aber der Bergwerkserzeugung zu Gute zu rechnendes Product bildet das beim Steierdorfer Kohlenwerke aus den dortigen theilweise selbstständig abgebauten Kohlenschiefern erzeugte rohe Schieferöl, welches zur weiteren Raffinirung und Darstellung von Paraffin und Leuchtöl an die Paraffinhütte zu Oravicza abgegeben wird. Die Erzeugung solchen Rohöles betrug im Jahre 1862 2658 Pfund im Werthe von 29427 Gulden.

Ueber die Productionsmengen der einzelnen Berghauptmannschaften des ganzen österreichischen Staates und über den Geldwerth am Erzeugungsort i. J. 1862 gibt die folgende Tabelle nähere Auskunft:

Steinkohlenproduction Oesterreichs im Jahre 1862.

Kronland	Berghauptmannschaft	Production in Wiener Centnern	Geldwerth		Mittelpreis der Gewichtseinh. am Erzeugungsorte
			Gulden	Kreuzer	
Oesterreich unter der Enns	St. Pölten	829113	254633	65	30,8 Kr.
Oesterreich ob der Enns	do.	4031	1615	19	40,1 „
Steiermark	Leoben	3970	794	—	20 „
do.	Cilli	47506	11833	10	24,9 „
Böhmen	Prag	14,999110	2,572829	78	17,1 „
do.	Kommotau	32033	4428	55	13,8 „
do.	Pilsen	5,947544	736805	49	12,4 „
do.	Kuttenberg	1,801576	292106	15	16,2 „
Mähren	Olmütz	3,832111	1,115973	43	29,1 „
Schlesien	do.	9,814597	1,917866	15	19,5 „
West-Galizien und Krakau	Krakau	1,956375	315414	73	16,5 „
Ungarn	Ofen	3,300727	505090	79	15,3 „
do.	Oravicza	2,277381	664785	50	29,2 „
Militärgrenzland	do.	212961	64970	—	30,5 „
Summa		45,059035	8,459146	51	18,7 Kr.
Im Jahre 1861		40,506461	7,352898	92	18,1 „
Daher im Jahre 1862 mehr		4,552574	1,106247	59	0,6 Kr.

Von der Production des Jahres 1862 kamen auf die Staatswerke 2,38 Procent, auf Privatwerke 97,62 Procent. Die Production Böhmens allein beläuft sich auf etwas mehr als die Hälfte (50,56 Procent) der Gesammterzeugung des österreichischen Staates.

C. Specielle Statistik des österreichischen Braunkohlenbergbaues bis zum Jahre 1862.

Oesterreich unter der Enns. Berghauptmannschaft St. Pölten. Gleichwie bei den Schwarzkohlenwerken ist auch bei den Braunkohlenbergbauen die Erzeugung seit dem Jahre 1859 bedeutend (um 372385 Ctr. oder 31,5 Proc. der Production des Jahres 1859) gestiegen, doch ist auch hier keine bedeutende Erhöhung dieser Erzeugung mehr zu erwarten. Denn die auf den Flötzen in Oesterreich unter der Enns brechenden Braunkohlen haben wegen der häufigen Verunreinigungen durch Alaunschiefer und wegen ihres vorherrschend grösseren Aschengehaltes einen geringen Heizwerth und stehen den guten steirischen Braunkohlen weit nach; sie finden daher mit Ausnahme der Gloggnitzer Kohle bei den nahen Etablissements weniger Absatz und sind, obgleich in viel grösseren Mengen als die Schwarzkohlen vorhanden, bei dem Umstande, dass sie wegen ihres geringen Werthes höhere Transportkosten nicht vertragen, fast ausschliesslich auf den billigen Wassertransport (Donau abwärts von Thallern und auf dem Wien-Neustädter Kanale von Zillingdorf und Lichtenwörth) und den Verbrauch der Ziegeleien nächst der Bergbaue und am Wienerberge angewiesen. Eine weitere erhöhte Thätigkeit der in letzter Zeit durch die zahlreichen Neubauten in Wien sehr beschäftigten Ziegeleien lässt sich aber kaum in Aussicht stellen. Die Zunahme der Braunkohlenproduction in Oesterreich unter der Enns beträgt im Jahre 1862 $3^1/_2$ Proc. der Production des Vorjahres.

Im Jahre 1858 waren in Unterösterreich die folgenden Braunkohlenwerke mit den beigesetzten Productionsmengen in Betrieb:

Name des Eigenthümers und Ort der Grube.	Production in Wr. Ctr.	Werth in Gulden.	Name des Eigenthümers und Ort der Grube.	Production in Wr. Ctr.	Werth in Gulden.
Miesbach Alois in Thallern . . .	429197	71533	Reyer & Schlick in Jauling . . .	11223	1309
do. in Zillingdorf	299882	24990	do. in Inzerhof und Linding	7303	1461
do. in Gloggnitz	254468	59376	do. in Kulmer	1971	328
Grabner & Göstel in Stranzing . .	318	53	Oesterlein Anna in Thomasberg . .	278	60
Lindauer Wilhelm in Schauerleithen	23180	5022	Johann Kajetan in Pettenbach . .	300	60

Oesterreich ob der Enns. Berghauptmannschaft St. Pölten. Die einzige Kohlenablagerung, auf welcher ein regelmässiger Abbau betrieben wird, der sich besonders in den letzten Jahren gedeihlich entwickelt hat, ist die des Hausruckkreises. Doch sind es in diesem Revier nur die Baue der Wolfsegg-Traunthaler Kohlenwerks-Actiengesellschaft, denen die rasche Zunahme der Production (von 685000 Ctr. im Jahre 1859 auf 2,251000 Ctr. im Jahre 1862, also um 228,6 Proc.) zuzuschreiben ist. Die zwischen den ausgedehnten Grubenbauen dieser Gesellschaft zerstreut liegenden kleineren Bergbaue anderer Besitzer sind hingegen mit ihrem Absatze auf den eigenen Verbrauch beschränkt und zwar aus dem Grunde, weil sie eines Theils auf eine kleinere Production angewiesen sind, daher nicht in demselben Maasse billig zu erzeugen vermögen, und weil andern Theils die durch die erwähnte Gesellschaft von ihren Grubenbauen zur Kaiserin Elisabeth-Westbahn gebauten zwei Pferdeeisenbahnen (von Wolfsegg nach Breitenschützing und von Thomasroith nach Ottmang) den Absatz der gesellschaftlichen Bergbaue nach den entfernter gelegenen Absatzorten vorzugsweise begünstigen. Obgleich nach den bestehenden Einrichtungen bei den Grubenbauen der Wolfsegg-Traunthaler Kohlenwerksgesellschaft eine jährliche Production von 3 Millionen Centner realisirt werden könnte, so dürfte in der nächsten Zeit doch schwerlich eine bedeutende Steigerung der gegenwärtigen Production eintreten; ein solcher Aufschwung dieses Unternehmens müsste aber jedenfalls stattfinden, wenn die Kohlen des Hausruckgebirges auch in den Salinen des Salzkammergutes zur Verwendung kämen, was zwar schon in früheren Jahren der Fall war, wovon jedoch meist wieder abgegangen wurde, weil bei dem grossen Holzreichthume und den billigen Holzpreisen im Salzkammergute die Verwendung der Traunthaler Kohle keine wesentlichen Vortheile zu bieten schien.

Nach dem amtlichen Verwaltungsbericht waren im Jahre 1858 folgende Braunkohlengruben mit den beigesetzten Lieferungsquanten in Oberösterreich in Betrieb:

Name des Eigenthümers und Ort der Grube:	Production in Wr. Ctr.	Werth in Gulden.
Geidinger und Baldinger in Griftnergut	1935	193
Weidinger Karl in Zell	11411	1141
Enzinger Franz in Windischhub	1800	195
Graf Arco-Valley in Stranzing	45542	3795
Wolfsegg-Traunthaler Gewerkschaft, Hausruck . .	630117	63011

Die sehr bedeutenden Braunkohlenvorräthe des Hausruckgebirges werden nach einer von Otto Freiherrn von Hingenau darüber erschienenen Schrift (Wien 1860, nebst Nachtrag 1864) erst dann in recht nutzbringender Weise sich ausbeuten lassen, wenn in unmittelbarer Nähe der Gewinnungsorte kohlenverbrauchende Fabriken (Glashütten, Eisenwerke, vielleicht auch Rübenzuckerfabriken) in grösserer Zahl angelegt sein werden.

Steiermark. Berghauptmannschaft Leoben. An Braunkohlen wurden im Jahre 1862 im Ganzen 214661 Ctr. mehr gewonnen, welche Steigerung jener des Vorjahres (von 245684 Ctr.) ziemlich nahekommt.

Berghauptmannschaft Cilli. In der Braunkohlenerzeugung fand im Jahre 1862 eine Vermehrung von 109012 Ctr. bei den Acrarial-Bergbauen und von 1,892378 Ctr. bei den Privat-Bergbauen statt; die erstere gründet sich auf den schwunghafteren Betrieb des Braunkohlenbergbaues zu Trifail, die letztere auf die erhöhte Förderung bei den Bergbauen des Grafen von Meran, Tüffer, V. F. Sessler, K. Hochecker, Dr. Fischer, Freiherrn von Zois und Franz Kügerl im Bezirke Voitsberg, der Gebrüder Radymsky im Bezirk Eibiswald, des Ignaz Kaufmann im Bezirke Leibnitz, der Pragwalder Spinnfabrik, ferner der Baue von Franz Müller und Franz Schuscher im Bezirke Cilli und besonders der Hrastniger Gewerkschaft im Bezirke Tüffer. Trotz der vorerwähnten Vermehrung der Braunkohlenerzeugung kann diese noch immer nicht als eine solche bezeichnet werden, welche der Erzeugungsfähigkeit nur einigermaassen entspricht, wofür insbesondere der seit Jahren in vielen Grubenfeldern fortdauernde Stillstand den Beweis liefert. Die Mehrzahl der Braunkohlenwerke, welche hinsichtlich der Verwerthung ihrer Kohle auf Lieferungen an die südliche Staatseisenbahn-Gesellschaft oder auf den Verkauf in weiter entlegene Orte angewiesen sind, liegen wegen nicht entsprechender Lieferungspreise und Bedingungen, sowie wegen der Höhe der Frachtkosten darnieder. Dieses Darniederliegen wird in nationalökonomischer Hinsicht von um so grösserer Bedeutung, als durch die Selbstentzündung der Kohle in den in Angriff genommenen Baufeldern eine Gefahr droht, welche, abgesehen von den Verwüstungen an Grund und Boden, ein namhaftes Quantum des so schätzenswerthen mineralischen Brennstoffs der Verwerthung für immer zu entziehen droht; auch sind die sonstigen nachtheiligen Folgen der durch Grubenbrände eintretenden Geschäftsstörung zu berücksichtigen, sowie der Umstand, dass die Bewältigung des in mehreren Gruben thatsächlich bestehenden Flötzbrandes sammt allen dagegen auszuführenden weiteren Vorkehrungen namhafte Geldsummen verzehrt. In dieser Richtung zeigt sich das Herunterdrücken der Kohlenpreise bei dem Mangel eines entsprechend vermehrten Absatzes, sowie die Unsicherheit und oftmalige Unterbrechung des Betriebes der Kohlenbauunternehmungen insbesondere schädlich. Denn der Producent, um nur noch mit einigem Vortheile liefern zu können, unterlässt häufig wegen der hierdurch erhöhten Erzeugungskosten jene Vorkehrungen, welche zur Beseitigung einer künftigen Feuersgefahr ausgeführt werden sollten; denn derselbe ist ohnehin bei der Nothwendigkeit, die Kohlengewinnung wegen Mangels an Absatz zeitweise zu unterbrechen, behufs Erhaltung des Baues und des Personales in diesen Intervallen zu unproductiven Auslagen genöthigt. Im Voitsberger Bergreviere, wo in der bedeutenden Mächtigkeit des Kohlenflötzes und in der zum grossen Theile durch einfache Abraumarbeit ermöglichten tagbaumässigen Gewinnung der Kohle vorzügliche Mittel geboten erscheinen, die Erzeugungskosten derselben auf ein Minimum zu reduciren, tritt neuerlich auch die Feuersgefahr hemmend entgegen, da die Erfahrung lehrt, dass auch dieser für schwefelfrei gehaltene Lignit zur Selbstentzündung geeignet ist, wenn nämlich Kohlenklein unbeachtet zurückgelassen wird. Um den aus dieser Ursache herstammenden Grubenbränden vorzubeugen, ist allenthalben die Ausförderung des bisher nicht zu verwerthenden Kohlenkleins nöthig; dies erhöht jedoch die Gestehungskosten um ein Namhaftes, so dass eine Kohlengewinnung bei dem niedrigen Verkaufspreis nur bei einer beträchtlichen Höhe des Absatzes möglich erscheint.

Nach dem Verwaltungsbericht vom Jahre 1858 waren in Steiermark die Productionsmengen der vorhandenen Kohlengruben folgende:

	Production in Wr. Ctr.	Werth in Gulden
a) Im Kreise von Bruck:		
Parschlug	69497	16543
do.	40	8
Wartberg	34454	2871
Langenwang	3178	317
Donawitz (Leoben)	229806	51080
do. (im Seegraben)	506323	95533
do. (am Münzen- und Moskenberge)	465100	104525
do. do. do.	46989	11500
St. Peter	46799	9731
Fohnsdorf	290	58
do.	28276	5226
Judenburg (Feeberg)	15324	4331
b) im Kreise von Graz:		
Eisbach	89936	8993
Kleinsemmering	4899	489
Ratten	28948	2894
St. Ulrich	11129	1298
St. Ulrich, Wies u. Jagernigg	50780 17369	7928
St. Ulrich	650	86
do.	6452	806
do.	240	32
Eibiswald	24000	4000
do.	12035	2005
Wies	240	32
Wies und Limberg	6242	728
St. Ulrich und Jagernigg	2842 883	452
Jagernigg	4239	565
Wies	10454	1132
Jagernigg	341	39
Limberg und Schwanberg	11605	1547
Langowitz und Pichling	100	10
Tregist	37371	3114
do.	3070	230
do.	15905	1325
Lobmingberg und Hochtregist	14005	1050
Tregist	6105	559
Tregist u. Graden-Lankowitz	24716	2471

	Production in Wr. Ctr.	Werth in Gulden
Tregist	27170	2490
do.	3280	328
Bärnbach und Piber	5151	515
do. do.	3135	313
do. mit Graden-Lankowitz	7415	593
do. do. do.	3608	360
do. do. do.	192725	16060
Bärnbach	560	56
Piber und Langowitz	30523	4069
Puchbach	190945	15912
Pichling	5332	622
do.	1450	145
Graden-Langowitz	1620	162
do. do.	11390	1044
do. do.	7670	703
do. do.	15050	1254
do. do.	9486	869
do. do.	1270	127
Piber	2205	220
Voitsberg und Tregist	12540	1254
c) Im Kreise von Marburg:		
Altenmarkt und Siele	3265	43
Podgorje	216	28
Wöllan	1200	84
Liboje	24540	4090
Greis und Rann	10069	1570
Greis	64250	859
do.	5362	853
do.	6700	700
do.	1980	166
Rann	17237	2518
Tüchern	133400	9052
Doll und Trifail	246150	32820
Trifail	167797	22372
St. Christoph bei Tüffer	30040	4860
St. Stephan do.	44408	6274
do. do.	1012	134
Tüffer	125	21
St. Ruperti	661	66
Trifail	6928	692
Reichenstein	41974	6493

Kärnthen. Berghauptmannschaft Klagenfurt. Die Braunkohlenerzeugung hat im Jahre 1862 gegen das Vorjahr 1861 um 319000 Ctr. zugenommen, weil das Kohlenwerk Lischa, welches den Brennstoff für das Eisenwerk Prevali liefert, im schwunghaften Betriebe stand.

Im Jahre 1855 waren in Kärnthen die folgenden Braunkohlenwerke mit den beigesetzten Productionsquanten in Betrieb:

Name des Besitzers und Lage der Gruben:	Productionsmenge in Wr. Ctr.	Werth in Gulden
Freiherr v. Dickmann, Liescha u. Philippen u. Gebr. Edle von Rosthorn	897463	239323
Karnitschnigg & Co., Keutschach	33432	3944
Graf von Egger, Lippitzbach	409	109
Graf von Thurn, Mies	720	16
Freiherr von Herbert, Kuchl	4800	640
Graf Henckel von Donnersmark, Wiesenau und Pröbl . . .	37834	5896
Mündler & Co., St. Peter	239	36
Friedr. v. Knappisch, Sonnberg	1460	285
Ritter v. Jacomini, Assingergraben	3000	300
Amanda Weber & Co., Feistritz	2000	233

Krain. Berghauptmannschaft Laibach. Die Braunkohlenproduction hat im Jahre 1862 dem Gewichte nach um 61292 Ctr. abgenommen, dagegen im Geldwerthe des merklich gestiegenen Durchschnittspreises wegen um 939 Gulden zugenommen. Von den Braunkohlenbauen sind die bei Sagor im Bezirke Littai und jener bei Gottschee besonders erwähnungswerth. Die Kohlenwerke der Gewerkschaft am Savestrome bei Sagor und Loke im Bezirke Littai könnten, nachdem deren Abbaudistrikt durch die im Jahre 1862 erfolgte Erwerbung der Kohlenwerke der Laibacher Zuckerraffinerie noch namhaft erweitert wurde, ihre Production, welche im Jahre 1862 nur 719981 Ctr. betragen hat, leicht verdoppeln, wenn nicht in- und ausländische Concurrenz den Rayon des Absatzgebietes ihrer Kohlen zu sehr einschränken würden. Die Gottscheer Kohlenwerke sind gänzlich auf den Localbedarf für eine Glashütte, eine nur zeitweise mit Dampf betriebene Mühle, für Ziegelbrennereien etc. eingeschränkt. Der Verbrauch der Kohlen aus dem Kohlenwerk des Bezirks Tschernembl beschränkt sich auf den Bedarf für den Betrieb der Gebläse-Dampfmaschine bei dem Eisenschmelzwerke in Gradaz. Die übrigen Kohlenwerke in den Bezirken Ratschach, Stein, Nassenfuss, Feistritz und Treffen liegen theils wegen Mangels an Communicationsmitteln, theils wegen gänzlichen Mangels an Brennstoff verzehrenden Etablissements in der näheren und entfernteren Umgegend seit Jahren sozusagen ganz brach; dieselben haben auch, mit Ausnahme der ausgedehnten Kohlenlager im Ratschacher Bezirke, auf welche die in der Nähe vorüberführende Steinbrück-Sisseger Eisenbahn vielleicht einen günstigen Einfluss nehmen dürfte, keine Aussicht auf eine baldige bessere Zukunft.

Küstenland. Berghauptmannschaft Laibach. Die Braunkohlenerzeugung hat im Jahre 1862 um 5358 Ctr. zugenommen, der Werth derselben sich aber um 1743 Gulden vermindert. Das in der Nähe des Meeres gelegene Kohlenwerk zu Carpano bei Albona erfreut sich für seine Production der günstigsten Absatzverhältnisse. In dem Bezirke Sessana und im Triester Stadtgebiete haben im Jahre 1862 die ersten Verleihungen auf Mineralkohlen stattgefunden.

Tyrol. Berghauptmannschaft Hall. Die Braunkohlenerzeugung hat im Jahre 1862 gegen das Vorjahr bei dem Aerarial-Bergbaue zu Häring um nahe 9000 Ctr. zugenommen, während das Kohlenwerk in Wirtatobel um fast 12000 Ctr. zurückgeblieben ist; dies letztere geschah aus dem Grunde, weil der Kohlenabsatz dieses Werkes an die in Vorarlberg befindlichen Fabriken — die einzigen Consumenten — plötzlich stockte, da von denselben — grösstentheils Baumwollspinnereien — fast drei Viertheile den Betrieb einstellten.

Böhmen. Berghauptmannschaft Elbogen. Die tertiären Gebilde, in welchen die Braunkohlen mit Alaunerde und Schwefelkies vorkommen, füllen zwei grosse Becken, das Egerer und das Falkenau-Elbogener, zwischen dem Erz-, Fichtel-, Böhmerwald-, Karlsbader- und Mittelgebirge aus. Im Eger-Becken hat die Production 6677 Ctr. à 7 kr. betragen und 10 Arbeiter beschäftigt. Die Kohle wird meist von den technischen Etablissements verbraucht. Auf das Falkenau-Elbogener Becken, wo die unteren Flötze bis zu 14 Klafter mächtig sind, entfielen von der Gesammtproduction des Jahres 1862 2,183708 Ctr., auf einige andere isolirte Ablagerungen 24450 Ctr.

Berghauptmannschaft Kommotau. Die Braunkohlenerzeugung bestand im Jahre 1862

im unmittelbaren Berghauptmannschaftsbezirke in	3,479462 Centnern	im Werthe von	302733 Gulden,
im Bergcommissariatsbezirke Teplitz in . . .	8,109081 „	„ „ „	612340 „
Zusammen in	11,588543 Centner	im Werthe von	915073 Gulden.

Somit resultirt gegen das Vorjahr 1861 im unmittelbaren Berghauptmannschaftsbezirke eine Mindererzeugung von 125696 Ctr., im Bergcommissariatsbezirke Teplitz eine Mehrproduction von 1,003480 Ctr. Die Erzeugung von $3\frac{1}{2}$ Millionen Centner Braunkohle im unmittelbaren Berghauptmannschaftsbezirke entspricht dem Localbedarfe, weil ungeachtet des niederen Verkaufspreises wegen Mangels an billigen und hinreichenden Communicationsmitteln ein Export der Braunkohle aus diesem Bezirke nur in sehr geringem Maasse stattfinden kann; und doch ist die Productionsfähigkeit dieses Districtes eine sehr grosse, indem Flötze einer ausgezeichneten Braunkohle von 10 und mehr Klafter Mächtigkeit mittels Tagbaues gewonnen werden können und die sonstige mittlere Teufe der Abbaue kaum 10 Klafter betragen dürfte. Den Aufschwung der Kohlenindustrie im unmittelbaren Berghauptmannschaftsbezirke hindert daher der Mangel an billigen und hinreichenden Communicationsmitteln, und es bezeichnen die Bergwerksbesitzer geradezu den Ausbau der Eisenbahn von Teplitz über Kommotau mit dem Anschluss an Annaberg in Sachsen als jenes Mittel, welches geeignet wäre, die Kohlenindustrie in der nächsten Zeit zu heben, indem nur hierdurch der Export der Kohle in das Ausland, wo sich bereits jene aus dem Bergcommissariatsbezirke Teplitz Eingang verschaffte, gefördert werden könnte. Die Kohlenerzeugung im letzten Jahre dagegen ist noch immer im raschen Aufschwunge begriffen und es diene zur Bestätigung dessen nur die Bemerkung, dass die Production daselbst im Jahre 1859 in 4,163712 Ctr., hingegen im Jahre 1862 schon in 8,901081 Ctr. bestand, somit in 3 Jahren die doppelte Höhe erreichte. Dieselbe blieb aber hinter der Productionsfähigkeit der Kohlenwerke, welche über 5 bis 9 Klafter mächtige Flötze verfügen, noch weit zurück, obschon sich diese böhmische Braunkohle nach dem Auslande bereits die Bahn gebrochen hat und daselbst zur Kesselfeuerung sehr beliebt geworden ist. Die Ursache des raschen Aufschwungs des Kohlenbaues im Bezirke Teplitz ist der Ausbau der Aussig-Teplitzer Eisenbahn nebst Schleppbahnen, wodurch die Kohlen in jeder beliebigen Quantität und zu jeder Zeit gegen billige Verfrachtungskosten nach Aussig geschafft werden können, um daselbst auf der Elbe weiter befördert zu werden. Nach vorliegenden Berichten ist jedoch der Absatz dieser Kohlen auf weitere Entfernung und in das Ausland noch von dem fahrbaren Wasserstande in der Elbe unbedingt abhängig, indem die hohen Frachtsätze auf der Strecke Aussig-Bodenbach jede Concurrenz der mittels der Bahn beförderten Kohle im Auslande unmöglich machen. Aus diesem Grunde wurden auch die nöthigen Schritte von Seite der Bergwerksbesitzer bei der Generaldirection der österr. Staatsbahnen, jedoch bisher ohne Erfolg, eingeleitet; ein günstiger Erfolg ist aber für die weitere Entwicklung der bezeichneten Kohlenbaue entscheidend, denn ihre Kohlen können mit der Steinkohle aus Westphalen und dem Plauen'schen Grunde in Sachsen nur dann concurriren, wenn selbige auf der Elbe nach dem Auslande geschafft werden. Die Frachtsätze der k. k. priv. österr. Staatsbahn sind nämlich auf der Strecke von Aussig nach Bodenbach zu hoch gehalten, um auf diesem Wege die Kohle mit einem noch so geringen Gewichte verfrachten zu können und so geschieht es nur zu oft, dass wegen des niedrigen Wasserstandes der Elbe der ganze Verkehr stockt. Der Frachtsatz der k. sächs. Bahn beträgt für die 9 Meilen lange Strecke von Bodenbach bis Dresden per Centner $7\frac{1}{2}$ kr. ö. W., während die Fracht auf der k. k. österr. Staatsbahn von Aussig nach Bodenbach bei einer Distanz von nur 3 Meilen per Centner schon 5 kr. ö. W. beträgt. Nachdem diese hohen Frachtsätze unzweifelhaft lähmend auf einen lebhafteren Absatz nach dem Auslande und sonach auf eine weitere Erhöhung der Production der Kohlenwerke einwirken, so ist wohl zu wünschen, dass die Schritte des Ausschusses der Karbitz-Schönfelder und der Teplitzer Bergvereine wegen Ermässigung der Frachtsätze auf der Strecke Aussig-Bodenbach um 40 Procent, wonach eine annähernde Gleichstellung mit dem sächsischen Frachtsatze herbeigeführt werden würde, einen Erfolg haben mögen. Bei den von der Teplitz-Aussiger Eisenbahn entfernt gelegenen Werken, mit Ausnahme jener bei Prödlitz, Herlitz und Schöbritz, von wo aus noch ein starker Verkehr auf der Achse nach Aussig und selbst bis in die Gegend von Leipa stattfindet, bleibt der Absatz auf den Localbedarf und die Umgebung beschränkt, da in der Nähe dieser Werke grössere Industrieanstalten fehlen, welche die Kohlenwerke einigermaassen beleben würden; dies hat auch zur Folge, dass viele dieser kleinen Werke den Betrieb sistiren müssen.

Nächst dem Mangel an billigen Transportgelegenheiten wird das gedeihliche Aufblühen der Braunkohlengewinnung des Kommotauer Districtes besonders durch die Zersplitterung der Kohlenfelder in eine Unzahl kleiner Bergbauunternehmungen erschwert. Schon im Verwaltungsbericht vom Jahre 1855 wird geklagt, diese Zersplitterung gehe bereits soweit, „dass die einzelnen von einem Normal-Grubenmaass schon kleine Bruchtheile repräsentirenden Felder von den dabei Betheiligten wieder unter sich parcellirt sind und jeder der Mittheilnehmer seinen eigenen abgesonderten Bau in seiner Parcelle treibt, wesshalb es nicht selten vorkommt, dass in einem solchen kleinen einer Gesellschaft ertheilten Grubenfelde oft bis zu 20 Schächte abgeteuft werden, in welchen jeder Theilhaber für sich besonders Kohlen gewinnt. Abgesehen von dem Uebelstande, dass dieser kleine zusammengedrängte Besitz von den Bergbauen die Entstehung grossartiger auf Dauer berechneter Unternehmungen verhindert, von welchen lediglich und ausschliesslich sich eine gedeihliche das wahre Wohl des Landes befördernde Bergbau-Industrie erwarten lässt, zieht er, da er eines rationellen Betriebes durchweg entbehrt, in staatswirthschaftlicher und bergpolizeilicher Beziehung die verderblichsten Folgen nach sich. Erwägt man, dass der Centner Grobkohle bei Teplitz mit 3 kr., in der Umgebung Kommotaus mit 3 — 4 kr. von Schächten bezogen wird, deren Abteufungskosten sich auf nur 3 — 4 Eigenlöhner vertheilen, so leuchtet ein, dass der Eigenlöhner auf Verzimmerung der Schächte und Strecken oder der unterirdischen Aushöhlungen kaum das Nothdürftigste aufwenden kann und die Kohle nur da wegraubt, wo die Förderung derselben billig und äusserst billig zu stehen kommt. Daher zunächst eine Ueberzahl von Verunglückungen und Todesfällen und der Umstand, dass nach gewissenhaften amtlichen Erhebungen nur 30 Procent des aufgeschlossenen Grubengutes gewonnen werden und der übrige Theil für alle Zukunft verloren geht und dass auch jene 30 Procent nicht dem wahren verhältnissmässigen Werthe nach veräussert, sondern verschleudert werden. Die massenhaften Kohlenrückstände in den Grubenräumen führen im Verein mit der mangelhaften Wasserlösung zur Selbstentzündung und Grubenbränden, die Devastation der nach Möglichkeit der Agricultur zu überlassenden Oberfläche gefährdet das Leben der Menschen und Thiere und die allenthalben im Districte einreissende, jedes Maass der Statthaftigkeit überschreitende Verwendung des weiblichen Geschlechts und der unerwachsenen Jugend in den Kohlenbauen untergräbt Moral und bergmännischen Geist, mehrt das Proletariat und steigert dessen Verwilderung und Zukunftslosigkeit." Der Verwaltungsbericht vom Jahre 1858 klagt: „Die Preise der Kohle, welche per Centner mit 3 — 4 kr. verwerthet wird, werden bei dem sehr geringen Absatze unter die wirklichen Gestehungskosten herabgedrückt; und da ein jeder dieser kleinen Bergwerksbesitzer, deren Bergwerksbetrieb nicht selten ihre einzige und alleinige Erwerbsquelle bildet, sich einen Absatz zu verschaffen sucht, so ist es erklärlich, dass hierbei nicht immer die solidesten Mittel zur Erreichung dieses Zweckes angewendet werden. Nominell werden dem Käufer oder Kohlenhändler die auf der Bollete verzeichneten Kohlenmengen verabfolgt, aber es ist Thatsache, dass auf Grund dieser Bollete als Zugabe das Doppelte des Maasses verabreicht wird und dass jener den grösseren Absatz hat, welcher das bessere Maass auf diese Weise verabfolgt. Es ist selbstverständlich, dass unter solchen Umständen der solide und rationell vorgehende Bergwerksunternehmer entmuthigt und in die misslichste Lage versetzt wird etc." „Von sämmtlichen Bergwerksbesitzern dieses Bezirkes sind kaum 20, welche einen eigenen Werksbeamten zur Leitung ihres Grubenbaues aufgestellt haben; die übrigen suchen sich mit einfachen Steigern, die sich rücksichtlich ihrer Ausbildung selten über den gemeinen Arbeiter erheben, zu behelfen."

Im Jahre 1858 erreichten von den 255 Bergwerksbesitzern des unmittelbaren Bezirks folgende die grössten Fördermengen:

Fürst Lobkowitz . . . . 230000 Ctr.
Fürst Schwarzenberg . . . . . . 264600 „
Schursch in Brüx . . . . 107700 „
Teucher in Dux . . . . 93000 „
Gräfin Waldstein in Dux . . . . 86000 „
Bernt in Brüx . . . . 75000 Ctr.
Richter in Brüx . . . . 61000 „
Die Eidlitzer Zuckerfabriks-Gesellschaft . 64000 „
Die Kostener Glasfabrik . . . . . . 65000 „

Im Schlaggenwalder Bezirke haben unter 149 Besitzern die grössten Förderungen erzielt:

Die v. Stark'schen Werke zu Unterreichenau, Davisdthal, Littmitz, Altsattl . 588800 Ctr.
Radler in Unterreichenau . . . . 94800 „
Fabrikant Portheim . . . . 66800 „
Fabrikant Nowotny . . . . 64900 Ctr.
Die Anna-Gewerkschaft in Grünlas . . 63600 „
Die Elbogener Stadtgemeinde . . . . 57300 „

Im Teplitzer Bergcommissariatsbezirke erzielten unter 258 Zechenbesitzern folgende die grössten Productionsquanten:

Graf Westphalen . . . . 802000 Ctr.
Graf Nostitz . . . . 550000 „
Graf Ledebour . . . . 217000 „
Die Gewerkschaft Saxonia in Karbitz 274000 „
Die Dessauer Creditbank bei Modlan 181200 „
Ritschl & Comp. in Karbitz . . . . . 145000 Ctr.
Salesler Gewerkschaft . . . . 81400 „
Elterlein & Comp. . . . . 76800 „
Storch & Comp. . . . . 53000 „

Im unmittelbaren und Schlaggenwalder Bezirke wurden diese namhafteren Productionen grösstentheils zum Zwecke der von den Bergwerksbesitzern zugleich betriebenen Fabrikindustrie, nämlich bei Zuckerfabriken, Porcellanfabriken, Ziegeleien etc. verwendet.

Im Teplitzer Bezirke ward die Production theils bei den eigenen Fabriken und bei der chemischen Productenfabrik in Aussig verwendet, grösstentheils aber nach dem Auslande abgesetzt.

Die kleinere Production von einigen Tausenden bis zu einigen Hunderten von Centnern herab wurde fast ausschliessend im Lande bei verschiedenen kleineren Gewerken und zum häuslichen Verbrauch verwendet.

Berghauptmannschaft Kuttenberg. Die Braunkohlenwerke bei Görsdorf im Kratzauer Bezirke, bei Wustung um Weigsdorf im Friedländer Bezirk werden erst dann günstigere Absatzverhältnisse erlangen, wenn einerseits durch ermässigte Frachtpreise auf der süd-norddeutschen Verbindungsbahn die Verfrachtung der Görsdorfer Braunkohle noch über Reichenberg hinaus gewinnbringend sein wird, anderseits aber eine ordentliche Strasse von Friedland nach Wustung und Weigsdorf hergestellt und der Kohlentransport auch bei ungünstiger Jahreszeit durchführbar sein wird, was gegenwärtig leider nicht der Fall ist.[1])

Mähren. Berghauptmannschaft Olmütz. Der Braunkohlenbergbau wird auf zwei von einander weit entfernten und ebenso verschiedenen Ablagerungen betrieben, nämlich auf der in Südmähren in den Provinzen Gaya und Göding verbreiteten mächtigen Ablagerung der jüngsten lignitartigen Kohle, dann auf den von späteren Auswaschungen noch in vereinzelten kleinen Mulden zurückgebliebenen Trümmern von unreinen Kreide-Kohlen in den Bezirken Mährisch-Trübau und Boskowitz im westlichen Mähren.

Die Production in dem erstern Braunkohlengebiete ergab im Jahre 1862 die Summe von 931453 Centner, daher gegen das Vorjahr mit 804304 Ctr., eine Steigerung von 127149 Centnern oder 15,8 Procent der Production von 1861. Von der zweiten Gattung, nämlich der Kreide- oder sogenannten Moor-, auch Quadersandkohle, wurden im Jahre 1862 133395 Ctr. gewonnen, daher gegen 1861 mit 115239 Ctr. eine Erhöhung von 18156 Ctr.

Die Mehrproduction in dem südmährischen Braunkohlenreviere findet ihre Erklärung in der Errichtung der Zuckerfabriken bei Dubnian und Keltschan, welche diese Art Kohle mit Nutzen wegen ihrer Billigkeit gegen die Ostrauer Steinkohle verwenden; und da mit Grund zu erwarten steht, dass noch mehr solche Fabriken in der dortigen Gegend werden hergestellt werden, so dürften hierdurch auch den Braunkohlengruben noch mehrere Absatzquellen eröffnet werden. Die Production der westmährischen Kohle wird kaum je eine bedeutende Höhe erreichen, weil die Qualität derselben sogar jener der Lignitkohle nachsteht und die Gewinnung überdiess wegen der Verwerfungen in den Flötzen eine schwierige ist.

[1]) Die bedeutendsten Kohlenwerke der genannten Bezirke gehören dem Grafen Clam-Gallas; die in Görsdorf und Grottau gelegenen sollen jährlich 370000 Ctr., die in Wustung 200000 Ctr. produciren.

Schlesien. Berghauptmannschaft Olmütz. Die Braunkohle kommt in Schlesien nur in einer kleinen Mulde in Sörgsdorf bei Jauernig abbauwürdig vor. Die Production von 3384 Ctr. bleibt weit hinter den Erwartungen zurück, welche man bei Entdeckung dieser Ablagerung gehegt hatte.

Ost-Galizien. Berghauptmannschaft Lemberg. Durch den Bau der projectirten Eisenbahnen nach Czernowitz und Brody dürfte den hiesigen Braunkohlenunternehmungen eine bessere Zukunft gesichert sein. Gegenwärtig bestehen fünf solche Unternehmungen und zwar die von F. Lang und P. Mikolasch im Zolkiewer und Zloczower Kreise, von R. Doms und von J. Czerminsky im Zolkiewer Kreise, ferner der Tlumaczer Gewerkschaft im Bezirke Zablotow und endlich von H. Hecker im Bezirke Peczenizyn. Von den drei ersten Unternehmungen ist im Jahre 1862 blos die eine von Lang und Mikolasch im Betriebe gewesen; sie setzte ihr Product in Lemberg ab. Die Production, ungeachtet sie im Jahre 1862 gegen das Vorjahr um 49317 Ctr. stieg, ist im Verhältniss zu dem ganzen Umfange des Grubencomplexes und zu der 1 — 2 Klafter betragenden Mächtigkeit der Kohlenlager noch immer nicht bedeutend; die Ursache hiervon dürfte weniger in den niedrigen Holzpreisen, als vielmehr in dem Umstande gelegen sein, dass in Lemberg gegen den Gebrauch der Braunkohle, trotz des damit verbundenen pecuniären Vortheils, noch ein Vorurtheil herrscht. Indessen steht zu erwarten, dass dasselbe mehr und mehr schwinde und dass die bei dem Betriebe dieses Braunkohlenbergbaues durch den Principal-Gewerken Felix Lang entwickelte Ausdauer und Umsicht gute Früchte trage. Uebrigens hat diese Braunkohle bereits bei dem Betriebe der Karl Ludwigsbahn einen Eingang gefunden, woselbst derselben auch nach dem günstigen Erfolg angestellter Versuche ein steter und namhafter Absatz in Aussicht steht. Dem Werke dürfte ein weiterer wesentlicher Vortheil auch noch durch die Herstellung der Eisenbahn nach Brody erwachsen, indem diese Bahn über das bezügliche Kohlenterrain oder wenigstens nahe an demselben vorbeigeführt werden soll und es daher ermöglicht wäre, nicht nur die schwierige und kostspielige Achsenverfrachtung bei der Grube grösstentheils abzustellen und dem häufigen Mangel an Geschirren ganz zu begegnen, sondern für die Kohle auch neuere und weitere Absatzorte aufzufinden; in diesem Falle könnte dann ein schwunghafter Betrieb auch bei den übrigen bis jetzt wegen Mangels an Absatz ruhenden Kohlenwerken erzielt werden.

Der Kohlenbergbau der Tlumaczer Gewerkschaft in Nowosielica, Bezirk Zablotow, setzt seine Kohlen an die Zuckerfabrik in Tlumacz ab. Das Lager ist nur 24 Zoll mächtig und es wurden aus demselben im Jahre 1862 119102 Ctr. Kohle, daher gegen das Vorjahr 45318 Ctr. mehr gewonnen, bei welcher Erzeugung der bisher aufgeschlossene obere Theil des Kohlenfeldes binnen 6 Jahren abgebaut sein wird. Der Kohlenbau von H. Hecker in Myszyn geht auf zwei Flötzen um, wovon das eine bis 18 Zoll, das andere aber bis 40 Zoll mächtig ist. Derselbe ist zweckmässig angelegt und ausgerichtet, wurde aber bis jetzt theils wegen Mangels an Absatz, theils wegen unzureichenden Betriebskapitals nur lässig betrieben und dürfte erst bei günstigeren Conjuncturen zur besseren Ausnutzung gelangen.

Was im Allgemeinen dem Aufschwunge der ostgalizischen Kohlenunternehmungen noch entgegen steht, das sind namentlich die schlechten Communicationswege. Der Umstand, dass die Braunkohle durch den Einfluss der Witterung leicht zerbröckelt und nur im frischen Zustande eine längere Verfrachtung verträgt, zwingt insbesondere das Nowosielicaer Werk, häufig seinen Abbau zu unterbrechen. Anderseits wird auf die Dringlichkeit der Regulirung des Pruth- und des Dniester-Flusses hingewiesen und hervorgehoben, dass durch diese Flussregulirung dem Kohlenbergbaue im Perzanizyner Bezirke ein wesentlicher Vorschub geleistet werden würde; derselbe ist gegenwärtig mit dem Absatze kleiner Mengen seiner Kohlen auf die nächste Umgebung beschränkt, würde aber dann seine Kohlen in beliebiger Menge auch nach Südrussland sehr vortheilhaft absetzen können.

Bukowina. Berghauptmannschaft Lemberg. Der in den Gemeinden Karapozim und Zamostie, Bezirk Stanestie, bestehende Braunkohlenbergbau hat erst im Jahre 1862 begonnen. Die Mächtigkeit des dort vorkommenden Kohlenflötzes beträgt nur 14 Zoll, die Kohle ist aber von einer ausgezeichneten Qualität und wird nach Herstellung der Communicationsstrassen gegen den Pruth und Dniester hauptsächlich und sicher Absatz bei den Zuckerfabriken im südlichen Russland finden, daher das Aufblühen dieses Bergbaues zu hoffen steht.

Ungarn. Berghauptmannschaft Ofen. Die Production an Braunkohlen hat im Jahre 1862 um 179446 Ctr. zugenommen. An dieser Productionsvermehrung haben die Braunkohlenwerke nächst Ofen und Gran, also jene Werke, die vorzugsweise für die Consumtion von Ofen und Pest fördern, mit 71115 Ctr. theilgenommen. Wird jedoch in Erwägung gezogen, dass auf den Kohlenwerken, welche H. Drasche in der Nähe von Gran in Pacht hält, allein eine Mehrproduction von 71885 Ctr. erzielt wurde und dass der Genannte einen sehr beträchtlichen Theil seiner Kohlenproduction bei dem Betriebe seiner ausgedehnten Ziegeleien bei Ofen und Pest selbst verbraucht, so kann man den Schluss ziehen, dass die übrigen Bergwerksunternehmungen daselbst zusammengenommen stationär geblieben sind.

Eine namhafte Mehrproduction weisen nach: Der gräfl. Esterhazy'sche Braunkohlenbergbau in Zsemlye, welcher seine Erzeugung an die Zuckerfabrik in Totis absetzt, der Braunkohlenbergbau des Rima-Muranyer Eisenwerkvereins im Borsoder Comitate, dessen Erzeugung in den eigenen Eisenraffineriewerken verbraucht wird und der Braunkohlenbergbau in Edelény, welcher für den Bedarf der dortigen Zuckerfabrik betrieben wird. Von den ausschliessend für den Verkauf arbeitenden Braunkohlenwerken hat jenes in Diosgyör seine Erzeugung gegen das Vorjahr um 30000 Ctr. vermehrt; als neue Kohlenlieferanten sind eingetreten das verpachtete fürstl. Esterhazy'sche Kohlenwerk in Bubendorf im Eisenburger Comitate, das Braunkohlenwerk in Bator nächst Erlau und das Braunkohlenwerk in Czenter nächst Putnok an der Grenze des Borsoter Comitates. Dagegen sind die beiden Braunkohlenwerke nächst Oedenburg in Brennberg und Neufeld zusammen um 116398 Ctr. in der Production zurückgeblieben und es wird als die Ursache dieses Zurückbleibens der verminderte Betrieb der benachbarten Spinnereien angegeben. Man ist in Summa zu folgenden Schlussfolgerungen berechtigt: Den verhältnissmässig grössten Aufschwung haben jene Braunkohlenbergbaue genommen, deren Erzeugung für den Selbstverbrauch der Producenten bei ihren anderweitigen Unternehmungen bestimmt waren. Die auf den Pester Platz theils aus Fünfkirchen durch die Bestrebungen der Donau-Dampfschifffahrts-Gesellschaft theils aus dem Neograder Comitate eindringenden Kohlen scheinen bereits eine fühlbare Rückstauung auf die Kohlenwerke nächst Gran auszuüben. Die Zunahme in der Consumtion des mineralischen Brennstoffs in Pest scheint mit der zunehmenden Concurrenz der Kohlenwerke nicht gleichen Schritt zu halten; es dürfte daher ein bedeutender Druck auf die Platzpreise der Braunkohlen nahe bevorstehen.

Im Borsoder Comitate berechtigt das dem Krongute Diosgyör angehörige Braunkohlenwerk zu den besten Hoffnungen für die Zukunft, wenn zu deren Erfüllung die entsprechenden Maassregeln ergriffen werden. Die Kohlenproduction stieg von 40000 Ctr. im Jahre 1861 auf 70000 Ctr. im Jahre 1862, was indess im Verhältniss zur verliehenen Bergwerksfläche (1,906688 Quadratklafter) nur eine Kleinigkeit ist. Die Lage dieses Braunkohlenwerks ist so ausserordentlich günstig, wie sich einer gleichen nur wenig Kohlenwerke rühmen können. Es liegt kaum eine Meile von dem Bahnhof Miskolcz entfernt und da nach den statistischen Nachweisungen vom Jahre 1861 im Bereiche der Kaschauer Berghauptmannschaft nur 235 Centner, im Bereiche der Nagybányaer Berghauptmannschaft noch gar keine Mineralkohlen erzeugt wurden, so ist das Braunkohlenwerk in Diosgyör das am weitesten nach Osten vorgeschobene im Betrieb stehende Braunkohlenwerk; dasselbe wäre daher bestimmt, in der nächsten Zeit den ganzen östlich gelegenen Theil des Landes mittels der Theisseisenbahn mit den nöthigen Mineralbrennstoffen zu versehen. Dass demungeachtet die Production noch immer eine verhältnissmässig geringfügige geblieben ist, daran trägt allein der Mangel an Transportmitteln die Schuld, welcher es unmöglich macht, grössere Quantitäten von Kohlen der Eisenbahn zuzuführen. Diesem Mangel abzuhelfen und die Rentabilität des Diosgyörer Braunkohlenwerkes namhaft zu erhöhen, wäre nur durch die Erbauung einer Eisenbahn von dem Miskolczer Stationsplatze zu den Kohlengruben erreichbar; und diese Eisenbahnverbindung erscheint auch mit Rücksicht auf die dortigen Terrain-Verhältnisse mit so verhältnissmässig geringem Kostenaufwande möglich, dass das darauf verwendete Kapital gewiss reiche Zinsen tragen würde.

Nördlich von Diosgyör liegt noch das Braunkohlenwerk Edelény, welches nur für den Bedarf der dortigen Zuckerfabrik und zwar von den Pächtern derselben betrieben wird. Auch in Lászlófalu und in Tardona, in Czenter, Várkony, Sata, Ozd, Czépány, Arló, Nádasd, Tard und in dem Gebiete der Abtei Tapolcza sind in neuester Zeit Braunkohlenwerke in Betrieb gekommen. Das anhaltende Auftreten der Kohlenflötze bei Diosgyör (wo drei untereinander liegende 4 — 6 Fuss mächtige Flötze bekannt sind) auf der Ostseite und von Czenter bis Nádasd (wo zwei übereinander liegende Flötze ebenfalls mit 4 bis 6 Fuss Mächtigkeit abgebaut werden) auf der Westseite des Bükk-Gebirges, sowie die Ergiebigkeit des 5 Fuss reine Kohle haltenden Kohlenflötzes bei Edelény gestatten die Annahme, dass auch in den dazwischen liegenden, noch weniger erforschten Theilen der Braunkohlenformation ein gleiches Anhalten zu erwarten stehe, dass daher das Bosoder Comitat noch einen reichen Schatz von Braunkohlen beherberge, welcher dem mit Kapital ausgestatteten industriellen Unternehmungsgeiste ein reiches Feld der Thätigkeit darbietet.

Im Bereiche des Graner Comitates ist unstreitig der ungarische Braunkohlenbergbau am ausgedehntesten entwickelt. Derselbe wird insbesondere in den Gemeindegebieten Bajóth, Mogyoros, Tokod, Dorogh, Szolnok und Sársáp und zwar auf zwei verschiedenen Flötzen geführt, welche von einander 40 — 60 Klafter saiger abstehen.

Nach allen bisherigen Aufschlüssen erscheinen die Verhältnisse, unter denen in diesem Theile Ungarns die Braunkohlenflötze bergenden Schichten auftreten, als überaus grossartig. Es bietet sich in den weit ausgedehnten Tertiär-Becken ein unermessliches Feld für eine mit den nöthigen Geldkräften ausgerüstete bergmännische Industrie dar, welche bei günstigen Resultaten zugleich die sicherste Grundlage für eine grosse Anzahl industrieller Unternehmungen jeder Art abgeben und die Quelle blühenden Wohlstandes werden könnte.

Berghauptmannschaft Neusohl. Die Braunkohlenproduction ist im Jahre 1862 um 206841 Ctr. gestiegen und es nahmen an dieser erhöhten Productionsziffer hauptsächlich der an eine Gesellschaft verpachtete Bergbau des Grafen Keglevich zu Kostolan im Barser Comitate mit 57970 Ctr. und die Bergbaue der Szt. Istváner Steinkohlengesellschaft im Neograder Comitate mit 108114 Ctr. Theil.

Berghauptmannschaft Kaschau. Es besteht hier nur ein einziger Bergbau auf Braunkohlen, bei Banszka im Zempliner Kreise; die geringe Ausdehnung des Flötzes, die Unreinheit der Kohle und die schlechten Abfuhrwege lassen jedoch sobald noch keinen nutzbringenden Betrieb hoffen.

Kroatien und Slavonien. Berghauptmannschaft Agram. Die Braunkohlenbaue haben im Jahre 1862 im Vergleiche gegen das Jahr 1861 einen grösseren Aufschwung genommen und es sind im Allgemeinen 23000 Ctr. Kohlen mehr abgesetzt worden, worunter insbesondere der Bau von Cerie dolnje im Warasdiner Bezirke und der erst im Jahre 1861 eröffnete Bau nächst Bogdan im Velikaner Kreise des Požeganer Comitates hervorzuheben sind, welche beiden Baue auch auf einen constanten und steigenden Absatz, ersterer in Warasdin und Csakathurn und letzterer an die Dampfschifffahrtsgesellchaften auf der Save, rechnen können. Nur fehlt bei diesen beiden Unternehmungen hinreichendes Betriebskapital, um eine grössere Production durch erweiterten Aufschluss und dadurch bedingte billigere Verkaufspreise zu ermöglichen; bei dem erstern Bergbaue ist auch der Abfuhrsweg von der Grube zur Hauptstrasse bei ungünstiger Witterung nicht fahrbar. Die vom Warasdiner Comitate in Aussicht gestellte Herstellung dieses Gemeindeweges dürfte zur Hebung dieses wenngleich auf schwachen Lignitflötzen umgehenden Kohlenbaues sehr viel beitragen.

Für die übrigen Kohlenbaue ist für einen nur einigermaassen grösseren Absatz zur Zeit noch keine Aussicht vorhanden, da in der Nähe dieser Werke noch keine Fabriken bestehen und für den Eisenbahnbetrieb theils wegen der billigeren und besseren Steiermärkischen Kohlen, theils wegen schlechter Verkehrsmittel keine Kohlen abgesetzt werden können. Als einflussreiche Faktoren auf die hohe Gestehung der in Kroatien zu erzeugenden Kohlen und anderer Mineralproducte wirken vorzüglich die Schwierigkeit, Betriebskapital aufzutreiben, der Mangel an Vertrauen auf Bergbauunternehmungen, sowie die nöthige Zuziehung theurer Arbeitskräfte aus den andern Kronländern ein, indem in letzter Beziehung der Kroate, weil er die unterirdische Bergarbeit scheut, schwer verwendbar ist.

Militärgrenze, kroat.-slavon. Berghauptmannschaft Agram. Kohlenbaue bestehen zur Zeit in der kroatischen Militärgrenze nur erst bei dem Eisenwerke in Topusko, wo der Abbau vorzüglich auf einem unmittelbar in der Nähe der Hütte aufgeschürften mächtigen Lignitflötze betrieben wird; die jährlich erzeugten Kohlen von 100000 bis 126000 Ctr. werden ausschliesslich zur Heizung der vier Dampfkessel jenes Eisenwerkes verwendet.

Dalmatien. Berghauptmannschaft Zara. Die Ergebnisse der Bergbauunternehmungen auf Braunkohle gestalten sich immer günstiger und in dieser Richtung ist eine erfreuliche Entwicklung wahrnehmbar. Trotz der Schranken, welche das bestehende Privilegium der freien Entwicklung dieses wichtigen Zweiges des Bergbaues hemmend in den Weg legt, entstehen dennoch neue Unternehmungen auf die Gewinnung des fossilen Brennstoffs, wobei für die blosse Abtretung einzelner Gebiete zu diesem Zwecke von Seite des Privilegiumsbesitzers oft bedeutende Summen beansprucht werden. Fallen nun die Schranken dieses Privilegiums, welches am 22. Juni 1865 erlischt, hinweg, so kann man diesem Zweige der Montan-Industrie eine hoffnungsvolle Zukunft verbürgen. Denn das gesteigerte Bedürfniss eines entsprechenden Feuerungsmateriales und die erhöhte Nachfrage nach Mineralkohlen bilden auch in Dalmatien Faktoren, welche bei der gegebenen Aussicht auf einen lohnenden Erfolg die Lust zu derartigen Unternehmungen anzuregen und der bergmännischen Thätigkeit in dieser Richtung ein erwünschtes und ergiebiges Feld zu eröffnen geeignet sind.

Ein genaues Bild von dem Umfang und dem Werth der Braunkohlenproduction der österreichischen Monarchie im Jahre 1862 und von der Vertheilung auf die einzelnen Kronländer gibt die folgende Tabelle:

Die Braunkohlenproduction Oesterreichs im Jahre 1862.

Kronland	Berghauptmannschaft	Production in Wiener Centnern	Geldwerth		Mittelpreis der Gewichtseinheit am Erzeugungsort
			Gulden	Kr.	
Oesterreich unter der Enns	St. Pölten	1,552113	299707	41	19,3 Kr.
Oesterreich ob der Enns	do.	2,308133	344572	65	14,9 „
Steiermark	Leoben	3,848971	946985	37	24,6 „
	Cilli	4,937218	571702	28	11,6 „
Kärnthen	Klagenfurt	1,319273	272258	13	20,5 „
Krain	Laibach	848168	153916	80	18,1 „
Küstenland	do.	237892	74880	—	31,5 „
Tyrol	Hall	86974	40661	3	46,7 „
Böhmen	Elbogen	2,214835	264090	—	11,9 „
do.	Kommotau	11,588543	915073	26	7,8 „
do.	Pilsen	1700	89	25	5,3 „
do.	Kuttenberg	841954	109057	3	12,9 „
Mähren	Olmütz	1,064848	106352	73	20 „
Schlesien	do.	3384	203	4	6 „
Ost-Galizien	Lemberg	212315	29177	62	13,5 „
Bukowina	do.	6000	600	—	10 „
Ungarn	Ofen	4,207128	662246	73	15,7 „
do.	Neusohl	316894	52573	12	16,5 „
do.	Kaschau	840	134	40	16 „
do.	Nagybánya	10000	1300	—	13 „
Siebenbürgen	Zalathna	22334	2230	—	9,9 „
Kroatien und Slavonien	Agram	47385	8013	62	16,9 „
Militärgrenzland	do.	126367	17691	38	14 „
Lomb.-Venet. Königreich	Belluno	290119	30140	—	10,5 „
Dalmatien	Zara	141959	26920	—	23 „
Summe	. . . .	36,235347	4,930575	85	13,6 „
Im Jahre 1861	. . . .	32,086781	3,942065	15	12,2 „
Daher im Jahre 1862 mehr	. . . .	4,148566	988510	70	1,4 „

Von der vorstehenden Production im Jahre 1862 kamen 4,58 Proc. auf Staatswerke, 95,42 Proc. auf Privatwerke. Die Braunkohlenerzeugung Böhmens allein beläuft sich auf 40,43 Proc. der Gesammtproduction.

Nachtrag.

Ueber die Ausdehnung und Förderung des österreichischen Kohlenbergbaues im Jahre 1863, welche bei Bearbeitung des vorstehenden Capitels noch nicht bekannt waren, enthalten die folgenden beiden neuerdings publicirten Tabellen nähere Auskunft. (Statist. Jahrb. d. österr. Monarchie für d. J. 1863.)

Uebersicht des Flächenraumes der verliehenen Grubenmaassen in Oesterreich zu Ende des Jahres 1863.

Länder	Grubenmaassen, betrieben auf Mineralkohlen. Wiener Quadrat-Klafter	Länder	Grubenmaassen, betrieben auf Mineralkohlen. Wiener Quadrat-Klafter
Oesterreich unter der Enns . .	9,883322	Uebertrag . . .	178,692079
Oesterreich ob der Enns . . .	10,673183		
Steiermark	15,579455	Galizien und Krakau	29,270047
Kärnthen	1,751648	Bukowina	125440
Krain	2,594317	Dalmatien	137984
Triest, Görz und Gradisca, Istrien	426496	Lomb.-venet. Königreich	213248
Tyrol und Vorarlberg	1,757280	Ungarn	22,618164
Böhmen	120,890144	Kroatien und Slavonien	1,241856
Mähren	8,466313	Siebenbürgen	1,793792
Schlesien	6,669921	Militärgrenze	790272
Zu übertragen . . .	178,692079	Summe . . .	234,882882

Oesterreichs Kohlenproduction 1863.

Länder	Steinkohlen		Braunkohlen	
	Menge Centner	Mittelpreis Gulden	Menge Centner	Mittelpreis Gulden
Oesterreich unter der Enns . .	737910	0,357	1,448335	0,235
Oesterreich ob der Enns . . .	3632	0,351	2,305139	0,149
Steiermark	56672	0,318	7,446654	0,174
Kärnthen	—	—	792043	0,235
Krain	—	—	1,098502	0,167
Triest, Görz und Gradisca, Istrien	—	—	375394	0,314
Tyrol und Vorarlberg	—	—	119560	0,468
Böhmen	23,337678	0,177	16,015486	0,087
Mähren	3,983762	0,270	1,292894	0,110
Schlesien	9,426584	0,202	2370	0,060
Galizien	1,935913	0,133	208461	0,176
Bukowina	—	—	4000	0,240
Dalmatien	—	—	150800	0,300
Lomb.-venet. Königreich	6000	0,150	117572	0,155
Ungarn	5,817177	0,196	4,541788	0,168
Kroatien und Slavonien	—	—	65268	0,169
Siebenbürgen	—	—	26185	0,194
Militärgrenze	261524	0,380	99102	0,160
Summe . . .	45,566852	0,194	36,109553	0,137

CAPITEL V.

Statistik der Kohlengewinnung der übrigen Länder Europas.

1. Grossbritannien.

Es ist eine Folge des Reichthums an bauwürdigen Kohlenflötzen, der Zugänglichkeit der meisten Lagerstätten und der günstigen Lage in Bezug auf die See, sowie auch der Anwesenheit der verschiedensten meist in einem Bassin vereinigten Varietäten von Kohle, dass Grossbritannien unter allen Kohle producirenden Ländern die erste Stelle einnimmt. Wie grosse Quantitäten während der letzten 10 Jahre die Kohlenwerke des vereinigten Königreichs geliefert haben, mag die folgende Uebersicht zeigen, die zugleich die Zahl der im Gange befindlich gewesenen Werke enthält:

Jahr	Production in Mill. Tonnen	Im Gange befindliche Gruben	Jahr	Production in Mill. Tonnen	Im Gange befindliche Gruben
1854	64,7	2397	1859	72,0	2949
1855	66,6	2613	1860	84,0	3009
1856	66,6	2829	1861	86,4	3025
1857	65,4	2867	1862	81,6	3088
1858	65,0	2958	1863	86,3	3180

Im letztgenannten Jahr 1863 belief sich die Kohlenproduction in genauer Zahl auf 86,292215 Tonnen = 1753,457808 Ctr., im Werthe von 20,572945 Pfd. Sterl., sonach 4,653877 Tonnen mehr als 1862, aber 125726 Tonnen weniger als 1861, in welchem Jahre die producirte Kohlenmenge den höchsten Werth erreicht hatte. Es war dies das der Baumwollcalamität nächst vorhergegangene Jahr und es kann nicht zweifelhaft sein, dass diese Calamität die Kohlenförderung in Lancashire stark beeinflusst und die Verminderung der Gesammtproduction in den nächstfolgenden beiden Jahren grossentheils verursacht hat; unter gewöhnlichen Verhältnissen würde dieselbe 1863 um circa eine Million Tonnen gewachsen sein.

Von der im Jahre 1863 erzeugten Kohlenmenge kommen auf

England und Wales	75,064665 Tonnen
Schottland	11,100500 „
Irland	127050 „ .
Summa	86,292215 Tonnen.

Die Zahl der im selben Jahre im Gang gewesenen Kohlenwerke betrug in

England und Wales	2634
Schottland	480
Irland	46
Summa	3160.

Unter den Kohlen erzeugenden Bezirken ist das „grosse nördliche Kohlenfeld“ in Durham und Northumberland das wichtigste; seit der Regierung der Königin Elisabeth und bis gegen Ende des vorigen Jahrhunderts war London ausschliesslich von diesem Bezirk abhängig; aber seit Eröffnung der Eisenbahnen betheiligen sich auch Yorkshire, Derbyshire, Leicestershire, Warwickshire und South Wales an der Lieferung für diesen grossen Markt. Die nächst bedeutendsten Kohlenbezirke hinsichtlich der Production sind Yorkshire, Derbyshire und Notts, dann folgt Schottland, dann South Wales und Monmouth, dann die übrigen bis zu dem kleinen London zunächst gelegenen Warwickshire.

Wie gross auch der gesammte Kohlenvorrath des britischen Reichs ist (er wird von Hull auf 60000, von Armstrong auf 89000 Millionen Tonnen geschätzt), so mahnt doch die enorme Consumtion an die Erschöpflichkeit desselben; erst kürzlich wurde die öffentliche Aufmerksamkeit durch einen von Armstrong in der British Association for advancement of Science gehaltenen Vortrag, der durch alle Blätter ging, auf diesen Gegenstand gerichtet, dem bald nachher das sehr ausführliche Buch von Stanley Jevons: The coal question, London and Cambridge, 1865, gewidmet wurde.

Den wesentlichsten Einfluss auf die Verwerthung der Kohlenlager hat auch in England die Ausbreitung des Eisenbahnwesens geübt; es ist kaum ein Punkt auf der ganzen Insel, der nicht in das Eisenbahnnetz hineingezogen wäre, und sicher sind alle Industriestädte und alle Kohlenwerke durch die Eisenstrassen mit den Hauptmarktplätzen in Verbindung gesetzt. Die Concurrenz zwischen den verschiedenen Linien, die nach einem der hauptsächlichsten Consumtionsplätze führen, drückt den Frachttarif nicht nur auf den niedrigsten Satz herab, sondern hatte sogar die Folge, dass die Frachtsätze für concurrirende Waaren und namentlich für Kohlen nach diesem Punkte niedriger wurden, als nach näheren Punkten, welche der Concurrenz nicht ausgesetzt waren; welchen allgemeinen volkswirthschaftlichen Einfluss dieser Umstand hat, kann man daraus ersehen, dass die schottischen Kohlen in London billiger geliefert werden können, als in dem näher gelegenen Liverpool und Manchester und hier wiederum billiger als in den noch näheren kleinen Marktplätzen. Wie erfolgreich die Eisenbahnen selbst mit der Küstenschifffahrt zu concurriren vermögen, zeigt ein Blick auf den Londoner Kohlenhandel. Nach dem neuesten Bericht hierüber (Berggeist 1865, S. 33) wurden in London eingeführt:

im Jahre 1863 zur See 3,335174 Tonnen, per Eisenbahn, Kanal und Axe 1,791932 Tonnen
„ „ 1864 „ „ 3,116703 „ „ „ „ „ „ 2,339723 „

Der Zuwachs der Kohleneinfuhr zu Lande beträgt also 567791 Tonnen, während die Kohleneinfuhr zur See sich um 218471 Tonnen vermindert hat; die Zahl der Kohlenschiffe ist von 9687 auf 8214, also um 1473 gefallen!

Von der gesammten Kohlenproduction Grossbritanniens wird nur ungefähr $^1/_{11}$ ausgeführt, so dass der allergrösste Theil der inländischen Industrie verbleibt; es betrug nämlich die Kohlenausfuhr

in den Jahren	Tonnen	in den Jahren	Tonnen	in den Jahren	Tonnen
1821	170941	1855	4,976902	1860	7,321832
1831	356419	1856	5,879779	1861	7,851234
1841	1,497197	1857	6,737718	1862	8,301852
1851	3,468545	1858	6,529483	1863	8,275212
1854	4,309255	1859	7,006949	1864	8,800420

Die stärksten Abnehmer waren im Jahre 1861: Amerika mit 1,063756 Tonnen, Frankreich mit 1,436160 Tonnen (der Bedarf hat sich gegen früher vermindert, weil die k. Marine jetzt französische Kohlen verwendet), Dänemark mit 542567 Tonnen, Hamburg mit 514427 T., Preussen mit 439096 T., Italien mit 417629 T., Spanien und die canarischen Inseln mit 403238 T., Russland mit 342513 T., Holland mit 262868 T., Schweden mit 214004 T., Ostindien mit 199069 T., Türkei mit 174686 T., Norwegen mit 135221 T., Malta mit 115731 T.

Der Betrieb der englischen Kohlenwerke wurde früherhin in Folge der Leichtigkeit des Abbaues und der Unabhängigkeit der Werke von der Aufsicht des Staates vielfach mit grosser Sorglosigkeit und Unvorsichtigkeit geführt; doch hat in neuerer Zeit durch Erziehung tüchtiger Bergleute auf Werkschulen, Ausbildung verständiger Beamten auf guten Anstalten (z. B. Mining School in London), durch eine vom Staat besser eingerichtete Aufsicht (12 kgl. Kohlenwerksinspectoren) und strenge Handhabung sehr bestimmter Polizeigesetze (z. B. Vorschrift für jede Grube zwei Schächte zu haben, seit dem grossen Unglück in den Hartley coal mines) der Betrieb einen unverkennbar besseren Charakter angenommen, wovon u. a. die Londoner Industrieausstellung im Jahre 1862 durch zahlreiche Modelle vielfach Zeugniss gab.

2. Belgien.

Im Vergleich zu seiner Grösse ist auch Belgien sehr reich an Steinkohlen. Nach einem Artikel in Nr. 28 des Mon. d. Int. mat. sind seit 1849 bis 1858 die concedirten Steinkohlenwerke Belgiens an Zahl von 252 auf 264, an Fläche von 103720 auf 114172 Hektaren gewachsen, die geduldeten Werke an Zahl von 62 auf 26, an Fläche von 27631 auf 13372 Hektaren und die betriebenen Werke an Zahl von 220 auf 193, an Fläche von 91211 auf 85165 Hektaren, die belegten Betriebspunkte aber von 421 auf 381 gefallen, was eine wesentliche Regulirung der Concessionen und Vergrösserung der Felder beweist. In demselben zehnjährigen Zeitraume ist die Zahl der Förderstolln von 39 auf 55, die der Wasserstolln von 220 auf 211, die Zahl der Fördermaschinen von 376 mit 11279 Pferdestärken auf 406 mit 16329 Pferdestärken, die der Wasserhaltungsmaschinen von 139 mit 15063 Pferdestärken auf 155 mit 21252 Pferdestärken, die Zahl der Wettermaschinen von 64 mit 570 Pferdestärken auf 192 mit 2769 Pferdestärken, die Arbeiterzahl von 46131 auf 73850 und der mittlere Tagelohn mit vielen Schwankungen von 1,14 auf 1,97 Francs gestiegen, woraus eine bedeutende Concentration des Betriebes hervorgeht. Die Kohlenförderung stieg gleichzeitig von 5,251843 Tonnen mit 39,494092 Frcs. Werth auf 8,925714 Tonnen mit 103,377121 Frcs. Werth, was eine Erhöhung des Durchschnittswerthes von 7,5 auf 11,61 Frcs. und der Arbeiterleistung von 114 auf 721 Tonnen (à 5¹/₃ Tonne pr.) beweist, während die durchschnittlichen Ausgaben pro Tonne von 6,98 auf 10,09 Frcs. stiegen. Der Kohlenverbrauch im Lande wuchs von 3,586935 auf 5,834398 Tonnen, die Ausfuhr nach Frankreich von 1,453154 auf 2,893000 Tonnen, diejenige nach Holland sank von 202935 auf 182015 Tonnen und die nach andern Ländern ging mit vielen Schwankungen von 8819 auf 16301 Tonnen herauf; ²/₃ der Production wird also in Belgien selbst verbraucht. Auf die Einwohnerzahl repartirt, betrug die Förderung im Jahre 1849 1,20 Tonnen, der Verbrauch 0,82 Tonnen und die Ausfuhr 0,38 Tonnen, im Jahre 1858 aber resp. 1,93—1,26 und 0,67 Tonnen.

Im Jahre 1860 überstieg die Kohlenförderung Belgiens auf 355 Gruben 190 Millionen Centner (sie betrug genau: 192,217900 Ctr. im Werthe von 107,127282 Frcs.), wovon allein das Becken von Mons ca. 60 Mill. Ctr. lieferte. Es waren im Ganzen zu Ende des Jahres 1860 538 Kohlengruben vorhanden, davon 137 nicht in Förderung, 46 in Ausrichtungsarbeiten begriffen und 355 in Betrieb; die Zahl der beschäftigten Arbeiter betrug 78232, wovon 59954 unter Tage angelegt waren; die Kohlenförderung, Wasserhaltung und Wetterlosung erforderten zusammen 783 Dampfmaschinen mit einer Gesammtleistung von 45969 Pferdestärken; der Verkaufspreis betrug für Stückkohlen ca. 20 Fr., für Kohlenklein 10 Fr. pro Tonne. (Ann. d. trav. publ. de Belg. XX, p. 188.) Im Jahre 1862 war die Kohlenproduction Belgiens auf 207, in 1863 auf 210 Mill. Ctr. gestiegen. Der Bergbau, wesentlich erschwert durch ungünstige Verhältnisse, vielfach geknickte Flötze, die meist Quelle einer reichlichen Entwicklung schlagender Wetter sind u. s. w., ist nichtsdestoweniger die Pflanzstätte vieler wichtiger Erfindungen, welche ihren Weg über alle Kohlen producirenden Länder gefunden haben.

3. Frankreich.

Die Kohlenproduction Frankreichs ist absolut nicht unbedeutend, steht aber trotz der bedeutenden Steigerung im letzten Jahrzehnt noch in keinem Verhältniss zur Grösse und zum Bedarf des Landes. Nach der Revue universelle des mines pp., t. XIV, p. 171 wurden in **Frankreich** in den Jahren 1853 bis 1862 folgende Quantitäten Steinkohlen producirt und beziehungsweise consumirt:

Jahr	Production in metr. To.	Consumtion in metr. To.	Von dem verbrauchten Kohlenquantum betrug das erzeugte in Proc.	Jahr	Production in metr. To.	Consumtion in metr. To.	Von dem verbrauchten Kohlenquantum betrug das erzeugte in Proc.
1853	5,937985	9,422405	63	1858	7,352568	12,893034	57
1854	6,827007	10,856774	63	1859	7,482572	13,063662	57
1855	7,453048	13,293687	60	1860	8,039168	13,999790	57
1856	7,925700	12,896203	61	1861	8,400000	14.400000	60
1857	7,901757	13,149466	61	1862	9,400000	15,300000	61

Während hiernach in dem zehnjährigen Zeitraum 1853—1862 die Kohlenproduction auf das 1,91fache des ursprünglichen Betrags gewachsen ist, hat sich der Verbrauch auf das 1,92fache gesteigert, ist also noch um ein geringes schneller gewachsen. Die Zunahme der Production beläuft sich in diesen 10 Jahren auf ca. 4,500000 Tonnen.

Von den 62 verschiedenen Kohlenbecken, die Frankreich zählt, sind nur die folgenden 6 bedeutend, welche allein im Jahre 1857 6,485200 Tonnen producirten:

Becken der Loire	2,242600 Centner	Becken von Blanzy und Creusot	580600 Centner
„ Pas de Calais	1,960000 „	„ „ l'Allier	484500 „
„ von Gard	754000 „	„ „ l'Aveyron	463500 „

Der durchschnittliche Verkaufspreis der Kohlen Frankreichs ist ziemlich hoch (er betrug im Jahre 1862: 1,18 Fr. pro 100 Kilogr. = 4,72 Sgr. pro Centner), was als eine Folge des sehr hohen erforderlichen Anlagekapitals, der hohen Abgaben, die auf dem Betriebe der Werke lasten, endlich der hohen Transportkosten anzusehen ist. Wer in Frankreich Steinkohlenbergbau betreiben will, braucht zunächst eine Concession, die schon beträchtliche Kosten verursacht. Ganz besonders ist aber das zur Ausführung der vorbereitenden Arbeiten aufzuwendende Kapital viel grösser als in andern Ländern. Untersuchungen über die finanzielle Lage der französischen Kohlenwerke haben gezeigt, dass, um eine Grube für die Förderung von 1 Mill. metr. Ctr. pro Jahr einzurichten, ein Anlagekapital von 3—5 Mill. Frcs. erforderlich ist. Für die gegenwärtige Förderung von 9,4 Mill. metr. Tonnen wären daher im Mittel 376 Mill. Frcs. oder 100 Mill. Thlr. Kapital zu Terrainankauf, Tagebauten, Material und Erdarbeiten verwendet worden. Wie hoch ferner die Abgaben sich belaufen, die auf dem Betrieb der Werke lasten, geht aus folgender auf das Bassin der Loire, das reichste und ergiebigste von Frankreich, bezügliche und für das Jahr 1858 giltigen Zusammenstellung hervor:[1])

Es waren im Jahre 1858 zu zahlen:

An die Bodeneigenthümer	381334 Thaler
Die Administration der Minen beanspruchte für den Staat als droits fixes, redevances proport. pp.	108923 „
An Stempelgebühren für die Actien der Gesellschaften	13333 „
Abgaben für den Grund und Boden zu Wohnungen, Magazinen etc.	21333 „
Die Kosten für Gewinnung der Oberfläche und für Entschädigungen schätzen sich näherungsweise auf	40000 „
Für Prozesse, Rechtsgutachten in Entschädigungs- und anderen Angelegenheiten mindestens	80000 „
Summa	644923 Thaler

Dies beträgt für 1,800000 Tonnen = 36,000000 Ctr. Förderung 10,75 Sgr. pro Tonne oder 5,45 Pfennig pro Centner.

Die Transporttarife der Eisenbahnen für Kohlen wurden zu einer Zeit bestimmt, in denen Transport- und Betriebskosten noch sehr hoch veranschlagt wurden. Der Tarif von 10 Centimes pro Tonne und pro Kilometer (ca. $3^1/_2$ Pfennig pro Centner und Meile), seit 1829 angenommen, ist bis in die neueste Zeit mit grosser Hartnäckigkeit aufrecht erhalten worden. Auch die Schifffahrt im Innern und der bedenkliche Zustand der Canäle sind einem billigeren und besseren Transport der Kohlen ungünstig. Frankreich steht in dieser Beziehung gegen andere Länder sehr zurück. Damit steht die ungemein grosse Steigerung der Einfuhr an Kohlen aus den Nachbarländern im Zusammenhang; dieselbe betrug nämlich ausschliesslich der Koks in Centnern:

im Jahre	aus Belgien	aus England	aus Deutschland	im Jahre	aus Belgien	aus England	aus Deutschland
1815	4,000000	400000	600000	1845	28,000000	11,200000	5,000000
1825	8,000000	520000	850000	1855	50,000000	14,000000	11,000000
1835	12,000000	2,000000	1,800000	1860	60,647984	26,559768	15,842098

Mit Einrechnung der Koks wurden im Jahre 1860 an Kohlen 119,343034 Centner eingeführt.

4. Spanien.

Die Angaben über die Kohlenproduction Spaniens sind ziemlich schwankend. Nach Lucas de Aldana (Revista minera, tome XIV, 322) belief sich die Production an Steinkohlen im Jahre 1861 auf 6,621092 Ctr. = 331055 metr. Tonnen, die Production an Braunkohlen auf 445838 Ctr. = 22292 Tonnen. Dagegen schätzt Antonio de Collantes (Ann. d. trav. publ. de Belgique, XIX, p. 473) das jährliche

[1]) Durch Zeitschrift d. k. preuss. statist. Bureaus, 1. Jahrg. S. 243.

Productionsquantum an Steinkohlen allein auf 500000 Tonnen und den gesammten Kohlenvorrath Spaniens auf 3500 Mill. Tonnen. Die Ausdehnung und jährliche Production (für 1860) der wichtigsten Kohlenbezirke sind in folgender Uebersicht zusammengestellt:

Name der Provinzen etc.	Hektare	Jährl. Production To.	Name der Provinzen etc.	Hektare	Jährl. Production To.
Asturien	272250	300000	Uebertrag	695750	452000
Burgos und Soria	121000	2000	Cordova (Espiel u. Belmez)	13600	10000
Léon (Sabero, Valderrueda)	90750	60000	Girone, San Juan de las Abadesas	10580	6000
Palencia (Baruelo etc.)	90750	70000	Girone, Erill-Castell	2270	1000
Teruel	60500	10000	Cuenca	3020	10000
Santander	60500	10000	Das übrige Spanien	181500	30000
	695750	452000	Summa	906720	509000

Nach dem XV. Band der Revista minera (1864, S. 516 u. f.) belief sich die Gesammtproduction Spaniens an mineralischen Brennstoffen im Jahre 1862 überhaupt auf 388941 Tonnen oder 7,778820 Ctr. Die Zahl der im Betrieb stehenden Steinkohlenzechen ist 244 mit einer Ausdehnung von 9383 Hektaren und einer Arbeiterzahl von 6233. Auf einen Arbeiter berechnet sich bei dem Steinkohlenbau ein jährliches Productionsquantum von 577 Ctr., in den Lignitgruben von 757 Ctr.

5. **Italien** producirte nach dem amtlichen Bericht über die Industrieausstellung in Florenz im Jahre 1860 an Mineralkohlen 1,200000 Ctr., vorzüglich Lignit von Cadibora, Montebamboli und Tatti. Nach Giurati (Esposizione Italiana 1861) kann die producirte Kohlenmenge auf jährlich 1,500000 Ctr. angenommen werden. Eingeführt (grösstentheils aus England) wurden i. J. 1860 4,750000 Ctr., i. J. 1862 im Hafen von Genua allein 5,080000 Ctr. Kohlen.

6. Die **Schweiz** producirt nur an drei Stellen (Grone, Chandoline und Aproz) Anthracit und zwar nach Dr. O. Heer, die Urwelt der Schweiz, S. 3, nur ein Quantum von ca. 60000 Ctr. jährlich, welche theils im Lande verbraucht, theils nach dem Waadtlande und Genf (der Centner kostet an Ort und Stelle 1 Frc. bis 1,20 Frc.) ausgeführt werden. Der in den letzten Jahren ungemein gestiegene Bedarf der Schweiz an Steinkohlen muss grösstentheils vom Auslande bezogen werden und wird vornehmlich aus dem Saarbecken, dann von St. Etienne, aus den Vogesen (Ronchamp) und aus dem Ruhrkohlengebiet geliefert. Die namhafte Zunahme des Verbrauchs in den letzten Jahren zeigt folgende Uebersicht der durch die beiden Eingangsthore Genf und Basel eingeführten Steinkohlen:

	Genf.	Basel.	Zusammen		Genf.	Basel.	Zusammen
1850	70080 Ctr.	145350 Ctr.	215430 Ctr.	1856	148050 Ctr.	409830 Ctr.	557880 Ctr.
1852	87675 „	237435 „	325110 „	1858	388170 „	702480 „	1,090950 „
1854	110350 „	220975 „	431325 „	1860	750000 „	1,520310 „	2,270970 „

Von 1850 bis 1860 hat sich sonach das verbrauchte Quantum mehr als verzehnfacht.

7. **Russlands** Kohlenproduction soll sich im Jahre 1839 auf 286000 Ctr., 1858 auf 2,200000 Ctr. belaufen haben. Im Bezirk Nikitinsk am Ural wurden im Jahre 1860 168174 Pud = 55077 Ctr., 1861 380191 Pud = 124512 Ctr. Steinkohlen gefördert.

8. **Polen** producirte im Jahre 1859 auf 5 Gruben 6,904000 = 2,261060 Ctr.

9. Die Schwarzkohlenproduction von **Schweden**, Provinz Höganess, betrug nach der Commerce Collegii Berättelse (Berg- und Hüttenmänn. Zeitschr. von Kerl und Wimmer 1864, S. 421) im Jahre

1859	1,250562 Kubikfuss	1862	1,458311 Kubikfuss
1860	1,264460 „	1863	1,450281 „
1861	1,480500 „		

Rechnet man das Gewicht eines schwedischen Kubikfusses Kohle zu 40 Pfund, so würden diese Productionsmengen durch folgende Zahlen darzustellen sein:

1859	500225 Centner	1862	583324 Centner
1860	505784 „	1863	580113 „
1861	592200 „		

10. Eine Zusammenstellung der gesammten Schwarz- und Braunkohlenproduction **aller europäischen Staaten** für das Jahr 1862 würde unter Benutzung der im Vorstehenden mitgetheilten Zahlen und theilweiser Ergänzung derselben durch Abschätzung zu folgendem Ergebniss führen:

	Centner		Centner
Grossbritannien	1650,077000	Uebertrag	2,557,120000
Die deutschen Zollvereinsstaaten	413,214000	Italien	1,500000
Oesterreich	91,050000	Schweiz	60000
Belgien	207,000000	Polen	2,250000
Frankreich	188,000000	Russland	3,000000
Spanien	7,779000	Schweden	583000
zu übertragen	2557,120000	Summa	2564,513000

Diese gesammte Kohlenproduction der europäischen Staaten entspricht einem Geldwerth von ungefähr 250 Mill. Thaler.

Wenn man die Voraussetzung macht, dass diese ganze Kohlenmenge zum Betriebe von Dampfmaschinen verwendet würde und dass der Kohlenaufwand pro Pferdestärke und Stunde 7 Pfund beträgt, so würde man einen Maschinencomplex von zusammen über 4 Mill. Pferdestärken ein volles Jahr Tag und Nacht unterhalten können; zu einer gleichen Arbeitsleistung, wenn sie durch Menschenkraft geliefert werden sollte, würden etwa 80 Mill. Arbeiter ein volles Jahr täglich 10 Stunden angestrengt thätig sein müssen.

CAPITEL VI.

Die Verunglückungen beim Kohlenbergbau, ihre Häufigkeit und hauptsächlichen Ursachen.

Von

Herrn Kohlenwerksinspector **Köttig** in Dresden und **Dr. Hartig.**

Die grosse Anzahl gewaltsamer Todesfälle beim Kohlenbergbau, welche die Zeitungen leider nur zu häufig zu berichten Gelegenheit haben, geben bezüglich des Verschuldens bei denselben oft zu so irrigen Ansichten Anlass, dass es wohl nicht ohne Interesse sein dürfte, auf die Ursachen der Verunglückungen beim Kohlenbergbau an dieser Stelle näher einzugehen.

Dieselben sind in der Hauptsache zu suchen in der Gefahr, mit welcher der Kohlenbergbau überhaupt verbunden ist, und in der Nichtbeachtung dieser Gefahr durch zu grosses Vertrautwerden mit derselben seitens der Bergarbeiter.

Der Abbau der Steinkohlen in den Gruben erfolgt in der Art, dass die Bergarbeiter in den Kohlenflötzen einen möglichst tiefen Schram (horizontalen Einschnitt) herstellen, worauf sie den Ueberhang (den über dem Schram gelegenen Flötztheil) sowie die Strosse (den unter dem Schram gelegenen Flötztheil) schlitzen (einen verticalen Einschnitt herstellen) und beide sodann je nach ihrer Festigkeit mit Keilen, Treibefäusteln und dem Schrämspiesse entweder hereintreiben, oder nach erfolgter Einbringung von Bohrlöchern hereinschiessen. Schon bei dieser Arbeit sind die Kohlenbergleute grossen Gefahren ausgesetzt, indem nicht selten der unterschrämte Ueberhang, an irgend einer vorher nicht sichtbaren Kluft oder an einer glatten Fläche sich ablösend, plötzlich hereinbricht und die unter ihnen beschäftigten

Arbeiter entweder sofort tödtet oder doch in Folge Körperverletzung zu Invaliden macht, welche Fälle aber noch häufiger durch unerwartete Einbrüche des über den Kohlenflötzen abgelagerten und in Folge fortgesetzten Abbaues der Kohlen allmählig entblössten Dachgebirges eintreten.

Die Gefahr in den Gruben vergrössert sich mit der Anzahl der im Betriebe stehenden Abbauörter und wächst vorzugsweise dann, wenn letztere in Folge des Fortschreitens des Abbaues sich gegenseitig nähern. Sobald nämlich ein Kohlenpfeiler abgebaut ist, bricht das Dachgebirge in die ausgekohlten Räume herein. Je grösser nun die Anzahl dieser Bruchpunkte in einer Grube, um so mehr verliert das Dachgebirge an Spannung und wird dadurch ein oft so gewaltiger Druck auf die benachbarten noch im Betriebe stehenden Baue ausgeübt, dass sich in denselben nicht selten Kohlenwände abtrennen, oder auch Massen vom Dachgebirge in die Baue hereinstürzen und das Leben und die Gesundheit der in denselben beschäftigten Bergarbeiter bedrohen.

Um nun die Abbauörter vor derartigen Einbrüchen möglichst zu schützen, werden dieselben in Zimmerung gesetzt, welche letztere grösstentheils in Stempeln, die zwischen der Förste und der Sohle des Orts eingetrieben werden, bestehen.

Es ist eine übel angebrachte Ersparniss, wenn man die zum Grubenausbau zu verwendende Holzmenge allzu sehr zu beschränken sucht; in manchen Kohlenbezirken, so in den sächsischen, werden die Bergarbeiter für den Einbau der Zimmerung in ihre Oerter besonders entschädigt. So erhalten z. B. die Bergarbeiter auf den Kohlenwerken des Plauen'schen Grundes für das Setzen eines bis 4 Zoll starken und 6 Ellen langen Stempels 20 Pfennige, für stärkere und längere 25 Pfennige, sowie für das Anbringen einer Spreize 5 Pfennige.

Ungeachtet aller dieser auf die Sicherheit der Baue verwendeten Sorgfalt ist es aber doch nicht immer möglich, dem vorhandenen Drucke des Gebirges entsprechenden Widerstand zu leisten; unter Kanonenschuss ähnlichen Schlägen werden zuweilen 18—20 Zoll starke Stempel in sich zusammengedrückt, gebrochen oder umgeworfen und nicht vereinzelt stehen die Fälle da, wo ein durch dichtgedrängte Reihen von Stempeln verwahrtes, anscheinend völlig sicheres Ort unter dem Drucke des Gebirges dennoch plötzlich zusammengebrochen ist und die Mannschaften unter seinen Trümmern vergraben hat.

Einer gleichen Gefahr ist der Bergmann ausgesetzt beim Rauben des Holzes in den Abbauörtern. Sowohl um die ausgekohlten Räume rasch zu Bruche zu bringen, als auch wegen der bedeutenden Holzconsumtion beim Kohlenbergbau und in Rücksicht auf die hohen Holzpreise, macht es sich nothwendig, soviel als möglich von den eingebauten Hölzern aus dem Bruchfelde oder den durch die Kohlengewinnung entstandenen leeren, durch Zimmerung unterstützten Räumen wieder zu gewinnen, welche Arbeit von dem Bergmanne mit obigem Ausdrucke bezeichnet und die dadurch ausgeführt wird, dass die Bergarbeiter in die bereits ausgekohlten Räume sich hineinbegeben und die zur Unterstützung des Dachgebirges vorhandenen Stempel mittelst des Treibefäustels, der Keilhaue oder langer Haken, Ketten und Seile beseitigen.

Diese Arbeit gehört unstreitig zu den gefährlichsten, wesshalb zu derselben auch nur die besonnensten, aber auch muthigsten und kühnsten Arbeiter verwendet werden.

Aber nicht allein bei der Kohlengewinnung und den mit derselben unmittelbar zusammenhängenden Arbeiten ist der Bergmann von Gefahren umgeben, sondern es drohen letztere auch oft von ganz anderen Seiten her und überraschen ihn häufig, während er sich völlig sicher in seinem Orte fühlt.

Hierher gehören zunächst plötzliche Durchbrüche von Wasser in die Grubenbaue. Diese können dann vorkommen, wenn man sich mit Strecken oder Abbauen alten, bereits verlassenen, mit Wasser angefüllten Bauen nähert, oder sobald Tagewasser, sei es nun durch bis zu Tage gehende Brüche oder bei Ueberschwemmungen durch die Zutrittsöffnungen zu den Gruben, Eingang finden.

In England verloren am 3. Mai 1815 bei Newcastle in Folge eines Wasserdurchbruches aus einer oberen Abbauetage in eine tiefere 75 Arbeiter das Leben, ebenso ist in Cumberland mehrmals das

Meer durch das Ausgehende der Flötze in die Gruben eingebrochen und im Januar 1844 wurden in der Grafschaft Pembroke 40 Arbeiter dadurch getödtet, dass die Wasser eines Flusses in eine dasige Grube durchgebrochen sind.

Auch im Plauen'schen Grunde bei Dresden brachen in den Jahren 1798, 1807 und am 7. April 1808 die Wasser der Wiederitz, welche von Zaukeroda kommend, bei Potschappel in die Weisseritz einmündet, auf der Potschappler Wiese am sogenannten Rabicht in die dasigen Kohlengruben und veranlasste im letztgenannten Jahre den Tod von 9 Arbeitern.

In der Geschichte der Döhlener Kirchfahrt ist über gedachten Unglücksfall folgende Notiz vorhanden:

„Bereits am 3. April 1808, wo die Erde von der seit den letzten Tagen des Märzes anhaltenden Nässe so übersättigt war, dass sie selbst auf den Anhöhen alle Festigkeit verloren hatte, stieg die Wiederitz durch einen dreitägigen starken Regen zu einer bedenklichen Höhe: Man hoffte jedoch durch die seit der Ersäufung des Werkes im Jahre 1807 dagegen getroffenen Anstalten gegen ein ähnliches Unglück gesichert zu sein. Wahrscheinlich würde das Unglück auch weder so gross gewesen, noch so überraschend schnell erfolgt sein, wenn nicht der grosse Kunstteich in Zaukeroda von dem gewaltigen Drucke des hohen Wassers durchbrochen worden wäre und die Fluthen der Wiederitz um ein Beträchtliches verstärkt hätte. Diese zusammentreffenden Umstände hoben in den ersten Vormittagsstunden des 7. April das Gefluthe der Wiederitz auf dem Potschappler Felde zunächst an der neuen Kohlenstrasse, dem Döhlener Kunstschachte gegenüber, weit über seine Ufer empor, so dass es gegen 2 Ellen hoch über die vorhingedachten alten Gebäude hinwegströmte. Es durchwühlte die schwache Erddecke, und ehe man die Gefahr gewahrte, hatte es in einem Umkreise von 2 Quadratlachter mehrere Tagebrüche gemacht, von denen der grösste gegen 3 Ellen weit war.

Die Gruben des Döhlener Werkes waren mit mehr als 60 Arbeitern belegt, die ihre Schicht soeben beendigt hatten und zum Theil bereits ausgefahren waren, zum Theil aber noch fortarbeiteten. Die zunächst in den Strecken zwischen dem Kunstschachte und dem Rabicht Arbeitenden wurden von dem Getöse der durch die Tagebrüche herabstürzenden Fluthen und durch das schnelle Andringen der Wasser erschreckt und retteten ihr Leben noch mit Mühe durch die schleunigste Flucht, indem sie ihre in den entfernteren und höheren Strecken arbeitenden Genossen durch ihr Angstgeschrei zur schleunigsten Rettung aufriefen. Den Letzteren, denen die Rettung noch möglich wurde, war die mächtig anschwellende Fluth schon bis an die Brust gestiegen, als sie noch die Fahrt ereilten. So glücklich aber waren 9 ihrer Mitgenossen nicht. Zu entfernt von den Strecken, durch welche das Unglück ihnen entgegen rauschte, wurden sie von der andringenden Gefahr nicht eher benachrichtigt, als bis ihnen der Ausgang nach den Fahrten bereits verschlossen war. Vergebens kämpften sie gegen die Gewalt der Fluthen. Vier der Unglücksgefährten hatten brüderlich vereint alle Kräfte aufgeboten, sich dem sie umwogenden Verderben zu entwinden. Bis in die Nähe des neuen Kunst- und Fahrschachtes waren sie durch die mit Macht andringenden Wasser vorgedrungen. Hier fielen sie von den ersäufenden Fluthen überwältigt. Man fand ihre Leichname nach Gewältigung der Wasser vier Wochen nach dem Unglücksfalle, Donnerstag den 12. Mai, in einander verschlungen unter dem Grubenschlamme vergraben. Die übrigen 5 waren theils einzeln, theils neben ihren Unglücksgefährten, entweder an ihren Oertern in der Grube oder auf ihrer Flucht nach dem oberen Wilhelmsschachte von dem Verderben ereilt worden. Man fand bei Aufräumung der verschlemmten und zum Theil zu Bruche gegangenen Strecken den fünften in der siebenten Woche, den sechsten in der 22. Woche und den siebenten in der 28. Woche nach dem Unglückstage, wogegen die beiden letzten nicht aufgefunden werden konnten."

Der gefährlichste Feind für den Kohlenbergmann aber bleiben unstreitig die in den Kohlengruben enthaltenen sogenannten bösen Wetter. Dahin gehören:

a) Matte Wetter, welche wegen Mangels an Sauerstoff weder den Athmungsprocess der Menschen, noch den Verbrennungsprocess des Leuchtmaterials hinreichend unterhalten können;

b) Schwaden, Luft, welche in so grossen Quantitäten kohlensaures Gas enthält, dass die vorerwähnten Erscheinungen in erhöhterem Maasse stattfinden; Lichter erlöschen darin und Menschen erleiden rasch den Tod des Erstickens;

c) schlagende Wetter, Kohlenwasserstoffgas, Sumpfgas, häufig mit Kohlenoxydgas gemischt, welches ohne Gefahr dann eingeathmet werden kann, wenn es nur $^1/_3$ der atmosphärischen Luft bildet, in grösseren Massen aber erstickend wirkt. Die Gefährlichkeit dieses Luftgemisches liegt hauptsächlich in dessen leichter Entzündbarkeit durch eine Flamme (Grubenlampe) und in den durch die Entzündung herbeigeführten Explosionen;

d) brandige Wetter, Kohlenoxydgas; diese Gasart hat einen widrig hässlichen Geruch und bewirkt bei Einathmung den Tod des Erstickens, sowie sie auch entsprechend gemischt mit atmosphärischer Luft in Berührung mit einer Flamme sich entzündet und explodirt.

Um diese Gase nun möglichst unschädlich zu machen, ist es nothwendig, einen lebhaften Wetterwechsel in den Grubenbauen herzustellen.

Bei Gruben, welche mehre in verschiedenen Niveaus befindliche Tageöffnungen haben, hat man fast überall hinreichenden, natürlichen Wetterwechsel und desshalb nicht nöthig, zu künstlichen Hilfsmitteln seine Zuflucht zu nehmen.

Letzteres aber wird nothwendig vorzugsweise bei solchen Gruben, welche nur eine Tageöffnung haben, und es bestehen diese Hülfsmittel

a) in Anwendung der Feuerkübel und Wetteröfen,
b) in Anwendung des Dampfes und
c) in Gebläse- und Saugmaschinen.

Auf Gruben, in welchen schlagende Wetter vorkommen, muss ununterbrochen gearbeitet und das Treiben von ansteigenden Oertern möglichst vermieden werden, sowie denn auch bei schwachem Auftreten derartiger Wetter in den am höchsten gelegenen Theilen der Grube fortwährend Lampen brennen müssen.

Letztere, sowie die Anwendung von Feuerkübeln und Wetteröfen haben jedoch bei heftiger Entwickelung schlagender Wetter wegzufallen und sind bei Befahrung der Gruben statt der offenen Blenden nur Sicherheitslampen anzuwenden. (Vergl. S. 43 des ersten Bandes.)

Ungeachtet aller dieser Vorkehrungen ist es aber doch nicht immer möglich, erwähnte Gasarten unschädlich zu machen und leider sind nur zu viel Fälle bekannt, wo in Folge plötzlicher und massenhafter Entwickelung solcher Gase, trotz aller Vorsicht, ganz erhebliche Unglücksfälle sich ereignet haben.

Matte Wetter und Schwaden entstehen theils durch zu starke Belegung einer Grube, in Folge deren zu viel Kohlensäure gebildet wird, theils durch die Fäulniss von Zimmerung, und treten dieselben plötzlich oft dann ein, wenn Gewitter am Himmel stehen und hierdurch oder durch andere Veranlassungen Stockungen in der Wettercirculation stattfinden. In solchen Fällen brennen die Lampen der Bergleute sofort trübe und verlöschen endlich ganz; die Mannschaften fühlen Beängstigungen und Uebelkeit, und ist es ihnen nicht möglich, schleunigst in frische Wetter zu gelangen, so tritt alsbald Betäubung ein, worauf sodann der Tod durch Erstickung folgt. Rapider in ihren Wirkungen auf den menschlichen Organismus sind die bei den Grubenbränden sich entwickelnden brandigen Wetter, bei denen oft wenige Athemzüge hinreichen, den Tod augenblicklich herbeizuführen.

Die Bergleute, welche in den mit derartigen Gasen angefüllten Bauen zu arbeiten genöthigt sind, haben sich um Mund und Nase in Essig getauchte Tücher zu binden und müssen in kürzesten Fristen abgelöst werden.

Bei einem im Jahre 1861 auf den Freiherrlich von Burgk'schen Steinkohlenwerken in Burgk im abgebauten Felde entstandenen Brande, welcher um so gefahrdrohender war, als daselbst auch bedeutende Massen schlagender Wetter sich vorfanden, wurden die an den Feuerdämmen beschäftigten Arbeiter, obgleich deren Arbeitszeit nur auf 10 Minuten festgestellt war, dennoch in grosser Anzahl ohnmächtig und mussten schleunigst nach den Füllörtern der benachbarten Schächte transportirt werden.

Am meisten bedroht ist das Leben des Bergmanns auf Gruben, in welchen schlagende Wetter vorkommen, die in Berührung mit dem Grubenlichte explodiren und dadurch massenhafte Todesfälle veranlassen.

Dieses leichte Kohlenwasserstoffgas, welches sich von dem Leuchtgase dadurch unterscheidet, dass es einen geringeren Gehalt an Kohlenstoff und ein geringeres specifisches Gewicht hat, entwickelt sich aus den Kohlenflötzen selbst und bildet in einem gewissen Verhältnisse mit atmosphärischer Luft gemischt durch Entzündung die sogenannten schlagenden Wetter.

Der Grad der Gefährlichkeit derselben richtet sich nach dem Verhältnisse des Kohlenwasserstoffgases zur atmosphärischen Luft, sowie danach auch die Art, wie diese Wetter an der Flamme des

Grubenlichtes sichtbar werden, da sie weder auf den Geruch noch den Geschmack, noch das Gefühl die mindeste Einwirkung haben.

Zuerst bei dem Verhältnisse 1 : 30 zeigt sich das Vorhandensein des Gases durch einen schmalen Saum von schwach bläulicher Färbung um die Flamme des Grubenlichtes, der aber nur bemerkbar ist, wenn man durch Vorhalten der Hand das directe Licht vom Auge abwehrt; bei stärkerer Concentration wächst der Saum zum Lichtkegel und endlich, was jedoch ohne Gefahr nur in der Sicherheitslampe sich beobachten lässt — zur aufzüngelnden blauen Flamme. Schon mit dem Verhältnisse 1 : 15 sind die Wetter brennend, d. h. die von der Flamme des offenen Grubenlichtes ausgehende Entzündung pflanzt sich durch die ganze Luftmasse fort; von da aus tritt das Verbrennen mit Explosion ein. Am stärksten und wahrhaft verheerend sind die Explosionen bei dem Verhältnisse des Gases zur Luft wie 1 : 9 oder 1 : 8, nehmen aber mit noch grösserer Concentration wieder ab. Bei 1 : 5 bis 1 : 4 erlöscht das Grubenlicht aus Mangel an Sauerstoff, ohne eine Entzündung zu erzeugen, und die Wetter wirken erstickend.

Die Erfahrung hat gelehrt, dass sich die Explosionen häufiger bei fallendem als bei steigendem Barometerstande ereignen. Fällt z. B. das Barometer von 30 auf 29 Zoll, so hat sich die Luft von 96,6 Raumtheilen auf 100 ausgedehnt und diese Verminderung des Luftdruckes hat zur Folge, dass die schlagenden Wetter mit grösserer Leichtigkeit aus den freieren Klüften der Steinkohlenflötze hervortreten; ausserdem dehnen sich auch die in dem alten Abbaue angehäuften Massen derselben in ähnlichem Maasse aus, wie die atmosphärische Luft, nehmen dadurch einen grössern Raum ein, als vorher und ein Theil tritt in die gangbaren Baue hervor. (Ponson, Traité de l'Expl. des Mines de Houille.)

Die meisten Explosionen haben sich bis jetzt im Frühjahre und Sommer ereignet. Herr Dobson hat 540 Explosionen schlagender Wetter, die in den Steinkohlengruben Grossbritanniens vorgekommen sind, untersucht und gefunden, dass die Anzahl der Explosionen in fast constantem Verhältnisse zu dem Drucke und der Temperatur steht. Die geringste Anzahl der Explosionen in einem und demselben Monate beträgt 23 und entspricht dem Februar, das Minimum der Explosionen in 5 Tagen ist 1 und entspricht dem Zeitraume vom 20. bis zum 25. Januar, d. i. der kältesten Periode im Jahre. Die meisten Explosionen in einem Monate betragen 55 und fallen in den Juni, das Maximum in 5 Tagen ist 12 und fällt entweder mit der Periode vom 9. bis zum 14. Juni oder mit der vom 9. bis zum 14. Juli zusammen, Zeiten, in denen bekanntlich die heissesten Tage vorkommen.

Herr Dobson bemerkt, dass unter den 514 Explosionen, von denen jede den Tod von einem oder mehren Bergleuten veranlasst hat, 20 auf 1850, 68 auf 1851, 67 auf 1852, 75 auf 1853 und 77 auf 1854 kommen. Er schreibt den grössten Theil dieser Explosionen dem niedrigen Stande des Barometers zu, wodurch starke Stürme veranlasst werden; so wurde die grosse Sturmfluth im Jahre 1854, deren Gang auf der Sternwarte von Paris verfolgt ist, und die mit einem Sturme auf dem Schwarzen Meere endigte, in England von 5 Explosionen schlagender Wetter begleitet, die in 4 Tagen, d. h. während der Dauer des tiefen Barometerstandes vorkamen, der von dem Orkane veranlasst wurde.

Während obiger Jahreszeiten treten Explosionen grösstentheils dann ein, wenn eine Grube, die Sonntags, Festtags oder auch nur während der Nacht nicht belegt war, wieder befahren wird. Während dieser Betriebsunterbrechung hört nämlich die Diffusion der Gase, welche durch das Arbeiten in den Gruben befördert wird, fast gänzlich auf, und die geringste Vernachlässigung der Mannschaft kann die Veranlassung sein, dass die Baue, durch die kein lebhafter Wetterzug geht, mit explodirendem Gase gefüllt werden.

Ausserdem kann dies aber auch stattfinden bei plötzlichen Ausbrüchen grosser Massen solchen Gases, welche in den Klüften der Kohlenflötze und selbst des Nebengesteins vorkommen. Die folgenden Mittheilungen weisen die Gasmengen nach, welche sich auf diese Weise plötzlich entwickeln können.

In der Walker-Steinkohlengrube bei Newcastle fanden zwei Gasausbrüche in einem 293 Meter unter Tage liegenden Flötze statt. Der erste erfolgte am 13. November 1846 auf zwei Bauen, die in der Nähe eines tauben Mittels sich befanden;

man bemerkte auf den Wetterstrecken ein Wettervolumen von ungefähr 1000 Kubikmeter, welches durch diese Gasentwickelung explodirbar gemacht worden war.

Die Wetter wechselten mit einer Geschwindigkeit von 1,80 Meter in der Secunde und 20 Minuten nach der Gasentwickelung fand sich keine Spur mehr von schlagenden Wettern.

Der zweite Ausbruch entstand am 10. December 1846 unter ähnlichen Umständen; die Arbeiter hörten ein heftiges Geräusch, ähnlich dem, wie es ein Dampfstrom veranlasst und es wurden die Wetter auf eine Streckenlänge von mehr als 585 Meter explodirend. In 365 Meter Entfernung von dem Entwickelungspunkte füllte sich die Lampe eines Aufsehers mit Feuer und obgleich derselbe den Docht sogleich zurückzog, brannte das Gas innerhalb des Drahtcylinders doch noch 10 Minuten fort, so dass derselbe fast rothglühend wurde. In 585 Meter Entfernung von dem Punkte, an welchem sich das Grubengas entwickelt hatte, wurden die Arbeiter von demselben so erschreckt, dass sie ihre Lampen im Wasser verlöschten. Der Wetterwechsel war ein sehr lebhafter und in 15 Minuten alle Gefahr verschwunden.

Professor Phillips erwähnt einen Gasausbruch in dem Steinkohlenwerke von Haswell bei Durham; der Bläser wurde in zwei Abbauen, deren Wetterzug sich mit mehr als 1 Meter Geschwindigkeit in der Secunde bewegte, wahrgenommen und die Arbeiter verglichen das dadurch bewirkte Geräusch mit dem vom fallenden Wasser. Herr Taylor nimmt an, dass die Gasentwickelung mehr als 110 Kubikmeter betrug und dass dadurch fast 1000 Kilometer Wetter in den Bauen explodirend gemacht worden waren. Bei einem andern Beispiel zu Wigan in Lancashire dauerte eine solche Entwickelung von Grubengas acht Tage, während deren die Baue ungeachtet des lebhaftesten Wetterwechsels nicht befahren werden konnten.

Der nächsten Gefahr nun auf Gruben, in welchen sich schlagende Wetter befinden, sind Diejenigen ausgesetzt, welche die atmosphärische Beschaffenheit der Baue zu untersuchen haben. Dieses geschieht vor Beginn einer jeden Schicht und zwar auf Gruben, wo nur zeitweilig oder erfahrungsmässig wenig schlagende Wetter vorkommen, mit der offenen Grubenlampe, welche man unter genauer Beobachtung der Flamme allmählig von der Sohle des Baues nach der Firste desselben erhebt. Hierdurch schon werden nicht selten Explosionen veranlasst, indem entweder aus den vorerwähnten Ursachen grössere Gasmassen, als man vermuthet, sich angehäuft haben, oder die Untersuchung nicht mit der erforderlichen Sorgfalt ausgeführt worden ist.

Explosionen dieses Luftgemisches können ferner bewirkt werden durch das Sprengen der Kohlen mit Pulver, oder sobald das Drahtnetz der Sicherheitslampe, vielleicht in Folge von abgeschiedenem Russe, glühend wird, oder aber ein Arbeiter die Sicherheitslampen öffnet, oder dieselben beim Arbeiten derartig verletzt, dass die Flamme in directe Berührung mit der Grubenluft tritt.

Die Wirkungen der Explosionen auf die Grubenbaue und die in denselben beschäftigten Arbeiter sind im höchsten Grade zerstörend, nur wenige werden verschont, die Flamme verbrennt sie auf eine fürchterliche Weise; durch die zurückdrängenden Wettermassen werden sie mit furchtbarer Gewalt gegen die Wände der Baue geschleudert und zerschmettert und durch das Aufwirbeln des die Sohle bedeckenden Staubes erstickt. Noch ist die Gefahr aber nicht vorüber. Durch die Explosion nämlich werden grosse Massen von Kohlensäure und Stickstoff erzeugt, welche sich in den Strecken ablagern und sofort tödtlich wirken, wesshalb es dann nicht selten vorkommt, dass die durch die Explosion verschont gebliebenen Arbeiter oder die zur Rettung ihrer Kameraden herbeigeeilten Mannschaften an der Unglücksstätte durch Erstickung ihren Tod finden.

Von der furchtbar verheerenden Wirkung der Explosionen mögen folgende Vorfälle als Beispiele dienen:

In einer Saarbrücker Grube wurde das Grubengas in einer Strecke durch die gewöhnliche Grubenlampe, welche ein Bergmann auf eine unvorsichtige Weise trug, entzündet. Sechs Meter weit von dieser Strecke hatte man sieben Ziegeldämme hinter einander geschlagen und diese bildeten mit derselben einen spitzen Winkel, so dass die explodirenden Gasarten vermöge ihrer Ausdehnung nur wenig Wirkung auf dieselben haben konnten, letztere aber dennoch durch darauf erfolgende Zusammenziehung der Luft einstürzten. In 140 Lachter Entfernung wurde 7 Zoll starkes Holz zertrümmert, eine Wetterthüre fortgeschleudert und andere ähnliche gewaltige Wirkungen zeigten sich noch bis auf 500 Meter Entfernung.

In einer Schaumburger Grube (1839) war eine Strecke mit Grubengas angefüllt und entzündete sich. Blöcke von mehr als 20 Centner, die das Fundament eines Kunstgezeuges von 12 Tonnen Gewicht bildeten, wurden trotz starker Holzstempel, die sie gegen einander befestigten, fortgeschleudert und das Holz selbst zersplittert.

In einer andern Grube desselben Fürstenthums wurde das Flötz von der Flamme ergriffen und die Kohle bis auf ½ Lachter Tiefe verkokt.

In der Grube l'Espérance bei Lüttich fand im J. 1838 ein ähnliches Ereigniss statt. Das Feuer hatte sich ohne Explosion rechts und links in Folge eines Schusses ausgebreitet und entzündete die schlagenden Wetter in einer weit entlegenen Strecke; 69 Bergleute wurden getödtet; die Häuer, welche vor dem Orte lagen, wo die Explosion stattfand, waren verbrannt und zerschmettert und die, wo das Feuer zuerst um sich gegriffen hatte, gleichfalls in Leichen verwandelt, welche mit dem Kopfe nach der dem Orte entgegengesetzten Richtung lagen, wo das Feuer zuerst begonnen. Diese Unglücklichen hatten sich offenbar vor den hinter ihnen kommenden Gasen zu schützen gesucht; in anderen Strecken waren die Bergleute erstickt.

Nach einer Nachricht der englischen Bergwerkszeitung (Mining-Journal) hatte sich in der Lundhillgrube bei Barnsley im J. 1837 ein schrecklicher Unfall ereignet, der 170 Menschenleben kostete. Gegen Mittag explodirten daselbst schlagende Wetter und war die hierdurch bewirkte Erschütterung so gross, dass man dieselbe auf weite Entfernungen wahrnahm; die Flammen schlugen zum Wetterschachte heraus und brennende Massen wurden 40 Fuss weit über die Schachtöffnung hinausgeschleudert. Bergleute, die sich zur Rettung ihrer Kameraden in den Schacht gewagt, fanden darin so viel Dampf, dass sie nicht weiter vordringen konnten. Die Wetterthüren waren zerstört und jede Hoffnung, dass einer der im Schachte verbliebenen Arbeiter noch am Leben sein könnte, musste aufgegeben werden. Etwa 12 Leichname wurden aus der obersten Strecke herausgebracht und um 7 Uhr Abends wurde die Verschliessung aller Oeffnungen und Mundlöcher entschieden, um den Luftzutritt abzusperren und den durch die Explosion verursachten Grubenbrand zu ersticken.

Ein grässlicher Unglücksfall, schrieb man vor kurzer Zeit aus Paris, hat sich wieder in einer Kohlengrube zu Grand Croix zwischen Rive de Gier und St. Chamond zugetragen. Durch Entzündung schlagender Wetter kamen sämmtliche Arbeiter, welche in zwei, etwa 300 Meter tiefen Schächten beschäftigt waren, um. Bis jetzt hat man gegen 50 Leichen zu Tage gefördert. Da die Unglücklichen der hohen Temperatur wegen in beinahe vollständig nacktem Zustande arbeiteten, so waren sie durch die Explosion am ganzen Körper mit einem feinen Kohlenstaube überschüttet worden, der tief in die Haut eingedrungen war und sämmtliche Leichen vollkommen schwarz färbte. Nichts kann das herzzerreissende Schauspiel beschreiben, das der Eingang des Schachtes darbot, als die Leichen nach und nach herausgebracht und von ihren Angehörigen kaum noch erkannt wurden. Der Sohn des Minendirectors befand sich unter den Opfern.

Auch auf sächsischen Kohlengruben haben wiederholt grössere Explosionen schlagender Wetter stattgefunden und soll hier nur der am 2. September 1850 auf dem Windbergschachte des Potschappler Actienvereins erfolgten Explosion, bei welcher ein Grubenjunge, zwei Häuer, vier Förderleute und ein Kunstwärter tödtlich verunglückten und ein Reviersteiger schwer verletzt wurde, Erwähnung gethan werden. Die Verwüstung, welche diese Explosion verursacht hatte, war fürchterlich; die sämmtliche Zimmerung in dem betroffenen Theile des Grubengebäudes war umgeworfen und gebrochen, das Dachgestein abgetrennt und auf grosse Strecken fortgeschleudert; mehre eiserne Förderwagen waren völlig zertrümmert, allenthalben die Bahnleitungen aufgerissen und die Stösse, Förste und Sohle der Strecken, wie die Leichen der verunglückten Arbeiter, welche auf das Entsetzlichste zerschmettert waren, mit feinem Kohlenstaube überzogen.

Vorbemerkte Beispiele mögen genügen, den Beweis zu liefern von der furchtbaren Wirkung der Gasexplosionen in den Gruben, welche sich wohl so lange noch häufig wiederholen und noch manches Opfer verlangen werden, bis nicht durch die Wissenschaft ein durchgreifendes Mittel, die schlagenden Wetter unschädlich zu machen, aufgefunden sein wird.

Zieht man nun endlich noch die Gefahren in Betracht, denen der Kohlenbergmann beim Ein- und Ausfahren, sei es nun auf den Fahrten, Fahrkünsten oder den Fördergestellen, beim Bohren und Schiessen, bei den Mauerungs- und Zimmerungsarbeiten, bei der Förderung auf den Strecken und in den Schächten, bei dem Umgange mit Maschinen etc. ausgesetzt ist und erwägt man zugleich das zuweilen leichtsinnige, oft tollkühne Gebahren dieser Arbeiter in ihrem Berufe, das Spielen derselben mit der Gefahr, so dürfte die Richtigkeit der Eingangs aufgestellten Behauptung über die Ursachen der Unglücksfälle beim Kohlenbergbau, welche in nachfolgender durch die Herren Kohlenwerksinspectoren Köttig und Kühn mit Rücksicht auf vorliegende Verschuldung zusammengestellten Tabelle[1]) der Unglücksfälle auf den sächsischen Steinkohlengruben durch Zahlen nachgewiesen ist, auch dem nicht sachverständigen Publikum sicherlich einleuchten.

---

[1]) Wir verdanken diese und die folgende Tabelle der gütigen Bereitwilligkeit des königl. sächs. Finanzministeriums, unsere Arbeit zu vervollständigen.

Es verunglückten bei der Belegschaft:

Im Jahre	Beschäftigte Arbeiter	a. ohne irgend ein Verschulden, *casus tragicus*		b. durch eigenes oder Mitverunglückter Verschulden		c. zweifelhaft, ob unter a oder b gehörig		d. ohne äussere Veranlassung, also natürl. Todes		e. durch Verschulden dritter Personen		f. durch Verschulden der Grubenverwaltung				Summa	
												α. in Folge vorschriftswidriger Einrichtungen		β. in Folge vorschriftswidriger Anordnungen			
		überhaupt	unter 1000	überhaupt	unter 1000	überhaupt	unter 1000	überhaupt	unter 1000	überhaupt	unter 1000	überhaupt	unter 1000	überhaupt	unter 1000	überhaupt	unter 1000
								Steinkohlen-Bergbau.									
1859	11751	15	1,28	12	1,02	3	0,26	1	0,08	1	0,08	—	—	—	—	32	2,72
1860	11886	15	1,26	15	1,26	4	0,34	—	—	—	—	—	—	—	—	34	2,86
1861	11861	6	0,51	18	1,52	7	0,58	1	0,08	2	0,17	—	—	—	—	34	2,86
1862	12662	10	0,79	15	1,19	5	0,39	1	0,08	1	0,08	—	—	—	—	32	2,53
1863	12202	14	1.15	23	1,89	3	0.24	—	—	—	—	—	—	—	—	40	3,28

Wenn man die in vorstehender Tabelle getrennt aufgeführten Jahre zusammenfasst und die procentale Vertheilung der Verunglückungen nach der Verschuldung etc. berechnet, so zeigt sich, dass im Durchschnitt

34,9 Proc. der Verunglückungen ohne irgend ein Verschulden,
48,3 „ „ „ durch eigenes Verschulden der Verunglückten erfolgt sind, ferner dass bei
12,8 „ „ „ die Entscheidung hierüber unsicher ist, dass bei
1,7 „ „ „ keine äussere Veranlassung mitgewirkt hat und bei
2,3 „ „ „ das Verschulden dritter Personen vorliegt, endlich dass
0,0 „ also keine Verunglückungen durch Verschulden der Grubenverwaltung erfolgt sind.

100,0 „

Hiernach würde also nahe die Hälfte aller Verunglückungen dem eigenen Verschulden zuzuschreiben sein, so dass von vermehrter Vorsicht der Arbeiter eine bedeutende Besserung zu erwarten steht.

Sieht man von der Art und dem Vorhandensein einer Verschuldung ab und ordnet, wie es auch bei den Veröffentlichungen für die preussischen Kohlenwerke geschieht, die sämmtlichen Verunglückungen nach den unmittelbar wirkenden Ursachen in 5 Hauptclassen und 24 Unterabtheilungen, so erhält man für denselben fünfjährigen Zeitraum folgende Tabelle:

Es verunglückten von der Belegschaft:

Im Jahre	Beschäftigte Arbeiter	a. durch Steinfall: In Folge der Gewinnung: in Folge des Schrämens	a. in Folge des Bohrens und Sprengens	a. in Folge des Hereintreibens	a. in Folge d. Bruches v. Zimmerung	a. in Folge mangelhafter oder fehlender Zimmerung	a. in Folge d. Raubens v. Zimmerung	a. in Folge anderer Umstände	a. überhaupt: Summa	a. überhaupt: unter 1000	b. in Schächten: durch Fahrtloswerden beim Fahren: auf den Fahrten	b. auf dem Seile	b. auf d. Fahrkunst	b. durch Brüche: der Fahrten	b. der Fahrkunst	b. des Seiles	b. durch Sturz b. Arbeiten i. Schachte	b. durch d. Fortgehen v. Materialien	b. auf sonstige Weise	b. überhaupt: Summa	b. überhaupt: unter 1000	c. in bösen Wettern: in schlagenden Wettern	c. in Schwaden	c. in brandigen Wettern	c. überhaupt: Summa	c. überhaupt: unter 1000	d. durch Maschinen: bei der Strecken- und Bremsförderung	d. bei der Schachtförderung	d. durch Dampfkessel	d. durch sonstige Maschinen	d. überhaupt: Summa	d. überhaupt: unter 1000	e. durch sonstige Unglücksfälle: überhaupt	e. unter 1000	Summa: überhaupt	Summa: unter 1000
Steinkohlen-Bergbau.																																				
1859	11751	1	—	2	—	5	1	6	15	1,28	1	2	1	—	—	1	2	—	3	10	0,85	—	—	—	—	—	4	—	—	—	4	0,34	3	0,25	32	2,72
1860	11886	2	—	—	—	—	1	8	11	0,93	1	1	—	—	—	—	4	2	—	8	0,67	8	1	—	9	0,76	2	—	—	2	4	0,33	2	0,17	34	2,86
1861	11861	1	1	1	—	1	1	9	14	1,18	1	4	2	—	—	—	4	1	1	13	1,10	3	—	—	3	0,25	2	1	—	—	3	0,25	1	0,08	34	2,86
1862	12662	2	2	5	—	3	2	6	20	1,58	2	—	—	—	—	—	1	—	2	5	0,39	3	—	—	3	0,24	1	1	—	—	2	0,16	2	0,16	32	2,53
1863	12202	3	1	3	—	2	—	11	20	1,64	1	1	—	—	—	—	2	3	1	8	0,65	3	—	—	3	0,25	3	4	—	1	8	0,66	1	0,08	40	3,28

Im Uebrigen sind im Jahre 1863 auf den königl. Steinkohlenwerken noch fünf Arbeiter in Folge des Einsturzes eines in Brand gerathenen Kohlenschuppens verunglückt.

Unter Hinzunahme des Jahres 1858, für welches uns nur die nach den fünf Hauptclassen sich ergebenden Zahlen bekannt sind, ergibt sich, dass beim sächs. Steinkohlenbergbau auf je 1000 beschäftigte Arbeiter im Durchschnitt jährlich 2,86 Verunglückungen vorkommen. Beim sächs. Braunkohlenbergbau beträgt diese Zahl nur 1,34.

Die durchschnittliche procentale Vertheilung der Verunglückungen nach den 5 Hauptclassen der Ursachen zeigt die folgende Uebersicht; es kommen von allen Verunglückungen auf den sächs. Steinkohlenwerken in den Jahren 1858—63:

auf Steinfall	46,3 Procent
auf Unfälle in Schächten	26,6 „
auf böse Wetter	10,3 „
auf Maschinen	11,3 „
auf sonstige Ursachen	5,5 „
	100,0 Procent.

Von Interesse ist es ferner, die Zahl der Verunglückungen mit den jährlich geförderten Kohlenmengen zu vergleichen; dies geschieht in folgender Aufstellung:

Jahr.	Förderung in Centnern.	Zahl der Verunglückungen.	Auf einen Todesfall kommt eine Förderung von Centnern.
1858	24,119625	31	778052
1859	27,112392	32	847262
1860	29,267965	34	860822
1861	33,750817	34	992671
1862	34,616322	32	1,081760
1863	38,043516	40	951088

Auf eine Verunglückung mit tödtlichem Ausgang kommt also im Durchschnitt bei den sächs. Steinkohlenwerken eine Production von 918609 Centner. Auf ein Werk berechnet sich die Zahl der jährlichen Verunglückungen zu 0,408.

Wie viel weniger gefährlich der Braunkohlenbergbau ist, ergibt sich daraus, das für die Periode 1859—63 auf einen Todesfall durch Verunglückung ein Förderquantum von 1,818611 Ctr. und auf ein Werk jährlich 0,025 Verunglückung entfällt.

In dem 10. Band der Zeitschrift für das Berg-, Hütten- und Salinenwesen des preussischen Staates (Seite 12 B) befindet sich ein sehr ausführlicher Bericht über eine von den Herren Serlo, v. Rohr und Engelhardt ausgeführte Instructionsreise nach den englischen und schottischen Steinkohlenbezirken, worin eine umfassende Vergleichung über die Häufigkeit und Vertheilung der Verunglückungen in den englisch-schottischen und preussischen Steinkohlenwerken (für die Jahre 1851 bis 1859) angestellt ist. Hiernach berechnet sich der Procentsatz der die Unglücksfälle herbeiführenden Veranlassungen folgendermaassen:

	In England und Schottland.	In Preussen.
durch schlagende Wetter	23,2	11,5
durch Stein- und Kohlenfall	37,8	44,2
in Schächten	21,6	25,0
aus verschiedenenen Gründen	17,4	19,0
	100	100

Es nehmen also die durch Stein- und Kohlenfall herbeigeführten Unglücksfälle in beiden Ländern den grössten Theil der Zahl ein und sind auf den preussischen Gruben relativ zahlreicher, wogegen der Procentantheil der durch Explosion schlagender Wetter getödteten Personen in Preussen noch nicht die Hälfte von dem für England ermittelten ausmacht.

Auf eine Grube kommen im Durchschnitt des Zeitraumes von 1851—1859 jährlich in England und Schottland 0,36, in Preussen 0,24 Todesfälle, auf 1000 Arbeiter in England und Schottland 4,4, in Preussen 2,0 Verunglückungen; auf einen getödteten Arbeiter kommen in England und Schottland 334436, in Preussen 360168 preussische Tonnen.

Ueber den Gefährlichkeitsgrad der Seilfahrt, welche in England in ausgedehnter Anwendung sich befindet, gegen die man aber in Preussen noch sehr eingenommen ist, gibt die folgende Zusammenstellung näheren Aufschluss.

Auf den englischen und schottischen Steinkohlenwerken verunglückten:

Jahr	Von beschäftigten Arbeitern.	Im Ganzen.	Durch das Fahren auf dem Seil	von sämmtl. Unglücksfällen
	Zahl	Zahl	Zahl	Procent
1855	219300	955	83	9,0
1856	230000	1027	91	8,9
1857	223000	1119	79	7,1
1858	221000	931	63	6,8
1859	245000	905	86	9,5
Durchschnitt	227660	987	81	8,2

Von den beim Seilfahren stattgehabten Unglücksfällen wurden jährlich im Durchschnitt der Jahre 1858 und 1859 veranlasst:

	Zahl	Procent
durch Bruch des Seiles	21,5	28,9
durch Treiben des Förderkorbes über die Seilscheiben	15,5	20,8
durch Fall aus dem Förderkorbe	37,5	50,3
	74,5	100.

Würde auf den preussischen Steinkohlenwerken die Seilfahrt allgemein eingeführt, so würden, wenn die englischen Durchschnitte maassgebend wären, durchschnittlich 8,4 Personen im Jahre verunglücken und zwar 2,4 durch Seilbruch, 1,8 durch Uebertreiben des Förderkorbes und 4,2 durch Fall aus dem Förderkorbe während des Fahrens; während im Jahre 1858 beim Fahren in Schächten theils durch Fallen von der Fahrt oder Fahrkunst, theils durch unerlaubtes Benutzen des Seils auf den preussischen Steinkohlenbergwerken in Wirklichkeit 7 und im Jahre 1859 8 Personen verunglückten, so dass der durchschnittliche Procentsatz, wie er bei der englischen Seilfahrt ermittelt wurde, hier gleichfalls erreicht wird, also ein besonderer Grund nicht vorliegt, wegen Befürchtung einer grösseren Zahl von Unglücksfällen die Seilfahrt nicht zu gestatten.

Im Königreiche Preussen forderte der Betrieb sämmtlicher Bergwerke im Durchschnitt der 10 Jahre 1852 bis 1861 jährlich 174 Opfer, nämlich beim Steinkohlenbergbau 120, beim Braunkohlenbergbau 18 und beim Erzbergbau 36, oder beziehentlich auf 1000 Arbeiter 1,811, 2,103, 1,896 und 1,240. Setzt man die Gefährlichkeit der Bergwerke überhaupt = 100, so verhält sich dieselbe hiernach bei der Gewinnung von Steinkohle, von Braunkohle und von Erzen wie 116 : 105 : 68,5.

Die Zeitschrift für das Berg-, Hütten und Salinenwesen des preussischen Staates veröffentlicht alljährlich chronologisch geordnete Uebersichten über die beim Bergbau überhaupt erfolgten Verunglückungen mit tödtlichem Ausgange, welche Uebersichten über Namen und Arbeitsverhältniss der Verunglückten, über die Werke und die Veranlassung der Unfälle ausführliche Auskunft geben. In der Zusammenstellung von Althans (S. 51) sind hiernach für die Jahre 1852 bis 1861 die untenstehenden auf den Steinkohlen- und Braunkohlenbergbau allein bezüglichen Tabellen berechnet worden, in denen die Verunglückungen nach folgenden 5 Abtheilungen classificirt erscheinen:

a) Hereingehen von losem und festem Gebirge, von Kohlen- und Gesteinsmassen, Umsturz von Zimmerholz, Einbrechen von Bühnen, bei Gewinnungs- und Befestigungsarbeiten;
b) Fall in Schächte von Tage herein oder von Fahrten, Bühnen, Fahrkünsten, bei der Seilfahrt, desgleichen in Gesenke, Ueberbrechen etc., Tödtung durch hineingefallene Gegenstände;
c) Verunglückung in Folge von Betäubung, Erstickung oder Verbrennung;
d) tödtliche Verletzung durch stehende wie bewegte Maschinen, Schleiftröge, Förderwagen, Förder- und Bremsschlitten, Bremsketten, Seile etc.;
e) sonstige unter a bis d nicht unterzubringende Unfälle mit tödtlichem Ausgange.

Jahr	Beschäftigte Arbeiter	Es verunglückten von der Belegschaft											
		a. durch Steinfall		b. in Schächten		c. in bösen Wettern		d. durch Maschinen etc.		e. sonstige Unfälle		zusammen	
		überhaupt	unter 1000	überhaupt	unter 1000	überhaupt	unter 1000	überhaupt	unter 1000	überhaupt	unter 1000	überhaupt	unter 1000
I. Auf Steinkohlen-Bergwerken.													
1852	36029	29	0,805	12	0,333	8	0,222	7	0,191	3	0,083	59	1,637
1853	41398	36	0,869	18	0,435	18	0,435	15	0,362	2	0,048	89	2,149
1854	47983	49	1,021	10	0,208	9	0,188	10	0,208	2	0,042	80	1,667
1855	55544	53	0,954	17	0,306	13	0.231	21	0,378	8	0,144	112	2,106
1856	61555	63	1,023	36	0,585	14	0,227	21	0,341	11	0,179	145	2,355
1857	64296	55	0,855	44	0,684	7	0,109	22	0,342	7	0,109	135	2,099
1858	69352	55	0,793	27	0,389	9	0,130	17	0,245	5	0,072	113	1,629
1859	64454	56	0,869	50	0,776	29	0,450	14	0,217	5	0,077	154	2,389
1860	64185	50	0,779	34	0,530	27	0,421	26	0,405	13	0,203	150	2,338
1861	67720	55	0,812	23	0.340	46	0,679	7	0,103	36	0,532	167	2,466
Durchschnitt	57251,6	50,1	0,875	27,1	0,473	18,0	0,314	16,0	0,280	9,2	0,161	120,4	2,103
II. Auf Braunkohlen-Bergwerken.													
1852	7599	16	2,105	2	0,263	1	0,132	—	—	—	—	19	2,500
1853	7929	6	0,757	3	0,378	—	—	1	0,126	—	—	10	1,261
1854	8063	8	0,992	1	0,124	1	0,124	2	0,248	1	0,124	13	1,612
1855	9030	8	0,886	1	0,111	1	0,111	1	0,111	1	0,111	12	1,329
1856	9410	12	1,275	10	1,063	3	0,319	1	0,106	—	—	26	2,763
1857	10298	13	1,262	5	0,486	3	0,291	1	0,097	—	—	22	2,136
1858	11029	7	0,634	5	0.453	7	0,634	—	—	1	0,091	20	1,812
1859	10391	7	0,674	4	0,385	3	0,289	1	0,096	—	—	15	1,444
1860	9938	11	1,107	4	0,402	—	—	—	—	4	0,402	19	1,912
1861	10744	11	1,024	4	0,372	1	0,093	1	0,093	6	0,558	23	2,140
Durchschnitt	9443,1	9,9	1,048	3,9	0,413	2,0	0,212	0,8	0,085	1,3	0,138	17,9	1,896

Für den Stein- und Braunkohlenbergbau zusammen ergeben sich sonach für die zehnjährige Periode 1852—1861 jährlich genau 2 Verunglückungen auf 1000 Arbeiter, wogegen für den zwanzigjährigen Zeitraum 1821—1840 eine in der ministeriellen Zeitschrift enthaltene Aufstellung durchschnittlich 2,35 Verunglückte auf 1000 Arbeiter angibt. Diese Zahl reducirt sich auf 2,13, wenn man ein ganz ausserordentliches Ereigniss weglässt, nämlich den im Jahre 1834 erfolgten Wasserdurchbruch auf der Grube Goulay bei Aachen, durch welchen 63 Arbeiter umkamen. Die Gefährlichkeit des Kohlenbergbaues hat also ungeachtet des Vorrückens in die Teufe und des weit lebhafteren Betriebes sich keineswegs gesteigert, vielmehr um ein geringes vermindert.

Vergleicht man die Zahl der Verunglückungen mit den jährlich geförderten Kohlenquantitäten, so gelangt man zu folgenden Ergebnissen:

I. Steinkohlen-Bergbau.

Jahr.	Förderung in Centnern.	Zahl der Verunglückungen.	Auf einen Todesfall kommt eine Förderung von Centnern
1852	97,995418	59	1,660939
1853	109,015027	89	1,224888
1854	129,413841	80	1,617673
1855	154,808690	112	1,382220
1856	168,296132	145	1,160663
1857	179,982120	135	1,333201
1858	197,928620	113	1,751581
1859	184,695891	154	1,199324
1860	202,477778	150	1,349852
1861	223,805791	167	1,340154
Summe und Durchschnitt	1648,419308	1204	1,369119

Während sich hiernach in Preussen auf einen Todesfall eine Production von 1,369119 Centner berechnet, kommt in England (vergl. Annales des mines, S. 6. T. III. p. 447) auf eine tödtliche Verunglückung die um 1,2 Procent kleinere Förderung von 1,352763 Centnern, so dass bei diesem Vergleichsmodus die Gefährlichkeit des englischen und preussischen Steinkohlenbaues nahe gleich gross erscheint; es tritt hierbei natürlich der Umstand zu Gunsten des englischen Kohlenbergbaues auf, dass die auf einen Arbeiter kommende Fördermenge bedeutender ist, als bei dem preussischen.

II. Braunkohlen-Bergbau.

Jahr.	Förderung in Centnern.	Zahl der Verunglückungen.	Auf einen Todesfall kommt eine Förderung von Centnern
1852	35,284038	19	1,857055
1853	36,602061	10	3,660206
1854	37,700556	13	2,900043
1855	41,323140	12	3,413595
1856	46,668867	26	1,794956
1857	54,733269	22	2,487876
1858	58,167042	20	2,908352
1859	61,048923	15	4,069928
1860	63,065883	19	3,319257
1861	66,411477	23	2,887456
Summa u. Durchschn.	501,005256	179	2,798914

Im Jahre 1862 verunglückten in Preussen von 1000 Mann der Belegschaft beim Steinkohlenbau 2,44, i. J. 1863 2,25, beim Braunkohlenbergbau 1862 1,65, 1863 1,79; es berechnet sich bei ersterem auf einen Todesfall eine Production von 1,558142 und 1,788072 Ctr., bei letzterem von 3,875680 und 3,834480 Ctr.; die Vertheilung der beim Steinkohlenbergbau allein vorgekommenen Verunglückungen mit tödtlichem Ausgange nach den Ursachen war folgende:

	1862	1863
durch Steinfall	36,9 Procent,	46,2 Procent
in Schächten	32,7 „	18,1 „
in schlagenden und bösen Wettern . .	10,7 „	6.9 „
durch Maschinen	18,5 „	21,9 „
durch verschiedene andere Ursachen . .	1,2 „	6,9 „
	100.	100.

Auf den französischen Kohlengruben kamen im Jahre 1850 (ministerielle Zeitschr. III. C. IV) auf 1000 Arbeiter 3,86 Verunglückungen mit tödtlichem Ausgange und 15,04 Verwundungen, also 18,9 Unfälle überhaupt. Von den Todesfällen kommen auf

Stein- und Kohlenfall	59,8 Procent
beim Sprengen	4,1 „
Brüche an Maschinen, Seilen, Ketten, Sturz der Fördertonnen	5,7 „
Fallen in Schächte	13,9 „
Entzündung schlagender Wetter	11,5 „
Erstickung	2,5 „
Wasser	2,5 „
	100.

Auf einen getödteten Arbeiter berechnet sich bei den Steinkohlengruben eine Fördermenge von nur 745138 Centner.

Beim Bergbau Belgiens, dessen Producte zu $^9/_{10}$ — dem Werthe nach — aus Steinkohlen bestehen, kamen in der fünfjährigen Periode 1851—55 durchschnittlich pro Jahr auf je 1000 Arbeiter 3,14 tödtliche Verunglückungen und 0,95 schwere Beschädigungen, also zusammen 4,09 Unfälle. Die Todesfälle vertheilten sich folgendermaassen auf die verschiedenen Ursachen:

durch Fahren an Seilen und Ketten	13,4 Procent
durch Fahren auf Fahrten	2,9 „
ausserdem in Schächten	13,2 „
durch Stein- und Kohlenfall	30,5 „
durch Entzündung schlagender Wetter	18,6 „
bei Wasserdurchbrüchen	3,5 „
beim Sprengen	2,0 „
durch verschiedene andere Ursachen	15,9 „
	100.

In dem fünfjährigen Zeitabschnitt von 1845 bis 1849 waren im Durchschnitt jährlich auf 1000 Arbeiter 2,8 Todesfälle und 2,4 Verwundungen, also 5,2 Unfälle überhaupt, in der vorhergehenden Periode von 1840—44 ebenso 2,6 Tödtungen und 2,8 Verwundungen, also 5,4 Unfälle beobachtet worden.

Die Vertheilung der Todesfälle allein auf die verschiedenen Ursachen war in der Periode 1845 bis 1849 die folgende:

am Seil etc.	11,6 Procent
auf den Fahrten	2,8 „
verschiedene Unglücksfälle in Schächten	12,9 „
Verschüttung, Steinfall etc.	33,1 „
Entzündung schlagender Wetter	19,1 „
beim Durchbruch von Wässern	0,9 „
beim Sprengen	1,8 „
verschiedene Ursachen	17,8 „
	100.

Zur besseren Uebersicht stellen wir schliesslich die wichtigsten Verhältnisszahlen über die Häufigkeit der Verunglückungen bei den Steinkohlenwerken Sachsens, Preussens, Belgiens, Frankreichs und Englands nach den vorstehend mitgetheilten Daten zusammen:

Bezeichnung des Staates	Periode, für welche Daten vorliegen	Auf 1000 Arbeiter kommen jährlich Verunglückungen	Auf einen Todesfall kommt eine Production von Centnern	Auf jede Grube kommen jährlich Verunglückungen
Sachsen	1858 — 1863	2.86	918609	0,408
Preussen	1852 — 1863	2,14	1,419784	0,233
Belgien	1840 — 1855	2,85	916000	0,600
Frankreich . . .	1850	3,86	745138	—
England und . .	1851 — 1859	4,40	1,352763	0,360
Schottland . .	1861 — 1862	—	1,926127	0,300

Verglichen mit der Zahl der beschäftigten Arbeiter sind also die Verunglückungen in den Steinkohlenwerken Grossbritanniens am häufigsten; dagegen ist mit Rücksicht auf die geförderten Mengen der Steinkohlenbergbau Frankreichs und hinsichtlich der auf ein Werk entfallenden Verunglückungen der Belgiens am gefahrvollsten.

Hinsichtlich der Vertheilung der Unglücksfälle nach den Ursachen gibt die folgende Zusammenstellung, in welcher eine vereinfachte nur die drei Hauptkategorien der Verunglückungen (Steinfall, Unfälle in den Schächten, schlagende Wetter) gesondert vorführende Classification gewählt ist, die nöthigen Vergleichsmomente:

Bezeichnung des Staates	Periode	Steinfall	Unfälle in den den Schächten	Schlagende Wetter	Maschinen und sonstige Ursachen
Sachsen . . .	1858 — 1863	46,3 Procent	26,6 Procent	10,3 Procent	16,8 Procent
Preussen . . .	1851 — 1863	43,8 „	25,1 „	11,0 „	20,1 „
Belgien	1851 — 1855	30,5 „	29,5 „	18,6 „	21,4 „
Frankreich. . .	1850	59,8 „	19.6 „	14,0 „	6,6 „
Grossbritannien .	1851 — 1859	37,8 „	21,6 „	23,2 „	17,4 „
	1861 — 1862	40.9 „	14,5 „	14,9 „	29,7 „

CAPITEL VII.

Die Verkaufspreise der Steinkohlen Deutschlands an den Gruben im Jahre 1864.

Die grosse nationalökonomische Wichtigkeit der Steinkohle liess es angemessen erscheinen, den Lesern dieses Werkes eine vergleichende Zusammenstellung über die in den verschiedenen Kohlenbezirken gleichzeitig geltenden mittleren Verkaufspreise zu bieten. Es wurden desshalb im Monat November 1864 von allen grösseren Kohlenbecken Deutschlands und Böhmens Notizen über die Grubenpreise der verschiedenen Sorten gesammelt und übersichtlich geordnet. Wenn auch die so erhaltenen Nachweise unzweifelhaft an dem Mangel einer gewissen Ungleichmässigkeit leiden, so gestatten sie doch eine wenigstens näherungsweise zutreffende Vergleichung, die vielleicht zu weiteren noch correcteren Zusammenstellungen Anregung gibt. Noch höheres Interesse würde es bieten, die Factoren, welche die Preishöhe bestimmen, einer näheren Betrachtung zu unterziehen, besonders die Productionskosten, welche hinter den Verkaufspreisen bald mehr bald weniger zurückstehen, näher zu specialisiren; doch waren hierzu, wie leicht erklärlich, die Unterlagen nicht in hinreichend gleichmässiger Vollständigkeit zu beschaffen.

Preise der Steinkohlen im November 1864.

Zwickau-Würschnitzer Kohlenbecken.

Zwickauer Steinkohlenbauverein.

	1 Karren	1 Centner
Pechstückkohlen	39 Ngr.	33,8 Pf.
Pech-Würfelkohle	33 „	30,0 „
„ Knörpelkohle	25 „	22,7 „
„ Nusskohle	20 „	18,2 „
„ Klarkohle	10 „	9,2 „
Russstückkohle	34 „	31,6 „
Russ-Würfelkohle	22 „	20,9 „
Russklarkohle	8 „	7,5 „

Erzgebirgischer Steinkohlen-Actienverein.

	1 Karren	1 Centner
Stückkohle	45 Ngr.	44,7 Pf.
Würfelkohle	35 „	34,3 „
Knörpelkohle	25 „	24,3 „
Klarkohle	10 „	9,6 „

Niederwürschnitz-Kirchberger Steinkohlen-Actienverein (Ottoschacht).

	1 Scheffel	1 Centner
Stückkohle	86 Pf.	53,7 Pf.
Würfelkohle	76 „	47,5 „
Knörpelkohle	66 „	38,8 „
Staubkohle	20 „	11,1 „

Niederwürschnitzer Steinkohlenbauverein (D-Schacht).

	1 Scheffel	1 Centner
Stückkohle	86 Pf.	48,3 Pf.
Würfelkohle	76 „	46,9 „

	1 Scheffel	1 Centner
Knörpelkohle	50 Pf.	32,7 Pf.
Staubkohle	20 „	13,0 „

Zwickau-Luganer Steinkohlenbauverein (Neue Fundgrube).

	1 Scheffel	1 Centner
Stückkohle	86 Pf.	53,7 Pf.
Würfel	76 „	47,5 „
Knörpel	61 „	37,0 „
Staubkohle	22 „	12,6 „

Oelsnitzer Bergbau-Gesellschaft.

	1 Scheffel	1 Centner
Pechstücken	85 Pf.	44,7 Pf.
Pechwürfel	80 „	47,1 „
Russstücken	80 „	44,4 „
Russwürfel	75 „	45,5 „
Waschknörpel	65 „	38 2 „
Klare Waschkohle	28 „	16,5 „
Staub	12 „	7,0 „

Lugau-Niederwürschnitzer Bergbauverein.

	1 Scheffel	1 Centner
Pechstückkohle	85 Pf.	49,4 Pf.
Russstückkohle	75 „	43 6 „
Pechwürfelkohle	73 „	45,6 „
Russwürfelkohle	70 „	44,9 „
Schmiedekohle	70 „	43,8 „
Waschkohle	33 „	20,4 „
Nusskohle	52 „	33,5 „
Knörpelkohle	35 „	22,2 „
Staubkohle	13 „	7,9 „

Hiernach betrug der Preis	der besten Sorte	der schlechtesten Sorte
in der Gegend von Zwickau	39,3 Pf.	8,7 Pf.
„ „ „ „ Würschnitz	50,4 „	10,3 „

Dresdener Bassin.

Kgl. Steinkohlenwerke Zaukeroda.

	1 Scheffel	1 Centner
Weiche Schieferkohle	90 Pf.	50,3 Pf.
Harte „	70 „	37,4 „
Klare Kohle	40 „	22,2 „
Maschinenschieferkohle	30 „	15,0 „

Freiherrl. v. Burgk'sche Werke.

	1 Scheffel	1 Centner
Stückkohle	72 Pf.	37,3 Pf.
Würfelkohle	66 „	38,2 „
Klare Kohle	29 „	15,2 „

Hänichener Steinkohlenwerke.

	1 Scheffel	1 Centner
Stückkohle	90 Pf.	42,9 Pf.
Mittel- und Nusskohle	75 Pf.	38,5 Pf.
Klare Kohle	30 „	15,8 „

Dresden-Possendorfer Steinkohlenbauverein.

	1 Scheffel	1 Centner
Weicher Schiefer, Stückkohle I. Sorte	90 Pf.	52,3 Pf.
Schwarzharter Schiefer „ II. „	70 „	40,0 „
Kalkschiefer I. S. „ III. „	60 „	33,3 „
„ II. S. „ IV. „	40 „	20,0 „
Mittelkohle	70 „	40,0 „
Nusskohle I. Sorte	70 „	40,0 „
„ II. „	40 „	22,9 „
Klare Kalkkohle	35 „	19,7 „
Gröbere Kalkkohle	35 „	18,9 „

Hectoliter.

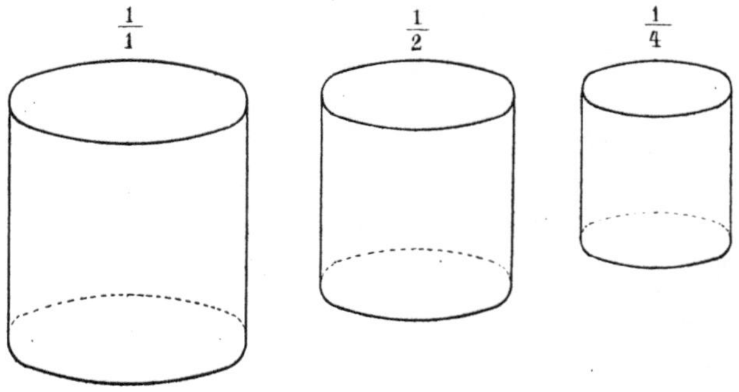

Pre

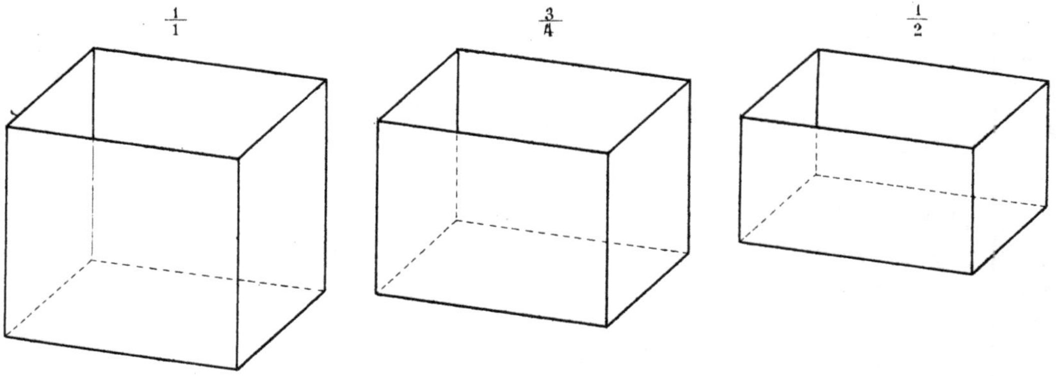

Nassauische

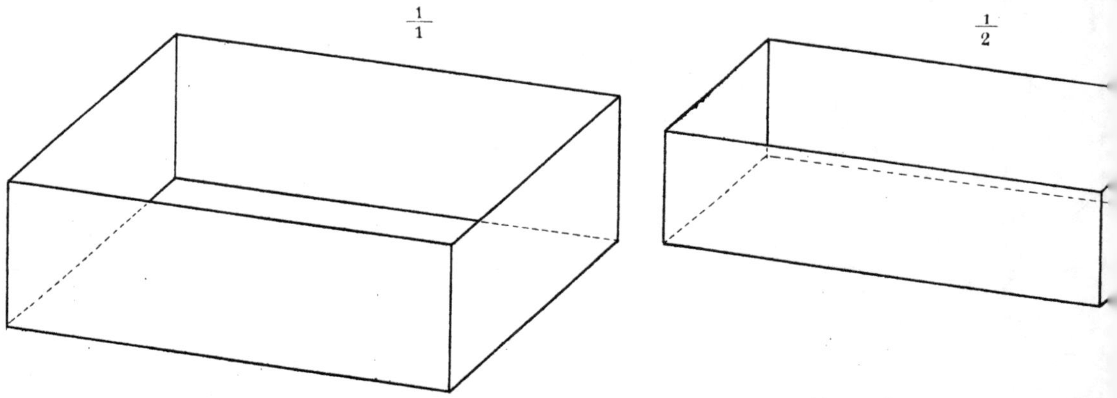

Grofsherzogth

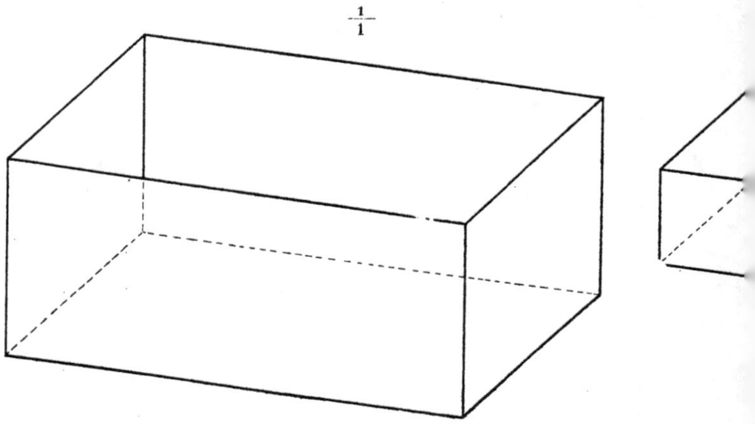

Lineare

Taf. I.

Sächsischer Scheffel.

1/1 1/2 1/4

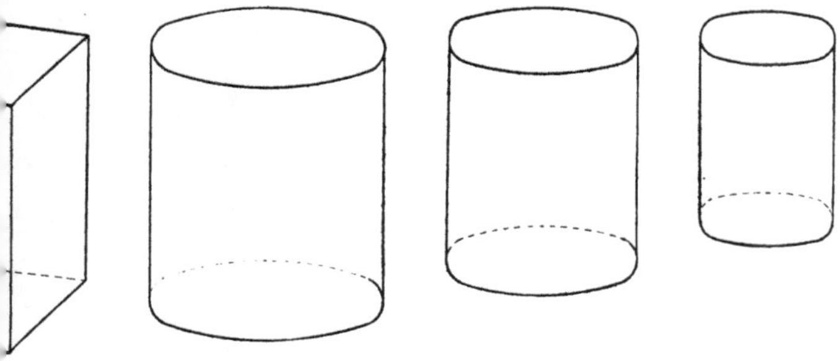

Tonne.

1/1 3/4 1/2 1/4

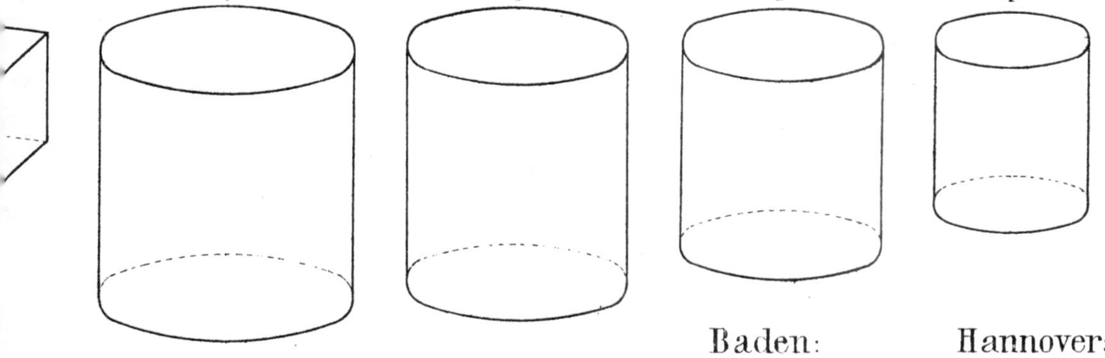

1/4 1/10 Baden: Doppel-Sester Hannover: Doppel-Himten.

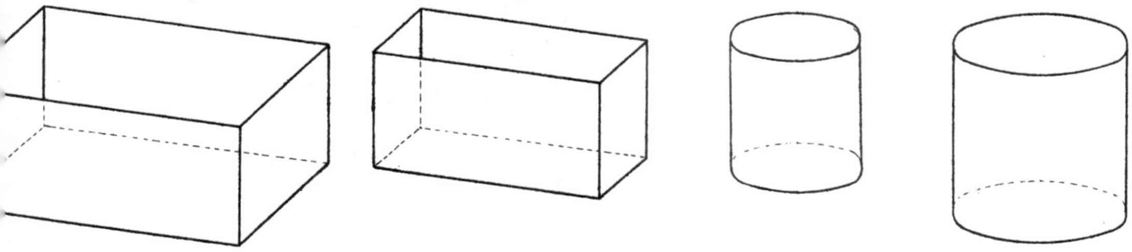

sen: Kasten.

1/2 1/4

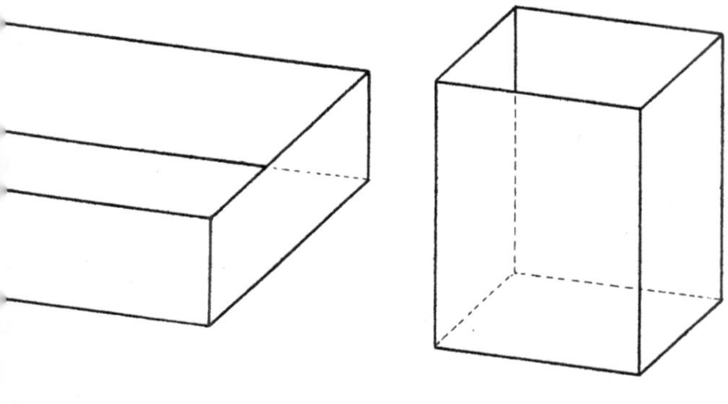

ng. 1: 20.

Hiernach beträgt der durchschnittliche Preis pro Centner:

für die beste Sorte	45,9 Pf.
für die geringste Sorte	16,2 „

O b e r s c h l e s i e n. Der Tarif der Königsgrube ist:

	pro Centner
Stückkohle	27,5 Pf. (à $^1/_{10}$ Sgr.)
Würfelkohle	25,0 „
Nusskohle	17,5 „
Kleinkohle	8,3 Pf.
Staubkohle	3,3 „

Auf Königin Louisengrube gelten folgende Preise für den Centner:

Stückfettkohlen	33,3 Pf.
Kleine Fettkohlen	18,2 „
Nussflammkohlen	30,0 „
Würfelflammkohlen	25,0 Pf.
Kleine Flammkohlen	12,5 „

Beide Werke verkaufen nach Gewicht, während auf allen übrigen Werken Ober- und Niederschlesiens nach dem Maasse verkauft wird; dies geschieht auch auf den beiden genannten Werken auf besondern Wunsch; werden die Kohlen sorgfältig von Schieferstücken befreit (beklaubt), so kostet der Centner 5 Pf. mehr.

Von den gewerkschaftlichen Gruben bauen die folgenden fünf auf denselben Flötzen:

1. Siemianowitz-Grube.

	pro Tonne	pro Centner
Stückkohlen	85,0 Pf.	23,0 Pf.
Würfelkohlen	40,8 „	11,0 „
Nuss- und Kleinkohlen	15,0 „	4,1 „

2. Fanny-Grube.

	pro Tonne	pro Centner
Stückkohlen	84,2 Pf.	22,8 Pf.
Nuss- und Kleinkohlen	17,5 „	4,7 „

3. Hohenlohe-Grube.

	pro Tonne	pro Centner
Stückkohlen	100,8 Pf.	27,2 Pf.
Würfelkohlen	60,0 Pf.	16,2 Pf.
Nuss- und Kleinkohlen	22,5 „	6,1 „

4. Louisens Glück-Grube.

	pro Tonne	pro Centner
Stückkohlen	90,0 Pf.	24,3 Pf.
Würfelkohlen	60,0 „	16,2 „
Nuss- und kleine Kohlen	30,0 „	8,1 „

5. Guter Traugott-Grube.

	pro Tonne	pro Centner
Stückkohlen	90,0 Pf.	24,3 Pf.
Würfelkohlen	60,0 „	16,2 „
Nuss- und kleine Kohlen	25,0 „	6,8 „

Auf den weiter im Hangenden folgenden Flötzen gelten folgende Preise:

6. Mathilde-Grube.

	pro Tonne	pro Centner
Stückkohlen	93,3 Pf.	25,2 Pf.
Würfelkohlen	59,4 „	16,1 „
Kleine Kohlen	14,6 „	3,9 „

7. Paulus-Grube.

	pro Tonne	pro Centner
Stückkohlen	90 Pf.	24,3 Pf.
Würfelkohlen	80 „	21,6 „
Nusskohlen	40 „	10,8 „
Kleine Kohlen	30 „	8,1 „

8. Brandenburg-Grube.

	pro Tonne	pro Centner
Stückkohlen	110 Pf.	29,7 Pf.
Kleine Kohlen	40 „	10,8 „

9. Oskar-Grube.

	pro Tonne	pro Centner
Stückkohlen	88,8 Pf.	24,0 Pf.
Würfelkohlen	60,7 Pf.	16,4 Pf.
Kleine Kohlen	27,1 „	7,3 „

10. Carl Emanuel-Grube.

	pro Tonne	pro Centner
Stückkohlen	102,2 Pf.	27,6 Pf.
Kleine Kohlen	25,2 „	6,8 „

11. Orzegow-Grube.

	pro Tonne	pro Centner
Stückkohlen	90 Pf.	24,3 Pf.
Kleine Kohlen	25 „	6,8 „

12. Lythandra-Grube.

	pro Tonne	pro Centner
Stückkohlen	87,1 Pf.	23,5 Pf.
Kleine Kohlen	17,1 „	4,6 „

13. Wolfgang-Grube.

	pro Tonne	pro Centner
Stückkohlen	98,8 Pf.	26,7 Pf.
Kleine Kohlen	25,7 „	6,9 „

14. Gottes Segen-Grube.

	pro Tonne	pro Centner
Stückkohlen	84,1 Pf.	22,7 Pf.
Kleine Kohlen	15,9 „	4,3 „

Auf den noch weiter im Hangenden folgenden Flötzen wurden folgende Preise notirt:

15. Fausta-Grube.

	pro Tonne	pro Centner
Stückkohlen	80 Pf.	21,6 Pf.
Nuss- und kleine Kohlen	30 „	8,1 „

16. Hugo Zwang-Grube.

	pro Tonne	pro Centner
Stückkohlen	78,3 Pf.	21,2 Pf.
Würfelkohlen	50,0 „	13,5 „
Kleine Kohlen	20,0 „	5,4 „

17. Florentine-Grube.

	pro Tonne	pro Centner
Stückkohlen	90 Pf.	24,3 Pf.
Würfelkohlen	60 „	16,2 „
Kleine Kohlen	30 „	8,1 „

18. Ferdinand-Grube.

	pro Tonne	pro Centner
Stückkohlen	92,5 Pf.	25,0 Pf.
Würfelkohlen	60,0 „	16,2 „
Kleine Kohlen	25,8 „	6,9 „

19. Wildenstein Segen-Grube.

	pro Tonne	pro Centner
Stückkohlen	100 Pf.	27,0 Pf.
Würfelkohlen	72,5 „	19,6 „

20. Morgenroth-Grube.

	pro Tonne	pro Centner
Stückkohlen	91,7 Pf.	24,8 Pf.
Würfelkohlen	72,5 „	19,6 „
Kleine Kohlen	15,0 „	4,1 „

21. Elfriede-Grube.

	pro Tonne	pro Centner
Stückkohlen	85,0 Pf.	23,0 Pf.
Würfelkohlen	80,0 „	21,6 „
Kleine Kohlen	15,8 „	4,3 „

22. Cleophas-Grube.

	pro Tonne	pro Centner
Stückkohlen	70 Pf.	18,9 Pf.
Kleine Kohlen	20 „	5,4 „

23. Beate-Grube.

	pro Tonne	pro Centner
Stückkohlen	83 Pf.	22,4 Pf.
Würfelkohlen	50 „	13,5 „
Kleine Kohlen	23 „	6,2 „

24. Victor-Grube.

	pro Tonne	pro Centner
Stückkohlen	89,2 Pf.	24,1 Pf.
Kleine Kohlen	25,0 „	6,7 „

25. Sigismund-Grube.

	pro Tonne	pro Centner
Stückkohlen	70 Pf.	18,9 Pf.
Kleine Kohlen	15 „	4,1 „

26. Eisenbahn-Grube.

	pro Tonne	pro Centner
Stückkohlen	70 Pf.	18,9 Pf.
Würfelkohlen	50 „	13,5 „
Kleine Kohlen	15 „	4,1 „

27. Lokomotive-Grube.

	pro Tonne	pro Centner
Stückkohlen	71,7 Pf.	19,4 Pf.
Würfelkohlen	30 „	8,1 „
Kleine Kohlen	15 „	4,1 „

28. Jacob-Grube.

	pro Tonne	pro Centner
Stückkohlen	73,3 Pf.	19,8 Pf.
Würfelkohlen	50 „	13,5 „
Kleine Kohlen	15 „	4,1 „

29. Louise-Grube.

	pro Tonne	pro Centner
Stückkohlen	70 Pf.	18,9 Pf.
Würfelkohlen	35 „	9,4 „
Kleine Kohlen	15 „	4,1 „

30. Bartelmus-Grube.

	pro Tonne	pro Centner
Stückkohlen	76,7 Pf.	20,7 Pf.
Würfelkohlen	40 „	10,8 „
Kleine Kohlen	10 „	2,7 „

31. Carls Segen-Grube.

	pro Tonne	pro Centner
Stückkohlen	87,5 Pf.	23,6 Pf.
Würfelkohlen	58,3 „	15,8 „
Kleine Kohlen	25,0 „	6,7 „

32. Przemsa-Grube.

	pro Tonne	pro Centner
Stückkohlen	71,7 Pf.	19,4 Pf.
Würfelkohlen	40 „	10,8 „
Kleine Kohlen	11,7 „	3,2 „

33. Krakau-Grube.

	pro Tonne	pro Centner
Stückkohlen	85,8 Pf.	23,2 Pf.
Würfelkohlen	56,7 „	15,3 „
Kleine Kohlen	22,5 „	6,1 „

34. Leopoldine-Grube.

	pro Tonne	pro Centner
Stückkohlen	83,3 Pf.	22,5 Pf.
Würfelkohlen	50 „	13,5 „
Kleine Kohlen	12,5 „	3,4 „

Der Preis der Stückkohlen bewegt sich sonach auf den oberschlesischen Werken zwischen 18,9 und 29,7 Pfennige pro Centner und stellt sich im Durchschnitt auf 23,5 Pf., der der Kleinkohlen schwankt zwischen 2,7 und 12,5 Pf. und beträgt im Durchschnitt 5,9 Pfennige.

Auf denjenigen Gruben, welche auf dem hangendsten Flötzzug in der Umgegend von Nikolai bauen (Marianne, Antons Glück, Leopold, Wilhelms Wunsch, Martha Valesca, Mokrau, Burghardt pp.) stehen die Preise der

Stückkohlen auf 85 bis 110 Pf. pro Tonne, oder 23 bis 30 Pf. pro Centner
Würfelkohlen „ 50 „ 75 „ „ „ „ 14 „ 20 „ „ „
Kleine Kohlen „ 20 „ 30 „ „ „ „ 5 „ 8 „ „ „

Auf den Gruben der Flötzpartie bei Rybnik (Charlotte, Leo, Dicke Verwandtschaft, Beate, Anna, Hoym pp.) bewegen sich die Preise für

Stückkohlen zwischen 100 und 140 Pf. pro Tonne, oder 27 und 38 Pf. pro Centner
Würfelkohlen „ 50 „ 100 „ „ „ „ 14 „ 27 „ „ „
Kleine Kohlen „ 30 „ 65 „ „ „ „ 8 „ 18 „ „ „

Bei Abnahme grösserer Quantitäten werden allenthalben ermässigte Preise berechnet, die sich nach der Grösse der Bestellung richten; dieselben werden pro Wagenladung abgeschlossen.

Niederschlesien.

Durch Herrn Bergmeister Schütze, dem wir auch die mitgetheilten Notizen über Oberschlesien verdanken, sind uns die Preisnotirungen der folgenden Werke zugegangen:

1. Graf Hochberg-Grube, Conrad-Schacht (bei Wagenladungen).

	pro Tonne	pro Centner
Stückkohlen	180 Pf.	48,6 Pf.
Schmiedekohlen	115 „	31,1 „
Kleinkohlen	100 „	27,0 „

Dieselbe Grube, Herrmann-Schacht (beim Detailverkauf).

	pro Tonne	pro Centner
Stückkohlen	200 Pf.	54,0 Pf.
Kleinkohlen	105 „	28,1 „

2. Segen Gottes Tiefbau.

	pro Tonne	pro Centner
Stückkohlen	200 Pf.	54,0 Pf.
Kleinkohlen	110 „	29,7 „

3. Morgen- und Abendstern-Grube, Paul-Schacht.

	pro Tonne	pro Centner
Stückkohlen	180 Pf.	48,6 Pf.
Würfelkohlen	150 Pf.	40,5 Pf.
Kleinkohlen	105 „	28,1 „

4. Fuchs-Grube.

	pro Tonne	pro Centner
Stückkohlen	200 Pf.	54,0 Pf.
Kleinkohlen	110 „	29,7 „

5. Friedens Hoffnung-Grube.

	pro Tonne	pro Centner
Stückkohlen	190 Pf.	51,4 Pf.
Kleinkohlen	110 „	29,7 „

6. Glückhilf-Grube (bei Wagenladungen).

	pro Tonne	pro Centner
Stückkohlen	180 Pf.	48,6 Pf.
Würfelkohlen	155 „	41,9 „
Kleinkohlen	115 „	31,1 „
Förder- oder gemischte Kohlen	140 „	38,0 „

Hiernach stellt sich auf den Werken Niederschlesiens der Durchschnittspreis für einen Centner
Stückkohlen auf . . 51,3 Pfennige   Kleinkohlen auf . . 29,0 Pfennige.

Die Engros-Preise sind auch hier sehr verschieden je nach der Grösse des entnommenen Quantums, so dass thatsächlich auf den grösseren Gruben 6 bis 8 verschiedene Preise für die Kohlen zur Berechnung kommen; die Preisvergütung oder Preiserniedrigung steigt bei grosssen Abschlüssen bis zu 10 Procent des Detailpreises. Ausserdem werden auf einigen Gruben gemischte Kohlen, d. h. eine aus Stück- und Kleinkohlen (nach einem vom Abnehmer anzugebenden bestimmten Procentsatz an Stückkohlen in denselben) gemengte Kohlensorte verabfolgt und dann der Preis derselben nach diesem Mengungsverhältniss speciell berechnet.

Wettin und Löbejün.

Die Preise sind nach Angabe des Herrn Berginspector Wagner auf allen 3 Gruben folgendermaassen normirt:

	pro Tonne	pro Centner
Stückkohlen erste Sorte	250 Pf. (à $\frac{1}{10}$ Sgr.)	62,5 Pf.
Stückkohlen zweite Sorte	200 „	50,0 „
Klare Kohlen	138 „	30,7 „

Schaumburger Kohlenwerke bei Obernkirchen (Wälderkohle).

Nach den Mittheilungen des Herrn Bergamts-Assessor Spring stehen die von dem einen Flötze der Schaumburger Steinkohlenwerke fallenden Sorten in folgenden Preisen:

			pro Balge	pro Centner
Sorte	I, Schmiedekohle	. . . .	55 Pf.	66,3 Pf.
„	II, „	etwas unrein	50 „	60,2 „
„	III, „	mit Bergen und Kiesen . . .	45 „	54,2 „
„	IV a. Flammkohle	. . . .	37,5 „	45,2 „
„	IV b. „	von feinerem Korn	35 „	42,2 „
„	V a. „	nicht mehr backend . . .	30 „	36,1 „
„	V b. feiner Grus für Kalköfen etc.	. . . . .	25 „	30,1 „

Die Sorte IV^{a} ist für Stubenfeuerungen, V^{a} für Kesselheizungen sehr geeignet; die Nachfrage nach der erstern kann nicht immer befriedigt werden.

Staatswerke bei Ibbenbüren.

Nach Angabe des Herrn Director Bäumler in Bochum werden im Eisenbahn- und Landdebit

die backenden Kohlen (melirt)	zu 40 Pf.	pro Centner
die mageren	„ 32,5 „	„ „
die aus backenden und mageren Kohlen gemengte Sorte . . .	„ 35 „	„ „

verkauft. Die Preise sind wegen der isolirten Lage der Werke weit höher als in der Mark.

Ruhrbecken.

Ueber die auf den zahlreichen und bedeutenden Werken dieses Beckens geltenden Preise sind leider keine detaillirten Angaben zu erhalten gewesen; man kann indess nach Dr. Hammacher in Essen annehmen, dass sich im grossen Durchschnitt für den Monat November 1864 die Preise der wichtigsten Sorten folgendermaassen stellten:

	pro Wagenladung von 100 Ctr.	pro Centner
Grobe Stückkohlen	18 Thlr.	54 Pf.
Nusskohlen	12,5 „	37,5 „
Melirte Kohlen	10,5 „	31,5 „
Gruskohlen	8,5 „	25,5 „

In Berlin wurden zur selben Zeit ca. 72 Scheffel = 1 Last = 77,4 Ctr. westphälische Gaskohlen mit 21—21$\frac{1}{2}$ Thlr., Grubenkohlen mit 19—22 Thlr., Schmiedekohlen mit 18—20 Thlr., Nusskohlen mit 18—19 Thlr., Stückkohlen mit 22$\frac{1}{2}$—24 Thlr. verkauft, was für 1 Ctr. beziehentlich 82, 80, 74, 72 und 92 Pf. beträgt.

Aachener Kohlenrevier.

Nach Angabe des Herrn Bergdirector Baur auf Eschweiler Pumpe werden die allerdings nur in geringer Menge ausgehaltenen Stückkohlen zu 6 bis 8 Sgr. pro Centner verkauft; die Verkaufspreise der melirten Kohlen, welche die Hauptmasse der Förderung bilden, wechseln bei den Fettkohlen zwischen 3 und 4$\frac{1}{2}$ Sgr. pro Scheffel mit 5 Proc. Aufmaass, je nachdem der Absatz in kleinen Quantitäten oder an grössere Abnehmer wie Hüttenwerke, zu weiteren Versendungen etc. stattfindet. Bei den mageren Kohlen des Wormreviers findet eine ähnliche Verschiedenheit der Verkaufspreise für melirte Kohlen (daselbst Mageran genannt) zwischen $3\frac{1}{2}$ und 5 Sgr. auf den Gruben statt; der niedrigere Preis gilt für die Versendungen nach entfernteren Punkten, an denen eine Concurrenz mit anderen Kohlen, namentlich mit denen der Ruhr, stattfindet. Aus den melirten Kohlen werden auf den Gruben des Wormreviers noch Kleinkohlen in verschiedenen Quantitäten ausgehalten und zu einem niedrigeren Preise, etwa $2\frac{1}{2}$ Sgr. pro Scheffel für Kalköfen, Feldziegelbrände und als Reductionsmittel in den Zinköfen verkauft. Man kann daher als durchschnittliche Preise annehmen:

Für die Stückkohlen	70 Pf. pro Centner.
„ „ melirten Fettkohlen	37,5 „ „ „
„ „ melirten mageren Kohlen	38,6 „ „ „
„ „ Kleinkohlen	22,7 „ „ „

Saarbecken.

Für die an die Eisenbahnen liefernden Gruben wurden durch Herrn Berginspector v. Roenne folgende mittlere Preise für den Centner angegeben:

Name der Grube:	I. Stückkohle	II. Förderkohle	III. Grieskohle	
Kronprinz	— Pf.	35 Pf.	— Pf.	Flammkohlen
Gerhard	52,5 „	40 „	— „	Flammkohlen
von der Heydt	— „	40 „	— „	Flammkohlen
Friedrichsthal	— „	35 „	— „	Flammkohlen
Reden	50 „	35 „	20 „	Flammkohlen
Ziehwald	— „	35 „	— „	
Dudweiler	50 „	37,5 „ 35 „	25 „	nicht im Handel
Altenwald	— „	32,5 „	— „	
Heinitz	50 „ 47,5 „	35 „ 32,5 „	20 „	

Wo in vorstehender Uebersicht zwei Preise stehen, gelten die niedrigeren für die entfernteren Absatzkreise. Für den Landdebit bestehen auf diesen, sowie auf den nicht an Eisenbahnen liegenden Gruben zum Theil etwas höhere Preise. Die Kohlen zweiter Sorte sind Förderkohlen, wie sie bei der Grube fallen; die Kohlen erster Sorte sind über Siebe mit 1 Zoll weiten Zwischenräumen gestürzt und von dem Gries befreit, welcher als dritte Sorte verkauft wird, so weit er nicht (bei den Fettkohlen) zur Verkokung gelangt. Die höheren Preise der Dudweiler Kohlen bestehen nicht wegen besserer Qualität, sondern sind in Concurrenzverhältnissen begründet, welche es nöthig machen, auf den östlichen Gruben niedrigere Preise zu halten; bei Gerhard (Louisenthaler) I. Sorte[1]) dagegen ist es die Qualität, welche den höheren Preis bedingt, bei der II. Sorte mehr die Conjunctur.

Da die Saarbrücker Werke so gut wie in einer Hand sich befinden, so kann die Preisregulirung mehr den wirklich bestehenden Verhältnissen gemäss erfolgen, als es z. B. an der Ruhr der Fall ist, wo Ueberproduction die Preise so gedrückt hat, dass die Mehrzahl der Gruben mit sehr geringem Gewinn arbeiten muss; die Saarbrücker Werke tragen jetzt nahe an 2 Millionen Thaler jährlich ein.

Im Durchschnitt betragen also die Mittelpreise pro Centner:

für Stückkohle 50 Pf., für Förderkohle 33,5 Pf., Grieskohle 20 Pf.

In dem Kohlenrevier bei Miesbach in Bayern (Pechglanzkohle) schwanken die Verkaufspreise zwischen 6 kr. und 24 kr. pro bayerischen Centner oder 15,3 Pf. und 61,3 Pf. pro Zollcentner.

In dem Stockheimer Kohlenbezirk von Bayern und Meiningen gelten nach Angabe des Herrn Bergingenieur C. Rückert folgende Grubenpreise:

---

[1]) Es sind dies meist in der Grube ausgehaltene Stücke, besonders von dem schönen Heinrichflötz; neuerdings werden auch auf Gerhardgrube Rätter angelegt.

	pro Zollcentner	pro Zollcentner im Mittel
Reinkohlen	16 bis 24 Kr.	57,2 Pf.
Mischkohlen	12 „ 15 „	37,8 „
Heizkohlen	9 „ 12 „	30,0 „

Pilsener Kohlenrevier.

Auf den Werken des Fürsten Thurn und Taxis sind nach Angabe des Herrn Berginspector Micksch in Pilsen die Verkaufspreise an den Gruben folgende:

	pro Wr. Centner	pro Zollcentner
Grosskohle	35 Kr. ö.	62,5 Pf.
Würfelkohle	27 „	48,2 „
Gruskohle	15 „	26,8 „

Herr Bergdirector Pelikan gibt für eine weiter geführte Sortirung folgende Durchschnittspreise an:

	pro Wr. Centner	pro Zollcentner
Stückkohle	30 Kr. ö.	53,6 Pf.
Würfelkohle	25 „	44,6 „
Ganz-Grieskohle	12 „	21,4 „
Halb-Grieskohle	5 „	8,9 „
Lösche oder Staub	0 „	0 „

Schlaner Kohlenbecken.

Auf den k. Ferdinandeischen Werken gelten nach den Angaben des Herrn Berggeschwornen Lachenbauer folgende Preise:

	pro Wr. Centner	pro Zollcentner
Stückkohle	35 Kr. ö.	62,5 Pf.
Würfelkohle	28 „	50,0 „
Kleinkohle	14 „	25,0 „
Staubkohle	8 „	14,3 „
Kalkkohle	10 „	17,9 „

Hiervon nur wenig verschieden sind nach gef. Mittheilung des Herrn Ingenieur Klečka zu Thinnfeld auf den Werken der österr. Staatseisenbahn-Gesellschaft:

	pro Wr. Centner	pro Zollcentner
Grosskohle	35 Kr. ö.	62,5 Pf.
Mittelkohle	29 „	51,8 „
Kleinkohle	17 „	30,4 „
Lösche	3 „	5,4 „
Kalkkohle	9 „	16,2 „

Für das Rossitzer Kohlenbecken in Mähren gibt Herr Bergdirector Rittler an, dass der Wiener Centner gemischter Kohle an den Gruben mit 26 bis 32 kr. ö. W., Stückkohle mit 42 kr., Schmiedekohle mit 36 bis 42 kr. verkauft wird; man kann also im Mittel annehmen den Preis pro Zollcentner:

Stückkohle 75 Pf., Gemischte Kohle 51,8 Pf, Schmiedekohle 69,6 Pf.

Auf den Gruben des Ostrauer Kohlenreviers gelten nach Mittheilung des Herrn Director Andrée in Witkowitz folgende Preise:

	pro Zollcentner	Im Mittel
Stückkohlen	34—38 Kr.	72 Pf.
Würfelkohlen	30—35 „	65 „
Grieskohlen	23—27 „	50 „
Schmiedekohlen	15—19 Kr.	34 Pf.
Kleinkohlen	12—17 „	29 „
Ziegelkohlen	10—12 „	22 „

Ordnet man die verschiedenen Kohlenreviere nach der Höhe des für die beste Sorte (Stückkohle, Reinkohle etc.) geltenden durchschnittlichen Preises, so ergibt sich die folgende Uebersicht:

Name des Kohlenreviers	Preis für 1 Ctr. der besten Sorte in Pfennigen	Preis für 1 Ctr. der schlechtesten Sorte in Pfennigen
Rossitz in Mähren	75,0	—
Ostrau	72,0	22,0
Aachener Becken	70,0	22,7
Schaumburger Kohlenwerke	66,3	30,1
Wettin und Löbejün	62,5	30,7
Schlaner Becken in Böhmen	62,5	5,4
Miesbach in Bayern	61,3	15,3
Pilsener Becken in Böhmen	58,0	—
Stockheim in Bayern u. Meiningen	57,2	30,0
Ruhrbecken	54,0	25,5
Niederschlesien	51,3	29,0
Würschnitzer Revier in Sachsen	50,4	10,3
Saarbecken	50,0	20,0
Dresdener Becken	45,9	16,2
Ibbenbürener Becken	40,0	—
Zwickauer Revier in Sachsen	39,3	8,7
Oberschlesien	23,5	5,9

CAPITEL VIII.

Physikalische Eigenschaften der Kohlen. Maass und Gewicht.

(Mit Taf. I.)

1. Die Sortenbildung nach der Stückgrösse und der Stückkohlenfall.

Unter den physikalischen Eigenschaften der Steinkohlen steht vom Gesichtspunkte der praktischen Bedeutung die natürliche Festigkeit obenan; dieselbe ist mit wenig Ausnahmen bei den Steinkohlen ziemlich gering; sie sind häufig schon im unverritzten Zustande mit feinen Spalten und Klüftungen durchzogen und erfahren jedenfalls durch die mechanischen Einwirkungen bei der Gewinnung und Förderung, beim Aus- und Einschütten und beim Transport in grösserem oder geringerem Grade, eine Zerbröckelung, die in den allermeisten Fällen unerwünscht ist; denn wenn auch für die zahlreichen Verwendungen der Kohle eine Zerkleinerung bis zu gewissem Grade, z. B. in faustgrosse Stücke fast immer vorhergehen muss, so sind doch die kleinen und allerkleinsten Brocken (Kohlenklein, Grus, Gries, Lösche, Kalkkohle etc.), welche nebenher entstehen, meist eine unbequeme Zugabe; sie erschweren in gewöhnlichen Feuerungen durch Verstopfung der Roste die vortheilhafte Verwendung der grösseren Stücke und machen, wenn deshalb abgeschieden, besondere Maassnahmen zur Ausnützung ihres Brennwerths erforderlich (Treppenroste, Gasfeuerungen etc., Briquetfabrikation); ihr Verkaufswerth steht daher immer hinter dem der Stückkohle zurück, von dem er selten mehr als die Hälfte, oft nur $^1/_5$ und noch weniger beträgt; ja es gibt Kohlenbezirke, in denen das Kohlenklein ganz unverkäuflich ist und auf den Halden sich endlos häufend zu einer Plage des Bergbaues wird. Durch Anwendung von Rättern oder Separationstrommeln sucht man die klaren Kohlen von den grösseren Stücken zu trennen und scheidet bei rationellem Betriebe auch diese noch in einzelne Sorten von nahe übereinstimmender Stückgrösse. Die Kenntniss der relativen Quantitäten der so gebildeten Sorten, vornehmlich aber die Kenntniss des Antheils, welchen die werthvollste Sorte, die Stückkohle, an der ganzen Förderung einnimmt, darf zu einer vollständigen Charakterisirung der von einem Flötze geführten Kohle gerechnet werden und wir haben daher im Folgenden für die wichtigsten Kohlenbecken Deutschlands alle hierauf bezüglichen Notizen, die wir zu erlangen vermochten, zusammengestellt, womit wir indess nicht entfernt die volle Lösung der hier vorliegenden Aufgabe, vielmehr nur einen ersten Versuch einer solchen ausgeführt zu haben glauben; denn es muss wohl in Rücksicht gezogen werden, dass die verhältnissmässigen Mengen der nach der Stückgrösse gebildeten Sorten, um deren Angabe es sich hier hauptsächlich handelt, nicht allein von der natürlichen Beschaffenheit der Kohlen, sondern auch von dem Bedarf und der Nachfrage, von der Abbaumethode, von dem speciellen Uebereinkommen über die Abgrenzung der Sorten und anderen Umständen mehr abhängen; soviel möglich sind die verschiedenen mit einwirkenden Verhältnisse angegeben worden, unter deren Berücksichtigung die mitgetheilten Zahlen, so wenig sicher dieselben auch grossentheils an und für sich sein mögen, doch einen angenäherten Schluss auf die natürliche Festigkeit der verschiedenen Kohlen und ihre Neigung zum Zerbröckeln gestatten dürften.

Die Kohlenreviere bei Zwickau und Niederwürschnitz. Bei den Werken des Zwickauer Steinkohlenbauvereins erfolgt schon in der Grube eine Sortirung der gewonnenen Kohlen und zwar werden hier Stückkohlen (grosse Stücke und faustgrosse Würfel) von den Klarkohlen geschieden. Die Klarkohlen werden über Tage auf Rättern oder in Trommeln noch weiter separirt und man erhält so (nach einer Privatmittheilung des Herrn Director Varnhagen) folgende Sorten in den beigesetzten verhältnissmässigen Quantitäten:

68 Procent Stückkohlen (in der Grube geschieden),
7 „ Würfelkokle
8 „ Knörpelkohle
5 „ Nusskohle
9 „ Klarkohle
3 „ Berge
} (Separation über Tage).

Auf den Schächten des Erzgebirgischen Steinkohlen-Actienvereins stellt sich nach dem Geschäftsbericht vom Jahre 1863 der Procentfall der verschiedenen Kohlensorten:

beim Segen-Gottes-Schacht auf
56,9 Procent Stück- und Würfelkohle,
5,6 „ Bankkohle und
37,5 „ Klares;

beim Hoffnungsschacht auf
29,1 Procent Pech-, Stück- und Würfelkohle,
37,8 „ Russ-Stückkohle,
4,1 Procent Bankkohle,
12,2 „ klare Pechkohle und
16,8 „ klare Russkohle;

beim Vertrauenschacht auf
66,2 Procent Stück- und Würfelkohle,
15,1 „ Bankkohle und
18,7 „ Klares.

Während die beiden letztern Schächte gegen das Vorjahr einen etwas höheren Procentfall an besseren Kohlensorten ergeben haben, ist derselbe beim Segen-Gottes-Schacht um 11,2 Procent zurückgegangen, ein Umstand, der sich aus der grossen Druckhaftigkeit auf dem zwischen der zweiten und dritten südlichen Verwerfung des Ludwigflötzes eingelagerten Theile erklärt; die vorgerichteten Kohlenpfeiler wurden hier gänzlich in sich zerdrückt, so dass bei den betroffenen Bauen der Stückkohlenfall im Durchschnitt nur 30 Procent betrug.

Das tiefe Planitzer Flötz gibt auf den v. Arnim'schen Werken nach Mittheilung des Herrn Director Rudert zu Planitz

25 Procent Stückkohle, 30 Procent Würfel- oder Schmiedekohle, 45 Procent Kokskohle.

Vom Russkohlenflötz werden daselbst nur zwei Sorten gebildet und zwar liefert dasselbe

70 Procent Stückkohle, 30 Procent Maschinenkohle.

Der Steinkohlenbauverein zu Niederplanitz und Vorderneudörfel erhielt nach dem Geschäftsbericht von 1859/60 auf dem zweiten Flötz der Grube Himmelsfürst folgenden Procentfall:

23 Proc. Stückkohlen, 17 Proc. Würfelkohlen, 6 Proc. Nusskohlen, 54 Proc. Kokskohlen.

Dieses Verhältniss wird für sehr ungünstig erklärt und ist eine Folge des grossen auf dem Flötz lastenden Druckes, der Nähe des Brandes und der Flötzstörungen.

Nach den Geschäftsberichten des Actienvereins der Zwickauer Bürgergewerkschaft auf die Jahre 1862 und 1863 wurden auf dem I. Flötz des Bürgerschachts durch die Sortirung

1862:	1863:		1862:	1863:	
18,8 Procent	30,1 Procent	Stückkohlen,	7,9 Procent	10,5 Procent	Knörpelkohlen,
44,0 „	29,2 „	Würfelkohlen,	29,3 „	30,2 „	Kokskohlen.

Auf dem II. Flötz desselben Schachtes:

1862:	1863:		1862:	1863:	
63,7 Procent	48,9 Procent	Stückkohlen,	6,4 Procent	7,4 Procent	Knörpelkohlen,
10,3 „	24,4 „	Würfelkohlen,	19,6 „	19,3 „	Kokskohlen.

Auf dem III. Flötz:

1862:	1863:		1862:	1863:	
62,5 Procent	59,1 Procent	Stückkohlen,	37,5 Procent	40,9 Procent	gemischte Kohlen.

Ferner auf dem II. Flötz des Hilfe-Gottes-Schachtes:

1862:	1863:		1862:	1863:	
69,1 Procent	70,7 Procent	Stückkohlen,	0 Procent	4,1 Procent	Knörpelkohlen,
16.6 „	9,7 „	Würfelkohlen,	15,3 „	15,5 „	Kokskohlen.

Auf dem III. Flötz desselben Schachtes:

1862:	1863:		1862:	1863:		1862:	1863:	
63,7 Proc.	61,3 Proc.	Stückkohlen,	18,3 Proc.	18,0 Proc.	Würfelkohlen,	18,0 Proc.	20,7 Proc.	klare Kohlen.

Der Oberhohndorf-Schader Steinkohlenbau-Verein erhielt im Jahre 1863 durch die Sortirung folgende Ergebnisse:

Schichtenkohlflötz:

Herrmannschacht	Augustusschacht	
35,56 Procent	32,25 Procent	Stückkohlen,
25,87 „	27,98 „	Würfelkohlen,
13,01 „	8,98 „	Nusskohlen,
18,98 „	27,78 „	Staubkohlen,
6,58 „	3,01 „	geringe Kohlen.

3½ und 2elliges Pechkohlflötz, Augustusschacht:

36,19 Procent Stückkohlen, 8,62 Procent Nusskohlen,
27,25 „ Würfelkohlen, 26,42 „ Staubkohlen, 1,52 Procent geringe Kohlen.

Scherbenkohlflötz, Augustusschacht:

23,26 Procent Stückkohlen, 10,80 Procent Nusskohlen,
31,60 „ Würfelkohlen, 34,11 „ Staubkohlen, 0,23 Procent geringe Kohlen.

Zachkohlflötz, Augustusschacht:

32,46 Procent Stückkohlen, 9,07 Procent Nusskohlen,
28,14 „ Würfelkohlen, 24,81 „ Staubkohlen, 5,52 Procent geringe Kohlen.

Der Oberhohndorfer Forst-Steinkohlenbau-Verein bewirkte im Jahre 1863 auf den drei von ihm abgebauten Flötzen folgende Sortenbildung:

	II. Flötz:	III. Flötz:	IV. Flötz:
Gute Stückkohle	46,8	62,83	51,57 Procent
Geringe Kohle	1,9	0,03	0,99 „
Klare Kohle	51,3	37,14	47,44 „

Nach einer Mittheilung des Directors des erzgebirgischen Steinkohlen-Actien-Vereins, Herrn Oppe, kann man für die Zwickauer Werke im grossen Durchschnitt folgende Sortirung annehmen:

64 Procent Stückkohle,
4 „ Würfel
10 „ Knörpel } 36 Procent Grubenklein.
22 „ Klares

Die Abgrenzung dieser Sorten ist auf den verschiedenen Werken zwar etwas schwankend, doch kann man im Allgemeinen annehmen, dass Kohlenstücke von einem Volumen

bis zu 15 Kubikzoll herab zu den Stückkohlen,
von 15 bis 4 „ „ „ „ Würfelkohlen,
von 4 bis 0,5 Kubikzoll herab zu den Knörpelkohlen,
unter 0,5 Kubikzoll zu den Klarkohlen

zu rechnen sind.

Der Zwickau-Lugauer Steinkohlenbau-Verein erhielt nach Angabe seines Geschäftsberichts vom Jahre 1863 auf dem II., III. und IV. Flötze des Schachtes „Neue Fundgrube" im Durchschnitt folgende Sorten:

29,35 Procent Stücken, 24,89 Procent zwei Sorten Knörpel,
14,20 „ Würfel, 31,56 „ Staub- und Klarkohle.

Der Stückkohlenfall ist hier jetzt noch ein sehr niedriger, weil nur Vorbereitungsbaue im Gange sind.

Nach den Erörterungen des Herrn Betriebsdirector Schnorr in Niederwürschnitz fallen auf dem Ottoschachte des Niederwürschnitz-Kirchberger Steinkohlen-Actienvereins:

64 Procent Stückkohlen, 36 Procent Klarkohlen;

von den letzteren erhält man durch weitere Sortirung aus 100 Scheffeln:

11 Scheffel Würfel, 21 Scheffel Knörpel, 68 Scheffel Staubkohlen.

Auf dem Christel- oder D-Schacht des Niederwürschnitzer Steinkohlenbauvereins besteht die Förderung aus

67 Procent Stückkohlen, 33 Procent Schachtklarkohlen,

welche letzteren durch Sortirung zerfallen in:

8,49 Procent Würfelkohlen, 4,71 Procent Knörpelkohlen, 19,80 Procent Staubkohlen.

Auf dem Hedwigschachte der Oelsnitzer Bergbaugesellschaft gelangt man nach einer gef. Angabe des Herrn Specialdirector Wiebecke zu folgender Sortenbildung:

21 Proc. Pechstücken, 24 Proc. Russstücken, 6 Proc. Pechwürfel, 4 Proc. Russwürfel,
8 „ Waschknörpel, 10 „ gelesene Knörpel, 5 „ klare Waschkohle, 22 „ Staub.

Nach den in der Zeitschrift des statistischen Bureau's enthaltenen Tabellen kommen im Zwickauer Becken auf die nach dem Werthe unterschiedenen Hauptsorten folgende durchschnittliche Antheile:

		1858:	1863:
I. Sorte:	Gaskohle, Schmiedekohle, Pechstückkohle und Würfelkohle I.	25,28	15,80 Proc.
II. „	Kokskohle, Russstückkohle, Würfelkohle II.	47,49	39,39 „
III. „	Nuss- und Knörpelkohle	6,10	16,50 „
IV. „	Maschinenkohle, Aufbereitungskohle, klare Kohle	21,13	28,31 „

Der Durchschnittspreis pro Scheffel betrug im Jahre 1863 für die

Sorte	I	II	III	IV
	6,4	5,1	3,8	1,6 Ngr.

Es ergibt sich schon aus der geringen Uebereinstimmung der Zahlen für 1858 und 1863, wie schwankend nach Beschaffenheit der Kohle, nach Bedarf und andern Umständen die Sortenbildung ist.

Die Kohlengruben des Plauen'schen Grundes. Auf dem königl. Steinkohlenwerk Zaukeroda rechnet man nach Angabe des Herrn Bergmeister Schmiedel, dass die Förderung im Durchschnitt aus

60 Procent Stückkohlen und 40 Procent klaren Kohlen

besteht und dass jene 60 Procent Stückkohlen ihrer Güte nach zerfallen in

40 Procent weiche Schieferkohle, 18 Procent harte Schieferkohle, 2 Procent Maschinen-Schieferkohle.

Die Administration der Freiherrl. v. Burgk'schen Kohlenwerke gibt an, dass die Förderung sortirt wird in

33 Procent Stückkohlen in 3 Qualitäten,
35 „ Würfelkohlen „ 2 „
32 Procent klare Kohlen.

Auf den Schächten des Potschappeler Actienvereins kamen nach Ausweis der Jahresberichte von 1860 bis 1864 von der gesammten Förderung:

im Betriebsjahre:	1860/61:	1862/63:	1863/64:	Im Mittel:
auf weiche Kohlen	23,9 Proc.	21,0 Proc.	29,0 Proc.	24,6 Proc.
„ mittle und harte Kohlen	36,8 „	38,6 „	29,9 „	35,1 „
„ Schmiedekohlen	0,9 „	0,6 „	0,5 „	0,7 „
„ klare Kohlen	38,4 „	39,8 „	40,6 „	39,6 „
	100.	100.	100.	100.

Die Betriebsberichte des Hänichener Steinkohlenbauvereins für die Jahre 1856—58 geben einen lehrreichen Aufschluss darüber, wie sich der Stückkohlenfall beim reinen Abbau zu dem beim Streckenbetrieb verhält; es wurden erhalten im Durchschnitt von zwei Jahren:

auf dem Beckerschachte:

beim reinen Abbau	Stückkohlen . .	47,1 Proc.
	Klarkohlen . .	52,9 „
beim Streckenbetrieb	Stückkohlen . .	29,4 „
	Klarkohlen . .	70,6 „

auf dem Beharrlichkeitsschachte:

beim reinen Abbau	Stückkohlen . .	46,6 „
	Klarkohlen . .	53,4 „
beim Streckenbetrieb	Stückkohlen . .	27,9 Proc.
	Klarkohlen . .	72,1 „

auf dem Berglustschachte:

beim reinen Abbau	Stückkohlen . .	49,3 Proc.
	Klarkohlen . .	50,7 „
beim Streckenbetrieb	Stückkohlen . .	37,6 „
	Klarkohlen . .	62,4 „

Es beträgt hiernach im Durchschnitt

	beim reinen Abbau:	beim Streckenbetrieb:
der Stückkohlenfall	47,7 Procent,	31,6 Procent.
der Klarkohlenfall	52,3 „	68,4 „

Nach einer Privatmittheilung des Herrn Director Lentz werden gegenwärtig bei der Sortirung über Tage nach der Stückgrösse folgende Sorten gebildet:

Stückkohle 31,4 Proc., Mittelkohle 25,6 Proc., Nusskohle 16,0 Proc., klare Kohle 27,0 Proc.

Auf den Werken des Dresden-Possendorfer Steinkohlenbauvereins unterscheidet man bei der Gewinnung in der Grube drei Sorten, nämlich:

erste Sorte Schiefer, Stückkohle von bester weichster Qualität,
zweite Sorte Schiefer, geringere Stückkohle und
Klarkohle.

Dann wird aber die geförderte Kohle über Tage noch einer genaueren Sortirung unterworfen, bei welcher sich die folgenden Procentsätze ergeben haben:

15	Procent	weicher Schiefer, Stückkohle I. Sorte,
30	„	schwarzharter Schiefer, Stückkohle II. Sorte,
3	„	Kalkschiefer I. Sorte, Stückkohle III. Sorte,
6	„	Kalkschiefer II. Sorte, Stückkohle IV. Sorte,
5,4	„	Mittelkohle, Mittelstückkohle,
4,2	„	Nusskohle I. Sorte, gelesene Kohle in nussgrossen Stücken,
7,2	„	Nusskohle II. Sorte, gesiebte Kohle „ „ „
3,4	„	klare Kalkkohle, rohe Waschkohle,
25,8	„	gröbere Kalkkohle, geringe Klarkohle.
100.		

Da man hier wie im Plauen'schen Grunde überhaupt sowohl die Mittelkohle (Stücke in starker Faustgrösse) wie die gelesene Nusskohle (Stücke in der Grösse von welschen Nüssen) noch zu den Stückkohlen rechnet, so hat man nach obiger Sortirung in Summa:

63,6 Procent Stückkohlen verschiedener Qualität, 36,4 Procent Klarkohlen.

Bei der Sortirung unter und über Tage entscheidet bei den Plauen'schen Kohlen neben der Stückgrösse wesentlich die (durch den verschieden grossen Aschengehalt bedingte) Güte der Kohlen, für welche die Ausdrücke weich, hart, schwarz und grau in Verbindung mit „Schiefer" (die Spaltbarkeit andeutend) im Gebrauch sind.

Nach den Veröffentlichungen des statistischen Bureaus betrug der Antheil der einzelnen Sorten an der Gesammtproduction des Plauen'schen Beckens:

		1858:	1863:	
I. Sorte:	Gaskohle, Schmiedekohle, Pechstückkohle und Würfelkohle I.	7,98	19,89	Procent,
II. „	Kokskohle, Russstückkohle, weiche Schieferkohle und Würfelkohle II. .	30,21	13,00	„
III. „	Harte Schieferkohle, harte Stückkohle, Mittelkohle, Nuss- u. Knörpelkohle	25,09	43,08	„
IV. „	Kalkkohle, Maschinenkohle, Aufbereitungskohle, klare Kohle . . .	36,72	24,03	„
		100.	100.	

Es betrug im Jahre 1863 der Preis pro Scheffel im Durchschnitt für

Sorte	I	II	III	IV
	8,6	7,9	5,3	3,4 Ngr.

Die Kohlenreviere von Ober- und Niederschlesien. Das Verhältniss der Stückkohlen zu den Kleinkohlen ist im Allgemeinen in Oberschlesien ziemlich gross, in Niederschlesien gering. Eine weiter gehende Sortirung als die in Stück- und Kleinkohlen pflegt in der Regel nicht zu erfolgen; nur einige Gruben befassen sich mit einer Scheidung in mehre Sorten. Häufig verkaufen die grösseren Gruben ihre gesammte Förderung, welche per Eisenbahn zum Versandt kommt, an einen grossen Kohlenabnehmer, welcher sich contractlich für die Abnahme grosser Quantitäten verpflichtet und dafür auch Caution stellt. Dieser Grosshändler bildet dann aus der gemischten oder Förderkohle, wie sie aus der Grube kommt, erst auf seinen Niederlagen die verschiedenen Sorten: Stückkohlen, Würfelkohlen Nr. I und II, Nusskohlen etc. Von den niederschlesischen Werken macht nur die Glückhilfgrube bei Waldenburg, welche ihren eigenen Spediteur und eine grosse Kohlenwäsche besitzt, eine grössere Anzahl von Sorten auf der Grube und verkauft dieselben getrennt; die hier beobachteten Verhältnisszahlen können aber desshalb nicht für sämmtliche Waldenburger Gruben zum Anhalt genommen werden, weil die Glückhilfgrube unter allen den höchsten Stückkohlenfall hat. Die grösseren Gruben fördern in der Hauptsache nur gemischte Kohle und nur für den Absatz per Achse Stück- und Klarkohlen getrennt; für den Waldenburger Bezirk beträgt die gemischte oder Förderkohle etwa $^1/_3$ der ganzen Production; auf den Neuröder Gruben wird keine gemischte Kohle gefördert.

Oberschlesien. Nach der Zeitschrift für das Berg-, Hütten- und Salinenwesen des preussischen Staates betrug im Durchschnitt aus den Jahren 1852—1856 der Stückkohlenfall auf der Königsgrube bei Königshütte

auf dem Gerhardflötz im Hauptfelde	81,3 Procent,
„ „ Hoffnungflötz im westlichen Felde . .	50,9 „
„ „ Sattelflötz im östlichen Felde . . .	75,6 „

Nach derselben Quelle betrug auf Königin Louisengrube bei Zabrze der Stückkohlenfall in den Jahren 1853 bis 1858 im Durchschnitt:

auf Pochhammerflötz . . .	19,4 Procent,	auf Heinitzflötz	38,6 Procent,
„ Redenflötz	31,1 „	„ Schuckmannflötz . .	10,6 „

Nach einer Privatmittheilung des Herrn Bergmeister Schütze, Director der Bergschule zu Waldenburg, betrug der Stückkohlenfall im Durchschnitt der Jahre 1858—60 auf Königsgrube 65 Proc., auf Königin Louisengrube 26 Proc.

Von demselben wurde angegeben:

für die Gruben bei Myslowitz:

der Stückkohlenfall . . 72 Procent, der Würfelkohlenfall . . 3 Procent;

für die Gruben bei Laurahütte:

der Stückkohlenfall . . . . . . 66 Procent;

für die Gruben bei Ruda und Antonienhütte:

der Stückkohlenfall . . . . . . 60 Procent;

für die Gruben bei Nicolai:

der Stückkohlenfall . . 60 Procent, der Würfelkohlenfall . . 9 Procent;

für die Gruben bei Rybnik und Hultschin:

der Stückkohlenfall . . 22 Procent, der Würfelkohlenfall . . 14 Procent.

Niederschlesien. Der Stückkohlenfall beträgt nach den Förderquantitäten der Jahre 1858—60 (Mittheilung des Herrn Bergmeister Schütze) auf den Waldenburger Gruben:

bei Neue Gabe-Gottes-Grube	42 Procent,	bei Friedrich Stollberg . . .	1 Procent,
„ Bergmanns Hoffnung . .	39 „	„ Amalie-Grube	4 „
„ Christian Gottfried . . .	5 „	„ Graf Hochberg	10 „
„ Abendröthe	18 „	„ Friedrich Ferdinand . .	21 „
„ Neue Heinrich	20 „	„ Melchior	12 „

Auf den grösseren Gruben Fuchs, Glückhilf, Friedens-Hoffnung, Segen Gottes, Morgenstern, Gustav, Carl Georg Victor, Harte lässt sich der Procentsatz aus den angegebenen Gründen überhaupt nicht ermitteln.

Im Neuröder Revier betrug der durchschnittliche Procentsatz in demselben Zeitraum:

bei Wenzeslaus-Grube	1 Procent Stückkohle,	20 Procent Würfelkohle,
„ Rudolph	11 „ „	27 „ „
„ Fortuna	0 „ „	6 „ „
„ Johann Baptista	0 „ „	17 „ „
„ Frischauf	2 „ „	14 „ „

Kohlenrevier von Wettin und Löbejün. Nach der Zeitschrift für das Berg-, Hütten- und Salinenwesen des preussischen Staates betrug in den Jahren 1853 bis 1856 durchschnittlich der Stückkohlenfall bei den Wettiner Werken 59 Proc., bei den Löbejüner 52 Proc. Es werden überhaupt nach der Grösse der Stücke nur zwei Sorten gebildet, Stückkohlen und klare Kohlen, welche getrennt gefördert werden, und es fallen nach Angabe des Herrn Berginspector Wagner in Wettin an Stückkohlen:

in Wettin vom Oberflötz	78,54 Procent,	in Löbejün vom Oberflötz	44,03 Procent,
vom Dreibankflötz	78,48 „	in Plötz	29,00 „

Auf den Kohlenwerken Hannovers wird nur eine Sorte Kohlen gefördert und verkauft, obgleich sich 10—20 Proc. Stückkohlen, die aber die Erhaltung ihrer Form nur dem eingewachsenen Schiefer verdanken, daher unrein sind, aushalten lassen würden.

Auf den Schaumburger Schwarzkohlenwerken bei Obernkirchen können keine Stückkohlen ausgehalten werden, da fast sämmtliche Kohlen des Hauptflötzes bei der Gewinnung in kleine Stücke von der Länge und Dicke eines Fingers zerfallen; die Kohlen werden daher unmittelbar in dem Zustande verkauft, wie sie aus den Schächten gefördert werden.

Kohlenwerke des Ruhrbeckens. Auf den meisten Gruben werden nach der Stückgrösse nur zwei Sorten gebildet, nämlich melirte Kohlen (Grus mit Brocken) und Grus (Grubenklein); auf Verlangen werden ausserdem auch Stücke ausgesucht und für sich verkauft. Seitdem die Bahnen die Kohlen weiter verführen und mit andern Kohlenbecken die Concurrenz ermöglichten, sind viele Gruben dazu übergegangen, auf feststehenden geneigten Sieben oder auf Separationstrommeln 3 bis 4 Sorten zu bilden und diese für sich zu verkaufen. Bei den Fettkohlen gab auch die Verwendung des Grus zum Verkoken hierzu Veranlassung. Bei der für Kokereien angewandten nassen Aufbereitung der Kohlen werden mehr Sorten gebildet, aber eben nur zu diesem Behufe, nicht um als Kohle weiter in den Handel zu gelangen. Der Procentfall der einzelnen Sorten ist nach der verschiedenen Festigkeit der zahlreichen Flötze und in Folge der Willkürlichkeit der Abgrenzung in sehr weiten Grenzen veränderlich; es entfallen an:

Stückkohlen 10—50 Procent, Nusskohlen 20—40 Procent, Gruskohlen 70—10 Procent.

Specielle Nachweise über einzelne Flötze sind leider nicht zu unserer Kenntniss gelangt.

Im Aachener Kohlenbecken werden Stückkohlen auf vielen Gruben gar nicht, auf anderen nur so weit ausgehalten, als sie Absatz finden, und werden zu denselben nur Stücke von mehr als 10 Pfund genommen; sie werden zu einem höheren Preis (6—8 Gr. pro Ctr.) verkauft, betragen aber nur wenige Procent des gesammten Absatzes und ist ihr Quantum um so geringer, je brockenreicher die Kohle im Ganzen fällt, indem alsdann für die Consumenten der Grund zum Ankauf der theueren Stückkohlen fortfällt. Die melirten Kohlen bilden die Hauptmasse der Förderung und übersteigen stets 90 Proc. derselben. Auf den Gruben des Worm-Reviers, welche magere Kohlen liefern, werden aus den melirten Kohlen noch Kleinkohlen in verschiedenen Quantitäten, je nachdem sie mehr oder weniger stückreich fallen, ausgehalten und zu einem niedrigeren Preise (etwa $2^1/_2$ Groschen pro Scheffel) für Kalköfen, Feldziegelbrände und als Reductionsmittel in den Zinköfen verkauft; ihr Gesammtquantum mag 8 Proc. betragen. Bei den Fettkohlen wird Grubenklein nur insoweit ausgehalten, als zur Herstellung von Koks erforderlich ist. Am bedeutendsten ist die Koksfabrikation auf der Grube Centrum, wo nahe die Hälfte der Kohlenförderung zu derselben gelangt; würden hier sämmtliche Kohlen über die Roste von 20 Millimeter Zwischenraum der Stäbe geschüttet, so würden etwa 60 Proc. durchfallen; es werden jedoch nur ca. 50 Proc. zu jenem Zwecke verbraucht und gehen die übrigen 10 Proc. mit den gröberen Theilen als melirte Kohlen fort. Das Grubenklein geht zur Wäsche und wird zur Behandlung in derselben zunächst nach der Korngrösse in einer Trommel mit verschieden durchlöcherten Blechen separirt, wobei sich ungefähr:

10 Proc. von einer Korngrösse unter 4 mm., 20 Proc. von einer Korngrösse zwischen 8 u. 12 mm.,
20 „ „ „ „ zwischen 4 u. 8 mm., 50 „ „ „ „ „ 12 u. 20 mm.

ergeben. (Privatmittheilung des Herrn Bergdirector Baur in Eschweiler Pumpe.)

Auf den Kohlenwerken des Saarbeckens findet erst seit einigen Jahren Sortirung nach der Grösse statt und zwar nur in beschränktem Maasse; der überwiegende Theil wird als Förderkohle abgesetzt: es werden bisher nur zwei Sorten gebildet; die auf den einzelnen Gruben üblichen Siebe sind aber verschieden, was die Vergleichung erschwert. Die Kohlen der hangenden mageren Flötze sind stückreicher, weil fester, als die der fetten Partie. Letztere geben bei $1^1/_2$ Zoll Entfernung der Stäbe rund 45 Proc. Stück-, 55 Proc. Kleinkohle, bei 1 Zoll Distanz ca. 60 Proc. Stücke und Brocken. Die mageren Kohlen liefern bei $^3/_4$ Zoll Distanz der Stäbe 54 bis 84 Proc. Stücke, bei 1 Zoll kann man 70 Proc. annehmen. Einzelne Flötze, wie das Heinrichflötz der Gerhardgrube, geben fast nur Stücke, resp. Blöcke; letzteres liefert die unter dem Namen „Louisenthal 1. Sorte" berühmten Kohlen. (Mittheilung des Herrn Director von Rönne auf Heinitz).

Die Kohle von Stockheim ist im hohen Grade bröcklich; da sie zudem meist in schwachen Lagen auftritt und die Stücke oft aufgebrochen werden müssen, um unhaltige Theile, Schiefer, Letten, Gyps und Kies abzutrennen, so ist der Stückkohlenfall ein sehr geringer; er beträgt bei der Reinkohle 15—25 Proc., bei der Heizkohle selten über 15 Proc.

Aus dem Miesbacher Kohlenrevier gelangen nach Mittheilung des Herrn Bergdirector Hailer folgende Kohlensorten, die in den beigeschriebenen Quantitäten entfallen, in den Handel:

49 Proc. Stückkohle und grobe Würfel (Faustgrösse), 8 Proc. kleinste Würfel (Wallnussgrösse),
18 „ kleine Würfel (Eiergrösse), 25 „ Gries.

Im Pilsener Kohlenbecken werden nach Mittheilung des Herrn Bergdirector Pelikan in Nürschan fünf Kohlensorten gebildet: Stückkohle, Würfelkohle, ganz Grieskohle, halb Grieskohle und Lösche oder Staub; behufs Erzielung dieser Sorten gelangt die Stückkohle, die schon in der Grube ausgeschieden wird, und separat alles Uebrige in den Förderwagen zu Tage; aus dem letzteren erhält man dann mittels besonderer Sortirmaschinen die andern vier Sorten; es entfallen von den bezeichneten Sorten in der angegebenen Reihenfolge im Durchschnitt 60, 13, 12, 6, 9 Proc.

Auf den Werken der Prager Eisenindustrie-Gesellschaft [1]) wird der Stückkohlenfall durch die vielen Sprungklüfte sehr beeinträchtigt und es macht sich wegen der auftretenden Schiefermittel eine ebenso lästige als theuere Sortirung der Kohle auf den Halden nothwendig. Es schüttet die frische Förderkohle:

23 Proc. Stücke, 42 Proc. Würfel (zwischen 8 u. 10 Kubikzoll), 22 Proc. Kleinkohlen,
6 „ Schieferkohlen, 7 „ Staub und taube Mittel,

dagegen die durch atmosphärische Einflüsse schon veränderte Haldenkohle:

$15^3/_4$ Proc. Stücke, 28 Proc. Würfel, 48 Proc. Kleinkohlen, 4 Schiefer, $4^1/_4$ Proc. Staub u. taube Mittel.

Auch im Radnizer Kohlenbecken ist eine Sortirung der geförderten Kohlen üblich. Der Stückkohlenfall wechselt je nach der Gewinnungsart der Kohlen bei den einzelnen Grubenbauen namhaft und ist namentlich bei vorherrschendem Abbau mittels Abraumbetrieb bedeutend kleiner als bei Grubenarbeit. Nach Angabe des Hrn. Hüttenmeister Feistmantel entfallen bei letzterer, dem eigentlichen Bergbau:

41—45 Procent Grosskohle, 43—35 Procent Mittelkohle, 16—20 Procent Lösche,

---

[1]) Mittheilung des Herrn Director Wala in Kladno.

bei vorwaltender Abraumarbeit, die immer in der Nähe des Ausgehenden betrieben wird, fallen im Břaser Revier:

27 Procent Grosskohle, 56 Procent Kleinkohle, 17 Procent Lösche,

im Revier Gross-Lochowitz:

11 Procent Grosskohle, 70 Procent Klein- oder Mittelkohle, 19 Procent Lösche.

Der Herr Berggeschworene L. Lachenbauer in Buštěhrad gibt für das Schlaner Kohlenbecken den Procentfall der in den Handel gebrachten Sorten folgendermaassen an:

25 Proc. Stückkohle, 22 Proc. Würfelkohle (faustgrosse Stücke), 36 Proc. Kleinkohle (nussgrosse Stücke), 12 „ Staubkohle, 5 Proc. Kalkkohle (schiefrige Stückkohle).

Auf dem Kohlenwerke der k. k. österreichischen Staats-Eisenbahngesellschaft zu Brandeisl werden nach Angabe des Herrn Ingenieur Klečka auf Thinnfeldschacht drei Sorten geschieden, nämlich Gross- oder Stückkohle, von welcher die kleinsten Stücke nicht unter 200 Kubikzoll Rauminhalt fassen, Mittel- oder Würfelkohle von 20 bis 200 Kubikzoll und Kleinkohle; ausserdem wird durch Sieben Staubkohle erzeugt und dann Kalkkohle, welche aus unreinen mit Schiefer unterwachsenen Stückchen besteht. Der durchschnittliche Procentfall dieser Sorten beträgt:

26 Proc. Grosskohle, 22 Proc. Mittelkohle, 47 Kleinkohle, 2,5 Lösche, 2,5 Kalkkohle.

Ueber die Sortenbildung auf den Mährischen Steinkohlengruben sind uns folgende Notizen zugegangen. Herr Bergdirector Rittler in Brünn gibt an, dass die Rossitzer Steinkohlengewerkschaft:

25 Proc. Stückkohle, 35 Proc. Würfel- und Nusskohle und 40 Proc. Grieskohle

erzeugt; die Ferdinand-Zeche:

35 Proc. Stückkohle, 35 Proc. Würfelkohle und 30 Proc. Kleinkohle;

die andern Gruben des Rossitzer Reviers erhalten nur 4—5 Proc. Stückkohle und geben das Uebrige meist als gemischte Kohle ab, die aus etwa 25 Proc. Würfel- und Nusskohle und 70 Proc. Kleinkohle besteht.

Auf den Werken des Kohlenbeckens von Mährisch-Ostrau werden nach Herrn Bergdirector Andrée 4 Gattungen sortirt, welche durchschnittlich in folgendem Verhältnisse fallen:

9 Proc. Stückkohlen, 12 Proc. Würfelkohlen (Stücke von 4—8 Pfund), 19 „ Grieskohlen (Stücke von $^1/_2$—4 Pfund), 60 Proc. Kleinkohlen.

Für die Steinkohlen Südsteiermarks (Flötze bei Hrastnig, Trifail und Sagor im angrenzenden Krain, sowie jene in Leboie und Žuža) ist im Durchschnitt von 5 Werken der Antheil an der ganzen Production, welche von den verschiedenen nach der Stückgrösse gebildeten Kohlensorten eingenommen wird, der folgende:

Ausgesuchte Stückkohle . .	47 Procent,	Klein- und Grieskohle . . .	20 Procent,
Mittelkohle	19 „	Ganz werthlose klare Masse .	14 „

Zur Vergleichung mag schliesslich die Notiz beigefügt sein, dass man auf den Kohlengruben von Newcastle meist über 66 Proc., zuweilen bis 75 Proc. Stückkohle erhält, auf den Kohlenwerken Frankreichs und Belgiens höchstens 40 Procent.

2. Die Zerreiblichkeit der Kohlen beim Transport.

Auf je grössere Entfernungen die Kohlen durch Anlage neuer Eisenbahnen und Herabsetzung der Frachttarife von den Kohlenbezirken aus verführt werden, desto wichtiger erscheint die Frage, wie gross die Widerstandsfähigkeit der Kohlen gegen Zertrümmerung in kleine Stücke durch die bei jedem Transport unvermeidlichen Erschütterungen ist. Je weiter die Zerkleinerung einer Kohle vorgeschritten ist, um so schwieriger wird eine vortheilhafte Verbrennung derselben auf dem gewöhnlichen Rost, um so bedeutender der Verlust durch unverbrannt in den Aschenfall oder in die Feuerungszüge gelangende Kohletheilchen. Man scheint zuerst bei der Proviantirung der Dampfschiffe für lange Seereisen auf das verschiedene Verhalten der verschiedenen Kohlensorten in dieser Beziehung ein grösseres Gewicht gelegt zu haben, denn in der im Jahre 1846 ausgeführten Untersuchung von Playfair und De la Beche über die Brauchbarkeit der englischen Kohlen zu Schifffahrtszwecken[1]) wird unter den Anforderungen, die man an eine zur Schifffahrt taugliche Kohle zu stellen hat, auch diese aufgezählt, „dass sie eine bedeutende Cohäsionskraft besitze, um nicht durch die bei der Bewegung des Schiffes hervorgebrachte Reibung eines Kohlenstücks an dem andern pulverisirt zu werden.“ Bei dieser Untersuchung wurde auch zuerst ein interessantes Verfahren angewendet, um den Widerstand der verschiedenen Kohlensorten gegen Zerkleinerung zu messen und in Zahlen festzustellen. Man verwendete dazu einen hölzernen Cylinder von 0,91 Meter Durchmesser und 1,22 Meter Länge, der an jedem Ende einen Zapfen trug, welcher in horizontaler Lage so unterstützt wurde, dass sich das Ganze um die Cylinderachse leicht drehen liess. Auf dem inneren Umfang des Cylinders befanden sich drei ebene radial stehende Schaufeln von je 152 Millimeter Breite, welche dazu dienten, die in den Cylinder gebrachten Kohlen aufzuhalten, bei der Umdrehung desselben auf eine gewisse Höhe mitzunehmen und dann zurückfallen zu lassen. An einem Ende befand sich eine Oeffnung, um die Kohlen einzutragen und wieder herauszunehmen. Dieselbe wurde durch eine Thür von Eichenholz und mittels eines vorzuschiebenden eisernen Riegels geschlossen und war gegen das Herausfliegen von Staub vollständig gedichtet. Die zu untersuchenden Kohlen wurden in faustgrosse Stücke zerschlagen und über ein Sieb geworfen, dessen Maschen eine Grösse von 645 Quadratmillimeter hatten. Von den auf dem Sieb zurückgebliebenen Kohlen wurden 45 Kilogramme in den Cylinder eingetragen; man drehte denselben alsdann 50mal langsam um seine Achse, liess das Ganze kurze Zeit ruhen, damit der Staub sich setzen konnte, und entleerte ihn dann; der ganze Inhalt wurde dann nochmals über das obenerwähnte Sieb geworfen und das Gewicht der grossen Stücke ermittelt. Dasselbe wurde auf 100 Gewichtstheile eingetragener Kohle reducirt und die so gefundenen Zahlen wurden als Maass für die Festigkeit der Kohlen angesehen. Die Menge der Stückkohlen bewegte sich bei 27 untersuchten englischen und schottischen Kohlensorten zwischen 35,0 und 88,2 Procent und betrug im Durchschnitt 59,2 Procent.

Dasselbe Verfahren wurde von Brix bei Gelegenheit der Untersuchungen über die Heizkraft der Brennstoffe des preussischen Staates (s. dessen Bericht, S. 33) auch für einige preussische Kohlensorten angewendet. Der benutzte Cylinder war nur etwas kleiner (ein starkes Fass von 3 Scheffeln Inhalt) und trug auf der Innenseite mehre 3 Zoll lange Arme. Es wurden von der zu prüfenden Kohle nur 25—30 Pfd. in Stücken von 1—$1^1/_2$ Pfd. eingefüllt und hierauf das Fass mit mässiger Geschwindigkeit 50mal um seine Achse gedreht. Nach einer kurzen Pause wurden die Kohlen dann herausgenommen und durch zwei Siebe mit $^3/_8$ Zoll und 1 Zoll weiten Maschen die entstandene Staubkohle und kleinen Stücke (Nusskohle) von den grösseren Stücken gesondert. Bei den meisten Kohlen wurde der Versuch zwei- bis viermal wiederholt und es zeigte sich dabei eine befriedigende Uebereinstimmung. In der folgenden Tabelle sind die Mittelwerthe der Brix'schen Versuche zusammengestellt und zwar sämmtlich auf 100 Pfund der untersuchten Stückkohlen reducirt.

---

[1]) S. deutsche Uebersetzung des Berichtes, von der kaiserl. Akademie der Wissenschaften in Wien herausgegeben, S. 38 u. f.

Ergebnisse der Versuche von Brix über die Transportfähigkeit der Kohlen.

100 Pfund Stückkohlen (von Faustgrösse) liefern nach 50 Trommelumdrehungen:

Benennung der Kohlen	Stückkohlen	Nusskohlen	Feine Kohlen
Aus Oberschlesien:			
Morgenroth-Grube, Morgenroth-Flötz	82,7	4,7	12,6
Hoym-Grube, Hoym-Flötz	89,0	2,8	8,2
Fausta-Grube, Fausta-Flötz	83,3	8,3	8,4
Eugeniens Glück-Grube, Carolinen-Flötz	92,0	2,0	6,0
Louisen-Grube, Oberflötz	84,0	4,4	11,6
Leo-Grube, Leo-Flötz	88,0	2,8	9,2
Königin Louisen-Grube, Pochhammer-Flötz	80,0	6,4	13,6
„ „ „ Reden-Flötz	54,0	8,8	37,2
„ „ „ Heinitz-Flötz	86,0	4,0	10,0
Aus Niederschlesien:			
Fuchs-Grube, achtes Flötz	78,4	6,9	14,7
David-Grube, Hauptflötz	79,2	7,0	13,8
Segen-Gottes-Grube, achtes Flötz	87,2	3,3	9,5
Comb. Graf Hochberg-Grube, zweites Flötz	84,5	4,5	11,0
Neue Heinrich-Grube, zweites Flötz	76,3	6,7	17,0
Glückhilf-Grube, zweites Flötz	81,7	5,0	13,3
Aus dem Saarbrücker Revier:			
Heinitz-Grube, Aster-Flötz	81,4	4,2	14,4
„ „ Blücher-Flötz	86,4	3,4	10,2
Gerhardt-Grube, Heinrich-Flötz	88,0	3,8	8,2
„ „ Beust-Flötz	89,0	3,2	7,8
Dudweiler Grube, Beier-Flötz	64,3	12,0	23,7
„ „ Natzmer-Flötz	86,0	4,6	9,4
Aus dem Bergamtsbezirke Ibbenbüren:			
Zeche Glücksburg, Flötz Flottwell	65,0	9,1	25,9
„ „ „ Franz	68,0	6,0	26,0
Aus dem Inde-Revier bei Eschweiler:			
James-Grube, Flötz Grosskohl	79,0	2,4	18,6
Centrum-Grube, „ „	70,4	4,8	24,8
„ „ „ Gyr	80,4	2,9	16,7
„ „ „ Fornegel	70,0	4,2	25,8
Aus dem Worm-Revier bei Aachen:			
Neulauerweg-Grube, Flötz Grossathwerk	88,3	2,5	9,2
Neulangenberg-Grube, Flötz Furth	88,6	2,8	8,6
Ath-Grube, Flötz Grosslangenberg	87,6	2,6	9,8
Aus dem Bergamtsbezirke Essen:			
Zeche Sälzer und Neuack, Flötz Röttgersbank	64,0	4,8	31,2
„ Victoria-Mathias, Flötz Anna	65,2	5,0	29,8
„ Kunstwerk, Flötz Sonnenschein	76,8	3,2	20,0
„ Hundsnocken	86,0	3,0	11,0
Torfkohle	85,7	1,6	12,7
Rauen'sche Braunkohle	92,8	3,2	4,0
Böhmische „	92,0	2,0	6,0
Perleberger „ feucht	97,4	1,2	1,4
„ „ trocken	94,0	2,0	4,0

Es ergibt sich, dass von den untersuchten Kohlen die schlesischen Sinterkohlen und die Anthracite aus dem Worm-Revier bei Aachen im Allgemeinen am besten der Zerbröckelung widerstehen; ihnen schliessen sich zunächst die Saarbrücker Kohlen an; dann folgen die Kohlen aus dem Wettiner Revier, darauf die Backkohlen der Eschweiler Mulde und endlich die westphälischen Backkohlen. Die Braunkohlen erfuhren, namentlich wenn sie feucht waren, eine sehr unbedeutende Abnutzung.

Brix macht indess bei Mittheilung dieser Resultate auf einige Umstände aufmerksam, welche die Sicherheit derselben einigermaassen mindern. Die Kohlenproben hatten nämlich, ehe sie geprüft wurden, schon einen weiten Transport ausgehalten, bei welchem muthmaasslich die mürberen Theile derselben bereits zertrümmert wurden. In der That hatten manche Kohlen, die als Stückkohlen angekündigt wurden, schon bei der Ankunft viele kleine Stücke und Staubkohle enthalten. Da überdies die Weite des Transports, die Art desselben und die Art der Verpackung sehr verschieden gewesen sind, so steht zu befürchten, dass dieser Umstand auf die verschiedenen Kohlensorten nicht in gleicher Weise eingewirkt hat. Jedenfalls aber gelangten nur die festeren Stücke der Kohle zur Untersuchung. Ferner war seit der Förderung nicht stets ein gleicher Zeitraum verflossen. Manche Kohlensorten, wie z. B. die aus dem Eschweiler Reviere wurden unmittelbar nach ihrer Ankunft untersucht; andere, z. B. die schlesischen Kohlen, hatten bereits über ein Jahr in einem luftigen Schuppen gelegen. Für viele Kohlen, z. B. für die aus den Gruben „Segen Gottes" und „David" war dies entschieden ohne Einfluss, wie die Vergleichung der ersten und letzten damit angestellten Versuche lehrt, welche ganz gleiche Resultate lieferten, obwohl zwischen ihnen ein Zeitraum von 7 Monaten verflossen war. Bei solchen Kohlen indess, welche leicht der Verwitterung unterliegen, muss dieser Umstand das Resultat trüben.

Es möchte in dieser Beziehung einem künftigen Experimentator zur Erlangung zuverlässiger Resultate anzurathen sein, sich mit einem nicht allzu schwerfälligen Versuchsapparat nach den Kohlenwerken selbst hinzubegeben und hier die frisch geförderte Kohle der Prüfung zu unterwerfen.

In neuester Zeit (im Sommer 1862) ist von Jansen auf der k. Werft in Danzig[1]) die Transportfähigkeit mehrer englischen und deutschen Kohlensorten nach demselben Operationsmodus untersucht worden. Die Kohlen wurden auch hier zuerst in faustgrosse Stücke zerschlagen, so dass das Gewicht der grössten nicht über 1 Pfund betrug, und dann auf einem unter 40^{0} geneigten Siebe mit Maschen von $1^1/_8$ Zoll pr. Länge und Breite gesiebt. Aus einem hölzernen Kasten, der an der einen Seite offen ist und in den die zu siebenden Kohlen geschüttet wurden, konnten dieselben die ganze Fläche des Siebes herabrollen, während am Fusse desselben ein flacher Kasten die gesiebten Kohlen aufnahm. Zur Prüfung der Cohäsionskraft diente ein hölzerner 3 Fuss weiter und 4 Fuss langer Cylinder, der im Innern an seiner Peripherie mit drei radialen Wänden von 6 Zoll Höhe versehen war. Von den zerschlagenen und gesiebten Kohlen wurden 100 Pfund in den Cylinder gebracht und dieser nach Verschluss der Füllöffnung 50mal langsam herumgedreht. Der Inhalt passirte dann wieder dasselbe Sieb wie vorher und es wurde das Gewicht der auf dem Siebe zurückbleibenden Kohlen ermittelt. Mit jeder Sorte der zu prüfenden Kohlen wurden drei solche Cohäsionsversuche angestellt und aus den drei Ergebnissen das Mittel berechnet.

In folgender Tabelle sind die untersuchten Kohlen nach der Grösse ihres Widerstandes gegen Zertrümmerung geordnet:

Bezeichnung der Kohlen	Relative Cohäsionskraft.
Vom Gerhardflötz der Königsgrube in Oberschlesien	84,44
Von Segen Gottesgrube, Waldenburg in Niederschlesien	78,00
Vom Redenflötz der Königin Louisengrube in Oberschlesien	74,72
Wales-Kohlen, angeblich Nixons Merthyr	71,17
Vom Vertrauenschacht bei Zwickau	67,67
Von der Grube Hibernia bei Gelsenkirchen, Westphalen	65,22

[1]) Zeitschr. f. das Berg-, Hütten- und Salinenwesen im preuss. Staate, 1863, S. 26.

Bezeichnung der Kohlen	Relative Cohäsionskraft.
Vom Heinitzflötz der Königin Louisengrube in Oberschlesien	62,67
Vom Hülfe Gottesschacht bei Zwickau	59,00
Newcastle Kohlen, angeblich aus Bates West-Hartley-Minen	57,17
Vom Vereinsglückschacht bei Zwickau	57,11
Vom Pochhammerflötz der Königin Louisengrube in Oberschlesien	53,17
Von der Grube Shamrock bei Gelsenkirchen in Westphalen	51,33
Von der Grube Sälzer und Neuack bei Essen	41,06

Es beträgt hiernach die durchschnittliche Cohäsionskraft der untersuchten englischen Kohlen 64,17, die der preussischen 63,83 und die der sächsischen 61,26. Der Mittelwerth aus allen beobachteten Zahlen ist 63,28; die Extreme sind 41,06 und 84,44.

Nach dem englischen Verfahren sind auch von der mathematisch-naturwissenschaftlichen Classe der geologischen Reichsanstalt in Wien im Jahre 1849 einige Versuche über die Transportfähigkeit österreichischer Kohlen gemacht worden.[1]) Es ergab sich die Cohäsionskraft, d. h. das relative Quantum unzerbrochener Stücken

der Braunkohle von Thallern	zu 70,5 Procent
der Braunkohle von Wildshuth	zu 77 „
der Braunkohle von Gloggnitz	zu 72 „
der Kohle von Grünbach	zu 58,5 „

Nach den von der französischen Marine gemachten Erfahrungen (Revue universelle des mines pp., t. XIV., p. 201) beläuft sich der beim Eisenbahntransport nach den Häfen durch Zerbröckelung entstehende Abfall bei guten französischen Briquets auf nur $^1/_{10}$ Procent, während von den Stückkohlen von denselben Flötzen, die das Material zu den Briquets geliefert, durch den gleichen Transport 6 bis 10 Procent Kohlenklein abfällt. Die Verwaltung der französischen Marine und der belgischen Staatsbahnen verlangt von ihren Briquetlieferanten, dass in keinem Fall die beim Transport zerbröckelte Kohle mehr als 5 Procent betragen darf (Oppler, Fabrikation der künstlichen Brennstoffe).

Von Interesse kann es endlich sein, mit den vorstehenden Ergebnissen die Transportfähigkeit des Torfes und der Koks zu vergleichen, über welche Dr. Vogel in München im Jahre 1861 eine Versuchsreihe begonnen hat (s. Dinglers polyt. Journal Bd. 162, S. 151); derselbe verwendete ein Fass von 3 bayer. Eimern Inhalt und ertheilte demselben 100 Umdrehungen. Leichter Stichtorf (Biermoos) gab 3,5, schwerer Staltacher Maschinentorf 0,31, Schleissheimer Presstorf 2,4 Procent Abfall; Münchener Gaskoks ergaben 61,2 Procent Stückkoks, 27,7 Procent nussgrosse Stücke und 8,4 Koksklein.

3. Der Modus der Quantitätsbestimmung der Kohlen.

Die Frage, ob die Stein- und Braunkohlen bei der Förderung wie beim Verkauf nach dem Gewicht oder nach dem Raum, welchen sie einnehmen, abgemessen werden sollen, ist zu verschiedenen Zeiten lebhaft besprochen worden und bildet noch jetzt eine Tagesfrage; dieselbe berührt gleichmässig die Interessen der Kohlenbergleute und Grubenbesitzer (Lohnberechnung), der Kohlenhändler und Consumenten (Feststellung des Verkaufswerthes), und es sprechen so viele praktische und theoretische Momente für und wider jede dieser beiden Modalitäten der Quantitätsfeststellung, dass die endgültige Entscheidung darüber, welche von beiden die zweifellos rathsamste ist, erhebliche Schwierigkeiten darbietet; hierdurch wird es erklärlich, dass zur Zeit beide Methoden der Abmessung in ausgedehntem Gebrauch sich befinden. In England werden die Kohlen nach dem Gewicht verkauft, in den vereinigten Staaten Nordamerika's mit wenig Ausnahmen nach dem Maass, in Frankreich, Belgien, Oesterreich vorherrschend nach Gewicht, in Preussen, Sachsen und andern Ländern vorherrschend nach dem Maass etc. Wir beabsichtigen im Folgenden die wichtigsten bei Beantwortung jener Frage zu berücksichtigenden

[1]) Jahrbuch der k. k. geologischen Reichsanstalt, I. Jahrg. S. 616.

Verhältnisse, die Ansichten competenter Fachleute und Corporationen, sowie die bekannt gewordenen Versuche darüber im Zusammenhange vorzuführen.

In dem im 10. Bande der Zeitschrift für das Berg-, Hütten- und Salinenwesen des preussischen Staates (S. 12 B) enthaltenen Bericht über eine von den Herren Serlo, von Rohr und Engelhardt ausgeführte Instructionsreise nach den englischen und schottischen Steinkohlenbezirken wird das in England und Schottland übliche und gesetzlich vorgeschriebene Verfahren, die Kohlen ausschliesslich zu wägen, insofern für angemessen erklärt, als die Kohlen fast überall einer Sortirung unterliegen und die gröberen Sorten, welche die Hohlmaasse nicht vollständig ausfüllen würden, nur nach dem Gewicht verkauft werden können, als ferner die Transportanstalten, Eisenbahnwagen, wie Fluss-, Canal- und Seeschiffe, ausschliesslich nach dem Gewicht befrachtet werden und als die Consumenten im Inlande wie in den festländischen Häfen die Kohlen nach dem Gewichte einkaufen. Von den gegen den Verkauf nach dem Gewicht bei uns zu Lande gemachten Einwendungen werden die folgenden hervorgehoben und näher besprochen:

1) Das Wägen sei theurer als das Messen.
2) Die verschiedenen Kohlen hätten ein verschiedenes Gewicht, ein Theil der Gewerkschaften würde desshalb benachtheiligt, ein anderer bei der Preisfeststellung nach dem Gewicht zu grossen Gewinn haben.
3) Der Verkauf nach Gewicht biete zu Unterschleifen Veranlassung, indem die Kohlen durch Anfeuchtung schwerer gemacht werden könnten.
4) Den Arbeitern würde, da sie das Gewicht der von ihnen geförderten Kohlen nicht kennen, Gelegenheit zur Controle über ihren Verdienst entzogen.

Betreffs dieser Einwendungen wird von den Verfassern Folgendes bemerkt.

Ad. 1. Das Wägen der Kohlen ist allerdings gegen das auf den westphälischen Gruben und anderwärts gebräuchliche Verfahren, die Kohlen in geaichten Grubenwagen unmittelbar dem Käufer zuzumessen, theurer, dagegen bedeutend billiger, als wenn, wie auf den Gruben bei Düren allgemein geschieht, die Kohlen erst aus den Förderwagen auf die Halde gestürzt und von dieser über besondere Messgefässe zugemessen werden. Beim Verkaufe der Kohlen auf den westphälischen Gruben, namentlich beim Verladen in die Eisenbahnwagen, ist zur Controle nur ein Kohlenmesser erforderlich, während beim Wägen z. B. auf den Gruben bei Saarbrücken ausser dem Aufseher auf der Ladebühne noch ein Wägemeister und ein Ladeknecht, die zusammen monatlich 38 Thlr. Lohn verdienen, erforderlich sind, deren Zahl auf Schächten mit starkem Debit noch verdoppelt werden muss; hierzu tritt dann die Anschaffung und Unterhaltung der Waage selbst. Indess sind diese Kosten doch zu unbedeutend, um nicht durch andere Vortheile aufgewogen zu werden. Man meint auch, dass das Verwägen der Kohlen im Vergleiche zu dem Vermessen nach westphälischer Methode einen nachtheiligen Zeitaufwand erfordere; wenn indessen die Förderung im schwunghaftesten regelmässigen Gange ist, wenn namentlich die Einrichtungen ähnlich wie auf den Hängebänken der englischen Gruben getroffen sind, so tritt durch die Wägung kaum eine Verzögerung ein; sie wird immer vollendet sein, bis der Förderkorb von neuem auf der Hängebank anlangt.

Ad. 2. Richtig ist es, dass die verschiedenen Kohlensorten sehr verschiedenes Gewicht haben, dass ein Scheffel Kohlen je nach ihrer Reinheit von Bergen, wie nach ihrer chemischen und mechanischen Beschaffenheit bald leichter, bald schwerer ist; dieses Verhältniss hat aber nicht nur auf die Preisnormirung, sondern auch namentlich auf den Eisenbahntransport Einfluss, wo Wagen von bestimmter Ladungsfähigkeit gestellt werden, die ebensowenig überschritten werden soll, als die Ladung den nämlichen Inhalt des Transportgefässes übersteigen darf. Hierdurch kommt es, dass jetzt Gewerkschaften, deren Kohlen nur 85—90 Pfd. auf den Scheffel wiegen, bei einer Ladung von 100 Scheffel erheblichen Schaden haben, weil sie der Eisenbahngesellschaft den Transport für 100 Ctr. bezahlen müssen, wogegen andere Gewerkschaften 100 Scheffel, oder nominell 100 Ctr. verladen, factisch aber auf jeden Scheffel 5 oder 10 Pfd. mehr Gewicht geliefert haben. Es beruht dieser Uebelstand einfach darin, dass die Gewerkschaften nach dem Gemäss abgeben, während die Eisenbahnen den Transport nach Gewicht sich bezahlen lassen.

Die letzteren Gewerkschaften werden also, wenn sie nach Gewicht verladen, Schaden leiden, indem sie factisch jetzt nicht 100 Ctr., sondern 105 und 110 Ctr. transportiren, die ersten aber gewinnen, weil der Eisenbahnwagen, bis an den Rand gefüllt, nur 85 bis 90 Ctr. ihrer Kohlen fasst. Auch bei dem Messen bleiben Ungleichheiten nicht aus, da eine stückreiche Kohle eine grössere Anzahl Scheffel hergeben wird, als eine feine Kohle. Dieses Missverhältniss wird sich zum grossen Theile ausgleichen, wenn die Gewerkschaften dazu übergehen, wie in England, ihre Kohlen vor dem Verkaufe zu sieben und zu sortiren, was z. B. in Westphalen zur dringenden Nothwendigkeit wird, wenn der Absatzkreis erweitert werden soll. Hierdurch werden nicht nur die das Gewicht vermehrenden Berge zum Theil beseitigt, sondern auch Kohlen von gleichem Korn und daher im Allgemeinen geringerem Unterschiede im Gewicht erhalten, als wenn die Kohlen so, wie sie in der Grube fallen, verwogen werden. Tritt aber die Sortirung ein, so ist auch der Verkauf nach Gewicht unmittelbar geboten, da Stückkohlen und Kohlen von gröberem Korn gar nicht nach dem Maasse verkauft werden können, weil sie die Hohlmaasse nicht füllen und da es sich alsdann empfiehlt, auch für die Kleinkohlen denselben Verkaufsmodus einzuführen. Uebrigens ist hier zu bemerken, dass auf den Gruben bei Saarbrücken zur Ausgleichung des durch die Grubenfeuchtigkeit der Kohlen und deren Gehalt an Bergen für die Käufer etwa entstehenden Nachtheils ein Aufgewicht von $2^1/_2$ Proc. gewährt wird.

Ad. 3. Durch Anfeuchtung der Kohlen mag zuweilen beim Transport derselben über Land deren Gewicht vermehrt werden; bei dem Transport auf Eisenbahnen, der heut zu Tage für die Gewerkschaften hauptsächlich ins Auge zu fassen ist, wird eine solche künstliche Vermehrung des Gewichts nicht eintreten können, weshalb dieser Grund nicht gegen die Einführung des Verkaufs nach Gewicht spricht.

Ad. 4. Wo die Kohlen nach geaichten Fördergefässen verkauft also auch vereinnahmt werden, ist dem Bergmanne eine leichte und anschauliche Controle über seine tägliche und monatliche Leistung und seinen Verdienst gewährt, er weiss, dass er in jeder Schicht eine bestimmte Anzahl Förderwagen zum Schachte schickte, die einen ganz bestimmten Inhalt haben, er kennt hiernach die Zahl der gewonnenen Scheffel Kohlen, kennt das Gedinge für 100 Scheffel und berechnet sich leicht seinen Verdienst. Dies fällt fort, wenn die Kohlen nach Gewicht verkauft, also auch vereinnahmt werden, und wenn dem entsprechend auch das Gedinge nicht nach Scheffeln, sondern nach Centnern gestellt wird; der Bergmann kennt dann zwar ungefähr die Gewichtsladung jedes Förderwagens, weiss auch die Zahl der von ihm zu Tage geförderten Wagen; die genaue Summe der von ihm gewonnenen Centner Kohlen bleibt ihm jedoch unbekannt. Zur Beseitigung dieses Uebelstandes hat die englische Gesetzgebung in der neuen Parlamentsakte vom 24. August 1860 §. 29 bestimmt, dass den Arbeitern gestattet sein soll, auf ihre eigenen Kosten eine Person an dem Orte, wo die Wägung der Bergwerksproducte vorgenommen wird, anzustellen, um in Vertretung der Arbeiter als deren Obmann die Producte, sowie das angewandte Gewicht zu zählen. Dieser Bevollmächtigte ist nicht befugt, irgendwo den Betrieb der Grube zu verhindern oder zu unterbrechen oder sich in die Wägung zu mischen, sondern nur ermächtigt, die Zählung im Interesse seiner Auftraggeber vorzunehmen, auch ist seine Abwesenheit kein Grund, die Wägung zu unterbrechen. Durch diese Bestimmung erscheint das Interesse der Arbeiter, wenngleich mit einigen Opfern von ihrer Seite, vollständig gewahrt.

Hiernach halten die Verfasser die Anwendung des Gewichts da für zweckmässig, wo die Kohlen einer Sortirung unterworfen werden und wo der Hauptabsatz, wie es ja bereits ziemlich allgemein der Fall ist, auf Eisenbahnen stattfindet.

In Preussen, welches unter den Kohlen producirenden Ländern des Continents den ersten Rang einnimmt, ist die in Rede stehende Frage nicht bloss von Einzelnen, sondern von einem grossen Theile des Handelsstandes und auf dessen Veranlassung von der Regierung in ausführliche Erwägung gezogen worden. Von den mancherlei Uebelständen, an denen der bisher übliche Verkauf nach dem Tonnen- oder Scheffelmaasse leidet, erschien besonders der in die Augen springend, dass wegen der sperrigen Beschaffenheit der Steinkohlen und der dadurch bedingten unvollständigen Ausfüllung der Maassgefässe der Geschicklichkeit des Messenden insbesondere bei stückreichen Kohlen ein weiter Spielraum gewährt ist, innerhalb dessen er durch künstliche Vermehrung oder Verminderung der hohlen Räume gegen das scheinbar richtig gemessene Quantum ein Unter- oder Uebermaass herbeiführen kann; hierin liegt eine Quelle stets wiederkehrender Irrungen, Klagen und Streitigkeiten, durch welche der Solidität des ganzen Geschäftszweiges wesentlicher Eintrag geschieht. Erwägungen solcher Art riefen bei einem Theile des Handelsstandes den Wunsch hervor, dass an Stelle der Vermessung mindestens beim Verkauf der gröberen Sorten das Gewicht zur Norm erklärt werden möchte. Die bei dem k. Ministerium für Handel, Gewerbe und öffentliche Arbeiten desshalb angebrachten Anträge gaben Veranlassung, über die Frage, ob das Maass oder Gewicht als der geeignetere Regulator für den Handel mit Kohlen, Koks etc. zu erachten sei, die gutachtlichen Aeusserungen der kgl. Regierungen und Bergbehörden, sowie der Handelskammern und Vorstände der kaufmännischen Corporationen zu erfordern. Wir theilen im Folgenden nach dem Preuss. Handelsarchiv Jahrg. 1860 aus den eingegangenen Berichten die wesentlichsten für und wider die beantragte Neuerung geltend gemachten Momente mit.

Nur vereinzelte Stimmen sind es, welche sich für allgemeine Einführung des Gewichtsverkaufs bei allen Gattungen der Kohle haben hören lassen. Die überwiegende Mehrzahl der Votanten, so sehr im Uebrigen ihre Ansichten auseinandergehen, ist darin einig, dass für den Handelsverkehr mit den kleineren Kohlensorten ein Bedürfniss zur Aenderung der bisherigen Usance nicht vorliege. Bei Schmiede-, Russ- und Grubenkohlen, überhaupt bei allen Steinkohlen von erdiger und kleinstückiger Beschaffenheit, hat einerseits das richtige Messen weniger Schwierigkeit, anderseits halten dieselben die Nässe länger zurück und sind wegen der Verschiedenheit ihres Feuchtigkeitsgrades und weil sich in ihnen selbst bei der reinsten Förderung mehr oder weniger Schiefertheile und fremde Beimengungen vorfinden, zu einer Preisbestimmung, wobei das Gewicht den alleinigen Maassstab bildet, ungeeignet. Dieselben Gründe sprechen gegen das Verwägen der im Inlande gewonnenen Braunkohle, welche, soweit sie nicht in geformtem Zustande nach der Stückzahl verkauft wird, meistentheils ein Haufwerk liefert, das zur Entstehung hohler Räume in dem Messgefäss keine Veranlassung giebt. Auch ist die klare Braunkohle kein eigentlicher Handelsartikel, der weit verfahren würde. Sie wird fast nur in der Nähe der Gruben verwendet und bei ihrem geringen Werthe würde der bisherige Usus des Messens, schon mit Rücksicht auf die Wohlfeilheit der dazu dienenden Vorrichtungen, dem Wägen vorzuziehen sind.

Haben einzelne Handelskammern dessenungeachtet für sämmtliche Arten von Kohlen, ohne Unterschied ihrer Consistenz, den Uebergang zur Verwägung empfohlen, so ist dieses hauptsächlich in Folge der Betrachtung geschehen, dass es sehr schwierig sei, die Grenze zwischen grösseren und kleineren Kohlen so genau zu bestimmen, dass nicht häufige Streitigkeiten darüber entstehen sollten, wo gemessen und wo gewogen werden muss. Von anderer Seite wird es zwar ebenfalls als unräthlich bezeichnet, die klare Kohle und die Stückkohle nach verschiedenen Grundsätzen zu behandeln, hieraus aber die umgekehrte Folgerung gezogen, dass es für beide Gattungen bei der Vermessung zu verbleiben habe. Eine dritte Meinung geht dahin, dass es der Praxis wohl gelingen werde, eine leicht erkennbare Grenze zwischen den zur Anwendung des Gewichts und beziehungsweise des Maasses bestimmten Kohlen aufzufinden; die Vertreter derselben berufen sich auf die Thatsache, dass im grösseren Theile der Rheinprovinz schon jetzt Stückkohlen und Koks nach dem Gewicht und das sogenannte Geriss (der mit einzelnen Stücken untermengte Kohlengrus) nach dem Maasse verkauft werden. Gegen die Einführung des Gewichts in dem Handelsverkehr mit den gröberen Kohlensorten, wie Stücksteinkohlen, böhmische Braunkohlen und Koks, sind ebenfalls mannigfache Bedenken erhoben worden. Dieselben lassen sich auf die beiden Gesichtspunkte zurückführen, dass für den Kauf und Verkauf der hier fraglichen Materialien schon an sich das Gewicht keinen zuverlässigen Maassstab abgebe und dass seiner Anwendung im Verkehr unüberwindliche praktische Schwierigkeiten entgegenstehen.

In Bezug auf den ersten Punkt wird insbesondere Folgendes angeführt: Der Maassstab zur Beurtheilung der Güte des Materials liegt wesentlich in der Brennbarkeit, aber durchaus nicht in der Schwere. Die schwereren Kohlen sind gemeiniglich an Güte die geringeren; die Preise würden in umgekehrtem Verhältniss zu dem specifischen Gewicht der Kohlen stehen müssen. Letzteres differirt aber bis zu 20 Procent. In einem und demselben Bergrevier findet man kaum zwei Gruben, deren Kohlen gleiches Gewicht hätten; ja sogar die Kohlen von dem nämlichen Flötz, die auf verschiedenen Gruben bebaut werden, sind oft im Gewicht verschieden. Dazu kommt noch, dass manche Steinkohlen ihre Grubenfeuchtigkeit sehr langsam, andere schneller verlieren. Man würde unter Umständen 10 Procent mehr an Wasser im Kohlengewicht bezahlen müssen. Die Schwierigkeit, diese schwankenden Verhältnisse fortwährend zu übersehen, macht die erforderliche Vorsicht bei der Preisbestimmung wo nicht unmöglich, so doch sehr problematisch.

Ein fernerer Nachtheil entspringt aus der Möglichkeit, sei es durch Anfeuchten oder durch den Besitz erdiger und steiniger Bestandtheile, das Gewicht der Kohle künstlich zu vermehren. Dieser Betrug würde bei Einführung der Verwägungs-Methode den freiesten Spielraum gewinnen. Sich gegen denselben dadurch zu wahren, dass dem Verkäufer die Bedingung, normalmässig trockene Kohlen zu liefern, auferlegt wird, erscheint aus dem Grunde unthunlich, weil die Kohlen sowohl in den Verkaufsmagazinen als auf dem Transport gegen das Eindringen der Nässe in der Regel nicht geschützt sind.

Von den Vertheidigern der Verwägung ist hierauf entgegnet worden, dass der Einfluss der Feuchtigkeit auf die Kohle zwar das Gewicht, aber auch das Gemäss derselben steigere. Ein in Halle gemachter Versuch soll herausgestellt haben, dass eine grössere Quantität trockener englischer Nusskohle nach vollständiger Durchnässung sich der Schwere nach um $4^1/_3$ Procent, dem Volumen nach um 4 Procent vermehrt hatte. Eine so geringe Differenz, bemerken die Berichte, könne nicht in Betracht kommen gegenüber der bedeutenden Verschiedenheit, welche beim Vermessen der Kohlen ohne betrügerische Absicht schon entsteht, je nachdem dieselbe auf einmal oder nach und nach in das Maassgefäss geschüttet und je nachdem sie mittels Schwingen oder Schaufeln hineingebracht werden. Dass ferner manche Kohlen nass, andere trocken zu Tage kommen, sei ein Missstand, der bei anderem bergmännischen Fördergute, das doch ebenfalls nach dem Gewichte verkauft werde, in gleichem Maasse obwalte. Endlich sei die befürchtete Uebervortheilung durch Anfeuchten oder Vermischen mit Erde u. s. w. an sich so umständlich und schwierig, dass dieselbe beim Verkauf im Grossen wohl nur in seltenen Fällen vorkommen dürfte.

Nicht minder getheilt sind die Ansichten hinsichtlich der praktischen Ausführbarkeit. Nur darüber ist man allseitig einverstanden, dass die Anwendung des Gewichts beim Verkauf an den Consumtionsplätzen nur unter der Voraussetzung sich durchführen lasse, dass auch der Einkauf an den Bezugsquellen nach Gewicht erfolgt.

Die Hauptlieferanten der Steinkohlen sind die inländischen Bergwerke; es kommt daher wesentlich auf die Frage an, ob deren Interessen sich mit der beantragten Aenderung in Einklang bringen lassen. Diese Frage wird von nicht wenigen Votanten aus nachstehenden Gründen verneint:

1) Da auf den meisten Gruben die Förderung gemischter Kohlen besteht, und die Sonderung derselben in Stücken, Würfel und kleine Kohlen erst auf der Halde stattfindet, häufig auch die Förderkohlen ohne vorherige Sonderung verkauft werden, so müsste des einheitlichen Verfahrens wegen die Gesammtmasse der Förderung der Verwägung unterworfen werden. Abgesehen nun von den bedeutenden Kosten, welche die Anschaffung und Unterhaltung der Wägeapparate verursachen würde, und zu denen noch die Löhne für die das Wägen besorgenden Arbeiter hinzutreten, erfordere das Wägen einen beträchtlichen Zeitaufwand, so dass namentlich an den kurzen Wintertagen die Käufer schwer befriedigt werden können.

2) Würden die Kohlen nach dem Gewicht gefördert, so müsste auch die bisherige Gedingstellung in gleicher Weise abgeändert werden Dann aber habe der Arbeiter, welcher wohl die Zahl der Fördergefässe, die er zu Tage schickt, nicht aber das Gewicht der geförderten Masse beurtheilen könne, keinen Maassstab mehr für das Quantum seiner Leistungen und verliere jede Controle über den Betrag des verdienten Lohnes.

3) Eine unausbleibliche Folge des Gewichtsverkaufs sei die gleichmässige Tarifirung der Fracht nach dem Gewichte. Unter diesen Umständen würden aber die ärmeren Gruben, welche eine schlechtere und schwerere Kohle fördern, wegen der relativ höheren Fracht mit den besseren und leichteren, mithin wohlfeiler verfrachteten Kohlen der anderen Gruben auf entfernten Märkten nicht mehr concurriren können.

Auf der entgegengesetzten Seite erachtete man alle diese Befürchtungen für unbegründet, ja man behauptet sogar, dass bestimmte Erfahrungen vorliegen, wonach das Verwägen der Kohlen bei einigermaassen guten Einrichtungen einen geringeren Zeit- und Kostenaufwand erfordere, als das Vermessen. In dieser Beziehung wird auf die Kohlenzechen des Bergamtsbezirks Saarbrücken hingewiesen, in welchen allgemein die Förderung nach dem Gewichte stattfindet, ohne dass sich hierbei die vorberegten Uebelstände gezeigt hätten.

Was sodann die aus dem Auslande bezogenen Kohlen betrifft, so wird in den Berichten hervorgehoben, dass die Elbschiffer die englischen Steinkohlen in Hamburg und die Braunkohlen in Böhmen nach Gemäss empfangen und dieselben also nur eben so abliefern können. England selbst versendet seine Kohlen nach Gewicht, die Entlöschung der von dort herkommenden Schiffe in den Ostseehäfen erfolgt aber nach dem Maasse. Zur Aenderung dieses Verfahrens ist man in Stettin und Danzig nicht geneigt, weil man auch hier noch glaubt, dass die Löschung der Kohlenladung nach dem Gewicht bedeutend mehr Zeit und Kosten erfordern würde. In der Regel werden die Kohlen aus den Seeschiffen unmittelbar in die Stromfahrzeuge, welche sie weiter nach dem Inlande transportiren sollen, umgeladen; die sämmtlich hierdurch entstehenden Kosten sollen in Danzig nur 6 Sgr. pro Last von 18 Tonnen betragen, während in Folge der Manipulation des Wägens wenigstens der vierfache Betrag würde aufgewendet werden müssen. Aus ähnlichen Gründen wird auch für die Flusshäfen das Verwägen der Kohlenladungen für unausführbar erklärt. Man hält es für unmöglich, dass die bei günstigem Wasserstande und gutem Winde in Magdeburg z. B. oft zu Hunderten ankommenden Kohlenfahrzeuge ihre Ladungen innerhalb der gesetzlichen Löschungsfrist auch noch verwägen sollten. Indessen sind diese Anführungen wiederum vielfach als nicht zutreffend bezeichnet, und es ist im Widerspruch mit denselben behauptet worden, dass durch Anbringung von Brückenwaagen, über welche die Kohlen vom Kahn zum Lager gefahren werden, oder durch Anwendung der bei der Löschung der Kohlenladungen am Rhein und an der Mosel üblichen Tafelwaagen mit drei leicht zu placirenden Ständern, der durch das Wägen verursachte Zeitverlust auf ein Minimum reducirt werden könne. Nicht minder, meinen die Anhänger dieser letzteren Ansicht, werde die Mechanik zur Verladung von Bord an Bord leichte passende Wägevorrichtungen herstellen.

Von den sonstigen gegen den Uebergang zum Gewichtsverkaufe vorgebrachten Einwendungen dürfte noch die eine Beachtung verdienen, dass in den Haushaltungen das Nachwägen der Kohle weit schwieriger als das Nachmessen zu bewerkstelligen sei. Selten befinde sich der kleine Consument im Besitz einer zu der ersteren Operation hinlänglich grossen Waage, während für den letzteren Zweck sich ein Scheffelmaass leicht beschaffen lasse. Eine solche Controle sei aber im Detailverkehr von der höchsten Wichtigkeit.

Die Vertheidiger des neuen Verfahrens bemerken, dass bei dem schon seit Jahren nach Gewicht erfolgenden Verkaufe der Saarkohlen der bezeichnete Mangel nicht hervorgetreten sei, und dass derselbe jedenfalls bei weitem aufgewogen werde durch die bedeutenden Vortheile, welche der Grosshandel durch die Annahme des Gewichts als Regulator gewinne. Denn es sei eine anerkannte Erfahrung, dass die Ermittelung grosser Quantitäten am raschesten, einfachsten und mit dem geringsten Kraftaufwand durch Verwägung geschehe, die überdies von der Form der Gefässe unabhängig sei. Man sollte nur bedenken, wie schnell und sicher ein mit Kohlen gefüllter Eisenbahnwaggon auf der Brückenwaage gewogen wird, und wie lange es dauern würde, den Inhalt desselben durch Messen mit annähernd gleicher Genauigkeit festzustellen.

Die vorstehenden Mittheilungen werden genügen, um einen Begriff von der grossen Verschiedenheit der Ansichten zu geben, welche über die Angemessenheit des in Vorschlag gebrachten Verkaufsmodus unter den Organen des Handelsstandes noch besteht. Indessen ist auf einem nahe verwandten Gebiet, dem des Getreidehandels, unter kaum günstigeren Verhältnissen, die Umgestaltung der bisherigen Usance gleichwohl durch freies Uebereinkommen des betheiligten Publikums noch vor nicht langer Zeit mit augenscheinlichem Erfolge versucht worden. Es darf daher wohl erwartet werden, dass auch in Betreff der Anwendung des Gewichts im Kohlenhandel früher oder später eine ähnliche Vereinbarung unter den Interessenten zu Stande kommen werde.

Auch in Oesterreich, wo in vielen Kohlenbezirken das Messen herkömmlich ist, doch in Folge der gesetzlich vorgeschriebenen Verwägung mehr und mehr in Abnahme kommt, ist dieselbe Frage discutirt worden. So finden wir in dem Jahrgang 1862 S. 349 der Oesterreich. Zeitschrift für Berg- und Hüttenwesen einen den Gegenstand behandelnden Aufsatz von Simettinger in Trübau. Der Verfasser ist der Ansicht, dass der Kostenpunkt über die Wahl der einen oder anderen Messmethode vor Allem zu entscheiden habe und daher die Quantitätsbestimmung nach dem Gewichte und namentlich auf Brückenwaagen nur bei grösserer und constanter Erzeugung empfehlenswerth erscheint, in diesem Falle aber auch entschiedenen Vorzug verdiene. Es spreche dafür die grössere Sicherheit des Wägens, ferner der Umstand, dass in Oesterreich die grössten Kohlenconsumenten die Eisenbahnen sind, bei denen nur eine Abgabe nach dem Gewichte möglich ist, sowie dass das Sortiren der Kohlen nach Stückgrösse wohl an allen grösseren Kohlengruben im gleichmässigen Interesse der Bergbaubesitzer und der Abnehmer nothwendig erscheint. Eine Benachtheiligung der Kohlenbergleute, die das durchschnittliche Gewicht eines Fördergefässes ebenso gut kennen wie dessen Rauminhalt und jedenfalls nach der Zahl der gelieferten Fördergefässe bezahlt werden, erscheint dem Verfasser nicht wahrscheinlicher, als bei der Lohnberechnung nach dem Maasse. Die Quantitätsfeststellung nach dem Gewichte sowohl bei der Uebernahme wie Abgabe der Kohle hält er bei einer monatlichen Production von 5000 Centnern an für rathsam und bei einem monatlichen Lieferungsquantum von 20000 Centnern an die Benutzung einer Brückenwaage für empfehlenswerth; bei einer Erzeugung unter 5000 Centner monatlich erklärt er die Methode des Messens für einfacher und billiger, wenn auch für minder zuverlässig.

Eine ausführliche Berücksichtigung hat die Frage über den Grad der Unsicherheit des Messens der Kohlen gegen das Wägen bei Gelegenheit der von der sächsischen Regierung angeordneten technischen Untersuchung der Steinkohlen Sachsens gefunden, die in den Jahren 1857 und 1858 ausgeführt wurde. Alle zu dieser Untersuchung gelangten Kohlen wurden sowohl in dem zugelieferten meist grossstückigen Zustand, wie auch nach der für die Verbrennung erfolgten Zerkleinerung mittels des gesetzlich vorgeschriebenen sächsischen Scheffels (eines rechteckigen Kastens von 19 Zoll Länge und Breite und $21\frac{7}{8}$ Zoll Höhe) ungehauft abgemessen und auf einer Brückenwaage gewogen. Die so erhaltenen zahlreichen Daten (es waren über 4000 Scheffel abgewogen worden) sind in ähnlicher Art zur Beurtheilung der bei dieser Messungsmethode herrschenden Unsicherheit verwendet worden, wie man in der praktischen Geometrie und Astronomie die Güte von Beobachtungsreihen prüft; es wurde nämlich der wahrscheinliche Fehler der für die einzelnen Kohlensorten ermittelten Zahlenreihen berechnet. Wenn ein und dieselbe Grösse, also hier das Gewicht eines Scheffels Kohle, n-mal beobachtet worden ist und wenn die Beobachtungswerthe durch

$$0_1\ 0_2\ 0_3\ 0_4 \ldots\ldots\ldots\ldots 0_n$$

bezeichnet werden, so ist das arithmetische Mittel

$$'0 = \frac{0_1 + 0_2 + 0_3 + 0_4 + \ldots\ldots + 0_n}{n}$$

der wahrscheinlichste Werth für die beobachtete Grösse.

Zieht man denselben von jeder einzelnen beobachteten Zahl der Reihe nach ab, so erhält man die Abweichungen vom Mittel:

$$\begin{aligned} v_1 &= 0_1 - 0 \\ v_2 &= 0_2 - 0 \\ v_3 &= 0_3 - 0 \\ &\vdots \\ v_n &= 0_n - 0 \end{aligned}$$

Diese Abweichungen werden theils positiv, theils negativ sein. Ordnet man sie ohne Rücksicht auf das Vorzeichen nach ihrer Grösse, so wird man eine Abweichung angeben können, deren Grösse von den anderen eben so oft überschritten, wie nicht erreicht wird. Diese ist der wahrscheinliche Fehler; er erscheint als Ausdruck für sämmtliche Abweichungen und kann zur Beurtheilung der Zuverlässigkeit der Beobachtungsmethode selbst benutzt werden. Seine Berechnung für den vorliegenden Fall aus sämmtlichen zu einer Kohlensorte gehörigen Beobachtungen über das Gewicht eines Scheffels ergibt sich aus seiner Erklärung unmittelbar; seine eigentliche Bedeutung ist eine sehr anschauliche: findet sich z. B. der wahrscheinliche Fehler bei Abmessung eines Scheffels einer grossstückigen Kohlensorte (weiche Schieferkohle von Hänichen) zu 6 Procent, so heisst das: lässt man sich 100 Scheffel von dieser Kohle abmessen, so ist die Wahrscheinlichkeit, dass davon die Hälfte dem Gewicht nach eine Abweichung von dem mittleren Gewicht über 6 Procent besitzen wird, ebenso gross wie die, dass bei der Hälfte die Abweichung 6 Procent nicht übersteigen wird; oder auch: man kann 1 gegen 1 wetten, dass unter diesen 100 Scheffeln 50 sein werden, deren Abweichung von dem Sollgewicht mehr als 6 Procent beträgt. Der Bericht über diese Versuche enthält auf S. 436—439 (a. a. O.) eine ausführliche, auf 50 einzelne Kohlensorten bezügliche Tabelle über die so gefundenen Unsicherheitszahlen. Vereinigt man die zusammengehörigen Sorten, indem man aus den zugehörigen Werthen das Mittel nimmt, so erhält man folgende kürzere Uebersicht, welche den wahrscheinlichen Fehler bei Abmessung eines Scheffels in Procenten des durchschnittlichen Gewichtes desselben angibt.

	Wahrscheinlicher Fehler, Procent	
	Grosse Stücken	Kleine Stücken
Pechkohle von Zwickau	3,4	2,0
Russkohle „ „	2,2	1,9
Pechkohle „ Würschnitz (ausgelesen)	—	1,5
Russkohle von Würschnitz	2,6	1,3
Schmiedekohle von Würschnitz	—	0,5
Waschkohle von Würschnitz	—	1,2

	Wahrscheinlicher Fehler, Procent	
	Grosse Stücken	Kleine Stücken
Weiche Schieferkohle, Pl. Form.	5,5	1,4
Mittelkohle, Pl. F.	—	1,6
Schwarzharte Schieferkohle, Pl. F.	6,0	2,0
Kalkkohle	—	1,4
Kalkschieferkohle	4,8	1,4
Böhmische Braunkohle	3,8	2,3
Im Mittel	4,0	1,5

Es ist also ebenso sicher zu erwarten, dass bei Abmessung eines Scheffels in grossen Stücken ein Fehler von 4 Procent überschritten wird, als dass die Abweichung unter diesem Betrag bleibt. Oder: man kann 1 gegen 1 wetten, dass unter 100 Scheffeln Kohle, in kleinen Stücken gemessen, 50 sein werden, deren Gewicht sich um mehr als $1^1/_2$ Procent von dem Sollgewicht eines Scheffels entfernt. Es versteht sich, dass die Abweichungen ebensowohl nach der positiven als negativen Seite fallen können. Das Messen der Kohlen in kleinen Stücken ist also 2 — 3 mal so sicher, als in grossen. Der wahrscheinliche Fehler hat den geringsten Betrag bei sehr kleinen und unter sich gleich grossen Stücken (Schmiedekohle und Waschkohle von Würschnitz), den höchsten bei sehr grossen Stücken ohne Grus (schwarzharte Schieferkohle); bei grossen Stücken wird er am kleinsten, wenn sich zwischen denselben viel feine Kohle befindet (Russkohle von Zwickau und Würschnitz).

Wenn schon aus dem Gesagten hervorgeht, dass die Unsicherheit des Kohlenmessens eine in der Praxis des Messens überhaupt seltene Höhe einnimmt, so erscheint dieselbe in noch weit ungünstigerem Licht, wenn man auf die grössten Abweichungen Rücksicht nimmt, welche in einer längeren Reihe von Beobachtungen über das Gewicht eines Scheffels von ein und derselben Kohle vorkommen. Die Resultate, zu denen man dabei gelangt, sind in den folgenden Tabellen enthalten. Allerdings steht das Eintreten und der Betrag solcher extremen Abweichungen mit der Zahl der Beobachtungen, in deren Reihe sie sich finden, im Zusammenhange; es ist daher auch diese in den folgenden Tabellen mit angegeben und zugleich sind diejenigen Kohlensorten weggelassen, von denen nur 25 Scheffel oder noch weniger gewogen worden sind.

Kohlen in grossen Stücken.	Zahl der gewogenen Scheffel	Kleinstes	Grösstes	Abweichungen dieser Extreme in Procenten des mittleren Gewichts
		Gewicht eines Scheffels		
Pechkohle von Zwickau	1062	117,5	176,5	32,2
Russkohle „ „	119	118	165,5	30,9
Russkohle von Würschnitz . . .	128	132	166,5	22,7
Weiche Schieferkohle, Pl. Form. .	348	110	187,5	48,4
Harte Schieferkohle, Pl. F. . . .	147	133,5	197,5	39,0
Kalkschieferkohle Pl. F.	53	135	200	38,5
				Im Mittel 35,3 Procent.
Kohlen in kleinen Stücken.				
Pechkohle von Zwickau	1047	132	178	29,5
Russkohle „ „	154	140	170	18,9
Pechkohle von Würschnitz . . .	37	139	156	11,5
Russkohle „ „ . . .	243	139	165	16,9
Waschkohle „ „ . . .	71	133	150	12,1
Weiche Schieferkohle, Pl. Form. .	345	160	188	16,2
Mittelkohle, Pl. F.	208	159	184	14,7
Schwarzharte Schieferkohle, Pl. F.	177	159	196	20,8
Kalkkohle, Pl. F.	36	171	189	9,8
Kalkschieferkohle, Pl. F. . . .	49	178	196	9,6
				Im Mittel 16,0 Procent.

Innerhalb des durch die Zahl der gewogenen Scheffel bezeichneten Kreises von Einzelbeobachtungen kommen also beim Messen von grossen Stücken Abweichungen von durchschnittlich 35 Procent, bei kleinen Stücken von 16 Procent vor! Und das bei unparteiischem Messen, unter völlig gleichen Umständen ausgeführt!

Diese Zahlen lassen die Unzuverlässigkeit der Quantitätsbestimmung der Kohlen durch Messen als sehr gross erscheinen, und reden von selbst einer allgemeineren Einführung des Wägens das Wort.

Die Richtigkeit vorstehender Folgerung wurde in einem von dem Verein für bergbauliche Interessen in Zwickau in Nr. 267 (Jahrgang 1862) des Zwickauer Wochenblattes veröffentlichten Exposé lebhaft angezweifelt. Es wird in demselben daran erinnert, dass in der Praxis das Abmessen der Kohlen — abgesehen von einem sehr kleinen Theil — nicht in Scheffeln, sondern in Karren, die 6,6mal grösser sind, stattfindet und beim Export erst wieder eine Anzahl Karren eine Einheit bilden und dass die Unsicherheit beim Gebrauch so grosser Maassgefässe wohl geringer sei. Dies muss zugegeben werden, wie auch dass das sächsische Scheffelmaass zum Abmessen sehr grossstückiger Kohlen allerdings gar zu klein ist. Dagegen wird in demselben Exposé mit Unrecht versucht, die auffallend grossen Unterschiede im Gewicht gleicher Volumensquanten durch die Schwankungen des specifischen Gewichts in der Kohlensubstanz selbst zu erklären, wobei man sich auf die von Prof. Stein ausgeführten, im II. Bande der Untersuchungen über die sächsischen Steinkohlen veröffentlichten Bestimmungen des specifischen Gewichtes und die hier wahrzunehmenden Schwankungen stützt; zu diesen Bestimmungen sind jedoch Kohlenstückchen von nur Bohnengrösse verwendet worden, die aus Quantitäten von $^1/_{10}$ bis $^1/_6$ Scheffel ausgewählt wurden; es erscheint daher gewagt, die hier gefundenen Abweichungen in solcher Art auf Quantitäten von einem vollen Scheffel zu übertragen, dass man behauptet, es könne der eine Scheffel lauter Kohlenstücken von dem höchsten beobachteten specifischen Gewichte, ein anderer nur solche von dem niedrigsten specifischen Gewichte enthalten. Wie gross auch die Dichtigkeitsunterschiede der einzelnen ein grösseres Kohlenstück zusammensetzenden Schichten und ganzer Kohlenstücken besonders in Folge des schwankenden Aschengehaltes sein mögen, so ist es doch wegen der theils schon in der Grube, theils bei den Umladungen erfolgenden Vermischung der verschiedenen Partien kaum denkbar, dass die mittleren specifischen Gewichte ganzer Scheffel innerhalb so weiter Grenzen schwanken sollten, wie die Ergebnisse der mit so kleinen Stückchen vorgenommenen Dichtigkeitsbestimmungen, und dass die bekannten und sehr beträchtlichen Unsicherheiten beim Modus des Messens durch die Dichtigkeitsunterschiede allein erklärt werden könnten.

In demselben Exposé wird ferner auf die Unsicherheiten hingewiesen, welche dem Modus des Wägens anhaften; es wird daran erinnert, dass die Kohlen immer mit einem gewissen Wassergehalt aus der Grube kommen, der an sich schon nach den Umständen schwankend ist, aber auch beim Verladen und Transportiren der Kohlen je nach der Witterung sich ändert und wohl gar betrügerisch durch Begiessen erhöht werden kann; ebenso wird der Beimengungen von Kohlenschiefern, Scheeren, Kiesen und dergl. gedacht, die ein grösseres von dem Käufer zu bezahlendes Eigengewicht haben als die Kohle selbst, während sie beim Vermessen nur einfach denselben Raum einnehmen, wie letztere. Der Verfasser hält demnach dafür, dass die Methode des Wägens keine wesentliche Sicherheit vor der des Abmessens voraus habe und dass man eher bei der letzteren durch zweckmässige Grösse der Maassgefässe und durch sorgfältige Behandlung in der Hand habe, einen nahezu gleichmässigen Durchschnittsgehalt der Verkaufseinheit an Kohle erzielen kann, während man beim Wägen mehr Zufälligkeiten ausgesetzt ist. Hiergegen ist einzuwenden, dass eine betrügliche Anfeuchtung der Kohlen und Vermengung mit Schiefern etc. vom unbefangenen Käufer mit Sicherheit erkannt, bei grösseren Abschlüssen auch durch contractliche Feststellung des höchsten zulässigen Wasser- und Aschengehaltes verhindert werden können, dass dagegen die Benachtheiligungen durch die Unsicherheit des Messens rein unvermeidlich, weil zufällig und weder dem Verkäufer noch dem Käufer sicher erkennbar sind.

Es wird ferner von demselben Verfasser die Frage nach ihren äusseren Beziehungen zum Kohlenhandel und zum Kohlenbergbau besprochen. Im Hinblick darauf, dass die Eisenbahnverwaltungen nicht nach dem Maass, sondern nach dem Gewicht verfrachten, liege es jedenfalls im Interesse der Eisenbahnverwaltungen, dass die Methode des Wägens Platz greife und es sei dies ein Umstand, der möglicherweise die Kohlenwerke zu derselben drängen könnte, gleichviel ob sie in ihrem Interesse liege oder nicht. Es wird ferner auf die leidige Verschiedenheit der Kohlenmaasse bei den Kohlenwerken und in verschiedenen Kohlenbecken hingewiesen, der gegenüber die Möglichkeit, durch Annahme des Wägens eine durch halb Europa anerkannte Einheit, den Zollcentner, zu erhalten, sehr verlockend erscheine. Anderseits hänge aber der Verkauf zu innig mit der Production zusammen, als dass man bei Entscheidung über Maass oder Gewicht nicht auch sie berücksichtigen sollte. Fasst man in's Auge, dass gegenwärtig beim Verkaufe der Kohlen nach dem Maasse die factische Einheit der Production zugleich auch die factische Einheit für den Verkauf ist, so erscheint dies jedenfalls als eine sehr naturgemässe und einfache Correspondenz, die das Verkaufsgeschäft erleichtert und eine grosse Uebersichtlichkeit gewährt, während dagegen beim Wägen die Einheit des Verkaufs eine andere, daher das Verkaufsgeschäft selbst complicirter und die Einschaltung einer besondern Manipulation, mit dieser aber auch eine Vermehrung des Zeit- und Kostenaufwandes erforderlich wird. Ob bei Einführung des Wägens die Correspondenz zwischen Production und Verkauf erhalten werden kann, hängt von der Ausdehnung ab, in welcher diese Einführung wirklich erfolgt; es muss dann jedenfalls das Gewicht des Inhalts eines jeden aus der Grube kommenden Förderwagens festgestellt werden; dazu gehört vor allen Dingen an die Nähe der Hängebank eine Brückenwaage und ein sehr zuverlässiger Mann, der die Feststellung bewirkt und notirt. Der Einfachheit und Sicherheit der Beladung halber müssen hierbei alle Förderwagen, die von der Waage nach dem Ladeperron geschickt werden, ein und dasselbe Gewicht an Kohlen enthalten, z. B. ein für allemal zehn Centner. Zu diesem Zwecke muss, nachdem bei jeder einzelnen Wägung das Gewicht des betreffenden Förderwagens in leerem Zustande tarirt ist, von der Füllung desselben soviel abgenommen oder soviel ihr zugelegt werden, dass sie auf das angenommene Gewicht abgerundet wird. Im Hinblick auf den durch diese Operationen verursachten Zeitaufwand und auf die Kostspieligkeit der Einrichtung hält der Verfasser dafür, dass zur Zeit wenigstens und so lange nicht äussere Umstände ganz besonders dazu drängen, keine Veranlassung für die Kohlenwerke vorliege, vom Messen zum Wägen überzugehen. Gleichwohl hatten zu Ende des Jahres 1862 bereits drei grössere Gewerkschaften des Zwickauer Reviers, der Oberhohndorf-Schader Verein, die Zwickauer Bürgergewerkschaft und die Gewerkschaft Frisch Glück, auf ihren Gruben Brückenwaagen zur Wägung der Kohlenlowrys aufgestellt.

4. Gesetzliche Bestimmungen über den Modus der Quantitätsbestimmung, insbesondere über die Form und Grösse der Maassgefässe.

Nach der vorhergegangenen Erörterung über die beiden möglichen Arten der Quantitätsabmessung der Kohlen wird es von Interesse sein, die in den verschiedenen Staaten namentlich Deutschlands in herkömmlichem oder gesetzlichem Gebrauch befindlichen Einheiten für die Messung oder Wägung der Kohlen kennen zu lernen.

In England ist durch ein Gesetz vom Jahre 1835 jeder Verkauf von Kohlen nach dem Maass (bei Strafe bis zu 40 Sh.) verboten und die Abwägung mittels des Avoir dupois-Pfundes (= 453,6 Gr.) oder der Tonne = 20 Centner = 2240 Pfund vorgeschrieben worden.

In Preussen sollen nach der Circularverfügung des Ministers für Handel, Gewerbe und öffentliche Arbeiten vom 13. Febr. 1863 (die Einrichtung von Bergaichämtern betr.) die zum Abmessen von Steinkohlen, Braunkohlen etc. dienenden Messgefässe senkrecht zur Bodenfläche stehende Seitenwände haben und entweder in parallelepipedischer oder cylindrischer Form construirt sein. Dieselben müssen folgende Abmessungen haben:

A. Messgefässe in parallelepipedischer Form:

1) Die ganze Tonne	2) die $^3/_4$ Tonne	3) die halbe Tonne	4) die viertel Tonne
24 Zoll Länge	24 Zoll Länge	24 Zoll Länge	18 Zoll Länge
24 „ Breite	22 „ Breite	20 „ Breite	16 „ Breite
$21^1/_3$ „ Höhe.	$17^1/_2$ „ Höhe	$12^1/_5$ „ Höhe	$10^2/_3$ „ Höhe.

B. Messgefässe in cylindrischer Form:

1) Die ganze	2) dreiviertel	3) halbe	4) viertel Tonne
25,03 Zoll Höhe	22,18 Zoll	19,55 Zoll	15,28 Zoll Höhe
25 „ Durchmesser,	23 „	20 „	16 „ Durchmesser.

Die Maasse dürfen nur bis zum Rande gefüllt werden, worüber für die linksrheinischen Werke ein besonderes Gesetz (vom 5. März 1857) erlassen wurde.

Das Wägen der Kohlen ist gestattet und findet unter anderen auf den fiscalischen Steinkohlengruben des Saarbeckens statt.

In Berlin wird als grössere Einheit beim Kohlenhandel die Last zu 72 Scheffel oder 18 Tonnen benutzt.

Im Kaiserthum Oesterreich sollen die Stein- und Braunkohlen gewogen und zwar soll nach dem allgemeinen Berggesetze § 9 (R.-G.-B. v. J. 1854, S. 555) bei allen Bergwerken der Wiener Centner als Handelsgewicht angewendet werden. In Folge der Wahrnehmung, dass noch in neuester Zeit bei vielen Mineralkohlenwerken Böhmens nach böhmischen Strichen und nach Bergkübeln gemessen, verkauft und gerechnet wurde, erschien am 24. Januar 1861 eine Verordnung der k. k. Statthalterei zu Prag, wonach längstens bis 1. Juni 1861 alle Mineralkohlenwerke mit den zur Abwägung der Kohlen nach dem Wiener Centnergewichte erforderlichen Einrichtungen und Geräthen versehen sein müssen und dass von diesem Zeitpunkte an jede andere Messung, Verschleissung und Verrechnung der geförderten Mineralkohlen, als nach dem Wiener Centnergewichte gänzlich aufzuhören hat. Trotzdem ist noch jetzt auf vielen Kohlenwerken Böhmens der Strich das gebräuchliche Maass, das zudem in den einzelnen Revieren verschiedene Grösse hat.

Auf den Gruben in der Gegend von Aussig wird gerechnet:

1 Normalkübel = 130 Pfund österr. = 150 Pfd. preuss. = 2 Förderkübel.

9 Normalkübel = 4 Tonnen.

1 Strich = 3 Förderkübel = $1^1/_2$ Normalkübel = 2 Ctr. W. G. = $^3/_4$ Tonne; oder 9 Strich werden 7 Tonnen gerechnet.

Auf den Gruben von Bilin soll

1 Strichmaass = 15000 Cubikzoll oder 2 Kübel enthalten, wovon einer = 1 Dresdener Scheffel gerechnet wird, und gehäuft gemessen im Durchschnitt 1 Wiener Centner wiegen soll.

Auf anderen Gruben in der Gegend von Teplitz rechnet man

1 Normalkübel	= $1^1/_2$ Förderkübel	3 Normalkübel	= 1 Tonne
2 „	= 1 Strich	16 „	= 1 Fuhre,

welche zu 24 Centner und zu 6 Tonnen gerechnet wird.

In Sachsen sind nach der Verordnung vom 20. October 1859 für den Detailverkehr bei den von den Gruben getrennten Niederlagen und Verkaufsstellen ausschliesslich der Scheffel von 7900 Cubikzollen, ferner Maasse von 2 Scheffeln (Tonne), von 4, 6, 10 Scheffeln oder sonst einem vielfachen des Scheffels, endlich die durch fortgesetzte Halbirung entstehenden Unterabtheilungen des Scheffels also $^1/_2$, $^1/_4$, $^1/_8$ und $^1/_{16}$ Scheffel zulässig. Wo man sich bei den Gruben der Fördergefässe unmittelbar als Maassgefässe bedient, müssen dieselben einen um $^1/_{10}$ grösseren Rauminhalt haben, als das beim Verkauf anzurechnende Maass ergibt, so dass z. B. der bei der Maschinenförderung angewendete Karren von 6 Scheffeln 6,6 Scheffel, der bei der Haspelförderung gebrauchte Kübel von $^1/_{10}$ Karren 0,66 Scheffel fassen muss. Der ganze Scheffel kann als Kasten von $21^7/_8$ Zoll Höhe, 19 Zoll Länge und Breite oder als sogenannter Scheffelkarren von $14^1/_2$ Zoll Höhe, 20 Zoll Breite und $27^1/_4$ Zoll Länge oder als Cylinder von $22^3/_4$ Zoll Höhe und 21 Zoll Durchmesser ausgeführt werden. Maasse von mehr als einem Scheffel Inhalt sind als rechtwinkelige Kästen mit festem Boden oder für das Messen von Braunkohlen als rechtwinkelige auf eine ebene Grundfläche aufzusetzende Rahmen ohne Boden herzustellen. Eine geringe Erweiterung der Gefässe nach oben (2 Zoll beim vollen Scheffel, 3 Zoll bei grösseren Maassen) ist zugelassen. Das Messen der Kohlen hat ohne Ueberhäufung zu erfolgen, der Verkauf nach Gewicht ist nicht nur gestattet, sondern auch empfohlen.

Im Königreich Bayern werden die Steinkohlen nach dem Gewicht verkauft, die Braunkohlen grossentheils nach dem Maass; es gibt keine für das ganze Land gültige Maasseinheit. Im Bergamt Amberg[1]) wird ein Kübel von 7 Cubikfuss, im Bergamt Kissingen der sogenannte Stuz von 10 Cubikfuss und im Berg- und Hüttenamt Stadtsteinach ein Kübel von $1^1/_2$ Cubikfuss Fassungsraum benutzt.

Im Königreich Hannover[2]) hat nach einer Bekanntmachung des kgl. Ministeriums des Innern vom 4. December 1840 das Messen der Kohlen mittels des Doppelhimtens = 2,5 Cubikfuss zu erfolgen; die Maassgefässe müssen als Cylinder ausgeführt werden, deren Durchmesser und Höhe übereinstimmen.

---

[1]) Vergl. Kunst- und Gewerbeblatt für Bayern, 1851, S. 510.

[2]) Haase, Hannoversche Gesetzgebung über Maass und Gewicht, Hannover 1854.

Geringe Abweichungen hiervon, namentlich eine geringe Erweiterung der Gefässe nach oben ist statthaft. Das gehauft Messen ist ausdrücklich untersagt, das Verkaufen nach Gewicht ausdrücklich gestattet.

Im Grossherzogthum Baden soll das zur Kohlenmessung dienende Gefäss zwei Sester fassen und als Cylinder ausgeführt werden, dessen Höhe und Durchmesser übereinstimmen, also nahe $11^1/_4$ neue Zoll betragen. Eine geringe Erweiterung nach oben ist zulässig.

Im Herzogthum Nassau (Verordnung vom 20. December 1852) ist das gesetzliche Maass für Steinkohlen die Kohlenbütte, ein viereckiger Kasten von 40 Zoll = 1,20 Meter Länge und Breite, 12,5 Zoll = 0,375 Meter Tiefe, also 20 Cubikwerkfuss = 0,54 Cubikmeter Inhalt. Derselbe darf nur dem Rande gleich gefüllt werden. Die Dimensionen, in denen die Unterabtheilungen ausgeführt werden dürfen, sind folgende:

	Länge	Breite	Tiefe
Die halbe Bütte	40 Zoll	25 Zoll	10 Zoll
die viertel „	25 „	20 „	10 „
die zehntel „	20 „	10 „	10 „
die zwanzigstel „ (1 Cubikfuss) . . .	10 „	10 „	10 „
$^1/_2$ Cubikfuss	10 „	10 „	5 „

Zum Messen der Braunkohle wird der halbe Zain von 15 Cubikwerkfuss angewendet; derselbe erhält 3 Werkfuss = 0,9 Meter Länge, 2,5 Fuss = 0,75 Meter Breite und 2 Fuss = 0,6 Meter Tiefe.

Im Grossherzogthum Hessen[1]) hat die Messung der Kohlen mittels eines Kastens von 40 Cubikfuss = 0,625 Cubikmeter Inhalt zu erfolgen, welcher 50 Zoll = 1,25 m. lang, 40 Zoll = 1,00 m. breit und 20 Zoll = 0,50 m. hoch auszuführen ist.

Die halben Kasten von 20 Cubikfuss Inhalt werden 50 Zoll lang, 40 Zoll breit und 10 Zoll hoch.

Für kleinere Quantitäten wird die Kalkbütte von 10 Cubikfuss gebraucht, ein viereckiger Kasten von 20 Zoll Länge und Breite und 25 Zoll Höhe. Die Unterabtheilungen derselben sind die halbe Bütte von 5 Cubikfuss (20″ × 20″ × 12″, 5), die viertel Bütte von $2^1/_2$ Cubikfuss (12″, 5 × 12″, 5 × 16″) und der Cubikfuss (10″ × 10″ × 10″).

Es sind auch grössere Maassgefässe von 120 Cubikfuss Inhalt zulässig, welche als Kästen von 150 Zoll Länge, 40 Zoll Breite und 20 Zoll Höhe auszuführen sind.

Nach Vorschlag der deutschen Fachmänner-Commission, welche im Jahre 1861 in Frankfurt tagte, würde bei Einführung eines neuen Maasssystems das französische Hektoliter mit seinen Unterabtheilungen als Hohlmaass für trockene Gegenstände zur Annahme gelangen. In Frankreich wird dasselbe als Cylinder, dessen Höhe und Durchmesser übereinstimmt, ausgeführt; es ist daher Höhe und Durchmesser für das Hektoliter 503,1 Millimeter, für das halbe Hektoliter 399,3 Millimeter, für das viertel Hektoliter 316,9 Millimeter.

Nach der vorstehenden, leider noch nicht ganz vollständigen Zusammenstellung ist die Zahl der in den deutschen Kohlenrevieren gebräuchlichen Maasseinheiten ziemlich gross, und es erscheint eine Einigung hier in hohem Grade wünschenswerth. Um den Leser mit einem Blick die Mannigfaltigkeit übersehen zu lassen, welche hinsichtlich dieser Kohlenmaasse zur Zeit noch besteht, und um zugleich eine deutliche Vorstellung von der Form der Maassgefässe und dem Verhältniss ihrer Grösse unter einander zu gewähren, haben wir auf Tafel I. die wichtigeren deutschen Kohlenmaasse, deren Dimensionen gesetzlich vorgeschrieben sind, in monodimetrischer Darstellung zusammengestellt und denselben ausserdem das wahrscheinliche Zukunftsmaass — das Hektoliter mit seinen nächsten Unterabtheilungen — hinzugefügt.

Zur Erleichterung der zur Zeit noch erforderlichen Reductionen folgen schliesslich noch zwei Tabellen über die Grösse der in diesem Werke vorkommenden oder sonst wichtigen Gewichts- und Maasseinheiten für Steinkohlen und Braunkohlen.

---

[1]) Grimm, vollständige Darstellung des Maass- und Gewichtssystems im Grossherzogthum Hessen; Darmstadt 1840.

Tabelle zur Vergleichung der wichtigeren Gewichtseinheiten für Kohlen.

Zoll-Centner	Metrische Centner	Oesterreich. Centner	Englische Tonnen	Metrische Tonnen
1	0,5	0,8928	0,0492	0,05
2	1	1,7856	0,0984	0,1
1,12	0,56	1	0,0551	0,056
20,32	10,16	18,15	1	1,016
20	10	17,86	0,9842	1

Tabelle zur Vergleichung der wichtigsten Maasseinheiten für Kohlen.

Preussen		Sachsen		Hannover	Baden	Nassau	Grossh. Hessen	Schaumburg-Lippe	Hessen-Kassel	Hamburg	Bremen	Hektoliter
Scheffel	Tonne	Scheffel	Karren	Doppel-Himten	Doppel-Sester	Bütte	Kasten	Balge	Bütte	Tonne	Last	
1	0,25	0,529	0,088	0,882	1,832	0,102	0,088	1,126	0,360	0,246	0,019	0,550
4	1	2,117	0,353	3,529	7,328	0,407	0,352	4,502	1,441	0,982	0,074	2,198
1,889	0,472	1	0,167	1,666	3,461	0,192	0,166	2,126	0,680	0,464	0,035	1,038
11,335	2,834	6	1	9,999	20,766	1,154	0,997	12,758	4,082	2,783	0,210	6,230
1,134	0,283	0,600	0,100	1	2,077	0,115	0,100	1,276	0,408	0,278	0,021	0,623
0,546	0,136	0,289	0,048	0,482	1	0,056	0,048	0,614	0,197	0,134	0,010	0,300
9,825	2,456	5,201	0,867	8,667	18,000	1	0,864	11,059	3,539	2,418	0,182	5,400
11,372	2,843	6,019	1,003	10,032	20,833	1,157	1	12,800	4,096	2,792	0,211	6,250
0,888	0,222	0,470	0,078	0,784	1,628	0,090	0,078	1	0,320	0,218	0,016	0,488
2,776	0,694	1,470	0,245	2,449	5,087	0,283	0,244	3,125	1	0,682	0,051	1,526
4,073	1,018	2,156	0,359	3,593	7,462	0,415	0,358	4,585	1,467	1	0,076	2,239
53,929	13,482	28,547	4,758	47,574	98,800	5,489	4,742	60,702	19,468	13,240	1	29,640
1,819	0,455	0,963	0,161	1,605	3,333	0,185	0,160	2,048	0,655	0,447	0,034	1

5. Stauraum und Gewicht der verschiedenen Kohlensorten. Der Schüttungs-Coëfficient.

So lange nicht allenthalben der Verkauf der Kohlen nach Gewicht erfolgt, ist die Kenntniss des Zusammenhanges zwischen Raum und Gewicht der in den Verkehr gelangenden Sorten von grösster praktischer Wichtigkeit; man muss die Durchschnittsgewichte der üblichen Maasseinheiten wissen, um Quantitäts- und Preisangaben von Maass auf Gewicht oder umgekehrt zu reduciren. Sofern das absolute Gewicht einer bestimmten Maasseinheit von dem specifischen Gewicht der dichten Kohlesubstanz, von dem Aschen- und Wassergehalt, endlich von der Art der Zerklüftung derselben vorzugsweise abhängt, hat die Kenntniss der hierauf bezüglichen Zahlen aber auch ein allgemeineres wissenschaftliches Interesse, denn es dienen dieselben zu einer weiteren Charakterisirung der aus verschiedenen Lagerstätten entstammenden Kohlen. Wir sind bemüht gewesen, möglichst vollständige Angaben aus den wichtigeren Steinkohlenbezirken zu erhalten, und haben dieselben im Folgenden zusammengestellt; dass die von verschiedenen Beobachtern gefundenen Werthe oft beträchtlich von einander abweichen, ist augenfällig, und dürfte sich besonders durch die verschiedene Form und Grösse der angewendeten Maassgefässe, durch die Unsicherheit, welche selbst bei Streichmaass hinsichtlich der oberen Begrenzung der Füllung besteht, endlich durch die verschiedene Art der Einschüttung der Kohlen in das Maassgefäss erklären, kann aber kein Grund sein, eine solche Zusammenstellung gänzlich zu unterlassen. Zur leichteren Vergleichbarkeit haben wir übrigens die für jedes Kohlenrevier wahrscheinlichste Mittelzahl noch in das specifische Gewicht der geschütteten Kohlen umgerechnet. Dasselbe bewegt sich zwischen den Grenzen 0,714 und 0,977 und beträgt im Durchschnitt 0,858.

Wir haben ferner im Folgenden das für die verschiedenen Kohlenbecken ermittelte und gleicherweise aus praktischen und theoretischen Gründen wichtige Verhältniss angegeben, welches zwischen dem Raum der anstehenden Kohle und dem von der geförderten eingenommenen Raum besteht, und mit dem Namen „Schüttungs-Coëfficient“ (S) bezeichnet. Die äussersten Grenzen dieses Verhältnisses sind 1 : 1,265 und 1 : 1,570, der durchschnittliche Werth für alle Becken 1 : 1,418.

Multiplicirt man das mittlere specifische Gewicht der geförderten Kohlen mit dem mittleren Schüttungscoëfficient, so erhält man das mittlere specifische Gewicht der anstehenden Kohle des betreffenden Reviers, welches in der am Schlusse dieser Zusammenstellung befindlichen vorletzten Tabelle mit aufgeführt ist. Dass dasselbe gegen das specifische Gewicht der dichten Kohlesubstanz etwas zurücksteht (Durchschnittswerth für alle Becken = 1,217), kann nicht befremden, wenn man berücksichtigt, dass bei Feststellung des Schüttungs-Coëfficienten die in der anstehenden Kohle mehr oder weniger vorhandenen Klüftungen und tauben Stellen mit eingerechnet sind, während sie bei den Untersuchungen im Kleinen offenbar unberücksichtigt bleiben.

Das Zwickau-Würschnitzer Becken.

Ueber das Gewicht der aufgeschütteten Kohle sind uns folgende Notizen zugegangen:

Auf den Werken des Zwickauer Steinkohlenbauvereins wird das durchschnittliche Gewicht eines sächs. Scheffels angenommen:

Für Pechstückkohle	zu 175 Pfd.	Für Russstückkohle	zu 163 Pfd.
„ Würfel- und Nusskohle	„ 167 „	„ Russwürfelkohle	„ 160 „
„ klare Pechkohle	„ 165 „	„ klare Russkohle	„ 161 „

Nach Wägungen, die beim Hoffnungschachte des Erzgebirgischen Steinkohlen-Actienvereins angestellt wurden, hat sich das Gewicht für 1 Karren = 6,6 Scheffel bei der Ausförderung aus dem Schachte ergeben für Stückkohle zu 1006,8 Pfd., für Grubenklein zu 1040 Pfd., also für 1 Scheffel bezichentlich zu 152,3 und 157,6 Pfd.

Nach Angabe des Herrn Betriebsfactor Schnorr vom Niederwürschnitzer Steinkohlenbauverein beträgt ferner das Gewicht eines Scheffels:

von	Ottoschacht des Würschnitz-Kirchberger Steinkohlen-Actienvereins	Christel- oder D-Schacht des Niederwürschnitzer Steinkohlenbauvereins	Neue Fundgrube des Zwickau-Lugauer Steinkohlenbauvereins
Stückkohle	160 Pfd.	178 Pfd.	160 Pfd.
Würfelkohle	160 „	162 „	160 „
Knörpelkohle	170 „	153 „	165 „
Staubkohle	180 „	154 „	175 „

Auf dem Hedwigschacht wurde beobachtet das Gewicht eines gehäuften Scheffels von

Pechstücken	zu 190 Pfd.	Waschknörpel	zu 171 Pfd.
Pechwürfel	„ 170 „	Gelesene Knörpel	„ 169 „
Russstücken	„ 180 „	Klare Waschkohle	„ 169 „
Russwürfel	„ 165 „	Staub	„ 176 „

Auf den Werken des Lugau-Niederwürschnitzer Bergbauvereins wiegt ein Scheffel:

		durchschnittl.			durchschnittl.
Pechstückkohle	166—178 Pfd.	172 Pfd.	Russwürfelkohle	153—158 Pfd.	155,5 Pfd.
Russstückkohle	165—179 „	172 „	Schmiedekohle	158—161 „	159,5 „
Pechwürfelkohle	154—165 „	159,5 „	Waschkohle	156—179 „	162,5 „

Bei Gelegenheit der im Auftrage der sächs. Regierung von dem Verfasser ausgeführten Untersuchung wurde für das mittlere Gewicht eines nur bis zum Rande gefüllten Scheffels gefunden:

	bei grossen Stücken	bei kleinen Stücken
Pechkohle von Zwickau	152,1 Pfd.	155,6 Pfd.
Pechkohle von Würschnitz (ausgelesen) .	—	147,2 „
Russkohle von Zwickau	153,7 „	158,3 „
Russkohle von Würschnitz . . .	151,9 „	153,6 „
Schmiedekohle von Würschnitz . .	—	145,5 „
Waschkohle von Würschnitz . . .	—	140,3 „
Kohlengrus von Würschnitz (ungesiebt) .	—	166,0 „

Man kann als Durchschnittsgewicht für einen Scheffel Förderkohle dieses Beckens sonach etwa 160 Pfund annehmen, was einem specifischen Gewicht der geschütteten Kohle von 0,771 entsprechen würde.

Ueber den Schüttungscoëfficient sind uns folgende Beobachtungen mitgetheilt worden:

Nach Herrn Director Varnhagen schüttet ein Cubiklachter anstehenden Flötzes bei der Gewinnung ca. 57 Cubikellen Kohle, also S = 1,295.

Herr Director Oppe gibt das Raumverhältniss der anstehenden zur gewonnenen Kohle nach Versuchen beim Segen Gottes-Schacht, bei denen reine anstehende Kohle zum Anhalt diente, zu 1 : 1,70 an.

Nach Mittheilung des Herrn Bergdirector Rudert schüttet ein Cubiklachter anstehende Kohle 123 Scheffel Kohle, also S = 1,60.

Herr Betriebsfactor Schnorr hat beobachtet bei den Werken

des Niederwürschnitz-Kirchberger Steinkohlen-Actienvereins S = 1,30,
des Niederwürschnitzer Steinkohlenbauvereins S = 1,38,
des Zwickau-Lugauer Steinkohlenbauvereins S = 1,36.

Auf dem Hedwigschacht der Oelsnitzer Bergbaugesellschaft rechnet man S = 1,70.

Auf den Werken des Lugau-Niederwürschnitzer Bergbauvereins schüttet ein Cubiklachter im Mittel 105 Scheffel, wonach S = 1,36.

Als Durchschnitt aus den vorstehenden Beobachtungen ergibt sich für das Verhältniss der anstehenden zur geförderten Kohle 1 : 1,462.

Dresdener Bassin.

Auf den k. Steinkohlenwerken zu Zaukeroda wiegt 1 Scheffel

weiche Schieferkohle	178,8 Pfund	klare Kohle	180,5 Pfund
harte „	187,0 „	Maschinenschieferkohle	200,0 „

Auf den freiherrl. v. Burgk'schen Werken:

Stückkohle 193 Pfund, Würfelkohle 173 Pfund, Klare Kohle 191 Pfund.

Auf den Hänichener Werken:

Stückkohle 210 Pfund, Mittel- und Nusskohle 195 Pfund, Klare Kohle 190 Pfund.

Auf den Possendorfer Werken:

Weiche Schieferkohle	172 Pfund	Mittelkohle	175 Pfund
Schwarzharte Schieferkohle	175 „	Nusskohle	175 „
Kalkschieferkohle I. Sorte	180 „	Klare Kalkkohle	178 „
„ II. „	200 „	Grobe „	185 „

Bei Gelegenheit der sächsischen Heizversuche wurde beobachtet das Gewicht eines bis zum Rande gefüllten Scheffels:

	bei grossen Stücken	bei kleinen Stücken
Weiche Schieferkohle	160,0 Pfund	172,4 Pfund
Schwarzharte Schieferkohle	164,2 „	178,3 „
Mittelkohle	—	170,4 „
Kalkkohle	—	183,2 „
Kalkschieferkohle	169,1 „	188,4 „

Man kann hiernach das durchschnittliche Gewicht eines Scheffels geförderter Kohle zu 180 Pfd. annehmen, was einem mittleren specifischen Gewicht von 0,867 entsprechen würde.

Ueber den Schüttungscoëfficient wurden folgende Angaben erlangt:

Auf den k. Werken zu Zaukeroda gibt 3,1 Cubikfuss anstehende Kohlenmasse einen s. Scheffel Kohle, also S = 1,474.

Auf den freiherrl. v. Burgk'schen Werken ist das Raumverhältniss der anstehenden zur geförderten Kohle 68 : 100, also S = 1,471.

Auf den Hänichener Werken schüttet ein Cubiklachter 130 Scheffel Kohlen, also S = 1,688.

Auf den Possendorfer Werken ist S = 1,40.

Im Durchschnitt kann man also für das Dresdener Becken das Raumverhältniss der anstehenden zur geförderten Kohle = 1 : 1,508 annehmen.

Oberschlesien.

Zur Feststellung des Gewichtes der oberschlesischen Kohlen sind vor mehreren Jahren specielle Wägungen mit frisch aus der Grube geförderten Kohlen angestellt worden; nach denselben schwankt das Gewicht einer Tonne Stückkohlen zwischen 337 und 449 Pfd., das einer Tonne Kleinkohlen zwischen 336 und 443 Pfd.; es wiegt also im Durchschnitt eine Tonne

Stückkohlen 373,1 Pfund, Kleinkohlen 369,5 Pfund.

Bei den statistischen Veröffentlichungen in der ministeriellen Zeitschrift (s. Bd. X S. 50) wird das Gewicht einer Tonne zu 350 Pfd. durchschnittlich angenommen.

Aus den Beobachtungen von Brix bei Gelegenheit der Heizwerthbestimmungen berechnet sich das durchschnittliche Gewicht einer Tonne zu 356,3 Pfd. a. G. = 333 Zollpfund, aus denen von Jansen für zerschlagene und abgesiebte Kohlen zu 319 Pfd.

Nimmt man 360 als Durchschnittszahl an, so wäre das mittlere specifische Gewicht der oberschlesischen Kohlen = 0,818 zu setzen.

Bezüglich des Schüttungsverhältnisses wird, seit das früher übliche Uebermaass durch ministerielle Verfügung abgeschafft worden, in Ober- und Niederschlesien angenommen, dass ein Cubiklachter anstehende Kohle mindestens 55 Tonnen Kohlen schüttet; danach würde sich S = 1,32 berechnen.

Niederschlesien.

Nach Mittheilung des Herrn Bergdirector Schütze in Waldenburg wurden vor einigen Jahren specielle Ermittlungen über das Gewicht einer Tonne auf denjenigen Waldenburger Gruben angestellt, welche mit der Breslau-Freiburger Bahn in Verbindung stehen; es ergab sich als Durchschnitt aus 36 Wägungen das mittlere Gewicht einer Tonne zu 410 Pfund; die verwendeten Kohlen waren Stückkohlen mit Kleinkohlen gemengt, frisch aus der Grube gefördert, also noch feucht; das höchste Gewicht betrug 456 Pfund, das niedrigste 378 Pfund. Durch vollständiges Trocknen an der Luft vermindert sich das Gewicht einer Tonne bei Stückkohlen um durchschnittlich 35 Pfund, bei Kleinkohlen um 46 Pfund.

Bei den Reductionen für die statistischen Veröffentlichungen wird das mittlere Gewicht einer Tonne zu 400 Pfund angenommen.

Dr. Brix fand bei Gelegenheit seiner Heizversuche das mittlere Gewicht einer Tonne zu 368,3 Pfund a. G. = 344 Zollpfund, Jansen für zerschlagene und abgesiebte Kohlen der Segen-Gottes-Grube 332 Pfund.

Nimmt man 400 Pfund als Mittelwerth an, so ist das specifische Gewicht der niederschlesischen Kohlen im geschütteten Zustande = 0,909.

Wettin und Löbejün.

Auf den Wettiner Gruben wiegt nach Angabe des Herrn Berginspector Wagner eine Tonne

Stückkohlen 1. Sorte	395 Pfd.	(Oberflötz)	Klare Kohlen	450 Pfd.	(beide Flötze gemengt)
„ 2. „	410 „	(Dreibankflötz)	Schweifkohlen	530 „	(nicht Handelswaare).

Auf der Löbejüner Grube:

Stückkohlen 1. Sorte	411 Pfund	Oberflötz.
„ 2. „	435 „	
Klare Kohlen	457 „	

Bei den officiellen statistischen Publicationen ist das mittlere Gewicht einer Tonne zu 460 Pfund angenommen worden.

Brix fand als Durchschnittsgewicht 391 Pfund a. G. = 366 Zollpfund. Nimmt man 425 als Mittelzahl, so berechnet sich das specifische Gewicht zu 0,966.

Ein Quadratlachter der hiesigen Flötze schüttet bei einer Mächtigkeit von 172 Zoll eine Tonne Kohlen, wonach sich der Schüttungs-Coëfficient zu S = 1,28 berechnet.

Schaumburger Kohlenwerke.

Das Gewicht der Kohlen beträgt pro Balge 82 bis 84 Pfund, daher das specifische Gewicht im Durchschnitt 0,850.

Das Hauptflötz schüttet pro Quadratlachter Schaumburger Maass bei einer durchschnittlichen Mächtigkeit von 18 Zoll 58 Balgen, daher S = 1,37.

Ibbenbüren.

Das mittlere Gewicht der reinen Kohlen beträgt pro Scheffel 100 Pfund, das der Kalkkohlen 105 Pfund. Nach Mittheilung des Herrn Director Bäumler in Bochum ergaben besondere im Jahre 1861 ausgeführte Wägungen das Gewicht einer Tonne:

1. Stückkohlen aus dem Glücksburger Flötz	372 Pfund
2. Melirte Kohlen ebendaher	404 „
3. Melirte Kohlen aus der Bentingsbank	384 „
4. Gruskohlen ebendaher	380 „
5. Melirte Kohlen aus dem Flottwell-Hauptflötze beim Beust-Schachte . . .	396 „
6. Gruskohlen ebendaher	408 „
7. Melirte Kohlen aus dem Flottwell-Nebenflötze vom flachen Schachte . . .	388 „
8. Melirte Kohlen aus dem Alexanderflötze (zum Kalkbrennen)	488 „
9. Kalkkohlen aus dem Buchholzflötze	420 „

Die Sorten 1 bis 7 sind backend, 8 und 9 mager.

Brix fand für eine Tonne Stückkohlen im Durchschnitt 390,4 Pfund a. G. = 365 Zollpfund. Bei 400 Pfund würde sich das specifische Gewicht zu 0,909 berechnen.

Das Raumverhältniss zwischen anstehender und geförderter Kohle ist 6400 : 9216 oder 1 : 1,44; es liefert nämlich ein Quadratlachter anstehenden Flötzes auf 1 Zoll Mächtigkeit 3 Scheffel Kohlen.

Das Ruhrkohlenbecken.

Im Jahre 1857 wurden von jedem hier gebauten Flötze auf allen Gruben genaue Gewichts-Ermittlungen vorgenommen, deren Ergebnisse uns durch freundliche Vermittelung des Herrn Director Bäumler in Bochum zugegangen sind. Wir theilen davon im Folgenden einen Auszug mit; die Zahlen geben das Gewicht eines gestrichenen Scheffels in Pfunden, und zwar den Durchschnittswerth aus den für die einzelnen in Förderung stehenden Flötze gefundenen Zahlen.

A. Bergamtsbezirk Bochum.

I. Revier Bochum.

	Melirte K.	
1. Ver. Präsident	103,0	Fettkohlen-partie
2. Ver. Carolinenglück	108,3	
3. Constantin der Grosse	105,0	
4. Ver. Hannibal	105,4	
5. Ver. Engelsburg	109,0	
6. Ver. Marie, Anna u. Steinbank .	103,2	
Durchschnitt	105,6.	

II. Revier Westlich Witten.

	Melirte K.	Grus	
1. Glücksburg	113,0	—	Fettkohlen-partie
2. Ver. Urbanus	112,0	108,0	
3. Karl Wilhelms Erbstolln	110,0	—	
4. Heinrich	102,0	94,0	
5. Friederike	107,0	102,0	
Durchschnitt	108,8	101,3.	

III. Revier Dahlhausen.

	Melirte K.	
1. Ver. General Erbstolln	111,6	Fettkohlenpartie
2. Flora	117,0	
3. Hasenwinkel	113,0	
4. Friedlicher Nachbar	110,0	
5. Johann Friedrich	109,3	
6. St. Mathias Erbstolln	108,0	
Durchschnitt	111,5.	

IV. Revier Altendorf.

	Melirte K.	Grus	
1. Einigkeit.	105,1	—	Fettkohlenpartie, theilweise Uebergang in Esskohlen
2. Mecklingsbänker Erbstolln	106,1	—	
3. Ver. Charlotte	113,7	108,7	
4. Himmelsfürster Erbstolln	100,7	—	
5. Ver. Preuss. Adler . .	103,8	—	
6. Ver. Altendorfer Erbstolln	113,7	—	
7. Ver. Mühlheimerglück .	106,2	—	
8. Altendorf	117,0	—	
9. Dreieinigkeit	109,5	—	
10. Ver. Alte Sackberg Geitling	110,3	—	
Durchschnitt	108,6	108,7.	

V. Revier Oestlich Witten.

	Melirte K.	Grus	
1. Franziska	122,0	109,0	Esskohlenpartie
2. Verlorne Posten . . .	126,0	118,0	
3. Frischauf	125,0	118,0	
4. Friedrichsfeld	137,0	121,0	
Durchschnitt	127,5	116,5.	

VI. Revier Hardenstein.

	Melirte K.	Grus	
1. Glückauf u. Hegermann	100,0	100,0	Magere Kohlen.
2. Nachtigall Tiefbau . .	114,0	112,0	Esskohlen.
3. Helena	107,5	103,5	Fette Kohlen.
Durchschnitt	107,2	105,2.	

VII. Revier Brüninghausen.

	Melirte K.	Grus	
1. Glückauf	106,2	—	Fettkohlenpartie
2. Am Schwaben	111,2	104,2	
3. Glückauf Segen . . .	113,3	94,8	
Durchschnitt	108,4	99,5.	

VIII. Revier Schlebusch.

	Melirte K.	
1. Ver. Trappe	123,0	Esskohlenpartie
2. St. Peter	123,0	
3. Dachs- und Grevelsloch	116,0	
4. Dreckbänker Erbstolln	110,0	
5. Ver. Nachtigall und Neuglück .	108,0	
6. Kaninchen	112,0	
7. Ver. Stock u. Scherenberg . .	109,9	
8. Sieper und Mühler	112,0	
9. Glückauf	112,0	
10. Friedrich Wilhelm	113,0	
11. Buschbank	113,0	
12. Concordia	115,0	
Durchschnitt	113,9.	

IX. Revier Dortmund.

	Melirte K.	Grus	
1. Friedrich Wilhelm . .	108,4	98,6	Fettkohlenpartie
2. Louise und Erbstolln .	108,0	113,0	
3. Ver. Dorstfeld	111,3	108,0	
Durchschnitt	109,2	106,5.	

X. Revier Hoerde.

	Melirte K.	Grus	
1. Krone	121,0	115,5	Esskohlen
2. Ver. Birkefeld	125,0	117,5	
3. Freie Vogel u. Unverhofft	127,0	118,0	
4. Ver. Schürbank u. Charlottenburg	128,5	118,5	
5. Margaretha	129,0	116,0	
6. Niederhofen	—	119,0	
Durchschnitt	126,1	117,4.	

Als Durchschnittsgewicht eines gestrichenen Scheffels im Bergamtsbezirk Bochum würde sich hiernach ergeben:

für melirte Kohlen . 112,7 Pfund, für Gruskohlen . . 107,9 Pfund,

für eine Tonne daher im Mittel 441,2 Pfund.

B. Bergamtsbezirk Essen-Werden.

Name der Zechen	Melirte K.	Grus
Deimelsberg	112,4	—
Carl	—	100,5
Kunstwerk	117,0	—
Stüper	116,0	—
Martin	118,0	—
Ver. Wasserschneppe	109,2	102,7
Mühlmannsbank Nr. 1	105,0	—
Flor und Flörchen	102,7	—
Pörtingssiepen	114,0	117,5
Ver Louise	124,5	122,5
Ver. Henriette Katharine	—	107,0
Richradt	96,2	104,4
Pastoratberg	—	116,5
Preutenborbeckssiepen	120,5	125,0
Redlichkeit	—	128,0
Pauliner Erbstolln	119,3	125,4
Handsbraut	116,5	116,7
Die Kanzel	128,0	123,0

Name der Zechen	Melirte K.	Grus
Mühle	—	112,0
Kalksiepen	111,2	—
Rosalie	—	113,0
Hitzberg Dickebank	119,0	128,0
Krusenberg	118,0	119,5
Blumendelle	120,0	113,0
Erbenkampsbank	120,0	122,0
Kampgesbank	117,0	110,5
Bredeneier Krone	117,0	109,0
Ver. Hermann	—	104,2
Krebsenscheer	117,0	107,3
Geitling am Wittenberge, Oberstolln	115,0	105,0
Langenbrahm	118,8	111,8
Ver. Kapellenbank	116,5	111,0
Baldeneier Stolln	112,0	—
Girondeller Siepen	—	106,0
Duvenkampsbank	112,0	—
Werthsbank	108,0	—
Hundsnocken	128,0	117,0
Gewalt	112,4	—
Mönkhofsbank	118,0	102,2
Vereinigung unter dem Stolln	106,2	—
Heinrich westl. Feld	117,9	115,6
Charlotte westl. Feld	116,0	103,0
Sandbank	101,0	—
Waldhorn	—	94,0
Ver. Henriette	107,0	—
Prinz Wilhelm	—	107,0
Steingatt	114,0	102,7
Reher Dickebank und Erbstolln	—	106,0
Grosseboyermannswiese	—	107,0
Overhammsbusch	—	96,0
Ver. Sellerbeck	107,1	—
Ver. Wiesche	112,7	—
Roland	115,0	—

Hiernach berechnet sich der Mittelwerth für das Gewicht eines gestrichenen Scheffels im Bergamtsbezirk Essen-Werthen für melirte Kohlen zu 114,4 Pfund.
„ Gruskohlen „ 114,2 „
also das Gewicht einer Tonne im Mittel zu 457,2 Pfund.

Dr. Brix fand im Durchschnitt bei den von ihm untersuchten 9 Ruhrkohlensorten (die wahrscheinlich sehr gut ausgetrocknet waren) nur 388 Pfund a. G. = 363 Zollpfund. Für Gaskohlen rechnet man 400 Pfund. Für zerschlagene und abgesiebte Kohlen fand Jansen das mittlere Gewicht eines Cubikfusses zu 45,84 Pfund, also das einer Tonne zu 326 Pfund; Dr. Sauerwein fand das durchschnittliche Gewicht eines hannöv. Himtens zu 49,77 Pfund, das einer preuss. Tonne also zu 351 Pfd. Bei den Productionsübersichten wird als Mittelzahl 430 Pfund genommen, was einem specifischen Gewicht von 0,977 entspricht.

Was das Raumverhältniss der im Flötze anstehenden und der geförderten Kohlen anlangt, so gilt als allgemeine Annahme, dass ein Quadratlachter auf jeden Zoll Mächtigkeit $2^1/_2$ Scheffel schüttet; dabei ist jedoch Haufmaass gerechnet; für Streichmaass dürfen sicher 3 Scheffel angenommen werden, woraus sich der Schüttungs-Coëfficient S = 1,44 ergibt.

Worm- und Inde-Revier.

Das Gewicht von einem Scheffel Kohlen wird bei den Fettkohlen zu 1 Ctr. angenommen; bei ganz gestrichenem Maass ergibt sich ein Mindergewicht von 3—5 Procent. Die mageren Kohlen sind um reichlich 10 Procent schwerer. Eine Wägung gewaschener Kohlen ergab für den gestrichenen Scheffel 89 bis 95 Pfund, je nach dem Wassergehalt; nach völliger Trocknung bei 100°, wobei das Volumen um nahe 8 Procent zusammenfiel, wogen die Kokskohlen übereinstimmend 80 Pfund pro Scheffel.

Brix fand als Durchschnittsgewicht für die Tonne 382,4 Pfd. a. G. = 358 Zollpfund; bei den amtlichen Productions-Uebersichten wird dasselbe zu 380 Pfund angenommen; die Zahl 400 dürfte der Wahrheit näher kommen; dieselbe entspricht einem specifischen Gewicht von 0,909.

Bezüglich des Raumverhältnisses der anstehenden zur geförderten Kohle gilt die Regel, dass bei 1 Zoll Flötzmächtigkeit pro Quadratlachter $2^3/_4$ Scheffel Kohle fallen, woraus sich S = 1,32 berechnet.

Saarbecken.

Da hier der Kohlenverkauf und die Bezahlung der Arbeiter nach dem Gewicht erfolgen, so sind keine umfassenden Beobachtungen über das Verhältniss zwischen Maass und Gewicht angestellt worden.

Man rechnet im Durchschnitt das Gewicht einer Tonne zu 380 Pfund; Brix fand 361,7 a. G. = 338 Zollpfund. Die erstere Zahl (380) würde einem specifischen Gewicht von 0,864 entsprechen.

Den Schüttungs-Coëfficient rechnet man zu S = 1,265.

Deisterkohlen.

Dr. Sauerwein fand bei Gelegenheit seiner Untersuchung über hannöver'sche und westphälische Kohlen das Gewicht eines hannöv. Himtens im Durchschnitt zu 51,84 Pfund, was einem specifischen Gewicht von 0,832 entsprechen würde.

Stockheimer Revier.

Der Kohlenverkauf erfolgte früher nach Maass, unter Benutzung des Grubenkübels von 1½ Kubikfuss bayer. Fassungsraum, jetzt nach Gewicht. Ein solcher Grubenkübel, gestrichen voll, wiegt bei

Stückkohlen 62 Pfd., Mischkohlen 70 Pfd., Heizkohlen 75 Pfd.

Hiernach würde sich das specifische Gewicht der Mischkohlen zu 0,938 berechnen.

Miesbacher Revier.

Man rechnet im grossen Durchschnitt das Gewicht eines bayerischen Cubikfusses Kohle zu 35 Pfund bayer., was einem specifischen Gewichte von 0,789 entspricht.

Den Schüttungs-Coëfficienten nimmt Herr Bergdirector Hailer zu 1,50 an.

Pilsener Becken.

Das durchschnittliche Gewicht von einem Cubikfuss Förderkohle beträgt 45 Zollpfund, das der Würfelkohle 50 Pfund, daher das specifische Gewicht beziehentlich 0,714 und 0,794.

Der Schüttungs-Coëfficient wird zu 1,47 angegeben.

Schlaner Becken.

Nach speciellen Versuchen, die Herr Leopold Lachenbauer auf unsere Anfrage auszuführen die Güte hatte, wiegt ein österr. Cubikfuss

Stückkohle	48 Wr. Pfd.	Staubkohle	42 Wr. Pfd.
Würfelkohle	45 „ „	Kalkkohle	45 „ „
Kleinkohle	44 „ „		

Im Durchschnitt wiegt ein Cubikfuss des Gemisches aller dieser Sorten 45,53 Wiener Pfund, wonach sich ein specifisches Gewicht von 0,809 berechnet.

Ein Cubikklafter fester Kohle füllt im aufgeschütteten Zustande einen Raum von 1,56 Cubikklafter oder 336,96 Cubikfuss aus, also S = 1,56, nach Herrn Klečka in Thinnfeld = 1,58.

Rossitzer Revier.

Nach Angabe des Herrn Bergdirector Rittler in Brünn wiegt ein österr. Cubikfuss

Stückkohle von grossem Format	42 Pfund öst.
Gemischte Kohle	50 „ „
Gries- oder Staubkohle	47 „ „

Das specifische Gewicht der gemischten Kohle würde danach 0,888 betragen.

Der Schüttungs-Coëfficient wird zu 1,51 angegeben.

Mährisch-Ostrau.

Das Gewicht eines Cubikfusses österr. beträgt im Durchschnitt:

a) am Jaklowetz:		b) in Dombrau:	
Stückkohlen	42,5 Zollpfund	Stückkohlen	46,7 Zollpfund
Würfelkohlen	43,3 „	Würfelkohlen	47,0 „
Grieskohlen	47,0 „	Grieskohlen	49,0 „
Kleinkohlen	50,0 „	Kleinkohlen	51,5 „

Die sub a angeführten Kohlen gehören dem Centrum, die sub b bezeichneten den Liegendflötzen an. Nimmt man die Zahl 47 als Mittelwerth, so folgt das specifische Gewicht = 0,746.

Der Schüttungs-Coëfficient ist S = 1,50.

Zur besseren Uebersicht, wie für manche Fälle des praktischen Gebrauchs fügen wir an die vorstehende Zusammenstellung eine Tabelle der für die einzelnen Becken anzunehmenden Mittelwerthe, einschliesslich des specifischen Gewichts der anstehenden Kohle.

Name der Kohlenbezirke	Mittleres spec. Gewicht der geschütteten Kohle	Mittlerer Schüttungs-Coëfficient	Mittleres spec. Gewicht der anstehenden Kohle
Zwickau-Würschnitz . . .	0,771	1,462	1,127
Plauen bei Dresden . . .	0,867	1,508	1,307
Oberschlesien	0,818	1,320	1,080
Niederschlesien	0,909	1,320	1,200
Wettin und Löbejün . . .	0,966	1,280	1,236
Schaumburg	0,850	1,370	1,164
Ibbenbüren.	0,909	1,440	1,309
Ruhrkohlenbecken . . .	0,977	1,440	1,407
Worm- und Inde-Revier . .	0,909	1,320	1,200
Saarbecken.	0,864	1,265	1,093
Stockheim	0,938	—	—
Miesbach	0,789	1,500	1,183
Pilsen	0,714	1,470	1,049
Schlan	0,809	1,570	1,269
Rossitz	0,888	1,510	1,341
Ostrau	0,746	1,500	1,119

Für die häufig auszuführenden Reductionen von Preisangaben aus einer Maasseinheit in andere kann endlich eine Tabelle von Nutzen sein, welche für verschiedene Maasseinheiten die den vorstehenden Zahlen der ersten Columne entsprechenden mittleren absoluten Gewichte für die Kohlen der einzelnen Reviere enthält:

Name des Kohlenreviers	Mittleres Gewicht in Pfunden von		
	1 Hektoliter	1 sächs. Scheffel	1 preuss. Tonne
Zwickau-Würschnitz . . .	154	160	339
Dresdener Becken . . .	173	180	381
Oberschlesien	164	170	360
Niederschlesien	182	189	400
Wettin-Löbejün	193	200	425
Schaumburg	170	176	374
Ibbenbüren.	182	189	400
Ruhrkohlenbecken . . .	195	202	430
Worm- und Inde-Revier . .	182	189	400
Saarbecken	173	180	380
Stockheim	188	195	414
Miesbach	158	164	348
Pilsen	143	148	315
Schlan	162	168	356
Rossitz	178	185	392
Ostrau	149	155	328
Mittelwerthe .	172	178	378

CAPITEL IX.

Die chemische Zusammensetzung und der chemische Charakter der Kohlen.

(Mit Taf. II.)

Die in Band I pag. 17—24 gegebene Schilderung der fossilen Brennstoffe nach ihren äusseren und inneren Eigenschaften deutet bereits darauf hin, in wie weit ein verändertes physikalisches Verhalten mit der chemischen Zusammensetzung der ersteren Hand in Hand gehe und in dieser Beziehung bietet uns die Literatur der letzten zwei Decennien zahlreiche Versuche, den Charakter der fossilen Brennstoffe in der Veränderung zu suchen, welche durch den in ihnen langsam verlaufenden chemischen Umsetzungsprocess bedingt erscheint. Die hierüber angestellten Experimente, sowie die auf denselben basirten Berechnungen (siehe unten) lassen in der That kaum einen Zweifel für die Bildungsweise und den Bildungsgang der Kohlen offen, für welche die Resultate der chemischen Untersuchung der letzteren einen hervorragenden Maassstab abgeben. Denn mit Hilfe der chemischen Prüfung verschaffen wir uns nicht nur ein Bild über die Art der in den fossilen Brennstoffen vorhandenen Bestandtheile und deren Mengenverhältnisse, — es liefert uns dieselbe auch die Mittel in die Hand, aus den erhaltenen Resultaten verlässige Schlüsse auf die praktische Verwerthbarkeit der ersteren zu ziehen. Dieser Umstand verdient hier umsomehr in den Vordergrund gestellt zu werden, als in neuerer Zeit die Resultate der quantitativen Untersuchung der Steinkohlen in ihrer Bedeutung für die Praxis mehrfach in Frage gestellt wurden und man, durch einzelne scheinbare Inconsequenzen zwischen der chemischen Zusammensetzung und dem physikalischen Charakter der Kohlen irregeleitet, den Werth der chemischen Analyse viel zu gering veranschlagte.

Die in den Vordergrund gestellte Annahme, dass man von der Zusammensetzung einer Kohlenprobe, welche das Gewicht von einem Gramme nicht übersteigt, auch bei noch so sorgfältiger Mischung keinen Schluss auf den Charakter des ganzen Flötzes, dem dieselbe entnommen, ziehen könne, sowie anderseits der Umstand, dass jede Steinkohle, sobald sie ihrer Lagerstätte entnommen, durch den Einfluss der Atmosphärilien wahrnehmbare Veränderungen erfahre, für welche die chemische Analyse noch keinen Aufschluss geboten, — erschienen allerdings als zu schwer wiegende Beweise gegen die Verwerthbarkeit analytischer Resultate, als dass dieselben, soweit sie uns nichts Anderes als die procentische Zusammensetzung der Kohlen zu bieten vermochten, jemals bei Beurtheilung der letzteren in den Vordergrund gestellt zu werden verdienten. Von nicht geringerer Bedeutung für die Giltigkeit solcher Argumente erschien gleichzeitig der Mangel einer Uebereinstimmung, welche sich zwischen den aus der chemischen Analyse berechneten und den durch directe Versuche gefundenen Heizwerthen herausstellte und für welche eine maassgebende Formel aufzufinden bis jetzt noch nicht möglich war. In der That möchte auch ein Blick auf die nachfolgenden Tabellen, soweit dieselben den Procentgehalt der Kohlen an wägbaren Bestandtheilen ergeben, kaum dazu beitragen, die soeben erhobenen Zweifel zu beseitigen, wenn wir für die Entstehungsweise derselben noch den Umstand beifügen, dass sich bei Untersuchung ein und derselben Kohlenprobe, selbst nach der sorgfältigsten Mischung, oft Differenzen von 4 bis 6 Procent im Aschengehalte herausstellten und dass der Sauerstoffgehalt nur aus der Differenz der einzelnen in zwei Controlanalysen gefundenen, also nicht vollständig übereinstimmenden, Bestandtheile berechnet wurde.

Es ergab zum Beispiel die Analyse der Kohle des 48zölligen Flötzes im Carolinenschachte von Mährisch-Ostrau in zwei Versuchen den Gehalt an

Kohlenstoff zu	76,496	Procent und	79,865	Procent,
Wasserstoff zu	3,556	„ „	3,904	„
Sauerstoff und Stickstoff zu . .	11,412	„ „	14,496	„
Asche zu	8,536	„ „	1,735	„

also zwei einander wenig ähnliche Resultate, und doch werden wir, sobald wir diese beiderseitigen Werthe einer genauen Prüfung unterwerfen, eine gewisse Gleichmässigkeit in der Zusammensetzung nicht nur nicht ableugnen können, wir werden vielmehr uns auch zu ziemlich sicheren Schlüssen darüber, ob diese Kohle sich zur Koksfabrikation oder zur Fabrikation von Leuchtgas eigne oder nicht, sowie über ihre Beziehungen zu anderen Flötzen desselben Kohlenbeckens berechtigt finden.

Bevor wir hierüber sowie über den Werth der oben angezogenen Argumente, soweit sie die Resultate der chemischen Untersuchung ankämpfen, weitere Erörterungen anstellen, erscheint es dem allgemeinen Verständniss entsprechend, den chemischen Prüfungsmethoden selbst eine nähere Besprechung zu widmen.

1. Die analytischen Prüfungsmethoden.

Die ersten chemischen Untersuchungen der Brennmaterialien überhaupt erstreckten sich auf die Bestimmung des Aschengehaltes und der flüchtigen Bestandtheile, wobei man in der Weise verfuhr, dass man die zu untersuchenden Brennmaterialien in irdenen Tiegeln zunächst verkohlte (verkokte) und sodann verbrannte.

Noch im Jahre 1840 wird ein Resultat der Untersuchung bayerischer Braunkohle dem polytechnischen Verein in München mitgetheilt, nach welchem eine Braunkohlenprobe von Tittmoning 1 Pfund 3 Loth Theer, $13^1/_6$ Loth zerreibliche Kohlenrückstände (Koks) und $1^1/_2$ Loth Asche lieferte.

Die nähere Beleuchtung des Verkokungsprocesses wird uns aber in den Stand setzen, dieses Prüfungsverfahren als ein für die grössere Praxis fast werthloses hinzustellen und die demselben entspringenden Resultate als wechselnde und in ihren Zahlenreihen von der Einhaltung bestimmter Temperaturgrenzen abhängige zu erkennen.

Das Berthier'sche Verfahren zur Bestimmung des absoluten Wärme-Effectes der Brennmaterialien, welches in neuester Zeit von Herrn Carl Ritter v. Hauer zur Untersuchung der fossilen Brennstoffe des österreichischen Kaiserstaates Anwendung erfahren hat, berechnet aus dem Gewichte des, durch Wechselwirkung eines Gemisches von Brennmaterial und Bleiglätte bei hohen Temperaturen reducirten, metallischen Bleies und durch Ausführung einer besonderen Aschenbestimmung den Heizwerth der Brennstoffe, gibt aber über die Zusammensetzung der letzteren keine detaillirten Aufschlüsse. Das Verfahren selbst wird in dem Capitel über Heizwerthbestimmungen ausführlicher besprochen werden.

Ein klares Bild über den Charakter einer chemischen Verbindung erlangt man indess nur, sobald alle in derselben vertretenen Grundstoffe bestimmt werden. Die ersten Versuche in dieser Richtung und in ihrer Anwendung auf organische Körper in's Besondere machte schon Lavoisier in den Jahren 1784 bis 1789, indem er dieselben in Sauerstoffgas verbrannte und die entstandenen Verbrennungsproducte nach ihrem Volumen bestimmte. Das Verfahren selbst, zu complicirt, um zu einer allgemeinen Anwendung geeignet zu erscheinen, wurde durch Gay Lassac, Thenard und Berzelius wesentlich verbessert und durch Liebig's und Marchand's Vorschläge zu einer so einfachen und sicher durchführbaren Methode umgestaltet, dass es jetzt zu einer der leichtesten chemischen Prüfungsmethoden gezählt werden kann und bei einiger Vorsicht die Erzielung sicherer Resultate nicht mehr in Frage stellt.

Zur Gewinnung möglichst vielseitiger Gesichtspunkte erschien die Ausführung einer grösseren Anzahl von Untersuchungen deutscher Steinkohlen aus den wichtigsten Kohlenbecken von um so grösserem Interesse, als die Zusammensetzung der fossilen Brennstoffe einzelner deutscher Kohlenflötze, zumal die des österreichischen Kaiserstaates, noch fast gar nicht bekannt war und es anderseits auch darauf ankam, bereits vorhandene analytische Angaben über die Zusammensetzung gewisser Kohlensorten durch nochmalige Prüfung zu constatiren.

Es wurden zu diesem Zwecke mit dem in Fig. 5 dargestellten und unten näher beschriebenen Apparate in dem chemischen Laboratorium des kgl. Polytechnikums in Dresden von Prof. Dr. Fleck während des Wintersemesters 1864/65 siebenundachtzig Sorten deutscher Stein- und Braunkohlen geprüft und die aus dieser Versuchsreihe hervorgegangenen Resultate an den geeigneten Stellen beiliegenden Tabellen eingefügt.

Die fossilen Brennstoffe bestehen aus einem Gemisch zersetzter Pflanzensubstanz, mineralischer Körper und hygroskopischen Wassers. Das organische Material enthält als elementare Bestandtheile: Kohlenstoff, Wasserstoff, Sauerstoff und Stickstoff, die Mineralsubstanz besteht aus kieselsauren, schwefelsauren, untergeordnet phosphorsauren Metalloxyden [1]) und Schwefelmetallen.

Durch die chemische Untersuchung bestimmen wir in einer Operation das hygroskopische Wasser, in einer mit derselben Substanz ausgeführten, darauffolgenden den Kohlenstoff, den Wasserstoff und den unverbrennlichen Rückstand (die Asche). Die Bestimmung des Stickstoffgehaltes erfolgt nach einer Methode, bei welcher die anderen Bestandtheile ausser Betracht kommen, sowie auch der Gehalt an Schwefel in einer besonderen Operation nachgewiesen wird. Der Sauerstoff berechnet sich aus der Differenz in der procentischen Zusammensetzung nach den erhaltenen analytischen Zahlenwerthen. Der letztere Umstand, die indirecte Bestimmung des Sauerstoffs, setzt ein Prüfungsverfahren voraus, welches die Möglichkeit thunlichst ausschliesst, durch Ungenauigkeiten in den Bestimmungsmethoden der wägbaren Bestandtheile eine Summation der Fehler in der Sauerstoffangabe befürchten zu lassen.

Bei der Prüfung fossiler Brennstoffe tritt aber die Bestimmung der brennbaren Substanz zunächst in den Vordergrund und wurde von uns nach folgendem Verfahren ausgeführt:

Von den zur Untersuchung gebotenen Kohlensorten wurden an einzelnen Stellen Stücken losgeschlagen, dieselben gröblich zerrieben, gemischt und das Pulver in einen Porcellantiegel übergeführt, welcher während 24 Stunden einer Temperatur von + 105° Cels. in einem Luftbad ausgesetzt blieb. Nach dieser Zeit war bei keiner der zu untersuchenden Kohlen durch längeres Erwärmen ein Gewichtsverlust zu beobachten. Von der getrockneten Kohle wurde in 2 Porcellanschiffchen, von 3 Centimeter Länge und 0,75 Centimeter Breite, ungefähr 0,4 Gramm eingeschüttet und diese nach genauer Wägung in dem entsprechend vorbereiteten Verbrennungsapparate (Fig. 5) eingeführt. Letzterer besteht aus zwei nebeneinanderstehenden Liebig'schen Verbrennungsöfen *B*, Kästen von Eisenblech, welche 0,5 Meter lang, 7 Centimeter hoch, oberhalb 12, unterhalb 8 Centimeter breit, an ihren schmalen Seiten mit einer 3 Centimeter weiten runden Oeffnung versehen, oberhalb offen, unterhalb rostartig durchbrochen sind. Der durchbrochene Boden ist mit aufrechtstehenden, etwas ausgeschnittenen Trägern von Eisenblech versehen, welche dazu bestimmt sind, eine 3 Centimeter weite Rinne von starkem Eisenblech, die durch beide Queröffnungen hindurchgeht, in einer bestimmten Höhe vom Boden zu halten. Auf die Rinne kommt eine Glasröhre von schwer schmelzbarem Glas zu liegen, wie die punktirten Linien am vorderen Ofen andeuten sollen, welche bei *f* 2 Centimeter weit, bei *h* in eine offene Spitze ausgezogen ist. Diese Glasröhre wird, bevor sie in den Apparat eingelegt wird, von der Spitze an zunächst mit einer Lage ausgeglühten Asbest von 3 Centimeter Länge, sodann bis zu ²/₃ ihrer Länge mit oxydirten Kupferspänen gefüllt. Letztere wurden dadurch erhalten, dass Kupferspäne mit chlorfreier Salpetersäure befeuchtet, in einem bedeckten hessischen Tiegel zwischen Holzkohlen stark ausgeglüht wurden. Die ersteren schüttet man noch warm in die Verbrennungsröhre bis zu der oben angegebenen Länge, und fügt wiederum eine Asbestlage darauf, so dass die Röhre, in den Apparat *B* eingelegt noch zu nahe ¹/₃ ihrer Länge leer bleibt, um Raum zur Aufnahme eines Porcellanschiffchens zu behalten. Um ein Anschmelzen der in den beiden nebeneinanderstehenden Oefen liegenden Glasröhren in die als Unterlage dienenden Eisenrinnen zu verhindern, werden letztere mit einer Lage kohlensaurer Magnesia überkleidet. Sind die Glasröhren in den Apparat eingelegt, so werden sie wiederum mit Eisenblechrinnen, die vorher mit Magnesia ausgestrichen wurden, bis zu ²/₃ ihrer Länge d. h. soweit die Kupferoxydschicht reicht, überdeckt und sodann die Schirme *g* und *g'* an den in der Zeichnung angegebenen Stellen darübergesetzt. Letztere dienen dazu, den Verbrennungsprozess allmählig auf die Kohlensubstanz in den Porzellanschiffchen zu übertragen. Nach Einlegung der Glasröhren verbindet man dieselben an dem weiteren Ende *f* durch einen enganschliessenden Gummischlag mit einem in eine längere Spitze ausgezogenen Glasröhrenstück *m* (Fig. 6 in vergrössertem Maassstabe), und dieses an seiner Spitze durch ein Gummirohr, welches mit einem Quetschhahn *E* versehen ist, mit dem *U*-förmig gebogenen Rohr *d* (Fig. 5).

---

[1]) Brix. Untersuchung der wichtigeren Brennstoffe des preussischen Staates pag. 381.

Apparat zur Elementaranalyse der Stein- und Braunkohlen,
in 0,1 der natürlichen Grösse.

Fig. 5.

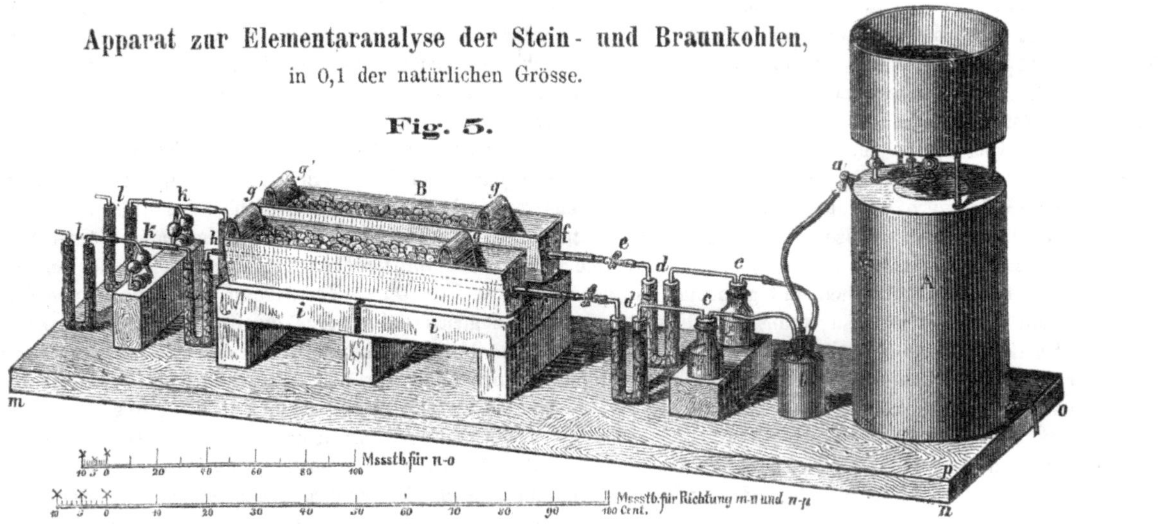

Fig. 6.

Fig. 7.

Letzteres ist in seinem dem Verbrennungs-Apparate zugekehrten Schenkel mit Chlorcalciumstücken, in dem anderen mit Stücken geschmolzenen Kalihydrates gefüllt und durch ein Gummirohr mit der mit englischer Schwefelsäure gefüllten Waschflasche *c* verbunden. Beide Gefässe *c* und *d* dienen zur Austrocknung und Reinigung der zur Verbrennung der Kohle dienenden Gase. Die von den 2 Waschflaschen ausgehenden längeren Gummischläuche verbinden erstere mit der dreihalsigen Flasche *b*, deren mittlerer Hals mit dem Gasometer *A* in Verbindung steht. Dieser ist mit Sauerstoff (aus einer Mischung von chlorsaurem Kali und Braunstein entwickelt) gefüllt und gibt durch den Hahn *a* sein Gas nach den Verbrennungsöfen ab. Soll die Elementaranalyse in Angriff genommen werden, so verbindet man den mittleren Gummischlauch der dreihalsigen Flasche *b* mit einem mit Luft gefüllten Gasometer und schüttet zwischen die Schirme *gg'* der Verbrennungsöfen allmählich glühende Holzkohlen, während ein lebhafter Luftstrom durch *b*, *c* und *d* und die Glasröhren hindurchströmt, um letztere vollständig auszutrocknen. Die Beendigung dieser Austrocknung erkennt man daran, dass an den Spitzen der letzteren *h*, welche ungefähr zu 3 Centimeter aus dem Ofen hervorragen, sich keine Feuchtigkeit mehr anschlägt, vielmehr, sofern diess geschehen, diese durch denselben Luftstrom wieder ausgetrieben ist. Die Quetschhähne *e*, welche den Eintritt des Gases in den Verbrennungsapparat verhindern, werden durch kleine Holzkeile (Fig. 6, *e*) vorsichtig geöffnet und gestatten eine sichere Regulirung des Gasstromes. (Statt dieser Holzkeile sind Stahlschrauben, an den Quetschhähnen angebracht, jedenfalls vortheilhafter.) Sind in dieser Weise die Glasröhren völlig ausgetrocknet, so schliesst man die Quetschhähne, entfernt das Luftgasometer und verbindet die Flasche *b* mit dem Sauerstoffgasometer *A* (Fig. 5), schiebt sodann die mit Kohlensubstanz versehenen, abgewogenen Porcellanschiffchen nach Entfernung des weiteren Gummirohres bei *f* in die Verbrennungsröhre bis in die Mitte des Raumes *fg* ein und schliesst dann die Röhre auf dieser Seite durch letzteres wieder ab. Während der Austrocknung des Apparates durch den Luftstrom werden diejenigen Gefässe gewogen, welche zur Aufnahme der Verbrennungsprodukte aus der Kohlenprobe und deren quantitativer Bestimmung dienen; diese bestehen aus 1) einem mit Chlorcalium gefüllten *U*-förmigen Rohre *h*, welches, mit der Spitze der Verbrennungsröhre durch ein Gummirohr verbunden, zur Aufnahme des im Laufe der Verbrennung gebildeten Wassers dient; 2) einem Liebig'schen Kugelapparat mit Kalilauge gefüllt und 3) einem *U*-förmig gebogenen Rohr *l*, das auf der dem Apparate zugekehrten Seite Stücke von Kalihydrat, auf der entgegengesetzten Chlorcaliumstücke enthält. Letztere beiden Apparate *k* und *l* dienen zur Aufnahme der durch Verbrennung der Kohlen entwickelten Kohlensäure. Bei schwefelkiesreichen Kohlen, wie die meisten Braunkohlen, die Steinkohlen des Plauen'schen Grundes bei Dresden, mehre schlesischen und westphälischen Kohlen es sind, war zwischen die Röhre *h* und den Kugelapparat *k* ein mit geschmolzenem und gepulvertem chromsauren Bleioxyd gefülltes Glasrohr zur Aufnahme und Zurückhaltung der schwefligen Säure eingeschalten. Die vorher gewogenen Apparate *h k* und *l* werden nun in der durch die Zeichnung angegebenen Reihenfolge mittelst Gummiröhren an die Verbrennungsapparate angefügt, nachdem dies geschehen, die Holzkeile in die Quetschhähne *e* eingeschoben und nun aus dem Gasometer *A* ein langsamer Sauerstoffstrom, ungefähr 30 Blasen aus den 3 Millimeter weiten Röhren der Waschflaschen *c*

pro Minute, durch die Röhren hindurch streichen gelassen. Man beschüttet nun die Verbrennungsöfen *B* mit glühenden Holzkohlen und führt diese, durch Verschiebung des Schirmes *g*, nach *f* zu, dem Porcellanschiffchen im Glasrohr langsam näher, während man gleichzeitig die vordere Röhrenschicht *g* bis *g'* immer glühend erhält. Durch die erste Einwirkung der Wärme auf die in dem Porcellanschiffchen befindliche Kohlenprobe findet eine langsame Verkohlung und die Entwickelung von Kohlenstoff, Wasserstoff, Sauerstoff und Stickstoff haltenden Dämpfen statt, welche sich auf ihrem Wege über das glühende Kupferoxyd zu Kohlensäure und Wasser umsetzen, während der Stickstoff gasförmig entweicht. Erstere Verbrennungsproducte treten mit dem Stickstoff aus der Spitze der Verbrennungsröhre nach dem Chlorcalciumrohre *h*, welches das Wasser zurückhält und die Kohlensäure wird in *k* absorbirt. Nach beendeter Verkohlung, deren Abschluss man in dem Aufhören einer gleichmässigen Absorption der Gase in *k* erkennt, überdeckt man den, das Porcellanschiffchen enthaltenden Röhrentheil vollständig mit Kohlen, nachdem man den Schirm *g* bis an das Ende *f* des Ofens vorgeschoben hat, so dass nun die Verbrennungsröhre ihrer ganzen Länge nach im Ofen mit glühenden Kohlen überdeckt ist. Durch Verrückung der Keile in den Quetschhähnen kann man nun den Gasstrom ein wenig beschleunigen und hat zugleich dafür Sorge zu tragen, dass der Ofen immer mit glühenden Holzkohlen gefüllt bleibt. Das Fortglühen derselben im Ofen bewerkstelligt man dadurch, dass man unter letzteren eiserne Keile unterschiebt und denselben dadurch einseitig um einige Millimeter hebt, wodurch Luft durch die Rostöffnungen eintreten kann. Nach Beendigung der Verbrennung im Innern der Röhre lässt sich an der Kohlenprobe, weil diese mit Holzkohlen bedeckt ist, nichts erkennen, erstere macht sich aber dadurch bemerklich, dass trotz des aus dem Gasometer *A* kommenden Gasstroms in dem Kugelapparate *k* keine Gasblasen mehr eintreten. Die Oxydation der im Anfang der Verbrennung auftretenden Verkohlungsgase durch das glühende Kupferoxyd bedingte nämlich eine Reduction des letzteren zu metallischem Kupfer, welches sich erst dann wieder oxydirt, sobald Sauerstoff von gewisser Reinheit, d. h. mit wenig Kohlensäure gemischt, auf dasselbe einwirkt. Ist daher der letzte Antheil Kohle in dem Porcellanschiffchen verbrannt und die dadurch gebildete Kohlensäure nach *k* abgegeben, so wird durch den neu eintretenden Sauerstoff zuerst das reducirte Kupfer oxydirt und gleichzeitig gebildetes Kohlenstoffkupfer vollständig verbrannt. Dadurch entsteht aber eine Stagnation in den Absorptionsapparaten, welche, wie erwähnt, gleichzeitig die Beendigung der Arbeit andeutet. Man setzt nun das Glühen des Rohres so lange fort, bis neue in *k* eintretende Gasblasen unabsorbirt durchstreichen, entfernt dann die Keile unter den Verbrennungsöfen, nimmt die Apparate *k* und *l* hinweg und leitet durch das Verbrennungsrohr einen lebhaften Luftstrom, indem man das Sauerstoffgasometer durch das Luftgasometer wieder ersetzt, um die in dem Apparate befindliche Feuchtigkeit vollständig nach dem Chlorcalciumrohre *h* überzuführen. Ist letzteres an seinem oberen Ende völlig trocken, so entfernt man auch dieses und schliesst das Gummirohr, welches das Rohr *h* mit der Verbrennungsröhre verband, durch ein Stück Glasstab oder durch einen Quetschhahn, während bei *e* die Holzkeile entfernt werden. Die Apparate *h k* und *l* werden nun gewogen und nachdem dieses geschehen, die Porcellanschiffchen mittels eines Kupferdrahtes aus den Verbrennungsröhren gezogen, letztere geschlossen und langsam abkühlen gelassen. In dem Porcellanschiffchen befindet sich die Asche der verbrannten Kohle, welche ebenfalls gewogen wird.

Nach 2 Stunden ist eine solche Verbrennung völlig beendet, sie erfordert mit Einschluss der Zeit, welche durch das Abwägen der Apparate beansprucht wird, 3 Stunden und nach weiteren 2 Stunden sind die Oefen und Röhren bereits völlig abgekühlt, so dass nach dieser Zeit die kalten Holzkohlenreste und die auf den Backsteinen *i* liegende Asche entfernt werden können und eine neue Untersuchung in Angriff kommen kann. Diese Art der Arbeit gestattet die Ausführung zweier Analysen zu gleicher Zeit unter Anwendung eines Sauerstoffgasometers und bedingt, da die Verbrennungsröhren in ihrer Lage nicht verrückt werden, eine lange Dauer derselben. In der letzten Zeit der mit diesen Apparaten angestellten Versuche hielten die Verbrennungsröhren 47 und 38 Analysen aus, und erschienen dann an der durch die Rinne nicht bedeckten Stelle vollständig entglast. — Soll im Verlaufe der Arbeit an diesem Doppel-Apparate die eine der Analysen eher beendigt sein als die andere, so steht zwar dem Ausschluss des einen und dessen Vereinigung mit dem Luftgasometer Nichts entgegen, doch ist es immer vortheilhafter, den Gasstrom unverändert zu lassen und in dem Apparate, in welchem die Verbrennung beendet, nur durch Regulirung des Holzkeiles am Quetschhahne *c*, den Sauerstoffeintritt zu mässigen. Dass durch die Verwendung des Sauerstoffgases in der oben angedeuteten Weise das Consum an letzterem in der That ein sehr geringes ist, geht aus der Thatsache hervor, dass der Inhalt eines Gasometers mit 0,8 Cubikfuss Sauerstoff hinreichte, um damit 6 Doppelanalysen, also die Untersuchung von 12 Steinkohlenproben, à 0,2—0,3 Gr. auszuführen.

Zum völligen Verständniss des über die Elementaranalyse im Vorhergehenden Mitgetheilten, soll in Folgendem das Resultat zweier in dem Doppelapparat gleichzeitig ausgeführter Untersuchungen zusammengestellt werden.

Zur Untersuchung der Steinkohle vom Maxschachte in Stockheim wurden verwendet:

im Ofen I.	im Ofen II.	
0,245 Gramm,	0,250 Gramm	Kohle.

Nach der Verbrennung wog h:

die Chlorcalciumröhren:

45,285 Gramm,	53,805 Gramm;	
vor der Verbrennung hatte sie gewogen:		
45,180 Gramm,	53,695 Gramm;	
die Gewichtszunahme betrug also:		
0,105 Gramm,	0,110 Gramm	Wasser.

Nach der Verbrennung wogen die Apparate k u. l zusammen:

106,192 Gramm,	83,620 Gramm;	
vor der Verbrennung hatten sie gewogen:		
105,445 Gramm,	82,870 Gramm;	
die Gewichtszunahme betrug also:		
0,747 Gramm,	0,750 Gr.	Kohlensäure.

Die Porcellanschiffchen mit Asche wogen:

4,145 Gramm,	3,711 Gramm;	
die Porcellanschiffchen allein wogen:		
4,133 Gramm,	3,695 Gramm;	
es verblieben also:		
0,012 Gramm,	0,016 Gramm	Asche.

Durch die Verbrennung von

0,245 Gramm,	0,250 Gr.	Stockh. Steinkohle
resultirten also:		
0,105 Gramm,	0,110 Gramm	Wasser,
0,747 „	0,750 „	Kohlensäure,
0,012 „	0,016 „	Asche.

Aus diesen Zahlenwerthen berechnet sich nun die Zusammensetzung der Kohle in folgender Weise:

3 Gramm Kohlenstoff verbrennen unter dem Einflusse von 8 Gramm Sauerstoff zu 11 Gramm Kohlensäure;
1 „ Wasserstoff verbrennt „ „ „ „ 8 „ „ „ 9 „ Wasser;

a Gramm Kohlensäure entsprechen demnach $\frac{3a}{11}$ Gramm Kohlenstoff,

b „ „ „ „ $\frac{b}{9}$ „ Wasserstoff.

Setzen wir für die Werthe a und b die bei der Untersuchung der Stockheimer Steinkohle erhaltenen Gewichtsmengen an Kohlensäure und Wasser ein, so resultirt:

im Ofen I.	im Ofen II.
$\frac{0{,}747 \times 3}{11} = 0{,}20372 \ldots$ Gramm,	$\frac{0{,}750 \times 3}{11} = 0{,}204545 \ldots$ Gramm Kohlenstoff,
$\frac{0{,}105}{9} = 0{,}011666 \ldots$ Gramm,	$\frac{0{,}110}{9} = 0{,}01222 \ldots$ Gramm Wasserstoff.

Hieraus ergibt sich, dass

0,245 Gramm,	0,250 Gramm	Steinkohle
enthalten haben:		
0,20372 Gramm,	0,20454 . . . Gramm	Kohlenstoff,
0,01666 „	0,01222 . . . „	Wasserstoff,
0,01200 „	0,01600 . . . „	Asche,
und den Rest:		
0,01262 „	0,01724 . . . „	Sauerstoff und Stickstoff.

Diese Zahlenwerthe auf 100 Gewichtstheile Steinkohle berechnet liefern:

83,153 Procent	81,818 Procent	Kohlenstoff,
4,761 „	4,888 „	Wasserstoff,
7,188 „	6,894 „	Sauerstoff und Stickstoff,
4,898 „	6,403 „	Asche.

Nach Abzug der Asche resultirt die Zusammensetzung der reinen Kohlensubstanz:

87,456 Procent	87,412 Procent	Kohlenstoff,
5,006 „	5,223 „	Wasserstoff,
7,538 „	7,365 „	Sauerstoff und Stickstoff.

Die Bestimmung des Stickstoffs wird in den oben beschriebenen Oefen nach einem Verfahren gehandhabt, welches der Beobachtung von Dumas entsprungen ist, dass stickstoffhaltige und sauerstoffarme organische Körper beim Glühen mit ätzenden Alkalien allen Stickstoff in Form von Ammoniakgas entwickeln. Die Idee, diese Reaction zur Elementaranalyse zu verwenden, rührt von Berzelius und Wöhler, die Anwendung selbst und die Einführung der ungemein einfachen und scharfen Methode von Will und Varentrapp her und hat in ihrer Ausführung, was zumal die Art und Weise der Absorption des entwickelten Ammoniaks anbelangt, mehrfache Modulationen erfahren. Die einfachste und für technische Prüfungen bequemste Methode ist folgende:

In das zugeschmolzene Ende einer ungefähr 0,5 Meter langen Röhre von schwerschmelzbarem Glas Fig. 7 bringt man bis *a* eine Schicht doppeltkohlensaures Natron, auf diese eine 3 Centimeter lange Schicht Natronkalk, hierauf das Gemisch von ungefähr 5 Grammen feingepulverter Steinkohle mit 20 bis 30 Gramm Natronkalk, (*b*) auf diese eine Lage Natronkalk (*b—c*) bis die Röhre damit ziemlich gefüllt erscheint. Den Schluss bildet eine kurze Asbestlage und ein mit einer Glasröhre versehener Kork, an welchen ein Kugelapparat *d* sich anschliesst. Der Natronkalk ist ein Gemisch von 1 Gewichtstheil Natronhydrat und 2 Gewichtstheilen Aetzkalk und wird in gut ausgeglühtem Zustande angewendet. Nachdem die mit den angegebenen Schichten doppeltkohlensauren Natron, Kohle und Natronkalk gefüllte Röhre in dem Verbrennungsofen (mit der hinteren Spitze nach oben) eingelegt ist, befestigt man den Kork mit dem Kugelapparate an die erstere, in welchem man vorher ein abgemessenes Volumen verdünnter Schwefelsäure von bekannter Concentration eingefüllt hat und erhitzt nun die Glasröhre, von dem vorderen Theile nach der zugeschmolzenen Spitze langsam fortschreitend. Der innere Vorgang in dem Apparate ist nun folgender. Nachdem durch aufgelegte glühende Kohlen die vordere Natronkalkschicht zum Rothglühen gebracht, und unter Verrückung des Schirmes *g* nach *b* die Steinkohle zur Verkohlung gelangt ist, entweichen Kohlenwasserstoff- und Ammoniakverbindungen aus der sich zersetzenden Kohlensubstanz und werden bei ihrer Bewegung durch und über die glühende Natronkalklage in der Weise verändert, dass Kohlensäure, einfache Kohlenwasserstoffgase und Ammoniak aus den Röhren entweichen und nach dem Absorptionsapparate *d* übergehen, in welchem durch die freie Schwefelsäure das Ammoniak zurückgehalten wird. Die Ammoniakentwickelung währt, so lange die zwischen *a* und *b* (Fig. 7) liegende Kohlensubstanz noch eine Zersetzung erfährt und wird in der Weise geschlossen, dass mit der Erhitzung der am hintersten Theil der Röhre angebrachten Lage doppeltkohlensauren Natrons die aus demselben entwickelte Kohlensäure die letzten Antheile Ammoniakgas aus der Röhre dem Kugelapparate zutreibt. Ist dies geschehen, so bricht man, um ein Zurückstreichen der Flüssigkeit in die Röhre zu verhindern, die hintere Spitze ab, entfernt dann den Apparat *d* und spült dessen Inhalt vollständig in ein geräumiges Becherglas. Ist die Analyse gut verlaufen, so erscheint die Flüssigkeit farblos, höchstens schwach roth gefärbt. Eine gelbrothe oder wohl gar braune Farbe derselben zeugt entweder von einer zu geringen Erhitzung oder ungenügenden Menge Natronkalk in der Glasröhre und erschwert die folgende Arbeit. Bei dieser kommt es nämlich darauf an, zu bestimmen, wie viel Schwefelsäure in dem Apparate *d* durch das aus der Kohle entwickelte Ammoniakgas neutralisirt worden und wie viel noch frei vorhanden ist. Man erfährt dies dadurch, dass man auf den durch Lackmustinctur gerötheten, sauren Inhalt des Becherglases eine Aetznatronlösung von bekanntem Gehalte bis zur vollständigen Neutralisation einwirken lässt und aus dem gebrauchten Volumen derselben die nicht neutralisirte, also nach der Analyse noch frei gebliebene Schwefelsäure bestimmt, deren Gewichtsmenge, von dem Gesammtquantum der verwendeten Säure abgezogen, diejenige Quantität erfahren lässt, welche durch das Ammoniak der Steinkohlen absorbirt wurde. Da nun 17 Gewichtstheile Ammoniak 14 Gewichtstheilen Stickstoff entsprechen, so erfährt man aus letzterer Angabe durch eine einfache Gleichung die in der untersuchten Steinkohle entwickelten Stickstoffmengen.

Folgendes Beispiel wird das Gesagte verdeutlichen:

Dieselbe Steinkohle des Maxschachtes von Stockheim, welche nach dem vorhergehenden Verfahren auf ihren Gehalt an Kohlenstoff, Wasserstoff und Asche untersucht worden war, wurde nach der zuletzt beschriebenen Methode auf ihren Gehalt an Stickstoff geprüft. Es wurden zu diesem Behufe 5,260 Gramm Kohle mit Natronkalk gemischt, in die Zersetzungsröhre, wie oben beschrieben eingeführt, und in den Absorptionsapparat 15 Cubikcentimeter einer verdünnten Schwefelsäure eingefüllt, welche in dem angegebenen Volumen 0,626 Gramm wasserfreie Schwefelsäure enthielt. Nach Beendigung der Arbeit, wurde die Flüssigkeit aus dem Kugelapparat *d* in ein geräumiges Becherglas übergespült und nun bis zur Neutralisation 7,8 Cubikcentimeter einer Aetznatronlösung zugesetzt, welche in dem angegebenen Volumen 0,497 Gramm wasserfreie Schwefelsäure sättigte. Aus diesem Resultate ergiebt sich, dass von den in obigen 15 Cubikcentimeter enthaltenen 0,626 Gramm wasserfreie Schwefelsäure (0,626—0,497) = 0,129 Gramm durch das aus der Stockheimer-Kohle entwickelte Ammoniakgas beansprucht worden war. Da nun 40 Gramm wasserfreie Schwefelsäure durch 17 Gramm Ammoniak neutralisirt worden und in letztern, wie oben angegeben, 14 Gramm Stickstoff enthalten sind, so entsprechen diese 0,129 Grammen Schwefelsäure 0,054825 Gramm Ammoniak und diese enthalten 0,04515 Gramm Stickstoff, welche aus 5,260 Gramm Steinkohle entwickelt wurden und einem Gehalt von 0,858 Procent entsprechen.

Die Bestimmung des Schwefels in der Steinkohle erfolgt am Vollständigsten und Sichersten in der Weise, dass man die feingeriebene Kohle in einem Kolben mit einer Lösung doppeltchromsauren Kali's übergiesst und nun, unter fortwährendem Erwärmen bis nahe zum Kochen so lange reine Salpetersäure zufügt, als noch ein schwarz- oder braungefärbtes Pulver am Boden des Kolbens sich zeigt. Ist dasselbe verschwunden, oder ein weisser Rückstand sichtbar, dann filtrirt man die grüne bis braun gefärbte Flüssigkeit ab, wäscht den unlöslichen Rückstand vollständig aus und fügt zu der abfiltrirten Flüssigkeit eine Auflösung von Chlorbarium. Aus dieser scheidet sich der Baryt, soweit in der gefärbten Lösung Schwefelsäure vorhanden, als schwefelsaurer Baryt ab und wird nach mehrstündigem Stehen an einem auf + 60° Celsius erwärmten Orte durch Filtration isolirt, mit Salpetersäure haltigem Wasser ausgewaschen, getrocknet und in einem Platintiegel unter Verbrennung des Filters geglüht und als Glührückstand gewogen. Da nun 116,6 Gramm schwefelsaurer Baryt 16 Gramm Schwefel als Schwefelsäure enthalten, so erfährt man aus dem Gewichte obigen Glührückstandes durch eine einfache Gleichung den in der Kohle enthaltenen Schwefel. Die Kohle von Stockheim, in gleicher Weise behandelt, lieferte aus 1 Gramm Substanz 35 Milligramm schwefelsauren Baryt, entsprechend 4,8 Milligramm Schwefel = 0,48 Procent.

Um aber annähernd zu erfahren, ob dieser Schwefel als Schwefelmetall (Schwefelkies) oder als schwefelsaures Salz in der Kohle enthalten gewesen, ist es erforderlich, dass eine aus derselben Kohlenprobe dargestellte Asche auf ihren Gehalt an Schwefelsäure untersucht werde. Zu diesem Zwecke kocht man eine abgewogene Menge Kohlenasche mit verdünnter Salzsäure, unter Zusatz von Salpetersäure, wäscht den unlöslichen Rückstand vollständig aus und verfährt mit der erhaltenen Auflösung, wie mit der durch Oxydation der Steinkohle erhaltenen. Der hierbei gewonnene Niederschlag von schwefelsaurem Baryt wird auf Schwefelsäure berechnet und die derselben entsprechende Schwefelmenge von dem Schwefelgehalte der Kohle in Abzug gebracht. — Die Kohle von Stockheim lieferte bei ihrer Verbrennung im Mittel 5,649 Procent Asche, welche selbst wieder 0,127 Procent Schwefel in Form von Schwefelsäure enthielt. In 100 Gewichtstheilen Stockheimer Kohle war demnach 0,007 Procent Schwefel als Schwefelsäure in der Asche und 0,473 Procent Schwefel jedenfalls als Schwefelkies enthalten.

Speciellere Beschreibungen der im Vorhergehenden zum Theil in allgemeinen Umrissen geschilderten Bestimmungsmethoden enthalten die Lehr- und Handbücher der analytischen Chemie von Rose, Fresenius u. A. und sind in Bezug auf die bei den einzelnen praktischen Arbeiten einzuhaltenden Vorsichtsmaassregeln, soweit sie zur Erzielung möglichst zuverlässiger Resultate führen, in diesen Werken ausführliche Mittheilungen gegeben.

2. Der Wassergehalt der Kohle.

Die fossilen Brennstoffe führen, wie schon oben angedeutet, ausser ihrem Gehalt an organischem Material und Mineralbestandtheilen eine bestimmte Menge Feuchtigkeit mit sich, welche bei deren Erwärmung bis auf + 105° Cels. vollständig entweicht. Dieses in den Fossilien enthaltene Wasser geht zunächst als Grubenfeuchtigkeit bei längerem Liegen der frischgeförderten Kohlen an der Luft zum Theil verloren, während ein anderer Antheil, hygroskopisches Wasser, erst bei einer Erwärmung der lufttrockenen Steinkohle auf die oben angegebene Temperatur entfernt werden kann. Letzteres wird aber, sobald die bei + 105° Cels. getrocknete Kohle wieder einer mittelfeuchten Atmosphäre exponirt wird, von derselben jederzeit fast vollständig wieder aufgenommen.

Die Fähigkeit der völlig trockenen Kohle, auf ihrer Oberfläche Feuchtigkeit zu verdichten, ist bei Stückkohlen von dem Dichtigkeitsgrade derselben, bei Staubkohle von deren Korngrösse abhängig. Letzterer Umstand, der Grad der Zerkleinerung, beeinträchtigt demnach die Aufstellung maassgebender Anhaltepunkte bei Beurtheilung der hygroskopischen Eigenschaften und gestattet nur allgemeine Annahmen. Ein grösseres Stück lufttrockner niederschlesischer Kohle vom zehnten Flötz der Fuchsgrube verlor, bei + 105° Cels. getrocknet, 4,31 Procent hygroskopischer Feuchtigkeit; dieselbe Kohle auf Linsenkorngrösse gebracht, 3,92 Procent. Nach der ersten Austrocknung in einem Souterrainraume bei + 8° Cels. so lange liegen gelassen, als noch eine Gewichtszunahme der Kohle erfolgte (es waren dazu 36 Stunden erforderlich), hatte die Stückkohle 0,74 Procent, die Staubkohle 0,83 Procent an Gewicht zugenommen; wiederum bei + 105° Cels. getrocknet verlor die Stückkohle 0,63 Procent, die Staubkohle 0,79 Procent, zum zweiten Male der Luft exponirt, nahm die Stückkohle um 0,52 Procent, die Staubkohle um 0,80 Procent an Gewicht zu und verlor erstere beim Trocknen sodann 0,55 Procent, die letztere 0,81 Procent. Aus dieser Versuchsreihe scheint hervorzugehen, dass der grössere Wasserverlust der Stückkohle bei ihrer ersten Austrocknung von eingeschlossener Grubenfeuchtigkeit herrührte, welche, nach ihrer Entfernung, durch hygroskopisches Wasser nicht wieder ersetzt wurde. Die Fähigkeit der ausgetrockneten Steinkohle, Feuchtigkeit aus der Luft anzuziehen, nahm bei wiederholter Austrocknung derselben um nahezu 0,2 Procent ab und ging mit dieser Abnahme der hygroskopischen Eigenschaften auch ein Abnehmen der Feuchtigkeit insoweit Hand in Hand, als sich das Kohlenstück nach der vierten Austrocknung um vieles mürber und zerreiblicher zeigte, als ein noch ungetrocknetes Stück derselben Kohlensorte. Diese Resultate gestatten uns allgemeine Schlüsse auf die Veränderungen der Kohlen bei ihren Lagern an der Luft zu ziehen. Zunächst aber sollen sie dazu dienen, den Werth der Wasserbestimmung im Allgemeinen für die Beurtheilung der Kohlen nach ihrer chemischen Zusammensetzung und nach ihrer Heizkraft festzustellen.

Aus dem im Vorhergehenden Mitgetheilten ist zunächst ersichtlich, dass der Feuchtigkeitsgehalt einer Kohle von dem Augenblicke an, von welchem sie ihrer Lagerstätte entnommen dem Magazin oder dem Transport überwiesen wird, sich ändert, aber einen bestimmten Werth erlangt, nachdem die Grubenfeuchtigkeit aus derselben verschwunden ist. In den lufttrockenen Zustand übergegangen wird der Gehalt an hygroskopischem Wasser ein in gewissen Grenzen wechselnder bleiben, je nach dem Zerkleinerungsgrade der Kohlensorte einerseits und dem Feuchtigkeitsgrade der sie umgebenden Atmosphäre anderseits und hieraus ergibt sich, dass

1) jede Bestimmung hygroskopischer Feuchtigkeit in der Kohle je nach der angewendeten Korngrösse ein anderes Resultat liefern muss.

Diesen Ausspruch finden wir auch durch Grundmann's Untersuchungen der oberschlesischen Steinkohlen insofern bestätigt, als z. B.:

Kohle vom Flötz Nr. 4 der Ferdinandsgrube (Revier Kattowitz.[1])

		Staubkohle		Stückkohle	
1. Oberbank	Staubkohle	7,036 Procent,	Stückkohle	6,774	Procent Feuchtigkeit,
2. Mittelbank	„	7,442 „	„	8,073	„ „
3. Unterbank	„	5,996 „	„	5,264	„ „

Oberflötz der Beategrube.

		Staubkohle		Stückkohle	
4. Oberbank	Staubkohle	6,798 Procent,	Stückkohle	6,566	Procent Feuchtigkeit,
5. Mittelbank	„	8,246 „	„	9,000	„ „
6. Unterbank	„	7,137 „	„	6,449	„ „

enthielt. Nach 36 Stunden hatte

		Staubkohle		Stückkohle	
Nr. 1	Staubkohle	5,887 Procent,	Stückkohle	3,050	Procent hygroskopisches Wasser,
Nr. 2	„	4,887 „	„	3,786	„ „ „
Nr. 3	„	4,210 „	„	2,069	„ „ „
Nr. 4	„	5,332 „	„	2,048	„ „ „
Nr. 5	„	6,332 „	„	3,841	„ „ „
Nr. 6	„	5,489 „	„	2,497	„ „ „

aufgenommen, und es betrug demnach der Gehalt an Grubenfeuchtigkeit bei

		Staubkohle		Stückkohle	
Nr. 1	Staubkohle	(7,036—5,887) = 1,149 Procent,	Stückkohle	(6,774—3,050) = 3,724	Procent,
Nr. 2	„	(7,442—4,887) = 2,555 „	„	(8,073—3,786) = 4,287	„
Nr. 3	„	(5,996—4,210) = 1,786 „	„	(5,264—2,069) = 3,195	„
Nr. 4	„	(6,789—5,332) = 1,557 „	„	(6,566—2,048) = 4,518	„
Nr. 5	„	(8,246—6,332) = 1,914 „	„	(9,000—3,841) = 5,159	„
Nr. 6	„	(7,137—5,489) = 1,648 „	„	(6,449—2,497) = 3,952	„

Wir finden hier bei allen Staubkohlen einen geringeren Gehalt an Grubenfeuchtigkeit, als bei den Stückkohlen, weil sie während des Processes der Zerkleinerung verdunstet sein konnte, aber anderseits beobachten wir eine Zunahme der hygroskopischen Eigenschaften, welche mit dem Grad der Zerkleinerung Hand in Hand geht, so dass, wie soeben ausgesprochen, jede Bestimmung der hygroskopischen Feuchtigkeit ein nach der angewendeten Korngrösse verschiedenes Resultat liefern muss. Es ist aber diesem Umstand zufolge auch selbstverständlich, dass

2) die Bestimmung des Feuchtigkeitsgehaltes der Kohle zur Beurtheilung der Qualität der letzteren, weil sich in den Resultaten nicht gleichbleibend, unsichere Anhaltspunkte liefert und dass aus

[1]) Carnall's Zeitschrift Band XII. pag 202.

diesem Grunde es vortheilhaft erscheint, die chemische Untersuchung der Steinkohlen nicht mit ungetrockneter, nicht einmal mit lufttrockener, sondern mit einer bei wenigstens + 100° Cels. getrockneter Kohle vorzunehmen.

Diese beiden Gründe waren daher auch Veranlassung, dass bei der Bestimmung der Elementarbestandtheile der Brennstoffe letztere stets bei + 100 bis 105° Cels. getrocknet zur Untersuchung gelangten und dass ferner der Wassergehalt der Steinkohlen nicht mit in den analytischen Tabellen aufgenommen wurde. (Vergl. auch Brix, Untersuchung der preussischen Steinkohlen.)

Bei Beurtheilung des Einflusses des Wassergehaltes der Brennmaterialien auf ihre Heizkraft erscheint es selbstverständlich, dass beide Werthe, weil die zur Verdampfung der hygroskopischen Feuchtigkeit nothwendige Wärme den Verbrennungsproducten des Brennmaterials bei dessen Entmischung entzogen werden muss, ein vermehrter Wassergehalt eine Verminderung des Heizwerthes bedingt. Dennoch hat sich in der Praxis die Ansicht vielfach Geltung zu verschaffen gewusst, dass ein geringer Feuchtigkeitsgehalt des Brennmaterials dessen Heizwerth erhöhe, so dass man in den Fällen, wo diese Ansicht Platz gegriffen, die Kohlen mit Wasser befeuchtet, ehe sie auf den Rost gebracht werden.

Zur richtigen Beurtheilung dieser Ansicht bedürfen wir einerseits praktischer Erfahrungen, anderseits theoretischer Anhaltepunkte über das Verhalten der feuchten oder befeuchteten Kohle unter dem Einfluss kalter und erwärmter Atmosphärengase und werden, indem wir erstere in den Bereich unserer Betrachtungen ziehen, gleichzeitig auf ein anderes Gebiet der Brennmaterialienkunde geführt, welches, obgleich von dem soeben betretenen scheinbar weit entfernt, in der Beurtheilung der auf demselben sich bietenden Erscheinungen und der hierbei resultirenden Umsetzungsproducte gewisse Beziehungen zu ersterem zeiget.

Mit dem Ausdruck „Verwitterung der Steinkohlen“ bezeichnen wir nämlich einen in und an denselben verlaufenden Umsetzungsprocess, welcher sich in qualitativer Beziehung durch eine Veränderung der Farbe und Form der demselben anheimgegebenen Brennstoffe, und in quantitativer Hinsicht durch eine allmählige Verminderung der organischen Elemente: Kohlenstoff, Wasserstoff, Stickstoff und Sauerstoff, und damit verbundene relative Zunahme der Mineralbestandtheile zu erkennen gibt. Die Erscheinung selbst zerfällt, indem sie einerseits unter dem Einfluss der Atmosphärengase, anderseits bei Abschluss derselben, d. h. im Innern der aufgespeicherten Kohlenmassen verläuft, in einen Verwesungsprocess (d. i. Zersetzung unter dem vorwaltenden Einfluss des atmosphärischen Sauerstoffs) und in einen Vermoderungsprocess (Zersetzung bei Luftabschluss und unter dem Einfluss adhärirender Feuchtigkeit) und geht mit der Eigenschaft des amorphen Kohlenstoffs oder poröser Kohlenmassen überhaupt, Gase und Dampf an ihrer Oberfläche verdichten und unter dem Einfluss derselben sich verändern zu können, Hand in Hand.

Nach Saussure und Hunter absorbirt 1 Cubikfuss frischausgeglühte Holzkohle:
9,42 Cubikfuss Kohlenoxydgas, 35,00 Cubikfuss Kohlensäuregas, 9,25 Cubikfuss Sauerstoffgas, 7,50 Cubikfuss Stickstoffgas.

Diese Gase, zu welchen auch Wassergas gerechnet werden kann, bleiben jedoch nicht ohne Einfluss auf die Kohle selbst, denn es ist bekannt, dass man durch Erhitzung von Holzkohle, welche längere Zeit der Luft exponirt gewesen, ein mit blauer Flamme brennendes, der Hauptsache nach aus Kohlenoxyd, Sumpfgas, Kohlensäure, Wasserdampf und Ammoniak bestehendes Gasgemisch erhält.

Dass auch Steinkohle ein solches, wenn auch geringeres, Absorptionsvermögen besitze, geht aus Dem hervor, was im Vorhergehenden über deren hygroskopische Eigenschaften gesagt wurde; jedenfalls ist der Gewichtsverlust, welchen eine Steinkohle erfährt, die man auf 100° Cels. erwärmt, nicht allein auf Rechnung absorbirter Feuchtigkeit zu schreiben. Wenigstens beweisen die Untersuchungen Marsilly's [1]), dass Steinkohle schon bei einer Erwärmung auf + 50° Cels. Gas abgibt und dass diese Gasentwickelung ohne eintretende Zersetzung der Kohle bis auf + 350° Cels. im erhöhten Grade stattfindet. Eine bis

[1]) Compt. rend. Tom. 46 pag. 883.

zu dieser Temperatur erhitzte Kohle hat dann 1—2 Procent an Gewicht verloren und aus 1 Kilogramm kann 1—2 Litre Gas gewonnen werden.

Denken wir uns demnach eine Steinkohle mit ihrem ganzen Gehalte von Grubenfeuchtigkeit versehen in einem Raume eingeschlossen, der ebenfalls vorwaltend mit Wassergas erfüllt ist, so erscheint es wenigstens wahrscheinlich, dass hier eine chemische Wechselwirkung zwischen den Elementen des Wassers und der organischen Kohlensubstanz in einer Weise erfolgen kann, welche durch die Formel

$$4\,C + 4(HO) = C_2\,H_4 + C_2\,O_4$$

(Kohlenstoff) + Wasser = (Sumpfgas) + (Kohlensäure)

ihren Ausdruck findet, und das Auftreten von Sumpfgas und Kohlensäure im Innern einer mit Feuchtigkeit gesättigten Steinkohlenmasse zunächst erklärlich erscheinen lässt, sowie auch als einfacher Ausdruck für die mit dem Namen „Vermoderung" bezeichnete Zersetzungserscheinung der Steinkohlen überhaupt Geltung erfahren kann. In wie weit hierbei die anderen der organischen Elemente der Steinkohle: Wasserstoff, Sauerstoff und Stickstoff, wirken, ist zwar experimentell noch nicht nachgewiesen, doch lässt sich aus dem Verlauf von ähnlichen Umsetzungserscheinungen, wie solche an anderen, allerdings weniger dichten organischen Stoffen beobachtet wurden, annehmen, dass in den Fällen, in welchen die organische Kohlensubstanz, einseitig ihres Kohlenstoffgehaltes beraubt, ihren Zersetzungsprocess antritt, die mit dem Kohlenstoff verbundenen und durch denselben fixirten Elemente, im Momente der Entmischung gleichzeitig entweder in einfachere Verbindungen übergehen, oder den elementaren Gaszustand annehmen werden. Die Untersuchungen Bischoff's über die Zusammensetzung der im Saarbrücker Becken auftretenden Grubengase ergaben für

Gas aus dem Wellersweiler Stolln:			Gas aus dem Gerhard-Stolln:		
87,43	Procent	Sumpfgas,	79,84	Procent	Sumpfgas,
6,05	„	Elaylgas,	1,90	„	Elaylgas,
2,22	„	Stickstoff,	14,36	„	Stickstoff,
4,30	„	Kohlensäure,	3,90	„	Kohlensäure,
100,00	„		100,00	„	

Nach der oben entwickelten chemischen Formel entbinden sich bei der Zersetzung des Wassers unter dem Einfluss der Kohle gleiche Volumina Sumpfgas und Kohlensäure. Der geringe Gehalt der von Bischoff untersuchten Grubengase an letzterer scheint nun gegen die durch obige Formel ausgesprochene Ansicht zu streiten, doch ist hiergegen einzuhalten, dass das Absorptionsvermögen der Kohle gegenüber der Kohlensäure ein sehr bedeutendes ist (siehe pag. 217) und es daher denkbar erscheint, dass letztere vorwaltend von der Kohlensubstanz zurückgehalten wird. Ob der Stickstoffgehalt des Grubengases einer Stickstoffentwickelung aus der sich zersetzenden Kohlensubstanz zuzuschreiben, oder ob hier atmosphärische Gase in Wirkung getreten seien, darüber sind sichere Aufschlüsse noch nicht vorhanden.

Gesellt sich nun zu den durch die adhärirende Feuchtigkeit eingeleiteten Umsetzungserscheinungen der Kohlen der gleichzeitige Einfluss der atmosphärischen Luft, so erscheint es zunächst annehmbar, dass in dem Grade, in welchem sich von der Oberfläche der Kohlenmasse die Grubenfeuchtigkeit entfernt, erstere also in den lufttrockenen Zustand übergeht, an Stelle letzterer die Atmosphärengase Platz greifen und theilweise durch die Flächenanziehung der Kohle, theils durch die Absorptionsfähigkeit der auf letzterer in dünnen Schichten lagernden Feuchtigkeit (hygroskopisches Wasser) in der Kohle verdichtet werden. Ob und in wie weit hierbei das letztere als Ueberträger des atmosphärischen Sauerstoffs auf die Kohlen wirkt, ist noch nicht entschieden, doch beweisen die in dieser Beziehung angestellten Versuche von Grundmann über den Verwitterungsprocess oberschlesischer Steinkohlen[1]) zur Genüge ein verhältnissmässig schnelles Vorschreiten des Verwesungsprocesses, dessen Verlauf, durch folgende Angaben bezeichnet, relativ gemessen werden kann.

[1]) Carnall's Zeitschrift, Band 10, pag. 326.

Zur Untersuchung wurden (im Anfang August 1861) 3400 Tonnen Steinkohlen aus dem Sattelflötze des Erbreichschachtes von Königsgrube bei Königshütte auf eine Halde geworfen und diese nun in folgenden Zeitabschnitten untersucht:

Resultate der Untersuchung	Frischgeförderte Kleinkohlen im Anfang August 1861	Verwitterte Steinkohlen der aufgeschütteten Halde					Frischgeförderte Steinkohlen Ende September 1861	Verwitterte Steinkohlen			
		Ende September 1861	Ende December 1861		Ende April 1862			Ende December 1861		Ende April 1862	
			Wetterseite	Inneres der Halde	Wetterseite	Inneres der Halde		grosse Stücke	zerschlagene Stücke	grosse Stücke	zerschlagene Stücke
Specifisches Gewicht bei + 18° Cels.	1,284	1,283	1,282	1,288	1,289	1,289	1,301	1,307	1,296	1,312	1,297
Wasserverlust bei 100 Cels. . . .	5,131	5,942	3,010	3,181	3,759	4,311	4,880	3,861	4,200	3,362	3,464
Bestandtheile d. getrockneten Kohle:											
Kohlenstoff	79,142	76,902	71,749	72,320	71,801	71,487	78,845	78,664	78,720	76,705	78,737
Wasserstoff	4,746	4,669	4,458	4,393	4,397	4,340	4,865	4,841	4,795	4,839	4,758
Stickstoff	0,817	0,834	0,873	0,805	0,871	0,863	0,838	0,903	0,984	0,825	0,950
Sauerstoff	10,150	10,743	11,300	11,824	11,392	11,765	10,347	10,383	10,200	12,220	10,175
Schwefel	0,638	0,661	0,748	0,734	0,746	0,735	0,689	0,691	0,665	0,682	0,667
Asche	4,518	6,191	10,872	9,924	10,793	10,810	4,416	4,518	4,636	4,729	4,713
Bestandtheile d. aschenfreien Kohle:											
Kohlenstoff	83,435	82,570	81,225	80,949	81,168	80,818	83,089	82,986	83,222	81,094	83,216
Wasserstoff	5,004	5,006	5,003	4,916	4,971	4,907	5,125	5,109	4,967	5,115	5,028
Stickstoff	0,861	0,895	0,987	0,901	0,984	0,975	0,883	0,952	1,039	0,842	1,003
Sauerstoff	10,700	11,529	12,785	13,234	12,877	13,300	10,903	10,953	10,772	12,919	10,753
Zunahme der frischgeförderten Kohle im Aschengehalt	. . .	1,673	6,354	5,406	6,275	6,292	. . .	0,102	0,220	0,313	0,297
Verhältniss des disponiblen Wasserstoffs zum Kohlenstoff = 1000	43,950	43,890	61,594	60,729	41,413	40,145	45,276	45,066	43,504	43,159	44,270
Verhältniss des nicht disponiblen Wasserstoffs z. Kohlenst. = 1000	16,030	17,740	19,673	20,432	19,834	20,579	16,404	16,496	16,179	19,915	16,151

Die in dieser Tabelle angegebenen Zahlenwerthe weisen zunächst nach, dass, indem der Aschengehalt der Kohlen relativ zunimmt, eine Abnahme von organischer Substanz mit dem Verwitterungsprocess gleichmässig Hand in Hand geht. Eine Veränderung im specifischen Gewicht, wie solche bei der grösseren Dichtigkeit der Asche an sich mit deren Zunahme zu erwarten wäre, ist indess nicht wahrzunehmen, wenigstens liegen die in den angegebenen Zahlenwerthen auftretenden Dichtigkeitsdifferenzen noch innerhalb der möglichen Versuchsfehler. Von Interesse für spätere Erörterungen erscheint aber der zunehmende Schwefelgehalt in der verwitternden Kohle. Ein Blick auf eine schwefelkieshaltige Kohlenhalde zeugt dafür, wie der Schwefelgehalt sich so zu sagen nach der Oberfläche der Kohlenschichten begibt, um mit den Mineralbestandtheilen der Kohle, unter denen Eisen- und Thonerdeverbindungen hauptsächlich auftreten, sich zu schwefelsauren Salzen zu verbinden. (Ein unter dem Namen Keramohalit in unserem Laboratorium untersuchtes Auswitterungsproduct einer Schieferkohle von Potschappel im Plauen'schen Grunde bestand zum grössten Theile aus schwefelsaurer Thonerde und Eisenvitriol mit schwefelsaurem Eisenoxyd.)

Ueber das Verhältniss des Schwefelgehaltes der Kohle zu dem der Asche erscheinen folgende Resultate geeignet, einigen Aufschluss zu geben:

Kohlensorte	Asche in 100 Pfd. Kohle	Schwefel in 100 Pfd. Kohle	Schwefel in 100 Pfd. Asche	Schwefel in der Asche von 100 Pfd. Kohle	Schwefelverlust bei der Verbrennung von 100 Pfd. Kohle
Weicher Schiefer von Hänichen im Plauen'schen Grunde	9,250 Pfd.	1,454 Pfd.	15,509 Pfd.	1,434 Pfd.	0,020 Pfd.
Russkohlenflötz im Schachte von Günther's Erben in Bockwa (Zwickau)	7,360 „	0,789 „	9,464 „	0,696 „	0,093 „
Zachkohlenflötz von Ehrler's Schacht zu Vereinigtfeld in Oberhohndorf (Zwickau)	5,760 „	0,973 „	14,663 „	0,844 „	0,129 „
Culmkohle von Berthelsdorf. . . .	16,532 „	3,264 „	18,174 „	2,424 „	0,840 „
Kohle von Flöha	48,316 „	1,746 „	2,798 „	1,352 „	0,394 „

Diese Tabelle setzt die Möglichkeit eines dem relativen Aschengehalt entsprechend wachsenden Schwefelgehaltes während der Verwitterung nicht ausser Zweifel, sobald wir uns vorstellen, dass in Folge der langsam vorschreitenden Oxydation die schwefelreicheren Verbindungen der Kohle Zeit gewinnen, sich mit den Metalloxyden der Aschensubstanz zu schwefelsauren Salzen umzusetzen und in dieser Form in der Asche zu verbleiben.

Um für die Veränderung der organischen Substanz durch den Verwitterungsprocess einen weiteren Maassstab zu gewinnen, erschien es zweckmässig auch das Verhältniss des disponiblen, d. h. durch Sauerstoff nicht zur Wasserbildung beanspruchbaren und des nicht disponiblen, also durch den Sauerstoffgehalt der Kohle selbst oxydirten Wasserstoffs zum Kohlenstoff = 1000 in den einzelnen Kohlenproben in Betracht zu ziehen. Die Bedeutung dieser Anschauungsweise der organischen Kohlensubstanz einer späteren Besprechung zuweisend, beobachten wir, dass zunächst in der von Grundmann untersuchten oberschlesischen Stückkohle der Wasserstoffgehalt abnimmt, also die Kohle an backenden Eigenschaften verliert, ebenso wie auch der Gehalt an nicht disponiblem Wasserstoffe bei den zerschlagenen Stücken ab- und bei den ganzen Stücken aber zugenommen zu haben scheint. Bei der Kleinkohle beobachten wir im ersten Monat eine Abnahme des disponiblen, eine Zunahme des nicht disponiblen Wasserstoffs, sodann bis Ende December eine Zunahme beider und endlich nach acht Monaten eine Abnahme des disponiblen und eine Zunahme des nicht disponiblen Wasserstoffs. Im Ganzen bewegt sich aber die durch diese Betrachtungsweise angedeutete Veränderung der Kohlensubstanz durch den Verwitterungsprocess, den von Grundmann gefundenen Zahlenwerthen zu Folge, in so engen Grenzen, dass die hier auftretenden Differenzen auch auf Rechnung der analytischen Fehlerquellen geschrieben oder durch Veränderungen in der Aschensubstanz übertragen werden können, wie dies von Grundmann in seiner Abhandlung nachgewiesen zu sein scheint. Es berechtigten daher die aus den Grundmann'schen Untersuchungen hervorgegangenen Resultate nur zu der Annahme, dass durch den Verwitterungsprocess die organische Kohlensubstanz in ihrer ganzen Masse eine gleichmässig verlaufende Zersetzung erfährt, welche eine Verminderung der Kohlen- und eine Vermehrung der Mineralbestandtheile zur nächsten und wichtigsten Folge hat. Zur Vervollständigung dieser und zur Gewinnung weiterer Gesichtspunkte wurden vom Professor Dr. Fleck mehre von denjenigen sächsischen Steinkohlenproben untersucht, von welchen im Jahre 1856 grössere Quantitäten gepulvert zur chemischen Analyse gedient hatten. Von diesen Kohlenproben befinden sich seit 9 Jahren Handstücken in einem Schranke der chemisch-technologischen Sammlung des Polytechnikums in Dresden, und von diesen wurden einige Proben einer nochmaligen Untersuchung unterworfen, um über die Veränderung der Kohlen während ihres Lagerns in lufttrockenen Räumen einige Anhaltepunkte zu erhalten.

Kohlensorten	untersucht im Jahre	In 100 Gewichtstheilen bei + 105° getrocknet				Nach Abzug der Asche			Verhältniss des disponiblen Wasserstoffs zum Kohlenstoff = 1000	Verhältniss d. nicht disponiblen Wasserstoffs zum Kohlenstoff = 1000
		Kohlenstoff	Wasserstoff	Sauerstoff und Stickstoff	Asche	Kohlenstoff	Wasserstoff	Sauerstoff und Stickstoff		
1. Harter Schiefer vom Oppeltschachte in	1856	67,173	4,630	11,458	16,739	80,768	5,567	12,965	48,856	20,069
Zaukeroda	1865	47,219	2,814	14,979	34,988	72,632	4,398	22,970	21,024	39,528
2. Kohle vom dritten Flötze des Oppelt-	1856	26,544	1,904	7,320	64,232	74,230	5,325	20,445	37,303	34,434
schachtes	1865	32,779	1,756	11,132	53,333	70,241	3,764	25,995	7,331	46,255
3. Kohle vom zweiten Flötze des Gühne'-	1856	81,573	4,477	9,473	4,477	85,396	4,687	9,917	40,365	14,520
schen Werkes in Niederwürschnitz . .	1865	80,300	4,650	8,569	1,481	81,510	4,720	13,770	36,793	21,114
4. Kohle vom Gückelsberg (ein weicher	1856	87,825	2,663	4,670	4,842	92,295	2,798	4,907	23,669	6,646
Schiefer)	1865	86,217	2,653	5,160	5,970	91,434	2,822	5,744	23,010	7,853
5. Pechkohle aus Helbig's & Co.-Schachte	1856	80,963	5,518	12,081	1,498	82,113	5,602	12,285	49,518	13,705
in Oberhohndorf	1865	73,472	4,645	19,728	2,155	75,972	4,747	19,281	30,761	31,722
6. Kohle vom oberen Flötze d. Segen-Gottes-	1856	75,747	4,831	15,570	3,802	78,740	5,074	16,186	28,748	25,692
Schachtes d. erzgeb. Actien-V. in Zwickau	1865	76,363	4,166	16,555	2,916	78,658	4,272	17,070	27,168	27,130

Diesen Angaben zufolge finden wir nur in drei Fällen eine Zunahme der Aschenbestandtheile gegenüber einem Verschwinden der Kohlensubstanz, während in den drei andern Fällen (in Nr. 2, 4, 6) der Aschengehalt geringer erscheint. Die Erklärung für diese Thatsache haben wir in der ungleichmässigen Vertheilung der Mineralsubstanz in den Steinkohlen selbst zu suchen, so dass es wohl möglich ist, dass verschiedene Kohlenpartikel ein und desselben Kohlenstückes in ihrem Aschengehalt um mehre Procente differiren können. Diesen Umstand einer späteren Besprechung vorbehaltend, finden wir demnach hierin keinen Anhaltepunkt, um uns über die Veränderung der Steinkohle während eines 9jährigen Lagerns Aufschluss zu verschaffen. Wenden wir uns aber zu Columme 6 bis 8 derselben Tabelle, so beobachten wir zunächst in allen 6 Kohlensorten eine mehr oder weniger bedeutende Kohlenstoffabnahme in der organischen Substanz der Kohle und eine Zunahme von Sauerstoff in derselben. Ein ungefähres Bild für den innern Vorgang dieses Umsetzungsprocesses gibt uns wieder das in den letzten 2 Vertikalreihen der Tabelle ausgesprochene Verhältniss des disponiblen und nicht disponiblen, also durch Sauerstoff chemisch gebunden angenommenen, Wasserstoffs zum Kohlenstoff = 1000. In allen 6 Kohlensorten hat der disponible Wasserstoff abgenommen, der nicht disponible zugenommen und es erscheint diesen Resultaten zufolge die Annahme gerechtfertigt, dass die Steinkohle während ihres längeren Lagerns in lufttrocknen Räumen an Kohlenstoff und disponiblem Wasserstoff einbüsse und dadurch relativ wasserreicher werde. Da aber der Verlust an Kohlenstoff und disponiblem Wasserstoff den hauptsächlichsten Grund für die Verminderung der Heizkraft eines Brennmaterials bietet, so ist durch diese Thatsache schon die Erklärung für die mit dem Verwitterungsprocess der Kohle Hand in Hand gehende Verminderung ihres Heizwerthes geboten. Bringen wir hierzu noch den Umstand zur Berücksichtigung, dass der Heizeffect eines Brennmaterials, wie oben schon ausgesprochen, dessen Sauerstoffgehalt, oder dessen Gehalt an gebundenem Wasser umgekehrt proportional ist, so wird durch die relative Zunahme des letzteren in der verwitternden Kohle deren Heizwerth eine weitere Veränderung erfahren müssen. Dennoch befeuchtet man, von der Ansicht geleitet, dass angefeuchtete Kohle besser heize, an einzelnen Orten die Steinkohle, bevor sie auf den Rost gegeben wird, und einer uns gewordenen mündlichen Versicherung eines erfahrenen Pyrotechnikers zufolge, liefern schwach befeuchtete Kohlen in den Siemens'schen Generatoröfen jederzeit günstigere Resultate als staubtrocknes Brennmaterial. Brix spricht sich über diesen Gegenstand im Allgemeinen in seinem mehr citirten Werke folgendermaassen aus:

„Die Ansicht, dass bei der Verbrennung feuchter Kohlen das Wasser in Berührung mit glühenden Kohlen zerlegt werde und dass der daraus entstandene Wasserstoff bei seiner Verbrennung eine neue Wärmemenge entwickele, dass also dadurch der Heizeffect des Brennmaterials beträchtlich vermehrt werde, beruht auf einer Unklarheit über den Vorgang. Die Versuche, welche bisher über die Verbindungswärme angestellt worden, haben zu dem Satze geführt, dass bei Zerlegung einer chemischen Verbindung ebensoviel Wärme gebunden, als bei der Wiedervereinigung der Bestandtheile zu derselben Verbindung entwickelt wird, — ein Satz, der übrigens so naturgemäss erscheint, dass man versucht wäre, ihn auch ohne Beweis als Axiom aufzustellen. Es kann also bei der Verbrennung des Wasserstoffs nicht mehr Wärme erzeugt werden, als bei der Zerlegung des Wassers der brennenden Kohle entzogen wird. Dagegen führt der Wassergehalt der Kohle unter allen Umständen insofern einen Verlust herbei, als zur Verdampfung des Wassers Wärme aufgewendet werden muss. Uebrigens dürfte auch nur ein geringer Theil von dem Wassergehalte des Brennmaterials wirklich zur Zersetzung gelangen. Bei weitem der grösste Theil wird als Dampf entweichen, ehe er die zur Zersetzung nöthige Temperatur erreicht hat. So sehr jedoch obiges Verfahren mit der Theorie im Widerspruch steht, so muss doch seine grosse Verbreitung die Vermuthung erwecken, dass, wenn dabei auch nicht gerade eine absolute Vermehrung der vom Brennmaterial entwickelten Wärme bewirkt wird, es doch vielleicht in irgend einer anderen Weise in gewissen Fällen Vortheil gewähre. Sonst hätte eine Maassregel, die selbst dem Unbefangensten auf den ersten Blick widersinnig erscheinen muss, sich unmöglich so lange in Gebrauch erhalten können. Oft mag dieses Verfahren insofern nützlich wirken, als es die Verbrennung verzögert, nämlich dann, wenn man entweder die Wärmemenge, welche bei rascher Verzehrung des Brennmaterials entwickelt wird, nicht ganz braucht, oder wenn die zur Aufnahme der Wärme bestimmten Apparate zu klein sind und die Wärme nicht so schnell, wie sie entwickelt wird, zu absorbiren vermögen, also einen zu grossen Theil unbenutzt in den Schornstein entweichen lassen. Bisweilen mag auch durch diese Verzögerung der Verbrennung indirect eine vollständigere Verbrennung herbei geführt werden. Es ist eine bekannte Thatsache, von deren Richtigkeit ich mich im Laufe der Untersuchung mehrfach überzeugt habe, dass feuchte Kohle sich weit besser verkokt, als trockne.

Wird zur Kesselfeuerung sehr trocken backende Kohle verwendet, bei der sich viel Staubkohle befindet, so verlieren die kleinen Kohlentheilchen, sobald sie in's Feuer kommen, sofort ihre vergasbaren Bestandtheile und verwandeln sich in kleine, glänzende Kokskügelchen, welche an einigen Stellen des Rostes in grosser Menge unverbrannt in den Aschenraum fallen, an anderen Stellen sich anhäufen und den Rost sperren und so Unregelmässigkeiten in den Verbrennungsprocess bringen. Besass die Kohle dagegen einen gewissen Grad von Feuchtigkeit, so geschieht die Verkokung langsamer, und die Kohlentheilchen backen zu grossen, lockeren Kuchen zusammen, die dann regelmässiger und vollständiger verbrennen. Hier wird also durch das Anfeuchten der Kohle nicht sowohl der Wärmeeffect derselben vermehrt, als eine vollständigere Ausnutzung derselben veranlasst. In ähnlicher Weise wird sich auch in anderen Fällen der scheinbare Vortheil erklären, den das Benetzen der Kohlen zu gewähren scheint.

Man führt absichtlich einen kleinen Verlust herbei, um grössere zu vermeiden, welche aus der unvollständigen Verbrennung des Materials erwachsen würden. Es liegt auf der Hand, dass derselbe Zweck durch zweckmässige Construction der Feuerungsanlage und passende Leitung des Verbrennungsprocesses noch vollständiger erreicht werden würde. So lange in dieser Hinsicht Mängel vorhanden sind, kann das Anfeuchten der Kohlen ein ganz brauchbares Palliativmittel zur Verminderung des daraus entspringenden Verlustes sein."

Versuche, welche Brix in dieser Richtung vermittelst einer mit 5 Procent Wasser befeuchteten Backkohle anstellte, lieferten qualitativ insofern ein günstiges Resultat, als in Folge dieser Maassregel die Kohlen stärker zusammenbackten und gleichmässiger verbrannten. Im Heizeffect zeigten sie keine erheblichen Abweichungen, wenigstens lagen letztere unterhalb der unvermeidlichen Versuchsfehler.

Wir dürfen demnach die Anwendung eines feuchten fossilen Brennmaterials, zumal dann, wenn es sich durch einen grösseren Reichthum an Kohlenstoff und disponiblem Wasserstoff charakterisiret, in den Fällen statthaft erscheinen lassen, in welchen, wie dies bei Anwendung von Generatoren der Fall ist, der Verbrennung eine Verkokung vorausgeht und wo es gleichzeitig darauf ankommt, den Verbrennungsprocess der gasförmigen Verkohlungsproducte ausserhalb des Verkokungsraumes, z. B. in mit Generatorgasen geheizte Glasöfen, zu übertragen und hierbei die Erzielung möglichst grosser Gasmassen und geringer Theerdampfmengen im Auge zu behalten. Auf diesen Umstand werden wir bei Besprechung der Koks- und Leuchtgasfabrikation nochmals zurückzukommen Gelegenheit finden.

3. Der Aschengehalt der Kohlen.

Nachdem den in Band I pag. 10 u. f. gegebenen Erklärungen für die Entstehung des Torfes und die Bildung von älteren Kohlenlagern erscheint es selbstverständlich, dass mit der fortschreitenden Zersetzung der organischen Pflanzenmasse in dem Kohlenbildungsprocess auch die in derselben aufgespeicherten Mineralbestandtheile in qualitativer und quantitativer Hinsicht bedeutend anderer Art werden mussten.

Vergleichen wir die Zusammensetzung einer Holzasche mit der Asche einer Steinkohle, so stellen sich zunächst folgende Zahlenwerthe heraus:

Asche von Tannenholz nach Karsten.

Kohlensaures Kali	11,30	Procent.
„ Natron	7,42	„
Kohlensaurer Kalk	50,94	„
„ Magnesia	5,60	„
Phosphorsaurer Kalk	3,43	„
„ Magnesia	2,90	„
„ Eisenoxyd	1,04	„
„ Thonerde	1,75	„
Kieselerde	13,37	„
Manganoxyd-, Schwefelsaure Alkalien-, Chlornatrium-	Spuren.	
	97,74	Procent.

Asche der Steinkohle
vom Sattelflötz in Königsgrube nach Grundmann.

Kali	2,046	Procent.
Kalk	3,208	„
Magnesia	1,869	„
Eisenoxyd	16,062	„
Thonerde	18,948	„
Phosphorsäure	0,356	„
Schwefelsäure	1,734	„
Kieselsäure	55,405	„
Chlor- & Natron-Spuren.		
	99,623	Procent.

In 100 Pfund Tannenholz = 0,328 Pfund Asche; in 100 Pfund obiger Steinkohle = 2,085 Pfund Asche.

Wir sehen diesen Angaben zufolge aus der vermodernden Pflanze den grössten Theil in Wasser löslicher Verbindungen ausscheiden und dieselben hauptsächlich durch unlösliche Kieselsäureverbindungen in der Steinkohle ersetzt. Die gleichzeitige Entfernung des kohlensauren Kalkes lässt sich durch dessen Eigenschaft, sich in kohlensäurehaltigem Wasser zu lösen, um so zuverlässiger erklären, als ja der oben gegebenen Umsetzungsformel zufolge, Kohlensäure und Sumpfgas die wesentlichsten Vermoderungsproducte sind. Erstere bleibt in dem Wasser, unter dessen Einfluss der Kohlenbildungsprocess vorschreitet, gelöst und wirkt vorwaltend lösend auf den kohlensauren Kalk, um solchen als doppeltkohlensauren Kalk aufgelöst den Pflanzenüberresten zu entführen.

So lange nun die Quantität der Steinkohlenasche dasjenige Quantum unlöslicher Bestandtheile, wie solche in der Asche lebender Pflanzen auftreten, nicht übersteigt, können wir erstere der Hauptsache nach als aus den unlöslichen Rückständen der Mineralbestandtheile der ursprünglichen Pflanze bestehend betrachten. Sobald aber, wie solches bei den meisten Torfarten, Braunkohlen- und Steinkohlensorten der Fall, das Aschenquantum einen gewissen Werth übersteigt, sind wir genöthigt, den mechanischen Einfluss von Schlammwässern, welche die Kohlen während ihrer Bildungsepoche durchsetzt haben, zu adoptiren.

Es geht dies auch aus den Untersuchungen von Taylor[1]) über die Asche einer Kohle von New-Castle, sowie aus der Zusammensetzung des Gesteins aus dem Hangenden und Liegenden des Flötzes, dem die Kohle angehört, hervor.

	Feuerfester Thon als Liegendes, nach Abzug von 10,5 Proc. Wasser und 6,44 Proc. löslichen Natronsalzen	Asche von der Kohle guter Qualität mit 1,36 Proc. Aschengehalt, nach Abzug von 8,2 Proc. Schwefelsäure in der Asche	Asche von Kohle geringer Qualität mit 16,9 Proc. Asche, nach Abzug der Schwefelsäure	Asche von bituminösem Kohlenschiefer mit 61,65 Proc. Asche	Asche von blauem Kohlenschiefer, nach Abzug von 11 Proc. Wasser
Kieselsäure	62,44	59,56	64,21	56,51	58,99
Thonerde	31,22	12,19	28,78	31,89	26,19
Eisenoxyd	2,26	15,96	2,27	—	5,14
Eisenoxydul	—	—	—	7,04	5,11
Kalk	0,75	9,99	1,34	1,69	0,67
Magnesia	0,85	1,13	1,12	0,85	1,54
Kali	2,48	1,17	2,28	1,38	2,34
Natron	—	—	—	0,61	—

Das Auftreten sogenannter Kluftflächen, erdiger Ablagerungen zwischen den Spaltungsflächen der dichten Kohlenmassen, setzt dann gleichzeitig einen Infiltrationsprocess gelöster und dann aus der Lösung zwischen den Kohlenspalten ausgeschiedener Stoffe voraus. Derartige Ablagerungen finden sich z. B. in hervorragender Menge in den Spaltungsflächen der Kohlen von Flötz Sophie und Flötz Wilhelm in Grube Itzenplitz im Saarbrücken'schen und bestehen aus Bitterspath, einem Gemenge von kohlensaurem Kalk und kohlensaurer Magnesia, letztere in Maximo vertreten.

Die Kluftflächen einer weichen Schieferkohle von Hänichen im Plauen'schen Grunde wurden zusammengesetzt gefunden aus:

Organische Substanz 26,02 Proc., Kieselsäure 17,80 Proc., Thonerde 12,64 Proc., Eisenoxyd 3,29 Proc.,[2])
Gyps 4,86 „ Kalk 26,01 „ Kohlensäure 9,38 „

Nicht minder lässt sich das Auftreten von Schwefelkies in den Schieferkohlen des Plauen'schen Grundes bei Dresden auf einen Reductionsprocess infiltrirter Eisensalze zurückführen. In andern Fällen sind wir berechtigt anzunehmen, dass bisweilen ein mit dem Namen Steinkohle bezeichnetes Brennmaterial eine von Theerdämpfen imprägnirte Gesteinsmasse sei. Betrachten wir z. B. die geringere Qualität Steinkohle von Berghaupten in Baden ihrer Zusammensetzung nach, so finden wir diese starkglänzende, schwarzgraue Kohle zusammengesetzt, wie folgt:

Kohlenstoff 10,015 Proc., Wasserstoff 1,161 Proc., Sauerstoff 4,079 Proc., Asche 84,745 Proc.

Die Zusammensetzung der aschenfreien Substanz berechnet sich dann zu

68,181 Proc. Kohlenstoff, 7,906 Proc. Wasserstoff, 23,913 Proc. Sauerstoff.

Berechnen wir in diesen das Verhältniss des disponiblen und nicht disponiblen Wasserstoffs zu Kohlenstoff = 1000, so beträgt es

für den disponiblen Wasserstoff . . . . = 72,11
für den nicht „ „ . . . . = 43,84

und es resultirt eine Zusammensetzung, welche sich in ähnlicher Weise nur in der Bogheadkohle (siehe unten) wieder findet und einen Reichthum an disponiblem Wasserstoff ergibt, wie solcher nur in letzterer

[1]) Knapp: Die Metallurgie von John Percy.
[2]) Stein, Untersuchungen der Steinkohlen des Königreichs Sachsen.

wieder gefunden wird. Bei der Verbrennung der Kohle von Berghaupten blieb die Asche als ein ganzes, fettglänzendes Stück zurück, welches sich als Talkstein, kieselsaure Magnesia, erwies. In diesem Brennmaterial haben wir es demnach mit einem durch Theerdämpfe imprägnirten Talkstein zu thun, wie auch die Bogheadkohle nicht als primäres Vermoderungsproduct, sondern als bituminöser Schiefer zu betrachten ist.

Diese hier angeführten Beispiele werden hinreichen, um darzuthun, dass wir es in den Aschen der Steinkohlen mit mineralischen Gemengen zu thun haben, welche nach den mechanischen und chemischen Einflüssen, denen die vermodernden Pflanzen ausgesetzt waren und sind, in Qualität und Quantität nicht nur in den fossilen Brennstoffen verschiedenen Alters, sondern in demselben Kohlenflötz wechseln können, je nach den localen Umständen, unter welchen die Bildung des Flötzes an verschiedenen Stellen erfolgte. Dem äusseren Ansehen nach unterscheiden sich die verschiedenen Aschensorten der Steinkohlen durch ihre Farbe in der Weise, dass dieselben weiss bis hochroth gefärbt auftreten. Die rothe bis gelbe Farbe spricht für einen Gehalt an Eisenoxyd, welcher in manchen Kohlensorten, z. B. in den oberschlesischen Kohlen die Asche hellroth bis grauroth, die Asche der Molassenkohle in Oberbayern ziegelroth erscheinen lässt, während da, wo er gänzlich fehlt z. B. in einigen Kohlen des Inde- und Wormreviers, eine farblose Asche resultirt. In ihrem Verhalten höheren Temperaturen gegenüber erscheinen an Thonerde reiche und an Kieselerde arme Aschen unschmelzbar, solche, in welchen ein hoher Kieselerdegehalt bei mangelndem Eisenoxyd vorherrscht, fritten im Essenfeuer, ohne zu schmelzen; ein Gehalt an Eisenoxyd- und Kalksilicaten macht die Aschen leicht schmelzbar, bedingt eine vermehrte Schlackenbildung und führt durch Einhüllung von Koksmassen in die Aschenschlacken Verluste an Brennmaterial und dadurch bedingte Verminderung der Heizkraft herbei. Anderseits erscheinen Kohlen mit grossen Mengen leicht schmelzbarer Asche oft backend, ohne den Namen einer backenden Kohle ihrer chemischen Zusammensetzung nach zu verdienen.

Harte Schieferkohlen, wie die der Plauen'schen Formation, hinterlassen den unverbrennlichen Rückstand oft in Form unschmelzbarer Steine, welche sich nur schwer durch den Rost drücken lassen.

Durch den Einfluss der Wärme und des atmosphärischen Sauerstoffes auf die Brennmaterialien findet aber voraussichtlich auch eine chemische Veränderung ihrer Mineralbestandtheile in der Weise statt, dass verbrennbare Elemente unorganischer Natur, wie der Schwefel ein solches ist, oder wie sie in dem Eisen als Oxydul oder Schwefeleisen in der Kohle auftreten, höher oxydirt, verbrannt werden und hieraus resultirt, dass der als Verbrennungsrückstand verbleibende Aschenantheil ein in qualitativer und quantitativer Hinsicht veränderter Körper ist, welcher uns in Folge der in ihm und mit ihm vorgegangenen physikalischen und chemischen Veränderungen mit Hilfe der bis jetzt gebräuchlichen analytischen Prüfungsmethoden der Steinkohlen nicht gestattet, ein getreues Bild über die absolute Zusammensetzung des Brennstoffes zu erlangen. Wir beobachten z. B. das Eisen in der vollständig ausgebrannten Asche der Steinkohlen als Eisenoxyd und sind doch nach allen bis jetzt vorliegenden wissenschaftlichen Erfahrungssätzen berechtigt, anzunehmen, dass in einem kohlenstoffreichen Körper das Eisen nur in der niedrigsten Oxydationsstufe, als Eisenoxydul, auftreten kann. Der Schwefelkies ($Fe\,S_2$) verbrennt zu Schwefelsäure und Eisenoxyd, erstere entweicht fast vollständig, letzteres verbleibt in der Asche; die Gewichtsveränderung, welche hierdurch stattfindet, gestaltet sich so, dass 6 Gewichtstheile Schwefelkies bei ihrer Verbrennung 3,2 Gewichtstheile Schwefel an die Verbrennungsgase abgeben und 4 Gewichtstheile Eisenoxyd zurückbleiben. Während demnach durch die höhere Oxydation des Eisenoxyduls in der Kohle eine Gewichtsvermehrung in der Asche statt hat, wird bei der Anwesenheit von Schwefelkies die Quantität der Mineralbestandtheile in der Asche vermindert. Die Differenzen in der Angabe des Schwefelgehaltes der Kohle, reducirt auf den Schwefelgehalt der Asche, liefern dann die Quantität des verbrannten oder schädlichen Schwefels, wie solcher in den Tabellen über die chemische Untersuchung der sächsischen Steinkohlen von Stein berechnet worden ist. In der im Vorhergehenden über das Verhältniss des Schwefelgehalts der Kohle zu dem der Asche entworfenen kleinen Tabelle finden wir in der letzten

Columne den Schwefelverlust bei der Verbrennung von 100 Pfund Kohle verzeichnet und beobachten, dass dieser schädliche Schwefel in den Kohlen zwischen 0,02 und 0,84 Procent betragen kann.

Im Verlaufe des Verbrennungsprocesses in Rostfeuerungen resultirt als Verbrennungsrückstand ein Conglomerat mineralischer Kohlenrückstände mit mehr oder weniger unverbrannten Brennmaterialantheilen, welches mit dem, was wir vom theoretischen Standpunkte aus mit dem Namen „Asche" bezeichnen, nicht zu identificiren ist.

Diese zuerst von Dr. Hartig in seiner „Untersuchung über die Heizkraft der Steinkohlen Sachsens" hervorgehobene Thatsache veranlasst denselben zu folgenden praktisch wichtigen Bemerkungen: „Den Begriff „unverbrennbarer Theil" hat man in doppeltem Sinne zu verstehen, in einem theoretischen und einem praktischen; im ersteren bezeichnet er den eigentlichen Aschengehalt, d. h. die Summe der absolut unverbrennbaren Theile, die man z. B. erhält, wenn man die Kohle in einer Muffel oder in einem Strom von Sauerstoffgas vollständig einäschert, im letzteren aber die Menge der sämmtlichen Rückstände, welche bei der praktischen Verwendung der Kohlen, z. B. in einer Kesselanlage, sich der Verbrennung entziehen, also Schlacken, Asche, Flugasche. Während die erste Bedeutung die bei rein wissenschaftlichen Untersuchungen allein mögliche ist, wird die zweite praktische Auffassung bei einer technischen Untersuchung von Brennstoffen vorzüglich in's Auge zu fassen sein. Es haben zwar Johnson, Brix u. A. auch die Summe dieser Rückstände ermittelt, aber ohne ihr neben dem wahren Aschengehalt eine eigentliche Bedeutung in dem Sinne, wie hier, einzuräumen; vielmehr haben sie der Feststellung des letzteren auch auf dem praktischen Wege sich zu nähern gesucht, indem sie z. B. durch Herauslesen der Koksstückchen aus den Schlacken und der Kohlensplitter aus der Asche die Rückstände von brennbaren Theilen möglichst befreiten. Aber es verdient offenbar der bezeichnete Begriff in seiner praktischen Bedeutung gleiche Berechtigung mit der eigentlichen theoretischen; denn wenn bei der wirklichen Verwendung der Steinkohle Splitter derselben auf die Rostfugen fallen und sich so der Verbrennung entziehen, oder Koksstückchen zwischen den Schlacken bleiben und mit diesen aus dem Feuer gezogen werden, so gehören sie in der praktischen Auffassung des Wortes auch zu den „unverbrennlichen Theilen" ebenso wie die wirkliche Asche selbst; denn es ist nicht möglich, sie unter den obwaltenden Umständen noch zu verbrennen; man könnte sich zwar denken, dass sie in der oben angedeuteten Art aus den Rückständen wieder ausgeschieden und nachträglich verbrannt würden, aber dies ist ohne praktischen Vortheil und geschieht in der Regel nicht.

Man kann allerdings gegen die Zulässigkeit der hier hervorgehobenen Auffassung des Begriffes „unverbrennbare Theile" den Einwand machen, dass sie insofern eine Unbestimmtheit enthalte, als die Menge solcher Theile offenbar von der Beschaffenheit der Feuerungsanlage und von der Behandlung des Feuers abhängen wird; aber sobald man voraussetzt, dass beide in jeder Beziehung möglichst zweckmässig sind, so erscheint diese Unbestimmtheit nur gering, ja was dem Begriff in wissenschaftlicher Schärfe abgeht, das wird durch die Sicherheit der praktischen Bestimmung völlig ersetzt; es wird sich in der Folge zeigen, dass der „praktische Aschengehalt", wie man ihn nennen könnte, einer zuverlässigern Bestimmung fähig ist, als der theoretische, zu dessen Ermittelung die Kohlen nur in sehr kleinen Mengen verwendet werden können, welche nicht leicht die durchschnittliche Zusammensetzung einer Kohlensorte repräsentiren."

Die Vertheilung der Mineralbestandtheile in der Steinkohle ist eine in der That so ungleichmässige, dass eine genaue Uebereinstimmung des Aschengehaltes auf dem Wege der Elementaranalyse (siehe oben) zwischen zwei Bestimmungen, für welche selten mehr als $^1/_3$ Gramm Kohle verwendet wird, zu den Zufälligkeiten gerechnet werden kann. Selbst bei aschenarmen Kohlen gehören Aschendifferenzen von 0,2 bis 2,0 Proc. zu den Regelmässigkeiten; aschenreiche Kohlen geben in 2 Bestimmungen, wie schon oben ausgesprochen, eine Differenz von 6 und mehr Procenten im Aschengehalt. Wie wäre es auch möglich, eine Probe aus einer $4^1/_2$ millionenfachen Menge so auszuscheiden, dass sie die mittlere

Beschaffenheit der letzteren richtig darstellte, wenn wir annehmen, dass zu Verbrennungsversuchen im Grossen die Kohlen in Quantitäten von 3000 Pfund zur Verwendung kommen!

„Die beabsichtigte Vergleichung des eigentlichen Aschengehaltes“, sagt Hartig an anderer Stelle weiter, „mit dem im praktischen Sinne verstandenen wird daher voraussichtlich nur bei denjenigen Kohlensorten zu einem glaubhaften Ergebniss führen, welche durch eine beträchtliche Zahl von Proben bei den Verbrennungsversuchen und folglich auch bei den Aschenbestimmungen im Kleinen vertreten waren, wie z. B. die Pechkohle von Zwickau. Im Folgenden ist diese Vergleichung für einige Sorten ausgeführt und dabei, um den Grad der Zuverlässigkeit erkennen zu lassen, zugleich die Anzahl der zu Grunde gelegten Einzelbestimmungen angegeben:

Sächsische Kohlen.	Zahl der Bestimmungen im Grossen,	im Kleinen.	Unverbrennliche Theile in Procenten der trockenen Kohle, praktisch,	theoretisch.	Unterschied. Procente.
Pechkohle von Zwickau . . .	59	40	8,4	4,6	3,8
Russkohle	9	6	9,6	6,5	3,1
Russkohle von Würschnitz . .	6	6	8,4	4,1	4,3
Weiche Schieferkohle von Plauen .	21	17	20,5	17,4	3,1

Man kann also annehmen, dass bei der praktischen Verwendung der Steinkohlen etwa 3—4 Proc. der brennbaren Substanz in die Rückstände gelangen und unverbrannt bleiben; dieser Verlust scheint indess bei den Kohlen von sehr grossem Aschengehalt, wie bei der Kalkschieferkohle des Plauen'schen Grundes und bei der Kohle von Flöha bis zu 10 Procent und darüber zu steigen. Es zeigte sich bei den Versuchen mit solchen Kohlen, dass die Schlacken nur sehr unbefriedigend ausbrannten. In welchem Verhältniss übrigens die brennbaren Theile in den Rückständen sich auf Schlacken, Asche und Flugasche durchschnittlich vertheilen, das geht aus folgender Tabelle hervor, welche aus den vorstehenden Zahlen und den Untersuchungen des Dr. Fleck über den Gehalt der Asche und Flugasche an verbrennlichen Theilen berechnet ist.

	Verbrennliche Theile, Procente der wasserfreien Kohle: in den Schlacken,	in der Asche,	in der Flugasche.
Pechkohle von Zwickau . . .	2,96	0,80	0,04
Russkohle	1,48	1,58	0,04
Russkohle von Würschnitz . . .	3,38	0,88	0,04
Weiche Schieferkohle von Plauen .	1,45	1,55	0,10

Diese Vertheilung der verbrennlichen Theile, wenigstens zwischen Schlacke und Asche, wird natürlich von der Beschaffenheit des Rostes und von der Bedienung des Feuers mit abhängen; doch scheinen bei den meisten Kohlen die Schlacken mehr davon zu enthalten als die Asche.“

Für die gewerbliche Praxis resultiren aus diesen Zahlenwerthen einige Anhaltepunkte, welche uns in den Stand setzen, dieselben zur Beurtheilung der Heizkraft einer Steinkohle zu verwenden, sobald wir die nutzbare Verdampfungskraft für 1 Pfund der verbrennlichen Substanz für alle Kohlen desselben Beckens oder wenigstens desselben Flötzzuges als gegeben voraussetzen. Unter Voraussetzung derselben Kesselanlage und gleichmässiger Behandlung des Feuers stellt sich die Verdampfungskraft für 1 Pfund der verbrennlichen Substanz für alle Kohlen aus der Zwickauer und Plauenschen Formation als nahezu gleichwerthig heraus: es kann dieselbe nämlich zu 8,2 Pfund Dampf von 150° Cels. aus Wasser von 0° gerechnet werden.

„Es erscheinen also alle an dieser Kohle vorkommenden Verschiedenheiten fast nur als Folge des verschieden grossen Aschen- und Wassergehaltes. Das Augenmerk der Kohlenconsumenten wird daher vorzugsweise auf die Bestimmung dieses Gehaltes zu richten sein; eine solche wird sie in den Stand setzen, durch eine sehr leichte Rechnung den Heizwerth ihrer Kohle annähernd festzustellen.

Was zuerst den Aschengehalt oder die Menge der praktisch unverbrennlichen Theile anbelangt, so gehört zu deren Bestimmung weiter nichts, als dass man, etwa während eines Tages, eine grössere Quantität der zu prüfenden Kohle in der Feuerungsanlage selbst so vollständig wie möglich niederbrennt, nachdem man vorher Rost und Aschenfall von allen früheren Rückständen gereinigt hat, und sowohl das Gewicht des zu verbrennenden Kohlenquantums, als das Gewicht der daraus entstandenen Rückstände (Schlacken, Asche), ermittelt; die Flugasche, welche auch hierzu gehört, kann man, wenn sich ihre Menge nicht direct beobachten lässt, zu $^1/_{20}$ der übrigen Rückstände annehmen.

Aber auch die Bestimmung des Wassergehaltes bietet keine grössere Schwierigkeit dar. Hier kommt es nur darauf an, dass man die Kohle so lange in einer Temperatur von etwas über 100° Cels. lasse, bis sie keinen Gewichtsverlust mehr erfährt. Auf einem Dampfkessel wird sich immer eine Stelle finden lassen, deren Temperatur der angegebenen nahekommt. Dabei ist es hinreichend, wenn man eine gut ausgewählte Probe im Gewicht von 20 bis 30 Pfund anwendet.

Hat man auf solche Art gefunden, dass der Gehalt an unverbrennlichen Theilen a Procent der rohen Kohle, an hygroskopischem Wasser b Procent beträgt, so kann man die Dampfmenge, welche durch 1 Pfund dieser Kohle aus Wasser von 0° entwickelt werden wird, nach folgender Formel ausrechnen:

$$V = \frac{8{,}20\ (100 - a - b) - b}{100}$$

oder auch: $$V = 8{,}20 - 0{,}082 \, . \, a - 0{,}092 \, b.$$

Dabei ist angenommen, dass 1 Pfund des hygroskopischen Wassers bei der Verbrennung der Kohle ebensoviel Wärme in Anspruch nehme, wie 1 Pfund Wasser von 0° im Kessel verdampft. Wenn man nun noch die so berechnete Zahl mit dem mittleren Gewicht eines Scheffels multiplicirt, das man durch einige Wägungen bestimmen kann, so erhält man auch die mittlere Verdampfungskraft für einen Scheffel der betreffenden Kohle.

Wenn auch dieses Verfahren einer eigentlich wissenschaftlichen Begründung vorläufig entbehrt, so sind doch, wenigstens bei den bezeichneten sächsischen Kohlen die danach berechneten Werthe nicht weniger zuverlässig, als die auf irgend eine andere Art erhaltenen. Selbst bei den mit aller Vorsicht ausgeführten Verbrennungsversuchen kommen Abweichungen vor, welche den hierbei möglichen fast gleichstehen.

Beispiel: Es sei der Heizwerth einer Mittelkohle des Plauenschen Grundes mit dem einer Würschnitzer Stückkohle zu vergleichen. Durch Versuche im Grossen habe sich ergeben, dass von der ersteren 100 Pfd. 5 Pfd. hygroskopisches Wasser enthalten, und beim Verbrennen 26 Pfd. unverbrennliche Rückstände hinterlassen, und dass 1 Scheffel derselben im zugelieferten Zustande 170 Pfd. wiegt. Dann berechnet sich nach der angegebenen Formel die nutzbare Verdampfungskraft der Plauenschen Mittelkohle für 1 Pfund zu

$$8{,}20 - 0{,}082 \times 26 - 0{,}092 \times 5 = 8{,}20 - 2{,}13 - 0{,}46 = 5{,}61 \text{ Pfund Dampf}$$

$$\text{und für 1 Scheffel } 170 \times 5{,}61 = 953{,}7 \text{ Pfund Dampf.}$$

Für die Würschnitzer Stückkohle sei beobachtet worden

der Gehalt an hygroskopischem Wasser = 16 Procent,
" " " unverbrennlichen Rückständen = 8 "
das Gewicht eines Scheffels im zugelieferten Zustande = 152 Pfund.

Die nutzbare Verdampfungskraft für 1 Pfund dieser Kohle ist dann =

$$8{,}20 - 0{,}082 \times 8 - 0{,}092 \times 16 = 6{,}07 \text{ Pfund Dampf}$$

$$\text{für 1 Scheffel} = 152 \times 6{,}07 = 922{,}6 \text{ Pfund.}$$

Werden die Kohlen nach dem Gewichte verkauft, so verhält sich der Heizwerth der Würschnitzer Kohle zu dem der Plauenschen wie 6,07 : 5,61 oder wie 1 : 0,92, beim Kaufen nach Maass aber wie 922,6 : 953,7 oder wie 1 : 1,03; im ersten Fall ist also die Mittelkohle von Plauen um 8 Procent weniger, im letzten um 3 Procent mehr werth, als die Stückkohle von Würschnitz."

4. Die brennbare Substanz der Kohlen.

Mit dem Namen „brennbare Substanz" der Kohlen bezeichnen wir die aschefreie, bei + 100° Cels. getrocknete organische Substanz derselben, in welcher Kohlenstoff, Wasserstoff, Sauerstoff und Stickstoff chemisch verbunden sind, durch deren quantitatives Verhältniss die physikalischen und chemischen Eigenschaften der Brennstoffe überhaupt wesentlich bedingt werden. Mit Hilfe der oben beschriebenen chemischen Untersuchungsmethoden bestimmen wir diese Elementarbestandtheile neben der Aschenmenge dem Gewichte nach und verschaffen uns durch Zusammenstellung der hierdurch erlangten Zahlenwerthe Aufschluss über die procentale Zusammensetzung des Brennmaterials überhaupt. Schon in dem über den Wasser- und Aschengehalt der Kohlen Gesagten ist der Werth dieser analytischen Untersuchungen zur Beurtheilung der Heizkraft mehrfach in Betracht gezogen und hierbei das Resultat erzielt worden: dass wir, insofern die Erzielung eines übereinstimmenden mittleren Aschengehaltes auf dem Wege der Elementaranalyse nicht möglich sei, die aus derselben hervorgehende procentale Zusammensetzung zur maassgebenden Bestimmung des Heizwerthes eines Brennmaterials nicht verwerthen können, auch alle in dieser Beziehung angestellten Berechnungen mit dem praktischen Heizwerth in keinerlei Einklang zu bringen sind. Dieser Ausspruch, welcher durch die Besprechung des praktischen Heizeffectes in einem späteren Capitel noch ausführlichere Erwähnung erfahren wird, stellt demnach den Werth, welchen die chemische Untersuchung eines Brennstoffes für die Praxis besitzt, in einer Beziehung in Frage, schliesst aber die Möglichkeit nicht aus, den analytischen Resultaten andere Gesichtspunkte abzugewinnen, welche uns in den Stand setzen, aus den letzteren Material zur Beurtheilung ihrer Verwendbarkeit zur Koksfabrikation, Briquetfabrikation und Leuchtgasfabrikation zu gewinnen. Schon Karsten, Richardson und Regnault haben die Eigenschaften der fossilen Brennstoffe mit der chemischen Zusammensetzung ihrer brennbaren Substanz in Einklang zu bringen versucht und in Scheerer's Lehrbuch der Metallurgie ist die Eintheilung der Steinkohlen in Sandkohle, Sinterkohle, Backkohle und Anthracit mit dem Procentgehalt an organischen Elementarstoffen in der Weise verglichen worden, dass man für die brennbare Substanz

der	Sandkohle	die Zusammensetzung	von	77	Proc.	Kohlenstoff,	5	Proc.	Wasserstoff,	18	Proc.	Sauerstoff;
„	Sinterkohle	„	„	„	83	„	„	5	„	„	12	„	„
„	Backkohle	„	„	„	87	„	„	5	„	„	8	„	„
des	Anthracit	„	„	„	95	„	„	3	„	„	2	„	„

als Grenzwerthe angenommen und von denselben das Verhalten der einzelnen Sorten in der Kokserei und auf dem Roste abzuleiten versucht hat. Diese Auffassungsweise lässt jedoch Knapp in seiner Bearbeitung der Percy'schen Metallurgie wieder fallen und gelangt, gestützt auf die chemischen Untersuchungen der Steinkohlen Sachsens von Stein, zu keinem übereinstimmenden Resultat. Der Grund hierfür liegt in dem Umstande, dass durch eingeschlichene Rechnungsfehler bei Aufstellung der Mittelwerthe in den Stein'schen Tabellen eine Uebereinstimmung der letzteren mit den Resultaten der einzelnen Analysen verloren ging. Um über den Einfluss der procentalen Zusammensetzung der Brennstoffe auf ihre praktische Verwerthbarkeit Anhaltepunkte zu erlangen, mussten alle bis jetzt existirenden Angaben hierüber gesammelt, mit einander verglichen und bei Vergleichung derselben ein Maassstab aufgestellt werden, welcher die bei der chemischen Untersuchung auftretenden unvermeidlichen Versuchsfehler möglichst compensirte. Bei Ausführung der Analyse mehrer deutschen Steinkohlen nach dem oben beschriebenen Verfahren stellte es sich, wie schon besprochen, heraus, dass auch bei sorgfältigster mechanischer Mischung der Aschengehalt der Kohlen ein und desselben Flötzes niemals übereinstimmend gefunden werden konnte. Hiergegen ergab sich nach Abzug der unverbrennlichen Substanz für die Zusammensetzung der organischen Kohlenmasse in den meisten Fällen eine Uebereinstimmung in den Resultaten der angestellten Controluntersuchungen zu erkennen, welche darauf hindeutete, dass, wenn auch durch äussere Infiltration der Aschengehalt eines Flötzes sich ungleichmässig gestaltete, letzteres in seiner Hauptmasse unter gleichen chemischen physikalischen Einflüssen seinen Umwandlungsprocess durchlaufen haben musste, und dadurch eine gewisse Gleichmässigkeit in der Zusammensetzung der organischen Substanz zum Vorschein kommt, welche es gestattet, allgemeine Gesichtspunkte für die Eigenschaften der Kohlen eines Flötzzuges oder wohl auch eines ganzen Flötzbeckens zu gewinnen, wie solche aus den einfachen Procentzahlen direct nicht deutlich hervortreten. Diese Identität gewisser Flötze ergab sich zumal auch bei Vergleichung der Resultate, welche verschiedene Analytiker bei Kohlen desselben Flötzes erzielt hatten und machten den zuletzt gethanenen Ausspruch, dass die organische Substanz derselben Kohlensorte an mehren Stellen des Flötzes eine nahezu gleiche Zusammensetzung besitze, fast zur Gewissheit.

Von den in den fossilen Brennstoffen vertretenen Elementen: Kohlenstoff, Wasserstoff, Sauerstoff und Stickstoff übersteigt der letztere selten 2 Procent und liegt in den meisten Fällen weit unter diesem Werthe. Insofern nun derselbe bei der Verkohlung der Brennmaterialien grösstentheils als eine Verbindung von Stickstoff und Wasserstoff, als Ammoniak entweicht und seine Anwesenheit, wie es scheint, keinen wesentlichen Einfluss auf den Charakter der Kohle ausübt, erschien es zweckmässig, seine Quantität mit der des Sauerstoffs zu vereinigen und ihn als Sauerstoff, d. h. als Wasserstoff bindendes Element, mit in Rechnung zu ziehen. Dadurch hat sich in mehren der beiliegenden Tabellen über die Zusammensetzung der Kohlen die Eintheilung der unter der Rubrik „In 100 Theilen aschenfreier Substanz" befindlichen 3 Columnen für Kohlenstoff, Wasserstoff, Sauerstoff (und Stickstoff) ergeben, welche nun nach folgenden theoretischen Annahmen einer nähern Betrachtung unterzogen werden können.

Der Umstand, dass die Fossilien vor ihrer chemischen Untersuchung bei + 100 bis + 105° Cels. ausgetrocknet worden sind, berechtigt zu der nach Marsilly's Untersuchungen begründeten Voraussetzung, dass der nach ihrer Austrocknung in den Kohlen verbleibende Wasserstoff und Sauerstoff nicht mehr als hygroskopisches Wasser vorhanden sein kann, stellt aber nicht in Zweifel, dass, sofern diese Brennstoffe einer Temperatur ausgesetzt werden, bei welcher die in ihnen verdichteten Gase: Wasserstoff und Sauerstoff entweichen, dieselben sich zu Wasser verbinden können, sofern und so lange die Zersetzungstemperatur der Kohle noch unter der Temperatur liegt, bei welcher die chemischen Beziehungen des Wasserstoffs zum Sauerstoff gelockert werden. Die Quantität des Wasserstoffes übersteigt aber in allen Fossilien die zur Wasserbildung, d. h. zur Bindung des Sauerstoffes (und Stickstoffes) in der Kohle erforderliche Menge[1]) und rechtfertigt daher die Annahme, dass der Wasserstoff in den Fossilien in zweifacher Form: als disponibler (überschüssiger) und nicht disponibler (durch den Sauerstoff und Stickstoff bindbarer) enthalten sei.

Bezeichnen wir daher mit C den Procentgehalt an Kohlenstoff,
W „ „ „ disponiblem Wasserstoff,
W_1 „ „ „ nicht disponiblem Wasserstoff,
S „ „ „ Sauerstoff (und Stickstoff)
} in einem Brennmaterial,

so ergibt sich die procentische Zusammensetzung desselben aus der allgemeinen Formel:

$$C \text{ Kohlenstoff} + (W + W_1) \text{ Wasserstoff} + S \text{ Sauerstoff} = 100 \text{ (Taf. II).}$$

Den Werth W_1 erhält man nach der bekannten Annahme, dass 8 Gewichtstheile Sauerstoff 1 Gewichtstheil Wasserstoff zu Wasser verbrennen können, wonach $\frac{S}{8} = W_1$ ist.

Betrachten wir nach dieser Auffassungsweise die oben gefundene Zusammensetzung der Steinkohle vom Maxschachte in Stockheim, so ist

$$\left.\begin{array}{ll} C & = 87{,}456 \\ W + W_1 & = 5{,}006 \\ S & = 7{,}538 \end{array}\right\} \text{in 100 Gewichtstheilen der aschenfreien Substanz.}$$

[1]) In der Zusammensetzung der organischen Substanz des Torfes von Linum Flatow (I. Sorte) nach Heintz entspricht die Wasserstoffmenge dem vorhandenen Sauerstoffe nicht vollständig, was auf einem Versuchsfehler zu beruhen scheint und die Aufnahme der Procentzahlen für diese Torfsorte in die Tabelle unthunlich erscheinen liess.

Da aber $W_1 = \frac{S}{8}$, so ist der Werth $(W + W_1)$ auch gleich:

$$W + \frac{7{,}538}{8} = 5{,}006; \text{ und dann ist}$$

$$W = 5{,}006 - \frac{7{,}538}{8} = 5{,}006 - 0{,}942 = 4{,}064;$$

und die ideale Zusammensetzung der organischen Kohlensubstanz erscheint dann:

87,456	Proc.	Kohlenstoff = C
4,064	„	disponibler Wasserstoff = W
0,942	„	nicht disponibler Wasserstoff = W_1
7,538	„	Sauerstoff = S.
100,000.		

Bei der Beurtheilung der Fossilien in Bezug auf ihre technische Verwerthbarkeit und auf ihr physikalisches Verhalten, welches durch die Namen Sandkohle, Backkohle, Gaskohle, Sinterkohle, Anthracit schon in gewisser Beziehung angedeutet erscheint, tritt aber das Verhältniss des Kohlenstoffs, indem sich derselbe bei der Bildung gasförmiger Zersetzungsproducte im Verkokungs- und Vergasungsprocess in hervorragender Weise betheiligt, zu dem in der Kohle enthaltenen disponiblen und nicht disponiblen Wasserstoff in dem Grade in den Vordergrund, dass wir uns zu dem Ausspruche schon jetzt berechtigt glauben, durch dasselbe den wichtigsten Maassstab zur Charakteristik der Fossilien überhaupt und der einzelnen Kohlensorten insbesondere erlangt zu haben, ohne denselben als das alleinige Mittel hinstellen zu wollen, durch welches wir sichere Schlüsse zu ziehen uns berechtigt glauben. Zur Feststellung desselben denken wir uns 1000 Gewichtstheile (Pfund, Kilogramm, Centner) Kohlenstoff gegeben und beantworten nun zunächst die Frage:

Wie viel disponibler und nicht disponibler Wasserstoff ist auf 1000 Gewichtstheile Kohlenstoff in den Fossilien enthalten?

1000 Gewichtstheile Kohlenstoff entsprechen dann

x Gewichtstheilen nicht disponiblem und
y „ disponiblem Wasserstoff,

und diese Werthe berechnen sich aus der angegebenen allgemeinen Formel:

$$C \text{ Kohlenstoff} + (W + W_1) \text{ Wasserstoff} + S \text{ Sauerstoff} = 100.$$

Für die Stockheimer Maxschachtkohle:

$$\left.\begin{aligned} x &= \frac{W_1 \times 1000}{C} \\ y &= \frac{W \times 1000}{C} \end{aligned}\right\} \qquad \begin{aligned} x &= \frac{0{,}942 \times 1000}{87{,}456} = 10{,}78 \\ y &= \frac{4{,}064 \times 1000}{87{,}456} = 46{,}51 \end{aligned}$$

In der Stockheimer Kohle sind demnach

auf 1000 Pfund Kohlenstoff $\begin{cases} 10{,}78 \text{ Pfund nicht disponibler Wasserstoff,} \\ 46{,}51 \text{ „ disponibler Wasserstoff} \end{cases}$

enthalten.

Führen wir diese Berechnungsweise für alle in den Tabellen enthaltenen Brennstoffe, vom Holze anfangend, durch und betrachten die aus derselben hervorgehenden Zahlenwerthe, wie solche in den beiden letzten Zahlen-Columnen nach rechts, unter der Rubrik:

Verhältniss
des disponiblen | des nicht disponiblen
Wasserstoffs zu Kohlenstoff = 1000

enthalten sind, so entgeht uns schon bei einer oberflächlichen Durchsicht einzelner Brennmaterial-Gruppen nicht, dass in der Zusammensetzung derselben eine gewisse Aehnlichkeit zu finden ist, die nicht einem blossen Zufall angehören kann und deutlich darauf hinweist, dass gerade in diesem Verhältniss den Schlüssel zur Beurtheilung einer Kohle nach ihrer technischen Verwerthbarkeit geboten scheint.

Stellen wir beispielsweise das Holz und die Torfsorten nebeneinander, so finden wir, dass in diesen, vom Holz ausgehend, der disponible Wasserstoff zu-, der nicht disponible Wasserstoff abnimmt, denn während im Holze im Durchschnitt auf 1000 Pfund Kohlenstoff 13,8 Pfund disponibler und 110,1 Pfund nicht disponibler Wasserstoff enthalten sind, ist im Torfe 26,45 Pfund disponibler und 75,1 Pfund nicht disponibler Wasserstoff berechnet zu finden. Da nun der letztere, der nicht disponible Wasserstoff, als chemisch gebundenes Wasser wenigstens in Rechnung gebracht werden kann, und dieses dem vorhandenen Sauerstoff entsprechend ab- und zunehmen muss, so können wir auch annehmen, dass die Torfbildung zunächst in einer Entfernung des chemisch gebundenen Wassers zu suchen ist.

In den Braunkohlen verändern sich diese Werthe im Mittel zu 35,63 Pfund disponiblen und 54,15 Pfund nicht disponiblen Wasserstoff auf 1000 Pfund Kohlenstoff, schwanken aber in den einzelnen Kohlensorten je nach Alter und Lagerungsverhältnissen, um in der ältern Molassenkohle von Schliersee in Oberbayern, einer Pechkohle, wieder einen bestimmten und entsprechenden Werth zu erreichen, der durch die Zahlen 36,57 Pfund disponiblen, 41,24 Pfund nicht disponiblen Wasserstoff auf 1000 Pfund Kohlenstoff seinen Ausdruck findet.

Bei den nun folgenden Steinkohlensorten im Allgemeinen bewegen sich die Mittelwerthe der einzelnen Kohlensorten Deutschlands zwischen

0,53	Pfund		disponibler	Wasserstoff	in dem Anthracit von Schönfeld,
49,69	„		„	„	in der Wälderkohle und
1,65	„	nicht	„	„	im Anthracit von Schönfeld,
27,88	„	„	„	„	in der Saarkohle.

Stellen wir aber beispielsweise das Holz und den Anthracit nebeneinander, so finden wir, dass

auf 1000 Pfd. Kohlenstoff im Holz	13,80	Pfd.	disponibler,	110,11	Pfd.	nicht disponibler	Wasserstoff,
„ Anthracit	0,53	„	„	1,65	„	„ „	„

enthalten sind.

Einen vollständigen Einblick in die Verwerthungsfähigkeit dieser Zahlenwerthe erlangen wir aber, wenn wir letztere durch Linien wiederzugeben versuchen, die sich in einem Punkte schneiden, dessen Lage durch deren Länge und Richtung bestimmt ist. Wir erreichen dies, indem wir die Verhältnisszahlen des disponiblen und nicht disponiblen Wasserstoffs als Ordinaten eines rechtwinkeligen Coordinatensystems auftragen, in welchem die Zahlen auf der verticalen Achse dem disponiblen Wasserstoff, die Zahlen auf der horizontalen Achse dem nicht disponiblen, also dem durch Sauerstoff und Stickstoff in der bei 105° Cels. getrockneten Kohlensubstanz bindbaren Wasserstoff entsprechen. Errichten wir an den der Zusammensetzung eines Brennmaterials entsprechenden Stellen der Coordinatenachsen die Abscisse x und die Ordinate y, so schneiden sich diese Linien in einem Punkte, dessen Lage uns als Maassstab zur Beurtheilung der physikalischen Eigenschaften des durch ihn repräsentirten Fossils dienen kann.

Aus der chemischen Untersuchung des Holzes ergibt sich z. B., dass in demselben im Mittel auf 1000 Pfund Kohlenstoff 13,80 Pfund disponibler und 110,11 Pfund nicht disponibler Wasserstoff enthalten sind. Errichten wir nun auf der Ordinatenachse an der Zahl 13,8, sowie auf der Abscissenachse an der Zahl 110,1 Perpendikel, so schneiden sich beide Linien in dem Punkte A der graphischen Tafel, welcher durch seine Lage gegen die Achsen den chemischen und physikalischen Charakter des Holzes repräsentirt. In dieser Weise sind auf der in Taf. II abgebildeten Karte die Punkte einer grösseren Anzahl in ihrer Zusammensetzung uns bekannt gewordener Brennmaterialen bestimmt und dadurch ein Maassstab zu Beurtheilung der letzteren in mehrfacher Hinsicht zu bieten versucht worden.

Auf dieser Tafel repräsentiren nun die Punkte A bis W, deren Lage aus der mittleren Zusammensetzung der Brennstoffe gleicher Art oder der Kohle eines Beckens abgeleitet ist, folgende Brennmaterialen:

GRAPHISCHE KARTE DER BRENNMATERIALI

Auf 1000 Kohlenstoff

X nicht disponibler Waſserstoff = $W_1 \times \frac{1000}{C}$ — Y disponibler Waſserstoff = $W \cdot \frac{1000}{C}$

C % Kohlenstoff + (W+W

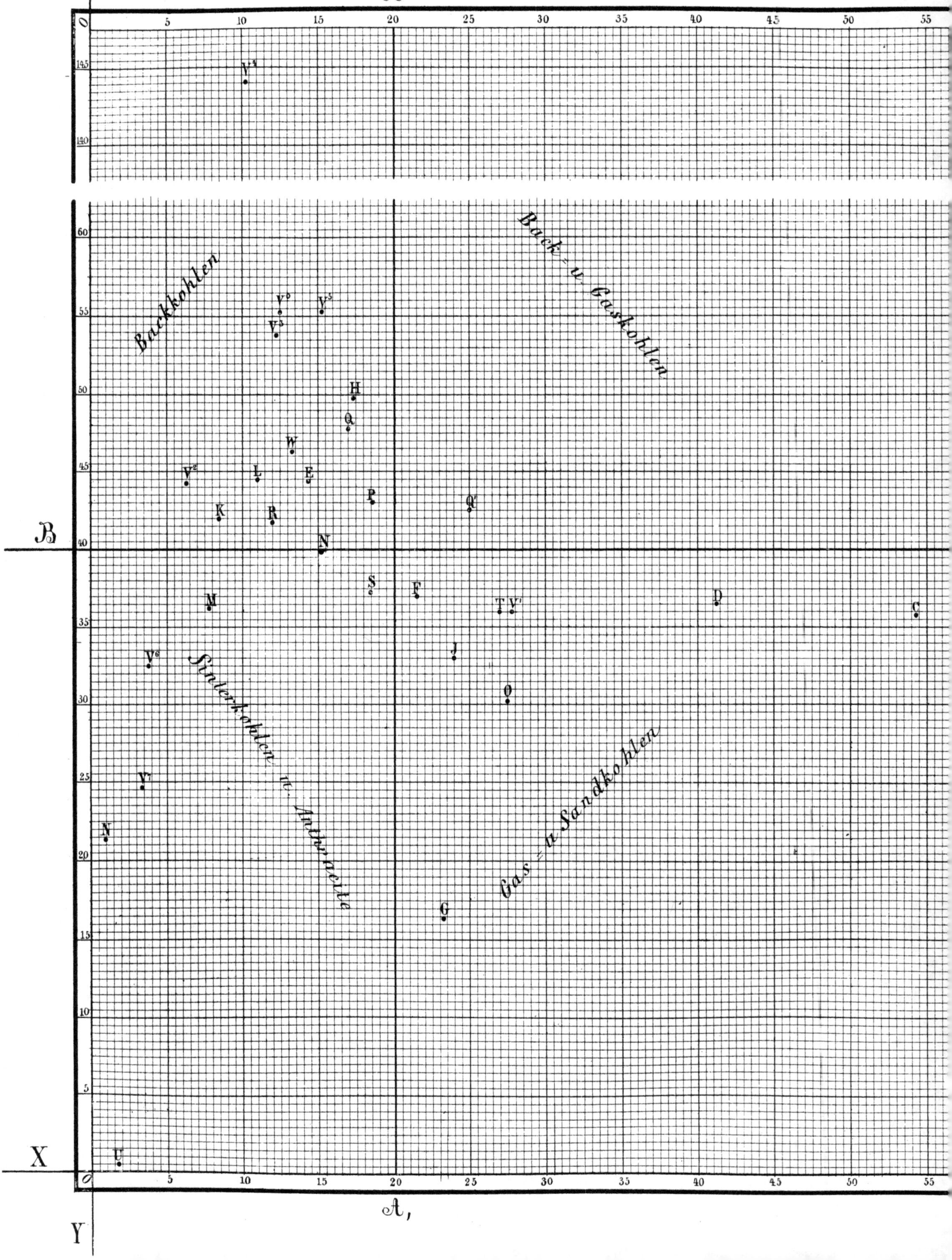

IHRER CHEMISCHEN ZUSAMMENSETZUNG.

Taf. II.

+S % Sauerstoff = 100.

C = Kohlenstoff

W = disponibler Wasserstoff.

W, = nicht disponibler Wasserstoff

S = Sauerstoff.

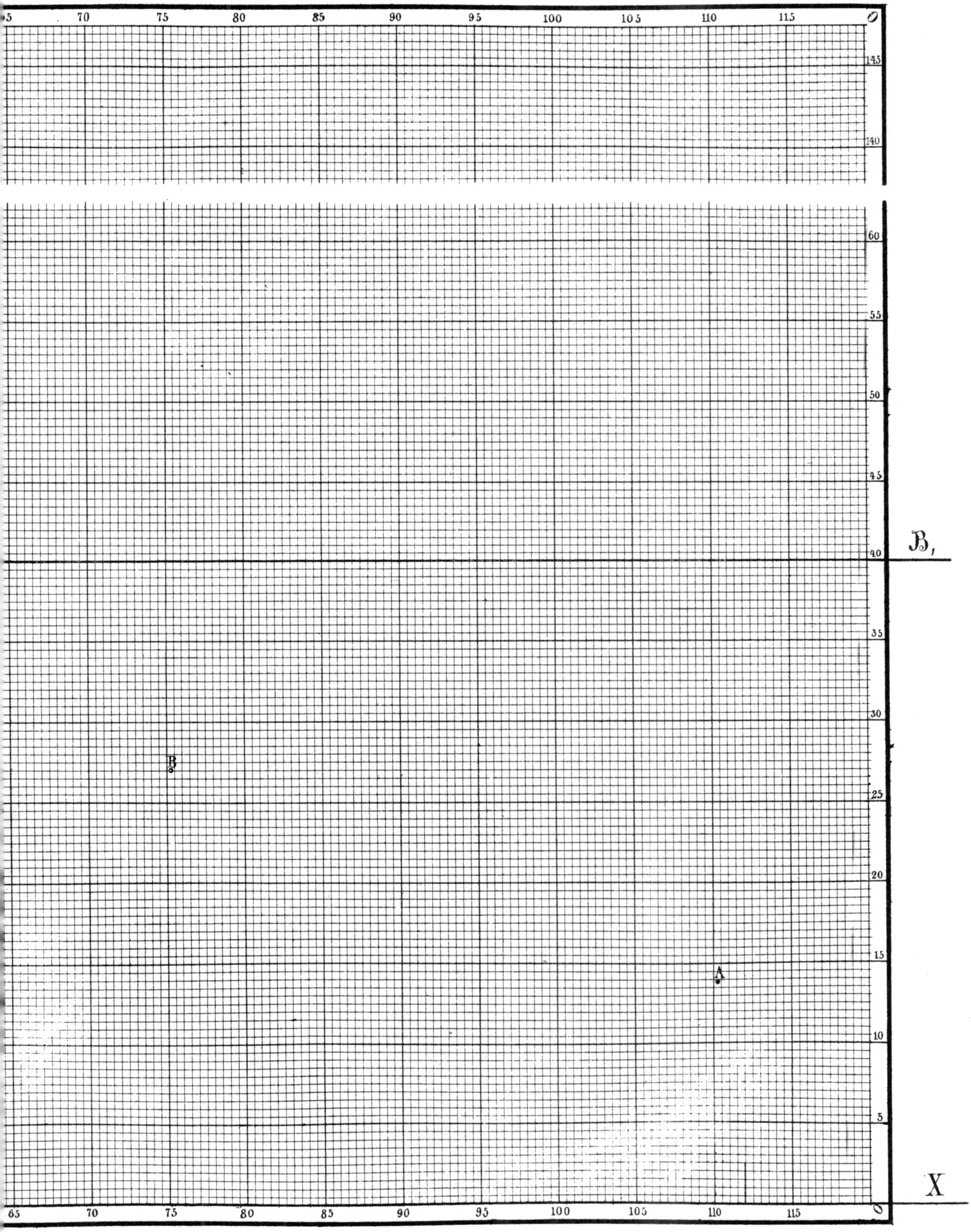

Tafel I.

Punct	Brennmaterial	Verhältniss des disponiblen Wasserstoffs zum Kohlenstoff = 1000	Verhältniss des nicht disponiblen Wasserstoffs zum Kohlenstoff = 1000	Bemerkungen
A	Holz	13,80	110,11	
B	Torf	26,95	75,12	mit Einschluss einiger nicht deutscher Sorten.
C	Braunkohle	35,63	54,15	(mit Einschluss einiger nicht deutscher Sorten.)
D	Molassenkohle von Schliersee in Bayern	36,57	41,24	
E	Steinkohle von Stockheim „ „	44,53	14,14	
F	„ „ Zwickau im Königr. Sachsen	37,18	21,46	
G	Russkohle „ „ „ „ „	16,44	23,14	
H	Weiche Schieferkohle des Plauen'schen Grundes	49,91	17,21	
J	Harte „ „ „ „	32,76	23,73	
K	Steinkohlen von Wettin und Löbejün	42,12	8,46	
L	„ „ Westphalen	44,60	11,11	
M	„ vom Inde- und Wormrevier	36,30	7,91	
N	„ von Hannover und Schaumburg	39,69	15,14	
N[1]	Anthracite vom Piesberge bei Osnabrück	21,42	0,99	
O	Steinkohlen von Saarbrücken	30,17	27,88	
P	„ „ Niederschlesien	43,13	18,48	
Q	„ „ Oberschlesien	42,45	24,90	nach den Untersuchungen von Prof. Dr. Heintz.
		47,72	17,00	nach den Untersuchungen von Grundmann.
R	„ „ Mährisch-Rossitz	41,69	11,97	
S	„ „ „ Ostrau	37,28	18,45	
T	„ „ Böhmen	36,08	27,01	
U	Anthracit von Schönfeld im Königr. Sachsen	0,53	1,65	
V[0]	Steinkohlen v. Nottinghamshire (Shirecoak-Gr.)	55,32	12,61	
V[1]	„ „ Westbromwich (Ten-Yard-Flötz)	36,20	27,56	
V[2]	„ „ Südwales	44,34	6,19	
V[3]	„ „ England, n. Grundm. Analysen	53,87	12,32	
V[4]	Bogheadkohle	144,03	10,23	
V[5]	Cannelkohle	55,25	15,26	
V[6]	Anthracit von Südwales	32,38	3,71	
V[7]	„ „ Pennsylvanien	24,59	3,32	
W	Französische Steinkohlen	46,44	13,15	

Bewegen wir uns nun von dem Punkte A (Holz) ausgehend, in der Richtung von rechts nach links, nach B (Torf), C (Braunkohlen) und sofort, so erlangen wir hierdurch zunächst ein Bild über die Veränderungen, welche das Holz bei seinem Uebergang in Braun- und Steinkohlen erfahren hat, dessen letztes Umwandlungsproduct, der Anthracit U, nahe dem Anfangspunkte O des Coordinatensystems zu liegen kommt.

Wir beobachten, wie der nicht disponible Wasserstoff in den Brennstoffen, vom Holze an, schnell abnimmt, während die Zahlenwerthe des disponiblen Wasserstoffs, die Russkohle G ausgenommen, bei den deutschen Steinkohlen sich zwischen den Grenzwerthen 30 und 50 bewegen. Die Russkohle (Faserkohle), ein der Holzkohle sehr ähnlicher Körper, als deren Hauptbestandtheil in der Steinkohlenformation Band I pag. 21 die Calamitenkohle betrachtet wird, erscheint in der That von den Steinkohlensorten

F und J nur durch einen um ungefähr 20 Pfund geringeren Gehalt an disponiblem Wasserstoff verschieden und würde, bei weniger nicht disponiblem Wasserstoffgehalt, d. h. bei weniger chemisch gebundenem Wasser, weiter nach links rückend, den anthracitischen Kohlen zuzuzählen sein, wie diese in Tabelle 13 als Anthracite von Pensylvanien auftreten.

Um uns aber von der Entstehungsweise und der dadurch bedingten Lage der Punkte für die verschiedenen Kohlensorten ein ungefähres Bild zu entwerfen, ziehen wir die auf pag. 218 angeführte Zersetzungsformel, welche als chemischer Ausdruck für den Verlauf des Vermoderungsprocesses angeführt wurde, nochmals an und erhalten hierbei folgende Zahlenverhältnisse:

$$\begin{cases} 4\,C + 4(HO) = C_2\,H_4 + C_2\,O_4, \\ \text{Kohlenstoff} + \text{Wasser} = \text{Sumpfgas} + \text{Kohlensäure}, \\ 24\ \text{Pfd.} + 36\ \text{Pfd.} = 16\ \text{Pfd.} + 44\ \text{Pfd.} \end{cases}$$

Wenn also aus 100 Pfund einer organischen Pflanzenmasse 24 Pfund Kohlenstoff und 36 Pfund Wasser austreten, so bilden sich 16 Pfund Sumpfgas und 44 Pfund Kohlensäure und es verbleibt als Vermoderungsrest ein fossiler Brennstoff. Lassen wir aus 100 Pfund Kiefernholz (aschenfrei gedacht), welches besteht aus:

	50,9 Pfd.	Kohlenstoff,	6,3 Pfd.	Wasserstoff,	42,8 Pfd.	Sauerstoff,
oder	50,9 „	„	0,95 „ disp.	„	48,15 „	Wasser,
austreten	24,0 „	„			36,00 „	„
so verbleiben	26,9 Pfd.	Kohlenstoff,	0,95 Pfd.	Wasserstoff,	12,15 Pfd.	Wasser,

eine Substanz, welche in 100 Pfund enthält:

67,25 Procent Kohlenstoff,
5,75 „ Wasserstoff,
27,00 „ Sauerstoff,

und in welcher das Verhältniss des disponiblen und des nicht disponiblen Wasserstoffs zum Kohlenstoff = 1000
35,31 50,18

In diesem Verhältniss erkennt man die Aehnlichkeit mit den Braunkohlen von Stechau bei Schlieben (Tabelle I Nr. 24), von Mariaschein bei Teplitz (Nicolausschacht) (Tabelle I Nr. 26).

Denken wir uns in dem weitern Verlauf des Vermoderungsprocesses aus obiger Braunkohle noch 2 Pfund Kohlenstoff und 3 Pfund Wasser, d. i. aus dem Kieferholz 26 Pfund Kohlenstoff und 39 Pfund Wasser austreten, so verbleibt eine fossile Kohle von der Zusammensetzung:

71,142 Procent Kohlenstoff,
5,600 „ Wasserstoff,
23,257 „ Sauerstoff,

in welcher das Verhältniss des disponiblen und nicht disponiblen Wasserstoffs zum Kohlenstoff = 1000
37,85 40,86

Das ist fast genau die Zusammensetzung der Molassenkohle von Schliersee in Bayern (Tabelle XI Nr. 3 und 4).

Bei weiterem Austritt von 2 Pfund Kohlenstoff und 3 Pfund Wasser, resultirt sodann eine Steinkohle von der Zusammensetzung:

76,325 Procent Kohlenstoff,
5,732 „ Wasserstoff,
17,931 „ Sauerstoff,

in welcher das Verhältniss des disponiblen und nicht disponiblen Wasserstoffs zum Kohlenstoff = 1000
45,73 29,36

Suchen wir dieses Verhältniss in den uns vorliegenden analytischen Tabellen auf, so finden wir dasselbe annähernd in mehren Zwickau-Oberhohndorfer Kohlen wieder, unter denen die Lehekohle des Stölzelschachtes (Tabelle II Nr. 6), sowie unter den Plauen'schen Grundkohlen die Kalkkohle von Zaukeroda (Tabelle III Nr. 9) am nächsten steht.

Treten ferner aus derselben Holzart 30 Pfund Kohlenstoff und 45 Pfund Wasser aus, so resultirt eine Steinkohle von der Zusammensetzung:

83,60 Procent Kohlenstoff,
5,36 „ Wasserstoff,
11,04 „ Sauerstoff,

in welcher das Verhältniss des disponiblen und nicht disponiblen Wasserstoffs zum Kohlenstoff = 1000
47,48 16,62

Das ist aber nahezu die Zusammensetzung der Kohle von Mons und Commentry (Tabelle XV Nr. 46 und 49).

Lassen wir endlich in dem weitern Verlauf des Vermoderungsprocesses aus der organischen Substanz des Kiefernholzes 32 Procent Kohlenstoff und 48 Procent Wasser austreten, so resultirt ein Fossil von der Zusammensetzung:

		in welcher das Verhältniss des disponiblen und nicht disponiblen Wasserstoffs zum Kohlenstoff = 1000	
94,50 Procent	Kohlenstoff,		
4,85 „	Wasserstoff,		
0,65 „	Sauerstoff,		
		50,47	0,80

Diese Steinkohle steht aber derjenigen vom Flötz Gyr der Centrumgrube am nächsten (Tab. VIII Nr. 1).

Resumiren wir die durch diese Betrachtungsweise gewonnenen Resultate, so ergibt sich, dass bei Vermoderung des Kiefernholzes oder einer demselben ähnlich zusammengesetzten Holzgattung:

durch Austritt von 24 Procent Kohlenstoff	und 36 Procent Wasser	sich bilden konnte:	Braunkohle,
„ „ „ 26 „	„ „ 39 „	„ „ „	Molassenkohle,
„ „ „ 28 „	„ „ 42 „	„ „ „	Steinkohle von Zwickau,
„ „ „ 30 „	„ „ 45 „	„ „ „	Kohle von Mons und Commentry,
„ „ „ 32 „	„ „ 48 „	„ „ „	Kohle vom Flötz Gyr im Wormrevier.

In welchem Grade bei geringen Differenzen in der chemischen Zusammensetzung einer Holzart die Vermoderungsproducte andere werden, möge noch ein zweites Beispiel veraugenscheinlichen:

Aus Tabelle I ergibt sich die Zusammensetzung der organischen Substanz des Weissbuchenholzes zu:

48,50 Procent Kohlenstoff,			48,50 Procent	Kohlenstoff,
6,17 „ Wasserstoff,	oder		0,51 „	disponibler Wasserstoff,
45,33 „ Sauerstoff,			50,99 „	chemisch gebundenes Wasser.

Durch Austritt von 24 Proc. Kohlenstoff und 36 Proc. Wasser resultirt in dem Vermoderungsprocess dieses Holzes ein Fossil von der Zusammensetzung:

		in welcher das Verhältniss des disponiblen und nicht disponiblen Wasserstoffs zum Kohlenstoff = 1000	
61,25 Procent	Kohlenstoff,		
5,425 „	Wasserstoff,		
33,325 „	Sauerstoff,		
		20,57	68,00

Diese Zusammensetzung liegt der Braunkohle und dem Torfe gleich nahe und bietet eine Annäherung an den Torf von Bichfeld II. Sorte und die Braunkohle von Fürstenwalde (Taf. I Nr. 9, 19 u. 20).

Treten aus der organischen Substanz des Weissbuchenholzes 28 Proc. Kohlenstoff und 42 Proc. Wasser, so resultirt eine Kohle von der Zusammensetzung:

		in welcher das Verhältniss des disponiblen und nicht disponiblen Wasserstoffs zum Kohlenstoff = 1000	
68,33 Procent	Kohlenstoff,		
5,03 „	Wasserstoff,		
26,63 „	Sauerstoff,		
		24,95	48,72

und welche der Braunkohle von Aussig am nächsten steht (Tab. I Nr. 17).

Treten aus dieser Kohle wiederum 2 Proc. Kohlenstoff und 3 Proc. Wasser aus, so ergibt sich eine Steinkohle von der Zusammensetzung:

		in welcher das Verhältniss des disponiblen und des nicht disponiblen Wasserstoffs zum Kohlenstoff = 1000	
74,0 Procent	Kohlenstoff,		
4,7 „	Wasserstoff,		
21,3 „	Sauerstoff,		
		27,53	35,98

Wir erkennen in dieser Kohle fast genau die Steinkohle des Flötzes Sophie der Grube Itzenplitz, der Grube Kronprinz Friedrich Wilhelm in Saarbrücken wieder (Tab. X Nr. 42 und 45) und nehmen wir endlich noch an, dass aus der organischen Substanz des Weissbuchenholzes 32 Proc. Kohlenstoff und 48 Proc. Wasser austreten, so resultirt eine Steinkohle von der Zusammensetzung:

		in welcher das Verhältniss des disponiblen und nicht disponiblen Wasserstoffs zum Kohlenstoff = 1000	
82,5 Procent	Kohlenstoff,		
4,2 „	Wasserstoff,		
13,3 „	Sauerstoff,		
		30,78	20,12

Die Aehnlichkeit dieser Kohle mit einzelnen Niederschlesischen und Saarkohlen, z. B. mit der Kohle vom 7. Flötz des v. d. Heydt-Schachtes in Niederschlesien (Tabelle IV Nr. 14), mit der Kohle von Grube Kronprinz bei Duisburg (Tab. X Nr. 43), sowie mit dem ersten und zweiten Flötz des Bürgerschachtes bei Zwickau (Tab. II Nr. 14 und 17) ist hier nicht zu verkennen und durch Resumtion dieser Werthe gelangen wir auch hier zu den Resultaten, dass bei Vermoderung des Weissbuchenholzes oder einer demselben ähnlich zusammengesetzten Holzart durch Austritt von

24 Procent Kohlenstoff, 36 Procent Wasser sich bilden konnte: Torf oder Braunkohle;
28 „ „ 42 „ „ „ „ „ Braunkohle von Aussig;
30 „ „ 45 „ „ „ „ „ Steinkohle der Grube Itzenplitz, Flötz Sophie;
32 „ „ 48 „ „ „ „ „ Steinkohle vom 7. Flötz des v. d. Heydtschachtes in Niederschlesien, des 1. und 2. Flötzes des Bürgerschachtes bei Zwickau u. s. w.

Bei dem Vermoderungsprocess des Kiefernholzes resultirte als letztes Vermoderungsproduct eine Kohle, welche der Backkohle von Centrumgrube Flötz Gyr am nächsten stand und wir beobachten gleichzeitig, dass alle durch ersteren Vermoderungsprocess darstellbaren Fossilien reich an disponiblem Wasserstoff auftreten und dadurch vorwaltend backende Eigenschaft besitzen. Bei Betrachtung der Vermoderungsproducte des Weissbuchenholzes oder einer ihm gleich zusammengesetzten Pflanzenart resultiren durchschnittlich Wasserstoff ärmere und daher schwer oder nicht backende Kohlen (Sinterkohlen). Wir beobachten bei letzteren einen grossen Sauerstoffgehalt, wie er in den Saarbrücker und Zwickauer Kohlen auftritt und finden damit die Füglichkeit geboten, diese Kohlen in der Leuchtgasfabrikation vorwaltend verwerthen zu können. Nehmen wir nun an, dass aus letzter Kohle von der Zusammensetzung

82,5 Procent Kohlenstoff,
4,2 „ Wasserstoff,
13,3 „ Sauerstoff

noch austreten 8 Proc. Kohlenstoff und 12 Proc. Wasser, so resultirt eine Kohle von der Zusammensetzung:

93,125 Procent Kohlenstoff,
3,375 „ Wasserstoff,
3,200 „ Sauerstoff,

in welcher das Verhältniss des disponiblen und nicht disponiblen Wasserstoffs zum Kohlenstoff = 1000
34,0 4,3

Diese Sinterkohle, mit anthracitischen Eigenschaften, entspricht nahezu
der Kohle von Wettin (Tabelle VI. Nr. 3),
„ „ „ Flötz Hitzberg, Grube Hundsrück (Tabelle VII. Nr. 4),
„ „ „ Jamesgrube, Flötz Grossathwerk (Tabelle VIII. Nr. 10),
„ „ „ Charleroy (Tabelle XV. Nr. 52),
Anthracit von Südwales (Tabelle XIV. Nr. 30).

Fassen wir diese durch Berechnung erlangten Resultate zusammen, so finden wir in dem Verlauf des Vermoderungsprocesses, bei welchem Kohlenstoff und die Elemente des Wassers im Verhältniss von 2 : 3 aus einer organischen Pflanzenmasse austretend angenommen wurden, den Schlüssel zur Beurtheilung des Kohlenbildungsprocesses überhaupt, mit dessen Hilfe wir, rückwärts schliessend, auch einen Ausdruck für die chemische Zusammensetzung der ursprünglichen Pflanzensubstanz, welche in fossilen Zustand übergegangen, erlangen können.

Diese Reflexionen geben uns aber auch gleichzeitig die Mittel in die Hand zur Beurtheilung der physikalischen und chemischen Eigenschaften, sowie der technischen Verwerthbarkeit der Fossilien selbst und überheben uns mancher complicirter Annahmen zur Erklärung der Umsetzungserscheinungen, welche durch den Einfluss des Vermoderungsprocesses auf erstere hervorgerufen werden. Erkennen wir aus dem im Vorhergehenden Erörterten in den Fossilien zunächst Vermoderungsrückstände, so dürfen wir annehmen, dass in denselben die gebundenen Elemente in unveränderter Lage verharren und sozusagen das organische Skelett der ursprünglichen Pflanze repräsentiren. Aus letzterer sind im Verlaufe des Vermoderungsprocesses diejenigen Elementaratome geschieden, welche am wenigsten fixirt der Pflanzenzellenmasse angehörten; die restirenden organischen Rückstände enthalten die Elemente in verdichteterer Form, als die ursprüngliche Pflanze und zur Lockerung der ersteren sind intensiver wirkende chemische oder physikalische Kräfte nöthig, als bei der Zersetzung des Holzes; die Wärme, ein Zersetzungsmittel organischer Körper überhaupt, wird auf die Fossilien intensiver wirken müssen, um deren Zersetzung herbeizuführen oder (was dasselbe sagen will) die Zersetzungstemperatur der Fossilien liegt über der des Holzes und um so höher, je einfacher zusammengesetzt, d. h. je weiter im Vermoderungsprocess vorgeschritten das Fossil auftritt.

In gleicher Weise verschiedenartig erhalten sich die Fossilien chemischen Agentien gegenüber. Fremy beobachtete, dass man mit Hilfe eines Gemisches von Schwefelsäure und Salpetersäure, sowie mittels alkalischer Lösungen und solcher von unterchlorigsauren Salzen die von den Geologen nach den verschiedenen Altersformationen gemachten Classificationen als unterscheidbar nachweisen könne.[1] Der Torf charakterisirt sich durch Anwesenheit der Ulminsäure und gestattet, dass man mittels Salpetersäure oder unterchlorigsaurer Salze reichlich Holzfasern und Markstrahlenzellen aus ihm rein darstellen kann. Die Braunkohlen zerfallen in zwei Abtheilungen. Diejenigen mit erkennbarer Holzstructur haben trotz dessen eine tief greifende chemische Aenderung erlitten und verhalten sich gegen Alkalien, unterchlorigsaure Salze und Salpetersäure ganz anders als das Holz. Sie lassen sich leicht pulverisiren, geben an verdünnte Kalilauge beträchtliche Mengen Ulminsäure ab und werden durch heisse Salpetersäure vollständig in ein gelbes, darin lösliches Harz umgewandelt. Holz wird durch Salpetersäure nur theilweise gelöst und hinterlässt reine Cellulose. Aehnlich wirken unterchlorigsaure Salze auf Holz, welche die Braunkohle dagegen fast völlig auflösen und nur einige Spuren farbloser Markstrahlen hinterlassen. Die dichte und fast schwarze Braunkohle (Molassenkohle?), welche der Steinkohle sehr gleicht, gibt an Kalilösung keine Spure von Ulminsäure ab und gleicht darin der Steinkohle, dagegen wird sie von Salpetersäure in das gelbe, oben erwähnte Harz umgewandelt und von unterchlorigsauren Salzen völlig gelöst. Die Steinkohlen von den im Alter ungleichsten Flötzen werden durch unterchlorigsaure Alkalien durchaus nicht angegriffen, durch Salpetersäure nur äusserst langsam, unvollständig. Dasselbe gilt vom Anthracit. Für Steinkohle und Anthracit ist das beste Lösungsmittel (oder besser Zersetzungsmittel auf nassem Wege) ein Gemisch von concentrirter Schwefelsäure und Salpetersäure, wie sie sich mit schwarzbrauner Farbe zu einer Ulminsubstanz (?) lösen, die durch Wasser wieder fällbar ist.

Diese Notizen bestätigen zunächst die zunehmende Unempfindlichkeit der Fossilien chemischen und physikalischen Einflüssen gegenüber in dem Grade, in welchem durch das Vorschreiten des Vermoderungsprocesses die Fossilien einen dichten Zustand angenommen haben. Das Auftreten von organischen Zersetzungsproducten in den jüngeren Braunkohlen und dem Torfe, wie Ulminsäure, Humussäure, Quellsäure u. a. m. es sind, lässt sich mit dem Verlauf des Vermoderungsprocesses nach der oben aufgestellten und als Grundlage unserer Berechnungen angewendeten Formel in Einklang bringen, sobald wir berücksichtigen, dass die Huminsäure nichts anderes ist als eine im Vermoderungsprocesse begriffene Pflanzenzelle, welche unter Verlust an Wasser zunächst in eine Substanz von schwachsaurem Charakter, wie die genannten Säuren es sind, übergeht, sodann im weiteren Verlauf der Spaltung als kohlenstoffreiche, indifferente Fossilmasse zur Ablagerung gelangt. In der Ulminsäure von der procentischen Zusammensetzung: 68,572 Proc. Kohlenstoff, 4,002 Proc. Wasserstoff, 27,437 Proc. Sauerstoff, sind auf 1000 Theile Kohlenstoff 6,56 disponibler Wasserstoff, 51,77 nicht disponibler Wasserstoff enthalten, welches dafür spricht, dass die Bildung der letzteren unter ähnlichen Einflüssen vor sich gehen muss, wie wir dies im Vorhergehenden bei Besprechung des Vermoderungsprocesses mehrfach erörtert und dass auch hier ein gleichzeitiges Austreten von Kohlenstoff und Wasser aus der Pflanzenzellenmasse statt haben kann.

Lenken wir nach diesen wissenschaftlichen Erörterungen unsern Blick wieder auf die graphische Darstellung der in Taf. II verzeichneten Kohlensorten, so bedarf es, zur Erweiterung des mit dieser graphischen Darstellung uns gebotenen Gesichtsfeldes, des Versuches, durch diese auf der Karte angegebenen Punkte die chemische Natur der Kohle mit den Ansichten und Erfahrungen der Praktiker insoweit in Einklang zu bringen, um uns in den Stand gesetzt zu sehen, von der Lage eines Kohlenflötzes auf der chemischen Kohlenkarte, rückwärts auf dessen Verwerthbarkeit in der Praxis als Kokskohle, Gaskohle, oder für ihre Eigenschaft als Sand- oder Sinterkohle oder Backkohle einen maassgebenden Schluss zu ziehen.

Zur Erreichung dieses Zieles, durch welches die chemische Elementaranalyse zur Beurtheilung der Kohlen als wichtigstes Hilfsmittel in den Vordergrund gestellt und von dem auf ihr lastenden Bann untergeordneter Verwerthbarkeit befreit wird, erscheint zunächst eine unpartheiische Beurtheilung der mit dieser graphischen Darstellung wiedergegebenen analytischen Resultate erforderlich, damit denselben das richtige Maass des Vertrauens, wie sie es beanspruchen dürfen, von vornherein gesichert, anderseits aber auch ihr Werth nicht zu hoch angeschlagen werde, insofern man von den gebotenen

[1]) Compt. rend. T. LII pag. 114.

Procentzahlen, wie sie aus der chemischen Analyse der Kohle hervorgehen, absolute Genauigkeit verlangen wollte.

Aus dem im Beginn dieses Capitels über die Ausführung der chemischen Elementaranalyse Mitgetheilten geht hervor, dass wir durch Anfertigung von wenigstens zwei Controlversuchen, welche bei mangelnder Uebereinstimmung wiederholt werden, das Gewicht des in der Kohle enthaltenen Kohlenstoffs, des Wasserstoffs und der Asche für die zur Prüfung genommene Probe mit grosser Sicherheit bestimmen können, so dass der aus der Differenz dieser Werthe berechnete Sauerstoff- und Stickstoffgehalt auch in demselben Grade richtig erscheint. Am meisten beeinflussend auf die Verschiedenheit der analytischen Resultate wirkt die Eigenschaft der bei + 100 bis + 105° Cels. getrockneten Kohle, während ihrer Abkühlung aus der sie umgebenden Atmosphäre Gase und Feuchtigkeit zu verdichten, eine Eigenschaft, welche mit dem Grade der Zerkleinerung der Kohlensubstanz, wie schon oben bewiesen, zunimmt.

Keinem Analytiker wird entgangen sein, dass eine bei angegebener Temperatur getrocknete Kohle während ihres Verweilens auf der Waage an Gewicht zunimmt. Die Ueberführung der noch heissen Kohle in einen unter einer Glasglocke (Exsiccator) durch Schwefelsäure ausgetrockneten Luftraum ist darum von geringem Werthe, weil, während des Aufhebens der Glasglocke und des Einsetzens der Kohle unter dieselbe, die Luftschicht wechselt und die Frage, ob die Schwefelsäure oder die warme Kohle unter der Glocke stärker Feuchtigkeit absorbiren, noch nicht genügend beantwortet ist. Versuche, auf welche wir im Verlaufe der Untersuchung hingelenkt wurden, haben uns gezeigt, dass Kohlenpulver unter der Exsiccatorglocke über Schwefelsäure, nach einem Verweilen von 10—15 Minuten unter derselben, 0,3 bis 0,5 Procent an Gewicht zunahm, während Kohenstückchen von der Grösse eines Senfkornes ihr Gewicht um einen nur geringen Werth veränderten, der für die Untersuchung ohne Einfluss blieb; dasselbe war aber auch der Fall, sobald man die Kohlen noch warm auf die Waage brachte und hieraus erschien es zweckmässig, erstere, in angegebene Korngrösse übergeführt, auszutroknen, sie noch handwarm auf die Waage zu bringen, und dann möglichst schnell in den vorher gehörig ausgetrockneten Verbrennungsapparat einzuführen. Wurden diese Vorsichtsmaassregeln nicht gehandhabt, so ergaben sich in dem Verhältniss des Wasserstoffs zum Kohlenstoff Differenzen, die, weil die Menge der zur Untersuchung verwendeten Substanz 0,3 Gramm selten überstieg, oft schon in den ganzen Procent-Zahlen zum Vorschein kamen.

Bei Untersuchung der Blätterkohle von Pankrazgrube bei Pilsen in Böhmen ergab sich in zwei Controlanalysen der Aschengehalt zu 2,58 Procent und zu 4,33 Procent. Die aschenfreie Substanz berechnete sich zu:

77,354 Proc. und 78,397 Proc. Kohlenstoff, 6,114 Proc. und 6,000 Proc. Wasserstoff,
16,532 Proc. und 15,603 Proc. Sauerstoff und Stickstoff.

Aus diesen Werthen ergibt sich auf 1000 Pfund Kohlenstoff:

52,3 Pfund und 51,6 Pfund disponibler Wasserstoff,
26,7 „ „ 26,1 „ nicht disponibler Wasserstoff.

Der der ersten Analyse angehörende höhere Sauerstoff- und Wasserstoffgehalt ist den oben angeführten Umständen zuzuschreiben, er deutet auf einen höheren Wassergehalt der Kohlensubstanz, welchen sie während der Wägung aufgenommen, hin, und bedingt die relative Verminderung des Kohlenstoffs und daraus selbstverständlich ein anderes Verhältniss zwischen Wasserstoff und Kohlenstoff. Da aber diese Differenzen innerhalb der Versuchsfehler lagen und bei Wiederholung der Arbeit nicht verschwanden, im Gegentheil bei Kohlen von geringerer Dichtigkeit, wie manche Kohlen des Inde- und Wormreviers sie besitzen, noch mehr hervortreten, so wurde, sofern in dem Verhältniss des Wasserstoffs zum Kohlenstoff 5 pro Mille nicht überschritten waren, das Resultat als zur Erlangung praktischer Anhaltepunkte gültig angenommen. Die nach diesen Grundsätzen durchgeführten und in die Tabellen aufgenommenen Untersuchungen bilden aber die geringste Anzahl der überhaupt untersuchten Kohlen. Den analytischen Tabellen sind in Ermangelung neuerer Analysen die Resultate analytischer Untersuchungen einverleibt, welche vor mehr als 20 Jahren, also zu einer Zeit ausgeführt wurden, in welcher das Verfahren der Elementaranalyse noch nicht in dem Grade ausgebildet war, als heutigen Tages; bürgen nun auch die Namen ihrer Autoren dafür, dass das Ziel der Genauigkeit dem Verfahren entsprechend zu erreichen gestrebt wurde, so erscheint wenigstens der Wunsch gerechtfertigt, dass diese Untersuchungen nach den neueren, vervollkommneteren Methoden wiederholt, überhaupt möglichst viele Kohlen nach demselben Verfahren von verschiedenen Analytikern untersucht würden.

Vor der Hand nehmen wir die uns von der Wissenschaft gebotenen Zahlenwerthe dankbar auf und versuchen mit Hülfe derselben, die uns im Vorhergehenden gestellte Aufgabe, maassgebende Anhaltepunkte zur Beurtheilung der technisch wichtigen Eigenschaften der Kohle aus ihrer chemischen Zusammensetzung zu erlangen, nach den aufgefassten Gesichtspunkten zu lösen.

Nach Feststellung der zur Gewinnung der letzteren aus den Analysen gebotenen Zahlenwerthe suchten wir uns aus den vorhandenen Litteralien, durch Correspondenzen und durch Bereisung mehrer deutscher Kohlenbecken mit den Ansichten der Praktiker über die den einzelnen Kohlensorten zu ertheilende und ihre praktische Verwerthbarkeit andeutende Nomenclatur vertraut zu machen und stellten sodann Vergleiche an, um aus den analytischen Resultaten zugleich Anhaltepunkte für die Gültigkeit der mit diesen Benennungen ausgedrückten Eigenschaften zu gewinnen. Wir gelangten bei dieser umfangreichen Untersuchung zwar zu der Ansicht, dass die Kohlen in den meisten Fällen nur von localen Gesichtspunkten aus beurtheilt würden und dass daher zum Beispiel in Westphalen eine Kohle als magere Kohle bezeichnet würde, die, obgleich sie sich zur Verkokung schwierig eignet, im Inde- und Wormrevier doch als Kokskohle anerkannt werden würde, und dass man in Westphalen eine Kohle als Gaskohle charakterisiren würde, die in Saarbrücken als solche nur untergeordnete Bedeutung hat; doch liessen sich bei eingehender Prüfung dieser Bezeichnungsweisen und bei näherer Einsicht in das Aufbereitungs- und Verkokungsverfahren einzelner Kohlendistricte sehr bald Grenzwerthe finden, die uns gestatten, für Beurtheilung der Kohlen allgemeine Gesichtspunkte aufzustellen.

Die Eigenschaft der Kohlen zu backen, und dichte, feste Koks zu liefern, ist hauptsächlich von der Menge des in denselben vorhandenen disponiblen Wasserstoffs abhängig und tritt nur schwierig ein, sobald auf 1000 Pfund Kohlenstoff weniger als 40 Pfund disponibler Wasserstoff enthalten sind. Ziehen wir daher auf der graphischen Karte Tafel II eine horizontale Linie BB_1 durch den Punkt 40 der Ordinatenaxe Y, welche den disponiblen Wasserstoff ausdrückt, so dürfen wir alle über dieser Linie liegenden Kohlen als Back- oder Kokskohlen, im engeren Sinne alle unter derselben liegenden Punkte als schwer oder nicht backende Kohlen beurtheilen.

Nach Marsilly werden alle backenden Kohlen aus Gruben, in welchen schlagende Wetter vorkommen, einer Temperatur von 300° Cels. ausgesetzt, zu Sandkohlen, d. h. als Pulver erhitzt, geben sie dann keinen zusammenhängenden Koks mehr. Als er das Pulver einer Newcastle Kohle mehre Stunden auf 300° erhitzte, verlor dieses die Eigenschaft aufzuschwellen und gab nur noch schwach gefritteten Koks. Marsilly ist geneigt, diese Erscheinung der Verflüchtigung eines Theils der Kohlensubstanz zuzuschreiben, indem er beobachtete, dass bei 330° Cels. aus obiger Kohlensorte 10—15 Grammen einer nach Benzin riechenden Flüssigkeit und die Entwicklung von 1—2 Liter Gas und 1 Kilogramm Substanz stattfand.

Derartige Veränderungen der physikalischen Eigenschaften einer Steinkohle deuten darauf hin, dass hier nicht ein Vermoderungsproduct des Holzes, sondern ein bituminöser Schiefer, wie die Bogheadkohle ein solcher ist, vorgelegen habe.

Anderseits nimmt mit dem Gehalt an nicht disponiblem oder gebundem gedachten Wasserstoff auch gleichzeitig der Sauerstoffgehalt einer Kohle, dem ersteren proportional, zu und deutet darauf hin, dass sobald solche bei + 105° Cels. getrocknete und dann noch sauerstoffreiche Kohle schnell einer Zersetzungstemperatur, welche der des Wassers nahe liegt, ausgesetzt werde, sich die chemisch gebundenen Gase, Wasserstoff und Sauerstoff, entwickeln und dann in Form von Kohlenwasserstoff- und Kohlensauerstoffverbindungen in Dampf- und Gasform entweichen. Die Menge der aus den Steinkohlen zu erzielenden Gase wird daher, eine gleich hohe Zersetzungstemperatur in den Gasretorten, gleichen Trockengrad der Kohle und eine gleiche Korngrösse vorausgesetzt, dem nicht disponiblen Wasserstoff proportional wachsen. Die Leuchtkraft des Gases ist abhängig von dem Gehalt an mit leuchtender Flamme brennenden Kohlenwasserstoffdämpfen, welche durch die Einwirkung des disponiblen Wasserstoffs auf den Kohlenstoff, während der Verkohlung eines Fossils, erzeugt werden.

Als Gaskohle im weitesten Sinne kann daher zunächst jede Kohle, welche wenigstens 20 Pfund nicht disponiblen Wasserstoff auf 1000 Pfund Kohlenstoff enthält und rechts von der verticalen Linie AA_1

liegt, welche durch den Punkt 20 der Abscissenachse X gezogen ist, angesehen werden; der Werth derselben steigt der Qualität nach, je mehr disponibler Wasserstoff vorhanden ist; die quantitative Ertragsfähigkeit aber wächst, je weiter sich die Kohle in ihrer Lage von dem verticalen Striche A nach rechts entfernt, also an chemisch gebundenem Wasser zunimmt und insofern diese Kohlen bei ihrer Verkokung einen schwer backenden, mehr sandigen Koks liefern, je mehr Sauerstoff und Wasserstoff sie noch chemisch gebunden enthalten, heissen dieselben Sandkohlen, von denen die Braunkohlen als Hauptrepräsentanten gelten. Alle links von dem verticalen Striche A und unter der horizontalen Grenzlinie B liegenden Kohlen verändern bei der Verkokung ihr Volumen wenig oder gar nicht, sie sinken schwach zusammen und geben, wie aus dem Gesagten erklärlich, wenig Gasausbeute, sie heissen Sinterkohlen.

Werfen wir nun einen Blick auf Tafel II, so finden wir auf den Zahlen 40 der Ordinatenachse und 20 der Abscissenachse ein Linienkreuz AA_1 BB_1 errichtet, welches alle Kohlen in 4 Hauptgruppen theilt:

1) Quadrant $B A$ = Backkohlen,
2) Quadrant $A B_1$ = Backkohlen und Gaskohlen bester Qualität,
3) Quadrant $B_1 A_1$ = Gas- und Sandkohlen,
4) Quadrant $A_1 B$ = Sinterkohlen und Anthracite.

Die auf Tafel II verzeichneten Punkte entsprechen nun den berechneten Mittelwerthen der Gesammtanalysen eines Beckens oder einer Kohlensorte; sie drücken aus: welche Kohlensorte hauptsächlich in den einzelnen Becken auftrete.

Ihre Vertheilung in den einzelnen Abtheilungen gestaltet sich dann in folgender Weise:

1) Backkohlen sind zufolge der mit ihnen ausgeführten chemischen Analyse vorwaltend vertreten: in der Wälderthonformation (N), in weicher Schieferkohle des Plauenschen Grundes (H), in Oberschlesien (Q) (nach Grundmann's Analysen), in Stockheim (E), in Westphalen (L), in Niederschlesien (P), in Wettin und Löbejün (K), in Mährisch-Rossitz (R).

2) Gaskohlen sind vorzüglich vertreten: im Zwickau-Chemnitzer Becken (F), in der Böhmischen Steinkohle (T), in der Saarbrücker Kohle (O), in der harten Schieferkohle des Plauen'schen Grundes (J);

Sandkohle im engeren Sinne sind: die Molassenkohle Oberbayerns (D), die Braunkohlen (C), der Torf (B).

Die Russkohle (G) würde, für sich verkokt, ebenfalls einen sandigen Koks liefern.

3) Sinterkohlen sind vorwaltend enthalten: in dem Inde- und Wormrevier (M), in den bis jetzt untersuchten Kohlen von Mährisch-Ostrau (S).

Letztere liegen aber nahezu an der Grenzlinie zwischen den Back- und Gaskohlen und sind charakterisirt, den Backkohlen gegenüber durch schwierige Verkokungsfähigkeit, den Sandkohlen gegenüber durch geringere Gasausbeute.

Die Anthracite stehen ausser aller Beziehung zu dem Verkokungs- oder Vergasungsprocess, sie sind als wasserstoffarme Kohlen den Holzkohlen und den Koksen fast gleich zu rechnen, jedoch dichter als erstere. Unter ihnen bilden die Anthracite von Südwales V^6 und Pennsylvanien V^7 den Uebergang zu den Sinterkohlen.

Das Nichtvorhandensein von Back- und Gaskohlen im Quadrant AB_1 schliesst deren Anwesenheit in den einzelnen Kohlensorten, wie wir später sehen werden, nicht aus. Sie sind nur nicht als vorwaltende Qualität in einem der deutschen Kohlenbecken anzutreffen, sofern nicht die Untersuchungen Dr. Heintz's über die Steinkohlen Oberschlesiens, welche in letzteren vorwaltend Back- und Gaskohlen nachweisen, Geltung erfahren sollen. (Siehe pag. 244.)

Endlich darf nicht unerwähnt gelassen werden, dass die hier ausgesprochenen Eigenschaften der aschenfreien Substanz der Kohlen angehören; der Gehalt an Asche kann aber, wie wir weiter unten bei Besprechung des Verkokungsprocesses erfahren werden, dieselben insoferne verändern, als erstere sowohl in Beziehung auf Qualität die Erzielung dichter Kokse befördern oder verhindern, als auch in quantitativer Beziehung der Verwendung einer Kohle als Gaskohle entgegentreten kann. Wenn wir daher in Tafel II beobachten, dass die Zwickauer Kohle (F) als Gaskohle in Bezug auf quantitative Gasausbeute der harten Schieferkohle des Plauen'schen Grundes (J) nachstehe, so gilt dies nur in Bezug auf die organische, verbrennliche Substanz. Der bedeutende Aschengehalt der letzteren Kohlensorte, im Mittel 20 Procent, wird deren Verwendbarkeit als Gaskohle stets in Frage stellen. Wenigstens könnte dieselbe dann nur in gewaschenem Zustande, wie alle aschereichen Kohlen, praktische Verwerthung finden. Durch das Waschen werden die Kohlen ihrem theoretischen Werthe näher geführt (s. Aufbereitungsverfahren).

Im Besitze obigen Maassstabes und nach Erlangung eines allgemeinen Urtheils über die deutschen Steinkohlenbecken, in Bezug auf technische Verwendbarkeit ihrer Förderungsproducte, dürfen wir uns nun in die einzelnen Kohlengebiete selbst wenden und dieselben in der gleichen Reihenfolge, in welcher wir die Geschichte und die Statistik abhandelten, aufsuchen. Wir thun dies aber nicht, ohne nicht vorher nochmals hervorzuheben: dass diese Betrachtungsweise mit allen jenen Arbeiten in Parallele zu ziehen sei, durch welche auf einem noch wenig bekannten und wenig geordneten Gebiete von grösseren Dimensionen zum ersten Male eine systematische Eintheilung nach allgemeinen Gesichtspunkten zu erzielen versucht wird. Jede Landkarte erscheint erst nach mehrfacher Bearbeitung und vielseitiger Revision fehlerfreier, — möge auch diese chemische Karte, zum ersten Male den Praktikern geboten, der eingeschlichenen Fehler sich durch rege Betheiligung sachkundiger Fachmänner an den analytischen Arbeiten der Chemiker recht bald entledigt und in wünschenswerther Weise durch letztere vervollständigt sehen!

1) Die Kohlen des Zwickau-Chemnitzer Beckens gehören der Hauptsache nach den Gaskohlen an, von denen einzelne Sorten sich durch backende Eigenschaften gleichzeitig charakterisiren. Mit Ausnahme der Russkohle G (Faserkohle), welche nach ihrer Lage auf der Karte sich den anthracitischen Kohlen nähert und nur durch einen höheren Gehalt an nicht disponiblem Wasserstoff, also chemisch gebundenem Wasser, von letzteren sich unterscheidet, kann man die Zwickauer Steinkohlen zu den besten deutschen Kohlen rechnen, indem ihr durchgängig geringer Aschengehalt sie zu allen technischen Verwendungsweisen, zu denen Steinkohle überhaupt dienen kann, geeignet erscheinen lässt. Die Kohlen des tiefen Planitzer Flötzes (Tabelle II, Nr. 15 und 18), des Segen-Gottes-Flötzes vom Segen-Gottes-Schachte und des Hohndorf-Bernsdorfer Bohrloches nähern sich in ihrer Zusammensetzung, nach welcher sie den Gaskohlen mit nicht backenden Eigenschaften angehören, der englischen Gaskohle des Ten-Yard-Flötzes bei West-Bromwich (Taf. II. V¹. Tabelle XIV. Nr. 8—11).

Als backende Kohlen zeichnen sich die des Scherbenkohlenflötzes von Bescheertglückgrube, des Pechkohlenflötzes von Bescheertglück und des Amandusflötzes vom Segen-Gottes-Schachte aus; als Back- und Gaskohlen zugleich sind die Kohlen des Lehekohlenflötzes vom Stölzelschacht und von Fünfnachbargrube (Tab. II, Nr. 6 und 4), des Zachkohlenflötzes von Vereinigt-Feld (Nr. 5) und des Schichtenkohlenflötzes vom Auroraschachte in Bockwa in den Vordergrund zu stellen, dem sich das Ludwigsflötz des Segen-Gottes-Schachtes mit geringeren backenden Eigenschaften anschliesst. Das erste und zweite Flötz des Bürgerschachtes (Nr. 14 und 17) enthalten eine Pechkohle, welche an der Grenze der Gas- und Sinterkohlen steht und keinen festen Koks liefert, aber in Folge ihres geringen Aschengehaltes als Flammenkohle zur Dampfkesselfeuerung in hohem Grade geeignet erscheint.

In der äusseren Structur besitzen die Kohlen des Zwickau-Chemnitzer Beckens entweder muscheligen oder schieferig-blätterigen Bruch; erstere sind vorwaltend Pechkohlen und gehören den tiefer liegenden Flötzen, welche sämmtlich geringere backende Eigenschaften besitzen, an; letztere, die Lehe- und Zachkohlenflötze, liegen über denselben und liefern der Hauptsache nach gute Backkohlen. Die Russkohle, welche hauptsächlich in den Flötzen der Bockwaer Communwerke vertreten ist, findet sich in allen Theilen des Beckens, so dass sie sowohl in der Nähe von Zwickau, wie in den Flötzen des Niederwürschnitzer Kohlenreviers (Tab. II Nr. 23) von fast gleicher Zusammensetzung angetroffen wird. Ihr

Gehalt an Pechkohle, von welchem sie selten befreit werden kann, liefert bei ihrer Untersuchung oft Resultate, welche dem Namen Russkohle nicht mehr entsprechen; der Russkohlengrus vom Vereinigungsschachte (Nr. 25) z. B. entspricht der mittleren Zusammensetzung aller Zwickauer Steinkohlen und würde jedenfalls, sofern die reine Steinkohle dieses Schachtes untersucht worden wäre, einer guten Back- und Gaskohle, wie der des Segen-Gottes-Schachtes, nahekommen.

In der Reihe der Sinterkohlen finden wir nur zufolge der vorliegenden Tabelle II die Pechkohle von Frischglück in Oberhohndorf und als Uebergang zu den Backkohlen, die des Schichtenkohlflötzes von Ehrler in Oberhohndorf und des Hoffnungsflötzes vom Hoffnungsschachte. — (In Bezug auf erstere Kohle bedarf es, da eigentliche Sinterkohlen, wie die des Inde- und Wormrevieres, in dem Zwickau-Chemnitzer Becken nirgends weiter angetroffen werden, einer nochmaligen analytischen Bestätigung.) — Von Interesse erscheint die Lage der drei Kohlensorten, welche dem Schichtenkohlflötze vom Auroraschachte von Kästner's Erben in Bockwa und von Ehrler in Oberhohndorf angehören und in welchen der Gehalt an Wasserstoff überhaupt in dem Grade gleichmässig abnimmt, dass sie sich graphisch dargestellt durch eine gerade Linie verbinden lassen, die anderseits die Kohle des Lehekohlflötzes vom Stölzelschacht, als die beste der untersuchten Back- und Gaskohlen, berührt.

Da hier nur die Kohlen verzeichnet sind, an welchen i. J. 1857 die praktischen Heizversuche in Chemnitz von Dr. Hartig angestellt wurden, so sind zur näheren Charakteristik der Kohlen dieses interessanten Beckens noch weitere analytische Versuche nothwendig.

2) Die Steinkohlen des Plauen'schen Grundes sind in der Hauptsache Schieferkohle, bisweilen auch Blätterkohle, mehr oder weniger mit feinen Schieferthonschichten durchzogen, wodurch die beiden Sorten bestimmt werden, in welche der Bergmann wie die Consumenten die dasige Kohle abtheilen, nämlich weiche und harte Schieferkohle, von denen die erstere die mildere, reinere zum Verkoken brauchbar erscheint, und in Ermangelung anderer Gaskohlen zur Gasbereitung Verwendung findet, die letztere aschenreiche und feste hauptsächlich zu grösseren Flammenfeuerungen anwendbar erscheint. Von den beiden anderen Kohlensorten, welche mit jenen zugleich bei der Förderung gewonnen und durch Sortiren und Sieben gereinigt werden, wird die Schmiedekohle aus den bessern Schichten der weichen Schieferkohle gewonnen und die klare, Kalkkohle, welche aus einem Gemenge von allen Sorten besteht und mehr oder weniger durch taubes Gestein verunreinigt ist, hauptsächlich zum Betriebe der Kalköfen, sowie durch Siebsetzen zur Verkokung verwendet. Die beste harte Schieferkohle führt den Namen Glasschiefer, die unreine Hausschiefer.

Von den auf Tabelle III verzeichneten Kohlen finden wir die weiche Schieferkohle von Hänichen, Burgk und vom Windbergschachte (Nr. 1, 2 und 3), sowie die Mittelkohle von Hänichen (Nr. 5) als Backkohlen den Deister Kohlen ähnlich. Als Back- und Gaskohle tritt die Kalkkohle von Zaukeroda (sofern sie durch Siebsetzen gereinigt) (Nr. 9) in den Vordergrund, welcher sich die weiche Schieferkohle von Zaukeroda und die Mittelkohle von Burgk anschliesst. Der schwarzharte Schiefer von Burgk kommt der mittleren Zusammensetzung nach der Saarbrücker Kohle (Taf. II O) und in diesem Becken der Kohle vom Flötze Sophie in Grube Itzenplitz sehr nahe, steht ihr jedoch durch einen höheren Aschengehalt nach; der schwarzharte Schiefer des Windbergschachtes ist eine angehende Sinterkohle, beide eignen sich, selbst in gewaschenem Zustande, nicht zur Verkokung. Da mit dem Namen Mittelkohle Gemenge harter und weicher Schieferkohlen verstanden werden, so liegt deren Zusammensetzung bald den einen, bald den andern beiden Kohlensorten, nach deren relativen Gehalt, am nächsten, und daher kommt es, dass die hier bezeichnete und analysirte Mittelkohle von Hänichen zu den besten Backkohlen gehört, während die Mittelkohle von Burgk den Uebergang zu der Gaskohle bildet. Die Kalkschieferkohle von Hänichen (Nr. 10) gehört den harten Schiefern an und liefert gewaschen eine mittlere Gaskohle. Da nach einem allgemeinen Erfahrungssatze, welcher jedoch mehre örtliche Ausnahmen findet, die Kohlen des Plauen'schen Grundes mit der Tiefe an Mächtigkeit und Güte zunehmen, so ist schon desshalb und abgesehen von anderen speciellen Veranlassungen die Qualität derselben und namentlich die Fréquenz der einzelnen Sorten auf den einzelnen Gruben sehr verschieden. So hat z. B. eine Grube der königlichen Werke bei Zaukeroda nur wenig harten Schiefer und was davon vorkommt, fällt meist unter die Kalkkohle, dagegen ist die Menge der letzteren hier gross, hauptsächlich auch desshalb, weil man sich eines reinen Abbaues selbst da befleissigt, wo die besten Flötzlager schon in früher Zeit abgebaut wurden. Auf den v. Burgk'schen Gruben werden verhältnissmässig viel weiche Schieferkohlen gewonnen und diejenigen Kohlen ausgehalten, welche sich besonders zur Gasfabrikation zu eignen scheinen und dann harte Schiefer einschliessen.

3) Die Kohlen von Flöha, welche schon Band I pag. 73 als eine anthracirte Calamitenkohle bezeichnet wurde, nähert sich in ihrer Zusammensetzung den Anthraciten insofern, als sie sich durch einen geringen Gehalt an disponiblem Wasserstoff, wie es den Anthraciten von Pensylvanien eigen ist, auszeichnet, aber mehr chemisch gebundenes Wasser enthält und sich dadurch den Sinterkohlen anschliesst. Der grosse Aschengehalt macht diese Kohle ziemlich werthlos.

4) Die Steinkohlen Niederschlesiens, welche in einer reichen Anzahl abbauwürdiger Flötze (s. Band I) auftreten, von denen der hangende Flötzzug die grösste Anzahl, der liegendere die geringen umschliesst, enthalten, mit Ausnahme anthracitischer Kohlen, fast alle Kohlengattungen, von welchen, soweit dieselben bis jetzt untersucht sind, die Hauptzahl zu den Backkohlen gehören und denen von Mons in Frankreich in ihrer mittleren Zusammensetzung sehr nahe stehen.

Die beste aller Backkohlen, welche zugleich eine vorzügliche Gaskohle liefert, ist die Kohle vom Bradeschacht der Fuchsgrube (Tabelle IV Nr. 5), an welche sich die Kohle der Graf Hochberggrube Flötz II, welche eine grössere Gasausbeute verspricht, anschliesst. Diesen folgen die Kohlen der Fuchsgrube, welche mit Ausnahme des 2. und 5. Flötzes (Tab. IV Nr. 8 und 9) zu den Backkohlen gehören. Die Kohlen des von der Heidt-Schachtes scheinen mit zunehmender Flötztiefe, wie die des Zwickauer Beckens, an backenden Eigenschaften zu verlieren. Denn während die Kohle des 4. Flötzes (Nr. 12) zu den besten Backkohlen gehört, nähert sich die des 6. Flötzes (Nr. 13) der Sinterkohle und die des 7. Flötzes (Nr. 14) ist bereits anfangende Sand- und Gaskohle. Das Friederickenflötz des Wrangelschachtes (Nr. 15) enthält eine Gaskohle, welcher die Pechkohle des tiefen Planitzer Flötzes im Zwickauer Becken nahe steht und sich, wie diese, nicht zur Verkokung eignet. Das zweite Flötz der Glückhilfgrube (Nr. 6) und der Neue Heinrichgrube, und das 8. Flötz der Segengottesgrube enthalten gute Kokskohlen, welche den Kohlen der Shirecoak-Grube von Nottinghamshire (Tabelle XIV Nr. 4) nahezu gleichkommen.

Auch in diesem Becken fehlen noch eingehende chemische Untersuchungen und die Bestätigung einzelner durch die Tabelle gebotenen Angaben, indem z. B. die Untersuchungen des 8. Flötzes der Fuchsgrube zwei Resultate (Nr. 4 und 10) ergaben, welche diese Kohle zwar als eine Backkohle aber von verschiedenem Gehalt erscheinen liessen und wonach es den Anschein hat, als nähmen die backenden Eigenschaften der Flötze in der Fuchsgrube mit ihrer Tiefe zu, sobald man die Zusammensetzung der Kohle 10 als richtiger annimmt.

5) Ueber die Steinkohlen Oberschlesiens liegen die Resultate chemischer Untersuchungen vor, wie solche seit mehren Jahren von dem Lehrer Herrn Grundmann in Tarnowitz in grosser Anzahl angefertigt und in v. Carnall's Zeitschrift veröffentlicht wurden.

Ueber die Eigenschaften der wichtigsten Flötze spricht er sich in folgender Weise aus:

„Von den Flötzen der Königsgrube werden gegenwärtig (1861) die Flötze 1—7 (Tabelle V) abgebaut. Dieselben liefern, wie überhaupt alle oberschlesischen Steinkohlengruben, eine flammende, sauerstoffreiche Steinkohle, welche beim Verbrennen sintert und sich nur in Stückkohlen zur Verkokung eignet. Nur die im westlichen Theile des Grubenfeldes gewonnenen Kohlen vom Bahnschachte zeigen schon etwas Neigung zum Backen. Das Hoffnungsflötz Nr. 1 führt eine reine, nicht allzu stückreiche, zur Verkokung geeignete Kohle, ebenso das Heintzmannflötz (Nr. 4). Das Gerhardflötz Nr. 3 zeichnet sich durch grosse Festigkeit und Koksfähigkeit aus. Das Sattelflötz (Nr. 7) ist im Allgemeinen von bröcklicher Beschaffenheit, führt Schwefelkies und Blättchen eines weissen, thonigen Minerals mit sich und eignet sich ebenfalls zur Verkokung.

Das Pelagie- und Raubflötz (Tab. V Nr. 5 und 6) sind von erdiger Beschaffenheit und würden nur Kleinkohle liefern.

Die Gruben der Königin Louisengrube zeichnen sich durch ihre backenden Eigenschaften aus und liefern gefördert aus Kleinkohle sehr schöne gebackene Koks. Das Pochhammerflötz (Nr. 11) enthält die besten Kohlen zur Verkokung, das Reden- und Heinitzflötz (Nr. 10 und 9) die nächst besseren und das Schuckmannsflötz (Nr. 8) die magersten Kohlen."

Nach den Grundmann'schen Untersuchungen würden die Flötze der Königin Louisengrube Nr. 11, Nr. 8, Nr. 9, Nr. 10 in ihren backenden Eigenschaften aufeinanderfolgen, also die Kohlen des Schuckmannflötzes backender als die des Reden- und Heinitzflötzes erscheinen. Ebenso tritt von den Kohlen der Königsgrube nur die des Hoffnungsflötzes (Nr. 1) als eine nicht backende Kohle auf, während das Gerhardflötz (Nr. 2 und 3) dem Pochhammerflötz (Nr. 11) sehr nahe steht, also die des Schuckmann-, Reden- und Heinitzflötzes noch an Verkokungsfähigkeit übertreffen müsste.

Es erschien in Folge dieser zwischen der chemischen Zusammensetzung und den physikalischen Eigenschaften der obigen und anderer oberschlesischen Flötzkohlen auftretenden Verschiedenheiten von Interesse, auch die von Prof. Heintz angestellten Untersuchungen aus dem Brix'schen Werke in den Bereich unserer Betrachtungen zu ziehen, nachdem durch mehrfache Vergleichung derselben mit dem physikalischen Charakter der untersuchten Kohlen anderer deutscher Becken bis jetzt immer übereinstimmende Resultate erzielt worden waren. Es wurden Heintz's analytische Resultate daher am Ende der Grundmann'schen Tabellen in einer besondern Abtheilung angefügt und die aus denselben berechneten Werthe des Wasserstoffverhältnisses zum Kohlenstoff in Tabelle V, und auf Tafel II mit Q′ bezeichnet, deren Mittelwerth eingetragen. Ein Blick auf die erstere genügt, um die ausserordentlichen Differenzen zwischen diesen und den Grundmann'schen Analysen sofort zu ersehen, — Differenzen, welche selbst in dem Falle nicht erklärlich scheinen, dass man annehmen wollte, die zur Untersuchung gegebenen Kohlen hätten sich während des Lagerns verändert, nachdem aus den Grundmann'schen Untersuchungen über die Verwitterung der Steinkohlen, nach 6monatlichem Lagern im Freien, derartige Veränderungen in der organischen Kohlenmasse nicht gefunden wurden. Wollte man anderseits sich der Ansicht hingeben, dass die Kohlen eines und desselben Flötzes in ihrer Zusammensetzung solche Verschiedenheiten aufweisen könnten, so widersprechen dieser Annahme die Aehnlichkeiten, welche sich zwischen den von mehren Autoren erzielten Resultaten bei Untersuchung der Kohlen Westphalens, Aachens, Saarbrückens und Englands herausstellen und nach welchen, wenn auch nicht so überraschend naheliegende Werthe, wie in den Grundmann'schen Analysen, so doch Näherungswerthe zum Vorschein kommen, die wenigstens einen gemeinschaftlichen Charakter eines Kohlenbeckens repräsentiren und auf Grund dessen es überhaupt möglich war, eine Anschauungsweise, wie die von uns gebotene, zur Beurtheilung der Eigenschaften der Steinkohlen nach ihrer chemischen Zusammensetzung, anzubahnen. Bei Betrachtung der Tabelle V finden wir aber in der That zwischen Heintz's und Grundmann's Analysen einen so grossen Mangel an Uebereinstimmung, dass die Kohlen Oberschlesiens nach dem ersten Autor als vorwaltende Gaskohlen mit theilweise backenden Eigenschaften, nach dem letzten als beste Backkohlen ohne hervorragenden quantitativen Gasgehalt in den Vordergrund treten. Endlich aber stimmen die Angaben Grundmann's über die physikalischen Eigenschaften der Kohlen von Königsgrube und Königin Louisengrube in höherem Grade mit den analytischen Resultaten Heintz's als mit seinen eigenen überein; denn in dem Texte heisst es: „Die Flötze der Königsgrube liefern, wie überhaupt fast alle oberschlesischen Steinkohlengruben, eine flammende, sauerstoffreiche Steinkohle, welche beim Verbrennen sintert (d. h. schwach zusammenbäckt) und sich nur in Stückkohlen zur Verkokung eignet." Diesen Angaben entsprechen die Grundmann'schen Resultate nicht; nach seinen Untersuchungen gehören die oberschlesischen Kohlen unter die Reihe der sauerstoffarmen Backkohlen, welche beim Verkoken sich stark aufblähen, zusammenbacken und mit stark russender Flamme verbrennen müssten. Nach den Untersuchungen Heintz's ist die Kohle des Heintzmannflötzes eine sauerstoffreiche Gaskohle, welche nur höchst wenig bäckt und in ihren Eigenschaften denen des Heinitzflötzes von Königin Louisengrube sehr nahe steht. Das Gerhardtflötz enthält eine angehende Backkohle, welche sich in niedrigen Koksöfen gut verkoken lässt und an der Grenze der Back- und Gaskohlen steht. Das Pochhammerflötz in derselben Grube ist eine Back- und Gaskohle und steht in ihren Eigenschaften dem Claraflötze der Faustagrube und dem Leoflötz der Leopoldgrube am nächsten und wird in Bezug auf Gasausbeute von dem Ober- und Unterflötz der Louisengrube übertroffen. Als Backkohle im engsten Sinne und mit den Grundmann'schen Untersuchungen fast allein übereinstimmend erscheint das Redenflötz der Königin Louisengrube; diese Kohle würde bei ihrer Verwendung zur Leuchtgasfabrikation unter den von Heintz untersuchten Kohlen die geringsten Mengen Gas liefern.

Es muss nun den Praktikern überlassen bleiben, über die Richtigkeit des hier Mitgetheilten und aus den Untersuchungen beider Autoren Entwickelten zu urtheilen; indem wir hauptsächlich auf die von den letzteren gleichzeitig untersuchten Kohlensorten uns beschränken, ohne irgend welcher individuellen Ansicht vorgreifen zu wollen.

„Die beiden obern Abtheilungen des Carolinenflötzes von Eugenienglücksgrube geben ein festes und stark glänzendes Kohl, das leicht und mit reiner Flamme brennt. Die mehr als 2 Ltr. mächtige Mittelbank liefert vorzugsweise ein festes Kohl, das in sehr grossen Stücken bricht und etwa 78 Procent Stückkohle gibt. Die Niederbank enthält eine Art Cannelkohle mit muschligem Bruche; sie besitzt eine solche Zähigkeit, dass sie sich schnitzeln und drechseln lässt. Das Kohl beider Bänke, vorzugsweise das der Unterbank, brennt leicht und mit lebhafter Flamme. . . . Die drei obern Bänke dieses Flötzes liefern eine vorzügliche Sinterkohle. . . . Zur Gasbereitung dürfte sich diese Kohle vorzugsweise eignen, indem sie bei gut gebackenem Koks 44,5 Procent Destillationsproducte liefert."

Nach Grundmann's Untersuchungen enthalten die obern Bänke dieses Flötzes auf

1000 Pfund Kohlenstoff { 38,11 bis 46,06 disponiblen Wasserstoff,
15,51 „ 21,01 nicht disponiblen Wasserstoff;

die Unterbank: 60,63 disponiblen Wasserstoff, 19,54 nicht disponiblen Wasserstoff,

im Mittel aller Bänke: 48,95 disponiblen Wasserstoff, 19,12 nicht disponiblen Wasserstoff.

Die letztere Zusammensetzung repräsentirt eine wasserstoffreiche Backkohle von vorzüglich backenden Eigenschaften und von mittlerer Gasausbeute.

Nach Heintz's Untersuchungen liegt die Kohle des Carolinenflötzes (Nr. 55) mit 34,67 disponiblem Wasserstoff, 33,68 nicht disponiblem Wasserstoff in der Reihe der gasreichsten Kohlen mit nicht backenden Eigenschaften, — eine Sandkohle.

Dieselbe tritt auf Tabelle V Nr. 28 nach den Grundmann'schen Analysen als gerätterte und ungerätterte Kohle mit 58,0 disponiblem Wasserstoff und 15,7 nicht disponiblem Wasserstoff als die wasserstoffreichste Kohle Oberschlesiens auf, wie sie England in seiner Cannelkohle nicht aufweisen kann.

Die Kohle des Leopoldflötzes der Leopoldgrube, als Gaskohle bezeichnet, erscheint nach Grundmann als eine vorzügliche Backkohle (Nr. 38) ohne hervorragenden Gasgehalt, nach Heintz als eine Backkohle mit mittlerem Gasgehalt (Nr. 68).

Diese Verhältnisse genügen, um den Wunsch, auf der von uns angedeuteten Bahn übereinstimmende Ansichten zu erlangen, gerechtfertigt erscheinen zu lassen. Zunächst sind wir leider nicht in der Lage, mit Benutzung der umfangreichen Grundmann'schen Tabellen Urtheile zu fällen, welche sich, als aus der chemischen Untersuchung hervorgehend, Geltung verschaffen könnten, da zumal uns nicht die Zeit vergönnt war, durch Anstellung chemischer Untersuchungen uns selbst ein Urtheil über den Charakter der oberschlesischen Kohle zu verschaffen, welche, wie schon angedeutet, nach Grundmann's Analysen zu den an disponiblem Wasserstoff reichsten, sauerstoffarmen Backkohlen, nach Heintz zu den sauerstoffreicheren Gaskohlen mit theilweise backenden Eigenschaften gehören.

Eine uns vorliegende Brochüre des Herrn Grundmann beantwortet die Frage: „Sind die englischen Steinkohlen besser als die schlesischen?“ und gelangt hierbei zu dem Schluss: „Aus diesen Berechnungen, bei welchen alle Umstände, die auf den Brennwerth der Steinkohlen Einfluss haben, in Betracht gezogen sind, geht in zwingender Weise hervor, dass die besten Sorten der oberschlesischen Kohlen den besten Sorten englischer Kohlen im Werthe mindestens gleich stehen; Zahlen entscheiden, so auch hier. Aber auch aus der Betrachtung aller andern Eigenschaften der Kohlen, deren Werthe sich nicht durch Zahlen geben lassen, folgt ebenso unwiderleglich, dass die schlesischen Kohlen überall den englischen gleichzustellen sind und dass, selbst wenn die Kohlen beider Vorkommnisse an einem Orte im Preise gleichstehen, es auf einem blossen Vorurtheil beruht, zu behaupten, dass die englischen Kohlen vor den schlesischen den Vorzug verdienen.“

Da wir schon im Obigen uns dahin ausgesprochen, dass die Beurtheilung des praktischen Heizwerthes einer Kohle aus der chemischen Untersuchung nicht als allein maassgebend erkannt werden darf, so enthalten wir uns auch hier, den Grundmann'schen Ansichten in irgend welcher Weise vorzugreifen. Im Besitz unseres Maassstabes für die Beurtheilung der sonstigen physikalischen Eigenschaften der Kohlen aus ihrer chemischen Zusammensetzung, können wir es uns aber nicht versagen, einige Bemerkungen hierüber anzufügen. In Tabelle XIV (Nr. 1 — 28) sind die Resultate der chemischen Untersuchungen englischer Kohlen verzeichnet, von welchen Nr. 17 — 24 Grundmann'schen Analysen entnommen sind. Vergleichen wir die Zusammensetzung dieser Kohle mit denen der oberschlesischen Kohlen in Tabelle IV (Nr. 1 — 54) nach den Angaben desselben Autors, so sind wir veranlasst, seinen Ansichten vollständig beizupflichten, insofern sich alle von Grundmann untersuchten oberschlesischen und alle von ihm untersuchten englischen Kohlen als vorzügliche Backkohlen, von mittlerem Gaswerth (nach unserem Maassstabe), herausstellen, so dass z. B. die Wigan Cannelkohle schwächer backt als die Pochhammerflötzkohle und letztere der Stückkohle von Westheartley, von New-Castle und der Nusskohle von Sunderland fast völlig gleichkommt.

Denken wir uns aber von Tabelle XIV die Kohlen Nr. 17 — 24 hinweg, und ebenso in Tabelle V die Grundmann'schen Angaben Nr. 1 — 54 nicht vorhanden, so ist es uns gestattet, einen Vergleich zwischen den Heinitz'schen Untersuchungen und denen von Dick, Taylor, Vaux, Boley und Rowney zu ziehen und bei diesen gelangen wir zu anderen Ansichten, in Bezug auf die Qualität der Kohlen; die Seaton-Dampfkesselkohle von Northumberland ist wie die Kohle des Faustaflötzes von Faustagrube eine Gaskohle ohne backende Eigenschaften.

Die Rooves von Ten-Yard-Flötzkohlen bei West-Bromwich (Tabelle XIV Nr. 8) entsprechen in ihrer Zusammensetzung der Kohle des Morgenrothflötzes in Morgenrothgrube und dem Heinitzflötze der Königin Louisengrube; es sind Gaskohlen mit kaum backenden Eigenschaften (Nr. 56, 66 Tabelle V).

Die Kohle von Wolverhampten (Tabelle XIV Nr. 12) ähnelt der Kohle des Leopoldflötzes von Leopoldgrube (Tabelle V Nr. 68), doch ist erstere backender. Im Allgemeinen aber sind die oberschlesischen Kohlen, welche Prof. Heintz untersucht hat, vorwaltend Gaskohlen, die englischen Steinkohlen der Tabelle IV vorwaltend Back- oder Kokskohlen, von denen nur die Kohlen des Ten-Yard-Flötzes als Gas- oder Sandkohlen auszuschliessen wären.

Steinkohlen wie die Bogheadkohle, die Bigveinkohle von Südwales, die Tynside-Cannelkohle (Tabelle XIV Nr. 25, 7 und 28) dürften in dem oberschlesischen Kohlenbecken kaum zu erwarten sein. Der Charakter der englischen Kohlen ist ein ganz anderer und lässt vorläufig die Kohle Oberschlesiens als in bestimmter Richtung höchst werthvoll aber nicht in jeder Weise identisch mit Englands Kohlensorten erscheinen.

6) Die Kohlen des Bergamtsbezirkes Wettin spalten sich in zwei ihrer Lage und ihren Eigenschaften nach ganz verschiedene Sorten:

Die Kohlen von *Wettin* und die von *Löbejün*. Von beiden Becken wurde durch Prof. Heintz die Kohle des Wettiner Oberflötzes (Neutzenzug) und die Kohle des Oberflötzes vom Martinschacht in Löbejün untersucht. Zur Bestätigung seiner Resultate untersuchte Dr. Fleck drei Sorten Kohle des Oberflötzes von Wettin, eine Sorte des Dreibankflötzes und zwei Sorten des Martinschacht-Oberflötzes. Die Kohlen von Wettin erscheinen nach diesen Untersuchungen als vorzügliche Backkohlen (Nr. 4—7, Tabelle VI), welche in ihrer Zusammensetzung den westphälischen Kohlen nahezu gleichkommen. (Die Untersuchung Heintz's lässt das Wettiner Oberflötz, Neutzenzug als das backendste erscheinen.) Das *Dreibankflötz* enthält eine Sinterkohle, welche nicht bäckt, aber mit klaren Kohlen des Oberflötzes verkokt einen sehr dichten, schweren Koks liefert. Die Grube Löbejün enthält Sinterkohlen (Nr. 1—3, Tabelle VI), welche an der Grenze der Backkohle liegen, zur Kesselfeuerung in Zuckerfabriken und zum Hausbedarf als Brennmaterial Verwendung finden und in ihrer Zusammensetzung den Aachener Kohlen und denen des Flötzes Hitzberg in Westphalen nahe stehen.

Sollte übrigens die der Löbejüner Kohle nahestehende Kohle des Dreibankflötzes in Wettin nicht mit ersterer in Bezug auf Lagerungsverhältnisse und Alter in Einklang zu bringen sein, da sie sich in chemischer und physikalischer Beziehung so nahe stehen?

Gas- und Sandkohlen im engeren Sinne unserer Auffassung werden in dem Wettiner Becken nicht angetroffen.

7) Die Kohlenflötze der Bergamtsreviere *Bochum*, *Essen* und *Ibbenbüren* schliessen, wie bekannt, den grössten Kohlenreichthum des ganzen preussischen Staates ein. Die hohe Bedeutung, welche demnach das westphälische Kohlenbecken für uns hat, liess es wünschenswerth erscheinen, über den chemischen und physikalischen Charakter der einzelnen Kohlensorten ausführlichere Aufschlüsse zu besitzen, als es unter den gebotenen Umständen möglich ist. Bis jetzt liegen im Ganzen nur 24 Sorten westphälischer Kohlen von Dr. Heintz, Sauerwein und Dr. Fleck untersucht vor uns, aus denen sich nur allgemeine Schlüsse über den Charakter derselben ziehen lassen. Diese Untersuchungen lassen die Kohlen Westphalens als *vorwaltend backende*, zur Verkokung vorzüglich geeignete erscheinen, welche in Rücksicht auf diese Eigenschaft in folgender Reihe, von den besten Backkohlen ausgehend, zu ordnen sind:

Tabelle 7 Nr. 20, Zeche Pluto;
„ „ „ 2, „ Victoria Matthias, Flötz Anna;
„ „ „ 7, „ Friedrich Wilhelm, Flötz Siebenhandbank;
„ „ „ 3, „ Kunstwerk, Flötz Sonnenschein;
„ „ „ 6, „ Engelsberg, Flötz Stennmannsbank;
„ „ „ 16, „ Ver. Westphalia Flötz B (Fettkohle);
„ „ „ 1, „ Sälzer-Neuak-Röttgersbank;
„ „ „ 12, „ Ver. Dorstfeld Flötz Friedrich, oberes Flötz (Back-, angehende Gaskohle);
„ „ „ 19, „ Johannes Erbstolln;
„ „ „ 21, „ Schafberg, Flötz Alexander;
„ „ „ 15, „ Margarethe, Hauptflötz (Esskohle);
„ „ „ 24, „ Laura bei Minden (Wälderkohle);
„ „ „ 18, „ Zollverein;
„ „ „ 10, „ Louise Tiefbau, Flötz VIII (Back- und Gaskohle);
„ „ „ 13, „ Ver. Hamburg, Flötz Nr. I;
„ „ „ 5, „ Ver. Pörtingssiepen, Flötz Hagenscheidt, (Stollnsohle);
„ „ „ 14, Flötz Kaspar Friedrich bei Kirchhörde (Esskohle);
„ „ „ 11, Zeche Dorstfeld Flötz VII;
„ „ „ 8, „ Präsident, Flötz Präsident;
„ „ „ 9, „ Franziska Tiefbau, Hangendes Flötz;
„ „ „ 23, „ Glücksburg, Flötz Franz;
„ „ „ 17, „ Krone;
„ „ „ 22, „ Glücksburg, Flötz Flottwell;
„ „ „ 4, „ Hundsrücken, Flötz Hitzberg.

Nach dieser Reihe beginnen die mageren Kohlen mit der des Flötzes Hagenscheidt (Nr. 5), welche nur noch schwierig backen und den Uebergang von der Back- zu der Sinterkohle bilden. Hiermit nicht völlig übereinstimmend erscheint die von Dr. Fleck untersuchte Esskohle der Zeche Margarethe. Es werden die Esskohlen in Westphalen im Allgemeinen zu den schwach backenden Kohlen gerechnet, welche in ihrer Lagerung oberhalb von den Backkohlen, unterhalb von den mageren Kohlenflötzen eingeschlossen sind. Indess ist bereits Band I, pag. 184 angegeben, dass gerade das als Repräsentant der Esskohlen betrachtete Leitflötz Dickebank oder Sonnenschein auf der Zeche Amalie bei Essen backende Eigenschaften zeige. Es ist daher hier der Umstand möglich, dass auch die Esskohle der Zeche Margarethe nur an einzelnen Stellen als magere Kohle auftritt. Die in obiger Reihenfolge angegebenen Flötze von Nr. 5 abwärts gehören nach der Band I gegebenen Flötzeintheilung den tiefern Flötzen (angehende Sinterkohle) an, von denen die Kohlen der Zechen Krone, Glücksburg, Franziska, Tiefbau und Hundsrücken als die magersten erscheinen müssen und auf einer im Sinne der Tafel II entworfenen graphischen Karte zum grossen Theil unter der Linie zu liegen kommen würden, welche die Grenze der Back- und Sinterkohlen bilden soll.

Wenn es sonach in der über das Westphälische und Ibbenbürener Kohlenbecken gegebenen Tabelle VII noch manche Lücke auszufüllen gibt, so geht doch aus erstern bereits so viel hervor, dass sich die von uns gebotene Auffassungsweise für die Beurtheilung der Kohlen um so mehr zu empfehlen scheint, als wir hierdurch, zumal im Besitz zahlreicherer Untersuchungen, auch ein Mittel erhalten, um z. B. bei Beurtheilung der Kohlen Andeutungen für deren Lagerungsverhältnisse und deren praktische Verwerthungsfähigkeit auch in dem Falle zu erlangen, wo uns eine blosse Bohrmehlprobe zur Untersuchung geboten sein sollte.

8) Hannöver'sche und Schaumburger Wälderkohle. Die Wälderkohlen des nordwestlichen Deutschlands, welche Band I, pag. 202 in ihren charakteristischen Lagerungsverhältnissen besprochen wurden, sind von Dr. Sauerwein zum ersten Male chemisch untersucht und die Analysen in dessen Heizversuchen der Hannöver'schen Kohlen mitgetheilt worden. Die nach diesen analytischen Resultaten sich ergebende Zusammensetzung der Wälderkohlen auf Tabelle IX lässt sie vorwaltend als Back- und Kokskohlen erscheinen, von denen die von Kniggenbrink, Hohenbostel und Hohenwarte in den Vordergrund treten. Ihr verhältnissmässig hoher Aschengehalt lässt die meisten der Wälderkohle den bis jetzt untersuchten englischen Kohlen nachstehen, sonst würden sie den Südwaleser Backkohlen, der Wigan-Cannelkohle, sowie den französischen Backkohlen völlig gleichzustellen sein; am sauerstoffreichsten und isolirt in ihrer Zusammensetzung tritt die Kohle von Bröner Zechen auf, welche bei nicht mehr backenden Eigenschaften als Gaskohle und als Flammkohle unter Kesselfeuerungen qualificirt erscheint. Ebenso charakteristisch in ihren Eigenschaften ist die durch Einwirkung der Luft und durch Zersetzung von Schwefelkiesen im Flötze veränderte Kohle des Schierbomer Reviers (Nr. 15). Dieselbe ist eine leicht zerklüftende, auf dem Bruche stark irisirende Sinterkohle geworden und hat ihre backenden Eigenschaften völlig verloren, während die gleichzeitig zur Untersuchung gegebene Kohle von Tiefbrunn (Nr. 14), von asphaltartigem Glanze und leicht senkrecht zerklüftend, sich als vorzügliche Backkohle erweist (Band I, pag. 205). Bei einem Vergleiche der Wälderkohle mit der westphälischen Steinkohle unterscheidet sich erstere durch einen im Durchschnitt höheren Gehalt an disponiblem Wasserstoff und dadurch bedingte vermehrte Verkokungsfähigkeit in gewaschenem, also ascheärmeren Zustande. Die Anthracite vom Piesberg bei Osnabrück (Tafel II N') liegen in ihrer Zusammensetzung zwischen dem Anthracite von Pensylvanien und dem von Schönfeld (Tafel II U) und bieten ein Brennmaterial, welches an Stelle von Koks Anwendung erfahren kann, und im Heizeffect denselben gleichsteht; sie besitzen in keiner Weise backende Eigenschaften und sind, als von der Natur gebotene Koks, der Verkokung selbst nicht fähig; sie zeichnen sich durch grosse Härte und stahlgraue Farbe vor den eigentlichen Steinkohlen aus und bedürfen eines lebhaften Luftzuges, um vollständig zu verbrennen. Die zurück-

gelassene Asche, welche nur in intensiver Hitze und bei grösserer Anhäufung verschlackt, ist reich an Kieselerde und Eisenoxyd.[1])

9) Steinkohlen des Inde- und Wormreviers. Diese Kohlenablagerung, welche, wie schon in dem geschichtlichen Theile angeführt, in ihrer ganzen Entwicklung und Verbreitung zu dem Lütticher Becken in naher Beziehung steht, tritt in ihren chemischen Eigenschaften, den übrigen deutschen Kohlen gegenüber, ebenso isolirt auf, wie wir diess später bei dem Saarbrückner zu beobachten Gelegenheit haben werden. Charakteristisch erscheint der hohe Kohlenstoffgehalt der Aachener Kohlen und ihr geringer Gehalt an chemisch gebundenem Wasser, sowie zum Theil an disponiblem Wasserstoff. Durch diese beiden Umstände kommen sie in ihrer Lage (Punkt M auf Tafel II) der Ordinatenachse am nächsten von allen deutschen Steinkohlen (mit Ausnahme des Anthracits) zu stehen und erscheinen zum grössten Theil als Sinterkohlen, soweit sie bis jetzt untersucht sind. Wenn im Band I pag. 157 die Kohlen der Innerwerke des Indereviers vorzüglich als Backkohlen hingestellt sind, so gilt dies nur vorläufig von den Flötzen Gyr und Fornegel im engeren Sinne, Flötz Schlemmeriche und Grosskohle (Tabelle VIII Nr. 5 und 6) stehen an der Grenze der Back- und Sinterkohlen, und Flötz Hartkohl (Nr. 4) und Kirschbaum (Nr. 7) sind bereits vollkommene Sinterkohlen. Die Kohlen des Wormreviers gehören, so weit sie bis jetzt untersucht, sämmtlich der Sinterkohle an, unter denen die Kohle des Flötzes Nr. 7 von Grube Anna als die sauerstoffreichste, aber an disponiblem Wasserstoff ärmste erscheint.

Diese durchschnittlich geringe Backfähigkeit der Aachener Kohlen lässt das Kohlenklein derselben hauptsächlich zur Briquetfabrikation geeignet erscheinen und stellt sie in dieser Beziehung mit den Pechkohlen des Zwickauer Beckens und den harten Schiefern des Plauenschen Grundes in eine Linie.

In ihrer chemischen Zusammensetzung ähneln:

die Kohlen vom Flötz Grosskohl in Jamesgrube den Kohlen vom Pas de Calais;
" " " " Fürth in Neulangenberggrube " " " Charleroy (Nr. 53 Tab 15);
" " " " Grossathwerk in Jamesgrube " " " Valenciennes (Nr. 50 Tab. 15);
" " " " Hartkohl in Centrumgrube den Anthraciten von Süd-Wales.

Der durchgängig geringe Aschen- und Schwefelgehalt der Aachener Kohlen, lässt dieselben als Heizmaterial von vorzüglichster Qualität, sowie für den Betrieb von Hohöfen besonders geeignet erscheinen und stellt in letzterer Beziehung die Sinterkohlen des Wormreviers, als den Anthraciten am nächsten kommend, in den Vordergrund.

10) Kohlen aus dem Bergamtsrevier Saarbrücken. Die Kohlen des Saarbeckens treten in ihrer chemischen Zusammensetzung so charakteristisch auf, dass gerade in den aus letzterer sich ergebenden Eigenschaften, eine neue Bestätigung der unserer Betrachtungsweise zu Grunde gelegten Gesetzmässigkeiten zu erkennen ist.

Herr Berginspector von Rönne spricht sich in seinen bereitwilligst gebotenen Mittheilungen über die Kohlen des Saarbeckens in folgender Weise aus:

„Ein der Saarkohle einerseits nachtheiliger, anderseits derselben zu Statten kommender Umstand ist ihr grosser Reichthum an flüchtigen Stoffen. Der Kohlenstoff bildet nur bei wenig Flötzen über 80 Proc. der reinen Steinkohle (nach Abzug der Asche), während er bei den meisten Ruhrkohlen 90 Proc. näher steht und kaum unter 80 sinkt. Die Differenz wird durch einen sehr beträchtlichen Sauerstoffgehalt ausgeglichen, welche anderseits oft das Verhältniss des freien oder disponiblen zu dem gebundenen oder nicht disponiblen Wasserstoff ein gleiches sein lässt; ja in einzelnen Fällen beobachten wir, dass die Menge des letzteren den ersteren übertrifft.

Die praktischen Folgen dieses Verhaltens sind: 1) lebhaftes Russen der Saarkohle, 2) geringes Ausbringen an Koks, 3) geringer Heizeffect, dagegen 4) hohes Ausbringen an Leuchtgas, 5) vorzügliche Brauchbarkeit für Flammenfeuerung.“

[1]) Ueber die Piesberger Steinkohle und ihre Anwendung als Brennmaterial. Verwaltung des Piesberger Kohlenwerks, Osnabrück 1857.

Diese Angaben, welche in den spätern Capiteln über die Leuchtgas- und Koksfabrikation ausführlicher in Erwägung zu ziehen sein werden, verbunden mit dem bereits in Band I, pag. 145 Mitgetheilten, welchen letzteren zufolge die liegenden Flötze vorwaltend Kohlen mit backenden Eigenschaften, die hangenden Flötze vorwaltend Gaskohlen ohne backende Eigenschaften liefern, lassen uns die Kohle des Saarbeckens in 3 Hauptsorten theilen:

1) Backkohlen, d. h. Kohlen mit vorwaltend backenden Eigenschaften:

Dieselben ordnen sich der Qualität nach:

Grube Dudweiler Beierflötz Nr. 11 Tabelle X.
„ „ Natzmerflötz Nr. 10;
v. d. Heydtgrube Beustflötz Nr. 13;
Heinitzgrube Astergrube Nr. 6 (nach der Waghäusler Untersuchung);
„ Blücherflötz Nr. 3 (nach Heintz's Untersuchung).

2) Gas- und Backkohle, d. h. Gaskohle mit schwach backenden Eigenschaften:

Heinitzgrube. Asterflötz Nr. 5 (nach Heintz's Untersuchung);
Gerhardgrube. Heinrichsflötz Nr. 2.
Flötz Kallenberg $^1/_2$ Saarstolln Nr. 29;
Heinitzgrube. Augustflötz Nr. 9;
Grubenwalder Flötz 15. $^1/_2$ Saarsohle Nr. 35.

3) Gaskohlen sind alle andern bis jetzt untersuchten Flötze, welche bei Besprechung der Leuchtgasfabrikation besondere Erwähnung erfahren werden. Diese Zusammenstellung lässt die Saarkohlen für den Verkokungsprocess nur zum geringsten Theile verwerthbar erscheinen und die auf einzelnen Gruben des Saarbeckens befindlichen Verkokungsanstalten finden wir daher zur Erzielung günstiger Resultate noch immer mit den kostspieligsten und vielseitigsten Versuchen beschäftigt. Saarbrücken hat sich durch die letzteren, mit seiner Grube Dudweiler an der Spitze, zu der bedeutendsten und wichtigsten deutschen Versuchsstation in dem Verkokungswesen herangebildet, und mit dem Studium der in ihrer Verkokbarkeit so vielseitigen Kohlensorten dieses Beckens Vertraute werden die von uns bei Beurtheilung der Kohlensorten im Allgemeinen eingehaltene Betrachtungsweise am Vollständigsten zu würdigen im Stande sein. Kaum in einem anderen deutschen Becken sind die Steinkohlen so schwierig zur Lieferung fester Koks qualificirt, als hier, aber auch kaum in einem andern sind zur Erzielung günstiger Resultate so sinnreiche und wissenschaftlich begründete Einrichtungen in den Koksofenanlagen getroffen worden.

Unter den übrigen bis jetzt untersuchten deutschen Steinkohlen erscheinen nur die

Kohlen von Rakonitz in Böhmen;
„ vom 2. Flötz der Fuchsgrube in Niederschlesien;
„ „ 7. „ des Heydtschachtes daselbst;
„ „ Friederickenflötz des Wrangelschachtes daselbst;
„ von dem Zwickau-Chemnitzer Kohlenbecken (Tabelle II Nr. 14, 15, 17, 18, 19, 21, 25)

vergleichbar, doch zum grössten Theile durch einen geringen Aschengehalt verschieden. Unter den englischen Kohlen stehen die Steinkohlen des Ten-Yardflötzes bei West Bromwich den Saarbrücker Kohlen am nächsten (Tabelle XIV Nr. 8, 9, 10, 11).

Charakteristisch für die Kohlen des Saarbeckens ist ferner ihre grosse Veränderlichkeit durch längeres Lagern. Es scheint der Grund für diese Eigenschaft nach dem bisher über den Verwitterungsprocess Mitgetheilten hauptsächlich in ihrem hohen Gehalt an chemisch gebundenem Wasser zu suchen zu sein, was durch das häufige Auftreten von schlagenden Wettern in den dasigen Gruben einerseits bestätigt wird, anderseits mit der Gewichtsabnahme der Kohlen beim Lagern und mit dem allmähligen Uebergang in eine gasarme Sinterkohle völlig im Einklang steht (siehe oben pag. 235).

11) Die Kohlen von Bayern und Baden. Die Steinkohlenformation von Stockheim und Neuhaus, welche in ihren Lagerungsverhältnissen Band I, pag 109, ausführlich besprochen wurde, enthält, wie angegeben, eigentlich nur ein abbauwürdiges Flötz, von welchem Schmiedekohle von Grube Catharina und Kohle aus dem Maxschachte zur chemischen Untersuchung gegeben waren. In der von Herrn Rückert

bereitwilligst gelieferten Monographie wird die Oberpfälzer Steinkohle als Backkohle bezeichnet, die sich zum Verkoken eignet und zur Gasbereitung verwendet werden kann und ausserdem als Schmiedekohle und zur Erzielung hoher Temperaturen bei Porcellanbrennöfen vielfache Verwerthung findet. Auf Tafel II E finden wir die Kohle von Stockheim als Backkohle verzeichnet, unter denen die des Maxschachtes die Schmiedekohle von Grube Catharina übertrifft, indem letztere den schwer backenden Gaskohlen sich nähert und ausserdem durch einen höheren Aschengehalt noch an backenden Eigenschaften verliert. Charakteristisch für diese Kohlensorten ist ihre geringe Festigkeit, ihre Fähigkeit durch schwachen äussern Druck zu zerbrökeln, durch welchen Umstand sie sich nur schwer transportiren lässt und warum ihr auch der Name „Mulmkohle“ ertheilt wurde. In ihrer Verkokungsfähigkeit, wie in der Zusammensetzung der aschenfreien Substanz überhaupt, haben diese Kohlen mit denen Westphalens die grösste Aehnlichkeit; die Kohlen des Zwickauer Bassins werden von ihnen durch höhere Verkokungsfähigkeit übertroffen; sie stehen denselben aber in Festigkeit und durch einen höheren mittleren Aschengehalt nach.

Von den Kohlen des Schwarzwaldes im Grossherzogthum Baden waren zwei Sorten von Berghaupten unter dem Namen Kohlen bester Qualität und Kohlen geringer Qualität zur chemischen Untersuchung gegeben, welche sich in ihren chemischen und physikalischen Eigenschaften wesentlich von einander unterscheiden. Die Kohle bester Qualität ist eine grauschwarze, schiefrige, leicht zerbrechliche Kohle, welche mit den Kohlen des Wormreviers die grösste Aehnlichkeit hat und wie diese zu den Sinterkohlen gehört. In der Kohle geringer Qualität wurde, wie schon oben pag. 224 angeführt, ein mit Bitumen durchtränkter Talkstein gefunden, der bei einem Aschengehalt von 84,75 Proc. sich in seiner elementaren Zusammensetzung als höchst wasserstoff- und sauerstoffreich zu erkennen gab. In letzterer Beziehung wird diese Kohle, ihrer aschenfreien Substanz nach, die beste aller deutschen Back- und Gaskohlen sein und nur in der ebenfalls aschenreichen Bogheadkohle (Tabelle XIV Nr. 25) einen sie allerdings noch überflügelnden Rivalen finden.

Das Auftreten dieser bituminösen Talksteine in den obern Schichten der Berghauptener Kohlenlager setzt übrigens eine Veränderung der ursprünglichen, jedenfalls der Mulmkohle von Stockheim und Erbendorf sehr ähnlichen, backenden Kohle durch einen Zersetzungsprocess voraus, in Folge dessen die Backkohle zur anthracitischen Sinterkohle umgewandelt und durch Verdichtung der entweichenden Theerdämpfe in den überlagernden Schichten die Abscheidung des Bitumens in den Talksteinen bedingt wurde, in Folge dessen letztere selbst das Ansehen von Graphit erlangten.

Auf Tabelle XXI sind gleichzeitig die Pechkohlen der Molassenformation Oberbayerns mit aufgenommen worden, welche ihrer Zusammensetzung nach zwischen den Braunkohlen und Steinkohlen innestehen und je nach Alter und Flötztiefe bald der einen oder andern sich nähern.

Der Steinkohle am nächsten stehend erwies sich die aschenarme, pechglänzende, schwarzbraune Pechkohle von Miesbach (Tabelle XI Nr. 1), welche in ihrer Zusammensetzung mit der Saarkohle von der Landweiler Nebenbank (Tabelle X Nr. 31) sehr ähnlich, nur aschenärmer und als eine vorzügliche Sandkohle zu betrachten ist, welcher die Eigenschaft zu backen völlig abgeht.

Die Molassenkohle von Aue, eine mürbe, starkglänzende und wie die vorhergehende schwarzbraune, nicht abfärbende Pechkohle, steht der Braunkohle näher, enthält aber viel geringere Mengen disponiblen Wasserstoffs als diese; sie gehört zu den Sandkohlen und liefert viel Gas.

Die Molassenkohle von Schliersee (Taf. I D) bildet den Uebergang der Braunkohle zur Steinkohle und erscheint als eine sehr schwach backende, sauerstoffreiche Sandkohle von grosser Härte mit gypshaltigen Kluftschichten durchsetzt und wenig abfärbend. Sie eignet sich zur Verkokung nicht, wird aber, im gehörig ausgetrockneten Zustande angewendet, ein gutes Leuchtgas in reichlicher Menge zu liefern im Stande sein. In ihrem Aschengehalte kommt sie der Kohle von Aue gleich, beide erschienen aschenreicher als die untersuchte Miesbacher Kohle.

12) Die Steinkohlen des österreichischen Kaiserstaates.

Der Umstand, dass der Steinkohlenbergbau Oesterreichs noch in der ersten Epoche seines Aufschwungs eine allgemeine Bekanntschaft mit den Eigenschaften der einzelnen Kohlensorten selbst nicht erwarten lässt und dass anderseits über die chemische Natur der letzteren noch wenig bekannt ist, wird es erklärlich erscheinen lassen, wenn wir im Folgenden ebenfalls nur erste Anfänge einer Charakteristik der österreichischen Steinkohlen nach ihrer chemischen Zusammensetzung bieten, welche vorläufig, wie ja das ganze Unternehmen, dazu bestimmt sind, die Männer der Praxis den Männern der Wissenschaft näher zu führen, um so durch vereintes Arbeiten dem Ziele einer wissenschaftlichen Begründung der Verwerthungsfähigkeit aller Kohlenlager überhaupt immer näher zu kommen.

Der freundlichen Vermittelung der Herren Directoren Andrä in Witkowitz, Pelikan in Pilsen und Rittler in Rossitz verdanken wir die Zusendung einzelner der wichtigsten Vertreter des böhmischen und mährischen Steinkohlenreichthums, durch deren chemische Untersuchung es uns möglich wurde, folgende allgemeine Gesichtspunkte für die einzelnen Kohlensorten aufzustellen.

Die Steinkohlen Böhmens (Tabelle XII) gehören den Back- und Gaskohlen in vorwaltendem Grade an und eignen sich mit Ausnahme der Kohlen des Rakonitzer Beckens, welche den Zwickauer Pechkohlen sehr nahe stehen und als Gaskohlen in den Vordergrund treten, besonders zur Verkokung. Unter den Kokskohlen oder Backkohlen sind zu erwähnen:

Die Kohlen der Muldenzeche in Littitz (Tab. XII, Nr. 1 u. 2) und die Kohle aus dem Michaelsschacht bei Brandeisl, welche in ihrer Zusammensetzung und ihren backenden Eigenschaften zwischen den westphälischen und Wälderkohlen mitteninnestehen. Denn während die Kohlen des hangenden Flötzes der Kohle von Zeche Vereinigt-Hamburg nahezu gleichkommt, so nähert sich die des Unterflötzes der Wälderkohle von Hohenwarte am Deister und die Kohle aus dem Michaelsschacht bei Brandeisl, welche dicht an die Grenze der Back- und Gaskohlen zu stehen kommt, den Kohlen des achten Flötzes von Louise Tiefbau in Westphalen, scheint aber weniger aschehaltig zu sein. In der Abtheilung der Back- und Gaskohlen tritt uns die Blattelkohle der Pankrazzeche, als in der Reihe der deutschen Steinkohlen isolirt dastehend, entgegen. Diese mattglänzende, holzigfeste, schiefergraue Kohle, welche zur Gasfabrikation in München Anwendung findet, zeichnet sich bei sehr geringem Aschengehalt durch einen so hohen Reichthum an Wasserstoff überhaupt aus, dass sie als die beste existirende Back- und Gaskohle gelten kann. Ein Vergleich mit der Bogheadkohle (Tabelle XIV, Nr. 25, Tafel II V^4) lässt sie zwar um Vieles ärmer an disponiblem Wasserstoff erscheinen, wenn wir indess erwägen, dass die Blattelkohle nur 2,58 Procent Asche, nach Ritter von Hauer 10 Procent, lieferte, während in der Bogheadkohle 24,23 Procent gefunden wurden, so scheint erstere durch ihren grösseren Gehalt an brennbarer Substanz den Vorzug zu verdienen. Die Schwarzkohlen von Grube Blattwitz und die Mittelbank des 6° mächtigen Flötzes im Thinnfeldschachte bei Kladno sind kaum backende, aber gasreiche Kohlen (Tabelle XII, Nr. 3 und 5), welche den vom Prof. Heintz untersuchten des Morgenrothflötzes von Oberschlesien (Tab. V, Nr. 56) am ähnlichsten sind.

Gaskohlen, im engeren Sinne, mit schwach backenden Eigenschaften sind alle Kohlen von Rakonitz (Tabelle XII, Nr. 7—11); sie stehen in dieser Eigenschaft den Saarkohlen am nächsten, sind aber, was die Kohlen der Barbarazeche und die von Lottasch (Nr. 8 und 10) anbelangt, relativ ergiebiger an Leuchtgas. Die Mannichfaltigkeit in der Zusammensetzung und dem Charakter der böhmischen Kohlen überhaupt — ein Umstand, der die letzteren von der grössten Bedeutung für den vielseitigen Aufschwung der Kohle consumirenden Industriezweige erscheinen lässt — lässt auch auf einen noch zu erwartenden hohen Reichthum der kohlenführenden Becken überhaupt schliessen.

13) Die Steinkohlenflötze von Mähren führen, ähnlich denen Oberschlesiens (nach Heintz's Analysen) sowohl backende als magere, mürbe und feste, ganz reine und sehr schieferhaltige Kohlengattungen. Praktischen Werth für die dortigen Verhältnisse hat blos die Eintheilung in backende und nicht backende Kohlen, weil sich darnach die einzelnen Grubenmanipulationen, wie sie über Mährisch Ostrau in dem ver-

dienstvollen Werke über das Mährisch-Schlesische Steinkohlenrevier von Wilhelm Jevinsky beschrieben sind, richten und Gruben mit kokenden Kohlen eine ausgedehntere Aufbereitung und Verkokung einführen können, während solche mit mageren Kohlen auf eine einfache Sortirung nach der Korngrösse angewiesen sind. Die backende Kohle von Ostrau und Rossitz hat ein fettes glänzendes Ansehen, würfligen Bruch und brennt mit kurzen Flammen, Schwefelkies ist nur wenig eingesprengt; die magere Kohle ist mattglänzend, hat einen stengligen Bruch, ist leichter als die erstere und enthält oft reichlich Schwefelkies.

Die zur chemischen Untersuchung gelieferten Kohlen von Mährisch-Rossitz waren der Gegentrumgrube und der Segengottesgrube entnommen und gehören, mit Ausnahme der Sohlenkohle vom Hauptflötz der Gegentrumgrube, welche an der Grenze der Back- und Sinterkohlen liegt, den guten Backkohlen an. Die Kohlen der Gegentrumgrube sind halbhart und schwachglänzend, die der Segengottesgrube weich, mulmig, von geringem Glanze und dadurch der Stockheimer Kohle, mit welcher sie auch in der Zusammensetzung grosse Aehnlichkeit besitzt, nahe verwandt.

Von den Kohlen des Ostrauer Revieres gehören die Kohlen des Grubenrevieres Jaklowitz zum Theil den Sinterkohlen an. Von den zur Untersuchung gesendeten auf Tabelle XIII Nr. 1 bis 5 verzeichneten Kohlenproben, sind das 5. und das 11. Flötz eigentliche Backkohlen, letzteres in vorwaltendem Grade, die Kohlen des Adolphflötzes stehen an der Grenze der Back- und Gaskohlen (Nr. 1), die des 9. Flötzes an der Grenze der Back- und Sinterkohlen, die Kohlen des 4. Flötzes sind sauerstoffreiche Sinterkohlen. Auf Zeche Tiefbau gehören Oberbank und Mittelbank des Neuen Flötzes (Nr. 6 und 7) den Backkohlen, die Kohlen des Eduard-Moritzflötzes (Nr. 8 und 9) den Gaskohlen ohne backende Eigenschaften an. Bei der Verkokung liefert das neue Flötz dichte, feste, die beiden letzten Flötze kleinstenglige und nur bei vorzüglicher Ofenconstruction feste Koks. Von den in Zeche Carolinenschacht untersuchten Flötzkohlen ist Nr. 10 backende Kohle, während Flötz 2 (Nr. 11) bereits keine eigentliche Backkohle mehr besitzt, aber, wie alle sauerstoffreichen Kohlen, in gut construirten Koksöfen noch zur Verkokung gebraucht werden können.

Von den in Zeche Karwin Hilfsschacht untersuchten Flötzen gehört das 60zöllige Flötz den Sinterkohlen ohne backende Eigenschaften, das 33zöllige Flötz den guten Backkohlen an.

Kohlen von so hohem Back- und Gaswerthe, wie solche in den böhmischen Flötzen auftreten, scheinen in den Mährischen Becken ebensowenig wie in den oberschlesischen vertreten zu sein. Die besten Mährischen Backkohlen (Nr. 5 und 7) stehen den Südwales Ellveinkohlen und den französischen Kohlen vom Rive de Gier am nächsten.

14) Die Steinkohlen Englands und Frankreichs.

Die Steinkohlen Englands waren bereits im Jahre 1848 Gegenstand einer umfassenden Untersuchung, über welche von Sir Henry de la Beche und Dr. Lion Plaifair ein erster Bericht in den Memoires of the geological survey of Great Britain niedergelegt ist, welcher auf Veranlassung der Academie der Wissenschaften in Wien übersetzt und an die Besitzer österreichischer Steinkohlengruben abgegeben wurde. Die in dieser Arbeit enthaltenen chemischen Untersuchungen beziehen sich auf die Zusammensetzung von 35 verschiedenen Kohlensorten, wie dieselben grösstentheils zur Schiffsmaschinenfeuerung verwendet wurden, konnten aber in den vorliegenden Tabellen darum keinen Platz finden, weil die Aschenbestimmungen nicht mit derselben zur Verbrennung verwendeten Substanz, sondern in einer besonderen Operation ausgeführt worden waren, und durch diesen Umstand die Genauigkeit des aus der Differenz sich ergebenden Gehaltes an Sauerstoff insofern in Frage gestellt erscheint, als eine Berechnung des Verhältnisses des disponiblen zu dem nicht disponiblen Wasserstoff in diesem Falle keine sicheren Anhaltspunkte mehr bietet.

In der mehrfach citirten Arbeit von Knapp, einer Bearbeitung der Metallurgie von Percy, sind aber eine Anzahl neuerer Kohlenuntersuchungen enthalten, welche den Ansprüchen der Genauigkeit am Meisten nachkommen und diese wurden nebst den von Grundmann ausgeführten Analysen englischer

Steinkohlen in ihrem ganzen Umfange benutzt und in Tabelle XIV verzeichnet. Ein Blick auf dieselbe beweist uns, dass die englischen Steinkohlen (Nr. 1 bis 30) vorwaltend den wasserstoffreichsten Backkohlen angehören, unter denen die aschefreie Substanz der Bogheadkohle, welche als bituminöser Schiefer zu betrachten ist, (Nr. 25) in den Vordergrund tritt.

Die Seaton Dampfkessel-Kohle (Tabelle XIV, Nr. 1) ist von Knapp in die Reihe der Backkohlen aufgenommen und es heisst von derselben: „das Pulver bläht sich in der Hitze schwach auf und bildet Koks, beim Brennen nicht an den Roststangen anhängend.“ Diese Eigenschaften scheinen dafür zu sprechen, dass wir es in dieser Kohle mit einer eigentlichen Backkohle zu thun haben, aus der chemischen Zusammensetzung ergibt sich auch, dass dieselbe den schwach backenden Gaskohlen angehört und ihrer Lage nach den Kohlen von dem Faustaflötz, der Faustagrube in Oberschlesien, sowie der Kohle vom Hauptflötz der Gegentrumgrube in Mährisch-Ostrau am nächsten steht. Das Pulver der Peureth-Gaskohle bläht sich in der Rothglühhitze auf und hinterlässt einen zusammengebackenen Koks. Hierdurch zählt sie zu den backenden Kohlen.

Die Kohlen Nr. 3—7 Tafel II V[1] sind sämmtlich vorzügliche Back- und Kokskohlen, unter denen die Bigvein Kohle an der Spitze steht und durch keine deutsche Steinkohle übertroffen wird.

Unter der Rubrik „Britische Sandkohlen“ sind von Knapp zunächst die Kohlen des Ten-Yard-Flötzes (Tabelle XIV, Nr. 8—11 Tafel II V[1]) namhaft gemacht, welche ihrer Zusammensetzung nach den Gas- und Sandkohlen angehören und mit mehren Kohlenflötzen Saarbrückens, Ober- und Niederschlesiens und Böhmens grosse Aehnlichkeit besitzen. Die Kohle von Wolverhampton, dem Ten-Yard-Flötz angehörend, liefert sehr glänzende Koks, bläht sich blumenkohlartig auf, ohne die Form des Tiegels anzunehmen. Diese Eigenschaften entsprechen einer Backkohle, welche zugleich reich an Sauerstoff ist.

Die Airshire Kohle liegt an der Grenze der Back- und Gaskohlen und der Gas- und Sinterkohlen (Nr. 15) und zeichnet sich durch einen Gehalt an leuchtenden Gasen vor denen des Ten-Yard-Flötzes (Nr. 8—11) aus. Unter den französischen Kohlen haben wir es, mit Ausnahme der Kohlen Tabelle XV, Nr. 50 und 52 von Vallenciennes und Charleroy, welche in ihrer Zusammensetzung und Lage denen des Inde- und Wormreviers gleichkommen, und zu den S i n t e r k o h l e n gehören, mit backenden Kohlen zu thun. Wenn die Kohlen Nr. 45 von Blanzy und Nr. 47 von Norcy zu den Sandkohlen gerechnet wurden, so spricht ihr Gehalt an disponiblem Wasserstoff nicht dafür, derselbe müsste, sollten diese Kohlen wirkliche Sandkohlen sein, um $^1/_2$ Procent weniger betragen und dann noch würden sie im Dulais'schen Koksofen verkokt zur Erzielung dichter Kokse geeignet erscheinen. Die Kohlen von Mons (Nr. 48 und 49), welche zu den Sandkohlen gehören, sind es, der Analyse nach, nicht, sofern die Angaben von Marsilly richtige sind.

Die anthracitischen Kohlen von Südwales (Tafel II V[6]) nähern sich den Kohlen des Inde- und Wormreviers so sehr, dass sie vorläufig nur als Sinterkohlen zu betrachten sind; den eigentlichen Uebergang zu den Anthraciten bilden die Anthracite von Pensylvanien (Tabelle XIV, Nr. 31, 32), deren Gehalt an Wasserstoff aber den des ächten Anthracits von Schönfeld (Tafel II U) um mehr als 2 Procent übertrifft. Insofern nun die Anthracite als natürliche Koks zu betrachten sind, dürfen wir annehmen, dass in den mit dem Namen Anthracit belegten Kohlensorten der Verkokungsprocess an dem Südwales-Anthracit am wenigsten, an dem Schönfelder Anthracit am vollständigsten verlaufen ist.

5. Die Steinkohlen in ihrer Verwerthbarkeit für die Leuchtgasfabrikation.

Nachdem aus der kundigen Hand zweier hervorragender Autoren sowohl eine geschichtliche, als auch eine technische Bearbeitung der Leuchtgasfabrikation hervorgegangen, wie solche seit Clegg's literarischer Thätigkeit auf diesem Fachgebiete nicht geboten worden, erscheint eine Wiederaufnahme derselben in diesem Werke so wenig Bedürfniss, dass ein einfacher Hinweis auf S c h i l l i n g's Handbuch der Steinkohlengasbeleuchtung und auf die in demselben Werke enthaltene Geschichte der Gasbeleuchtung von Professor K n a p p genügt, um eine hier auftretende Lücke in würdigster Weise ausgefüllt zu sehen.

Wenn wir demnach dem Capitel über Leuchtgas in diesem Buche eine ausführlichere Besprechung widmen, so geschieht es, um dem Wunsche gerecht zu werden, an die Resultate der grösseren Praxis einen Maassstab angelegt zu sehen, durch dessen Einführung und Annahme wir in den Stand gesetzt werden, aus den der analytischen Untersuchung eines Gasmaterials hervorgehenden Zahlenwerthen maassgebende Schlüsse auf dessen Gaswerth zu ziehen.

Es ist dieser Versuch (denn nur als solcher möge diese Betrachtungsweise vorläufig beurtheilt werden) eine Fortsetzung des rothen Fadens, welcher sich durch den chemisch-technischen Theil dieses Werkes fortspinnt und der in der Besprechung über Briquetfabrikation seinen Abschluss finden soll. Die qualitative Zusammensetzung der Rohmaterialien bildet auch hier zunächst die Basis, auf welche wir allgemeine Schlüsse zu bauen berechtigt sind, während die quantitativen analytischen Resultate in ihrer Uebertragung auf das Gebiet möglicher Betriebswerthe das Gebäude zu gipfeln bestimmt erscheinen.

Das Holz und die fossilen Brennstoffe bilden im Allgemeinen den Fond, aus welchem die Gasindustrie ihr Rohmaterial bezieht, und in diesen Rohstoffen haben wir es, wie bekannt, mit einem Gemisch organischer und unorganischer, brennbarer und mineralischer Bestandtheile zu thun, von denen die ersteren als die Reservoire anzusehen sind, in denen das Gasmaterial verdichtet aufgespeichert liegt und aus welchen wir durch Wärmezufuhr die condensirten und chemisch gebundenen Elemente zur Entwickelung bringen. Dieser Umformungsprocess ist demjenigen der Verdampfung des Wassers entsprechend, zunächst nur mechanischer Natur und das zu seiner Durchführung erforderliche Wärmequantum dem Dichtigkeitszustande der vergasbaren Elemente in dem Gasmaterial proportional. Die zwischen der letzteren wirkende, ihren festen Zustand bedingende Kraft, der Chemismus, kann mit der Cohäsion insofern in Einklang gebracht werden, als wir annehmen, die chemische Kraft wirke zwischen ungleichartigen, die Cohäsion zwischen gleichartigen Elementaratomen; dann ist Chemismus als Cohäsion verschiedenartiger, die Cohäsion als Chemismus gleichnamiger Stoffe zu betrachten.

Das Wärmequantum, welches erforderlich ist, um 1000 Pfund Eis in Wasserdampf umzuwandeln, wird frei, sobald wir 1000 Pfund Wasserdampf zum gefrieren bringen. Die Wärmemenge, welche nöthig ist, 1000 Pfund Wasserdampf in Sauerstoffgas und Wasserstoffgas zu zerlegen, sie wird frei, wenn 1000 Pfund Knallgas durch den elektrischen Funken zu Wassergas verbrennen.

Diese Auffassungsweise des chemischen Processes ordnet denselben den Cohäsionserscheinungen im Allgemeinen unter und würde selbstverständlich auch nahe Beziehungen zur Aburtheilung anderer physikalischer Erscheinungen bieten, wie sie aus dem Einfluss der Electricität, des Lichtes und des Magnetismus auf wägbare Stoffe hervorgehen, auf welche aber näher einzugehen ausser den Grenzen dieser unserer Aufgabe liegt.

Erkennen wir indess aus dem im vorhergehend Angeführten die Wärme als hervorragendes Mittel zur Aufhebung des festen oder flüssigen Aggregatzustandes, so dürfen wir anderseits den Process der cohäsiven und chemischen Verdichtung, den Condensations- und Verbrennungsprocess, als die wichtigste Wärmequelle betrachten. Für die Beurtheilung der Dichtigkeitszustände gasförmiger Körper unter wechselnden Druck- und Temperaturverhältnissen bietet das Mariotte'sche Gesetz und der Ausdehnungs-Coëfficient permanenter Gase sichere Maassstäbe; über die Dichtigkeitsveränderungen fester und flüssiger Aggregate, soweit dieselben nach gewissen Gesetzmässigkeiten verlaufen, entbehren wir noch jedes Anhaltepunktes. Als Ausdruck des Dichtigkeitszustandes eines Gases besitzen wir sein specifisches Gewicht, das der Luft $= 1$; über den Dichtigkeitszustand der Gase in ihrer Vereinigung zu festen Massen besitzen wir keinen Maassstab. Das Quantitätsverhältniss, in welchem sich Elemente zu chemischen Aggregaten umsetzen, findet in der Atomzahl (die des Wasserstoffs $= 1$) seinen Ausdruck. Folgerungen, wie sie aus dem Vergleich der specifischen Gewichte und der Atomzahl der Elemente hervorgehen, deuten darauf hin, dass die Dichtigkeit zu den Vielfachen der Atomzahlen in quadratischem Verhältniss stehe.

Diese Andeutungen bezeichnen den Standpunkt, auf welchen wir uns zu stellen haben, um mit Hilfe wissenschaftlicher Gesetzmässigkeiten die Resultate der grösseren Praxis zu beurtheilen. Wir erkennen hieraus, dass von einer grossen Anzahl wichtiger Fragen, wie sie hier zur Beantwortung vorliegen, nur wenige mit Sicherheit beantwortet werden können; denn noch fehlt uns jedes zuverlässige Mittel zur Beurtheilung höherer Temperaturgrade, — noch entbehren wir eines Gesetzes, welches uns über die Form und über den Dichtigkeitsgrad, in welchem die Grundstoffe zu chemischen Verbindungen fixirt sind, Aufschluss ertheilt; noch sind unsere Erfahrungen über den gesetzmässigen Verlauf chemischer Umlagerungsprocesse, hervorgerufen durch den Einfluss der Wärme auf chemische Verbindungen organischer Natur, z. B. über das Wesen der Flamme und den an derselben verlaufenden Verbrennungsprocess, höchst lückenhaft, und es erscheint sonach ebensowenig erspriesslich, mit einem so mangelhaften Apparat wissenschaftlicher Argumente sich auf das Gebiet der Praxis zu begeben, wie die hier gemachten Darlegungen in geringem Grade den Praktiker aufmuntern mögen, sich bei der Wissenschaft Rath zu holen.

Liegt aber nicht die Fabrikation des Schiesspulvers, des Glases, des Steinzeuges, des Mörtels, der Seife und die Beleuchtungsindustrie in ihrer ersten Entwickelung Jahrtausende vor unserer Zeit, und ist es nicht die Wissenschaft gewesen, welche die meisten dieser Industriezweige erst auf ihren jetzigen Höhepunkt gebracht hat, auch ohne in den Stand gesetzt zu sein, die oben angeregten Fragen, welche in denselben gleichbedeutend in den Vordergrund treten, beantworten zu können? —

Die brennbare Substanz des Holzes und der Fossilien besteht, wie bekannt, aus Kohlenstoff, Wasserstoff, Sauerstoff und Stickstoff. Letztere drei Elemente, im reinen Zustande nicht verdichtbare Gase, sind mit dem Kohlenstoff chemisch verbunden und befinden sich in den Heizmaterialien in einem Zustande höchster Verdichtung, welchen die Wärme aufzuheben im Stande ist. In dem Grade, als dies geschieht, gruppiren sich die gelockerten Atome zu Verbindungen einfacher Art, welche als verdichtbare Dämpfe auftreten. Die Zahl der in ihnen vertretenen Elemente und der den letzteren entsprechenden Atome ist bei niederer Temperatur eine grössere und nimmt mit steigender Temperatur ab.

Die Pflanzenzelle besteht aus 12 Atomen Kohlenstoff, 12 Atomen Wasserstoff, 12 Atomen Sauerstoff; durch langsame Wärmezufuhr in abgeschlossenen Räumen kann sie sich zersetzen in:

8 Atome Kohlenstoff,	8 At. Wasserstoff,	8 At. Sauerstoff	= Essigsäure,
2 „ „	4 „ „	2 „ „	= Holzgeist,
2 „ „		2 „ „	= Kohlenoxydgas.
12 „ „	12 „ „	12 „ „	

Treten die Essigsäuredämpfe in einen Raum, dessen Temperatur höher liegt als der Siedepunkt der Essigsäure, so zersetzen sich erstere in:

6 Atome Kohlenstoff,	6 At. Wasserstoff,	2 At. Sauerstoff	= Aceton,
2 „ „		4 „ „	= Kohlensäure,
	2 „ „	2 „ „	= Wasser,
8 „ „	8 „ „	8 „ „	= Essigsäure.

Das Aceton wiederum auf seinen Zersetzungspunkt erhitzt, kann sich zerlegen in:

2 Atome Kohlenstoff,		2 At. Sauerstoff	= Kohlenoxyd,
2 „ „	2 At. Wasserstoff,		= Oelbildendes Gas,
2 „ „	4 „ „		= Sumpfgas,
6 „ „	6 „ „	2 „ „	= Aceton.

oder in:

	2 At. Wasserstoff,	2 At. Sauerstoff	= Wasser,
2 Atome Kohlenstoff,	4 „ „		= Sumpfgas,
4 „ „			= Kohle.
6 „ „	6 „ „	2 „ „	

Der Holzgeist kann sich zerlegen in:

2 Atome Kohlenstoff,		2 At. Sauerstoff	= Kohlenoxyd.
	4 At. Wasserstoff,		
2 „ „	4 „ „	2 „ „	= Holzgeist.

oder in:

Kohlenstoff	Wasserstoff	Sauerstoff	
2 Atome Kohlenstoff,	2 At. Wasserstoff,		= Oelbildendes Gas,
	2 „ „	2 At. Sauerstoff	= Wasser,
2 „ „	4 „ „	2 „ „	

Diese theoretischen Zersetzungsweisen zeugen zunächst dafür, dass, je höher die Zersetzungstemperatur, desto einfacher die Zersetzungsproducte, und berechtigen zu der Annahme, dass das Holz direct in die Zersetzungsproducte des Acetons und des Holzgeistes übergeführt werden kann, sobald wir in den Stand gesetzt sind, es in seiner ganzen Masse der Spaltungstemperatur dieser Körper selbst auszusetzen. Bringen wir also Holz auf diejenige des Holzgeistes, welche ohnedies über der Zersetzungstemperatur des Acetons liegt, so kann es sich, ohne erst in Essigsäure und Holzgeist überzugehen, spalten in

Kohlenstoff	Wasserstoff	Sauerstoff	
4 Atome Kohlenstoff,			= Kohle,
2 „ „	2 At. Wasserstoff,		= ölbildendes Gas.
2 „ „	4 „ „		= Sumpfgas,
2 „ „		2 At. Sauerstoff	= Kohlenoxyd,
2 „ „		4 „ „	= Kohlensäure,
	6 „ „	6 „ „	= Wasser,
12 „ „	12 „ „	12 „ „	= Pflanzenzelle.

Es bleibt dann $^1/_3$ des Kohlenstoffes als Holzkohle zurück, während $^2/_3$ an der Bildung gasförmiger Umsetzungsproducte sich betheiligen. Aus dem im Vorhergehenden auf pag. 234 über den Vermoderungsprozess des Holzes Mitgetheilten ergibt sich aber, dass mit dem Austritt von Sumpfgas und Kohlensäure aus den Elementarbestandtheilen des Holzes dasselbe in fossilen Zustand übergeht und die Kohlenstoffmenge relativ zunimmt, mithin die Art der Zersetzungsproducte mit der Veränderung dieses Verhältnisses insofern eine andere wird, als deren verschiedenartige Zusammensetzung eine höher oder niedriger liegende Zersetzungstemperatur, als die der Essigsäure und des Holzgeistes es sind, vorraussetzt.

Der Kohlenstoff, in den Fossilien in grösserer Menge enthalten, wird sich bei der Bildung von Zersetzungsproducten in gleichem Maasse betheiligen, wie bei der Holzverkohlung, und hieraus folgt, dass die Menge der gasförmigen Zersetzungsproducte mit der Quantität der in dem Verkokungsmaterial verdichteten Gase zunimmt, vorausgesetzt, dass die Verkohlungstemperatur hoch genug liegt, um die Bildung der einfachsten Gasverbindungen zu bedingen und das Gasmaterial in völlig trockenem, also Feuchtigkeit freiem Zustande zur Vergasung gelangt.

Es folgt ferner aus Obigem, dass die Quantität der als Koks zurückbleibenden Kohle eine grössere sein muss, als bei dem Holze.

Die Gruppirung der Elemente aus der im Verkohlungsprocess sich zersetzenden organischen Substanz ist aber nicht allein abhängig von der Zersetzungstemperatur; sie verläuft nach Gesetzmässigkeiten, welche bisher mit dem Worte „chemische Verwandtschaft“ belegt, nur in ganz allgemeinen Zügen ihren wissenschaftlichen Ausdruck finden konnten. Es bedingt hierbei der Stickstoffgehalt des Fossils die Bildung flüchtiger Basen, wie

Cryptidin	$= C_{22} H_{11} N$	Lutidin	$= C_{14} H_9 N$
Lepidin	$= C_{20} H_9 N$	Anilin	$= C_{12} H_7 N$
Leukolin	$= C_{18} H_7 N$	Picolin	$= C_{12} H_7 N$
Collodin	$= C_{16} H_{11} N$	Pyridin	$= C_{10} H_5 N$

es sind, und zu 1 bis 2 Procent in dem Steinkohlentheeröl und den Theerwässern auftreten, während das stickstoffärmere Holz vorwaltend organische Säuren z. B. Essigsäure in seinen Destillationsproducten besitzt. Sauerstoffreiche Fossilien liefern auserdem Carbolsäure $= C_{12} H_6 O_2$, welche in den schweren Theerölen bis zu 20 Procent vertreten sein kann. Unter den flüssigen Destillationsproducten der Steinkohlen und des Holzes sind ausserdem ölartige Verbindungen des Kohlenstoffs mit Wasserstoff enthalten, unter denen

Benzin	$C_{12} H_6$	Siedepunkt	$= + 82^{\circ}$ Cels.	Cymol	$C_{20} H_{14}$	Siedepunkt	$= + 171^{\circ}$ Cels.
Toluol	$C_{14} H_8$	„	$= + 110^{\circ}$ „	Chrysen	$C_{12} H_4$	„	$= + 232^{\circ}$ „
Xylol	$C_{16} H_{10}$	„	$= + 126^{\circ}$ „	Naphthalin	$C_{20} H_8$	„	$= + 222^{\circ}$ „
Cumol	$C_{18} H_{12}$	„	$= + 148^{\circ}$ „	Paraffin	$C_{24} H_{24}$	„	$= + 370^{\circ}$ „

vorwaltend auftreten und unter dem Namen der Theeröle in mehrfacher Weise praktisch verwerthbar sind. Photogen heisst ein Gemisch solcher Kohlenwasserstoffverbindungen von niederem Siedepunkt und besteht aus den zuerst übergehenden, gereinigten Portionen des Theeröles, welches bei der trockenen Destillation von Torf, Braunkohlen und bituminösen Schiefern erhalten wird. Es ist farblos bis gelblich, dünnflüssig, mit leuchtender Flamme brennbar und leicht entzündlich und ein Lösungsmittel für Schwefel, Phosphor, Jod, Harze und Fette; das specifische Gewicht liegt zwischen 0,81 und 0,83. Solaröl ist das Gemisch der Theeröle von höherem Siedepunkte und von 0,84 bis 0,89 specif. Gewicht; es wird, wie das Photogen, in gut ziehenden Lampen verbrannt und seine Flamme verbreitet ein Licht von grosser Intensität. Die noch schwereren, flüssigen Theeröle finden als Schmieröle Verwendung. Das Paraffin ist ein nach der allgemeinen Formel $C_n H_n$ zusammengesetzter fester Kohlenwasserstoff, dessen Schmelzpunkt je nach dem Material, aus welchem es gewonnen wurde, verschieden ist. L a u r e n t beobachtete den Schmelzpunkt bei dem natürlichen Paraffin bei 33° Cels., während das galizische bei 65° schmilzt; der Schmelzpunkt des Reichenbach'schen Paraffins von der Formel $C_{24} H_{24}$ liegt bei 45°. Das Naphthalin ist vorwaltend dem Steinkohlentheer eigen, in farblosen, dünnen, rhombischen Blättchen krystallisirbar, schmilzt bei 79° und ist schwerer als Wasser. Seine Fähigkeit, sich in ammoniakalischen Gasen und Theerdämpfen, welche Ammoniak enthalten, dampfförmig zu lösen (zu diffundiren) und bei Abkühlung der letzteren sich krystallinisch abzuscheiden, ist der wahrscheinliche Grund für sein Auftreten in den Gasleitungsröhren, aus welchen es durch Wasserdampf, sofern letztere mit Naphthalin verstopft wurden, leicht ausgeschmolzen werden kann. Es besitzt, wie der Kampher, die Fähigkeit, an der Luft zu verdunsten und lässt sich, wie dieser, sublimiren; hierin liegt der Grund seiner leichten Verdunstung aus den Condensationsapparaten der Gasfabriken unter dem Einfluss des durchströmenden Gases.

In der Verwerthungsfähigkeit dieser Kohlenwasserstoffe bei dem Beleuchtungswesen, in der Herstellung der für die Färberei so wichtigen Theerfarben, wie sie die Umsetzungsproducte des Benzins und Naphthalins in neuester Zeit liefern, bieten uns die Destillationsproducte der Fossilien höchst werthvolle Rohstoffe. Die Frage, ob dieselben bereits fertig gebildet in den Kohlen enthalten seien, können wir u n b e d i n g t v e r n e i n e n d beantworten. Ebensowenig wie wir in der Pflanzenzelle Essigsäure und Holzgeist, oder Aceton und Sumpfgas, fertig gebildet annehmen können, sind wir berechtigt, die Existenz der Theeröle oder einzelner ihrer Bestandtheile in den Fossilien vorauszusetzen. Es spricht für deren Abwesenheit zunächst der oben pag. 234 entwickelte Bildungsprocess der Fossilien aus dem Holze, zweitens die Indifferenz des letzteren und der aus denselben entstandenen Fossilien gegen solche Lösungsmittel, welche auf die Bestandtheile der Theeröle einwirken. Wenn in einzelnen Fällen aus Braunkohle oder bituminösen Schiefern (aber in höchst untergeordnetem Grade aus Steinkohlen) organische Stoffe (Humusbestandtheile, Theeröle) gelöst wurden, so ist der Humus, das erste Vermoderungsproduct der Pflanzenzelle, ein wesentlicher Bestandtheil einzelner jüngerer Braunkohlen, aus denen wir bei der trockenen Destillation Photogen und Paraffin erhalten, aber keine Humusbestandtheile; andererseits sind die bituminösen Schiefer mit Theerölen durchtränkte Thonschiefer und entbehren jeder vegetabilischen Abstammung. Wer die Bestandtheile des Theeres, wie solche während der Verkokung auftreten, in den eigentlichen Fossilien fertig gebildet annimmt, ist berechtigt, auch in dem Brode und Fleische die organischen Bestandtheile der Fäces und des Harns bereits existirend vorauszusetzen.

Das Auftreten von Destillationsproducten verschiedener Zusammensetzung in der Leuchtgasfabrikation findet seinen Grund:

1) in der ungleichen procentalen Zusammensetzung der Fossilien nach ihren Elementarbestandtheilen: Kohlenstoff, Wasserstoff, Sauerstoff und Stickstoff;

2) in der dadurch bedingten verschiedenen Dichtigkeit und davon abhängigen Wärmeleitungsfähigkeit der ersteren;

3) in der wechselnden Zersetzungstemperatur.

Diese Bedingungen zusammengefasst, lassen folgende allgemeine Thatsachen als für den Verkohlungsprocess des Holzes und der Fossilien allgemein giltig feststellen:

Wie die Wärme im Allgemeinen der Cohäsion gleichartiger Stoffe entgegenwirkt und in den ruhenden Atomen Bewegungserscheinungen hervorruft, welche in den Namen: Schmelzen, Dampfbildung, Gasbildung, ihren Ausdruck finden, so lockert sie auch das Band ungleichartiger Atomverbindungen und verhindert anderseits die Vereinigung ungleichartiger Elementarmoleküle zur Bildung eines gleichartigen Ganzen, einer chemischen Verbindung. Das oben für den Verkohlungsprocess des Holzes angeführte Beispiel beweist zur Genüge, dass die Umlagerung der Atome des Kohlenstoffs, des Wasserstoffs und des Sauerstoffs in der Pflanzenzelle mindestens in dreifacher Weise erfolgen kann, so dass, die niedrigste Zersetzungstemperatur vorausgesetzt, Essigsäure, Holzgeist und Kohlenoxydgas auftreten können, anderseits aber auch die Entstehung der ersten beiden völlig unmöglich gemacht wird, sobald das Holz in seiner ganzen Masse einer Temperatur ausgesetzt ist, bei welcher Holzgeist und Essigsäure zu einfach gepaarten Atomcomplexen, wie Sumpfgas, Wasser, Kohlensäure u. A. es sind, sich spalten und demnach direct in diese einfacheren Verbindungen zerlegt werden. Die letzteren können unter dem Einfluss glühender Kohle selbst wieder in der Weise verändert werden, dass Kohlensäure zu Kohlenoxydgas reducirt, das Wasser in Kohlensäure und Wasserstoff umgewandelt wird. Kohlenstoffreiche Wasserstoffverbindungen, die Dämpfe des Benzins, Toluols u. A., ferner die der allgemeinen Formel $C_n H_n$ angehörenden Kohlenwasserstoffe Propylen, Butylen, Amylen u. s. w. scheiden bei ihrem Durchgang durch glühende Röhren Graphit ab und bilden einfache Kohlenwasserstoffverbindungen, wie das Sumpfgas ($C_2 H_4$), ölbildendes Gas und Aethylwasserstoff ($C_4 H_6$) es sind, so dass z. B. Butylen, bestehend aus:

8 At. Kohlenstoff + 8 At. Wasserstoff sich zerlegen kann in
4 „ „ und
4 „ „ + 8 „ „ = 2 At. Sumpfgas,

ferner das Benzin bestehend aus:

12 At. Kohlenstoff + 6 At. Wasserstoff gespalten werden kann in
8 „ „ und
4 „ „ + 6 „ „ = Aethylwasserstoff.

Weil nun alle kohlenstofffreien und kohlenstoffarmen Gase, wie Wasserstoff, Kohlenoxyd und Sumpfgas es sind, mit nicht leuchtender Flamme brennen, oder, was dasselbe sagen will, bei ihrer Verbrennung Kohlenstoff in der Flamme nicht ausscheiden, können diese selbst als Leuchtgas im engeren Sinne nicht verwendet werden; sie erlangen jedoch durch den Umstand, dass Theeröle von niedrigem Siedepunkte, wie Benzin, Propylen, Butylen, sowie solche, welche leicht sublimiren, wie Naphthalin, mit den nicht leuchtenden Gasen sich mischen und in denselben dampfförmig diffundirt verweilen können, die Fähigkeit mit leuchtender Flamme zu brennen, deren Lichteffect von der Menge des in der Flamme ausgeschiedenen Kohlenstoffs, sowie von der Gasdichte und von der Flammentemperatur zugleich abhängig ist.

Dieser Ausspruch wird durch die aus der Untersuchung verschiedener Leuchtgassorten hervorgehenden Resultate bestätigt und bietet uns zugleich ein anderweites Mittel, aus der Zusammensetzung eines Gases und der aus letzterer berechneten Wärmemenge, welche bei der Verbrennung gleicher Volumina frei wird, sowie endlich aus der Dichtigkeit des Gases auf dessen Leuchtwerth zu schliessen und mit Hilfe dieser Werthe die Umstände, unter denen die Fabrikation des Leuchtgases mit Vortheil stattfinden kann, näher in das Auge zu fassen:

Tabelle A.

In 100 Raumtheilen Leuchtgas aus	Schweres Kohlen-wasserstoffgas	Sumpfgas	Kohlen-oxydgas	Wasserstoff-gas	Kohlen-säuregas	Stickstoffgas	Analytiker
Holz	7,70	9,45	61,79	18,43	2,21	0,42	Pettenkofer.
Buchenholz . . .	6,50	27,29	41,94	24,27	—	—	Reissig.
Birkenholz . . .	8,08	22,64	35,99	33,29	—	—	„
Tannenholz . . .	8,45	22,40	38,25	30,99	—	—	„
Torf	9,52	42,65	20,33	27,50	—	—	„
New Castel Pelton	7,16	32,87	12,89	50,05	0,32	—	Frankland.
	6,97	41,50	7,32	47,60	0,53	—	„
	7,21	35,28	7,40	51,24	0,28	2,24	„
	7,70	35,25	8,95	51,81	—	0,46	„
Hulton Canel . .	9,96	40,12	8,23	45,74	0,41	—	„
Wigan Cannel . .	15,13	41,99	10,07	35,94	1,19	—	„
New Castle Cannel	16,94	41,38	15,64	33,30	—	—	„
Methyl Cannel . .	18,53	38,75	13,40	33,32	0,05	—	„
New Castle Cannel	22,98	51,20	7,85	25,82	0,13	1,94	„
Lesmahage Cannel	23,30	42,01	14,18	26,84	0,66	—	„
Boghead Cannel .	31,11	58,38	6,58	10,54	—	—	„
Petroleum . . .	31,60	45,70	—	32,70	—	—	Bolley.

Es ist nun einerseits bekannt, dass mit dem Gehalt an schweren Kohlenwasserstoffverbindungen das specifische Gewicht und die Leuchtkraft des Gases zunimmt (aus welchem Umstande man früher geneigt war, das specifische Gewicht eines Gases als Maassstab zur Beurtheilung seiner Qualität zu betrachten), anderseits aber, wie auch aus einer Abhandlung des Herrn Commissionsraths Blochmann jun. über „die Beziehungen der einzelnen Bestandtheile des Leuchtgases zur Lichtentwickelung“ (Gasjournal 1863, pag. 213) hervorgeht, dass die Qualität der nicht leuchtenden Gasbestandtheile und die durch deren Verbrennung bedingte Flammentemperatur von Einfluss ist, daher scheint es nicht ausser dem Bereiche der Möglichkeit zu liegen, aus der Dichte und aus der Verbrennungswärme eines Gases einen Schluss auf dessen Leuchtkraft zu ziehen.

Die Flammentemperatur steht mit der bei Verbrennung eines Gases entwickelten Wärmemenge in nahem Verhältniss und letztere erscheint wieder vorwaltend abhängig von der Art und Menge nicht leuchtender Bestandtheile des Gases. Ist uns demnach durch die Gasanalyse die Quantität der einzelnen Gasbestandtheile oder das Gewicht von Kohlenstoff, Wasserstoff, Sauerstoff und Stickstoff in einem gegebenen Volumen Gas bekannt, kennen wir ihr specifisches Gewicht und die bei deren Verbrennung entwickelten Wärmeeinheiten, so erhalten wir zunächst durch Multiplication der Volumprocente mit dem specifischen Gewicht eines Gasbestandtheiles das absolute Gewicht des letzteren und durch Summation der absoluten Gewichte das Gewicht von 100 Raumtheilen Gas = D; ebenso sind wir im Stande, durch Multiplication des absoluten Gewichtes mit den von 1 Gewichtstheil Gas entwickelten Calorien und Summation dieser Werthe, die Verbrennungswärme der Volumeneinheit Gas zu berechnen, indem wir zunächst als gegeben voraussschicken:

Tabelle B.

	Specifisches Gewicht	Wärme-Einheiten		Specifisches Gewicht	Wärme-Einheiten
Schweres Kohlenwasserstoffgas	0,96775	11850	Kohlenoxydgas	0,96741	2400
Sumpfgas	0,55314	13100	Wasserstoff	0,06919	34000

Wir erfahren aus den Zahlenwerthen dieser Tabelle, dass der Wasserstoff als das leichteste Gas bei seiner Verbrennung die grösste Menge Wärme entwickelt, während Kohlenoxydgas, als das schwerste der nicht leuchtenden Gase, nur $^1/_{14}$ der Wärmeeinheiten des Wasserstoffs leistet, und es geht aus dieser Thatsache zunächst hervor, dass das specifische Gewicht eines Gases allein für dessen Leuchtwerth, insofern letzterer vorwaltend von der Flammentemperatur abhängig, nicht sprechen kann, dass aber, sobald wir gleichzeitig in den Stand gesetzt werden, die bei der Verbrennung eines gegebenen Volumens oder Gewichtes Gas entwickelte Wärme = W zu bestimmen, durch die Formel:

$$L = \frac{D \,.\, W}{100}$$

in L, als dem Product des specifischen Gewichts $\frac{D}{100}$ und der Wärmeeinheiten W, **einen** Ausdruck für dessen Leuchtwerth erhalten.

Tabelle C.

Leuchtgas aus	Holz.		Buchenholz.		Birkenholz.		Tannenholz.		Torf.	
	D.	W.	D.	W.	D.	W.	D.	W.	D.	W.
Schwerer Kohlensauerstoff . . .	7,452	89051	6,291	75173	7,820	93446	8,178	97726	9,213	100100
Sumpfgas	5,227	68476	15,095	197740	12,523	164050	12,390	162310	23,590	309040
Kohlenoxydgas	59,780	143472	40,573	97375	34,817	83561	37,003	88807	19,666	47198
Wasserstoffgas	1,272	43240	1,677	57018	2,200	74800	2,141	72794	1,900	64600
Summa . . .	73,731	344247	62,436	427306	57,360	415857	59,712	421637	64,369	241564
$L = \frac{D \,.\, W}{100}$ = . . .	253817		266978		238535		251768		154499	
Berechnetes specifisches Gewicht des Gases	0,37731		0,62436		0,57360		0,59712		0,64369	
Wärme-Einheiten der Gewichts-Einheit des Gases = $\frac{W}{D}$ =	4669		4844		7250		7061		3753	

Leuchtgas aus	New Castle Pelton.		New Castle Pelton.		New Castle Pelton.		New Castle Pelton.		Halton Cannel.		Wigan Cannel.	
	D.	W.	D.	W.	D.	W.	D.	W.	D.	W.	D.	W.
Schwerer Kohlensauerstoff . . .	6,929	80609	6,735	80609	6,978	83381	7,452	89051	9,863	115190	14,642	174980
Sumpfgas	18,183	238280	22,955	300710	19,425	255640	19,502	255480	22,190	290710	23,226	304240
Kohlenoxydgas	12,470	29928	7,081	16994	7,159	17182	8,658	20779	7,962	19109	9,741	23378
Wasserstoffgas	3,458	117572	3,289	111826	3,540	120369	3,580	121720	3,160	107441	2,483	82829
Summa . . .	41,040	468586	40,060	510139	37,102	476563	39,192	487030	43,175	435753	50,092	585427
$L = \frac{D \,.\, W}{100}$ = . . .	191309		204361		176814		190877		188136		293252	
Berechnetes specifisches Gewicht des Gases	0,41040		0,4060		0,37102		0,39192		0,43175		0,50092	
Wärme-Einheiten der Gewichts-Einheit des Gases = $\frac{W}{D}$ =	11222		12734		12844		12427		10093		11686	

Leuchtgas aus	New Castle Cannel.		Methyl Cannel.		New Castle Cannel.		Lesmohage Cannel.		Boghead Cannel.		Petroleum.	
	D.	W.	D.	W.	D.	W.	D.	W.	D.	W.	D.	W.
Schwerer Kohlensauerstoff . . .	16,395	195910	17,933	214300	22,240	265800	22,550	269470	30,150	359750	30,582	365460
Sumpfgas	22,890	299840	21,435	280780	28,320	371000	23,237	304410	32,290	423030	25,278	331150
Kohlenoxydgas	15,130	36312	12,960	31104	7,594	18226	13,718	32923	6,365	15276	—	—
Wasserstoffgas.	2,301	78234	2,302	78268	1,784	60656	1,854	63036	0,728	24758	2,259	76806
Summa . . .	56,716	610296	54,630	604452	59,938	715682	61,359	669839	69,483	822814	58,119	775416
$\frac{L = D. W.}{100} = . . .$	346135		330212		429409		411006		571716		450604	
Berechnetes specifisches Gewicht des Gases	0,56716		0,54630		0,59938		0,61359		0,69483		0,58119	
Wärme-Einheiten der Gewichts-Einheit des Gases $= \frac{W.}{D} =$	10765		11064		11940		10916		11842		13342	

Zu diesem Zwecke sind in Tabelle C unter den Rubriken D die absoluten Gewichte der in Tabelle A enthaltenen Volumenprocente der verschiedenen von Pettenkofer, Reissig, Frankland, Bolley untersuchten Leuchtgassorten enthalten; es geht daraus hervor, dass 100 Raumtheile (Volumina)

Holzgas aus der Gasfabrik des Bahnhofes in München in Summa wiegen 73,731 Gewichtseinheiten (Gramm, Pfund etc.),
Buchenholzgas . . . . „ 62,436 „ „ „
Birkenholzgas . . . . „ 57,360 „ „ „
u. s. f.

Insofern nun diese Zahlenwerthe das absolute Gewicht von 100 Raumtheilen Leuchtgas = D ausdrücken, kann man durch Division dieser Zahlenwerthe mit $100 = \frac{D}{100}$ das specifische Gewicht des Gemisches der brennbaren Gasbestandtheile (Kohlensäure, Stickstoff, Sauerstoff kommen hier ausser Betracht) berechnen. Multipliciren wir das Gewicht eines Gasbestandtheiles mit dessen Calorien (Wärmeeinheiten) aus Tabelle B, so erhält man die Wärmeeinheiten des Gases selbst. Z. B. im ersten Holzgase sind enthalten 7,452 Gewichtstheile schwerer Kohlenwasserstoff; 1 Gewichtstheil dieses Gases entwickelt (nach Tabelle B) 11850 Calorien; also $7{,}452 \times 11850 = 89051 = W$ ist die Menge der Wärmeeinheiten, welche 7,70 Raumtheile, oder 7,452 Gewichtstheile schweres Kohlenwasserstoffgas bei ihrer Verbrennung entwickeln. In demselben Leuchtgase sind 5,227 Gewichtstheile Sumpfgas enthalten; 1 Gewichtstheil Sumpfgas entwickelt (nach Tabelle B) 13100 Wärmeeinheiten: $5{,}227 \times 13100 = 68476 = W$ Calorien, werden demnach durch 9,45 Raumtheile (Tabelle A) oder 5,227 Gewichtstheile Sumpfgas bei ihrer Verbrennung in Holzgas entwickelt.

In der Ausführung dieser Berechnungsweise erfahren wir nun, dass

100 Raumtheile Holzgas 73,731 Gramm (Pfd., Kilo) wiegen und 344247 Calorien liefern;
„ „ Buchenholzgas 62,436 „ „ „ „ „ 427306 „ „
„ „ Birkenholzgas 57,360 „ „ „ „ „ 415857 „ „
„ „ Tannenholzgas 59,712 „ „ „ „ „ 421637 „ „
„ „ Torfgas 64,369 „ „ „ „ „ 241564 „ „
„ „ Newcastle Peltongas 41,040 „ „ „ „ „ 468586 „ „
„ „ „ „ 40,060 „ „ „ „ „ 510139 „ „
„ „ „ „ 37,102 „ „ „ „ „ 476563 „ „
„ „ „ „ 39,192 „ „ „ „ „ 487030 „ „
„ „ Hulton Cannelgas 43,175 „ „ „ „ „ 435753 „ „
„ „ Wigan „ 50,092 „ „ „ „ „ 585427 „ „
„ „ Newcastle „ 56,716 „ „ „ „ „ 610296 „ „
„ „ Methyl „ 54,630 „ „ „ „ „ 604452 „ „

100 Raumtheile	Newcastle Cannelgas	59,938 Gramm (Pfd., Kilo) wiegen und	715682	Calorien liefern;
„ „	Lesmahago „	61,359 „ „ „ „ „	669839	„ „
„ „	Boghead „	69,483 „ „ „ „ „	822814	„ „
„ „	Petroleumgas	58,119 „ „ „ „ „	775416	„ „

Bei der Beurtheilung der Leuchtkraft eines Gases ist aber die bei dessen Verbrennung entwickelte Wärmemenge allein nicht maassgebend, sonst müsste der Wasserstoff die höchste Leuchtkraft besitzen. Es handelt sich darum, dem brennenden Gase die entsprechende Menge Kohlenwasserstoffdämpfe zuzuführen, von deren Zersetzung in der Flamme und damit bedingten Erglühen des sich abscheidenden Kohlenstoffs das Leuchten abhängig ist; diese Kohlenwasserstoffdämpfe machen aber das Gas schwerer und somit liegt in dem Werthe $L = \frac{W\,D}{100}$ ein bündiger Ausdruck zur vergleichsweisen Betrachtung der Leuchtkraft. Vergleichen wir letztere Werthe auf Tabelle C, wie sie unter den Klammern angeführt sind, so fällt zunächst die nahe Uebereinstimmung der vier Sorten Holzgas ihrer Leuchtkraft nach in das Auge, obgleich deren Zusammensetzung in Tabelle A grosse Unterschiede nachweist. Wir sehen in der ersten Sorte sehr geringe Mengen (9,45 Raumprocente) Sumpfgas und ebenso nur 18,43 Raumprocente Wasserstoff, gegenüber 22,40 Raumprocenten Sumpfgas und 30,99 Raumprocenten Wasserstoff im Tannenholzgase, dafür aber 61,79 Procent Kohlenoxydgas in ersterem und nur 38,25 Procent desselben Gases in letzterem; hierdurch ist an sich ein grösseres specifisches Gewicht des ersteren Leuchtgases bedingt, d. h. es gelangen bei der Verbrennung gleicher Raumtheile von dem ersten Holzgas 73,731 Gewichtstheile, bei dem Tannenholzgas 59,712 Gewichtstheile gleichzeitig zur Verbrennung und dadurch kann selbst redend eine Gleichheit in der Leuchtkraft erzielt werden. Daraus lässt sich als erstes Gesetz aufstellen: Die Leuchtkraft zweier Gase ist eine gleiche, wenn das Product aus Dichtigkeit und Verbrennungswärme ein gleiches ist; und gleiche Volumina zweier Gase von gleicher Leuchtkraft und ungleicher Dichtigkeit entwickeln eine der letzteren umgekehrt proportionale Wärmemenge:

$$D : D_1 = W_1 : W$$

wo D und D_1 die Dichtigkeit, W und W_1 die Calorien zweier Leuchtgassorten bedeuten.

Das Torfgas besitzt nach Tabelle C die geringste Leuchtkraft und doch ist der Wasserstoff- und Sumpfgasgehalt und die Menge der schweren Kohlenwasserstoffe grösser als im ersten Holzgase. Der Grund hierfür ist in dem Umstand zu suchen, dass im gleichen Raumtheile Gas das Verhältniss der nicht leuchtenden Gase untereinander die Entwickelung einer so grossen Wärmemenge, wie bei der Verbrennung des Holzgases sie auftritt, nicht zulässt, so dass der in der Flamme sich ausscheidende Kohlenstoff nicht zu so intensivem Glühen gebracht wird. Hierin ist auch der Grund zu finden, warum die Leuchtkraft des Gases von Hulton Cannel unter der des Holzgases liegt, obgleich die Menge schwerer Kohlenwasserstoffe, von welcher man gewöhnlich den Lichteffect abhängig macht, mehr beträgt als im Holzgase. Sollen demnach zwei Gase von ungleicher Leuchtkraft Flammen von gleichem Lichteffect liefern, so müssen verschiedene Mengen derselben in gleichen Zeiträumen zur Verbrennung gebracht, d. h. Flammen von ungleicher Höhe, Brenner mit ungleichgrossen Ausströmungsöffnungen und eine diesen Verhältnissen entsprechende Luftzuführung angewendet werden; die in gleichen Zeiträumen ausströmenden Gasvolumina müssen der Leuchtkraft umgekehrt proportional sein. Soll die Flamme des Tannenholzgases mit dem Boghead Cannel Gas gleiche Leuchtkraft haben, so muss von ersterem in gleichem Zeitraum $\frac{571716}{251768} = 2{,}2$ Volumen verbrannt werden, wo ein Volumen Boghead Gas zur Verbrennung gelangt.

In wieweit die im Vorhergehenden entwickelte Beurtheilungsweise des Leuchtwerthes eines Gases aus seiner chemischen Zusammensetzung mit den Resultaten der Praxis im Einklange steht, ergeben folgende Vergleiche:

Frankland fand für 1 Cubikfuss Gas von

			Nach Tabelle C wurde berechnet:
Wigan	Cannelkohle	531 Gramm Spermaceti	293252 = L.
Boghead	„	1028 „ „	571716 = L.

Hieraus berechnet sich die Leuchtkraft des Gases von Wigan Cannel zu Boghead Cannel = 1 : 1,93 nach Frankland, und 1 : 1,95 nach Tabelle C.

Nach Barlow beträgt die Leuchtkraft von 1 Cubikfuss Gas:

Newcastle Pelton durchschnittlich 300 Gramm Spermaceti,
Newcastle Cannel „ 596 „ „

Nach Tabelle C: Newcastle Pelton 176814 = L,
Newcastle Cannel 346135 = L;

$$\frac{596}{300} = 1{,}98; \quad \frac{346135}{176814} = 1{,}95.$$

Berücksichtigen wir nun den Einfluss, welchen Veränderungen und Ungleichheiten im Drucke, im Feuchtigkeitsgehalte und in der Temperatur des Gases, Differenzen in der Brennerweite und Flammenhöhe auf photometrische Resultate ausüben, so dürfen wir wenigstens den aus obigen Betrachtungen gewonnenen Maassstab nicht ganz von der Hand weisen, sobald uns einfachere Hilfsmittel für die Untersuchung eines Gases überhaupt geboten sein werden.

Die Prüfung eines Leuchtgases auf seinen Gehalt an schweren und leichten Kohlenwasserstoff-Verbindungen, an Kohlenoxydgas und Wasserstoff, wie solche durch Bunsen's geistvolle Arbeiten[1]) zu einem hohen Grade von Vollkommenheit gelangt ist, entbehrt jener Einfachheit, wie sie der Fachmann beansprucht, um jeden Augenblick aus der Zusammensetzung seines Productes auf den Verlauf der Fabrikation schliessen zu können. Das Photometer mit allen seinen Unsicherheiten und empyrischen Resultaten bleibt sein einziges Hilfsmittel und bietet zur Anstellung von Vergleichen nicht zu gering anzuschlagende Vortheile. Der Gastechniker schliesst, wie der Zuckerfabrikant und der Branntweinbrenner, aus der Qualität des Productes auf den Werth der Rohstoffe und die Leistungsfähigkeit seiner Apparate. Der Zuckerfabrikant hat das Saccharometer, der Branntweinbrenner sein Alkoholometer, der Gasfabrikant sein Photometer. Letzteres gestattet, aus dem zur Erzielung bestimmter Lichtstärken erforderlichen Gasquantum ungefähre Schlüsse auf den Gang der Retorten und auf die Qualität der Gaskohlen zu ziehen (Schilling, Handbuch der Gasbeleuchtung, pag. 36—45). Ein fester Maassstab wird aber erst erlangt, sobald der Gasfabrikant Mittel in der Hand hat, um, wie der Destillateur, sich jeden Augenblick Aufschluss zu verschaffen: 1) über das Productionsquantum, 2) über das specifische Gewicht des Gases und 3) über die Flammentemperatur desselben.

Zur Bestimmung des Productionsquantums in bestimmten Zeiträumen dient die Fabrikationsgasuhr, deren Einrichtung obiger Bedingung entsprechend Rechnung trägt. Derartige Apparate fehlen zur Feststellung der Werthe 2 und 3 fast völlig, denn die Bestimmung des specifischen Gewichts des Leuchtgases nach den Ausströmungszeiten erfüllt die gestellte Aufgabe nur theilweise. Die Möglichkeit der continuirlichen Controle ist in den Branntweinbrennereien dadurch gegeben, dass der Spiritus bei seinem Austritt aus der Kühlschlange ein Gefäss durchströmt, in welchem ein Alkoholometer schwimmt, so dass dessen Sinkhöhe jeden Augenblick beobachtet werden kann. Auch dem Gasfabrikanten muss ein Apparat geliefert werden, der ihm eine continuirliche Controle der Gasdichte an verschiedenen Stellen der Fabrik ebenso gestattet, wie die Aufstellung von Manometern hinter den Retorten, vor der trockenen Reinigung, vor der Gasuhr, vor dem Gasometer und an den Stations-Gasuhren ihm über die Druckverhältnisse in dem Röhrensystem Aufschluss gibt.

Hätte es der Gasfabrikant mit einem Product zu thun, dessen Qualität, wie die des Alkohols, durch die Bestimmung des specifischen Gewichtes genügend sicher erkannt werden könnte, so würde die Erfüllung der Bedingung 3, Bestimmung der bei der Verbrennung des Gases entwickelten Wärmemenge, überflüssig erscheinen. Aber schon ein geringer Unterschied in dem Mischungsverhältniss der

[1]) Bunsen, Gasometrie.

nicht leuchtenden Gase: Kohlenoxyd, Sumpfgas und Wasserstoff bedingt grosse Differenzen des specifischen Gewichts, ohne dass dadurch der Lichteffect wesentlich beeinträchtigt zu werden braucht. Aus dem Grunde muss ein Mittel geboten sein, mit annähernder Sicherheit die der Flammentemperatur äquivalenten Calorien bestimmter Gasvolumina festzustellen. Hierzu bietet die gasometrische Analyse, die Elementaranalyse oder, wenn auch in indirecter Weise, die Bestimmung der Verdampfungsfähigkeit des brennenden Gases den Schlüssel. Letzteres Verfahren, als das am leichtesten ausführbare, beantwortet die Frage: „wie viel Wasser kann durch ein bestimmtes Gasquantum bei dessen vollständiger Verbrennung im Bunsen'schen Brenner verdampft werden und welche Wärmemenge wird hierbei von Seiten des Wassers absorbirt, also vom Gase abgegeben?" Werden die Versuche zunächst mittelst gemessener Volumina reinen Wasserstoffs an demselben Verdampfungsapparate ausgeführt und dann mit dem zu untersuchenden Gase, so stellt ein Vergleich des bei der Wasserstoffverbrennung erhaltenen Resultates mit dem theoretischen Heizwerthe desselben die Versuchsfehler fest, deren Berücksichtigung die Berechnung des theoretischen Heizwerthes für das unter gleichen Verhältnissen verbrannte Leuchtgas gestatten.

Die im Vorhergehenden gegebenen Andeutungen sollen nur bezwecken, die Aufmerksamkeit der Gasfachmänner auf den angeregten Gegenstand hinzulenken und sie zu vermögen, die Werthbestimmung ihres Productes nach den aufgestellten Grundsätzen auszuführen. Wir sind weit davon entfernt, das photometrische Verfahren, welches immer ziemlich sichere vergleichsweise Resultate liefert, umzustossen, können aber demselben, insofern es uns über den eigentlichen Verlauf der Fabrikation keine vollgültigen Beweise liefert und uns über die Zusammensetzung des Gases und seine Verbrennungstemperatur keinen Aufschluss gibt, ausserdem in seinen Resultaten von der Grösse der Ausströmungsöffnung des Gases (der Brennerweite) und dem Drucke stets abhängig erscheint, nur einen wissenschaftlichen Werth untergeordneter Art zugestehen.

Die Leuchtgasquantitäten, welche aus irgend einem zur Gasfabrikation geeigneten Rohmaterial erhalten werden können, sind abhängig 1) von der chemischen Zusammensetzung des letzteren, 2) von dem Verlauf der Vergasung in den Retorten.

Die chemische Zusammensetzung gibt uns Aufschluss über die Gewichtsmengen, in welchen der Procentzahl nach die einzelnen Bestandtheile des organischen und unorganischen Materials vertreten sind und setzt uns in den Stand, unter Zugrundelegung der auf pag. 230 aufgestellten Annahme, dass der Wasserstoff eines Brenn- oder Gasmaterials entweder in gebundenem, oder in disponiblen oder in beiden Zuständen zugleich gedacht werden könne, an die Zusammensetzung der Fossilien einen Maassstab zu legen, durch welchen wir die Eintheilung derselben in 1) Sinterkohlen und Anthracite mit einem Gehalt von höchstens 40 Gewichtstheilen disponiblen und 20 Gewichtstheilen gebundenen Wasserstoff auf 1000 Kohlenstoff, 2) Backkohlen von mehr als 40 disponiblen Wasserstoff und weniger als 20 gebundenen Wasserstoff, 3) Back- und Gaskohlen, von mehr als 40 disponiblen und mehr als 20 gebundenen Wasserstoff, 4) Gas- und Sandkohlen, von weniger als 40 disponiblen und mehr als 20 gebundenen Wasserstoff erlangten. (pag. 240.)

Suchen wir diese 4 Kohlengattungen auf der graphischen Tafel II auf, auf welche in den auf ihr verzeichneten Punkten die Mittelwerthe der chemischen Zusammensetzung der aus einem Kohlenbecken bis jetzt untersuchten Kohlensorten ausdrücken, so gelangen wir zu einem ungefähren Urtheil über den vorwaltenden Charakter der einem Becken angehörenden Kohlen selbst, unter denen für den Gasfachmann die unter 3 und 4 verzeichneten Back- und Gaskohlen und Gas- und Sandkohlen von speciellem Interesse erscheinen. Wenn auf der gegebenen graphischen Tafel in der Rubrik Back- und Gaskohlen nur die oberschlesische Steinkohle Q[1] nach den Untersuchungen von Dr. Heintz verzeichnet ist, so findet dies seinen Grund in dem Umstand, dass keiner der übrigen existirenden Hauptkohlendistricte dieselben in vorwaltender Menge zu enthalten scheint, wenigstens aus den bis jetzt gebotenen Untersuchungen solche nicht in grösserer Menge auftreten. Soll daher eine graphische Darstellung in der gebotenen Weise praktischen Werth haben, so müssen die einzelnen Kohlenbecken in besonderen graphischen Karten wieder gegeben werden, deren Anfertigung in Anbetracht des diesem Werke anfänglich gegebenen Planes und der Neuheit der Idee, mit ihren von der Praxis leicht angreifbaren Consequenzen, vorläufig unterbleiben musste.

Durchlaufen wir aber die im Folgenden gebotenen analytischen Tabellen, so sind folgende Kohlensorten, nach den zur Zeit vorliegenden analytischen Resultaten, vorzüglich in den Vordergrund zu stellen:

A. Deutsche Kohlenbecken.

Back- und Gaskohlen.

Zwickau-Chemnitzer Kohlenbecken: Lehekohlflötz vom Stölzelschacht, — Schichtenkohlflötz vom Auroraschacht, — Zachkohlflötz von Vereinigtfeld, — Lehekohlflötz von Fünfnachbargrube, — Ludwigsflötz des Seegengottesschachtes.

Kohlenbecken des Plauenschen Grundes: Weiche Schieferkohle von Zaukeroda.

Kohlenbecken Niederschlesiens: Fuchsgrube, Bradeschacht, — Graf Hochberggrube, Flötz Nr. 2.

Oberschlesisches Kohlenbecken (nach den Untersuchungen von Heintz): Louisengrube, Oberflötz und Unterflötz, — Leopoldgrube, Leopoldflötz, — Leogrube, Leoflötz, — Königin Louisengrube, Pochhammerflötz, — Faustagrube, Claraflötz.

Westphälisches Kohlenbecken: Louise Tiefbau, Flötz Nr. 8.

Saarbrücker Becken: Gerhardgrube, Heinrichflötz, — Heinitzgrube, Asterflötz, Augustflötz, Flötz Kallenberg, ½ Saarsohle.

Pilsener Kohlenbecken: Pankrazzeche, Blattelkohle.

B. Ausserdeutsche Kohlen.

Kohle von Wolverhampton (England),
„ „ Blanzy,
„ „ Norcy (Frankreich).
„ „ St. Girone,

Der chemische Charakter dieser Kohlen ist einerseits in ihrem verhältnissmässig hohen Gehalt an disponiblem und nicht disponiblem Wasserstoff zu suchen, durch welchen ersteren sie die Eigenschaft zu backen erlangen und bei der trocknen Destillation Gase von hoher Leuchtkraft liefern, während der Gehalt an gebundenem, also nicht disponiblem Wasserstoff, bedingt durch einen äquivalenten Sauerstoffgehalt, die Möglichkeit einer intensiveren Gasentwicklung bietet. Hieraus ergibt sich, dass diese Kohlen, sofern die chemischen Analysen richtig sind, in Bezug auf qualitative als quantitative Gasausbeute in den Vordergrund zu stellen sein werden, und dies um so mehr verdienen, je höher sie in ihrer Lage auf der graphischen Karte in dem Quadranten AB_1 nach rechts zu stehen kommen würden. Ausführlichere Untersuchungen einzelner Kohlensorten werden uns hoffentlich in den Stand setzen, in einer späteren Arbeit über diesen Gegenstand eine grössere Anzahl dieser höchst werthvollen Kohlenqualität in den deutschen Becken nachzuweisen.

Gas- und Sandkohlen.

A. Deutsche Kohlenbecken.

Zwickauer Kohlenbecken: Segengottesflötz des Segengottesschachtes, — erstes Flötz des Bürgerschachtes, — zweites Flötz des Bürgerschachtes, — Abtheilung A vom tiefen Planitzer Flötze, — Abtheilung B desgl., — Steinkohle aus dem Hohndorf-Bernsdorfer Bohrloche.

Kohlenbecken des Plauen'schen Grundes: Schwarzharte Schieferkohle von Burgk, — Kalkschieferkohle von Hänichen, — Mittelkohle von Burgk.

Kohlenbecken von Niederschlesien: Fuchsgrube, II. Flötz, — Heydtschacht, VII. Flötz, — Wrangelschacht, Friederikenflötz.

Kohlenbecken von Oberschlesien (nach den Untersuchungen von Heintz): Hoymgrube, Hoymflötz, — Faustagrube, Faustaflötz, — Morgenrothgrube, Morgenrothflötz, — Königin Louisengrube, Heinitzflötz, — Königsgrube, Heintzmannflötz, — Eugeniens Glückgrube, Carolinenflötz.

Hannöver'sche und Schaumburger Kohlen: Bröner Zechen.

Saarbrücker Kohlenbecken: Gerhardgrube, Beustflötz, — Heinitzgrube, Blücherflötz, Gneisenauflötz, Nostizflötz, — v. d. Heydtgrube, Heinrichflötz, Carlflötz, 54. Flötz im Ostfelde, — Redengrube, Flötz I., II., IV., Jacobflötz, Landsweiler Flötz, Hauptbank und Nebenbank, Heiligenwalder Flötz, Hauptbank, Nebenbank, Grubenwalder Flötze, 9., 10.,

15., 17., 18., 19. Flötz, Alexanderflötz, Leopoldflötz, Flötz Kallenberg, — Grube Geislautern, Flötz Alvensleben, Flötz Emil, Grube Kronprinz Friedrich Wilhelm bei Schwalbach, — Grube Kronprinz bei Delsburg, — Grube Itzenplitz, Flötz Ernst, Flötz Sophie, Flötz Jacob, Flötz Friedrich, Flötz Wilhelm.

Böhmisches Kohlenbecken: Schwarzkohle von Grube Plattnitz, 6 Ellen mächtiges Flötz im Thinnfeldschacht bei Kladno, — Muldengrube in Littitz bei Pilsen, Unterflötz, — I. Flötzabtheilung der St. Adalbertzeche bei Rakonitz, — Barbarazeche bei Rakonitz (Mittelbank, Sohlenkohle), — Kohle aus Hauptmann Beyer's Grube bei Lottausch, 4. Flötz von Schupnierberg.

Kohlen von Mährisch-Ostrau: Zeche Tiefbau, Eduardflötz und Moritzflötz, — Zeche Carolinenschacht, 3. und 4. hangendes Flötz, — Karwin Hilfsschacht, 60. Flötz.

B. Ausserdeutsche Kohlen.

England, { Seaton Dampfkesselkohle von Northumberland,
Kohlen des Ten-Yard-Flötzes bei West Bromwich,
Kohle von Airshire in Schottland.

Der chemische Charakter dieser Kohlen ist bedingt durch den höchsten Gehalt chemisch gebundenen Wassers unter allen untersuchten Kohlensorten, und die damit verbundene Fähigkeit einer hohen Gasausbeute und einen den Sinterkohlen nahezu entsprechenden geringen Gehalt an disponiblem Wasserstoff. Insofern nun, in Bezug auf die chemische Zusammensetzung, auch die Pechkohlen, Braunkohlen, Torf und Holz (erstere zwei als Sandkohlen im engeren Sinne) mit den vorher genannten Steinkohlen gewisse allgemeine Aehnlichkeit, bedingt durch einen ebenfalls hohen Gehalt an gebundenem Wasserstoff und geringen Gehalt an disponiblem Wasserstoff, besitzen, verdienen auch diese in das Bereich der Gasmaterialien mit aufgenommen zu werden. Mit diesem Ausspruch betreten wir, insofern wir ihn auf das Gebiet der Praxis übertragen, ein Feld, dessen Begrenzung in einer Form, wie sie unsere hier gebotene wissenschaftliche Auffassungsweise zum ersten Male versucht, noch nicht geboten war, und aus diesem Grunde Gefahr läuft, von einem Theil der Fachmänner nicht ohne Widerstreben gut geheissen zu werden. Berücksichtigen wir aber zunächst, dass aus naheliegenden Gründen eine wissenschaftliche Auffassung nach allgemeinen Gesichtspunkten bei der Beurtheilung und Vergleichung von Kohlen verschiedener Becken bis jetzt überhaupt noch nicht existiret und daher die grosse Praxis allein in ihren Etablissements durch ihre Betriebsresultate zu einem maassgebenden Urtheil berechtigt erscheint, so ist es zweckentsprechend, dass auch die Wissenschaft, an die Resultate der Praxis sich anlehnend, es einmal versuche, aus ihren Forschungsresultaten gültige Schlüsse zur Beurtheilung eines so wichtigen Rohstoffs, wie die Steinkohle es ist, zu ziehen.

Mit dem auf pag. 256 über den Verkohlungsprocess des Holzes entwickelten Beispiele gelangten wir zu dem allgemeinen Schlusse, dass die Menge der gasförmigen Zersetzungsproducte mit der Quantität der in den Verkohlungsmaterialen chemisch verdichteten Gase: Wasserstoff, Sauerstoff und Stickstoff zunimmt, vorausgesetzt, dass die Verkohlungstemperatur in allen Theilen des Holzes hoch genug liegt, um die Bildung einfachster Gasverbindungen, wie Kohlenoxyd, Sumpfgas u. A. es sind, zu bedingen.

Chemisch verdichtet nennen wir obige Elementargase, weil deren Quantität in dem bei + 100° Cels. getrocknetem Fossil bestimmt wurde, aus welchem also vor der Untersuchung alles hygroskopische Wasser entfernt worden war. Die Menge der ersteren scheint demnach als Maassstab zur Beurtheilung der quantitativ möglichen Gasausbeute dienen zu können und bietet uns hierzu ein Vergleich der analytischen Resultate mit den in der Praxis erzielten Gasmengen zunächst liegende Anhaltepunkte.

Nach Schilling[1]) wurden erhalten aus einem Centner:

Saarbrücker Kohle (Heinitz)	573	Cubikfuss Gas,
Zwickauer „ (Bürgerschacht) . . .	533	„ „
Stockheimer „	517	„ „
Old Pelton Main	620	„ „
Boghead	731	„ „
Blattelkohle von Böhmen	690	„ „

[1]) Untersuchungen über Gaskohlen. München 1863.

Nach den Analysen sind in den Kohlen:

von Heinitz	auf 1000 Pfd. Kohlenstoff =	38,85 Pfd. disponibler	+ 20,80	gebundener Wasserstoff	= 59,65,
„ Bürgerschacht	„ „ „ „ =	32,05 „ „	+ 20,68	„ „	= 52,73,
„ Stockheim	„ „ „ „ =	44,53 „ „	+ 14,14	„ „	= 58,67,
„ Old Pelton Main	„ „ „ „ =	56,41 „ „	+ 19,75	„ „	= 76,66,
„ Boghead	„ „ „ „ =	144,03 „ „	+ 10,23	„ „	= 154,26.
„ (Blattelkohle) Pankratzzeche in Böhmen	„ „ „ „ =	52,36 „ „	+ 26,74	„ „	= 79,10.

enthalten. — Der Aschengehalt dieser Kohlen beträgt nach den Analysen:

			Vergasbare Substanz in 100 Pfund.
von Heinitzgrube	durchschnittlich	5,30 Proc.,	94,70 Pfd.;
„ Bürgerschacht	„	7,75 „	92,25 „
„ Stockheim	„	9,63 „	90,37 „
„ Old Pelton Main	„	2,00 „	98,00 „
„ Boghead	„	24,23 „	75,77 „
„ Pankratzzeche	„	5,00 „	95,00 „

Hiernach entsprechen 100 Pfund aschenfreier Kohle:

von Heinitz . . .	605 Cubikfuss Gas = 1000,	1000	Pfund Wasserstoff in der Kohle	von Heinitz entsprechen:
„ Bürgerschacht . .	578 „ „ = 955,	884	„ „ „ „ „	„ Bürgerschacht,
„ Stockheim . .	572 „ „ = 945,	983	„ „ „ „ „	„ Stockheim,
„ Old Pelton Main .	633 „ „ = 1046,	1285	„ „ „ „ „	„ Old Pelton Main,
„ Boghead . . .	964 „ „ = 1560,	2586	„ „ „ „ „	„ Boghead,
„ Pankratzgrube . .	726 „ „ = 1200.	1328	„ „ „ „ „	„ Pankratzgrube.

Vergleichen wir diese beiden letzten Zahlenreihen und berücksichtigen, dass die Analysen der Kohlen an andern Orten ausgeführt wurden, als die Untersuchung auf ihren Gasgehalt, und dass diese Kohlen also verschiedene Aschengehalte besassen, so erscheint die Annahme gerechtfertigt, dass die Gasausbeute zu dem Wasserstoffgehalt der Kohle überhaupt in einer nahen Beziehung stehe.

Hierzu berechtigen uns aber auch die Folgerungen, welche aus einem Vergleich der Zersetzungserscheinungen und Zersetzungsproducte hervorgehen, wie sie sich im Verlauf des Vergasungsprocesses verschiedener Kohlensorten gestalten. Die in den Zersetzungsraum (Retorte) eingetragenen Kohlen geben ihre Zersetzungsproducte in um so kürzerer Zeit ab, je höher die Zersetzungstemperatur selbst ist und die aus demselben auftretenden Gase und Dämpfe setzen sich in einer ihrer Masse und ihrer Zusammensetzung entsprechenden Weise um. Die Steinkohle, ein an sich schlechter Wärmeleiter, zersetzt sich zunächst an den mit den glühenden Retortenflächen in Berührung tretenden Stellen und pflanzt diese ihre Zersetzung mit zunehmender Erwärmung nach innen in einer Weise fort, welche eine theilweise Vereinigung des Sauerstoffs mit dem Wasserstoff zu Wasser und mit dem Kohlenstoff zu Kohlenoxydgas zur Folge hat, während anderseits der durch den Sauerstoff nicht beanspruchte Wasserstoff, dessen Menge um so grösser, je geringer die Sauerstoffmenge und je höher die Zersetzungstemperatur, zum grössten Theile mit Kohlenstoff, oder mit Kohlenstoff und Sauerstoff verbunden, entweicht. Die Zusammensetzung dieser letzteren Zersetzungsproducte ist um so complicirter, je langsamer vorschreitend der Vergasungsprocess erfolgt, also je weniger gleichmässig hoch die Temperatur in den einzelnen Schichten der Retortenbeschickung auftritt. Ein grosser Theil aller dieser Zersetzungsgase, zumal der am hinteren Ende der Retorte entwickelten, kommt aber auf seinem Wege durch die letztere mit den glühenden Wandungen und der glühenden Kohle selbst in Berührung und wird unter diesen Einflüssen wiederum verändert, so dass z. B. Wasserdampf und Kohlenoxydgas sich umsetzen in Kohlensäure und Wasserstoff [1]) — ein Umsetzungsprocess, der die Verwendung des Wassers zur Gasbereitung in Vorschlag bringen liess; höher atomisirte Kohlenwasserstoffe: Benzin, Tolnol, Cymol u. a. m.

[1]) Jacquelin. Polyt. Centralbl. 1856. pag. 504.

zerlegen sich in einfachere Dampfcomplexe unter Abscheidung von Graphit, während die der Ausmündung zunächst entweichenden Gase und Dämpfe unzersetzt nach dem Condensator geführt werden. Je grösser die während der Verkohlung auftretenden Theer- und Wassermengen, desto geringer die Gasausbeute; eine Vermehrung des Theers und des Wassers ist aber zu befürchten im Falle einer zu stürmischen Gasentwickelung, weil während derselben die auftretenden Zersetzungsproducte auf dem in kürzerer Zeit zurückgelegten Wege durch die Retorte mit den zersetzenden Einflüssen, Retortenwand und Kohle, nicht genug in Berührung kommen und mithin die Anwendung möglichst langer Retorten dem Praktiker immer höhere Gasausbeuten garantirt, als bei kurzen Retorten zu erwarten steht. Hierdurch erklärt sich die von Schilling gemachte Erfahrung, „dass eine Verschiedenheit in der Retortentemperatur nur auf die Dauer der Operation einen Einfluss hatte, dass aber in dem Ergebniss sowohl qualitativ wie quantitativ sich kein solcher Einfluss erkennen liess." — Es geht hieraus gleichzeitig hervor, dass die verschiedenen Kohlensorten nach der Menge ihrer vergasbaren Bestandtheile eine verschiedene Zersetzungstemperatur beanspruchen, welche, wie es scheint, um so höher zu halten ist, je geringer das Quantum in der Kohle verdichteter Gase, je mehr also eine relativ grössere Kohlenstoffmenge zur Bildung höher atomisirter Zersetzungsproducte Veranlassung gibt. Alle diese Thatsachen zusammengenommen führen uns zu dem Schlusse, dass, insofern die Wasserstoffmenge, welche sowohl in disponibler als durch Sauerstoff chemisch gebundener Form gedacht werden kann, zur Bildung einfacher Atomencomplexe in vorwaltendem Grade beiträgt, das aus einer Kohle erzeugte Gasquantum selbst von ersterer abhängig ist und zwar in der Weise, dass a) bei sauerstoffreichen Gasmaterialien die Menge des Sumpfgases gegen die des Kohlenoxydgases und Wasserstoffes zusammengenommen zurücktritt, b) bei sauerstoffarmen Gasmaterialien (bei Kohlen mit vorwaltend disponiblem Wasserstoffgehalt) die Menge des Sumpfgases, dem Kohlenoxydgas und Wasserstoffgas gegenüber, prädeminirt.

Tabelle A pag. 260 liefert dafür den Beweis insofern, als in dem Holzgas, als dem aus sauerstoffreichstem Gasmaterial erzeugten Leuchtgase, die Volumprocente an Kohlenoxydgas und Wasserstoff zusammengenommen das Dreifache des Sumpfgasgehaltes betragen, im Torfgas auf nahezu gleiche Quantitäten zurückgehen und in dem Gase der sauerstoffarmen und wasserstoffreichsten Bogheadkohle die Sumpfgasmenge das Dreifache der vorhandenen Volumenprocente an Kohlenoxydgas und Wasserstoff übersteigt. Wäre es möglich, das bei der Vergasung sauerstoffreicher Gasmaterialien auftretende Kohlenoxydgas mit Wassergas gemengt länger, als auf dem Wege der Retortenverkohlung es möglich ist, in glühendem Zustande auf einander wirken zu lassen, so wäre es denkbar, dass in einem solchen Gase das Kohlenoxydgas durch Wasserstoff vollständig ersetzt werden könnte und der nicht leuchtende Bestandtheil eines solchen Gases vorwaltend aus Sumpfgas und Wasserstoff zusammengesetzt erschiene. Ein solcher Umstand scheint übrigens bei der Bildung des Gases aus Hulton Cannel gewirkt zu haben, in welchen wir die Menge des Kohlenoxydgases auf 8,23 Volumprocente reducirt, dagegen das Wasserstoffgas zu 45,74 Volumprocente vertreten finden. Dass in den Fällen, wo bei der Vergasung sauerstoffreicher Gasmaterialien Kohlenoxyd und Wassergas sich zu Kohlensäure und Wasserstoff umsetzen, auch die Reinigung des Gases mit grösseren Schwierigkeiten verbunden ist, lehrt die Fabrikation des Holzgases, bei welcher der genannte Umsetzungsprocess vorwaltend statthat, und in dessen Folge das Auftreten von Kohlensäuregas so bedeutend erscheint.

Haben wir bis jetzt den Einfluss des Wasserstoffs in den Gasmaterialien als vorwaltend beeinflussend auf die Gasausbeute kennen gelernt, so glauben wir mit dieser Darstellung auch die Bezeichnung „Gaskohlen", welche wir einer, an nicht disponiblen Wasserstoff reichen, Anzahl Kohlensorten, wie die obengenannten es sind, gegeben haben, gerechtfertigt zu sehen, gegenüber denjenigen Kohlenqualitäten, die mit dem Namen „Back- und Gaskohlen" belegt, neben einem hohen Gehalt an nicht disponiblem, auch eine bedeutende Menge disponiblen Wasserstoffs repräsentiren und durch letztere gleichzeitig vorwaltend backende Eigenschaften besitzen, wie solche den Gaskohlen in gewissem Grade abgehen, aber den „Backkohlen", welche im Gasgehalte zurückstehen, vorwaltend zukommen. Letztere, die „Backkohlen", sind nun zwar im Stande, Leuchtgas zu liefern, und zwar solches von hoher Leuchtkraft, wie die Verwendung englischer Backkohlen bei der Gasfabrikation zur Genüge beweist, aber alle bisher entwickelten Umstände deuten darauf hin, dass das aus den Backkohlen zu erzeugende Gasquantum mit dem Wasserstoffgehalt derselben abnehmen muss und mithin der Fabrikant nur in diesem, wie er bei den englischen Backkohlen in so grosser Menge auftritt, einen Anhaltepunkt für ihre Verwerthbarkeit besitzt.

Die Verwendbarkeit der ebenfalls sauerstoffreichen Molasse- und Braunkohlen in der Gasfabrikation ist von dem Wasserstoffgehalt derselben nicht allein abhängig. Bei ihnen treten zwei Factoren in den Vordergrund, die bei Holz- und Steinkohlen weniger in die Waagschale fallen, nämlich der Aschengehalt und der Verkokungsrückstand. Ersterer kann die Ursache einer verminderten Transportfähigkeit und geringerer Gasausbeute werden, letztere können durch ihre sandigen Eigenschaften (daher Sandkohlen) und damit verbundene leichte Zerreiblichkeit für die weitere Verwendung als Brennmaterial fast werthlos erscheinen. Immer werden hier locale Verhältnisse entscheiden und in einzelnen Fällen wohl auch manche vorgefasste Meinung gegen die Verwendbarkeit dieser Fossilien in der Praxis bekämpfen müssen. Wenn wir in der Gasfabrikation Holz- und Steinkohle verwendet sehen, so ist wenigstens gestattet, anzunehmen, dass auch Braunkohlen einen den der ersteren nicht übersteigenden Aschengehalt, eine vollständige Austrocknung und eine geeignete Verwerthung der Koke vorausgesetzt, als Mittelglied des Processes der Fossilienbildung, in der Leuchtgasfabrikation Verwendung finden können.

Wenden wir uns endlich zu der Beurtheilung der Gasmaterialien nach ihrer qualitativen Gasausbeute, so gelangen wir auch hier zu gleichen Resultaten; denn insofern die Leuchtkraft von der Menge der diffundirten Theerdämpfe einerseits, von der Verbrennungstemperatur anderseits abhängig gemacht wurde und wir in dem Wasserstoffgas und seinen Kohlenstoffverbindungen die mit dem höchsten Wärmeeffect verbrennenden Gase erkennen, sind wir selbstredend darauf angewiesen, die Leuchtkraft des Gases von dem Wasserstoffgehalt des Gasmaterials überhaupt abhängig erscheinen zu lassen; hierbei aber ist zu berücksichtigen, dass die Verbindungen des Kohlenstoffs mit dem Wasserstoff in um so einfacheren Verhältnissen auftreten, je grösser die Menge des disponiblen Wasserstoffs überhaupt ist, durch dessen Anwesenheit wir die Bildung von Theerdämpfen vorwaltend vor sich gehen sehen. Letztere werden dem Gase in um so grösserer Menge beigemischt sein, je niedriger ihr Siedepunkt, je grösser ihre Diffussionsfähigkeit ist und bei jeder Kohlensorte, je nach dem Verlauf des Vergasungsprocesses, in bestimmten Quantitäten auftreten. Während nun die zuerst sich entwickelnden Gasmengen vorwaltend mit Theerdämpfen beladen entweichen und letztere mit sich hinwegführen, werden die in der letzten Zeit der Charge auftretenden Gase, vorwaltend nicht leuchtender Natur, sich mit denselben nur noch in dem Grade beladen, als sie verdichtet in dem Condensator, der hier die Rolle des Carburateur's spielt, auftreten, und, nachdem auch aus diesen die verdampfbaren Kohlenwasserstoffe verflüchtigt, werden erstere nur noch verdünnend auf das Leuchtgas selbst wirken. Hierin liegt die Erklärung für die in der Praxis beobachtete Erscheinung der Abnahme der Leuchtkraft mit der Dauer der Charge[1]).

In der Regel beobachten wir, dass sauerstoffreiche Kohlen sich vollständiger entgasen lassen, als Backkohlen. Der Grund hierfür ist in dem Umstande zu suchen, dass in den sauerstoffhaltigen Kohlen in Folge der geringeren Wärmeleitungsfähigkeit in ihrer Masse die Vergasung gleichmässiger und die Umsetzung der Zersetzungsproducte in einfachere Verbindungen vollständiger verläuft, als in den Backkohlen, welche bei grösserer Dichtheit ihren Zersetzungsprocess schneller durchlaufen, und bei an sich oft geringerem Wasserstoffgehalte, zuletzt nur noch vorwaltend Sumpfgas als Verdünnungsmittel des Leucht-

[1]) Auf Grund dieser Beobachtung verfolgt Herr Commissionsrath Blochmann in neueren Gasöfeneinrichtungen das Princip der gemischten Chargirung, nach welchem die Gase aus Retorten, welche zum Theil im Beginn, zum Theil in Beendigung der Chargearbeiten stehen, gleichzeitig gesammelt werden.

gases liefern. Tritt aber die Menge des disponiblen Wasserstoffs in dem Grade, wie es bei der Boghead-kohle der Fall ist, in einem Gasmaterial auf, so ist schon an sich die Bildung leichter Theeröle und durch diese die Erzielung eines Leuchtgases bedingt, welches an Qualität und Quantität alle anderen Leuchtgassorten übertreffen muss und auch bei eintretender Verdünnung durch nicht leuchtende Gase noch wenig an Leuchtkraft verliert.

In wie weit ein Gehalt der Gasmaterialien an Schwefel und Stickstoff beeinflussend auf die Qualität des Leuchtgases wirkt, ist schon mitgetheilt worden. Das Auftreten von Schwefelverbindungen im Leuchtgase beeinträchtigt dessen Leuchtkraft, doch ist, sofern der Schwefel nicht in Form von Schwefel-kohlenstoff auftritt, deren Entfernung durch die jetzt eingeführte Reinigungsmethode eine fast vollständige zu nennen. Die ammoniakalischen Gase bleiben zum grössten Theil in dem Theerwasser verdichtet zurück und werden sodann durch die trockene Reinigung ebenfalls zurückgehalten. Ob ein geringer Ammoniak-gehalt die Diffussion des Naphthalins befördert, ist zur Zeit vollständig noch nicht erkannt worden.

Wenn wir im Vorhergehenden es versuchten, den Gasbildungsprocess von seiner wissenschaftlichen Seite näher zu beleuchten, so geschah dies, um den analytischen Resultaten, wie solche bisher aus der Untersuchung der Fossilien hervorgegangen, eine Bedeutung für die Praxis zu gewähren, die bis jetzt denselben noch nicht abgewonnen werden konnte. Zuverlässige Beweise für Richtigkeit der im Vorher-gehenden aufgestellten Ansichten können zunächst erlangt werden, sobald die Untersuchung von Stein-kohlen in den chemischen Laboratorien der Gasanstalten selbst ausgeführt und somit die Bedingungen erfüllt werden, unter denen wissenschaftliche Vergleiche gerechtfertigte Geltung erfahren, sobald ferner bei Aufstellung der Fabrikationsresultate ein einheitliches Maass und Gewicht eingeführt und zugleich beim Messen des Gases, mehr als bis jetzt geschehen, den beiden Hauptfactoren Temperatur und Luft-druck Rechnung getragen wird.

Wenn es überhaupt als eine Aufgabe der Wissenschaft anzusehen ist, nicht sowohl selbstthätig in den grösseren Verkehr einzugreifen, als vielmehr durch Aufstellung neuer Gesichtspunkte letzterem neue Wege anzubahnen und zu neuen praktischen Bestrebungen anzuregen, so glaubte sie auch hier nur in dieser Funktion auftreten und das praktische Gebiet nur an seinen wissenschaftlichen Grenzstationen berühren zu dürfen, um sich der Versicherung hingeben zu können, von den intelligenten Fachmännern richtig verstanden und entsprechend beurtheilt zu werden.

Tabelle I.

Analytische Tabellen.

Brennmaterial.	In 100 Gewichtstheilen getrockneter Substanz				In 100 Theilen nach Abzug der Asche			Verhältniss des disponiblen Wasserstoffs zum Kohlenstoff = 1000	Verhältniss des nicht disponiblen Wasserstoffs zum Kohlenstoff = 1000	Analytiker.
	Kohlenstoff	Wasserstoff	Sauerstoff und Stickstoff	Asche	Kohlenstoff	Wasserstoff	Sauerstoff und Stickstoff	des disponiblen	des nicht disponiblen	
1. Kiefernholz, alte Stämme	49,87	6,09	43,41	0,63	50,19	6,13	43,68	13,35	108,80	Heintz.
2. „ jüngere „	50,62	6,27	42,58	0,53	50,89	6,30	42,81	18,70	105,30	„
3. Birkenholz	48,89	6,19	43,93	0,99	49,38	6,25	44,37	15,13	108,80	„
4. Eichenholz	48,94	5,94	43,09	2,03	49,95	6,06	43,99	11,42	110,00	„
5. Weissbuchenholz . . .	48,08	6,12	44,93	0,87	48,50	6,17	45,33	10,40	117,65	„
							Im Mittel	13,8	110,11 = A.	
Torf von Linum-Flatow, [1])										
6. zweite Sorte . . .	53,69	4,84	31,73	9,74	59,48	5,36	35,16	12,22	74,07	„
7. dritte „ . . .	55,01	4,63	31,44	8,92	60,40	5,08	34,52	12,67	71,94	„
8. von Bichfeld-Neulungen										
9. erste Sorte . . .	51,54	4,69	33,90	9,87	57,18	5,20	37,62	8,71	82,23	„
10. zweite „ . . .	50,13	5,36	35,24	9,27	55,25	5,91	38,84	19,08	88,50	„
11. von Vulcaire	60,40	5,96	33,64	5,58	63,96	6,31	6,31	29,59	69,44	Regnault.
12. „ Long	60,89	6,21	32,90	4,61	63,83	6,51	6,51	35,21	67,11	„
13. „ Chaup du Feu . .	61,05	6,45	32,50	5,33	64,48	6,81	6,81	41,15	64,52	„
							Im Mittel	26,95	75,12 = B.	
14. Fossiles Holz von Usbach	57,29	5,83	36,88	2,19	58,57	5,96	3,70	21,37	80,65	„
15. Braunkohlen von Köln .	66,96	5,27	27,77	5,49	61,67	6,16	29,38	40,49	59,52	„
16. von Schönfeld . . .	61,20	5,17	21,28	12,35	69,82	5,90	24,28	41,15	43,48	Heintz.
17. bei Aussig	64,07	5,03	27,55	3,35	66,29	5,20	28,51	24,75	53,76	„
18. von der Grube Goldfuchs bei Frankfurt a. O.	59,65	4,86	26,41	9,08	65,60	5,35	29,05	26,32	55,55	„
19. von Rauen bei Fürstenwalde in Preussen .	60,00	4,56	25,43	10,01	66,67	5,07	28,26	23,15	53,19	„
20. Förderkohlen	59,00	4,55	25,77	10,68	66,05	5,09	28,86	22,57	54,64	„
21. Geformte Kolen	55,59	4,16	19,06	21,19	70,53	5,28	24,19	32,05	42,92	„
22. von Tollwitz im Kreise Merseburg	64,70	5,63	18,11	11,56	73,16	6,37	20,47	52,08	35,46	„
23. von Zscherben bei Halle a. d. Saale	64,26	5,76	17,44	12,54	73,47	6,59	19,94	55,87	33,90	„
24. von Stechau b. Schlieben	64,53	5,17	25,35	4,95	67,89	5,44	26,67	31,15	49,26	„
Von Mariaschein:										
25. „ „ Richardsschacht	51,560	6,666	38,551	3,283	53,311	6,924	39,765	36,76	93,46	Fleck.
26. „ „ Nicolausschacht	56,823	5,410	26,219	11,544	64,230	6,120	29,650	37,59	57,80	„
27. Braunkohle aus der Gegend von Brück	58,084	5,725	20,924	15,267	68,549	6,756	24,695	53,48	45,05	„
28. aus der Gegend v. Aussig										
							Im Mittel	35,63	54,15 = C.	Taf. II.

Tabelle II.

Brennmaterial.	Kohlenstoff	Wasserstoff	Sauerstoff und Stickstoff	Asche	Kohlenstoff	Wasserstoff	Sauerstoff und Stickstoff	des disponiblen	des nicht disponiblen	Analytiker.
Steinkohlen des Königr. Sachsen.										
Kohlen von Zwickau.										
1. Drei- u. einhalbelliges Pechkohlenflötz Frischglück in Oberhohndorf	83,963	4,114	9,628	2,295	85,936	4,211	9,853	34,25	14,33	Fleck.
2. Zweielliges Pechkohlenflötz v. Beschertglück Oberhohndorf	80,472	5,544	12,547	1,437	81,645	5,625	12,730	49,51	19,49	„
3. Scherbenkohlenflötz von Beschertglück	82,942	5,276	8,890	2,892	85,412	5,434	9,154	50,25	13,40	„

[1]) In der hier nicht mit angeführten Sorte übersteigt der Sauerstoffgehalt die Menge des verfügbaren Wasserstoffs, — ein abnormes Verhältniss, welches vielleicht in einem Bestimmungsfehler zu suchen sein dürfte.

Namen der Steinkohlenflötze.	In 100 Gewichtstheilen getrockneter Substanz				In 100 Theilen nach Abzug der Asche			Verhältniss des disponiblen Wasserstoffs zum Kohlenstoff = 1000	Verhältniss des nicht disponiblen Wasserstoffs zum Kohlenstoff = 1000	Analytiker.
	Kohlenstoff	Wasserstoff	Sauerstoff und Stickstoff	Asche	Kohlenstoff	Wasserstoff	Sauerstoff und Stickstoff			
4. Lehckohlenflötz der Fünfnachbargrube Oberhohndorf	76,963	5,060	12,742	5,235	81,215	5,339	13,446	45,05	20,70	Fleck.
5. Zachkohlenflötz v. Vereinigtfeld Oberhohndorf. . . .	74,274	4,868	12,773	8,085	80,576	5,296	14,128	43,86	21,93	"
6. Lehekohlenflötz vom Stölzelschacht Oberhohndorf . .	76,500	5,410	15,710	2,380	78,360	5,540	16,100	45,05	25,71	"
7. Schichtenkohlenflötz des Auroraschachtes	78,249	5,063	13,735	2,953	80,630	5,217	14,153	42,92	21,93	"
8. Schichtenkohlenflötz von Kästner's Erben in Bockwa .	71,941	4,213	11,778	12,068	81,815	4,987	13,198	40,82	20,16	"
9. Schichtenkohlenflötz von Ehrler in Oberhohndorf. .	78,988	4,467	10,880	5,665	83,699	4,735	11,566	39,37	17,30	"
10. Hoffnungsflötz v. Hoffnungsschachte	78,015	4,375	10,944	6,666	83,587	4,688	11,725	38,76	17,54	"
11. Russkohlenflötz vom Auroraschachte	75,592	2,902	14,441	7,065	81,339	3,181	15,480	15,34	23,81	"
12. Russkohlenflötz v. List's Erben in Bockwa.	72,489	2,898	13,019	11,594	81,996	3,278	14,726	17,54	22,47	"
13. Amandusflötz des Segen-Gottes-Schachtes	78,996	5,251	11,813	3,940	82,251	5,466	12,283	47,85	18,70	"
14. Erstes Flötz des Bürgerschachtes.	73,533	3,866	12,230	10,371	82,041	4,314	13,645	31,85	20,79	"
15. Abtheilung A vom tiefen Planitzer Flötze des Arnimwerkes in Planitz	76,968	4,406	16,087	2,539	78,973	4,521	16,506	31,15	26,18	"
16. Ludwigsflötz des Segen-Gottes-Schachtes	76,460	3,909	13,768	5,923	80,613	4,128	15,259	40,00	23,70	"
17. Zweites Flötz des Bürgerschachtes.	77,980	4,051	12,849	5,120	82,188	4,301	13,511	32,26	20,58	"
18. Abtheilung B v. tiefen Flötze des Arnimwerkes in Planitz	77,637	4,268	16,214	1,881	79,126	4,350	16,524	28,90	26,11	"
19. Segen-Gottesflötz des Segen-Gottes-Schachtes	71,155	4,719	17,894	6,232	75,885	5,033	19,082	34,48	30,68	"
20. Tiefes Pechkohlenflötz des Vereinsglücksschachtes . .	81,089	4,797	12,121	1,993	82,738	4,895	12,367	40,49	18,70	"
21. Steinkohle aus d. Hohndorf-Bernsdorfer Bohrloche . .	73,845	4,314	17,030	4,811	77,682	4,532	17,786	29,67	28,65	"
							Steinkohle im Mittel	37,18	21,46 = F.	Taf. II.
							Russkohle " "	16,44	23,14 = G.	
Kohlen von Lugau und Niederwürschnitz.										
22. Pechkohle vom Karlsschachte	79,962	3,916	8,566	7,556	86,498	4,237	9,265	40,32	13,40	"
23. Russkohle von der Tagesstrecke	77,788	3,130	16,062	3,020	80,211	3,228	16,561	14,45	25,84	"
24. Russkohle vom Karlsschachte	80,124	3,649	11,483	4,744	81,114	3,831	12,055	27,70	17,92	"
25. Waschkohle I. Qualität vom Bachschachte	76,748	4,852	13,482	4,918	80,718	5,103	14,719	41,32	21,98	"
26. Russkohlengrus vom Vereinigungsschachte	62,354	3,718	11,647	22,387	80,281	4,787	14,932	36,90	23,09	"
27. Kohle vom Hedwigsschachte	77,859	3,808	16,721	1,612	79,135	3,870	16,995	22,08	26,88	"
Kohlen von Flöha.										
Von den Werken des Herrn Hesse	44,435	1,798	5,511	48,256	85,879	3,471	10,650	25,00	15,50	"

Tabelle III.

Namen der Steinkohlenflötze.	In 100 Gewichtstheilen getrockneter Substanz: Kohlenstoff	Wasserstoff	Sauerstoff und Stickstoff	Asche	In 100 Theilen nach Abzug der Asche: Kohlenstoff	Wasserstoff	Sauerstoff und Stickstoff	Verhältniss des disponiblen Wasserstoffs zum Kohlenstoff = 1000	Verhältniss des nicht disponiblen Wasserstoffs zum Kohlenstoff = 1000	Analytiker.
Kohlen aus der Plauen'schen Formation.										
1. Weiche Schieferkohle von Hänichen	63,842	4,239	7,146	24,173	84,194	5,590	10,216	51,28	15,17	Fleck.
2. Weiche Schieferkohle von Burgk	64,490	4,601	8,972	21,937	82,613	5,879	11,508	53,76	17,27	"
3. Weiche Schieferkohle vom Windbergschacht	70,987	4,592	7,627	16,800	85,314	5,517	9,169	51,28	13,44	"
4. Weiche Schieferkohle von Zaukeroda	70,320	4,520	12,470	12,690	80,540	5,180	14,280	42,19	23,98	"
5. Mittelkohle von Hänichen	65,452	4,352	8,196	22,000	83,912	5,579	10,509	51,02	15,65	"
6. Mittelkohle von Burgk	63,847	3,816	11,089	21,188	81,013	4,913	14,074	39,68	21,10	"
7. Schwarzharte Schieferkohle aus Burgk	57,558	3,303	14,777	24,362	76,095	4,367	19,538	25,32	32,15	"
8. Schwarzharte Schieferkohle vom Windbergschacht	52,045	2,826	7,470	37,659	83,485	4,534	11,981	36,36	17,95	"
9. Kalkkohle von Zaukeroda	67,209	4,782	13,777	14,232	78,362	5,576	16,062	45,66	25,64	"
10. Kalkschieferkohle aus Hänichen	46,132	2,462	8,756	42,650	80,441	4,294	15,265	29,67	23,72	"
					Weicher Schiefer im Mittel			49,91	17,21 = H.	Taf. II.
					Harter Schiefer " "			32,76	23,73 = I.	Taf. II.
Anthracit von Schönfeld	61,469	1,340	8,058	28,837	86,287	1,884	11,829	0,527	1,656 = U.	Taf. II.

Tabelle IV.

Namen der Steinkohlenflötze.	Kohlenstoff	Wasserstoff	Sauerstoff und Stickstoff	Asche	Kohlenstoff	Wasserstoff	Sauerstoff und Stickstoff	des disponiblen	des nicht disponiblen	Analytiker.
Kohlen von Niederschlesien.										
1. Segen-Gottes-Grube: Achtes Flötz	82,02	5,22	10,25	2,51	84,13	5,35	10,52	48,07	15,55	Heintz.
2. Davidgrube: Hauptflötz	79,18	4,55	11,08	5,19	83,51	4,80	11,69	40,00	17,57	"
3. Comb. Graf Hochberg-Gruben: Zweites Flötz	70,87	5,63	14,35	9,15	78,01	6,20	15,79	54,05	25,32	"
4. Fuchsgrube: Achtes Flötz	79,30	5,06	10,56	5,08	83,54	5,33	11,13	47,17	16,66	"
5. Bradeschacht	83,585	5,733	7,558	3,124	86,280	5,917	7,801	57,47	20,66	Grundmann.
6. Glückhilfsgrube: Zweites Flötz	80,82	5,10	9,51	4,57	84,69	5,34	9,97	48,54	14,64	Heintz.
7. Neue Heinrich-Grube: Zweites Flötz	80,82	4,96	8,14	6,08	86,05	5,28	8,67	48,78	12,56	"
Fuchsgrube:										
8. Zweites Flötz	76,986	4,381	15,776	2,857	79,251	4,509	16,240	31,35	25,64	Fleck.
9. Fünftes "	81,818	4,489	12,493	1,200	82,812	4,543	12,645	35,84	19,08	"
10. Achtes "	84,461	4,601	8,735	2,203	86,363	4,705	8,932	41,66	12,92	"
11. Zehntes "	84,101	4,993	8,704	2,202	85,995	5,105	8,900	46,51	12,94	"
Heydtschacht:										
12. Viertes Flötz	83,645	5,441	9,883	1,031	84,516	5,497	9,987	50,51	14,77	"
13. Sechstes "	82,978	4,433	10,994	1,595	84,324	4,504	11,172	36,90	16,56	"
14. Siebentes "	79,860	4,444	14,552	1,144	80,687	4,490	14,823	32,79	22,99	"
Wrangelschacht:										
15. Friederikenflötz	79,429	3,935	18,303	3,333	77,441	4,070	18,489	27,27	29,85	"
							Im Mittel	43,13	18,48 = P. Taf. II.	

Tabelle V.

Namen der Steinkohlenflötze.	Bei 100 Gewichtstheilen getrockneter Substanz						Bestandtheile der aschenfreien Steinkohle				Verhältniss des disponiblen Wasserstoffs zum Kohlenstoff = 1000	Verhältniss d. nicht disponiblen Wasserstoffs zum Kohlenstoff = 1000	Analytiker.
	Kohlenstoff	Wasserstoff	Stickstoff	Sauerstoff	Schwefel	Asche	Kohlenstoff	Wasserstoff	Stickstoff	Sauerstoff			
Kohlen von Oberschlesien.[1]													
A. Königsgrube.													
1. Hoffnungsflötz . . .	80,552	4,860	0,708	12,264	0,380	1,236	81,575	4,940	0,716	12,769	37,14	19,38	Grundmann.
2. Gerhardsflötz, Erbreichsschacht . . .	84,013	5,231	0,666	6,483	0,814	2,193	87,157	5,427	0,691	6,725	51,63	10,63	„
3. Gerhardsflötz, Hedwigsschacht	83,970	5,400	0,651	6,020	0,932	3,027	87,431	5,623	0,678	6,268	54,38	9,93	„
4. Heintzmannflötz . .	82,627	4,883	0,909	7,857	0,504	3,220	85,823	5,072	0,944	8,161	45,83	13,26	„
5. Pelagieflötz	75,811	4,853	0,851	11,161	0,297	7,027	81,796	5,244	0,921	12,039	44,31	19,80	„
6. Raubflötz	77,778	5,545	0,533	11,638	0,356	4,149	81,441	5,819	0,559	12,181	51,90	19,55	„
7. Sattelflötz, Bahnschacht	83,417	5,318	1,056	7,221	0,553	2,435	85,986	5,482	1,088	7,444	51,35	12,40	„
7. „ Erbreichsschacht .	78,983	5,245	1,071	7,590	1,209	5,902	85,052	5,646	1,153	8,149	52,71	13,67	„
Unbenanntes Flötz Nr. I.	76,660	4,490	0,956	10,669	2,321	4,903	82,638	4,841	1,031	11,490	39,68	18,90	„
„ „ Nr. II.	80,453	5,134	1,325	7,813	0,850	4,125	84,772	5,712	1,384	8,131	53,35	14,03	„
B. Königin Louisengrube.													
Schuckmannsflötz Ostfeld:													
8. Oberbank, obere Lage, 20″ m.	80,280	5,290	1,061	7,884	0,799	4,686	84,939	5,596	1,122	8,343	51,95	13,93	„
8. Oberbank, untere „ 17″ m.	83,841	4,877	1,072	7,934	0,656	1,620	85,793	4,990	1,097	8,120	44,73	13,43	„
8. Unterbank, obere Lage, 50″ m.	84,880	5,366	1,122	7,675	0,100	0,857	85,700	5,417	1,133	7,750	50,25	12,95	„
8. Unterbank, mittle „ 20″ m.	84,217	5,456	1,197	7,741	0,132	1,257	85,403	5,533	1,214	7,850	51,52	13,26	„
8. Unterbank, untere „ 220″ m.	81,828	5,236	0,930	10,741	0,142	1,123	82,877	5,303	0,942	10,878	46,16	17,82	„
Heinitzflötz:													
9. Kohlenschiefer-Firste des Heinitzflötzes, 20—25″ mächtig .	60,078	3,582	0,677	7,032	0,789	27,842	84,179	5,019	0,948	9,854	46,12	13,50	„
9. Südfeld, 40 Ltr. Sohle	84,493	5,094	1,056	7,718	0,173	1,466	85,903	5,178	1,073	7,846	47,29	12,98	„
9. „ 80 „ „ 2 Ltr. m. Backkohle	84,737	5,171	0,940	5,627	0,845	2,680	87,838	5,360	0,974	5,833	51,33	9,69	„
9. Nordfeld, 40 Ltr. Sohle Oberbank	85,910	5,123	1,805	5,338	0,365	1,459	87,506	5,218	1,839	5,437	49,24	10,39	„
9. „ . 40 Ltr. Sohle Unterbank	83,988	5,336	1,555	7,042	0,316	1,763	85,779	5,439	1,588	7,194	50,62	12,79	„
Redenflötz:													
10. Südfeld, 40 Ltr. Sohle, 1—2 Ltr. m.	81,886	4,634	1,108	9,830	0,333	2,209	84,022	4,755	1,136	10,087	39,90	16,69	„
10. Nordfeld, 40 Ltr. Sohle	78,828	4,774	1,401	6,059	0,976	7,962	86,565	5,243	1,539	6,653	48,73	11,83	„
10. 60 L. Sohle (Backkohle)	83,046	5,308	0,851	5,878	0,566	4,351	87,341	5,582	0,895	6,182	53,78	10,13	„
Pochhammerflötz:													
11. Nordfeld, 40 Ltr. Sohle: Oberbank, obere Lage, 30″ mächtig	84,299	5,771	0,809	5,914	0,537	2,670	87,102	5,962	0,826	6,110	58,49	9,95	„
11. Nordfeld, 40 Ltr. Sohle: Oberbank, untere Lage, 80—100″ m.	81,300	5,355	1,124	5,876	1,059	5,286	86,809	5,722	1,201	6,268	55,20	10,71	„
11. Nordfeld, 40 Ltr. Sohle: Unterbank, obere L. 80-100″ m.	82,251	5,555	1,000	5,480	0,895	4,819	87,236	5,891	1,061	5,812	57,69	9,84	„
11. Nordfeld, 40 Ltr. Sohle: Unterbank, untere „ 80-100″ m.	84,738	5,894	0,801	5,378	0,581	2,608	87,529	6,088	0,828	5,555	60,44	9,11	„
Nordfeld, 60 Ltr. Sohle Oberbank (Backkohle)	83,701	5,663	0,978	4,920	0,760	3,978	87,864	5,944	1,027	5,165	58,84	8,81	„
„ 60 Ltr. Sohle Unterbank (Backkohle)	86,020	6,003	1,101	4,410	0,274	2,192	88,185	6,165	1,129	4,521	61,90	8,01	„
Südfeld, 40 Ltr. Sohle Oberbank (Backkohle)	85,412	5,317	1,205	6,419	0,262	1,385	86,843	5,406	1,225	6,526	51,10	11,15	„
„ 40 Ltr. Sohle Unterbank (Backkohle)	85,929	5,346	1,507	6,073	0,214	0,931	86,925	5,408	1,524	6,143	51,19	11,02	„

[1]) Grundmann: Die Untersuchung der Steinkohlen von Oberschlesien. Carnall's Zeitschrift, Band 9, 10 u. 11.

Namen der Steinkohlenflötze.	Bei 1000 Gewichtstheilen getrockneter Substanz						Bestandtheile der aschenfreien Steinkohle				Verhältniss des disponiblen Wasserstoffs zum Kohlenstoff = 1000	Verhältniss d. nicht disponiblen Wasserstoffs zum Kohlenstoff = 1000	Analytiker.
	Kohlenstoff	Wasserstoff	Stickstoff	Sauerstoff	Schwefel	Asche	Kohlenstoff	Wasserstoff	Stickstoff	Sauerstoff	des disponiblen	d. nicht disponiblen	
Revier von Ruda.													
A. Concordiagrube b. Zabrze													
Pochhammerflötz - (Backkohle).													
12. Probe *a* Streich. Strecke geg. Nord., Oberbank	82,433	5,319	0,771	8,691	0,816	1,970	84,795	5,471	0,794	8,940	59,60	14,47	Grundmann.
Pr. *b*. Schweb. Strecke geg. Westen, Mittelb.	82,959	5,599	0,828	8,822	0,495	1,297	84,480	5,700	0,840	8,980	52,94	14,53	„
Pr. *c*. Schweb. Strecke geg. Westen, Unterb.	80,247	4,779	0,559	8,901	0,538	4,976	84,930	5,059	0,591	9,420	44,83	14,71	„
Pr. *d*. 5. Abbaustrecke gegen Osten, Mittelb.	80,728	5,289	0,783	10,107	0,879	2,214	83,306	5,457	0,808	10,429	52,02	13,49	„
Pr. *f*. 4. Abbaustrecke gegen Osten, Unterb.	81,998	4,998	0,894	9,499	0,471	2,140	84,196	5,133	0,918	9,753	45,12	15,84	„
B. Bertha-Hedwigsgrube bei Biskupitz.													
13. 180 zölliges Flötz Einsiedelader	81,156	4,769	0,899	7,770	0,393	5,013	85,801	5,040	0,950	8,209	45,40	13,34	„
C. Paulusgrube b. Orzegow.													
14. (Paulus-Georg-Brandenburgflötz.) 20 zöllige untere Lage, Unterb.	81,196	4,904	0,889	8,799	0,420	3,792	84,766	5,119	0,928	9,187	45,48	14,91	„
15-20 zöll. obere Lage, Unterb.	76,114	4,735	0,843	9,191	0,504	8,613	83,749	5,200	0,927	10,124	45,61	16,48	„
zöll. Bergmittel	47,399	2,269	0,466	4,737	0,427	44,702	86,382	4,136	0,849	8,633	34,16	13,72	„
10 zöllige untere Lage, Oberb.	80,382	4,766	0,862	8,188	0,423	5,379	85,333	5,059	0,915	8,693	45,22	14,07	„
30 zöll. obere L., Oberbank . .	80,672	4,899	0,648	10,261	0,542	2,978	83,635	5,057	0,672	10,636	43,57	16,89	„
D. Brandenburggrube bei Ruda.													
15. Brandenburgflötz, Oberbank, 40″ m.	79,678	4,795	0,944	10,989	0,543	3,051	82,650	4,973	0,978	11,399	41,45	18,72	„
Unterbank, 80″ m.	80,943	5,012	0,689	9,679	0,246	3,431	84,034	5,203	0,715	10,048	45,94	15,94	„
E. Oscargrube daselbst.													
16. 100—120 zölliger ungetheilter Pfeiler dess. Fl.	81,721	5,298	0,644	9,635	0,200	2,502	83,991	5,445	0,632	9,902	49,15	15,68	„
20 zöllige Sohle „ „	78,045	4,932	0,614	10,910	0,338	5,191	82,582	5,220	0,650	11,548	44,74	18,47	„
18—100 zöllige obere Lage desselb. Flötzes	75,944	4,915	0,667	13,478	0,327	4,669	79,938	5,173	0,703	14,186	41,43	23,28	„
F. Florentinegrube bei Lagiwnik.													
17. Mariaflötz, 36—40″ m.	78,099	4,765	0,794	11,076	0,375	4,891	82,438	5,029	0,838	11,695	42,15	18,88	„
Volescaflötz, Oberbank, 36″ m.	80,294	5,044	0,785	11,592	0,262	2,023	82,172	5,162	0,803	11,863	43,56	19,26	„
Schramb., 8—10″ m.	59,934	4,183	0,711	9,120	2,091	23,961	81,062	5,644	0,961	12,333	49,13	20,50	„
Unterbank, 36″ m.	76,909	4,757	0,563	12,047	0,375	5,349	81,589	5,045	0,596	12,770	41,37	20,47	„
5. Flötz, Oberb., 18″ m. } Backkohle.	80,187	5,007	0,716	10,767	0,341	2,982	82,943	5,179	0,742	11,136	44,53	17,91	„
Unterb., 32″ m. } Backkohle.	80,173	5,152	0,738	11,293	0,234	2,410	82,351	5,292	0,758	11,599	40,22	24,04	„
60 zölliges Mariaflötz	72,669	4,679	0,924	11,392	0,543	9,793	81,047	5,218	1,030	12,705	43,20	21,18	„
G. Sonnenblumegrube bei Morgenroth.													
18. (Georgine-Niederfl. (Fausta?)) 4 zöll. Sohlenbank	76,925	4,758	0,793	11,284	0,439	5,851	82,089	5,076	0,497	12,041	42,29	19,54	„
9 zöllige untere Lage, Mittelb.	78,187	4,758	0,772	11,608	0,406	4,269	82,022	4,992	0,809	12,177	41,07	19,79	„
4—6 zöll. mittle Lage, Mittelb.	79,120	5,086	0,864	11,426	0,237	3,217	82,000	5,265	0,895	11,840	44,80	19,41	„
5 zöll. obere L., Mittelbank . .	74,668	4,695	0,817	10,794	0,914	8,112	82,076	5,161	0,898	11,865	43,49	19,39	„
10 zöll. Firstenb.	79,662	5,258	0,994	11,765	0,276	2,045	81,556	5,382	1,017	12,045	45,97	20,02	„

Namen der Steinkohlenflötze.	Bei 100 Gewichtstheilen getrockneter Substanz						Bestandtheile der aschenfreien Steinkohle				Verhältniss des disponiblen Wasserstoffs zum Kohlenstoff = 1000	Verhältniss d. nicht disponiblen Wasserstoffs zum Kohlenstoff = 1000	Analytiker.
	Kohlenstoff	Wasserstoff	Stickstoff	Sauerstoff	Schwefel	Asche	Kohlenstoff	Wasserstoff	Stickstoff	Sauerstoff			
H. Georginegrube bei Morgenroth.													
19. 4zöll. Sohlenbank (Georgine-Niederfl. (Fausta?))	76,925	4,758	0,743	11,284	0,439	5,851	82,089	5,076	0,794	12,041	42,06	19,77	Grundmann.
9 zöllige untere Lage, Mittelb.	78,187	4,758	0,772	11,608	0,406	4,269	82,022	4,992	0,809	12,177	41,08	19,78	„
4—6 zöll. mittle Lage, Mittelb.	79,120	5,086	0,864	11,426	0,287	3,217	82,000	5,265	0,895	11,840	44,81	19,41	„
5 zöll. obere L., Mittelbank . .	74,668	4,695	0,817	10,794	0,914	8,112	82,076	5,161	0,898	11,865	43,45	19,43	„
10 zöll. Firstenb.	79,662	5,258	0,994	11,765	0,276	2,045	81,556	5,382	1,017	12,045	41,25	24,74	„
J. Catharinagrube b. Ruda.													
20. 70 zöll. Unterbank . . . (Catharina-Nieder- und Mittelflötz.)	81,131	5,379	0,699	10,389	0,165	2,237	83,127	5,513	0,716	10,644	49,24	17,08	„
15 zöll. Mittelbank . . .	77,981	4,945	0,730	13,679	0,156	2,509	80,116	5,081	0,750	14,053	39,85	23,57	„
13 zöll. Oberbank . . .	75,772	5,356	0,542	13,592	0,186	4,552	79,568	5,599	0,566	14,267	47,12	23,33	„
Unterbank, Orzegow-Niederflötz (Saara)	81,005	4,974	1,056	8,761	0,242	3,961	84,579	5,174	1,102	9,145	46,03	15,14	„
K. Karl-Emanuelgrube bei Morgenroth.													
21. Gemischte Probe Orzegow-Niederflötz .	82,865	5,051	0,878	8,495	0,219	2,492	85,174	5,192	0,902	8,732	46,82	14,14	„
L. Orzegowgrube das.													
22. 36—40 zöllige Niederbank (desgl.)	81,334	5,171	0,749	7,878	0,266	4,602	85,496	5,435	0,788	8,281	50,20	13,27	„
10 zöll. Oberb. (desgl.)	79,152	4,619	0,499	8,819	0,485	6,426	85,028	4,963	0,536	9,473	43,66	14,71	„
18 z. Niederb. (Orzeg.-Oberflötz.)	74,371	4,885	0,631	9,920	0,708	9,485	82,873	5,139	0,726	11,022	47,92	17,71	„
15 z. Mittelb.	76,438	5,183	0,855	9,322	0,495	7,707	83,267	5,646	0,932	10,755	48,64	16,64	„
12 z. Oberb.	73,009	5,191	0,819	10,113	0,634	10,234	81,911	5,824	0,979	11,346	52,39	18,71	„
Revier von Laurahütte und Rosdzin.													
A. Cons. Siemianowitzer Gruben.													
Eugenienglück: Fannyflötz.													
23. Probe *a*. Oberbank, 9" mächtig	80,669	5,322	0,779	10,273	0,399	2,558	83,128	5,484	0,802	10,586	47,35	18,62	„
Pr. *b*. 1. Mittelbank, 200" m. . .	80,149	5,325	0,755	11,947	0,219	1,605	81,645	5,424	0,762	12,169	46,64	19,79	„
Pr. *c*. 2. Mittelbank, 4" m. . .	82,446	4,989	0,935	10,173	0,390	1,067	83,665	5,063	0,909	10,323	43,68	16,84	„
Pr. *d*. 3. Mittelbank, 24" m. . .	78,695	5,235	0,760	12,775	0,482	2,053	80,742	5,371	0,780	13,107	45,02	21,50	„
Pr. *e*. Bergmittel, 10" m. . .	45,100	3,566	0,381	8,588	0,580	41,785	78,251	6,186	0,661	14,902	54,20	24,85	„
Pr. *f*. Unterbank, 42" m. . .	76,216	4,997	0,795	13,023	0,796	4,253	80,252	5,261	0,774	13,713	43,00	22,56	„
Eugeniensglück: Glücksflötz.													
24. Firste des Flötzes, Brandschiefer . .	22,773	2,930	0,444	22,127	0,175	51,551	47,199	6,069	0,919	45,813	4,8	123,7	„
Probe *a*. Oberb. 8" m.	80,233	5,049	0,699	11,666	0,460	1,893	82,168	5,166	0,718	11,948	43,35	19,24	„
Pr. *b*. 1. Mittelb. 15" m.	82,330	4,995	0,827	10,563	0,170	1,115	83,401	5,060	0,838	10,701	44,65	17,29	„
Pr. *c*. 2. Mittelb. 8" m.	79,826	5,083	0,812	12,280	0,612	1,387	81,450	5,184	0,826	12,540	43,13	20,51	„
Pr. *d*. 3. Unterb. 54" m.	79,558	4,987	0,783	12,737	0,305	1,633	81,147	5,087	0,798	12,968	41,46	21,19	„
Eugeniensglück: Carolinenfl.													
25. Probe *a*. Oberb. 20" m.	81,592	5,021	0,828	9,293	1,140	2,126	84,346	5,193	0,855	9,606	46,06	15,51	„
Pr. *b*. 1. Mittelb. 59" m	79,446	4,894	0,770	12,971	0,289	1,610	81,004	4,989	0,785	13,222	38,11	20,44	„
Pr. *c*. 2. Mittelb. 166" m.	78,978	5,292	0,879	12,392	0,294	2,165	80,969	5,426	0,901	12,704	46,00	21,01	„
Pr. *d*. Unterbank 12" m. (Backkohle)	78,417	6,288	0,729	11,277	0,269	3,025	81,087	6,502	0,749	11,662	60,63	19,54	„

Namen der Steinkohlenflötze.	Bei 100 Gewichtstheilen getrockneter Substanz						Bestandtheile der aschenfreien Steinkohle				Verhältniss des disponiblen Wasserstoffs zum Kohlenstoff = 1000	Verhältniss d. nicht disponiblen Wasserstoffs zum Kohlenstoff = 1000	Analytiker.
	Kohlenstoff	Wasserstoff	Stickstoff	Sauerstoff	Schwefel	Asche	Kohlenstoff	Wasserstoff	Stickstoff	Sauerstoff			
Carlshoffnung: Fannyflötz.													
26. Probe *a*. Oberb. 50" m.	81,723	5,396	0,950	10,081	0,274	1,573	83,261	5,497	0,968	10,274	49,15	16,87	Grundmann.
26. Pr. *b*. 1. Mittelb. 4" m.	79,886	5,015	0,787	11,952	0,549	1,811	81,817	5,136	0,806	12,241	42,83	19,94	"
26. Pr. *c*. 2. Mittelb. 196" m.	78,677	4,852	0,827	11,921	1,343	2,410	81,719	5,040	0,858	12,383	47,26	20,25	"
26. Pr. *d*. Bergmittel 10" m.	34,296	2,328	0,402	5,073	9,001	48,900	81,272	5,517	0,952	12,259	47,57	20,31	"
26. Pr. *e*. Unterbank 40" m.	76,305	4,961	0,658	13,207	0,578	4,291	80,211	5,216	0,693	13,880	42,33	22,70	"
Carlshoffnung: Carolinenfl.													
27. Probe *a*. Oberb. 35" m.	81,076	5,260	0,760	9,645	0,294	2,965	83,808	5,437	0,785	9,970	48,84	16,03	"
27. Pr. *b*. 1. Mittelb. 24" m.	80,213	5,001	0,812	12,332	0,349	1,263	81,557	5,082	0,825	12,536	41,84	20,47	"
27. Pr. *c*. 2. Mittelb. 80" m.	80,384	5,273	1,043	11,676	0,311	1,313	81,709	5,361	1,059	11,871	45,84	19,77	"
27. Pr. *d*. Bergmittel 2" m.	76,994	4,693	0,887	10,415	0,715	6,296	82,790	5,057	0,953	11,200	42,74	18,34	"
27. Pr. *e*. 3. Mittelb. 35" m.	79,240	5,359	0,948	11,905	0,271	2,277	81,300	5,500	0,974	12,226	48,74	18,90	"
27. Pr. *f*. 4. Mittelb. 22" m. (Backkohle)	79,771	5,388	0,897	10,801	0,414	2,729	82,361	5,562	0,926	11,151	49,21	18,32	"
27. Pr. *g*. Unterb. 12" m. (Backkohle)	78,216	6,128	0,786	10,414	0,434	4,022	81,863	6,414	0,823	10,900	60,46	17,89	"
Separation der Klein- (Förder-) Kohlen.													
Eugeniensglück: Carolinenfl.													
28. Ungerätterte Kleinkohle	76,973	5,688	0,809	10,262	0,885	5,361	82,125	6,065	0,863	10,949	59,47	14,38	"
28. Daraus gerätterte Würfelkohle	77,224	5,723	0,826	10,690	0,734	4,803	81,752	6,058	0,874	11,316	55,46	18,64	"
28. Durch den Rätter gefallene Staubkohle .	75,514	5,516	0,721	7,837	1,779	8,633	84,290	6,157	0,805	8,748	58,88	14,16	"
Carlshoffnung:													
Gerätterte Kleinkohlen vom Fanny- u. Carolinenflötz.													
29. Würfelkohle v. 1. Rätter	77,841	5,139	0,757	11,113	0,389	4,761	82,067	5,418	0,798	11,717	46,97	19,05	"
29. Nusskohle " 2. "	78,535	5,044	0,721	11,543	0,595	3,562	81,941	5,263	0,752	12,044	41,65	18,19	"
29. Erbsenkohle " 3. "	76,553	5,086	0,793	11,500	0,866	5,222	81,499	5,415	0,841	12,245	46,37	20,07	"
29. Staubk. hinter d. 3. "	78,031	5,209	0,740	9,043	1,014	5,963	83,883	5,599	0,795	9,722	51,08	15,67	"
Verwitterung der dortigen Staubkohle.													
Dieselben nach 6 monatl. Lagern .	74,251	4,706	0,557	11,688	0,954	7,844	81,414	5,160	0,611	12,815	42,77	20,61	"
" " 12 monatl. Lagern .	70,668	4,626	0,666	12,538	1,071	10,411	79,875	5,229	0,732	14,164	42,16	23,31	"
Carolinengrube.													
30. Fannyflötz, Oberbank	80,000	4,635	1,374	9,942	0,806	3,243	83,376	4,830	1,432	10,362	40,26	17,67	"
30. Mittelbank	81,417	4,694	1,025	9,840	0,092	2,932	83,709	5,087	1,057	10,147	44,05	16,72	"
30. Unterbank	80,790	4,979	1,313	10,661	0,114	2,143	82,659	5,096	1,342	10,903	43,13	18,52	"
31. Carolinenfl., Oberbank	80,211	5,152	0,534	10,678	0,548	2,824	83,041	5,332	0,567	11,060	47,02	17,19	"
31. Mittelbank	80,274	5,066	0,959	10,543	0,276	2,882	82,899	5,214	0,990	10,897	44,97	17,92	"
31. Unterbank	81,659	5,175	1,107	8,443	0,384	3,232	84,723	5,369	1,148	8,760	48,76	14,61	"
Louisenglückgrube: Oberflötz.													
32. Schramfirste, Oberbank	83,593	4,758	1,027	8,531	0,096	1,395	84,858	4,830	1,651	8,661	41,73	15,19	"
32. Schrambank . . .	81,534	4,325	1,699	9,372	0,891	2,179	84,116	4,441	1,744	9,774	35,67	17,12	"
32. Mittelbank	82,081	4,912	2,065	8,733	0,563	1,646	83,833	5,023	2,112	9,032	43,31	16,61	"
32. Unterbank	83,859	4,721	1,137	7,938	0,534	1,813	85,854	4,134	1,185	8,127	42,67	13,55	"
Louisenglückgrube: Niederflötz.													
33. Schramfirste . . .	81,503	4,855	1,130	10,271	0,328	1,913	83,372	4,966	1,156	10,506	42,07	17,49	"
33. Schrambank . . .	82,091	4,939	1,069	7,744	1,044	3,113	85,651	5,153	1,179	8,017	46,76	13,40	"
33. Oberbank	81,076	4,506	1,033	9,698	0,492	3,195	84,179	4,679	1,073	10,069	39,13	16,45	"
33. Mittelbank	82,496	4,933	1,376	6,245	1,088	3,862	86,803	5,180	1,447	6,570	48,14	11,54	"
33. Unterbank	80,000	5,357	1,310	9,772	0,735	2,826	82,954	5,555	1,358	10,133	49,64	17,32	"
33. Sohlenbank	84,675	4,722	1,564	5,813	0,470	2,756	87,498	4,878	1,616	6,008	44,86	10,89	"

Namen der Steinkohlenflötze.	Bei 100 Gewichtstheilen getrockneter Substanz						Bestandtheile der aschenfreien Steinkohle				Verhältniss des disponiblen Wasserstoffs zum Kohlenstoff = 1000	Verhältniss d. nicht disponiblen Wasserstoffs zum Kohlenstoff = 1000	Analytiker.
	Kohlenstoff	Wasserstoff	Stickstoff	Sauerstoff	Schwefel	Asche	Kohlenstoff	Wasserstoff	Stickstoff	Sauerstoff			
Guter Traugottgrube: Niederflötz.													
34. Probe *a.* 1. Lage, 40″ m.	77,880	5,363	0,430	11,832	0,583	3,912	81,545	5,615	0,450	12,390	49,18	19,68	Grundmann.
Pr. *b.* 2. „ 80″ m	78,341	5,206	0,343	12,653	0,593	2,864	81,146	5,392	0,356	13,106	45,71	20,74	„
Pr. *c.* 3. „ 60″ m.	78,217	4,926	0,449	11,445	0,794	4,269	82,284	5,188	0,473	12,055	44,02	19,03	„
Pr. *d.* 4. Lage, 100″ m. (anthracitartig)	85,532	4,778	0,458	4,738	0,456	4,038	89,559	5,002	0,479	4,960	48,26	7,59	„
Pr. *e.* 5. Lage, 40″ m. (anthracitartig)	76,533	5,345	0,451	12,341	0,272	5,058	80,843	5,646	0,476	13,035	48,96	20,88	„
Revier von Nicolai.													
A. Martha-Valescagrube bei Nieder-Lazisk.													
Martha-Val.-Niederflötz.													
35. *a.* Oberbank, 30″ m.	72,954	5,115	0,805	13,091	0,408	7,627	79,330	5,561	0,875	14,234	46,29	23,81	„
b. Niederbank, 35″ m.	76,579	5,218	0,740	12,097	0,427	4,939	80,921	5,514	0,782	12,783	47,18	20,96	„
B. Emiliegrube b. Orzesche.													
Emilienflötz:													
36. *a.* Oberbank, 8″ m.	73,602	4,811	1,088	10,731	0,603	9,165	81,569	5,321	1,205	11,905	42,05	18,71	„
b. Niederbank, 38″ m.	71,910	4,838	0,928	10,614	0,222	11,488	81,447	5,369	1,162	12,022	45,68	20,24	„
C. Mokraugrube b. Nicolai.													
Albertineflötz:													
37. *a.* Oberbank, 15″ m.	76,324	5,275	1,044	11,678	0,411	5,268	80,921	5,592	1,106	12,381	48,28	20,83	„
b. Unterbank, 38″ m.	75,689	5,258	1,125	12,011	0,278	5,639	80,449	5,588	1,195	12,768	47,74	21,72	„
D. Leopoldgrube bei Orontowitz.													
Leopoldflötz (Gaskohle):													
38. *a.* Oberbank, 16″ m.	81,284	5,318	0,489	9,312	0,476	3,121	84,327	5,516	0,494	9,663	50,35	15,06	„
b. 1. Mittelb. 27″ m.	81,541	5,377	0,724	9,863	0,450	2,045	83,627	5,514	0,744	10,115	49,70	16,23	„
c. 2. „ 17″ m.	75,821	5,395	0,463	10,346	0,449	7,526	82,393	5,862	0,503	11,242	55,30	17,51	„
d. Unterbank, 19″ m.	78,330	5,443	0,678	10,105	0,419	5,025	82,839	5,756	0,717	10,688	52,27	17,71	„
Revier Antonienhütte.													
Comb. Gottes-Segen-Grube.													
Nanetteflötz:													
39. Erste Bank, 27″ m., 1. Lage .	68,145	5,344	0,336	7,564	0,363	18,248	83,728	6,566	0,412	9,294	63,94	14,48	„
2. „ .	35,243	2,873	0,315	8,505	0,318	52,721	75,047	6,118	0,671	18,164	18,78	62,74	„
3. „ .	72,734	4,824	0,154	11,046	0,194	10,945	81,968	5,428	0,173	12,431	47,01	19,21	„
Bergmittel, 5″ m. .	45,118	3,657	0,202	8,432	0,216	42,375	78,590	6,370	0,352	14,688	57,13	23,92	„
Zweite Bank, 9″ m.	73,242	4,544	0,480	9,900	0,339	11,495	83,064	5,154	0,544	11,228	44,34	17,11	„
Dritte „ 34″ m., 1. Lage .	75,932	5,405	0,435	10,462	0,575	7,191	82,325	5,860	0,472	11,343	55,23	15,95	„
2. „ .	80,050	5,255	0,417	9,623	0,309	4,346	83,958	5,512	0,437	10,093	49,98	15,67	„
3. „ .	59,883	4,188	0,387	9,264	0,428	25,850	81,228	5,681	0,525	12,566	50,42	19,52	„
Antonienflötz:													
40. Raubkohl, 18″ m., 1. Lage .	79,327	6,216	0,683	5,659	0,681	7,434	86,329	6,167	0,745	6,159	63,45	7,99	„
2. „ .	68,693	4,964	0,487	9,395	1,184	15,277	82,239	5,944	0,583	11,234	54,32	17,96	„
3. „ .	60,222	4,427	0,394	6,201	1,284	27,472	84,527	6,212	0,553	8,708	59,79	13,70	„
Oberb., 1. Abth. 35″ m. (Kokskohl), 1. Lage	80,483	5,671	0,721	7,892	0,333	4,900	84,929	5,984	0,760	8,327	56,94	13,52	„
2. „	65,654	4,388	0,664	9,344	0,945	19,005	82,016	5,481	0,830	11,673	47,78	19,05	„
2. Abth. 70″ m., 3. L.	81,028	4,153	0,728	10,502	0,415	2,574	83,522	4,902	0,751	10,825	41,37	17,32	„
4. Lage	77,418	5,191	0,488	11,331	0,323	5,246	82,083	5,401	0,516	12,000	46,75	19,05	„
Niederbank, 1. Lage 60″ m. (Kokskohl)	80,753	5,309	0,958	8,795	0,844	3,341	84,310	5,541	1,000	9,146	50,68	15,04	„
2. Lage 20″ m. . .	82,660	5,465	0,936	8,468	0,306	2,165	84,752	5,603	0,960	8,685	51,88	14,23	„
3. L. 40″ m (Koksk.)	81,616	4,924	0,711	8,808	0,444	3,500	84,964	5,126	0,740	9,170	45,75	14,58	„
4. Lage 50″ m. . .	77,430	4,925	0,848	8,171	1,067	7,559	84,740	5,390	0,928	8,942	49,04	14,56	„

Namen der Steinkohlenflötze.	Bei 100 Gewichtstheilen getrockneter Substanz						Bestandtheile der aschenfreien Steinkohle				Verhältniss des disponiblen Wasserstoffs zum Kohlenstoff = 1000	Verhältniss d. nicht disponiblen Wasserstoffs zum Kohlenstoff = 1000	Analytiker.
	Kohlenstoff	Wasserstoff	Stickstoff	Sauerstoff	Schwefel	Asche	Kohlenstoff	Wasserstoff	Stickstoff	Sauerstoff			
Carlsgrube, Nanetteflötz:													
41. Oberflötz, 1. Lage 8″ m.	80,315	5,587	0,692	9,301	0,331	3,774	83,754	5,826	0,721	9,699	54,02	15,54	Grundmann.
2. Lage 15″ m.	79,874	5,165	0,594	10,897	1,034	2,436	82,745	5,351	0,615	11,289	46,69	17,98	„
3. „ 3″ m.	75,382	5,454	0,488	13,827	0,379	4,470	79,224	5,732	0,513	14,531	48,62	23,73	„
Niederflötz, 1. L. 3″ m.	63,278	4,107	0,375	8,929	1,517	21,794	82,516	5,355	0,486	11,643	41,51	23,38	„
2. Lage 16½″ m.	80,295	5,398	0,567	8,279	0,570	4,891	84,930	5,711	0,600	8,759	53,47	13,77	„
3. „ 18″ m.	80,723	4,897	0,597	11,089	0,646	2,048	82,958	5,033	0,613	11,396	42,58	18,09	„
4. „ 17″ m.	78,564	4,848	0,615	10,441	0,347	5,185	83,164	5,132	0,651	11,053	44,12	17,59	„
5. „ 8″ m. (Backkohle)	79,146	5,422	0,465	10,135	1,485	3,347	83,166	5,697	0,488	10,649	51,77	16,73	„
Comb. Hugozwanggrube bei Kochlowitz.													
42. Oberflötz, 40″ m. incl. 2″ Bergmittel zwischen 29 u. 30″. 1. Lage 4″ m.	83,918	5,179	0,637	5,496	0,178	4,592	88,120	5,438	0,671	5,771	52,58	9,13	„
2. Lage 19″ m.	76,909	4,801	0,726	10,221	0,500	6,843	83,005	5,181	0,783	11,031	44,63	17,79	„
3. Lage 5″ m.	70,839	4,472	0,510	9,538	0,881	13,760	82,989	5,239	0,597	11,175	45,40	17,72	„
4. Lage 6½″ m.	76,510	5,106	0,602	8,506	0,282	8,994	84,334	5,628	0,663	9,375	51,85	14,88	„
5. Lage 6½″ m.	79,896	4,987	0,712	10,500	0,227	3,678	83,142	5,189	0,741	10,928	44,97	17,44	„
Mittelfl. 34″ m. 1. Lage 11″ m.	80,177	5,291	0,640	10,379	0,609	2,910	83,092	5,484	0,663	10,761	48,83	17,17	„
2. „ 7½″ m.	80,184	5,214	0,628	10,552	0,715	2,707	83,025	5,400	0,659	10,916	47,62	17,42	„
3. „ 7½″ m.	73,809	4,554	0,685	11,095	0,366	9,491	81,880	5,052	0,760	12,308	41,76	19,94	„
4. „ 6″ m.	83,078	5,688	0,676	7,363	0,151	2,844	85,851	5,863	0,696	7,590	56,22	12,07	„
43. Hugoflötz 90″ m. 1. Lage 11″ m.	76,686	5,127	0,713	11,153	0,446	5,875	81,862	5,473	0,760	11,905	47,52	19,33	„
2. „ 9″ m.	80,800	5,149	0,735	10,001	0,466	2,849	83,571	5,325	0,760	10,344	47,10	16,62	„
3. „ 11″ m.	81,483	4,814	0,609	10,181	0,426	2,485	83,917	4,971	0,627	10,485	42,68	16,55	„
4. „ 24″ m.	82,862	4,788	0,663	8,677	0,479	2,531	85,216	5,155	0,683	8,946	46,36	14,13	„
5. „ 13″ m.	80,488	5,107	0,933	6,813	1,682	4,977	86,256	5,465	0,988	7,291	51,66	12,00	„
6. „ 18″ m.	82,549	5,184	0,725	6,262	1,240	3,040	86,240	5,416	0,757	7,587	50,71	12,09	„
7. „ 22″ m.	83,365	5,297	0,728	7,816	0,561	2,233	85,761	5,450	0,759	8,040	50,73	12,82	„
Revier Kattowitz.													
Ferdinandgrube. Flötz Nr. IV.													
44. Oberbank, 36″ m. .	81,411	5,163	1,119	9,856	0,356	2,095	83,456	5,293	1,147	10,104	46,58	16,84	„
Mittelbank, 16″ m. .	71,317	4,700	0,869	9,527	0,303	7,283	83,665	5,086	0,940	10,309	43,97	16,80	„
Unterbank, 34″ m. .	79,432	5,232	0,964	10,165	0,283	3,924	82,921	5,462	1,006	10,611	48,36	17,51	„
Flötz Nr. V oder Morgenrothgrubenflötz.													
45. Oberbank, 35″ m. .	80,229	5,029	0,633	12,401	0,142	1,566	81,623	5,116	0,644	12,617	42,37	20,31	„
Mittelbank, 20″ m. .	84,186	5,266	1,103	8,755	0,031	0,653	84,768	5,304	1,111	8,817	47,93	14,64	„
Unterbank, 47″ m. .	79,257	4,896	0,797	12,215	0,268	2,567	81,569	5,039	0,820	12,572	41,26	20,52	„
Beategrube.													
46. Oberflötz, Oberb. 16″ m.	82,988	5,335	0,974	7,896	0,269	2,538	85,384	5,490	1,002	8,124	50,94	13,36	„
Mittelbank, 12″ m.	76,074	4,907	1,218	13,248	0,174	4,379	79,703	5,141	1,276	13,880	40,74	23,76	„
Unterbank, 8″ m.	78,710	5,125	0,821	8,588	1,625	5,131	84,413	5,493	0,884	9,210	50,13	14,95	„
Niederfl., Oberb. 17″ m.	77,045	4,938	0,992	12,263	0,778	3,984	80,897	5,185	1,042	12,876	42,60	21,50	„
Mittelbank, 23″ m.	80,318	5,148	1,319	10,453	0,468	12,294	80,605	5,301	1,512	11,982	44,84	20,93	„
Unterbank, 20″ m.	80,182	5,063	1,283	11,373	0,436	1,663	81,901	5,171	1,311	11,617	44,41	19,73	„
Locomotivgrube. Tieleflötz, 20—35″ m.													
47. Firsten(bank)kohl. .	72,399	4,934	0,921	12,018	0,961	8,767	80,201	5,466	1,020	13,313	45,07	22,33	„
Mittelbank	76,767	4,978	0,952	11,109	1,880	4,314	81,836	5,306	1,015	11,843	47,16	19,63	„
Schramkohl	75,378	5,154	1,030	13,507	0,659	4,272	79,288	5,421	1,083	14,208	44,26	24,11	„

Namen der Steinkohlenflötze.	Bei 100 Gewichtstheilen getrockneter Substanz						Bestandtheile der aschenfreien Steinkohle				Verhältniss des disponiblen Wasserstoffs zum Kohlenstoff = 1000	Verhältniss d. nicht disponiblen Wasserstoffs zum Kohlenstoff = 1000	Analytiker.
	Kohlenstoff	Wasserstoff	Stickstoff	Sauerstoff	Schwefel	Asche	Kohlenstoff	Wasserstoff	Stickstoff	Sauerstoff			
Lonicerflötz, 45″ m.													
48. Firstenkohl	75,828	4,655	0,798	12,144	1,999	4,576	81,171	4,983	0,854	12,992	40,07	21,32	Grundmann.
48. Mittelbank	75,987	5,132	0,938	10,422	1,313	6,208	82,168	5,549	1,014	11,269	48,85	18,68	"
48. Schramkohl	77,328	5,146	0,988	11,219	0,638	4,681	81,673	5,435	1,043	11,849	46,82	19,72	"
Jacobgrube.													
49. Oberbank, 30″ m. .	78,186	4,474	0,566	12,782	0,521	3,471	81,438	4,660	0,589	13,313	35,85	21,34	"
49. Mittelbank, 10″ m. .	76,390	5,444	0,678	12,849	1,018	3,621	80,106	5,709	0,701	13,484	49,14	22,13	"
49. Unterbank, 14″ m. .	75,643	4,565	0,507	12,644	0,441	6,200	80,916	4,998	0,543	13,543	40,01	21,76	"
Neue Przemsagrube. Leopoldine- od. Przemsaflötz.													
50. 1. Firstenbank, 33″ m.	72,856	5,049	0,487	13,048	1,813	6,747	79,676	5,522	0,532	14,270	46,12	23,22	"
50. 2. " 33″ m.	71,774	4,945	0,376	13,031	1,315	8,559	79,640	5,485	0,415	14,458	45,52	23,35	"
50. Schramfirste, 20″ m.	72,726	4,773	0,529	14,641	0,292	7,039	78,479	5,151	0,571	15,799	40,07	26,41	"
50. Bankkohle, 64″ m.	72,010	5,069	0,595	11,995	0,196	10,135	80,307	5,653	0,663	13,377	48,54	21,85	"
Revier Ratibor.													
Annagrube bei Pschow.													
51. Oberflötz, Oberbank, 20″ m. (Backkohle.)	77,426	5,267	1,149	8,222	1,364	6,572	84,100	5,721	1,248	8,931	52,90	15,12	"
51. Oberflötz, Unterbank, 20″ m. (Backkohle.)	75,028	5,168	1,285	7,967	2,474	8,078	83,897	5,778	7,436	8,907	53,46	15,41	"
51. Niederflötz, Oberbank, 25″ m. (Backkohle.)	77,536	5,119	0,923	6,942	1,831	7,649	85,666	5,656	1,109	7,569	47,55	12,66	"
51. Niederflötz, Unterbank, 25″ m. (Backkohle.)	81,135	5,647	1,141	5,529	0,776	5,772	86,821	6,042	1,221	5,916	56,49	13,10	"
Charlottegrube bei Czernitz.													
52. Egmontflötz, Oberbank, 20″ m.	75,781	5,663	1,353	6,321	0,910	9,972	85,034	6,355	1,518	7,093	62,08	12,65	"
52. Egmontflötz, Unterbank, 10″ m.	76,835	5,010	1,073	8,563	0,800	7,719	83,990	5,476	1,173	9,361	49,53	15,67	"
52. Charlotteflötz, Oberbank, 15″ m.	80,915	4,963	1,562	8,405	0,553	3,602	84,423	5,178	1,630	8,769	45,94	15,39	"
52. Charlotteflötz, Mittelbank, 45″ m.	80,562	5,284	1,256	7,833	0,156	4,909	84,864	5,565	1,323	8,250	51,47	14,10	"
52. Charlotteflötz, Unterbank, 30″ m.	82,076	5,339	1,358	9,675	0,269	1,283	83,370	5,423	1,379	9,828	48,24	16,18	"
Beatensglückgrube.													
53. Gellhornflötz, Ober- u. Niederbank, 40″ m. .	79,486	5,367	0,959	12,007	0,414	1,767	81,268	5,486	0,981	12,275	47,11	20,39	"
Hoymgrube bei Birtultau. Hoym-Oberflötz.													
54. Firstenbank, 6″ m., Cannelkohle . .	73,040	5,989	1,170	3,220	1,200	15,381	87,555	7,181	1,403	3,861	74,50	7,51	"
54. Oberbank, 24″ m., Backkohle . .	79,617	5,398	1,146	9,606	0,243	3,990	83,120	5,641	1,198	10,041	50,96	16,90	"
54. 1. Mittelb. 24″ m. (Sinterkohle.)	77,266	5,005	1,110	9,831	0,296	6,492	82,893	5,369	1,181	10,557	47,08	17,69	"
54. 2. " 18″ m. (Sinterkohle.)	75,738	5,060	0,987	10,442	0,557	7,216	82,122	5,486	1,070	11,322	47,91	18,86	"
54. Unterbank 8″ m. (Sinterkohle.)	75,334	4,894	1,001	9,158	0,658	8,655	83,070	5,396	1,104	10,430	47,59	17,36	"
										Im Mittel	47,72	17,00	= Q. Taf. II.
Eugeniens-Glückgrube:													
55. Carolinenflötz . . .	73,20	4,93	—	19,11	—	2,76	75,28	5,07	—	19,65	34,67	32,68	Dr. Heintz in Brix's Heizversuchen der Brennstoffe des preuss. Staates.
Morgenrothgrube:													
56. Morgenrothflötz . .	74,57	4,82	—	16,14	—	2,47	78,06	5,05	—	16,89	37,66	27,03	
Königsgrube:													
57. Heintzmannsflötz . .	73,48	4,95	—	18,64	—	2,93	75,70	5,10	—	19,20	35,66	31,71	
58. Gerhardtflötz . . .	79,51	4,87	—	12,96	—	2,66	81,68	5,00	—	13,32	40,84	20,38	
Louisengrube:													
59. Oberflötz	70,02	4,99	—	14,87	—	10,12	77,90	5,55	—	16,55	44,68	26,57	
60. Unterflötz	70,79	5,32	—	19,34	—	4,55	74,16	5,57	—	20,27	41,01	34,11	

Namen der Steinkohlenflötze.	Bei 100 Gewichtstheilen getrockneter Substanz						Bestandtheile der aschenfreien Steinkohlen				Verhältniss des disponiblen	d. nicht disponiblen	Analytiker.
	Kohlenstoff	Wasserstoff	Stickstoff	Sauerstoff	Schwefel	Asche	Kohlenstoff	Wasserstoff	Stickstoff	Sauerstoff	Wasserstoffs zum Kohlenstoff = 1000		
Faustagrube:													
61. Faustaflötz	77,25	4,58	—	13,35	—	4,82	81,16	4,81	—	14,03	37,65	21,61	Dr. Heintz in Brix's Heizversuchen der Brennstoffe des preuss. Staates.
62. Claraflötz	76,63	4,98	—	13,92	—	4,47	80,22	5,21	—	14,57	42,26	22,69	
Hoymgrube:													
63. Hoymflötz	72,96	4,38	—	12,12	—	10,54	81,56	4,90	—	13,54	39,34	20,73	
Leogrube:													
64. Leoflötz	78,22	4,89	—	12,95	--	3,94	81,43	5,09	—	13,48	41,83	20,69	
Königin Louisengrube:													
65. Pochhammerflötz . .	77,25	4.98	—	13,86	—	3,91	80,39	5,18	—	14,43	42,05	22,39	
66. Heinitzflötz	73,91	4,85	2,49	15,10	—	3,65	76,71	5,03	2,58	15,68	35,85	29,72	
67. Redenflötz	82,72	5,05	—	10,69	—	1,56	84,03	5,13	—	10,84	47,08	16,12	
Leopoldgrube:													
68. Leopoldflötz	76,21	5,03	—	13,50	—	5,26	80,44	5,31	—	14,25	43,87	22,14	
										Im Mittel	42,45	24,9 = Q[1].	Taf. II.

Tabelle VI.

Namen der Steinkohlenflötze.	In 100 Gewichtstheilen getrockneter Substanz				In 100 Theilen nach Abzug der Asche			Verhältniss des disponiblen	des nicht disponiblen	Analytiker.
	Kohlenstoff	Wasserstoff	Sauerstoff und Stickstoff	Asche	Kohlenstoff	Wasserstoff	Sauerstoff und Stickstoff	Wasserstoffs zum Kohlenstoff = 1000		
Kohlen vom Bergamtsbezirk Wettin.										
Löbejüner Grube										
1. Oberflötz, 1. Sorte . . .	81,88	3,68	3,65	10,79	91,78	4,13	4,09	39,53	5,49	Heintz.
Martinschacht in Löbejün:										
2. 1. Sorte	79,305	3,578	8,737	11,380	89,405	4,035	6,560	35,97	9,17	Fleck.
3. 2. „	81,222	3,521	21,27	10,130	93,719	3,919	4,362	36,10	5,84	„
Wettiner Grube										
4. Oberflötz, Neutzerzug . .	77,53	5,13	5,30	12,01	88,14	5,83	6,03	57,80	8,54	Heintz.
Oberflötz von Wettin:										
5. 1. Sorte	83,225	4,483	6,659	5,633	88,194	4,751	7,005	44,05	9,90	Fleck.
6. 2. „	81,360	4,341	7,157	7,142	87,615	4,675	7,710	42,37	11,01	„
7. 3. „	85,117	4,507	5,188	5,188	89,278	4,783	5,969	45,05	4,55	„
8. Dreibankflötz in Wettin. .	78,602	3,881	8,317	9,170	86,538	4,273	9,189	36,10	13,28	„
							Im Mittel	42,12	8,46 = K.	Taf. II.

Tabelle VII.

Westphälische Kohlen.										
Bergamtsrevier Essen.										
1. Zeche Sälzer & Neuack: Flötz Nötgersbank . . .	85,62	4,65	7,64	2,09	87,45	4,75	7,80	45,87	11,20	Heintz.
2. Zeche Victoria, Matthies: Flötz Anna	86,43	5,32	5,67	2,58	88,72	5,46	5,82	53,48	8,23	„
3. Zeche Kunstwerk: Flötz Sonnenschein . . .	89,58	4,30	4,04	2,08	91,48	4,39	4,13	46,73	5,60	„
4. Zeche Hundsrücken: Flötz Hitzberg	88,23	3,86	3,69	4,22	92,12	4,03	3,85	38,61	5,21	„
5. Zeche Ver. Portingssiepen bei Werden: Flötz Hagenscheidt, Stollnsohle . . .	90,856	4,078	4,003	1,063	92,375	4,121	3,504	40,00	4,74	Fleck.

Namen der Steinkohlenflötze.	In 100 Gewichtstheilen getrockneter Substanz				In 100 Theilen nach Abzug der Asche			Verhältniss des disponiblen Wasserstoffs zum Kohlenstoff = 1000	Verhältniss des nicht disponiblen Wasserstoffs zum Kohlenstoff = 1000	Analytiker.
	Kohlenstoff	Wasserstoff	Sauerstoff und Stickstoff	Asche	Kohlenstoff	Wasserstoff	Sauerstoff und Stickstoff			
Bergamtsrevier Bochum.										
6. Zeche Engelsburg: Flötz Stennsmannsbank	85,90	4,56	4,77	1,56	88,75	4,71	4,93	46,30	7,87	Heintz.
7. Zeche Friedrich Wilhelm: Flötz Siebenhandbank	82,22	5,00	7,71	5,07	81,61	5,27	8,12	49,26	11,67	„
8. Zeche Präsident: Flötz Präsident	79,72	4,62	12,40	3,26	82,41	4,78	11,94	40,00	18,08	„
9. Zeche Franzisca-Tiefbau: Hangendes Flötz	77,10	4,55	11,79	6,56	82,51	4,87	12,62	40,00	19,16	„
10. Zeche Louise-Tiefbau: Flötz Nr. 8	78,05	5,05	12,92	3,98	81,29	5,26	13,45	44,05	20,70	„
11. Zeche Dorstfeld: Flötz Nr. 7	80,989	4,491	9,657	4,863	85,128	4,718	10,154	40,65	15,15	Fleck.
12. Flötz Friedrich (oberes Fl.)	80,235	5,147	11,917	2,701	82,464	5,290	12,246	45,66	18,80	„
13. Zeche Ver. Hamburg: Flötz Nr. 1	83,790	4,444	6,235	5,531	88,690	4,701	6,610	43,67	9,31	„
14. Esskohle im Flötze Caspar Friedrich an der Schanze bei Kirchhörde	85,193	4,298	6,867	3,642	88,588	4,459	6,953	40,49	9,80	„
15. Esskohle von Zeche Margarethe bei Aplerbeck: Hauptflötz	84,720	4,530	6,382	4,368	88,600	4,737	6,663	44,25	9,39	„
16. Zeche Ver. Westphalia: Fettkohle vom Flötz K	87,437	4,861	6,452	1,250	88,544	4,991	6,465	46,30	9,12	„
17. Zeche Krone	80,56	4,00	6,740	8,70	88,230	4,380	7,390	39,22	10,48	Sauerwein.
18. „ Zollverein	79,78	4,92	9,80	5,50	84,42	5,00	10,58	43,67	15,65	„
19. „ Johannes Erbstolln	80,53	4,17	5,10	10,20	89,67	4,64	5,69	43,86	4,42	„
20. „ Pluto	78,40	5,30	4,80	11,50	88,58	5,98	5,44	59,88	7,67	„
Bergamtsrevier Ibbenbüren.										
21. Zeche Schafberg: Flötz Alexander	82,02	4,16	4,53	9,29	90,42	4,59	4,99	44,05	6,86	Heintz.
22. Zeche Glücksburg: Flötz Flottwell	77,25	4,02	8,14	10,59	86,40	4,50	9,10	38,91	13,16	„
23. Flötz Franz	72,66	4,05	9,24	14,05	84,54	4,71	10,75	39,84	15,87	„
24. Zeche Laura bei Minden	74,81	4,35	8,76	12,08	85,09	4,95	9,96	43,67	14,60	„
							Im Mittel	44,60	11,11	= L. Taf. II.

Tabelle VIII.

Namen der Steinkohlenflötze.	Kohlenstoff	Wasserstoff	Sauerstoff und Stickstoff	Asche	Kohlenstoff	Wasserstoff	Sauerstoff und Stickstoff	des disponiblen	des nicht disponiblen	Analytiker.
Inde- und Worm-Revier.										
Centrum-Grube:										
1. Flötz Gyr	90,62	4,50	1,31	3,57	93,98	4,66	1,36	47,85	1,81	Heintz.
2. „ „	88,929	4,226	3,778	3,067	91,743	4,360	3,897	42,37	3,47	Fleck.
3. „ Fornegel	84,06	4,27	2,22	9,45	92,83	4,72	2,45	47,62	3,28	Heintz.
4. „ Hartekohl	89,929	3,256	4,229	2,586	92,317	3,343	4,340	30,40	5,88	Fleck.
5. „ Schlemmeriche	86,504	3,817	4,834	4,845	90,909	4,012	5,079	37,17	6,99	„
6. „ Grosskohl	83,69	4,07	7,00	3,99	87,17	4,24	7,29	38,31	10,45	Heintz.
7. „ Kirschbaum	84,238	3,488	7,838	4,436	88,149	3,651	8,200	29,79	11,63	Fleck.
8. „ Hupp	86,447	3,771	8,406	1,376	87,653	3,824	8,523	31,55	12,15	„
James-Grube:										
9. Flötz Grosskohl	89,48	4,29	3,98	2,25	91,54	4,39	4,07	42,55	5,22	Heintz.
10. „ Grossathwerk	89,32	3,80	2,71	4,17	93,21	3,97	2,82	38,91	3,78	„
Grube Kircheich:										
11. Flötz Grossathwerk	87,493	3,500	6,984	2,023	89,300	3,572	7,128	30,03	10,00	Fleck.
Neulangenberg-Grube:										
12. Flötz Furth	88,59	4,10	4,39	2,92	91,26	4,22	4,52	40,16	5,81	Heintz.
Athgrube:										
13. Flötz Grosslangenberg	90,41	4,03	4,11	1,45	91,74	4,09	4,17	38,91	5,68	„

Namen der Steinkohlenflötze.	In 100 Gewichtstheilen getrockneter Substanz				In 100 Theilen nach Abzug der Asche			Verhältniss des disponiblen / des nicht disponiblen Wasserstoffs zum Kohlenstoff = 1000		Analytiker.
	Kohlenstoff	Wasserstoff	Sauerstoff und Stickstoff	Asche	Kohlenstoff	Wasserstoff	Sauerstoff und Stickstoff	des disponiblen	des nicht disponiblen	
Grube Langenberg:										
14. Flötz Hochlangenberg . .	88,882	3,915	5,999	1,204	89,966	3,963	6,071	35,71	8,44	Fleck.
Grube Anna:										
15. Flötz Nr. 7	84,623	3,073	9,468	2,836	81,093	3,163	9,744	22,37	16,26	„
16. „ Nr. 10	86,956	3,659	7,574	1,811	88,561	3,690	7,749	30,77	10,94	„
17. „ Nr. 12	86,324	3,954	8,655	1,067	87,148	3,996	8,856	32,68	12,71	„
							Im Mittel	36,30	7,91 =	M Taf. II.

Tabelle IX.

Namen der Steinkohlenflötze.	Kohlenstoff	Wasserstoff	Sauerstoff und Stickstoff	Asche	Kohlenstoff	Wasserstoff	Sauerstoff und Stickstoff	des disponiblen	des nicht disponiblen	Analytiker.
Hannover'sche und Schaumburger Steinkohlen.										
1. Von Hohewarte am Deister .	69,80	4,88	9,12	16,20	83,28	5,82	10,90	53,76	16,34	Sauerwein.
2. „ Barsinghausen . . .	66,43	4,63	10,34	18,60	81,61	5,68	12,71	50,25	19,49	„
3. „ Kniggenbrinck . . .	72,70	5,05	6,85	15,40	85,93	5,96	8,11	57,80	11,76	„
4. „ Kloster Barsinghausen .	70,00	4,76	9,94	15,30	82,64	5,62	11,74	50,25	17,79	„
5. „ Hohenbostel	72,12	5,01	7,97	14,90	84,74	5,88	9,38	55,55	13,81	„
6. „ Bröner Zechen . . .	69,70	4,30	12,50	13,50	80,05	4,97	14,98	38,76	23,37	„
7. „ Osterwalder Zeche . .	68,08	4,72	9,20	18,00	83,02	5,75	11,23	52,63	16,86	„
8. „ Stadthagen 4 a . . .	84,02	4,92	4,76	6,30	89,67	5,27	5,06	51,81	7,01	„
9. „ Stadthagen 5. a . . .	81,70	4,88	5,92	7,50	88,32	5,27	6,41	50,76	9,00	„
10. „ Hohewarte	69,30	4,74	10,66	15,30	81,81	5,59	12,60	49,26	19,34	„
11. „ Hohenbostel	68,37	4,33	7,10	20,20	85,67	5,42	8,91	50,51	12,95	„
12. „ Barsinghausen: Königl. Zeche . . .	69,30	4,74	8,52	15,46	81,97	5,60	12,43	49,51	18,90	„
13. „ Stadthagen 5. a . . .	79,33	4,71	7,06	8,90	87,08	5,17	7,75	48,31	11,03	„
Bückeburger Kohlen.										
14. Tiefbrunnen, Backkohle .	93,470	4,542	1,045	0,943	94,368	4,585	1,047	47,17	8,33	Fleck.
Schierborner Revier.										
15. Flammkohle	86,050	4,314	7,695	1,941	87,759	4,400	7,841	39,06	11,17	„
							Im Mittel	49,69	15,14 =	N. Taf. II.
Anthracite vom Piesberge bei Osnabrück.										
16. Weiche Stückkohle, Hasestolln	90,396	1,903	1,726	6,042	96,140	2,020	1,840	19,66	2,39	Hilkenkamp und Kempner.
17. Harte „ „	87,964	1,967	0,611	9,314	97,150	2,170	0,650	21,51	0,87	
18. Weiche „ Lechtingen	91,141	2,076	0,000	6,807	97,770	2,230	0,000	22,81	0,000	
19. Harte „ „	90,053	1,830	0,540	7,858	97,440	1,980	0,580	19,70	0,72	
							Im Mittel	21,42	0,99 =	N'. Taf. II.

Tabelle X.

Namen der Steinkohlenflötze.	Kohlenstoff	Wasserstoff	Sauerstoff und Stickstoff	Asche	Kohlenstoff	Wasserstoff	Sauerstoff und Stickstoff	des disponiblen	des nicht disponiblen	Analytiker.
Saarbrücker Kohlenrevier.										
Gerhardgrube.										
1. Beustflötz	72,38	4,46	15,05	8,11	78,77	4,85	16,38	35,59	26,04	Heintz.
2. Heinrichflötz	70,20	4,70	13,27	11,83	79,62	5,33	15,05	43,48	23,64	„
Heinitzgrube.										
3. Blücherflötz	80,53	5,06	11,91	2,50	82,60	5,19	12,21	44,44	18,48	„
4. „	72,88	4,31	14,10	8,48	79,58	4,72	15,70	34,72	24,69	Waghäusel.[1]
5. Asterflötz	78,97	5,10	13,22	2,71	81,17	5,24	13,59	43,67	20,96	Heintz.
6. „	79,80	4,83	9,48	5,79	84,70	5,12	10,18	45,45	15,04	Waghäusel.
7. Gneisenauflötz	80,40	4,67	11,66	3,27	83,12	4,92	11,96	29,15	17,99	„
8. Nostizflötz	73,00	3,80	15,61	7,59	78,99	4,11	16,90	33,90	26,46	„
9. Augustflötz	75,47	4,72	17,21	6,60	80,80	5,05	14,15	40,65	21,93	„

[1]) Untersuchungen von dem Chemiker der Zuckerfabrik in Waghäusel; durch Hrn. v. Rönne diesem Werke übergeben.

Namen der Steinkohlenflötze.	In 100 Gewichtstheilen getrockneter Substanz				In 100 Theilen nach Abzug der Asche			Verhältniss des disponiblen Wasserstoffs zum Kohlenstoff = 1000	Verhältniss des nicht disponiblen Wasserstoffs zum Kohlenstoff = 1000	Analytiker.
	Kohlenstoff	Wasserstoff	Sauerstoff und Stickstoff	Asche	Kohlenstoff	Wasserstoff	Sauerstoff und Stickstoff			
Dudweiler Grube.										
10. Natzmerflötz	83,63	5,19	9,66	1,52	84,92	5,27	9,20	48,54	13,55	Heintz.
11. Beierflötz	87,29	5,30	8,54	4,87	85,45	5,57	8,98	52,08	13,11	„
v. d. Heydt-Grube.										
12. Heinrichflötz	66,66	3,60	18,54	11,20	75,06	4,05	20,99	19,05	34,97	Waghäusel.
13. Beustflötz	74,00	4,40	10,40	11,20	83,33	4,95	11,72	47,62	17,54	„
14. Carlflötz	70,30	3,52	18,14	8,04	76,44	3,82	19,74	17,67	32,36	„
15. 54. Flötz im Ostfelde . .	65,37	3,44	19,30	11,69	74,23	4,12	21,65	19,01	36,50	„
Reden-Grube.										
16. 1. Flötz, 30″ mächtig . .	66,66	3,03	16,02	14,29	77,77	3,54	18,69	15,43	30,12	„
17. 2. „ 86″ „ . .	65,07	3,49	13,10	18,34	79,68	4,27	16,05	28,41	25,13	„
18. Jacobflötz	74,75	4,04	15,66	5,55	79,14	4,26	16,60	27,55	26,32	„
19. 4. Flötz, 65″ mächtig . .	73,07	4,24	16,03	6,66	78,29	4,54	17,17	26,60	27,40	„
Landsweiler Flötz.										
20. Nebenbank Nr. 2	74,55	3,86	10,86	10,73	75,09	3,89	21,02	16,78	35,09	„
Heiligenwalder Flötz.										
21. Hauptbank	70,00	3,69	15,24	11,07	78,71	4,15	17,14	25,58	27,25	„
22. Nebenbank	66,99	3,57	15,51	13,83	76,85	4,09	19,06	22,27	32,68	„
23. Halbe Saarsohle	74,757	4,286	18,419	2,538	76,704	4,398	18,898	30,58	30,86	Fleck.
24. 84zölliges Flötz	75,883	4,663	16,864	2,590	77,901	4,787	17,302	33,70	27,78	„
25. Landsweiler Nebenb. Nr. 3	70,81	4,15	15,22	9,82	78,52	4,61	16,87	28,65	30,12	Waghäusel.
26. Landsweiler Flötz . . .	75,879	4,166	19,149	0,806	76,496	4,200	19,304	23,37	31,55	Fleck.
27. 9. Flötz, 54″ mächtig . .	68,56	3,48	16,61	11,35	77,34	3,92	18,74	20,41	30,30	Waghäusel.
28. 10. „ Kallenberg . . .	71,52	4,06	14,79	9,63	79,14	4,49	16,37	30,96	25,77	„
29. Fl. Kallenberg, 1/2 Saarstolln	78,182	5,185	15,745	0,888	78,883	5,231	15,886	41,15	25,19	Fleck.
30. Leopoldflötz	66,18	3,38	16,92	13,52	76,53	3,91	19,36	19,49	31,65	„
31. Landsweiler Nebenb. Nr. 1	66,36	4,09	15,92	13,63	76,83	4,73	18,44	31,65	29,94	„
32. Alexanderflötz	69,46	4,19	17,35	9,00	76,33	4,61	19,06	29,24	23,81	„
33. Grubenwalder Flötze . . .	65,53	3,76	19,42	1,29	73,87	4,24	21,89	20,45	37,04	„
34. 15. Flötz, 45″ mächtig . .	72,02	3,56	11,92	12,50	82,31	4,07	13,62	28,82	20,66	„
35. 1/2 Saarsohle	77,454	5,053	15,493	2,000	79,035	5,170	15,795	40,49	25,00	„
36. Landsweiler Hauptbank . .	71,07	4,13	20,84	4,96	74,77	4,34	10,99	23,04	35,09	Waghäusel.
37. 17. Flötz Jacob	63,51	4,50	18,23	13,06	73,05	5,18	21,77	23,67	37,31	„
38. 18. „ Sophie	66,43	3,63	17,88	13,06	76,49	4,18	19,33	22,99	31,65	„
39. 19. „ 36″ mächtig . .	72,11	4,24	15,88	7,67	78,10	4,59	17,31	31,15	27,70	„
Grube Geislautern.										
40. Flötz Alvensleben	68,62	3,76	17,57	10,05	76,28	4,18	19,54	22,83	32,05	„
41. „ Emil	73,77	4,35	17,83	4,05	76,98	4,53	18,49	28,90	30,03	„
42. Grube Kronprinz Friedrich Wilhelm bei Schwalbach .	62,90	3,84	17.40	15,86	74,70	4,57	20,73	26,53	34,72	„
43. Grube Kronprinz b. Delsburg	74,32	4,05	12,19	9,46	82,08	4,48	15,44	31,06	23,53	„
44. Grube Itzenplitz, Flötz Ernst, Tagesstreckensohle . . .	76,096	4,623	16,834	2,447	78,005	4,739	17,256	31,85	27,70	Fleck.
45. Flötz Sophie	72,394	4,381	19,973	3,252	74,828	4,528	20,644	26,04	34,36	„
46. Tagesstreckensohle . . .	78,553	4,472	15,426	1,549	79,788	4,542	15,670	32,05	24,57	„
47. Flötz Jacob	78,250	3,891	16,594	1,265	79,250	3,941	16,809	23,26	26,53	„
48. „ Friedrich	75,243	3,769	19,798	1,190	76,150	3,815	20,035	17,24	32,89	„
49. „ Wilhelm	78,558	4,096	13,306	4,040	81,866	4,269	13,865	31,06	21,19	„
							Im Mittel	30,17	27,88	= O. Taf. II.

Tabelle XI.

Namen	Kohlenstoff	Wasserstoff	Sauerstoff und Stickstoff	Asche	Kohlenstoff	Wasserstoff	Sauerstoff und Stickstoff	des disponiblen	des nicht disponiblen	Analytiker.
Molassenkohle von Oberbayern.										
1. Kohle v. Miesbach, Pechkohle	74,720	4,666	17,874	2,740	76,824	4,694	18,482	31,06	30,12	Fleck.
2. Kohle von Au, Pechkohle .	59,846	4,517	25.747	9,890	66,518	5,013	28.469	21,88	53,48	„
Kohle von Schliersee.										
3. Grosskohlflötz	64,381	5,035	21,221	9,363	70,999	5,555	23,446	37,04	41,32	„
4. Kleinkohlflötz	64,993	5,085	21,962	7,960	70,614	5,525	23,861	36,10	42,37	„
							Im Mittel	36,57	41,24	= D. Taf. II.

Namen der Steinkohlenflötze.	In 100 Gewichtstheilen getrockneter Substanz: Kohlenstoff	Wasserstoff	Sauerstoff und Stickstoff	Asche	In 100 Theilen nach Abzug der Asche: Kohlenstoff	Wasserstoff	Sauerstoff und Stickstoff	Verhältniss des disponiblen Wasserstoffs zum Kohlenstoff = 1000	Verhältniss des nicht disponiblen Wasserstoffs zum Kohlenstoff = 1000	Analytiker.
Kohlen von Stockheim.										
5. Grube Catharina, Schmiedek.	71,318	4,319	9,993	14,370	83,290	5,044	11,666	42,55	17,51	Fleck.
6. Maxschacht	83,153	4,761	7,188	4,898	87,456	5,006	7,538	46,51	10,78	„
							Im Mittel	44,53	14,14 = E.	Taf. II.
Badener Steinkohlen.										
Berghaupten:										
7. Geringe Qualität	10,015	1,161	4,079	84,745	68,181	7,906	23,913	68,03	43,86	Fleck.
8. Beste „	80,922	3,648	7,371	8,059	88,016	3,968	8,016	33,78	11,39	„
Baden-Baden:										
9. Magere Kohle	86,005	3,973	6,895	3,073	88,757	4,100	7,115	36.17	10,01	Dr. Ressler.
10. Anthracitische Kohle . . . (durch d. Nachbarschaft v. Porphyrdurchbrüchen gebildet.)	68,026	3,299	9,625	19,050	83,944	4,060	11,877	30,69	17,67	„

Tabelle XII.

Namen der Steinkohlenflötze.	Kohlenstoff	Wasserstoff	Sauerstoff und Stickstoff	Asche	Kohlenstoff	Wasserstoff	Sauerstoff und Stickstoff	des disponiblen	des nicht disponiblen	Analytiker.
Böhmische Steinkohlen.										
Muldenzeche in Littitz bei Pilsen.										
1. Hangendes Flötz	78,878	4,708	9,723	6,691	84,534	5,046	10,420	44,44	15,41	Fleck.
2. Unterflötz	77,447	5,033	10,552	6,968	83,248	5,409	11,343	48,07	17,04	„
3. Schwarzkohle von Grube Blattnitz	75,690	4,893	16,334	3,083	78,090	5,050	16,860	37,74	30,96	„
4. Pankrazzeche in Nürchan bei Pilsen, Blattelkohle . . .	75,210	5,956	16,257	2,577	77,354	6,114	16,532	52,36	26.74	„
5. Thinnfeldschacht b. Kladno. 6° m. Flötz, hangende Bank	75,422	4.520	15,634	4,424	78,914	4,732	16,354	41,15	25,91	„
Mittelbank . .	77,054	4,623	14,888	3,435	79,770	4,787	15,443	35,84	24,21	„
6. Michaelsschacht b. Brandeisl. Gute Qualität	80,877	5,057	11,998	2,068	82,586	5,164	12,250	44,05	18,55	„
7. St. Adalbertzeche in Rakonitz. I. Flötzabtheilung	78,696	4,096	15,188	2,020	80,318	4,181	15,501	27,93	24,16	„
8. Barbarazeche bei Lubna bei Rakonitz, Mittelbank . .	67,389	4,457	21,178	6,976	72,443	4,791	22,766	26,88	39,37	„
9. Zwischenmittel der Mittelbank und Sohlenkohle . .	65,045	3,704	13,939	17,312	78,661	4,479	16,861	30,21	31,95	„
10. Hauptm. Beyer's Kohlenwerk bei Lottausch, westl. v. Schlan	68,565	4,186	21,271	5.978	72,519	4,452	23,029	21,74	39,68	„
11. Schupnierberg, 4. Flötz . .	63,014	3,337	16,159	17,490	77,293	4,045	18,662	22,17	30.21	„
							Im Mittel	36,05	27,01 = T.	Taf. II.

Tabelle XIII.

Namen der Steinkohlenflötze.	Kohlenstoff	Wasserstoff	Sauerstoff und Stickstoff	Asche	Kohlenstoff	Wasserstoff	Sauerstoff und Stickstoff	des disponiblen	des nicht disponiblen	Analytiker.
Kohlen von Mährisch-Rossitz.										
Gegentrum-Grube.										
1. Mittelbank des Hauptflötzes	81,689	4,717	8,406	5,188	86,160	4,975	8,865	44,84	12,87	Fleck.
2. Sohlenkohle „ „	75,072	4,016	8,864	12,048	85,305	4,566	10,129	38,76	14,86	„
Segen-Gottes-Grube.										
3. Mittelbank des Hauptflötzes	86,564	4,373	6,252	2,811	89,068	4,499	6,433	41,49	8,19	„
							Im Mittel	41,69	11,97 = R.	Taf. II.
Kohlen von Mährisch-Ostrau.										
Steinkohlenzeche bei Jaklowitz.										
1. Adolfflötz	73,051	4,409	13,016	9,524	80,741	4,873	14,386	38,17	22,27	Fleck.
2. 5. Flötz	80,369	4,548	7,896	7,187	86,583	4,900	8,517	44,05	14,03	„
3. 9. „	78,328	4,494	8,190	8,988	85,858	4,938	9.204	38,17	13,40	„
4. 10. „	75,931	4,373	10,075	9,621	84,018	4,838	11,144	29,15	16,58	„
5. 11. „	79,822	5,058	8,716	6,404	85,375	5,410	9,215	50,00	13,50	„

Namen der Steinkohlenflötze.	In 100 Gewichtstheilen getrockneter Substanz				In 100 Theilen nach Abzug der Asche			Verhältniss des disponiblen Wasserstoffs zum Kohlenstoff = 1000	Verhältniss des nicht disponiblen Wasserstoffs zum Kohlenstoff = 1000	Analytiker.
	Kohlenstoff	Wasserstoff	Sauerstoff und Stickstoff	Asche	Kohlenstoff	Wasserstoff	Sauerstoff und Stickstoff	des disponiblen	des nicht disponiblen	
Steinkohlenzeche Tiefbau.										
6. Neues Flötz, Oberbank . .	80,272	4,629	9,766	5,333	84,795	4,890	10,315	42,55	15,22	Fleck.
7. „ Mittelbank .	79,839	4,766	6,978	8,517	87,272	5,211	7,517	49,02	10,78	„
8. Eduardflötz	79,459	4,354	12,944	3,243	82,123	4,500	13,377	34,48	21,41	„
9. Moritzflötz, Oberbank . .	78,538	4,352	12,643	4,467	82,210	4,556	13,234	33,34	20,12	„
Steinkohlenzeche v. Carolinen-Schacht.										
10. 1. hangendes Flötz . . .	60,461	3,645	9,439	26,455	82,210	4,956	12,834	40,8	19,5	„
11. 2. „ „ . . .	76,496	3,556	11,412	8,536	83,636	3,888	12,476	27,8	18,6	„
12. 3. „ „ . . .	76,702	3,739	13,309	6,250	81,810	3,988	15,050	25,7	23,0	„
13. 4. „ „ . . .	69,491	4,044	13,665	12,800	78,296	4,640	17,064	32,0	27,2	„
Steinkohlenzeche zu Karwin.										
14. Hilfsschacht, 60. Flötz . .	79,144	4,139	15,227	1,950	80,325	4,202	15,473	28,17	24,10	„
15. „ 33. „ . .	80,454	4,398	11,512	3,636	83,490	5,083	11,427	43,86	17,12	„
							Im Mittel	37,26	18,39 =	S. Taf. II.

Tabelle XIV.

Englische Kohlen.	In 100 Gewichtstheilen getrockneter Substanz						In 100 Gewichtstheilen aschenfreier Substanz				Verhältniss des disponiblen Wasserstoffs zum Kohlenstoff = 1000	Verhältniss d. nicht disponiblen Wasserstoffs zum Kohlenstoff = 1000	Analytiker.
	Kohlenstoff	Wasserstoff	Sauerstoff	Stickstoff	Schwefel	Asche	Kohlenstoff	Wasserstoff	Sauerstoff	Stickstoff	des disponiblen	d. nicht disponiblen	
1. Seaton-Dampfkesselkohle v. Northumberland	78,65	4,65	14,21	—	0,55	2,49	80,54	4,76	14,70	—	36,17	22,84	Dick.[1]
2. Peareth-Gaskohle von Northumberland . .	82,42	4,82	11,97	—	0,86	0,79	83,73	4,90	11,37	—	41,55	16,96	„
3. Low-Main-Flötzkohle von Northumberland .	78,69	6,00	10,07	2,37	1,51	1,36	81,01	6,17	10,38	2,44	56,41	19,75	Taylor.
4. Shirecoakgrube v. Nottinghamshire. . . .	77,40	4,96	7,77	1,55	0,92	3,90	84,43	5,41	8,47	1,69	49,08	15,04	Tockey.
5. Ellvein-Kohle (Süd-Wales)	82,56	5,36	8,22	1,65	0,75	1,46	84,42	5,48	8,40	1,70	49,98	14,93	Noad.
6. Threequatrevein (Süd-Wales)	83,44	5,71	5,93	1,66	0,81	2,45	86,25	5,90	6,13	1,72	57,06	11,24	„
7. Bigvein . . . (Süd-Wales)	83,00	6,18	4,58	1,49	0,75	4,00	87,14	6,49	4,81	1,56	65,24	9,12	„
										Im Mittel	55,32	12,61 =	V⁰. Taf. II
8. Rooves vom Ten-Yard-Flötz b. West-Bromwich	76,12	4,83	16,10	—	1,00	2,33	78,46	4,96	16,58	—	36,84	26,34	Dick.
9. Top-Slipper ebendaher	77,01	4,71	16,35	—	0,74	1,56	78,53	4,80	16,66	—	34,63	26,49	Dick.
10. White-coal „	76,40	4,62	17,23	—	0,55	1,55	77,68	4,69	17,62	—	32,04	28,33	Dick.
11. Brasils „	72,13	4,32	16,88	—	0,54	6,44	77,32	4,67	17,99	—	31,30	29,10	Dick.
										Im Mittel	36,20	27,56 =	V¹. Taf. II.
12. Kohle v. Wolverhampton	78,57	5,29	12,88	1,84	0,39	1,03	79,38	5,34	13,02	—	46,75	20,52	Vaux.
13. „ „ St. Helens .	75,81	5,22	11,98	1,93	0,90	5,17	79,93	5,50	11,58	—	50,47	18,14	„
14. Kohle v. Dowlais (Süd-Wales)	89,33	4,43	3,25	1,24	0,55	1,20	90,93	4,51	3,30	1,26	43,33	6,27	Riley.
14. „ „ „	88,13	4,51	2,94	1,41	1,01	2,00	90,86	4,65	3,03	1,46	45,02	6,16	Riley.
14. „ „ „	87,62	4,34	2,52	1,13	1,07	3,32	91,64	4,54	2,64	1,18	44,30	5,24	Riley.
14. „ „ „	82,60	4,28	3,44	1,28	1,22	7,18	90,18	4,67	3,76	1,39	44,68	7,10	Riley.
										Im Mittel	44,33	6,19 =	V². Taf. II.
15. Kohle von Airshire in Schottland	76,08	5,31	13,33	2,09	1,23	1,96	78,59	5,49	13,77	2,15	44,53	25,32	Rowney.
16. Splint-K. d. Elgingruben in Schottland	80,63	6,16	10,61	1,33	0,84	1,43	82,50	5,28	10,86	1,36	45,58	18,42	Rowney.
16. „ d. Elgingruben in Schottland	80,93	5,21	10,91	1,57	0,63	6,75	82,06	5,29	11,06	1,59	45,21	19,25	Rowney.

[1]) Knapp: Metallurgie von Percy.

Englische Kohlen.	In 100 Gewichtstheilen getrockneter Substanz						In 100 Gewichtstheilen aschenfreier Substanz				Verhältniss des disponiblen Wasserstoffs zum Kohlenstoff = 1000	Verhältniss d. nicht disponiblen Wasserstoffs zum Kohlenstoff = 1000	Analytiker.
	Kohlenstoff	Wasserstoff	Sauerstoff	Stickstoff	Schwefel	Asche	Kohlenstoff	Wasserstoff	Sauerstoff	Stickstoff			
17. Stückkohle v. Westhartley, Newcastle on Tyne	84,53	5,70	5,05	1,29	0,08	3,35	87,54	5,90	5,23	1,33	58,02	9,36	Grundmann.
18. Beste Kohle ebendaher	84,31	5,09	7,24	1,49	0,13	1,73	85,92	5,18	7,38	1,51	47,39	12,94	Grundmann.
19. Cannelkohle v. Newcastle	86,17	5,81	3,71	1,14	0,07	3,11	88,99	6,00	3,83	1,18	60,36	7,03	Grundmann.
20. Gaskohle „ „	85,18	5,41	5,30	0,96	0,17	2,99	87,96	5,59	5,47	0,98	54,37	9,16	Grundmann.
21. Maschinenk. v. Grimsby	82,26	5,73	7,41	1,34	0,17	3,08	85,02	5,93	7,66	1,39	56,40	13,40	Grundmann.
22. Nusskohle v. Sunderland	74,94	5,12	5,15	1,33	0,77	12,66	86,59	5,98	5,95	1,54	58,27	10,77	Grundmann.
23. Schmiedekohle ebendah.	82,72	5,24	6,35	1,49	0,26	3,95	86,35	5,47	6,61	1,57	51,56	11,83	Grundmann.
24. Nusskohle v. Hartlepool	74,75	4,90	10,72	1,14	0,75	7,74	81,69	5,36	11,74	1,21	45,77	19,82	Grundmann.
Englische Presskohle.	80,39	4,45	3,43	0,87	0,28	10,58	90,26	4,99	3,47	0,98	48,69	6,57	Grundmann.
										Im Mittel	53,87	12,32	= V^3. Taf. II
25. Bogheadkohle . . .	61,04	9,22	4,40	0,77	0,32	24,23	80,90	12,48	5,60	1,02	144,03	10,23	= V^4. Matter.
26. Wigan-Cannelkohle .	84,07	5,71	7,82	—	—	2,40	85,81	5,85	8,34	—	52,91	15,26	Regnault.
27. „ „ v. dems. O.	80,07	5,53	8,10	2,12	1,50	2,70	82,29	5,68	8,31	3,72	50,80	18,23	Vaux.
28. Tyneside-Cannelkohle	78,06	5,80	5,80	1,85	2,22	8,94	87,86	6,53	6,37	2,24	62,03	12,29	Taylor.
										Im Mittel	55,25	15,26	= V^5. Taf. II.
29. **Anthracit** v. Südwales	92,56	3,33	2,53	—	—	1,58	94,05	3,38	2,57	—	32,54	3,40	Regnault.
30. „ ebendaher .	90,39	3,28	2,97	0,83	—	1,61	91,87	3,34	3,02	—	32,22	4,13	Vaux.
										Im Mittel	32,38	3,71	= V^6. Taf. II.
31. „ v. Pensylvanien	90,45	2,43	2,45	—	—	4,67	94,89	2,55	2,56	—	23,50	3,37	Regnault.
32. { „ „ „	92,59	2,63	1,61	0,92	—	2,25	94,72	2,69	2,58	—	25,02	3,38	Percy.
„ „ „	84,98	2,45	1,15	1,22	—	10,20	94,64	2,73	2,46	—	25,27	3,27	„
										Im Mittel	24,59	3,32	= V^7. Taf. II

Tabelle XV.

Französische Steinkohlen.	In 100 Gewichtstheilen getrockneter Substanz				In 100 Gewichtstheilen nach Abzug der Asche			Verhältniss des disponiblen Wasserstoffs zum Kohlenstoff = 1000	Verhältniss des nicht disponiblen Wasserstoffs zum Kohlenstoff = 1000	Analytiker.
	Kohlenstoff	Wasserstoff	Sauerstoff und Stickstoff	Asche	Kohlenstoff	Wasserstoff	Sauerstoff und Stickstoff			
33. Kohlen von Epinac . . .	81,12	5,10	11,25	2,53	83,22	5,23	11,55	45,55	17,30	Regnault.
34. „ v. Alais, Dep. du Gard	89,27	4,85	4,47	1,41	90,55	4,92	4,53	48,04	6,29	„
35. „ „ Rive de Gier . .	87,45	5,14	3,93	1,78	89,04	5,23	5,73	50,65	8,09	„
36. „ ebendaher	82,04	5,27	9,12	3,57	85,08	5,46	9,46	50,30	13,87	„
37. „ v. Céral, Dep. del'Aveyron	75,38	4,74	9,02	10,86	84,56	5,32	10,12	48,01	14,90	„
38. „ von St. Girone . .	72,94	5,45	17,53	4,08	76,05	5,69	18,26	44,84	29,98	„
39. „ „ Mons	85,10	5,49	7,25	2,16	86,98	5,61	7,41	53,93	10,57	Marsilly.
40. „ ebendaher	80,55	5,53	9,52	4,40	84,26	5,78	9,96	53,89	14,71	„
41. „ ebendaher	86,38	4,48	6,09	3,05	89,10	4,62	6,28	43,10	8,75	„
42. „ von Charleroy . . .	86,47	4,68	5,30	3,55	89,65	4,85	5,50	46,29	7,81	„
43. „ „ Valenciennes . .	84,84	5,53	6,83	2,80	87,28	5,69	7,03	55,11	10,08	„
44. „ „ Pas de Calais .	86,78	4,98	5,84	2,40	88,91	5,10	5,99	48,93	8,43	„
45. „ „ Blanzy	76,48	5,23	16,01	2,28	78,26	5,35	16,39	42,17	26,19	Regnault.
46. „ „ Commentry . .	82,72	5,29	11,75	0,24	82,92	5,30	11,78	46,19	17,73	„
47. „ „ Norcy (Vogesen)	64,28	4,35	13,17	19,20	78,32	5,38	16,30	42,65	26,04	„
48. „ „ Mons	82,91	5,22	10,13	1,74	84,38	5,31	10,31	47,64	15,29	Marsilly.
49. „ ebendaher	82,95	5,42	11,93	0,70	83,53	5,46	11,01	48,84	16,52	„
50. „ von Valenciennes . .	90,54	3,66	2,70	3,10	93,44	3,78	2,78	36,71	3,74	„
51. „ „ Pas de Calais .	82,68	4,18	4,54	8,60	90,46	4,57	4,97	43,51	7,01	„
52. „ „ Charleroy . . .	90,89	3,65	3,98	1,48	92,26	3,70	4,05	34,58	5,53	„
53. „ ebendaher	88,69	4,25	5,26	1,80	90,32	4,32	5,36	40,41	7,42	„
							Im Mittel	46,44	13,15	= W. Taf. II.

CAPITEL X.

Die Leistung der Steinkohlen als Brennstoff.

1. Untersuchungsmethoden.

Für die Beurtheilung des Werthes der Steinkohlen ist die Leistung derselben als Brennstoff der allerwichtigste Factor; denn mit Ausnahme der Benutzung als Leuchtmaterial und als Reductionsmittel basiren alle Verwendungen der Kohlen auf der beim Verbrennen entwickelbaren Wärmemenge und der mittels derselben zu erreichenden Leistung. Diese Leistung besteht unmittelbar entweder in der Erhöhung der Temperatur eines Körpers (Erwärmung der Luft, des Wassers etc.) oder in der Umwandlung des festen Aggregatzustandes in den flüssigen (Schmelzen der Metalle u. dgl.) oder des flüssigen in den gasförmigen (Verdampfung des Wassers) und im letzteren Falle ist es meist auf die endliche Umsetzung der erzeugten Wärme in mechanische Arbeit abgesehen (Dampfmaschinen). Demgemäss erfolgt auch die Beurtheilung der von einer Kohle als Brennstoff zu erwartenden Leistung entweder nach der Temperaturerhöhung, welche durch Verbrennen einer Gewichtseinheit Kohle ein bestimmtes Wasserquantum erfährt (Heizkraftbestimmungen mittels des Warmwasser-Calorimeters von Rumford, Despretz, Dulong, Grassi, Favre und Silbermann, Andrews, Bargum u. a.) oder nach der Temperaturerhöhung eines abgegrenzten Luftquantums (Heizversuche mit Zimmeröfen) oder nach dem Gewicht von Eis, welches zum Schmelzen gebracht werden kann (Beobachtungen mit dem Eis-Calorimeter von Lavoisier, Dalton, Hassenfratz) oder nach der Wassermenge, welche durch Verbrennung einer Gewichtseinheit Kohle in Dampf zu verwandeln ist (Verdampfungsversuche im grossen Maassstabe von Fyfe, Parkes, Wicksteed, Johnson, de la Beche und Playfair, Brix, Hartig, Sauerwein, Jansen), oder endlich nach der Arbeitsleistung, die durch Dampfbildung und Verwendung des Dampfes zum Betriebe einer Dampfmaschine mit einer Gewichtseinheit Kohle gewonnen werden kann (Angaben der Bergwerksingenieure in Cornwall über die mit einem bestimmten Kohlenquantum einen Fuss hoch gehobene Wassermenge). Die experimentelle Feststellung der Leistung der verschiedenen Brennstoffe nach den verschiedenen aufgezählten Richtungen ist eine um so schwieriger zu lösende Aufgabe, je zahlreicher die auf das Ergebniss mit einwirkenden Nebenumstände sind; während schon bei dem Process der Dampfbildung aus Wasser mittels einer Kesselanlage die Art der Behandlung des Feuers, das Verhältniss des Zuges zu dem pro Zeiteinheit und Rostflächeneinheit verbrannten Kohlenquantum, der Heizfläche zu diesem, die Beschaffenheit der Kesselwandungen einen kaum zu beherrschenden Einfluss auf die durch ein Experiment sich ergebende Leistungsfähigkeit eines Brennstoffs ausüben, treten bei der Angabe der letzteren in Einheiten mechanischer Arbeit noch die mannigfach verschiedenen Einrichtungen der motorischen Maschine erschwerend, weil die Frage verwickelter machend, in den Weg. Je mehr das Versuchsverfahren den speciellen Verwendungsarten der Brennstoffe angepasst wird, desto unsicherer werden die Vergleichszahlen durch die Complication der mitwirkenden Umstände. Anderseits unterliegen diejenigen Untersuchungsmethoden, welche den Charakter eines im Kleinen ausgeführten wissenschaftlichen Experimentes tragen, der anderen oft noch viel bedenklicheren Unsicherheit, dass sie nur mit sehr kleinen Brennstoffquantitäten ausgeführt werden können, welche nicht leicht die durchschnittliche Beschaffenheit der geprüften Materialien darstellen. Es lassen aus diesen Gründen die bisher ausgeführten Brennstoffuntersuchungen sämmtlich in Hinsicht auf ihre Sicherheit und Genauigkeit noch viel zu wünschen übrig und kann eine bestimmte Entscheidung darüber, welches Verfahren das vorzüglichste ist, zur Zeit noch kaum gefällt werden. Wir geben im Folgenden eine kurze Darstellung der in irgend einer Richtung von Wichtigkeit gewordenen Methoden und lassen darauf eine ausführlichere Darstellung der auf die Kohlen Deutschlands bezüglichen Untersuchungen nebst ihren thunlichst auf eine gleiche Einheit reducirten Ergebnissen folgen.

Für die wissenschaftliche Feststellung der gesammten durch Verbrennen eines Körpers zu entwickelnden Wärmemenge (absoluter Wärmeeffect nach Scheerer,[1]) calorimetrischer Effect nach Weiss[2]) ist der zuerst von Rumford ausgeführte Warmwasser-Calorimeter der am häufigsten angewendete Apparat. Derselbe besteht aus einem zur Verbrennung der zu prüfenden Materialien eingerichteten Gefäss, welches mit einem metallenen dünnwandigen Schlangenrohr in Verbindung steht. Dasselbe dient zur Fortleitung der Verbrennungsgase und ist auf seiner ganzen Länge von Wasser umgeben. Die Temperatur dieses Wassers wird vor und nach jedem Verbrennungsversuche genau bestimmt; aus dem Gewicht des verbrannten Materials und des erwärmten Wassers, und der Temperaturerhöhung desselben lässt sich die entwickelte Wärmemenge leicht berechnen. Dabei ist, wenn es sich eben um die ganze aus einem Materiale entwickelbare Wärme handelt, noch erforderlich, dass die Verbrennungsgase analysirt, auch ihrem Quantum und Wärmegehalte nach untersucht werden, um die erforderlichen Correctionen an dem Ergebniss anzubringen. In dieser Weise sind von verschiedenen Physikern namentlich die Wärmeeffecte einfacher Elemente und organischer Verbindungen von bekannter Zusammensetzung bestimmt worden; so ergab sich der absolute Wärmeeffect

nach	des Wasserstoffs	des Kohlenstoffs
Grassi	34666	7714
Andrews	33808	7678
Favre und Silbermann	34462	8060

wenn als Einheit (Caloric) die Wärmemenge angesehen wird, welche nöthig ist, um eine Gewichtseinheit Wasser um 1° C. zu erwärmen.

Die Kenntniss des absoluten Wärmeeffectes von Wasserstoff und Kohlenstoff kann zur Berechnung des absoluten Wärmeeffects der in der Hauptsache aus Wasserstoff, Kohlenstoff und Sauerstoff zusammengesetzten Brennmaterialien benutzt werden, wenn die quantitative Zusammensetzung derselben durch eine Elementaranalyse ermittelt worden ist. Man pflegt hierbei die Annahme zu machen, dass der vorhandene Sauerstoff mit einem Theil des Wasserstoffs zu Wasser gebunden im Brennmateriale vorhanden sei, daher dieser Theil des Wasserstoffs nicht an der Wärmeerzeugung theilnehme. Unter dieser Voraussetzung und wenn der absolute Wärmeeffect des reinen Wasserstoffs zu 34500, des Kohlenstoffs zu 8000 Calorien angenommen wird, ergibt sich die durch eine Gewichtseinheit eines Brennmaterials, wenn diese

H Gewichtseinheiten Wasserstoff		O Gewichtseinheiten Sauerstoff	
C	„ Kohlenstoff	w	„ hygroskopisches Wasser

enthält, zu entwickelnde gesammte Wärmemenge nach der Formel:

$$W = 34500\ (H - \tfrac{1}{8} O) + 8000\ C - 606{,}5\ .\ w.$$

Hiernach lassen sich in allen Fällen, wo die chemische Zusammensetzung der Kohlen mit Sicherheit bekannt ist, gute Vergleichszahlen für deren Leistungsfähigkeit als Brennstoff finden. Nur muss hervorgehoben werden, dass zur Elementaranalyse nur ausserordentlich kleine Quantitäten Brennstoff verwendet werden können und dass in Folge dessen die verwendeten Proben selten die Durchschnittsbeschaffenheit des zu untersuchenden Materials darstellen; namentlich ist der durch die Elementaranalyse gefundene Aschengehalt in der Regel mit einer sehr grossen Unsicherheit behaftet. Wir haben daher in diesem Werke von einer Benutzung der chemischen Analyse zur Feststellung der Heizkraftwerthe abgesehen.

---

[1]) Scheerer, Metallurgie I. Band, S. 137.

[2]) Weiss, allgemeine Theorie der Feuerungsanlagen, S. 41.

Ein grösserer Werth, namentlich in Rücksicht auf die Praxis, muss den Ergebnissen der im Grossen ausgeführten Verdampfungsversuche zugeschrieben werden, bei denen eine grössere abgewogene Brennstoffmenge in einer gewöhnlichen Dampfkesselanlage verbrannt und das Wasserquantum beobachtet wird, welches hierdurch zur Verdampfung gebracht werden kann. Die Möglichkeit, hierbei mit einer beliebig grossen Quantität des Brennmaterials operiren zu können, führt einen beträchtlichen Sicherheitsgrad der Resultate herbei; wenn auch die Vergleichbarkeit derselben wegen der grossen Zahl influirender Umstände in dem Falle aufhört, wenn die Versuche an verschiedenen Kesselanlagen und von verschiedenen Heizern durchgeführt werden, so ist eine solche doch leicht durch Controlversuche mit identischen Brennstoffsorten herbeizuführen und lässt die Zuverlässigkeit des hierbei zu ermittelnden praktischen Aschengehaltes (vergl. Capitel IX, pag. 226) nichts zu wünschen übrig. Versuche dieser Art lassen ermitteln, wieviel Pfund Wasser von 0° durch Verbrennen von einem Pfund der zu prüfenden Kohle in gesättigten Wasserdampf verwandelt werden und man nennt die auf solche Art gemessene nutzbare Heizkraft die Verdampfungskraft der betreffenden Materialien. Die älteste in grösserem Maassstabe nach diesem Verfahren ausgeführte Untersuchung ist die von Prof. Johnson in Philadelphia, welche in den Jahren 1842 und 1843 auf Kosten der Regierung der Vereinigten Staaten ausgeführt wurde und sich auf 38 nordamerikanische und 6 englische Steinkohlensorten erstreckte. Demnächst ist die im Jahre 1848 im Auftrage der englischen Admiralität unternommene Versuchsreihe von De la Beche und Playfair bemerkenswerth, durch welche 30 englische Kohlensorten namentlich auf ihre Brauchbarkeit zu Schifffahrtszwecken geprüft wurden. Im Folgenden sollen die Versuchsreihen, welche sich auf deutsche Kohlen beziehen, ausführlicher mitgetheilt werden.

Nächst den vorstehend aufgezählten Untersuchungsmethoden hat noch die von Berthier angegebene wegen ihrer Einfachheit eine gewisse Berühmtheit erlangt und ist u. a. zur Prüfung der österreichischen Steinkohlen im grösseren Umfange zur Anwendung gekommen. Dieselbe gründet sich auf die irrige Voraussetzung, dass die Verbrennungswärme im directen Verhältniss zum Verbrauch an Sauerstoff beim Verbrennen stehe; der zu untersuchende Brennstoff wird in abgewogener Menge mit Bleioxyd geglüht und aus dem Gewichte des hierbei reducirten Bleies auf den verbrauchten Sauerstoff geschlossen. Holzkohle mit Bleioxyd gemengt, gibt in der Glühhitze Kohlensäure und eine äquivalente Menge reducirtes Blei. Für Substanzen, welche nur einen einzigen auf das Bleioxyd reducirend wirkenden Bestandtheil, z. B. nur Kohlenstoff enthalten, empfiehlt sich diese Methode durch ihre Einfachheit und Genauigkeit. Bei gleichzeitiger Gegenwart von Wasserstoff — der bei keiner Steinkohle ganz fehlt — lassen sich jedoch keine sicheren Schlüsse darauf gründen. Bekanntlich reduciren 3 Theile Kohlenstoff ebensoviel Bleioxyd wie 1 Gewichtstheil Wasserstoff, während sich die Verbrennungswärmen dieser Stoffe wie 8 : 34 verhalten; mithin entspricht die gleiche Gewichtsmenge reducirtes Blei einer Verbrennungswärme des Kohlenstoffs von $3 \times 8 = 24$ und einer Verbrennungswärme des Wasserstoffs von $1 \times 34 = 34$. Für Steinkohlen und wasserstoffhaltige Brennstoffe überhaupt ist daher die Berthier'sche Methode um so weniger anwendbar, je beträchtlicher der Wasserstoffgehalt auftritt.

Was die Ausführung derselben anlangt, so schreibt Berthier vor[1]), den Brennstoff aufs feinste zu zerkleinern und mit einem Ueberschuss von Bleiglätte zu mischen, die Mischung in einen unten spitz zulaufenden Tiegel zu bringen und darüber eine Schicht Glätte einzutragen. Der Tiegel, welcher nicht mehr als halbvoll sein soll, wird mit einem Deckel bedeckt und allmählig erhitzt, bis die Glätte schmilzt und die Entwicklung von Gas aufgehört hat. Anfangs schäumt die Mischung stark auf. Ist vollständige Schmelzung eingetreten, so soll man noch 10 Minuten lang verstärkte Hitze geben, um die Abscheidung des Bleikönigs am Boden zu befördern. Man hat sich besonders zu hüten, dass kein Kohlenoxyd aus dem Tiegelofen bei der Reduction des Bleies mitwirkt. Nach dem Erkalten zerschlägt man den Tiegel, nimmt den Bleikönig heraus und ermittelt sein Gewicht.

In dem 1. Heft (S. 18) des X. Bandes der schweizerischen polytechnischen Zeitschrift wird von Prof. Bolley ein nach seinem Entwurf in der Maschinenfabrik von Gebr. Sulzer in Winterthur unter Aufsicht des Ingenieurs derselben Herrn Brown ausgeführter Dampf-Calorimeter beschrieben, der zur Untersuchung über die Heizkraft von Brennmaterialien ganz vor-

[1]) Vergl. Dingler polyt. Journal, Band 58, Seite 391.

Fig. 8.

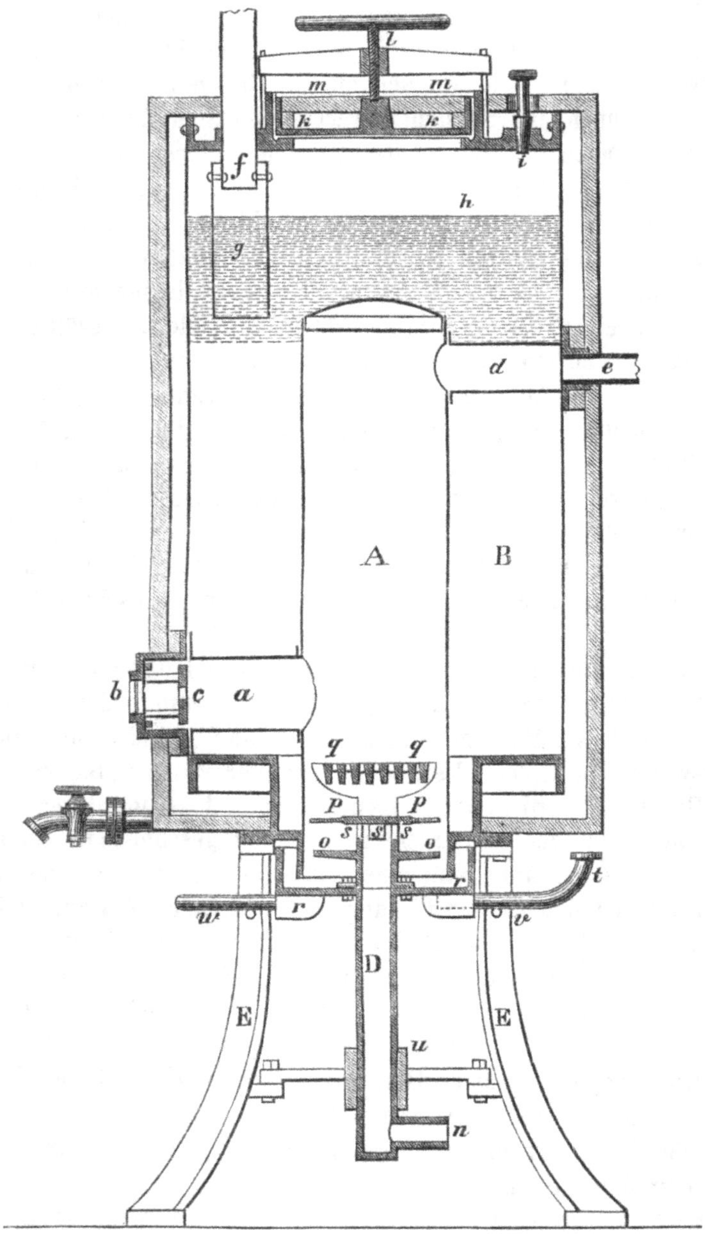

züglich geeignet scheint, indem er die wichtigsten Vortheile der Warmwasser-Calorimeter (Operation mit kleinen Brennstoffmengen, leichtere Möglichkeit, die zuströmende Luft mittels Einblasen durch einen Ventilator oder ein kleines Cylindergebläse zu messen) mit denen der grossen Verdampfungsapparate (Benutzung der latenten Wärme des Wasserdampfes, daher geringerer Einfluss der als Fehlerquellen auftretenden Wärmeverluste, Möglichkeit der Verwendung eines beliebig grossen Wasserquantums durch längere Fortführung des Versuchs) vereinigt, unter gleichzeitiger Vermeidung mehrer Uebelstände beider. Es ist wohl zu erwarten, dass dieser Calorimeter bei künftigen Heizversuchen mit Vortheil zur Anwendung kommen wird. Wir geben in dem nebenstehenden Holzschnitt (Fig. 8) einen Verticaldurchschnitt desselben in $^1/_{10}$ der wirklichen Grösse. *A* ist der Verbrennungsraum im Innern des stehenden Dampfkessels *B*, welcher von einem Holzmantel umgeben ist; das Luftzuführungsrohr *D* trägt an seinem oberen Ende den Rost *qq*; *E* ist ein gusseisernes Fussgestell. Die Einführung des Brennmaterials erfolgt durch das Rohr *a*, welches in dem unteren Theile des Verbrennungsraumes *A* seitlich einmündet. Die Feuerungsthür *b* ist mit Schutzblech *c* versehen und hat wie dieses Oeffnungen zur Beobachtung des Verbrennungsprocesses; die Oeffnung in der Thür selbst ist durch ein Glimmerblatt geschlossen. Die Thür ist hermetisch verschliessbar, ähnlich wie die Deckel der Gasretorten. Im oberen Theil des Feuerungsraumes ist *d* das Rohr für den Abzug der Rauchgase. Der Feuerungsraum ist aus Eisenblech genietet, der Hals des Rohres *a*, sowie der des Rauchrohres *d* sind von Gusseisen. Der Dampfkessel *B*, in seinem untern und obern Theil aus Gusseisen, im cylindrischen Theil aus Eisenblech, umgibt den Feuerungsraum *A*. An dem Dampfaustrittsrohr *f* hängt das weitere Rohr *g*, welches unter das Niveau des Wassers *h* taucht. Durch den ringförmigen Raum zwischen *f* und *g* entweichen die Dämpfe und verlieren auf diese Weise etwa mitgerissenes Wasser, das im Rohre *g* niederfällt; *i* ist eine mit einem Eisenpfropf verschliessbare Oeffnung im Deckel des Kessels zum Einfüllen von Wasser; *k* ist ein beweglicher Deckel, der mittels der Schraube *l* und des Riegels *m* festsitzend aufgedichtet werden kann. Der Mantel besteht aus Fassdauben; der Zwischenraum zwischen diesem und dem Kessel *B* ist mit Werg ausgefüllt, damit Wärmeverlust nach aussen möglichst vermieden werde *D* ist ein gusseisernes Rohr, das bei *n* mit einem Gebläse durch einen Kautschukschlauch verbunden ist; die beiden Teller *o* und *p*, von denen der obere *p* mit vielen Löchern versehen ist, dienen zur gleichmässigen Vertheilung des durch die Oeffnungen *s* ausströmenden Windes. An dem Rohre *D* ist ferner die Pfanne *r* angebracht, die während des Versuchs durch das Rohr *t* mit Wasser gefüllt wird, um einen luftdichten Verschluss des Aschenraums herzustellen. Das Rohr *D* kann mit allen daran befindlichen Theilen in der Führung *u* auf- und abgeschoben werden, um den Rost und die Teller *p* und *o*, sowie die Pfanne *r* von Asche und Schlacken reinigen zu können. Um diesen Theil des Apparates in der richtigen Höhe zu halten, sind an dem Fussgestelle *E* horizontale Zapfen *v* angebracht, über die einerseits die zum Mittragen dienende Röhre *t*, auf der andern Seite ein gusseiserner Bügel *w* durch einige Drehung um die Achse *D* hingeschoben wird. An dem Ansatz *e* des Rohres *d* schliesst sich ein horizontales Rohr aus Messingblech an, welches von elliptischem Querschnitt ist. Dasselbe liegt in einem Zinktrog mit Holzumhüllung, der unten 9″ oben 12″ weit,

15″ hoch und 6′ lang ist und während des Versuchs mit Wasser gefüllt wird. Um die Abkühlung der Gase recht vollständig zu machen, schliesst sich an dieses Rohr und Kühlgefäss noch ein zweites, ganz ähnliches an; aus diesem strömen sie durch ein gewöhnliches Ofenrohr aus, in welchem die Beobachtung der Temperatur mittels eines Thermometers erfolgt. Ein Schlangenrohr in einem Kühlfasse liegend, wie es bei Branntwein-Destillirapparaten gebräuchlich ist, hat sich als eine für den Abzug der Rauchgase unzweckmässige Form erwiesen, da die Windungen dem Luftstrome zu grosse Hemmnisse boten, wodurch die Verbrennung erschwert wurde.

Vor Beginn eines Versuches wird der Kessel bis auf die ungefähre Höhe von h mit einer Wassermenge von bekanntem Gewicht gefüllt. Es dient dazu ein Messgefäss von Blech mit trichterförmigem Boden und Abflussrohr mit Hahn und engem Halse, in dem ein kleines nach der Seite gerichtetes Abflussröhrchen angebracht ist, durch welches das Wasser im bestimmten Niveau abfliesst. Dasselbe ist genau geaicht und dient ebenfalls zum Abziehen des rückständigen Wassers im Dampfkessel, was durch einen am Kesselboden angebrachten Hahn geschieht. Die Menge des eingefüllten Wassers und seine Temperatur werden notirt. Die Tröge, die das Abkühlwasser für die Rauchgase enthalten, werden in gleicher Weise gefüllt und es wird ebenfalls Gewicht und Temperatur des Wassers aufgeschrieben. Ist die Füllung geschehen, so beginnt das Heizen. Zu diesem Zwecke wird eine kleine abgewogene Menge von Holzkohlen auf den Rost gebracht und darauf etwas von dem passend zerkleinerten und abgewogenen Brennstoffe, der zur Untersuchung vorliegt, und dessen Wassergehalt durch besondere Versuche bestimmt wird. Die Thüre *b* wird geschlossen und nun das Feuer durch Zublasen von Wind durch *D* angefacht; sobald das eingefüllte Material sich in voller Gluth befindet, wird neues in kleiner Menge zugegeben. Während des Brennens wird die Temperatur des Kühlwassers in den Trögen, worin das Rauchrohr liegt, beobachtet, und zu diesem Zwecke das Wasser häufig umgerührt, damit die Temperatur in den verschiedenen Schichten sich ausgleiche. Die zugeführte Luftmenge wird mittels einer Gasuhr gemessen, deren Stand daher zu Anfang des Versuchs ebenfalls zu notiren ist.

Man fährt mit Heizen fort, bis das Niveau des Wassers im Kessel sich um etwa 1 bis 2 Zoll gesenkt hat. Diese Höhendifferenz entspricht etwa 50—60 Pfund Wasser. Will man den Versuch länger fortsetzen, so füllt man durch *i* eine abgewogene (gemessene) Menge Wasser von bekannter Temperatur und bringt sie mit in Rechnung.

Ist der Versuch beendigt, so werden die auf dem Roste rückständigen Kohlen herausgenommen und durch Einsperren in ein Blechgefäss zum Verlöschen gebracht; ihr Gewicht wird von dem Gesammtgewicht des zugegebenen Materials abgezogen. Streng genommen würde der Gehalt an brennbarer Substanz in diesem Rückstande zu bestimmen sein, da er nicht unverändertes Brennmaterial ist. Die anfänglich zum Anzünden gebrauchten Holzkohlen werden ebenfalls in Abzug gebracht, so zwar, dass man den aus den Daten eines besonderen Versuchs ermittelten Heizeffect derselben berechnet und von dem Gesammteffect abzieht. Dieser letztere setzt sich zusammen:

1) aus der Wärmemenge, die nöthig ist, um das Kesselwasser auf 100° Cels. zu erhitzen, plus derjenigen, die erfordert wird, um den entstandenen Dampf zu erzeugen;
2) aus der Wärmemenge, die nöthig war, um das bekannte Gewicht des Kessels auf die Dampftemperatur zu bringen;
3) aus der von dem Kühlwasser aufgenommenen Wärmemenge;
4) aus der von den Verbrennungsgasen noch fortgeführten Wärmemenge, die sich aus dem Luftquantum und der Temperatur der abziehenden Gase berechnen lässt.

Man darf den Verlust an Wärme durch Strahlung und Leitung an der Aussenfläche des Kessels vernachlässigen, da die Holzbekleidung des Kessels eine kaum fühlbare Temperaturerhöhung zeigt.

Mit diesem neuen Calorimeter sind zur Zeit noch keine Versuche ausgeführt; doch lässt sich im Voraus annehmen, dass bei geschickter Durchführung die Ergebnisse derselben an Zuverlässigkeit die mittels des Warmwasser-Calorimeters wie auch die der im grossen Maassstabe ausgeführten Verbrennungsversuche übertreffen, deren letzteren unmittelbare Beziehung zur Praxis sie freilich entbehren.

2. Untersuchung der preussischen Kohlen durch Dr. Brix in Berlin.

Das in vorliegender Schrift schon mehrfach citirte Werk: „Untersuchungen über die Heizkraft der wichtigeren Brennstoffe des preussischen Staates von Dr. Brix, Berlin 1853“ enthält den ausführlichen Bericht über die erste in grösserem Maassstabe ausgeführte Untersuchung deutscher Steinkohlen. Im Wesentlichen eine Nachahmung der Johnson'schen Arbeit über die Kohlen der Vereinigten Staaten Nordamerikas, ist sie einer schon früher vom Verein zur Beförderung des Gewerbfleisses in Preussen gefassten Idee entsprungen und übertrifft an Umfang und Vollständigkeit das erwählte Vorbild; sie erstreckte sich nämlich, wenn man die in den späteren Jahren (1857 bis 1861) mit demselben Versuchs-Apparat und durch denselben Experimentator ausgeführten, in den Verhandlungen des vorgenannten Vereins mitgetheilten Versuche mitzählt, auf 14 Sorten Holz, Holzkohle und Torfkohle, 6 Sorten Torf, 3 Sorten Koks, 60 Sorten Steinkohle und 15 Sorten Braunkohle, also auf 98 verschiedene Brennstoffe.

Fig. 9.

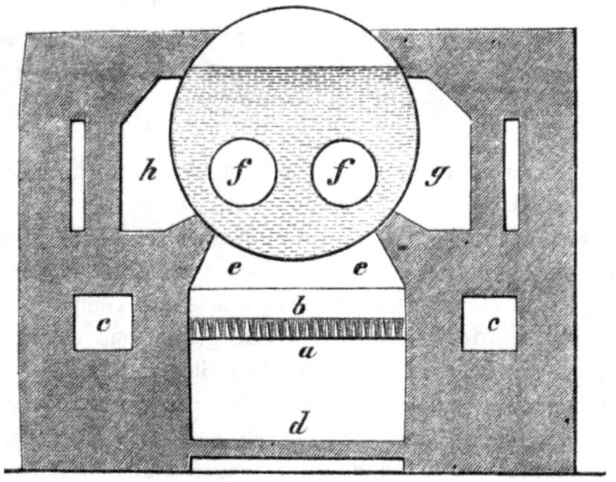

Der zu den Versuchen verwendete Apparat war ein cylindrischer Dampfkessel mit ebenen Endflächen von 29′ 2″ = 9,158 Meter Länge und 3,5′ = 1,1 Meter Durchmesser, mit zwei Rauchröhren von 10″ = 0,26 Meter lichtem Durchmesser. Der nebenstehende Holzschnitt Fig. 9 zeigt einen Querschnitt des Kessels mit Einmauerung; *a* ist der Rost, dessen Fläche 16 Quadratfuss = 1,57 Quadratmeter betrug, jedoch bei vielen Versuchen durch aufgelegte Ziegel verkleinert wurde (bis zu 11,2 Quadratfuss = 1,10 Quadratmeter); *b* die Feuerbrücke am Ende des Rostes. Die Thüren des Aschenfalls sind dicht geschlossen; die Verbrennungsluft tritt nicht direct zum Roste, sondern wird in zwei Kanälen *cc*, welche zu beiden Seiten der Feuerung im Mauerwerk des Ofens ausgespart sind, bis an das Ende des Kessels geführt, strömt dann in dem unter dem tiefsten Zug gelegenen Kanal *d* wieder nach vorn und gelangt so zum Roste, nachdem sie einen grossen Theil der verlorenen Wärme aufgenommen hat, welche durch die Wände der heissen Züge abgeleitet worden. Vom Roste ab geht die Flamme mit den heissen Verbrennungsproducten zunächst über die Feuerbrücke *b*, zieht dann im Feuerkanal *ee* am Boden des Kessels entlang bis an's Ende desselben, hebt sich daselbst etwas und kehrt durch die inneren Röhrenzüge *ff* nach dem vordern Ende zurück; je nach dem Stande eines hier vorhandenen Wechselschiebers gelangen sie entweder direct in den Schornstein oder sie wenden sich rechts, strömen in dem rechten Seitenzuge *g* bis an das hintere Ende des Kessels, gehen dann durch einen Querzug in den linken Seitenzug *h* über, kehren in demselben zurück und treten endlich in den Schornstein; die Heizfläche berechnet sich im ersten Falle auf 225 Quadratfuss = 22,0 Quadratmeter, im zweiten Falle auf 350 Quadratfuss = 34,3 Quadratmeter, die von den Feuerungsgasen durchströmte Zuglänge beziehentlich 60 Fuss = 18,8 Meter und 120 Fuss = 37,7 Meter. Die obere Wölbung des Kessels war nach den in Preussen bestehenden polizeilichen Vorschriften nicht ganz mit Mauerwerk bekleidet, wie es bei den amerikanischen Versuchen geschehen war; es blieb ein Abschnitt von 3 Zoll Höhe frei, der nur mit einem Mantel aus leichten Brettern bedeckt war; der Zwischenraum zwischen dem Kessel und diesem Mantel ward theils leer gelassen, theils mit Filzplatten, später mit Sand und Asche, zuletzt mit Lehm ausgefüllt. Hinter der Feuerbrücke befand sich eine aus einer gelochten Platte mit Schieber bestehende Vorrichtung, durch welche aus dem Kanal *d* Luft in geeigneter Menge zu der Flamme geführt werden konnte; von dieser Vorrichtung wurde bei den Versuchen der ausgedehnteste Gebrauch gemacht zu dem Zwecke, die Verbrennung der Kohlen möglichst vollständig, d. h. rauchfrei zu bewirken. Bei der später erfolgten Neuaufstellung des Kessels war dieser Luftzuführungsapparat, um ihn vor der directen Einwirkung der Flamme zu schützen und zugleich eine recht vollständige Vertheilung der zugeführten Luft zu erreichen, mit einem aus kleinen Charmottestäbchen bestehenden Rost, der in Gestalt eines concaven Mantelstücks eines abgestumpften Kegels ausgeführt war, überdeckt; hinter demselben war ein an den Kesselboden sich anschliessender schwacher Gewölbebogen von Charmottesteinen geschlagen, der die Flamme behufs inniger Mischung ihrer verschiedenen Theile unter einander und mit der etwa zugeführten Luft auf eine kurze Strecke nach unten lenkte; die aus dem Luftzuführungsapparate zuströmende Luft stiess gerade gegen die vordere abgeschrägte Fläche dieses Gewölbes, so dass hier die Verbrennung des Rauches stattfand und der Kessel selbst von der dabei etwa entstehenden Stichflamme nicht direct getroffen wurde; dies Gewölbe wurde bei einigermaassen lebhaftem Feuer stets bald hellglühend. Bei den im Jahre 1858 ausgeführten Versuchen endlich war der Rost nach der Fairbairn-Stephan'schen Methode durch eine Längsscheidewand getheilt und es erfolgte — ähnlich wie bei den unten zu beschreibenden sächsischen Versuchen — die Beschickung der beiden Rosthälften abwechselnd; diese Einrichtung hatte sich sehr gut bewährt.

Die Höhe des Schornsteins, vom Roste bis zur Spitze des Mauerwerks, betrug anfangs 58½ Fuss = 18,4 Meter, wurde aber, da der Zug nicht befriedigend war, im Juli 1849 durch einen Aufsatz von Eisenblech auf 70 Fuss erhöht. Der innere Querschnitt betrug 3,07 Quadratfuss = 0,30 Quadratmeter und zog sich auf den letzten 5 oder 6 Fuss auf 1,77 Quadratfuss = 0,17 Quadratmeter zusammen; der Querschnitt des cylindrischen Aufsatzrohrs war = 1,39 Quadratfuss = 0,14 Quadratmeter. Bei der späteren Neuaufstellung des Apparates wurde der Schornstein auf 80 Fuss erhöht und mit einem Querschnitt von 3,14 Quadratfuss ausgeführt, auch auf der Aussenseite mit einer leichten bis zur Spitze laufenden Wendeltreppe versehen, wodurch die Ausführung von Beobachtungen über die Temperaturabnahme im Schornstein und über den Einfluss von Aenderungen des Querschnittes der Mündung ermöglicht werden sollte.

Jeder Versuch erforderte die Zeit eines vollen Tages; am Morgen wurde, nachdem die Rückstände des vorigen Versuchs ausgeräumt und der ganze Apparat gehörig in Ordnung gebracht worden, ein Holzfeuer angezündet und so lange unterhalten, bis die Temperatur des Kesselwassers auf etwa 90° R. gestiegen war. Dann liess man das Holz vollends ausbrennen, schloss den Zugschieber und die Luftkanäle und liess den Kessel einige Zeit (etwa ½ Stunde) stehen, bis das Manometer und das Thermometer im Kessel einen festen Stand erreicht hatten; jetzt wurden diese Instrumente und namentlich auch der Wasserstand im Kessel genau beobachtet und die Ergebnisse im Versuchsprotokoll notirt; dies war der eigentliche Anfang des Versuchs. Gleich nach dieser Beobachtung wurde mit einer geringen Menge Kiefernholz auf dem Roste Feuer angezündet und wenn dies ordentlich im Brande war, die erste Beschickung des zu untersuchenden Brennmaterials aufgeworfen. Dann wurden die Sicherheitsventile, welche anfangs stärker belastet waren, soweit entlastet, dass sie von dem Dampfe bei 13 bis 14 Zoll Spannung (nahe ½ Atmosphäre Ueberdruck) nach oben gehoben wurden; in der Regel entwich der grösste Theil des entwickelten Dampfes auf diesem Wege; oft wurde aber auch einer der Abzugshähne geöffnet, welche den Dampf entweder in den Schornstein oder in den Dampftrockenapparat und von da in die freie Luft führten. In dem Maasse wie der Wasserstand des Kessels sank, wurden abgemessene Mengen Wasser von bekannter Temperatur aus einem geaichten Messkasten nachgefüllt, in der Regel in Portionen von je 150 Pfund. Wenn das Feuer auf dem Roste vollständig im Gange war, in der Regel nachdem die erste und zweite Beschickung abgebrannt, wurde diese Zeit als Beginn der Periode der stetigen Dampfentbindung nebst dem gleichzeitigen Wasserstand vermerkt; gegen Ende des Versuchs wurde dann darauf geachtet, wenn eine der letzten Beschickungen etwa ebensoweit niedergebrannt war und dieser Zeitpunkt als Schluss der Periode angesehen. Das Feuer wurde wenigstens 5 oder 6 Stunden in gleichmässigem Gange gehalten, wozu bei Steinkohlen ein Quantum von etwa 700 Pfund erforderlich war. Während des Versuchs wurde von Zeit zu Zeit der Inhalt des Aschenfalls, der immer noch viel unverbrannte durch die Rostfugen gefallene Theile enthielt, herausgenommen und wieder auf den Rost gegeben; dies geschah auch jedesmal dann, wenn die letzte Beschickung fast niedergebrannt war, worauf bald nachher der Zugschieber am Schornstein weiter geschlossen wurde. War endlich das Material auf dem Roste fast ganz erloschen, so wurde der Schieber völlig geschlossen und nun der Apparat in den meisten Fällen bis zum andern Morgen stehen gelassen; es entwich dann stets noch mehr oder weniger Dampf, denn einerseits gab die halberloschene Glut auf dem Roste und im Aschenfall noch Wärme ab, anderseits enthielt das Mauerwerk stets viel mehr Wärme, als beim Anfange des Versuchs. Am andern Morgen wurde zunächst der Wasserstand im Kessel beobachtet und, wenn es nöthig war, so viel Wasser nachgefüllt, dass der Wasserstand im Kessel nahezu mit dem bei Anfang des Versuchs übereinstimmte. Temperatur und Wasserstand im Kessel wurden nun sorgfältig beobachtet und nebst den Angaben der andern Instrumente aufgezeichnet. Dies war die Schlussbeobachtung. Zuletzt wurden die Rückstände vom Roste und aus dem Aschenfalle, sowie die Flugasche, die sich hinter der Brücke aufgehäuft hatte, ausgeräumt, sortirt, dann gemessen und gewogen und auf den Gehalt an brennbaren Theilen weiter untersucht.

Als Einheit für die Heizkraft der untersuchten Brennstoffe wurde bei der Berechnung der Resultate die Wärmemenge angesehen, welche nöthig ist, um ein Pfund Wasser von 0° in Dampf von 88 bis 92° R. zu verwandeln.

Im Herbst des Jahres 1858 wurden von Herrn Dr. Brix drei sächsische Steinkohlen der Untersuchung unterworfen, zu dem Zwecke, die Ergebnisse der damals gerade beendigten technischen Untersuchung über die sächsischen Steinkohlen, welche auf Veranlassung des k. sächs. Ministeriums des Innern ausgeführt worden war, mit den werthvollen Resultaten der preussischen Arbeit vergleichbar zu machen. Die wesentlichen Unterschiede der beiderseitigen Apparate und Methoden der Durchführung der Versuche gehen am besten aus folgender Zusammenstellung hervor, welche die Mittelwerthe aus sämmtlichen mit jenen drei Kohlensorten in Berlin und Chemnitz angestellten Versuchen enthält.

	Mittelwerthe aus den preussischen Versuchen	Mittelwerthe aus den sächsischen Versuchen
Verhältniss des Rostes zur Rostfugenfläche	1 : 0,30	1 : 0,20
Gewicht einer Beschickung des Rostes	36,2 Pfd.	26,3 Pfd.
Kohlen verb. pro Stunde und Quadr.-Fuss der Rostfläche . .	6,24 „	8,62 „
Wasser verdampft pro Stunde und Quadr.-Fuss der Heizfläche .	1,34 „	2,49 „

Temperatur der abziehenden Verbrennungsgase	172,2° C.	259,8° C.
Dampfspannung	1,53 Atm.	4,40 Atm.
Wassersäule im Zugmesser	4,4 Millim.	4,5 Millim.
1 Pfd. trockene Kohle liefert Dampf aus Wasser von 0° . .	7,58 Pfd.	7,12 Pfd.

Hiernach würden sich die Endresultate der preussischen Versuche zu denen der sächsischen wie 7,58 : 7,12 oder wie 1 : 0,939 verhalten. Da der sächsische Versuchsapparat, wie sogleich näher gezeigt werden wird, in seiner ganzen Einrichtung den Verhältnissen der Praxis viel mehr entspricht, als der preussische Versuchskessel, so haben wir in der folgenden Zusammenstellung der Hauptresultate der Versuche von Brix die Zahlen für die nutzbare Verdampfungskraft in die sächsischen Einheiten durch Multiplikation mit 0,939 umgerechnet, unter gleichzeitiger Beifügung der Originalzahlen.

Ergebnisse der Heizversuche von Brix in Berlin.

Bezeichnung der Brennstoffe.	Mittlerer Aschengehalt. Procent des trocknen Materials.	Mittlerer Wassergehalt. Procent.	Nutzbare Verdampfungskraft für 1 Pfund der rohen Kohle	
			nach Brix.	in den Einheiten der sächs. Untersuchung.
Koks				
vom Gerhardtflötz der Königsgrube	2,7	5	7,40	6,95
vom Faustaflötz der Faustagrube	5,0	5	7,58	7,12
aus englischen Backkohlen	10,2	5	7,12	6,69
Braunkohlen				
von Schönfeld bei Aussig in Böhmen.	14,0	28	3,92	3,68
„ Salesel in Böhmen	11,9	15	5,10	4,79
„ Perleberg und Wittenberge a. d. Elbe, gelagert	5,0	24	3,96	3,72
„ „ „ „ frisch gefördert	5,0	46	2,65	2,48
„ der Grube Goldfuchs bei Frankfurt a. O. . .	8,0	48	2,41	2,26
„ Rauen, Stückkohlen	8,5	50	2,25	2,12
„ „ geformte Staubkohle	11,2	29	2,50	2,35
Steinkohlen.				
Englische Steinkohlen.				
Hunwickgrube bei Stockton on Tees	3,5	3	7,42	6,97
Hawthorns Hartley Coal, Newcastle	6,0	3	7,70	7,23
Wettiner Revier.				
Löbejüner Grube, Oberflötz, 1. Sorte	10,0	3	7,83	7,35
Wettiner Grube, Oberflötz, Neutzer Zug . . .	11,5	3	7,45	7,00
Waldenburger Revier.				
Segen-Gottes-Grube, 8. Flötz	3,0	3	7,53	7,07
Davidgrube, Hauptflötz	5,0	3	7,17	6,73
Comb. Graf Hochberg-Gruben, 2. Flötz. . . .	6,0	3	7,13	6,69
Fuchsgrube, 8. Flötz	5,5	3	7,57	7,11
Glückhilfgrube, 2. Flötz	5,0	3	7,73	7,26
Neue Heinrichgrube, 2. Flötz	6,0	3	7,78	7,21
Cons. Glückhilfgrube bei Hermsdorf, 2. Flötz . .	8,0	2,5	7,37	6,92
„ „ „ „ 3. „ . .	6,4	2,8	7,45	7,00
Oberschlesisches Revier.				
Eugeniens Glückgrube, Carolinenflötz	2,5	3	6,76	6,34
Morgenrothgrube, Morgenrothflötz	4,0	3	6,69	6,27
Königsgrube, Flötz Heintzmann	3,0	3	7,56	7,10
„ „ Gerhardt	2,0	3	7,49	7,03
Louisengrube, Oberflötz	10,0	3	6,70	6,28
„ Niederflötz.	4,6	3	6,42	6,03

Bezeichnung der Brennstoffe.	Mittlerer Aschengehalt. Procent des trocknen Materials.	Mittlerer Wassergehalt. Procent.	Nutzbare Verdampfungskraft für 1 Pfund der rohen Kohle nach Brix.	Nutzbare Verdampfungskraft für 1 Pfund der rohen Kohle in den Einheiten der sächs. Untersuchung.
Faustagrube, Faustaflötz	4,25	3	7,34	6,89
„ Claraflötz	6,5	3	7,29	6,85
Leopoldgrube, Leopoldflötz	5,5	3	6,65	6,24
Hoymgrube, Hoymflötz	10,5	3	7,00	6,57
Königin Louisengrube, Pochhammerflötz	4,0	3	7,52	7,06
„ „ Heinitzflötz	1,5	3	7,61	7,14
„ „ Redenflötz	2,0	3	7,73	7,26
Leogrube, Leoflötz	3,5	3	6,71	6,29
Louisens Glückgrube bei Rosdzin, Niederflötz	4,0	9	7,00	6,57
Charlottegrube bei Czernitz, Oberschlesien	11,3	6	6,05	5,68
Saarbrücker Revier.				
Gerhardtgrube, Beustflötz	7.5	3	7,03	6,60
„ Heinrichflötz	9,0	3	6,82	6,39
Heinitzgrube, Blücherflötz	3,0	3	7,74	7,26
„ Asterflötz	2,7	3	7,73	7,25
Dudweiler Grube, Natzmerflötz	2,0	3	7,95	7,46
„ „ Beierflötz	5,0	3	7,46	7,00
Inde-Revier bei Eschweiler.				
Jamesgrube, Flötz Grosskohl	1,5	3	8,70	8,17
Centrumgrube, Flötz Grosskohl	3,0	3	8,41	7,89
„ „ Gyr	4,0	3	8,54	8,01
„ „ Fornegel	6,0	3	7,96	7,48
Worm-Revier bei Aachen.				
Neulauerweggrube, Flötz Grossathwerk	5,0	3	6,97	6,54
Neulangenberggrube, Flötz Furth	2,5	3	7,50	7,04
Athgrube, Flötz Grosslangenberg	2,0	3	6,72	6,31
Bergamtsreviere Essen und Bochum.				
Zeche Saelzer und Neuack, Flötz Röttgersbank	3,5	3	7,95	7,47
„ Victoria Mathias, Flötz Anna	3,0	3	7,90	7,41
„ Kunstwerk, Flötz Sonnenschein	3,5	3	7,35	6,90
„ Hundsnocken	4,5	3	6,83	6,41
„ Borussia, ungesiebte Kohle von Flötz Nr. 7	2,9	2,2	8,17	7,67
„ Henriette bei Eichlinghofen, ungesiebte K.	4,7	3	7,61	7,14
„ Engelsburg, Flötz Stensmannsbank	3,0	3	8,16	7,66
„ Friedrich Wilhelm, Flötz Siebenhandbank	4,0	3	7,63	7,16
„ Präsident, Flötz Präsident	3,0	3	8,00	7,51
„ Franziska Tiefbau, hangendes Flötz	5,5	3	8,00	7,51
„ Louise Tiefbau, Flötz Nr. 8	4,0	3	7,86	7,87
Bergamtsrevier Ibbenbüren.				
Zeche Schafberg, Flötz Alexander ungesiebte K.	9,0	3	6,76	6,34
Zeche Schafberg, Flötz Alexander Nusskohle	9,0	3	7,39	6,94
„ Glücksburg, Flötz Flottwell	10,5	3	7,65	7,18
„ „ „ Franz	12,0	3	7,27	6,83
„ Laura bei Minden	11,0	3	7,24	6,80
Anthracit vom Piesberg bei Osnabrück	5,1	4,2	7,40	6,95

3. Heizversuche mit englischen, preussischen und sächsischen Steinkohlen von Jansen in Danzig [1]).

Die Heizversuche des Herrn Jansen sind ähnlich wie die englischen Versuche von Playfair vorzüglich zu dem Zwecke angestellt worden, eine grössere Zahl von Kohlensorten auf ihre Brauchbarkeit zur Schifffahrt mit einander zu vergleichen; sie wurden im Jahre 1862 mit dem Reservedampfkessel der Betriebsdampfmaschine für die Maschinenbauwerkstatt und Schiffschmiede der königlichen Werft zu Danzig ausgeführt.

Fig. 10.

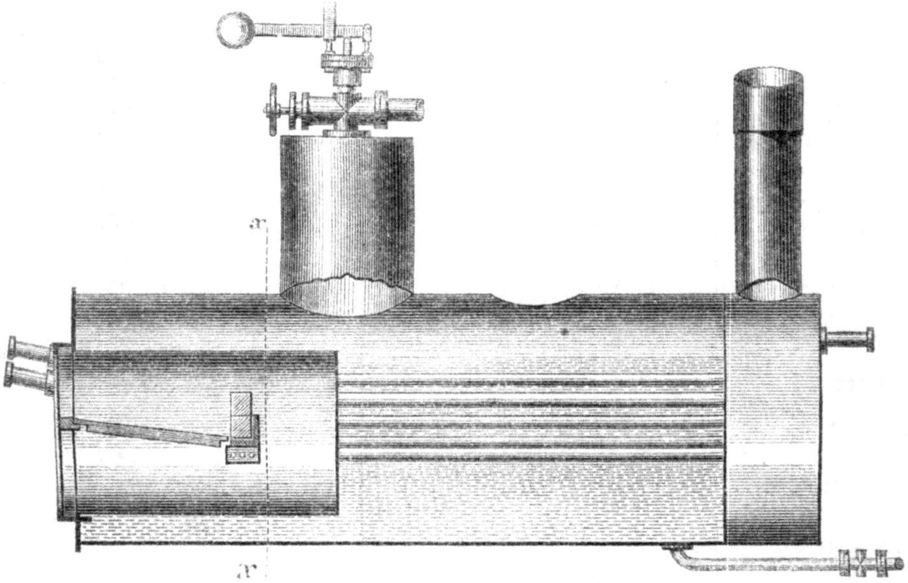

Fig. 11.

Durchschnitt nach x x.

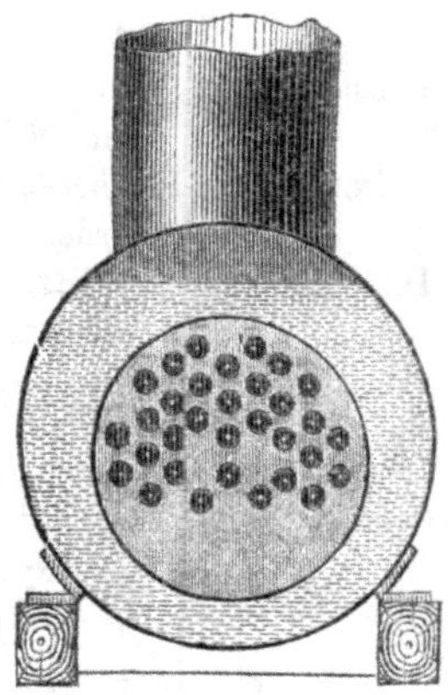

Die Einrichtung desselben ist aus vorstehenden Holzschnitten (Fig. 10 u. 11) ersichtlich. Die Länge des cylindrischen Kesselmantels von 45 Zoll (preuss.) lichter Weite beträgt $11\frac{1}{2}$ Fuss, einschliesslich der $1\frac{1}{2}$ Fuss langen Rauchkammer, welche einen 50 Fuss hohen und 1 Fuss weiten Schornstein trägt. Der Kessel hat 32 Stück schmiedeiserne Feuerröhren von $2\frac{1}{4}$ Zoll innerem Durchmesser und 6 Fuss Länge. Die cylindrische Feuerbüchse ist 4 Fuss lang bei einem inneren Durchmesser von 30 Zoll. Der Rost hat eine Breite von $29\frac{3}{4}$ Zoll und Roststäbe von 27 Zoll Länge, so dass die gesammte Rostfläche sich zu 803,25 Quadratzoll = 5,58 Quadratfuss = 0,55 Quadratmeter berechnet. Die Entfernung des Rostes von dem inneren Scheitel der Feuerbüchse beträgt vorn $12\frac{1}{2}$ Zoll, hinten $16\frac{1}{2}$ Zoll, die der Feuerbrücke $7\frac{3}{4}$ Zoll. Die totale Heizfläche des Kessels beträgt 147,5 Quadratfuss = 14,53 Quadratmeter. Der Kessel ist mit einem 24 Zoll weiten und 30 Zoll hohen Dom versehen.

Das für die Speisung des Kessels bestimmte Wasser wurde durch die Kaltwasserpumpe der Dampfmaschine in zwei cubische nach jeder Dimension 4 Fuss weite und mit 3 Fuss langen Wasserstandsgläsern versehene Wasserbehälter gedrückt. Auf jedem Behälter war hinter dem Wasserstandsglase eine Scala angebracht und auf dem Glase liess sich ein Zeiger bewegen, dessen Spitze auf die Scala zeigte und so ein genaues Ablesen ermöglichte. Die Anfertigung der Scala geschah durch Einfüllen abgewogener Wasserquanten von je 100 Pfund (bei einer Temperatur von 1° R.) und Theilung der so gefundenen Intervalle. Durch eine Rohrleitung stehen die Wasserbehälter mit der Kesselspeisepumpe der Dampfmaschine in Verbindung. Jeder der beiden Behälter ist mit einem Hahn versehen, welcher die Verbindung mit der Pumpe vermittelt, so dass stets aus dem einen Behälter gespeist werden kann, während der andere abgestellt ist und durch die Kaltwasserpumpe mit Wasser gefüllt wird. Das aus dem Behälter durch die Speisepumpe gesaugte Wasser wurde durch einen Vorwärmer nach dem Kessel gedrückt. Derselbe besteht aus einer Erweiterung des zu der Hochdruckdampfmaschine gehörigen Dampfabgangsrohrs, durch welches das Speiserohr geführt ist. Die Wasserstände der Behälter beim Beginn und bei der Beendigung des täglichen Versuchs wurden

[1]) Zeitschrift für das Berg-, Hütten- und Salinenwesen im preussischen Staate, 1863, S. 26.

beobachtet und notirt und liessen das Gewicht des während des Versuchs verbrauchten Wassers berechnen. Stand und Temperatur des Kesselwassers waren zu Anfang und Ende der Versuche verschieden, so dass eine weiter unten anzugebende Correction des Speisewasserquantums erforderlich war. An dem Wasserstandsglase des Dampfkessels war eine Scala befestigt, deren Theilung dadurch erhalten war, dass abgewogene Quantitäten Wasser in den Kessel geschüttet wurden. Bei einem Inhalt von 4180 Pfund war das Wasser im Glase zuerst sichtbar und wurden dann nur Quantitäten von 10 Pfund Wasser in den Kessel gebracht und der jedesmalige Stand des Wassers auf der Scala bemerkt. Der Kessel hielt ganz mit Wasser gefüllt 4760 Pfund. Die Temperatur des Wassers während des Ausmessens des Kessels war + 16° R

Die zum Heizen des Kessels verwendeten Kohlen wurden zuerst in Stücke zerschlagen, so dass das Gewicht der grössten nicht über ein Pfund betrug und dann mittels eines unter 40° geneigten Siebes von $1\frac{1}{8}$ Zoll Maschenweite gesiebt und so von dem Grus befreit. Von diesen Kohlen wurde alsdann die zu einem Versuch erforderliche Menge abgewogen und vor Beginn desselben in den Heizraum gebracht. Eine ebenfalls abgewogene kleinere Quantität Kohlen getrennt von diesen war zum Erwärmen des Kesselwassers bis zur Dampfbildung bestimmt. Vor dem Anzünden des Feuers wurde die Temperatur und der Stand des Kesselwassers beobachtet und dann durch eine geringe Menge Spähne die zum Anheizen bestimmten Kohlen auf dem Rost in Brand gesetzt. Sobald das Manometer eine Dampfspannung von einem Pfund im Kessel anzeigte, wurde die Zeit als Beginn des Versuchs in die Tabelle eingetragen, der Stand des Kesselwassers beobachtet und dann der Kessel mit den für den Versuch selbst bestimmten Kohlen geheizt. Der Rest der Kohlen, welche zum Anheizen bestimmt waren, wurde zurückgewogen und durch Subtraction dieses Gewichts von dem ursprünglichen das Gewicht der Kohlen erhalten, welche verbraucht waren, um das Kesselwasser von seiner anfänglichen Temperatur bis zur Dampfbildung zu erwärmen.

Die Kohlen wurden in Quantitäten von zwei oder drei Schaufeln voll aufgegeben und gleichmässig über den Rost ausgebreitet. Im Laufe des Tages wurde, wenn das Feuer hell und gut brannte, der Aschenfall gereinigt und da der Inhalt desselben noch zum Theil aus unverbrannten kleinen Kohlenstücken und aus Koks bestand, dieser nochmals auf den Rost gebracht. Die Temperatur des Wassers in den Behältern, sowie die Temperatur des Speisewassers, nachdem es den Vorwärmer passirt hatte, ist stündlich aufgezeichnet worden. Die Dampfspannung wurde ebenfalls stündlich notirt und fünfmal täglich erfolgte die Aufzeichnung der Lufttemperatur im Freien und im Kesselhaus.

Nach Beendigung des täglichen Versuchs wurde der Aschenfall gereinigt, das Feuer aus dem Kessel herausgezogen und mit Wasser ausgegossen; dann am nächsten Morgen das Gewicht des gesammten Rückstandes ermittelt und derselbe durch ein Sieb mit $\frac{3}{16}$ Zoll langen und breiten Maschen von der Asche getrennt. Der auf dem Sieb verbliebene Rest wurde sortirt und die so erhaltenen Steine, Schlacken und Koks besonders gewogen. Die Summe dieser drei Gewichte von dem ursprünglichen Gewicht des gesammten Rückstandes subtrahirt, gab das Gewicht der Asche. Am Schlusse der Versuche mit jeder einzelnen Sorte der geprüften Kohlen wurden die Feuerröhren des Kessels gefegt und das Gewicht der Flugasche ermittelt, welche sich in den Röhren, sowie in der Rauchkammer und hinter der Feuerbrücke abgelagert hatte. Durch Klopfen mit einem hölzernen Hammer wurde auch der eiserne Schornstein von dem Russ gereinigt und das Gewicht desselben ermittelt. Eine nicht unbedeutende Quantität Russ hatte in den Feuerröhren sich oft mit Flugasche abgelagert, beide liessen sich nicht trennen und somit ist das Gewicht des wirklich gebildeten Russes öfters viel höher als angegeben.

An verschiedenen Stellen des Kessels waren, um die Beschaffenheit der Flamme zu beurtheilen, Schaulöcher angebracht, und zwar eines an der Stirnfläche des Kessels, eines in der Feuerthüre, andere hinten an der Rauchkammer und in einer Höhe von 3 Fuss im Schornstein. Durch die beiden ersten konnte das Verhalten der Kohlen auf dem Rost, sowie die Farbe und Länge der Flamme beobachtet werden, so dass sich danach angeben liess, ob die Kohlen beim Verbrennen sich aufblähen und backen, ob sie mit langer oder kurzer Flamme brennen und ob die Farbe derselben heller oder dunkler ist. Zu verschiedenen Tageszeiten während des Versuchs wurde beobachtet, wie lange der Rauch nach dem

Aufgeben der Kohlen an der Krone des Schornsteins sichtbar war, und die Zeitdauer sowie das Ansehen des Rauches notirt.

Mit jeder der zu untersuchenden Kohlensorten wurden in der Regel drei Versuche an drei auf einanderfolgenden Tagen angestellt. Als Beispiel für das Verfahren bei den Versuchen möge der erste Versuch mit den Kohlen vom Pochhammerflötz der Königin Louisen-Grube dienen, welcher am 20. Mai 1862 stattfand. Am Montag den 19. Mai, vor dem Versuchstage wurde der Kessel mit Wasser gefüllt, nachdem seine Feuerröhren, sowie der Rost und der Schornstein gereinigt worden waren. Um den ersten Versuch unter denselben Umständen anstellen zu können, wie die beiden folgenden, erschien es wünschenswerth, das Kesselwasser am Morgen vor Beginn des Versuchs von ungefähr derselben Temperatur zu haben, welche es am zweiten und dritten Tag besass. Es wurde desshalb am Montag der Kessel mit einer nicht gewogenen Quantität Kohlen geheizt, bis das Manometer eine Dampfspannung von circa $1\frac{1}{2}$ Atmosphären Ueberdruck anzeigte. Hierauf wurde der Rost und der Aschenfall gereinigt und in den Heizraum 900 Pfund der zerschlagenen und gesiebten Kohlen für den Versuch sowie 50 Pfund zum Anheizen gebracht. Am Dienstag Morgen um 4 Uhr 45 Minuten wurde die Temperatur des Kesselwassers und der Stand desselben im Wasserstandsglase beobachtet und notirt. Das Wasser war 57° R. warm und die Scala zeigte einen Inhalt von 4240 Pfund Wasser im Kessel. Um 4 Uhr 50 Min. wurde das Feuer auf dem Rost durch eine Quantität Spähne angezündet und von den 50 Pfund der zum Anheizen bestimmten Kohlen aufgegeben. Um 5 Uhr 3 Min. zeigte das Manometer eine Dampfspannung von 1 Pfund, während sich das Kesselwasser soweit ausgedehnt hatte, dass die Scala einen Inhalt von 4280 Pfund anzeigte. Diese Zeit, 5 Uhr 3 Min., wurde als Beginn des Versuchs angenommen und notirt und jetzt von den oben erwähnten 900 Pfund aufgegeben. Um 5 Uhr 30 Min. wurde die Maschine bei einer Dampfspannung von 35 Pfund angelassen und der erste Wasserbehälter durch Oeffnen des Hahns mit der Speisepumpe in Verbindung gebracht, nachdem vorher der Wasserstand im Behälter beobachtet und notirt worden war. Die Kohlen wurden von dieser Zeit an in regelmässsigen Zwischenräumen und in Quantitäten von 2—3 Schaufeln auf den Rost gegeben und gleichmässig darauf verbreitet. Die Temperatur des Wassers in dem Behälter und die des Speisewassers, welches den Vorwärmer passirt hatte, sowie der Manometerstand wurden stündlich aufgezeichnet. Die Temperatur des Speisewassers konnte nicht constant erhalten werden und wurde daher häufig halbstündlich beobachtet. Wenn das Wasser aus dem ersten Behälter ziemlich verbraucht war, wurde der zweite mit der Speisepumpe in Verbindung gebracht, und der erste abgestellt; hatte sich der Rest des Wassers in ihm beruhigt, so wurde der Wasserverbrauch notirt und der Behälter durch die Pumpe der Dampfmaschine mit frischem Wasser aus dem Brunnen gefüllt. Die Temperatur der Luft im Freien und im Kesselhaus wurde fünfmal täglich beobachtet und in die Tabelle eingetragen. Gegen Mittag, als das Feuer hell und gut brannte, wurde der Inhalt des Aschenfalls herausgezogen und da er sowohl kleine Kohlenstücke als Koks enthielt, noch einmal in geringen Quantitäten mit Kohlen zusammen auf den Rost gegeben. Um 5 Uhr 15 Min. Abends wurden zum letztenmal Kohlen aufgeworfen und als das Feuer gut und hell brannte, der Aschenfall gereinigt und dann bis 6 Uhr mit dem Inhalt desselben gefeuert. Um 6 Uhr Abends wurde die Maschine abgestellt, der Hahn am Wasserbehälter geschlossen und der Rost und Aschenfall gereinigt. Die Scala am Wasserstandsglase des Kessels gab um 6 Uhr bei einem Manometerstand von 23 Pfund einen Inhalt von 4470 Pfund Wasser im Kessel an. Aus den Wasserbehältern waren zusammen 6930 Pfund Wasser von einer durchschnittlichen Temperatur von 14,98° R. verbraucht. Am folgenden Morgen wurde vor Anzünden des Feuers die Temperatur und der Stand des Kesselwassers beobachtet. Das Wasser hatte eine Temperatur von 57° R. und die Scala am Kessel zeigte einen Inhalt von 4260 Pfund, so dass sich durch die Abkühlung der Wasserstand von 4470 auf 4260 vermindert hatte. Von den zum Anheizen bestimmten Kohlen waren 10 Pfund verblieben, also verbraucht 40 Pfund. Der Rest der Kohlen, welche zum Versuch bestimmt waren, wog $21\frac{1}{6}$ Pfund, so dass an dem Versuchstage der Verbrauch $877\frac{5}{6}$ Pfund betragen hatte. Der gesammte Rückstand aus dem Aschenfall wog 40 Pfund, er wurde gesiebt und sortirt und enthielt 10 Pfund 15 Loth Schlacke, 10 Pfund Koks und 19 Pfund 15 Loth Asche. Der wirkliche Wasserverbrauch während des Versuchs ergibt sich nach Ausführung aller Correctionen zu 6880 Pfund von einer durchschnittlichen Temperatur gleich 54,63° R. Jansen nimmt die Totalwärme des Dampfes zu 512 Calorien für Réaumurgrade (= 640 für Celsiusgrade) an und findet hiernach dasjenige Gewicht Wasser, dessen Verdampfung dieselbe Wärmemenge erfordert haben würde, wenn die Temperatur des Speisewassers 0° betragen hätte, zu 6144 Pfund; es hat daher 1 Pfund Kohle 6144 : 877,83 = 6,999 Pfund Wasser von 0° verdampft. Wird die Dauer des Versuchs von 5 Uhr 3 Min. früh bis 6 Uhr Abends gerechnet, so sind also in 12 Stunden 57 Min. 6144 Pfund Wasser durch 877,83 Pfund Steinkohlen verdampft; hieraus ergibt sich:

Wasserverbrauch pro Stunde	474,4	Pfund,
Kohlenverbrauch pro Stunde	67,8	„
Wasserverbrauch pro Stunde und 1 Quadratmeter Heizfläche . .	32,6	„
Kohlenverbrauch pro Stunde und 1 Quadratmeter Rostfläche . .	123	„

Es wurden in dieser Art 38 Versuche mit 13 verschiedenen Kohlensorten ausgeführt, deren Hauptergebnisse in folgender Tabelle enthalten sind.

Bezeichnung der geprüften Kohlen.	Gewicht des durch 1 Pfd. Kohle verdampften Wassers von 0° R.	Rückstand in Procenten des gesammten Kohlenverbrauchs.	Durchschnittliche Zeitdauer des Rauchens der Kohlen.
1. Newcastle-Kohlen, angeblich aus Bates West-Hartley-Minen .	5,283	4,52	10 Min.
2. Wales-Kohlen, angeblich aus Nixons Merthyr	7,363	8,40	1 „
3. Kohlen aus der Grube Sälzer & Neuack bei Essen	6,609	7,27	2 „
4. „ „ „ „ Hibernia in Gelsenkirchen (Westphalen)	6,623	4,28	10—12 „
5. „ „ „ „ Shamrock „ „ „	7,078	4,11	2—3 „
6. „ vom Gerhardflötz der Königsgrube, Oberschlesien . .	6,101	3,26	5—7 „
7. „ „ Heinitzflötz der Königin Louisengrube, Oberschl.	6,626	4,29	10 „
8. „ „ Redenflötz derselben Grube	6,665	4,19	5—7 „
9. „ „ Pochhammerflötz derselben Grube	6,899	3,76	4—6 „
10. „ der Segen Gottes-Grube aus Waldenburg, Niederschl.	6,403	5,21	5—7 „
11. Erzgebirgische Kohlen aus dem Vertrauensschacht.	5,560	7,69	6—8 „
12. Kohlen des Zwickauer Vereins aus der Grube Vereinsglück .	6,328	5,20	6—8 „
13. Zwickauer Kohle aus der Grube Hülfe Gottes	5,370	13,03	8—10 „

Die chemische Zusammensetzung der Kohlen ist nicht untersucht worden; auch fehlen leider die Angaben des Wassergehaltes. Die Kohlen von der Grube Vereinsglück bei Zwickau sind auch bei Gelegenheit der sächsischen Kohlenuntersuchung geprüft worden und ergaben hier eine nutzbare Verdampfungskraft von 6,63 Pfund Dampf aus Wasser von 0°; man wird daher die vorstehenden Zahlen für die nutzbare Verdampfungskraft mit den bei der sächsischen Arbeit gefundenen vergleichbar machen, wenn man jene mit $\frac{663}{633} = 1{,}05$ multiplicirt. Der Wirkungsgrad der von Jansen benutzten Kesselanlage hat etwa 60 Procent betragen.

Das Gewicht der in einem Tage gesammelten Flugasche betrug zwischen 4,5 Pfund (Grube Vereinsglück) und 13,0 Pfund (Grube Hülfe Gottes), das Gewicht des Russes zwischen 0,11 (Gerhardflötz der Königsgrube) und 1,00 Pfund (Pochhammerflötz der Königin Louisengrube).

4. Untersuchung sächsischer Steinkohlen, von Hartig.

Die technische Untersuchung der sächsischen Steinkohlen[1]), in den Jahren 1857 und 1858 ausgeführt, bildete einen Theil der grösseren auf Veranlassung des königl. sächs. Ministeriums des Innern zur Ausführung gekommenen geognostischen, chemischen, technischen und statistischen Arbeit, welcher bereits auf Seite 9 d. B. Erwähnung geschah. Die Leistung der Kohlen als Brennstoff wurde ähnlich wie bei Johnson und Brix durch Verdampfungsversuche an einem gut eingerichteten Dampfkesselofen ermittelt, bei dessen Wahl jedoch das Absehen vornehmlich darauf gerichtet war, alle Bedingungen möglichst herbeizuführen, unter denen die wichtigste praktische Verwendung der Kohlen wirklich erfolgt. Es wurde nämlich zur Durchführung der Versuche ein bereits im Gange befindlicher Hochdruckkessel in der Baumwollspinnerei von G. W. Schmidt in Chemnitz benützt. Da der bei den Versuchen erzeugte Dampf nicht in die Luft gelassen zu werden brauchte, sondern für den Betrieb einer Dampfmaschine Verwendung fand, so war es ohne Erhöhung des Aufwandes möglich, die Kohlen in sehr beträchtlichen Quantitäten zu verwenden; auch konnte in Hinsicht auf die vorhandene Rostfläche und Heizfläche weit stärker gefeuert werden, als bei den erwähnten früheren Untersuchungen, was den in der Praxis gewöhnlich eingehaltenen Verhältnissen besser entspricht.

[1]) Untersuchungen über die Heizkraft der Steinkohlen Sachsens, unter Aufsicht von Prof. Schneider ausgeführt von E. Hartig. Leipzig 1860.

Fig. 12.

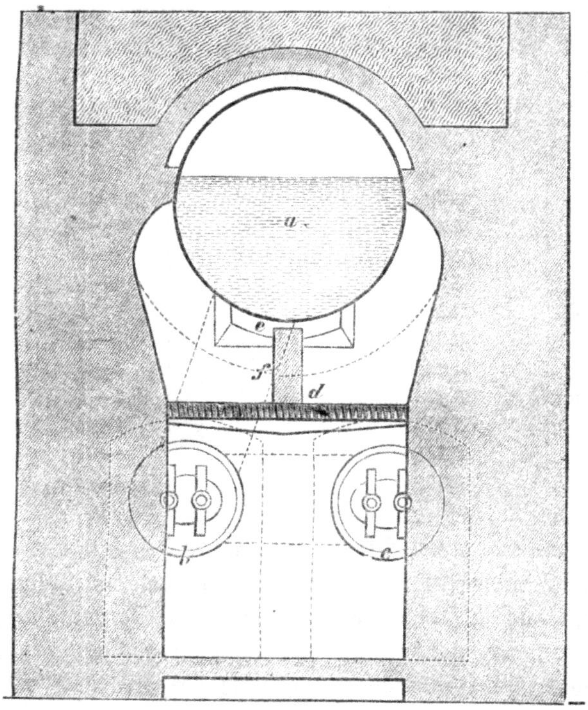

Der Versuchskessel, von welchem der nebenstehende Holzschnitt Fig. 12 einen Vertikaldurchschnitt gibt, bestand aus einem cylindrischen Hauptkessel *a* mit halbkugeligen Enden und zwei Siederöhren *b*, *c*, welche unter dem Niveau des Rostes *d* liegen; das Speisewasser tritt am hinteren Ende des engeren Siederohres *c* ein, geht am vordern Ende durch ein Verbindungsrohr nach dem zweiten Siederohr *b*, bewegt sich wieder nach hinten und steigt durch ein kurzes Verbindungsrohr in den Hauptkessel auf, wo es verdampft. Die Feuergase bewegen sich in gerade entgegengesetzter Richtung; sie streichen nämlich vom Rost *d* in dem Kanal *e* am Boden des Hauptkessels entlang, treten am hintersten Ende desselben durch einen Schlot nach unten in den Kanal, welcher das Siederohr *b* umgibt, bewegen sich nach vorn, gelangen hier in den Kanal des zweiten Siederohres *c* und entweichen am Ende desselben in den Schornstein; der Kessel ist also ein sogenannter Gegenstromkessel. Die totale Heizfläche desselben betrug 495 Quadratfuss = 39,7 Quadratmeter. Der Rost *d* liegt horizontal und in einem Abstand von 18 Zoll = 0,424 Meter unter dem Kesselboden. Die Fläche des Rostes betrug 23 Quadratfuss = 1,84 Quadratmeter, wurde aber bei einigen Versuchen durch aufgelegte Charmottesteine verkleinert. Das Verhältniss der Rostfugenfläche zur Rostfläche wurde im Laufe der Untersuchung vielfach abgeändert. Bei fast allen Versuchen war der Feuerraum durch eine Ziegelwand *f* in zwei Hälften getheilt, deren Beschickung abwechselnd erfolgte. Der Schornstein, in welchen noch die Feuergase von zwei anderen Kesselöfen strömten, hatte sehr grosse Dimensionen und bewirkte einen sehr heftigen Zug, so dass eine vorsichtige Handhabung des Zugschiebers erforderlich war. Die Speisung des Kessels erfolgte mittels einer besondern Dampfpumpe aus einem geaichten Messkasten.

Um von dem Einflusse eines ungleichen Wärmevorraths im Mauerwerk des Kessels zu Anfang und Ende eines Vorversuchs möglichst unabhängig zu werden, so wurde nach Ausführung einiger anders geleiteten Versuche Anfang und Schluss jedes Versuches auf die Mittagsstunde gelegt, während welcher jeden Tag die Dampfentwicklung unterbrochen ist. Ein Versuch beginnt Mittag 1 Uhr bei normaler Dampfspannung und bei völlig leerem Rost und Aschenraum; während der Nacht wird er unterbrochen, indem der Zugschieber gut geschlossen wird, am nächsten Morgen wieder aufgenommen und bis Mittag 12 Uhr fortgeführt. Es wurde dafür gesorgt, dass am Schlusse jedes Versuches dieselbe Dampfspannung, dieselbe Temperatur des Kesselwassers und derselbe Wasserstand im Kessel vorhanden war, wie beim Beginn. Die Mengen der während einer so begrenzten Periode verbrannten Kohle und des verdampften Wassers bildeten die Unterlagen für Berechnung der nutzbaren Verdampfungskraft der geprüften Kohlen.

Wir theilen im Folgenden die Hauptergebnisse der sächsischen Heizversuche mit, wobei diejenigen Versuche unberücksichtigt geblieben sind, bei denen durch erkennbar ungünstige Einflüsse ein besonders niedriger Werth für die Verdampfungskraft sich ergeben hat; der in der folgenden Tabelle aufgeführte Aschengehalt ist die Summe aller unverbrennlichen Rückstände, der vom Rost gezogenen Schlacken und der Asche aus dem Aschenfall; die so gefundene Zahl („praktischer Aschengehalt") ist weit sicherer, als der mit kleinen Proben festgestellte „theoretische Aschengehalt", weil er sich auf die ganze zu den Versuchen verwendete Kohlenmenge bezieht, und hat ausserdem ein grösseres praktisches Interesse. Die Verdampfungswerthe sind auch hier nur auf die Gewichtseinheit der Kohlen, nicht auf Maasseinheiten bezogen, wegen der Unsicherheit der Abmessung.

Bezeichnung der Kohle.	Aschengehalt. Procent.	Wassergehalt. Procent.	Nutzbare Verdampfungskraft für 1 Pfund der rohen Kohle.
A. Kohlen von Zwickau.			
Drei- u. einhalbelliges Pechkohlflötz v. Frisch Glück, Oberhohndorf	3,37	13,69	6,78
Zweielliges Pechkohlflötz von Beschert Glück, Oberhohndorf. .	4,20	13,97	6,79
Scherbenkohlflötz von Beschert Glück, Oberhohndorf	7,00	14,40	6,45
Lehekohlflötz der Fünfnachbargrube, „	7,79	13,29	6,57
Lehekohlflötz des Stölzelschachtes, „	7,73	13,21	6,12
Zachkohlflötz von Vereinigtfeld, „	11,34	11,94	6,29
Schichtenkohlflötz vom Auroraschacht, „	4,74	9,25	6,80
Schichtenkohlflötz von Kästner's Erben in Bockwa	7,85	15,14	6,21
Schichtenkohlflötz von Ehrler in Oberhohndorf	8,67	12,63	6,26
Hoffnungsflötz des Hoffnungsschachtes	8,31	10,27	6,66
Russkohlenflötz des Auroraschachtes	8,79	9,00	6,59
Russkohlenflötz von List's Erben, Bockwa	7,45	21,08	5,62
Russkohlenflötz des Robertschachtes, Cainsdorf	4,13	17,25	6,57
Amandusflötz des Segen-Gottes-Schachtes	5,97	10,07	6,68
Erstes Flötz des Bürgergewerkschachtes	11,37	11,64	5,87
Obere Abtheilung A des tiefen Planitzer Flötzes, v. Arnim's Werke zu Planitz	4,34	16,45	6,25
Ludwigflötz des Segen-Gottes-Schachtes	5,83	10,64	6,98
Zweites Flötz des Bürgergewerkschachtes	5,86	11,41	6,48
Mittlere Abtheilung B des tiefen Planitzer Flötzes, v. Arnim's Werke zu Planitz	5,91	14,14	6,79
Vierte Abth. (B) des tiefen Plan. Flötzes von Kraft & Lücke, Cainsdorf	6,05	17,65	6,48
Segen-Gottes-Flötz des Segen-Gottes-Schachtes bei Zwickau .	7,32	9,77	6,55
Tiefes Pechkohlflötz des Vereinsglückschachtes	7,97	9,61	6,69
B. Kohlen von Lugau und Niederwürschnitz.			
Pechkohle vom Carlschacht	6,07	14,59	6,35
Russkohle von der Tagesstrecke	5,37	18,78	6,28
Russkohle vom Carlschacht	7,75	14,40	6,13
Waschkohle vom Bachschacht	6,75	24,76	5,34
Ungesiebter Kohlengrus vom Vereinigungsschacht	19,86	19,96	4,56
C. Kohlen aus Flöha.			
Aus den Werken von C. F. Hesse.	59,41	4,88	2,58
D. Kohlen aus dem Plauen'schen Grunde.			
Weiche Schieferkohle aus Hänichen	22,93	6,09	6,10
Weiche Schieferkohle aus Burgk	17,39	5,63	6,21
Weiche Schieferkohle aus Potschappel	18,21	4,70	6,21
Weiche Schieferkohle aus Zaukeroda	16,02	8,01	6,34
Mittelkohle aus Hänichen	21,93	5,57	5,91
Mittelkohle aus Burgk	20,78	5,20	5,93
Nusskohle aus Potschappel	19,92	6,06	5,77
Schwarzharte Schieferkohle aus Burgk	28,61	5,83	5,39
Schwarzharte Schieferkohle aus Potschappel	30,82	4,52	5,23
Schwarzharte Schieferkohle aus Zaukeroda	20,89	6,46	5,39
Kalkkohle aus Zaukeroda	19,75	7,02	5,01
Kalkschieferkohle aus Hänichen.	44,98	5,66	3,86
E. Böhmische Braunkohlen.			
Aus der Nähe von Brüx	6,37	30,52	4,18
Aus der Nähe von Aussig	3,38	30,54	4,48

Bei Gelegenheit der in Rede stehenden Untersuchung wurden auch vergleichende Beobachtungen über die Grösse der Anstrengung gesammelt, welche die Bedienung des Feuers von Seite des Heizers für die verschiedenen Kohlensorten erfordert, und die bei Beurtheilung des Heizwerthes nicht unberücksichtigt bleiben sollte. Wenn es darauf ankommt, mit einer gegebenen Kesselanlage eine bestimmte Dampfmenge in vorgeschriebener Zeit regelmässig zu entwickeln, also etwa eine Dampfmaschine damit in regelmässigem Betriebe zu erhalten, so wird bei Anwendung verschiedener Kohlen die *Anstrengung, welche die Bedienung des Feuers erfordert*, eine sehr verschiedene sein. Sie wird abhängen von der Verdampfungskraft, von dem Aschengehalt, von dem Grade der Zerkleinerung der Kohlen, ferner davon, ob dieselben backen oder nicht, ob die entstehenden Schlacken leicht zusammenschmelzen, ob sie sich leicht entfernen lassen, ob sie den Rost häufig verstopfen. Die Aufgabe des Heizers ist es, unter allen Umständen das Feuer und damit die Dampfentwickelung in regelmässigem ununterbrochenen Gange zu erhalten; er muss in dem Maasse die Beschickungen des Rostes schneller oder langsamer aufeinander folgen lassen, als es der Dampfverbrauch fordert; er muss durch rechtzeitiges Aufschüren des Feuers und Abziehen der Schlacken dafür sorgen, dass die Rostfugen offen bleiben und die Luft in zureichender Menge eintreten kann. Nun ist es zwar nicht möglich, die *mechanische Arbeit*, welche zu diesen Manipulationen von Seiten des Heizers aufgewendet werden muss, zu messen; aber einen ungefähren Ausdruck für dieselbe erhält man, wenn man, natürlich unter Voraussetzung einer und derselben Feuerungsanlage und eines und desselben aufmerksamen Heizers, beobachtet: *die Zahl von Beschickungen und die Zahl von Schürungen, welche das Feuer erfordert, wenn eine bestimmte Dampfmenge entwickelt werden soll.* Mittels der Summe dieser beiden Zahlen lässt sich wenigstens eine annäherungsweise Vergleichung der verschiedenen Kohlensorten nach dem aufgestellten Gesichtspunkte durchführen; eine solche Vergleichung gestattet die folgende Tabelle; dieselbe gibt die Zahl der Beschickungen und Schürungen, welche bei den sächsischen Heizversuchen zur Verdampfung von 10000 Pfund Wasser von 0° erforderlich gewesen sind; das Gewicht einer Beschickung (auf den *ganzen* Rost) ist dabei gleichmässig zu 60 Pfund gerechnet worden:

Rang		Beschickungen	Schürungen	Summe dieser beiden Zahlen	Relative Anstrengung
1. Russkohle von Würschnitz . . .		25	3	28	1,00
2. Pechkohle „ „ . . .		25	4	29	1,04
3. Pechkohle von Zwickau		26	5	31	1,11
4. Russkohle „ „		26	6	32	1,14
5. Waschkohle von Würschnitz . . .		31	6	37	1,32
6. Böhmische Braunkohle		42	2	44	1,57
7. Weiche Schieferkohle	aus d. Plauenschen Grund	27	26	53	1,90
8. Mittelkohle, desgl.	aus d. Plauenschen Grund	29	27	56	2,00
9. Schwarzharte Schieferkohle	aus d. Plauenschen Grund	31	29	60	2,14
10. Kohlengrus von Würschnitz . . .		33	28	61	2,18
11. Kalkschieferkohle		44	43	87	3,11
12. Kohle von Flöha		66	62	128	4,57

Man kann nach dieser Tabelle rechnen, dass die Unterhaltung eines regelmässigen Feuers mit den Kohlen der Plauenschen Formation 2—3mal, mit der Kohle von Flöha 4—5mal soviel Anstrengung erfordert, als mit den Kohlen des Zwickau-Chemnitzer Beckens. Dass die Kohlen von Würschnitz denen von Zwickau voranstehen, erklärt sich bezüglich der Russkohle durch den Umstand, dass die von Würschnitz zu den Versuchen gelangten Proben durchgängig wegen des kürzern Transportes in geringerem Maasse zerkleinert waren, als die von Zwickau (zur Zeit der Versuche mussten die Zwickauer Kohlen über Leipzig transportirt werden); die *Pechkohle* von Würschnitz aber war sehr sorgfältig ausgelesen und brannte in Folge dessen sehr leicht und rasch nieder. Unsere Tabelle lässt ferner das Verfahren als gerechtfertigt erscheinen, wonach z. B. aus dem Würschnitzer Kohlengrus durch Absieben der grösseren Stücke und durch Auswaschen des feinern Pulvers die sogenannte *Waschkohle* hergestellt wird; ersterer erfordert bei seiner Verbrennung beinahe eine doppelt so grosse Anstrengung, wie letztere; allerdings ist diese Verbesserung auf Kosten der Verdampfungskraft herbeigeführt.

Es wurden ferner mittels der vorhandenen Apparate und Einrichtungen gleichzeitig mehre die Einrichtung und Bedienung der Kesselfeuerungen selbst betreffende Fragen zu beantworten gesucht. Wir geben im Folgenden von den hierbei erlangten Resultaten eine abgekürzte Darstellung, namentlich aus dem Grunde, weil dieselben auf die Zuverlässigkeit der oben mitgetheilten Zahlen ein helleres Licht werfen.

1) *Vergleichung des Versuchskessels mit einem andern Dampfkessel ohne Gegenströme, ohne Doppelrost.* Unmittelbar neben dem Versuchskessel befand sich zur Zeit der Versuche ein anderer Kessel, dessen Siederöhren nicht *unter*, sondern über dem Niveau des Rostes lagen und in welchem das Speiserohr auf den Boden des Hauptkessels nahe in der Mitte von dessen Länge ausmündete. Dieser Kessel, der also einen Dampfkessel *ohne Gegenströme* (Nichtstromkessel) repräsentirte, hatte zugleich einen *gewöhnlichen ungetheilten Rost* mit einer einzigen Feuerthüre. Da sich seine Speisung leicht von dem zur Wassermessung bestimmten geaichten Messkasten aus bewirken liess, so wurde eine Vergleichung beider Kesselanlagen auf ihre Verdampfungsleistung beschlossen. Als Brennmaterial kam dazu die Würschnitzer

Russkohle in Verwendung, welche immer bei der Hand war und von der man zwei Wagenladungen übereinander schütten und gut vermischen liess. Die nöthige Sorgfalt wurde selbstverständlich darauf verwendet, dass alle sonstigen, auf die Verdampfungskraft einwirkenden Umstände (Stärke des Feuers in Beziehung auf Rostfläche und Heizfläche, Verhältniss zwischen Rost- und Rostfugenfläche, sowie zwischen dieser und der Oeffnung des Zugschiebers) bei beiden Kesselanlagen zu möglichster Uebereinstimmung kamen. Aus zwei Parallelversuchen, bei denen dies in befriedigender Weise gelungen war, ergab sich, dass der Versuchskessel (mit Gegenströmen, mit Doppelrost) gegen den andern Dampfkessel (ohne diese Einrichtungen) einen ökonomischen Vortheil von 15,9 Procent (des kleinen Werthes) gewährte. Der Unterschied ist offenbar zwei Ursachen zuzuschreiben: der vollkommneren Verbrennung auf dem Doppelrost (die Kohlen rauchten stark auf dem einfachen Rost, besonders nach jeder neuen Beschickung), und der vollständigeren Uebertragung der erzeugten und den Verbrennungsgasen mitgetheilten Wärme an den Kessel in Folge der Gegenstromeinrichtung: die Temperatur der abziehenden Feuergase betrug bei dem Gegenstromkessel 271° C., bei dem Nichtstromkessel 317° C. Welcher Antheil des Gewinnes der Doppelrosteinrichtung allein zuzuschreiben ist, geht aus dem Folgenden hervor.

2) Versuche über den Vortheil des Doppelrostes mit abwechselnder Beschickung. Der Doppelrost des Versuchskessels liess sich durch Wegnahme der aufgemauerten Zwischenwand sehr leicht in einen einfachen Rost umwandeln. Um den ökonomischen Vortheil, welchen der getheilte Rost mit alternativer Beschickung gegen den gewöhnlichen, über die ganze Fläche gleichmässig beschickten Rost gewährt, mit Sicherheit festzustellen, wurden vier verschiedene Kohlen unter übrigens nahe gleichen Umständen auf beiden verbrannt; damit durch die Wegnahme der Zwischenwand keine Vergrösserung der Rostfläche eintrat, wurde die Breite des Rostes durch an den Seiten aufgemauerte Charmottesteine um so viel verringert, als die Dicke der Wand betrug. Der Doppelrost gewährte bei allen Versuchen gegen den einfachen Rost eine Brennstoffersparniss, und zwar betrug dieselbe bei der Pechkohle vom Lehekohlflötz des Stölzelschachtes in Oberhohndorf 10,8 Proc. (des kleinern Werthes), bei der Pechkohle von der mittlern Abtheilung des tiefen Planitzer Flötzes aus v. Arnim's Werken zu Planitz 14,4 Proc., bei der Würschnitzer Russkohle von der Tagesstrecke 2,8 Proc., bei der weichen Schieferkohle aus den königl. Werken in Zaukeroda 8,9 Proc., im Durchschnitt also 9,2 Proc. Eine völlig rauchfreie Verbrennung gelingt allerdings mit dem Doppelrost nur etwa bei den Russkohlen der Zwickauer und bei den schwarzharten Schieferkohlen der Plauenschen Formation; doch bringt man es auch bei den Pechkohlen der erstern und bei der weichen Schieferkohle der letztern dahin, dass nur eine mässige bis schwache Rauchentwickelung eintritt.

3) Versuche über starkes und schwaches Feuer. Dass es für eine ökonomische Verwendung der Brennstoffe von Nachtheil ist, die Kesselanlage allzustark zu feuern, ist zwar schon hinreichend bekannt; doch wurden auch darüber einige Versuche angestellt. Dadurch, dass man unter übrigens gleichen Verhältnissen die pro Stunde und Quadratfuss der Heizfläche verbrannte Kohlenmenge von 0,34 bis auf 0,60 Pfund erhöhte, stellte sich für die Würschnitzer Russkohle eine Verringerung der nutzbaren Verdampfungskraft von 7,97 auf 6,88 Pfund, also von 15,8 Proc. heraus und gleichzeitig eine Erhöhung der Temperatur der abziehenden Verbrennungsgase von 228 auf 292° C. Der Vortheil, welchen hiernach ein schwächeres vor einem sehr starken Feuer gewährt, ist offenbar vorzugsweise eine Folge davon, dass der Kessel bei jenem Zeit hat, die entwickelte Wärme vollständiger aufzunehmen. Aber es muss hinzugefügt werden, dass ein solcher Vortheil sich nur dann herausstellen wird, wenn mit der Abnahme des stündlich verbrannten Kohlenquantums auch eine entsprechende Verminderung des Zuges durch Schliessen des Zugschiebers Hand in Hand geht, wie es bei den besprochenen Versuchen der Fall gewesen ist; ausserdem würde die dem Feuer im Uebermaass zuströmende Luftmenge gerade den entgegengesetzten Erfolg herbeiführen. Hierüber geben die folgenden Versuche weiteren Aufschluss.

4) Versuche über den Einfluss der Zugschieberöffnung bei gleich starkem Feuer. Die sehr merkbare Einwirkung der Grösse der Zugschieberöffnung auf das Endergebniss der Versuche geht sehr deutlich aus den folgenden drei Versuchen hervor, welche mit der schwarzharten Schieferkohle aus Burgk (Plauensche Formation) unter sonst ganz gleichen Verhältnissen ausgeführt wurden:

Oeffnung des Zugschiebers	Temperatur der abziehenden Feuerluft	1 Pfund trockene Kohle gab Dampf
4 Zoll	212°	5,78 Pfund,
5 „	230°	5,58 „
6 „	261°	5,00 „

Die Vergrösserung der Zugschieberöffnung von 4 Zoll auf 6 Zoll führt sonach zu einer Verminderung der nutzbaren Verdampfungskraft der Kohle im Betrage von 15,8 Proc. Es geht hieraus hervor, dass bei Feuerungsanlagen mit starkziehendem Schornstein schon durch eine umsichtige Handhabung des Zugschiebers wesentliche Brennstoffersparnisse gemacht werden können. Die Gefahr eines zu starken Zuges ist um so grösser, als sich derselbe, wenn man nicht besondere Versuche darauf hin anstellt, durch keine augenfälligen Merkmale zu erkennen gibt. Seine schädliche Einwirkung auf die Nutzleistung des Kessels ist eine doppelte: er unterhält die Verbrennung mit einer zu grossen überschüssigen Luftmenge und erniedrigt so die Temperatur im Verbrennungsraum, führt aber auch die Verbrennungsgase mit einer grösseren Geschwindigkeit durch die Rauchkanäle und lässt ihnen weniger Zeit, ihre Wärme an den Kessel abzugeben; daher erklärt sich, dass, wie man allerdings nach dem ersten

Theile der Einwirkung nicht erwarten sollte, die Feuerluft bei starkem Zuge den Kessel immer mit einer höheren Temperatur verlässt, als bei schwachem.

5) Versuche über den Einfluss des Verhältnisses zwischen Rostfugen- und Rostfläche Obgleich die über diesen Einfluss angestellten Versuche sich nicht in sehr weiten Grenzen bewegt haben, da das zweckmässigste Verhältniss zwischen Rostfugen- und Rostfläche bereits durch anderweite Erfahrungen hinreichend festgestellt ist, so lässt sich doch aus den erhaltenen Resultaten deutlich erkennen, dass es für die Leistung des Kessels am vortheilhaftesten ist, die Rostfugenfläche so klein zu machen, als es die regelmässige Unterhaltung und bequeme Bedienung des Feuers überhaupt zulässt. Durch Verkleinerung der Rostfugenfläche wird ebenso, wie durch Verminderung des Zuges die zu dem Feuer strömende Luftmenge reducirt und die Bewegung der Feuergase in den Zügen verlangsamt, sowie auch die Menge der durch den Rost fallenden brennbaren Theile vermindert. Als zweckmässigster Werth für die Grösse der Rostfugenfläche ergibt sich aus den Versuchen $^1/_7$ bis $^1/_6$ der Rostfläche, ein Verhältniss, das nur bei den aschenreicheren Kohlen der Plauenschen Formation aus Rücksicht auf die leichtere Bedienung des Feuers auf $^1/_5$ bis $^1/_4$ zu erhöhen sein dürfte.

6) Versuche über den Einfluss der Bedienung des Feuers. Da die Anwendung des Doppelrostes wenigstens bei starkem Feuer eine ganz vollständige Verbrennung für alle Kohlen noch keineswegs ermöglicht, so wurden noch einige andere in der Feuerungspraxis zuweilen übliche Mittel erprobt, um den Zweck der vollständigeren Verbrennung und daraus hervorgehenden Rauchverhütung vollkommen zu erreichen. Zu diesen Mitteln gehört z. B. die bekannte Abänderung in der Bedienung des Feuers, wonach die Kohlen nicht gleichmässig über die ganze Rostfläche, sondern nur auf den vordern Theil derselben aufgeworfen werden, nachdem die glühenden Koks und Schlacken nach dem hintern Ende desselben zusammengeschoben worden sind. Hierdurch gerathen die frischen Kohlen nur allmählig in Brand, der Luftzutritt ist nur auf der vordern Hälfte des Rostes unterbrochen und die hier sich entwickelnden brennbaren Gase finden, indem sie über die hintere hinwegstreichen, den erforderlichen Sauerstoff von hoher Temperatur, um völlig zu verbrennen. In der That gelang unter Anwendung dieses Verfahrens, namentlich bei gleichzeitiger Verstärkung des Zugs, die Verbrennung und Rauchverhütung weit vollständiger, als bei der gewöhnlichen Beschickungsweise. Aber es wurde damit niemals ein ökonomischer Vortheil erreicht; die verschiedensten, zur Anwendung gekommenen Steinkohlen ergaben durchgängig eine um 2 bis 13 Proc. geringere Verdampfungskraft. Die Methode führt ohne Zweifel die Gefahr eines zu bedeutenden Luftzutrittes herbei; es ist bei ihr nicht möglich, den Hinterrost in dem Maasse mit Brennmaterial bedeckt zu erhalten, als es der hier stattfindenden raschen Verbrennung entsprechen sollte, zumal die Beaufsichtigung dieses Theiles durch die starke Flamme des Vorderrostes sehr erschwert wird.

Eine andere ebenfalls der Prüfung unterworfene Abänderung in der Bedienung des Feuers bestand darin, dass man zwar die Kohlen gleichmässig über die Rostfläche verbreitete, sie aber unmittelbar nach jeder Beschickung am vordern Ende um 3—4 Zoll nach hinten schob und so der Luft Gelegenheit gab, durch die an dieser Stelle unbedeckten Rostfugen einzutreten und, über den ganzen Rost hinstreichend, zur Verbrennung der Gase mitzuwirken. Auch hierdurch gelang die Rauchverbrennung bei einer sonst sehr stark rauchenden Zwickauer Pechkohle in befriedigender Weise; aber es stellte sich ebenfalls keine Brennstoffersparniss heraus, sondern ein Mehraufwand von 3,6 Proc. Es bleibt sonach für eine ökonomische Verwendung der Steinkohlen in Beziehung auf die Bedienung des Feuers die Vorschrift die beste, die Kohlen gleichmässig über den ganzen Rost aufzuwerfen und denselben an allen Stellen damit bedeckt zu erhalten. Unter Anwendung des getheilten Rostes und der abwechselnden Beschickungsweise, sowie bei hinreichend kleinen Beschickungen gelingt hierdurch die Verbrennung der Kohlen und die Verminderung des Rauches hinreichend vollständig, als dass sich die Anwendung besonderer darauf gerichteter Apparate und Methoden rechtfertigen liesse. Es ist augenscheinlich, dass die vollständigste Verbrennung des letzten Restes von Kohlenstoff, genannt Rauch, und der denselben begleitenden noch brennbaren Gase nur durch Zuführung eines bedeutenden Ueberschusses von atmosphärischer Luft bewirkt werden kann, eines Ueberschusses, der die Temperatur der Feuergase in den Zügen beträchtlich herabzieht und der zur Folge hat, dass ein geringerer Antheil der ganzen erzeugten Wärme in den Kessel tritt, ein grösserer aber von den entweichenden Gasen durch den Schornstein fortgeführt wird.

5. Heizversuche mit hannover'schen und westphälischen Steinkohlen, von Dr. Sauerwein in Hannover [1]).

Die gesteigerten Anforderungen der Industrie und die Verkehrserleichterungen, welche es eben so nothwendig als möglich machten, dass man sich nicht mehr ausschliesslich auf die einheimischen und in nächster Nähe vorkommenden Brennstoffe beschränke, hatten es schon seit längerer Zeit als wünschenswerth erscheinen lassen, über den Gebrauchswerth der hannover'schen Kohlen im Vergleich mit den neuerdings in erheblichem Umfang Eingang findenden fremden und namentlich westphälischen Steinkohlen ein zuverlässiges Urtheil zu gewinnen. Zu diesem Zwecke waren bereits im Jahre 1858 von dem

[1]) Mitth. des Gewerbevereins für das Königreich Hannover 1863, Seite 137.

Maschinendirector Kirchweger vergleichende Heizproben mit verschiedenen in Hannover in Gebrauch kommenden Brennstoffen und Steinkohlen ausgeführt und deren Resultate in einem gedruckten Tableau veröffentlicht worden. In ähnlicher Weise waren in den Jahren 1859 und 1861 vergleichende Heizversuche mit westphälischen und hannover'schen Kohlen in der königl. Münze und in der hannover'schen Eisengiesserei angestellt worden. Alle diese Versuche hatten jedoch nicht in dem erforderlichen Umfang und mit der wünschenswerthen Genauigkeit angestellt werden können, um die herrschende Unsicherheit ganz zu beseitigen. Es wurde daher gegen Ende des Jahres 1861 der Plan gefasst, eine derartige Untersuchung mit vollständigeren Hilfsmitteln und in ausgedehnterem Maassstabe durchzuführen, wozu von der hannover'schen Regierung die Kosten bewilligt wurden. Eine aus den Professoren Karmarsch, Heeren und Rühlmann an der polytechnischen Schule und dem Finanz-Assessor Osann gebildete Commission übernahm die Anordnung und Ueberwachung der Versuche, deren specielle Leitung durch Dr. Sauerwein erfolgte. Man einigte sich, das bei der sächsischen Kohlenuntersuchung angewendete Verfahren zu befolgen und bediente sich wie dort einer schon bestehenden Kesselanlage in der Flachsspinnerei und Weberei von Gräber, Stelling & Co.

Fig. 13.

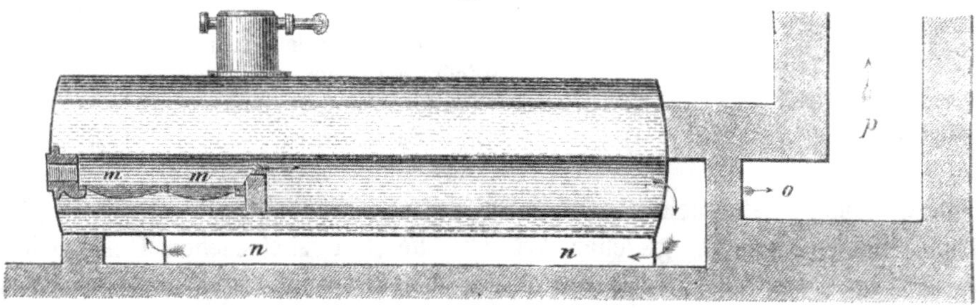

Fig. 14.

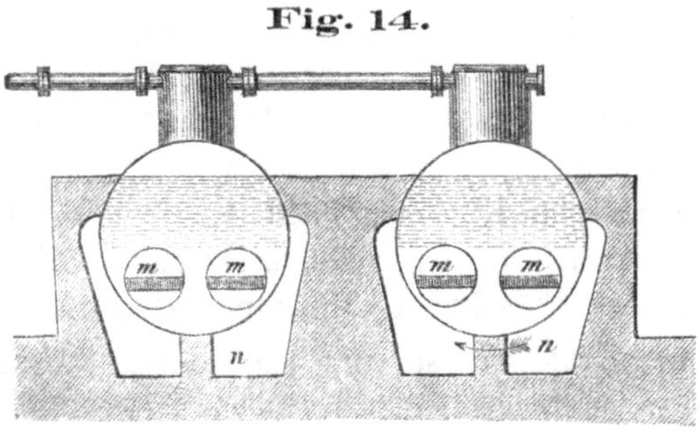

Die beiden zu den Versuchen benutzten Kessel, von Piedboeuf in Aachen gebaut, sind sogenannte Fairbairnkessel mit Innen- und Doppelfeuerung und von übereinstimmender Grösse; innerer Durchmesser 6 Fuss 3 Zoll (hannov.), Länge = 25 Fuss 9 Zoll; Dicke des Blechs = $^5/_8$ Zoll; die Feuerrohre *m* (Fig. 13 und 14), deren bei jedem Kessel zwei vorhanden, haben eine lichte Weite von 29 Zoll bei einer Länge gleich der der Kessel; sie vereinigen sich am hintern Ende desselben zu einem gemeinschaftlichen Kanale *n*, der längs der einen Seite eines jeden Kessels nach vorn streicht, hier durch eine Oeffnung in der unter dem ganzen Kessel in einer Dicke von 1 Fuss sich erstreckenden Tragmauer hindurch auf die andere Seite des Kessels tritt und hier nach hinten weiter geführt wird. Die Verbrennungsgase treten durch den mit Zugschieber versehenen Fuchs *o*, der bei einer Breite von 2 Fuss eine Höhe von $2^1/_2$ Fuss besitzt, in den Schornstein *p*. Diese Züge umfassen bei einer Länge gleich der des Kessels auf jeder Seite 5 Fuss 4 Zoll vom Umfange der Kesselfläche, im Ganzen also 10 Fuss 8 Zoll per Kessel. Die Gesammtheizfläche eines jeden Kessels beträgt demzufolge 615 Quadratfuss = 52,5 Quadratmeter; die Gesammtlänge der Züge bei jedem Kessel von der Feuerbrücke bis zum Schieber etwa 75 Fuss. Die Roste sind gewöhnliche Doppelroste von 6 Fuss Länge, in der Mitte getheilt; ihre Breite = 29 Zoll. Die Rostfläche ist demnach $14^1/_2$ Quadratfuss und da in jedem Kessel zwei Feuerrohre sich befinden, so ist die Gesammtrostfläche pro Kessel = 29 Quadratfuss = 2,474 Quadratmeter. Das anfänglich vorhandene Verhältniss der Rostfläche zur Rostfugenfläche = 1 : 0,275 wurde bei Prüfung der Deisterkohlen beibehalten, erfuhr aber bei den Versuchen mit westphälischen Kohlen eine Abänderung. Der Schornstein hat unten $5^1/_2$ Fuss im Quadrat und eine Höhe von 100 Fuss. Um die Abkühlung an der obern freiliegenden Seite der Kessel thunlichst zu mindern, wurden dieselben mit einer 12 Zoll hohen Aschenschicht überdeckt. Da beide Kessel eine gemeinschaftliche Dampfabführung hatten, so wurden sie immer gemeinsam benutzt.

Die Kohlen wurden mittels einer genauen Decimalwaage abgewogen, das Speisewasser in einem mit Zinkblech ausgeschlagenen Messkasten von Eichenholz ($4^1/_2$ Fuss hoch, 4 Fuss breit, 5 Fuss lang) gemessen, welcher in gleicher Art wie bei den sächsischen Heizversuchen durch directes Einfüllen abgewogener Wassermengen geaicht worden war; die graduirte Glasröhre erhielt den Nullpunkt in der Mitte ihrer Länge, was als eine sehr zweckmässige Abänderung erscheint, da hier nur einfach die betreffenden Zahlengrössen für das abgelassene Wasser über und unter dem Nullpunkt zusammenaddirt zu werden brauchen, die mühsame Einstellung des Wasserspiegels beim Füllen des Kastens auf eine bestimmte Marke aber wegfällt. Die Versuche begannen am 21. Juli 1862 und wurden genau nach demselben Programme durchgeführt, wie die sächsischen und unter Benutzung derselben Formulare für die Protokolle. Es wurden im Ganzen 52 einzelne Versuche angestellt und zwar 24 Versuche mit 7 verschiedenen Kohlen vom Deister und Osterwalde, 7 Versuche mit 2 Kohlen von Stadthagen, 20 Versuche mit 11 verschiedenen westphälischen Kohlen und ein Versuch mit einer Mischung von einer westphälischen und einer Deisterkohle. Die Angabe der Heizkraft ist in derselben Einheit (Dampf von 150° C. aus Wasser von 0°) erfolgt, wie bei den sächsischen Versuchen. Die Durchschnittswerthe für die nutzbare Verdampfungskraft der untersuchten Kohlen sind in folgender Tabelle enthalten.

Schwarzkohlen:	Nutzbare Verdampfungskraft für 1 Pfd. d. rohen Kohle
1. Vom Deister:	
a) Von Hohewarte	5,56
b) Von Barsinghausen (königl. Zechen)	5,63
c) Vom Kniggenbrink	5,79
d) Vom Kloster Barsinghausen	5,84
e) Von Hohenbostel	5,44
f) Von Bröner Zechen	4,99
2. Vom Osterwald	5,36
3. Von Obernkirchen	5,97
4. Von Westphalen (Steinkohlen):	
a) Von Zeche Westphalia, melirt	6,26

Steinkohlen:	Nutzbare Verdampfungskraft für 1 Pfd. d. rohen Kohle
b) Von Zeche Westphalia, Grus	5,98
c) „ „ Johannes Erbstolln, Grus	5,92
d) „ „ Louise Tiefbau, melirt	6,68
e) „ „ Pluto, melirt	6,18
f) „ „ Krone, melirt	6,54
g) „ „ „ Grus	6,37
h) „ „ Friedrich Wilhelm, melirt	6,35
i) „ „ Zollverein, melirt	6,42
k) „ „ Präsident, melirt	6,29
l) „ „ Neu-Essen, melirt	5,81

Von jeder der untersuchten Kohlen ist auch die chemische Zusammensetzung vermittels einer Elementaranalyse ermittelt worden, woraus man in gleicher Art wie bei der sächsischen Untersuchung die theoretische Heizkraft berechnet hat; das Verhältniss der letzteren zur nutzbaren berechnet sich im Durchschnitt auf 100 : 56,7 (wenn man bei dieser Rechnung den für die Schaumburger Kohlen, für welche der Rost unpassend war, sich ergebenden Werth 100 : 52,9 ausschliesst). Dass der Wirkungsgrad der bei der vorliegenden Untersuchung angewendeten Kessel keinen höheren Werth erreicht hat, kann bei der Grösse der Heizfläche und bei der niedrigen Temperatur der abziehenden Feuerluft (wenige Grade über oder unter 200) in Verwunderung setzen, würde sich aber wahrscheinlich erklären, wenn man die Zusammensetzung der abziehenden Gase untersucht hätte; nach der bedeutenden Oeffnungshöhe des Zugschiebers (24 Zoll) und der hohen Wassersäule im Zugmesser vor dem Schieber (durchschnittlich 15 Millimeter) scheint nämlich die Verbrennung mit einem allzu grossen überschüssigen Luftquantum erfolgt zu sein.

Was den Wassergehalt der untersuchten Kohlen anlangt, so hat sich nur ein geringer Unterschied zwischen den hannover'schen und westphälischen Kohlen herausgestellt, indem der Durchschnittswerth bei den Deisterkohlen 5,58 Procent, bei den westphälischen 5,41 Procent betrug. Der höchste beobachtete Wassergehalt war bei den Deisterkohlen 9,1 Procent (Kohle von Brön), der niedrigste 4 Proc. (Kohle von Barsinghausen). Die Grenzen, in denen der Wassergehalt bei den westphälischen Kohlen schwankte, sind ziemlich dieselben, nämlich 3,93 Proc. (Louise Tiefbau) und 8,7 Proc. (Neu-Essen). Es darf daher angenommen werden, dass für den praktischen Gebrauch im Grossen der Gehalt an hygroskopischem Wasser keinen irgend erheblichen Ausschlag für die grössere oder geringere Verdampfungskraft der hannover'schen oder westphälischen Kohlensorten gibt. Wenn sich der Wassergehalt der letztern bei der Untersuchung von Brix bedeutend niedriger herausgestellt hat, als hier, so dürfte dies den kleineren dort angewendeten Quantitäten zuzuschreiben sein, bei denen eine schnellere Abminderung des Wassergehaltes eintritt.

Rücksichtlich des Gehaltes an unverbrennlichen Substanzen hat sich durch die Analyse ergeben, dass derselbe bei den Deisterkohlen im Durchschnitt 16,09 Proc. beträgt und zwischen 13,5 Proc. (Brön) und 20,2 Proc. (Hohenbostel) schwankt; bei den westphälischen Kohlen beträgt er im Durchschnitt

9,4 Proc. und schwankt zwischen den Grenzen 5,5 Proc. (Zollverein) und 13,5 Proc. (Neu-Essen); der bei den Heizversuchen selbst sich ergebende „praktische Aschengehalt" betrug bei den Deisterkohlen durchschnittlich 21,98 Proc., bei den westphälischen Kohlen 13,1 Proc.

Berechnet man, wie es bei der sächsischen Untersuchung geschehen ist, aus der Verdampfungskraft der rohen Kohle und aus Wasser- und Aschengehalt derselben die Verdampfungskraft der brennbaren Substanz, so ergeben sich die folgenden sehr gut übereinstimmenden Werthe:

Schwarzkohlen:	Nutzbare Verdampfungskraft für 1 Pfd. der brennbaren Substanz
1. Vom Deister:	
a) Hohewarte	7,81
b) Barsinghausen (königl. Zechen)	8,00
c) Kniggenbrink	7,71
d) Barsinghausen (Klosterbergwerk)	8,03
e) Hohenbostel	7,65
f) Brön	6,94
2) Vom Osterwald	7,63
3) Von Obernkirchen	7,67
4) Von Westphalen (Steinkohle):	
a) Westphalia, melirt	7,69

Steinkohlen:	Nutzbare Verdampfungskraft für 1 Pfd. der brennbaren Substanz
b) Westphalia, Grus	7,92
c) Johannes Erbstolln, Grus	7,75
d) Louise Tiefbau, melirt	7,61
e) Pluto, melirt	7,73
f) Krone, melirt	7,84
g) „ Grus	7,77
h) Friedrich Wilhelm, melirt	7,84
i) Zollverein, melirt	7,53
k) Präsident, melirt	7,76
l) Neu-Essen, melirt	7,65

Im Durchschnitt beträgt hiernach die nutzbare Verdampfungskraft für 1 Pfund der brennbaren Substanz bei den Deisterkohlen 7,73, bei den westphälischen Kohlen 7,74. Es zeigt sich also auch hier die schon bei der sächsischen Kohlenuntersuchung beobachtete grosse Uebereinstimmung in der Verdampfungskraft der verbrennlichen Substanz der verschiedenen Kohlen und man kann mit einer für die Praxis hinreichenden Genauigkeit annehmen, dass die Unterschiede in der Leistungsfähigkeit der verschiedenen Kohlen nur durch die Abweichungen im Aschen- und Wassergehalt (hier vorzugsweise im Aschengehalt) hervorgerufen sind. Diese Bemerkung findet auch durch die chemische Analyse ihre Bestätigung; die brennbare Substanz der Deisterkohlen besteht im Durchschnitt aus 5,67 Proc. Wasserstoff, 83,04 Proc. Kohlenstoff, 11,29 Proc. Sauerstoff (Stickstoff etc.), die der westphälischen Kohlen aus 4,89 Proc. Wasserstoff, 87,83 Proc. Kohlenstoff, 7,28 Proc. Sauerstoff, woraus sich für die ersteren die theoretische Heizkraft zu 8177, für die letztern zu 8468 Calorien berechnet. Dass die Uebereinstimmung hier etwas geringer erscheint, dürfte sich vornehmlich durch die Schwierigkeit erklären, aus so grossen Kohlenmengen, wie sie bei diesen Versuchen Verwendung fanden, eine völlig genaue Durchschnittsprobe für die Analyse zu erhalten.

Der Berichterstatter leitet aus seinen Versuchen das Ergebniss ab, dass die nutzbare Verdampfungskraft der westphälischen und Deisterkohlen bei gleichen Gewichtsquanten in dem durchschnittlichen Verhältniss 9 : 8, bei gleichen Raumquanten aber in dem Verhältniss 27 : 25 steht. Das Durchschnittsgewicht eines Himpten beträgt nämlich bei den Deisterkohlen 51,84, bei den westphälischen Kohlen 49,77 Pfund.

Durch Vergleichung der Ergebnisse, welche sich auf drei sowohl von Sauerwein als auch von Brix untersuchte westphälische Kohlensorten beziehen, berechnet sich der Reductionsfactor, mit welchem die vorstehend mitgetheilten Verdampfungswerthe zu multipliciren sind, um sie den sächsischen vergleichbar zu machen, zu 1,14.

6. Untersuchungen über die Kohlen Oesterreichs.

Die Idee einer systematischen Untersuchung über die Heizkraft und mehre andere technisch wichtige Eigenschaften der Kohlen Oesterreichs wurde zuerst im Jahre 1849 von der kais. Akademie der Wissenschaften gefasst. [1]) Prof. Schrötter hatte die Aufmerksamkeit besonders auf die von Henry de la Beche und Playfair ausgeführte Untersuchung englischer Kohlen gerichtet, deren Resultate in dem

[1]) s. Jahrb. d. geolog. Reichsanstalt, 1850, S. 609.

2. Bande II. Abtheilung der „Memoirs of the Geological Survey“ publicirt worden waren; auf seinen Antrag wurde diese englische Arbeit durch Ritter Franz v. Hauer und Dr. Moser in's Deutsche übersetzt [1]). Eine Commission der mathematisch-naturwissenschaftlichen Classe der Akademie entwarf einen Plan, nach welchem die Untersuchung ausgeführt werden sollte; es waren folgende Punkte aufgezeichnet worden:

1) Eine naturhistorische Beschreibung der Kohle, Art ihres Vorkommens, mit Rücksicht auf die begleitenden Gesteine, die Versteinerungen etc.
2) Bestimmung der Dichte jeder Kohle und zwar sowohl als Ganzes wie auch in Pulverform; ersteres durch die Methode der Einhüllung mit Wachs, letzteres mittels des Volumeters.
3) Bestimmung der Cohäsionskraft der Kohlen nach der in England angewendeten Methode.
4) Der Wassergehalt und das gesammte hygroskopische Verhalten der Kohlen.
5) Der Aschengehalt und die übrigen Bestandtheile mittels der Elementaranalyse.
6) Der Stickstoffgehalt.
7) Die Bestimmung des Schwefels.
8) Die Analyse der Asche.
9) Bestimmung der Art und Menge der Koks, bei langsamem und schnellem Verkoksen.
10) Schwefelgehalt der Koks.
11) Heizwerthbestimmung für die Kohle und die Koks, nach der Berthier'schen Methode.
12) Das Verhalten der Kohle bei der Extraction mit Wasser, Aether und Kali.
13) Das Verhalten bei der Destillation zum Behufe der Bestimmung der Menge des Leuchtgases, des Theeres und der wässerigen Destillationsproducte der Kohle.
14) Die Beschaffenheit des Leuchtgases, namentlich die Bestimmung seines Schwefelgehaltes.
15) Die Beschaffenheit der übrigen Destillationsproducte der Kohle, nämlich des Theers und der wässerigen Flüssigkeiten.
16) Die Bestimmung der Wassermenge, welche die Kohle verdampfen kann.
17) Die Beobachtung des Verhaltens der Kohle beim Verbrennen im Grossen.

Obgleich zur Errichtung eines kleinen Versuchsgebäudes in der k. k. Porcellanfabrik in der Rossau wie zur Beschaffung der nöthigen Apparate, namentlich eines Dampfkessels, eine Summe von 5000 fl. aufgewendet worden war, so ist doch nur eine sehr kleine Zahl von Kohlen wirklich zur Untersuchung gelangt; es scheint, dass — wie auch sonst häufig das Beste der Feind des Guten ist — die Grösse des Planes dessen Durchführung verhinderte.

Die Angelegenheit wurde nach Verlauf mehrer Jahre von der k. k. geologischen Reichsanstalt wieder aufgenommen, in deren Laboratorium nach und nach eine sehr grosse Zahl von Kohlen untersucht wurden; zwar beschränkte sich die Untersuchung auf Bestimmung des Aschengehaltes, des Wassergehaltes und der Koksmenge, sowie auf Ausführung der Berthier'schen Heizwerthprüfung — die man nach dem ersten Plane „mehr nur zur Ermittlung ihres Werthes“ hatte ausführen wollen — doch erstreckte sie sich bald auf alle wichtigeren österreichischen Kohlensorten und fand allerwärts das lebhafteste Interesse. Die Resultate sind in fast sämmtlichen Bänden des Jahrbuchs der k. k. geologischen Reichsanstalt zerstreut enthalten und im Jahre 1862 durch Carl Ritter von Hauer in dem werthvollen bereits in zweiter Auflage erschienenen Buche „die fossilen Kohlen Oesterreichs, classificirt nach ihrem Formationsalter und Brennwerthe“ zusammengestellt und einem grösseren Leserkreis zugänglich gemacht worden. Dass die gewählte Methode der Heizwerthbestimmung in höherem Grade „expeditiv“ sein muss, als die Ausführung von Elementaranalysen oder Verdampfungsversuchen im grossen Maassstab, davon gibt dieses Buch sicheres Zeugniss, denn die Zahl der Localitäten, aus denen die untersuchten Kohlen entstammen, beläuft sich auf nicht weniger als 290.

Bezüglich der Berechnung der Heizkraft aus dem Gewicht des reducirten Bleies ist zu bemerken, dass man die Verbrennungswärme des reinen Kohlenstoffs zu 7800 Einheiten (als Mittel aus den Versuchen von Grassi, Despretz, Andrews, Favre und Silbermann) angenommen, sonach das Gewicht des durch einen Gewichtstheil Kohle reducirten Bleis mit dem constanten Factor $\frac{7800}{34,52} = 226$ multiplicirt hat. Mit Rück-

[1]) Erster Bericht über die zur Dampfschifffahrt geeigneten Steinkohlen Englands, Wien 1849.

sicht darauf, dass bei der oben erwähnten Untersuchung sächsischer Kohlen die Verbrennungswärme des Kohlenstoffs zu 8080 Einheiten gerechnet worden und dass sich die nutzbare Verdampfungskraft im Durchschnitt zu $^2/_3$ der theoretischen ergeben hatte, würden die bei der österreichischen Untersuchung gefundenen Zahlen mit dem Factor

$$\frac{8080}{7800} \times \frac{2}{3} \times \frac{1}{652} = 0{,}00106$$

zu multipliciren sein, um sie auf sächsische Einheiten zu reduciren. In der folgenden Zusammenstellung der hauptsächlichsten Ergebnisse der in Rede stehenden Untersuchung sind ausser den Zahlen für Wassergehalt, Aschengehalt und theoretische Heizkraft auch die in dieser Art reducirten Werthe für die nutzbare Verdampfungskraft enthalten, wogegen die Koksmengen und die Zahlen, welche angeben, wie viel Centner der betreffenden Kohle einer Klafter weichen Holzes hinsichtlich des Wärmeerzeugungsvermögens äquivalent sind, weggelassen wurden.

Tabelle über Wassergehalt, Aschengehalt und Heizkraft der österreichischen Kohlen.

Localität.[1])	Wassergehalt. Procent.	Aschengehalt. Procent.	Theoretische Heizkraft in Calorien.	Nutzbare Verdampfungskraft (Pfd. Dampf v. 150° C. durch 1 Pfd. Kohle).
Erzherzogthum Oesterreich.				
Tradigist, am Pichl	1,4	18,25	5367	5,69
Kirchberg an der Pielach, Lilienfeld	1,3	10,4	6232	6,61
Kleinzell im Bezirk Hainfeld	0,5	5,2	5763	6,10
Schrambach	0,7	25,4	5356	5,68
Hinterholz bei Waidhofen	1,3	10,7	6098	6,46
Hollenstein, Barbaraflötz	2,5	15,7	5379	5,70
Ibbsitz	1,8	5,8	6441	6,83
Lunz	3,8	8,1	5831	6,18
Gresten im Bezirk Gaming	1,5	4,2	6582	6,97
Scheibbs	2,5	12,9	5853	6,20
Pechgraben bei Gross-Raming	1,7	20,7	5071	5,37
Lindau bei Weyer-Steinbachgraben	3,2	16,4	4565	4,84
	1,0	2,7	5265	5,58
Maiersdorf	5,4	2,4	6045	6,41
Grünbach	5,4	4,4	5482	5,81
Raitzenberg, Constantiaflötz	5,0	3,6	5672	6,01
Lanzing	5,6	7,1	5187	5,50
Starzing, Bezirk Neulengbach	11,2	14,4	3435	3,64
Thallern	17,6	13,5	3640	3,86
Mautern	6,4	11,6	4536	4,81
Solenau, Bezirk Baden	35,8	13,5	2486	2,64
Kulmer, Bezirk Aspang	10,9	10,0	4249	4,50
Schauerleithen, Bezirk Wiener-Neustadt	13,0	5,6	3797	4,03
Hart bei Gloggnitz	18,9	10,0	4074	4,31
Viehdorf, Bezirk Amstetten	11,4	18,8	3537	3,75
Krumnussbaum	13,9	3,8	4124	4,37
Harmannsdorf	20,2	7,7	3774	4,00
Traunthal	19,9	8,1	3610	3,82
Griftnergut nächst Zell	31,0	3,7	3074	3,25
Mauthhausen	15,1	9,3	4226	4,48

[1]) Diejenigen Localitäten, deren Kohlen der productiven Steinkohlenformation angehören, sind gesperrt gedruckt.

Localität.	Wassergehalt. Procent.	Aschengehalt. Procent.	Theoretische Heizkraft in Calorien.	Nutzbare Verdampfungskraft (Pfd. Dampf v. 150° C. durch 1 Pfd. Kohle).
Tyrol und Vorarlberg.				
Häring, Gruben Barbara und Berggübel	6,5	5,8	4853	5,14
St. Giacomo und St. Antonio, Kreis Roveredo . .	10,1	5,7	4789	5,08
Ospidaletto und Castelnuovo, Kreis Trient . . .	12,4	8,5	4542	4,81
Langen im Bez. Bregenz am Wirtatobel, Vorarlb.	10,6	10,7	4468	4,74
Steiermark.				
Turrach, Bezirk Murau	1,3	19,6	5591	5,93
Lubnitzer Graben, nördl. v. Stranitzen b. Weitenstein	1,6	5,0	5994	6,35
Jamnig, Bezirk Gonobitz	3,5	6,6	5943	6,30
Oberskalis bei Schönstein	2,0	2,5	6339	6,72
Hrastowetz	—	13,3	5695	6,04
Doberna, südlich von Weitenstein	8,1	13,1	5412	5,74
Trifail, Baue des Montanärars	15,8	6,9	3993	4,23
Hrastnig und Doll	15,7	5,0	3920	4,16
Gouze und Bresno bei Tüffer	14,0	4,8	4195	4,45
Roginska gorza bei Sibica	6,0	6,1	4474	4,74
St. Veit bei Rohitsch	6,4	2,6	5017	5,32
Petschounig, am Cillier Schlossberg	—	2,5	4181	4,43
Umgebung von Cilli	14,5	7,6	4260	4,52
Podgorje	2,0	2,5	6338	6,72
Siela, Bezirk Windischgratz	10,1	3,0	4836	5,13
Rein bei Gratz	26,9	10,3	2836	3,01
Eggenberg	20,0	8,9	3796	4,02
Leobener Kohlen	11,3	4,2	4788	5,08
Fohnsdorf und Sillweg	8,3	11,5	4351	4,61
Ilz, Kreis Gratz	14,6	7,9	4050	4,29
Feeberg, Kreis Gratz	10,3	5,1	5265	5,58
Köflach-Voitsberg, Tregist und Oberdorf . . .	14,4	5,0	3864	4,10
Voitsberg	14,3	3,8	3731	3,95
Lankowitz	13,6	1,6	3875	4,11
Tregist	11,8	3,4	3986	4,23
Graden, Lankowitz, Schaflos	19,0	3,6	3775	4,00
Rosenthal	14,8	4,5	3946	4,18
Piber bei Köflach	19,5	9,0	4135	4,38
Pichling bei Köflach	8,8	5,3	4409	4,69
Mitterndorf bei Köflach	11,1	1,3	4322	4,58
Murberg bei Wildon	8,7	2,1	4791	5,08
Weissenegg, südl. von Wildon, Eibiswald, Maria-, Anna-, Theresia- und Barbara-Revier . . .	10,7	4,9	4926	5,24
Pitschaueregg bei Eibiswald, Schwanberg, Kalkgrub bei Schwanberg, Wies und St. Ulrich .	14,6	7,2	4126	4,37
Steieregg, Bezirk Eibiswald	15,1	8,1	4115	4,36
Wies	13,2	4,8	4960	5,26
Jägernegg bei Wies	12,0	11,5	4325	4,58
Tomback bei Wies	8,7	9,1	4291	4,55
Schönegg	12,8	5,6	4651	4,93
Kogel, Bezirk Vorau	15,4	10,9	3503	3,71

Localität.	Wassergehalt. Procent.	Aschengehalt. Procent.	Theoretische Heizkraft in Calorien.	Nutzbare Verdampfungskraft (Pfd. Dampf v. 150° C. durch 1 Pfd. Kohle).
Kärnthen.				
Sonnberg bei Guttaring	—	25,7	3096	3,28
Wiesenau	16,4	9,9	3883	4,12
St. Georgen u. Andersdorf im unteren Lavantthale	10,1	4,7	4035	4,33
Gailthal bei Feistritz	—	12,0	3333	3,53
St. Stefan und Kuchel bei Wolfsberg	14,7	4,5	3915	4,15
Oberloibach	18,3	7,9	3752	3,98
Liescha	21,2	6,5	4091	4,34
Suchathal	8,2	9,1	3582	3,80
Schifling im Klagenfurter Kreise	13,3	10,6	3627	3,84
Lepeina bei Jauerburg	4,3	13,2	4746	5,03
Sagor	17,8	5,2	3952	4,19
Kotredes	13,5	3,1	4203	4,46
Locke im Bezirk Littai	17,0	2,1	4655	4,93
Schemnig	19,8	3,8	4135	4,38
Wörschach	—	4,9	4836	5,13
Döblitsch, Bezirk Cernemble	10,9	16,4	3434	3,64
Neudegg, Bezirk Treffen	12,4	5,3	4486	4,76
Umgegend von Zeyer	6,9	5,6	4663	4,94
Böhmen.				
Brandau	—	9,7	6622	7,02
Wittuna bei Merklin	—	4,5	5469	5,80
	—	17,0	4937	5,23
Pilsener Becken:				
Nürschan	4,4	5,6	5780	6,13
Mantau	3,9	13,0	5576	5,91
Mies	11,0	5,7	5475	5,80
Wilkischen	5,7	14,5	5600	5,94
Jalowzin Senetz	—	7,5	4791	5,08
	—	6,8	4791	5,08
Wscherau	—	13,1	4538	4,81
Kasenau	—	6,8	4708	4,99
Littitz	1,8	10,0	5706	6,05
Mittelwerthe der Kohlen des Pilsener Beckens	5,3	9,2	5218	5,53
Radnitzer Becken:				
Wegwanow	10,9	13,2	4592	4,87
Břas	14,4	9,0	5081	5,39
Chomle	—	3,2	5051	5,35
Skopy	—	7,0	4904	5,20
Radnitz	14,2	6,5	5157	5,47
Ober-Stupno	10,7	3,8	5293	5,61
Mittelwerth der Kohlen des Radnitzer Beckens	12,5	7,1	5013	5,31
Schlaner Becken:				
Brandeisl	4,8	5,3	5517	5,85
Kladno	2,1	9,4	5694	6.04
Buštěhrad	4,0	9,0	5668	6,01
Kounowa	10,8	10,4	5458	5,79
Dutschitz	13,7	10,8	4859	5,15
Třebotz	12,7	10,6	4904	5,20

Localität.	Wassergehalt. Procent.	Aschengehalt. Procent.	Theoretische Heizkraft in Calorien.	Nutzbare Verdampfungskraft (Pfd. Dampf v. 150° C. durch 1 Pfd. Kohle).
Kranczowa	14,5	11,6	4701	4,98
Rakonitz	8,3	8,9	4839	5,13
Tuřan	4,9	7,7	4723	5,01
Hředel	5,4	7,0	5175	5,49
Wellwarn	5,2	14,2	4497	4,77
Ruda	5,7	6,7	5141	5,45
Rapic	2,9	9,1	5720	6,06
Wottwowitz	1,6	21,7	5062	5,37
Lana	4,1	10,6	4829	5,12
Podlezin	10,4	15,1	4615	4,89
Mittelwerthe der Kohlen des Schlaner Beckens	5,5	10,4	5112	5,42
Lisek bei Zdečina	1,6	17,1	5356	5,68
Trautenau-Schatzlarer Kohlenzechen:				
Schwadowitz, Hertin, Bochdaschin, Kosteletz, Petrowitz, Sedlowitz, Markausch in den Bezirken Nachod und Trautenau	2,1	10,5	5926	6,28
Schatzlar, Qualich und Hertin	4,4	7,6	5642	5,98
Schatzlar, Friedrichgrube	3,4	9,0	5886	6,24
Mittelwerth der Trautenauer Kohlen	3,3	9,0	5818	6,17
Budweis am Eisenbügel	16,5	16,0	3932	4,17
Königsberg	—	7,8	3796	4,02
Neukirchen	—	3,3	4090	4,34
Falkenau-Ellbogener Becken:				
Grünlas	1,5	12,1	4094	4,34
Ottowitz	22,5	5,2	3800	4,03
Unter-Reichenau	—	5,3	5604	5,94
	—	5,4	5277	5,59
Davidthal	—	7,1	4531	4,80
	—	3,9	5107	5,41
Saazer Becken:				
Rosenthal, Dux und Oberleutendorf	17,7	2,9	4570	4,84
Hottowitz	—	2,3	4475	4,74
Türmitz	21,4	4,8	4317	4,58
Schönfeld	18,3	5,5	4136	4,38
Raudnitz	21,6	3,2	3616	3,83
Prödlitz	—	1,2	4542	4,81
Herbitz	12,4	3,2	4158	4,41
Karbitz	21,4	5,0	4045	4,29
Wiklitz	25,6	5,1	4339	4,60
Postlberg	20,3	4,1	3975	4,01
Johnsdorf	—	2,9	4305	4,56
Hammer	15,0	1,2	4825	5,11
Meretitz	—	3,6	4452	4,72
Polehrad	16,0	8,5	4147	4,40
Milsau	—	2,5	4655	4,93
Brüx	17,2	6,1	4147	4,40
Wurzmes	18,0	11,8	3921	4,16
Brunersdorf	20,6	12,0	3333	3,53
Kosten	—	2,7	4248	4,50
Kühbusch	—	4,2	4610	4,89

Localität.	Wassergehalt. Procent.	Aschengehalt. Procent.	Theoretische Heizkraft in Calorien.	Nutzbare Verdampfungskraft (Pfd. Dampf v. 150° C. durch 1 Pfd. Kohle).
Schöbritz	—	1,9	4565	4,84
Teplitz	—	2,5	4407	4,67
Daubrawitz	—	3,2	4362	4,62
Mittelwerthe der Kohlen aus dem Saazer Becken	19,2	4,4	4293	4,55
Welbien, nördlich von Leitmeritz	—	7,4	4056	4,30
Salesl	22,8	8,4	3876	4,10
Binowe	—	12,6	3604	3,82
Märtensdorf	—	10,2	3469	3,68
Wernstadtl bei Böhmisch-Leippa	—	9,0	3695	3,92
	—	21,4	3051	3,23
Eichwald und Fischau am Fusse des Erzgebirges	16,3	8,5	3831	4,06
	21,4	11,4	3763	3,99
Mähren und Schlesien.				
Rossitzer Revier:				
Zbeschau	0,5	5,3	6403	6,79
Oslawan	0,5	8,4	5898	6,25
Rossitz	1,0	23,6	4865	5,16
Padochau	1,0	5,0	6378	6,76
Mittelwerth der Rossitzer Kohlen	0,7	10,5	5886	6,24
Ostrauer Revier:				
Přivos	0,6	3,5	7107	7,53
Mährisch-Ostrau	1,5	7,2	6027	6,39
Hruschau	1,3	4,6	7119	7,55
Polnisch-Ostrau	2,7	6,2	5802	6,15
Michalkowitz	1,4	6,1	6158	6,53
Dombrau	1,4	8,0	6031	6,39
Karwin	2,2	8,0	5934	6,29
Peterswald	3,8	6,2	5556	5,89
Orlau-Laaz	1,4	1,8	6158	6,53
Mittelwerth der Kohlen des Ostrauer Reviers	1,7	5,7	6211	6,58
Lettowitz-Uttigsdorf	9,1	34,1	2538	2,69
Göding-Dubnian	21,6	13,6	2512	2,66
Ratischkowitz	—	15,5	2686	2,85
Scharditz	—	13,8	2991	3,17
Tscheitsch	—	12,0	3307	3,51
Gaya	12,1	10,4	3225	3,41
Zierawitz	19,0	11,1	3853	4,08
Mittelwerthe der Gödinger Kohlen	17,6	12,7	3095	3,28
Fünfkirchen	1,5	13,4	6147	6,52
Stabolcs	1,3	6,7	6210	6,58
Laurenzigrube	0,7	5,9	6898	7,31
Szasz	1,4	18,0	5683	6,02
Vassas	1,2	5,0	6441	6,83
Mittelwerth der Fünfkirchener Kohlen	1,2	9,8	6316	6,69
Steierdorf	2,1	1,7	6451	6,84
Czernje, Bakonyer Wald	15,1	8,5	4030	4,27
Gran, Annathal	13,0	7,2	4449	4,72
Dorog, Neudorf	15,5	6,2	4259	4,51
Zsemlje	14,3	10,6	4030	4,27

Localität.	Wassergehalt. Procent.	Aschengehalt. Procent.	Theoretische Heizkraft in Calorien.	Nutzbare Verdampfungskraft (Pfd. Dampf v. 150° C. durch 1 Pfd. Kohle).
Mogyoros	8,5	10,9	4047	4.29
Tokod	12,1	6,9	4527	4,80
Mittelwerth der Graner Kohlen	12,2	8,3	4262	4,52
Neustadtl an der Waag	0,8	14,9	4474	4,74
Nádasd bei Fünfkirchen	13,6	12,1	3706	3,93
Ustja, Com. Arad, Czimbova, Liesek, Slanitz	6,9	16,3	4549	4,82
Oedenburg: Brennberg, Ritzing, Thalheim, Mariadorf	16,2	13,4	3193	3,38
Neograder Com. Nagy-Halap, Ily-Foly, Herencseny, Berkenye, Sipek, Fülek etc.	11,7	11,6	3753	3,98
Salgo-Tarjan und Umgebung	11,1	7,4	4680	4,96
Balassa-Gyarmath, Ovár	15,9	7,1	3794	4,02
Honther Comitat: Missa-Rét, Puszta-Kósz, Szokola	12,7	10,2	3755	3,98
Borsoder Comitat: Varkony, Arló, Küposvölgy, Lippavölgy, Bikcsvölgy, Tard etc.	13,5	9,8	3598	3,81
Miskolcz	11,6	12,6	3735	3,96
Heveser Comitat: Batony, Bakta, Dorogháza	12,8	13,5	3731	3,95
Neufeld	16,4	11,6	3423	3,63
Nagy-Bárod im Köröstbal	13,4	11,3	4663	4,94
	9,2	10,4	4966	5,26
Dohla in der Marmaros	7,5	2,6	4926	5,22
Galizien und das Krakauer Gebiet.				
Jaworzno, Niedzielisko	13,1	5,6	4809	5,10
Siersza, Elisabethflötz	18,3	6,8	4802	5,09
Tenczinek, 10. Flötz	16,8	3,4	5113	5,42
Siersza, Isabellaflötz	18,7	4,9	4825	5,11
Dombrowa	12,6	7,0	5105	5,41
Mittelwerth der Jaworznoer Kohlen	14,5	6,1	4942	5,24
Zolkiew, Kamionkawoloska	9,1	15,2	4578	4,85
Podhorce	19,7	11,2	3211	3,40
Potylicze	14,8	32,2	2320	2,46
Schwarzawa	19,8	9,8	3464	3,67
Zloczow	18,2	6,2	3600	3,82
Mittelwerth des ganzen Vorkommens	16,3	15,1	3437	3,64
Myszyn	15,6	6,0	4322	4,58
Jasienika	22,3	14,5	2957	3,13
Maydan-Lukawetz, Bukowina (Oroseni)	8,6	10,2	4430	4,70
Siebenbürgen.				
Schiel-Thal	2,1	6,5	5582	5,91
	3,0	18,6	5302	5,62
Nagyetj, Sugo	9,6	7,9	3774	4,00
	10,4	17,5	3559	3,77
Croatien.				
Ivanec	18,0	8,6	4136	4,38
Jerovec	15,0	1,5	4384	4,65
Gross-Gorica bei Agram	22,8	5,7	3285	3,48
Planina bei Agram	8,2	22,6	4452	4,72
Lepoglava	10,9	8,8	4836	5,13

Localität.	Wassergehalt. Procent.	Aschengehalt. Procent.	Theoretische Heizkraft in Calorien.	Nutzbare Verdampfungskraft (Pfd. Dampf v. 150° C. durch 1 Pfd. Kohle).
Križoveč, Bezirk Csakathurn	24,5	8,1	3480	3,69
Warasdiner Comitat, Bezirk Pregrada, Lupinyak Dolchi	12,8	3,5	4576	4,85
Agramer Comitat, Bezirk Samobor, Brežana	22,2	9,2	3386	3,59
Cerie dolnje, Warasdiner Comitat, Gredinagebirg	17,9	6,3	3873	4,10
Banat, Militärgrenze, Slavonien.				
Kuptore, Szekul	1,0	4,8	5978	6,34
	0,9	5,0	5989	6,35
Reschitza, Doman	0,8	1,7	7229	7,66
Bersaska und Drenkowa: Koslagrube, Kamenitzagrube	0,6	9,4	6061	6,42
Kohlenschiefer aus der Koslagrube	0,9	42,8	3615	3,83
Mehadia-Karansebes	7,2	31,3	4045	4,29
	7,0	26,7	5367	5,69
Karansebes	10,5	25,3	3051	3,23
Sikewitza bei Kruschowitza	16,6	2,8	4531	4,80
	18,2	1,9	4085	4,33
Tergove	13,2	9,1	3390	3,59
Sevci bei Pozega, Slavonien	15,1	12,4	3909	4,14
Knetjevo, östlich von Pozega, Slavonien	17,4	14,8	3484	3,69
Bukovicathal bei Novska	16,2	11,4	3525	3,74
Raic	14,0	17,4	3028	3,21
St. Leonhard bei Cernik	16,1	13,1	3164	3,35
Ivanoica-Thal bei Vucin	15,7	12,6	3616	3,83
Pancic bei Diakovár	15,1	19,1	3356	3,56
Venetien.				
Cludinico bei Ovaro	0,8	16,4	5703	6,04
Valdagno	7,0	22,2	3502	3,71
Prov. Vicenza, Tissino	12,9	7,5	4474	4,74
Monte Viale	9,0	27,7	3130	3,32
Trevisano	9,3	2,7	4068	4,31
Istrien, Dalmatien.				
Britoff und Scoffle	0,3	5,3	6339	6,72
Vela Pech, östlich von Pinguente	0,2	8,3	5424	5,75
Albona	1,8	15,7	4723	5,01
Siverich am Monte Promina	6,4	7,0	4755	5,04
Scardona	13,0	27,8	2948	3,12
Cattaro	9,2	34,4	3155	3,34

7. Heizwerth-Bestimmungen im Puddelofen, vom Hüttenmeister Benigny in Witkowitz.

Ist auch die Verwendung der Kohle zur Dampferzeugung eine der allerwichtigsten praktischen Verwendungen überhaupt — und rechtfertigt sich hierdurch die Vorliebe der neueren Experimentatoren für dieselbe — so ist es doch keineswegs die einzige und es kann sogar die Frage entstehen, ob nicht vielleicht eine der Verwendungsarten beim Hüttenbetrieb noch grössere Zuverlässigkeit für Heizwerthbestimmungen darbietet. Schon Johnson (vergl. seinen Bericht S. 583) führte bei Gelegenheit seiner Untersuchung der amerikanischen Kohlen nebenher eine kleine Versuchsreihe in der Art aus, dass er von einem und demselben geübten Schmied Kettenglieder schmieden und das hierbei erforderliche Schmiedefeuer mit einem bestimmten Quantum der zu prüfenden Kohle (60 Pfund) unterhalten liess; je grösser die Zahl der Glieder war, die mit einer gewissen Kohle sich schmieden liessen, desto werthvoller galt dieselbe. Wie gross auch die Fehlerquellen sein mögen, welche einem solchen Verfahren anhaften, so fand Johnson doch im grossen Ganzen eine ziemlich befriedigende Uebereinstimmung zwischen den Ergebnissen desselben und den Werthen der Verdampfungskraft. Noch glücklicher erscheint der von Benigny in Witkowitz ausgeführte Gedanke, einen Puddelofen als Versuchsofen zu benutzen, um aus dem Gewichte von Puddeleisen, welches durch eine bekannte Menge der zu untersuchenden Steinkohle erzeugt wird, die Leistung der Steinkohlen als Brennstoff zu bestimmen. Benigny hat im Jahre 1863 mit den Kohlen der von Rothschild'schen Steinkohlengruben bei Witkowitz eine Versuchsreihe solcher Art zur Ausführung gebracht, deren nähere Beschreibung in dem „Bericht über die dritte allgemeine Versammlung von Berg- und Hüttenmännern zu Mährisch-Ostrau i. J. 1863" enthalten ist. Wir entnehmen demselben folgende Details:

Bei jedem einzelnen Versuch wurde auf einen gleichmässigen guten Gang des Puddelofens hingewirkt; der Ofen wurde immer von denselben Arbeitern bedient und mit derselben Eisensorte — ungarisches Roheisen aus Spatheisenstein erblasen — besetzt, welches eine sehr intensive Hitze besonders beim Luppenmachen erfordert und ein vorherrschend sehniges und weiches Eisen liefert, das sich bei der weiteren Verarbeitung zu Blechen, Winkeleisen, T-Eisen, Bandeisen etc. bis zu den kleinsten Dimensionen als ein sehr gut schweissbares und festes Product erweist. Jeder Einsatz betrug 400 Pfund und bestand zu $^3/_4$ aus Marke Cekus und zu $^1/_4$ aus Marke Mnisek.

Der Puddelofen selbst, von welchem nebenstehender Holzschnitt (Fig. 15 u. 16) einen verticalen und einen horizontalen Durchschnitt in $^1/_{36}$ der natürl. Grösse darstellt, ist ein einfacher, die beiden Feuerbrücken sind mit Wasserkühlung, die Hinterwand und die beiden Seitenwände mit Luftkühlung versehen. Die Hauptdimensionen dieses Versuchsofens sind folgende: Länge des Herdes 1,422 Meter, grösste Breite 1,264 Meter; Länge des Rostes 0,948 Meter, Breite 0,948 Meter; Breite der grossen Feuerbrücke wie die des Rostes, Breite der kleinen Feuerbrücke, übereinstimmend mit der Weite des Fuchses, 0,369 Meter; Höhe des Gewölbes über dem Rost 0,71 Meter, Höhe der grossen Feuerbrücke über dem Rost 0,487 Meter, Tiefe der Herdplatte unter der oberen Fläche der grossen Feuerbrücke 0,408 Meter, Höhe der oberen Fläche der kleinen Feuerbrücke über der Herdplatte 0,289 Meter, Höhe des Schlackenbodens über der Herdsohle 0,079 Meter, Höhe der Schwelle der Arbeitsthüre über der Herdplatte 0,263 Meter, Höhe des Gewölbes über der Herdplatte in der Achse der Arbeitsthüre 0,67 Meter, Höhe des Gewölbes am Fuchse über der Herdplatte 0,513 Meter, Höhe des Gewölbes über der grossen Feuerbrücke 0,263 Meter, Höhe des Gewölbes über der kleinen Feuerbrücke 0,223 Meter. Die hier angeführten Dimensionen des Versuchsofens stimmen mit jenen zur Erzeugung von Puddelstahl überein, nur wechseln die Dimensionen der Höhe des Gewölbes über der grossen und kleinen Feuerbrücke insofern, als die Stahlöfen selbst mit oder ohne Benützung der Ueberhitze zur Dampferzeugung an die gemeinschaftliche Esse näher oder entfernter zu stehen kommen.

Die untersuchten Kohlen waren den von Rothschild'schen Steinkohlengruben Petrzkowitz im angrenzenden Preussen, Hruschau, Jaklowetz, Karolinenschacht bei Mährisch-Ostrau, Tiefbau bei Witkowitz und Dombrau entnommen und wurden in möglichst trocknem Zustande verwendet, um den Einfluss des hygroskopischen Wassers auf ihre Heizkraft zu beseitigen.

Es wurde zuerst die folgende Versuchsreihe zur Ausführung gebracht:

I. Steinkohle vom Karolinenschacht aus dem liegenden Trum des mächtigen Flötzes; ihrem Verhalten im Feuer nach eine in Sinterkohle übergehende Backkohle; ihrer Structur nach eine Blätterkohle und als solche milde, jedoch auch als Schieferkohle auftretend und dann compact; Kokskohle.

Dauer des Versuchs	$90^1/_2$ Stunden;
Roheiseneinsatz sammt Zusatz von Gussdrehspähnen	22453 Pfund;
Ausbringen an Milbars	20480 „
Kohlenverbrauch { Stückkohle . 19355 Pfund, Kleinkohle . 3211 „ }	22566 „
Abbrand	8,7 Procent;
Production in 12 Stunden	2715 Pfund Milbars;
Kohlenverbrauch zu 100 Pfund Milbars	110 Pfund,

davon 85 Procent Stückkohle, 15 Procent Kleinkohle.

Versuchs-Puddelofen in Witkowitz.

Fig. 15.

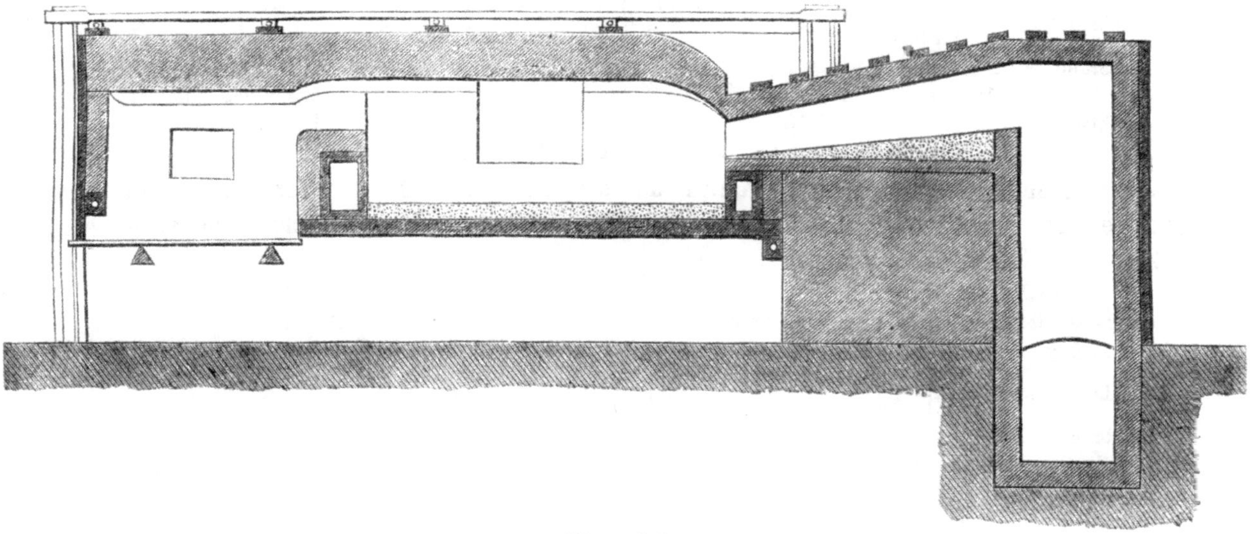

Fig. 16.

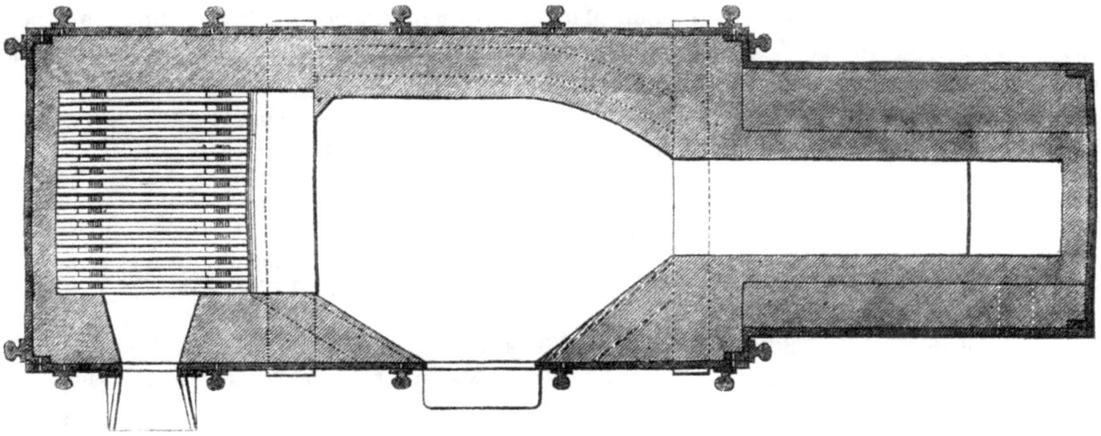

II. Steinkohle vom Bergbau Jaklowetz aus den Flötzen 10, 11 und 12; da die Flötze 10 und 12 bis 2 Zoll starke Mittel einschliessen, so ist die Kohle damit etwas verunreinigt; ihrem Verhalten im Feuer nach eine Sinterkohle; ihrer Structur nach eine Schieferkohle von compactem Gefüge; keine Kokskohle.

Dauer des Versuches		96 Stunden;
Roheiseneinsatz sammt Zusatz von Gussdrehspähnen		23010 Pfund:
Ausbringen an Milbars		20841 „
Kohlenverbrauch	Stückkohle . 20172 Pfund, Kleinkohle . 3282 „	23454 „
Abbrand		9,3 Procent;
Production in 12 Stunden		2650 Pfund Milbars;
Kohlenverbrauch für 100 Pfund Milbars		112,5 Pfund,

davon 86 Procent Stückkohle, 14 Procent Kleinkohle.

III. Steinkohle vom Bergbau Dombrau aus dem 60 Zoll mächtigen Flötze ohne Mittel; dem Verhalten im Feuer nach eine Sinterkohle, wenig übergehend zur Backkohle; dem äussern Ansehen nach eine Schieferkohle von grob- bis dünnschieferiger Structur und compactem Gefüge.

Dauer des Versuchs		60 Stunden;
Roheiseneinsatz sammt Zusatz von Gussdrehspähnen		14350 Pfund;
Ausbringen an Milbars		12994 „
Kohlenverbrauch	Stückkohle . 13006 Pfund, Kleinkohle . 2031 „	15037 „
Abbrand		8 Procent;
Production in 12 Stunden		2598 Pfund Milbars;
Kohlenverbrauch pro 100 Pfund Milbars		115,6 Pfund,

davon 86,4 Procent Stückkohle, 13,6 Procent Kleinkohle.

IV. Steinkohle vom Bergbau **Hruschau**, aus dem Flötz Nr. 10; dem Verhalten im Feuer nach eine Backkohle, sehr wenig übergehend in Sinterkohle; ihrer Structur nach eine Schieferkohle, übergehend in Blätterkohle, ihr Gefüge ist compact; Kokskohle.

Dauer des Versuchs		$88^1/_2$ Stunden;
Roheiseneinsatz sammt Zusatz von Gussdrehspähnen		21005 Pfund;
Ausbringen an Milbars		18693 „
Kohlenverbrauch	Stückkohle . 19051 Pfund Kleinkohle . 2600 „	21651 „
Abbrand		11,2 Procent;
Production in 12 Stunden		2527 Pfund Milbars;
Kohlenverbrauch pro 100 Pfund Milbars		116,1 Pfund,

davon 88 Proc. Stückkohle, 12 Proc. Kleinkohle.

V. Steinkohle vom Bergbau **Dombrau** aus dem Oberflötz, bestehend aus einer Oberbank von 30 Zoll Mächtigkeit und einer Unterbank von 10 Zoll Mächtigkeit, dazwischen mit einem Mittel, welches die Kohle etwas verunreinigt; ihrem Verhalten im Feuer nach eine Sinterkohle; ihrer Structur nach eine Schieferkohle von compactem Gefüge; keine Kokskohle.

Dauer des Versuchs		82 Stunden;
Roheiseneinsatz sammt Zusatz an Gussdrehspähnen		18285 Pfund;
Ausbringen an Milbars		16600 „
Kohlenverbrauch	Stückkohle . 17394 Pfund Kleinkohle . 2484 „	19878 „
Abbrand		9,2 Procent;
Production in 12 Stunden		2429 Pfund Milbars;
Kohlenverbrauch pro 100 Pfund Milbars		119,6 Pfund,

davon 87,5 Proc. Stückkohle, 12,5 Proc. Kleinkohle.

VI. Steinkohle vom Bergbau **Tiefbau** aus dem Flötze Nr. 9, bestehend aus einer Ober- und Niederbank; die Probekohle von compactem Gefüge aus der Niederbank entnommen, mit einer 14 bis 16zolligen Mächtigkeit ist zur Schieferkohle bis übergehend zur Blätterkohle zu rechnen, und durch feine Schiefer- und gröbere Steinschichten mehr oder weniger verunreinigt.

Dauer des Versuchs		71 Stunden;
Roheiseneinsatz sammt Zusatz an Gussdrehspähnen		14997 Pfund;
Ausbringen an Milbars		13465 „
Kohlenverbrauch	Stückkohle . 14084 Pfund Kleinkohle . 2228 „	16312 „
Abbrand		10,1 Procent;
Production in 12 Stunden		2276 Pfund Milbars;
Kohlenverbrauch pro 100 Pfund Milbars		121,6 Pfund,

davon 86,3 Proc. Stückkohle, 13,7 Proc. Kleinkohle.

Um das mehr oder weniger rohgehende Eisen rascher zur Gaare zu bringen, fand einestheils nach dem erfolgten Umrühren der zweiten Krücke ein Zusatz von Gussdrehspähnen von 4 bis 7 Pfund pro Charge statt, anderntheils wurde die Hitze beim Umrühren und Luppenmachen mittels des Tempers regulirt, so dass das Metallbad bei diesen Versuchen mit 4 bis 5 Krücken von 15 Linien Stärke und 1 bis $1^1/_2$maligem Durchbrechen zur Gaare gebracht wurde. Die der Stückkohle beigemengte Kleinkohle bei den Versuchen war zum dichten Verschluss der Feuerthür (Schürlochkastel) nothwendig, um den Zutritt kalter Luft über den Rost zu verhüten; der Verbrauch dieser Kleinkohle stellte sich auf 12 bis 15 Procent des Gesammtbedarfs heraus, also in einem bis zu 3 Procent schwankenden Antheil, — eine Differenz, die auf die Bestimmung der nutzbaren Heizkraft nur unmerklich einwirken kann.

In folgender Tabelle sind die Hauptergebnisse vorstehender Versuche zusammengestellt:

Benennung der Steinkohlengrube und des Flötzes	Abbrand Procent	Kohlenverbrauch pro 100 Pfd. Milbars Pfd.	Puddeleisen pro 1 Pfd. Steinkohle Pfd.
Karolinenschacht, liegendes Trum des mächtigen Flötzes	8,7	110,0	0,909
Jacklowetz Flötz 10, 11 und 12	9,3	112,5	0,888
Dombrau, mächtiges Flötz	8,0	115,6	0,864
Hruschau, Flötz 10	11,2	116,1	0,861
Dombrau, Oberflötz	9,2	119,6	0,836
Tiefbau, Flötz 9	10,1	121,2	0,825

Der beim Puddeln sich ergebende Abbrand steht im Zusammenhang mit dem Aschengehalt der angewendeten Kohlen und dem Verhalten derselben im Feuer; je grösser der Gehalt an unverbrennlichen Theilen ist, und je mehr die Kohle zum Backen neigt, desto häufiger macht sich die Reinigung des Rostes nothwendig, desto mehr Asche und Luft wird in den Puddelofen mitgerissen, die zu einer stärkeren Verschlackung des Eisens Veranlassung geben. Der kleinste Abbrand von 8 Procent entspricht der Kohle Dombrau, mächtiges Flötz,, vom kleinsten Aschengehalt 3,5 Procent, welche von den Arbeitern mit besonderer Vorliebe zum Puddeln verwendet wird; der höchste Abbrand von 11,2 Procent bei der Kohle von Hruschau, Flötz 10 trifft mit dem höchsten Aschengehalt 10,5 Procent zusammen; der Aschengehalt der Kohle vom Karolinenschacht, mächtiges Flötz, beträgt 5 Procent, der von Jacklowetz 10., 11. und 12. Flötz im Mittel 9 Procent.

Eine zweite Versuchsreihe wurde von demselben Experimentator zu dem Zwecke ausgeführt, die Grieskohle von Jacklowetz mit der Schmiedekohle vom Flötze Unverhofft der Steinkohlengrube Petrzkowitz und den aus letzterer nach Riegels Verfahren erzeugten Briquets auf ihren Brennwerth zu vergleichen.

VII. Grieskohle vom Bergbau Jacklowetz:

Dauer des Versuchs	48 Stunden;
Roheiseneinsatz	10000 Pfund;
Ausbringen an Milbars	9116 „
Kohlenverbrauch	11670 „
Abbrand	8,8 Procent;
Production in 12 Stunden	2279 Pfund Milbars;
Kohlenverbrauch pro 100 Pfund Milbars	128 Pfund.

VIII. Schmiedekohle von Petrzkowitz aus dem Flötze Unverhofft; sehr starke Backkohle. Der Versuch mit dieser Kohle währte nur 24 Stunden, da ein weiteres Arbeiten wegen sehr grossem Kohlenverbrauch und starkem Eisenverlust durchaus unmöglich war.

Roheiseneinsatz	4800 Pfund;
Ausbringen an Milbars	3761 „
Kohlenverbrauch	5792 „
Abbrand	21,7 Procent;
Production in 12 Stunden	1880 Pfund Milbars;
Kohlenverbrauch pro 100 Pfund Milbars	154 Pfund.

IX. Briquets aus der Schmiedekohle der Steinkohlengrube Petrzkowitz, Flötz Unverhofft.

Zur Briquetfabrikation wurde die Schmiedekohle durchgesiebt und nur die so gewonnene Kleinkohle verwendet; die beim Versuch verwendeten Briquets waren nicht so dicht und fest wie gewöhnlich, wahrscheinlich weil die Kohle bei der Briquetirung nur wenig erwärmt wurde.

Dauer des Versuchs		$33^3/_4$ Stunden;
Roheiseneinsatz		7200 Pfund;
Ausbringen an Milbars		6291 „
Kohlenverbrauch	Briquets . 8106 Pfund Grieskohle . 517 „	8623 „
Abbrand		12,6 Procent;
Production in 12 Stunden		2236 Pfund Milbars;
Brennstoffverbrauch zu 100 Pfund Milbars		137 Pfund,

davon 94 Proc. Briquets, 6 Proc. Grieskohle.

Bei diesem Versuch betrug der Zwischenraum zwischen den Roststäben $1^1/_2$ Zoll, bei welcher Grösse die aufgegebenen Briquets in Folge ihrer Eigenthümlichkeit, von der Oberfläche aus gegen das Innere zu gleichmässig ohne sich zu zertheilen abzubrennen, den geringsten Verlust an glühend durch die Rostfugen fallenden Cinders zeigten; in dieser Beziehung sind die Briquets von den untersuchten Steinkohlen sehr verschieden; diese zerprasseln bei ihrer Entzündung rasch in einzelne Stücke, welche schnell verbrennen und von denen viele halbverbrannt in den Aschenfall gelangen.

Weit ungünstigere Resultate ergab ein Versuch mit 2 Zoll weiten Rostfugen; hier fielen bei dem jedesmaligen Reinigen des Rostes, welches bei der Briquetfeuerung öfter erfolgen musste, ganze Partieen von glühenden Cinders durch; der Rost wurde stellenweise unbedeckt, kalte Luft strömte in grossen Mengen durch und erniedrigte die Hitze im Puddelofen so sehr, dass eine sehr schlechte Schweissbarkeit des Eisens und ein beträchtlich grösserer Brennstoffaufwand resultirte, als bei der Rostfugenbreite von $1^1/_2$ Zoll. Das Puddeln mit Steinkohle erfolgt bei einer Rostfugenbreite von 1 Zoll, welche also bei Briquets aus Petrzkowitzer stark backender Kohle wegen deren langsamerer Verbrennung bei gleich lebhaftem Zuge auf $1^1/_2$ Zoll zweckmässig zu vergrössern ist, eine Grenze, die jedoch aus oben angedeuteten Gründen nicht weit überschritten werden darf.

Der mit den Briquets durchgeführte Versuch constatirt die Thatsache, dass die Petrzkowitzer Schmiedekohle ihre Eigenschaft sehr zu backen durch die Briquetirung verliert und dass die Verschlackung des Rostes eine geringere ist, als bei den anderen Kohlensorten.

8. Heizversuche mit sächsischen, böhmischen, bayerischen und Saarbrücker Kohlen, von Klett et Co. in Nürnberg.

Als ein nachahmenswerthes Beispiel dafür, wie jeder Kohlenconsument unter Zuhandnahme der Waage und des Wassermessers selbst eine Vergleichung über den Heizwerth der verschiedenen ihm zu Gebote stehenden Kohlensorten durchführen kann, theilen wir im Folgenden die Ergebnisse einiger in der Maschinenfabrik von Klett & Co. zu Nürnberg 1861 und 1862 angestellten Verdampfungsversuche mit, die sich auf Kohlen aus vier verschiedenen Revieren (Zwickau, Nürschan, Stockheim, Saarbrücken) beziehen. Wir sind der genannten Firma für die freundliche Mittheilung dieser Ergebnisse zu dem grössten Danke verpflichtet. Wenn auch bei diesen Versuchen nicht sämmtliche Umstände, welche den Heizwerth beeinflussen, einer directen Beobachtung unterworfen wurden, so muss ihnen doch der Vorzug zugesprochen werden, dass ihre Ergebnisse der unmittelbare Ausdruck des praktisch Erreichbaren sind; denn diese Versuche wurden während der Arbeitszeit und unter den gewöhnlichen Arbeitsverhältnissen an zwei schon seit längerer Zeit für den Betrieb zweier Hochdruckdampfmaschinen im Gange befindlichen Kesseln zur Ausführung gebracht. Die Messung des Speisewassers erfolgte theils mittels eines Wassermessers von Chadwick und Frost, theils mittels eines geaichten Messkastens. Der in der nachfolgenden Zusammenstellung mit I bezeichnete Kessel war ein Cornwallkessel mit einem neben demselben liegenden Vorwärmrohr; der Kessel selbst hatte eine Länge von 26 Fuss bayer., einen Durchmesser von 6,1 Fuss b., das Rauchrohr einen Durchmesser von 3,2 Fuss b.; das Vorwärmrohr ist 1,8 Fuss dick und 26 Fuss lang. Die Heizfläche des Kessels beträgt 614 Quadratfuss b. = 52,3 Quadratmeter, die des Vorwärmers 216 Quadratfuss = 18,4 Quadratmeter, sonach die gesammte Heizfläche 830 Quadratfuss oder 70,7 Quadratmeter. Die Feuerung erfolgte auf einem im Rauchrohr gelagerten Planrost von einer Grösse von 19 Quadratfuss oder 1,62 Quadratmeter. Die heissen Gase durchströmen zuerst das Rauchrohr, dann die Kanäle zu beiden Seiten des Kessels und gehen hierauf dem Vorwärmer entlang nach dem Schornstein.

Der für klare Kohlen zur Verwendung gekommene Kessel II war ein cylindrischer Kessel von 3,13 Fuss Durchmesser und 50 Fuss Länge, dessen Heizfläche nur 295 Quadratfuss b. oder 25,1 Quadratmeter betrug; derselbe war mit Treppenrost von 12 Quadratfuss versehen; die Feuerluft nahm ihren Weg nur unter dem Boden dieses Kessels entlang. Beide Kessel arbeiteten beständig mit einer Dampfspannung von 5 Atmosphären Ueberdruck.

Das Speisewasser von durchschnittlich 13° R. Temperatur wird durch einen Röhrenvorwärmer gedrückt, in welchem es durch den abgehenden Dampf auf 70° R. erwärmt wird, ehe es in den Vorwärmer und resp. Kessel eintritt.

Die Endergebnisse der zur Ausführung gekommenen Versuche sind in folgender Tabelle zusammengestellt:

Bezeichnung der Kohlensorte.	Kessel. Nr.	Datum des Versuchs.	Dauer des Versuchs. Stunden.	Verbrauchte Kohlenquantität. Centner.	Verbrauchte Kohlen pro b. Quadratfuss Rostfläche. Zoll-Centner.	Unverbrannte Rückstände.	Nutzbare Verdampfungskraft.
Zwickauer Pechkohle I. Qualität	I	August 1861	196	680,25	18,26	7,5	7,43
Zwickauer Pechkohle I. Qual. v. Vereinsglück	I	Decbr. 1861	23½	84,40	18,90	4,57	8,22
Zwickauer Pechkohle vom Hilfe-Gottesschacht	I	Juli 1862	43	155,52	19,03	6,1	6,61
Zwick. Pechkohle II. Qual. vom Bürgerschacht . .	I	Decbr. 1861	44½	155,72	18,41	15,41	6,45
Zwickauer Kohlenklein .	II	März 1862	11	19,84	15,03	—	4,63
Böhm. Kohle v. Nürschan	I	Novbr. 1861	10	34,50	18,16	12	6,61
do. do.	I	do.	61	194,0	19,00	26,73	6,24
Böhmische klare Kohlen .	II	Mai 1862	26	47,12	15,1	16	4,61
Saarbrücker Schmiedekohlen	II	Mai 1862	15½	22,75	12,75	21,5	6,06
Brennberger Kohle von Stockheim in Bayern .	II	Juli 1861	54	130,0	20,03	30	3,26
Hachstadter Schmiedekohlen von Stockheim .	II	Mai 1862	11	20,30	15,37	—	4,73

Die Ergebnisse dieser Versuche sind, weil zwei ganz verschiedene Dampfkessel zur Verwendung gekommen sind, zunächst unter sich, dann aber auch mit anderen, z. B. denen der sächsischen Arbeit, nicht unmittelbar vergleichbar. Der Kessel Nr. I hat eine überaus grosse Heizfläche und wird daher eine sehr vollständige Ausnützung der entwickelten Wärme gewährt haben. Der Mittelwerth aus den drei ersten Zahlen für die nutzbare Verdampfungskraft der besseren Qualitäten Zwickauer Pechkohle beträgt 7,42, während bei der sächsischen Untersuchung nur 6,45 als Durchschnitt sich ergeben hat; die an dem Kessel I gewonnenen Zahlen würden daher auf sächsische Einheiten zu reduciren sein, wenn man selbige mit $\frac{6,45}{7,42} = 0,87$ multiplicirt. Die Ergebnisse an Kessel II dürften dagegen hinreichend sicher mit den sächsischen Zahlen sich vergleichen lassen, weil die vortheilhaftere Verbrennung auf dem Treppenrost die nachtheilige Wirkung der zu kleinen Heizfläche ungefähr aufzuheben scheint. Es würden daher folgende Zahlen als vergleichbar mit den sächsischen Ergebnissen anzusehen sein:

	Aschengehalt	Nutzbare Verdampfungskraft
Zwickauer Pechkohle, I. Qual.	6,06	6,45
Zwickauer Pechkohle, II. Qual.	15,41	5,61
Zwickauer Kohlenklein	—	4,63
Böhmische Kohle von Nürschan	19,36	5,58
Böhmische klare Kohlen	16,00	4,61
Saarbrücker Schmiedekohlen	21,50	6,06
Brennberger Kohlen von Stockheim	30,00	3,26
Hachstadter Schmiedekohlen von Stockheim	—	4,73

9. Heizwerthvergleichung zwischen Koks und Steinkohlen beim Locomotivenbetriebe, von G. Meyer in Hannover.

Der noch immer zunehmende Gebrauch von Steinkohlen bei der Heizung von Locomotiven statt des früher gebräuchlichen Koks ist ein selbstredender Beweis, dass die Heizung mit Kohlen billiger als mit Koks ist. Ein Hauptfactor aber bei der Frage, ob beim Locomotivenbetriebe die Feuerung mit Kohlen billiger als mit Koks, ist das Verhältniss der Heizwerthe von Koks und Steinkohlen, d. h. derjenigen Zahl, welche angibt, wie viel Gewichtseinheiten Koks oder Steinkohlen nöthig sind, um eine gleiche Arbeit zu verrichten.

Vor nicht gar langer Zeit setzte man noch einfach das Verhältniss des Heizwerthes von Koks zu Steinkohle bei der Locomotivenheizung gleich 4 : 3; nach den Erfahrungen, welche in den letzten Jahren auf den königl. hannover'schen Eisenbahnen gesammelt wurden,[1]) ist aber beinahe das umgekehrte Verhältniss anzunehmen.

In den folgenden Tabellen sind Versuche, welche sich mit verschiedenen westphälischen Kohlensorten beim Locomotivenbetriebe ergeben haben, zusammengestellt und muss dabei bemerkt werden, dass die Heizwerthe der verschiedenen Kohlen sehr abhängig davon waren, ob die Kohlen sehr fein oder zufällig mit vielen erdigen Theilen verunreinigt geliefert waren, so dass also die relativen Heizwerthe der Kohlen unter einander durchaus nicht die theoretischen Verhältnisszahlen der Heizwerthe darstellen.

Tab. I. Versuche aus dem Jahre 1860.

Bezeichnung der verschiedenen Kohlenzechen.	Beschreibung der Kohlen.	100 Pfund Schaumburger Koks =
Francisca Tiefbau	ziemlich fein	108,5 Pfund,
Zeche bei Ibbenbüren	sehr fein und dabei unrein	114,3 „
Neu-Essen	sehr fein und unrein	119,2 „
Caroline	ziemlich stückreich	99,6 „
Hibernia, Flötz Nr. 3	stückreich	109,9 „
Hibernia, Flötz Nr. 6	ziemlich stückreich	101,8 „
Shamrock	stückreich	97,7 „
Schürbank	stückreich	97,4 „
Caroline	ziemlich stückreich	101,7 „

Im Mittel 100 Pfund Schaumburger Koks = 105,6 Pfund Kohle.

---

[1]) Zeitschrift des Vereins deutscher Eisenbahnverwaltungen 1862, S. 293.

Tab. II. Versuche aus dem Jahre 1861.

Bezeichnung der verschiedenen Kohlenzechen.	Beschreibung der Kohlen.	100 Pfund Schaumburger Koks =
Shamrock	stückreich	97,7 Pfund,
Heinrich Gustav	reine Stückkohle	91,1 „
Zeche bei Ibbenbüren	ziemlich fein	98,5 „
Louise Tiefbau	ausgesiebte Würfelkohle	104,3 „
Carlsglück	ziemlich stückreich	97,0 „
Margarethe	ziemlich stückreich	91,4 „
Vereinigt Hamburg	fast nur feine Kohlen	109,0 „
Krone	ziemlich fein	97,9 „
Caroline	ziemlich stückreich	96,1 „
Engl. Peases-West-Kohle	stückreich	93,7 „

Im Mittel 100 Pfund Schaumburger Koks = 97,7 Pfund Kohle.

Tab. III. Versuche aus dem Jahre 1862.

Bezeichnung der verschiedenen Kohlenzechen.	Beschreibung der Kohlen.	100 Pfund Koks von engl. Peases-West-Kohlen =
Präsident	Knabbelkohle	90,8 Pfund,
Krone	ausgesiebte Stückkohle	95,7 „
Germania	ausgesiebte Stückkohle	114,0 „
Carolus Magnus	melirte Grubenkohle	94,0 „
Freiberg	melirte Grubenkohle	103,3 „
Heinrich Gustav	ausgesiebte Stückkohle	88,2 „
Margarethe	halb Stück-, halb Grubenkohle	82,3 „

Im Mittel 100 Pfund Koks von englischen Peases-West-Kohlen = 95,5 Kohle.

Tab. IV. Versuche aus dem Jahre 1862.

Bezeichnung der verschiedenen Kohlenzechen.	Stückkohle.	Koks aus Kohlenklein dieser Kohlen dargestellt.
Heinrich Gustav	81,4 Pfund	100 Pfund
Germania	85,8 „	100 „
Krone	74,0 „	100 „

Im Mittel 100 Pfund Koks = 80 Pfund Stückkohle.

In den Tabellen I und II sind die Heizwerthe der Kohlen mit vortrefflichem Schaumburger Koks verglichen; der in Tabelle III angegebene Koks wurde in der der kgl. hannover'schen Eisenbahnverwaltung zugehörigen Kokerei zu Harburg aus englischer Peases-West-Kohle gewonnen. Man ersieht aus den Endresultaten der Tabellen I, II und III, dass der Heizwerth der Kohlen im Mittel aus den 3 Tabellen sich so herausstellt, dass 100 Pfd. Koks gleich 99,6 Pfd. Kohle sind. Die in der Tabelle IV angeführten Versuche sind derartig angestellt, dass man Stückkohlen und gleichzeitig auch Koks aus feinen gesiebten Kohlen von derselben Zeche einer Probe unterwarf. Es ergibt sich danach das Resultat, dass im Mittel 100 Pfd. Koks gerade nur so viel geleistet haben, als 80,4 Pfd. Stückkohle. Dieses für den Koks ungünstigere Resultat erklärt sich daraus, dass zwischen dem Kohlenklein viele erdige Theile enthalten waren, was sich durch starke Schlackenbildung augenfällig bemerkbar machte. Da nun anzunehmen ist, dass unter den jetzigen Verhältnissen die Zechen nur feine ausgesiebte Kohlen für Heizung der Locomotiven verkoken werden, während die Stückkohle gleich direct zur Locomotivenheizung verwandt wird, so muss die Heizkraft der Kohlen in dem Maasse günstiger gegen Koks ausfallen, als verhältnissmässig unreine Theile in der ausgesiebten Kohle enthalten sind.

Es sind nun von verschiedenen anderen Eisenbahnverwaltungen Versuche über die Heizwerthe von Koks und Steinkohlen gemacht und dabei auch die Heizwerthe beider annäherungsweise gleich gefunden worden.

Angesichts solcher Thatsachen muss es auffällig erscheinen, wenn in einem Aufsatze der Nr. 66 der Eisenbahnzeitung vom Jahre 1862: „Kohlenheizung der Locomotiven" bei der Berechnung des Koksverbrauchs pr. Nutzmeile beim Locomotivenbetriebe der Köln-Mindener Eisenbahn eine Reduction der Kohlen auf Koks so vorgenommen wird, dass man 100 Pfund Koks = 150 Pfund Kohle setzt.

10. Zusammenstellung der nutzbaren Verdampfungskraft der wichtigsten deutschen Schwarzkohlen.

Die Ergebnisse der im Vorstehenden mitgetheilten Untersuchungen über die Schwarzkohlen Deutschlands werden erst dann in ausgedehnterem Maasse praktisch verwendbar sein, wenn sie durch Benutzung der angedeuteten Vergleichsmomente auf gleiche Einheit reducirt und neben einander gestellt werden. Dies ist in der folgenden Tabelle geschehen, welche daher in allen den Fällen zu Rathe zu ziehen sein wird, wenn es sich um Vergleichung des Heizwerthes von aus verschiedenen Kohlenrevieren herrührenden Schwarzkohlen handelt. Die Tabelle enthält nächst der nutzbaren Verdampfungskraft, ausgedrückt in der bei der sächsischen Kohlenuntersuchung angenommenen Einheit (vergl. S. 301), noch die Angabe des Aschengehaltes und Wassergehaltes, als der den Heizwerth am meisten beeinflussenden und zugleich am stärksten veränderlichen Factoren, und, damit die Auffindung der Originalbeobachtungen dem Leser erleichtert werde, den Namen des Beobachters. Wie viel auch noch die vorliegenden Versuchsreihen zu wünschen übrig lassen, so darf doch schon dieser Tabelle eine gewisse Vollständigkeit zugesprochen werden, da keines der wichtigeren deutschen Steinkohlenreviere gänzlich darin fehlt und die wichtigsten durch eine sehr grosse Zahl von einzelnen Kohlensorten vertreten sind. Der wesentlichen Aufgabe unseres Werkes gemäss haben wir alle Braunkohlen und für Oesterreich auch diejenigen Schwarzkohlen weggelassen, welche nicht der productiven Steinkohlenformation angehören.

Bezeichnung der Steinkohlensorten und ihres Ursprungs.	Aschengehalt.	Wassergehalt.	Nutzbare Verdampfungskraft für 1 Pfd.	Name des Beobachters.
Steinkohlen aus dem Zwickauer Revier.				
Drei- und einhalbelliges Pechkohlflötz von Frisch Glück . . .	3,37	13,69	6,78	Hartig.
Zweielliges Pechkohlflötz von Beschert Glück	4,20	13,97	6,79	"
Scherbenkohlflötz von Beschert Glück	7,00	14,40	6,45	"
Lehekohlflötz von der Fünfnachbargrube und vom Stölzelschacht	7,76	13,25	6,35	"
Zachkohlflötz von Vereinigtfeld	11,34	11,94	6,29	"
Schichtenkohlflötz vom Auroraschacht u. a.	7,09	12,34	6,42	"
Hoffnungsflötz des Hoffnungschachtes	8,31	10,27	6,66	"
Russkohlenflötz vom Auroraschacht, Robertschacht u. a. . . .	6,79	15,78	6,26	"
Amandusflötz des Segen-Gottesschachtes	5,97	10,07	6,68	"
Erstes Flötz des Bürgergewerkschachtes	11,37	11,64	5,87	"
Obere Abth. A des tiefen Planitzer Flötzes von v. Arnim's Werken	4,34	16,45	6,25	"
Ludwigflötz des Segen-Gottesschachtes	5,83	10,64	6,98	"
Zweites Flötz des Bürgergewerkschachtes	5,86	11,41	6,48	"
Mittlere Abth. B des tiefen Planitzer Fl. von v. Arnim's Werken	5,91	14,14	6,79	"
Vierte Abth. des tiefen Planitzer Flötzes von Kraft & Lücke .	6,05	17,65	6,48	"
Segen-Gottesflötz des Segen-Gottesschachtes	7,32	9,77	6,55	"
Tiefes Pechkohlflötz des Vereinsglückschachtes	7,97	9,61	6,69	"
Pechkohle vom Vertrauenschacht	7,69	—	5,84	Jansen.
Pechkohle von Vereinsglück	5,20	—	6,64	"
Pechkohle von der Hülfe-Gottesgrube	13,03	—	5,64	"
Zwickauer Pechkohlen I. Qualität	6,06	—	6,45	Klett & Co.
Zwickauer Pechkohlen II. Qualität	15,41	—	5,61	"
Zwickauer Kohlenklein	—	—	4,63	"

Bezeichnung der Steinkohlensorten und ihres Ursprungs.	Aschengehalt.	Wassergehalt.	Nutzbare Verdampfungskraft für 1 Pfd.	Name des Beobachters.
Steinkohlen aus dem Lugau-Niederwürschnitzer Revier.				
Pechkohle vom Carlschacht	6,07	14,59	6,35	Hartig.
Russkohle von der Tagesstrecke	5,37	18,78	6,28	„
Russkohle vom Carlschacht	7,75	14,40	6,13	„
Waschkohle vom Bachschacht	6,75	24,76	5,34	„
Ungesiebter Kohlengrus vom Vereinigungsschacht	19,86	19,96	4,56	„
Kohlen aus der Gegend von Flöha und Gückelsberg.				
Aus dem Werke von C. F. Hesse in Flöha	59,41	4,88	2,58	„
Kohlen aus dem Plauen'schen Grunde bei Dresden.				
Weiche Schieferkohle aus vier verschiedenen Schächten	18,64	6,11	6,22	„
Mittelkohle aus Burgk und aus Hänichen	21,36	5,38	5,92	„
Nusskohle aus Potschappel	19,92	6,06	5,77	„
Schwarzharte Schieferkohle aus drei verschiedenen Werken	26,77	5,60	5,34	„
Kalkkohle aus Zaukeroda	19,75	7,02	5,01	„
Kalkschieferkohle aus Hänichen	44,98	5,66	3,86	„
Steinkohlen aus dem oberschlesischen Revier.				
Eugeniens Glückgrube, Carolinenflötz	2,5	3	6,34	Brix.
Morgenrothgrube, Morgenrothflötz	4,0	3	6,27	„
Königsgrube, Flötz Heintzmann	3,0	3	7,10	„
„ Flötz Gerhardt	2,0	3	7,03	„
„ „ „	3,26	—	6,40	Jansen.
Louisengrube, Oberflötz	10,0	3	6,28	Brix.
„ Niederflötz	4,6	3	6,03	„
Faustagrube, Faustaflötz	4,25	3	6,89	„
„ Claraflötz	6,5	3	6,85	„
Leopoldgrube, Leopoldflötz	5,5	3	6,24	„
Hoymgrube, Hoymflötz	10,5	3	6,57	„
Königin Louisengrube, Pochhammerflötz	4,0	3	7,06	„
„ „ „	3,76	—	7,24	Jansen.
„ „ Heinitzflötz	1,5	3	7,14	Brix.
„ „ „	4,29	—	6,95	Jansen.
„ „ Redenflötz	2,0	3	7,26	Brix.
„ „ „	4,19	—	7,00	Jansen.
Leogrube, Leoflötz	3,5	3	6,29	Brix.
Louisens Glückgrube bei Rosdzin, Niederflötz	4,0	9	6,57	„
Charlottegrube bei Czernitz	11,3	6	5,68	„
Steinkohlen des Waldenburger Reviers.				
Segen-Gottesgrube, 8. Flötz	3,0	3	7,07	Brix.
„ „	5,21	—	6,72	Jansen.
Davidgrube, Hauptflötz	5,0	3	6,73	Brix.
Comb. Graf Hochberg-Gruben, 2. Flötz	6,0	3	6,69	„
Fuchsgrube, 8. Flötz	5,5	3	7,11	„
Glückhilfgrube, 2. Flötz	5,0	3	7,26	„
Neue Heinrichgrube, 2. Flötz	6,0	3	7,21	„
Cons. Glückhilfgrube bei Hermsdorf, 2. Flötz	8,0	2,5	6,92	„
„ „ „ „ 3. Flötz	6,4	2,8	7,00	„

Bezeichnung der Steinkohlensorten und ihres Ursprungs.	Aschen-gehalt.	Wasser-gehalt.	Nutzbare Verdam-pfungskraft für 1 Pfd.	Name des Beobachters.
Steinkohlen des Wettiner Reviers.				
Löbejüner Grube, Oberflötz, 1. Sorte	10,0	3	7,35	Brix.
Wettiner Grube, Oberflötz, Neutzer Zug	11,5	3	7,00	„
Anthracit vom Piesberg bei Osnabrück	5,1	4,2	6,95	„
Schwarzkohle vom Deister.				
Von Hohewarte	15,7	6,7	6,34	Sauerwein.
Von Barsinghausen (königl. Zechen)	17,0	4,3	6,42	„
Vom Kniggenbrink	15,4	4,7	6,60	„
Vom Kloster Barsinghausen	15,3	4,6	6,66	„
Von Hohenbostel	17,6	5,0	6,20	„
Von Bröner Zechen	13,5	9,1	5,69	„
Schwarzkohlen vom Osterwald	18,0	3,8	6,11	„
Schwarzkohlen von Obernkirchen	7,6	7,0	6,81	„
Kohlen vom Revier Ibbenbüren.				
Zeche Schafberg, Flötz Alexander, ungesiebte Kohle	9,0	3	6,34	Brix.
„ „ „ „ Nusskohle	9,0	3	6,94	„
„ Glücksburg, „ Flottwell	10,5	3	7,18	„
„ „ „ Franz	12,0	3	6,83	„
„ Laura bei Minden	11,0	3	6,80	„
Steinkohlen aus dem Inde-Revier bei Eschweiler.				
Jamesgrube, Flötz Grosskohl	1,5	3	8,17	„
Centrumgrube, „ „	3,0	3	7,89	„
„ „ Gyr	4,0	3	8,01	„
„ „ Fornegel	6,0	3	7,48	„
Steinkohlen aus dem Worm-Revier bei Aachen.				
Neulauerweg-Grube, Flötz Grossathwerk	5,0	3	6,54	„
Neulangenberg-Grube, Flötz Furth	2,5	3	7,04	„
Athgrube, Flötz Grosslangenberg	2,0	3	6,31	„
Ruhrkohlen (Revier Essen und Bochum).				
Zeche Saelzer & Neuack, Flötz Röttgersbank	3,5	3	7,47	Brix.
„ „ „ melirt	7,27	—	6,94	Jansen.
„ Victoria Mathias, Flötz Anna	3,0	3	7,41	Brix.
„ Kunstwerk, Flötz Sonnenschein	3,5	3	6,90	„
„ Hundsnocken	4,5	3	6,41	„
„ Borussia, ungesiebt vom Flötz Nr. 7	2,9	2,2	7,67	„
„ Henriette bei Eichlinghofen, ungesiebte Kohle	4,7	3	7,14	„
„ Engelsburg, Flötz Stensmannsbank	3,0	3	7,66	„
„ Friedrich Wilhelm, Flötz Siebenhandbank	4,0	3	7,16	„
„ „ „ melirt	10,4	6,8	7,24	Sauerwein.
„ Präsident, Flötz Präsident	3,0	3	7,51	Brix.
„ „ melirt	9,9	5,4	7,17	Sauerwein.
„ Franziska Tiefbau, hangendes Flötz	5,5	3	7,51	Brix.
„ Louise Tiefbau, Flötz Nr. 8	4,0	3	7,37	„
„ „ „ melirt	7,2	3,9	7,62	Sauerwein.
„ Hibernia in Gelsenkirchen, melirt	4,28	—	6,95	Jansen.
„ Shamrock „ „ „	4,11	—	7,43	„

Bezeichnung der Steinkohlensorten und ihres Ursprungs.	Aschengehalt.	Wassergehalt.	Nutzbare Verdampfungskraft für 1 Pfd.	Name des Beobachters.
Zeche Westphalia, melirt	9,9	5,2	7,14	Sauerwein.
„ „ Grus	10,6	6,2	6,82	„
„ Johannes Erbstolln, Grus	10,2	4,0	6,75	„
„ Pluto, melirt	11,5	5,0	7,05	„
„ Krone, „	5,9	4,0	7,46	„
„ „ Grus	8,7	4,2	7,26	„
„ Zollverein, melirt	5,5	6,1	7,32	„
„ Neu-Essen, „	13,5	8,7	6,62	„
Steinkohlen aus dem Saarbrücker Revier.				
Gerhardtgrube, Beustflötz	7,5	3	6,60	Brix.
„ Heinrichflötz	9,0	3	6,39	„
Heinitzgrube, Blücherflötz	3,0	3	7,26	„
„ Asterflötz	2,7	3	7,25	„
Dudweiler Grube, Natzmerflötz	2,0	3	7,46	„
„ „ Beierflötz	5,0	3	7,00	„
Saarbrücker Schmiedekohlen	21,5	—	6,06	Klett & Co.
Kohlen aus dem Stockheimer Revier.				
Brennberger Kohlen	30,0	—	3,26	Klett & Co.
Hachstadter Schmiedekohlen	—	—	4,73	„
Anthracit von Brandau in Böhmen	9,7	—	7,02	v. Hauer.
Kohle aus der Wittunaer Mulde bei Merklin in Böhmen	10,7	—	5,51	v. Hauer.
Steinkohlen aus dem Pilsener Becken in Böhmen.				
Nürschan, Mittelwerth der Flötze I, II und III	5,6	4,4	6,13	v. Hauer.
Stückkohle von Nürschan	19,4	—	6,42	Klett & Co.
Klare Kohle von Nürschan	16,0	—	4,61	„
Mantau, Mittelwerth aller Flötze	13,0	3,9	5,91	v. Hauer.
Mies	5,7	11,0	5,80	„
Wilkischen	14,5	5,7	5,94	„
Jalowzin Senetz	7,1	—	5,08	„
Wscherau	13,1	—	4,81	„
Kasenau	6,8	—	4,99	„
Littitz	10,0	1,8	6,05	„
Steinkohlen aus dem Radnitzer Becken in Böhmen.				
Wegwanow	13,2	10,9	4,87	v. Hauer.
Břas	9,0	14,4	5,39	„
Chomle	3,2	—	5,35	„
Skopy	7,0	—	5,20	„
Radnitz	6,5	14,2	5,47	„
Ober-Stupno	3,8	10,7	5,61	„
Steinkohlen aus dem Schlaner Becken in Böhmen.				
Brandeisl	5,3	4,8	5,85	v. Hauer.
Kladno	9,4	2,1	6,04	„
Buštěhrad	9,0	4,0	6,01	„
Kounowa	10,4	10,8	5,79	„
Dutschitz	10,8	13,7	5,15	„
Třebotz	10,6	12,7	5,20	„

Bezeichnung der Steinkohlensorten und ihres Ursprungs.	Aschengehalt.	Wassergehalt.	Nutzbare Verdampfungskraft für 1 Pfd.	Name des Beobachters.
Kranczowa	11,6	14,5	4,98	v. Hauer.
Rakonitz	8,9	8,3	5,13	"
Tuřan	7,7	4,9	5,01	"
Hředel	7,0	5,4	5,49	"
Wellwarn	14,2	5,2	4,77	"
Ruda	6,7	5,7	5,45	"
Rapic	9,1	2,9	6,06	"
Wottwowitz	21,7	1,6	5,37	"
Lana	10,6	4,1	5,12	"
Podlezin	15,1	10,4	4,89	"
Steinkohlen aus den Trautenau-Schatzlarer Werken.				
Mittelwerthe	9,0	3,3	6,17	v. Hauer.
Steinkohlen aus dem Rossitzer Revier in Mähren.				
Zbeschau, Mittelwerth der drei Flötze	5,3	0,5	6,79	v. Hauer.
Oslawan, " " " "	8,4	0,5	6,25	"
Rossitz	23,6	1,0	5,16	"
Podochau	5,0	1,0	6,76	"
Steinkohlen aus dem Ostrauer Revier in Mähren.				
Přivos	3,5	0,6	7,53	v. Hauer.
Mährisch-Ostrau	7,2	1,5	6,39	"
Hruschau	4,6	1,3	7,55	"
Polnisch-Ostrau	6,2	2,7	6,15	"
Michalkowitz	6,1	1,4	6,53	"
Dombrau	8,0	1,4	6,39	"
Karwin	8,0	2,2	6,29	"
Peterswald	6,2	3,8	5,89	"
Orlau-Laaz	1,8	1,4	6,53	"
Anthracit von Turrach in Steiermark	19,6	1,3	5,93	v. Hauer.
Steinkohlen aus dem Jaworznoer Revier in Galizien.				
Vom Elisabethflötz in Siersza	6,8	18,3	5,09	v. Hauer.
Vom 10. Flötz in Tenczinek	3,4	16,8	5,42	"
Vom Isabellaflötz im Siersza	4,9	18,7	5,11	"
Dombrowa, Mittelwerth von 6 Flötzen	7,0	12,6	5,41	"

CAPITEL XI.

Die Aufbereitung der Steinkohlen.

Es liegt in der Natur und dem Vorkommen der Steinkohle, dass dieselbe, wie schon oben erörtert, je nach Alter und Mächtigkeit unverbrennliche Stoffe enthält, welche theils als adhärirendes oder durch Infiltration eingelagertes Zwischenmittel (Asche) oder als anhängendes Gestein (Berge) in den verschiedensten Qualitäts- und Quantitätsverhältnissen der Kohle gegenüber auftreten. Die Steinkohle z. B., welche im Plauen'schen Grunde bei Dresden vorkommt und durch den dortigen Bergbau gewonnen wird, ist, in der Hauptsache Schiefer- und mitunter auch Blätterkohle, mehr oder weniger mit feinen Schieferthonschichten durchzogen, wodurch die beiden Sorten bestimmt werden, in welchen der Bergmann, wie die Consumenten, die dortigen Kohlen eintheilen, nämlich weiche und harte Schieferkohle, von denen die erstere, die mildere, reinere, zum Schmieden und Verkoken direct brauchbar, die letztere, die festere, erdreichere, schwerere und hauptsächlich zur Kesselfeuerung geeignete ist. Von den beiden anderen Kohlensorten, welche mit jener zugleich durch Sortirung bei der Gewinnung und Förderung, zum Theil aber auch durch Siebung gewonnen werden und zum Debit kommen, wird die Schmiedekohle aus den besseren Schichten der weichen Schieferkohle gewonnen, und die klare, hier Kalkkohle genannt, weil sie hauptsächlich zum Kalkbrennen benutzt wird, besteht aus dem Abfall bei der Gewinnung und Förderung, — Gruben- und Haldenklein, — daher aus einem Gemenge von allen Sorten, mehr oder weniger durch taubes Gestein verunreinigt, welches durch die nasse Aufbereitung entfernt werden kann.

Im Zwickauer Revier unterscheidet man Pechkohle und Russkohle, von denen die erstere Sorte nach ihrer Grösse in Stückkohle und Würfelkohle zerfällt, deren Unterabtheilungen wieder nach der Grösse des Korns unterschieden werden; beide Kohlensorten werden zuweilen auch wieder in mehre Qualitäten, z. B. Schmiedekohle, Kalkkohle und Maschinenkohle separirt. Die klaren Pechkohlen werden zur Koksbereitung benutzt und, ebenso wie im Plauen'schen Grunde, theils durch blosses Rättern, theils durch Waschen der klaren in Fluthwäschen oder mit Setzsieben gewonnen.

Ausser nach dem Grade der Reinheit findet in verschiedenen Kohlendistricten eine Eintheilung der Kohlen nach der Grösse des Korns statt, indem man die gemischt geförderten Kohlen für den Debit durch Anwendung von Quetschwerken und Separationstrommeln oder Rätter in verschiedene Sorten, z. B. im Waldenburg'schen in fünf Sorten: Stückkohle, zweierlei Würfelkohle, Nuss- und Staubkohlen trennt.

Die Verwendung der Koks für Locomotivfeuerung bedingte die Nothwendigkeit der Herstellung einer von anhängenden Bergen möglichst freien Kohle und da das abfallende Kohlenklein seine vorzüglichste Verwerthung in der Kokserei findet, dasselbe aber als das an Mineralbestandtheilen reichste Abfallproduct nur sehr aschenreiche Kokse liefern musste, so lag die Nothwendigkeit einer mechanischen Reinigung der Kohlen behufs der Gewinnung möglichst aschenreiner Kokse auf der Hand und bedingte die Einführung der nassen Aufbereitung, der Kohlenwäschen, als vorbereitende Operation des Verkokungsprocesses.

Die nasse Aufbereitung der Steinkohlen scheint da zuerst in Anwendung gekommen zu sein, wo die Nähe von Blei-, Galmey- oder Eisengruben die mechanischen Hülfsmittel zur Scheidung von

Gemengen verschieden schwerer Stoffe kennen lehrte. Schon im Jahre 1830 verwendete Herr von Burgk auf Burgk im Plauenschen Grunde bei Dresden gewaschene Kohlen für seine zum Betriebe von Cupolöfen errichteten Koksöfen und nachdem in den Jahren 1838 und 1839 zu Freiberg Versuche angestellt worden waren, das auf der Grube zu Urang Jdka in Ungarn gebräuchliche Setzen mit unbeweglichen Sieben einzuführen, sehen wir bereits im Jahre 1840 auf den Kohlenwerken zu Zaukeroda, Burgk und Potschappel aus der Kalkkohle mittels hydraulischer Satzsiebe gewaschenes Kohlenklein erzielen.

Im Bergamtsbezirke Essen wurde im Jahre 1849 auf der Grube Victoria Mathias durch den Steiger Rosserbeck eine Kohlenwäsche, nach dem Muster der im Plauenschen Grunde bereits allgemein eingeführten, errichtet und im Jahre 1855 waren bereits auf 6 Gruben desselben Bezirks Kohlenwäschen im Gange.

Im Bergamtsbezirke Bochum wurde im Jahre 1855 auf der Grube Louise die erste Kohlenwäsche mit hydraulischen Setzmaschinen aufgestellt und in demselben Jahre in Dudweiler (Bergamtsbezirk Saarbrücken) eine solche probeweise in Betrieb gesetzt.

In Frankreich ward die Kohlenwäscherei bei den schwefelkieshaltigen Kohlen der Vogesen angewendet, nahm aber erst gegen das Jahr 1840 eine bestimmte Entwickelung an, in welchen Herr Baetmadoux, ehemaliger Eleve der Bergschule zu St. Etienne, die Steinkohlen der Grube zu Bert (Allier) mittels Waschens reinigte; das Waschen wurde in Gräben, „den deutschen Schlämmherden entsprechend," ausgeführt, und ist daher wohl anzunehmen, dass diese Art der Aufbereitung von Steinkohlen überhaupt deutschen, vielleicht speciell sächsischen Ursprungs ist.

Es liegt auf der Hand, dass der Preis der Steinkohlen an den Consumtionsorten durch den Transport der in ihnen enthaltenen unhaltigen und nachtheiligen Stoffe, nicht unbeträchtlich erhöht wird. Wenn demnach durch die Aufbereitung der Gehalt der Kohlen an fremdartigen Bestandtheilen zum Beispiel um 6 Procent verringert wird, so entsprechen 94 Centner der aufbereiteten Kohlen 100 Centnern nicht aufbereiteter, wodurch also an Transportkosten pro Centner der ersteren $^{1}/_{94}$ erspart wird; übersteigen nun die Kosten der Aufbereitung den letzteren Werth nicht, so erhellet der Vortheil, welcher durch dieselbe dem Producenten und dem Consumenten gleichzeitig erwächst, und lässt das Waschen der Kohlen als ein unabweisbares Beförderungsmittel des Kohlenabsatzes in allen den Fällen erscheinen, wo Kohlen mit vorwaltendem Zwischenmittel in grösseren Mengen zur Förderung gelangen.

Alle Methoden nun, welche die Trennung körniger Substanzen von verschiedenem specifischen Gewicht zum Zwecke haben, lassen sich auf drei Principien zurückführen:

1) Das Rättern oder die Sortirung nach der Grösse des Korns durch Anwendung eines Systemes verschieden weiter Siebe, welche in der Praxis in Form ebener oder cylindrischer Siebflächen (Rätter und Separationstrommel) Anwendung finden. — Insofern mittels der Siebarbeit nur Sorten von gleicher Korngrösse, also gleichem Volumen, erhalten werden, kann dieselbe eine Trennung verschieden specifisch schwerer Körper nur in dem Falle erreichen lassen, in welchem durch eine vorhergehende Separationsarbeit Gemische von gleich absolut schwerem, aber ungleich grossem Korn erzielt wurden.
2) Separation nach den Gesetzen des freien Falles: a) in der Luft, b) im Wasser.
3) Separation in fliessendem Wasser auf geneigten Flächen.

Wenn sich Mineralien in zerkleinerter Form in einer Flüssigkeit selbst überlassen sind, so hängen die Kräfte, welche die Geschwindigkeit des Falles bestimmen, von der Dichtigkeit, von dem Volumen und von der Gestalt der ersteren, ferner von dem specifischen Gewicht und Consistenz der Flüssigkeit, endlich von der grösseren oder geringeren Freiheit, in welcher sich die Mineralien bewegen, wenn sie einander selbst oder den Wänden des Separationsgefässes mehr oder weniger genähert sind.

Wenn die Füglichkeit geboten wäre, die Separation mit Körpern vorzunehmen, welche eine völlig gleiche Form besitzen und in ihrer Bewegung vollständige Freiheit behielten, wenn also Dichtigkeit und Grösse allein zu berücksichtigen wären, so würde folgendes Gesetz, welches von Hennegel aufgestellt hat, volle Giltigkeit besitzen: Die Geschwindigkeit eines in ein Widerstand leistendes Mittel fallenden Körpers, dessen Anfangsgeschwindigkeit gleich Null, ist nahezu der Quadratwurzel seiner Dichtigkeit und seines Durchmessers direct, und der Quadratwurzel der Flüssigkeitsdichte umgekehrt proportional. Zwei Kugeln von verschiedener Beschaffenheit werden daher mit gleicher Geschwindigkeit in dem Wasser fallen, wenn die Durchmesser im umgekehrten Verhältniss der Dichtigkeit stehen. Bei gleichen Volumen und Dichtigkeiten wird der Widerstand des Mittels grösser bei einem abgeplatteten als bei einem kugelförmigen Körper sein. Dieser Umstand ist für die Setzarbeit vortheilhaft oder nachtheilig, je nachdem die Gangart oder das Erz eine blättrige Structur hat oder nicht.“ Es folgt hieraus, dass, wenn zwei kugelförmige Körper, von den Dichtigkeiten D und d und von den Durchmessern M und m, welche sich in einer Flüssigkeit von der Dichtigkeit Q für die erste und q für die zweite selbst überlassen sind, die correspondirenden Geschwindigkeiten V und v im Verhältniss zu einander gegeben sind durch den Ausdruck:

$$\frac{V}{v} = \sqrt{\frac{D \cdot M \cdot q}{d \cdot m \cdot Q}}$$

Diese Formel gibt einen Zusammenhang zwischen dem theoretischen Einflusse der Grösse und der Dichtigkeit.

Durch eine Reihe von Versuchen, welche Pernolet angestellt und in seiner Abhandlung in den *Annales des Mines* (4. Reihe, 20. Band, pag. 379) veröffentlicht hat, ist zunächst festgestellt worden:

1) dass durch das sorgfältigste Siebsetzen es unmöglich ist, Röschen von gleichartigem Korn herzustellen;
2) dass dieser stets bedeutende Mangel an Gleichförmigkeit bei verschiedenen Mineralien nach ihrer Structur verschieden ist;
3) dass in Folge der verschiedenen Grösse bei den Producten der sorgfältigsten Setzarbeit der Einfluss der Dichtigkeiten bei einem gewissen Theile der zu trennenden Gemenge vollständig aufgehoben werden kann;
4) dass die Verschiedenheiten der Form einen noch grösseren störenden Einfluss haben können, als die von der verschiedenen Grösse des Korns herrührenden;
5) dass bei den gebräuchlichen Systemen der mechanischen Aufbereitung die mit bedeutendem freien Spielraume behafteten Hindernisse der specifischen Schwere, eine Theorie, welche auf den gleichzeitigen Einfluss der Dichtigkeit und des Volumens der zu trennenden Substanzen begründet ist, auf verschiedene Arbeiten unanwendbar erscheinen lässt;
6) dass oben erwähnte Hindernisse dennoch sehr nutzbringend und in einzelnen Fällen sogar nothwendig sind, um die nachtheiligen Einflüsse der Verschiedenheiten in Grösse und Gestalt, welche die gebräuchlichen Mittel der Classificationen oder Separationen herbeiführen, zu verbessern;
7) dass die gewöhnlichen Aufbereitungsverfahren eine grössere Einfachheit in der Ausführung unter Erzielung günstiger Resultate bieten, sobald die Classification der Erze mittels des freien Absetzens in Wasser bewerkstelligt wird;
8) dass in vielen Fällen der freie Absatz und ein darauf folgendes Siebsetzen hinreichend sein können, eine zweckentsprechende Separation zu bedingen.

Nach den Gesetzen des freien Falles lagern sich ungleich grosse und ungleich schwere Körper in horizontalen Schichten von ungleich grossen Theilen bei gleichem absoluten Gewichte ab. Letztere gestatten durch das Rättern eine Separation nach dem specifischen Gewicht der Gemengtheile, indem das specifisch leichtere bei grösserem Volumen von dem specifisch schwereren aber kleineren Korn getrennt werden kann.

Ging letztere Arbeit der Setzarbeit voraus, gelangen also Körper von gleicher Korngrösse in die Setzarbeit, so lagern sich letztere in horizontalen Schichten verschiedener specifisch schwerer Theile so, dass die schwerste Rösche den Boden des Setzsiebes bedeckt.

Der Anwendung eines bewegten Luftstromes als Separationsmittel stellen sich sowohl die Schwierigkeit der Beschaffung eines stets völlig trockenen Separationsmaterials, als auch die der Einhaltung eines gleich starken Luftstromes in der Praxis hindernd entgegen.

Die Separation mittels eines aufsteigenden Wasserstromes ist vorzugsweise nur zur Verarbeitung geringer Korngrössen geeignet; gleichzeitig lässt sich der ersteren der störende Einfluss zum Vorwurf machen, welcher durch den Mangel eines in allen Theilen des Querschnittes gleichen Wasserstromes bedingt ist, indem das anfangs vertical aufsteigende Wasser nach Aufhebung des Druckes in horizontaler Richtung abfliessen muss. Die durch letzteren Umstand veranlasste mechanische Umlagerung des Separationsmaterials bedingt eine mehrfache Einführung des Wasserstroms und dadurch tritt der Werth des Siebsetzens als Classificationsmittel mit der Abnahme der Dichtigkeitsdifferenzen des zu separirenden Materials in den Hintergrund.

Hierauf bezüglich ist aber durch die Arbeiten Pernolets, wie schon oben angedeutet, zugleich dargethan worden, dass hauptsächlich auch „der Form der Körper" die Veränderungen zuzuschreiben sind, die innerhalb der Grenzen wahrgenommen werden, welche der Fallzeit gleichgrosser aber ungleichschwerer Körper eigenthümlich sind; denn hier befolgen die beobachteten Veränderungen nicht immer die Ordnung der Dichtigkeiten, wie dies zumal bei der Steinkohle wahrzunehmen ist, sobald sie aus dem körnigen in den staubigen oder sandigen Zustand übergeht; in Kornform erscheint manche Steinkohle in gewissermaassen rhomboidischen Bruchstücken, dagegen als Sand in unregelmässigen, länglichen Schuppen mit anscheinend muscheligem Bruch. Der Kohlenschiefer (Berge) liefert durch die während des Siebsetzens zwischen seinen Körnertheilen statthabende Reibung Geschiebe, die zwar abgeplattet sind, die aber dennoch die Eigenschaften der abgerundeten Körner, im Wasser schnell niederzusinken, besitzen. Diesem Umstand ist seine verhältnissmässig schnelle Separation im Setzsiebe zuzuschreiben, „so dass in Folge des langsamen Sinkens der mehr blätterigen Kohlenpartikel der Schiefer auch bei geringerer Dichtigkeitsdifferenz, der Kohle gegenüber, sich vollständig und rein abzusondern im Stande ist."

Der Einfluss veränderter Dichtigkeit in der Separationsflüssigkeit selbst äussert sich durch eine Veränderung der Fallgeschwindigkeiten in der Weise, dass, weil die Röschen der ersteren gegenüber ein grösseres oder geringeres specifisches Gewicht besitzen, je nachdem selbige im Durchschnitt zunimmt, der Einfluss der Structur dann um so bedeutender in den Vordergrund tritt. Dieser Erscheinung ist die Anwendung des warmen Wassers beim Siebsetzen in einzelnen Kohlen-Aufbereitungsanstalten zuzuschreiben, bei welchem das Niedersinken des Schiefers beschleunigt, die Ablagerung der Kohle durch die ihrer Form entgegentretenden mechanischen Hindernisse verlangsamt wird.

Der Separation in fliessendem Wasser auf einer mehr oder weniger geneigten, glatten oder rauhen, beweglichen oder unbeweglichen Fläche, auf welcher die Körner theils durch Reibung zurückgehalten, theils durch die überwiegende Kraft des Wasserstroms sowie durch das Bestreben, auf der schiefen Ebene herabzurollen, fortgeführt werden, liegt ein Princip zu Grunde, auf welchem grösstentheils die verschiedenen Mahlführungen, die liegenden Herde, die Schlämmgräben, die Kehrherde, Roundbuddles, Planherde, rotirenden Kehrherde, Stossherde, tables-Bremton etc. beruhen.

Auch bei der Anwendung dieser Apparate, bei welcher zwischen dem Neigungswinkel der den Schlämmapparat bildenden schiefen Ebene, der Dichtigkeit des Separationsmaterials und der Wassergeschwindigkeit bestimmte Verhältnisse eingehalten werden müssen, können günstige Resultate nur bei Einhaltung gleicher Korngrössen erzielt werden. Für die Aufbereitung der Steinkohle haben dieselben in Folge des mit ihrem Betrieb verbundenen zu bedeutenden Wasserconsums nur noch insofern Interesse, als sie in Ermangelung geeigneterer Separationsvorrichtungen die Reinigung des von dem Setzsiebe abgehenden Kohlenschlamms zum Zwecke haben. (Siehe unten.)

Alle bisher in der Praxis angewendeten Aufbereitungsmethoden der Steinkohlen kommen den erwarteten Resultaten um so näher, je vollständiger und sorgfältiger eine Sortirung der Förderkohle in verschiedene Sorten von gleich grossem Korn dem Waschen vorausgeht. Man wirft daher an den meisten Orten dieselben beim Abfahren von der Grube über Rätter; das sind geneigt liegende Gitter von verschiedenem Durchmesser, welche übereinander angebracht ohne wesentlichen Kostenaufwand die feineren von den gröberen Kohlensorten gestatten. v. Marsilly beschreibt ein solches, dessen Stäbe 4 Centimeter von einander stehen und unter welchen sich ein zweites Gitter mit Zwischenräumen von

Verbessertes Rätter von T. Y. Hall in Newcastle.

Fig. 1.

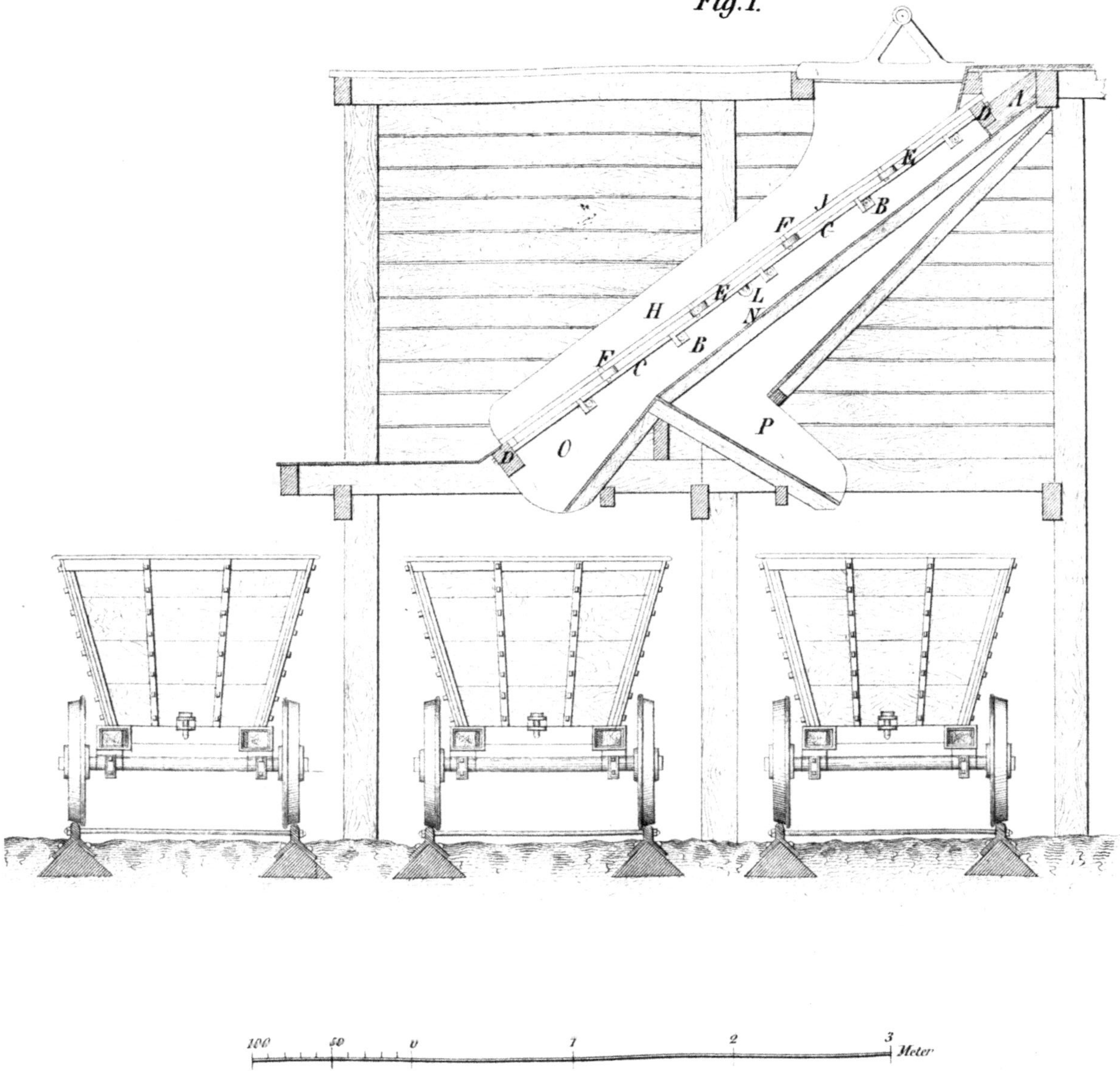

Fig. 2.

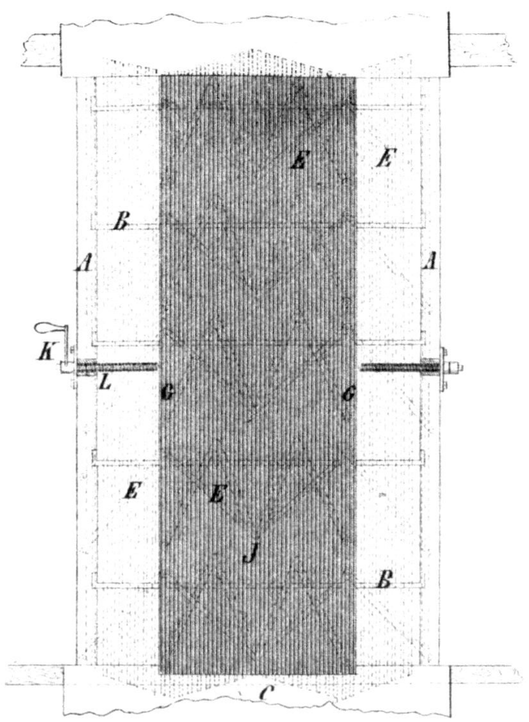

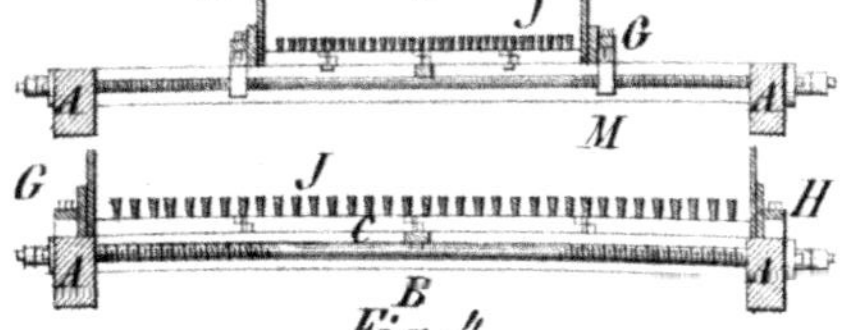

Fig. 3.

Fig. 4.

Taf. III.

1 Centimeter befindet; dadurch erhält man die Kohle in 3 verschiedenen Abtheilungen: die erste, welche aus dem auf dem obersten Gitter bleibenden Rückstand besteht, bereits gereinigt ist und nicht zur Aufbereitung gelangt; die zweite, welche aus den durch das erste Gitter gefallenen und auf dem zweiten liegen gebliebenen Theilen besteht und sich sehr gut, ohne nochmalige Scheidung aufbereiten lässt; das Kohlenklein, welches noch in einer conischen Siebtrommel behandelt wird, deren Maschen weniger als 1 Millimeter Durchmesser besitzen. Auf diese Weise hat man die Förderkohle in vier Sorten getheilt: 1) Grobkohle, Stückkohle; 2) Würfelkohle, Nusskohle; 3) Kohlenklein zur Aufbereitung; 4) Staubkohle.

Der Apparat, welcher auf den Gruben zu Brassac im Departement Puy de Dôme zur Separation der Steinkohlen nach ihrer Grösse angewendet wurde, besteht aus 3 übereinander liegenden Sieben von Rättern, auf welche man die geförderten Kohlen mittels kippender Fördergefässe stürzt. Das erste Rätter hat eine Neigung von 41 Grad; es besteht aus runden Eisenstäben von 21 Millimeter Dicke, die 40 Millimeter von einander entfernt liegen. Das zweite Rätter liegt unter dem ersteren, hat ein Fallen von 43 Grad und besteht aus einem Geflecht von Eisendraht, dessen Maschen 2 Quadratcentimeter Querschnitt haben. Das dritte Sieb hat eine Neigung von 45 Grad; die Maschen desselben bestehen ebenfalls aus Eisendraht und haben einen Querschnitt von 1 Quadratcentimenter. Die Steinkohlen werden, wenn sie aus dem Schachte zu Tage kommen, mittels des Fördergefässes, welches auch zur Streckenförderung dient und 5 Hektoliter (= 9,1 preuss. Scheffel) enthält, auf einen Rahmen geführt, der umgekippt werden kann und fallen dann auf das erste Rätter, über welchem ein Trichter zur Aufnahme der Kohlen angebracht ist. Alle Kohlenstücke, welche grösser als 4 Cubikcentimeter sind, fallen über das erste Rätter weg nach einem an dessen unterem Ende aufgestellten Reservoir. Die kleineren Stücke fallen durch das erste Rätter auf das zweite und durch dieses auf das dritte, um in besonderen untergestellten Gefässen der Grösse nach separirt aufgefangen zu werden. Der Staub und die Stücke, welche kleiner als 1 Cubikcentimeter sind, fallen durch das unterste Sieb in einen besonderen Raum. Während dieses Durchrätterns oder Durchsiebens der Steinkohlen werden dieselben an den Enden der beiden oberen Rätter von Kindern geklaubt, um die anhängenden schiefrigen Theile zu entfernen. Die Staubkohle unter dem untersten Rätter gelangt zu den Wäschen, sie enthält nach der Förderung 10—12 Proc., nach der Aufbereitung in einem Meynier'schen Apparate 3—4 Procent Asche.

Verbindet man bei Anwendung des Rätters den Zweck, in der Grösse der einzelnen Kohlensorten zu wechseln, so gestattet dies das von Hall zu Newcastle on Tyne [1]) construirte Rätter, bei welchen die parallelen Stäbe nicht fest, wie bei den gewöhnlichen Rättern, sondern durch im Zickzack liegende Hebel verschiebbar sind, so dass der grössere oder kleinere Winkel dieser Hebel die Entfernung der Stäbe von einander und somit die Grösse des Kornes bedingt.

Taf. III Fig. 1 ist ein senkrechter Durchschnitt und ein Aufriss des Rätters; Fig. 2 ein Grundriss, welcher die Stäbe des Rätters in enger und weiter Stellung zeigt; Fig. 3 ein Querdurchschnitt der Rätterstäbe mit einer Entfernung von circa $^3/_8$ Zoll, Fig. 4 von $1^1/_2$ Zoll von einander.

Das Hauptgerüst A besteht aus Holz und es sind die beiden senkrechten Seiten der Quere nach durch eiserne Stehbolzen B verbunden. Längs der Mitte des Rätters läuft ein quadratischer Stab C mit Schraubengewinden und Muttern an beiden Enden, wodurch er mit den beiden Querbalken D verbunden ist. Der Stab C nimmt die Mittelpunkte der fünf zickzackförmigen Hebel E auf, deren feste Endgelenke sich bei F befinden, während ihre freien Gelenke mit den langen parallelen Seitenstäben G, die aus Tförmigem Eisen bestehen, verbunden sind. Um diese Stäbe sind die senkrechten Platten H befestigt, welche die Seitenwände des Rätters bilden. Die entgegengesetzten Enden der zweiten Hälfte der Hebel sind mit den befestigten Gerüstbäumen A verbunden. Die Rätterstäbe J haben an gewissen Punkten Stifte an der unteren Seite, welche Vertiefungen in den Hebeln entsprechen. Die Verschiebung und Stellung der Rätterstäbe wird durch die Kurbel K bewirkt, die an dem einen Ende der mit rechtem und linkem Gewinde versehenen Spindel L angebracht ist. Die Enden dieser Spindel liegen in Zapfenlagern in den Bäumen A und sie selbst geht durch die beiden Muttern M (Fig. 3), die an den Tförmigen Stäben G angebracht sind. Durch Umdrehung der Kurbel K und der Spindel L nach einer Richtung werden die Muttern M der mittleren Stange C genähert, während durch entgegengesetzte Bewegung die Muttern von dem Mittelpunkt entfernt werden. Mit ihnen bewegen sich die Seitenstäbe G, und da mit diesen die Rätterstäbe parallel liegen und letztere mit den Hebeln E verbinden,

[1]) Berg- und Hüttenmännische Zeitung 1853, p. 81.

so werden die Stäbe einander genähert oder von einander entfernt, je nach dem verschiedenen Winkel der Hebel E mit der der Länge nach verlaufenden Mittellinie des Rätters. Die oberen Enden der Stäbe des Rätters liegen unter dem Boden, die unteren Enden hinter dem Boden, auf welche die Kohlen von den Stäben hinabfallen, während die kleineren Stücke durch die Zwischenräume hindurchfallen. Diese kleineren Stücke fallen wieder auf ein Drahtsieb N, welches die Staubkohlen durchfallen lässt. Jede Sorte hat eine Rolle O und P, welche erstere die sogenannten Nusskohlen und letztere die Staubkohlen in darunter stehende Wagen führt.

Statt des Drahtsiebes N kann auch ein zweites, zu verstellendes Rätter angewendet werden, sobald die Nutzkohlen in zwei Sorten separirt werden sollen. Auch kann das obere Rätter in zwei verschiedene Längen getheilt werden, von denen die eine unabhängig von der anderen verschiebbar ist, so dass auf jeder eine besondere Separation bewirkt wird. Ausserdem kann man aber die Stäbe auch so dicht zusammenschrauben, dass das Rätter eine schiefe Ebene bildet, auf welcher die Kohlen aus dem Förderkarren ohne Separation herablaufen.

In dem Falle, wenn die den Stückkohlen anhängende Bergart einer directen Verwendung ersterer als Brennmaterial entgegensteht, oder wenn die Stückkohle als solche sich schwerer verwerthet und daher die Koksbereitung grössere Vortheile verspricht, erfahren die Kohlen, wie sie aus dem Schachte kommen, eine gleichmässige Zerkleinerung. Auf der Grube König bei Neunkirchen in Saarbrücken kommen daher die Kohlen über die Bühnen auf ein paar Quetschwalzen, welche die Form von zwei unter sich in Eingriff stehenden Schraubengewinden, eine Länge von 27 Zoll und einen äussern Durchmesser von 14 Zoll besitzen; jede derselben geht in einem gusseisernen Troge, dessen Boden durchlöchert ist. Die Lager der Walzenachsen sind verstellbar zur Regulirung der Feinheit des Mahlgutes. Eine solche Walze soll in der Stunde 60 Centner Kohle zermalmen und es sind daher bei einer Aufbereitung von stündlich 175 Centnern Kohle drei solche Walzen mit 75 Umdrehungen in der Minute erforderlich. Da das Mittel der Walzenpaare unter den Förderlöchern liegt, so kann über denselben ein Trog zum Einschütten der Kohlen von 1½ Fuss Tiefe hergestellt werden. Die Höhe von der Walzenachse bis zur Oberkante der Separationstrommel, in welche die gemahlenen Kohlen behufs ihrer Sortirung in vier Korngrössen einfallen, beträgt 4 Fuss. Die Separationstrommel hat eine Länge von 24 Fuss und 3 Fuss Durchmesser, so dass die Kohlen bei 30 Umdrehungen pro Minute mit 30 . 226 = 6780 Quadratfuss Fläche in Berührung kommen und 1 Quadratfuss Fläche per Minute 0,043 Pfund Kohle auszuscheiden hat. Die ganze Länge der Trommel ist in vier Theile getheilt. Die erste Abtheilung von 4 Fuss Länge und mit 3 Linien weiten Oeffnungen liefert die Staubkohlen, welche durch einen Holztrichter einer Schnecke zugeführt und nicht gewaschen werden. Die folgenden drei Abtheilungen der Trommel besitzen Siebflächen mit 5, 9 und 13 Linien Durchmesser, unter ihnen befinden sich drei Berard'sche Setzkasten, welche die durch die einzelnen Trommelabtheilungen fallenden Kohlen behufs ihrer Reinigung aufnehmen. (S. unten.)

Auf der Marienhütte zu Zwickau, sowie auf Grube Dudweiler in Saarbrücken werden die zur Verkokung bestimmten Stückkohlen durch einen Mahlapparat gleichmässig zerkleinert. Letzterer besteht aus einer conischen, gerippten, verticalen Welle (Läufer), welche in einem mit conischen gerieften Wandungen versehenen Mantel rotirt und die von oben zugeschütteten Kohlen gleichmässig zerquetscht. Eine Kohlenmühle nach gleichem Princip befindet sich auf dem Grubenrevier Hruschan in Mähren und ist in der Abhandlung über das Steinkohlenrevier von Mährisch-Schlesien von Jičinski (Wien, 1865) abgebildet und beschrieben worden. Das erhaltene Kohlenklein gelangt in eine aus vier Abtheilungen bestehende Separationstrommel, welche in ihrer ersten Abtheilung den Kohlenstaub, durch die folgenden drei mit Oeffnungen von verschiedener Weite versehenen Abtheilungen das Kohlenklein zu den Setzsieben liefert.

Auf dem Vertrauensschacht des Erzgebirgischen Steinkohlenbau-Vereins in Zwickau, sowie auf Zeche Schleswig bei Hörde in Westphalen gelangen die von der Grube geförderten röschen Kohlen durch einen Aufzug in den oberen Raum des Waschgebäudes, fallen von da über ein 2 Centimeter weites Rätter und durch dasselbe in eine mit doppelten Wandungen versehene Separationstrommel von ungefähr 2 Meter Länge und 1½ Meter Durchmesser. Die in dem inneren Trommelraum bleibenden Kohlen gelangen auf einen rotirenden Lesetisch, an welchem Knaben die Sortirung derselben bewerkstelligen.

Von den durch die innere Trommelfläche gegangenen Kohlen sammeln sich die Würfelkohlen im Innern des äusseren Trommelmantels, während das Klein durch dessen Wandungen hindurchfällt, um durch ein Paternosterwerk auf die höher gelegene zweite über der Setzmaschine gelegene Separationstrommel zu gelangen. Letztere, aus fünf Abtheilungen bestehend, liefert zunächst den Kohlenstaub und das Kohlenklein in vier Sorten für die Setzmaschine.

Bei Anwendung der verschiedenen Kohlenwäschen kann das Wasser in dreierlei Weise thätig sein:

1) Indem es das Haufwerk der Kohlen continuirlich aufhebt und abführt. In diesen Fällen wendet man die Schlämmherde oder die denselben ähnlich wirkende Lombard'sche Maschine, oder die Centrifugalmaschine von Cadiat sèn. an;
2) indem es stossweise die Kohlenmassen hebt und ihnen gestattet, sich nach der verschiedenen specifischen Schwere zu lagern, ohne die gehobenen Theilchen hinwegzuführen. In dieser Weise wirkt: das bewegliche Handsetzsieb, das hydraulische Setzsieb, mit Handbewegung, oder durch eine Welle mit Excentern oder Welldaumen bewegt, die durch Dampf getriebene Kolbensetzmaschine, die direct wirkende Dampfsetzmaschine, der Apparat von de Francy und Jarlot in Montrelair;
3) indem es die Kohlen stossweise aufhebt und das gewaschene Kohlenklein mit hinwegführt; dann finden die Maschinen von Berard, Marcais, Meynier, Fröhlich, Revollier und Comp., sowie die Setzmaschine mit oscillirendem Wasserstrom von Sievers Anwendung.

In Bezug auf die Arbeitsweise der Setzmaschinen theilt man die letzteren ein in:

1) discontinuirlich wirkende Setzmaschinen, indem entweder
   a) Schiefer und Kohlen unter Stillsetzung der Maschine abgehoben werden oder
   b) nur der Schiefer abgenommen wird, mit Stillsetzung der Maschine, die Kohlen aber während des Maschinenganges durch die Hand entfernt werden;
2) continuirlich wirkende Setzmaschinen, bei welchen
   a) eine continuirliche Entfernung des Kohlenkleins und eine zeitweise Entfernung des Schiefers ohne Stillstand der Maschine,
   b) eine continuirliche Entfernung der Kohlen und des Schiefers ohne Stillstand der Maschine stattfindet.

Fig. 17.

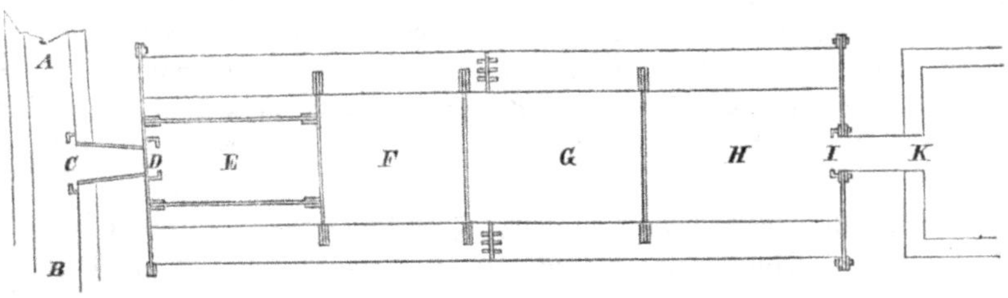

Fig. 18.

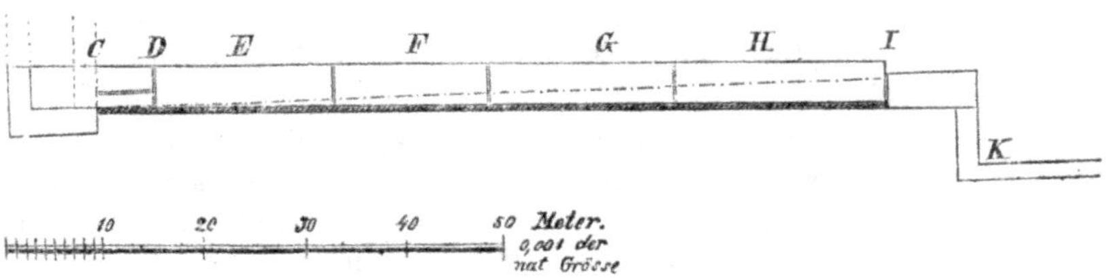

Das Waschen der Kohlen wurde in früherer Zeit in Gräben, den deutschen Schlämmherden entsprechend, ausgeführt. Die Einrichtung der Schlämmgräben zu Commentry und zu Selessin, wie sie im Jahre 1841 vom Herrn Bergingenieur Lechatelier eingeführt wurden[1]), war folgende:

Der ganze Schlämmapparat besteht aus einem 7,1 Meter langen Kasten Fig. 17 und 18, welcher geneigte auf der Sohle eingelassene Leisten hat und durch Scheider in 4 Abtheilungen getheilt ist. Die erste Abtheilung hat eine Länge von 1,83 Meter und 0,82 Meter Breite; von den drei anderen ist jede 1,4 Meter breit, die zweite aber 1,525 Meter, die dritte 1,830 Meter und die vierte 1,85 Meter lang. Die Tiefe des Kastens beträgt 0,4 Meter, der Boden besitzt eine Neigung von 20 Centimeter. Am Kopfe der ersten Abtheilung befindet sich ein Gerinne, Fig. 17 AB,

[1]) Berg- und Hüttenmännische Zeitung 1851, pag. 223.

welches mit einem mit Wasser angefüllten Reservoir in Verbindung steht und zu beliebiger Zeit mittels eines Schutzes C abgesperrt werden kann. An dem äussersten Ende befindet sich ein zweites Gerinne K, welches durch ein weidenes Flechtwerk I geschlossen ist, durch welches das Wasser zwar abfliessen kann, die Kohlen aber zurückgehalten werden. Sobald der Schutz C hinreichend aufgezogen ist, wirft ein Arbeiter die Kohlen in kleinen Quantitäten in die erste Abtheilung E, der Strom reisst diese mit sich fort und die Berge, sowie die grösseren Kohlenstücke setzen sich in dieser ab; die leichteren Stücke gelangen nach F, während G und H die gereinigten Kohlen aufnimmt; die feste Kohle setzt sich vor dem Weidengeflechte I ab und der Staub wird durch das Wasser mit hinweggeführt.

Bei der Aufbereitung sind 2 Arbeiter beschäftigt; der eine regelt den Wasserzufluss, wirft die Kohle schaufelweise auf und krückt sie von Zeit zu Zeit um, damit das Fortführen der weniger schweren Theile erleichtert werde; wenn die Abtheilung F zu voll ist, so bringt er das Obere wieder nach E zurück. Der zweite Arbeiter schafft die aufbereiteten Kohlen fort und bringt sie in Haufen in die Nähe des Herdes. Haben sich die Schiefer in hinreichend grosser Menge in den beiden ersten Abtheilungen angehäuft, so zieht man sie zurück und unterwirft sie, bei einem Gehalt von 70 — 80 pro Cent Kohle, noch einer zweiten Aufbereitung im Setzkasten. Bei Anlegung von drei Schlämmherden sind zwei Arbeiter zur Kohlenzu- und Abfuhr, drei zum Aufwerfen und Schlämmen selbst benöthigt.

Die zum Schlämmen verwendete Kohle ist durch ein Rätter von 5 Centimeter Zwischenraum von den Stückkohlen getrennt und die geschlämmte Kohle enthält noch 4 — 6 Procent Asche.

In neuerer Zeit hat Lombard auf der Grube von la Chazotte eine Kohlenwäsche mit continuirlichem Betriebe (Taf. IV) eingerichtet, bei welcher eine Eimerkette M'' M'' aus der Grube aa' auf die Arbeitslöcher fördert, während ein Schutz Z den Zutritt der Kohlen in die Grube aa' regulirt; jeder Eimer hält 23 Litre und die Kette macht drei Umdrehungen pro Minute. Der eigentliche Waschapparat besteht aus einem grossen 5 Meter langen, 1,3 Meter weiten und 2,1 Meter hohen Kasten O O' mit vier Abtheilungen, wovon die erste A A' von der eigentlichen Separationsvorrichtung eingenommen wird, die zweite C C' C'' den durch eine doppelt wirkende Pumpe zugeführten Wasserstrom aufnimmt, die dritte C X' X'' zur Aufnahme der Schiefer dient und die vierte O O' O'' A N das Waschwasser, die gewaschenen Kohlen aufsammelt. Dieser Kasten steht in einem hölzernen Gerüste f' f', welches die Transmission trägt, und communicirt mit einem daneben stehenden Kasten PP' durch eine Oeffnung V V', die durch die Schützen B B' und den Hebel G geschlossen werden kann. Die Arbeitsbühne A A' ist coulissenartig mit eisernen Platten versehen, zwischen denen das Wasser in parallelem Strahle hervorspritzt. Die Abstände dieser Platten nehmen von A' nach A hin ab, so dass sie sich bei A fast berühren. Das Wasser wird durch eine Druckpumpe l nach dem Raume C C' C'' eingedrückt. Dieselbe ist doppelt wirkend, liefert 25 Litre pro Secunde und saugt durch E aus dem Raume, in welchem die gewaschene Kohle sich ansammelt, das Wasser wieder an, welches sie durch D abgegeben hat. Zur Aufschüttelung der Kohlen dienen die in A aufgestellten Rechen R, welche durch ihre Vor- und Rückwärtsbewegung, einem Stossrätter ähnlich, eine sohlige Ablagerung der plattenförmigen Schiefer verhindern und diese stets vom Punkte A wegtreiben. Die gereinigten Kohlen treten mit dem schlammigen Wasser in einen grösseren Kasten O O', von wo ein Noria mit durchlöcherten Eimern M M die mit dem Staub innig gemengte Kohle auf eine 5 Meter höher liegende Bühne hebt, wo sie etwas abtropft. Um die Schiefer zu entfernen, zieht man die Schützen rr' und lässt sie nach C X' X'' und von da nach dem Raume PP' fallen, von wo sie durch die punktirt gezeichnete Eimerkette M' M' fortgeschafft werden. Die Regulirung des Wasserzuflusses wird durch ein Schwimmventil bewerkstelligt, welches sich bei einem Wasserüberschuss in A öffnet und den Abfluss nach O O'' bewerkstelligt.

Auf den Schlämmherden der oben beschriebenen Einrichtung werden pro Tag 192 Hektoliter = 349,4 preussische Scheffel = 16045 Kilogramm Kohlen aufbereitet; es verbleiben 18 pro Cent Abgang und die aus den aufbereiteten Kohlen erzielten Koks haben 6 pro Cent Aschengehalt. Ein Waschherd gebraucht täglich 60 Cubikmeter Wasser.

Die Lombard'sche Kohlenwäsche bereitet täglich im Durchschnitte 35000 Kilogramm. Wasserverbrauch 20—25 Procent an Gewicht des Koks.

Die Centrifugalmaschine zum Waschen der Kohlen von Cadiat sen.[1] (Fig. 19 — 22) besteht aus einem Waschkessel A, der ein conisches Blechgefäss bildet, welches unten mittels einer gusseisernen Hülse b auf der durch die Riemenscheibe m und n getriebenen stehenden Welle B befestigt ist. Diese Welle läuft unten auf einem Stahlstift und oben in einem seitlich an einem Balken befestigten Halslager l. Der Kessel A hat oben einen stark nach innen geneigten Rand h mit mehren Ausgussrinnen I (Fig. 22), durch welche die leichten Theile mit dem Wasser fortgespült werden. Dieser Rand bestimmt das Volumen des Materials, welches der Apparat während seiner Bewegung enthalten soll. Unter der Decke ist ein Aufgeberumpf C

[1]) Polytechnisches Centralblatt 1863.

Continuirliche Kohlenwäsche von Lombard.

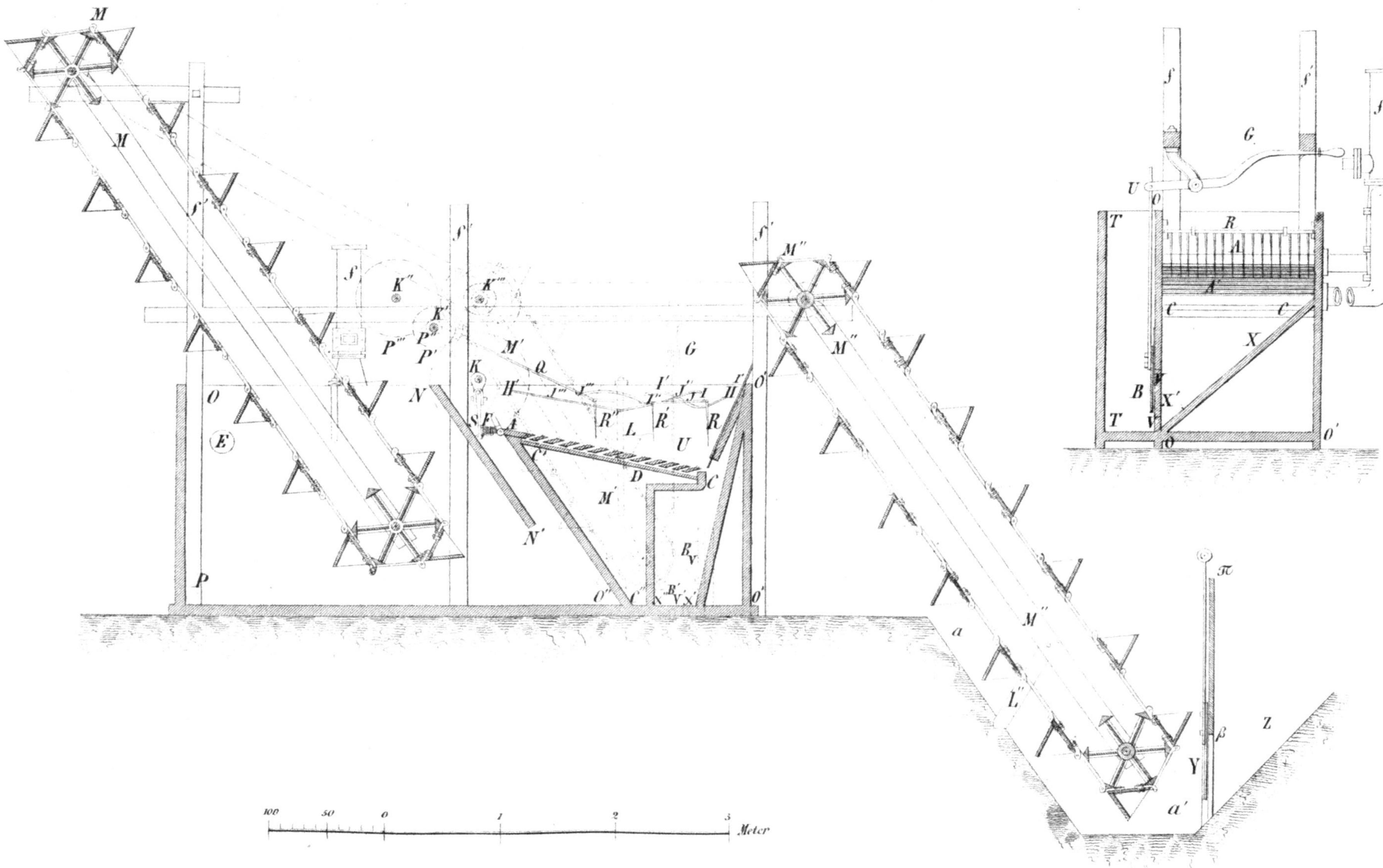

Fig. 19.

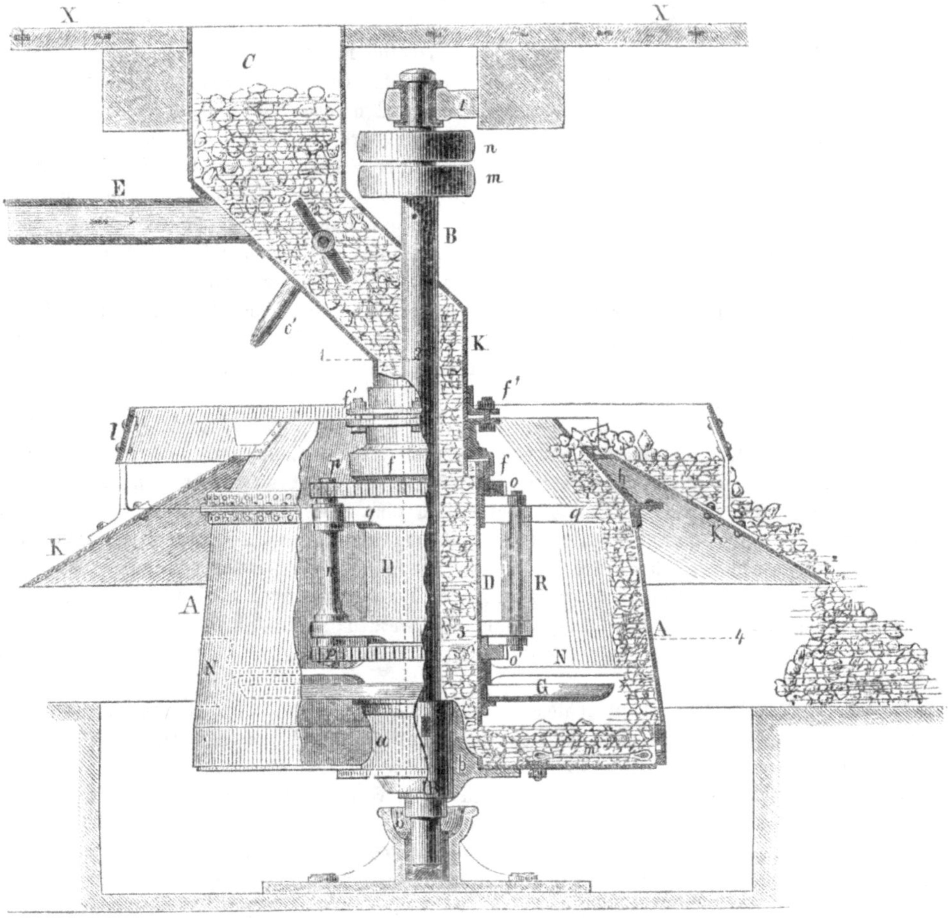

Fig. 20.

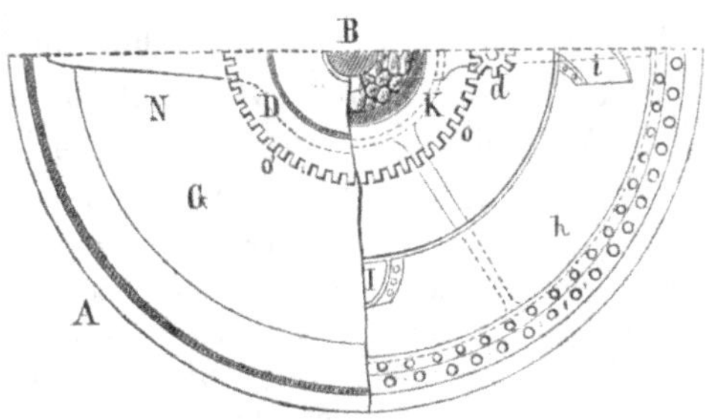

Fig. 21.

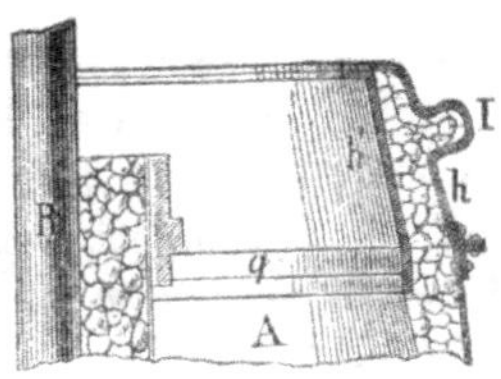

Fig. 22.

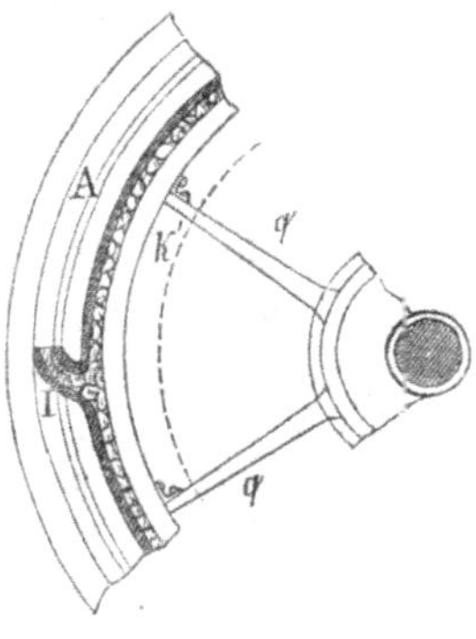

befestigt, welcher nach einer seitlichen Abweichung in das im Kessel niederwärts gefüllte Fallrohr K einmündet. Die Menge des dem Fallrohr zugeführten Materials wird durch eine Drosselklappe regulirt, welche von aussen mittels des Handhebels c' stellbar ist. Unmittelbar über der Drosselklappe wird das Wasser durch die Leitung E, die ihrerseits mittels eines Hahns regulirt ist, zugeleitet.

Die stehende Welle ist von einem weiten, concentrischen Rohr D umschlossen, welches unten an der Hülse b befestigt ist und daher mit der Welle sich dreht. An dem unteren Ende dieses Rohrs befinden sich vier weite Oeffnungen a, durch welche die aus dem Füllrohr K zugeführten Materialien, nachdem sie im Rohre D niedergegangen sind, in den Kessel A entweichen. Die unmittelbar über den Oeffnungen a angebrachte Scheibe G zwingt die Materialien, nach ihrem Austritt nach dem Umfang des Kessels sich zu bewegen.

Die Ausgussrinnen I, welche die leichten Materialien nach dem Conus K abführen, sind gekrümmt und der Umdrehungsrichtung des Kessels entgegengesetzt gerichtet, theils damit die ausgeworfenen Stücke nicht zu weit fortgeschleudert werden, theils um deren lebendige Kraft zur Verminderung der Betriebskraft zu benutzen.

Im Boden des Kessels befinden sich einige Ablassventile m, welche sich von aussen nach innen öffnen und nur so lange geschlossen bleiben, als der Kessel sich mit seiner normalen Geschwindigkeit dreht. Ihr Schluss wird nämlich mit der Centrifugalkraft, welche auf ihre Masse wirkt, hervorgebracht und unterhalten, und sie öffnen sich daher nur dann, wenn die Bewegung sich dermassen verlangsamt, dass die Spannung der Federn grösser ist, als die Kraft, welche sie zu schliessen sucht. Oberhalb der Scheibe G befindet sich ein Rührapparat N, welcher aus zwei Armen mit Schaufeln besteht und um das Rohr D herum sich dreht. Er erhält seine Bewegung durch ein Differentialgetriebe, das aus den vier Stirnrädern o o′ p p′ besteht. Das Rad o′ sitzt fest auf der Nabe des Rührapparates und ertheilt daher diesem die Bewegung, die es von dem Getriebe p′ empfängt. Letzteres sitzt an einer vertikalen Welle n, die oben das Getriebe p trägt, und dieses greift in das Rad o, welches lose um das Rohr D sich dreht. Die Welle n ist in einem Kreuz q gelagert, welches zugleich zur Verankerung des Kessels dient, und ihr Gewicht wird durch ein diametral gegenüber liegendes Gegengewicht R balancirt. Die Nabe des Rades o greift in einen am Fallrohr K befestigten Muff F und bildet mit diesem eine Frictionskuppelung, deren Reibungswirkung durch die Schrauben f′ nach Bedarf vermehrt oder vermindert werden kann. Von der Grösse dieser Reibung hängt die Geschwindigkeit ab, mit der der Rührapparat sich dreht.

Die Materialien ordnen sich, sobald der Apparat in Gang gesetzt ist, nach ihrem specifischen Gewichte, wobei sie von dem Rührapparat wesentlich unterstützt werden. Werden z. B. Kohlen gewaschen, so liegen die Berge und Kiese am weitesten nach aussen, während die Kohlen weiter nach innen gerichtet sind. Da nun aber durch die Ausgussrinnen I ein beständiger Abfluss stattfindet, so entsteht in den Materialien eine Bewegung nach oben, durch welche die Kohlen und das Wasser immer weiter nach innen getrieben, also zuerst gehoben werden, während die Berge und Kiese nach aussen gedrängt werden, und daher in dem unteren Theile des Kessels zurückbleiben. Es werden demnach nur die gewaschenen Kohlen mit dem Waschwasser ausgeworfen, während die zurückbleibenden Verunreinigungen nach und nach den Kessel anzufüllen anfangen. Es muss daher zu geeigneter Zeit die Bewegung verlangsamt werden, damit die Ventile m sich öffnen und die fremden Beimengungen austreten lassen. Alsbald wird aber die normale Geschwindigkeit wieder hergestellt, durch welche zugleich die Ventile wieder geschlossen werden.

Während bei dem Waschen von Kohlen die gewaschenen Kohlen ununterbrochen, die fremden Beimengungen aber nur in gewissen Intervallen austreten, treten dagegen beim Waschen von Erzen die fremden Beimengungen ununterbrochen aus und die zurückbleibenden gewaschenen Erze werden nur von Zeit zu Zeit abgelassen.

Den Druck auf den Zapfen kann man dadurch etwas vermindern, dass man das Wasser von unten nach oben, statt von oben nach unten, zutreten lässt.

Die in Fig. 21 und 22 dargestellte Anordnung eignet sich vorzugsweise für sehr grosse Umdrehungsgeschwindigkeiten. Hier ist auf dem Kreuze q ein Kranz h′ befestigt, welcher seinerseits wieder oben mit dem äusseren Kranze h in Verbindung steht. An Letzterem befinden sich die Ausgussrinnen I. Es wird auf diese Weise eine umgekehrte Schale gebildet, in welcher sich die erdigsten Bestandtheile der zu waschenden Erze ansammeln. In dem engen Raume dieser Schale entsteht eine Reibung, welche die bereits classificirten Materialien einer nochmaligen Scheidung nach ihrem specifischen Gewichte unterwirft.

Ueber die Leistungsfähigkeit dieser Maschinen sind noch keine Resultate bekannt geworden. — Die Schwierigkeit einer möglichst vollständigen Regulirung des Wasserzuflusses und dadurch bedingten genügenden Reinigung der Kohlen durch einen continuirlich wirkenden Wasserstrom, sowie das bedeutende Wasserquantum, welches zumal die Schlämmherde beanspruchen, führten sehr bald auf die Setzmaschinen, von denen die einfachste, das hydraulische Setzsieb mit Handbewegung erscheint.

Die älteste und auf den Werken des Herrn von Burgk im Jahre 1830 nach dem Vorbild der in Freiberg üblichen Setzmaschinen eingeführte und noch jetzt auf den Burgk'schen Kohlenwerken gebräuchlichste Setzmaschine (Fig. 23 — 25) besteht in einem 1 Meter tiefen runden Holzfass, welches zu 0,3 Meter seiner Höhe in den Boden des Locals versenkt ist und in welchem ein 1 Meter breites, 0,3 Meter hohes Sieb durch einen Doppelhebel auf- und niederbewegt wird. Das in dem Setzfasse A befindliche Setzsieb B ist zu diesem Zwecke mittels des um seinen Aufhängepunkt beweglichen Bügels mit dem zweiarmigen Hebel C (Fig. 24) in Verbindung gesetzt, an dessen längerem Arm eine verticale Stange befestigt, die durch einen seitlich des Fasses angebrachten Winkelhebel F mit der Hand niedergezogen werden kann. D ist die Oeffnung, durch welche das in dem hinter dem Setzfass befindlichen Reservoir E aufgespeicherte Kohlenklein in das Setzsieb ausgezogen wird. Durch eine während des Siebsetzens dem Siebe ertheilte Neigung nach vorn, wodurch dasselbe gleichzeitig die Function eines Stossherdes erfüllt, setzen sich alle specifisch schwereren Theile des Kohlenkleins am hinteren etwas höher liegenden Theile des Siebbodens ab, so dass durch diese Manipulation die Reinigung der Kohle vollständiger als durch das Kolbensetzsieb bewerkstelligt werden soll.

In der durch diese angeblich vollständigere Reinigungsmethode bedingten grösseren Reinheit des Kohlenkleins und dessen besserer Verwerthungsfähigkeit liegt der Grund für das Festhalten an dem ältesten

Fig. 23.

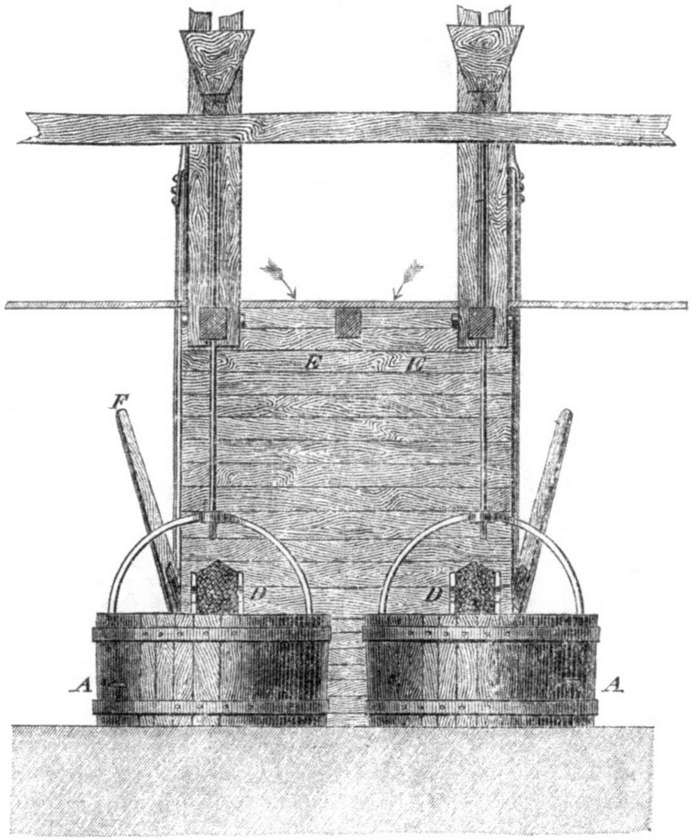

Fig. 24.

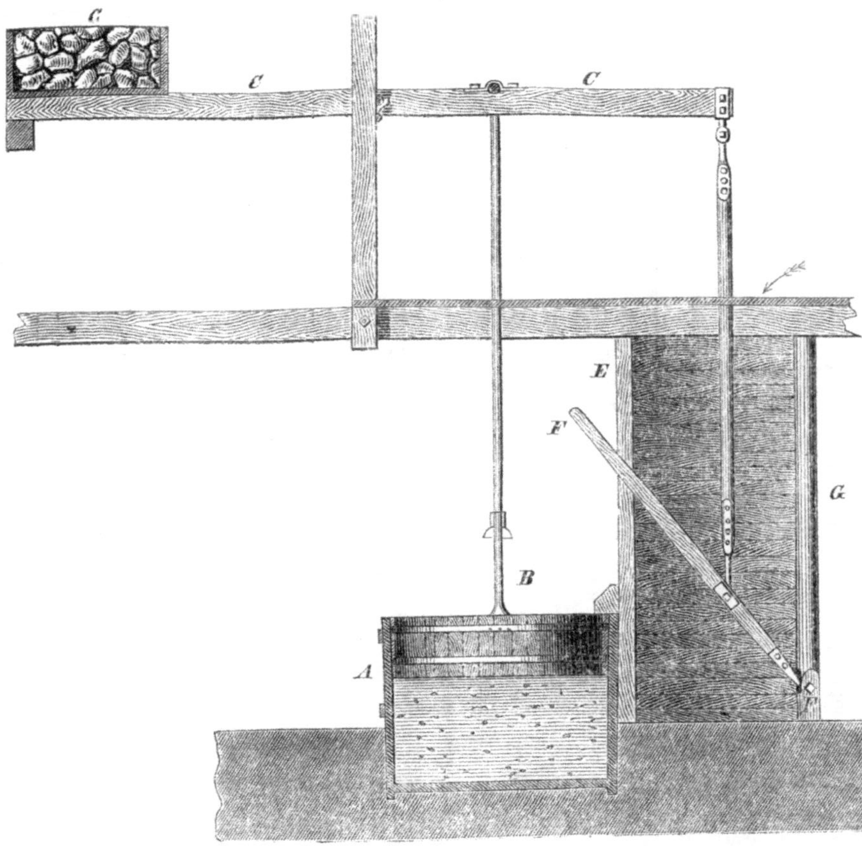

der Setzverfahren, zu welchem man nach versuchsweiser Anwendung anderer Setzapparate immer wieder zurückzukehren sich veranlasst gesehen hat. Die Manipulation des Siebsetzens auf den v. Burgk'schen Kohlenwäschen wird grösstentheils von invaliden Bergleuten ausgeführt, welche in diesen Setzsieben in 12 Stunden 50 Scheffel à 173,5 Pfund = 4336 Kilogr. Kohle zu waschen im Stande sind. Der in dem Setzfass sich ablagernde Kohlenschlamm wird zeitweilig aus demselben abgeführt und in Schlämmgräben von den anhängenden Schiefertheilen gereinigt, das dabei gewonnene Schlammmehl aber zur Koksbereitung mit verwendet; die daraus erzielten Kokse führen den Namen Cinder und werden zu sehr billigem Preise verwerthet. Diesem Apparat am nächsten steht das Kolbensetzsieb.

Dem Commissionsbericht über die Kohlenaufbereitung im Loirebecken entnehmen wir in Bezug hierauf die folgenden, der Berg- und Hüttenmännischen Zeitung, Jahrgang 1859, entlehnten Mittheilungen: Das im Wasser der Loire noch bei vielen Kohlengruben, Koksereien und Fabriken von künstlichen Brennsteinen verwendete Setzsieb, mit welchem die ersten Aufbereitungsversuche

Fig. 25.

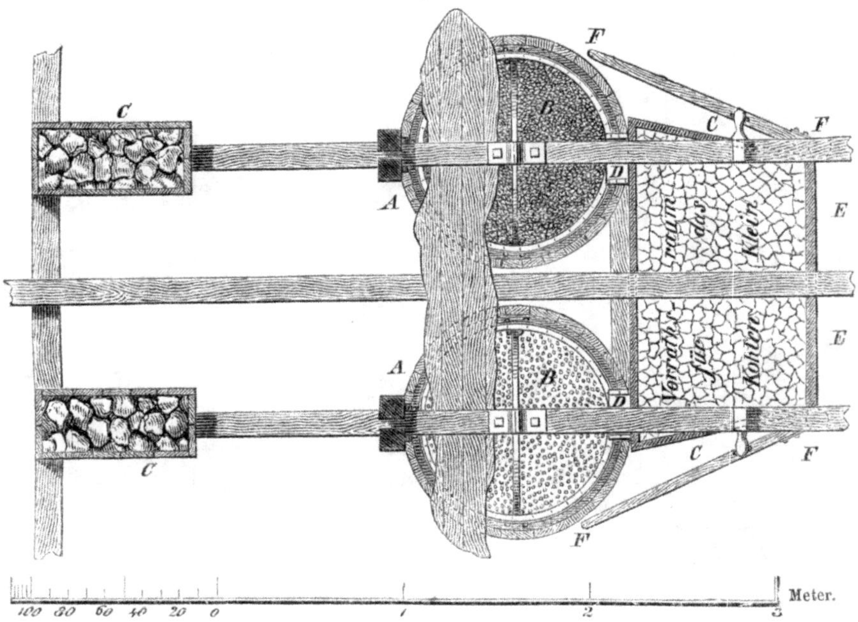

angestellt wurden, ist noch ganz das alte hydraulische Setzsieb, welches von Hand bewegt wurde. Wir beschreiben nachstehend die Einrichtung des besonders gut ausgeführten Apparates des Saint-Claude- und Exarre-Schachtes, welcher in Fig. 26 bis 28 dargestellt ist.

Fig. 26 ist ein verticaler Durchschnitt desselben nach der Linie xx in Fig. 28; Fig. 27 ein zweiter verticaler Durchschnitt, rechtwinklig zu Ersterem, und Fig. 28 der Grundriss.

Ein rectangulärer, aus fichtenen Pfosten zusammengesetzter und mit Eisen gebundener Kasten BB wird durch eine kurze Scheidewand AA in zwei ungleiche, am unteren Ende mit einander communicirenden Ab-

Fig. 26.

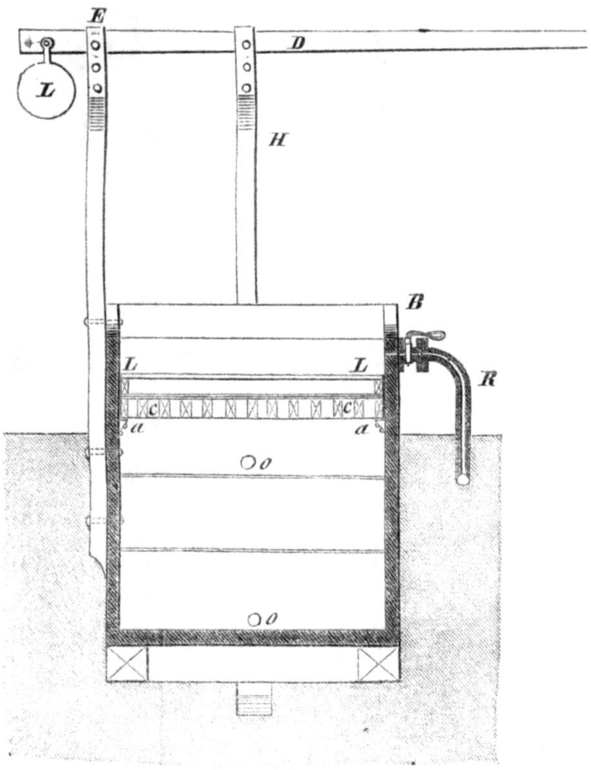

Fig. 27.

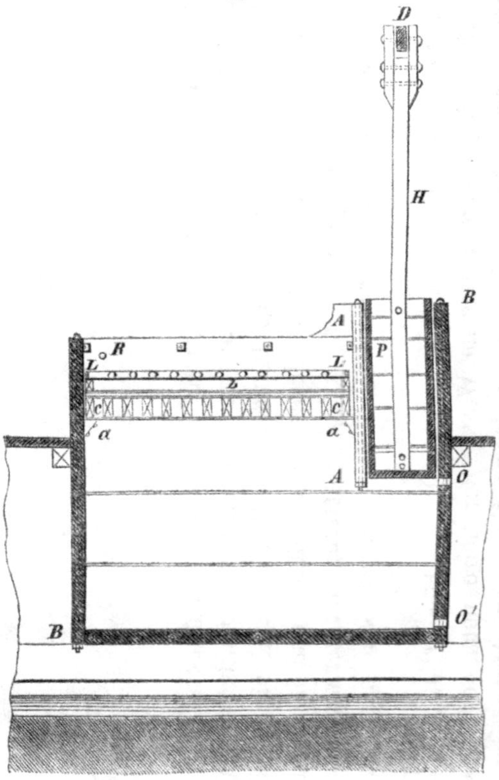

theilungen getheilt, und in der kürzeren Abtheilung bewegt sich ein kastenförmiger hölzerner Kolben P, dessen Kolbenstange H an einem langen, um die Achse E drehbaren und mit einem Gegengewicht L versehenen hölzernen Hebel DD befestigt ist. Der Kolben hat rundherum einige Centimeter Zwischenraum, um ein Saugen zu verhindern, und wird durch eine am Ende

Fig. 28.

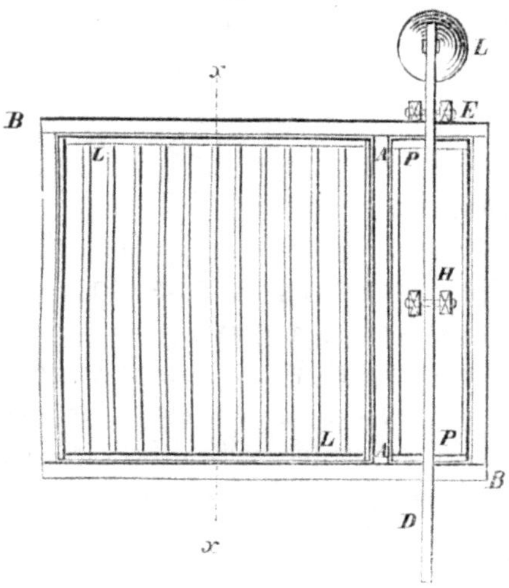

des 5,8 Meter langen Hebels befestigte Zugstange bewegt. Kleine Leisten aa im Innern des Kastens tragen einen hölzernen Rost CC aus 8—10 Centimeter hohen, 10 Centimeter auseinander liegenden Stäben, welcher mit einem um so dichteren Siebe b bedeckt wird, je weniger lettig die Kohle ist. Um das Sieb vor der Beschädigung durch die Schaufeln zu schützen und überhaupt mehr zu schonen, legt man es zwischen zwei gröbere Siebe, und wenn die Wasser, wie gewöhnlich, sauer sind, so macht man es aus Messingdraht. Das obere und untere Sieb hat 2 bis 3 Millimeter Maschenweite, das mittlere Sieb bisweilen nur $^1/_2$ Millimeter.

Ein darüber liegendes Gitter aus parallelen eisernen Stäben LL trennt die gereinigte Kohle von dem Schiefer, und um Letztere weder zu häufig abziehen zu müssen, noch eine zu starke, den Durchgang des Wassers hemmende Lage davon zu erhalten, muss man den Abstand dieses Gitters so wählen, dass die Dicke der Schieferlage zwischen 8 bis 12 Centimeter beträgt, je nachdem die Kohlen mehr oder weniger lettig sind.

Das Sieb hat 1,5 und 1,52 Meter Länge und Breite oder 2,28 Quadratmeter Fläche und der Kolben 1,5 und 0,5 Meter Länge und Breite oder 0,75 Quadratmeter, also circa $^1/_3$ soviel Fläche; bei den Setzmaschinen auf anderen Gruben des Districtes ist letzteres Verhältniss oft nur $^1/_4$, manchmal auch nur $^1/_5$.

Bei jeder Wäsche gibt der Arbeiter $1^1/_4$ bis $1^1/_2$ Hektoliter kleine Kohle und lässt so viel Wasser zu, dass es ungefähr die Kohle eben bedeckt, dann arbeitet der Gehilfe etwa $1^1/_2$ Minute, wobei er 60—65 Stösse mit dem Kolben gibt. Hierbei ist es nöthig, dass der Wäscher mit einem eisernen Rechen unausgesetzt das Haufwerk durchrührt, um das Wasser rasch hindurch dringen zu lassen und das Festwerden zu hindern. Erst gegen das Ende des Setzens hört er damit auf, um das Haufwerk sich setzen zu lassen. Versuche über die erforderliche Zahl der Hübe ergaben in Méons Folgendes über den procentalen Aschengehalt:

Ungewaschene Kohle	Gewaschene Kohle nach 20	40	60	65	75 Kolbenstössen
15	6,2	4,7	3,8	3,5	3,5 Procent.

Also macht die Separation nach 65 Stössen keine weiteren Fortschritte. Ist das Waschen beendigt, so hebt der Gehilfe den Kolben auf, um das Zurücktreten des Wassers zu beschleunigen und die Kohle trocken zu legen, und der Wäscher entfernt die obere Schicht Kohlen, indem er die Schaufel auf dem Gitter LL hinführt.

Nach mehren derartigen Wäschen ist der ganze Zwischenraum zwischen dem Siebe und dem Gitter mit Schiefern angefüllt, wesshalb das Waschen unterbrochen, das Gitter LL abgehoben und das Sieb gereinigt wird. Die oberste Lage der Schiefer hält immer noch ziemlich viel Kohle und wird zur Seite geworfen, um bei der folgenden Operation unter die frische klare Kohle gemengt zu werden.

Der Schlamm (mourines), welcher durch das Sieb fällt, sammelt sich am Boden des Kastens und wird nach jedem Tagewerke abgelassen. Man hebt dazu das Gitter LL und den Siebrahmen CC heraus, öffnet den Spund o und sticht dann diesen Schlamm mittels der Schaufel aus, wenn er fest ist, oder lässt ihn durch das Loch o' nach einem Sumpfe ablaufen, wenn er flüssig ist.

Hat man mehre Setzsiebe, so versorgt man sie sämmtlich aus einem hochstehenden Wasserbehälter, wie es in Fig. 26 angegeben ist, wo R ein mit Hahn versehenes, vom Wasserbehälter herkommendes Rohr bedeutet.

Bei dieser Steinkohlenwäsche werden die Kohlen durch die vom Kolben erzeugten Wasserstösse abwechselnd gehoben und fallen gelassen und die Separation nach dem specifischen Gewichte erfolgt beim Rückwärtsgange des Wassers, welcher nach dem, was wir in der Einleitung gesagt haben, möglichst langsam geschehen soll. Dieser Bedingung wird hier sehr gut entsprochen, da der Rückgang des Kolbens nur durch den Aufdruck des Wassers und das Gegengewicht bewirkt wird.

Die Erfahrung lehrt, dass es vortheilhaft ist, das Setzwerk nicht über 2 Centimeter hoch zu heben; gibt man mehr Stoss, so fangen die Schiefer an sich bis in die Schicht der gewaschenen Kohle zu erheben, und grössere Stücken Kohle bleiben in der untersten Schicht auf dem Siebe liegen.

Kosten des Apparates. Dieselben berechnen sich zu:

300 Frcs. für den 5 bis 6 Centimeter dicken Kasten sammt Zubehör;
124 „ für die Siebe, Holzrahmen und Gitter;
96 „ für die Wasserrohre, Sümpfe und Gräben (bei 8 Setzsieben);

520 Frcs. im Ganzen.

Jedes Handsetzsieb des Saint-Claude-Schachtes kann in 10 Stunden Arbeitszeit 7—8000, also im Mittel 7500 Kilogramme Kohlenklein aufbereiten. Bei dem von der Commission angestellten Versuche wurden 1740 Kilogramme in 97 Minuten und 1870 Kilogr. in 110 Minuten verwaschen, was in 10 Stunden 10000 Kilo geben würde; doch kann man mit Rücksicht auf den Zeitverlust beim Nachwaschen der unreinen Schicht und beim Reinigen des Apparates nicht über 7500 Kilogr. pro zehnstündige Schicht rechnen.

In Méons braucht man zu jedem Siebe zwei Mann zu 2,5 Francs Tagelohn, daher ergeben sich die Aufbereitungskosten für 100 Kilogramme klare Kohle zu:

0,067 Frcs. an Löhnen;
0,007 „ an Abnutzung der Siebe, des Gezähes u. s. w.;
0,003 „ an Interessen und Amortisation (bei 10jähriger Dauer);

0,077 Frcs. im Ganzen.[1])

Der Wasserverbrauch beträgt etwa 25 Procent vom Gewichte der gewaschenen Kohle, so dass man täglich 20 bis 22 Hektoliter Wasser pro Setzsieb rechnen muss, abgesehen von der zur Füllung des Kastens erforderlichen Wassermenge.

Setzsiebe, welche gemeinsam von einer Transmissionswelle aus bewegt werden.

Für grössere Etablissements ergibt sich eine bedeutende Ersparniss und eine grössere Leistung und regelmässigere Arbeit, wenn sämmtliche Setzsiebe von einer mittels Dampf- oder Wasserkraft betriebenen Welle aus bewegt werden, wie es auf den Gruben Agrappe bei Frameries in Belgien, von Bessèges und auf einer Grube bei Charleroy geschieht. Da das Loirebecken keine derartige Wäsche besitzt, so fügte die Commission nachstehende, ihr von Hrn. Poyet mitgetheilte Notiz über die Wäsche von Bessèges bei.

Die Gruben von Bessèges liefern fette, mit langer Flamme verbrennende, ziemlich viel Schwefelkies haltende Steinkohlen, wovon die ungewaschene klare Kohle 23 bis 25 Proc. Asche gibt. Durch das Waschen wird der Aschengehalt auf 10 Proc. vermindert.

Die Setzapparate sind den im Loirebecken gebräuchlichen gleich, jedoch hat die grosse Abtheilung des Kastens 1,1 Meter Länge und Breite, und der Kolben 1 Meter Länge und 0,6 Meter Breite. Der Kolben hat 0,2 Meter Hub und 24 Apparate werden mit Dampf betrieben, wobei sie an einer Welle paarweise arrangirt sind. Die Kolbenstangen erhalten ihre Bewegung direct durch Excenter mitgetheilt, und um jeden Kolben bequem einzeln anhalten zu können, ist die in Fig. 29 bis 31 dargestellte einfache Auslösung angebracht. Der Kolben folgt beim Aufgange frei dem Stosse des Wassers. Sobald man mit dem Finger die kleine Klinke A aufhebt, so verlässt der Bolzen des Charnieres B die Kerbe O und der vom Wasser nach oben getriebene Kolben spielt mit dem Bolzen B′ frei in dem Schlitze H′. Der steife Theil der Stange F F′ wird durch das Excenter oder durch das eigne Gewicht in eine Stellung gebracht, wo er blos noch von den beiden Leitungen G G′ und dem am Kasten des Kolbens angebrachten Bolzen B′ geführt wird. Ein an dem grossen Kasten befestigter Vorstecker bestimmt den Punkt, bis wohin der Kolben aufsteigen darf, und seine Geschwindigkeit hängt von derjenigen des Wassers ab; sie ist constant und bei allen Apparaten gleich.

[1]) Gewöhnlich ist der Gehilfe nur ein Kind mit 1,15 bis 1,5 Frcs. Tagelohn. Nach einem zweimonatlichen Durchschnitt bereitet zu Janon ein so bedienter Apparat 10900 Kilogr. pro Tag auf, was 0,035 Frcs. Kosten an Löhnen und weniger als 0,045 Frcs. Totalaufwand pro 100 Kilogr. geben würde. (Die gesammten Abfälle betragen nur 12 Procent.) Dagegen stellt sich in Tartaras bei minder reinen Kohlen der Aufbereitungsaufwand zu 10 Centimen pro metrischen Centner heraus.

Fig. 29.

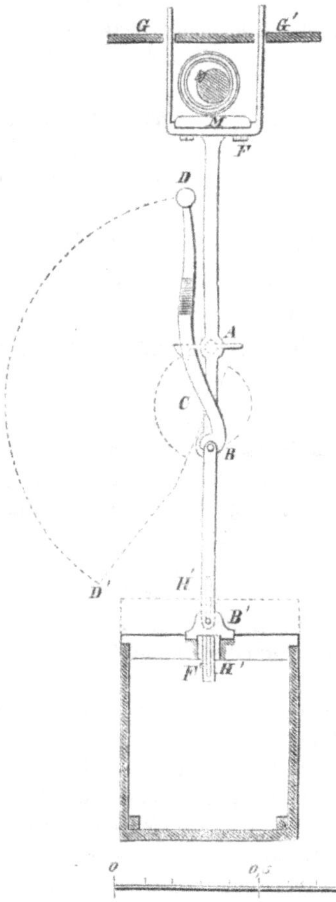

Fig. 30.

Fig. 31.

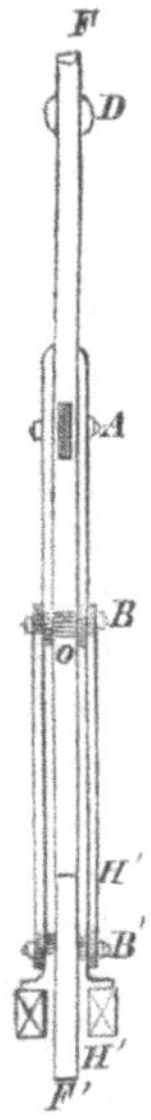

Die Dimensionen des Kolbens sind so berechnet, dass das Wasser in dem Siebe bei jedem Hube 10 bis 12 Centimeter steigt und dass der Arbeiter den Apparat leicht durch den Hebel BCD in Gang setzen kann. Ein Arbeiter bedient zwei Siebe und muss darauf zusammen täglich 10 Tonnen verwaschen. Während er ein Sieb leert und füllt, geht das Setzen auf dem anderen Siebe von selbst fort.

Man bekommt 20 Proc. Berge und kann die Unterhaltungs- und Amortisationskosten (incl. Dampfmaschine) zu 5 Centimes pro Tonne, die gesammten Aufbereitungskosten also zu 0,25 Frcs. annehmen.

Hierzu ist zu bemerken, dass bei der Berechnung des Aufwandes dem Brennmaterialaufwande und den Wärterlöhnen bei der Dampfmaschine nicht Rechnung getragen ist, sowie dass der beschriebene Apparat in mehren Stücken, z. B. bezüglich des Kolbenhubes und des Kohlenaufschubes nicht mit unsern oben ausgesprochenen Ansichten harmonirt.

Fig. 32.

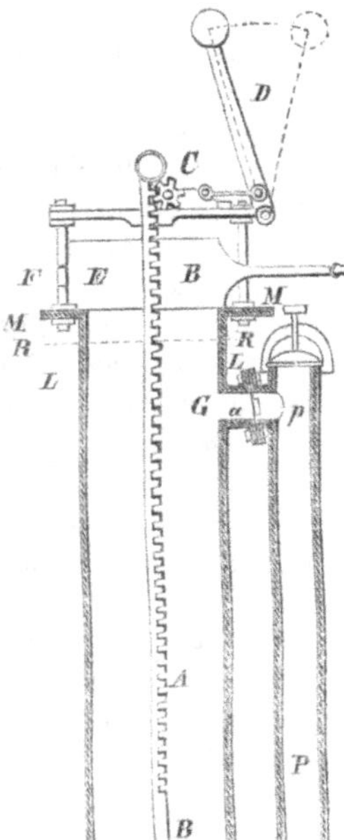

Maassstab: 1/15.

Der Wasch- und Separations-Apparat für Steinkohlen von de Francy & Jarlot[1]) unterscheidet sich von dem bis jetzt angewendeten Systeme dadurch, dass die Sortirung nicht durch das Wasser, sondern durch die Materialien selbst bewirkt wird, während das Wasser nur eine secundäre Rolle spielt. Er eignet sich vorzüglich für solche Kohlen, welche viel leichten Staub enthalten, weil selbst die feinsten Theile, die sonst verloren gehen, durch ihn aufgesammelt werden. Die Einrichtung des Apparats zeigt die beistehende Figur im Verticaldurchschnitt. In einem Cylinder A (Fig. 32) bewegt sich ein offener Kolben J, welcher mit einem Draht- oder Blechsieb bedeckt oder statt dessen mit Ventilen versehen ist. Derselbe ist an seiner Umfläche mit Leder, Guttapercha oder dergleichen abgedichtet. Mit dem Cylinder A steht durch Zweigrohre oben und unten ein zweiter Cylinder P in Verbindung; in dem oberen Zweigrohre befindet sich ein Ventil G, welches sich von a nach p öffnet. Die Kolbenstange hat die Form einer Zahnstange B, welche vermittelst des Getriebes C gehoben werden kann. Wenn man das Getriebe C vermittelst des Hebels D ausrückt, so geht der Kolben durch sein eigenes Gewicht nieder.

Man füllt die Cylinder A und P bis zu RR mit Wasser und hebt den Kolben bis zu LL; dann öffnet man einen über dem Apparate befindlichen Rumpf und lässt die zu sortirenden Materialien über den Kolben laufen, bis der Raum zwischen LL und MM gefüllt ist; hierauf setzt man den Kolben in Bewegung. Das in den Cylindern A und P enthaltene Wasser findet keinen Ausweg und ist gezwungen, durch die Siebmaschen des Kolbens zu treten. Die Kohlen befinden sich von nun an im Wasser suspendirt. Sobald aber der Kolben am Boden des Cylinders angelangt ist, so hört die Bewegung auf, die Kohlen fallen frei nieder und classificiren sich zuerst nach ihrer Dichtigkeit und sodann nach ihrem Korn. Nun hebt man den Kolben langsam. Der Staub liegt oben und verhindert das Wasser, durch den Kolben zu fliessen. In Folge hiervon bildet sich unter dem Kolben ein luftverdünnter Raum, das Ventil G öffnet sich und das Wasser tritt nach P über, von wo es wieder nach A unter den Kolben gelangt. Die Hebung des Kolbens wird so lange fortgesetzt, bis die Substanzen, und

[1]) Berg- und Hüttenmännische Zeitung. 1858.

zwar die leichtesten zuerst aus dem Cylinder austreten. Die oberste Schicht, bestehend aus dem feinsten Staub, der Koks von der besten Qualität liefert und bei den gewöhnlichen Apparaten in den Abfall gelangt, wird durch ein doppeltes Streicheisen E, welches um die Achse F drehbar ist, weggenommen. Eine zweite Schicht besteht aus Kleinkohle, eine dritte aus gröberen Stücken und endlich die letzte aus Bergen. Nach vollendeter Operation füllt man wieder und verfährt auf gleiche Weise, wie beschrieben wurde.

Während des Austragens, wo das Wasser im Cylinder P sich in Ruhe befindet, fallen die durch das Ventil G oder den Kolben entweichenden Substanzen frei nieder und sammeln sich in dem Recipienten Q an. Wenn derselbe gefüllt ist, was durch den Hahn I angegeben wird, so schliesst man das Ventil H, reinigt ihn und öffnet das Ventil H wieder, worauf man etwas Wasser zulässt und den Apparat abermals in Gang setzt.

In weiterer Verfolgung der Verbesserungen bei Errichtung hydraulischer Setzsiebe erschien es von wesentlichem Vortheil, der Maschine selbst die Entfernung des durch den Wasserstrom aufgeworfenen Kohlenkleins zu überlassen und dadurch die Operation wesentlich zu vereinfachen.

Berard war der erste, welcher in diesem Sinne seinen Apparat einrichtete, wie ein solcher auf der Grube König bei Neunkirchen (Tafel V) aufgestellt ist. [1])

Die Setzkästen werden, wie die in der Kohlenwäsche auf der Grube Eschweiler Pumpe bei Aachen mit Plungern, welche in einem Kasten aus Eichenholz bestehen und beliebig durch Wasser oder Steine zu belasten sind, construirt. Da durch diese Plunger das Wasser mit, wie auf Heinitzgrube, in die Setzkästen gedrückt wird, so wird dadurch die Pumpe ersetzt und die ganze Anlage einfacher und wohlfeiler. Die Setzkästen sind im Lichten 5 Fuss lang und 4 Fuss breit und haben geneigt liegende Siebe; dahinter ist der Plungerkasten, der $19\frac{1}{2}$ Zoll breit und 4 Fuss lang ist. Dahinter wieder ist ein für die drei Kästen gemeinsames Wasserreservoir von 17 Fuss Länge, 1 Fuss Breite und 6 Fuss Tiefe.

Zwischen dem Setzkasten und dem Plungerkasten sind Ventilklappen, ebenso zwischen diesem und dem Wasserkasten, so dass das aus dem Wasserkasten angesaugte Wasser beim Niedergange des Plungers in die Setzkästen gedrückt wird.

Um das Ablagern des Kohlenschlammes auf den Klappen zu verhindern, ist über denselben ein Holzkasten von 6 Zoll Breite angebracht.

Der Wasserkasten ist durch eine 12 Zoll breite und tiefe Holzrinne mit dem Wasserkasten, worin die Kreiselpumpe ausgiesst, verbunden. Die Plunger werden durch excentrische Scheiben, die auf Hebel wirken, gehoben und fallen durch das eigene Gewicht wieder herab. Der Ausschlag des Excenters ist 6 Zoll, so dass die Hubhöhe des Plungers 6 Zoll beträgt; derselbe soll per Minute 40 Hübe machen, jedoch ist eine Riemenscheibe der Art angebracht, dass die Hübe auch auf 30 per Minute reducirt werden können. Die Kohlen, welche aus der Separationstrommel auf das Sieb des Setzkastens fallen, werden durch den Stoss des Wassers gehoben; die Schiefer- und Schwefelkiese sammeln sich an den tiefsten Punkten des Siebes, von wo sie durch das Aufziehen des beweglichen Ausgussbleches unter demselben abgelassen werden.

Ehe die ausgeworfenen Kohlen in die Schnecke gelangen, fallen sie auf ein schief liegendes Sieb, durch welches das Wasser abfliesst.

Die Schnecke C, welche vor dem Setzkasten liegt und sowohl die gewaschenen Kohlen aus den drei Setzkästen, wie auch die Staubkohlen aufnimmt, mischt, wie gesagt, ihrem Hauptzweck nach diese verschiedenen Korngrössen und bringt sie bis an einen Punkt, von dem sie dann in einen untergestellten Wagen fallen, um nach den Koksöfen gebracht zu werden.

Die Schnecke ist 21 Fuss lang, hat einen äusseren Durchmesser der Schneckenzüge von 20 Zoll und macht per Minute 30 Umgänge. Sie besteht aus einer schmiedeeisernen Achse von 4 Zoll Durchmesser und einem Schneckenkranze von Eisenblech. Der Trog, worin dieselbe läuft, besteht aus zusammengefügten eisernen Bohlen und ist innen mit Eisenblech verkleidet.

Zum Waschen der Kohlen sind per Centner 50 Cubikfuss Wasser nöthig. Dieses Wasser wird aus dem Bassin zum Löschen des Koks entnommen, das $28\frac{5}{6}$ Fuss höher liegt, wie die Bassins in der Wäsche. Die Wasserhaltungsmaschine in der Grube speist dieses Bassin, und die zu hebenden Wässer betragen durchschnittlich 15 Cubikfuss per Minute, wovon noch das zum Löschen des Koks erforderliche Wasser im Betrage von circa 4 Cubikfuss per Minute abgeht. Um nun das benöthigte Wasser zu schaffen, muss das bereits gebrauchte Wasser wieder aufgefangen, geklärt und wiederholt gebraucht werden. Das durch die Siebe von den Setzkästen ablaufende Wasser gelangt deshalb durch eine Holzrinne, in der es aufgefangen wird, in den Canal, der nach dem Bassin führt.

Zum Auffangen und Klären des Wassers sind zwei Bassins KK′ zu beiden Seiten des Maschinenfundamentes angenommen worden, wovon das eine $16\frac{2}{3}$ Fuss lang, $7\frac{2}{3}$ Fuss breit und das andere $11\frac{1}{2}$ Fuss lang und 10 Fuss breit ist.

Das erste Bassin, zu dem ein gemauerter Canal die Wasser leitet, die bereits gebraucht sind, ist durch eine Bohlenwand, die bis 6 Zoll unter den Wasserspiegel reicht, in zwei Theile getheilt, damit sich der Schlamm vor der Wand absetzt, ebenso ist die Sohle des Verbindungscanals vom ersten nach dem zweiten Bassin $1\frac{1}{2}$ Fuss unter dem Wasserspiegel des Bassins angelegt, damit nur das obere reinere Wasser in das zweite Bassin gelangt.

Aus diesem zweiten Bassin K′, welchem auch das Wasser aus dem Bassin zum Löschen des Koks zugeführt wird,

[1]) Polytechn. Centralbl. 1862.

Kohlenwäsche auf der Grube „König"

bei Neunkirchen.

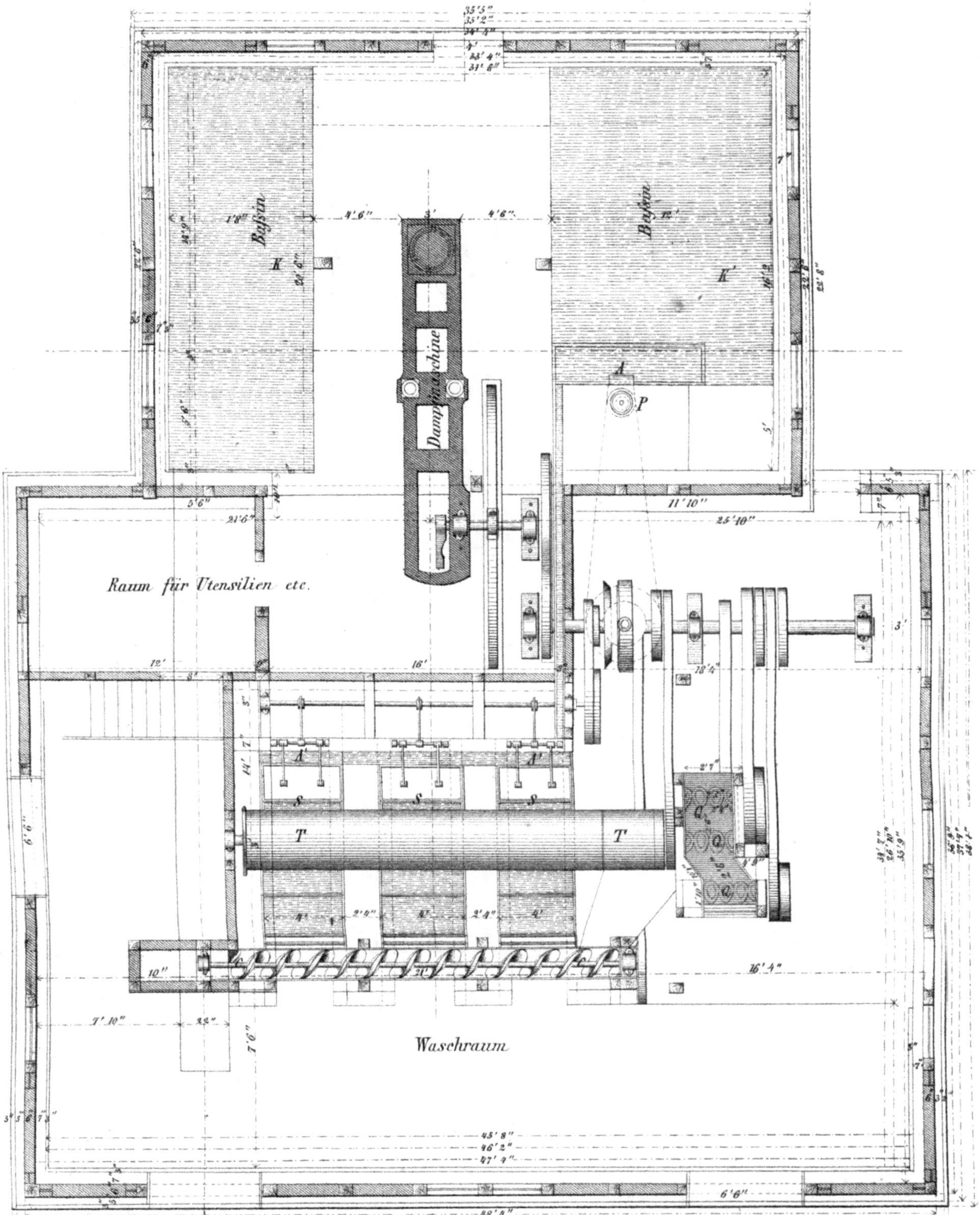

Kohlenwäsche von Marsais in Givors.

Taf. VI.

Fig. 1.

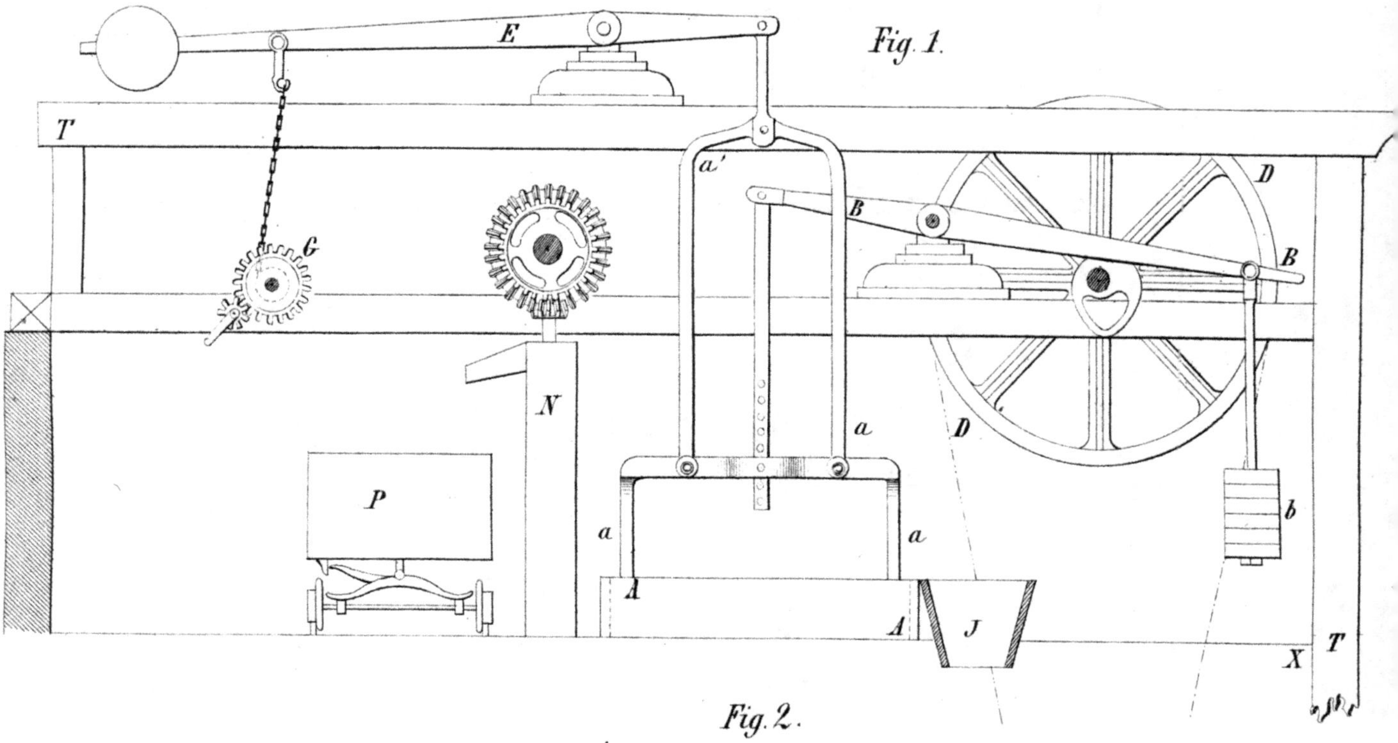

Fig. 2.

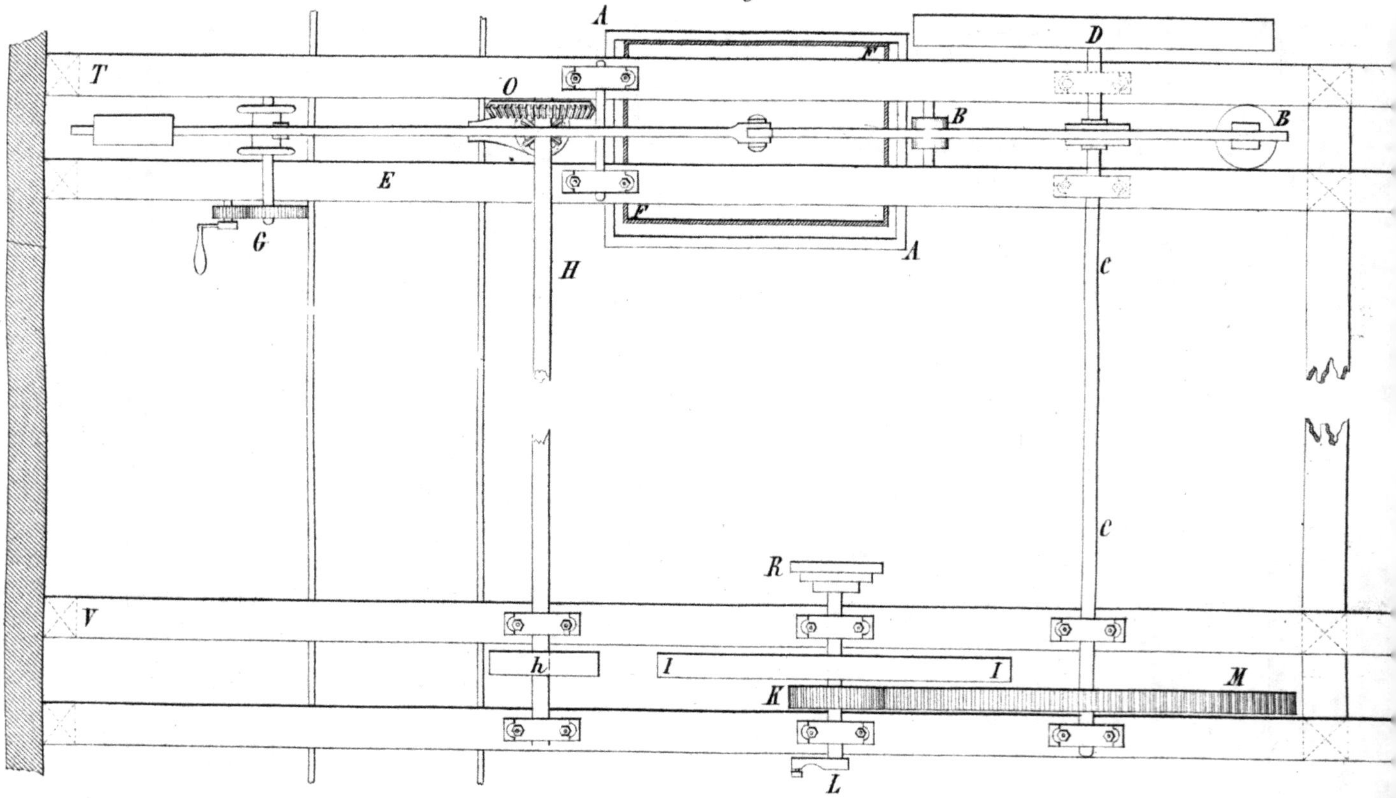

Fig. 3.

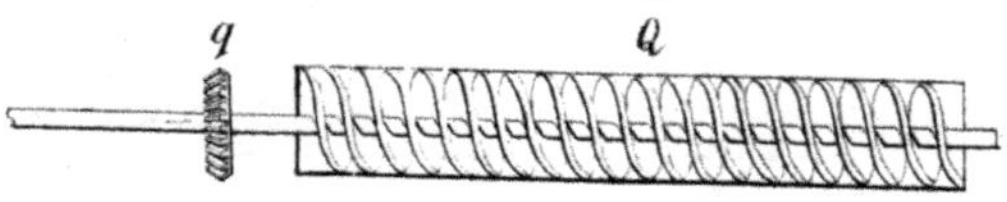

Fig. 4.

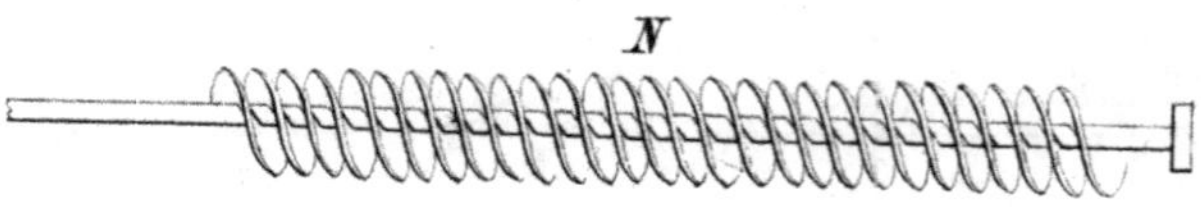

muss das Wasser in den Wasserkasten A' hinter den Setzkästen gehoben werden; da dasselbe trotzdem noch unrein sein wird, so ist zum Heben eine Kreiselpumpe gewählt worden. Diese Pumpe giesst in einen Holzkasten A von 8 Fuss Länge, 2 Fuss Breite und 3 Fuss Tiefe aus, welcher durch eine früher schon erwähnte Rinne aa mit dem Wasserkasten hinter dem Setzkasten in Verbindung steht.

Das erforderliche Wasserquantum beträgt per Secunde $= \frac{150}{60} = 2{,}5$ Cubikfuss, die Hubhöhe 12 Fuss. Bei 60 Proc. Nutzeffect ist hier noch die erforderliche Betriebskraft $\frac{2^1/_2 \,.\, 12 \,.\, 61{,}75}{480 \,.\, 0{,}6} = 6{,}43$ oder ca. $6^1/_2$ Pferdestärken.

Dieser Kohlenwäsche zur Seite steht die nach dem ältesten Princip construirte Setzmaschine von Marsais in Givors, welche mit beweglichem Siebe (Tafel VI) arbeitet, das in dem mit Wasser gefüllten rectangulären Kasten AA auf- und niedergestossen wird, wobei der Rahmen des Siebes durch kleine parallele Leisten geleitet wird. Dieser Rahmen FF hat 1,48 Meter Länge, 1,03 Meter Breite, 0,32 Meter Höhe an den Seiten und 0,23 Meter Höhe vorn. Der Kasten AA ist im Lichten 1,6 Meter lang, 1,14 Meter weit und 1,75 Meter tief. Unter dem Siebrahmen befinden sich drei Klappen mit Gegengewichten, welche beim Niedergange des Siebes sich gegen die Wand des Kastens anlegen, und die Führungen rr geben einen sanften Gang. Der Siebrahmen ist durch eiserne Bügel a und a mit dem Balancier E und durch eine Stange von verstellbarer Länge mit dem Balancier B verbunden und empfängt seine Bewegung von der Kurbel L, treibt nämlich durch die Stirnräder KM die Welle C, auf welcher ein Wellfuss sitzt, der den mit dem Gegengewicht b beschwerten Balancier elf Mal pro Minute aushebt und so verzeichnet ist, dass der Aufgang des Siebes langsamer als der Niedergang erfolgt.

Die gewaschene Kohle fällt, wie wir sogleich sehen werden, in den Kasten AA und gleitet über zwei kleine schiefe Ebenen in die Gänge einer in einer halbcylindrischen Höhlung liegenden horizontalen Schraube Q (Fig. 3), deren Achse mittels der conischen Räder q und R von der Welle d aus in Umgang gesetzt wird und ein nicht dargestelltes kleines Schwungrad trägt. Die Welle d wird von der Riemenscheibe D auf der Welle C aus betrieben. Die Schraube Q hat 0,2 Meter Durchmesser und 1,7 Meter Länge bei 8 Centimeter Schraubenganghöhe. Sie führt die Kohle bis zu einer zweiten Schraube N (Fig. 4), welche vertical steht und die Kohle 2,65 Meter hoch bis zum Austritt in die Waggons P hebt, übrigens durch das conische Vorgelege O von der Welle HH aus betrieben wird.

Was den Vorgang beim Waschen betrifft, so ist er ein Mittelding zwischen demjenigen beim Setzfass und demjenigen beim Schlämmherde, indem das Setzwerk sich in Folge des Wasserstosses nach dem specifischen Gewicht ablagert, die Kohle aber auch durch das beim Niedergange durch das Sieb gedrückte Wasser über die niedrige Seite des Siebrandes hinweggeschwemmt wird. Klappen zwingen das Wasser, durch das Sieb auszutreten, indem sie den freien Raum ringsherum verschliessen, sie legen sich aber um, um die Kohle in den Kasten AA hinabfallen zu lassen.

Die Schiefer, welche sich auf dem Siebe ansammeln, werden weggeschaufelt, wie bei den Handsetzsieben und da hierzu das Sieb aus dem Wasser herausgezogen werden muss, die Bewegung der Wellen C und H aber (welche noch andere Apparate treiben) nicht gestört werden darf, so ist die aus Fig. 1 ersichtliche Aufhängungsweise gewählt worden, welche man sogleich löst, wenn man den Vorstecker der Zugstange des Balanciers B herauszieht, während der Rundbaum mit Vorgelege G zum Aufziehen des Siebes dient. Die Schiefer werden in den Rumpf J geworfen und fallen in einen besonderen Wagen; die oberste noch nicht ganz kohlenleere Schicht wird zur Seite gestürzt und nochmals gewaschen.

Die horizontale Schraube macht etwa 100 Umdrehungen pro Minute, die verticale 250, aber diese grosse Geschwindigkeit verursacht zahlreiche Brüche und eine sehr starke Abnutzung der Zapfen, ob sie schon von Gussstahl sind. Man verwäscht nur durchgeworfene Kohlen (Chatilles) und es fragt sich, ob diese Maschine eben so gut für andere Kleinkohle passend sein würde. Da das Sieb grosse Maschen hatte, so konnte die Commission mit ganz klaren Kohlen nicht arbeiten, doch glaubt sie, dass die Marsais'sche Kohlenwäsche deshalb zu diesem Zwecke nicht anwendbar sei:

1) weil sich die Schlämme, kleinen Schiefer, Kiesstückchen u. s. w., welche durch das Sieb gehen, mit der gewaschenen Kohle mengen, was bei nicht durchgeworfener Kohle sie zu sehr verunreinigen müsste;
2) weil die Staubkohle auf dem Siebe eine undurchdringliche Lage bilden würde, bei welcher das Waschen nur sehr mangelhaft ausfallen könnte;
3) weil bei solcher Kohle der geringste Stillstand die Schrauben verstopfen und zu Brüchen Anlass geben würde.

Man rechnet die tägliche Leistung dieser Aufbereitungsmaschine zu 20000 Kilogr., und wenn auch die Versuche der Commission etwas weniger gaben, indem nur 1509 Kilogr. in 60 Minuten (also 15000 Kilogr. in 10 wirklichen Arbeitsstunden) verwaschen wurden, so darf man doch 20000 Kilogr. ansetzen, weil das Zuwägen der Kohle beim Versuche etwas störte.

Der Wasserverbrauch stellt sich nur zu 20 Proc. vom Gewicht des rohen Haufwerks heraus.

Wenn die Theile dieser meist aus altem Material gefertigten Maschine passender dimensionirt wären, so würde dieselbe etwa 8000 Frcs. kosten.

Man braucht einen Maschinisten und einen Wäscher und kann also pro Tag rechnen: 6 Frcs. an Arbeitslöhnen, 8 Frcs. an Unterhaltungsaufwand (eine Schraube kostet 250 Frcs. und dauert nur drei Monate), 14 Frcs. im Ganzen. Hiernach ergibt sich pro metrischen Centner ein totaler Aufwand von 0,085 Frcs. (incl. Verzinsung und Amortisirung).

Fig. 33.

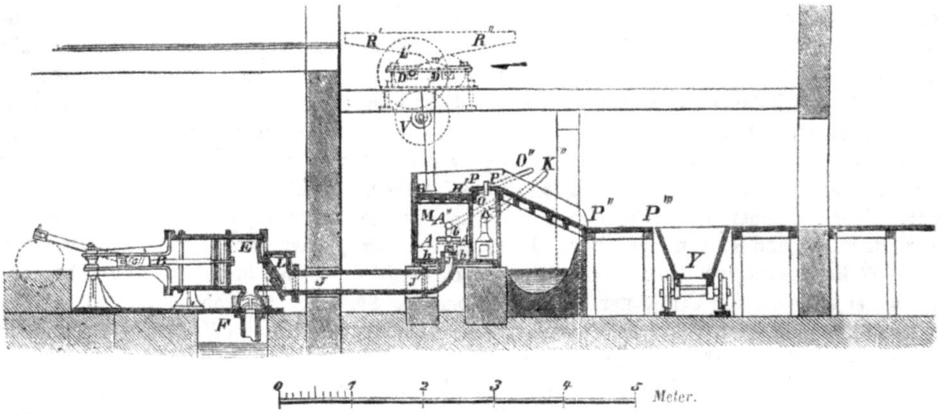

Die Waschmaschine von Meynier (Fig. 33), welche auf der Grube von Brassac[1]) Anwendung findet, ist nacl folgendem Princip eingerichtet:

In einem Blechgefäss befindet sich ein Metallsieb oder eine durchlochte Platte mit schwacher Neigung, welche zu Aufnahme der zu waschenden Kohle bestimmt ist; vermittelst einer Saug- oder Druckpumpe, die in der Minute 15 bis 18 Spiele macht, wird ein intermittirender Wasserstrahl von unten durch die durchlochte Platte zugeführt, und dadurch werden die zu waschenden Kohlen bei jedem Kolbenhub gehoben und kurze Zeit im Wasser suspendirt erhalten. In den Zwischenzeiten zwischen den einzelnen Spielen fallen die Kohlen wieder nieder und ordnen sich nach ihrem specifischen Gewicht an. Die Kohle nimmt die obere Schicht ein und wird von dem Wasser, welches bei jedem Kolbenspiele durch das Sieb gedrückt wird auf ein in einem geneigten Rahmen liegendes Metallsieb gespült.

Fig. 33 zeigt diese Maschine. Die Pumpe E erhält ihre Bewegung durch eine oscillirende Dampfmaschine von (bis 8 Pferdestärken und liefert mit jedem Kolbenspiel 2 Hektoliter Wasser. Da diese Menge doppelt so gross ist, als die welche gebraucht wird, so ist in das Leitungsrohr JJ'J'' ein Absperrventil eingeschaltet, durch welches man die Meng des in das Gefäss M eingeführten Wassers reguliren kann. Der Eintritt des Wassers in das Gefäss erfolgt durch die Mündung J'', welche rechtwinkelig gegen die Achse des Gefässes verbreitet ist, so dass das Wasser garbenförmig in dem Gefäss sich ausbreiten kann. Zur mehren Vertheilung dient auch noch die Klappe AA', welche vermittelst eines Hebels A'' um ihr Achse b gedreht werden kann; ausserdem verhindert diese Klappe noch das Eindringen im Wasser suspendirter Theile i die Rohrleitung JJ'J''. Das Gefäss M besteht aus Blech und ist durch eine Blechplatte oh in zwei Abtheilungen getheilt HH' ist eine schwach geneigte durchlochte Zinkplatte, auf welche die zu waschenden Theile aufgegeben werden. Die durch die Scheidewand oh abgetrennte Abtheilung K' steht mit der Hauptabtheilung M durch eine Schütze O in Verbindung, welch die ganze Breite des Waschgefässes einnimmt und vermittelst eines Hebels O'O'' regulirt wird. Die Schutzmündung dien zum Abführen der Scheeren, die in der Abtheilung K' sich ansammeln und durch eine vermittelst des Hebels K'' regalirbar Schütze K von Zeit zu Zeit abgelassen werden. Um die Abtheilung K' von dem Wasserdrucke, den die Abtheilung M aus zuhalten hat, zu befreien, geht durch den Deckel PP' derselben ein Rohr von 20 Millim. Weite, durch welches das Wasse austreten kann. Das Ende des Waschapparats besteht in einem geneigten Siebe P'P'', auf welchem die gewaschene Kohl niederfällt. Diese Kohle wird auf einem Weidengeflecht P''P''' angesammelt, durch welches das Wasser abtropft. Da diese Wasser noch Kohlenschlämme enthält, so wird es dann noch in einen Sumpf von 12 Meter Länge und 4 Meter Breite geführt, in dem man die Schlämme absetzen lässt.

---

[1]) Polyt. Centralbl. 1860.

Kohlenwaschmaschine von Meynier zu Brassac

Fig. 2.

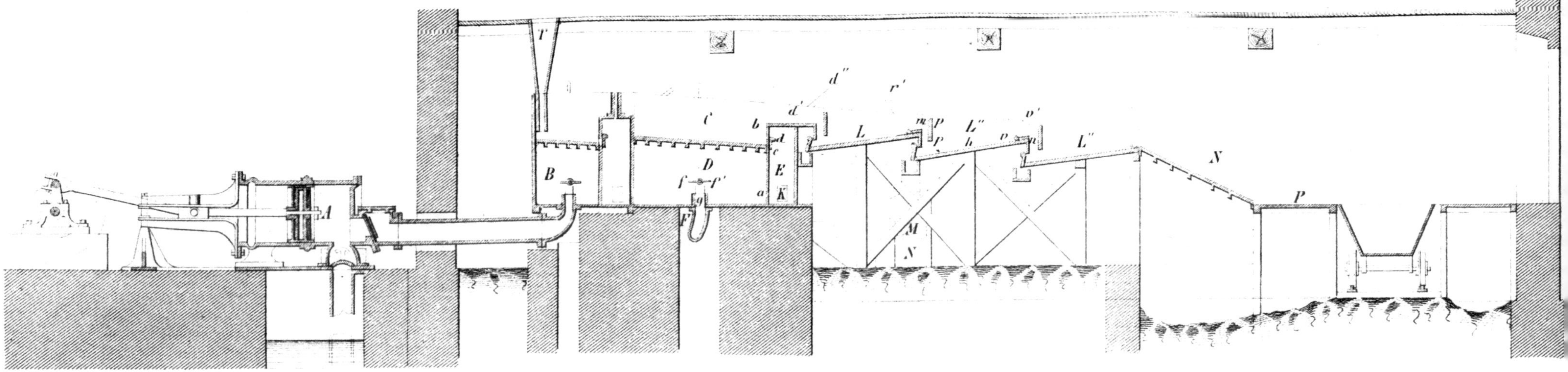

Fig. 3.

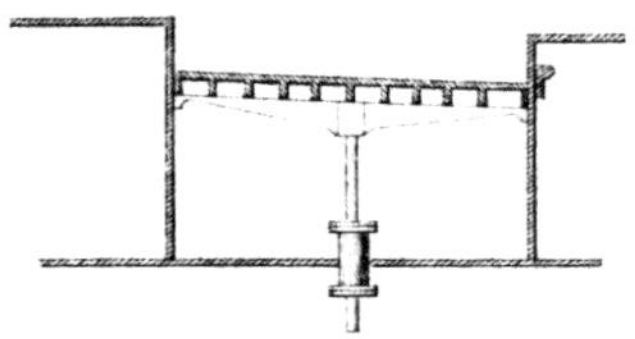

Fig. 1.

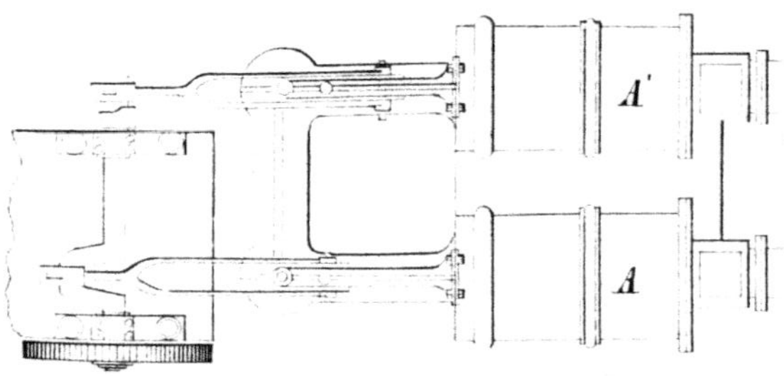

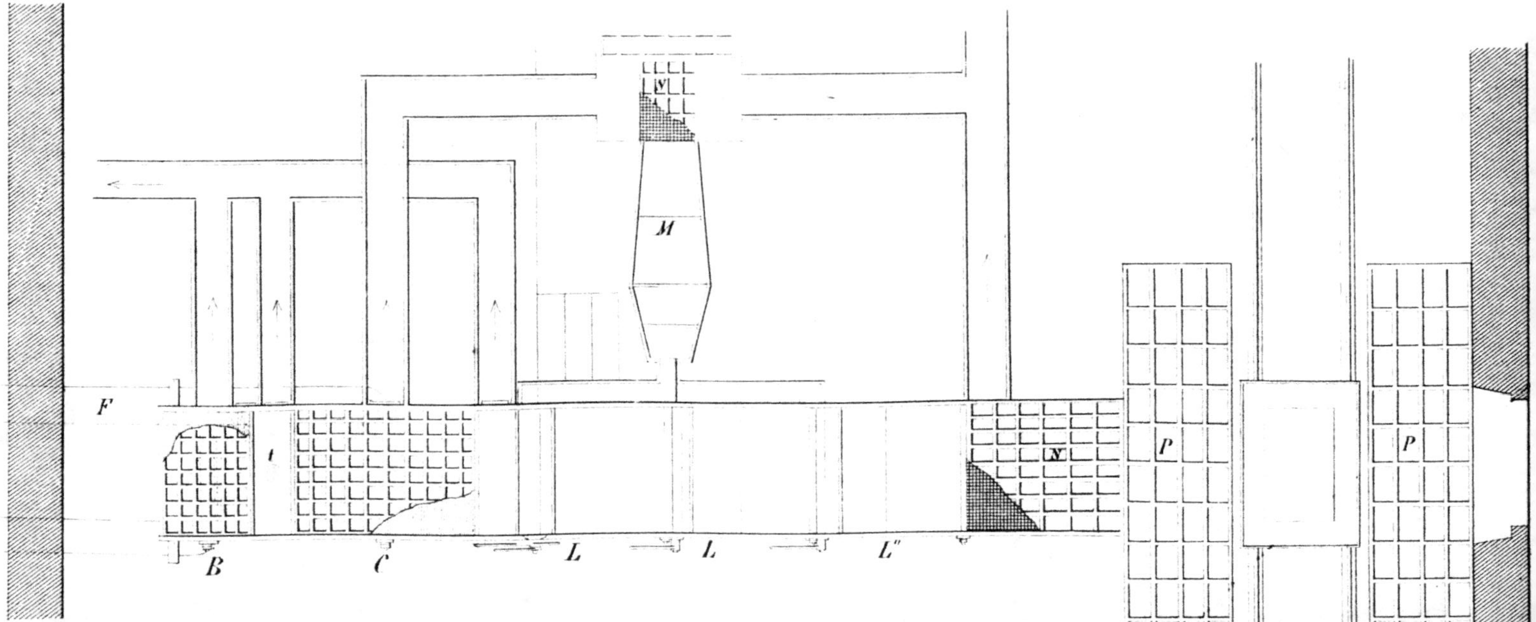

Noch ist des mechanischen Zerkleinerungsapparates zu gedenken, welcher aus zwei nach entgegengesetzten Richtungen rotirenden Walzen DD′ besteht. Dieser Apparat gab bei den fetten Kohlen von Bouxhors keine guten Resultate, während er bei mageren Kohlen gewiss mit Nutzen angewendet werden könnte. Er ist durch einen einfachen Trichter ersetzt worden, in welchen der Arbeiter die Kohle in regelmässigen Zeitabschnitten einschaufelt. Besser wäre es noch, die Kohle vermittelst eines Paternosterwerks zu heben.

Die Wirkungsweise der Maschine ist folgende: Die durch den Trichter aufgegebene klare Kohle breitet sich bei jedem Kolbenhube gleichförmig über die Oberfläche der durchlochten Platte HH′ aus. Beim Beginne des Betriebs ist die Schütze O geschlossen und die alternirende Bewegung des Wassers, welches das Gefäss M vollständig ausfüllt, hat nur den Zweck, die Bestandtheile der Kohlen nach ihrem specifischen Gewichte anzuordnen. Bald aber ist der Raum über der durchlochten Platte gefüllt und die gewaschene Kohle beginnt über PP′ P″ P‴ zu entweichen. Nach einer gewissen Zeit ist die durchlochte Platte mit einer Scheerenschicht von mehren Centimetern Dicke bedeckt; man öffnet dann die Schütze O und die Scheeren fallen, theils wegen der Neigung der durchlochten Platte HH′, theils auch von dem Wasser getrieben in die Abtheilung K′ nieder. Das Oeffnen und Schliessen der Schütze O geschieht ohne Unterbrechung des Betriebs. Wenn die Abtheilung K′ gefüllt ist, wird sie durch die Schütze K geleert. Die Abtheilung M füllt sich erst nach längerer Zeit mit Kiestäfelchen, welche durch Löcher der Platte HH′ durchgegangen sind. Zum Ablassen derselben dient eine Schütze C. Scheeren und Kiese werden auf die Halde geworfen, und die in den Sümpfen angesammelten Schlämme benutzt man zur Maschinenfeuerung oder verkauft sie zum häuslichen Verbrauch. Die Schlämme haben einen grossen Gehalt an Schwefelkies und sind daher von untergeordnetem Werth; die der anderen Gruben von Brassac sind aber besser. Die Sumpfwasser laufen in den Fluss zurück, könnten aber im Bedürfnissfalle auch noch weiter benutzt werden. Die Waschwasser werden einem Brunnen entnommen, der nur einige Meter tief ist. Wäre das Wasser nicht in so reichlichem Maasse vorhanden, so müsste man die abgehenden Schlämmwasser wieder in den Brunnen zurücklaufen lassen.

Was die Kosten des Waschens betrifft, so ist zu bemerken, dass der mit der Beaufsichtigung der Aufbereitungsanstalt betraute Beamte zugleich andere Dienste zu verrichten hat, dass ferner die Wäscharbeiter selbst ausserdem mit anderen Arbeiten beschäftigt werden, und dass endlich auch die Dampfmaschine noch für andere Zwecke dient. Es ist daher nicht möglich, die Kosten des Waschens nach den gemachten Ausgaben direct zu bestimmen, sondern man muss aus denselben die auf das Waschen allein bezüglichen ausziehen.

Es werden in 12 Stunden auf einer Maschine 1000 Centner Kohlen gewaschen; zur Beaufsichtigung bedarf es eines Maschinisten, eines Wäschsteigers und zweier Arbeiter, für welche ein Kostenaufwand von 9 Frcs. täglich aufläuft. Die Unterhaltung der Waschmaschine beträgt jährlich 300 Frcs., die der Dampfmaschine 600 Frcs., und rechnet man hierzu noch an Generalkosten und Amortisation 1500 Frcs. jährlich, so ergibt sich ein Kostenaufwand von 1,7 Centimes für das Waschen eines Centners. Bei Anwendung zweier Waschmaschinen, die zusammen 2000 Ctr. Kohlen täglich waschen, stellt sich der tägliche Aufwand folgendermaassen heraus:

Ein Maschinist	2,5 Frcs.
Zwei Wäschsteiger	5,0 „
Drei Arbeiter	6,0 „
Unterhaltung der Dampfmaschine	2,0 „
Unterhaltung der Waschmaschinen	2,0 „
Generalkosten	3,3 „
Amortisation	3.3 „
	24,1 Frcs.

Hierbei würde der Kostenaufwand für 1 Centner gewaschene Kohle 1,205 Centimes betragen.

Bei wiederholten Versuchen, die mit dieser Maschine angestellt wurden und bei vergleichenden Versuchen an Setzsieben und Schlämmgräben fand man, dass jeder dieser Apparate gewisse Vorzüge vor den andern habe, und man kam daher zu dem Entschluss, eine neue Maschine zu construiren, in welcher die Principe derselben in geeigneter Weise mit einander verbunden sind.

Diese Maschine besteht aus fünf verschiedenen Theilen: 1) der Pumpe; 2) einem Blechgefäss, welchem das Wasser und die Kohle zugeführt werden; 3) einem zweiten Blechgefäss, in welchem die Kohle einer schwingenden Bewegung ausgesetzt wird; 4) Holzkästen, die nach Art der Schlämmgräben angeordnet sind; 5) dem Ablauf.

Tafel VII Fig. 1 zeigt den Grundriss und Fig. 2 den Längendurchschnitt dieser Maschine. Die Pumpe liefert mit jedem Kolbenhube jeder Waschmaschine 1 Hektoliter Wasser (die in der Zeichnung dargestellten Pumpen liefern 2 Hektoliter und dienen mithin für je 2 Maschinen). Das Blechgefäss B ist genau ebenso angeordnet, wie das in Fig. 33 abgebildete und dort mit M bezeichnete Gefäss. In gleicher Weise ist auch das Blechgefäss C construirt; doch hat dasselbe den doppelten Horizontalquerschnitt und ist durch eine Blechwand a b in zwei Abtheilungen D und E abgetheilt. Hinter der durchlochten Zinkplatte befindet sich wieder eine Schütze d e, die über die ganze Breite der Maschine geht und vermittelst eines Hebels d'd'' in Thätigkeit gesetzt wird. Die auf der durchlochten Platte sich ansammelnden Scheeren werden durch die Schutzöffnung in die Abtheilung E und aus dieser wieder von Zeit zu Zeit durch die Schütze K abgelassen. Die in der Abtheilung D unter der durchlochten Platte sich ansammelnden Schlämme können ebenfalls durch eine Schütze abgelassen werden.

Das Gefäss C steht durch das Rohr F mit einem zweiten Pumpencylinder A' in Verbindung, in welchem ein Plungerkolben sich bewegt. Querschnitt und Hub dieses Kolbens sind so berechnet, dass die Kohlenmasse eine schwingende Bewegung von 70 bis 80 Millim. Höhe annimmt. Die Mündung g der Rohrleitung F ist auch hier wieder verbreitert und durch eine Klappe ff' geschützt. Dieses zweite Gefäss spielt eine wichtige Rolle; der Effect in demselben muss aber verschieden sein bei verschiedener Beschaffenheit der zu waschenden Kohlen. Hat man ein sehr dichtes Material (und gerade dazu leistet dieses Gefäss vorzügliche Dienste), so dürfte es zweckmässig sein, dem Material selbst ohne Vermittelung des Wassers eine schwingende Bewegung zu geben. Man könnte sich zu diesem Zweck der in Fig. 3 dargestellten Anordnung bedienen. Der Rahmen, in welchem das durchlochte Zinkblech liegt, ist hier an einer beweglichen, verticalen Achse befestigt und gleitet in Nuthen an den verticalen Wänden des Gefässes. An den unteren Theil der Achse schliesst sich ein Plungerkolben in einem Pumpencylinder, welcher durch ein enges Rohr mit einer kleinen, von der Maschine getriebenen Pumpe in Verbindung steht. Bei jedem Kolbenhube dieser Pumpe, die eine rasche Bewegung haben muss, erhält der Rahmen und das durchlochte Blech eine aufsteigende Bewegung.

Hinter dem Blechgefäss C befinden sich drei Holzkästen L L' L'', die ursprünglich wie gewöhnliche Schlämmgräben construirt waren, später aber mannichfache Abänderungen erlitten. Die Zahl derselben kann nach Beschaffenheit der zu waschenden Kohlen und nach der Grösse des zu Gebote stehenden Raumes und Gefälles nöthigenfalls vermehrt oder vermindert werden. Die Construction ist bei allen dieselbe. Jeder Kasten ist 1,3 Meter lang und 1,22 Meter breit. Der Boden ist der Bewegung des Wassers entgegengesetzt gerichtet geneigt und hat eine Tiefe von 300 Millim. über der Kante m, über welche Wasser und Kohle zugeführt werden. Die nächste Kante n liegt 100 Millim. unter der vorhergehenden Kante m. Bei h ist der Boden gebrochen, wodurch er zwei verschiedene Neigungen erhält. Eine 100 Millim. hinter m und 100 Millim. über dem Boden angebrachte Holzwand p p ertheilt dem Wasser und der Kohle eine wirbelnde Bewegung, welche zur Folge hat, dass nur die leichten Theile fortgeführt werden. Die sich hier absetzenden Beimengungen können durch eine Klappe r abgelassen werden, welche über die ganze Breite des Kastens geht und vermittelst eines Hebels r' in Thätigkeit gesetzt wird. Eine Schütze v, welche durch einen Hebel v' regulirt wird, bringt man allmählig aus ihrer schwach geneigten in die verticale Lage, wodurch das Niveau der sich ansammelnden Kohle allmählig erhöht wird. Vor dem Oeffnen der Klappe r muss der Wäscher die Schütze v niederlassen, so dass der grösste Theil der angesammelten Kohle ablaufen kann, dann lässt er die Unreinigkeiten heraus, die von hier aus einer zweiten Waschmaschine M zulaufen, in welcher die gleichzeitig abgehenden Kohlentheilchen wieder angesammelt werden.

Der Ablauf besteht wie an dem früheren Apparat aus einem Metallsieb N und dem Weidengeflecht P.

Die Wirkungsweise dieser neuen Maschine ist folgende: Die klare Kohle wird in den Trichter T eingeschaufelt und fällt durch denselben dem ersten Kasten zu, in welchem die Wirkungsweise dieselbe ist wie bei dem vorher beschriebenen Apparat. Ist dieser gefüllt, so wird die Kohle durch das Wasser dem zweiten Kasten zugeführt und geht dann nach einander durch die einzelnen Holzkästen. Die Waschmaschine M, welcher die Abfälle der Holzkästen zugeführt werden, besteht in einem gewöhnlichen Schlämmgraben und die hier gewonnenen Kohlen sind nicht reiner als die rohe Kohle, müssen daher immer noch einmal auf die Maschine aufgegeben werden. Die Abfälle und Nebenproducte werden einzeln angesammelt. Die Scheeren aus den beiden ersten Kästen B und C, sowie die Kiese aus dem Kasten B werden auf die Halde geworfen. Die Schlämme aus dem zweiten Kasten C und aus den Abläufen M und M' gehen in die Sümpfe; die Abfälle der Waschmaschine M endlich, die auch gleichzeitig die Abfälle der Holzkästen L, L', L'' sind, kommen auf die Halde.

Wenn die Beimengungen weniger mannichfacher Natur sind, so kann der Apparat noch etwas einfacher hergestellt werden; enthalten z. B. die Kohlen nur Scheeren ohne lettige Theile und mit wenig Kies, so genügt ein Blechgefäss und ein Holzkasten. In jedem einzelnen Falle muss man besonders abwägen, welcher von den Kästen weggelassen werden kann.

Der Preis der ganzen Maschine beträgt ungefähr 12000 Frcs., wovon der grösste Theil auf die Dampfmaschine und die Pumpe kommt. Es würde daher dieser Preis an Orten, an denen man Gefälle benutzen kann, bedeutend erniedrigt werden.

Die Qualität und Quantität der Waschproducte richtet sich natürlich nach der Beschaffenheit der der Maschine vorgegebenen Materialien. Die Resultate in der nachfolgenden Tabelle können daher auch nicht als im Allgemeinen maassgebend betrachtet werden, sondern geben nur das Bild eines mehrtägigen Versuchs.

Rohe Kohle: 186,666 Kilogramm.

Beschaffenheit der Waschproducte.	Gewicht in Kilogrammen.	Antheil in Procenten.	Gesammtgewicht in Kilogrammen.	Antheil in Procent.
Waschkohle von der grossen Maschine	142,415	76,29	147,959	79,26
„ „ „ kleinen „	5,544	2,97		
Scheeren- Abfälle	5,562	2,98	38,707	20,74
Kiese- Abfälle	2,765	1,49		
Schlämme- Abfälle	30,380	16,27		
Summa . . .	186,666	100,00	186,666	100,00

Sehr hoch erscheint der Gehalt an Schlämmen; dieselben sind aber gerade dort sehr unrein und müssen beseitigt werden, es haben desshalb auch dem Ablaufsieb sehr weite Maschen gegeben werden müssen, und ausserdem wurde der Abfall noch dadurch vergrössert, dass zwischen die Blechgefässe und die Holzkästen durchlochte Platten eingeschaltet wurden. Von anderen Kohlen desselben Bassins, namentlich denen des Schachtes la Combelle, fallen sehr reine Schlämme; in diesem Falle müssen natürlich die Maschen des Ablaufsiebes viel enger genommen werden. Die Schlämme dieser Kohlen enthalten nur 12 bis 14 Proc. Asche, während die Schlämme von Bouxhors durchschnittlich $30^1/_2$ Proc. Asche enthalten. Uebrigens sind in denselben die fremden Beimengungen so innig mit den Kohlen gemischt, dass man durch keinerlei Waschverfahren die Abscheidung derselben bewirken kann; sie werden, wie schon oben erwähnt, zur Feuerung der Maschine benutzt oder zu jedem Preise verkauft.

In der folgenden Tabelle ist der Aschengehalt verschiedener, theils roher, theils gewaschener Kohlen, sowie verschiedener Nebenproducte enthalten.

Zeit des Versuchs.	Beschaffenheit der Producte.	Aschengehalt in Procenten.	Aschengehalt in Procenten durchschnittlich.	Schwefelgehalt in Procenten.
1858—59	Rohkohle, zum Verwaschen vorgegeben	14,00	14,00	1,50
1858—59	Proben, in den Abbauen gewonnen	10,69	10,69	
1858	Waschkohle, auf Schlämmgräben gewaschen	11,39	10,68	—
1858	„ auf den Meynier'schen Maschinen gewaschen	11,15		
1858	„ im Setzsieb gewaschen	9,54		
1858	„ in der Meynier'schen Maschine u. verschied mit ders. verbundenen Versuchsapparaten gewaschen .	—	8,68	—
1859	Die 1859 gelieferte Waschkohle	—	7,71	—
	Abfälle:			
1859	Scheeren aus dem ersten Blechgefässe	45,00	35,65	3,47
1859	„ „ zweiten „	40,10		3,76
1859	„ „ der kleinen Waschmaschine	35,33		2,95
1859	Schlämme aus dem zweiten Blechgefäss.	27,20		2,44
1859	„ vom Ablauf	30,50		2,84

Der Schwefelgehalt der Waschkohlen ist absichtlich nicht angegeben worden, weil die Analysen so verschiedene Resultate ergaben, dass sie in einem Durchschnittswerthe nicht zusammengefasst werden konnten. Doch geht soviel aus den Untersuchungen hervor, dass die gewaschene Kohle trotz des hohen Schwefelgehalts der Rohkohle von $1^1/_2$ Proc. als Schmiedekohle, sowie zur Herstellung von Koks für Schmelzprocesse benutzt werden kann. Es lässt sich hieraus abnehmen, mit welchem Erfolg man diese Waschmaschine bei minder schwefelreichen Kohlen anwenden kann.

Fig. 34.

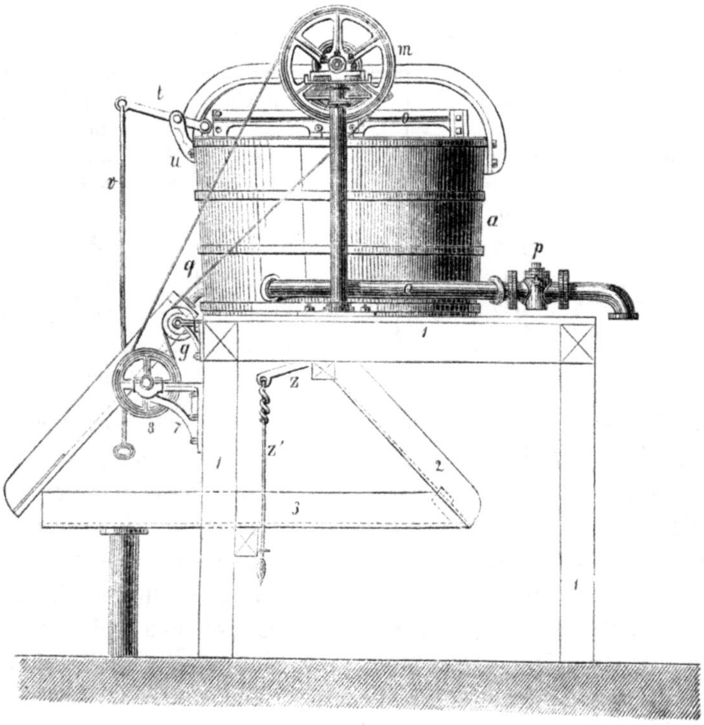

Der Zweck, welchen sich Fröhlich[1]) bei Construction seiner Aufbereitungsmaschine gestellt hat, ist, die Separation der Kohlen während continuirlicher Bewegung derselben zu bewerkstelligen.

Sein Apparat ist in Fig. 34 im Seitenaufriss; in Fig. 35 in einer Ansicht von vorn und in Fig. 36 in einem senkrechten Durchschnitt nach der Linie AB in Fig. 35 dargestellt.

In diesen drei Figuren sind die einzelnen Theile folgendermaassen bezeichnet: a Fass oder Bottich von Eichenholz, mit eisernen Reifen umgeben; b Rührer von Holz, dessen Arme auf einer Seite zugeschärft ablaufen; c Querstück von Gusseisen, an welchem die Arme des Rührers befestigt sind; d eiserne Welle des Rührers; e hohle gusseiserne Säule, welche der Welle d als Lager dient, und deren Fuss e' seitwärts mit drei Löchern versehen ist, durch welche der Schieferthon gehen kann; f Winkelrad an der Welle d; g gusseiserner bügelförmiger Balken, der an den beiden äusseren Seiten des Bottichs a befestigt ist und in welchem sich das obere Ende der Welle d bewegt; h Winkelgetriebe, welches in das Winkelrad f greift; Triebwelle, auf welcher das Getriebe h befestigt ist; kk' Zapfenlager für die Welle i; l gusseiserne Säule, auf welcher das Zapfenlager k befestigt ist; m Rolle auf der Triebwelle i; n gusseiserne Röhre, durch welche das Speisewasser in das Fass a gelangt; oo' kupferne Röhren, deren Enden einerseits mit dem einen Ende des Fasses a in Verbindung stehen und anderseits mit

Fig. 35.

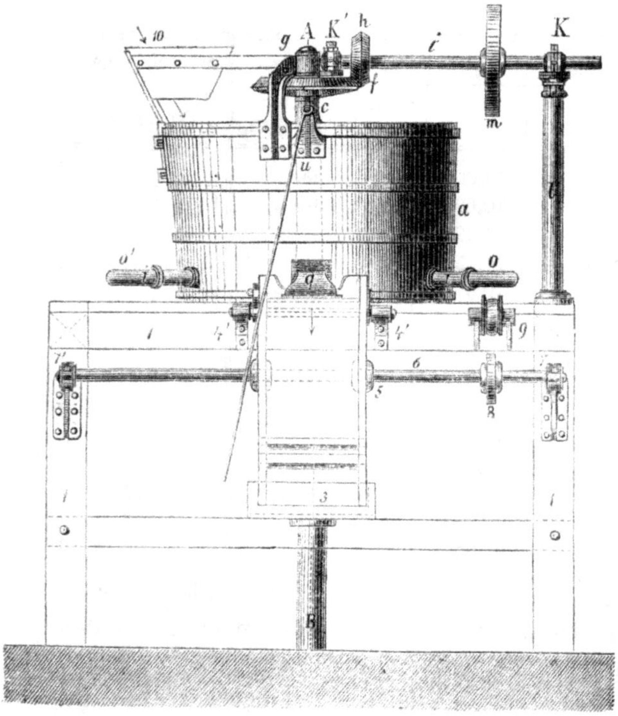

Fig. 36.

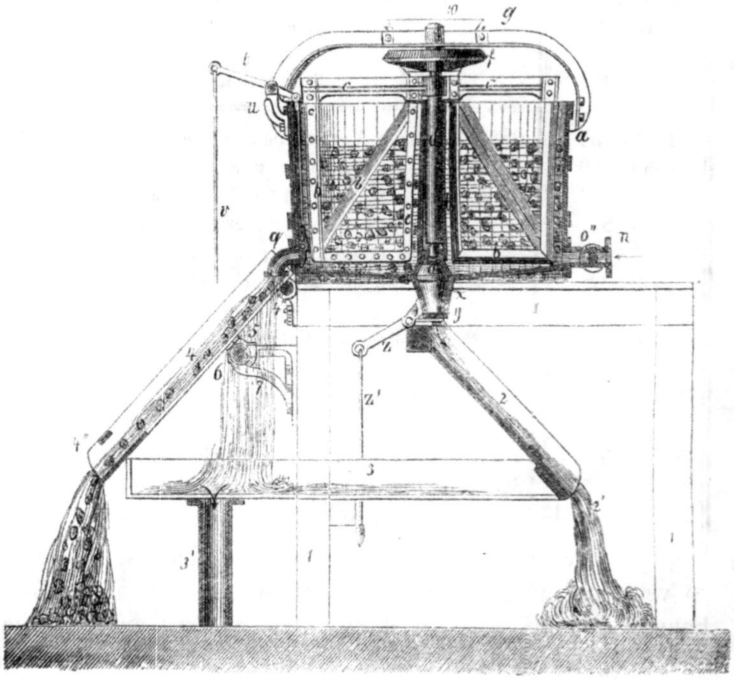

[1]) Berg- u. Hüttenm. Zeitung 1854.

der Leitung n, in welcher zwei Seitenöffnungen bei o'' angebracht sind, so dass das Wasser an drei gleich weit von einander entfernten Punkten in das Fass gelangt; p Speisungshahn; q Abflussröhre für das Wasser und die Steinkohlen; r Register, womit die innere Oeffnung der Röhre q verschlossen werden kann; s eiserne Stange, welche am oberen Ende des Registers befestigt ist; t Hebel, dessen eines Ende mit der Stange s verbunden ist; u Stützpunkt des Hebels t, der an dem Fass angeschraubt ist; v Stange, welche an dem unteren Ende des Hebels t hängt und mittels deren man von unten das Register öffnen oder verschliessen kann; x gusseiserne Büchse, an beiden Enden offen und mit dem obern Ende an das Fass a befestigt, wo ein Drahtsieb angebracht ist; y Ventil, welches zum Verschliessen der Büchse x dient; z Hebel, dessen Stützpunkt an der Büchse x befestigt ist und welcher dazu dient, das Ventil y mittels des Hebels z' zu öffnen und zu verschliessen.

1 Gerüst von Eichenholz mit einem Bretterboden, auf welchem das Fass a steht; 2 geneigtes hölzernes Gerinne, dessen Boden aus einem Drahtsieb besteht; es dient zum Durchsieben des Schieferthons, der aus der Büchse x darauf fällt und nach 2' geht; 3 horizontales Gerinne, welches auf demselben Gerüst 1 befestigt ist; es führt das Wasser, welches zum Waschen der Kohlen gedient hat, durch die Röhre 3' ab; 4 anderes geneigtes und unten mit einem Drahtsieb versehenes Gerinne, welches oben in einem Charniere 4' an dem Gerüst hängt; dieses Gerinne nimmt die gewaschenen aus der Röhre q ausfliessenden Kohlen auf und lässt sie in 4'' entweder sogleich in einen Wagen oder auf einen Haufen fallen; 5 Heblinge, auf denen das Gerinne 4 liegt und welche dazu dienen, ihm eine stossende Bewegung mitzutheilen; 6 Welle, auf welcher der Hebedaumen 5 befestigt ist; 7, 7' Lager für die Welle 6, welche an dem Gerüst 1 befestigt sind; 8 Triebrolle auf der Welle 6, welche von der Rolle m aus bewegt wird; 9 Spannrolle, über welche der Treibriemen von 8 nach m läuft, um nicht an dem Gerüst 1 zu streifen; 10 Rumpf, in welchen die zu verwaschende Kohle gestürzt wird; 11 eiserner Ring an den Armen des Rührers, um deren Biegung zu verhindern; dieser Ring ist in die Ränder eines ähnlichen Ringes 11' eingelassen, welcher auf der Säule befestigt ist.

Betrieb des Apparates. Der Apparat besteht, wie man aus den Abbildungen ersieht, aus einem feststehenden runden Fass a, welches zu drei Vierteln mit Wasser angefüllt ist. Die Staubkohlen gelangen mittels eines Auftragerades oder durch irgend einen anderen Mechanismus in den Rumpf und fallen in's Wasser; dort separiren sie sich sehr bald durch die Einwirkung des Rührers b, der sich um sich selbst dreht und die leichten Theile nöthigt, mehr oder weniger lange Spiralen zu beschreiben. Dadurch werden letztere von dem specifisch schwereren Schieferthon separirt, welcher fast augenblicklich auf den geneigten Boden e' fällt, der in der Mitte mit einer runden Oeffnung versehen ist, durch welche und durch das Sieb der Schieferthon entweicht und in eine conische Büchse aufgenommen wird, die man von Zeit zu Zeit entleeren kann. Die Kohlentheilchen gehen mit dem Wasser durch die länglich viereckige Oeffnung q, die am Boden des Fasses angebracht ist und gelangen auf das Sieb 4, welches eine stossende Bewegung erhält und von welchem sie in einen Wagen oder auf einen Haufen fallen.

Man sieht, dass der Betrieb dieses Apparates leicht ist. Zwei Mann sind zur Bedienung eines 1 Meter hohen und 1 Meter weiten Fasses hinreichend, in welchem täglich 20000 Kilogramm (400 Ctr.) Kohlen gewaschen werden können; zum Betrieb des Rührers ist eine Pferdekraft erforderlich. In einem Fass von 3 Meter Höhe und Weite könnten 200,000 Kilogr. oder 4000 Ctr. Steinkohlen täglich verwaschen werden; es würde 10 Pferdestärken, aber auch nur zwei Mann zum Betriebe beanspruchen. Das erstere Fass würde 2000 Frcs. und das letztere 10000 Frcs. kosten.

Die Maschine von Revollier jun. & Comp. in St. Etienne ist eine Verbesserung der Kolbensetzmaschine mit continuirlichem Betriebe.

1) Der Kolben erhält eine Differentialbewegung, vermöge welcher die fremden Körper durch einen plötzlichen Stoss abgetrennt werden; hat derselbe stattgefunden, so fallen Kohlenberge und Wasser, nach ihrem specifischen Gewicht geordnet, nieder, ohne einem Ansaugen ausgesetzt zu sein;
2) die gewaschenen Kohlen und der Schlamm werden continuirlich und ohne Wasserverlust beseitigt;
3) die Berge werden continuirlich und ohne Unterbrechung der Arbeit beseitigt;
4) das über das Sieb hinausgedrückte Wasser fliesst ohne Zuthun des Kolbens zurück.

Fig. 37 der betreffenden Abbildungen (a. f. S.) zeigt diese Maschine im Längendurchschnitt, Fig. 38 im Grundriss und Fig. 39 im Querdurchschnitt nach der Linie 1 — 2 in Fig. 37.

Die zu waschende Kohle wird auf das Sieb B geworfen, das in das Gefäss C eingesetzt ist. Der untere Theil dieses Gefässes C dient zur Aufnahme des Schlammes, wenn man denselben nicht mit der gewaschenen Kohle vermischen will. Durch die Schütze D, welche vermittelst der Kurbel d gehandhabt und regulirt wird, kann man die Schlämme in das Sammelgefäss E ablassen, um sie mit der in diesem letzteren enthaltenen gewaschenen Kohle zu mischen. Eine endlose Eimerkette F hebt die gewaschene Kohle, welche von dem Siebe B durch die rectanguläre Mündung N in das Sammelgefäss niederfällt. Dieselbe wird von der Welle F', dem Rädervorgelege ff' und dem Riemenvorgelege PP' getrieben. In dem Pumpenstiefel G befindet sich der hölzerne Kolben I, der von zwei Evolventenscheiben J auf der Welle i getrieben wird. Letztere erhält ihren Betrieb vermittelst der Fest- und Losscheiben PP'. Nachdem der Kolben I durch die Scheiben J gehoben worden ist und durch die Klappe H, welche die Verbindung mit dem Rücklaufsgefäss K vermittelt, die Ansaugung bewirkt hat, so fällt er unter der Einwirkung der Schraubenfeder J' plötzlich nieder und veranlasst dadurch den suspendirten Zustand der Kohle über dem Siebe. Die Verbindung zwischen dem Pumpenstiefel G und dem Gefäss C wird durch die Klappe H' vermittelt. Das zum

Fig. 37.

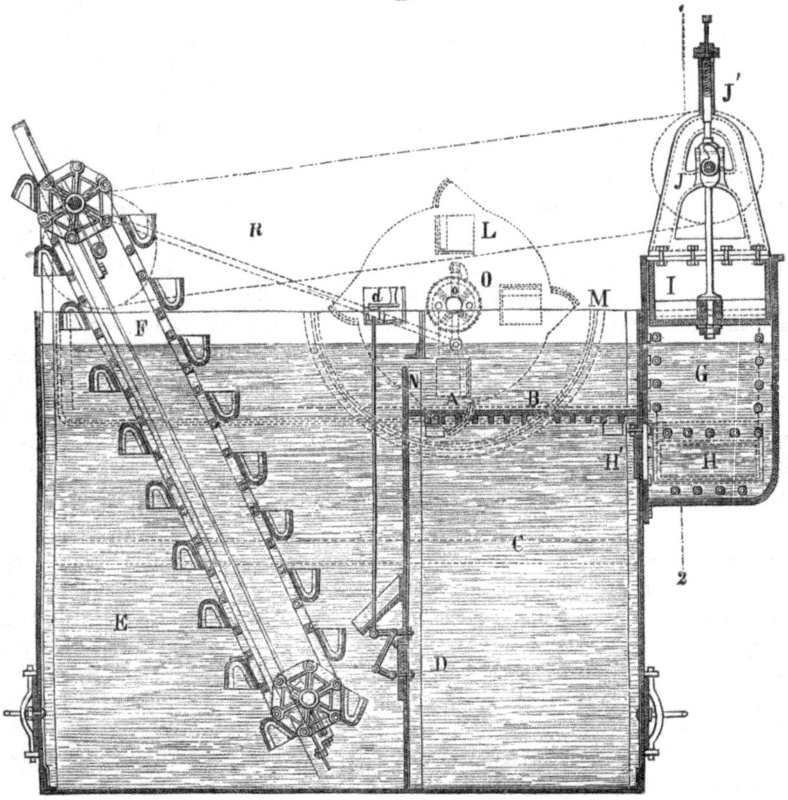

Waschen der Kohlen verwendete Wasser fliesst über einen Ueberfall X in das Rücklaufsgefäss K, welches zur Seite der Maschine aufgestellt ist und am entgegengesetzten Ende mit dem Sammelgefäss E communicirt. Die Berge treten durch die Seitenöffnung A in den Trog M, aus dem sie durch die Schöpfgefässe des mit abgesetzter Bewegung rotirenden Rades L herausgehoben werden.

Diese abgesetzte Bewegung erhält das Rad L durch ein auf seiner Achse o befindliches Sperrad O und einen Sperrkegel, der vermittelst der Schubstange R von einer Kurbelwarze s an der Welle F' getrieben wird.

Die Eigenthümlichkeiten der neuen Maschine sind hiernach folgende:

1) die Anwendung eines Schöpfrades zur Beseitigung der durch einen Seitencanal austretenden Berge,
2) die Benutzung eines Rücklaufgefässes,
3) die eigenthümliche Anordnung der Klappen, vermöge welcher das Ansaugen unter dem Siebe vermieden wird.

An diese vorhergenannten Apparate schliesst sich endlich die Aufbereitungsmaschine von Ract-Madoux an. (Taf. VIII.) Dieselbe ist eine Combination des Setzsiebes und Schlämmherdes. Man ersieht aus Fig. 3, dass zwei symmetrisch gestellte gleiche Ma-

Fig. 38.

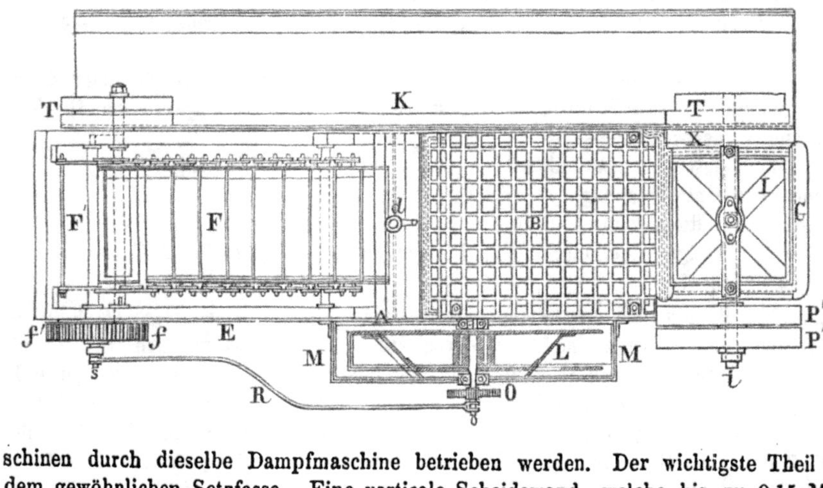

Fig. 39.

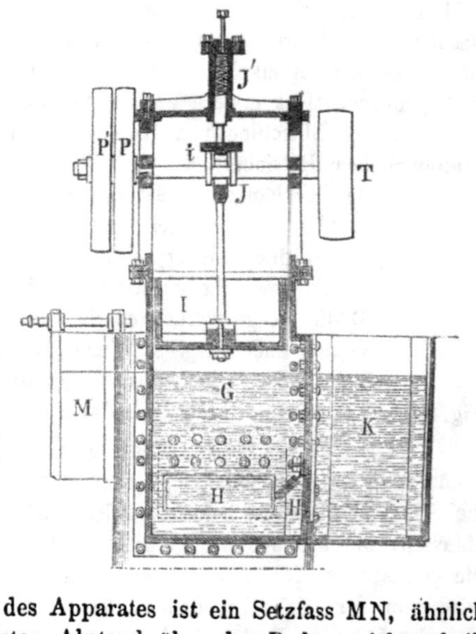

schinen durch dieselbe Dampfmaschine betrieben werden. Der wichtigste Theil des Apparates ist ein Setzfass MN, ähnlich dem gewöhnlichen Setzfasse. Eine verticale Scheidewand, welche bis zu 0,15 Meter Abstand über den Boden reicht, theilt den Kasten in zwei Abtheilungen, wovon die eine aa (Fig. 3) einen rechteckigen, 0,5 Meter breiten, 1,3 Meter langen Querschnitt besitzt, während die Andere von trapezoidaler Form ist, mit 0,3 Meter Breite am hinteren und 0,6 Meter Breite am vorderen Ende. In der erstern Abtheilung bewegt sich der hohle Kolben, in der zweiten liegt ein unter 13 Grad von vorn nach hinten gelegtes Metallgitter ee. Um das Saugen zu verhindern, sind die Kolben am Boden mit Ventilen versehen,

Continuirliche Setzwäsche von Raet. Madoux.

Fig. 2.

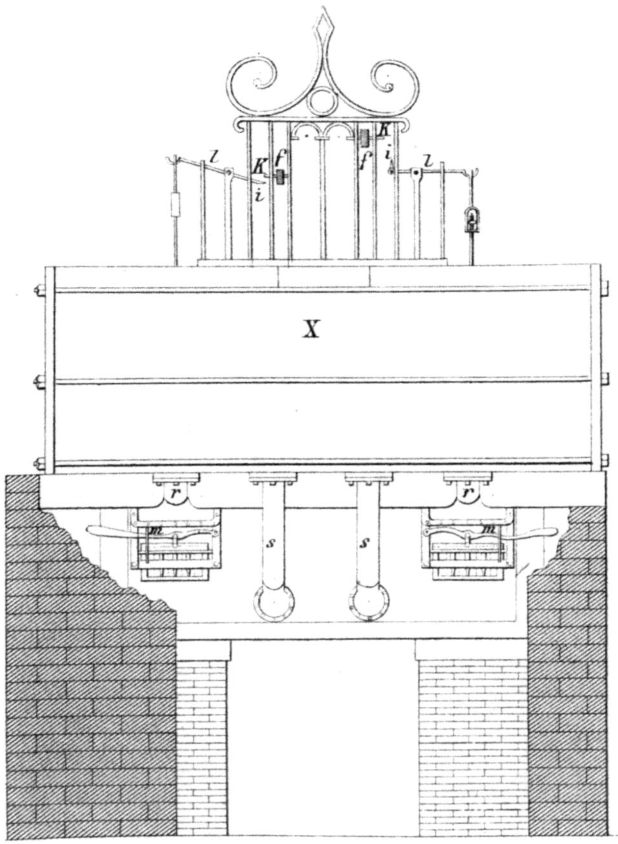

Fig. 1.

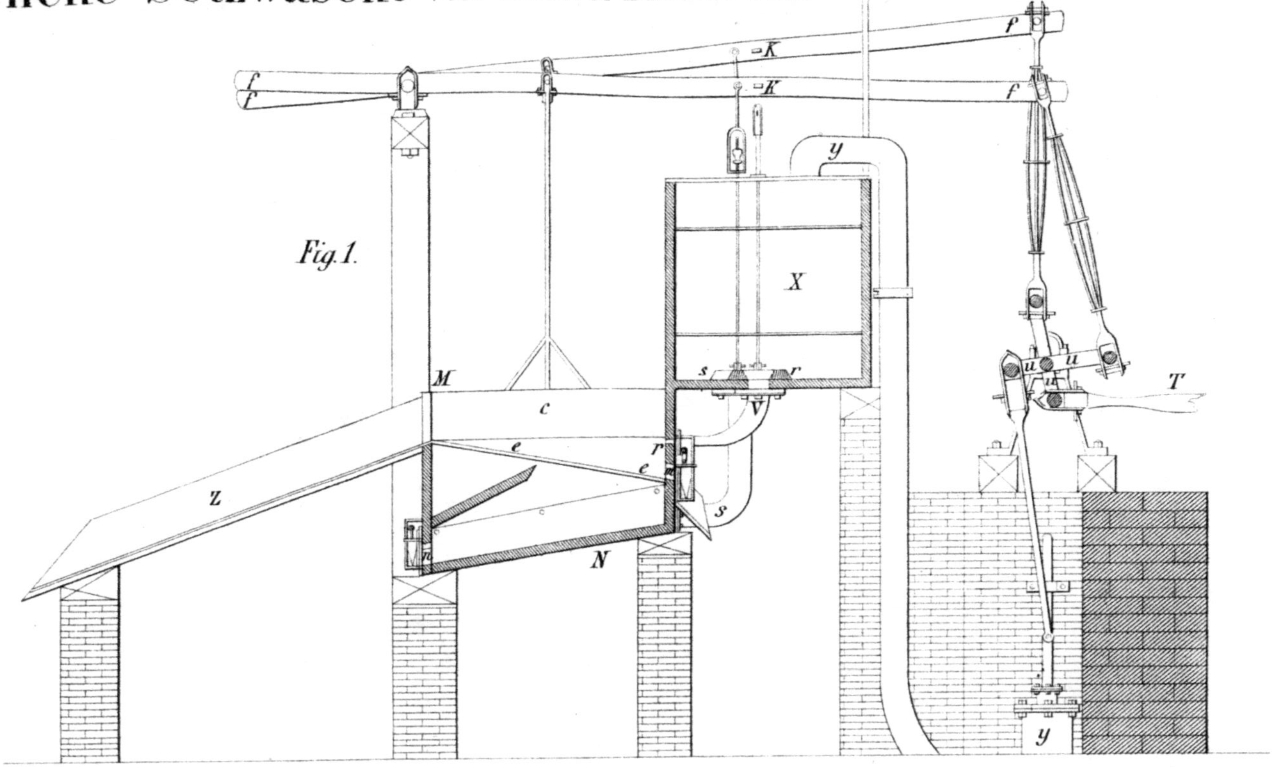

Fig. 3.

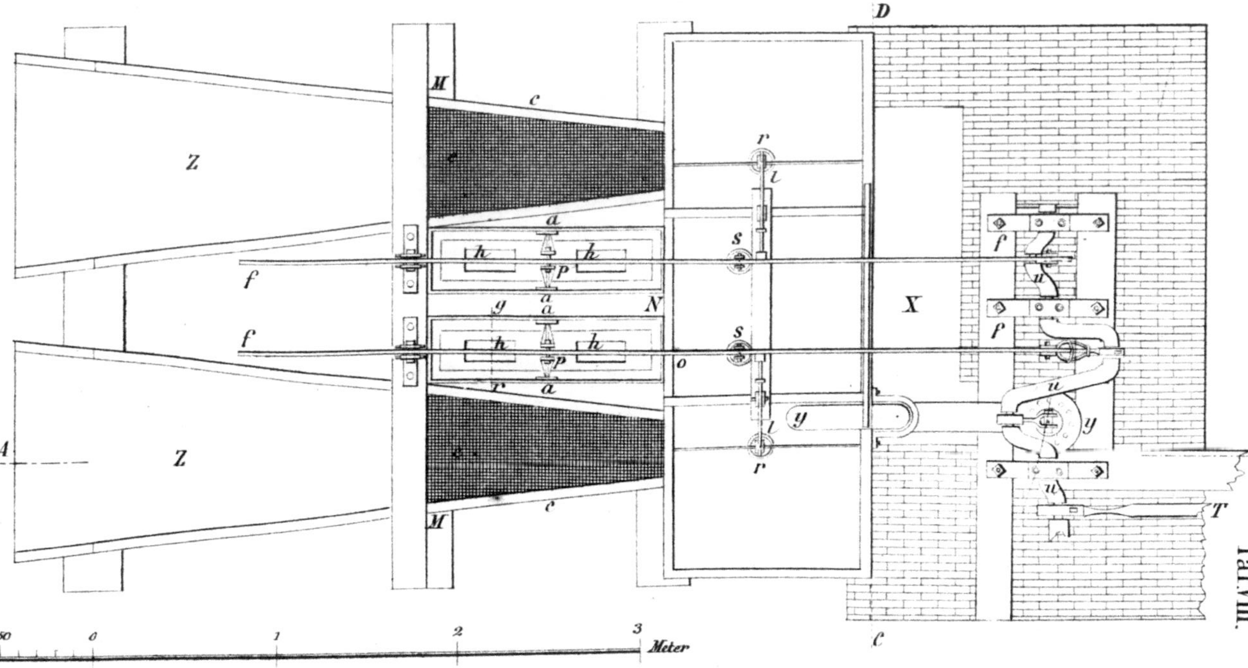

Taf. VIII.

welche sich beim Aufgange öffnen. Das Gitter ee, auf welches das Setzwerk zu liegen kommt, ist wie gewöhnliches Weidengeflecht aus Messingdraht und Eisenstäbchen geflochten und wird nach dem weiteren, oberen Ende zu enger, wesshalb successive die Drahtnummern 14, 9 und 7 angewendet sind. Der Boden des Kastens MN neigt sich unter 8 Grad nach vorn.

Die Kolben der zwei zusammengehörigen Setzmaschinen hängen an zwei aus Flacheisen von 95 Millimeter Höhe und 30 Millimeter Stärke gefertigten Balanciers ff, welche durch Lenkerstangen mit den Kurbeln nn an der Welle einer $1\frac{1}{2}$ pferdigen Dampfmaschine verbunden sind, von welcher noch eine 18 Liter pro Spiel liefernde Letestu'sche Pumpe y betrieben wird. Letztere hebt das Wasser in ein Reservoir X über dem Kolben, aus welchem es durch die 0,1 Meter weiten, von den Balanciers bewegten Ventile ss, rr derart vertheilt wird, dass am Ende des Kolbenaufganges das Ventil s den Raum am Boden des Setzkastens mit dem Reservoir X verbindet und soviel Wasser zuführt, als durch das Siebgitter ausgetreten ist, während die Ventile r, welche am Eintritt der bei der Einmündung in den Setzkasten breitgezogenen Rohre V sitzen, sich am Ende des Kolbenniederganges öffnen, um einen tangentiellen Wasserstrahl gegen die gereinigte Kohle zu schleudern und sie nach dem Ausgange hinzuspülen.

Die Zugstangen dieser Ventile endigen in Scheereneisen mit verstellbaren Muttern, wodurch der Moment und die Grösse ihrer Oeffnung regulirt werden kann und zwar wird das Ventil s direct, die Ventile r aber mittels der aus Fig. 1 ersichtlichen Hebelverbindung N bewegt. An jedem Setzkasten befindet sich eine 0,15 Meter hohe, 0,3 Meter breite lederne Klappe m zur Entfernung der Schiefer, welche am unteren Ende des Metallsiebes sich ansammeln und eine zweite 0,1 Meter hohe, 0,6 Meter breite Klappe n zum Austritt der Kiese, welche sich darunter ansammeln. Sie werden durch Hebel mit Keilen geschlossen, die zwischen die Klappen und einen festen Bügel eintreten, und da sie lothrecht hängen, so finden wenig Störungen durch dazwischen fallende Schieferstückchen statt.

Die gewaschene Kohle, welche ein doppelter Wasserstrom fortführt, gleitet über ein zweites Metallgitter Z und sammelt sich in einem grossen Kasten, dessen Seitenwände gitterförmig sind, um das Wasser nach der Mehlführung ablaufen zu lassen, aus welcher es von neuem durch die Pumpe angesogen wird. Man gibt die Kohle mit der Schaufel auf den unteren Theil des Siebes auf und überlässt sie der Einwirkung des Wasserstosses, wie bei der gewöhnlichen Setzmaschine. Ist sie aber sehr lettig und hält sie viel Staub, so wird sie mittels eines quer darüber gehängten Gitters von verticalen, 2 — 3 Centimeter weit aus einander stehenden Stäben getheilt, um das Zusammenbacken zu hindern, auch unterdrückt man dann den horizontalen Wasserstrahl, welcher zu viel Kohle wegspülen würde, indem man die Klinke i am Hebel l (Fig. 2) zurückschlägt, damit die Nase k den Hebel gar nicht trifft.

Sobald der Wäscher bemerkt, dass die Schieferlage ungefähr $\frac{2}{3}$ von der Länge des Gitters bedeckt, so gibt man keine neue Kohle mehr zu, und ein durch ein Klingelsignal herbeigerufener Arbeiter öffnet die Klappe m, um die Schiefer in einen bereit stehenden Wagen mit durchlöcherten Wänden zu ziehen. Hierbei werden jedoch die Schiefer vom obersten Siebendeapparat gehalten, um nochmals verwaschen zu werden. Die Schlämme bilden unten am Boden des Kastens MN eine teigige Masse, welche zur gehörigen Zeit nach Oeffnung der Klappe unter dem Einfluss des Wasserstrahls ausgespült und in Gerinnen des Bassins mit einer durchlöcherten Blechwand geleitet wird. Die ablaufenden Wässer gehen in die Mehlführung.

Der totale Preis des Apparates sammt Dampfcylinder beträgt gegen 6500 Francs. Hierzu kommt noch der Preis eines Kessels, so dass man 7000 Francs Kosten rechnen muss.

Die beschriebene doppelte Kohlenwäsche in Saint-Chamond verwäscht täglich 20000 — 25000 Kilogr. Kohlenklein und 15000—20000 Kilogr. durchgeworfene Kohle. Nach den Versuchen der Commission wurden 3040 Kilogr. Kohlenklein vom St. Claude-Schachte in 60 Minuten, dagegen 3702 Kilogr. vom Napoleonschachte in 80 Minuten verwaschen, was für 10 Stunden eine mittlere Leistung von 28900 Kilogr. geben würde. Da aber ein gewisses Quantum hiervon noch einmal verwaschen werden muss, so sind 25000 Kilogr. tägliche Leistung anzunehmen.

Zum eigentlichen Waschen sind 2 Wäscher und 1 Maschinist (welcher zugleich die Reinigungsklappen öffnen würde) erforderlich, so dass sich der tägliche Aufwand auf 7 Francs an Arbeitslöhnen, 3,8 Francs an Brennmaterial- und Unterhaltungsaufwand, 10,8 Francs in Summa oder 0,043 Francs pro metrischen Centner herausstellt, wozu noch 0,010 Francs für Verzinsung und Amortisirung des Capitals (in 15 Jahren) hinzuzurechnen ist. Die Kosten pro 100 Kilogr. Haufwerk betragen sonach 0,053 Francs.

Der Wasserverbrauch ist ebenso hoch, als bei der Bérard'schen Wäsche, nämlich 25 Procent vom Gewicht der rohen Kohle.

In der Besprechung der Setzmaschinen, wie dieselben im Vorhergehenden nach ihrer allmählichen Vervollkommnung abgehandelt wurden, gelangen wir nun zu einem Aufbereitungsverfahren, wie solches nach dem Plane des Ingenieur Rexroth auf den de Wendel'schen Werken bei Saarbrücken zum ersten Male zur Ausführung gebracht wurde, und nach welchem zur Zeit auf der Königin Marienhütte bei

Zwickau, sowie zu Ahun in Frankreich eine Setzmaschine und in Spanien zwei derselben im Betriebe sind. Die Grube Dudweiler fördert täglich im Durchschnitt 35000 Centner Kohlen, wovon beiläufig 25000 Centner zur Verkokung gelangen; die dabei erhaltenen Koks resultiren aus

180 Koksöfen nach François mit zu 48 Centner Ladung und 48 stündiger Charge,
20 „ „ Smet „ „ 30 „ „ „ 24 „ „
5 „ „ Appolt mit je 18 Kammern à 28 Ctr. Ladung bei 24 stündiger Charge.

Das Ausbringen dieser Oefen beträgt:

François	60 Proc.	für eine Kohle, deren theoretisches Ausbringen 67 bis 68 Procent betragen soll.
Smet	62 Proc.	
Appolt	67 Proc.	

Die von den 18 Kammern eines Appolt'schen Ofens abziehenden Gase heizen die zum Betriebe einer Setzwäsche und Kohlenmühle thätige Dampfmaschine von 20 Pferdestärken.

Die Setzwäsche[1]) (Tafel IX Fig. 1 Verticaldurchschnitt. Fig. 2 Horizontaldurchschnitt nach XY u. Fig. 1) empfängt das vorher gerätterte Kohlenklein durch eine über den Setzsieben liegende Separationstrommel a (Fig. 1), welche den Staub und das zu waschende Klein durch die Trichter c auf die Staubwäsche r und die drei Setzsiebe d vertheilt. Das in dem Wasserkasten K befindliche Wasser gelangt durch den, bei jedem Kolbenniedergang verschliessbaren, Klappenrahmen i nach dem Waschkasten a, Setzsieb d, in welchem es mittels des Setzkolbens k die Hebung des Kohlenkleins und die Separation der Berge, gleichzeitig die Bewegung des gewaschenen Kleins nach dem Ueberfallsieb e veranlasst, von welchem letzteres durch die Fächerwalze f nach der Waschkohlentransportschraube g geführt und durch diese den Kohlentransportwagen zugeführt wird. Die Berge (Schiefer) gelangen durch mittels besonderer Führung bewerkstelligte Entfernung von dem Boden des Setzsiebes nach dem Schiefertrog und der Transportschraube m und durch letztere nach der Schieferbecherkette n. Das Waschen des $^1/_4$—$^1/_3$ des Kohlenquantums betragenden Staubes erfolgt in der Staubwäsche rr durch das aus dem Steigrohr l mittels des Klappenventils s der letztern stossweise zugeführte Wasser. Der gewaschene Staub gelangt von der Staubwäsche nach der Becherkette p. Der aus den Waschkästen abscheidende Schlamm wird durch den Schlammschieber o zeitweilig abgeführt. Auf dieser Setzmaschine gelangen Kohlen vom feinsten Staub bis zur Haselnussgrösse zur Aufbereitung. Jede Setzwäsche zu drei Setzsieben verwäscht in 10 Arbeitsstunden 2500 bis 3000 Centner Kohlen, wobei für die Dudweiler Grieskohle 10 bis 15 Proc., für Förderkohle 8 bis 10 Proc. Kohlenschlamm resultiren. Das Wasserquantum beträgt 15 bis 20 Proc. vom Gewichte der zu verwaschenden Kohlen. Dasselbe Wasser wird stets wieder benutzt und nur das durch die gewaschenen Kohlen entführte geht verloren. Die Wasserpumpe q ist eine Centrifugalpumpe, die in der Minute 900 bis 1000 Umdrehungen macht. Die Kolben der Setzkästen vollführen in der Minute 30 bis 40 Hübe. Grube Dudweiler besitzt zwei solcher Setzmaschinen, auf welchen zusammen täglich 5000 bis 6000 Centner Kohlenklein aufbereitet werden.

Auf Grube Heinitz bei Neunkirchen (Saarbrücken) wurden zwei in der Maschinenfabrik von Sievers & Comp. in Kalk bei Deutz angefertigte Setzmaschinen aufgestellt, von welchen durch Herrn Inspector Rönne beiliegende Zeichnungen und Notizen bereitwilligst diesem Werke überwiesen wurden:

Es sind daselbst 184 Koksöfen von dreierlei Grössen im Betriebe, von welchen

72 Oefen von 24' Länge 33″ Weite, 30″ Höhe mit 90—100 Ctr. Kohlen besetzt werden,
72 „ „ 18' „ 42″ „ 30″ „ „ 75—80 „ „ „ „
40 „ „ 18' „ 30″ „ 42″ „ „ 55—90 „ „ „ „

Letztere 40 Oefen geben bei 55 Ctr. Besetzung 24 stündige, bei 90 Ctr. 48 stündige Chargen, erstere 144 Oefen chargiren stets zweitägig und ist die stärkere Beschickung in gleicher Zeit nur bei gewaschener Kohle erreichbar. Es können demnach bei verstärktem Betriebe täglich verkokt werden:

$$\frac{72.100}{2} + \frac{72.80}{2} + 40.55 = 8680 \text{ Centner gewaschene Kohlen;}$$

bei schwächerem Betriebe:

$$\frac{72.90}{2} + \frac{72.75}{2} + \frac{40.90}{2} = 7740 \quad „ \quad „ \quad „$$

Der Waschabgang richtet sich nach der Qualität der Kohle. Auf Grube Heinitz verwäscht man Feinkohle, welche durch Stängelsiebe von 1″ Entfernung der Stäbe gerättert ist, dazu kommt $^1/_{15}$ Staubkohle von ungefähr 2‴ Korngrösse. Es fallen hierbei 12—14 Proc. Satzschiefer, 10—11 Proc. Bassinschlamm,

[1]) Zeichnung und Beschreibung verdanken wir dem Herrn Director Ingenieur Rexroth in Sulzbach.

bei Sulzbach

Fig. 1.

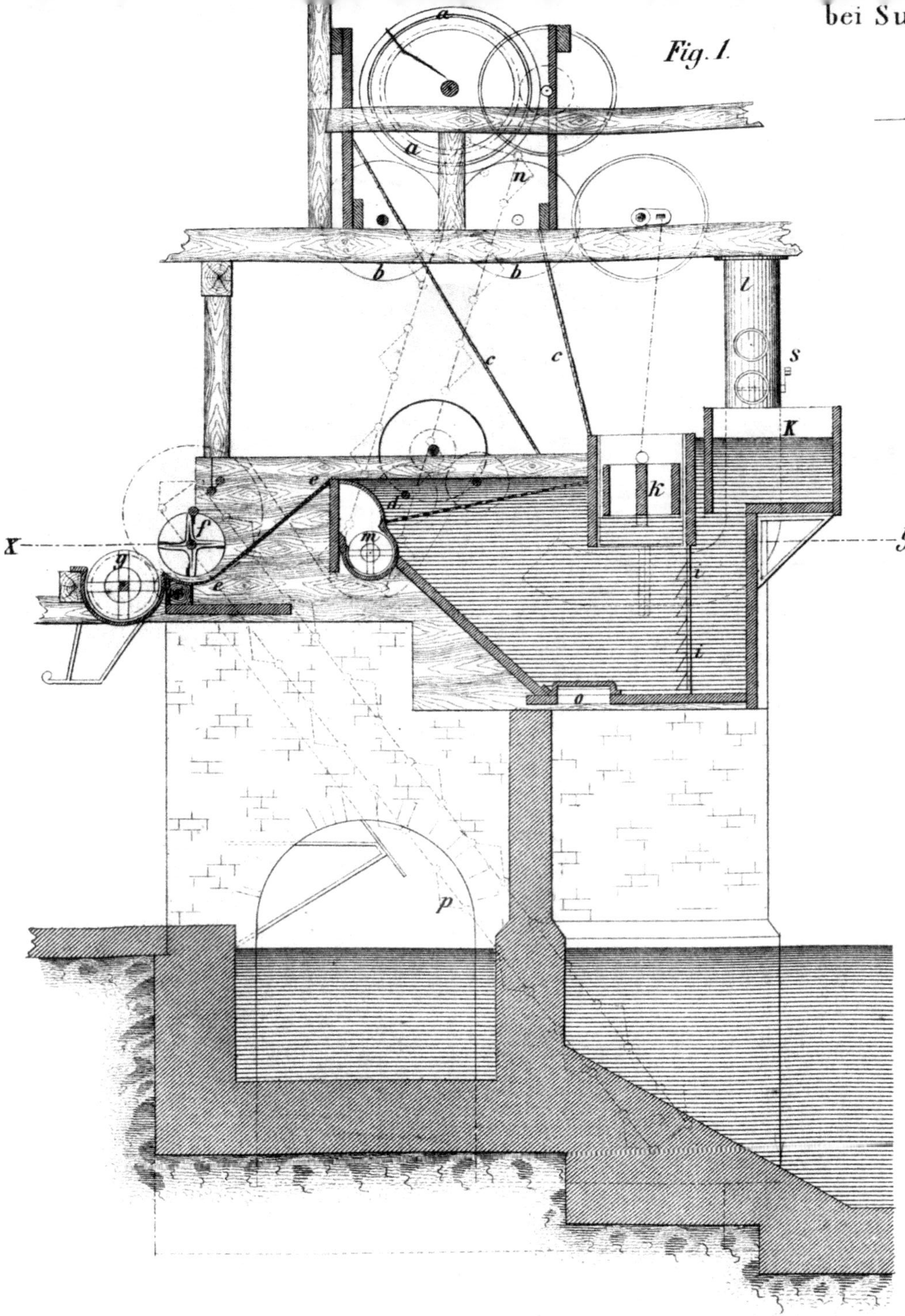

Fig. 2.

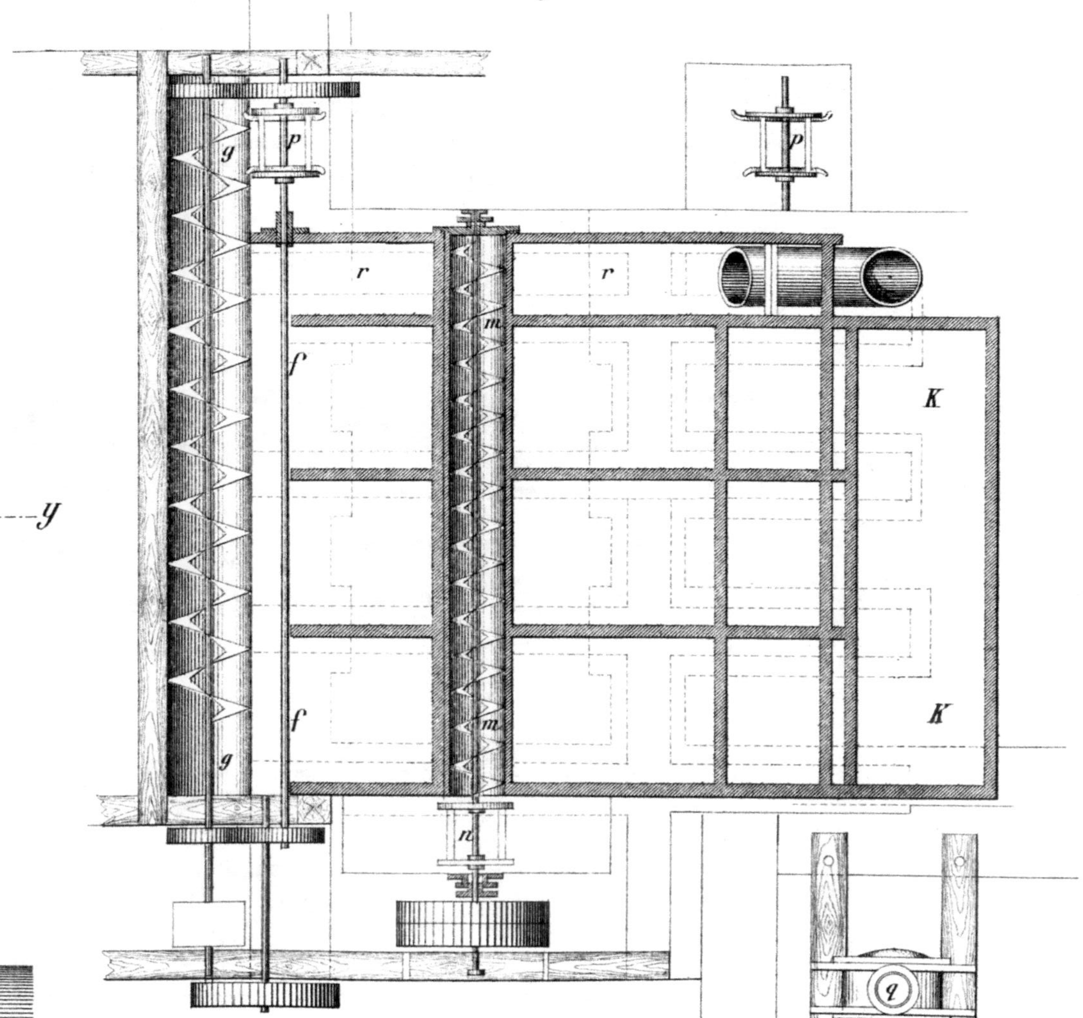

a Trommelsieb
b Tragrollen unter demselben
c Trichter
d Setzsieb u. Waschkasten
e Überfallsieb
f Fächerwalze
g Kohlentransportschraube
---- Zahnräder
h Kolben der Waschkasten

i Klappenrahmen
k Waßerkasten
l Steigrohr
m Schiefertrog m. Transportschraube
n Schieferbecherkette
o Schlammschieber
p Becherkette für gewaschnen Schlamm
q Centrifugalpumpe
r Staubwäsche. s. Klappenventil.

Taf. IX

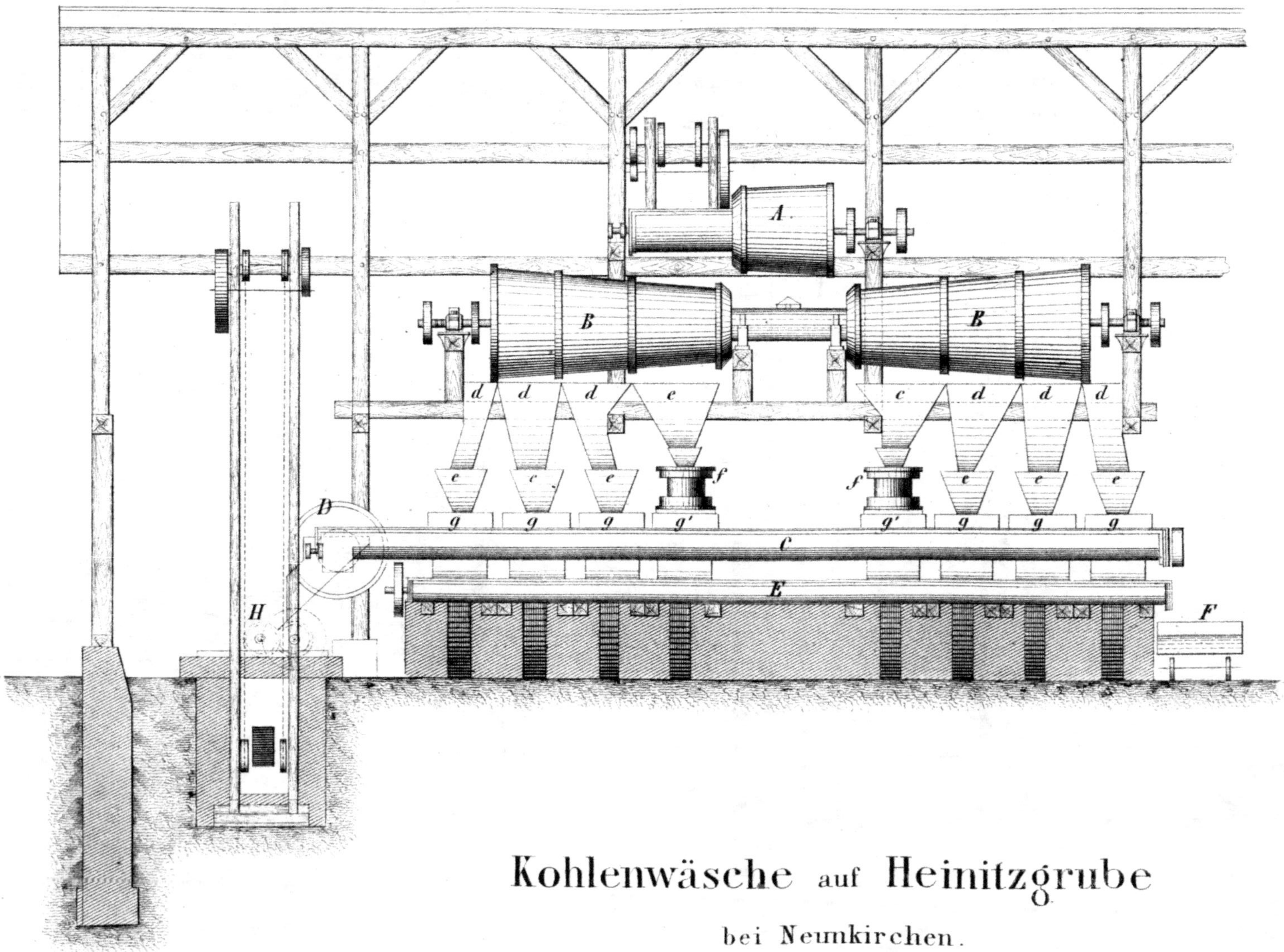

Kohlenwäsche auf Heinitzgrube

bei Neunkirchen.

Taf. X

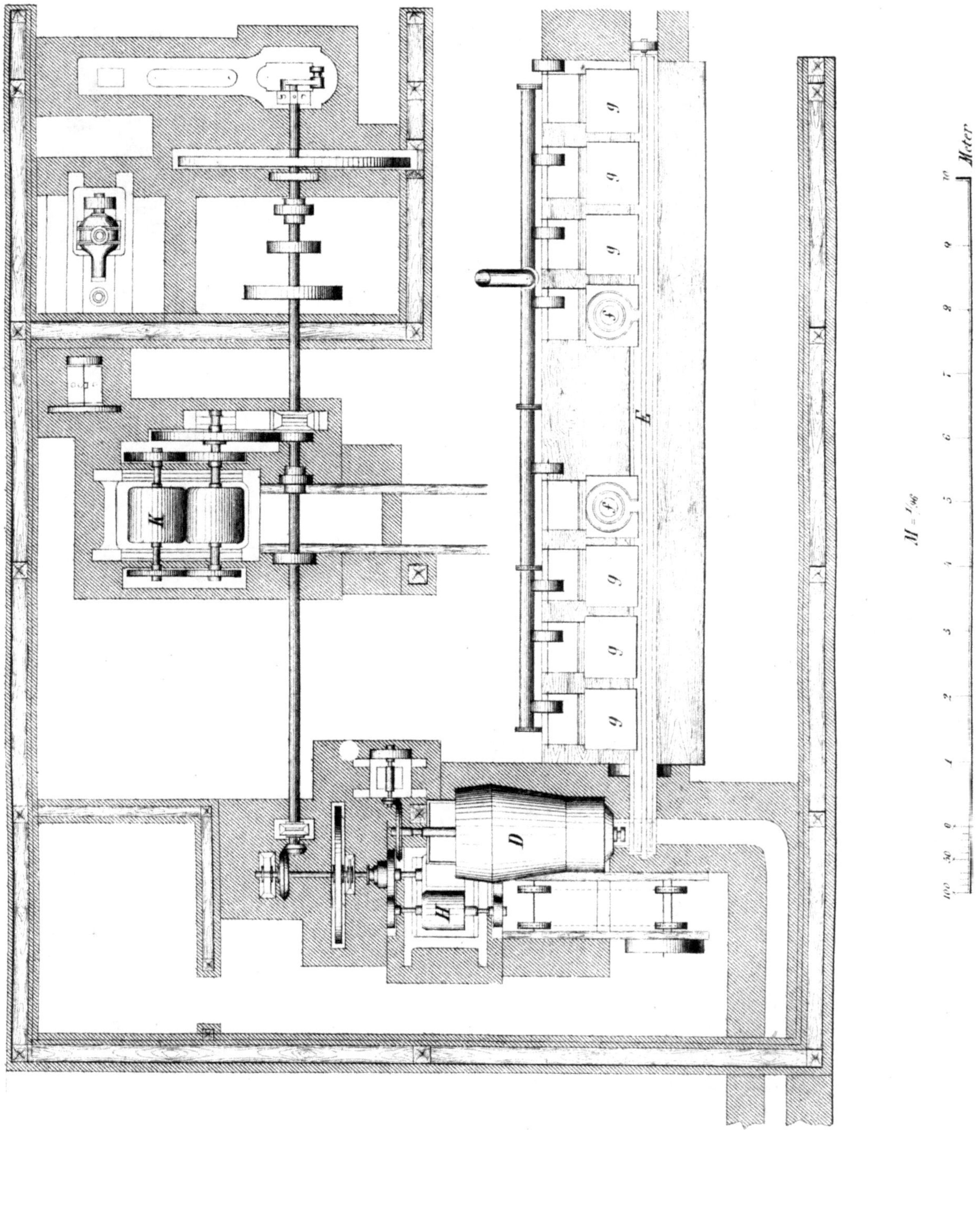

Eiserner Setzkasten auf dem Kohlenwerke Heinitzgrube bei Neunkirchen.

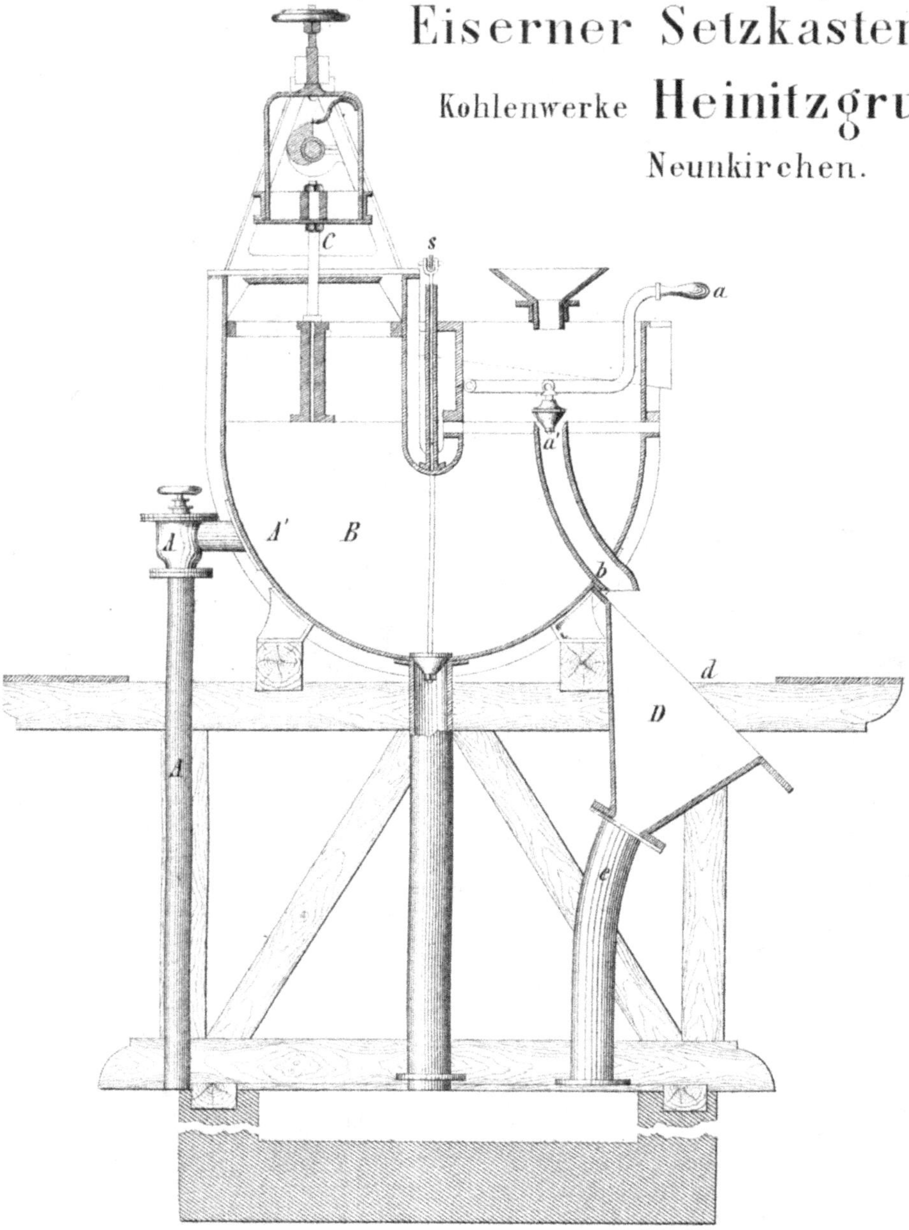

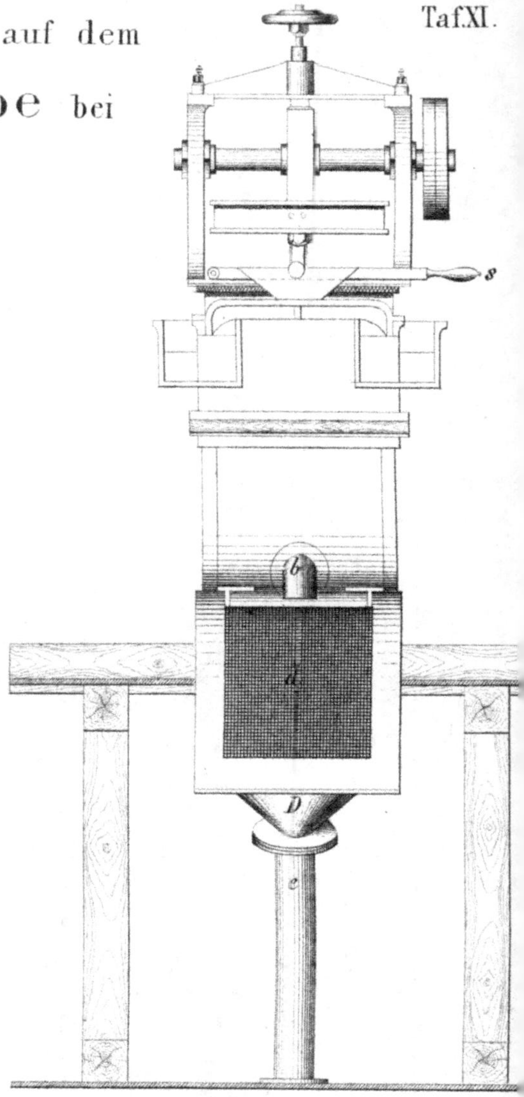

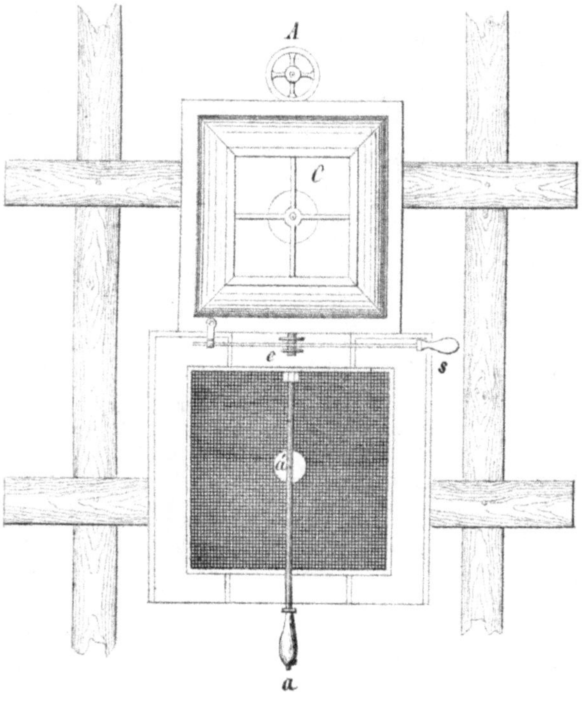

Fig. 1–3.

M. 1/24 der nat. Grösse.

1 0,5 0 10 20 30 40 50 60 70 80 90 100 150 Cen

$1\frac{1}{2}$—$1\frac{1}{3}$ Proc. Waschverlust, so dass 73—75 Proc. gewaschene Kohle resultiren. Bei einem Ausbringen von 73 Proc. und dem täglichen Maximalconsum von 8680 Centner gewaschner Kohle zur Verkokung, entsprechen letztere $\frac{8680 \cdot 100}{73} = 11890$ Centner Förderkohle, welche die Wäsche in 12 Stunden, da auf Nachtwaschen nicht gerechnet werden kann, zu verarbeiten hat. Die zuerst aufgestellte Wäsche hat eine Maschine, welche 2 Systeme à 6 Setzkästen treibt, die neuen 2 Maschinen mit je 2 Systeme à 4 Setzkästen. Bei Annahme von 11890 Centner roher Kohle sind von jedem der vorhandenen 28 Setzkästen 425 Centner in 12 Stunden, $35\frac{1}{2}$ Centner in einer Arbeitsstunde zu waschen. Diese Leistung ist wohl ausnahmsweise erreichbar, wenn keinerlei äussere Hindernisse auftreten; im Ganzen kann man aber annehmen, dass ohne Schaden für die Qualität nicht mehr als durchschnittlich 33 Centner pro Stunde auf einen Setzkasten verarbeitet werden dürfen, dass also die gesammten Waschsysteme $33 \cdot 28 \cdot 12 = 11000$ Ctr. in 12 Stunden aufbereiten, die wiederum reichlich 8000 Ctr. gewaschene Kohlen liefern, während täglich ungefähr 3000 Ctr. Waschabfälle zu beseitigen sind, aus welchen übrigens durch Mehlführung sich noch 600 bis 800 Centner gewaschener Kohlenstaub gewinnen lassen.

Beiliegende Zeichnungen geben nun zunächst zwei Waschsysteme der neuen Kohlenwäsche mit 8 Setzkästen (Tafel X) und die Detailzeichnung eines Setzkastens (Tafel XI) wieder. Die Waschkohlen gelangen mittels Aufzug nach der oberen Vortrommel (Gerbtrommel) A (Tafel X), welche durch 1 Zoll weite Löcher das feine Korn an die beiden Feintrommeln B abgibt, während alles Gröbere den Walzen K nochmals zugeführt wird. Das Korn unter 1 Zoll wird durch die Feintrommeln in je 4 Sorten von 1—6 Millim., 6—12 Millim., 12—18 Millim. und 18 Millim. bis 1 Zoll separirt, so also, dass alles Feine zuerst auf die Stromapparate F nach den ersten Feinsetzkästen g', alles Gröbere nach den 3 übrigen Setzkästen auf jeder Seite der Maschine abgegeben wird. Der Stromapparat F ist ein Cylinder, in welchen unten tangential Wasser eintritt und aufsteigt. Die Kohlen fallen durch den Trichter c ein; der feine Staub, welcher nicht gesetzt werden kann, wird aufwärts getragen und fliesst mit dem Wasser über den Rand des Cylinders in eine Lutte, welche ihn direct in das Gerinne führt, während das Gröbere durch eine regulirbare Oeffnung am Boden des Stromapparates F mit einem Theile des Wassers auf den Feinsetzkasten g' und erst nach dem Setzen in das Gerinne C fällt, welches gesetztes Korn aus sämmtlichen Setzkästen und abgeläuterten (unseparirten) Staub gemeinsam der Entwässerungstrommel D zuführt. Der Staub wird natürlich dabei nicht aufbereitet, weil der Stromapparat dazu nicht vollständig eingerichtet ist, da aber der in demselben befindliche Schieferstaub zum Theil von Wasser suspendirt wird, so geht er durch die Maschen der Entwässerungstrommel D, welche dagegen einen Theil der Staubkohle festhalten. Das Abläutern im Stromapparate F ist nöthig, weil sonst das dem Setzsiebe g' zugeführte feinste Korn nicht mehr aufbereitet werden könnte. Die gröberen Kornsorten der anderen Siebe g enthalten natürlich nur wenig Staub und haben daher keinen Stromapparat sondern nur die Trichter d über sich.

Die in dem Setzkasten B (Taf. XI) ausgeführte Arbeit des Siebsetzens wird durch den in denselben tangential eingeführten Wasserstrom, wie solcher aus dem Steigrohre A durch den Schenkelansatz A' in den Kasten tritt, sowie durch den rechtwinklig auf diesen Wasserstrom wirkenden Kolben C in der Weise verrichtet, dass, während der aus dem Steigrohr A tretende Wasserstrom eine Bewegung des Wassers in horizontaler Richtung bedingt, durch das gleichzeitig wirkende Spiel des Kolbens C dasselbe in Oscillationen übergeht, die sich auf die in das Sieb eingeführten Kohlenpartikel in der Weise übertragen, dass letztere unter Abscheidung der specifisch schweren und schneller sinkenden Schiefertheile sich mit dem Wasser über den Siebkasten erheben und in gewaschenem Zustande hinweggeführt werden. Die sich abscheidenden Schiefertheile werden durch Hebung des Ventiles a' zeitweilig abgeführt und fallen über die geneigte Siebfläche d nach der Schieferschnecke, während das abfliessende Wasser durch D nach dem Hauptbassin zurückfliesst. Der während der Wäsche im Setzkasten B sich abscheidende Schlamm wird durch Hebung des Ventils s zeitweilig entfernt. Jeder Setzkasten steht isolirt und seine Construction gestattet eine dem zu verarbeitenden Korn entsprechende Regelung des Wasserstroms und Kolbenspieles. Das von den Setzkästen und Stromapparaten hinweggeführte Kohlenklein gelangt durch die Rinne C (Taf. X) nach der Entwässerungstrommel D. Letztere hat gelochtes Blech von 1 Linie Lochweite und einen äusseren Mantel von feinem Messinggewebe (38 Löcher auf 1 Quadrat-Zoll rhein.), welches noch sehr feinen Kohlenstaub festhält, während der grösstentheils durch das Wasser suspendirte Schieferthon durchgeht; auf das Messinggewebe sprüht aus gelochten Röhren klares Wasser unter Druck, um das Verstopfen der Sieböffnungen zu verhüten. Letzteres erfolgt in um so höherem Grade und die Wirkung des Wassers ist eine um so weniger günstige, je weniger geklärt dasselbe aus dem Klärbassin zur Verwendung gelangt und dann gelangen auch die Kohlen mit Thonschlamm und viel Wasser in die Waggons, welche die Waschkohle nach den Koksöfen führen. Es ist daher das Hauptaugenmerk bei Errichtung der neuen Wäsche auf die Schlammbassins und deren thunlichste Vergrösserung gerichtet worden, um die Wiedergewinnung eines völlig geklärten Wassers zu Zwecken der Aufbereitung zu ermöglichen und Störungen im Betriebe der Setzmaschine zu verhüten.

Der Aschengehalt der gewaschenen Kohle schwankt zwischen 3,7 und 10,2 Proc. Von 44 Proben hatten:

2 Proben 3 Procent Asche,	12 Proben 5 Procent Asche,	3 Proben 7 Procent Asche,	3 Proben 9 Procent Asche,
6 „ 4 „ „	10 „ 6 „ „	7 „ 8 „ „	1 „ 10 „ „

Bei guter Abklärung der Waschwässer kann man 5—7 Proc. garantiren.

Die zu verwaschende Grusskohle variirt in ihrem Aschengehalt von 11,3 bis 34,4 Proc. Von 40 Proben hatten:

1 unter 12 Proc. Asche,	3 zwischen 19 und 20 Proc. Asche,	2 zwischen 27 und 28 Proc. Asche,
3 zwischen 12 und 13 Proc. Asche,	5 „ 22 „ 23 „ „	1 „ 29 „ 30 „ „
1 „ 14 „ 15 „ „	6 „ 23 „ 24 „ „	1 „ 30 „ 31 „ „
4 „ 15 „ 16 „ „	3 „ 25 „ 26 „ „	2 „ 31 „ 32 „ „
5 „ 16 „ 19 „ „	2 „ 26 „ 29 „ „	1 „ 34,4 Procent.

Die Schlämme (Waschrückstände und Schlamm) wechseln in ihrem Aschengehalt zwischen 17,6 und 62,1 Procent. Von 34 Proben Schlämmen blieben:

15 Proben unter 30 Proc. Aschengehalt,	3 Proben über 40 Proc. Aschengehalt,	1 Probe unter 10 Proc. Aschengehalt,
14 „ zwischen 30 u. 40 Proc. Aschengehalt,	1 „ „ 60 „ „	

Nimmt man im Mittel einen Aschengehalt der Schlammrückstände von 40 Proc. an, so verbleiben bei täglich 3000 Centner 1200 Centner Kohlen, von welchen, wie schon oben bemerkt, durch gute Mehlführung sich 500 bis 600 Centner Kohlenstaub gewinnen lassen.

Der Aschengehalt der gewonnenen Kokse variirt zwischen 6 bis 14 Proc. Von 50 Proben enthielten:

2 über 6 Procent Asche,	16 über 9 Procent Asche,	4 über 12 Procent Asche,
3 „ 7 „ „	7 „ 10 „ „	2 „ 13 „ „
10 „ 8 „ „	5 „ 11 „ „	1 „ 14 „ „

Nach Beseitigung der bei unvollkommenem Schlämmverfahren auftretenden Mängel kann man 7 bis 9 Procent Asche garantiren.

Für jede Wäsche sind 2 Centrifugalpumpen, von denen gewöhnlich nur eine mit 600 bis 700 Touren pro Minute thätig ist, errichtet, welche den Wasserbedarf liefert, der sich pro Centner zu waschender Kohle auf 18 Cubikfuss beläuft. Als Ersatz braucht jedoch nur so viel frisches Wasser zugeführt zu werden, als die Brausen bedürfen, durch welche die Löcher des Gewebes der Entwässerungstrommel D offen erhalten werden, d. i. 2—3 Cubikfuss pro Minute. Der Bedarf von 1 Cubikfuss Wasser pro Minute auf 1000 Ctr. in 12 Stunden zu waschender Kohle wird als Ersatz ausreichend sein, d. i. circa 3/4 Cubikfuss pro Centner überhaupt. Die Bewegung der Kreiselpumpen, Siebtrommeln und Walzen wird durch eine Dampfmaschine von 15 Zoll Diameter und 30 Zoll Hub getrieben, welche pro Minute 60 Spiele macht und deren Effect zu 20 Pferdestärken angenommen wird.

Die im Vorhergehenden gebotene Darlegung der bis jetzt in Vorschlag gebrachten Aufbereitungsmethoden lässt in den beiden zuletzt beschriebenen diejenigen erkennen, welche den Anforderungen der Praxis am Vollständigsten zu entsprechen geeignet scheinen dürften, sobald wir berücksichtigen, dass in dem Verhältniss der Schiefer zu den reinen Kohlen jedes Kohlenbecken in qualitativer und quantitativer Beziehung anders auftritt und zumal in dem Siever'schen System die Möglichkeit geboten ist, das Wasserquantum und das Kolbenspiel im Setzkasten jeder Kohlensorte nach Reinheit und Korngrösse anzupassen. Ueber die Leistungsfähigkeit der einzelnen Systeme lässt sich aus leicht ersichtlichen Gründen ebensowenig, wie über den Betriebsaufwand allseitig entscheiden; alle im Vorhergehenden in dieser Beziehung gebotenen Angaben können zum grossen Theil nur als von localer Bedeutung beurtheilt werden, gestatten aber nicht einen Vergleich über die in verschiedenen Becken aufgestellten und unter ganz verschiedenen Umständen wirkenden Apparate.

Aus diesem Grunde sind auch die in dem Commissionsbericht über Kohlenaufbereitung im Loirebecken aufgestellten Betriebsresultate, wie solche in der Berg- und Hüttenmännischen Zeitung (Jahrgang 1859, pag. 152) verzeichnet sind, als nur von localem Interesse und partiellem Werthe in ihrer Zusammenstellung nicht wiedergegeben worden.

CAPITEL XII.

Die Verkokung der Steinkohlen.

Die metallurgischen Processe beanspruchten schon in den frühesten Zeiten ein mit nicht russender Flamme brennendes Material als Reductionsmittel, die Holzkohle, deren Werth mit dem des Holzes in solchem Grade stieg, dass schon kurz nach Einführung der Steinkohle als Brennstoff Verkokungsversuche mit derselben angestellt werden mussten, um ihr zugleich eine möglichst vielseitige Verwerthung abzugewinnen. Es darf daher wohl die Annahme gerechtfertigt erscheinen, dass die Koksfabrikation ebenso alt ist, als die Bekanntschaft mit der Steinkohle selbst, und dass dieselbe zuerst in grösserem Maassstabe in den an Eisenhütten reicheren Kohlendistricten Englands und Deutschlands betrieben wurde. Dass die Kokse den ältesten Kohlenconsumenten Deutschlands, trotz mangelnder Verkokungsanstalten, nicht unbekannt waren, lehrt der Name „Zünder" oder „Cünder", mit welchem man schon im 13. Jahrhundert durch Wasser abgelöschte Steinkohlenbrände bezeichnete und sie als Schmiedekohle verwerthete. Eine im grossartigsten Maassstabe entwickelte Koksfabrikation beobachten wir zuerst in England, von wo aus dieselbe als Nebenzweig der Eisenhüttenindustrie gegen Ende des vorigen Jahrhunderts auf den Continent verpflanzt wurde. Aus dem Werke von M. Jars über die Steinkohlenbergbaue Englands entnehmen wir, dass im Jahre 1640 in Derbyshire Koks zum Schmelzen (for drying smalt) verwendet wurde, und nachdem man seit dem Jahre 1713 die Verwendung der Steinkohlen in dem Hohofenprocess vielfach versuchte, waren 1774 in Newcastle neue Koksofen für den Hohofenbetrieb im Gange, deren Erbauung in das Jahr 1763 fallen dürfte. 1788 wurden in England bereits 48200 Tonnen Roheisen in Kokshohöfen und nur noch 13100 Tonnen in Holzkohlenhohöfen erblasen, von welchen letzteren im Jahre 1740 die Grafschaft Gloucester die grösste Anzahl, ganz Grossbritannien aber in Allem nur neunundfünfzig mit einer jährlichen Production von 17350 Tonnen Roheisen besass. — In Belgien wurden die ersten Koksöfen im Jahre 1821 errichtet.

Auf dem Continente tritt die Koksindustrie zum ersten Male in Oberschlesien auf, wo am 3. November 1796 zu Gleiwitz der erste Kokshohofen des Continentes in Betrieb gesetzt wurde.

Die auf dem Gleiwitzer Werke erzielten günstigen Resultate vermochten trotzdem den Koks nur langsamen Eingang in den übrigen Eisenhütten des preussischen Staates zu verschaffen. In Westphalen waren noch im Jahre 1852 nur zwei Kokshohöfen auf der Hütte zu Berge bei Borbeck im Gange; auf der Gute Hoffnungs- und Prinz Rudolphs-Hütte wurden je zwei Hohöfen mit Holzkohle unter Zusatz von Koks betrieben; die übrigen acht Hohöfen des westphälischen Bezirkes besassen ausschliesslich Holzkohlenbetrieb. Im rheinischen Districte wurden in demselben Jahre von 78 Holzkohlen-Hohöfen 70,0 Proc. und von 8 Koks-Hohöfen 30,0 Proc. Roheisen gewonnen.

Dagegen vertheilte sich schon im Jahre 1854 die Roheisenproduction auf die einzelnen Bezirke in der Weise, dass

in Schlesien	43,9	Proc. Koksroheisen und	56,1	Proc. Holzkohleneisen,
in Westphalen . . .	64,7	„ „ „	35,3	„ „
im rheinischen Bezirk	27,7	„ „ „	72,3	„ „

erblasen wurden, mithin in Westphalen die Koks-Roheisenproduction jedenfalls in Folge günstigerer Absatzverhältnisse schnellere Fortschritte als die ältere des schlesischen Bezirkes machte.

In dem Grade als dies geschah, wurde selbstredend auch die Koksfabrikation in grösseren Dimensionen betrieben, und bürgerte sich in den einzelnen Kohlendistricten Deutschlands dem Absatze entsprechend ein. Letzterer bot sich in dem zunehmenden Eisenbahnbetrieb und gestattete auch an den Orten eine vortheilhafte Koksbereitung, wo Eisenhütten mangelten, weshalb, nachdem bereits im Jahre 1820 die ersten Verkokungsanstalten auf den v. Burgk'schen Kohlenwerken des Plauen'schen Grundes bei Dresden errichtet worden waren, im Jahre 1830 vier Koksöfen auf dem gewerkschaftlich fiskalischen Kohlenwerke „Junger Wolfgang" bei Zwickau errichtet wurden, deren Product zwar zunächst für Antonshütte bei Schwarzenberg bestimmt war, sich später aber durch Verwendung bei der sächsisch-bayerischen Eisenbahn einen bedeutenderen Debit sicherte. Im Jahre 1860 wurden in dem Zwickauer Kohlenverein ca. 1 Million Centner Koks in 394 Koksöfen erzeugt, von welchem Quantum ungefähr ein Drittheil durch das Eisenwerk „Königin Marienhütte" bei Zwickau consumirt, das übrige zum grössten Theil zur Locomotivfeuerung verwendet wurde.

Meilerverkokung.

Fragen wir nun nach der Aufgabe, welche die Koksfabrikation mit ihrem Entstehen zu lösen hatte, so beobachten wir, dass dieselbe im Verlaufe der Jahre eine andere geworden ist und werden musste. Die ersten Versuche, die Steinkohle statt der Holzkohle in dem Hohofenprozess einzuführen, lieferten ein in jeder Weise ungünstiges Resultat und führten zunächst auf die Idee, den in den Steinkohlen in freiem Zustande befindlich angenommenen Schwefel, welcher die Qualität des Roheisens verschlechterte, durch eine Art Schwelerei auszutreiben, die Kohlen zu entschwefeln, — „to coake". — Diese Arbeit wurde, ähnlich wie die Verkohlung des Holzes, in Meilern mit Stückkohlen ausgeführt.

Man gab ersteren eine kreisrunde Gestalt mit 3 — 5 Meter Durchmesser an der Basis, 2 — 3 Decimeter Erhöhung an den Wänden und 5 Decimeter Höhe im Mittelpunkte, bedeckte sie erst mit Stroh oder Laub, darüber Erde und zündete sie von oben an. Sodann vereinfachte man dieses Verfahren, bedeckte die Masse mit durch Wasser befeuchtetes Steinkohlenklein und bewarf die Stelle, welche keine Flamme mehr gab, mit Kohlenklein, um so das Feuer zu ersticken. Später errichtete man länglich viereckige Meiler, zu deren Anlage man einen etwas hoch liegenden Platz wählte, dessen Boden mittels Kohlenklein geebnet und dann festgerammt wurde. Nach der Längenachse des aufzubauenden Meilers ward eine Schnur gezogen, längs welcher man zu beiden Seiten ungefähr 6 Decimeter hohe Pflöcke in einer Entfernung von je 8 Decimetern (für fette Kohle in geringer Entfernung) einschlug (Fig. 40). Diese Pflöcke bezeichneten die Anzündungspunkte. Man schichtete nun die grössten Kohlenstücke gegen einander geneigt längs der Schnur auf, so dass ein in der Längenachse des Meilers fortlaufender Canal gebildet wurde. Die Breite dieses Canals musste sich nach dem Grade der Brennbarkeit der Kohle richten; je magerer letztere, desto breiter musste ersterer sein. Auf diese grössten Kohlenstücke lehnten sich dann die folgenden Reihen der Stückkohlen zu beiden Seiten in immer kleineren Dimensionen an, so dass Zwischenräume möglichst vermieden wurden, die kleineren Kohlenstücke dienten zur Ausfüllung derselben, die kleinsten als Decke. Auf solche Weise betrug die Breite des Meilers gewöhnlich 3 bis 4 Meter, während die Länge sich nach dem Platze, über welchen man zu gebieten hatte, sowie nach der Menge der Koks, die man von einem Brande erhalten wollte, richtete. Durch die abnehmende Grösse der Steinkohlen von der Mitte nach den Seiten erhielt der Meiler im Querschnitte die Gestalt eines Tonnengewölbes; die Höhe betrug in der Mitte meistens 3—4 Decimeter, nach den Seiten 2 — 3 Decimeter. Bei fetten Kohlen errichtete man höhere, doch dann auch mit einer stärkeren Kohlenkleindecke versehene Meiler, um den Luftzug möglichst vollständig abzuschliessen, welchem man bei mageren Kohlen durch Einhaltung kleiner Dimensionen und schwächerer Decke reichlicheren Zutritt gestattete. War der Meiler vollkommen aufgebaut, so wurden die Pfähle herausgezogen und in die dadurch entstandenen Essen brennende Steinkohlen geworfen, wodurch der ganze Meiler in 5 — 6 Stunden zum „Treiben" gelangte. Von diesem Augenblick an war es nothwendig, dass man alle die Stellen, an welchen die obere Meilerschicht sich mit einer weissen Aschenlage bedeckte, mit Kohlenlösche über-

Fig. 40.

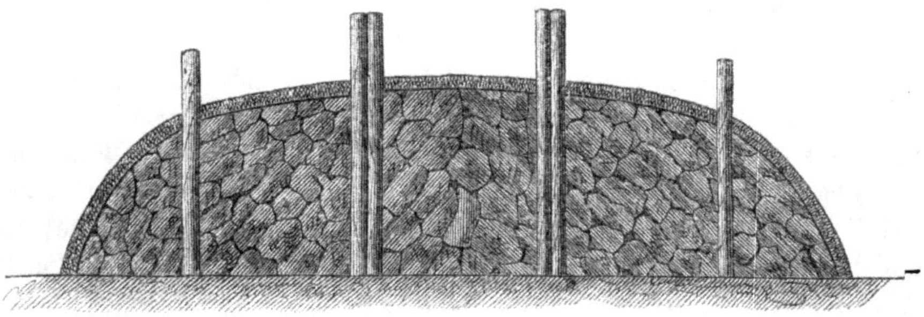

warf. Die Dauer des Verkohlungsprocesses nahm bei mageren Kohlen einen Zeitraum von 12—20 Stunden, bei fetten von 36—48 Stunden ein, wobei jedoch atmosphärische Einflüsse in den meisten Fällen gleichzeitig maasgebend auftraten; stille Luft und Regenwetter verzögerte den Brand oft bedeutend. Nach Beendigung desselben blieb der ausgebrannte Meiler zur Abkühlung noch 3—4 Tage stehen, worauf die Koks von der kurzen Seite des Haufens gezogen wurden.

In England bediente man sich zuerst conischer, aus feuerfesten Ziegeln errichteter Schornsteine von beiläufig 2 Meter Höhe, welche man in dem Mittelpunkte der Meilerfläche aufstellte (Fig. 41). Ein solcher Schornstein hat zur Basis eine Reihe im Kreise gestellter Ziegel, auf welche unter Einhaltung horizontaler Oeffnungen von 3 bis 4 Centimetern Durchmesser Ziegel bis zu der oben angegebenen Höhe aufgeschichtet werden. Durch die Hitze des Meilers backen später dieselben zu einem festen Verband an ihren Oberflächen zusammen. Der oberste aus dem Meiler hervorragende Theil des Schornsteins ist dicht gemauert und durch eine Ziegelplatte oder ein eisernes Register verschliessbar. Die Kohlenstücke legen sich horizontal an die Esse und zwar so, dass die runden Reihen immer mehr nach oben abnehmen, je mehr sie sich vom Mittelpunkte des Schornsteins entfernen, so dass das Ganze einen Kegel bildet, welcher nach oben mit kleinen Kohlenstücken aufsteigend, den Schornstein in gleichen Dimensionen umgibt und schliesslich durch eine 5 Centimeter hohe Decke von Kohlenklein geschlossen wird, welches vorher mit Wasser befeuchtet wurde. Es werden hierauf brennende Kohlen in den gemauerten Schornstein geworfen und die Verkokung im Innern des Meilers durch zeitweiliges Oeffnen der Kohlenkleindecke geregelt. Ist nach mehren Tagen, während welcher der Verlauf des Processes gehörig überwacht wurde, das Ausstossen von Rauch und Flammen in der Peripherie des ganzen Meilers beendet, so wird der Schornstein geschlossen, die Meilerdecke mit Koksklein beworfen und der Haufen zur Abkühlung stehen gelassen.

Fig. 41.

In einzelnen Kohlendistricten werden Kohlenmeiler von grösseren Dimensionen mit 3 und mehren Schornsteinen, welche in Entfernungen von 3 Metern von einander stehen, errichtet; dann sind diese Schornsteine an ihrer Basis durch aus Kohlenstücken geformte Kanäle sowohl unter einander, als durch Seitenkanäle mit der Peripherie des Meilers in Verbindung gesetzt und gestatten durch Oeffnung und Schliessung der letzteren die Regelung des Betriebes in grösseren Dimensionen.

Diese im Anfang dieses Jahrhunderts in England eingeführte Verkokungsart gewährt den Vortheil, die Verkokung zu verlangsamen oder zu beschleunigen und liefert ein dem Verlauf derselben entsprechendes Product, so dass bei Anwendung fetter Kohlen zur Erzielung einer möglichst grossen Koksausbeute die Anzahl der Zugkanäle, sowie ihre Dimensionen vermindert, bei magerer Kohle zur Erreichung einer hohen Temperatur und eines derselben entsprechenden dichten Koks die Kanäle vermehrt und vergrössert werden müssen. Zur gleichzeitigen Gewinnung der in diesen Meilern entweichenden Theerproducte legte Blackwell in Dudley an dem Boden des mittleren Kamins ein 3—4 Decimeter im Durchmesser haltendes gusseisernes Rohr ein, welches 6 Decimeter unter der Meileroberfläche nach einem senkrecht gelegten Sammelrohre von 5 Decimeter Durchmesser und von da in mit viel Metallplatten durchzogene Condensatoren und Reservoire führte. Sowohl der Kamin, wie das senkrechte Sammelrohr waren zur Regelung des Betriebes mit Klappen versehen. Die Haufen wurden bis auf den Boden mit fast hermetisch schliessender, nasser Kohlenschlammdecke belegt und sodann der Haufen durch Einwerfen brennender Kohlen in die Kamine angezündet. Ein solcher Meiler von 25 Tonnen Kohlen liefert ungefähr 750 Gallonen Theer und Ammoniakwasser, aus welchen 56 Kilogramm schwefelsaures Ammoniak gewonnen werden kann.

Um sehr schwefelhaltige Kohlen zur Darstellung von möglichst schwefelfreien Koks zu benutzen, errichtet man in der Mitte eines Kohlenhaufens einen wie oben beschriebenen durchbrochenen Kanal von Mauersteinen, welcher nach oben in einen Schornstein übergeht. Sobald die Kohlen glühen, lässt man mittels dieses Kanals einen starken Luftstrom durch die Kohlen hindurchsaugen und verbrennt auf diese Weise (jedenfalls aber auf Kosten eines Antheils des zu gewinnenden Koks) den Schwefel.

Fig. 42.

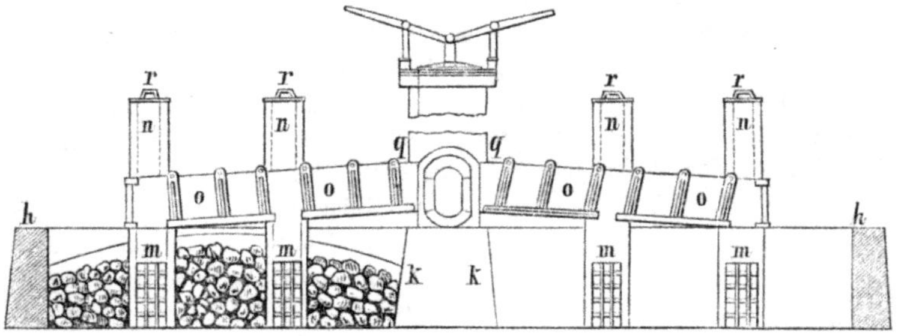

Fig. 43.

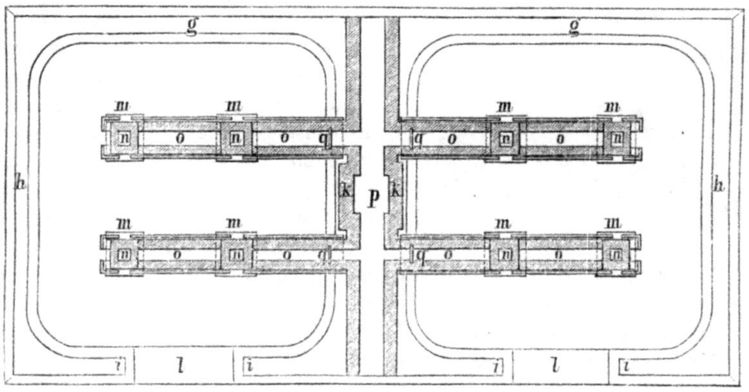

Der zu diesem Zwecke von Smith und Swinnerton empfohlene Ofen ist in Fig. 42 im Verticaldurchschnitt u. in Fig. 43 im Horizontaldurchschnitt dargestellt. Er ist durch die Wände g, h, i, k eingeschlossen und steht durch zum Einsetzen und Entleeren bestimmte Oeffnungen l, sowie durch den Hauptschornstein p und die kleinen durch Register verschliessbaren Schornsteine n mit der Luft in Verbindung. Je nach der Grösse des inneren Raumes bringt man eine oder mehre kleine Kammern mm mit durchbrochenen Wänden im Innern an, die sowohl mit den kleinen Kaminen n n, wie durch die schwach geneigten Kanäle oo mit dem Hauptschornstein p in Verbindung stehen. Haben die Kohlen, welche mit einer Schicht Kokspulver bedeckt sind, den genügenden Hitzgrad erreicht, so werden die Thüren l zum Eintritt der Luft geöffnet, welche durch die Kammer m nach dem Kanal o in den Schornstein p streicht und auf diesem ihrem Wege den Schwefel (und mit ihm einen Theil der Kohlen) verbrennt. Die kleinen Kamine n sind dabei mittels der Register r geschlossen. Bei schwefelarmen Kohlen werden die in den Kanälen o befindlichen Schieber q geschlossen, die Register r in dem Kamine n geöffnet und dadurch ein schwächerer Luftzug erzielt. Ueber die in diesen Oefen zu erzielende Ausbeute ist noch Nichts bekannt, sie muss der in offenen Meilern erzielten Production in jeder Weise das Gleichgewicht halten und in Bezug auf Qualität des zu erzielenden Productes erstere übertreffen, sollen die durch ihre Errichtung bedingten höheren Kosten gedeckt werden.

Zur richtigen Beurtheilung der über Meilerverkokung entwickelten Thatsachen, wie sie sich in der Ofenverkokung ebenfalls bestätigen und die Verwendbarkeit bestimmter Ofenconstructionen für einzelne Kohlensorten bedingt, bietet uns die chemische Zusammensetzung der Kohlen selbst den sichersten Schlüssel.

Nach den in dem Capitel IX entwickelten Ansichten über die Beziehungen zwischen ersterer und dem physikalischen Charakter der Fossilien hängt die Verkokbarkeit der letzteren von dem Gehalt an disponiblem Wasserstoff hauptsächlich ab und gehen mit der Zunahme des letzteren eine Vermehrung der backenden Eigenschaften einer Kohle Hand in Hand. Erkennen wir demnach in der Verkokung das Mittel zur Erzielung einer dichten, zusammenhängenden anthracitischen Kohle, so geht die Möglichkeit ihrer Darstellung zunächst hauptsächlich mit obiger Voraussetzung Hand in Hand, schliesst aber die Befähigung anderer Kohlensorten, bei geringerem disponiblen Wasserstoffgehalte zu backen, nicht aus, sobald die Verkokungseinrichtungen der Art sind, dass die Erzielung dichter Koks ermöglicht ist. Zu den wesentlichsten Bedingungen, unter welchen überhaupt die Verkokung der Steinkohlen (zur Erzielung dichter Koks) ausführbar erscheint, gehören:

1) ein von der Luft thunlichst abgeschlossener Verkokungsraum, und
2) hohe Zersetzungstemperaturen, durch deren Regelung die Verkokungsfähigkeit nicht backender Kohlen hauptsächlich bedingt erscheint; ausserdem aber gesellt sich in der Praxis hierzu der Einfluss, welchen die Qualität und Quantität der den Kohlen inwohnenden Mineralbestandtheile ausüben, auf deren Rechnung die Eigenschaften vieler aschenreichen Sandkohlen dichten Koks zu liefern bisweilen geschrieben werden muss.

Es kann in diesem Falle die Verkokungsfähigkeit einer solchen Kohle einerseits darin gesucht werden, dass die während der Verkokung zum Erglühen gelangenden Aschenpartikel die Zersetzung der entweichenden Kohlenwasserstoffe in der Weise bedingen, dass sich Graphit als Bindemittel der einzelnen Kohlentheile zwischen die verkokenden Massen einlagert und die Härte des Koks erhöht, oder dass die Asche als Flussmittel die Vereinigung der Kohlenpartikel bedingt. Schon im Jahre 1840 wurden auf dem Bahnhofe zu Riesa im Königreich Sachsen gewaschene englische Kohlen mit 20 Proc. Kalkzuschlag verkokt und das erhaltene Product auf den Lokomotiven der Leipzig-Dresdener Eisenbahn (eine der ersten in Deutschland) verfeuert. Ebenso empfiehlt Dr. Bleibtreu Gruskohlen mit einem ihrem Schwefel- und Aschengehalt äquivalenten Kalkquantum zur Verkokung gelangen zu lassen. Einer Notiz des Berg- und Hüttenverwalters Bischoff zu Bernhardtshütte bei Sonneberg zufolge, wurden auch dort die von der Swaine'schen Grube zu Stockheim kommenden Kohlen behufs der Verminderung ihres kieselreichen Aschengehaltes mittels Kalk in Koksöfen verkohlt, wobei die Aschenbestandtheile als eine zähe Schlacke durch den Rost der Koksöfen abfliessen. Haben diese hier erwähnten Manipulationen auch zunächst vorwaltend den Zweck einer Entschwefelung der Kohlen im engeren Sinne, so liegt doch die Bedeutung der leichtflüssigen Asche für den Verkokungsprocess behufs der Erzielung fester Koks zu nahe, um nicht wenigstens in der Qualität der Asche einen Einfluss auf den Verlauf des Verkokungsprocesses schwer backender Kohlen und auf das dadurch zu erzielende Product annehmen zu können. Anderseits erscheint der Umstand wenigstens annehmbar, dass eine an sich backende Kohle einen bedeutenden Gehalt unschmelzbarer thon- und kieselerdereicher Mineralbestandtheile besitze und durch dessen Einfluss die backenden Eigenschaften des Brennmaterials in dem Grade verändert werden, dass es sich einer Sinterkohle gleich verhält.

Es genügen diese Andeutungen, um zu beweisen, dass, wenn auch eines der oben angeführten Verhältnisse des Wasserstoffs in der aschefreien Kohlensubstanz die Qualität einer der verschiedenen Kohlensorten aus der Analyse errathen lässt, der Aschengehalt und die Aschenbestandtheile als dritter beeinflussender Factor auf die Art der zu erzielenden Koks auftreten können. Diesen Einfluss, welchen man vor dem Jahre 1840 in Deutschland noch wenig berücksichtigte, hat man seit dieser Zeit in um so höherem Grade gewürdigt, je mehr die Koksfabrikation und neben ihr in neuester Zeit die Briquetfabrikation als das vorzüglichste Verwerthungsmittel des Kohlenkleins erkannt wurde. Die Eigenschaften der staubigen Backkohlen als Decke der Kohlenmeiler gleichzeitig die Rolle eines Bindemittels der Kohlenmasse selbst zu übernehmen, oder mit Sinterkohle gemischt, dem Koks eine grössere Dichtheit zu verleihen, konnte schon den ersten Koksfabrikanten, welche sich des Kohlenkleins als Meilerdecke bedienten, nicht entgangen sein; wir finden daher die Verkokung klarer Kohlen in Koksöfen schon in der Mitte des vorigen Jahrhunderts in England eingeführt, wenn auch dieselbe auf dem Continente erst viel später Eingang finden konnte. Mit dem steigenden Consum der Stückkohle musste auf den deutschen Kohlenwerken das Kohlenklein in einem solchen Grade sich anhäufen, dass seine endliche Verwerthung eine Lebensfrage der Werke selbst wurde. Die Versuche der directen Verkokung des Kohlenkleins lieferten ein für die Lokomotiven lästiges, aschereiches, schlackendes und in vielen Fällen leicht zerfallendes Material, dessen Qualität nur durch mechanische Entfernung der anhängenden Berge, durch die nasse Aufbereitung gehoben werden konnte. Die Einführung der Kohlenwäsche und Setzmaschinen, wie wir dieselbe bereits im Vorhergehenden besprochen, unterstützte die Verwerthbarkeit des ohne sie werthlosen Kohlenkleins und lieferte nun ein Product, welches in manchen Fällen sogar die aus Stückkohlen bereiteten Koks übertreffen konnte. Die Versuche von de Marsilly haben dargethan, dass oft Stückkohle mit 7 Proc. Asche und im Kohlenklein als Abfall mit 15 Proc. Bergen neben einander erzielt wurden; durch das Waschen des letzteren ging der Gehalt an Mineralbestandtheilen auf 5 Proc. zurück, so dass die aus den Stückkohlen gewonnenen Koks bei 68 Proc. Ausbeute 10,3 Proc. Asche, die aus gewaschenem Kohlenklein erzielten Koks bei gleicher procentaler Ausbeute nur 7,3 Proc. Asche enthielten, also einen um wenigstens 3 Proc. höheren Heizwerth besassen. Ein solches gewaschenes

Kohlenklein, dessen Aschengehalt auf das Minimum reducirt ist, tritt nun in vorwaltendem Grade mit den Eigenschaften seiner brennbaren Masse in den Verkokungsprocess ein und gestattet besser, als die aschereichere Stückkohle selbst, einen Schluss aus seiner chemischen Zusammensetzung auf das Verhalten im Koksofen.

Die ersten literarischen Nachrichten über Verkokungsöfen entnehmen wir einer Broschüre vom Jahre 1769, betitelt: „Nachricht von der in England eingeführten Weise die Steinkohlen abzuschwefeln und zu Zunder zu machen,“ in welcher ein Koksofen von der Form Fig. 44 und 45 gezeichnet und das Verfahren, jedoch ohne Angabe irgend welcher Werthverhältnisse nur oberflächlich beschrieben ist.

Fig. 44.

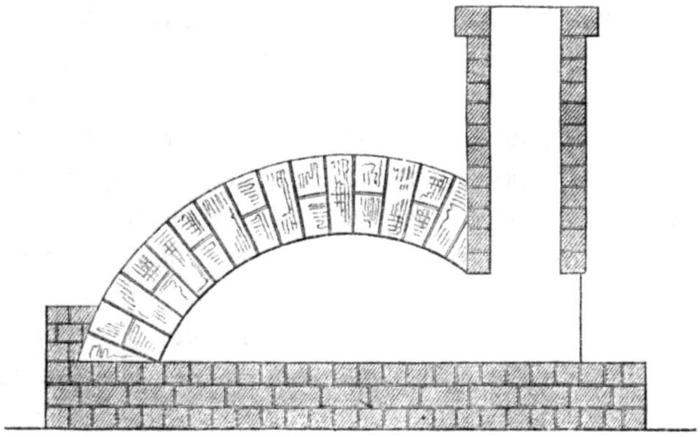

Fig. 45.

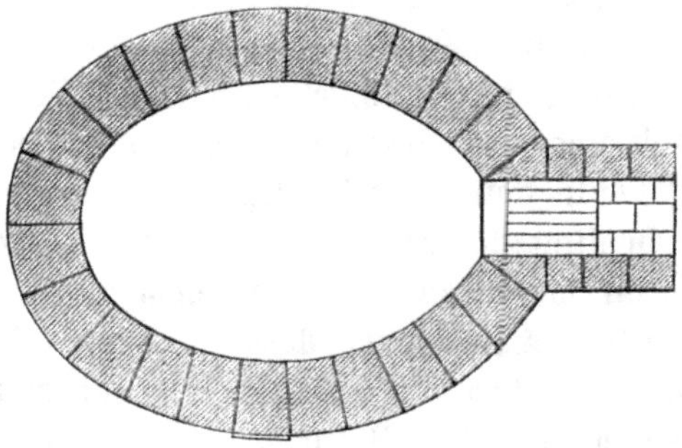

Wir geben hier die Ansicht dieses Ofens, weil nach allen vorliegenden Quellen diese Form zugleich als die älteste auf dem Continente gebräuchliche betrachtet werden kann. In der von de Marsilly im Jahre 1850 erschienenen Abhandlung über Koksbereitung in Belgien und dem nördlichen Frankreich, sind ähnliche Oefen von verschiedenen Dimensionen beschrieben und in ihrer Leistungsfähigkeit verglichen. Die Verhältnisse der kleinen Oefen sind: Länge 3,0 Meter, Breite 2,5 Meter, Höhe des Gewölbes über der Sohle 1,50 Meter. Die Sohle ist flach und elliptisch.

Die grossen Oefen hatten folgende Dimensionen: Länge 5,5 Meter bis 6,1 Meter, Breite 2,5 Meter bis 2,77 Meter, Höhe des Gewölbes 1,25 Meter bis 1,50 Meter.

Die in diesen Oefen angestellten Verkokungsversuche veranlassten de Marsilly zu dem Ausspruche: „In Bezug auf die Güte der Koks und auf Ausbringen verdienen die grossen Oefen den Vorzug vor allen übrigen. Vom öconomischen Standpunkte aus betrachtet ist es derselbe Fall.“ — Dass dieser von dem um das Verkokungswesen hochverdienten Autor gethane Ausspruch sich nur auf die Kohlen eines bestimmten Beckens beziehen konnte und dass unter Umständen Oefen dieser ältesten Construktion die erwünschten Resultate nicht lieferten, beweisen die zahlreichen Verbesserungsvorschläge für Koksofeneinrichtungen bis auf den heutigen Tag. Dennoch bietet uns der Ausspruch de Marsilly's die Veranlassung, den Verkokungsprocess selbst einer näheren Besprechung zu unterziehen, um mit dem hierdurch gewonnenen Maassstabe die Bedeutung einzelner Koksofeneinrichtungen für bestimmte Kohlensorten zu erforschen.

Der Zersetzungsprocess organischer Körper unter dem Einfluss höherer Temperaturen und bei Luftabschluss ist in seinem Verlaufe und seinen Producten abhängig: 1) von der Zersetzungstemperatur, 2) von der procentischen Zusammensetzung der organischen Substanz.

In Betreff der Zersetzungstemperatur gilt im Allgemeinen der schon oben ausgesprochene und ausführlicher entwickelte Grundsatz: „Je höher die letztere, desto einfacher zusammengesetzt die Zersetzungsproducte.“ Dieser Ausspruch gilt für alle Verbindungen organischer Abstammung und hat in neuerer Zeit in der Praxis den Schlüssel zur Beurtheilung des Processes der Leuchtgasfabrikation aus

Holz und aus fossilen Brennstoffen geliefert. Die Zersetzungstemperatur, mit welchem Namen man den Wärmegrad bezeichnet, bei welchem die in einem Körper vorhandenen Grundstoffe ihre Umlagerung zu einfacheren Verbindungen beginnen, ist abhängig von der Zahl und Art der vertretenen Elemente und liegt grösstentheils über 100° Cels. Der Einfluss höherer Temperaturen bedingt zunächst eine Lockerung der gasförmigen Elemente, des Sauerstoffs, Wasserstoffs und Stickstoffs, in der Weise, dass die ersteren beiden, bei langsam steigender Temperatur, als hygroskopisches Wasser in Dampfform entweichen. Die Lagerungsverhältnisse der Elemente des Wassers in der organischen Verbindung scheinen aber auch von der Art zu sein, dass in dem Grade, in welchem die Zersetzungstemperatur steigt, die chemischen Beziehungen des Wasserstoffs zum Sauerstoff gelockert werden, jemehr die Intention zur Wasserbildung aufhört, je mehr die Temperatur derjenigen der Wasserzersetzung sich nähert und der Kohlenstoff in den Verlauf des Zersetzungsprocesses insofern eingreift, als er zunächst durch sein Eintreten zwischen die Elemente des Wassers deren Vereinigung zu einer aus Kohlenstoff, Wasserstoff, Sauerstoff bestehenden ternären Verbindung, wie Essigsäure, Holzgeist, Carbolsäure es sind, veranlasst und in Form einer dieser Verbindungen mit den Wasserelementen dampfförmig entweicht. Ist endlich mit zunehmender Erhitzung auch die Zersetzungstemperatur dieser flüchtigen ternären Verbindungen erreicht, also deren Bildung in der verkohlenden organischen Substanz nicht mehr möglich, so treten statt dieser binäre Dämpfe und Gase, Verbindungen aus Kohlenstoff und Wasserstoff: Theerdämpfe, und Verbindungsn aus Kohlenstoff und Sauerstoff: Kohlensäure und Kohlenoxydgas, auf. War die organische Substanz auch stickstoffhaltig, so treten im Anfang der Zersetzung Verbindungen an Kohlenstoff, Wasserstoff und Stickstoff: Anilin, Pirolin und andere flüchtige Alkaloide und bei Eintritt der Zersetzungstemperatur dieser Körper: Ammoniak und Cyan gasförmig auf. Allgemein ausgedrückt wird also bei langsam zunehmender Zersetzungstemperatur immer das der letzteren entsprechende Zersetzungsproduct resultiren, dessen chemische Zusammensetzung um so einfacher, je höher, um so complicirter, je niedriger die erstere. Setzt man daher einen organischen Körper schnell einer Temperatur aus, bei welcher die zuerst genannten ternären Verbindungen bereits nicht mehr bestehen können, so werden, vorausgesetzt, dass die influirende Wärme auf alle Theile des Körpers gleich intensiv wirkt, nur binäre Verbindungen entweichen können und auch diese wieder um so mehr dem permanentgasförmigen Zustand sich nähern, je höher der Wärmegrad ist, unter welchem sie sich bilden. Daraus folgt, dass die Ausbeute von Leuchtgas um so bedeutender, je intensiver und gleichmässiger die Retorten- resp. Ofentemperatur. Die Gleichmässigkeit des Verlaufes der Zersetzung organischer Stoffe unter dem Einflusse hoher Temperaturen ist aber, wie schon aus der oben ausgesprochenen Voraussetzung ersichtlich, abhängig von der Art und dem Grade der Wärmevertheilung in der sich zersetzenden organischen Masse selbst; beeinflussend und modulirend auf den Verlauf desselben, d. h. auf die Bildung gleich zusammengesetzter Zersetzungsproducte wirkt: 1) die Wärmeleitungsfähigkeit des organischen Stoffes, 2) die Wärmeentziehung durch entweichende Zersetzungsproducte und durch die Gefässwände.

Wie bekannt, sind organische Körper schlechte Wärmeleiter, und auch fossile Brennstoffe, weil sie kohlenstoffhaltig sind, leiten die Wärme um Vieles geringer als Mineralien und Metalle. Ein auf sie influirendes Wärmequantum wird seine chemische Wirkung daher vorwaltend nur auf deren Oberfläche äussern und hier die der statthabenden Temperatur entsprechenden Zersetzungsproducte liefern. Da nun gleichzeitig die Intensität mit der Entfernung des zu erwärmenden Stoffes von der Wärmequelle im quadratischen Verhältniss abnimmt, so erhellt zur Genüge, dass der Verkohlungsprocess eines Fossiles um so langsamer vor sich gehen muss und die Zersetzungsproducte um so verschiedenartiger in ihrer Zusammensetzung auftreten, in je dickerer Lage oder in je grösseren Stücken das erstere in den Verkohlungsraum eingeführt wird. Gleichzeitig vermindernd auf den gleichmässigen Verlauf des Verkohlungsprocesses wirkt aber auch die unter 2) angezogene Wärmecapacität der Zersetzungsproducte. Diese entziehen der auf sie im Moment ihrer Bildung influirenden Wärmequelle das zur Gasbildung nöthige Wärmequantum und entweichen mit dieser latent gewordenen Wärme, letztere dem Bereiche des

Zersetzungsprocesses entführend, indem anderseits die geringe Wärmeleitungsfähigkeit des Fossils diesen Wärmeverlust unterstützt.

Diesen Betrachtungen zufolge ist die Füglichkeit einer gleichmässigen Verkohlung organischer Körper nicht sowohl von der auf sie wirkenden Wärmemenge, als vielmehr von der Art der Wärmevertheilung abhängig; je vollständiger die letztere, desto gleichmässiger der Zersetzungsprocess und die Zersetzungsproducte.

Die qualitative Zusammensetzung der letzteren richtet sich nach der des zu verkohlenden Körpers und im Allgemeinen darf nach den bis jetzt vorliegenden Resultaten (siehe Gasbeleuchtung) geschlossen werden, dass die Betheiligung des Kohlenstoffs an der Bildung ternärer und binärer Zersetzungsproducte hauptsächlich von der Wasserstoffmenge abhängt. Je grösser diese, desto mehr Kohlenwasserstoffverbindungen können sich erzeugen. Im Allgemeinen beobachten wir, dass der disponible Wasserstoff bei den backenden Kohlen in grösseren Mengen vorhanden ist, als bei den Sand- und Sinterkohlen. Sollen daher letztere einen den backenden Kohlen entsprechenden dichten Koks liefern, so ist erforderlich, dieselben schnell einer möglichst hohen Ofentemperatur auszusetzen, damit die bei diesen in geringeren Mengen auftretenden Kohlenwasserstoffdämpfe durch ihre Zersetzung in der glühenden Kohle eine zur Bindung der Kohlenpartikel hinreichende Graphitmenge zwischen den letzteren ablagern. Diese selbst muss um so bedeutender sein, je grösser die Menge der sich aus den Theerdämpfen abscheidenden Kohle und daraus folgt, dass das Verhältniss des disponiblen Wasserstoffs zu dem Kohlenstoff als Maassstab für die Beurtheilung einer Steinkohle dienen kann.

Werden endlich backende Kohlen schnell einer der den Sandkohlen entsprechenden Verkokungstemperatur ausgesetzt, so erfolgt, wie bekannt, ein Aufschäumen oder Aufquellen der Kohle, eine Erscheinung, welche in der Hebung der ganzen Kohlenmasse durch die stattfindende stürmische Gasentwickelung ihren Grund findet. Um diesen Uebelstand zu vermeiden, muss entweder die Erhitzung eine langsam steigende und der Verkokungsprocess ein langsamer und langandauernder werden, oder es muss durch mechanischen Druck von oben der Auftreibung der Kohlenmasse entgegen gewirkt werden. Letzteres erreicht man durch Vermehrung der Kohlenlage im Koksofen. In der Praxis werden aus diesem Grunde bei der Verkokung backender Kohlen starke, bei Sand- und Sinterkohlen schwache Ofenbeschickungen angewendet. Die Gleichmässigkeit der Erhitzung der Steinkohlen im Koksofen wird durch die Ueberwölbung der Herdsohle unterstützt, indem dann das Gewölbe selbst als Reflector der Wärmestrahlen auf die obere Kohlenschicht wirkt. Dieser Umstand bedingte die älteste Form der Koksbacköfen, wie sie bereits in Fig. 44 und 45 dargestellt wurde. Die Abzugsöffnung der Gase befand sich in diesen Oefen über der Eintragöffnung der Kohlen. Zweckmässiger erschien es, dieselbe in die Mitte des Ofengewölbes zu verlegen.

Fig. 46.

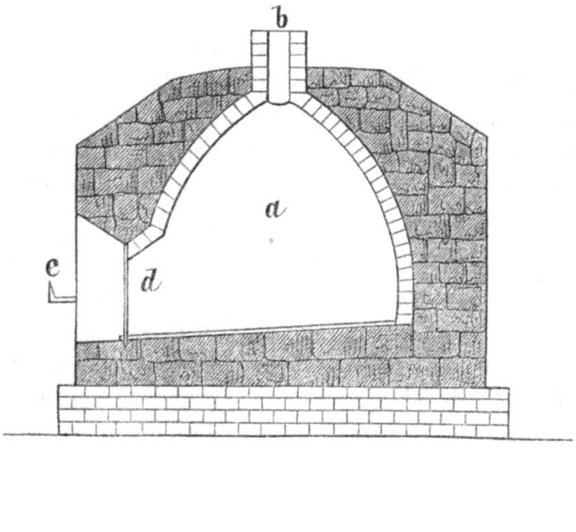

In dieser Weise waren die im Jahre 1840 jedenfalls nach englischem Muster errichteten Koksöfen an der Leipzig-Dresdener Eisenbahn in Riesa construirt. (Fig. 46 und 47.) Fig. 46 zeigt dieselben im senkrechten Durchschnitte, Fig. 47 im Horizontaldurchschnitte. Der Verkokungsraum ist ungefähr 3,3 Meter hoch und breit, die Herdlänge beträgt 4 Meter. Der Schornstein ist 1,25 Meter hoch uud hat 3 Decimeter im Geviert, der Herd steigt auf seine Länge um 1,5 Decimeter an. Die Thüröffnung ist 1 Meter hoch und breit, sie kann durch eine eiserne Thüre verschlossen werden, in deren oberem Theile, 8 Decimeter über der Ofensohle, vier neben einander liegende Zuglöcher von etwa 7,5 Centimeter Durchmesser angebracht sind. An jeder Seite der Thüröffnung ist im äusseren Gemäuer ein eiserner Haken c befestigt; beide Haken halten eine eiserne Querstange, auf welche der Arbeiter beim Ausziehen der Koks das Gezähe stützt. 50 Centner backendes Kohlenklein werden in 72 Stunden, Sandkohlen zu 24 Centner in 24 Stunden, Sinterkohle zu 36 Centner

Fig. 47.

in 48 Stunden in diesen Oefen verkokt. Die Beschickung erfolgt durch den Schornstein b.

Auf dem königl. Steinkohlenwerke zu Zaukeroda im Plauen'schen Grunde bedient man sich zur Verkokung von Staubkohlen Oefen von folgender Einrichtung. Der Verkokungsraum a (Fig. 48 und 49) hat im Grundriss eine fast kreisförmige Gestalt, welche nur gegen die Thüröffnung hin sich ein wenig zuspitzt. Die Breite der Herdsohle beträgt 3,6 Meter, die Länge der 5 Centimeter ansteigenden Herdsohle 3,8 Meter, wenn die Tiefe der Thüröffnung, 0,9 Meter, nicht mitgerechnet wird. Die verschiedene Höhe der senkrechten Seitenwände des Verkokungsraumes wird durch das cylindrische Gewölbe c bestimmt, welches an seinen höchsten Stellen 1,25 Meter über der Herdsohle liegt und nach einem Radius von ungefähr 2,3 Meter gespannt ist. Die Verkokungsgase werden durch zwei etwas über 1,3 Meter hohe und 0,4 Meter im Geviert haltende Essen — eine vordere, der Thüröffnung zunächst liegende b und eine hintere b' — aus dem Ofenraum in das Freie geführt. Die gusseiserne Thüre besteht aus zwei Flügeln, welche die Thüröffnung aber nicht ganz verschliessen, sondern den obersten überwölbten Theil derselben offen lassen, wodurch die Luft den erforderlichen Zutritt in's Innere des Ofens erhält, e ist einer der im vorigen Ofen erwähnten Haken zum Auflegen einer Stützstange. Die Herdsohle besteht aus scharf gebrannten Lehmziegeln; die Ringmauer und das Gewölbe sind aus feuerfesten Ziegeln hergestellt.

Fig. 48.

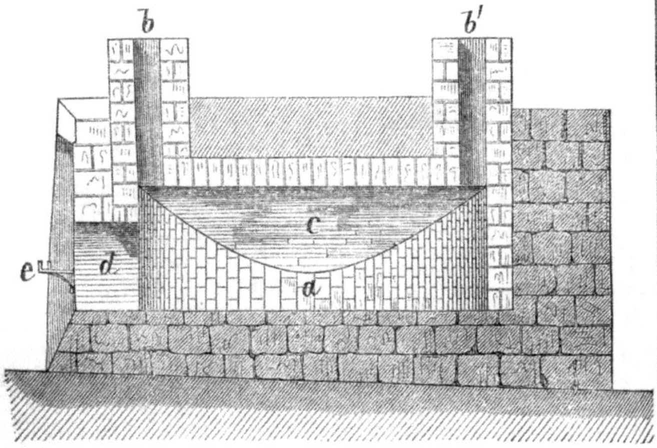

Fig. 49.

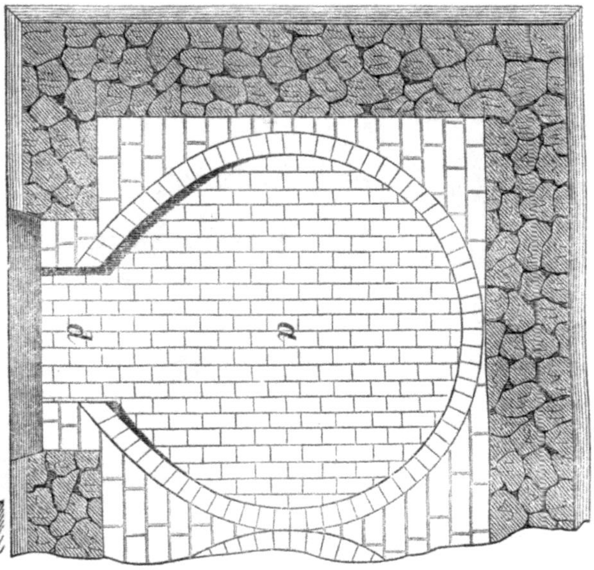

Die Schwierigkeiten, welche sich der Erzielung grosser Koksstücke und der Vermeidung von Staubkoks bei Entleerung der oben beschriebenen Koksöfen entgegenstellten, sowie der bei einer allmäligen Entleerung stattfindende Zeitverlust waren Veranlassung zur Errichtung von Verkokungsöfen mit zwei Thüren, deren Dimensionen und Lage es gestattete, den ganzen Koksblock aus dem Ofen zu entfernen. Solche Oefen wurden vor 20 Jahren zum ersten Male zu Maubeuge angewendet.

Die Basis dieser Verkokungsöfen ist aus rohen Bruchsteinen gemauert, so dass je zwei zu einem Ofen gehörige Pfeiler mit einem vollen Gewölbe vv (Fig. 50 und 51) aus Backsteinen verbunden sind. Dieses Gewölbe liegt mit seiner Achse parallel der Achse des Ofens und hat eine Neigung gegen den Horizont. Für günstiges Terrain können die Grundpfeiler niedriger gemacht werden, als die Zeichnungen angeben. Zur Herbeiführung von Luft und um den Verkokungsprocess in grösserem Grade reguliren zu können, sind zwei Kanäle dd angebracht, welche den Grundmauern parallel liegen und mit dem Innern des Ofens durch vier Oeffnungen o (Fig. 53) in Verbindung stehen. Der Herd des Ofens, die Seitenwände und das Gewölbe sind aus feuerfesten Backsteinen erbaut; den Seitenwänden folgen eine oder mehrere Lagen ordinärer Backsteine und das übrige Gemäuer ist von gewöhnlichen Bruchsteinen construirt. Zur Verhütung des Eindringens von Regenwasser wird

Fig. 50.

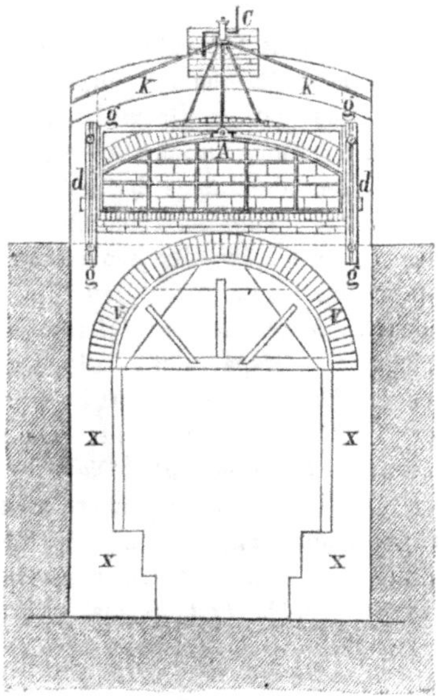

Fig. 51.

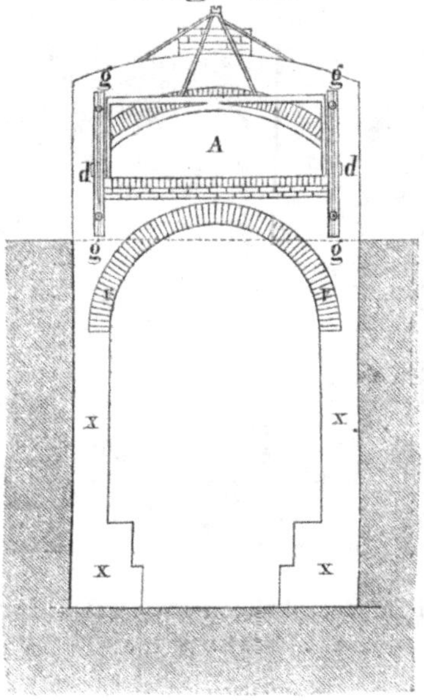

die äussere Decke des Ofens mit einer starken Mörtelschicht belegt. Die Thüröffnungen des Ofens sind mit gusseisernen Rahmen eingefasst, welche durch je zwei Eisenstäbe gg (Fig. 51) festgehalten werden, die selbst wieder durch Schrauben mit eisernen Ankern verbunden sind, welche bei hh durch die ganze Länge des Ofengemäuers hindurch gelegt sind. Die Thüren haben eine gezahnte Zugstange h A und h A′ (Fig. 52), welche in ein Zahnrad eingreift, das mit zwei Kurbeln in Verbindung steht, welche bei Oeffnung und Schliessung der Thüren von einem Arbeiter bewegt werden. Das Zahnrad mit den Kurbeln ruht auf dem gusseisernen Rahmen, in dessen Falze die Thüren auf- und abgleiten, und wird in seiner Lage durch die Eisenstäbe kk festgehalten. Die Füllung des Ofens geschieht von der Seite nn (Fig. 53), auf welcher eine Eisenplatte dazu dient, um die zur Verkokung bestimmten Steinkohlen darauf zu werfen und von da aus durch Schaufeln in den Ofen zu übertragen. Vor der entgegengesetzten Ausziehöffnung ist die Backsteinpflasterung V V. Ausser dem für einen Verkokungsofen nöthigen Arbeitsgezähe sind nun noch einige besondere Vorrichtungen erforderlich, welche ein schnelles Entleeren des Ofens bezwecken. Dahin gehört eine Eisenstange yy (Fig. 53), welche vor dem Füllen des Ofens genau in die Achse des Herdes gelegt wird und daselbst bis zur Beendigung der Verkokung liegen bleibt, wo sie dann dazu dient, mittels eines eisernen Rechens die Koks herauszuziehen. Diesen Rechen zeigt Fig. 54 im vergrösserten Maassstabe im Aufriss. Zwei Stäbe Rundeisen zz (Fig. 53) dienen dazu, um den ungefähr $1^1/_2$ Centner schweren Rechen an seinen Ohren hervorzuziehen. Die Bewegung des letzteren wird durch eine Winde bewerkstelligt, von welcher aus eine eiserne Kette über eine Leitrolle nach den Eisenstäben zz

Fig. 52.

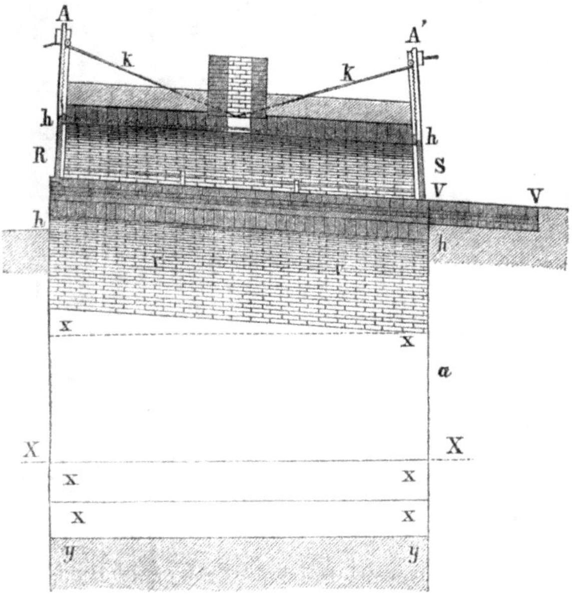

Fig. 53.

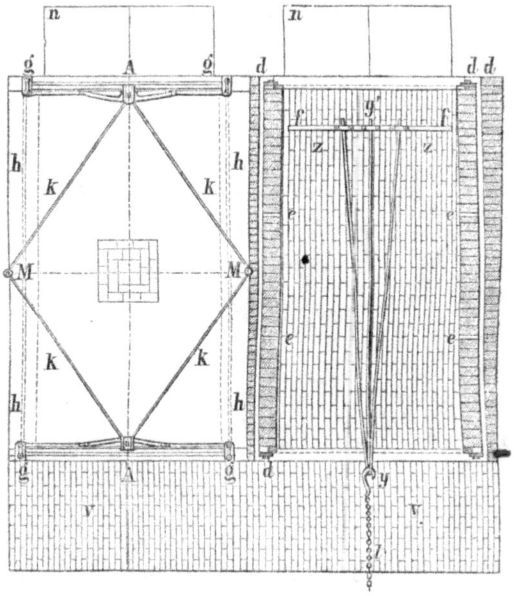

Fig. 54.

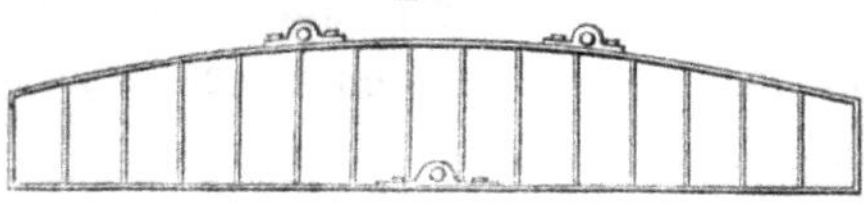

führt. Der innere Ofenraum ist 5 Meter lang, 2,5 Meter breit; 4 Decimeter über der Herdsohle stützt sich auf das Seitengemäuer ein sehr flaches Gewölbe, welches den Ofen nur 8 Decimeter hoch überspannt; auf demselben ruht der 1 Meter hohe und 3 Decimeter im Durchmesser haltende Schornstein, dessen 3 Decimeter starke Wandungen in Folge der hier herrschenden hohen Verbrennungstemperatur der Gase aus sehr guten feuerfesten Ziegeln errichtet sein müssen. Die Herdsohle steigt 3,5 Decimeter nach der Eintragthüre zu an.

Bei der Anfeuerung dieser Verkokungsöfen beobachtet man die Vorsicht, dass man dieselben 2 bis 3 Tage vor ihrer Beschickung vorsichtig erwärmt, indem man bei gemässigtem Luftzutritt grobe Steinkohlen auf dem Herde verbrennt. Ist die Herdtemperatur eine solche geworden, dass darauf geworfene Kohlen zur Entzündung gelangen, so bringen zwei Arbeiter die Eisenstange yy (Fig. 53) durch die tieferliegende Ausziehöffnung in den Ofen und legen sie sehr genau in die Achse desselben; eine Unterlassung dieser Vorsicht lässt bei späterer Entleerung des Ofens eine Beschädigung des Mauerwerks befürchten. Ungefähr $^4/_5$ der Besetzung wird durch die hintere, höher liegende Einsetzthüre eingeführt, wobei die Vorsicht zu gebrauchen, dass das Kohlenklein möglichst gleichmässig die Herdsohle bedeckt. Ist die Besetzung des Ofens beendet, dann steigt ein Arbeiter auf denselben, schliesst mittels der Kurbel die Einsatzthüre und öffnet die entgegengesetzte Ausziehöffnung, durch welche das letzte Fünftheil der Besetzung eingetragen wird. Niemals dürfen beide Thüren gleichzeitig geöffnet sein, weil der dadurch entstehende Luftzug eine schnelle Abkühlung des Ofenraumes befürchten lässt. Die Dimensionen des Ofens gestatten eine Besetzung von 27 bis 30 Hektoliter (49 bis 54,5 preussische Scheffel), welche in 24 – 36 Stunden verkokt sind. Findet nach dieser Zeit keine Gasentwicklung mehr statt, so ist es Zeit, den Ofen zu entleeren. Ein Arbeiter öffnet dann die Einsatzthüre mit Hülfe der Kurbel und zwei andere Arbeiter setzen durch diese den Rechen aufrecht ein, indem sie gleichzeitig in das untere Ohr desselben das Ende y der Eisenstange yy′ mittels eines Vorsteckeisens befestigen. Ueber die Koks hinweg werden dann die beiden runden Eisenstäbe zy, zy′ (Fig. 53) gelegt und in dem oberen Ohre des Rechens ebenfalls mittels Vorsteckeisens befestigt. Ist dies geschehen, so wird diese Thüre geschlossen und die gegenüberliegende Ausladungsthüre geöffnet. Es werden nun die 3 in den Ofen liegenden Eisenstangen durch einen an einer Kette befindlichen Haken mit einer Winde in Verbindung gesetzt, durch deren Bewegung nun der ganze Koksblock bis auf ungefähr $1^1/_2$ Meter vor der Ausladungsthüre herausgezogen wird. Die hierzu erforderliche Kraft ist anfangs bedeutend, nimmt aber, sobald die Koksmasse einmal in Bewegung ist, schnell ab. Das ausgezogene Koksstück wird nun von einem Arbeiter in einzelne Stücke zerschlagen und mit Wasser schnell abgelöscht.

Abgesehen von der in dem Koksofen von Maubeuge gebotenen Möglichkeit, die Koksmasse unter Vermeidung des sonst in grösserer Menge auftretenden Koksstaubes in grossen festen Stücken zu erzielen, tritt uns in diesen Oefen zum ersten Male die Einrichtung entgegen, die zur Erzielung einer hohen Ofentemperatur nöthige Luftmenge durch Kanäle d und e (Fig. 53) in das Innere des Ofens einzuführen, während in den vorher geschilderten 3 Koksöfen der Luftzutritt mehr oder weniger zufällig geboten war. Es liegt auf der Hand, dass die nach dem Ausziehen und Abkühlen des Ofens in seinem Innern herrschende Temperatur nicht hinreichen kann, um den Verkokungsprozess auf neu eingeworfene Kohlenmasse zu übertragen und dass demnach, zur Erzielung einer erhöhten Temperatur, ein Antheil der Besetzung verbrennen muss, damit durch die hierbei entwickelte Wärme die Verkohlung des übrigen Kohlenkleins ermöglicht wird. Soll aber unter Einhaltung dieses Principes der Effect ein möglichst gleichmässiger sein, so ist erforderlich, dass der Luftzutritt geregelt, also der Verkokungsprocess des grösseren Theils des Kohlenkleins auf Kosten des verbrennenden kleineren Theiles in gewissen Grenzen gehalten werde. Um dieses zu ermöglichen sind die obengenannten Zugöffnungen angebracht, durch deren zeitweiliges Oeffnen und Schliessen die Verbrennung in gewissem Gange gehalten werden kann.

Nach einem gleichen Princip wurden die älteren Koksöfen in Saarbrücken und auf mehren französischen Eisenwerken eingerichtet, von denen Fig. 55 einen Verticaldurchschnitt und Fig. 56 einen Horizontaldurchschnitt nach AB in Fig. 55 darstellt. Der Längendurchmesser der Sohle beträgt 3 Meter und der Breitendurchmesser 2 Meter; die grösste Höhe des Ofenraums 1 Meter. Die Esse b, welche zugleich zum Einschütten der Kohlen benutzt zu werden pflegt, ist 6 Decimeter hoch

Fig. 55.

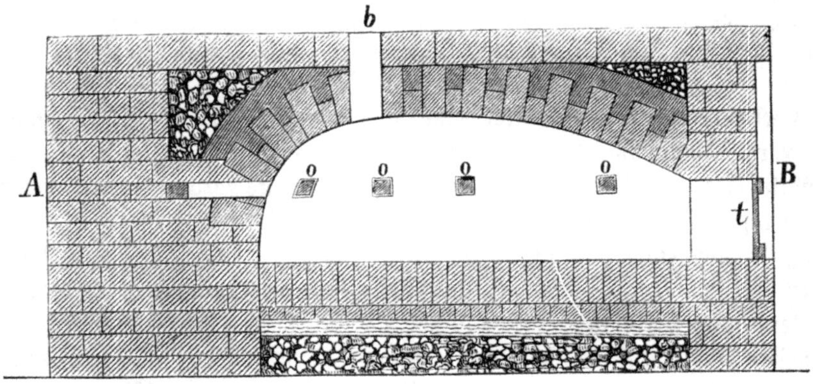

Fig. 56.

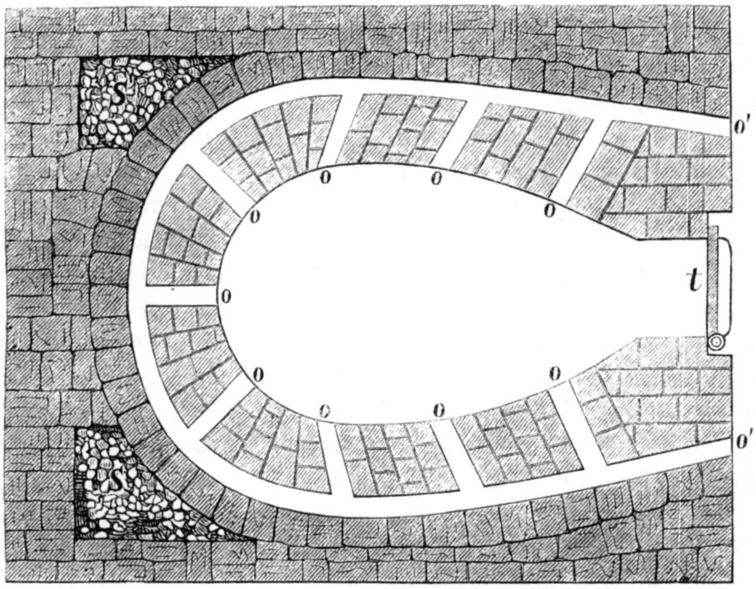

und hat 22 Centimeter Durchmesser. Zur Erzielung eines leicht zu regelnden Luftzuges im Innern dieses Ofens läuft ungefähr 45 Centimeter über der Herdsohle ein hufeisenförmiger Zugkanal um den Ofenraum, welcher zu beiden Seiten der Thüre in o' o' ausmündet. Die in diese Oeffnungen eintretende Luft vertheilt sich in 9 Querkanäle o... und strömt aus diesen in den obern Theil des Ofenraums, woselbst sie die Entzündung der Verkokungsgase bedingt. Die Hängethüre t verschliesst die Thüröffnung fast vollständig, so dass von hier aus nur sehr wenig Luft in den Ofen dringen kann. Gewölbe und Umfassungsmauern sind bei den Saarbrücker Oefen aus Sandstein errichtet. Die Zwischenräume von Gewölbe und Umfassungsmauern sind mit Thon und Schlacken ausgefüllt. Die Besetzung beträgt 20 bis 30 preussische Scheffel (40 bis 50 Cubikfuss), welche nach 20 bis 24 Stunden verkokt sind. Nach Besetzung des Ofens mit frischem Kohlenklein wird die Thüröffnung geschlossen und der Luftstrom darf nun nur mit den sich verflüchtigenden Zersetzungsgasen, nicht aber mit der verkokenden Steinkohle, noch weniger mit den gebildeten Koks in Berührung kommen. Das Ende der Verkokung wird, wie schon oben angegeben wurde, sowohl durch Aufhören von Flamme und Rauch, als auch dadurch angezeigt, dass sich die Oberfläche der Koksmassen mit einem dünnen Ueberzuge weisser Flugasche belegt. (Bisweilen begegnet man in den auf der Oberfläche gebildeten Zerklüftungen Haarröhrchenbüscheln von abgeschiedenem Graphit.)

Man verschliesst nun, um den Luftzug gänzlich zu hemmen, alle Zugöffnungen und bedeckt, wenn nöthig, die Essenmündung. Nach beendeter Verkokung wird der Koks noch mehre Stunden in dem Ofen belassen, wodurch er in Folge längerer Erhitzung dichter und fester wird und zusammensinkt, — ein Umstand, der bei backenden Kohlen um so mehr in das Auge zu fassen, als bei diesen die bedeutende Volumvermehrung der Kohlenmasse während der Verkokung die Festigkeit der Koks in gewissem Grade beeinträchtigt.[1])

Im Allgemeinen dürften, was die bis jetzt geschilderten Ofenconstructionen anbelangt, Oefen mit hohen Gewölben für backende Kohlen, Oefen mit niedrigen Gewölben für Sand- und Sinterkohlen aus dem Grunde empfohlen werden, als bei letzteren eine möglichst schnell wirkende und allseitige Erhitzung, wie sie durch flache und niedrige Gewölbeeinrichtungen am Vollständigsten erzielt wird, Hauptbedingung ist. Die Bestätigung dieses Ausspruches geht auch aus einer im Jahre 1850 gemachten Mittheilung des

[1]) Scheerer, Lehrbuch der Metallurgie.

Herrn Hüttenverwalter Sack zu Eintrachtshütte in Schlesien hervor, welcher zufolge man sich zur Verkokung der Steinkohlen einer Doppelreihe von 10 Koksöfen bedient, die eine kreisrunde Fläche von 3,3 Meter Durchmesser besitzen, worauf ein 0,5 Meter hoher Mantel aufgeführt ist, der durch ein kuppelförmiges Gewölbe von 1,66 Meter Halbmesser geschlossen ist. Dieses hohe Gewölbe gestattet einen leichten Abzug der Gase und verhindert so eine Beschleunigung der Verkokung, wie es im vorliegenden Falle zu wünschen ist. Auf dem nur 16 Centimeter starken Gewölbe ruht eine Schlackenfüllung zum Widerstand gegen den innern Druck. An seinem Scheitel erhebt sich zur Entweichung der Gase eine 1,3 Meter hohe und 55 Centimeter runde Esse, die durch einen losen darauf liegenden Schieber beliebig geschlossen und geöffnet werden kann, während 1 Meter davon in einem Kreise 4 Centimeter weite Röhren in das Gewölbe einmünden, um die Luft zur Verbrennung der aufsteigenden Zersetzungsproducte und zur Erzielung der erforderlichen Zersetzungstemperatur im Innern des Ofens zu liefern, so dass die Verkokung mehr durch die strahlende Wärme des Gewölbes unterhalten wird. Die Thüröffnung ist 1 Meter im Quadrat und hat eine Thür mit einigen kleinen Löchern, um auch von hier aus, je nach dem Gange der Verkokung, Luft zuführen zu können. Ein Ofen fässt 72 bis 80 preussische Scheffel Kohle, welche sich darin 5 bis 6 Decimeter hoch aufträgt. Nach erfolgter Besetzung des Ofens werden die oberen Luftkanäle erst dann geöffnet, wenn sich die Verkokung durch Ausstossung bedeutender Rauchmassen in gewissem Grade vorgeschritten zeigt, dann erstere aber bis nahe zur Vollendung der Verkokung offen gelassen; ist die Entwicklung flammender Gase nur noch unbedeutend, so werden alle Oeffnungen des Ofens, mit Ausnahme der in der Thüre befindlichen, geschlossen und nun der Ofen ca. 18 Stunden bis zu genügend vorgeschrittener Abkühlung sich selbst überlassen. Die Qualität der in diesen Oefen erzielten Koks entspricht allen an sie gemachten Anforderungen, sobald man bei leicht backenden Kohlen eine höhere Lage, als bei Sinterkohlen einträgt, so dass das Product bei langsamem Betriebe vom 1,5 fachen Volumen der Kohlen bis auf das 1 bis 1,2 fache reducirt, der Koks also im umgekehrten Verhältniss dichter erzielt werden kann.

Im Fürstenthum Schaumburg-Lippe zu Süllbeck und Obernkirchen, wo eine zwar sehr reine aber milde und bei der Verkokung sich stark aufblähende Kohle gefördert wird, wurde in den Jahren 1840 bis 45 ein Verkokungsverfahren in offenen Oefen von einem dortigen Beamten eingeführt, welches sich von den bisher geschilderten dadurch auszeichnet, dass die letzteren ein sehr geringes Anlagekapital in Anspruch nehmen und Koks von sehr dichter Beschaffenheit liefern. Diese Vorzüge wurden vielfache Veranlassung zur Nachahmung dieses Verkokungsverfahrens in den rheinischen, westphälischen und schlesischen Bergamtsdistricten, in welchen ohnedies die Koks entweder die Eigenschaft besitzen, sich sehr stark aufzublähen und dadurch bei grösserem Volumen nur schwierig eine genügende, einem grösseren Transport widerstehende Festigkeit erlangten. Bei einer Verkokung von 200 — 500 preuss. Scheffel (108—270 Hektoliter) hat ein solcher Koksofen folgende Dimensionen:

Um einen rectangulären Herd (Fig. 57—59) von 4 Meter Länge und 1,66 Meter Breite erhebt sich eine Mauer von 2 Meter Höhe und 1,6 Meter Dicke, welche im Innern zu 0,5 Meter aus feuerfesten Steinen besteht. Dieses Mauerwerk ist auf einer der kurzen Seiten dadurch unterbrochen, dass man auf die ganze Höhe eine Oeffnung von 0,95 Meter Breite angebracht hat, welche Zugang zum Ofen gewährt. Die langen Seiten sind mit horizontalen Oeffnungen a versehen, welche in der äusseren Mauer von conischer Form, in dem feuerfesten Theile aber prismatisch geformt sind. An den beiden Enden sind die Dimensionen 0,14 und 0,10 Meter eingehalten. Jede dieser Oeffnungen communicirt mit einem verticalen Kanal b, welcher an dem höchsten Punkte des Ofens ausmündet und die Dienste eines Schornsteins verrichtet. Diese Vereinigung von Kanälen gestattet, die Operationen in passender Weise zu reguliren, indem man bei einer Verzugung derselben durch Wind oder irgend eine andere Ursache an der Mündung verticale Kanäle, gusseiserne Röhren von 2 Meter Höhe mit Kränzen zur Befestigung anbringt. Der Herd besteht aus feuerfesten Ziegeln, welche auf möglichst festgeschlagenem Boden, in manchen Districten auf ein flaches Gewölbe, zum Abhalten der Bodenfeuchtigkeit, aufgesetzt sind. Das Kohlenklein wird, etwas befeuchtet, in horizontaler Lage auf dem Boden ausgebreitet und mit den Füssen festgestampft. Wenn man an der Reihe der horizontalen Oeffnungen angelangt ist, legt man Holzstangen, deren Enden durch das Mauerwerk hindurchgehen, so dass man sie in der Folge wieder herausziehen kann, und nach beendigter Beschickung schüttet man eine Lage Erde oder Kohlenlösche auf das Kohlenklein und stampft sie zu einer Dicke von 12 bis 15 Centimeter fest. Hierauf zieht man die Stangen, welche bis

Fig. 57.

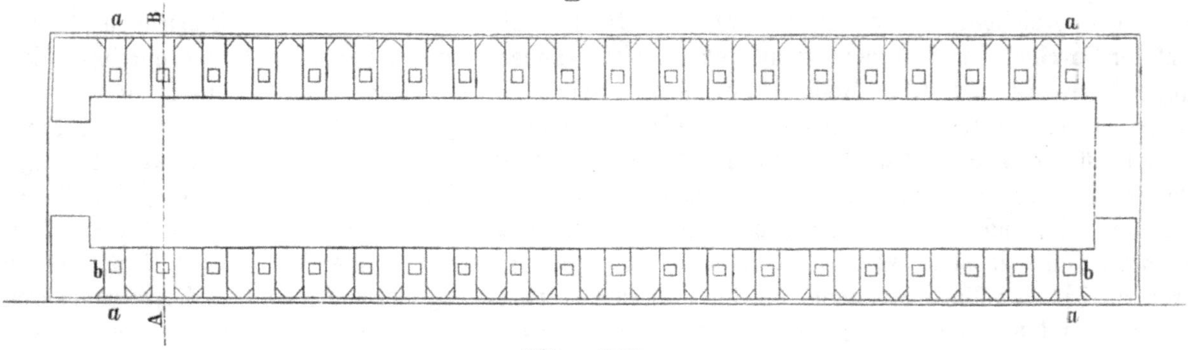

Fig. 58.

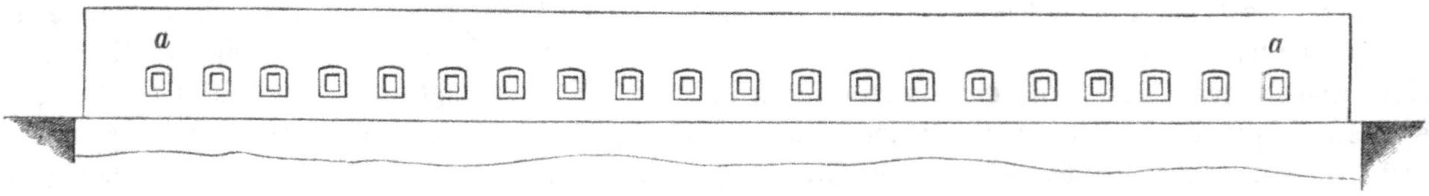

Fig. 59.

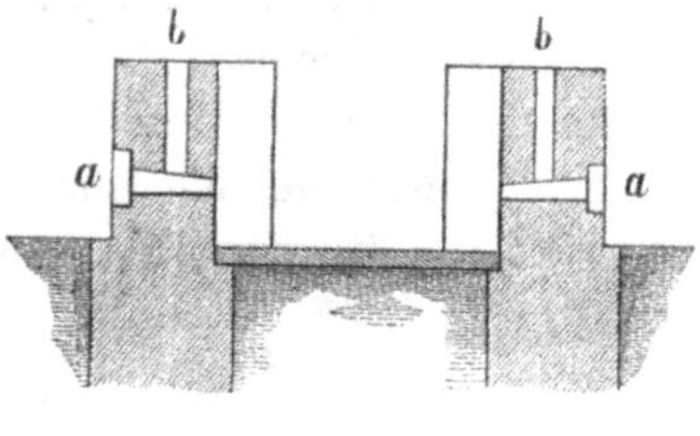

in das Innere der Kanäle reichen und nur eine Fortsetzung derselben sind, heraus und wirft in die der Windrichtung entgegengesetzten Oeffnungen einige brennende Kohlen oder steckt etwas brennendes Kienholz hinein, indem man dann gleichzeitig diese Oeffnungen durch Lehm oder Sand verschliesst. Das Feuer im Innern des Ofens wird bald durch den entstehenden Luftzug lebhafter, entzündet die Kohlen und pflanzt sich innerhalb 6 bis 8 Stunden an das entgegengesetzte Ende des Kanals fort. Ist es hier angelangt, dann muss die Oeffnung des Zuges an derjenigen Seite, an welcher das Anstecken erfolgte, sofort geöffnet, die entgegengesetzte aber geschlossen werden, wobei zu beachten, dass dieses Umsetzen nicht früher erfolgt, als bis das Feuer durch den ganzen Zug gleichmässig vertheilt ist, weil hiervon die gleichmässige Verkokung sehr wesentlich abhängt und eine besondere Sorgfalt im Beginne des Kokens den Arbeiter aller weiteren Mühen während der Dauer desselben überhebt. Das Umsetzen des Feuers wird, je nachdem das Wetter stürmisch oder ruhig ist, alle 2—4 Stunden vorgenommen und die entweichende Flamme hierdurch immer an derjenigen Seite der Umfassungswände des Ofens abgeleitet, an welcher die Züge unten geschlossen sind. Pflanzt sich die Verkokung nicht in allen Zügen gleichmässig fort, dann kommt es wohl vor, dass einige Züge auf der einen Seite länger offen erhalten werden müssen, als andere und dass also das Umsetzen nicht gleichmässig auf einer Seite allein vorgenommen werden kann. Es hängt dies entweder von ungleichmässiger Beschaffenheit der Kohlen oder von Nachlässigkeit beim Einstampfen derselben sehr wesentlich ab und ist dem vortheilhaften Ausbringen von Koks jedesmal hinderlich. Die ganze Arbeit beschränkt sich demnach darauf, dass der Koker bemüht ist, die Züge offen zu halten und das Zusammensinken derselben zu verhindern. Er bedient sich hierbei eines schwachen eisernen Spiesses mit etwas gebogenem Ende, mit welchem er kleine Kohlenstückchen aus den Kanälen herauskratzt Ein Verfallen der Züge, zumal sofern dieselben nebeneinander liegen, ist der Erzielung gleichmässiger Kokse höchst hinderlich. Die Benutzung des herrschenden Windes ist für eine richtige Beschleunigung der Verkokung dadurch wichtig, dass man ihn durch aufgestellte Mauerziegeln an den Mündungen der Kanäle in den oberen Flächen der Umfassungswände auffängt oder abhält.

Nach etwa 8 Tagen geht der Verkokungsprocess zu Ende, die Kokse werden gar, was an der aus den Zügen herausbrechenden weissen Flamme und daran zu erkennen ist, dass sich die Kohlenmasse unter der Löschdecke hart anfühlt. Ist dieser Zeitpunkt eingetreten, dann müssen alle Kanäle und Züge sorgfältig verschlossen und das Feuer während 2 Tagen allmählig erstickt werden. Das Herausbrechen und Ziehen des Koks, bei dem man sich der bei der Verkokung allgemein üblichen Werkzeuge, der Spitzhaken, Rechen, Schaufeln und Schwingen bedient, ist eine sehr anstrengende Arbeit. Sie beginnt mit dem Fortreissen der Mauer an derjenigen Stirnwand, von welcher aus gerade der Wind weht und die sich entwickelnden Dämpfe fortführt, und wird fortgesetzt durch das Herausbrechen der Koksstücke mittels des Spitzhakens, mit dem Begiessen der nächsten Schichten Koks und dem weiteren Herausbrechen.

Die hierbei erzielten Koks sind in der Höhe der Züge in zwei vollständig getrennte Lagen geschieden und bestehen aus einzelnen Stücken von stänglicher Absonderung und sehr verschiedener Grösse; sie erscheinen besonders in der oberen Lage von vorzüglicher Schönheit geflossen, hart und dicht und häufig in Stücken von 1 Meter Durchmesser und 3 Decimeter Dicke herausgebrochen.

In Betracht der langen Zeit, welche das Ausziehen der Kokse erfordert, sowie der Schwierigkeiten, welche damit verbunden sind, hat man in einzelnen Districten zwei sich gegenüberstehende Thüren angebracht, durch welche der Ofen eigentlich nur auf zwei parallele Mauern beschränkt ist, die durch viele Oeffnungen geschwächt und durch Nichts mit einander verbunden sind. Man hat es daher für zweckmässig befunden, die Grundmauern mancher Oefen (in der Zeichnung von vier Oefen) zu verbinden, um dem beträchtlichen Drucke, den die sich während der Verkokung stark ausdehnende Kohle allseitig ausübt, so viel als möglich zu begegnen.

Die in dem Vorhergehenden gemachten Angaben über die Schaumburger Oefen, welche eine Reihe von Jahren allgemeine Anerkennung erfuhren, sind den Mittheilungen des Herrn Hüttenmeister Brand zu Gleiwitz, der dieselben im Jahre 1850 in Oberschlesien einführte, zum grössten Theil entnommen. Zwei Jahre später sehen wir die Schaumburger Oefen auch in Ibbenbüren, Essen und Bochum angewendet. In Bochum wurde zur Erzielung schnellerer Resultate d. h. zur Beschleunigung des Luftzuges im Innern des Ofens ein Ventilator mit 800 Umdrehungen per Minute angewendet, welcher den Wind gleichzeitig in 3—4 Oeffnungen einführte; durch diese Vorrichtung wurde es möglich, die Steinkohlen in 6 Stunden zum Durchbrennen zu bringen. In Saarbrücken wurde man ebenfalls auf die Anwendung offener Schaumburger Oefen durch den Umstand hingeführt, dass die geschlossenen Oefen in Folge der zur Verkokung der dortigen Kohlen nöthigen sehr hohen Temperatur und der daraus erwachsenden häufigen Gewölbereparaturen zu hoch zu stehen kamen. Folgende Tabelle gewährt über den Wechsel in dem Verkokungsverfahren Saarbrückens eine deutliche Uebersicht:

Im Jahre	Meiler	Gewölböfen	Schaumburger Oefen	Summe	Ausbeute
1842—43	9	142	—	151	58,65 Procent.
1844	9	202	—	211	59,40 „
1845	9	202	—	211	58,09 „
1846	9	300	—	309	57,02 „
1847	7	404	—	411	57,52 „
1848	—	404	—	404	56,32 „
1849	—	404	2	406	55,06 „
1850	—	404	86	490	55,00 „
1851	—	399	88	487	55,50 „
1852	—	396	118	514	55,00 „
1853	—	394	153	547	56,00 „

Die aus obiger Tabelle ersichtliche Zunahme Schaumburger Oefen in dem Saarbrücker Becken war nicht wohl durch eine höhere Koksausbeute, als durch den schon vorher angeregten Umstand bedingt, mochte aber ihren Grund auch darin finden, dass in diesen Oefen sehr dichter und zumal für den Locomotivgebrauch vorzüglich sich eignender Koks zum Vorschein kam. Die Ursache davon liegt in der Möglichkeit, die Temperatur in diesen Oefen, allerdings auf Kosten eines Antheils Kohlen, zumal im Innern der verkokenden Masse selbst so hoch zu treiben, wie dies bei Gewölböfen nach der oben geschilderten Einrichtung nicht möglich war. Dadurch aber war ein inniges Zusammengehen der erhitzten Koksmasse selbst begünstigt und dadurch lässt sich auch die Angabe erklären, nach welcher in den Gleiwitzer Koksöfen

in Meilern	94	Raumprocente Koks	mit	6	Procent	Abfall,
in Gewölböfen	99,98	„	„ „	0,2	„	„
in Schaumburger Oefen	80,0	„	„ „	20,0	„	„

gewonnen wurden.

Im Allgemeinen ist das Urtheil der Praktiker über diese Oefen ein noch immer sehr getheiltes, die Leistungsfähigkeit derselben aber immer von der Qualität der Kohle abhängig und für schwach backende Kohle am günstigsten. Hierin liegt der Grund für die Thatsache, dass während im Jahre 1859 im Waldenburgischen die offenen Oefen abgeworfen und durch geschlossene ersetzt wurden, im Worm-Revier durchweg die ersteren eingeführt und beibehalten wurden. In Bochum (Westphalen) waren

im Jahre 1857 . . .	202 geschlossene,	156 offene	Oefen im Betriebe;
„ „ 1859 . . .	605 „	200 „	„
„ „ 1861 . . .	602 „	195 „	„

Für die Umgebung der mit Schaumburger Oefen arbeitenden Koksereien ist die zumal im Beginn der Verkokung auftretende Rauchmasse ein lästiger Uebelstand, welchem die königliche Regierung zu Düsseldorf durch ein im Jahre 1853 erlassenes Verbot dieser Ofenanlagen entgegentrat und deren Anwendung in gewissem Grade beschränkte.

Mit der vollständigen Erkenntniss des Verkokungsprocesses und der demselben unterbreiteten Bedingungen konnte den Inhabern grösserer Koksanlagen nicht entgehen, wie mit den entweichenden Verkokungsgasen ein hervorragender Antheil an Brennmaterial dem Betriebe entzogen wurde.

Henrard, Director der anonymen Gesellschaft der Eisenhüttenwerke zu Couillet, war der Erste, welcher im Jahre 1835 den Vorschlag machte, zur Dampfproduction für den Betrieb der Hohöfengebläse die Verbrennungswärme der abziehenden Koksofengase zu benutzen. Die Einführung grösserer Koksöfen älterer Construction, welche sich zur Erzielung gleichmässiger und dichter Koks vortheilhafter als die älteren Oefen von kleinerer Dimension herausstellten, schien die Durchführung dieses Projectes zu unterstützen, sobald man von den an den grösseren belgischen Koksöfen angebrachten drei Schornsteinen, durch deren Vorhandensein man die Erzielung höherer Verkokungstemperaturen im Innern der Koksöfen zu erreichen hoffte, absah. Brunfault nahm in dieser Zeit ein Patent auf Verbesserungen in der Koksofenconstruction, laut welcher die Sohle des Ofens durch die entweichenden Verkokungsgase geheizt wurde. Diese Einrichtung lässt nun den Koksofen als Verkohlungsapparat im engeren Sinne des Wortes erscheinen, indem durch eine Erhitzung der Sohle der Ofenraum selbst in gewissem Grade die Function einer Gasretorte übernimmt. Die obengenannte Gesellschaft liess von dem Patentträger Verkokungsöfen von 18 bis 20 Hektoliter Fassungsraum herstellen und erhielt nun sowohl einen festeren Koks, als auch, durch die Beschränkung des Verbrennungsprocesses im Innern des Ofenraums, eine erhöhte Ausbeute. Nach dem in dem Brunfault'schen Patent ausgesprochenen Princip ziehen die Verkokungsgase zuerst unter die Ofensohle und von da werden sie nach dem Dampfkessel geführt; die Thüren der Koksöfen sind vollständig dicht geschlossen und die zur Verbrennung der Gase erforderliche Luft tritt durch die Beschickungsöffnung ein und kann in ihrem Zutritt durch Schieber genau regulirt werden; übrigens ist am Dampfkessel ein Reserverost angebracht, um von diesem aus den Kessel zu heizen, für den Fall, dass bei den Koksöfen sich einmal ein Hinderniss ergäbe.

Fig. 60.

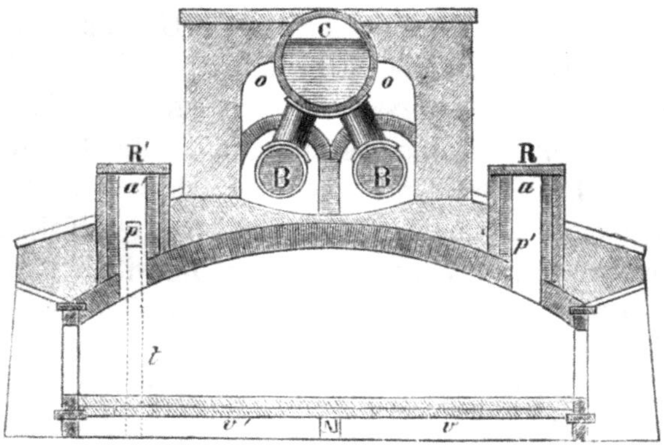

Fig. 61.

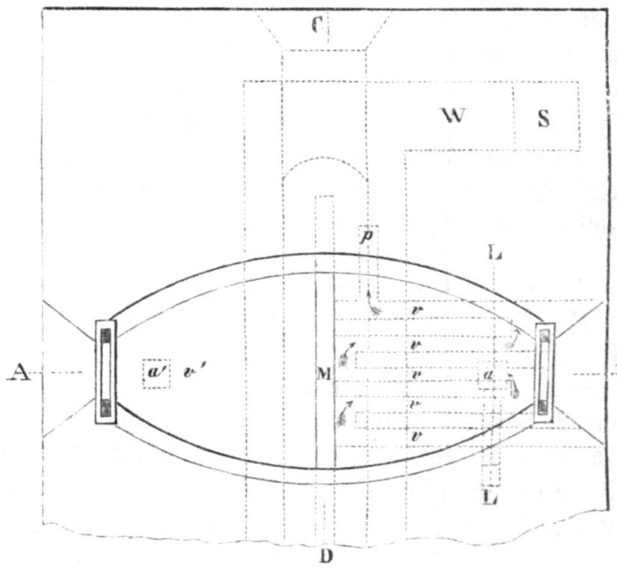

Fig. 60 ist ein Durchschnitt nach der Linie AB im Grundriss Fig. 61; Fig. 62 ein Durchschnitt nach der Linie CD in Fig. 61. Die Verkokungsgase treten aus den Abzügen aa durch die Oeffnungen pp, und die gekrümmten Kanäle ll in die unter der Ofensohle hinstreichenden Züge vv und entfernen sich aus denselben durch das Steigrohr f unter die Siederöhren nach K und von da nach den oberen Zügen oo, um den Kessel zu erwärmen, und vereinigen sich oberhalb des Reserverostes in dem Kanale W, um nach dem Schornstein S zu entweichen. Will man den Kessel reinigen,

Fig. 62.

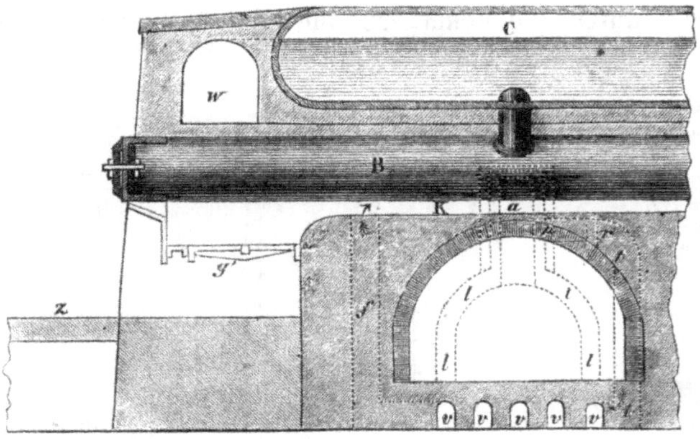

ohne den Betrieb der Koksöfen zu hemmen, so schliesst man den Schieber rr und öffnet die Züge RR oder wenigstens einen derselben.

Einige in Seraing angestellte Versuche über die Verdampfung des Wassers in über Koksöfen errichteten Kesseln ergaben folgende Resultate:

1) In einem Kessel von 11,60 Quadratmeter Heizfläche und 4,34 Cubikmeter Inhalt, auf einen Koksofen placirt, wurden in 130 Stunden 19000 Liter Wasser bei einer Pressung von 4 Atmosphären verdampft, pro Stunde also 146,16 Liter. Der dadurch gewonnene Effect bei einer Condensationsmaschine ohne Absperrung entspricht pro Stunde 2810655 Kilogr.-Meter = 10,4 Pferdestärken.

2) In einem Kessel von 16,9 Quadratmeter Heizfläche, auf zwei Koksöfen errichtet, wurden per Stunde 276,66 Liter Dampf von 4 Atmosphären Spannung erzielt, welcher für dieselbe Maschine verwendet die Arbeit von 19,7 Pferdestärken verrichtete, also per Koksofen 9,85 Pferdestärken entsprach.

Die Füllung eines jeden für diese vom Herrn Ingenieur Andrae angestellten Versuche verwendeten Koksofens betrug 2910 Kilogr. Kohlenklein, von denen man 1904 Kilogr. = 65,4 Procent Koks erhielt.

Diese jedenfalls bestechenden Resultate waren die Veranlassung, dass man zu Seraing eine Maschine von 130 Pferdestärken über 5 Koksöfen placirte, welche zum Betriebe zweier Hohöfengebläse verwendet wurde. In Seraing berechnet Prof. Valerius in Brüssel die Kosten des Gebläses nach diesem System auf 1,3 Frcs. pro 1000 Kilogr. des erzielten Roheisens, während sie bei dem alten Systeme, d. h. mit gewöhnlichen Dampfmaschinen, 6 Frcs. betrugen. Da nun die beiden Hohöfen, deren Gebläse durch die entweichende Flamme der Koksöfen betrieben wird, täglich 3000 Kilogr. Roheisen erzeugten, so konnten bei diesen Hohöfen mittels dieses Feuerungssystems jährlich etwa 54750 Frcs. erspart werden.

Gegenüber diesen Thatsachen hat die Anlegung der Dampfkessel über den Koksöfen doch in einzelnen Fällen Schwierigkeiten geboten, welche hauptsächlich in Folgendem hervortreten:

Die aus den Koksöfen entweichenden Gase schienen die Dampfkessel stärker anzugreifen, als dies bei Anwendung gewöhnlicher Kesselfeuerungen der Fall ist; die Einrichtung der Kessel über den Koksöfen beansprucht eine grosse Anzahl Armaturstücke für die letzteren, sowie zahlreiche Dampf- und Wasserleitungen, welche sämmtlich das Anlagecapital erhöhen. Die Röhrenleitungen, welche ganz im Freien liegen, sind schwer dicht zu halten und bringen dadurch und durch Abkühlung bedeutende Verluste an Dampf mit sich, die besonders im Winter um so bedeutender werden, so dass oft der Effect gleich Null ist; endlich ist man häufig genöthigt, behufs der nöthigen Dampferzielung, den Verkokungsprocess ungewöhnlich auszudehnen, ja denselben behufs der Unterhaltung der Gebläse wohl gar durch Oeffnung der Thüre in einen Verbrennungsprocess ausarten zu lassen. Die Reparatur und das Reinigen der Dampfkessel während des Betriebs der Koksöfen ist sehr schwierig; denn wenn die Gase auch durch die angebrachten Schornsteine entweichen, so tritt doch die hohe Temperatur des Mauerwerks und der Kessel immer sehr störend auf. (Lürmann.)

Diese an den einzelnen Koksanlagen Belgiens und Deutschlands gemachten Erfahrungen waren der Grund, dass man auf der Hütte in Hochdahl bei Düsseldorf die Dampfkessel neben die Koksöfen legte, welche letztere nach dem François'schen Systeme, wie solche im Saarbrück'schen schon lange Zeit in Anwendung, errichtet sind. In der Nähe von Grube Heinitz bei Neunkirchen ist die Koksofenanlage von Schmidborn & Gebr. Röchling, auf welcher zwei Dampfkessel zum Betrieb von drei grossen Setzwäschen mittels der abziehenden Gase von 20 grossen Haldy'schen Koksöfen geheizt werden in der Weise, dass die Siedröhren seitlich von den Koksöfen durch die Feuergase umspült sind. Ausserdem sind Reserveroste angebracht.

Fig. 63.

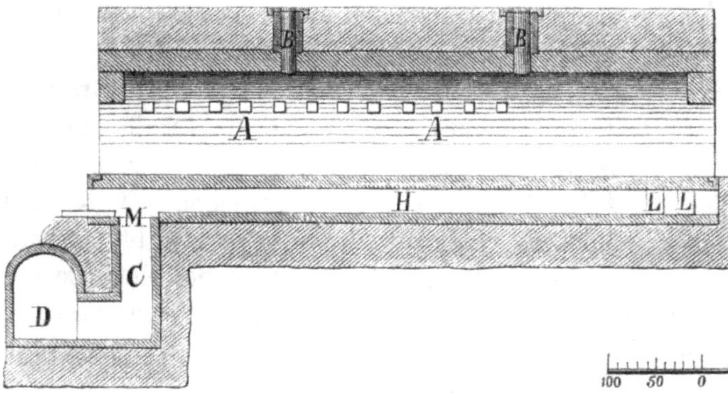

Fig. 64.

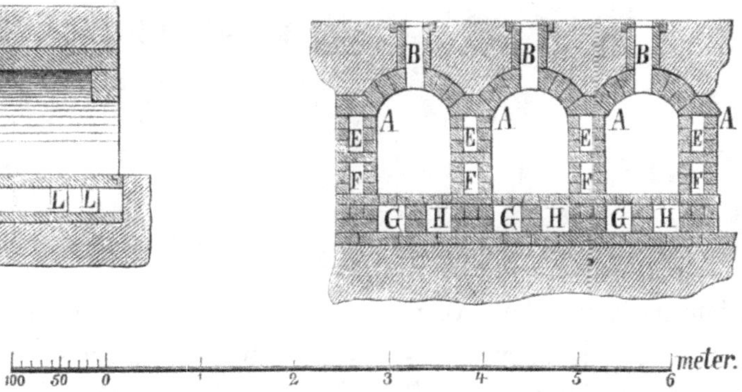

Fig. 65.

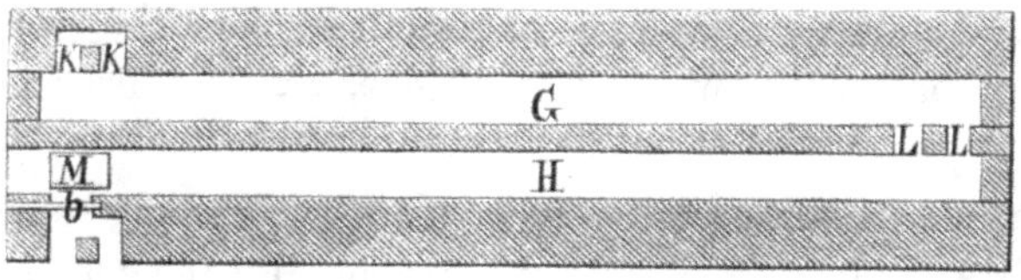

Bei den Koksöfen von François entweichen die Gase durch die Oeffnungen A (Fig. 63) in den Seitenkanal E (Fig. 64) und von diesem durch eine mittels eines Schiebers beliebig zu schliessende Oeffnung in den darunter befindlichen Kanal F. Aus F treten sie durch die Oeffnungen K (Fig. 65, Schnitt durch die Bodenkanäle) in die Sohlenkanäle G L H und von da entweder direct durch MCD in den Schornstein, oder, wenn der Schieber bei M (Fig. 63) geschlossen und der Schieber b (Fig. 65) geöffnet ist, in die Sohlenkanäle des Nachbarofens, um diesen bei seiner Anheizung zu erwärmen. Die Oeffnungen B dienen zum Besetzen des Ofens und sind während der Verkokung geschlossen. Durch D gelangen die Gase zu den seitlich liegenden Dampfkesseln, welche zugleich mit Rostfeuerungen versehen sind, um eintretenden Störungen rechtzeitig vorzubeugen.

Die auf den Grubenrevieren Hrutschan in Mähren aufgeführten 12 Koksöfen sind ebenfalls nach dem François'schen Princip mit Verbesserungen des Civilingenieur Gobiet gebaut.

Das Innere des Ofens stellt einen 0,8 Meter breiten, 1,4 Meter hohen Kanal dar, der durch die ganze Ofenlänge mit gleichen Dimensionen hindurchgeht und zu beiden Seiten mit gusseisernen Thüren geschlossen ist. Die einzelnen Oefen liegen parallel neben einander und belassen eine 0,5 Meter breite Zwischenwand, in der sich zwei übereinander liegende Kanäle EF (Fig. 64) befinden; ebenso laufen unter der Ofensohle zwei Kanäle GH hin. Die Zuführung der zur Verbrennung der Gase nöthigen Luft erfolgt aber nicht, wie bei den François'schen Oefen, durch die Thüröffnungen, sondern ähnlich wie in den Dulait'schen Oefen (siehe unten) durch Lochziegel, welche hier 0,3 Meter lang sind und direct in den Gaskanal EF münden. Der bis zu $^2/_3$ seiner Höhe gefüllte Ofen beginnt seine Thätigkeit durch eine rasche Gasentwicklung, indem die Gase durch die Seitenöffnungen A in die Kanäle E und F treten, von da unter dem Ofen durch G und H hinziehen und sich dann in einem über dem Ofen am hinteren Theil desselben angebrachten Hauptkanal vereinigen und nach dem 16 Meter hohen Schornstein entweichen.

Ein solcher François-Gobiet'scher Ofen fasst 60 Centner Kleinkohle, welche durch die Beschickungsöffnungen B eingetragen wird. Die Verkokung währt 36—40 Stunden. Das Ausziehen erfolgt mittels eines Krahnes, der längs der einen Ofenseite auf eine Schienenbahn vor jeden Ofen gestellt werden kann. Dieser Krahn besteht aus einem Vorgelege und einer Zahnstange, die die Länge eines solchen Ofens hat und vor welchem sich eine Gussplatte von der Breite des Ofens in verticaler Stellung befindet, die sich in einer Rolle leicht im Innern des Ofens hin- und herschieben lässt. Oben am Ofen ist ein zweiter beweglicher Krahn, mit welchem beide Ofenthüren in ihren Nuthen bloss auf die Höhe der Ofenfüllungen gehoben werden können. Ist dies geschehen, so beginnt der erste Krahn seine Arbeit, der, immer durch 4 Arbeiter schnell in Bewegung gesetzt, den ganzen Koksblock zum Ofen hinausdrückt, worauf das sofortige Ablöschen erfolgt.

Die Koksöfen liefern 60—70 Proc. festen Koks. Zur Bedienung von 20 Oefen sind 8 Arbeiter nöthig. Die Gesammtkosten der in Hruschau aufgestellten 12 Oefen betragen:

1)	für Herstellung der Maurerarbeit an den Bauunternehmer Gobiet	3178	fl. österr.
2)	„ verschiedene Arbeitsleistungen	621	„ „
3)	„ feuerfestes Material	5920	„ „
4)	„ Backsteine etc.	3333	„ „
5)	„ eiserne Armatur	3283	„ „
6)	„ Maschineneinrichtung	2000	„ „
		18335	„ „

Die Dauer dieser Oefen ist auf 5 Jahre präliminirt, in welcher Zeit das Kapital amortisirt und die Zinsen gedeckt sein sollen. Die Gestehungskosten von 1 Ctr. Koks betragen: Aufseherlohn 0,22 kr., Arbeitslohn 1,90 kr., Gezäherhaltung 0,25 kr., Amortisation und Zinsen 4,05 kr., zusammen 6,42 kr.

Auf dem Grubenrevier Witkowitz stehen 3 Garnituren Koksöfen, von denen jede 8 Oefen besitzt und zwei 24 Meter lange und 1,25 Meter breite Dampfkessel zum Betriebe der Dampfmaschinen heizt. Die Oefen sind Koksbacköfen der älteren Art. Die Zugöffnungen, von welchen zwei unter die Kessel, eine dritte in das Freie führt und durch Schieber abwechselnd geschlossen werden können, je nachdem die Betriebsverhältnisse es erheischen, dienen zum Abziehen der Koksgase, welche bereits im Innern des Ofenraumes durch eintretende Luft zur Entzündung gelangen.[1]) Die Dampfkessel sind über den Koksöfen aufgestellt.

Ausser dieser Art der Verbindung von Dampfkesseln mit Koksöfen hat man im Jahre 1858, zumal um die Abkühlung der Gase, welche aus den Koksöfen treten, zu vermeiden, nach der Construction des Herrn Ingenieur Hagen in Hannover auf der Georgs-Marienhütte bei Osnabrück, die Dampfkessel unter die Koksöfen gelegt. Hier treten die aus 9 Koksöfen kommenden Gase durch eine Seitenwand der ersteren in vier quer unter den Oefen liegende Kanäle. In jedem derselben befindet sich ein schräger Sieder, der mit den andern durch einen ausserhalb des Systems liegenden Dampfsammler verbunden ist. Die Sioderöhren können bei vorkommenden Reparaturen leicht von letzterem getrennt und ohne Störung des Koksofenbetriebes aus den Kanälen gezogen und in dieselben wieder eingesetzt werden.

In Bezug auf die beiden letztgenannten Methoden der Benutzung der Koksofengase für Dampfkesselheizung liegt uns ein Beispiel vor, welches nicht zu den günstigsten Resultaten geführt hat. Auf dem Berglustschacht bei Hänichen bei Dresden benutzte man im Jahre 1858 unter Anwendung der einfachen Koksöfen mit Kuppelgewölbe und länglich runder Herdfläche die aus der oberen hinteren Wand der Verkokungsräume direct austretenden Verkohlungsgase, liess sie in einen gemeinschaftlichen Kanal treten und brachte diese unter der Heizfläche des Dampfkessels der Fördermaschine mit atmosphärischer Luft zur Entzündung. Die hierdurch erhaltene Stichflamme in Verbindung mit der aus der mehr oder weniger kieshaltigen Kohle des Hänichener Beckens entwickelten schwefligen Säure beanspruchte aber eine so häufige Reparatur des Kesselbodens, dass man sich genöthigt sah, von diesem Verfahren nach einjährigem Betriebe wieder abzusehen, zumal die mit mehr oder weniger Zwischenmittel versehene geringere Waschkohle (Kalkkohle), welche bisher als Brennmaterial unter den Dampfkessel verwendet wurde, einer anderen Verwerthung nicht fähig erschien und durch ihre Aufspeicherung den vielleicht vorhandenen Vortheil der gemachten Einrichtung paralisirte.

Hiermit ist jedoch selbstredend die Möglichkeit einer vortheilhaften Verwerthung der Koksofengase in der oben angedeuteten Richtung nicht abgesprochen, sie tritt sogar als Erforderniss in den Fällen auf, wo die Qualität der Kohlen die Anwendung von complicirten Verkokungseinrichtungen ausschliesst.

In dem Becken des Plauen'schen Grundes bei Dresden hat man, in Anbetracht der zu verkokenden Kohlensorten nach mehrfachen Versuchen, Veränderungen in den Koksöfen einzuführen, sich genöthigt gesehen, zu den Verkokungsapparaten zurückzugehen, in welchen die Verkokungsgase im Innern des Ofens selbst zum grössten Theile zur Verbrennung gelangen, da nur hierdurch ein Zusammensinken der schwer sich vereinigenden Koksmasse zu ermöglichen scheint. Die aus den Schlammgräben der Hänicher Werke fallenden Kohlenschlammmassen bleiben fast werthlos, eignen sich wenigstens nicht zur Verkokung, liefern vielmehr einen ganz lockeren, leicht zerfallenden, pulverigen Koks, während sowohl

[1]) Jičinsky, Steinkohlen-Revier von Mährisch-Ostrau. Wien 1865.

auf dem Neuen Hoffnungsschachte, wie auf dem Wilhelminenschachte der von Burgk'schen Werke das gewaschene Kohlenklein verkauft und nur der allerdings mit grosser Sorgfalt auf länggezogenen Schlämmgräben gesammelte Kohlenschlamm sehr gute und dichte Koks liefert. Es liegt hier die Vermuthung nicht fern, dass, abgesehen von der grösseren Reinheit der Burgk'ner Kohlen an Zwischenmittel, vielleicht auch die Methode des Siebsetzens, bei welcher durch die eigenthümliche Handhabung des beweglichen Setzsiebes dasselbe gleichzeitig die Function des Stossherdes ausübt (siehe oben pag. 340), von Einfluss auf den genannten Umstand ist.

Näher als die Verwerthung der Koksofengase zur Heizung der Dampfkessel für Hohofengebläse oder Fördermaschinen lag aber jedenfalls die Ausnutzung derselben zum Heizen der Koksöfen selbst. Zur Lösung dieser Aufgabe ging man zur Errichtung kleinerer Koksöfen über, deren Sohlen und Wandungen durch die abziehenden Koksofengase und zwar zunächst durch die latente Wärme derselben, später aber allgemein durch ihre Verbrennungswärme geheizt wurden. Durch diese Einrichtung führte man den Verkokungsprocess in die ihm gebührenden Grenzen zurück; d. h. man suchte der Verbrennung der Kokse, behufs der Vervollständigung des Verkokungsprocesses überhaupt, entgegen zu treten und dadurch die Ausbeute zu erhöhen, indem man die Koksöfen als Retortenräume mit der Verbrennungswärme der Verkokungsgase heizte. Lässt sich nun gegen die Anlage kleiner Verkokungsöfen auch ein grösserer Kostenaufwand zur Erzielung gleicher Koksmengen einwenden, so ist doch die Verkokung gewisser Kohlensorten, für welche diese Einrichtungen sich vorzüglich eignen, eine beschleunigte, die Ausbeute eine grössere und ausserdem sind die Nebenbaukosten durch Vereinigung sehr vieler Oefen zu einem Ofensysteme verringert. Es werden die Oefen mit ihren geraden, langen Seitenwänden dicht aneinander gereiht und von einem gemeinschaftlichen Mantel umschlossen, so dass die inneren Wände nur als dünne Seitenwände eines grossen Herdraumes anzusehen sind; jedenfalls stellen sich dann die einfachereren dieser Oefen in ihrer ersten Anlage billiger heraus, als eine für die gleiche Productionshöhe erforderliche Zahl Schaumburger Oefen, welche freistehend bedeutende Umfassungsmauern beanspruchen. Ausserdem ist es die Vervollkommnung der Zieh- und Löschvorrichtungen, welche der schwierigen Handhabung der Oefen mit runder oder ovaler Herdsohle nach dem älteren Princip entgegensteht und worin man in neuerer Zeit bedeutende Fortschritte gemacht hat.

Fig. 66.

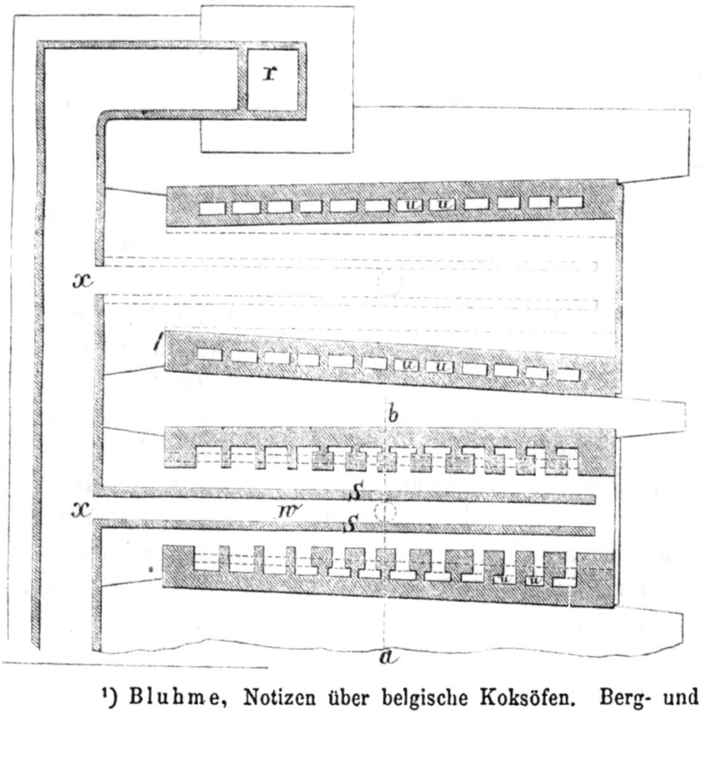

In Belgien[1]) ging man in der Vervollkommnung der Koksöfen insofern regelrecht zu Werke, als man sich zunächst der älteren Ofenconstruction bediente und diese nur insoweit abänderte, als es die Verwerthbarkeit der Koksofengase behufs ihrer Ausnutzung zur Erwärmung der Sohle erheischte.

Die älteren englischen Oefen von 6 Meter Länge, $1\frac{1}{2}$ Meter Höhe und im Mittel 2 Meter Breite wurden in der Weise eingerichtet, dass man zunächst die Sohle um 0,45 Meter vertiefte und den Raum durch die beiden Scheider s s (Fig. 66—68) in drei Abtheilungen theilte; dann errichtete man im Innern des Gewölbes die beiden Seitenwände t t, welche die verticalen Kanäle u u mit den frühern Seitenwänden bilden und die Gase unter die Sohle des Ofens führen. Die Breite der Oefen wurde dadurch von 2 Metern auf 1,6 Meter verringert; die Herdsohle v aber erhielt wieder ihre ursprüngliche Höhe,

[1]) Bluhme, Notizen über belgische Koksöfen. Berg- und Hüttenmännische Zeitung 1855.

Fig. 67.

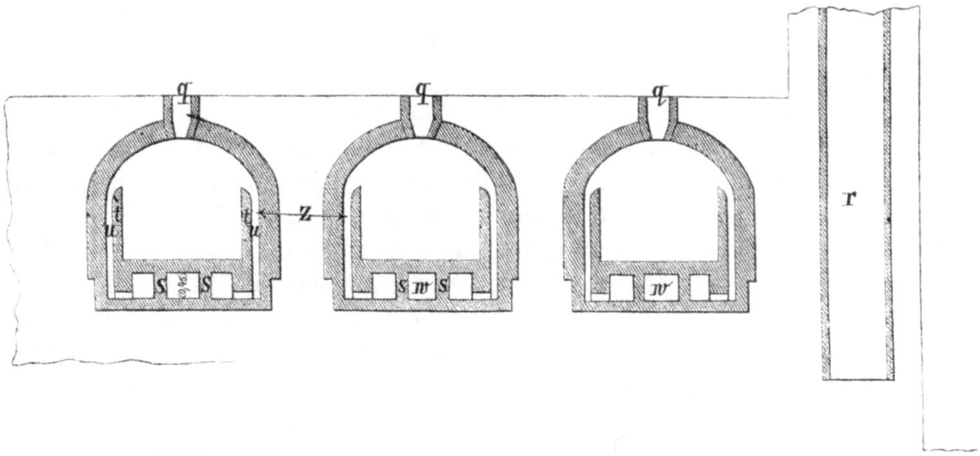

Fig. 68.

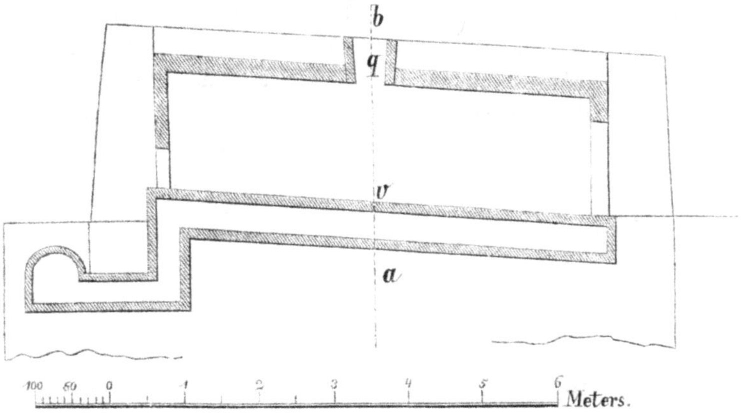

unter welcher sich die Gase in dem Mittelkanal w vereinigten und durch den hinter der Ofenreihe liegenden Hauptkanal x nach dem Schornstein r (Fig. 66) führten. Der in der Mitte des Ofengewölbes befindliche Schornstein q blieb dieser Einrichtung zufolge geschlossen.

Auch die backofenförmigen Herdöfen hat man nach ähnlichem Princip in der Weise abgeändert, dass man unter der Sohle durch 3 Scheider 4 Kanäle anlegte, welche einerseits mit dem inneren Ofenraum durch zwei kleine, von den beiden Gewölbseiten ausgehende Kanäle und mit der äusseren Luft durch zwei hintere, am Ende der Sohlzüge auslaufende Schornsteine communicirten. Durch diese Abänderungen soll die Koksausbeute von 63 auf 68 Procent gestiegen sein, so dass demnach der durch Verbrennung der Kokse während des älteren Verkokungsverfahrens erwachsende Verlust auf 5 Procent zu veranschlagen sein würde.

Nach den in der Einleitung angegebenen Regeln gestalten sich die Resultate des Verkokungsprocesses um so gleichmässiger und günstiger, je grösser die erhitzende Oberfläche der Verkokungsöfen dem zu verkohlenden Material gegenüber auftritt. Die Einwirkung von Aussen hat auf die Absonderung der Kohlenmasse einen ganz besonderen Einfluss; die Absonderung oder Zerklüftung der Koksmasse ist eine Folge der ungleichen Spannung im Innern derselben und erfolgt jederzeit rechtwinklig auf die zu erhitzende Fläche. Während demnach bei den Oefen der älteren Construction, in welchen die Erwärmung von der Sohle aus und von oben stattfindet, die Säulen meist rechtwinklig auf der Sohle aufstehen, so liegen dieselben horizontal, sobald die Wärme hauptsächlich durch die Ofenwandungen zugeführt wird; dabei ist in der Mitte, parallel der langen Seite, immer eine scharfe Trennung zu erkennen, wo die Einwirkung von beiden Ofenwandungen sich gleich geltend macht. In dieser Lage lassen sich dann die Kokse sehr gut ausschieben, sie sind dicht und fest und zerfallen in Stangen von 1 bis 2 Decimeter Länge. Es gibt diese Trennungslinie in der Mitte stets ein Anhalten für die richtige Ofenbreite; ist letztere zu gross, so findet die Verkokung an dieser Stelle des Ofens nur ungenügend statt; ist der Ofen zu schmal, so greifen die Einwirkungen beider Seiten zu sehr über einander und die Kokse zerfallen dann zu Cinder. In ersterem Falle und bei ungenügender Erhitzung des Ofengewölbes beobachtet man hierbei das Auftreten „der schwarzen Füsse", d. i. die Abscheidung lockerer Kohlentheilchen an der Oberfläche der Kokslager, herbeigeführt durch die Zersetzung von der Gewölbmauer herabtropfender Asphaltmassen, und die Bildung einer mehr gefritteten mittleren Kohlenpartie. (Barré, Reise in Belgien und Preussen. 1861.)

Die neueren nach dem oben genannnten Princip construirten Oefen stimmen in der Form des Herdes fast sämmtlich überein; die Sohle bildet, mit Ausnahme der Talabot'schen Röhrenöfen, ein langes Rechteck im Verhältniss der Länge zur Breite wie 4 : 1 und 9 : 1. Die Breite variirt zwischen 0,4 bis 1,10 Meter, die Länge zwischen 3 bis 6 Meter; die Höhe der Seitenmauern übersteigt 1 Meter nicht und der Radius des flachen Gewölbes ist 0,5 bis 1 Meter. Die kleineren Oefen von 3 Meter Länge haben nur eine Thür und ist daher die hintere schmale Seite durch eine Mauer geschlossen; die grösseren haben, wie die Oefen von Maubeuge, 2 einander gegenüberstehende Arbeitsöffnungen und ihre Sohle ist nach der Auszugsthüre hin etwas geneigt. Die Seitenwände haben nur die Stärke einer Steinesbreite 0,15 bis 0,2 Meter. Die Widerstandsfähigkeit derselben gegenüber den expandirenden Kohlenmassen wird durch die Vereinigung einer Ofenreihe zu einem gemeinschaftlichen massiven Ganzen erreicht, indem ein Ofen den Druck des anderen übertragen hilft. Die Circulation der Gase in den Seitenwänden wird durch horizontal oder vertical in denselben verlaufende Kanäle bewerkstelligt, welche in ihrer Verlängerung mit den nach Art der Circulationsfeuerungen der Salzsiedepfannen unter der Herdsohle hinlaufenden Zügen communiciren. Letztere tragen zugleich die Sohle des Herdes, welche aus dünnen Platten bestehen kann, die auf den Scheidewänden der Sohlenzüge und einem Sockel der Ummauerung aufgelegt sind.

Fig. 69.

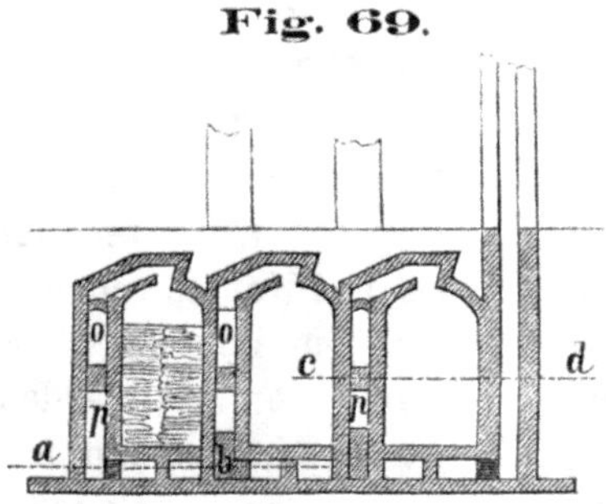

Fig. 70.

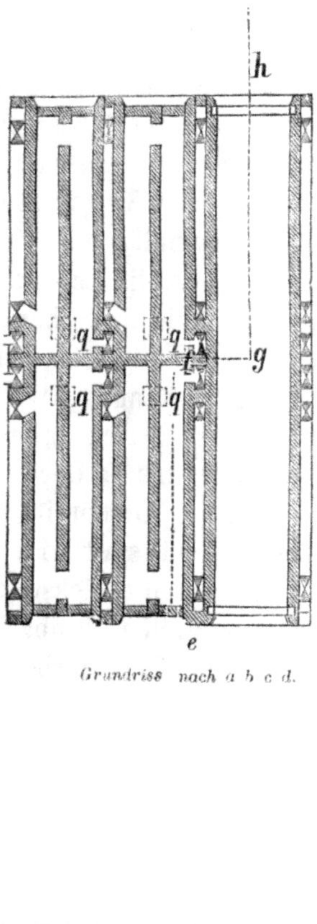

Grundriss nach a b c d.

Fig. 71.

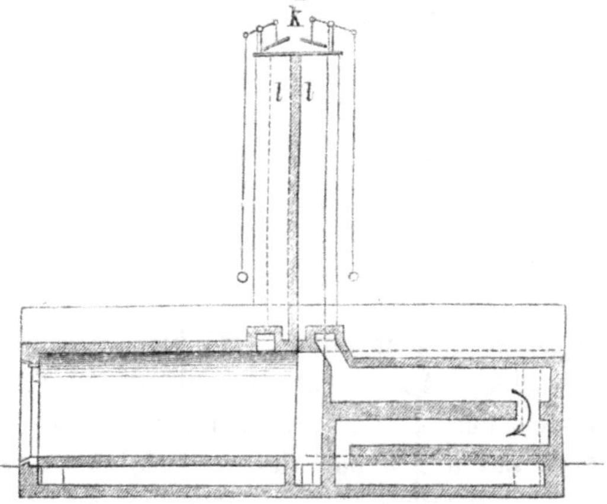

Durchschnitt nach e f g h.

Zunächst sind es die Smet'schen Oefen, welche, sowie die von Fabry, in dieser Weise construirt sind und hier beschrieben werden sollen:

Ein Smet'scher Ofen (Fig. 69—71), von welchem sich in dem Etablissement gleichen Namens dicht bei Charleroy Reihen von 34 an der Zahl, sowie auf den de Wendel'schen Werken bei Saarbrücken 48 in einer Reihe aufgestellt befinden, ist 6 Meter lang, 0,65 Meter breit, 1,20 Meter hoch incl. Gewölbe; sein Querschnitt beträgt 0,749 Quadratmeter. Die Verkokungsgase entweichen aus den oberen zwei Gewölbeöffnungen, gehen von da nach links in die Seitenkanäle von o nach p' und gelangen aus diesen durch einen Kamin unter die Herdsohle, circuliren unter derselben durch die zwei Längskanäle und entweichen durch q nach dem Schornstein. Jeder Ofen erwärmt sonach nur die linke Seitenwand und seine Sohle, die rechte Wand wird durch die Gase des rechts stehenden Ofens geheizt; auf dem äussersten rechten Ofen circuliren dann die Gase durch beide Seitenwände, deren Stärke in allen diesen Oefen 0,15 Meter nicht übersteigt. Der Schornstein (Fig. 71) steht in der Mittellinie des Ofens, wo die Gasströme wieder zusammenkommen, jedoch auch im Schornsteine noch durch eine Scheidewand getrennt bleiben; er ragt 3—4 Meter über den Ofen heraus und besteht im oberen Theile aus gewöhnlicher Ziegelsteinmauerung. Bei gutem Gange darf aus dieser Esse kein sichtbarer Rauch, sondern nur farblose Verbrennungsgase entweichen. Die Anbringung einer Klappe k zur Regelung des Zuges ist selbstverständliches Erforderniss.

Die Oefen des Ingenieur Fabry, welche zuerst im Jahre 1854 entstanden sind, charakterisiren sich dadurch, dass das Entweichen der Verkokungsgase durch die Gesteinfugen der Seitenwände des Herdes ss (Fig. 72—75) stattfindet. Letztere bestehen aus

Fig. 72.

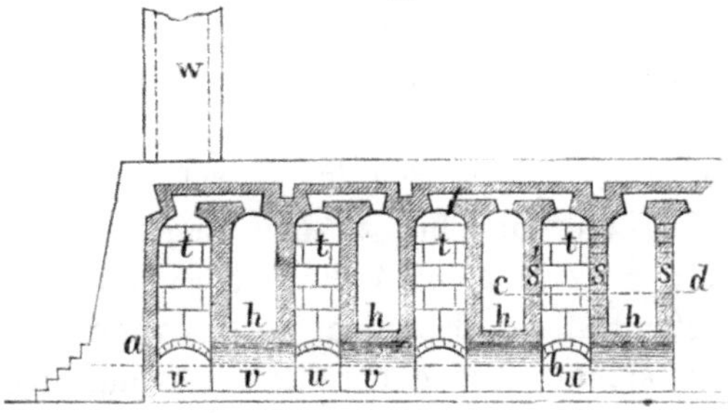

Fig. 74.

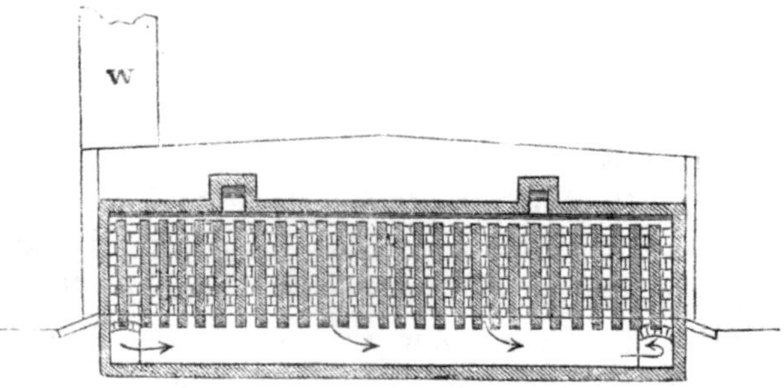

Durchschnitt nach e f.

Fig. 73.

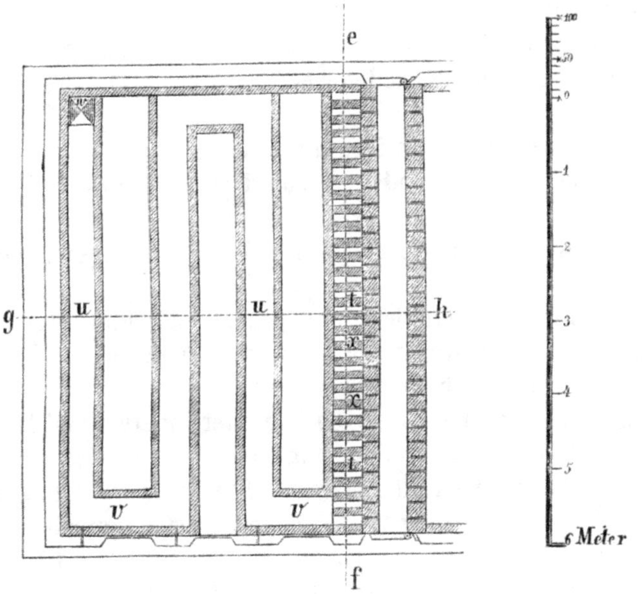

Grundriss nach a b c d.

Fig. 75.

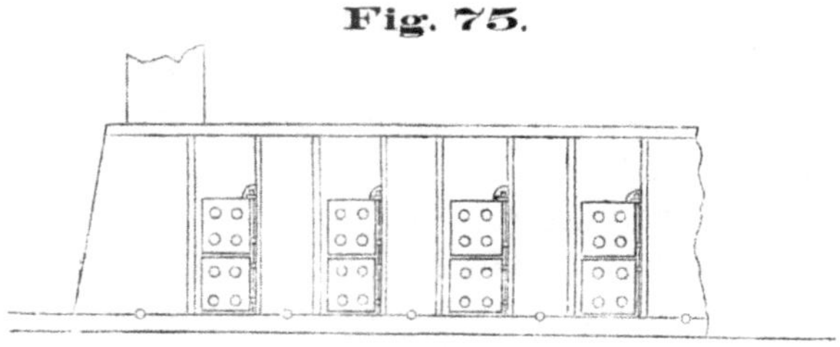

feuerfesten Steinen von 0,2 Meter Länge, 0,2 Meter Breite und 0,1 Meter Höhe. Die verticalen Gesteinsfugen (Fig. 74) bilden feine offene Spalten von 5 Millimeter Breite, durch welche die Gase zum grössten Theile austreten; der kleinste Theil derselben zieht durch zwei obere Gewölbsöffnungen ab. Die Gase gehen, wie bei den Smet'schen Oefen, durch die 0,4 Meter breiten Seitenkanäle tt nach den Sohlenzügen uu, um dann durch v nach der gemeinschaftlichen Esse w zu entweichen.

Die Oefen werden mehr als doppelt so hoch chargirt als ihre Breite, 0,4 Meter, beträgt; jede Charge beträgt 30 Hektoliter = 54,6 preussische Scheffel, welche auf den 6 Meter langen Herd gleichmässig ausgebreitet werden. Das Ausziehen der ganzen Koksmasse erfolgt in einer bei den Oefen von Maubeuge geschilderten ähnlichen Weise. Die Ofenthüren Fig. 75 bestehen aus 2 eisernen Klappen ohne Rahmen, welche die ganze Höhe des Herdes bedecken und sich um einen einfachen eisernen Ständer drehen. Beim Beginn der Operation lässt man gewöhnlich die der Windseite gegenüberliegenden Oeffnungen offen, bis die meisten Dämpfe verschwunden sind und verstopft dann erstere mit Thonpfröpfen. Dies tritt gewöhnlich 6 bis 7 Stunden nach dem Chargiren ein; die Dauer der Operation beträgt 24 Stunden. Die Anlagekosten eines Ofens betragen 600 Frcs.; die Dauer der Campagne soll sich auf 10 Jahre ausdehnen.

An die im Vorhergehenden beschriebenen Koksofenconstructionen reihen sich die des François'schen Systems (siehe oben) an, von welchen in neuerer Zeit auch 62 Stück auf Königin-Marienhütte bei Zwickau errichtet worden sind. Letztere haben 6 Meter Länge, 1,4 Meter Breite und 1,6 Meter Höhe und sind an den Frontseiten durch, mittels über den Oefen angebrachter-Winden zu öffnende, Thüren geschlossen; sie werden mit 120 preuss. Scheffel Kohlenklein besetzt und liefern nach 48 Stunden 54 Procent Koks. Die Circulation der Gase überträgt sich von der einen Seite des Ofens durch drei Zugkanäle auf zwei unter der Sohle desselben Ofens befindliche, in der Längsachse desselben hinlaufende Kanäle und von da nach dem Schornsteine, so also, dass ein Ofen von dem anderen unabhängig arbeitet. Diese von Haldy eingeführte Verbesserung hat aber auch den Nachtheil, dass beim

Chargiren die Abkühlung sehr gross ist. Die Luft tritt während der Arbeit durch die Oeffnungen in den Thüren, die beim Beginn der Verkokung offen gehalten werden. Die Entleerung der Oefen geschieht durch eine mit Zahnstange versehene Winde, durch welche erstere den Koksblock aus dem Ofen herausschiebt.

Auf Grube Heinitz bei Neunkirchen in Saarbrücken waren im Jahre 1864 im Betriebe:

72 François'sche Oefen 24 Fuss lang, 33 Zoll weit, 30 Zoll hoch bis zu den Zügen mit 90 bis 100 Centner Besetzung; 72 verbesserte Haldy'sche Oefen, 18 Fuss lang, 42 Zoll weit, 30 Zoll hoch bis zu den Zügen mit 75 bis 80 Centner Besetzung; 40 Oefen mit zweiseitigen Verticalzügen und 3 Sohlenkanälen mit 2 Zungen, so dass die Gase durch die Verticalzüge nach den seitlichen Bodenzügen erst vorwärts, dann vertical durch den mittleren Sohlenkanal nach dem hintern Hauptkanal ziehen. (Siehe Aufbereitung.)

Die auf derselben Grube errichtete Koksausdrückmaschine ist eine auf Eisenbahnschienen laufende Locomobilenvorrichtung, welche sich auf den Gleisen AA parallel den Stirnflächen der am vordern Ende nahe BB stehenden Koksöfen bewegt und im Allgemeinen als aus 3 Theilen bestehend aufgefasst werden kann (Taf. XII):

1) dem eisernen Wagen CC, dem Träger und Beweger des übrigen Apparates;
2) der Dampfmaschine mit Kesselvorrichtung und Feuerung und dem zum Umsatz der Bewegung dienenden Räderwerke;
3) aus dem Theile, der durch seine Vorwärtsbewegung im Koksofen das in diesem befindliche Product entfernt.

Der Wagen erfüllt mehre wichtige Zwecke; er muss das Gewicht der ganzen Maschine tragen und durch dieses während der Arbeit einen sichern Stand des Apparates bedingen, zugleich aber die Maschine nach Bedarf vor verschiedene Stellen der Koksöfenreihe bewegen.

Er besteht aus einem innern und zwei äussern innig verbundenen Theilen; der innere Theil DD aus einem auf 8 Laufrollen beweglichen, durch starke Iförmige Träger aa Fig. 2 und 3, sowie durch die mit diesen vernieteten Querverbindungen bb sehr tragfähig gemachten Tische. Die Querverbindungen tragen zugleich in kräftigen Achsenlagern die mit zwei über die Schienen greifenden Leisten versehenen Rollen — acht an der Zahl. Diese Rollen nehmen wesentlich den vom Auspressen kommenden Gegendruck auf, woher ihre von der Construction der Eisenbahnwagenräder abweichende Einrichtung stammt.

Die innern, der Länge nach laufenden ITräger setzen sich ferner bis zu den am Anfang und Ende der Maschine befindlichen Querverbindungen 'b' fort, welche zu weiterer Nützung dienend, wie bb construirt und mit je 2 Laufrollen versehen siind. (Fig. 1 und 3.) Um endlich eine vollkommene Unveränderlichkeit der einzelnen Theile herbeizuführen, machen sich die Streben cc nothwendig, welche vorn mit den TEisen der Querträger, hinten aber mit den Iförmigen Längsträgern verbunden sind und am Hintertheile durch die Querstreben dd am Ausbiegen verhindert werden.

Zu gleichem Zwecke sind an der am meisten beanspruchten Stelle des innern Wagens die Strebebänder ss (Fig. 2) angebracht. Der Wagen erfährt seine Bewegung durch die in Fig. 4 gezeichnete und in Fig. 2 im Raume EE an der langen Achse ee, die 4 Rollen fest verbunden trägt, angebrachte Vorrichtung. Auf dem Verdeck des angezogenen Raumes befindet sich nämlich eine Kurbelvorrichtung. Von dieser, vom Gestell FF getragen, wird nämlich bei Bewegung der Kurbel, vermittels der conischen Räder ff, die Bewegung auf eine verticale Achse und durch diese mit Hülfe zwei anderer Kegelräder auf die horizontale Achse ee übertragen. Die Ueb ersetzung ist hierbei eine so bedeutende, dass der Apparat durch zwei Arbeiter bewegt werden kann.

Endlich sieht man an den innern Längsträgern des Wagens (Fig. 1 und 2) die Achsenlager angebracht, in denen ein mit GG... bezeichnetes, hier in Ansicht, dort im Durchschnitt gegebenes Rollensystem läuft, welches zu beweglicher Unterstützung der langen Zugstange P dient, die natürlich in stetem Gleichgewicht erhalten und vor Ausbiegung geschützt werden muss.

Fig. 2.

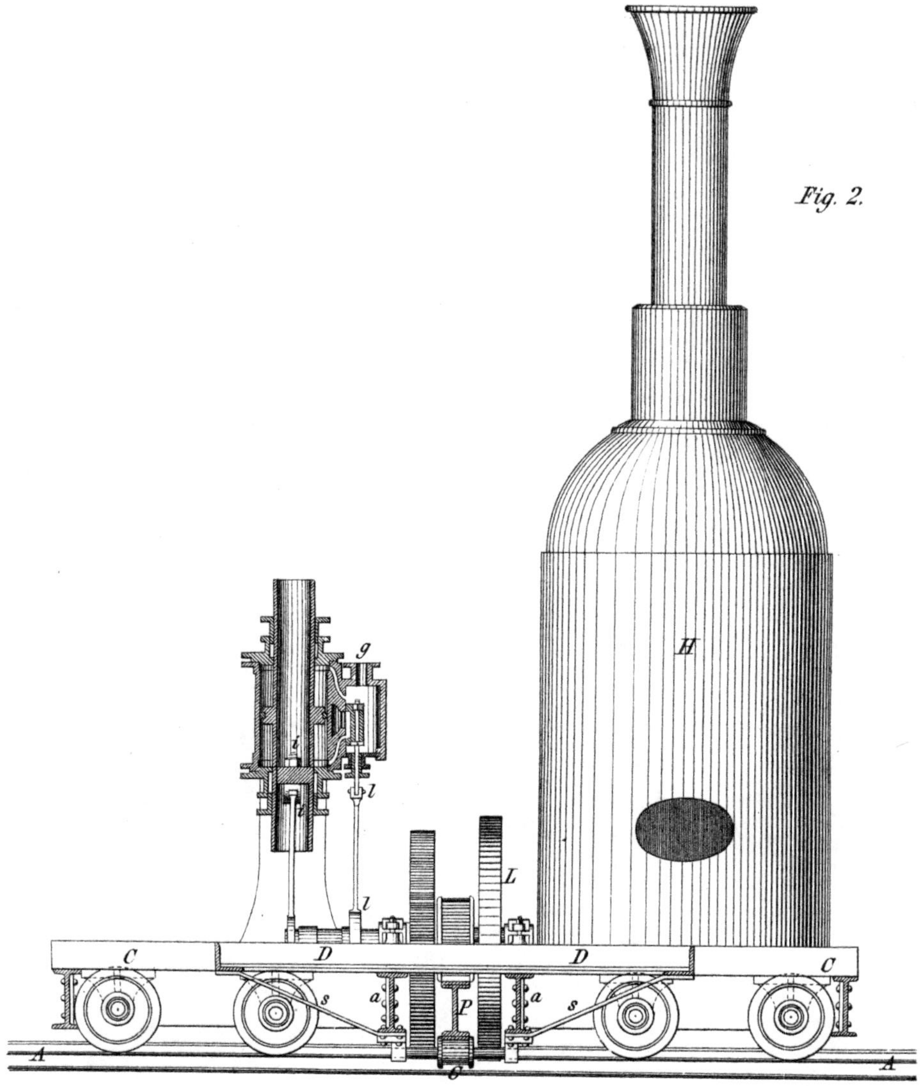

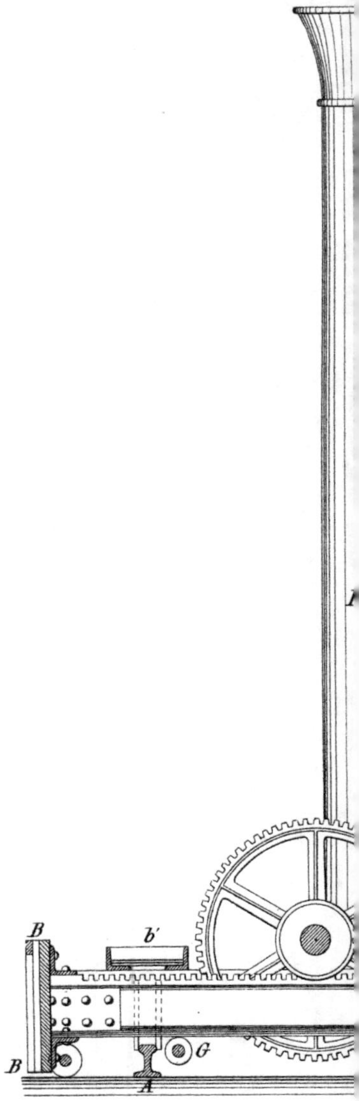

KOKSAUSDRÜCKMASCHINE

auf der Steinkohlengrube

Heinitz bei Neunkirchen.

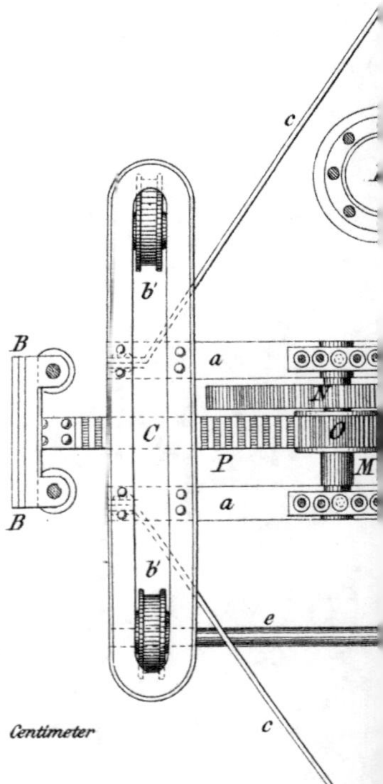

Maafsstab.

E. E. Poppe gez.

Fig. 4.

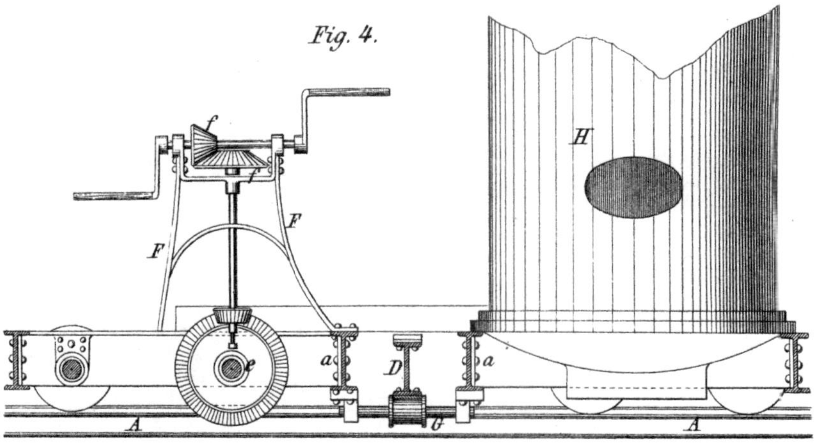

1.

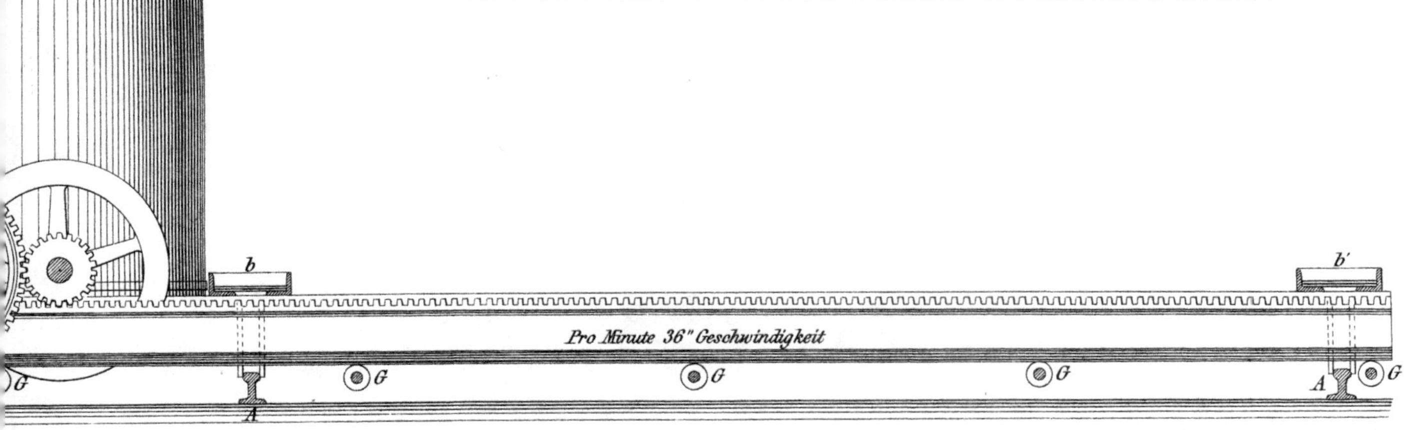

Fig. 3.

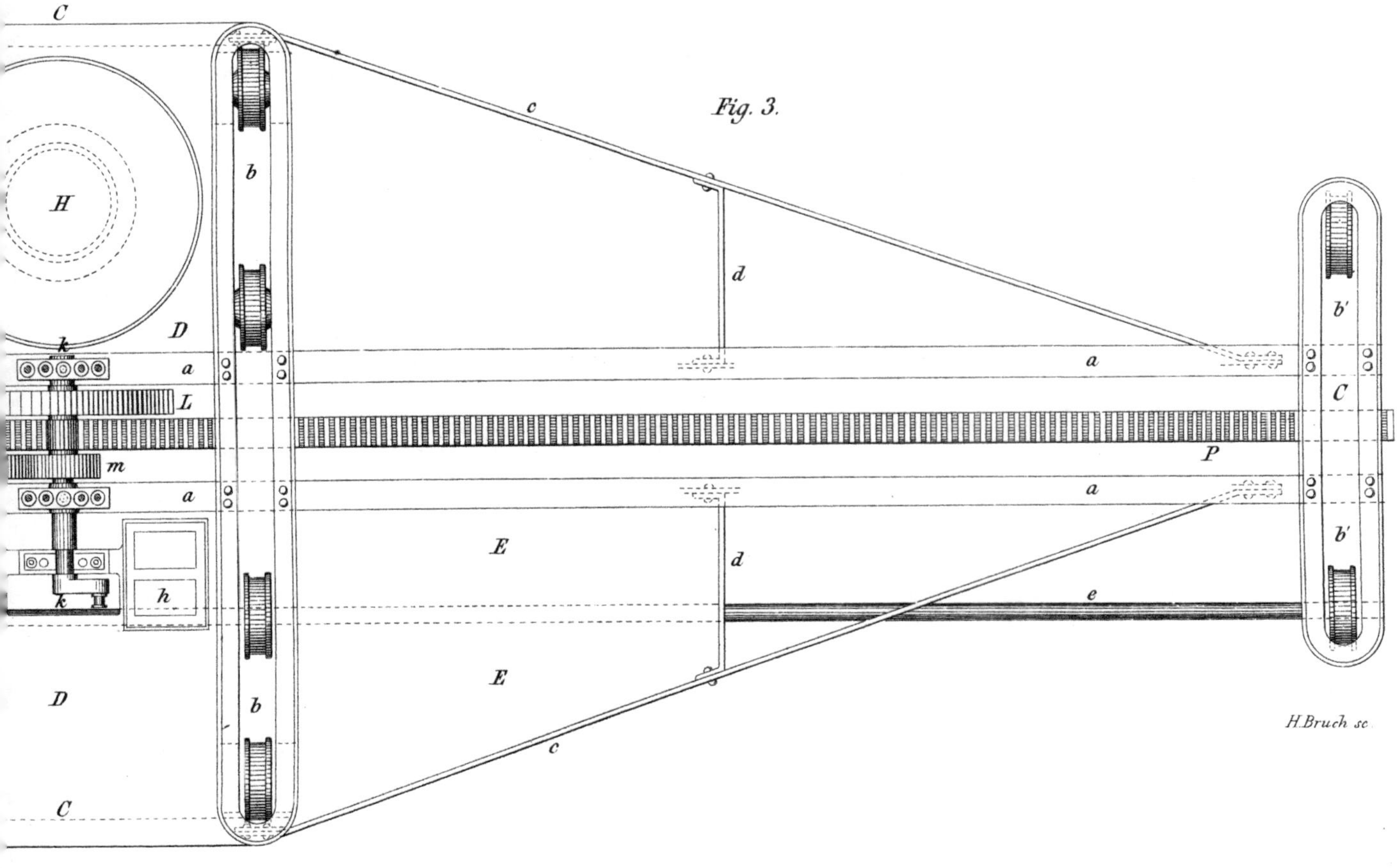

H. Bruch sc.

Die Dampfmaschine mit den in HH angedeuteten Feuerungs- und Dampferzeugungsapparaten wird auf einem hier unwesentlichen Wege durch den bei G in den Schieberkasten eintretenden Dampf gespeist. Sie macht bei 8 Zoll Durchmesser 6 Zoll Hub 90—120 Spiele pro Minute und repräsentirt bei 42 Pfund und 50 Procent Effect 4 Pferdestärken, bei 56 Pfund 6 Pferdestärken. Wir haben hier eine besonders compendiöse Construction, die wegen Kleinheit und Leichtigkeit dem Zwecke einer Locomobile gut entspricht. hh (Fig. 3) sind die Grundplatten der auf den Tisch geschraubten Maschine mit stehendem Cylinder. Eigenthümlich ist hier, dass die Kolbenstange ein Rohr von bedeutender Weite, die Fläche, auf welcher der Dampf wirkt, somit eine ziemlich schmale Ringfläche ist.

Aus dieser Construction der Kolbenstange ergibt sich die Einführung sehr grosser Stopfbüchsen, die auf beiden Seiten des Cylinders liegend, somit geeignet werden, die Geradführung des Apparates zu ersetzen — die Höhe desselben zu vermindern — ihn leichter zu machen. Im Rohre selbst befindet sich im starken Boden ii die Lenkstange; die Verbindung derselben wird mittelbar durch eine festgeschraubte Gabel bewirkt.

Die röhrenförmige Kolbenstange muss natürlich nach beiden Seiten hinreichende Länge haben, um sich dicht und sicher in den Stopfbüchsenführungen bewegen zu können. Von der Kurbel R aus wird nun die Bewegung auf eine Achse RR übertragen, die bei l die Schieberstange nach dem Schieberkasten hin bewegt und in zwei Zapfenlagern (Fig. 2 und 3) laufend, ausser dem Schwungrade L noch ein kleines gezahntes Rad m trägt, vermittels dessen das grosse Zahnrad M und an der Achse desselben das mit ihm fest verbundene n bewegt werden. Indem nun eine starke Uebersetzung erzielt wird, greift in n wiederum ein grosses Rad N ein, an dessen Achse das Getriebe O befestigt ist, welches in die lange Zahnstange P greifend, diese langsam vorwärts bewegt. Um einmal diese Zahnstange — einen wegen ihrer Länge sehr kostbaren Theil der Maschine — möglichst stabil gegen die Ausbiegung und dabei weit leichter zu machen, als wenn sie nur rechteckigen Querschnitt hätte, ist dieselbe, wie Fig. 2 zeigt, dünn in ihrer Masse, aber auf einem hohen IEisen befestigt. Der untere Theil desselben läuft auf den bereits früher angegebenen Rollen GG, welche mit Leisten versehen, der Stange eine sichere Führung in der Längsrichtung geben sollen. Zu demselben Zwecke besitzt auch das Getriebe O übergreifende Leisten. Der Kopf BB der Zahnstange, welcher mit dieser kräftig vernietet ist, ist so hoch, dass er beim Herausschieben des Kokses keine Theile desselben überfallen lässt, was der Maschine schaden würde. Er tritt bei der Arbeit in den Ofen ein und stützt sich im Fortlauf auf die zu diesem Zwecke angebrachte Laufrolle auf der Sohle des Ofens. Die beiden in Fig. 3 sichtbaren Rollen dagegen verhindern eine Beschädigung der Seiten der Zahnstange und eine Reibung derselben an den senkrechten Seitenwänden des Ofens. Die Länge der Zahnstange ergibt sich natürlich aus der Länge des Ofens, bis zu dessen hinterer Oeffnung sie laufen muss, von wo an sie aus dem geometrischen Zusammenhange treten würde, so dass sie nun durch umgekehrten Gang des Räderwerkes wieder zurückgeführt werden muss. —

Bevor wir nun auf die Leistungsfähigkeit der bisher besprochenen Koksöfeneinrichtungen specieller eingehen, soll hier noch der nach dem Princip der Doppelröstöfen errichteten Doppelkoksöfen von Frommont und Gendebien Erwähnung geschehen.

Fig. 76.

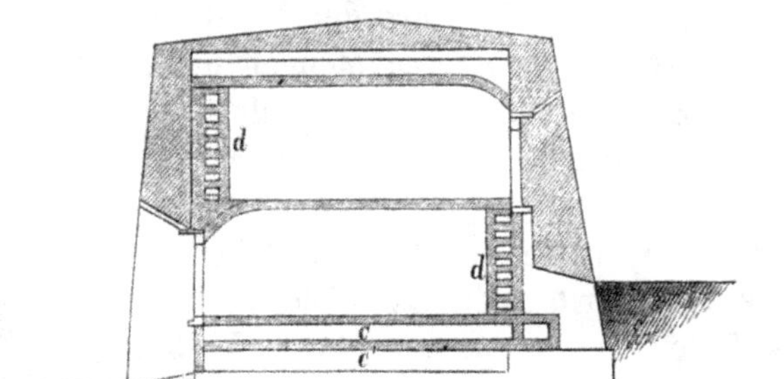

Die Frommont'schen Oefen, welche seit einer Reihe von Jahren ausser in Belgien auch in Westphalen und Saarbrücken Anwendung gefunden, sind Etagenöfen, in welchen die Gase aus dem unteren Verkokungsraum (Fig. 76—78) durch 7 Oeffnungen a an der oberen Wand und durch eben so viel Kanäle zu dem oberen Herd aufsteigen und dann auf der anderen Seite gemeinschaftlich mit den Gasen des oberen Ofens bis unter die Sohle des unteren Ofens streichen. Nachdem sie hier in cc circulirt haben, erwärmen sie noch die kurze Hinterwand und eine untere Seitenwand in den Zügen d, ehe sie durch die Esse abziehen. Die Einsetzthüren dieser 3 Meter langen Oefen stehen sich einander gegenüber, so dass die Haldensohlen den ersteren ent-

Fig. 77.

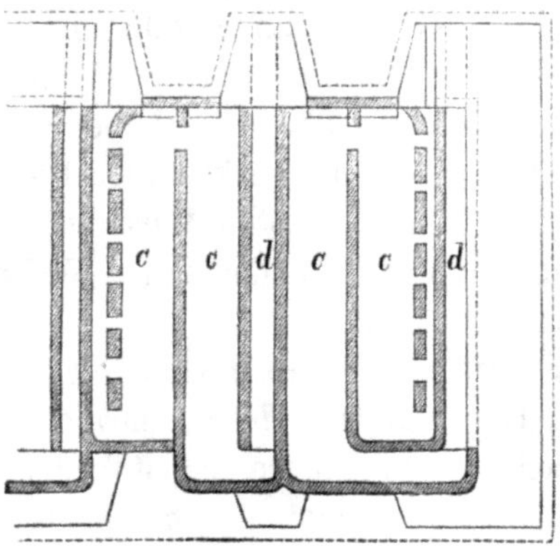

Durchschnitt nach m n.

Fig. 78.

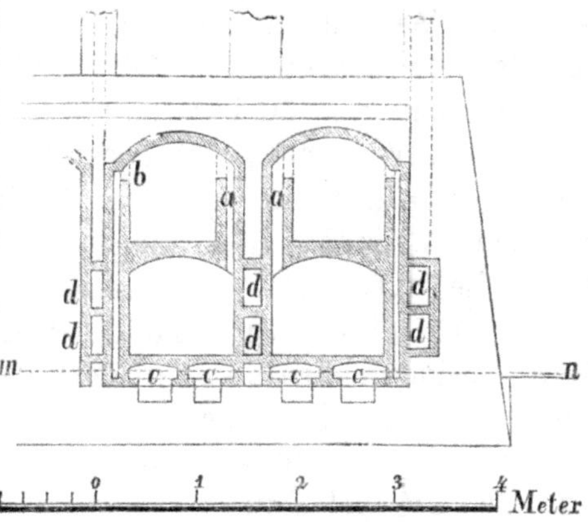

sprechend terrassirt sind. Der Gang der Oefen wird so geführt, dass eine Charge von 22 preuss. Scheffeln in beiden Oefen zu gleicher Zeit und in gleicher Menge stattfindet, sonst sind sie von einander ganz unabhängig und werden von verschiedenen Arbeitern bedient. Die Breite beider Oefen ist nicht völlig gleich, sie beträgt oberhalb 0,9 Meter, unterhalb 1,10 Meter; dieser Umstand bedingte, so unbedeutend er erscheint, eine nicht völlig gleichmässige Chargirung, indem der obere immer früher als der untere zur vollständigen Verkokung gelangte. In Folge der verschiedenen Steinformen, welche diese Oefen beanspruchen, beläuft sich der Kostenaufwand etwas hoch, da mehr als 60 verschiedene Nummern von Steinen nöthig sind, um die Einrichtung der vielfach gewundenen Züge zu ermöglichen.

Die Gendebien'schen Oefen unterscheiden sich von den Frommont'schen nur durch eine Verschiebung der oberen Oefen, welche über dem Mittel zwischen je zwei unteren angelegt sind. Auf der Hütte zu Montigny-sur-Sambre, welche von Herrn Gendebien geleitet wird, sind folgende Constructions-Verhältnisse der Oefen die gebräuchlichsten:

Grösste Höhe des Gewölbes	1,10 Meter,	Höhe der Schienenbahn zu beiden Seiten über dem Boden . . .	0,50 Meter,
Länge der Sohle	3,50 „	Dicke der Seitenwände zweier Oefen	0,12 „
Breite „ „	0,95 „	Abstand zwischen zwei Kanälen . .	0,12 „
Breite der Thür	0,55 „		
Höhe „ „	0,75 „		

Die Wände sind durch starke eiserne Verankerungen von 0,25 Meter Breite und 0,06 Meter Stärke zusammengehalten. Die Mauerung der Wände ist mit Abzügen versehen, in denen die Luft die Rolle eines schlechten Wärmeleiters spielt und Verluste an Wärme verhindert. Die so erhitzte Luft tritt in die Kanäle unter der Sohle und verbrennt die dort einströmenden Gase, durch welchen Umstand zwar ein grosser Vortheil in der vollständigen Verwerthung der brennbaren Gase erreicht, aber auch die Solidität der Anlage in Folge ungleicher Ausdehnung des Mauerwerks beeinträchtigt wird. (Barré, a. a. O.) Die Charge für jeden Ofen beträgt 18 Hektoliter = 32,75 preuss. Scheffel und nimmt 24 bis 36 Stunden in Anspruch. Das Chargiren und Entleeren der Oefen geschieht bei den oberen Oefen wie bei den unteren abwechselnd von 12 zu 12 oder von 18 zu 18 Stunden. Man kann somit den einen Ofen gerade dann chargiren, wenn die beiden benachbarten ihr Temperaturmaximum erreicht haben. Für 7 Oefen sind zur Bedienung zwei Aufgeber und zwei Auflader erforderlich.

Mit dem im Vorhergehenden über Koksöfeneinrichtungen Angeführten schliesst in der geschichtlichen Verfolgung des Verkokungsprozesses eine Epoche ab, welcher wir zur richtigen Beurtheilung der nun folgenden Ofenconstructionen eine nochmalige übersichtliche Besprechung widmen wollen. Die ältesten Koksöfeneinrichtungen sind geschlossene Meiler, welche vor den offenen den Vorzug bieten, dass in ihnen Kohlenklein, welches, der Meiler- und Haufenverkokung in grösseren Mengen nichtfähig, zur Darstellung massiver Koksmassen Verwendung findet. Die Schaumburger Oefen, welche, von diesem Gesichtspunkte aus betrachtet, in erster Reihe stehen, haben in den von Smith & Swinneston gebotenen Meilereinrichtungen untergeordnete Rivalen.

Durch die Ueberwölbung der Herdöfen, also durch die Wiedergabe der Backofenform, ist die Verkokungszone aus dem Innern der Kohlenmassen an die Peripherie gedrängt. Die Verkokung erfolgt auf Kosten der von der Herdsohle und im Innern des freien Gewölberaumes durch Verbrennung der Verkokungsgase gebotenen Wärme. In dieser Beziehung unterscheiden wir:

1) die ältesten Koksbacköfen mit zufälligem und wechselndem Luftzutritt durch Thürspalten und Schornsteine (Oefen von Zaukeroda);

2) die Verkokungsöfen mit geregeltem Luftzutritt durch Gewölböffnungen (die Oefen von Maubeuge, Saarbrücken, schlesische Gewölböfen mit Zugöffnungen im Gewölbe).

Günstiger in Bezug auf Ausbeute gestaltet sich

3) die Uebertragung der Wärmequelle aus dem Koksofenraum in die Peripherie desselben, d. h. Errichtung von Koksöfen mit Erwärmung der Sohle und Seitenwände durch die abziehenden Koksofengase. Diese von Brunfault eingeführte Verbesserung bedingte die Erreichung kleiner Ofendimensionen, wie sie in den Oefen von Smet, Fabry und François, sowie in den Frommont'schen Doppelöfen geboten ist.

Der Verbrennungsprocess der Verkokungsgase im Innern der Wärmekanäle, durch welchen die Verkohlung überhaupt ermöglicht werden soll, geschieht aber, wie aus den Beschreibungen ersichtlich, mit Ausnahme der Gendebien'schen Oefen, auf Kosten der in das Innere des Ofens durch zufällig gebotene Oeffnungen eintretenden Luft, überträgt sich also, wie leicht ersichtlich, erst aus dem Ofenraum in die Kanäle und verringert dadurch den Effect, der durch derartige Circulationsfeuerungen geboten werden soll. Die aus den François-Haldy'schen Oefen der Königin Marienhütte frisch gezogenen Koksblöcke erschienen daher auf ihrer Oberfläche mit einer Aschendecke versehen, die nur auf Kosten der Koks selbst entstanden sein konnte und von der Einwirkung der durch die Thürlöcher eintretenden Luftmassen auf das Innere des Verkokungsraums herrührte. Soll der innere Koksofenraum nur als Verkohlungsapparat wirken, so muss die Verbrennung der Gase durch Zufuhr von Luft in das Innere der Ofenzüge mit Ausschluss des Verkokungsraumes erfolgen. Nach diesem Princip sind die Oefen von Talabot, Dulait und die auf dem Kohlenrevier Hruschau in Mähren von dem Civilingenieur Gobiet erbauten Oefen construirt, von denen die ersteren im Jahre 1846 und 1847 auf Agrappe angelegt wurden.[1])

Fig. 79.

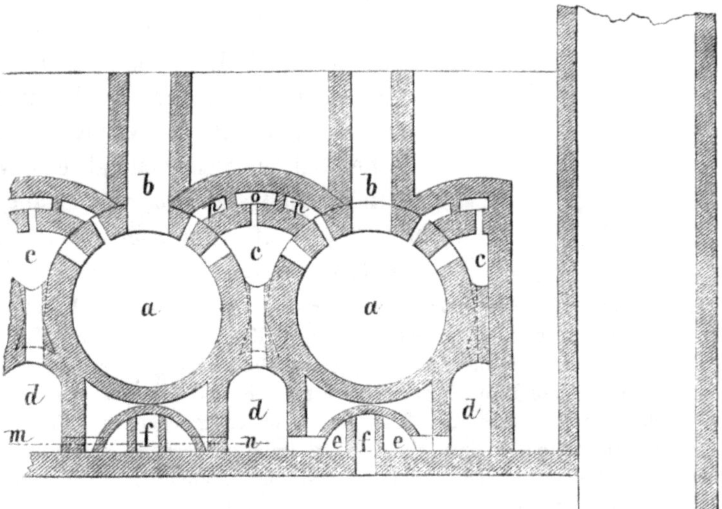

Die Talabot'schen Oefen bilden liegende Cylinder von einem Radius von 0,65 Meter; die Cylinder sind, wie Fig. 80 zeigt, zum leichten Ausziehen der Koks stark nach vorn geneigt und 3,5 Mtr. lang. Die Gase entweichen zunächst in den Raum c (Fig. 79), können von hier durch mehre senkrechte Kanäle nach d gelangen und von hinten unter die Cylinder nach e, wo sie ihren Weg durch f (Fig. 81) machen müssen, bis sie in einen grossen Kanal g einfallen, der unter allen Oefen herläuft und in eine für je 12 Oefen gemeinschaftliche Esse führt. Ueber dem Kanal c befinden sich noch kleine Oeffnungen, welche zum Eintritt der Luft durch o nach c bestimmt sind. Die Chargirung der Oefen erfolgt von oben durch die Trichter bb (Fig. 79), über welche ein Schienenstrang die Entleerung der Wagen durch b in die Retorte gestattet, welche zu $^2/_3$ ihrer Höhe mit circa 30 Hektoliter = 54,6 preuss. Scheffel gefüllt werden und nach 48 Stunden 68—70 Proc. Ausbeute geben. An der hinteren Seite des Ofens befindet sich bei h eine kleine eiserne Thür (Fig. 82), die mit Charmottesteinen verkleidet ist; den eigentlichen Verschluss bildet eine zweite eiserne Thür t (Fig. 80), die mit Lehm verschmiert wird. Die erstere Thür h hat an der unteren Seite ein kleines viereckiges Loch von 7 Centimeter Breite. Durch dieses wird eine lange eiserne Stange (Fig. 83) durch den Ofen bis an die vordere Thür geschoben; diese Stange wird vor der Charge in den Ofen gebracht und bleibt in demselben, bis die Kohlenmasse soweit abgetrieben, dass sie um diese Stange zu einem festen Kanal gefrittet ist; dann kann sie herausgezogen werden,

[1]) Oesterr. Zeitschrift für Berg- und Hüttenwesen, 1863, Nr. 52.

Fig. 80.

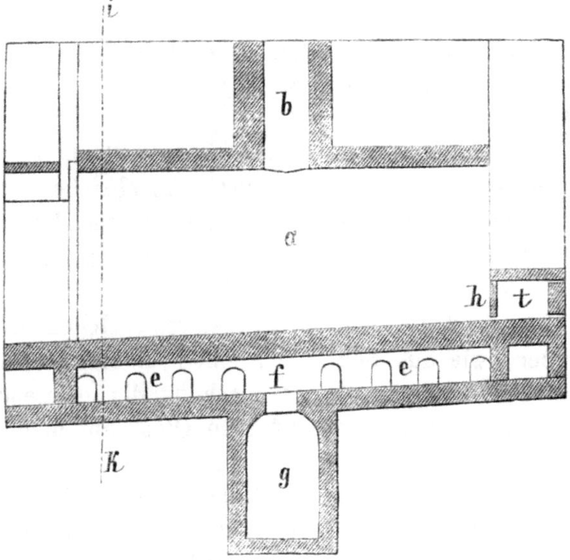

Fig. 81.

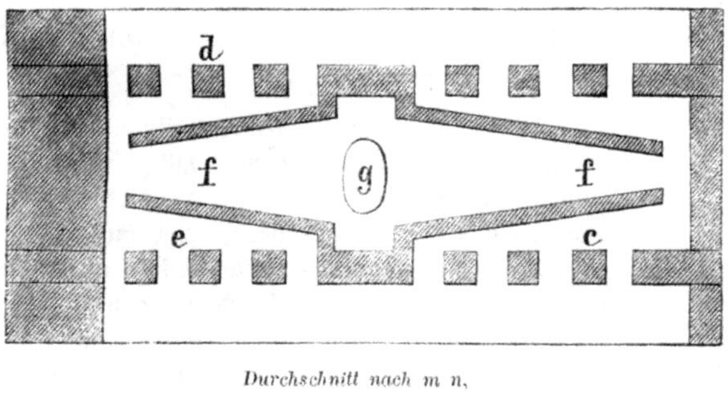

Durchschnitt nach m n.

Fig. 82.

Fig. 83.

bleibt aber gewöhnlich bis zur Dechargirung im Ofen liegen. Ist der Koks gar, so wird an das vordere Ende der Stange eine Kette angehängt, nachdem die vordere Thür des Ofens durch eine Winde gehoben ist, und erstere durch einen Vorlegehaspel, der auf einem Schienenstrang vor der Ofenreihe verschiebbar ist, angezogen; die Thüre h dient nun gleichsam als Kolben und schiebt den ganzen Koksblock aus. Jeder Ofen hat zwei dieser Thüren, von denen die zweite an Stelle der ersteren bei neuer Besetzung des Ofens eingesetzt wird. Die Koksmasse wird nun von zwei Arbeitern in halbkreisförmige Räume geschoben, die unmittelbar an den Cylinder anstossen und als eine Fortsetzung der unteren Hälfte des Herdes zu betrachten sind; in diesen werden die Koks mit Asche bedeckt und 30—40 Stunden oder bis zur Entleerung der nächsten Charge liegen gelassen. Die in diesen Oefen erzeugten Koks sind sehr fest, erscheinen aber durch die radiale Absonderung etwas zu splitterig, so dass die Stengel beim Verladen leicht und viel Bruch geben.

In der Dubochet'schen Gasanstalt zu Paris wurden im Jahre 1851 von dem Ingenieur Powel Röhrenöfen mit geneigten Herden construirt, welche unter dem Namen der „Dubochet'schen Koksöfen" auch in Deutschland Aufnahme fanden und von welchen auf den de Wendel'schen Werken bei Dudweiler im Jahre 1854 50 in Betrieb standen, welche aber in neuester Zeit abgeworfen und durch Appolt'sche Oefen ersetzt worden sind.

Fig. 84 stellt den Längendurchschnitt eines Dubochet'schen Koksofens dar. Derselbe besteht aus dem Destillirofen A und dem Abkühlungsofen B. Die Sohlen beider Oefen liegen in einer stetigen geneigten Kreiscurve von 44,9 Meter Radius, welche am oberen Ende des Destillirofens 52 Grad, am unteren Ende des Abkühlungsofens 30 Grad gegen den Horizont ansteigt; die lichte Breite beider Oefen beträgt 2 Meter und die lichte Höhe normal gemessen bis zu den Kämpfern der Gewölbe 7,4 Meter. Der Destillirofen ist mit einem scheitelrechten Gewölbe aus feuerfesten Steinen geschlossen. Fig. 86 zeigt einen Durchschnitt nach der Linie v w. Die untere Oeffnung ist mit einer kreisförmig gebogenen gusseisernen Thüre A versehen, welche mit feuerfesten Steinen verkleidet ist. Beim Aufheben dreht sie sich mittels zweier Arme um den Bolzen der Ständer b. Eine ähnliche, aber horizontale Thüre schliesst die obere Oeffnung des Destillirraumes a b und lässt sich mittels des daran befindlichen verticalen Hebels leicht aufklappen. Nahe der oberen Oeffnung im Scheitel des Gewölbes befindet sich ein kurzer runder Kanal d, welcher durch ein halbkreisförmig gebogenes gusseisernes Rohr mit dem Kanale h in Verbindung steht, der in der Mitte des quer über dem Gewölbe liegenden horizontalen Kanales i einmündet. Der Kanal i verlängert sich zu beiden Seiten über die innere Flucht der Seitenwände des Ofens hinaus, so dass er innerhalb der Seitenmauern in zwei Schornsteinen k abwärts geführt werden kann, wie dies die punktirte Linie in Fig. 84 angibt. Unterhalb der Ofensohle münden diese beiden Schornsteine in einen durch die ganze Breite des Ofens gehenden Querkanal l. In dessen Decke befinden sich 7 Oeffnungen gleichmässig in der ganzen Ofenbreite vertheilt. Communicirend mit ihnen und nach derselben Eintheilung laufen unter der Sohle des Ofens 7 Längskanäle hin und dehnen sich auf die ganze Länge des Destillirraumes nach oben und nach unten aus. Oben sind sie geschlossen, unten jedoch am Ende der Sohle ist das ganze Kanalsystem

Fig. 84.

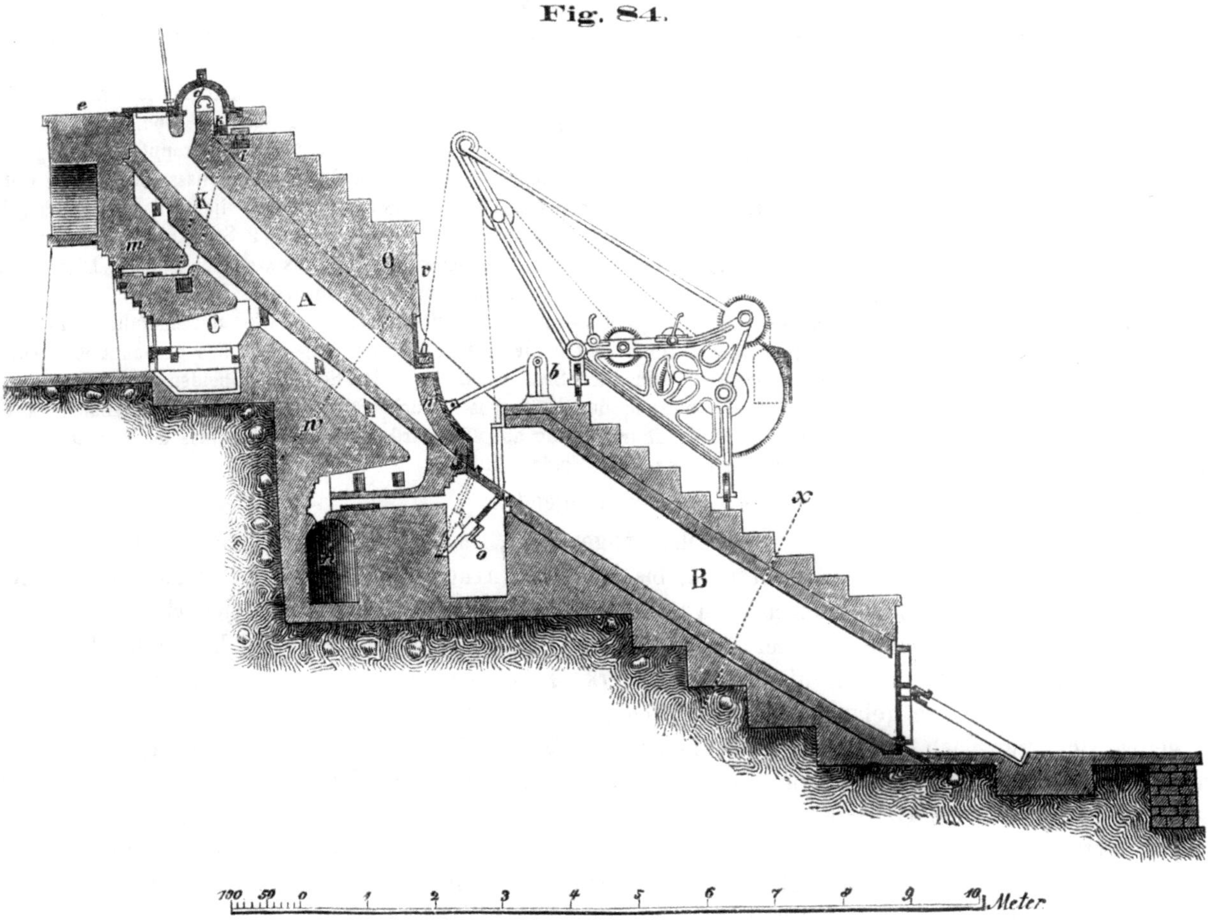

Fig. 85.

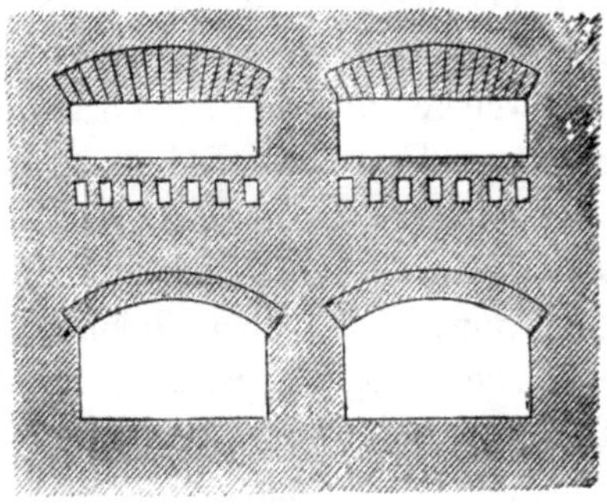

Fig. 86.

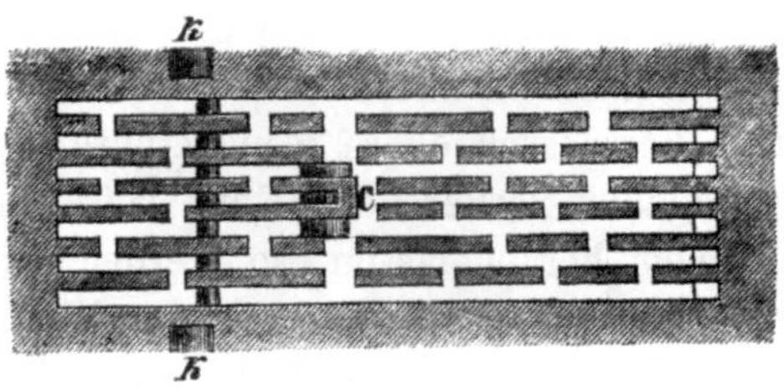

rückwärts geknüpft und schliesslich in einem Querkanal vereinigt, dessen Sohle in der Mitte eine Oeffnung hat, wodurch die Verbindung mit dem längs der ganzen Ofenreihe hinlaufenden Feuerkanal n entsteht. Die Anordnung des Kanalsystems unter der Ofensohle ist aus Fig. 86 ersichtlich, welche einen Durchschnitt durch dasselbe parallel mit der gekrümmten Fläche der Ofensohle darstellt. Für je 50 Oefen ist ein eigener Feuerkanal n vorhanden, dessen Querschnitt in dem Maasse continuirlich wächst, als er von dem Ende der Ofenreihe nach dem Schornsteine hin mehr und mehr Oefen aufnimmt. Dieses Wachsen ist durch Vertiefung der Sohle bewirkt und es misst die Höhe des Kanals n unmittelbar vor dem Schornsteine 2,37 Meter. Für (in einer fortlaufenden Reihe gelegene) 100 Oefen sind also 2 Feuerkanäle vorhanden, die sich in der Mitte der Ofenreihe unter einem rechten Winkel umbiegen und in einem gemeinschaftlichen Schornsteine vereinigen. Der Schornstein hat eine Höhe von 50 Meter und an der oberen Mündung 2 Meter lichte Weite. Unterhalb des Querkanals l im Mittel des Ofens liegt eine Rostfeuerung C mit Aschenfall, welche ihre Flammen in das Kanalsystem unter der Ofensohle streichen lässt. Um die Flamme gleichmässiger zu vertheilen, ist hier der mittlere der 7 Kanäle durch einen als Abweiser dienenden Stein geschlossen. In dem über dem Feuerraum überkreuzten Mauerwerk sind die kleinen Kanäle m angebracht, welche die Verbindung der 7 Längskanäle mit der Atmosphäre herstellen.

Zwischen dem Destillir- und Abkühlungsofen liegt ein an den Enden der Ofenreihe zugänglicher Gang o. Den normalen Querschnitt des Kühlofens nach der Linie xy zeigt Fig. 65. Die obere Oeffnung schliesst eine Schiebethüre in verticaler Bewegung, die untere eine zweiflügelige Thüre; die Uebermauerung des Gewölbes ist abgetreppt und trägt das schräge Schienengeleise für einen beweglichen Krahn. Ueber dem Gange o verbindet ein System aus Gussstücken beide Oefen auf folgende Weise: Ein Rahmen fasst die Oeffnung des Kühlofens B ein, ein zweiter Rahmen liegt in der Fläche der Ofensohle über dem Gange. Mit der inneren Flucht der Seitenmauern verbunden schliessen sich 2 Seitenwangen an, welche in der Höhe des Destillirofengewölbes durch eine Querplatte verbunden sind, gegen die sich das Gewölbe stützt. Diese Gussstücke sind durch Schraubenbolzen fest verbunden und durch die Verstärkungsrippen im Mauerwerk befestigt.

Hinter den Wangen sind die Mauern des Kühl- und Destillirraums in der ganzen Stärke durchgeführt und ruhen auf einem flachen Bogen, der über den Gang o in die Höhe und in der Neigung des schrägen Krahns gespannt ist. Durch diese Anordnung wird einerseits die ununterbrochene Fläche der Seitenwände und der Sohle der beiden Oefen hergestellt, anderseits der Schub des Destillirofens auf die Seitenwände des Kühlofens zurückgeführt. Den schrägen Rahmen in der Fläche der Sohle schliesst eine nach unten sich öffnende Thüre bündig ab. Sie wird in ihrem Verschluss durch eine in eingemauerten Lagern haftende, mit einem Sperrrädchen versehene Winde gestützt.

Das Verfahren beim Betriebe des Ofens ist Folgendes:

Beim allerersten Beginn wird der Ofen angewärmt, indem auf dem Roste C ein hinlänglich starkes Kohlenfeuer so lange unterhalten wird, bis im Destillirraume Rothglühhitze vorhanden ist. Alsdann füllt man den Destillirofen A durch die Thüre bis oben hin mit Kohlen an, lässt jedoch die Oeffnung d frei, indem man davor mit einem Spatel eine Vertiefung bildet. Das Füllen geschieht aus Kohlenwägen, welche auf einer Eisenbahn e über die Ofenmauerwerke zugeführt werden. Die aus den eingeschütteten Kohlen entweichenden Gase gelangen durch d in den Kanal h, aus diesem in die Mitte des Querkanals i und theilen sich hier nach rechts und links in zwei abwärts ziehende Ströme, welche durch die Schornsteine k in den Querkanal C gelangen. Indem sie nun durch die 7 Oeffnungen über den Letzteren in das Kanalsystem unter der Ofensohle treten, empfangen sie durch die 7 kleinen Kanäle m atmosphärische Luft und entzünden sich sofort unter deren Einfluss. Zur Regulirung des Luftzutrittes sind die Kanäle m vorn durch gusseiserne Ventile verschliessbar. Die längs der Ofensohle hinziehende Flamme entweicht durch den Hauptkanal n nach dem Schornstein.

Ist die Verkokung fast beendet und die Gasentwickelung zu gering, um eine wirksame Heizung zu erzeugen, so isolirt man den Ofen vom Schornsteinzuge durch Schliessung des Schiebers über dem Kanale o, öffnet dagegen den Schieber über dem Kanale p, durch welchen die Gase in einen benachbarten Ofen entweichen. Ein Ofen fasst 108 Centner Steinkohlen, welche in nicht ganz 3 Tagen verkokt sind. Man öffnet alsdann mit Hülfe des Krahns, nachdem die untere Thür des Kühlofens geschlossen und abgestützt ist, dessen obere Schiebethüre und zieht zuletzt die untere Thüre des Destillirofens ab. Die ihren Stützpunkt verlierenden Koks rutschen dann mit einem Male in den Kühlraum hinab. Sind die Thüren wieder herabgelassen, so werden die Fugen zwischen ihnen und dem Rahmen mit Lehm verstrichen, und da letzteres von oben der Hitze wegen nur zum Theil möglich, wird die in der Fläche der Ofensohle befindliche schräge Thür mittels der Winde geöffnet und das Verstreichen der Fugen vom Gange o aus bewirkt, sodann beginnt die Beschickung des Raumes A von Neuem.

Ein Dubochet'scher Koksofen, wie auf den de Wendel'schen Werken, kostete ca. 2000 Thaler und lieferte pro Tag 30 Centner Koks bei einer Ausbeute von 60 Procent. Die aus 50 Koksöfen austretenden Verkohlungsproducte dienten gleichzeitig zur Heizung einer Dampfmaschine von 25 Pferdestärken, welche 2 Kohlenwäschen betrieb, deren jede aus einer Kohlenmühle, einer Separationstrommel, 4 Waschkästen und 5 Becherketten zum Emporheben des gewaschenen Kohlenkleins bestand.

Die Art der Luftzuführung in die Circulationskanäle der Verkokungsgase in den vorbeschriebenen Oefen von Talabot und Dubochet schliesst eine Abkühlung der ersteren und einen damit verbundenen der Temperaturdifferenz beider Gase entsprechenden Wärmeverlust nicht aus und lässt sogar erwarten, dass bei ungenügender Ueberwachung die nach lebhafterer Gasentwickelung erfolgende Sinterung der Koks durch zu schnelle Abkühlung des Ofengemäuers beeinträchtigt wird.

Es wird ferner dem Praktiker nicht entgehen, dass die Art der in Dubochet'schen Oefen auszuführenden Translocation der Kokse und die durch diese Einrichtung bedingte Thätigkeit der einzelnen Mechanismen Störungen im Betriebe nicht ausschliesst und häufige Reparaturen befürchten lässt. In der That haben auch diese Oefen den Ansprüchen und Erwartungen, die man auf den de Wendel'schen Werken an sie machte, nicht entsprochen und sind hauptsächlich aus den angezogenen Gründen, wie schon oben erzählt, wieder aufgegeben worden.

Das in die Koksfabrikation eingeführte Princip der Retortenverkohlung, welches sich in den Talabot'schen und Dubochet'schen Oefen Bahn gebrochen, fand zunächst eine Verbesserung in der Koksofeneinrichtung von Appolt und Dulait.

Unter derselben zeichnen sich die von Appolt besonders vortheilhaft in ihrer Leistungsfähigkeit aus und befolgen das Princip der Vergrösserung der Verkokungsflächen und Heizung der Koksräume mit den verbrennenden Koksofengasen unter Anwendung erwärmter Luft.

Fig. 87.

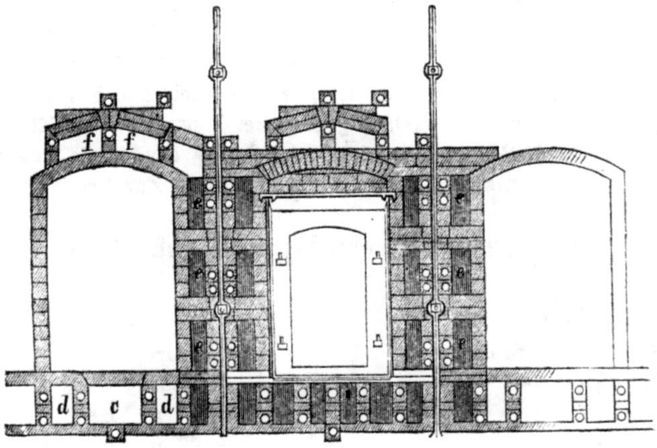

Fig. 88.

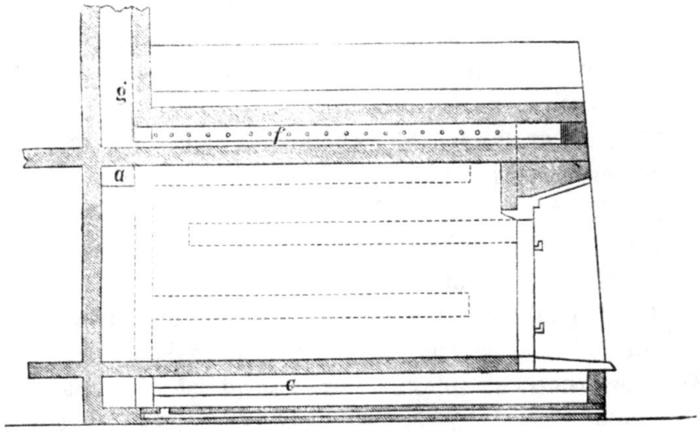

Fig. 89.

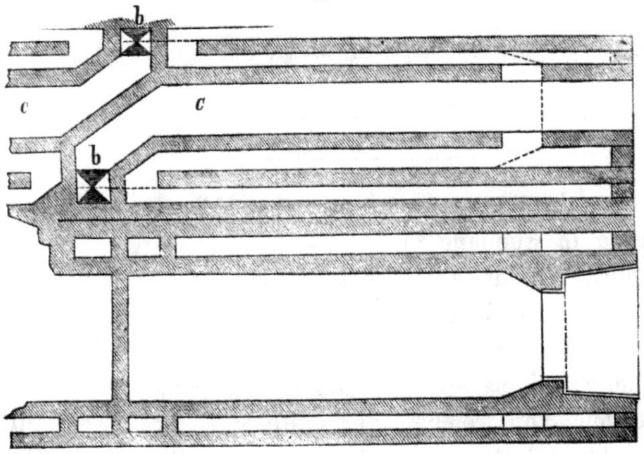

Fig. 90.

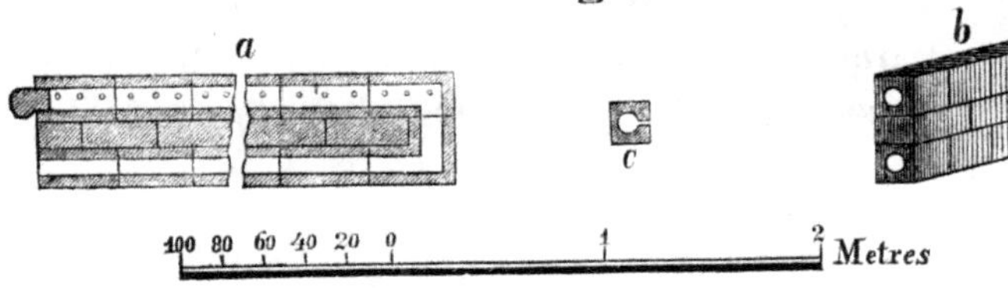

Von den Dulait'schen Oefen bilden je zwei, welche mit der kurzen Hinterwand zusammenstossen, ein System, in welchem die Wände des einen Ofens durch die Gase des andern geheizt werden. Die Koksofengase treten bei a (Fig. 88) aus dem hinteren Gewölberaum und fallen von da durch einen Kanal b bis zur Sohle, gehen in c unter die Sohle des anderen Ofens, wo sie sich in den Kanälen dd vertheilen, sodann durch die Kanäle c e e der Seitenwände von unten nach oben streichen, in f f über das Gewölbe hinweggehen und bei g (Fig. 88) in den Schornstein entweichen. Die eine Wand jedes Kanals besteht, wie Fig. 90 in vergrössertem Maassstabe zeigt, aus Reihen hohler Steine, die aneinander gestossen zwei hohle Rohre von 5 Centimeter Oeffnung bilden. Letztere laufen parallel der ganzen Länge der Seiten- und Sohlkanäle und communiciren am Ende jeden Kanales a (Fig. 90) unter sich durch einen kleinen Verbindungsstein. In dem oberen Rohre ist eine Reihe feiner Löcher seitlich eingehauen (Fig. 90), welche mit den eigentlichen Gaskanälen communiciren.

Die Luft, welche die Verbrennung der Verkokungsgase im Innern der Kanäle bewerkstelligen soll, tritt demnach in dem unteren Rohre an der Vorderwand der Oefen ein, erwärmt sich hier, tritt sodann in das obere Rohr und aus diesem durch die seitlichen Löcher in feinen Strahlen in die Gaskanäle. Die Rohre sind vorn durch thönerne Bolzen verschliessbar, von denen der untere zum Eintritt der Luft herausgezogen wird. Man sieht in Fig. 87 die grosse Zahl dieser Röhrenpaare, welche besonders an der unteren Partie des Ofens zusammengedrängt sind. Von den kleinen seitlichen Löchern, welche nachträglich vor dem Einmauern der Röhrensteine mit einem Spitzeisen eingehauen werden, enthält jeder Ofen gegen zwei Tausend; jeder Röhrenstein hat drei derselben. Die Dulait'schen Oefen sind 3 Meter lang, 0,85 Meter breit, 1,3 Meter hoch, die Charge besteht aus 14 Hektoliter = 25,3 preuss. Scheffel je 24 Stunden, das Ausbringen wird auf 75 Procent angegeben. Zur Errichtung dieser Oefen sind ungefähr 24 Nummern verschiedener Steine nothwendig.

Die im Grubenreviere Hruschau nach dem Dulait'schen Princip errichteten 20 Oefen haben folgende Auslagen verursacht:

1)	die Privilegiumprämie für den Civilingenieur Dulait	1600 fl. österr.
2)	Gehalte und Spesen für die Bauagenten	851 „ „
3)	Arbeitslöhne und Reisekosten der belgischen Maurer	3534 „ „
4)	das feuerfeste Ziegelmaterial	9256 „ „
5)	andere Baumaterialien	3798 „ „
6)	gusseiserne Armatur	3887 „ „
7)	die Nebenarbeiten	122 „ „
		23327 fl. österr.

Diese Oefen sollen in 5 Jahren die Amortisation und die Verzinsung tragen, so dass demnach ein jährlicher Betrag von 5265 fl. für 20 Oefen zur Abschreibung käme.

Die Füllung eines solchen Ofens beträgt 22 Centner. Nach 23 Stunden ist der Koks gar, was man daran erkennt, dass sich die Flamme mehr an der Ofenfüllung zeigt.

Das Ziehen der Kokse erfolgt mittels langer Krücken, mit welchen die ersteren stückweise aus dem Ofen gezogen und mit Wasser abgelöscht werden. Damit während dieser Arbeit die Wände nicht zu stark abgekühlt werden, müssen alle offnen Luftkanäle des communicirenden Nachbarofens geschlossen werden. Nach dem Ziehen bleibt die Ofenthüre etwa 15 Minuten lässig geschlossen, damit etwas atmosphärische Luft eindringen und der in den Gaskanälen sich absetzende Russ verbrennen kann.

Zur Bedienung von 20 Oefen sind 6 Mann erforderlich, sofern dafür gesorgt ist, dass das zum Kokslöschen nöthige Wasser sich in unmittelbarer Nähe der Oefen befindet und der Koks nicht über 15 Proc. weit zu verfahren kommt.

Die Gestehungskosten für 1 Ctr. Koks belaufen sich:

für Aufseherlohn auf	0,25 kr. österr.
„ Arbeitslohn	2,00 „ „
„ Gezäherhaltung	0,25 „ „
„ Amortisation und Zinsen	5,19 „ „
	7,69 fl. österr.

Die Koksausbeute beträgt 70 Proc. nach dem Gewicht, aber man stellt wegen Abrieb und Mehrgewicht bei der Verladung blos 65 Proc. rechnungsmässig in Empfang. [1])

Trotzdem diese Oefen den theoretischen Anforderungen am nächsten kommen, dass sie die Verkokung magerer Kohlen sehr wohl gestatten und auch aus schwach backenden Kohlen gute und dichte Koke liefern, stehen doch ihrer Errichtung die hohen Anlagekosten (ein Ofen 2900 Frcs. = 776²/₃ Thaler) und die sehr häufig auftretenden und zwar sehr kostspieligen Reparaturen vielfach entgegen.

Die von den Gebrüdern Appolt construirten Oefen, von welchen der erste im Jahre 1855 auf ihrem Etablissement zu St. Avold im französischen Moseldepartement errichtet wurde und welchem die Anlage eines zweiten grösseren auf den preussischen Staatsgruben Sulzbach-Altenwald, später 1858 auf den de Wendel'schen Werken in Dudweiler sowie zu Marquise im nördlichen Frankreich und auf der Glückhülfsgrube zu Hermsdorf in Schlesien folgte, bieten nach dem Ausspruch der Erfinder hauptsächlich folgende Vortheile:

---

[1]) Jičinski, das Steinkohlenrevier von Mährisch-Ostrau.

Appolt, Verko[illegible]

Fig. 1. Fig. 2.

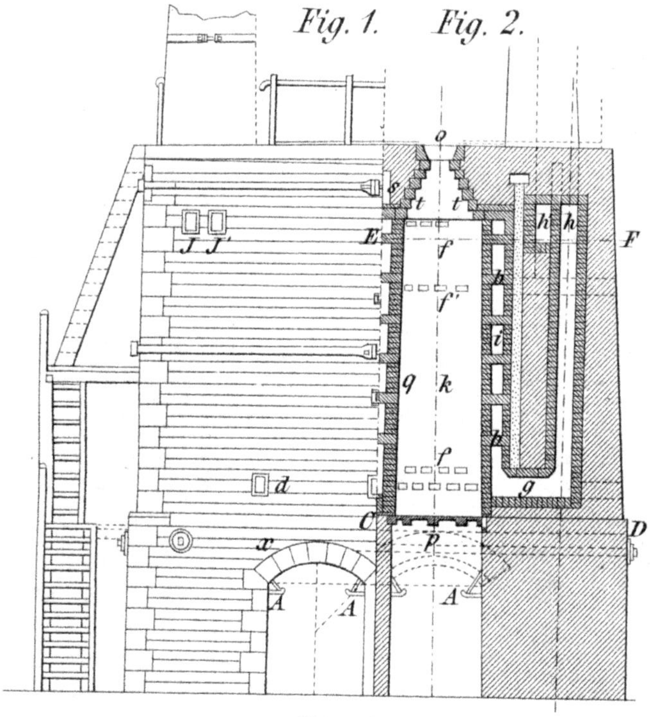

Fig. 3.

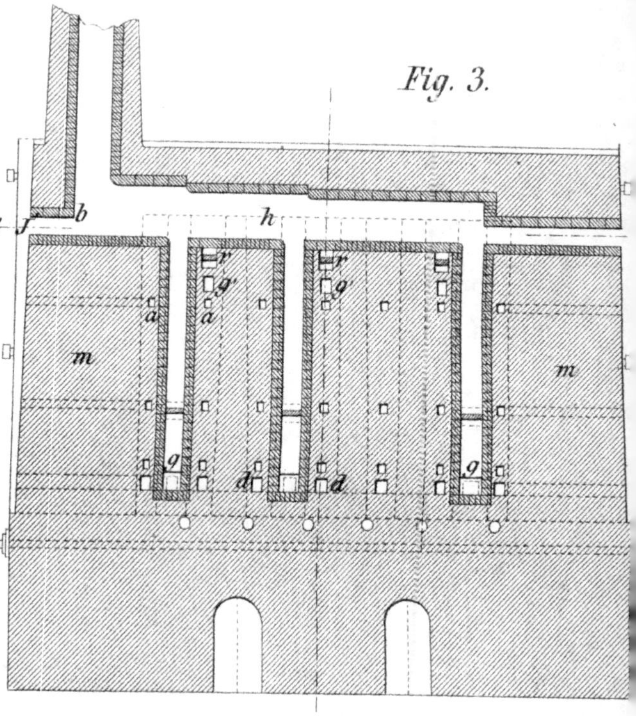

Fig. 4.

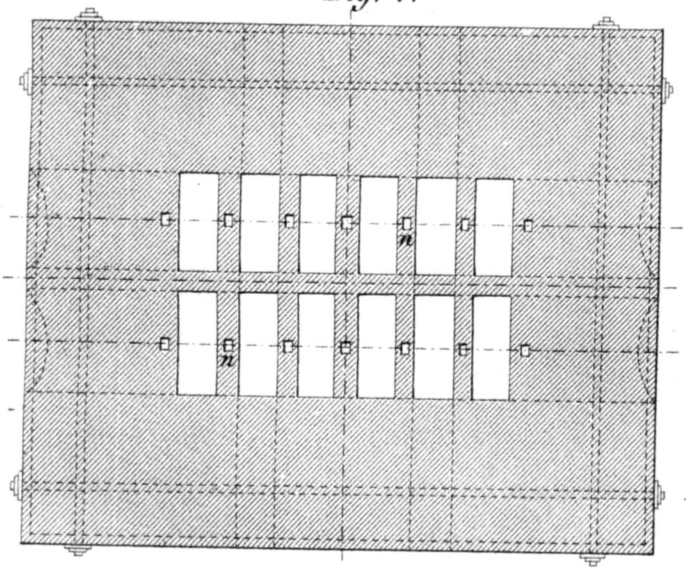

Fig. 5.

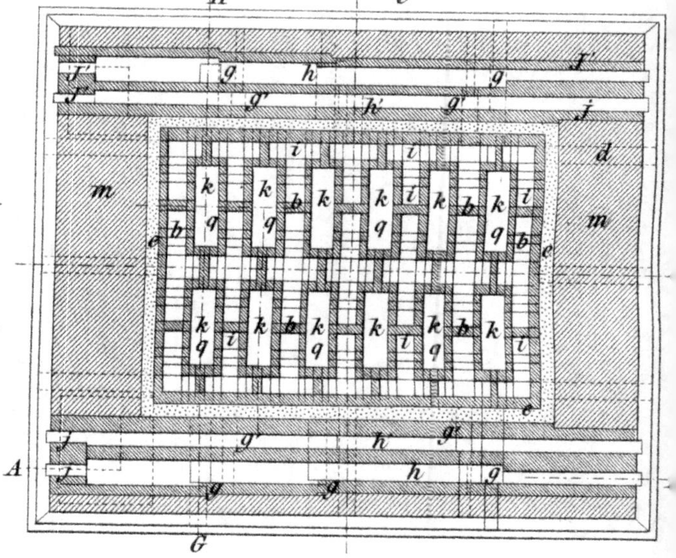

Fig. 12.

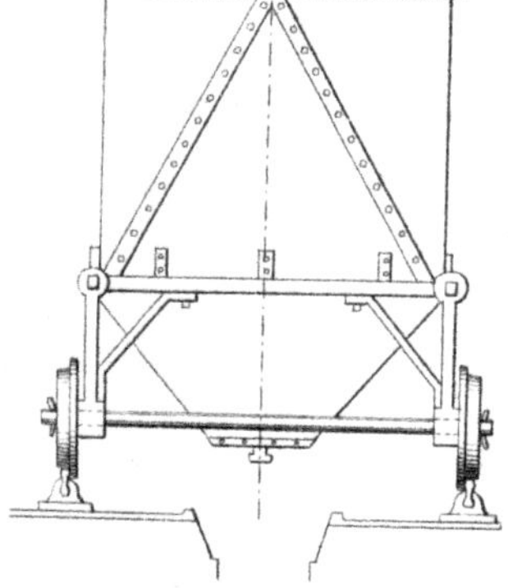

Fig. 13.

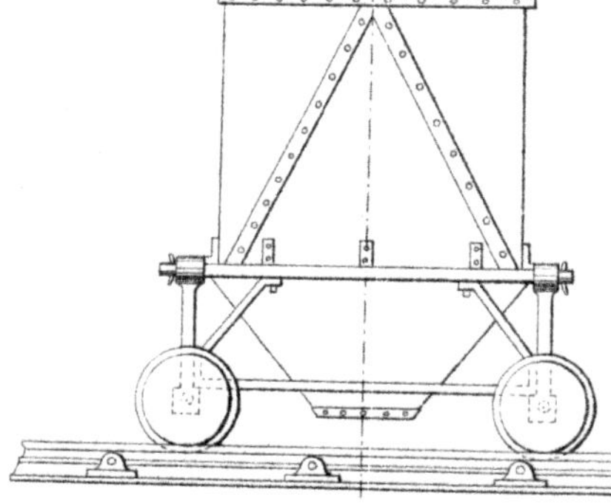

Fig. 18.

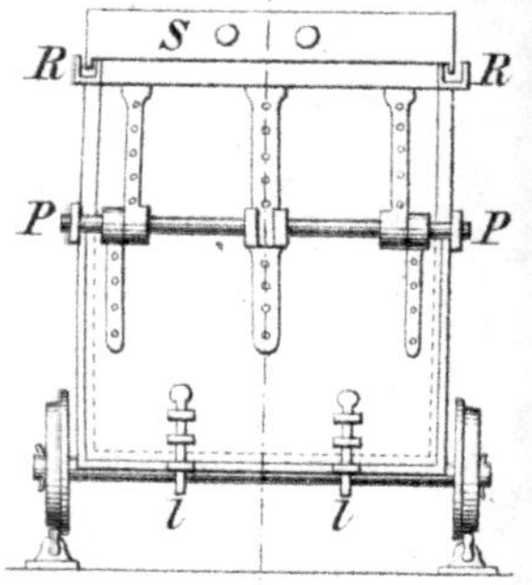

Maafsstab zu Fig. 1-5.

· Steinkohlen.

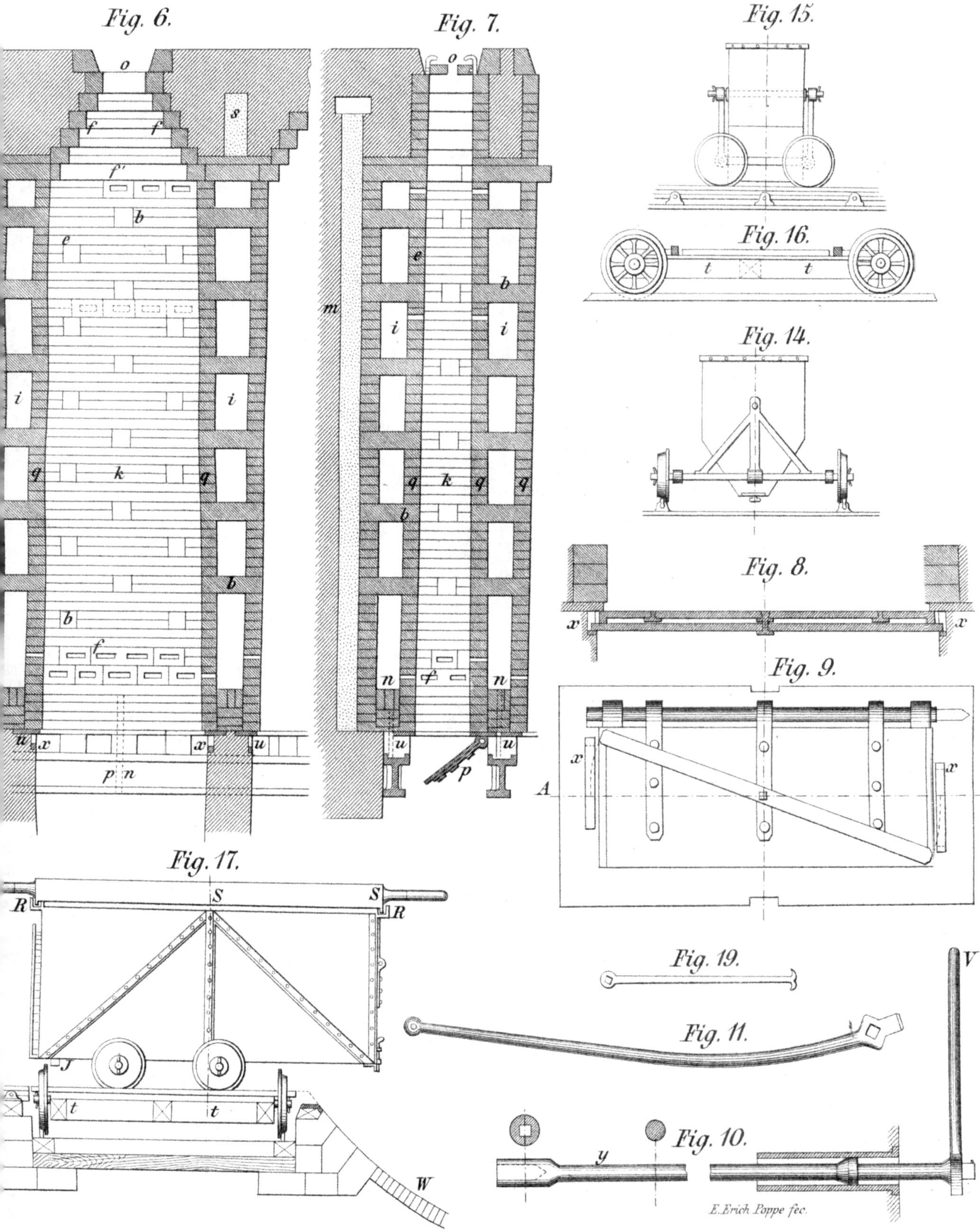

Maaßstab zu Fig. 8-11.

100 80 60 40 20 0 1 Meter

Maaßstab zu Fig. 12-19.

100 80 60 40 20 0 1 3 Meter

Maaßstab zu Fig. 6-7.

100 80 60 40 20 0 1 2 3 Meter

1) Sie geben, ohne die Qualität des Koks zu beeinträchtigen, das höchste Ausbringen von solchen, weil die Verkokung in geschlossenen Räumen ohne den geringsten Einfluss der Atmosphäre auf die verkokende Masse erfolgt;
2) ihre Construction, ohne kostbarer als die anderer verbesserter Oefen zu sein, ist weit dauerhafter;
3) wegen ihrer bedeutenden Productivität (80 preuss. Tonnen in 24 Stunden) nehmen die Oefen weniger Platz ein als alle anderen Verkokungsöfen;
4) sie lassen sich mit der grössten Leichtigkeit füllen und entleeren und gewähren daher eine bedeutende Ersparung an Arbeitslöhnen;
5) da ihre Gase mit einer hohen Temperatur ausströmen, so können sie leicht zur Heizung von Dampfkesseln benutzt werden u. s. w.

Um diese Vortheile, welche den Appolt'schen Oefen zugeschrieben werden, zu erreichen, hat man den entweichenden Verkokungsgasen die grösstmöglichste Heizfläche geboten, die Verbrennung derselben im Innern der Ofenkanäle zu einer vollständigen und durch Combination der einzelnen Verkokungsräume die Koksofentemperatur zu einer in allen Theilen des Ofensystems gleichmässigen gestaltet.

Nach den Ansichten Barré's ist der mit letzter Einrichtung verbundene Zweck nicht genügend erreicht worden, so dass das Verkokungsproduct in seiner ganzen Länge kein gleichmässiges und festes genannt werden kann; magere Kohlen können nur, wie es in Sulzbach geschieht, durch Vermengung von $^3/_4$ fetter Kohle mit Vortheil verkokt werden.

Taf. XIII stellt in Fig. 1 die äussere Ansicht, Fig. 2 im Durchschnitt nach der Linie GH von Fig. 5 einen Verticaldurchschnitt, Fig. 3 im Verticaldurchschnitt nach der Linie AB von Fig. 5, Fig. 4 einen Horizontaldurchschnitt nach CD in Fig. 2, und Fig. 5 einen Horizontaldurchschnitt nach EF von Fig. 2 dar. Der innere Raum des Ofens, innerhalb dessen die Verkokung stattfindet, ist eine länglich viereckige Kammer von 5,23 Meter Länge, 3,49 Meter Breite und 4 Meter Höhe, welche durch Scheidewände q auf feuerfesten Steinen in 12 Abtheilungen k getheilt ist. Fig. 6 und 7 zeigen eine solche Abtheilung in grösserem Maassstabe nach zwei zu einander senkrechten Verticaldurchschnitten. Diese Abtheilungen, welche zur Aufnahme der Steinkohlen dienen und ebenfalls 4 Meter hoch sind, haben eine rectanguläre Basis von 1,24 und 0,45 Meter Seite. Ihre Wände q, welche 0,12 Meter Dicke haben, sind durch die ganze Höhe gleichförmig um 0,06 Meter geneigt, so dass die Abtheilungen oben nur 1,12, und 0,33 Meter Seite haben. Die Wände zweier benachbarter Abtheilungen sind im Mittel um 0,20 bis 0,25 Meter von einander entfernt und ein gleicher Abstand findet auch zwischen den Wänden der Abtheilungen und der Wand der Kammer, welche dieselben umgibt, statt, so dass zwischen den Wänden der Abtheilungen und um dieselben herum ein ununterbrochener hohler Raum i vorhanden ist. Die Kammer hat im Innern eine Futtermauer c aus feuerfesten Steinen von 0,12 Meter Dicke und besteht ausserhalb derselben aus einem massiven Mauerwerk m, welches von der Futtermauer durch einen mit einem lockeren, die Wärme schlecht leitenden Körper gefüllten Raum e getrennt ist, was den doppelten Zweck hat, den Wärmeverlust zu verringern und dem inneren Mauerwerk eine gewisse Ausdehnung zu gestatten. Durch feuerfeste Steine b, welche mit ihren Enden in die Wände zweier benachbarter Abtheilungen oder in die Wand einer Abtheilung einerseits und der Futtermauer anderseits eingesetzt sind, sind die verschiedenen Theile mit einander verbunden, so dass sie ein vollkommen dauerhaftes und festes Ganze bilden. Diese sehr starken Bindesteine, von denen für jede Abtheilung, auf alle Seiten derselben vertheilt und einander ziemlich nahe, 60 angebracht sind, verhindern jede Bewegung der Wände der Abtheilungen nach aussen oder nach innen und da dieselben ausserdem oben durch die Decke des Ofens und unten durch das Grundmauerwerk gehalten werden, so ist die Construction eine vollkommen solide.

Die 12 Abtheilungen sind in zwei Reihen zu je sechs der längeren Seite des Ofens parallel angeordnet. Jede derselben hat oben eine Oeffnung o zum Beschicken mit Steinkohlen und unten eine Oeffnung p zum Herausnehmen des Koks. Während der ganzen Dauer der Verkokung bleiben diese beiden Oeffnungen vollkommen verschlossen. In der Höhe von 0,42 Meter vom Boden haben die Wände der Abtheilungen zwei Reihen von Oeffnungen f, die 0,14 Meter breit und 0,02 Meter hoch sind. An jeder langen Seite der Abtheilungen sind neun und an jeder kurzen Seite drei solche Oeffnungen angebracht. Oben haben die Abtheilungen drei ähnliche Oeffnungen f', jedoch nur an den langen Seiten. Durch alle diese Oeffnungen treten die beim Verkoken der Steinkohle entwickelten Gase in die hohlen Räume i, wo sie verbrannt werden und dabei die zum Verkoken nöthige Hitze erzeugen. Die zu ihrer Verbrennung erforderliche Luft strömt durch die Oeffnungen a, die seitlich und unten im Ofen angebracht sind, herbei. Die so erzeugte Wärme ist mehr als hinreichend, um alle Steinkohle, welche die Gase geliefert hat, zu verkoken. Die Oeffnungen f' in dem oberen Theile der Abtheilungen oder etwas tiefer sind nützlich, weil, wenn man mit gewissen fetten Steinkohlen operirt, der entwickelte Theer, wenn er genöthigt wäre, den ganzen Kokskuchen nach unten hin zu durchdringen, dabei zu viel Kohle absetzen und dadurch das Hinabgehen desselben verhindern könnte. Die Oeffnungen f und f' hat man absichtlich nur 0,02 Meter hoch gemacht, damit die kleinen Steinkohlenstücke in denselben nur eine geringe Böschung bilden können und folglich der aus ihnen entstandene Koks nicht zu weit in die Löcher hineinreicht und desshalb beim Zusammenziehen des Kokskuchens aus denselben heraustritt. Sollte letzteres nicht immer der Fall sein, so geben die Koksstücke, welche in die Löcher hineinragen, doch dem Gewicht des Kokskuchens beim Entleeren der Abtheilungen nach, da sie nur eine geringe Höhe haben.

An den beiden längeren Seiten des Ofens sind Kanäle g und g', welche die Flamme und die verbrannten Gase aus den die Abtheilungen umgebenden hohlen Räumen i aufnehmen und den Essen zuführen. Solche Kanäle sind im Ganzen zwölf vorhanden, nämlich drei untere (g) und drei obere (g') an jeder langen Seite des Ofens. Die unteren Kanäle (g), welche 0,25 Meter hoch und 0,25 Meter breit sind, gehen in horizontaler Richtung bis in die Mitte des die äussere Wand des Ofens bildenden Mauerwerks, steigen dann vertical in die Höhe und münden in den horizontalen Kanal h aus. Die oberen Kanäle (g'), welche 0,17 und 0,20 Meter Seite haben, verlaufen ebenfalls zunächst horizontal in das äussere Mauerwerk und münden dann vertical in einen Kanal h' aus, welcher neben dem Kanal h liegt. Alle diese Kanäle sind in ihrem verticalen Theile mit Registern r versehen, damit man den Zug beliebig reguliren kann. Die vier horizontalen Kanäle h und h' haben sämmtlich dieselbe Höhe von 0,54 bis 0,67 Meter, in der Breite sind sie aber verschieden und zwar haben die äusseren Kanäle h, in welche die Kanäle g ausmünden, 0,25 bis 0,29, die inneren Kanäle h' dagegen, welche die Kanäle g' aufnehmen, 0,17 Meter Breite. Je zwei neben einander liegende Kanäle h und h' sind durch eine Scheidewand von der Dicke eines Ziegelsteins von einander getrennt und münden in eine Esse, deren somit zwei vorhanden sind. Jede dieser Essen hat im Innern 0,48 Meter Breite und die Höhe von 5 Metern über der Plattform des Ofens. Die Essen sind im Innern bis obenhin mit feuerfesten Steinen ausgesetzt und unten bis auf 1 Meter Höhe mit einer verticalen Scheidewand versehen, so dass dadurch zwei Abtheilungen gebildet werden, die den beiden in die Esse einmündenden Kanälen entsprechen. In der Verlängerung dieser Kanäle sind Oeffnungen j und j' angebracht, mittels deren man dieselben reinigen kann. Alle dem Feuer ausgesetzten Theile des Ofens bestehen aus feuerfesten Steinen von guter Qualität.

Die hohlen Räume, welche die Verkokungsabtheilungen umgeben, sind nach oben durch zwei Lagen feuerfester Steine geschlossen. Auf diesen ruht ein Mauerwerk aus gewöhnlichen Ziegelsteinen, welches die Dicke des Ofens bildet. Man kann in diesem Mauerwerk einige Höhlungen s anbringen, um demselben eine gewisse Elasticität gegen die Wirkung der Wärme zu ertheilen. Die Plattform des Ofens ist gegen die beiden längeren Seiten desselben hin schwach geneigt und mit gusseisernen Platten belegt (s. Fig. 1 und 2), damit das Mauerwerk vor Beschädigung geschützt sei. Der obere Theil der Verkokungsräume, welcher durch die Decke des Ofens hindurchgeht, ist in der Art angeordnet, dass die beiden langen Seiten, welche bis zu 4 Meter Höhe über dem Boden geneigt sind, von da an bis ganz nach oben hin eine verticale Lage haben, während die beiden kurzen Seiten oben (t, Fig. 6) treppenförmig nach innen vorspringen, so dass am oberen Ende jedes Verkokungsraumes nur eine quadratische Oeffnung von 0,33 Meter Seite übrig bleibt. Diese Oeffnung (o) hat einen Rand, auf welchen man einen Deckel legt, der aus einem dicken feuerfesten Steine, um welchen ein mit Handhaben zum Anfassen des Deckels versehener eiserner Ring gelegt ist, besteht.

Die Wände der Abtheilungen oder Verkokungsräume ruhen auf gusseisernen Rahmen u von 0,03 Meter Dicke. Diese sind an ihren langen Seiten durch Gewölbe unterstützt, doch kann man statt derselben auch gusseiserne Balken zur Unterstützung anwenden, wie in Fig. 7 angedeutet ist. Der Boden der hohlen Räume besteht bis auf 0,27 Meter oberhalb des gusseisernen Rahmens aus feuerfesten Steinen. Unterhalb des Ofens, parallel zu den langen Seiten desselben, befinden sich zwei ganz hindurchgehende Gänge, denen die vorerwähnten Gewölbe angehören und die so gelegen sind, dass der eine unter der einen und der andere unter der anderen Reihe von Verkokungsräumen sich hinzieht. (Wie Fig. 3 zeigt, sind noch andere Gänge senkrecht zu diesen angebracht.) Aeusserlich hat der Ofen bis zum Niveau der gusseisernen Rahmen verticale und von da bis zur Plattform schräg nach einwärts geneigte Wände.

Die gusseisernen Thüren p von 0,02 Meter Dicke, welche die Böden der Abtheilungen bilden (durch Fig. 9 in der Ansicht von unten und durch Fig. 8 im Verticaldurchschnitt nach der Linie AB von Fig. 9 dargestellt), sind durch drei starke eiserne Bänder mit einer Angel verbunden, welche in zwei an dem gusseisernen Rahmen befestigten Hülsen sich dreht, so dass die Thüre nothwendig jeder Drehung der Angel folgen muss. Unter den kurzen Seiten des Rahmens sind zwei eiserne Bügel x angebracht, die Vertiefungen über sich haben, in welche die beiden Enden der eisernen Schiene x', die durch einen Bolzen mitten an der unteren Seite der Thüre befestigt ist, eintreten können. Diese Schiene kann nämlich um den Bolzen gedreht werden und unterstützt, indem sie mit ihren Enden auf dem Bügel x ruht, die Thüre, wenn diese geschlossen ist. Die Handhabung jeder Thüre erfolgt von aussen her durch einen eisernen Schlüssel y, welcher durch Fig. 10 dargestellt ist. An den beiden längeren Seiten des Ofens sind nämlich in dem äussern Mauerwerk in der Verlängerung der Thürangeln Löcher angebracht, welche mit gusseisernen Röhren (die am Ende unterhalb des Rahmens viereckig sind, damit sie sich nicht drehen können) ausgefüttert sind. Der Schlüssel wird in die Rohre, welche der betreffenden Angel entspricht, gesteckt und schiebt sich dabei mit seinem Ende, welches eine viereckige Höhlung hat, über das vierkantige Ende der Angel, so dass auf diese Art die Angel von dem Schlüssel gefasst wird. Auf das andere ausserhalb des Ofens vorstehende vierkantige Ende des Schlüssels steckt man sodann den Hebel V (durch Fig. 11 für sich dargestellt) und bewirkt darauf mittels desselben die Drehung der Angel, wodurch je nach der Richtung dieser Drehung die Thüre geöffnet oder geschlossen wird.

Der Boden der hohlen Räume kann durch in dem äusseren Mauerwerk angebrachte Löcher d, die man nur für diesen Zweck öffnet, gereinigt werden; dasselbe ist der Fall bei den Kanälen g'. Die kleinen Oeffnungen a, welche in verschiedenen Höhen in dem seitlichen äusseren Mauerwerk des Ofens angebracht sind, haben den doppelten Zweck, Luft zum Verbrennen der Gase eintreten und den Gang der Operation beobachten zu lassen. Sie sind äusserlich mit blechernen Schiebern versehen, durch welche man den Luftzutritt reguliren kann. Es sind auch Luftlöcher angebracht, welche unten in die hohlen Räume ausmünden. Dieselben gehen, wie in Fig. 4, 6 und 7 bei n angedeutet ist, durch die Gewölbe, welche die gusseisernen Rahmen tragen, oder durch die statt derselben angebrachten gusseisernen Balken hindurch, so dass die Luft von der Mitte des Ganges aus in sie einströmt.

Damit man leicht zu den oberen Reinigungs- und Luftlöchern gelangen könne, sind an den beiden langen Seiten des Ofens zwei Bühnen angebracht, zu denen Treppen hinauf führen und von denen aus man auch auf die Plattform des Ofens, die mit einem eisernen Geländer versehen ist, steigen kann. Der obere Theil des Ofens ist durch zwei eiserne Ringe verstärkt. Die vier Stücke, aus denen jeder dieser Ringe besteht, sind in der Mitte mit Stellschrauben versehen. Diese Ringe halten das Mauerwerk zusammen und durch die Stellschrauben kann der Ausdehnung des Ofens beim Anfeuern Spielraum gegeben werden. Der untere Theil des Ofens ist durch vier in das Mauerwerk eingelassene eiserne Stangen verstärkt.

Die für eine Abtheilung bestimmte Steinkohlenladung wird immer auf einmal in einem Wagen von Eisenblech, welcher auf Schienen läuft, die auf der Plattform über jeder Reihe von Abtheilungen angebracht sind, herbeigeführt. Dieser Wagen, welcher durch Fig. 12 und 13 in zwei zu einander senkrechten Ansichten dargestellt ist, besteht aus einem viereckigen Kasten, welcher sich nach unten in Gestalt eines vierseitigen Trichters verengt und unten eine quadratische Oeffnung hat, die durch einen Schieber geschlossen werden kann. Um die Thüren, welche die Verkokungsräume unten verschliessen, gegen die Wirkung des Feuers zu schützen, um einen dichten Verschluss derselben zu erzielen und um den Wärmeverlust durch diese Thüren möglichst zu verhüten, bedeckt man dieselben vor dem Beginne einer Verkokung, also bevor man die Steinkohlen einschüttet, jedesmal mit einer ungefähr 0,30 Meter hohen Schicht Kokspulver. Dies geschieht mittels des durch Fig. 14 und 15 dargestellten kleinen blechernen Wagens, welcher auf denselben Schienen, auf denen der Steinkohlenwagen läuft, herbeigefahren wird und den man, während man das Kokspulver aus ihm in die betreffende Abtheilung fallen lässt, um seine Drehungsachse hin und her schaukelt, damit das Kokspulver gleichmässig auf dem Boden der Abtheilung ausgebreitet werde.

Zur Aufnahme der Koks aus den Verkokungsräumen und zum Wegfahren derselben dient der in Fig. 17 und 18 abgebildete Wagen. Derselbe besteht aus Eisenblech von 6 Millimeter Stärke und ist im Innern 2,60 Meter lang, 1,03 Meter breit und 1,12 Meter hoch. Er ruht auf zwei eisernen Achsen, von denen die eine der Mitte des Wagens ziemlich nahe ist, so dass derselbe zum Ausschütten der Koks leicht in eine geneigte Lage gebracht werden kann. Man fährt ihn auf eisernen Schienen, die auf dem Boden der unter dem Ofen hin laufenden Gänge angebracht sind. Die Vorderseite dieses Wagens, welche eine Thüre hat, ist im Innern mit feuerfesten Ziegelsteinen, die durch eiserne Schienen festgehalten werden, ausgefüttert, um diesen Theil des Wagens gegen die Hitze der glühenden Koks zu sichern. Die drei anderen Seiten des Wagens haben eine doppelte Blechwand, so dass dadurch ein hohler Raum von 5 Centimeter Breite gebildet wird; in diesen Raum giesst man Wasser, welches, indem es verdampft, die Koks abkühlt und das Blech gegen die Hitze schützt. Oben geht um den Wagen eine eiserne Rinne R herum, welche man ebenfalls mit Wasser füllt und auf welche man sodann den flachen blechernen Kasten S stellt, so dass die nach unten vorspringenden Ränder dieses Kastens, in welchen ebenfalls Wasser gegossen wird, in die Rinne eintauchen und einen hydraulischen Verschluss bilden. Der Boden des Wagens wird durch eine Schicht feuchten Koksstaub, mit welcher man denselben jedesmal, wenn man eine Ladung Koks hineinfallen lassen will, bedeckt, vor der Hitze desselben geschützt. Wenn die Koks in dem Wagen hinreichend erkaltet sind, nimmt man den Deckel S von demselben ab und fährt ihn auf einen andern Wagen t (Fig. 16 und 17), mittels dessen er sodann nach dem Orte W, wo er entleert werden soll, hingefahren wird. Um den Wagen zu entleeren, öffnet man die Riegel l an der Thüre desselben, dreht diese mittels eines kleinen Hebels (Fig. 19), den man über das Ende P der Angel steckt, aufwärts, bringt den Wagen mittels zweier grosser Hebel, die in die Bügel I gesteckt werden, in eine geneigte Lage und lässt die Koks herausgleiten, so dass sie sich bei W ansammeln. Damit der Koks beim Entleeren der Abtheilungen nicht mit zu grosser Heftigkeit in den Wagen fällt, sind unterhalb derselben in den Gängen, durch feste Stützen mit den Mauern verbunden, geneigte gusseiserne Platten angebracht, wie Fig. 1 und 2 bei A zeigen. Beim Oeffnen der Thüre sinkt der Kokskuchen zunächst nur so weit herab, dass er von diesen Platten getragen wird, und wird dann mit eisernen Stangen zerkleinert, so dass er in Stücken in den Wagen fällt. Statt die Seiten des Wagens in der angegebenen Art durch eine Wasserschicht zu schützen, kann man sie auch im Innern mit feuerfesten Steinen ausfüttern, wie es für die Thürwand angegeben wurde. In diesem Falle wird der Koks in dem Wagen, unmittelbar nachdem derselbe aus dem Gange herausgefahren ist, durch Besprengen mit Wasser gelöscht und kühlt sich dann nach dem Herausschütten aus dem Wagen an der Luft weiter ab.

Beschreibung des Verfahrens. Um den Ofen anzuheizen, bringt man unten in den Abtheilungen oder Verkokungsräumen auf beweglichen eisernen Rahmen Roststäbe an, die man leicht wegnehmen kann, und bedeckt die Wände derselben bis zu 0,30 Meter oberhalb dieses Rostes mit platten und geneigten feuerfesten Ziegeln, damit sich die durch das Schmelzen der Asche entstehenden Schlacken nicht daran festsetzen. Man macht dann in denselben ein mässiges Feuer an, welches durch Steinkohle, die man von oben in jede Abtheilung einschüttet, unterhalten wird. Die obere Mündung bleibt offen, bis die Wände der betreffenden Abtheilung Rothglühhitze erlangt haben. Von da an hält man die obere Mündung im Allgemeinen geschlossen, so dass die Flamme des auf dem provisorischen Roste brennenden Feuers genöthigt ist, durch die seitlichen Oeffnungen des Verkokungsraumes auszutreten und in die hohlen Räume überzugehen, wodurch allmälig der ganze Ofen die gehörige Hitze erhält. Indem man die Schieber der Kanäle nur zum Theil öffnet, kann man die Gase nöthigen, einem Theile nach durch die Luftlöcher zu entweichen und dadurch die Austrocknung des äusseren Mauerwerks befördern. Nach 8 bis 10 Tagen allmälig verstärkten Feuers hat der Ofen die Temperatur von 1200 bis 1400° Cels. erreicht. Man kann nun dazu vorschreiten, ihn mit Steinkohlen zum Verkoken zu beschicken.

Damit die Wärme im Ofen immer möglichst gleichmässig vertheilt sei und die Führung desselben durch die Register und Luftlöcher in einfacher Weise von statten geht, beschickt man am besten die Abtheilungen der beiden Reihen abwechselnd mit Steinkohle. Man beginnt bei jeder Abtheilung, die man in Betrieb setzen will, damit, den provisorischen Rost und die vorerwähnte Steinausfütterung zu beseitigen, indem man sie nach unten herausfallen lässt. Ein Arbeiter schliesst sodann mit Hilfe des Schlüssels die Thüre, während ein anderer mit einem Hammer gegen die an derselben befestigte Schiene schlägt und dadurch die Enden derselben in die Vertiefungen x treibt, wodurch die Thüre dauerhaft geschlossen ist. Man lässt dann den in dem kleinen Wagen enthaltenen Koksstaub in die Abtheilung fallen, worauf der Wagen, welcher die Steinkohlenladung enthält, über dieselbe gefahren und durch Wegziehen des Schiebers in dieselbe entleert wird. Nachdem dies geschehen ist, wird die obere Mündung mit ihrem Deckel, den man mit Kohlenstaub und Thon lutirt, verschlossen. Indem die Steinkohlen mit der rothglühenden Wand der Abtheilung in Berührung kommen, entwickeln sich sogleich Gase, welche durch die seitlichen Oeffnungen in die hohlen Räume treten, hier verbrennen und dadurch die fernere Erhitzung des Ofens bewirken.

Eine Stunde später wiederholen sich dieselben Operationen für die zweite Abtheilung und es wird in dieser Art fortgefahren, bis alle Abtheilungen ihre Ladung an Steinkohlen erhalten haben. Da die Gasentwickelung im Laufe des Tages in dem Maasse, als mehr Abtheilungen beschickt worden sind, sich vermehrt, so muss man in demselben Maasse die Register mehr öffnen. Während der Nacht beschränkt sich die Bedienung des Ofens darauf, dass man die Register in dem Maasse, als die Gasentwicklung schwächer wird, nach und nach wieder mehr schliesst.

Nach 24 Stunden ist die Verkokung beendet und jede Abtheilung wird daher am folgenden Tage zu derselben Stunde, zu welcher sie am Tage vorher mit Steinkohlen beschickt wurde, von den Koks entleert. Man öffnet dabei die Thüre mit Hülfe des Schlüssels in der beschriebenen Weise; der Kokskuchen sinkt dann auf die schrägen Eisenplatten herab und man zertheilt ihn darauf, so dass die Koksstücke in den unter die betreffende Abtheilung gefahrenen Wagen fallen. Nachdem der Wagen aus dem Gange herausgefahren ist, bedeckt man ihn mit dem Deckel S, um ihn abzukühlen, oder man besprengt die Koks in dem Wagen mit Wasser und schüttet sie dann heraus. Die Thüre des Wagens wird wieder verschlossen und man bewirkt eine neue Beschickung der betreffenden Abtheilung in der beschriebenen Weise. Die einzelnen Abtheilungen werden nacheinander zu denselben Tagesstunden, zu welchen sie beschickt worden sind, entleert, so dass die Verkokung einer Steinkohlenladung in jeder derselben immer 24 Stunden dauert. Man kann ohne Nachtheil für den Betrieb des Ofens gewaschene und noch feuchte Steinkohlen verwenden.

Indem man den Eintritt von Luft und den Austritt von Gasen beim Ofen angemessen verringert, kann man die Sonn- und Feiertage ohne Beschicken und Entleeren der Verkokungsräume hingehen lassen und doch dem Ofen die hinreichende Hitze bewahren, damit man am nächsten Arbeitstage wieder in gewöhnlicher Manier operiren kann. Wenn die Oertlichkeit es gestattet, wird der Ofen am besten in solcher Art angebracht, dass die Steinkohlen im Niveau der Plattform vorbereitet und herbeigefahren werden können. Wenn dies nicht der Fall ist, müssen sie bis zum Niveau der Plattform gehoben werden, was mittels einer kleinen Dampfmaschine, die durch die überschüssige Hitze des Ofens betrieben würde, verhältnissmässig wohlfeil erreicht werden könnte.

Principien, welche der Construction des Ofens zu Grunde liegen. Die im Vorstehenden beschriebene Anordnung des Ofens entspricht den Bedingungen, welche die Erfinder im Eingange aufgestellt haben.

Da die Abtheilungen während der ganzen Dauer der Verkokung oben und unten geschlossen sind und die Gase immer unter einem gewissen Druck durch die seitlichen Oeffnungen aus denselben entweichen, so sind sie in Wahrheit als geschlossene Räume anzusehen. Sie würden das auch noch sein, wenn auch in ihren Wänden Risse entständen, da die Gase durch die Essen nicht, wie bei den gewöhnlichen Oefen, aus dem Innern der Abtheilungen, sondern vielmehr aus den hohlen Räumen ausserhalb derselben angesaugt werden. Auch durch etwa in dem äusseren Mauerwerk entstandene Risse könnte nur in die hohlen Räume, nicht in die Abtheilungen selbst, Luft eindringen. Nachlässigkeit oder Mangel an Geschicklichkeit von Seiten des mit dem Betriebe der Verkokung beauftragten Arbeiters, welche sonst auf das Ausbringen der Koke von so grossem Einflusse sind, haben hier gar keinen Einfluss darauf, weil niemals Luft in das Innere der Verkokungsräume eindringen kann.

Die erforderliche grosse Heizfläche ist dadurch gegeben, dass man die Steinkohlenmasse in Portionen von verhältnissmässig geringer Dicke vertheilt und jede dieser Portionen ringsum von den hohlen Räumen aus, in denen die Gase verbrennen, erhitzt. Der Ofen, in welchem gleichzeitig ungefähr 17000 Kilogramm Steinkohle verkokt werden, hat in Folge dieser Einrichtung eine Heizfläche von circa 190 Quadratmetern, wonach dieselbe verhältnissmässig zwei bis drei Mal so gross ist, als in den anderen vervollkommneten Oefen. Die Vertheilung der Steinkohlen in Portionen von geringer Dicke bietet ausserdem noch den Vortheil dar, dass die Steinkohlenmasse leicht von der Wärme durchdrungen wird und desshalb die Verkokung rasch stattfindet.

Man erlangt eine vollständigere und lebhaftere Verbrennung der Gase, als in den gewöhnlichen Oefen, indem man die Luft durch zahlreiche, in der äusseren Hülle des Ofens angebrachte Oeffnungen eintreten lässt und den Gasen und der eingeführten Luft die Möglichkeit gewährt, in einem grossen ununterbrochenen Raume frei zu circuliren. Die intensive und vollständige Verbrennung der Gase wird ausserdem durch ihren Austritt in zahlreichen, verhältnissmässig dünnen Strömen und die dadurch veranlasste schnelle und innige Vermischung mit der Luft befördert. Durch die in den hohlen Räumen angebrachten Bindesteine wird die Circulation der Feuerluft in denselben durchaus nicht behindert, die Wände der hohlen Räume sind aber durch die Bindesteine auf das Dauerhafteste mit einander verbunden, so dass das Ganze eine einzige feste Masse ist und jedem etwa irgendwo entstehenden Druck vollkommen widersteht. Der Austritt der Gase an vielen Stellen und namentlich aus dem unteren Theile der Verkokungsräume bietet auch noch den Vortheil dar, dass man in allen Theilen des Ofens eine gleichförmige Hitze erhält, weil, indem die heissen Gase unten in den hohlen Raum einströmen, die Vertheilung derselben durch ihr natürliches Bestreben, aufwärts zu strömen, befördert wird. Die Temperatur-Verschiedenheiten, welche in den anderen Oefen von dem Beschicken mit Steinkohlen an bis zum Herausnehmen der Koks stattfinden, existiren bei dem hier beschriebenen Ofen nicht; die Totalhitze desselben erhält sich vielmehr, indem die verschiedenen Abtheilungen nach bestimmten Zeitabschnitten und in einer bestimmten Ordnung entleert und beschickt werden, während der ganzen Dauer einer Operation so ziemlich auf demselben Grade.

Da die Heizfläche im Vergleich mit dem Umfang des Ofens viel grösser ist, als in den anderen Oefen, so macht die durch die äusseren Ofenwände abgeleitete Wärme hier verhältnissmässig viel weniger aus. Da ferner die Beschickungsöffnung sehr klein und immer geschlossen, und die Entleerungsöffnung in sehr wirksamer Weise durch eine dicke Schicht Koksstaub geschützt ist, so geht auch durch diese Theile weniger Wärme verloren.

Die verticale Lage der Verkokungsräume ist eine der wichtigsten Anordnungen dieses Verkokungssystems, und zwar bietet sie folgende Vortheile dar: 1) Sie allein macht das günstige Verhältniss zwischen der Heizfläche und der Abkühlungsfläche möglich, was gestattet, dass man eine sehr grosse Masse von Steinkohle in einem verhältnissmässig sehr beschränkten Raume verkoken kann; 2) in Folge der verticalen Lage der Verkokungsräume, bei welcher die Steinkohlenladungen hauptsächlich der Höhe nach sich ausbreiten, nimmt der Ofen im Verhältniss zu seiner Production an Koks viel weniger Raum ein, als andere Oefen; 3) die Construction des Ofens ist sehr solid und dauerhaft, weil in demselben kein dem Feuer ausgesetztes Gewölbe vorhanden ist und weil der Kokskuchen beim Heruntergehen durchaus keine nachtheilige Reibung auf die Ofenwände ausübt; 4) da das Beschicken und Entleeren sehr rasch auszuführen ist, so erleiden die Wände der Verkokungsräume dabei nur eine geringe Abkühlung zum Vortheil der Schnelligkeit der nächsten Verkokung; 5) der Druck der in den Verkokungsräumen enthaltenen ziemlich hohen Steinkohlenmassen gestattet in diesem Ofen einen Koks von grösserer Dichtigkeit, die bekanntlich namentlich bei Koks zu metallurgischen Zwecken sehr geschätzt wird, zu erzeugen, als in den anderen Oefen.

Wie aus dem Vorstehenden hervorgeht, bestehen die characteristischen Punkte bei der Anordnung dieses Verkokungsofens namentlich in Folgendem: 1) Verkokung der Steinkohle ausschliesslich durch die aus ihr entwickelten Gase in einem ganz verschlossenen Raume, was nothwendig das grösste Ausbringen an Koks zur Folge hat, welche Nachlässigkeit von Seiten der Arbeiter beim Betriebe des Ofens auch stattfinden mag; 2) Ansaugen der Gase durch die Essen nicht aus den Verkokungsräumen, sondern lediglich aus den dieselben umgebenden Räumen, wodurch das Princip des geschlossenen Verkokungsraumes realisirt wird; 3) Vertheilung der zu verkokenden Steinkohlenmasse in Portionen von geringer Dicke und in Folge dessen grössere Schnelligkeit der Operation; 4) Herstellung einer ausserordentlich grossen Heizfläche in Folge dieser Vertheilung; 5) Weglassen der Heizkanäle, welche in anderen Oefen existiren und Ersetzung derselben durch einen einzigen grossen Raum, in welchem die Gase frei circuliren können; 6) Anwendung eines Systems von Bindesteinen, die in solcher Art angebracht werden, dass alle Theile des Ofens eine grosse Solidität erlangen und doch die Circulation der Gase durch sie nicht gehemmt wird; 7) Austreten der Gase in feinen Strömen durch eine grosse Zahl von Oeffnungen, namentlich aus dem unteren Theile der Verkokungsräume; 8) Einführung von Luft an vielen Stellen in dem die Verkokungsräume umgebenden Verbrennungsraum; 9) verticale Lage der Verkokungsräume; 10) Nichtvorhandensein eines dem Feuer ausgesetzten Gewölbes oder einer überhitzten Sohle; 11) Herausschaffen der Koks aus dem Ofen durch deren eigenes Gewicht und Anwendung eines Wagens dabei, welcher die Arbeit wesentlich erleichtert und vermindert.

Ergebnisse, welche bisher mit dem Ofen erzielt wurden: Der erste Versuchsofen wurde zu St. Avold an der Mosel construirt, wo mannigfache mit verschiedenen Steinkohlen ausgeführte Versuche die Richtigkeit der diesem Verkokungssystem zu Grunde liegenden Principien bewiesen. Nach diesen ersten Versuchen wurde zu Sulzbach bei Saarbrücken ein anderer grösserer Ofen gebaut. Derselbe hat, obschon mehre wichtige Verbesserungen, welche die Verfertiger bei den später hergestellten Oefen eingeführt haben, an ihm noch nicht angebracht waren, befriedigende Resultate gegeben. Während eines ununterbrochenen Betriebes von mehren Monaten wurden den Verfertigern von dem Hause de Wendel beträchtliche Quantitäten von fetter Steinkohle aus dem Bassin zu Saarbrücken zur Verfügung gestellt. Diese wurden in dem neuen Ofen verkokt und haben ein mittleres Ausbringen an Koks von 68 Procent ergeben, welches der Ausbeute, die man bei einer grossen Zahl von Versuchen im Tiegel erhalten hat, vollständig entspricht. Der gewonnene Koks zeigte sich nicht geringer an Qualität als derjenige, welchen man in den gewöhnlichen Oefen gewinnt. In demselben Ofen wurden auch Steinkohlen aus anderen Gegenden verkokt und dieselben ergaben folgendes Ausbringen an Koks von vorzüglicher Beschaffenheit:

Fette Steinkohle aus dem Bassin von Lüttich und Charleroy . .	80—82	Procent,
" " " " " der Ruhr (Westphalen) . .	77—78	"
" " " England	73,6	"
" " " dem Bassin der Loire	77,5	"

Dieses Ausbringen entspricht überall den vorläufigen Versuchen im Tiegel. Gemenge von mageren und fetten Steinkohlen in verschiedenen Verhältnissen ergaben ebenfalls gute Resultate.

Zu Anfang des Jahres 1856 wurde in Rive-de-Gier (Loire) ein Ofen nach diesem System construirt, welcher ebenfalls mehre Monate lang ohne Unterbrechung im Betriebe gewesen ist, wobei er das höchste Ausbringen an Koks ergeben und seine Construction sich als vollkommen dauerhaft bewährt hat. Man liess ihn ausgehen, weil er mit nur sechs Verkokungsräumen construirt und desshalb für eine andauernde Fabrikation nicht mit Vortheil anzuwenden war, da der Arbeitslohn unter diesen Umständen verhältnissmässig zu gross gewesen wäre.

Der vierte Ofen hat die normale Grösse mit 12 Verkokungsräumen. Er befindet sich zu Marquise (Pas-de-Calais) auf dem Eisenhüttenwerk der Gebrüder Pinart, welche ihn construiren liessen, nachdem ihr Ingenieur den Ofen zu Rive-de-Gier im Betriebe gesehen und dabei sich von der Vortheilhaftigkeit des Systems überzeugt hatte. Auf diesen Ofen bezieht sich die hier gegebene Beschreibung, in welcher, sowie in den zugehörigen Zeichnungen, jedoch einige Modificationen angebracht sind, welche die Erfahrung als nützlich an die Hand gegeben hat. Der Ofen zu Marquise, welcher am 1. September 1857 angefeuert wurde, ist seitdem ununterbrochen in regelmässigem Betrieb und gibt folgende Resultate:

1) Jede Abtheilung des Ofens fasst 1350 bis 1400 Kilogramm Steinkohle, je nach der Beschaffenheit derselben, die 12 Abtheilungen zusammen fassen also 16000 bis 17000 Kilogramm.

2) Die Verkokung erfolgt in 24 Stunden ganz vollständig.

3) Das Beschicken und Entleeren ist leicht und ohne den geringsten Uebelstand für die Arbeiter zu bewirken. Es findet ausschliesslich am Tage statt und die Verkokung nimmt während der Nacht ihren Fortgang. Die Steinkohlenladungen werden nicht gehoben, sondern im Niveau der Plattform vorbereitet. Der Ofen wird von 4 Arbeitern bedient; diese Zahl könnte in einem Etablissement mit mehr Oefen im Verhältniss zur Production noch verringert werden. In diesem Falle würde die Ausgabe für Arbeitslohn erheblich geringer sein als bei den gewöhnlichen Koksöfen.

4) Die genaue Wägung der Steinkohlenladungen und des Products an Koks von einzelnen Abtheilungen sowohl als das Gesammtergebniss der Monate lang fortgesetzten Verkokungen liess erkennen, dass die angewendeten Steinkohlen (französische, englische und belgische) die grösste (d. h. derjenigen, welche man im Tiegel aus denselben Steinkohlensorten erhält, gleiche) Ausbeute an Koks geben. Man erhielt nämlich aus:

der englischen Steinkohle	72—73	Proc.
der Steinkohle aus dem Nord-Departement . .	76	„
der belgischen Steinkohle	80—82	„

was 10 bis 12 Proc. mehr ist, als man in den gewöhnlichen Oefen erhält.

5) Der in dem Ofen zu Marquise producirte Koks wird daselbst zum Betriebe der Hohöfen verwendet und man hat ihn dabei als von sehr guter Qualität erkannt; er ist sehr hart und dicht und besitzt alle Eigenschaften, welche bei einem Koks für hüttenmännische Zwecke wünschenswerth sind.

6) Es hat sich ergeben, dass durch die Verbrennung der aus den Steinkohlen entwickelten Gase in den hohlen Räumen des Ofens mehr Hitze entsteht, als zum Verkoken der Steinkohle und zur Erhaltung der normalen Hitze im Ofen nöthig ist, und dass man daher einen erheblichen Theil dieser Gase anderweit, etwa zur Beleuchtung, nachdem man den Theer und das ammoniakalische Wasser daraus verdichtet hätte, oder zur Heizung der Dampfkessel etc. verwenden könnte.

7) Bis jetzt zeigt der Ofen zu Marquise in seinem inneren Mauerwerk keine Spur von Beschädigung oder Abnutzung.

Die Verfasser geben folgende Zusammenstellung über das zum Bau eines Ofens mit 12 Abtheilungen, ähnlich dem zu Marquise, jedoch mit einigen Vereinfachungen in der Construction, erforderliche Material:

Mauerwerk.	Cubikmeter.
Mauerwerk aus behauenen Bruchsteinen . . .	8,05
„ „ feuerfesten Ziegeln	61,27
„ „ gewöhnlichen rothen Ziegeln .	167,29
Gewöhnliches Ausfüllungsmauerwerk	54,35
Zimmerwerk.	
Gerüste für die Bühnen	3,36
Treppen und Bretter für die Bühnen	48,35
Schalung (gabarits) für die Construction der Abtheilungen (nachher anderweit verwendbar)	140,15
Ausspreizung (chassis) im Innern dieser Schalungen	1,52

Gusseisen.	Kilogr.
Durch Kastenguss hergestellte Theile, die (Ende 1857) per Kilogr. auf 0,30 Fr. veranschlagt wurden . .	5935
Durch Herdguss hergestellte Theile, per Kilogr. gerechnet zu 0,25 Fr.	2000
Schmiedeeisen.	
Theile, welche (Ende 1857) veranschlagt wurden per Kilogr. zu 0,40 Fr.	884
0,50 „	393
0,60 „	1168
0,80 „	271
1,00 „	378
1,25 „	82
1,50 „	84

Mit Hülfe dieser Zusammenstellung kann man den Herstellungspreis des Ofens, welcher unter den gewöhnlichen Umständen 14—1500 Frcs. beträgt, für jeden Ort leicht ungefähr berechnen.

Vortheile, welche dieses Verkokungssystem darbietet. Die Erfinder resumiren zuletzt die Vortheile, welche ihr Verkokungssystem vor den bisher gebräuchlichen darbietet, folgendermassen: 1) die Herstellungskosten der Oefen nach diesem System sind im Verhältniss zu ihrer Productionsfähigkeit weniger hoch als die anderer vervollkommneter Oefen. Letztere, und zwar solche Oefen, wie sie bei Saarbrücken in Anwendung sind, kosten in der Herstellung nahezu 3000 Frcs. und produciren per Tag 1200 Kilogramm Koks, während der Ofen der Erfinder, welcher in derselben Zeit 12000 Kilogramm, d. h. zehn Mal soviel Koks producirt, nur ungefähr 15000 Frcs., d. h. nur fünf Mal mehr als jene, kostet. Für eine gleich hohe Production an Koks sind also die Herstellungskosten bei dem Ofen der Verfasser nur halb so gross, als bei den andern Oefen. 2) Die Construction ist dauerhafter und es ist weniger Veranlassung zur Beschädigung und Abnutzung des Ofens vorhanden, so dass auch die Kosten der Unterhaltung desselben geringer sind. 3) Der Ofen nimmt im Verhältniss zu seiner Production weniger Raum ein, als alle andern Oefen. 4) Man erhält in demselben aus allen Steinkohlen die grösste, d. h. der in Tiegeln aus derselben Steinkohle gewonnenen gleiche, Quantität Koks. 5) Der erzielte Koks besitzt eine grosse Dichtigkeit und ist für metallurgische Zwecke vorzüglich geeignet. 6) Die Arbeiten bei dem Ofen sind sehr leicht und ohne den mindesten Uebelstand zu verrichten, woraus auch eine Ersparniss an Arbeitslohn entspringt. 7) Der Ofen erzeugt viel für den Zweck der Verkokung überflüssige Wärme, welche man zur Heizung von Dampfkesseln oder anderen Apparaten verwenden kann. 8) Wegen der Schnelligkeit, mit welcher die Steinkohle von der Wärme durchdrungen wird, ist dieser Ofen ganz besonders zum Verkoken von halbfetten Steinkohlen und von Gemengen aus fetten und magern Steinkohlen geeignet.

Für schwer backende Kohlen ist auch von Jones ein Verkokungsverfahren angegeben und demselben im Jahre 1858 patentirt worden, welches die Verbrennung der Gase zum Theil wieder in den Verkokungsraum selbst zurückdrängt.

Fig. 91.

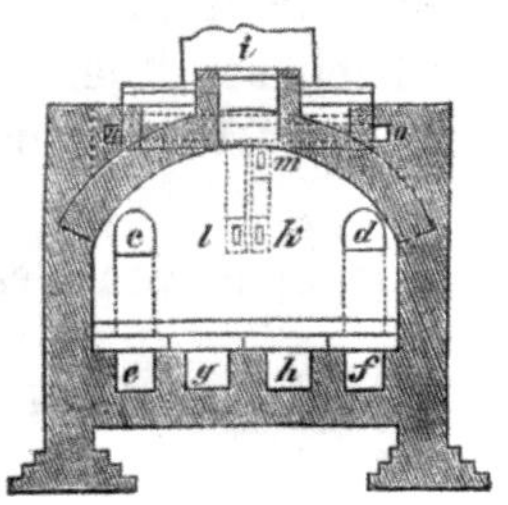

Fig. 92.

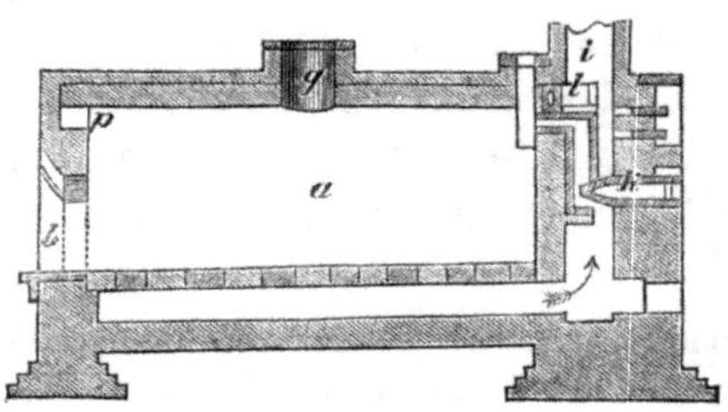

Fig. 93.

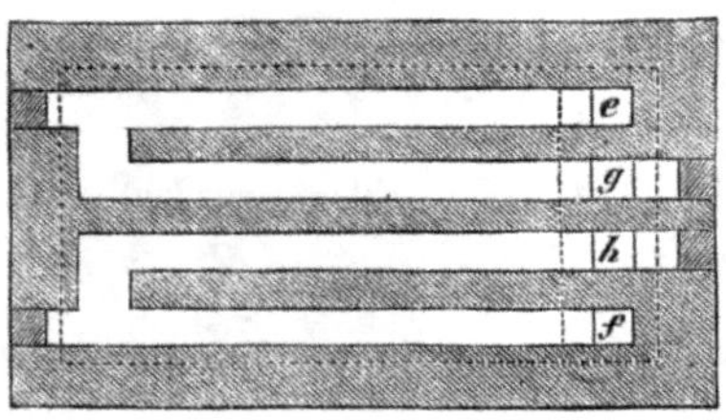

Fig. 94.

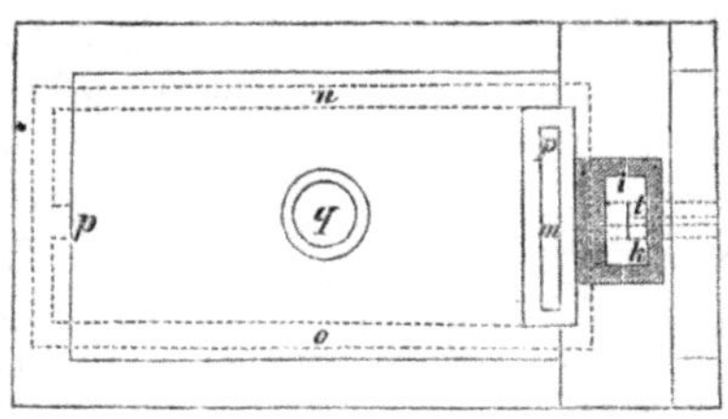

Der Ofen hat die in Fig. 91 im Längendurchschnitt, in Fig. 92 im Querdurchschnitt und in Fig. 93 und 94 in zwei Horizontaldurchschnitten dargestellte Einrichtung. Der Ofenraum a wird durch b mit Steinkohle beschickt. Die Verkokungsgase entweichen durch c und d in Kanäle e f und strömen in der in Fig. 93 durch Pfeile angedeuteten Richtung unter die Sohle des Ofens nach den verticalen Kanälen g h, aus welchen sie in den Schornstein i entweichen. Die Verbrennungsluft wird durch die an der hinteren Seite des Ofens befindlichen Röhren k und l zugeführt, von welchen k durch den Schornstein i hindurch gehend bei m in den Ofen mündet; die Röhre l endigt in zwei Kanäle n o, welche sich (Fig. 94) bis zur vorderen Seite des Ofens fortsetzen und die erwärmte Luft durch p in den Ofenraum abgeben; q und r sind Oeffnungen in der Decke des Ofens, durch welche die Abkühlung des letzteren nach Beendigung der Chargen erleichtert wird, die aber während der Arbeit geschlossen sind.

Die durch diese Einrichtung bedingte Verbrennung der Koksofengase im Innern des Verkokungsraumes ist nur bei sehr mageren Kohlen statthaft und schliesst eine theilweise Verbrennung der Koksmasse nicht aus, lässt aber, insofern die Atmosphärengase erwärmt in den Ofen treten, eine Beschleunigung der Charge erwarten.

Von geringem Einfluss auf das Verkokungswesen und seine Vervollkommnung sind die von Knab construirten Koksöfen mit Sohlheizung zu betrachten; sie schliessen alle Nachtheile einer einseitigen Erwärmung beim Verkokungsprocess ein, ohne wesentliche Vortheile zu garantiren und können, da die

Verwerthung der Koksofengase in einer Weise erfolgt, bei welcher für eine Erhitzung der Seitenwandungen oder des Ofengewölbes nicht Sorge getragen ist, zur Herstellung dichter, klingender Kokse aus mageren Kohlen in der bis jetzt gebotenen Einrichtung nur untergeordnet verwendet werden.

Fig. 95.

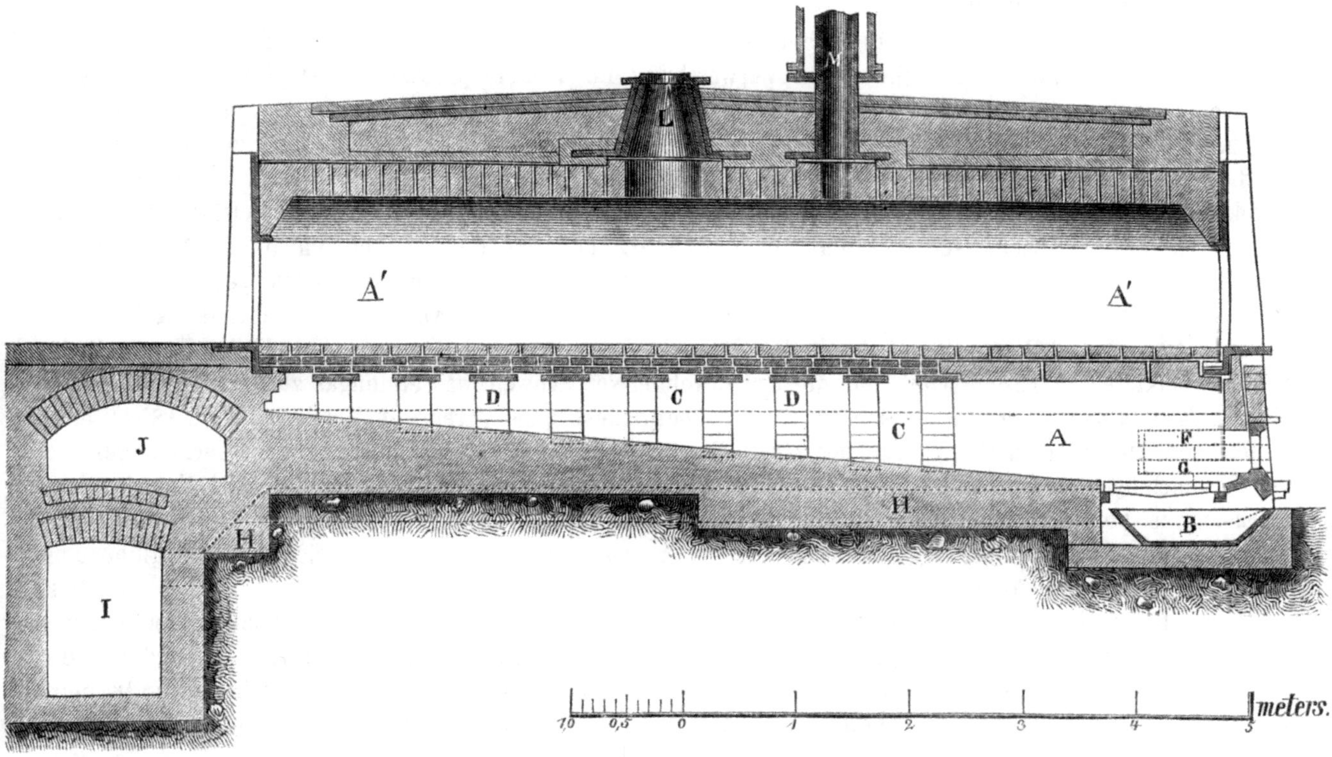

Fig. 96.

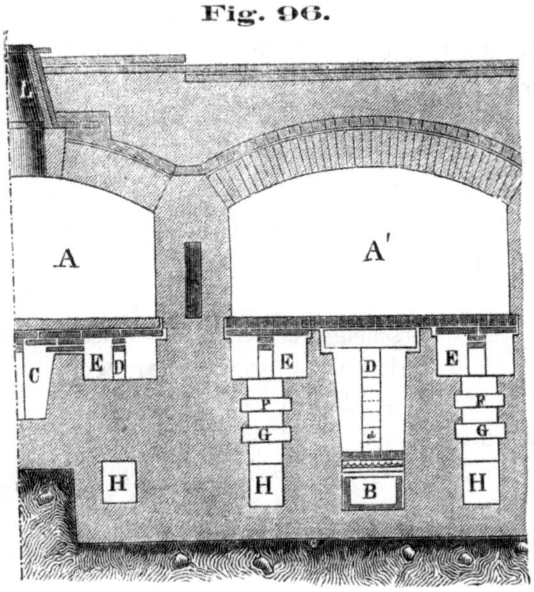

Die Beschreibung eines solchen Koksofens wird die soeben ausgesprochene Ansicht rechtfertigen. Die Beschickung des Ofenraumes A′ (Fig. 95) geschieht durch den Kanal L, welcher nachher durch einen eisernen, mit Thon zu lutirenden Deckel geschlossen wird. Die Sohle des Ofens, aus feuerfesten Ziegeln, wird durch die Pfeiler D geschützt, welche in dem zur Aufnahme der Verkokungsgase bestimmten Kanale C aufgestellt sind. Die Gase entweichen, vorausgesetzt, dass die Ofentemperatur hoch genug ist, durch den im Ofengewölbe befindlichen Abzugskanal M und gelangen von da aus in zwei grosse mit Koks gefüllte Blechtonnen, in welchen sie fast alles Theerwasser absetzen; hierauf ziehen sie in ein Röhrensystem, aus dem von Zeit zu Zeit verticale Röhren in Wasserbehälter führen, in welchen der Rest von Theer- und Ammoniakwasser zur Abscheidung gelangt. Die Gase ziehen darauf wieder nach dem Ofen zurück und treten in den Feuerraum A, wo sie durch ein Rostfeuer verbrennen und dann, durch den Kanal C streichend und sich am hinteren Ende rechts und links theilend, durch die Kanäle E E in Züge treten, welche mit den Schiebern F versehen sind, um endlich durch H und I in den Schornstein zu entweichen. Eine Erhitzung der Seitenwände findet, wie schon bemerkt, in diesen Oefen ebensowenig, wie eine Erwärmung des Gewölbes statt, aus welchem Umstande im Voraus zu erwarten steht, dass sich die Knab'schen Oefen zur Verkokung schwer backender Kohlen und zur Erzielung gleichmässig anhaltender Ofentemperaturen kaum eignen.

Nach Barré resultiren bei Verkokung belgischer Kohlen 5 Proc. Theer und 7 Proc. ammoniakalisches Wasser. Wenn nun auch bei Einrichtung der Condensationsapparate Sorge getragen ist, dass

Theer- und Wasserdämpfe uncondensirt nach dem Verbrennungsraum entweichen, also erstere ganz in Wegfall kommen können, sofern die Verbrennungswärme der uncondensirt entweichenden Gase eine vollendete Verkokung nicht gestatten, so ist doch nicht zu erwarten, dass eine solche Vorrichtung genügt, diese Oefen in allen Fällen anwendbar erscheinen zu lassen oder sie in ihrer Leistungsfähigkeit über die bisher bereits bestehenden Ofenconstructionen zu erheben. —

Nach dem in der Einleitung über den Verkokungsprocess Mitgetheilten suchte man, insofern man bei der Darstellung von Koks deren Verwerthung im Hohofenprocess im Auge hatte, in diesem Verfahren eine Entschwefelung der Kohlen zu erreichen, und war in dieser Beziehung von dem Schwefelkiesgehalt der Steinkohlen insoweit abhängig, als eine Zersetzung des Kieses nur dann möglich erschien, sobald derselbe in verhältnissmässig geringen Mengen dem Fossil einverleibt war, oder wenn man den Verkokungsprocess in einer Weise ausführte, bei welcher eine Ueberführung des Schwefeleisens in Eisenoxyd durch den atmosphärischen Sauerstoff gleichzeitig geboten war. Schon im Jahre 1847 macht Riegelmann[1]) auf diesen Umstand aufmerksam und schlägt vor, die aus dem Ofen gezogenen Kokse behufs ihrer Entschwefelung mit Wasser zu übergiessen (ein Verfahren, welches in den meisten Koksereien gehandhabt wird) und Wasserdampf durch die glühende Koksmasse zu leiten und dadurch eine Umwandlung des Schwefelkieses in Eisenoxydul und die Entwickelung von Schwefelwasserstoffgas zu veranlassen. Einer späteren Mittheilung über die Verhandlungen des bergmännischen Vereins in Freiberg (Juli 1854) entnehmen wir, wie auf dem Eisenwerke des Herrn Baron von Burgk hierauf bezügliche Versuche angestellt wurden, nachdem nach der bekannten Nordenskiöld'schen Methode der Wasserdampf zum Entschwefeln der Eisenerze bereits mit Vortheil Verwendung erfahren hatte. Vor dem Ausziehen der Kokse liess man gepresste Wasserdämpfe in den Koksofen einströmen und dieselben einige Zeit auf die glühenden Kokse wirken, und es ergab sich, dass die Kohlen durch dieses Verfahren um $^2/_5$ ihres Schwefelgehaltes befreit worden waren. Zur Vervollständigung des Effectes würde aber die Durchdringung der ganzen Koksmasse als vorzüglichste Bedingung erscheinen, behufs deren Durchführung John Austin und James Armstrong sich ein Verfahren patentiren liessen, welches, insofern es diese Aufgabe ebenfalls nur theilweise löset, sich kaum einer nutzbringenden Verbreitung rühmen dürfte,[2]) indem auch bei diesem die Koks mehr auf ihrer Oberfläche berührt, als durch ihre ganze Masse von Wasserdampf durchdrungen werden. In Wales wendete man zu diesem Zwecke eigene Koksöfen an, welche mit einem doppelten Boden versehen waren, durch deren oberen, der durchlöchert war, die Wasserdämpfe in den Verkokungsraum einströmten und hier die Entschwefelung der Kohlen bewerkstelligen sollten.

Um diese Entschwefelungsmethode vollständig zu würdigen, müssen wir einen Blick auf den Verlauf des Verkokungsprocesses selbst thun, und werden sofort gewahr, dass die Möglichkeit der chemischen Wechselwirkung des Wasserdampfes und des Schwefelkieses nur bei einer Temperatur geboten ist, die in der That erst gegen Ende des Verkokungsprocesses, d. h. dann eintritt, wenn die ganze Koksmasse bereits eine Consistenz erlangt hat, bei welcher ihre Durchdringung von in irgend welcher Weise zugeführten Wasserdämpfen nicht mehr möglich ist.

Aus dem Grunde wird von Director Ihne in Burbach[3]) der Vorschlag gemacht, die Wasserdämpfe auf die aus den Oefen gezogenen, glühenden, aber vorher auseinander gezogenen Koks wirken zu lassen und sie zur weiteren Abkühlung mit Wasser abzuschrecken. Indem wir in Bezug auf das Detail dieser Operation auf die citirte Abhandlung verweisen, in welcher die Anwendung bei verschiedenen Koksofeneinrichtungen zur Sprache gelangt, glauben wir, dass auch durch dieses Verfahren eine vollständige Entschwefelung nur an den äusseren Flächen der Koksstücke erzielt werden dürfte und bleibt demnach eine vollständige Lösung dieser Frage noch zu erwarten. Immer erscheint eine thunlichste

[1]) Le Technologiste 1847, pag. 533.

[2]) Polytechn. Centralblatt 1859, pag. 554.

[3]) Berg- und Hüttenm. Zeitung 1861, Nr. 40.

Entfernung der Kiese durch gut construirte Kohlenwäschen das einfachste Mittel, durch welches, insofern die gewaschenen Kohlen in feuchtem Zustande dem Koksofen zugeführt werden, in dem Feuchtigkeitsgehalte des gewaschenen Kohlenkleins zugleich eine wenigstens einleitende Entschwefelung der noch kieshaltigen Kohlenpartikel geboten erscheint.

Ueber die Verwerthung der Steinkohlen in der Briquetfabrikation.

Die Verwerthung der bei Gewinnung fossiler Brennstoffe auftretenden Abfälle (des Kohlenkleins) tritt für die Kohlenwerke als eine brennende Frage in allen den Fällen in den Vordergrund, in welchen das Quantum ersterer so bedeutend wird, dass es belästigend auf die Entwicklung des Unternehmens selbst wirkt. Ein solches Hemmniss ist aber einerseits geboten in dem Aufwand von Kraft und Arbeitslöhnen, welche die Transportation des Kohlenkleins mit dem der Stückkohlen gleichzeitig bei ihrer Zutageförderung beansprucht, wie anderseits das in demselben vertretene Kapital durch Beanspruchung bedeutender Flächenräume während seiner Aufspeicherung sich wesentlich zum Nachtheil des Unternehmens erhöht. Wir beobachten daher die Industriellen der Gegenden, in welchen lockere Braun- und Steinkohlen gefunden werden, schon seit mehr als zwanzig Jahren mit der Lösung der Aufgabe, welche die entsprechendste Verwerthungsmöglichkeit des Kohlenkleins im Auge hat, beschäftigt. — Der Darstellung von Koks, wie sie sich für das Steinkohlenklein am geeignetsten empfohlen, tritt bei den Braunkohlen zu geringes Backvermögen, ein zu bedeutender Aschengehalt, sowie zu geringe Festigkeit der verkokten Massen entgegen; man versuchte daher zuerst das Braunkohlenklein durch mechanische Bindemittel zu festen Kohlenziegeln zu vereinigen und bereits im Jahre 1839 wurde auf den Fohnsdorfer Kohlenwerken in Obersteiermark eine Mischung von 75 Procent Kohlenklein mit 21 Procent Lehm und 4 Procent Sägespähnen zur Herstellung eines allerdings sehr aschereichen Brennmaterials verwendet, welches nach der Aussage des Fabrikanten selbst bedeutende Mengen von Brandschlacken auf dem Roste zurückliess und sich, zumal in Folge seiner lockeren Consistenz, zum grösseren Export nicht qualificirte. Im Aachener Steinkohlenbassin vermengte man in den Fällen, in welchen die Verkokung in Folge zu geringer Absatzquellen des Products nicht rentabel erschien, das backende Kohlenklein mit Lehm und bildete durch Zusatz von Wasser und Abtreten des sogenannten Gries Kohlenziegel, welche in lufttrockenem Zustande verbrannt wurden.

Auch auf der Steinkohlengrube Mathilde im Revier Königshütte in Schlesien hat man versucht, aus den beim Rättern zurückbleibenden, sonst werthlosen Staubkohlen durch Zusatz von Lehmwasser als Bindemittel mit der Hand bei Anwendung hölzerner Formen Briquets darzustellen. Ein Mann fabricirte in den Schichten aus 8 Tonnen Staubkohle 156 Steine, welche im Heizeffect bei der Kesselfeuerung 2 Tonnen Kleinkohle an derselben Grube gleichkamen. Ohne Anrechnung des für sich werthlosen Staubes kosteten 100 Steine 5 Sgr.

Dass ein solches Verfahren, indem es in der That ein sehr aschereiches und geringwerthiges Brennmaterial liefert, eine Verwerthbarkeit im Grossen völlig ausschloss, liegt auf der Hand; wir können daher in demselben auch nur die ersten rohen Anfänge eines Industriezweiges erblicken, wie er sich in der neuesten Zeit unter Hinzuziehung aller einschlagenden wissenschaftlichen Erfahrungen und mechanischen Vortheile zu einer bedeutenden Höhe emporzuschwingen im Begriffe steht. Es bedurfte zunächst eines den Aschengehalt des Brennstoffes möglichst vermindernden Aufbereitungsverfahrens, wie solches durch Vervollkommnung der Kohlenwäschen (siehe oben) mit der Zeit geboten wurde, und sodann solcher

Bindemittel, welche den Aschengehalt der Kohle nicht wesentlich erhöhten. Als solche fanden Thier- oder Pflanzenfette, welche mit dem Kohlenklein gemischt einem hohen Druck ausgesetzt wurden, Seifenlösungen von 6 bis 8 Grad Beaumé, Leimlösungen, dann Mehle von Hülsenfrüchten, verdorbenem Getreide und Oelkuchen eine vorübergehende, aber praktisch aus leicht ersichtlichen Gründen sich nicht immer bewährende Verwendung.

Die Praxis beanspruchte, dass, sollten die künstlichen Brennstoffe einer grösseren Verbreitung fähig erscheinen, sie einer Reihe von Bedingungen genügten, welchen durch Anwendung der oben angeführten Bindemittel nur theilweise entsprochen werden konnte. Die Briquets sollen geruchlos, aus der besten Qualität des Kohlenkleins fabricirt sein, dürfen beim Transport nicht mehr als 5 Procent Bruch liefern, während längerer Aufspeicherung nicht zusammenbacken, sie sollen in ihren hygroskopischen Eigenschaften der Kohle gleichkommen, eine bestimmte Form und ein bestimmtes absolutes und specifisches Gewicht (= 1,20) nicht übersteigen, sie dürfen auf dem Roste nicht zerfallen und nicht mehr als 7 Procent Asche liefern, demnach soll ihr Heizwerth dem der ihnen entsprechenden Steinkohle nahezu gleichkommen, sie sollen endlich nur eine geringe Russbildung veranlassen und während der Verbrennung keinen Theergeruch verbreiten.

Die Berechtigung zu diesen Ansprüchen an das neue Brennmaterial, wie letztere sowohl von der französischen Marineadministration, wie auch von der belgischen Staatseisenbahn-Verwaltung zunächst ausgingen und sich allmählig auf die englischen und deutschen Eisenbahnen übertrugen, und welchen zu willfahren die Kohlenwerk-Industrie Englands, Frankreichs und Belgiens zunächst sich angelegen lassen sein musste, lag in dem Umstande, dass man sowohl auf den Dampfschiffen wie Locomotiven die Koks als Brennstoff mit den Stückkohlen vertauschte in dem Maasse, als man es verstand, die Feuerungsanlagen für die letzteren einzurichten. Durch diesen Umstand erlitt die Koksfabrikation, für deren Producte die Dampfschiffe und Locomotiven als hervorragende Consumenten gegolten, einen bedeutenden Schlag und eine geeignete anderweite Verwerthungsweise des Kohlenkleins gestaltete sich zur Lebensfrage für einen grossen Theil englischer, französischer und zumal belgischer Kohlengruben.

Es ist das Verdienst des Herrn Ingenieur Marsais, Grubendirector zu St. Etienne, schon im Jahre 1837 ein Verfahren zur Verwendung des Kohlenkleins gefunden zu haben, welches im Anfang der fünfziger Jahre in Frankreich und England verbessert, mit Vortheil eingeführt und von der Grubengesellschaft zu Blanzy zuerst in Anwendung gebracht wurde. Es gründet sich dasselbe auf die Verwendung des Steinkohlentheers als Bindemittel des gut gewaschenen Kohlenkleins und wird in der Hauptsache in folgender Weise gehandhabt: [1])

Das Kohlenklein wird zunächst auf einer Siebsetzmaschine mit festem Siebe gesetzt; die im Wasser vertheilten, in der Kohlenkläre enthaltenen Berge dringen durch das Sieb und setzen sich auf dem Boden des Siebkastens ab. Das ausgewaschene Klein wird mit einer durchlöcherten Schaufel ausgehoben, in Haufen geworfen, damit das Wasser daraus abfliessen kann und sodann auf das Setzsieb neue Mengen auszuwaschenden Kohlenkleins aufgeschüttet. Die abgetropfte Steinkohle wird nun in kleinere, ziemlich gleichförmige Körner zertheilt, indem man sie zwei cannellirte Walzen passiren lässt, ähnlich jenen, deren man sich zum Körnen der Knochenkohle bedient, sodann getrocknet und mit 7 bis 8 Procent dickem Steinkohlentheer getränkt; endlich wird die noch warme Masse unter einem Druck von etwa 20000 Kilogramm geformt. Die dadurch erhaltenen rechtwinkligen Brode mit abgerundeten Ecken heissen Peras und wiegen je 10 Kilogramm; sie werden durch das Erkalten, wobei der Theer fest wird, fast consistent. Die Operationen des Mischens und Formens der Masse selbst werden in folgender Weise ausgeführt: Das auf einem Roste mit Steinkohlen erzeugte Feuer eines Flammenofens zieht über eine Feuerbrücke in einen cylindrischen, überwölbten Ofenraum, in welchem sich eine gusseiserne Pfanne auf einem Zapfen dreht. Die Flamme zieht, nachdem sie die Pfanne erhitzt hat, nach dem Schornstein ab. Letztere, von 3 Centimeter starkem Gusseisen, wird in ihrem Umfange durch feste, darunter befindliche Frictionsrollen unterstützt und durch ein conisches Getriebe, welches in den gezahnten oberen Rand der Pfanne eingreift, in Umdrehung gesetzt. An dem Gewölbe des Ofens ist durch Stangen ein fester Rechen aufgehängt, dessen starre Zähne 8 Centimeter auseinander stehen und nahezu den Boden der Pfanne berühren. Ueber dem den Rost enthaltenden Feuerraume ist ferner ein Kessel in das denselben nach oben verschliessende Gewölbe eingesetzt, von dessen Boden ein durch ein Ventil verschliessbares Kniegrohr bis nahe über die Mitte der Pfanne führt, um den in diesem

---

[1]) Payen, de Précis de Chimie industrielle.

Kessel befindlichen Theer in letztere zu leiten. Das geschlämmte, gepulverte und getrocknete Kohlenklein wird durch eine seitliche Arbeitsthür in die Pfanne geworfen und zur Verjagung der noch anhängenden Feuchtigkeit auf 200 Grad Cels. erhitzt; sodann öffnet man das Ventil des mit dem Theerkessel verbundenen Knierohres und der geschmolzene Theer läuft durch das Rohr in einen kleinen länglichen Trog auf der Mitte der Querstange des Rechens und von da nach beiden Seiten auf die ausgerinnte Oberfläche dieser Stange. Durch Seiteneinschnitte auf der Rinne fliesst der warme und flüssige Theer an den Rechenzähnen nieder und vermengt sich mit dem Steinkohlenklein, bis ungefähr 7 bis 8 Procent des letzteren an Theer unter fortwährender Rotation der Pfanne zugemischt sind, worauf das Gemenge herausgenommen wird. Zu dem Zwecke sind im Boden der Pfanne zwei Fallthüren angebracht; gleichzeitig werden, während die Pfanne noch $^2/_3$ Umdrehung ausführt, zwei gekrümmte Schaufeln, welche feststehen, in dieselbe niedergelassen. Sobald die Fallthüren über zwei im Ofengemäuer ausgesparte Gruben kommen, zieht man die Riegel der ersteren zurück und es fällt bei fortdauernd rotirender Bewegung der Pfanne das vor den erwähnten gekrümmten Schaufeln angesammelte Gemenge durch die Fallthüren in die Gruben. Nach dem Ueberschreiten der Schaufeln begegnet jede Fallthüre einer geneigten Stange, welche sie wieder in die Höhe hebt und dem Riegel gestattet, sie zu schliessen. Man zieht hierauf die Schaufel wieder über die Pfanne und kann letztere frisch füllen. Das noch heisse Gemenge von Kohlenklein und Theer wird mittels Handschaufeln aus den erwähnten, durch Thüren verschliessbaren Gruben herausgenommen und in rechtwinklige gusseiserne Formen von ungefähr 3 Decimeter Länge und 1,5 Decimeter Breite und Tiefe gebracht, über welchen ein Rahmen von gleicher Grösse angebracht ist, worin sich ein Kolben befindet, auf den ein hydraulischer Druck von 20000 Kilogramm ausgeübt wird und durch welchen die Peras die verlangte Dichte erhalten.

Die rotirende Pfanne hat einen Durchmesser von 2 Meter und reicht zu einer täglichen Production von 20 bis 25000 Kilogramm Kohlenziegeln hin. Zum Betrieb der Kohlenwäsche, der rotirenden Pfanne und der zur Formung nöthigen zwei hydraulischen Pressen wirkt zu Blanzy eine mechanische Kraft von 20 Pferdestärken.

Die Gestehungskosten der Peras berechnen sich dann wie folgt:

20000 Kilogramm gewaschenes Kohlenklein	160 Francs,
1700 „ Theer	95 „
Arbeitslöhne etc.	48 „
21500 Kilogramm Peras kosten demnach	303 Francs,

mithin 1000 Kilogramm 14 Francs; der Verkaufspreis von 18 Francs liefert sonach einen Gewinn von 28,57 Procent der Gestehungskosten.

Wir sehen in dem hier geschilderten Verfahren den Steinkohlentheer als Bindemittel des Kohlenkleins zum erstenmale angewendet und haben hierin zugleich den hervorragendsten Ausgangspunkt aller später eingeschlagenen Methoden, wie sich solche auch in Art und Form der Ausführung von den vorhergehenden unterscheiden, zu erkennen. In der That musste auch, wenn es gelang, nach der oben beschriebenen Weise Kohlenblöcke von zweckentsprechender Härte und Festigkeit zu erzielen, das Verfahren insofern als ein vorzügliches begrüsst werden, weil durch das in Anwendung gebrachte Bindemittel, den Theer, nicht nur in der Zusammensetzung der Kohlenmasse keine Verringerung des Heizwerthes eintrat, sondern auch der letztere, und zumal bei Anwendung mageren Kohlenkleins, die Flammbarkeit wesentlich erhöhte.

Mit der Einführung des in dem obigen Verfahren ausgesprochenen Principes ist aber gleichzeitig die Theerfabrikation selbst in ein neues Stadium getreten und für die Verwerthung des Steinkohlentheers ein um so bedeutenderes Gebiet eröffnet, je vollständiger es gelingt, die flüchtigen Theeröle anderweit zu verwerthen, um sodann den Destillationsrückstand des Theers, den Asphalt, als solchen in der Briquetfabrikation, statt des flüssigen Theeres, zu verwerthen. Es konnte nämlich den Praktikern, welche sich mit der Herstellung von Briquets nach dem Verfahren von Marsais beschäftigten, nicht entgehen, dass zur Erzielung harter und bei mässiger Erwärmung nicht erweichender, also nicht backender Kohlenziegel, gerade die flüssigen und flüchtigen Theeröle ein Hinderniss boten, welches nur durch umständliche Operationen, die sich an diesen Fabrikationszweig knüpften, beseitigt werden konnte, dass aber auch ferner in den flüchtigen Theerölen, wenn dieselben nicht wieder gewonnen wurden, der Industrie ein werthvolles Nebenproduct verloren ging. Die zunächst einzuschlagenden Verbesserungen in dem Verfahren bezogen sich daher auf die Gewinnung der Theeröle und die Verwendung des Asphaltes als Bindemittel des Kohlenkleins, wie sie aber auch gleichzeitig anderseits durch Einführung schnell und sicher wirkender Formapparate den mechanischen Theil des neuen Industriezweiges wesentlich zu heben versuchten.

Schon im Jahre 1840 bot ein Herr Warlich aus London von Düren (bei Cöln) aus ein Verfahren der Briquetfabrikation zum Verkaufe an, welches in neuerer Zeit wieder verbessert aufgetreten und nach welchem er, um das Zusammenbacken der mit flüssigem Theer bereiteten Kohlenziegel in höheren Klimaten zu verhindern, der Mischung etwas Seesalz oder Alaun zufügt, um, wie er sagt, die Menge des bei der Verbrennung erzeugten Rauches zu vermindern. Er setzt sodann die geformten Briquets in einem Ofen 6 — 8 Stunden lang einer Temperatur von 200 Grad und darüber aus, wodurch er das Entweichen der gasförmigen flüchtigen Verbindungen unter gleichzeitiger Anwendung eines Extractionsapparates befördert. Der Ofen, in welchem diese Destillation vor sich geht, ist rechteckig mit ebener Sohle und hat die Gestalt eines Trockenofens; er wird durch einen darüber liegenden Herd erwärmt, aus welchem die erhitzte Luft durch zweckmässig angebrachte Oeffnungen in den Destillationsofen tritt. Ein eiserner Wagen mit mehren Etagen zum Auflegen der Kohlenziegel kann auf Schienen in den Ofen und wieder heraus geschoben werden. Im Gewölbe des letzteren befindet sich ein Ableitungsrohr für die Dämpfe und Gase, welches zu einem Verdichtungsapparate, dem Condensator der Gasfabriken ähnlich, führt. Als Extractionsapparat dient ein hydraulischer Exhaustor mit zwei Glocken, durch deren Auf- und Niedergang die Bewegung der Dämpfe aus dem Ofen nach dem Condensator bedingt wird.

Der wesentliche Vortheil, welcher bei Anwendung des flüssigen Theeres als Bindemittel in die Augen fällt, liegt in der leichteren Formbarkeit des erhaltenen Kohlenteiges, dem damit verbundenen geringeren Kraftaufwand bei der Formung der Ziegel und der Möglichkeit der Gewinnung sämmtlicher flüchtigen Theeröle als Destillate bei nachmaliger Erhitzung der geformten Briquets in geschlossenen Destillationsräumen; die Durchführbarkeit des Verfahrens setzt aber voraus, dass die Briquets in benannten Trockenräumen durch Erweichung ihre Form nicht ändern, dass aber, auch wenn dies nicht der Fall ist, die auf der Oberfläche der austrocknenden Briquets sich bildende Asphaltschicht eine Entweichung aller im Innern der Ziegel befindlichen Theeröle gestattet, ohne ein Auftreiben der ersteren befürchten zu lassen, und dass endlich die Heizung der Trockenräume in einer Weise geschieht, durch welche der Fabrikationspreis des Productes nicht zu sehr erhöht wird. Sind diese Bedingungen erfüllt, so bietet sich allerdings bei Einhaltung obigen Verfahrens ein neuer Vortheil dar, welcher von Seiten der Praktiker wohl in Erwägung zu ziehen ist: Die Austrocknung, d. h. Entheerung der Briquets in den mehrerwähnten Destillationsräumen findet nämlich bei einer Temperatur statt, welche nicht ohne Einfluss auf die chemische Zusammensetzung des Kohlenkleins selbst bleiben kann, vielmehr Veranlassung zur Bildung flüssiger Destillationsproducte, d. h. flüchtiger Theerdämpfe aus der organischen Masse der Steinkohle selbst werden muss. Nach den bis jetzt vorliegenden, allerdings noch etwas mangelhaften Resultaten liefern backende Steinkohlen bei einer Temperatur von circa 300 Grad Cels. 1,5 Procent flüchtige Theeröle, der Steinkohlentheer bei derselben Temperatur circa 27 Procent flüchtige Oele. Rechnen wir daher, obiger Calculation für das Verfahren von Marsais zufolge, dass eine Mischung von 20000 Kilogramm Kohlenklein 300 Kilogramm Theeröl

und 1700	„	Theer	459	„ „
			759 Kilogramm Theeröl	

liefert, so ergibt sich, dass nach dieser Methode bei der Darstellung von circa 21000 Kilogr. Briquets pro Tag 65,3 Procent der in dem Steinkohlentheer enthaltenen flüchtigen Oele aus dem Kohlenklein als ein noch verwerthbares Nebenproduct gleichzeitig erzielt werden können. Die Praxis hat von dieser Thatsache bis jetzt nur untergeordnete Notiz genommen, jedenfalls aus Gründen, wie sie in den oben angeführten Bedingungen zur Erzielung solcher Resultate bereits erörtert wurden. Aus einem Bericht des Herrn Fabricius in Saarbrücken über eine im Sommer 1859 ausgeführte Reise durch die Kohlenreviere Belgiens und Frankreichs entnehmen wir folgende, diesen Industriezweig betreffende Mittheilungen:

„Die ersten Fabriken der Briquets entstanden vor etwa 15 Jahren im französischen Loire-Revier zu Givor und Chazotte; Belgien besitzt deren gegenwärtig drei, und zwar von Déhaynin père & fils zu Montigny sur Sambre unweit Charleroy, von Felix Déhaynin zu Gosselies, ebenfalls in der Nähe von

Charleroy, und die im Jahre 1858 erbaute der Kohlengrube Sarts-au-berleur bei Jemeppes unweit Lüttich, welcher letzteren die folgenden Notizen entnommen sind. Wie wichtig dieser neue Industriezweig (dessen erste Producte auf der Industrieausstellung zu Paris die Aufmerksamkeit der Industriellen besonders auf sich zogen) für Belgien geworden ist, erhellt daraus, dass bereits im Jahre 1857 die Staatsbahnen 34 Procent des Brennmaterials der Locomotiven durch die agglomerirten Kohlen deckten, und dieselben gegenwärtig bei allen Güterzügen und einem Theil der Personenzüge ausschliesslich verwenden.

Bekanntlich liefert die Fettkohle bei der Destillation in geschlossenen Räumen Leuchtgas, Theer und Koks. Durch fractionirte Destillation zerfällt der Theer wieder in ammoniakalisches Wasser, leichte und schwere, bei gewöhnlicher Temperatur flüssige, Oele, festes Naphthalin und flüssigen Theer, wenn die Destillation nicht bis zum vollständigen Uebertritt aller flüchtigen Kohlenwasserstoffarten fortgesetzt wird, hingegen festen Theer (Pech, Asphalt), wenn dies der Fall ist. Unter den genannten Stoffen eignet sich der feste Theer (brai sec) am besten zum Agglomeriren der Gruskohlen, weil die damit verfertigten Briquets der Sonnenhitze widerstehen und beim Verbrennen nur eine geringe Quantität flüchtiger Kohlenwasserstoff-Verbindungen erzeugen, während (bei Verwendung von flüssigem und festem Theer) deren in grosser Menge entstehen und durch ihren widrigen Geruch das auf den Eisenbahnen reisende Publicum sehr belästigen. Der Theer der belgischen und französischen Gasfabriken enthält in der Regel noch alle flüchtigen Bestandtheile, so dass entweder vor der Mengung mit Gruskohle eine Destillation, oder nach den Formen der Briquets ein Austreiben jener Stoffe durch Erhitzen in Trockenräumen stattfinden muss; dagegen ist der aus England kommende Theer von solchen Substanzen schon frei. Mit den Briquetfabriken sind daher in der Regel Anstalten zur Destillation des gewöhnlichen Theers verbunden und ihnen Vorkehrungen zur Darstellung von Kohlenschwärze angereiht, welche durch unvollkommene Verbrennung der flüssigen Kohlenwasserstoffarten erhalten wird.

Zu Sarts-au-berleur verwendet man bei Verfertigung der Briquets folgende Materialien:

1) Brai sec, Steinkohlenpech von schwarzer Farbe und muscheligem Bruch, das in der Sonnenhitze nur wenig erweicht. Dasselbe wird von England über Antwerpen bezogen und kostet vom Verbrauchsort per 1000 Kilogramm 45 Frcs.
2) Goudron, der von den belgischen Gasanstalten gelieferte Steinkohlentheer; er kostet am Verbrauchsort per 1000 Kilogramm 40—45 Frcs.
3) Das Klein fetter und halbfetter Steinkohlen, welches zerkleinert, nach dem Passiren eines Rätters von 7 Millimeter Entfernung der Stäbe, auf Setzsieben gewaschen und zu solcher Reinheit gebracht wird, dass der Aschengehalt 7 Procent nicht übersteigt.

Zur Entfernung der Feuchtigkeit wird die gewaschene Kohle zunächst in zwei eingemauerten, an der Aussenseite von der Flamme umspielten Kesseln von 18 Metern Länge und 1 Meter Durchmesser bis auf circa 200° Cels. erhitzt, indem gleichzeitig eine im Innern der Kessel befindliche, um die Längsachse rotirende Spirale das durch ein Paternosterwerk eingetragene Kohlenklein unter beständigem Umrühren continuirlich bis zum Austrittsende fortbewegt. In zwei anderen Kesseln wird das Steinkohlenpech unter Zusatz von $^2/_9$ Steinkohlentheer durch Erwärmen flüssig gemacht. Von diesem Gemenge gelangen 4—$4^1/_2$ Procent des Gewichts der zu verarbeitenden Kohle mittels eines Schöpfrades, dessen Rotationsgeschwindigkeit regulirbar ist, in einen Mischapparat (mélangeur) an der Stelle, wo auch die angewärmten Kohlen hineinfallen. Dieser Mischapparat ist ein von Aussen geheizter Walzenkessel aus schwachem Eisenblech, der im Innern eine rotirende Spirale besitzt, welche zur Mengung und Fortbewegung des Haufwerkes dient und ein continuirliches Austragen bewirkt. Das austretende Gemenge, dessen Theile noch nicht aneinanderhaften, wird durch einen mit einem Rührwerk versehenen Trichter einer Middleton'schen Kohlenpresse (siehe unten) zugeführt. Dieselbe besteht aus einem intermittirend rotirenden, horizontalen, gusseisernen Kranze mit 16 gleichförmig vertheilten, vertical herabgehenden, kastenartigen Vertiefungen von der Form der Briquets; in diese Vertiefungen können zwei vertical neben einander stehende eiserne Stempel von verschiedener Länge eintreten, die in Führungen auf- und abwärts bewegbar und an ihrem oberen Ende mit einem Gewicht von 70 Tonnen (1400 Zollcentnern) belastet sind. Der kürzere Stempel drückt in dem Augenblicke, wo die rotirende Bewegung des Kranzes unterbrochen ist, das aus dem Trichter in die Fächer fallende Gemenge von 2 Decimeter Stärke auf 12 Centimeter zusammen, da unter dem Kranze vom Auftrage- bis zum Austrittspunkte eine solide Unterlage vorhanden ist; der längere Stempel senkt sich beim nächsten Stillstande in das durch Rotation des Kranzes fortbewegte Fach und stösst das geformte Brod nach unten aus. Ein Arbeiter (bisweilen auch ein Segeltuch ohne Ende) fängt die herausgepressten Stücke auf und überführt sie auf einen mit horizontalen Fächern versehenen Gestellwagen.

Bei dem oben angegebenen geringen Zusatz von Steinkohlentheer ist die Fabrikation hiemit beendigt; die Briquets sind sogleich transportabel und verwendbar. Wird mehr Theer zugesetzt, so müssen die Stücke noch etwa 10 Stunden lang in überwölbten Kammern so stark erhitzt werden, dass die flüchtigen Kohlenwasserstoffverbindungen entweichen. In der Regel sucht man jedoch letzteres Verfahren, welches die Fabrikationszeit erheblich verlängert und einen nicht unbedeutenden Kohlenverbrauch veranlasst, durch vorheriges Concentriren des Theeres zu umgehen.

Zu Sarts-au-berleur besitzen die Briquets parallelepipedische Form mit abgerundeter Kante von 0,27 Meter Länge, 0,17 Meter Breite, 0,12 Meter Höhe und wiegen je 7,2 Kilogramm; die Pressmaschine liefert per Minute 10 Stück, kann mithin in 12 Stunden circa 1000 Zollcentner fabriciren. Die Bewegung sämmtlicher Apparate geschieht durch eine 25pferdige, doppelt wirkende Hochdruckdampfmaschine ohne Condensation und Expansion. Bei einem Aschengehalt von nicht über 7 Proc. zahlt die Verwaltung der Staatsbahnen pro Tonne (20 Zollcentner) 17,1 Frcs.

Die hier gegebenen Notizen des Herrn Fabricius erwähnen bereits des Asphaltes als Bindemittel des Kohlenkleins, in welchem Falle dann derselbe entweder als solcher von den Briquetfabrikanten als Handelsartikel bezogen, oder durch Destillation des Theeres naheliegender Gasfabriken in dem Etablissement selbst gewonnen werden kann. Dieses Verfahren der Briquetfabrikation schliesst zwar die nachmalige Austrocknung der Kohlenziegel in den Destillationskammern aus, bedingt aber eine höhere Erhitzung der Mischung während der ganzen Operation und steht in Bezug auf Brennmaterialaufwand in dieser Beziehung dem ersteren Verfahren der Mischung des Theeres mit dem ausgetrockneten Kohlenklein jedenfalls nicht nach, übersteigt sie jedoch in Bezug auf Kraftaufwand, wie solcher zum Pressen der weniger plastischen Briquetmasse erforderlich ist. Es ist diese Methode der Briquetfabrikation mittels Asphalt (brai) und mit Anwendung des Evrard'schen Apparates (siehe unten) bereits seit 4 Jahren auf der Grube Brandeisl (im Buštěhrader Kohlenbecken Böhmens) eingeführt und spaltet sich in folgende Operationen: [1])

Die Vormanipulationen bestehen in der Zerkleinerung der Kohlenlösche, in der Kohlenwäsche und in der Theerdestillation behufs der Gewinnung des Asphalts. Die Kohle, welche aus dem drei Lachter mächtigen Flötz der Zeche Michael entnommen wird und zu $^2/_3$ als Staubkohle und Grus fällt, bedingt in Folge ihres Gehaltes von 50 Procent Mineralbestandtheilen (Berge), welche gleichmässig in der ganzen Kohlenmasse vertheilt sind, eine sehr umfangreiche Wäsche, durch welche jedoch nur ungefähr 33 Procent der eingesprengten Berge entfernt werden können.

Das Zerkleinern der Kohlenlösche geschieht durch ein Quetschwalzenwerk mit zwei Walzenpaaren, die untereinander liegen, so dass das Kohlenklein beide Walzenpaare passiren muss, ehe es auf den Separationsrätter gelangt. Der Motor ist eine 15pferdige Dampfmaschine, welche auch den Rätter in Bewegung setzt. Das Kohlenquetschwerk ist nach dem Patente Bérard construirt. Die Walzen des oberen Paares haben eine grobgekörnte Oberfläche und liegen einen Zoll im Lichten auseinander, während die unteren horizontal gerieften Walzen nur $^1/_2$ Zoll Zwischenraum von einander haben. Um das Einklemmen fester Schiefer zwischen den Walzen und somit eine Stockung des Betriebes oder den Bruch

[1]) Polytechnisches Centralblatt. 1863. pag. 315; auch Dr. Oppler: „Die Fabrikation künstlicher Brennstoffe.“

der Walzen zu vermeiden, ist nur die eine Walze jedes Paares auf einem feststehenden Lager drehbar, während die andere durch starke, einem grössern Druck nachgebende Federn in der richtigen Entfernung von der ersteren gehalten wird. — Die beim Durchgange durch die Walzen zerkleinerten Kohlen fallen auf ein Sieb mit $^3/_8$ Zoll Maschenweite und werden durch die stossweise Vor- und Rückwärtsbewegung in nussgrosse Kohlen, welche zur Heizung der stehenden Maschine benutzt werden und in den zur Briquetfabrikation bestimmten Kohlenstaub sortirt. Letztere Masse wird nun durch ein Paternosterwerk wieder in die zweite Etage des Gebäudes gehoben, dort in einen Trog entleert und unter starkem Wasserzufluss in vier verschiedenen 8 Zoll weiten Abfallröhren auf die Wäschen gefördert.

Die Waschmaschinen sind nach dem Patente Bérard construirte Kolbenmaschinen, wie solche durch den Patent-Inhaber auf verschiedenen belgischen und französischen Gruben aufgestellt wurden. In England sind dieselben Maschinen durch Murison eingeführt worden. Die Brandeisler Waschmaschinen haben jedoch Modificationen erfahren, die wesentlich darauf hinzielen, die Maschinen zu continuirlich wirkenden umzugestalten. Der Motor ist eine 6pferdige Dampfmaschine. Jede Wäsche besteht aus einem grossen viereckigen Wasserbehälter, in welchem sich auf $^2/_3$ seiner Höhe ein 6 Fuss langes und 4 Fuss breites Metallsieb neben einem aus 4zölligen Eichenbohlen hergestellten 20 und 48 Quadratzoll weiten Kasten befindet. In diesem Kasten wird durch Uebertragung der Kurbelbewegung obengenannter, stehender Maschine in eine geradlinige, ein enganschliessender Kolben auf- und niederbewegt und hierdurch ein stossweisses Durchdringen und Zurückgehen eines Theiles des im Raume befindlichen Wassers durch das Sieb hervorgerufen.

Das auf dem Sieb gelagerte Gemisch von Kohlen und Bergen wird in Folge des Wasserwechsels in lebhafte Bewegung versetzt, wobei sich die Berge in Folge ihrer grösseren specifischen Schwere auf dem Siebboden ablagern, während die leichtere über den Bergen stehende Kohle mit dem überschüssigen Wasser über den vorderen, niederen Raum der Wäsche abfliesst. Nach Entfernung des Wassers durch ein Sieb gelangen dann die Kohlen in den vor der Pressmaschine befindlichen überdeckten Raum. Die Berge werden durch Arbeiter fortwährend von dem Waschsiebe entfernt, während die durch die Maschen des Kohlensiebes durchdringenden Kohlenschlammmassen (Schlämme) durch Oeffnen des am Boden befindlichen Schützen entfernt werden und in grosse Bassins fliessen, um sich in diesen durch Absickern und Verdunsten des Wassers abzuklären und (bei einem geringen Schwefelkiesgehalte) mit zur Briquetfabrikation verwendet zn werden.

Es werden auf den genannten vier Waschkästen in zehn Arbeitsstunden 1200 Centner Kohle verwaschen und liefern bei einem Ausbringen von 60 Procent 720 Centner gewaschene Kohle mit einem Gehalt von 12—17 Procent.

Der zu verarbeitende Theer wird aus den Gasanstalten der Continental-Gas-Association in Wien bezogen und in unter einander communicirenden grossen Gruben reservirt, aus welchen er mit einer Theerpumpe nach Bedarf in die Destillirkessel gefördert wird. Es sind deren vier aufgestellt, mit welchen in 24 Stunden 120 Centner Theer durch Abtreibung von 40 Procent Theerölen zu 72 Centner Asphalt verdickt werden. Die Destillation wird als beendet betrachtet, wenn bei genommener Probe der heisse Destillationsrückstand (Asphalt) zähe und fadenziehend erscheint und letzterer hierauf behufs seiner Erhärtung in eine grosse Cisterne abgelassen, deren zwei zur Aufnahme des Asphaltes vorhanden sind.

Die Briquetfabrikation beginnt damit, dass das Kohlenklein in einem besondern Heizapparate vorgewärmt und getrocknet wird. Derselbe besteht aus zwei über einander liegenden, durch Herdfeuerung erhitzten Cylindern von 2 Fuss 11 Zoll Durchmesser und 15 Fuss Länge, in welchen sich eiserne, die Spindel in 7 ganzen Umdrehungen (pro Umdrehung $1^1/_2$ Minute) umlaufende Schnecken bewegen. Ein Paternosterwerk liefert die Kohle aus der Halle vermittelst eines Rumpfes in den obern Cylinder, wo sie von der Schnecke erfasst und nach dem am andern Ende zwischen beiden Cylindern befindlichen Halse geschoben wird, um durch denselben in den unteren Cylinder zu gelangen, in welchem sie durch die rückgängige Bewegung der in letzterem befindlichen Schnecke nach der vorderen Austrittsöffnung geschoben wird und durch diese auf den Fussboden des Pressraumes fällt. Die Erwärmung der Kohlen in diesen Cylindern wird während ihres 20 Minuten dauernden Durchganges auf 90 Grad Cels. gebracht. Die frühere Art der Erwärmung der Kohlen durch heisse, in die Cylinder eingeführte Wasserdämpfe ist desshalb aufgegeben, weil durch das Condensationswasser die Kohlen feucht wurden und eine nachmalige Austrocknung der Briquets nöthig machte, welche bei dem oben geschilderten Verfahren nun in Wegfall gekommen ist.

Die Mischung des vorgewärmten und getrockneten Kohlenkleins mit dem Asphalt geschieht in einer Mischtrommel, welche über der Pressmaschine horizontal aufgestellt ist. Sie ist ein oben offener Halbcylinder von 2 Fuss Durchmesser und 12 Fuss Länge, dessen eiserne doppelte Wandungen mit Dampf geheizt werden. In dieser Trommel dreht sich eine Schnecke, welche die durch ein Paternosterwerk heraufgeförderten, noch warmen Kohlen langsam der Pressmaschine zuschiebt. Auf 4 Fuss Entfernung vom Anfange der Schnecke fliesst der geschmolzene Asphalt zu und mischt sich durch die Bewegungen der Schnecke mit den Kohlen. Das Quantum des zuzusetzenden Asphaltes hängt von der Art der Kohlen ab; bei sehr fetten Kohlen genügt ein Zusatz von 2 — 3 Procent, während magere Kohlen bis zu 10 Proc. denselben beanspruchen. Es hängen diese Quantitäten sowohl von der Qualität der Kohlen und von deren Feuchtigkeitsgehalt, als auch von der Consistenz des Asphaltes ab und setzen zu ihrer richtigen Beurtheilung eine längere praktische Erfahrung voraus.

Um nun je nach Bedarf grössere oder geringere Quantitäten Asphalt der Kohle zuführen zu können, befindet sich in dem neben der Mischtrommel aufgestellten Kessel, in welchem der Asphalt durch eine Separatfeuerung bis nahe zum Kochpunkte erhitzt wird, eine eigene Schöpfvorrichtung: Neben dem Schmelzkessel dreht sich auf festen Lagern eine gekröpfte Achse, an deren 6 Kurbeln 6 lange eiserne Stäbe auf etwa $^1/_4$ ihrer Länge aufgehängt sind. Das ihrem Drehpunkte (einer Welle im Kessel) entgegengesetzte, zu einer Gabel ausgearbeitete Ende dieser Stäbe erhält durch die Drehung der gekröpften Achse eine auf- und niedersteigende Bewegung. Zwischen den Gabeln sind die Schöpfkästen eingehängt, welche, durch ein Gegengewicht in verticaler Lage gehalten, beim Niedergange in die flüssige Pechmasse tauchen und den so geschöpften Inhalt in die Abflussrinne entleeren, wenn eine Hemmung, hinter welche die Nase des Kastens fasst, vorgeschoben und dadurch eine Drehung des Schöpfkastens um seine Achse bewirkt wird. Je nach dem An- und Abrücken der verschiedenen Hemmungen kann die Zahl der wirkenden Schöpfkästen und somit der Pechabfluss vermehrt oder vermindert werden.

Die in der Mischtrommel vorgemengten Kohlen fallen am Ende der Schnecke in einen verticalen, oben und unten offenen Cylinder von 3 Fuss Durchmesser und 5 Fuss Höhe, dessen doppelte Wandungen ebenfalls durch Dampf geheizt sind. Durch auf der rotirenden Hauptwelle befestigte Messer wird hierin, ähnlich wie in einer Thonmühle, die Mischung des Kohlenkleins mit dem Asphalt vervollständigt. In 5 Zoll Abstand vom unteren Ende dieses Cylinders befindet sich ein Tisch mit überstehendem Rande, der ebenfalls an der Hauptwelle befestigt ist und durch diese in drehende Bewegung gesetzt wird; auf diesen Tisch stützt sich die im Mischcylinder vorhandene Briquetmasse. Durch 4 Messer, welche vermittels einer an den 4 Säulen der Pressmaschine angebrachten Stellvorrichtung zu stellen sind und je nach Bedürfniss weniger oder weiter auf diesen Tisch greifen, wird die entsprechende Masse dieses Gemisches abgestrichen und fällt mittels vier Abfallröhren auf eine ebenfalls rotirende Ringfläche. Auf letztere greifen 16 über die Einfallröhren der 16 Presscylinder angebrachte Messer. Je 4 solcher Messer bilden zwischen je zwei Abfallröhren einen Satz. Die einzelnen Messer jedes Satzes sind zum Zweck der Abstreifung einer gleichen Masse der Mischung verschieden weit auf die Ringfläche greifend gestellt, so zwar, dass das erste nur auf $^1/_4$, das zweite auf $^1/_2$, das dritte auf $^3/_4$, das vierte auf die ganze Breite derselben fasst. Durch Zurückschlagen der an ihrer Stützsäule drehbaren Messer können ohne Beeinträchtigung des Fortganges des ganzen Pressprocesses einzelne Presscylinder ausgeschaltet werden. Die Presscylinder liegen radial um die Hauptwelle und sind an dem auch die Hauptwelle umfassenden und haltenden Rahmen in unverrückbarer Lage befestigt und mit dem Mauerwerk verbolzt. Die Länge des Theiles des Cylinders, woselbst die eigentliche Pressung stattfindet, muss so bemessen werden, dass dem Austritt der Briquetmasse eine Reibung entgegengesetzt wird, die der verlangten Compression entspricht. Die Seele der Presscylinder hat einen Durchmesser von 5 Zoll, die Wandstärke beträgt 2 Zoll.

Um die Reibung und somit den Druck in dem Presscylinder reguliren zu können, ist jeder Cylinder auf die Länge von 9 Zoll von seinem Kopfe horizontal aufgeschnitten und aus der oberen abzunehmenden Hälfte ein am Mundloche $1^1/_2$ Linien dicker und nach hinten verlaufender Keil herausgenommen, wodurch der Kopf des Presscylinders eine schwach verjüngte conische Form erhält. Vermittels starker auf diesen losen Theil aufgesetzter Klammern wird derselbe höher und niedriger gestellt, wodurch der Querschnitt des Briquets etwas unter die Kreisform gedrückt wird.

In den Presscylinder greifen die Presskolben, welche vermittels einer Gabelführung an einem um ein Excentrik der Hauptwelle beweglichen starken Ring befestigt sind. Die Excentricität beträgt 8 Zoll und danach die Hubhöhe des Kolbens $10\frac{1}{2}$ Zoll. Die zu pressende Masse, welche in Folge des durchlaufenen Weges auf 40—50° Cels. erkaltet ist, wird nun durch das Messer, wie oben erwähnt, von der Ringfläche abgeschnitten, fällt in die darunter befindliche 4 Quadratzoll weite Oeffnung des Presscylinders und wird durch den Kolben gegen den, den vorderen Theil des Cylinders ausfüllenden Briquetkörper geschoben und mit diesem zusammengepresst.

Beim Anfange der Operation oder der Wiederinbetriebsetzung eines reparirten Cylinders wird zur erstmaligen Herstellung dieses Widerlagers eine an einem langen Hebel befestigte Scheibe, deren Klaue hinter den oberen Rand des Cylinders greift, vor das Mundloch gedrückt, gegen welches sich die eingelassene und nicht entweichende Briquetmasse presst. Nachdem der erforderliche Grad der Pressung auf diese Weise erreicht ist, wird die Scheibe entfernt und genügt die, nöthigenfalls durch Niederstellung des oberen Mundstückes des Cylinders noch zu vermehrende Reibung des Briquetkörpers an den Seitenwandungen des Cylinders, um den erlangten Härtegrad der Briquets fortwährend beizubehalten.

Die Welle des Excentriks macht in einer Minute 40 Umdrehungen, in Folge deren durch jeden Presskolben ein Briquetende von 23 Zoll Länge vorgeschoben wird; jeder Kolbenstoss presst mithin $^{23}/_{40}$ Zoll oder alle 16 Cylinder per Minute 31 laufende Fuss fertige Briquets.

Das aus dem Presscylinder austretende cylindrische Briquet schiebt sich auf einer 4 Zoll breiten horizontalen Scheibe fort. Auf diese Scheibe ist, 14 Zoll vom Mundloche entfernt, ein Quersteg genietet, gegen welchen das Briquet bei seinem weiteren Vorgange fällt und dadurch die Scheibe vorschiebt, bis eine sie in horizontaler Lage haltende Sperrstange sich auslöst. Das Briquet verliert durch dieses Nachgeben der Scheibe seine Unterstützung, bricht in Folge des eigenen Gewichtes ab und fällt auf einen um die ganze Pressmaschine rotirenden, eine Kreisfläche bildenden Tisch, von welchem Arbeiter dasselbe abnehmen und als fertiges Fabrikat verladen. Die Scheibe springt nach dem Niederfallen des Briquets in Folge eines Gegengewichtes und des Druckes einer auf ihrer Gleitstange angebrachten Spiralfeder in ihre ursprüngliche Lage zurück und hakt dabei die Sperrstange wieder hinter den Ansatz.

Die Hauptwelle der Pressmaschine besteht aus zwei Theilen, dem oberen, woran der Tisch und die Ringfläche befestigt ist, und dem unteren stärkeren, durch die das Presswerk bewegt wird. Diese Trennung der Hauptwelle in zwei von einander unabhängige Theile wird durch die verschiedenen Umdrehungsgeschwindigkeiten beider bedingt.

Der Motor aller im Pressgebäude aufgestellten Maschinen und Apparate ist eine 50pferdige Dampfmaschine. Die mit derselben betriebene Evrard'sche Presse liefert per Stunde 52 Centner, also in 12 Arbeitsstunden 600—700 Centner Briquets. Bei verstärktem Betriebe stellt sich die Leistung in maximo auf 60—70 Centner stündlich. —

In der Verfolgung des eingeschlagenen Verfahrens, den Asphalt als Bindemittel des Kohlenkleins zu verwenden, gestaltet sich die Fabrikation der Briquets zu einem Industriezweig, welcher, indem er den Asphalt als ein Nebenproduct der Theerölgewinnung in den Betrieb zieht, zumal in den Fällen von der Destillation des rohen Theeres absehn muss, wo wiederholte Rectificationen der gewonnenen Destillate die Gewinnung und Verwerthung einzelner specieller Theerproducte, wie Benzin, Carbolsäure, Naphthalin und Paraffin es sind, im Auge haben. Durch diesen Umstand wird die Briquetfabrikation zu einem rein mechanisch-technischen Process, in welchem zunächst Kohlenklein und Asphalt, und letzterer zwar in erhärtetem und gepulvertem Zustande, mechanisch gemischt und das Gemenge dann durch Erwärmung in plastische Form gebracht und in dieser zu Briquets verarbeitet wird. In diesem Sinne spricht sich ein englisches Patent aus dem Jahre 1848 von Samuel Dobré aus, welchem zufolge sich der Patentinhaber eines Metallgefässes bedient, das mit einem Dampfmantel versehen und so construirt ist, dass es nicht nur dem Druck stark gespannter Dämpfe, welche in den Mantel eintreten, genügenden Widerstand leisten kann, sondern auch den Eintritt der Dämpfe aus dem Mantel in das innere Gefäss gestattet. Nachdem die in den Dampfmantel unter einem Druck von 60 Kilogramm per Quadratzoll eingetretenen Dämpfe das Metallgefäss gehörig erwärmt haben, wird eine Mischung von $^7/_8$ bis $^{11}/_{12}$ Kohlenstaub und $^1/_8$ bis $^1/_{12}$ Asphaltpulver eingetragen, sodann der innere Cylinder geschlossen und nun Dampf von angegebener Spannung aus dem Dampfmantel in denselben eintreten gelassen. Durch die Einwirkung des Dampfes gelangt der Asphalt zum Schmelzen, durchdringt das Kohlenklein gleichmässig, so dass nach Entfernung des überschüssigen Dampfes die noch heisse, teigartige Mischung aus dem Cylinder genommen und in die Briquetform gebracht werden kann und dann als Briquets in einen Trockenofen übergeführt wird, bis die adhärirende Feuchtigkeit vollständig verdunstet und das Brennmaterial gehörig trocken zum Gebrauch geeignet ist.

Couillard und Mazeline lassen den Dampf in den Boden eines zwei Meter hohen und einen Meter weiten Cylinders eintreten, in welchen die gepulverte Asphalt- und Kohlenklein-Mischung gelangt, die durch ein Paternosterwerk langsam und gleichmässig in den oberhalb offenen Cylinder eingetragen wird. Eine im Innern des Cylinders bewegliche und mit Messern schraubenförmig besetzte Welle befördert durch ihre Umdrehung die gleichmässige Vereinigung des Gemisches, welches gehörig erweicht aus dem untern Theile des Cylinders der Briquetpresse zugeführt wird. — Nach dem Verfahren von Wylam endlich wird eine Mischung von Asphaltpulver und Kohlenklein im Verhältniss von 1 : 4 angewendet. Dieses Gemenge gelangt über einen Vertheiler in Trichter, deren jeder am Boden ein Paar cannellirte Walzen besitzt, die durch eine Transmission bewegt werden und gleichmässig die den ersten Theil des Apparates bildende gusseiserne Retorte speisen. Dieselbe liegt auf einem gewöhnlichen Herde, wo sie beständig in dunkler Rothglut erhalten wird. Eine archimedische Schraube bewegt sich längs der Achse der Retorte und treibt das eintretende Gemenge in ungefähr 3 Minuten durch ihre ganze Länge von 4,5 Meter. Das Gemisch befindet sich beim Austritte in einem teigigen Zustande und wird durch eine Kette ohne Ende in einen Behälter geführt, in welchem es durch Arme, die an einer rotirenden Welle befestigt sind, beständig in Bewegung erhalten wird, um seine Erhärtung zu verhindern. Aus diesem Behälter gelangt dasselbe in 12 grosse Formen einer Midleton'schen Presse, welche auf einer rotirenden runden Platte befestigt sind. An einem Punkte über derselben befindet sich das Revervoir, aus welchem die Formen gefüllt werden; an zwei anderen diametral entgegengesetzten Punkten befinden sich zwei hydraulische Pressen, durch deren eine der in die Form gebrachte Brei während der Rotation der Platte durch einen niedergehenden Kolben gleichmässig comprimirt wird, während der Kolben der zweiten hydraulischen Presse bei seinem Niedergange die comprimirten Kohlenziegel aus der Form herausdrückt und dieselben in dem Zustande der Vollendung herausfallen lässt.

Das dritte Verfahren der Briquetirung des Kohlenkleins gründet sich auf die Eigenschaften fetter Kohlen, unter der Wirkung hoher Temperaturen und starken Druckes eine Art Sinterung zu erzielen, durch welche es möglich wird, ein Zusammenbacken des Kohlenkleins ohne Anwendung eines Bindemittels zu ermöglichen:

Baroulier (Patent vom 9. Februar 1836), Rees (Patent vom 18. Februar 1851) und Bessemer, welche in ihren Vorschlägen fast völlig übereinstimmen, bringen die backenden Kohlen oder ein Gemenge von solchen mit mageren Kohlen oder Koks in eine aus vier festen und zwei beweglichen Seiten bestehende gusseiserne Form; die beweglichen Seiten müssen so gut als thunlich luftdicht schliessen und die eine derselben grösser sein, als die andere. Diese Form wird je nach der Beschaffenheit der Kohlen $^1/_2$ bis 3 Stunden lang in einem Ofen oder einer Kammer einer Temperatur von 300—500° Cels. ausgesetzt; die Steinkohlen, welche am wenigsten gasförmige Substanzen enthalten, erfordern eine um so höhere Temperatur, während die fetten Kohlen eine niedrigere und mehr stufenweise Erhitzung erheischen, um zur erforderlichen Consistenz zu gelangen, nämlich zu dem Zustand der Erweichung, bei welchem ein Gasverlust noch nicht zu befürchten ist, vorausgesetzt, dass die Form, deren feste Seiten ein Auftreiben der Kohlenmasse verhindern, einen genügend intensiven Druck auszuüben vermag; die Masse behält nach dem Erkalten ihre Form bei, hat die Gestalt des Innern der Form, beinahe dasselbe specifische Gewicht der Kohle selbst und einen ihr ähnlichen Bruch.

Nachdem die verlangte Schmelzung stattgefunden hat, nimmt man die Form aus dem Ofen und lässt sie theilweise abkühlen. Dann beseitigt man die grössere von den zwei beweglichen Seiten der Form und drückt die andere hinab, damit der Brennmaterialblock herausfällt. Ein vorheriges scharfes Trocknen des anzuwendenden Kohlenkleins und die Ausübung eines mechanischen Druckes auf die teigartige Masse bedingt die grössere Dichtheit und Festigkeit des Productes.

In dem Grade nun, als sich, wie aus dem vorhergehend Mitgetheilten ersichtlich, die Briquet-Industrie von der Anwendung des flüssigen Theeres als Bindemittel des Steinkohlenkleins entfernt und sich dem Asphalt in geschmolzener oder fester Form zugewendet, ja die backenden Eigenschaften des Kohlenkleins selbst als Cohärenzmittel praktisch auszubeuten versucht hat, haben sich auch die Ansprüche an die zur Formung der Kohlenziegel nothwendigen Pressen in Bezug auf erhöhte Leistungsfähigkeit bei gleichzeitig zunehmender Kraftäusserung gesteigert.

Während daher im Beginne des Verfahrens, unter Anwendung flüssiger Bindemittel und Erzeugung teigartiger Briquets, Formräder, wie sie schon seit langer Zeit in der Thonziegel- und Presstorf-Fabrikation gebräuchlich waren, den Zwecken einer Massenproduction entsprachen, ging man bei Anwendung des Asphaltes zu der schon oben dem Princip nach geschilderten Formdrehscheibe mit gleichmässigem Presskolbenspiel der Midleton'schen Presse und von dieser zu dem Princip des Dampfhammers als Compressionsmittel der strengplastischen Briquetmassen der Evrard'schen Presse über.

Einer eingehenden Beschreibung aller in dieser Beziehung angewendeten mechanischen Hilfsmittel glauben wir durch das im Vorhergehenden schon mehrfach benutzte Werkchen des Herrn Dr. Oppler „über die Fabrikation der künstlichen Brennstoffe“ (Berlin, 1864, Verlag von Jul. Springer) uns überhoben zu sehen, da in dieser Schrift des mechanischen Theiles der Briquetfabrikation mit einer Ausführlichkeit Erwähnung geschehen ist, wie solche die Grenzen dieses Werkes, sollten erstere hier Aufnahme finden, überschreiten würden.

Es erübrigt nur noch, die Leistungsfähigkeit der Briquets als Brennstoff einer kurzen Besprechung zu würdigen und hier die praktischen Resultate mit der theoretischen Berechnung in Vergleich treten zu lassen.

Eine Abhandlung des Bergingenieur Henoch in Wien, früher Referent der Kohlenwerksabtheilung der österreichischen Staatseisenbahn-Gesellschaft (Berg- und Hüttenmännische Zeitung, 1853, Nr. 38), spricht sich über die Bedingungen, welche die Fabrikation der Kohlenziegel vortheilhaft erscheinen lassen, ziemlich rückhaltslos aus und verdient aus diesem Grunde die Aufmerksamkeit des Praktikers in vollem Maasse.

Henoch lässt in dieser Arbeit die Briquetfabrikation nur in dem Falle praktisch vortheilhaft erscheinen, in welchem vorwaltend backende Kohlen zur Verwendung gelangen. Die Qualität des Bindemittels tritt nach seinen Ansichten in den Hintergrund; er sagt darüber: „Die Festigkeit der Briquets lässt sich leicht erreichen und alle bisher angewendeten Bindemittel erzielen so ziemlich denselben Zweck. Man nehme nur eines derselben und mische es mit Kohle von gleichem und feinem Korn, so wird man bei einiger Pressung so feste Briquets erzeugen, dass sie in Bezug auf Transportfähigkeit den grössten Anforderungen entsprechen.“ Je kräftiger das Bindemittel, desto geringerer Pressung bedarf der Kohlenziegel, und der Verfasser hat mit einigen der ihm patentirten Bindemittel ohne jede Pressung so feste Briquets erzielt, dass flache Kohlenkuchen von kaum $^1/_2$ Zoll Höhe weder mit der Hand, noch durch einen heftigen Wurf auf eine Steinunterlage zerbrochen werden konnten. Aber im Feuer haben sich diese Briquets nur in seltenen Fällen bewährt; sie zerfielen in demselben und gaben einen schlechten Heizeffect. Der Grund hievon liegt auf der Hand: „Ein feuerbeständiges Bindemittel ist nicht anwendbar, da durch dasselbe eine zu grosse Schlackenbildung hervorgerufen und in Folge dessen der Feuerungsprocess benachtheiligt wird. Ist die Kohle backend, so werden in dem Augenblicke, wo das Bindemittel verbrennt und seine Bindekraft aufhört, die backenden Bestandtheile der Kohle selbst den Ziegel zusammenhalten. Ziegel aus nicht backender Kohle werden aber im Feuer zerfallen. Die Kohle zur Briquet-Fabrikation muss demnach backend sein, falls man entsprechende Ziegel erzeugen will; ist sie dies nicht, so wird man bei dem kräftigsten Bindemittel und der stärksten Pressung keine verwendbaren Ziegel erzeugen können." Aus diesen Angaben wird erhellen, dass die Briquetfabrikation von der Qualität der Kohle, mit der man arbeitet, abhängig ist, dass es also ein Universalbriquetirungsmittel, nach welchem man bis jetzt gesucht hat, nicht gibt. Vergleicht man den Brennwerth der Briquets mit dem der Kleinkohle, aus welcher sie erzeugt werden, so ergeben sich folgende Vortheile zu Gunsten der ersteren:

1) Briquets haben eine viel geringere Transportscala, als Steinkohle;
2) Briquets lagern sich nicht so fest auf den Rost, als Kleinkohle, wodurch das Feuer immer bessern Zug hat, ein Schüren desselben nicht so oft nothwendig ist und demnach das häufige Oeffnen der Heizthüren und die dadurch bedingte bedeutende Abkühlung der Kesselwandungen wegfällt;
3) das Durchfallen der Kleinkohle durch den Rost wird bei Verwendung der Briquets vermieden;
4) da die Briquets in Stücken von gleichem Gewicht und Volumen angefertigt werden, so ist durch dieselbe eine viel genauere Controle des Brennmaterialverbrauchs ermöglicht, sowie dem Heizer Gelegenheit gegeben, sein Feuer nach Zeit und Stückzahl genauer zu regeln, als es sein Augenmaass bei Unterhaltung der Feuerung mit der Schaufel und mit Stückkohlen ermöglicht. (Die Briquets zählen, heisst die Briquets wägen.)

„Diese durch die feste Form bedingten Vortheile der Briquets gegenüber von Steinkohlen stellen dieselben auf die Höhe der Stückkohle, gegen welche sie noch den unter 4) angeführten Vortheil voraus haben, der übrigens in dem Falle wieder aufgehoben werden kann, wenn das Kohlenklein mehr Schieferbestandtheile und andere mineralische Beimengungen enthält, als die Stückkohle. Briquets aus nicht backender Kohle, die also im Feuer zerfallen, entbehren der unter 2) und 3) angeführten Vortheile. Sie halten demnach mit Stückkohle keinen Vergleich aus und bieten der Kleinkohle gegenüber Vortheile, die nur in den wenigsten Fällen im Verhältniss zu den Gestehungskosten stehen werden." —

Diese Thatsachen genügen, um uns ein etwas tieferes Eingehen in das Wesen der Briquetirung zu gestatten und uns zu veranlassen, den Werth der einzelnen Methoden von wissenschaftlichem Standpunkte aus zu beleuchten:

Die Wirkungsweise eines Bindemittels zwischen zwei gegebenen Körperflächen kann zunächst eine rein mechanische sein, indem sich das erstere als eine beim Austrocknen oder Erkalten erhärtende Schicht zwischen die letzteren lagert und deren Adhäsion bedingt, ohne wesentlich verändernd auf die zu verbindenden Massen selbst zu wirken, z. B. Leim als Bindemittel des Holzes; anderseits kann die Wirkung eines Zwischenmittels durch Molecularveränderung der sich berührenden Flächentheile eine Vereinigung beider bedingen, d. h. es kann entweder eine chemische Verbindung der Flächenmolecule mit dem Bindemittel erfolgen, z. B. des Lothes mit den Metallflächen, oder es können die Oberflächentheilchen durch das Bindemittel in einen Umsetzungszustand übergehen, welcher, auf zwei Flächen gleichzeitig auftretend, die Vereinigung beider zu einem homogenen Ganzen veranlasst, z. B. Wasserglas als Bindemittel von Silicaten und Erdmassen.

Endlich aber kann die physikalische oder chemische Veränderung zweier zu verbindender Flächen selbst das Mittel zur Vereinigung beider bieten, in welchem Falle die veränderte Flächensubstanz die Function des Bindemittels übernimmt, wie wir dies bei Zusammenschmelzen von Glastheilen und beim Verbinden von Kautschukplatten bemerken. Vergleichen wir die durch Anwendung verschiedener Bindemittel erzielten Effecte, so lässt sich schon bei einer oberflächlichen Untersuchung diejenige Methode der Vereinigung zweier Flächen als die vorzüglichste erkennen, bei welcher das Zwischenmittel oder das verbindende Agens in seinen physikalischen und chemischen Eigenschaften den zu verbindenden Theilen am nächsten kommt, also eine den letzteren entsprechende Homogenität annimmt, wie sie z. B. dem Leim gegenüber dem Holze völlig abgeht. Die Löslichkeit des Leimes im Wasser bedingt die Lockerung zweier geleimter Holzflächen unter Wasser; — die Leichtschmelzbarkeit des Schnelllothes veranlasst die Trennung zweier gelötheter Metallflächen beim Schmelzpunkte des ersteren. — Uebertragen wir diese Grundsätze auf den speciellen Fall der Briquetirung, so erhellet, dass diejenigen Bindemittel am wirksamsten erscheinen, deren chemisches und physikalisches Verhalten dem zu vereinigenden Kohlenklein am nächsten kommt. Wenn demnach die Versuche des Herrn Bergingenieur Henoch ihn zu dem Ausspruche veranlassen: „Die Festigkeit der Briquets lässt sich leicht erreichen und alle bisher aufgetauchten Bindemittel erzielen so ziemlich diesen Zweck u. s. w.", so kann diese Thatsache nur eine partielle Geltung, wie dies auch aus seinen spätern Mittheilungen hervorgeht, erfahren, denn es kommt unsers Erachtens nicht sowohl darauf an, das Kohlenklein zu einem ganzen Stück zu formen, als vielmehr durch diese Formung dem erzielten Briquet die Eigenschaften der Stückkohle, welcher das Kohlenklein entnommen, zu ertheilen, ja dieselben sogar, wenn möglich, noch zu erhöhen. Die Kohle von Stockheim z. B. erscheint als ein mürbes, mulmiges, an Rutschflächen reiches, körniges und weiches Conglomerat und muss bei ihrer Förderung bedeutende Quantitäten vom Kohlenklein liefern. Würde nun die Aufgabe zu erfüllen sein, das Kohlenklein von Stockheim zur Briquetfabrikation zu verwenden, so müsste selbstredend das zu erzielende Product, sofern es sich eines hervorragenden Absatzes erfreuen soll, fester und härter als die Stückkohle selbst sein, d. h. es muss dem Briquetfabrikanten daran liegen, ein Verfahren ausfindig zu machen, durch welches in den Stockheimer Briquets ein festeres Brennmaterial, als die ihr angehörende Stückkohle es ist, geboten würde; denn nur in diesem Falle würde die Fabrikation lohnend und das Product entsprechend verwerthungsfähig erscheinen.

In der von Marsais angebahnten Briquetirung mittels flüssigen Theeres besitzen wir ein Verfahren, welches die Ueberführung des Bindemittels in einen dichteren Zustand ermöglicht, sofern letzteres selbst die Eigenschaften der reinen Kohlensubstanz wenigstens annähernd und in dem Grade erhalten kann, als sich bei fortdauernder Erhitzung der Briquets in den Trockenkammern der Asphalt seiner Zusammensetzung nach der zu verbindenden Kohle nähert. Der zu der Wylam'schen Patentkohle verwendete Asphalt hat ein specifisches Gewicht von 1,01016 und enthält in 100 Gewichtstheilen 73,56 Proc. Kohlenstoff, 8,08 Proc. Wasserstoff, 17,79 Proc. Sauerstoff und 0,57 Proc. Asche. Würde dieser feste Theer für sich einer erhöhten Temperatur ausgesetzt und wollte man annehmen, dass bei dieser Operation die Elemente des Sauerstoffs mit denen des Wasserstoffs zunächst zu Wasser zusammentreten, so würde nach Entfernung des Sauerstoffs nebst der ihm zur Wasserbildung nothwendigen Wasserstoffmenge der Rückstand auf 1000 Kohlenstoff noch 79,7 disponiblen Wasserstoff und 0,72 Proc. Asche besitzen, also eine Zusammensetzung annehmen, welche keiner der bekannten Kohlensorten zukommt. Bekanntermaassen gestalten sich aber derartige Umsetzungsprocesse in der Weise, dass bei entsprechend hoher Temperatur auch niedriger atomisirte Kohlenwasserstoffverbindungen erzielt werden. Liegen uns über den qualitativen und quantitativen Verlauf dieser Umsetzungsprocesse auch keine maassgebenden Resultate vor, so dürfen wir doch glauben, uns nicht zu weit von der Wahrheit zu entfernen, wenn wir als Endproducte des Zersetzungsprocesses Kohlenoxydgas und ölbildendes Gas annehmen, also den Sauerstoff und Wasserstoff gleichzeitig als Componenten des Kohlenstoffs betrachten und somit die Wasserbildung ganz bei Seite setzen; in diesem Falle würde als Zersetzungsrückstand eine Masse zurückbleiben, welche 95,37 Proc. Kohlenstoff und 4,63 Proc. Asche enthielte. Zwischen dieser und der ursprünglichen Zusammensetzung des Asphaltes liegen dann die verschiedenen Modificationen, in welche derselbe bei anhaltender Erhitzung übergehen kann und bei welchen anzunehmen ist, dass immer der Sauerstoff zunächst seine oxydirenden Eigenschaften auf den Wasserstoff oder kohlenstoffreiche Wasserstoffverbindungen ausüben werde.

Es ist nun denkbar, dass im Verlaufe dieses Umsetzungsprocesses ein Zustand eintritt, in welchem der sich zersetzende Asphalt in seiner Zusammensetzung sich der Kohle nähert und in dem Grade, als dies der Fall ist, die Vereinigung der einzelnen Kohlenpartikel zu einem möglichst homogenen Ganzen bedingen kann. Dann wird aber auch die Aufgabe der Briquetirung am vollständigsten gelöst werden und daher ist es erklärlich, dass bei Anwendung eines backenden Kohlenkleins, welches an sich die Fähigkeit besitzt, bei höheren Temperaturen zu conglomeriren, die Wirkung des Asphaltes als eines der Backkohle in seiner Zusammensetzung nicht allzufern stehenden und bei fortschreitender Zersetzung sich nähernden Bindemittels die vollständigste und ergiebigste ist.

Gilt es hingegen, nicht backende Kohlen zu Briquets zu verarbeiten, so ist die Füglichkeit der Verwendung des Asphaltes von seiner chemischen Zusammensetzung und dem Verlauf seiner fortschreitenden Zersetzung bei zunehmender Temperatur vorwaltend abhängig, und in dieser Beziehung dürften folgende Betrachtungen der praktischen Untersuchung werth erscheinen: Nach den meisten uns bis jetzt vorliegenden Resultaten der chemischen Untersuchung der Steinkohlen erscheinen diejenigen Kohlensorten am wenigsten backend, in welchen das Verhältniss des disponiblen zu dem nicht disponiblen Wasserstoff gleich ist, oder in welchen der Gehalt an Kohlenstoff in dem Grade vorwiegt, dass das Verhältniss des Wasserstoffs zum Sauerstoff ohne wesentlichen Belang auf deren Aggregatveränderungen erscheint (s. Verkokung). Im Allgemeinen liegt die Zersetzungstemperatur derartiger kohlenstoffreicher Kohlen höher als die der backenden Kohlen und ein Bindemittel, welches hier vollständig die Aufgabe der Briquetirung lösen soll, muss demnach, soll seine Verbrennung nicht früher stattfinden als die des Kohlenkleins und dadurch das Zerfallen des Kohlenziegels bedingt werden, in seiner Zersetzungstemperatur dem des Kohlenkleins soviel als möglich nahe stehen.

In wie weit in dieser Beziehung der verschiedene Grad der Weichheit des Asphaltes, die Art und Abstammung desselben, der Grad seiner Erhitzung bei der Destillation der Theeröle von Einfluss sei, sowie, in wie weit die Vermischung des abzudestillirenden Theeres mit einem Antheil nicht backenden Kohlenkleins behufs der innigeren Vereinigung des letzteren mit dem Asphalt zu einem der Kohlensorte möglichst ähnlichen Bindemittel vor der Destillation des Theeres vielleicht von Vortheil erscheint, darüber müssen praktische Versuche entscheiden. Die oben angeführten Momente werden genügen, die Aufmerksamkeit der Techniker auf diesen Gegenstand zu lenken; sie werden vor Allem dazu dienen, die Bedeutung der Bindemittel in der Briquetfabrikation in das richtige Licht zu stellen und den Praktiker zu der Ueberzeugung bringen, dass nicht jedes Zwischenmittel sich zur Herstellung tauglicher Briquets eignet, dass vielmehr die Art des ersteren von den physikalischen und chemischen Eigenschaften der Kohle selbst abhängig erscheint.

Was endlich den praktischen Heizwerth der Briquets anbelangt, so wird dieser immer etwas höher als der des Kohlenkleins, aber in den meisten Fällen niedriger als der der Stückkohle zu liegen kommen. Folgende Betrachtung wird diesen Ausspruch rechtfertigen: Die Wylam'schen Briquets bestehen aus 76,60 Proc. Kohlenstoff, 5,15 Proc. Wasserstoff, 9,63 Proc. Sauerstoff, 1,54 Proc. Stickstoff und 7,08 Proc. Asche. Der zur Anfertigung derselben verwendete Asphalt besteht aus 73,56 Proc. Kohlenstoff, 8,08 Proc. Wasserstoff, 17,79 Proc. Sauerstoff und 0,57 Proc. Asche. Aus dem Verhältnisse des Asphaltes zur Kohle von 1 : 4 berechnet sich die Zusammensetzung des Kohlenkleins zu 77,360 Proc. Kohlenstoff, 4,417 Proc. Wasserstoff, 7,590 Proc. Sauerstoff, 1,925 Proc. Stickstoff und 8,707 Proc. Asche. Hieraus ergeben sich die theoretischen Heizeffecte des Kohlenkleins 7429,5 W. E., der Briquets 7549,3 W. E., also ein plus von 130 W. E. zu Gunsten der letzteren, herbeigeführt durch den Zusatz des Asphaltes. Dieser geringe Ueberschuss wird aber aufgehoben, sobald der Aschengehalt des Kohlenkleins den der Stückkohle um 1 Proc. übersteigt. Da nun in den meisten Fällen Kohlenklein aschenreicher ist, als Stückkohle, und der Zusatz von Asphalt in seltenen Fällen mehr als 15 Proc. beträgt, so ersieht man, dass der theoretische Heizwerth der Briquets unter dem der Stückkohlen im Allgemeinen liegen muss und dass nach diesem Verhältniss auch der Preis der ersteren geringer sein wird.

Alphabetisches Inhaltsverzeichniss.

C.

D.

H.

I.

P.

Q.

R.

S.

T.

U.

V.

Druck von C. R. Schurich in München.

Druckfehlerberichtigungen.

Seite 80, Zeile 18 von oben lies **Ronchamp** statt Bonchamp.
„ 153, „ 11 von unten fehlt hinter der Productionsziffer 6,904000 die Einheitsbezeichnung **Pud**.
„ 320, „ 12 von unten lies **Roheiseneinsatz** statt Boheiseneinsatz.

Berichtigungen zu Band I.

Seite 4 Zeile 1 von oben lies „und" statt des ersten „oder".
„ 7 „ 10 „ „ „ „Pyroschist" statt Fyroschist.
„ 35 „ 9 „ unten „ „Argus" statt Concordia.
„ 46 „ 4 „ oben „ „Schieferthon" statt Schieferstein.
„ 150 „ 16 „ „ „ „Medart" statt Medurt.
„ 150 „ 34 „ „ füge hinzu „und bei Kusel".
„ 176 „ 16 „ unten lies „Knoten" statt Karten.
„ 177 „ 1 „ „ „ „Castrop" statt Gastrop.
„ 178 „ 28 „ oben desgl.
„ 179 „ 2 „ unten desgl.
„ 183 „ 7 „ „ lies „Fettkohle" statt Gaskohle.
„ 184 „ 7 „ oben „ „NO." statt NW.
„ 186 „ 13 „ unten „ „Oberpacken" statt Obergadten.
„ 186 „ 15 „ „ „ „Esskohle" statt Gaskohle.
„ 187 „ 17 „ oben „ „vorzugsweise" statt ausschliesslich.
„ 190 „ 7 u. 16 von oben lies „Wenigem" statt Wenigen.
„ 190 „ 11 von oben lies „Hannibal NW." statt Hannibal SO.
„ 190 „ 29 „ „ „ „Freie Vogel und Unverhofft" statt Zum Freien Vogel.

Seite 191 Zeile 1 von oben lies „Wenigem" statt Wenigen.
„ 191 „ 31 „ „ ist „Glück" zu streichen.
„ 191 „ 33 „ „ lies „Braut in Kueppers Wiese" statt Kupferwiese.
„ 192 „ 10 „ „ „ „bei Essen" statt O. von Dortmund.
„ 193 „ 25 „ „ „ „Wolfsbank" statt Wolfsbeck.
„ 195 „ 33 „ „ „ „wurden Diagonalen benützt oder" statt benützt man.
„ 195 „ 8 „ unten „ „zweier" statt jener.
„ 214 „ 11 „ oben „ „aus schliesslich" statt ausschliesslich.
„ 238 „ 1 „ unten „ „Leonh. u. Bronn. Jahrb." statt Z. d. geol. Ges.
„ 247 „ 8 „ oben „ „Niewiadow" statt Niewiadom.
„ 274 „ 19 „ „ „ „Eisen" statt Eisenhütten.
„ 314 Nr. 133 lies „Stigm." statt Sig.
„ 345 Zeile 22 von oben lies „Asturien" statt Austurien.
„ 412 dritte Spalte Zeile 11 von oben lies „Jaklowetzer" statt Jablowetzer.

Erklärungs-Beilage zu der Karte:

Deutschland und anliegende Länder.

Uebersicht

der

eigentlichen Steinkohlengebiete

mit Ausschluss der jüngeren Schwarzkohlen.

Frankreich.

1. Bassin der Loire bei St. Etienne und Rive de Gier im Departement der Loire. (I. 359.)
2. Becken von Blanzy und Creuzot. (I. 356.)
3. Bassin von Autun. (I. 358.)
4. Nordfranzösisches Steinkohlenrevier. (I. 354.)

Belgien.

5. Bassin von Mons. (I. 353.)
6. Bassin de la Haine oder Charbonnages du Centre und du Levant de Mons. (I. 353.)
7. Kohlenreviere zwischen Charleroy und Namur oder das Sambre-Bassin. (I. 352.)
8. Kohlenrevier von Lüttich oder Liège. (I. 351.)

Deutschland.

9. Worm-Bassin oder Kohlscheider Mulde. (I. 160.)
10. Inde-Bassin oder Eschweiler Mulde. (I. 154.)
11. Saarbecken und Rheinpfalz. (I. 124.)
12. Schwarzwald im Grossherzogthume Baden. (Offenburger Mulde bei Berghaupten u. s. w.) (I. 118.)
13. Anthracitregion in der Schweiz. (I. 336.)
14. Westphälische Steinkohlenbecken. (I. 175.)
15. Steinkohlengebirge bei Ibbenbüren. (I. 195.)
16. Piesberg bei Osnabrück im Königreiche Hannover. (I. 198.)
17. Steinkohlenformation bei Ilfeld am südlichen Harzrande. (I. 102.)
18. Kohlenbecken von Wettin, Löbejün und Plötz. (I. 91.)
19. Steinkohlen des Thüringer Waldes bei Manebach und Gehlberg bei Ilmenau und von Mordfleck bei Goldlauter. (I. 105.)

20. Schwarzkohlen bei Crock am Südabhange des Thüringer Waldes. (I. 107.)
21. Stockheim und Neuhaus am südwestlichen Abhange des Thüringer Waldes. (I. 109.)
22. Erbendorf in der bayerischen Oberpfalz. (I. 115.)
23. Zwickau-Chemnitzer Bassin im Königreiche Sachsen. (I. 49.)
24. Flöhaer Kohlenbassin. (I. 72.)
25. Steinkohlenformation des Plauen'schem Grundes bei Dresden. (I. 76.)
26. Anthracitregion von Schönfeld bei Altenberg. (I. 75.)
27. Anthracitische Steinkohle von Brandau in Böhmen. (I. 74.)
28. Pilsener Steinkohlenbecken. (I. 298.)
29. Steinkohlenlager in der Umgegend von Radnitz in Böhmen. (I. 287.)
30. Schlan-Rakonitzer Kohlenbassin. (I. 269.)
31. Das niederschlesisch-böhmische Steinkohlenbecken. (I. 208.)
32. Das oberschlesische Steinkohlengebirge in Preussen und Oesterreich. (I. 237.)
33. Das Steinkohlengebiet bei Mährisch-Ostrau. (I. 263.)
34. Die Steinkohlenformation bei Rossitz in Mähren. (I. 265.)

Prospectus.

DIE STEINKOHLEN
DEUTSCHLAND'S UND ANDERER LÄNDER EUROPA'S

Ihre Natur, Lagerungs-Verhältnisse, Verbreitung, Geschichte, Statistik und technische Verwendung

von

Dr. H. B. Geinitz, Dr. H. Fleck und **Dr. E. Hartig,**
Professoren an der K. Polytechn. Schule in Dresden.

Zwei Bände. cartonnirt Preis fl. 36. 24 kr. oder Thlr. 21.

I. Band, die **Geologie** enthaltend. 54 Bogen Text in 4° mit 38 Holzschnitten und 1 Atlas mit 28 Flötz- und Schacht-Karten, 20 fl. 48 kr. oder 12 Thlr.

II. Band, die **Geschichte, Statistik** und **Technik** enthaltend. 54 Bogen Text in 4° mit 96 Holzschnitten, 13 Tafeln und 1 Karte der Steinkohlengebiete in Mitteleuropa, 15 fl. 36 kr. oder 9 Thlr.

Das Werk kann auch in 7 Lieferungen zu je 5 fl. 12 kr. oder 3 Thlr. baar in beliebigen von den Abnehmern zu bestimmenden Terminen bezogen werden.

Beide Bände liegen in allen Buchhandlungen vollständig oder in Probelieferungen vor.

Der zweite Band, die **Geschichte, Statistik** und **Technik** enthaltend, wird auch einzeln abgegeben.

München 1865. Verlag von **R. Oldenbourg.**

Es muss dem Beobachter auffallend erscheinen, dass die reiche technische Literatur, welche Deutschland in den letzten 20 Jahren hervorbrachte, zwar mannichfache monographische Arbeiten über einzelne Steinkohlenbecken, aber kein Werk zu Tage förderte, das die ergiebigste Quelle vaterländischen Reichthums, die fossilen Brennstoffe in der Gesammtheit ihres Vorkommens in Deutschland, zum Gegenstand gründlicher und übersichtlicher Erörterung gemacht hätte. Während ein anderer, für den Reichthum der Nation gleich wichtiger mineralischer Stoff — das Eisen — seit Jahrhunderten in die Acten unserer Literatur aufgenommen ist, und schon vor 40 Jahren durch Karsten eine literarische Behandlung erfuhr, welche eine den damaligen Stand der Erfahrung und Wissenschaft erschöpfende genannt werden kann, fehlt uns bis heute noch ein ähnliches Werk über die Steinkohlen.

Die Gründe, welche diese Lücke in unserer Literatur veranlassten und bis jetzt offen erhielten, liegen indess nahe genug. Bis vor 20 Jahren waren unsere Steinkohlengebiete fast ausschliesslich auf die engen Schranken mehr oder minder localen Verbrauches angewiesen. Erst mit der Entwicklung des Eisenbahnwesens wurden sie allmählig aus diesem Banne erlöst. Mit jeder Meile Weges, welche für den Schienenverkehr gewonnen wurde, erweiterte sich die Möglichkeit, dem Menschen der neuen Cultur jene wunderbaren Schätze dienstbar zu machen, welche eine frühere Entwicklungs-Epoche unseres Planeten in den Schooss seiner Rinde niedergelegt hatte.

Die Entfaltung der Kräfte, welche dieser Vorgang erweckte, ist zwar in Deutschland schnell genug vor sich gegangen; aber sie brauchte doch mehr als ein Jahrzehnt, und erst in den letzten Jahren sind durch die bessere Einsicht, welche die Verwaltungen der Eisenbahnen gewonnen, Bedingungen für die Verbreitung fossiler Brennstoffe geschaffen worden, welche die weitesttragenden Folgen für Producenten und Consumenten in sich schliessen. Viele Lagerstätten von Kohlen sind dadurch zugänglich geworden und mit jeder Erweiterung der Verkehrsmittel lohnen mehr Flötze den Abbau. Anderseits ist dem Bedürfnisse eine wirkliche Auswahl der mannichfaltigsten Befriedigungen möglich geworden, da jedes grössere industrielle Etablissement in die Lage gekommen ist, aus weit auseinander liegenden Becken sich diejenige Kohle zu wählen, welche seinem Bedürfnisse am besten entspricht.

Die Beobachtung dieser Thatsachen führte die Verfasser und den Verleger des vorliegenden Werkes zusammen. Sie hielten dafür, dass es jetzt an der Zeit sei, der deutschen Industrie und Wissenschaft ein Werk zu liefern, das zunächst über die Steinkohlen, ihre Natur, die Bedingungen ihres Vorkommens, hauptsächlich in Deutschland, ihrer Verwerthung und ihres Verbrauches ausgiebigen und das ganze Gebiet des Gegenstandes erschöpfenden Rath und Aufschluss ertheilte. Sie glaubten zunächst jene ältere Formation der fossilen Kohlen vorzugsweise zum Gegenstand ihrer Aufgabe machen zu sollen, weil dieses dem weittragenden Verkehre am meisten übergebene Brennmaterial vor allen anderen eine eingängliche Kenntniss seiner mannichfachen Erscheinungen und Eigenschaften erfordert. Sie unterliessen nicht, auch jüngere Schwarzkohlen in den Kreis ihrer Untersuchung zu ziehen, die durch ihre Beschaffenheit den wirklichen Steinkohlen am ähnlichsten sind, mit diesen oft noch verwechselt werden und vielfach in Concurrenz treten; dagegen haben sie geglaubt, von einer speciellen Behandlung der Braunkohlen absehen zu dürfen, zumal den letzteren erst in der neuesten Zeit eine umfassende Arbeit des Herrn C. F. Zincken gewidmet ist, die ihrer baldigen Vollendung entgegensieht. Nur in den Abschnitten über Statistik des Kohlenbergbaues erschien es zur Vervollständigung des ganzen Bildes rathsam, die Braunkohlen mit zu berücksichtigen.

Aber auch innerhalb dieser Grenzen fand ihre Aufgabe eine nothwendige Schranke in dem, was die Literatur schon bietet. Wir haben bereits umfassende Werke über den Bergbau und die Vergasung der Steinkohlen. Es schien mithin angemessen, jenen, der ohnehin mehr der allgemeinen montanistischen Technik angehört, ganz auszuschliessen und der Gasbereitung nur da zu gedenken, wo auf die chemischen und physikalischen Eigenschaften der Kohle und ihren Werth für die Bereitung des Leuchtgases einzugehen war.

Als Aufgabe, die zu lösen war, blieb den Verfassern, was den Inhalt der oben angezeigten beiden Bände bildet.

Der **Erste Band**, bearbeitet von Prof. Dr. Geinitz, die **Geologie** enthaltend, liefert nach kurzen einleitenden allgemeinen Betrachtungen über das Vorkommen, die Entstehung und verschiedene Beschaffenheit der fossilen Kohlen überhaupt eine speciellere Uebersicht über die Lagerungsverhältnisse der Steinkohlen und anderen Schwarzkohlen in Deutschland und in anderen Ländern Europa's, mit steter Rücksicht auf ihre technische Verwendung. Ausgestattet mit einem Atlas von 28 zum Theil in grossem Maassstabe sauber ausgeführten Flötz- und Schacht-Karten, auf welchen Letzteren auch die Wege für den Vertrieb der Kohlen angegeben sind, und einer grossen Anzahl in den Text eingedruckter kleinerer Karten und Profile, lassen sich darin alle Bedingungen des Vorkommens und der ganze bis jetzt bekannte Reichthum der deutschen und meisten anderen europäischen Stein- oder Schwarzkohlengebiete klar überschauen.

Der **Zweite Band**, bearbeitet von Prof. Dr. Fleck und Prof. Dr. Hartig, die **Geschichte, Statistik** und **Technik** enthaltend, giebt nach einer kurzen Geschichte der einzelnen Becken, eine Statistik ihrer Ergiebigkeit, des Arbeitspersonals etc. etc. und geht bei Letzterer zugleich auf die Lage, Behandlung und Versorgung der Arbeiter in maassgebenden Fällen ausführlich ein. Die beiden Abtheilungen über die physikalischen und chemischen Eigenschaften, den Heizwerth und Gaswerth, über Messen und Wägen der Kohlen etc. enthalten die wichtigsten zum Theil neuen Mittheilungen und bieten zur Beurtheilung der Eigenschaften der Kohlen neue wissenschaftliche und praktische Anhaltspunkte, durch welche in's Besondere die bisher wenig brauchbaren Elementaranalysen erst einen höheren Werth für die Praxis erhalten. Endlich sind in grosser Vollständigkeit alle Methoden der Aufbereitung und Verkokung beschrieben und durch eine grosse Anzahl von Zeichnungen anschaulich gemacht, welche mit angemessener Sorgfalt in Tafeln und Holzschnitten beigefügt sind.

Bei der Ausführung ihres Planes sahen sich die Verfasser einem weitschichtigen literarischen Material gegenüber gestellt, welches in einzelnen Abhandlungen und Monographien ausgestreut in Zeitschriften und anderen localen Publicationen vor ihnen lag. Die literarischen Bestrebungen in dieser Richtung waren parallel gegangen mit den Schicksalen des Stoffes. So lange die Producte der einzelnen Kohlenbecken in Deutschland räumlich so weit auseinander gehalten waren, dass sie sich nur selten berührten, bewahrten auch die ihnen gewidmeten literarischen Arbeiten den Charakter localer Bestrebungen und Beurtheilungen, welche unter sich nur in einem losen Zusammenhange standen. Erst die Arbeiten, welche die k. Preussische und Sächsische Regierung veranlasst hatten, brachten in einzelnen Richtungen unseres Stoffes Zusammenhang und Plan. Im Grossen und Ganzen sieht sich der ordnende Arbeiter jetzt ebenso in Verlegenheit gesetzt durch die Mannichfaltigkeit wie durch den Mangel an Material, das, wenn auch sehr ungleichmässig, aus hunderten von Quellen fliesst.

Und doch bestand für die Verfasser der schwierigste Theil ihrer Arbeit in der Aufgabe, die noch vorhandenen Lücken auszufüllen. Sie konnte nur durch vielfache Reisen und umfassende Correspondenzen und auch auf diesem Wege nur annähernd gelöst werden. Für das, was in dieser Beziehung erreicht wurde, sind die Herausgeber vor Allen dem k. Sächs. Ministerium des Innern und der Direction der k. Sächs. polytechnischen Schule in Dresden zu grösstem Danke verpflichtet. Nächstdem haben sie dankbar anzuerkennen, dass sie von den bedeutendsten Männern des Faches mit einer Hingebung unterstützt worden sind, durch welche die Erreichung ihres Zieles, die schnelle Vollendung eines planmässigen Ganzen, ausserordentlich gefördert wurde. Sie verdanken denselben einige äusserst wichtige Beiträge. Hier, wo eigene Forschungen, unmittelbare Anschauung und eine lange Jahresreihe von Erfahrungen der Beherrschung des literarischen Materials zur Seite stehen muss, wenn alle Bedingungen einer werthvollen Arbeit vereinigt sein sollen, verweisen wir mit Stolz auf die monographischen Arbeiten von Sr. Excellenz dem Herrn Geheimerath Dr. von Dechen, den Herren Hüttenmeister Feistmantel, Berginspector von Rönne, Director Schütze, Berginspector Wagner und Anderen, welche den ersten Band des Werkes schmücken. Es wurden ferner die im zweiten Band enthaltenen Tabellen über die Verunglückungen in den sächsischen Kohlenwerken, die hier zum ersten Male vollständig veröffentlicht sind, von dem k. Sächs. Finanzministerium mit dankenswerthester Bereitwilligkeit zur Verfügung gestellt; viele statistische Notizen und Tabellen entstammen dem k. Sächs. statistischen Bureau und dem k. Hannöv. Finanzministerium; ferner ist das Capitel über Verunglückungen der Kohlenbergleute zum grössern Theil vom Herrn Kohlenwerksinspector Köttig verfasst und das über Aufbereitung und Verkokung der Kohlen durch die freundliche Mitwirkung der Herren Berginspector von Rönne und Director Rexroth in Saarbrücken wesentlich vervollständigt worden; zu dem Capitel über Heizwerth der Kohlen lieferten die Herren Klett & Co. in Nürnberg einen werthvollen Beitrag; endlich liegen den Abschnitten über Stückkohlenfall, Schüttungscoefficient, Gewicht und Preis der Kohlen die brieflichen Mittheilungen von über 30 Bergbeamten und andern Fachmännern zu Grunde, deren Namen an den betreffenden Stellen genannt sind.

Nach dieser Einleitung haben wir hier nur noch das vollständige Inhalts-Verzeichniss abzudrucken, um den Gehalt und Umfang unseres Werkes darzulegen.

Inhalt.

I. Band. **Geologie der Steinkohlen mit Rücksicht auf ihre technische Verwendung.**

Von Prof. Dr. H. B. Geinitz.

II. Band. **Geschichte, Statistik, Technik,** von Prof. Dr. Fleck und Dr. E. Hartig.

Inhalts-Verzeichniss des Atlas zum I. Band.

Druck von C. R. Schurich.

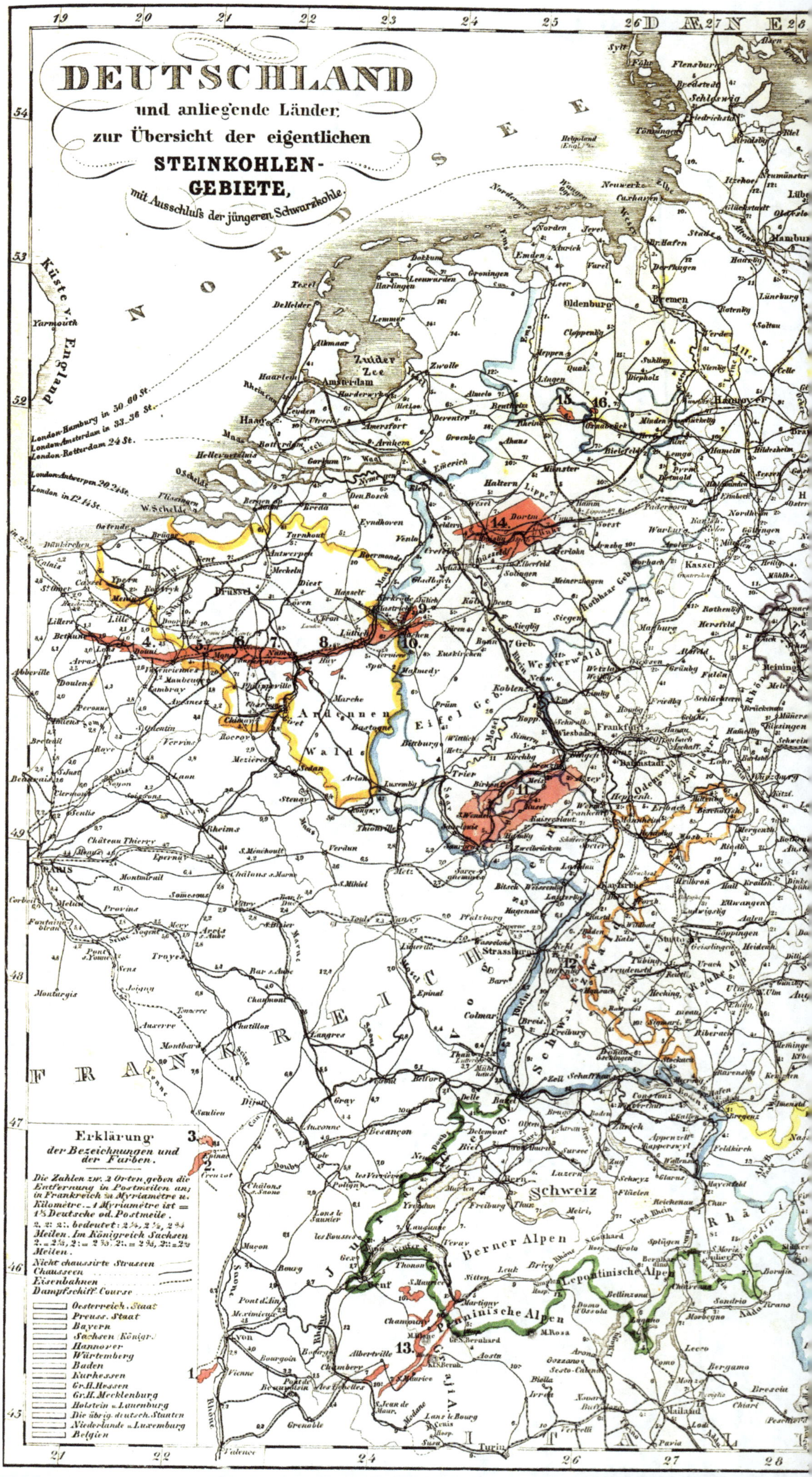
DEUTSCHLAND
und anliegende Länder
zur Übersicht der eigentlichen
STEINKOHLEN-
GEBIETE,
mit Ausschluss der jüngeren Schwarzkohle.
Erklärung
der Bezeichnungen und der Farben.
Die Zahlen zw. 2 Orten geben die Entfernung in Postmeilen an; in Frankreich in Myriamètre u. Kilomètre. 1 Myriamètre ist = 1⅜ Deutsche od. Postmeile.
2. 2: 2:. bedeutet: 2¼, 2½, 2¾ Meilen. Im Königreich Sachsen 2. = 2⅕, 2: = 2⅖, 2:. = 2⅗, 2:: = 2⅘ Meilen.
Nicht chaussirte Strassen
Chausseen
Eisenbahnen
Dampfschiff-Course
Oesterreich. Staat
Preuss. Staat
Bayern
Sachsen (Königr.)
Hannover
Würtemberg
Baden
Kurhessen
Gr.H. Hessen
Gr.H. Mecklenburg
Holstein u. Lauenburg
Die übrig. deutsch. Staaten
Niederlande u. Luxemburg
Belgien
NORDSEE
FRANKREICH
Schweiz
Berner Alpen
Penninische Alpen
Lepontinische Alpen
Ardennen Wald
Eifel Geb.
Westerwald
Zuider Zee
Küste v. England
London-Hamburg in 30.60 St.
London-Amsterdam in 33.36 St.
London-Rotterdam 24 St.
London-Antwerpen 20.24 St.
London in 12.14 St.

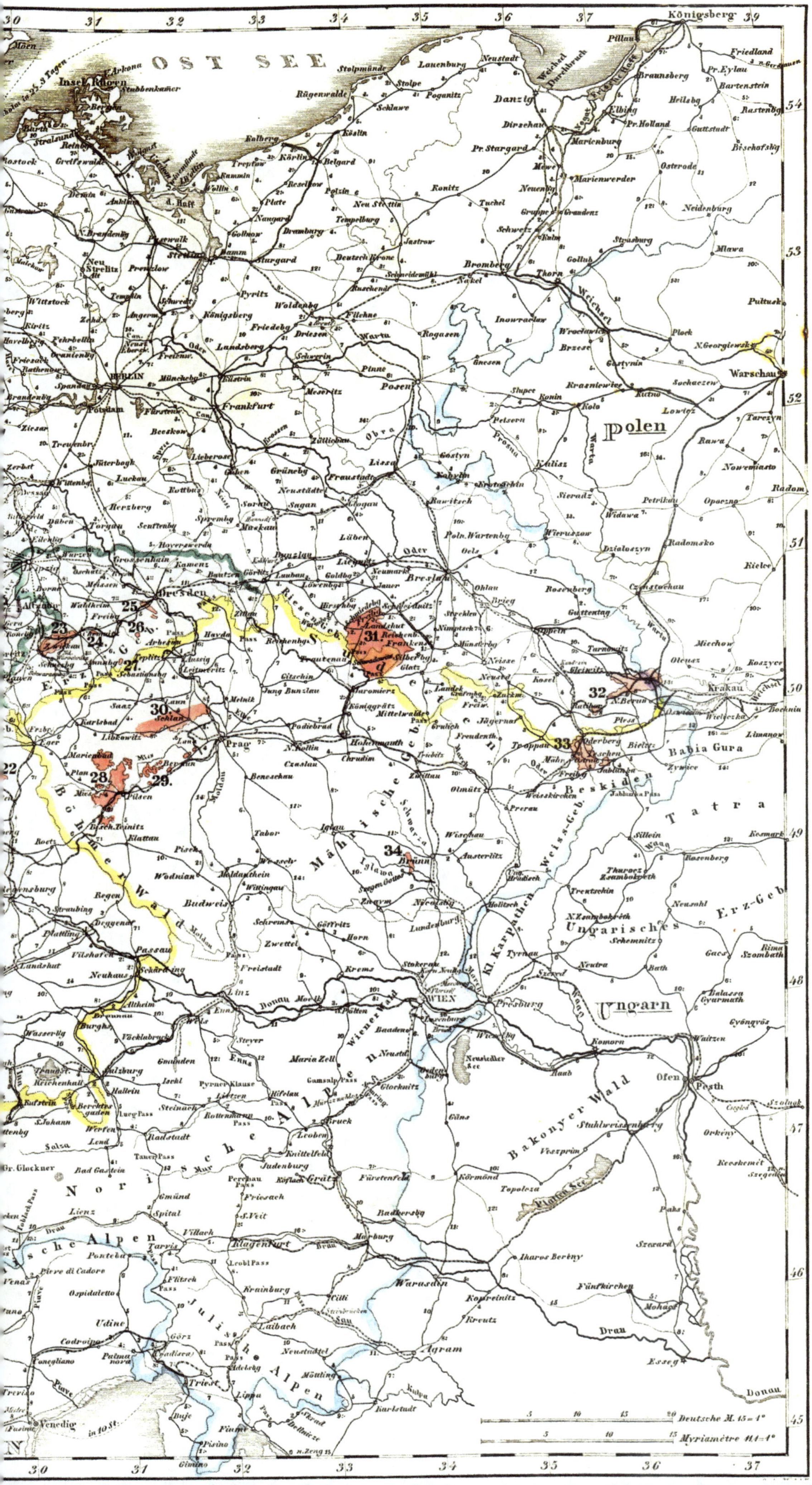
OST SEE
Insel Rügen
Königsberg
Danzig
Stettin
Berlin
Frankfurt
Posen
Bromberg
Thorn
Warschau
Polen
Breslau
Dresden
Prag
Brünn
Krakau
Babia Gura
Beskiden
Tatra
Mährische Gebirge
Böhmer Wald
Riesengebirge
Wien
Presburg
Ungarn
Ungarisches Erz-Geb
Ofen
Pesth
Bakonyer Wald
Plattensee
Linz
Salzburg
Passau
Norische Alpen
Julische Alpen
Gratz
Laibach
Agram
Triest
Venedig
Udine
Donau
Drau
Deutsche M. 15 = 1°
Myriamètre 11,1 = 1°

www.ingramcontent.com/pod-product-compliance
Lightning Source LLC
LaVergne TN
LVHW081343011026
849161LV00013BB/2997